REALLEXIKON DER VORGESCHICHTE

ELFTER BAND

Reallexikon der Vorgeschichte

UNTER MITWIRKUNG
ZAHLREICHER FACHGELEHRTER

HERAUSGEGEBEN VON

MAX EBERT
ORD. PROFESSOR AN DER UNIVERSITÄT BERLIN

ELFTER BAND

QUADESCH – SEDDIN

MIT 160 TAFELN

Berlin 1927/1928

VERLAG WALTER DE GRUYTER & CO.

VORMALS G. J. GÖSCHEN'SCHE VERLAGSHANDLUNG — J. GUTTENTAG, VERLAGS-
BUCHHANDLUNG — GEORG REIMER — KARL J. TRÜBNER — VEIT & COMP.

Printed in Germany

REALLEXIKON DER VORGESCHICHTE

UNTER MITWIRKUNG
ZAHLREICHER FACHGELEHRTER

HERAUSGEGEBEN VON

MAX EBERT
ORD. PROFESSOR AN DER UNIVERSITÄT BERLIN

ELFTER BAND

ERSTE LIEFERUNG
QADESCH — RELIGION

MIT 19 TAFELN

BERLIN 1927
WALTER DE GRUYTER & CO.

Das Werk ist auf einen Gesamtumfang von 14 Bänden berechnet und erscheint in Lieferungen. — Der Subskriptionspreis beträgt GM. 6.— für jede Lieferung von etwa 8 Bogen nebst Texttafeln und Abbildungen. Etwa 6 einfache oder 1 bis 2 farbige Einschalttafeln auf Kunstdruckpapier werden als ein Bogen gerechnet. Verstärkte Lieferungen werden entsprechend höher berechnet.

Der Umfang der vorliegenden Lieferung beträgt 6 Bogen und 13 Einschalttafeln. Gesamtumfang also 8 Bogen. Subskriptionspreis M. 6.—; Ladenpreis M. 7.20.

Q

Qadesch (Qades; Tf. 1).

§ 1—3. Äg. Nachrichten (§ 1. Hyksos-Zeit. § 2. Der Sieg Thutmosis III. bei Megiddo. § 3. Kämpfe um Q.). — § 4. Amarna-Briefe. — § 5. Hettitische Berichte. — § 6. Ramses II. — § 7. Lage der Stadt. — § 8. Ausgrabung. — § 9—10. Andere Orte gleichen Namens.

§ 1. Die Anfänge der Stadt Q. am Orontes liegen vorläufig noch im Dunkel. Ihre große Bedeutung, die sie schon am Anfange des 2. Jht. gehabt haben muß, können wir nur aus einigen Andeutungen äg. Berichte erschließen. Als die Hyksos (s. d.) um 1700 v. C. Ägypten verloren hatten, hielten sie noch geraume Zeit Palästina-Syrien unter ihrer Botmäßigkeit. Hier hatten sie die alten Staatengebilde (z. B. *rṯnw*) zerschlagen und an ihre Stelle größere oder kleinere Stadtfürstentümer gesetzt, deren Macht vor allem auf der adligen Kerntruppe der Wagenkämpfer beruhte (A. Alt *Die Landnahme der Israeliten in Palästina* 1925 S. 6ff.). Die späteren Ereignisse zeigen deutlich, daß der Mittelpunkt dieser Herrschaft Q. war. Denn zwar war es den Äg. im 1. Jh. der 18. Dynastie gelungen, das Gebiet bis zum Euphrat in der Hauptsache zu gewinnen (J. H. Breasted *A New Chapter in the Life of Thutmose III.* 1900 S. 26ff.). Aber zum Beginne der Regierung Thutmosis III. (1501—1448) bildet sich in Syrien ein Bündnis, um die verlorengegangene Unabhängigkeit zu erkämpfen, ja wohl geradezu Ägypten anzugreifen (ÄZ 47 [1910] S. 73ff. K. Sethe). Die treibende Kraft dieses Bündnisses ist der Fürst von Q., das damals sicher stark befestigt war.

§ 2. Thutmosis entschloß sich deshalb zu seinem ersten großen Kriegszuge nach Syrien, über den in seinen Annalen (K. Sethe *Urkunden* IV [1907] S. 645ff.; J. H. Breasted *Ancient Records of Egypt* II 407ff.) ausführlich berichtet wird. Wie weit nach S der Abfall vorgedrungen war, zeigt die Tatsache, daß Megiddo (s. d.) am sw. Rande der Ebene Jesreel der Sammelpunkt des feindlichen Heeres ist. Hier haben sich der Fürst von Q. (*qdš*) und alle Fürsten der Länder bis *nhrjn* zusammengefunden (Breasted *Records* II 420). Trotz aller Schwierigkeiten erringt Thutmosis im Mai 1479 v. C. den Sieg über die Feinde und reiche Beute: 340 Gefangene, 83 Hände von Getöteten, 2041 Stuten, 191 Fohlen, 6 Hengste, vom Fürsten von Q. dessen goldgeschmückten Streitwagen, eine wundervolle Bronzerüstung (s. Panzer C) und silberbeschlagene Zeltstangen (Breasted a. a. O. S. 435). Der Fürst von Q. flieht in die Stadt; aber diese wird von den Äg. genommen und gebrandschatzt.

Pal. Jahrb. 10 (1914) S. 54ff. A. Alt.

§ 3. Damit waren freilich die Feinde noch nicht endgültig erledigt. Denn Thutmosis zieht nun von Megiddo nach N und plündert das Gebiet des Fürsten von Q. Aus den angeführten Namen (Jenoam, Nuges, Herenkeru) ergibt sich, daß es sich weit nach S, etwa bis zum s. Ende des Libanon, erstreckte. Eine Vorstellung von der Höhe der Kultur dieses Landes ermöglicht die Beute der Äg.: außer den üblichen Gefangenen Gold und Silber in Form von Platten, Ringen und Gefäßen, ein Standbild aus Silber, ein weiteres, das den Fürsten von Q. darstellt, mit Lapislazuli geschmückt, ein Zepter, kostbare Stühle und Schemel aus Elfenbein, Ebenholz und Gold (Breasted II 436). Die Stadt Q. selbst konnte erst auf dem sechsten Feldzuge genommen werden (ebd. II 465, 585). Aber noch einmal ist trotz aller harten Maßregeln der Widerstand aufgeflammt; denn der 17. Feldzug führt Thutmosis wieder in das Gebiet von Q., wo es zum Kampfe kommt (ebd. II 531f.,

589f.), und erst gegen Ende seiner Regierung (um 1450 v. C.) erscheint der Fürst von Q. als Besiegter mit Tribut (Grab des Mencheperrê'-seneb Breasted II 773; Wreszinski *Atlas* I [1924] Tf. 275; W. M. Müller *Egyptological Researches* II [1910] S. 27f. Tf. 13 und vgl. hier Band VI Tf. 101). Amenḥotep II. (1448—1420) führt darum Q. als Gefangenen auf (Breasted *Records* II 798a).

§ 4. Inzwischen hatte sich das Reich der Hettiter gefestigt und seine Macht auf das n. Syrien ausgedehnt. Die Herrscher von Q. kamen in eine schwierige Lage. Sie standen unter äg. Oberhoheit, aber die Pharaonen waren weit entfernt und schwach. Aus nächster Nähe wurden sie von den Hettitern bedrängt. So ist es kein Wunder, daß sie mit diesen Verbindungen anknüpfen. Über diese Verhältnisse berichten die Amarna-Briefe. Herrscher (*amêlu*) von Q. (*kidša, kidši, gidši, gizza*, sogar *kinza* genannt — an der Identität ist nicht zu zweifeln trotz Rev. bibl. 5 [1908] S. 504 P. Dhorme und ZdPV 30 [1907] S. 37f. H. Clauß) ist *etaqkama* (Knudtzon 189, 2; sonst *aitugama, edagama, etagama, atakkama, itakama, itaqkama* oder *itatkama* genannt, wohl ein sem. Name *aida'ama* F. Hommel *Die altisraelitische Überlieferung in inschriftlicher Beleuchtung* 1897 S. 220 und vgl. mit der Gottesbezeichnung *da'am* zusammengesetzte phön. Namen M. Lidzbarski *Handbuch der nordsemit. Epigraphik* 1899 S. 256f.). Er versichert zwar dem Pharao seine Treue und klagt darüber, daß der Bösewicht Namiawaza ihn zu Unrecht verdächtige, das Gebiet von Q. besetzt und seine Städte in Brand gesteckt habe (Knudtzon 189, 11ff.), aber die Nachrichten anderer Stadtfürsten erweisen das Gegenteil. Danach hat *etaqkama* den Widerstand seiner dem Pharao anhängenden Stadt gebrochen (ebd. 151, 60; 197, 27ff.), mit dem berüchtigten Aziru ein Bündnis geschlossen (ebd. 162, 22ff.), auch Arzawia von Ruchizzi und Teuwatti von Lapana gewonnen, Akizzi von Qatna schwer bedrängt und sich dem Hettiterkönige angeschlossen (ebd. 53, 8ff.; 54, 22ff.; 149, 30; 162, 22ff.; 174, 12ff.; 175, 10ff.; 176, 10ff.; 197, 27ff.). Auch die Chabiru scheinen daran beteiligt zu sein (ebd. 197, 32). Man darf aus alledem schließen, daß Q. den Pharaonen verloren war.

§ 5. Die in Boghasköj gefundenen Tafeln bestätigen dies von hettitischer Seite aus (L. A. Mayer und J. Garstang *Index of Hittite Names* A I [1925] S. 27; Boghazköi-Studien 1 [1916] S. 38 F. Hrozný [immer als *kinza* bezeichnet]). Abd-aschirti und sein Sohn Aziru haben um 1400 v. C. ein Reich Amurrû (s. d.) mit der Hauptstadt Q. zusammengebracht, sind aber von den Hettitern abhängig geworden. Das ist nicht ohne Widerstand der Fürsten von Q. erfolgt; denn sowohl Schuppiluliuma, der schon bis Q. vorgedrungen war (Keilschrifttexte aus Boghazköi 1 [1916] Nr. 1, 40ff.), wie sein Sohn Murschilisch II. mußten Aufstände von Q. niederschlagen (ebd. 5 [1922] Nr. 9 vgl. Keilschrifturkunden aus Boghazköi III [1923] Nr. 14 und 119; AO 24 [1925] 3 S. 14ff. J. Friedrich), und Aziru mit seinem Sohne DU-Teschup und Enkel Duppi-Teschup werden von den Hettitern gelobt, weil sie geholfen haben, diese Widersetzlichkeiten zu überwinden. Als Vater des *etaqkama* wird Schutarra (oder Schutatarra), als sein Sohn Schama-Teschup genannt (MDOG 35 [1907] S. 35 H. Winckler; als Hauptgottheit von Q. erscheint *Ninpisan-pisan-na* KB I [1916] Nr. 4 IV 35f., V 9). Anscheinend ist es schon zwischen Schuppiluliuma und dem äg. König zu einem Kampf gekommen, den ein Vertrag beendete. Aber unter Sethos I. (1313—1292 v. C.) bricht wieder Krieg aus, in dem den Äg. die Eroberung von Q. gelingt (Breasted *Records* III 141; s. u. § 8). Auch danach wurde ein Vertrag geschlossen.

§ 6. Da jedoch die erreichte Nordgrenze die Äg. nicht befriedigen konnte, unternahm Ramses II. (1292—1225) nach einem Vorstoße bis zum *nahr el-kelb* (s. d.) bei Beirut im fünften Jahre seiner Regierung einen gewaltigen Kriegszug gegen die Hettiter. Diese hatten sich durch Bündnisverträge die Hilfe der Fürsten von *nhrjn*, Arwad, Karkamisch, Kode, Q., Nuges und Aleppo sowie Truppen aus kleinasiat. Ländern gesichert (A. Götze *Kleinasien zur Hethiterzeit* 1924 S. 19f.), so daß der hettitische König Muwattallu ein Heer von mehr als

Qadesch

Am Orontes; von Ramses II. angegriffen. Nach Photographie der Eduard Meyerschen Fremdvölkerexpedition.

20000 Mann, darunter 2500 mit je drei Mann besetzte Streitwagen, bei Q. zusammenziehen konnte. Der Pharao hatte zunächst nur drei Divisionen zur Hand, eine vierte erschien erst während der Schlacht. Über diese besitzen wir von äg. Seite außer dem amtlichen Berichte des Pharao (Breasted *Records* III 316ff.) noch ein schwungvolles Gedicht (ebd. III 328ff.; vgl. auch Band V Tf. 81), von hettitischer Seite nur ein schwer verständliches Bruchstück (ZDMG 72 [1918] S. 37ff. B. Meissner). Ramses hatte sich, durch feindliche Spione verleitet, ganz in die Nähe von Q. begeben und ein Lager aufgeschlagen. Die Hettiter griffen den noch auf dem Marsche befindlichen Teil des äg. Heeres an, zersprengten ihn und überfielen das Lager, aus dem sich Ramses nur mit einem Stoß durch die feindlichen Reihen befreien konnte. Zu seinem Glück kam Hilfe von einer neuen Division, andere Truppen sammelten sich wieder, und mit ihnen wurden die im äg. Lager plündernden Hettiter angegriffen. Die Nacht beendete den Kampf, in dem die Hettiter den größten Teil ihrer Streitwagen verloren hatten. Aber auch die Äg. waren so geschwächt, daß sie am nächsten Tage nach S abzogen. Die Folge war, daß nun ganz Syrien sich zum Kampfe gegen die Äg. erhob. Ein Ende kam erst nach dem Tode Muwattallus. Sein Bruder Chattuschilisch schloß den berühmten Vertrag mit Ramses ab, dessen Wortlaut wir in äg. und akkad. Fassung kennen. Über Q. in neubabyl. Zeit s. Tyrus.

J. H. Breasted *The Battle of Kadesh* 1903; Journ. Eg. Arch. 7 (1921) S. 191ff. A. H. Burne; ZDMG 72 (1918) S. 45ff. B. Meissner; G. Roeder *Ägypter und Hethiter* (AO 20) 1919; *The Cambridge Ancient History* II (1924) S. 142ff.

§ 7. Damit verschwindet vorläufig Q. aus dem Lichte der Geschichte; denn die Erwähnung im Pap. Anastasi I (22, 4) besagt nichts. Weiter helfen können nur arch. Untersuchungen, für die zunächst die Frage zu beantworten war, wo Q. gelegen hat. Die in den Amarna-Briefen in Verbindung mit Q. auftretenden Namen weisen alle nach dem N (so das Land *ubi* Knudtzon 53, 23ff.; 189 Rev. 12, wohl = *abi* 197, 31; *amki* 53, 58; 140, 27ff.; 170, 16; 174, 9), und zwar in eine Gegend nw. von Damaskus. Noch deutlicher sind die äg. Nachrichten. Der Ort *šabtuna*, bei dem Ramses II. den Orontes überschreitet, ist sicher das im AT wiederholt genannte *ribla* im Lande Hamath (2. Kön. 23, 33; 25, 6ff.; Jerem. 39, 5f.; 52, 9ff.), heute *rible* am rechten Ufer des Orontes. Die äg. Abb. (Tf. 1) zeigen, daß die Festung Q. auf allen Seiten von Wasser umgeben war. Das alles stimmt nur für den *tell nebi mende* am rechten Ufer des Orontes, nicht aber für den *tell et-tîn* im See von *ḥomṣ*, wo J. E. Gautier 1894 Ausgrabungen vorgenommen hat (CR acad. inscr. 23 [1895] S. 441ff.).

Müller *Asien und Eur.* 214f.; Arch. Anz. 1913 S. 73 E. Meyer.

§ 8. Im J. 1921 hat deshalb M. Pézard im Auftrage der Pariser Akademie und des Service des antiquités de Syrie auf dem *tell nebi mende* Ausgrabungen begonnen. Der Hügel erhebt sich 32 m über die Ebene und ist etwa 1 km lang. Im N begrenzt ihn der *nahr el-ʿâṣi*, im W und N der Wasserlauf der *ʿain tannûr*, im S ein Kanal, der in seiner Anlage an den von *sefînet en-nûḥ* erinnert und wie dieser hettitischen Ursprungs zu sein scheint. Auf dem n. Ende des Hügels liegt ein muhammedanischer Friedhof, und weit nach S erstreckt sich ein Dorf. Das machte die Grabung von vornherein schwierig und zwang zunächst zur Beschränkung auf die nö. Flanke des Hügels. Es ergab sich bald, daß die oberen, ziemlich mächtigen Schichten (bis 11 m t.) der griech.-röm. und hellenistischen Zeit angehören. Sie enthalten die Reste der bedeutenden Stadt Laodicea ad Libanum (Monuments et mémoires acad. inscr. 25 [1921—22] S. 397 M. Pézard; anders ZdPV 23 [1900] S. 120 M. Hartmann). Aber schon die aufgedeckten Teile der großartigen Befestigung enthalten viel älteres, wie die Tonwaren (alte Lampen mit eingekniffener Schnauze, ägyptisierende Amulette u. a.) und der Aufbau (Steinsockel mit Ziegeloberbau) zeigen. Hier und da kamen in Hausresten Pfeil- und Lanzenspitzen aus Bronze, Nadeln, Astarte-Plaketten zum Vorschein. In 11 m T. wurde dann eine ältere Schicht erreicht, in der kyprische Gefäße und einheimische Nachahmungen lagen. In diese Schicht war die obere Hälfte eines äg. Denksteines aus Granit geraten (0,70 × 0,45 × 0,40 m), auf dem Sethos I. dargestellt ist, wie ihm von den Göttern Amon-Ra, Set (Sutech), Mentu und einer Göttin (Hathor oder Nephthys) das Siegesschwert übergeben wird. Diese Darstellung kann sich nur auf den siegreichen Kampf des Pharao um Q. beziehen und ist ein sicherer Beweis dafür, daß mit der Grabung an der richtigen Stelle begonnen wurde. Die Schicht, die dieser Zeit zuzuweisen wäre, ist freilich bisher noch nicht erreicht worden.

Syria 3 (1922) S. 89ff. M. Pézard; Monuments et mémoires acad. inscr. 25 (1921—22) S. 387ff. ders.; Ancient Egypt 1924 S. 101ff. G. Loukianoff; Bull. of the American Schools of Oriental Research Nr. 21 (1926) S. 6 W. F. Albright und R. P. Dougherty.

§ 9. Von diesem Q., dessen Geschichte wohl bis weit in das 3. Jht. zurückreicht, sind andere Orte gleichen Namens zu unterscheiden. Ein Ort *qedeš* erscheint im AT als kanaanitische Königsstadt (Jos. 12, 22) zwischen Hazor (s. d.) und Edrei in Naphtali (19, 37; 20, 7), also in Galiläa gelegen. Hier war Barak zu Hause (Richt. 4, 6ff.). Josephus erwähnt Q. öfter als befestigte Stadt im Gebiete von Tyrus. Sicher ist dies die an erster Stelle der Thutmosis-Liste stehende Stadt *qdš* (MVAG 12 [1907] 1 S. 8 W. M. Müller), die 734 v. C. von Tiglatpileser III. erobert wurde (2. Kön. 15, 29), heute *qedes* in Galiläa mit ansehnlichen Ruinen aus röm. Zeit (*PEF Memoirs* I [1881] S. 226ff.). Mit ihm die oben über Q. zusammengestellten Nachrichten zu verbinden (so ZdPV 30 [1907] S. 37f. H. Clauß), ist unmöglich. Aber vielleicht ist es auf einem Bilde aus der Zeit Sethos I. dargestellt (Wreszinski *Atlas* II [1925] Tf. 53). Zwei weitere, aber unbedeutendere Orte desselben Namens lagen im Gebiete von Issaschar (1. Chron. 7, 72), heute vielleicht *tell abu qudês* bei *el-leǧǧûn*, also in der Nähe von Megiddo, und im s. Teile Judas (Jos. 15, 23), ziemlich weit s. von Hebron.

H. Guthe *Kurzes Bibelwörterbuch* 1903 S. 359.

§ 10. Eine große Rolle in den Erzählungen über die isr. Stämme vor ihrer Einwanderung nach Palästina spielt der Ort *qādêš barnêʿa* mit seiner Quelle, da die Israeliten sich hier längere Zeit aufgehalten haben sollen (Num. 20, 1ff.; Deut. 1, 46; Richt. 11, 16f.). Er lag an der Südgrenze Israels (Gen. 20, 1; Num. 20, 16; 34, 4; Deut. 1, 20; Jos. 10, 41; 15, 3; Ezech. 47, 19; 48, 28), aber noch in der Steppe (Amaleqiter Gen. 14, 7). Wahrscheinlich lebt der Name noch fort in der *ʿain qadîs* im N der Sinai-Halbinsel, obwohl die im AT berichteten Vorgänge sich so, wie sie erzählt werden, hier nicht abgespielt haben können.

H. C. Trumbull *Kadesh Barnea* 1884; ZdPV 8 (1885) S. 182ff. H. Guthe; ders. *Kurzes Bibelwörterbuch* 1903 S. 350; A. Musil *Arabia Petraea* II (1908) S. 178ff., 236; Journal of Biblical Literature 29 (1910) S. 61ff. N. Schmidt; ZdPV 37 (1914) S. 7ff. Th. Kühtreiber.

Peter Thomsen

Qarqar. Als Salmanassar III. von Assyrien (859—823 v. C.) seine Macht nach W auszudehnen versuchte und Karkamisch (s. d.) und Aleppo (s. Ḫalab) sich ihm freiwillig unterworfen hatten, brachte Biridri von Damaskus (im AT Benhadad II. 1. Kön. 20, 1) einen Bund von 12 Königen zur Abwehr des assyr. Angriffes zusammen. Unter diesen Bundesgenossen werden z. B. genannt Irchulini von Hamath (s. d.), Ahab von Israel, die Städte Arqa und Arwad an der phön. Küste sowie der Araberfürst Gindibu mit 1000 Kamelreitern. Salmanassar eroberte und zerstörte mehrere Städte, darunter auch Q., die Königsstadt des Irchulini. Hier kam es zur Schlacht (854 v. C.), in der Salmanassar gesiegt haben will (vgl. Band IV Tf. 73a). Er mußte sich aber schnell zurückziehen (KB I 138f., 172f.). An derselben Stelle schlug Sargon II. den König Ilû-biʾdi (oder Iau-biʾdi) von Hamath 720 v. C. (vgl. Band IV Tf. 75b). Nach diesen Angaben hat Q. am Orontes in der Nähe von Hamath gelegen und ist wohl in dem heutigen *qalʿat el-mudîq* zu suchen. Dieser Ort hat nach späteren Nachrichten Φαρνάκη geheißen, wurde aber unter Antiochos I. Ἀπάμεια (im Mittelalter arab. *afâmija*) genannt und hat als Hauptstadt der Landschaft Apamene eine bedeutende Rolle gespielt. Die ausgedehnte Ruinenstätte ist bisher arch. noch nicht untersucht.

RE I (1894) S. 2663f. I. Benzinger; ZdPV 46 (1923) S. 160f. E. Honigmann.

Peter Thomsen

Qeniter (hebr. *Qajin*, Name des Stammes und seines Heros Eponymos, *Qēnī* Bezeichnung des Stammesangehörigen). Die Q. erscheinen im AT als ein vielleicht den Midianitern (s. d.) oder eher den Edomitern (s. d.) verwandter Stamm, der zunächst in der Wüste s. von Palästina nomadisch lebte (dort Beziehungen zu den Amaleqitern [s. d.] Ri. 1,16 LXX; 1. Sam. 15, 6, aber auch zu den israelit. Stämmen: Ri. 1, 16; 4, 11). Gegen Ende des 2. Jht. v. C. gewannen die Q. jedoch feste Sitze am äußersten Südrand des judäischen Gebirges, besonders im Gebiet des von ihnen zerstörten Stadtstaates von Arad (jetzt *Tell ʿArâd*; MDOG 23 [1904] S. 47f. H. Thiersch und G. Hölscher; vgl. Ri. 1, 16, auch Gen. 4, 17; 15, 19; Num. 24, 21f.). Die Seßhaftigkeit brachte die Q. in feste Verbindung mit den in der Nachbarschaft gegen W und N siedelnden Stämmen der Qenizziter (s. d.) und Kalibbiter (s. d.), darüber hinaus mit den Judäern (1. Sam. 27, 10; 30, 29); so schlossen sie sich denn auch unter David der Gründung des Reiches Juda an (Ortsliste ihres Gaues Jos. 15, 55—57; vgl. Pal. Jahrb. 21 [1925] S. 114 A. Alt). Dem Naturcharakter ihres Gebietes entsprach es, daß in ihrer Wirtschaft die Viehzucht (s.d.C) eine große Rolle spielte; aus dem Weidewechsel erklärt sich denn auch das Auftreten von Q. als nomadisch lebenden Hirten bis weit in das Kulturland hinein (z. B. Ri. 4, 11. 17ff.; 5, 24: Gegend von Megiddo) und die Sonderentwicklung einer Untergruppe, der Rekabiten (1. Chron. 2, 55), zu einer Art religiöser Sekte, die das nomadische Leben mit bewußter Ablehnung aller Kultur der Seßhaften pflegt (2. Kön. 10, 15f.: Gegend von Samaria; Jer. 35: bei Jerusalem). Was Gen. 4, 1ff. von ihrem als Brudermörder geächteten, aber zugleich von Jahwe mit einem Schutzzeichen (Tätowierung?) versehenen Stammvater erzählt, wird sich auf ein Klientelverhältnis der Qeniter-Hirten zu Jahweheiligtümern Israels beziehen (B. Duhm bei E. Merz *Die Blutrache bei den Israeliten* 1916 S. 91ff.; anders ZfAlttestWiss. 14 [1894] S. 250ff.; 15 [1895] S. 157ff. B. Stade). Mit dem Untergang des Reiches Juda, der das Gebiet der seßhaften Q. in die Hände der Edomiter brachte, verschwindet der Stamm aus der Geschichte.

Ed. Meyer *Die Entstehung des Judentums* 1896 S. 114ff.; ders. *Die Israeliten und ihre Nachbarstämme* 1906 bes. S. 393ff.; *Prot. Realenzykl.*[3] IX (1901) S. 698ff., XXIII (1913) S. 720 H. Guthe; R. Kittel *Geschichte des Volkes Israel*[6] I (1923) S. 392, 399, 403, 410f. A. Alt

Qenizziter (hebr. *Qᵉnaz* Stammesname, *Qᵉnizzī* Bezeichnung des Stammesangehörigen). Die Q. sind uns nur aus dem AT bekannt als ein ursprünglich zu den Edomitern (s. d.) gerechneter Stamm (Gen. 36, 11. 15. 42), dem die Kalibbiter (s. d.) besonders nahestanden oder geradezu angehörten (vgl. einerseits Num. 32, 12; Jos. 14, 6. 14; anderseits 1. Chron. 4, 15). Noch vor dem Ende des 2. Jht. v. C. faßten die Q. im SW des judäischen Berglandes Fuß und siedelten sich im Gebiet des von ihnen unter Othniel zerstörten Stadtstaates von Kirjath-Sepher — Debir (vermutlich jetzt *Tell Bēt Mirsim*; Bull. Amer. Schools Or. Res. 15 [1924] S. 4f. W. F. Albright) an (Jos. 15, 15ff. = Ri. 1, 11ff.; vgl. 3, 9ff.; Gen. 15, 19). Dort traten sie in enge Beziehungen zu ihren Grenznachbarn im NO, den Judäern (1. Sam. 27, 10; 30, 29 LXX), und beteiligten sich unter David (10. Jh.) an der Gründung des Reiches Juda, in dessen Gaueinteilung ihr Gebiet später einen Bezirk für sich bildete (Ortsliste Jos. 15, 48—51; vgl. Pal. Jahrb. 21 [1925] S. 114 A. Alt). Bei der Zerstörung des Reiches Juda durch die Babylonier 586 (oder schon 597; a. a. O. S. 108) kam ihr Gebiet an die Edomiter; sie selbst werden infolgedessen wie die Kalibbiter nach N in die Provinz Juda abgewandert sein, weshalb sie in späterer Literatur auch genealogisch als Judäer betrachtet wurden (1. Chron. 4, 13. 15).

Ed. Meyer *Die Entstehung des Judentums* 1896 S. 114ff.; ders. *Die Israeliten und ihre Nachbarstämme* 1906 S. 348f.; R. Kittel *Geschichte des Volkes Israel*[6] I (1923) S. 398f., 404, 410; II (1925) S. 17, 26. A. Alt

Quänen s. Finno-Ugrier B § 11.

Quartärzeit s. Diluvialgeologie.

Quarzit s. Gesteinsmaterial der paläolithischen Industrien.

Quelle s. Bewässerung.

Quellenverehrung. S. a. Budsene, Depotfund A § 2, Dux, Kultus A § 2e, Panighina. — (Vorderasien) Als Geister der Quellen insgesamt, die das „Lebenswasser" hervorsprudeln lassen, werden in Babylonien die Anunnaki verehrt. Ihr Name, der schon von den alten Babyloniern selbst (Gudea Cyl. B. 2, 1) als „erhabnes Gewässer" gedeutet wird, weist auf diesen ihren Charakter hin. Auch den einzelnen Quellen und Flüssen hat man, wenigstens in assyr. Zeit, eine lokale Verehrung zuteil werden lassen. In einem Texte aus Assur erscheinen neben vielen anderen Göttern auch der Tigris und der Zab und erhalten ihren Anteil an der Speisung. Assyr. Könige sind bis zur Tigris-Quelle (s. d.) vorgedrungen und haben daselbst Opfer dargebracht. Die Göttin Id, die als die Göttin, welche alles erschafft, als Herrin des reinen Wassers, gefeiert wird, dürfte in erster Linie den Euphrat (s. d.) repräsentieren. Neben diesen Göttern allen hat aber auch der Gott, der über alles Wasser gesetzt ist, Anspruch auf Kultus an den Quellen, nämlich Êa.

*KAT*³ S. 358ff., 452ff. H. Zimmern.

Ebeling

Querschneidige Pfeilspitze s. Nordischer Kreis A § 3b 3; § 4c 3, Pfeil B 1, Tunis B § 3.

Queso-Höhle s. Alpera.

Quina, La. S. a. Frankreich A. — (Skelette) Im J. 1911 wurde von H. Martin in einer Höhle bei L. Q. (Dép. Charente) in einer Moustérien-Schicht ein weibliches Skelett sowie neuerdings der Schädel eines Kindes gefunden. Das weibliche Skelett ist ziemlich gut erhalten, der Schädel besonders beweist mit seinen kräftigen Oberaugenwülsten die Zugehörigkeit zur Neandertal-Rasse (*Homo primigenius*; s. d.); die weniger robusten Formen lassen darauf schließen, daß es sich um ein weibliches Skelett handelt (Band V Tf. 120d). Der kindliche Schädel stammt von einem etwa achtjährigen Individuum (ebd. Tf. 121d und e). Interessant ist bei ihm das völlige Fehlen der Oberaugenwülste, die trotzdem fliehende Stirn und die für ein Kind merkwürdig stark entwickelten und weit hervortretenden Nasenbeine, ein besonders deutlicher Hinweis auf die Tatsache, daß die Neandertalrasse eine Nase besessen haben muß, die an Größe die Nasen der modernen europ. Bevölkerung übertroffen haben dürfte. Schon 1910 waren in etwas höher liegenden Moustérien-Schichten desselben FO zwei Talus gefunden, die ebenfalls zum *Homo primigenius* gehören.

Bull. de la Soc. préh. de France 1911 H. Martin; ders. *Sur un squelette humain* ... Comptes rend. hebdom. des Séances de l'Acad. des sciences 153 (1911) S. 728; CR Assoc. franç. Congr. Nîmes 1912 S. 537 ders.; L'Anthrop. 22 (1911) ders.; ebd. 31 (1921) S. 331 ders.; E. Werth *Der fossile Mensch* I (1921ff.) S. 158; M. Boule *Les hommes fossiles* 1923 S. 192.

Reche

Quintana-Höhle. Bei Balmori, unweit Llanes (span. Provinz Asturias). Belanglose Gravierung, entdeckt von H. Alcalde del Rio. S. Kunst A II.

H. Alcalde del Rio, H. Breuil und L. Sierra *Les cavernes de la Région Cantabrique* (*Espagne*) Monaco 1911 S. 83.

H. Obermaier

Qumani s. Komana.

Qummuch s. Kummuh.

Qûti s. Gutium.

R

Raa s. Schiff, Segel.

Rabe. Daß dem R. und den ihm verwandten Krähen eine besondere Stellung zukommt, spricht sich in der Völker- und Volkskunde deutlich genug aus. Häufig werden ihm infolge einer besonderen Abkunft große magische Kräfte (Rabenstein, Springwurz) zugeschrieben. So geht auch auf wahrscheinlich sehr alte Zeiten zurück, wenn er mit der babyl. Sintflut in Zusammenhang gebracht wird. Als sich das Wasser zu senken beginnt, läßt der babyl. Noah den R. fliegen, der nicht wiederkehrt, weil er Aas zum Fraße findet. Auch hier tritt schon der Gegensatz auf, der durch die Jahrtausende weitergeht, R. und Taube. Während nun in Griechenland der R. merkwürdigerweise dem Lichtgott Apollo gehört und auch im germ. Altertum eine große Rolle gespielt hat (Odins, St. Oswalds, St. Meinrads R. erweisen das zur Genüge), spielt der R. in der Sachkunde kaum eine Rolle. Nur span. Frauen trugen nach Strabo einen eigenartigen Kopfputz mit einem eisernen Raben. Ed. Hahn

Råbelövs-See. Der R.-S. liegt 2,4 m ü.d.M. (im J. 1917) im nö. Schonen und ist ein wichtiger steinzeitl. FO. Die ersten Funde hier wurden im J. 1878 im ca. 30 cm t. Wasser unweit des Ufers gemacht; die Fundstellen sind das letztemal vom Geologen Uno Sundelin in den J. 1917—20 untersucht worden.

Die betreffenden Fundstellen lagen längs des Strandes; die eine hatte ca. 100 m, die andere etwa 25 m L., während die Br. nur bzw. 4—6 und 4 m betrug. Die steinzeitl. Geräte fanden sich hauptsächlich in dem obersten Teil einer „Gyttja"-Schicht; wo diese fehlte, lagen sie direkt auf Moräne oder Lehmboden. Die Gyttja-Schicht bildet das Hängende für Moränen-Ablagerungen. Die Strandzone wird nach dem Lande zu durch eine eisgeschobene Barriere von großen Steinblöcken begrenzt.

An Geräten wurden gehoben: 1. Knochengeräte, unter welchen 33 Spitzen waren. Von diesen sind 18 sog. Vogelpfeile (s. d.) und 3 Harpunen mit großen Widerhaken, die wahrscheinlich aus dem Ende des Epipaläol. stammen. Keine von den Harpunen war von einer für die j. StZ charakteristischen Form. Außer Knochenstücken fanden sich jedoch auch 12 Angelhaken, von denen alle, außer zwei, mit Widerhaken versehen waren und sicher der j. StZ angehören. 2. Geräte aus Feuerstein und „Stein": sowohl grob zugehauene wie ziemlich gut zugeschlagene Scheibenäxte, der oberste Teil einer Kernaxt, mehr als 5000 Splitter, Bohrer, Schaber, Messer usw. aus Feuerstein, weiter 15—20 Walzenbeile, wovon eines fast „Lihult"-Typus zeigte, die übrigen jünger, eine dicknackige Axt, eine Axt mit rhombischem Querschnitt und Stielloch, der Vorderteil einer bootförmigen Axt aus „Stein" und endlich Schleifsteine aus Sandstein, auf die j. StZ deutend.

Kjellmark war, auf Grund einer Parallelisierung dieser Funde mit denen aus seinen Untersuchungen auf Listerland, der Ansicht, daß sie der j. StZ zugeschrieben werden müßten, trotzdem Geräteformen gefunden wurden (u. a. Harpunen mit großen Widerhaken und Vogelpfeile), die von den meisten Forschern zur ä. StZ gezählt werden. Nach Sundelins eingehenden geol. Untersuchungen der FO des Listerlandes besteht kein Zweifel, daß dort gefundene Gegenstände älter sein müssen als die Litorina-Transgression. Es ist daher das Wahrscheinlichste, daß auch die gleichartige, altertümliche und reiche Knochen-Kultur des

R.-S. wenigstens teilweise der Zeit vor dem Einbruch des Litorina-Meeres in den See, teilweise vielleicht auch der Zeit der Transgression angehört.

Nach Kjellmarks Ansicht müssen, da die Funde im See gemacht wurden und Strandwälle höheren Wasserstand in früheren Zeiten anzeigen, die Steinzeitmenschen hier auf Flößen gelebt haben. Sundelin ist zu folgenden abweichenden Resultaten gekommen. Erstens liegen die Gegenstände in sekundärer Lage von der Wohnstätte abgeschwemmt, die auf dem erodierten, lehmigen Moränenstrande haben liegen müssen, von welchen die FO nach der Senkung des Sees in den vierziger und sechziger J. des 19. Jh. durch einen Strandwall getrennt wurden. Hierdurch erklärt sich auch am einfachsten die Mischung von älteren und jüngeren Steinzeitformen. Zweitens zeigt die Pollenanalyse (s. d.), daß der See Zeiten von verschiedenem Wasserstand durchgemacht hat, der zeitweise so tief war, daß der See ohne Abfluß blieb. Dies war z. B. der Fall während der Prälitorina-Zeit (*Cladium*-Früchte durch die ganze Schalengyttja hindurch), als der Wasserstand zu Zeiten tiefer war als jetzt. Die Floß-Hypothese braucht deswegen nicht in Anspruch genommen zu werden, nicht einmal, wenn die Funde sich *in situ* befunden hätten. S. a. Nordischer Kreis A § 2b.

A. Ahlén *Om stenåldersfynden i Råbelövsjön* Kristianstads h. allm. Läroverk. Årsredogörelse 1878—79; K. Kjellmark *Öfversigt af Sveriges stenåldersboplatser* Ymer 1904 S. 187—225; ders. *Om benredskapen från mossarna på Listerlandet i Blekinge* Rig 1919 S. 217; U. Sundelin *Råbelövsjön och Nosabykärrets senkvartära historia och de där gjorda stenåldersfynden* Geol. Föreningens Förhandlingar 44 (1922) S. 553—590.

Hjalmar Larsen

Rabensburg (Niederösterreich). In zwei Grabhügeln, die 3 m H. hatten, fanden sich, abgesehen von einem Harzstück und einem Schleifstein (?), eine große Anzahl durchweg graphitierter, mit Reliefornamenten, intermittierender Glättung oder Bemalung verzierter Tongefäße.

Es handelt sich um bauchige Urnen, doppelkonische Gefäße, Henkelschalen, Fußschalen oder halbkugelige Schalen. Eine bauchige Urne besitzt an der Schulter 10 kleinere Gefäße in zwei Reihen angeordnet, die auf der Mutterurne durch kurze Zapfen aufsitzen und mit dem Hauptgefäße kommunizieren. Ein bombenförmiges Gefäß steht auf 4 Füßen und läuft an der einen Seite in einen Stierkopf, der ein eingestochenes Dreiecksornament aufweist, auf der anderen Seite in einen kurzen Schwanz aus. Ein anderes Gefäß ist anthropomorph verziert. Die Funde und mit ihnen auch die Grabhügel gehören der j. HZ an.

L. Franz *Die hallstättischen Hügelgräber von Bernhardsthal, Rabensburg und Bullendorf* Wien. Präh. Z. 1922 S. 39—44.

G. Kyrle

Rabutz s. Norddeutschland A § 4.

Račev (bei Jamboli, sö. vom Schipka-Paß, Bulgarien). Wohn- oder Grab (?)-Hügel mit einer Fülle von prächtigen bemalten und eingeritzten Tongefäßen vom Charakter der siebenbürgischen (Weißmalerei; geradlinige Horizontal- und Vertikalmuster; ineinandergereihte S-förmige Spiralen; hakenförmige Muster usw.; Band II Tf. 89a). Ebenso zeigen die Tonidole nahe Beziehungen zur siebenbürg.-ukrain. Gruppe, und auch die schematischen Knochenidole, die in ähnlicher Weise in Sultan Selo (s. d.), in Rusčuk (Band II Tf. 92) und Kodža-Dermen (s. d.) wiederkehren, finden in den Ton- und Alabasterfiguren Transsylvaniens und der Ukraine ihre Anknüpfung. Bemerkenswert ist, daß sich in den angeblichen Gräbern des Tell R. neben typischen Stein- und Hirschhorngeräten sowie vierkantigen Kupferpfriemen wie im Tell Mečkjur (s. d.) und in Cucuteni (s. d.) mehrfach auch Eisensachen gefunden haben sollen, doch wird von Čilingirov das Vorkommen von Gräbern in diesem wie in anderen Tumulis bestritten.

Seure und Degrand *Exploration de quelques tells de la Thrace* Bull. corr. hell. 30 (1906) S. 359ff.; ZfEthn. 43 (1911) S. 596 H. Schmidt; Hoernes *Urgesch.*² S. 310.

G. Wilke

Rachitis. R. ist in der Früh- und Vorgeschichte äußerst spärlich, wenn überhaupt, am Knochengerüste gefunden worden, Spuren von ihr am Zahnsystem in Ägypten durchaus nicht. Dagegen ergibt die Nachprüfung zeichnerischer Wiedergaben von Menschengestalten in Gräbern Altägyptens als zweifellos, daß R. dort vom Jahre 2000 v. C. an vorkam, vielleicht sogar schon 2—3 Jh. früher. Ludw. Pfeiffer hat ein rachitisches Skelett in Mitteldeutschland ausgraben können; es gehört aber erst dem 5. nachchristl. Jh. an. Dagegen fand B. Jäger, daß das Vorkommen der R. bis in die Hallstattperiode zurückreicht.

M. A. Ruffer *Studies in the Palaeopathology of Egypt* Chicago 1921 S. 43, 47, 164, 313; K. Jäger *Beitr. z. frühzeitl. Chirurgie* München 1907 S. 18; L. Pfeiffer *Einige medizinisch interessante Funde aus dem meroving. Gräberfeld (5. Jh. n. C.) in Weimar* Corresp.-Blätter d. allg. ärztl. Ver. v. Thüringen 29 (1900) S. 426—437.
Sudhoff

Rad.

§ 1. Entstehung. — § 2. Die Gestalt des Rades. — 3. Das Rad im Kult.

§ 1. Hinsichtlich der Entstehung des R. stehen zwei Ansichten einander gegenüber; während die eine es aus dem Rundholz hervorgehen läßt, denkt die andere an den Spinnwirtel oder an kleine, runde, durchbohrte Tonscheiben als Vorbild. Die erstere Auffassung wird bis in die neueste Zeit hinein vorwiegend von Technikern vertreten (z. B. A. Neuburger *Technik d. Altert.* 1919 S. 213); sie geht von der Annahme aus, daß schwere Lasten durch untergelegte Rollen bewegt wurden. Aber es fragt sich, ob man in jener frühen Vergangenheit, in der das R. entstanden sein muß, bereits derartige Lasten bewegt hat, sowie, ob die ersten auf diesem Wege entstandenen Fahrzeuge die hierfür erforderliche Tragkraft besessen haben. Man wird doch auch annehmen dürfen, daß die Entwicklung vom kleinen Gefährt zum großen vor sich gegangen ist; im Hinblick auf die technischen Möglichkeiten ist jedenfalls dieser Weg näherliegend als der umgekehrte. Sodann muß beachtet werden, daß die aus dem Abschnitt eines Baumstammes hergestellten R. sehr leicht Risse bekommen und damit ihre Tragkraft verlieren. Die Vorstellung, daß das R. aus der Walze entstanden sei, führt zu der Annahme, diese Entwicklung habe an den verschiedensten Stellen der Erde unabhängig vor sich gehen können. Aber so verbreitet das Radkreuz auf der Erde ist (s. Radornament), den Wagen (s. d.) hat man in Amerika vor Ankunft der Europäer nicht gekannt; und auch dort im Bereiche der alten Kulturstaaten sind in großem Umfange schwere steinerne Lasten bewegt worden. Und alle Anzeichen deuten darauf hin, daß in der alten Welt der Wagen ursprünglich nur eine beschränkte Verbreitung gehabt hat, welche damit erklärt werden muß, daß seine Erfindung nur einmal vor sich gegangen ist.

Die Auffassung, daß kleine, runde, durchbohrte Scheiben, etwa Spinnwirtel, das Vorbild der ältesten R. gewesen sind, wird von Ed. Hahn und Forestier vertreten. Letzterer nimmt an, eine Mutter habe ein Spielzeug gebaut, und dieses aus einer Achse und zwei Radscheiben daran bestehende Gestell sei das Vorbild für den ersten Wagen geworden. Hahn denkt, daß Priester diese Beobachtung ausgenutzt haben; er weist auf die Heiligkeit des R. hin und darauf, daß die Götter auf Wagen am Himmel fahren. Man kann sich nicht vorstellen, daß aus einem Lastgefährt der Götterwagen geworden ist; wohl aber ist die umgekehrte Entwicklung denkbar. Der Wagen tritt in der alten Welt in enger räumlicher und inhaltlicher Verbindung mit der Pflugkultur auf. Diese hatte Priester als ihre geistigen Träger; einer von ihnen mag die schon oft genug gemachte zufällige Beobachtung aufgegriffen und zu dem ältesten Wagen entwickelt haben, der dann seine Stellung im Rahmen des religiösen Untergrundes der Pflugkultur erhielt. Nur Priester waren jedenfalls dazu imstande, dem Volke einzuprägen, daß die Götter sich auf Wagen am Himmel bewegen.

So wird die kleine, runde, durchbohrte Scheibe das älteste R. gewesen sein; es ist zu unterscheiden zwischen ihm als einem selbständigen Gegenstand und als einem Teil des Wagens.

Internat. Zentralbl. f. Anthrop. 8 (1903) S. 1—3 Ed. Hahn; ders. *Die Entstehung der Pflugkultur* 1909 S. 40f.; ZfEthn. 45 (1913) S. 638 ders.; ders. *Von der Hacke zum Pflug* 1914 S. 59f.; Forestier *La Roue. Étude paléotechnologique* 1900 S. 127f.

§ 2. Die Gestalt des Wagens und seine technische Ausführung hängen ab von dem Können der Zeit, von der Aufgabe des R. und von der Art des Gefährtes, an dem es angebracht werden soll.

Eine Typologie der R. unter diesem Gesichtspunkt ist heute noch nicht möglich. Namentlich aus der ältesten Zeit fließt der Fundstoff erst außerordentlich spärlich. Sodann ist es zum mindesten zweifelhaft, ob die bildlichen Wiedergaben von R. in der Kunst zuverlässig sind und Aufschluß über technische Einzelheiten geben können. Es steht noch dahin, ob die frühesten R. deswegen Scheibenräder gewesen sein müssen, weil sie als solche auf den ältesten, bis jetzt bekannten Wagenbildern dargestellt zu sein scheinen (vgl. O. Weber *Altoriental. Siegelbilder* II [1920] Abb. 296, 298 u. 408 = AO 17/18; Ed. Meyer *Reich und Kultur der Chetiter* 1914 S. 54 Abb. 44; Abh. Preuß. Akad., Phil.-Hist. Kl. 1906: Ed. Meyer *Sumerier und Semiten* Tf. 8).

Je nach dem Zweck des Wagens wird die Gestalt und technische Ausführung des R. verschieden sein. Bei dem Versuche, hier eine Entwicklung aufzubauen, darf nicht vergessen werden, daß das Wagenrad nicht in dem Maße der Mode unterworfen ist wie eine Waffe oder ein Schmuckstück. Eine als praktisch erkannte Form wird immer wiederkehren. Anders liegen die Verhältnisse bei dem R. des Götterwagens und dem im Kult verwendeten R. Hier ist die Wahrscheinlichkeit sehr groß, daß eine einmal gewohnte Form auch dann noch beibehalten wird, wenn sie technisch längst überholt ist.

Mannus 10 (1918) S. 38—63 H. Mötefindt; H. Nachod *Der Rennwagen bei den Italikern und ihren Nachbarn* Diss. Leipzig 1909 S. 46f.

§ 3. Sehr häufig ist die Verwendung des R. im Kult. Hier erscheint es insbesondere als das Symbol der Sonne, aus dem das christliche Kreuz entstand. Die Sonnenscheibe, von einem Pferde gezogen, ist wiederholt der Gegenstand künstlerischer Darstellung gewesen (s. Trundholm). Ein Gott mit dem R. als Attribut begegnet bei den Kelten. S. a. Radornament, Sonnenscheiben (Irländische).

Prometheus 16 (1905) S. 241—247, 259—266, 277—284 Montelius; Mannus 1 (1909) S. 53—69 und 169—186 Montelius; J. Lechler *Vom Hakenkreuz* 1921 (= Vorzeit Bd. 1); Arch. Jahrb. 30 (1915) S. 27ff. Drexel; Ber. röm.-germ. Kom. 14 (1922) S. 23f. Drexel; Festschr. f. Ed. Hahn 1917 S. 227ff. H. Mötefindt.

Ernst Wahle

Rädchenverzierung s. Töpferei A § 13.

Radekow (Kr. Randow, Prov. Pommern). Urnenfeld, ausgegraben im J. 1875. Die Urnen in Brandschutt mit Steinüberdeckung. Typisches Feld der III. EZ (Mittellatène) in Pommern. Gürtelhaken mit Haftarmen, Scheibenkopfnadeln, Mittellatène-Fibeln, Schwert, Lanzenspitze.

H. Schumann *Urnenfriedhöfe* S. 194.

R. Beltz

Radnadel. Charakteristische Nadelform der älteren Hügelgräber-Bronzezeit Süd- und Mitteldeutschlands. Während vereinzelte Stücke in Frankreich, der Schweiz, Böhmen, Schlesien, Posen und sogar Südschweden erscheinen, erstreckt sich das Hauptverbreitungsgebiet von Süddeutschland n. der Donau in einem breiten Band über Mitteldeutschland (zwischen Coblenz und Halle) und reicht in den Ausläufern bis Hannover und Mecklenburg (Band IX Tf. 125 g). Der Mittelpunkt scheint am Mittelrhein oder in Kurhessen zu liegen. Ihre Entstehung ist noch ungeklärt. Da radförmige Anhänger erst später erscheinen, ist die Ableitung hiervon sehr fraglich. Glaubhafter wäre vielleicht eine Entwicklung aus den Ringkopfnadeln, wie sie in Muschenheim (Mus. Gießen), Hundersingen (Präh. Bl. 1904 Tf. 1, 10), Ludwigstal (Mus. Stuttgart) und besonders der Schweiz und Italien auftreten. Eine Zwischenstufe scheint die Form mit einem halben Rad als Kopf zu sein, wie sie aus Württemberg und der Schweiz bekannt sind (Groß *Protohelvètes* Tf. 21, 31; Keller *2. Pfahlbaubericht* Tf. 2, 59).

ZfEthn. 36 (1904) S. 586ff. A. Lissauer; *AuhV* 5 S. 398 Anm. 3 P. Reinecke; Heidelberg. Jahrb. 9 (1899) S. 267 Schumacher; 10. Ber. röm.-germ. Kom. 1917 S. 31 Schumacher.

Behrens

Radornament. § 1. Schon in der j. StZ begegnen Kreismuster mit eingezeichnetem Kreuz, z. T. als reines Ornament, z. T. aber auch sicher als symbolisches Zeichen. Welche von beiden Deutungen zutrifft, kann nur von Fall zu Fall entschieden werden. Die Verzierung kreisrunder Flächen durch ein Randornament und zwei senkrecht aufeinanderstehende Durchmesser entspricht ganz dem Stil der neol. Ornamentik (Deckelverzierung schnurkeramischer Töpfchen, Gefäßbodenverzierung von Palmella, Portugal, von Koszyłowce [s. d.] usw.). In der südosteurop. Vasenmalerei entwickeln sich aus den ineinandergreifenden Spiralvoluten nach und nach radförmige Motive (Petreny, Cucuteni), so daß an eine sinnbildliche Bedeutung nicht zu denken ist. In der ostalpinen Keramik (Laibacher Moor) ist die Deutung zweifelhaft; neben Kreisen mit Kreuz, Sparren oder Gitterwerk erscheint das Kreuz auch in rechteckiger Umrahmung und zusammen mit anderen Treppenmustern (Band X Tf. 30^{E}). Näher liegt die Deutung als Sonnenzeichen bei den auch sonst mit Symbolen bedeckten trojan. Spinnwirteln der II.—V. Stadt (s. Troja). Erscheint das Radkreuz, wie schon auf Steinen der nord. Megalithgräber, ohne jeden ornamentalen Zusammenhang, so handelt es sich wohl zweifellos um eine religiös-symbolische Darstellung der Sonne in Gestalt des frühen, vierspeichigen Rades (s. a. Symbol).

§ 2. Während der BZ war das Radzeichen wohl gleich allg. verbreitet wie der Sonnenkult selber, es findet sich vom Kaukasus und Griechenland (gut charakterisiertes vierspeichiges Rad unter den Goldblechen der myk. Schachtgräber; Band IV Tf. 101 a, c) bis England und Skandinavien. Dadurch, daß die nord. Radkreuzmotive nicht in das eigentliche Ornament eindringen, bekunden sie noch deutlicher ihren Charakter als Wahrzeichen. In den skand. Felsenzeichnungen (s. d. A) erscheint das R. nicht nur als wirkliches Wagenrad, sondern unzählige Male auch isoliert und dann doch vermutlich als Sonnenrad (Band III Tf. 54 b, h, j). Vielleicht sind hier die stelenartigen Figuren mit einem Kreis oder Radkreis als oberem Abschluß, die an die christlichen Hochkreuze mit Kranz erinnern, als Darstellung wirklicher Stelen zu betrachten und auf den Sonnenkult zu beziehen. Vierspeichige Räder mit wahrscheinlich kultischem Charakter finden sich auf den Steinplatten des Kivik-Grabes (Schonen; Band III Tf. 55 b, c) oder auch als Griffverzierung der „Rasiermesser" und Kämme. Die Bronzebekleidung eines hölzernen Kultgeräts (?) aus Balkåkra (s. d.; Band I Tf. 73 a) trägt 10 durch das Nabenloch deutlich kenntlich gemachte vierspeichige Räder. Aus England (Wexford) ist das Motiv von einer Goldscheibe, die vermutlich wie die Trundholmer (s. d.) als eine Sonnenscheibe aufgefaßt werden muß, bekannt (s. a. Großbritannien C § 24 und Band IV Tf. 255 a); auch in Norddeutschland scheint die symbolische Bedeutung des R. aus mehreren Funden gesichert (Bronzehorn von Wismar, Gürtel von Blankenburg, Uckermark). Bei den massenhaft gefundenen Radnadeln (s. d.) und Radanhängern der südd. Hügelgräberzeit mit einfachem oder reicher durchbrochenem Muster muß die Bedeutung dahingestellt bleiben.

§ 3. Zusammen mit so vielen anderen Sonnensymbolen erscheint das R. ungemein häufig in der früheren EZ Griechenlands, Italiens, aber besonders auch im Gebiet der Hallstatt-Kultur: auf bemalten Gefäßen von Griechenland bis Schlesien, plastisch eingedrückt an Tongefäßen der Niederlausitz und Niederösterreichs, als Bronzeanhänger in Ungarn, der Schweiz, Ostfrankreich, vielfach auch als einzelne vier- oder mehrspeichige Rädchen. Zusammen mit den Sonnenvögeln begegnet das R. u. a. an ital. Bronzegefäßen, Hallstätter Gürtelblechen, den schildförmigen Scheiben von Klein-Glein (s. d.; Steiermark). Mag das R. in vielen Fällen auch die Bedeutung eines bloßen Schutzzeichens (Amulett) angenommen haben, so zeigt die Verbindung mit plastisch aufgehefteten Sonnenvögeln an einer Gürtelkette der LTZ (Němějice, Böhmen), daß auch jetzt das R. noch als Sonnensymbol verstanden wurde. Während der ganzen LTZ bleibt das R. allg.: mit vier oder acht Speichen als Gürtelschmuck, als Hängeschmuck an Fibeln und Halsringen, auf Münzen, Helmen usw.; einzelne Bronzerädchen, die man auch als Geld gedeutet hat, stammen massenhaft besonders aus den Spätlatène-Stationen (Stradonitz, Bibrakte [s. d.]; 2000 wurden aus der Loire gehoben). An den gallo-röm. Jupiterstatuetten und Altarreliefs wird das Radkreuz unmittelbar mit dem Götterkult in Beziehung gebracht: das uralte Sonnenzeichen wird zum Attribut der persönlich gefaßten Gottheit.

§ 4. Über die Entwicklung vom Sonnenrad zum Kreuz unter Ausschaltung des Reifens, nicht bloß in christlicher Zeit, sondern schon bei den Assyrern, handelte (s. a. Göttensymbol E1 § 24 a, 42 a, 44) wiederholt Montelius. Besonders klar ist dieser Übergang auch im Bronzeschmuck der frühen EZ Südost- und Mitteleuropas zu beobachten (vgl. Hoernes *Urgesch.*[2] S. 24).

Déchelette *Manuel* II 1 c. XIII, 2 c. XI, 3 c. IX; Gaidoz *Le dieu gaulois du soleil et le symbolisme de la roue* Rev. arch. 1884—85; Hoernes *Urgesch.*[2] S. 501f.; Niederlaus. Mitt. 1 S. 23, 70; 2 S. 9; 3 S. 50 Jentsch; Prometheus 16 (1904) S. 241ff., 259ff., 277ff.; Mannus 1 (1909) S. 53ff., 169ff. O. Montelius; Danske Vid. Selsk. Skrift. 5, 3 S. 69f. Müller; S. Müller *Solbilledet fra Trundholm* SA. aus Nord. Fortidsm. 1 (1903); Aarb. 10 (1920) S. 125ff. F. A. v. Scheltema

Ragusa (Hybla Heraea) s. Sizilien B II.

Rahmani s. Ägäische Kultur.

Rahmenbau s. Haus.

Rahmenstil (oder flächeneinteilender Stil). Nach Hoernes: Gliederung der Gefäßwand in Felder, die dann jedes für sich eine weitere Ausschmückung erfahren können. Stark ausgeprägt erscheint der R. in der ostalpinen Keramik (Laibacher Moor; Band X Tf. 30E), beim Metopenband der Glockenbecher (Band IV Tf. 148, 150—152), nicht selten auch in der späten Megalith- und Schnurkeramik; in der Verzierung der bemalten Hallstatt-Gefäße ist der R. sehr allgemein. Irreführend ist es, wenn Hoernes den R. zugleich als einen tektonischen Stil und als eine spätere Entwicklungserscheinung dem „Umlaufstil" (s. d.) gegenüber betrachtet. Das Auftreten senkrechter Linienbündel oder Ornamentstreifen, die neben den wagrechten Umlauflinien die senkrechte Ausdehnung gewisser Gefäßteile betonen, ist ebenso streng tektonisch begründet wie der einfache Umlaufstil und noch keineswegs als ein späteres Entwicklungsmerkmal zu betrachten. Erst wenn die durch die senkrechten und wagrechten Liniengruppen bestimmten Grundflächen einen nachträglichen Schmuck durch Füllfiguren oder gar symbolische Motive erhalten, handelt es sich um einen typisch sekundären und späten Stil, der dann aber einen ausgesprochen atektonischen Charakter trägt. — S. a. Füllmuster, Metopenband.

Hoernes *Urgesch.*[2] S. 258, 265ff.
F. A. v. Scheltema

Rajgorod (Bez. Čerkask, Gouv. Kijev). § 1. Bei R. im Kijever Gebiete wurden 1899 durch J. V. Chvojka eine Anzahl skyth. Kurgane untersucht, über die nach seinem Tagebuch im III. Bande der *Collection Khanenko* 1900 berichtet ist, allerdings nur über Nr. 1, 2 und 14. Der wichtigste davon ist Nr. 2. Seine H. betrug $5^1/_2$ m, sein Umfang 130 m. An der Ostseite des Hügels eine kleine Holzkammer (H. nur 0,48 m, L. 2,10 m und Br. 0,75 m) mit Frauenbestattung. Zu ihren Füßen zwei Gefäße, eines einheimischer Arbeit (*Collection Khanenko* III Nr. 832 Tf. 54), kugelig, von demselben Typus wie die vielgefundenen Silberfläschchen (s. Voronež), eines griech. Arbeit (ebd. Nr. 841 Tf. 53). Auf der Brust eine Kette aus 33 Perlen (Serdelik, Email), zwei goldene Ohrringe von doppelkonischer Form (ebd. Nr. 4 Tf. 46), am Gürtel (Rückseite) weitere Serdelik- und Emailperlen (ebd. Nr. 597), 56 Goldbleche und eine bronzene Gürtelschnalle.

§ 2. Das Hauptgrab, ein mit Holz abgedeckter Schacht, lag unter dem Hügelaufschutt, hatte eine L. von 5,70 m, eine Br. von 4,30 m und eine T. von 3 m. Dies Grab war zerstört. Außer Tongefäßscherben, Bronzeblechen und eisernen Psalien (auch Pferdeknochen waren im Grabe) eine Schale (zwei?) griech. Arbeit (ebd. Nr. 842 Tf. 53), ein eisernes Messer und ein seltenes Stück: ein eiserner Akinakes mit bronzenem Griff (*Collection Khanenko* III Nr. 166 Tf. 38). Soweit sich aus der Abb. ersehen läßt, steht die Grifform des Schwertes dem von Šumejko (s. d. und *Collection Khanenko* III Nr. 461 Tf. 45) und verwandten nahe.

§ 3. Bei den beiden anderen Hügeln 1 und 14 wird nur von einem Grabe berichtet, das in der Anlage dem aus Nr. 2 gleicht. Beides Kriegergräber mit der gewöhnlichen Ausstattung, Tierknochen (Pferd, Schaf, bei Nr. 1 angeblich auch Schwein) und Pferdegeschirr (knöcherne Psalien aus Nr. 1; *Collection Khanenko* III Nr. 528, gute Abb. Tf. 48). Der älteste dürfte wohl Kurgan 2 sein (5.—4. Jh.). S. a. Südrußland D.

Collection Khanenko III (1900) S. 9f.
M. Ebert

Rainberg (in Salzburg, Salzburg). Noch im Gebiete der Stadt Salzburg liegt der auf allen Seiten steil abfallende, bis 80 m über die Talsohle sich erhebende, das Landschaftsbild beherrschende R. Seine ausgedehnten Hochflächen gliedern sich in den Hohen oder Oberen und in den Unteren

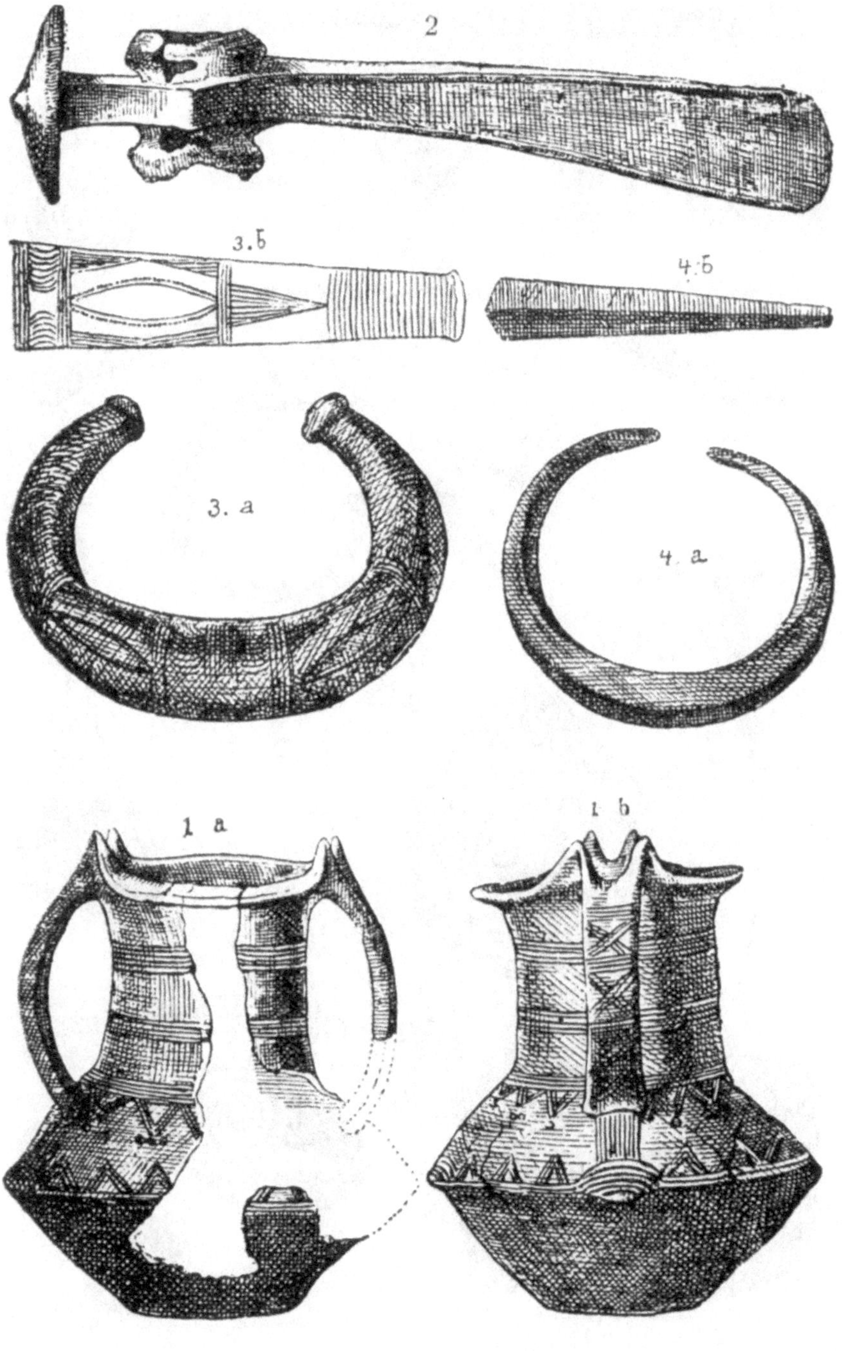

Rákos-Palota

1. Tongefäß, in dem der Schatz lag. $^{1}/_{4}$ n. Gr. — 2. Streitaxt. $^{2}/_{3}$ n. Gr. — 3, 4. Armringe. $^{3}/_{4}$ und $^{4}/_{5}$ n. Gr. (mit Einzelheiten in $^{1}/_{1}$ n. Gr.). Nach J. Hampel.

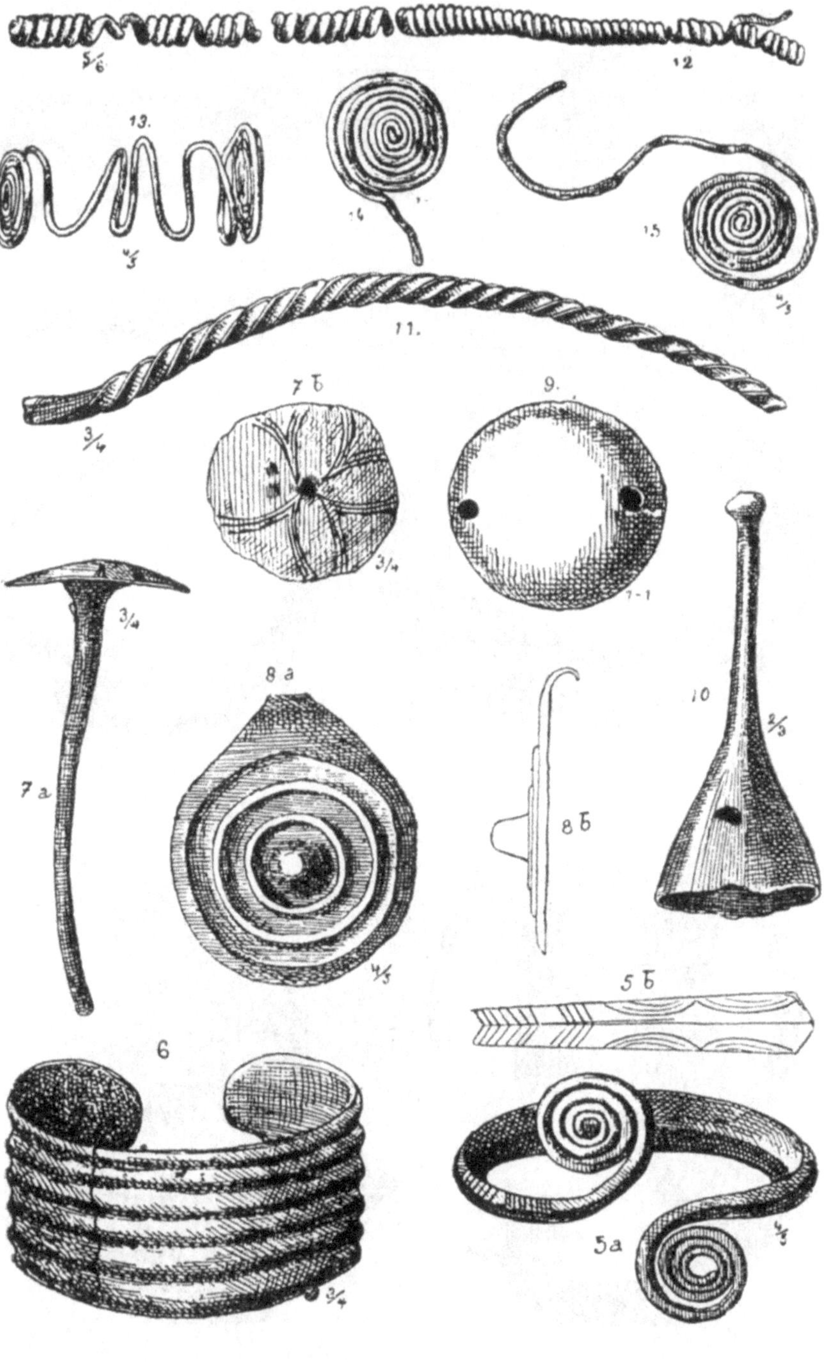

Rákos-Palota

5, 6. Armringe. — 7. Nadel. — 8. Anhängsel. — 9. Zierstück. — 10. Dsgl. — 11. Bruchstück eines gewundenen Drahtes. — 12. Spiralen. — 13. Fragmente davon. Nach J. Hampel.

oder Niederen R. Schon seit 1857 werden in diesem Gebiete Funde gemacht, aber erst die umfangreichen Untersuchungen besonders von Hell und Koblitz haben diese präh. Höhensiedlung völlig geklärt.

Aus den zahlreichen Fundstellen kamen insbesondere Flach- und Lochäxte, massenhaft Pfeilspitzen, zumeist aus Hornstein, geschlagene Kleinwerkzeuge aus demselben Material, verschiedene Arbeitssteine, ober- und endständige Lappenäxte, massenhaft Nadeln und Pfriemen, darunter filigrante Formen, Messer, Sicheln, verschiedenartige Ringe und Bruchstücke solcher, alle aus Bronze, dann Tüllenäxte und Fibeln aus Eisen, eine norische Kleinsilbermünze, Drahtgewinde aus Gold, Bruchstücke von Reifen und Perlen aus Glas, Horn- und Beinartefakte, bronzezeitl. Mondbilder, Spinnwirtel sowie Bruchstücke einer menschlichen Figur aus Ton und eine sehr große Anzahl von Gefäßfragmenten und Bruchstücke unfertiger Tongeschirre zum Vorschein. Nach der Verteilung der Funde war der R., vom Neol. angefangen, durch alle weiteren vorgesch. Kulturper. besiedelt.

Das Gebiet der jungneol. Besiedlung konzentriert sich auf der Höhe des Oberen R., doch finden sich auch auf dem Unteren R. neol. Streufunde. Die Kultur der BZ entfaltet sich auf den Hochflächen des Unteren R. in reichlichem Maße. Bronzezeitl. Reste auf dem Oberen R. sind Streufunde. Ebenfalls auf dem Unteren R. erscheint die Hallstatt-Per. in zahlreichen Funden vertreten. Eine bescheidene, jedoch gegen das Ende derselben hin wesentlich zunehmende Besiedlung ergibt sich zur LTZ, mit deren Ausklingen der R. gegen Ende des letzten vorchristl. Jh. seine Bedeutung als vorgesch. Besiedlungszentrum für immer verliert.

M. Hell und H. Koblitz *Prähistorische Funde vom Rainberg in Salzburg* Österr. Kunsttopographie 18 Beitrag III 1—37; M. Hell *Vorgeschichtliche Funde vom Nordfuße des Rainberges* Wien. Präh. Z. 1915 S. 27—31.

G. Kyrle

Rákos-Palota (Kom. Pest, Ungarn; Tf. 2, 3). In mehrfacher Hinsicht wichtiger Depotfund, der in einem Gefäße folgende bemerkenswerte Stücke enthielt: 1. Eine typisch-ungar., aber unverzierte Streitaxt mit oberer und unterer Tülle und flach gewölbter, in einen kleinen Konus auslaufender Scheibe am Bahnende. 2. Ein offener, kantiger, nach den Enden zu sich verjüngender, unverzierter Armring. 3. Ein dicker, nach den Enden zu gleichfalls sich verjüngender Armring mit Endstollen und augenförmigen Ornamentfiguren zwischen Gruppen von Querstrichen und Bogenlinien. 4. Eine typische Armberge mit schmalem, kantigen Mittelstück und Endspiralen, mit konzentrischen Halbkreisen und Querstrichen verziert. 5. Eine Fingerberge mit Endspiralen. 6. Ein gewelltes Armband. 7. Das Fragment einer Nadel mit verziertem und durchbohrtem Scheibenkopf. 8. Ein scheibenförmiges, geripptes Anhängsel mit zentralem Buckel und hakenförmig umgebogenem Oberteil. 9. Ein Tutulus. 10. Ein calottenförmiger durchbohrter Knopf. 11. Ein Stück eines torquierten kantigen Drahtes. 12. Fragmente von Spiralen und 13. mehrere Spiralröhrchen (salta-leoni). Das sehr charakteristische Gefäß ist ein scharf profilierter Doppelhenkelkrug mit ansa-lunataförmigen, den Rand überragenden, bandartigen Henkeln, die mit Querstrichen und liegenden Kreuzen verziert sind. Der hohe, zylindrische Hals ist mit Bändern von Ringsfurchen geschmückt; die Schulterverzierung besteht aus eingeschachtelten Winkeln, die auf dem den Bauchknick markierenden Furchenband ruhen bzw. von der Basis des Halses herabhängen. Außerdem finden sich am Bauchknick noch 4 symmetrisch verteilte Buckel mit Halbkreisumrahmung, von denen die unter den Henkeln befindlichen mit diesen durch ein senkrechtes Furchenband verbunden sind. Die Bronzen, besonders der Tutulus, das gewellte Armband, das Armband mit Augenornament, die Armberge, der Anhänger, die Nadel, die Streitaxt (über die Zeitstellung s. Gaura) usw. verweisen den Fund in die erste Hälfte der II. Per. (Mont.) der BZ. Dadurch werden auch die öfter wiederkehrenden Krüge von diesem Typus (Szeleveny, Wattina usw.) chronologisch bestimmt, die zwar noch der pannonischen Keramik (s. d.) angehören, anderseits aber wegen ihrer scharfen Profilierung und der Buckel mit Halbkreisumfurchung schon der Lausitzer Keramik nahestehen und daher

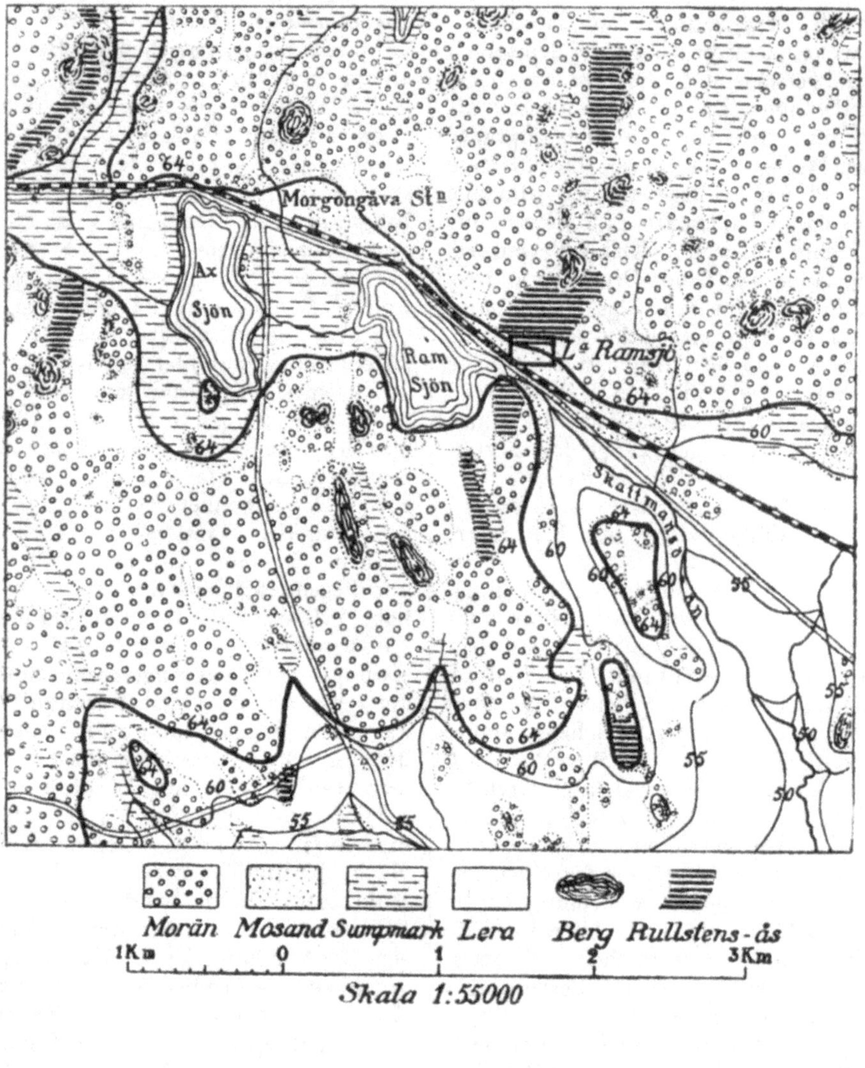
Morgongåva St
Ax Sjön
Ram Sjön
Ramsjö
Morän
Mosand
Sumpmark
Lera
Berg
Rullstens-ås
1Km 0 1 2 3Km
Skala 1:55000

Ramsjö

als Vorstufen von ihr aufgefaßt werden können.

Hampel *Bronzezeit* I Tf. 86, 87; Arch. Ertesitö 14 S. 52—60; Hoernes *Urgesch.*² S. 408.

G. Wilke

Ramme. Ob die zum Einsetzen von Pfählen heute übliche R. mit Fallbär in der Vorgeschichte bekannt war, ist ungewiß, wird aber von Feldhaus bei Wasserpfahlbauten vorausgesetzt. Auf festem Lande war sie keinesfalls gebräuchlich; dort wurden die Hauspfosten u. dgl. stets in eine ausgehobene Grube eingesetzt. Einige in den Pfahlbauten gefundene schwere Holzschlägel werden als Werkzeuge zum Eintreiben der Pfähle angesehen.

Keller *Pfahlbauten* 2. Ber. Tf. 1, 18; 5. Ber. Tf. 10, 3; Tf. 15, 16; v. Tröltsch *Die Pfahlbauten des Bodenseegebietes* 1902 S. 16; Feldhaus *Die Technik der Vorzeit* 1914 S. 856.

Alfred Götze

Rampe s. Festung, Haus.

Ramsjö (Ksp. Vitting, Uppland, Schweden). R. heißt die älteste, bisher noch alleinstehende, in Uppland entdeckte Steinzeitsiedlung. Der Wohnplatz, im J. 1910 aufgefunden, hat eine besonders typische Lage am Südabschluß eines Rollstein-Ås da, wo dieser von einem Wasserlauf durchbrochen wird, der ehemals einen Sund zwischen zwei Buchten bildete (Tf. 4). Unterhalb des Wohnplatzes bemerkt man eine Terrasse, die wahrscheinlich die damalige Strandlinie markiert und auf ein Meeresniveau von ca. 64 m hinweist, was für dieses Gebiet ungefähr 80% der Litorina-Grenze bedeutet. Das Land dort liegt seit vielen Jahren unter dem Pflug, und die Funde wurden bei der Bodenbestellung gemacht. Sie bestehen aus meist ziemlich flachen Schleifsteinen und Äxten. Von diesen sind einige typische Lihult-Äxte, die meisten dagegen verwandte, aber in ihrer Formgebung unbestimmtere Äxte mit Schlagtechnik („Ramsjö"-Typus). Auch einzelne frühe Walzenbeile mit Schlagspuren treten in ein paar Exemplaren auf. S. hierzu Band IX Tf. 23 a—e. Die für die jüngeren Wohnplätze charakteristischen Tongefäßbruchstücke und Schiefergeräte fehlen noch vollständig.

Die Siedlung von R. stimmt in ihrem Inventar durchaus mit dem überein, das wir von gewissen Wohnplätzen der schwed. Westküste und aus dem Gebiet bei Oslo (Kristiania) kennen, und das in die Übergangszeit zwischen ä. und j. skand. StZ gehört. Allerdings wissen wir jetzt, daß Wohnplätze dieses Typus teilweise bis in die Dolmenzeit („Dös"-Zeit) herab dauern. Der Ramsjö-Wohnplatz kann jedoch auf Grund der Niveauverhältnisse keinesfalls länger als bis zur I. Per. der j. StZ in Benutzung gewesen sein. Denn er liegt 15—20 m höher als die uppländ. Wohnplätze bei Nyskotten und Oxsätra, die nach den hier zahlreich auftretenden dünnackigen Äxten in die Dös-Zeit zu setzen sind. S. Nordischer Kreis A § 4c 2β.

Ymer 1913 S. 369 ff. Ekholm; ebd. 1922 S. 33 ff. ders.; ders. *Studier i Upplands bebyggelsehistoria* I UUÅ. 1916. Diss. Upsala 1915 S. 13 ff.

Gunnar Ekholm

Rändel s. Bronzetechnik A § 12.

Rang s. Schichtung.

Ranshofen (Oberösterreich). Im sog. Roiderholz wurden von der 16 Gräber zählenden Gruppe ein mittelgroßer Tumulus von 40 cm H. durch H. Preen aufgegraben. Es fand sich eine starke Aschen- und Kohlenschicht, 1 Eisenmesser und einige Stücke aus Bronze, ferner mehrere, meistens polychrom verzierte Urnen und Schalen. Hügelgräbergruppe der jüngeren HZ.

H. von Preen *Roiderholz bei Ranshofen* Jahrb. AK. 1908 S. 41—43.

G. Kyrle

Ras el-Kelb s. Nahr el-Kelb, Palästina-Syrien A.

Rasener s. Etrusker, Räter.

Rasenhügelgrab s. Nordischer Kreis C 1.

Rasieren s. Auripigment, Bart, Haartracht, Rasiermesser.

Rasiermesser. A 1. Allgemein. § 1. Die als R. bezeichnete Messergattung hat in der nord. BZ die Form einer meist rechteckigen, länglichen Platte, die an einem Ende in einen kurzen Griff ausläuft (Band III Tf. 121 a—c; IV Tf. 190 b 5; VII Tf. 97, 2). In der Mittelmeer- und Alpenzone mit Ausstrahlungen nordwärts sitzen häufig zwei krumme Klingen, symmetrisch einen Kreis bildend, an einem längeren oder kürzeren Griff (Band IV Tf. 54 Abb. 33; V Tf. 129 k; vgl. a. IV Tf. 59, 8). In der ältesten EZ in

Nord- und Mitteleuropa kommt der Griff in Fortfall, und die Klinge krümmt sich, wobei die Schneide an der ausbiegenden Seite sitzt; Material: Bronze oder Eisen (Band IV Tf. 59, 9. 10). In der LTZ wird die Krümmung stärker, die scharfen Ecken runden sich ab.

§ 2. Während sonst Griff und Klinge stets aus einem Stück bestehen, kennt man aus Ä. (18. Dyn.) eine dem heutigen R. nahekommende zweigliedrige Gattung, bei der Griff und Klinge durch ein Scharnier verbunden sind. Es sind die von Bezzenberger als Vorläufer der Schere (s. d. A) angesehenen Messer.

§ 3. Die Deutung als R. beruht auf einer gewissen formalen Ähnlichkeit mit dem heutigen. Es fehlt indessen nicht an Äußerungen, in denen die Brauchbarkeit von Bronzemessern zum Rasieren wegen der Weichheit des Stoffes bezweifelt wird. Man hätte allerdings die Möglichkeit gehabt, durch geeignete Legierung harte Messerklingen herzustellen. Ob das geschah, könnte durch Analysen festgestellt werden. Bei den R. der nord. BZ können harte Legierungen jedenfalls nicht angewandt worden sein, denn sie tragen häufig gepunzte Verzierungen, was nur bei verhältnismäßig weicher Bronze möglich ist (s. Bronzetechnik A § 1). Gegen die Deutung als R. spricht ferner der Umstand, daß sie in der nord. BZ häufig zusammen mit Pinzetten (s. d.) gefunden werden, die als die eigentlichen Rasierinstrumente anzusehen sind; daß dieselbe Person sich aber nach zwei Methoden rasierte, ist kaum anzunehmen. Man wird also nach einer anderen Deutung für die R. suchen müssen. Die grifflose Form der ältesten EZ und besonders die stark gekrümmte der LTZ würde sich gut als Fell- oder Ledermesser eignen.

Hoops *Reallex.* s. v. Bart Guđmundsson; ebd. s. v. Rasieren, Rasiermesser Sudhoff mit weiterer Literatur.

Alfred Götze

A2. Italien (Tf. 5; *Rasoi a lama quadrangolare* und *a lama lunare* oder *falcata*). § 1. Kleine, doppelschneidige oder einschneidige Messer, in Italien so gut wie durchgängig mit einer Vorrichtung versehen, um sie, sei es am Gürtel, sei es an Fibeln oder sonstwie, hängend zu tragen. Die doppelschneidigen Messer sind die älteren, weit in die BZ Oberitaliens hinaufragend. Die sich rundenden und einschneidigen treten zuerst in Gräbern auf, die wie bei Bismantova und Fontanella di Casalromano (v. Duhn *Ital. Gräberk.* I 149) bereits in den Übergang zur EZ, die sog. Villanova-Zeit, gehören. Neben das typol. tritt das topographisch-chronol. Interesse dieser Messergruppe. Sie sind eine Eigentümlichkeit der älteren Zeit, daher fast durchweg aus dünner, scharfschneidiger Bronze gegossen, aus Eisen in Italien nur noch selten, während dieselbe Form, n. der Alpen ebenfalls der j. BZ und der ä. EZ besonders eigen, sich in Norddeutschland und Skandinavien aus Eisen bis in die Zeit von C. Geb. fortsetzt.

§ 2. Aus Zusammenstellung von zwei einschneidigen Messern alter, schon in der StZ üblicher Form entstand, wahrscheinlich im ö. Oberitalien, das zweischneidige „Rasiermesser", zu dem in den Terramaren s. des Po Formsteine gefunden sind. Die beiden Schneiden sind bald durch eine freie, bald mit einem Gitterwerk oder gewundenen Stab zierlich gefüllte Öffnung getrennt, den Griff bildet meist ein durch Doppelstab verbundener Ring, aber auch wohl ein durchlochter Dorn, der die Verbindung mit einer Handhabe aus anderem Stoff ermöglichte. Die gern etwas konvex geschwungenen Schneiden entfernen sich an ihrem unteren Ende meist so weit voneinander, daß abermals eine Öffnung entsteht, gewöhnlich — nicht immer — groß genug, um in sie beim Hantieren einen Finger zu legen, was durch Rundung jenes Ausschnitts vielfach noch erleichtert wird. Schon im ö. Oberitalien, mehr noch in sich dorthin öffnenden Alpentälern, tritt neben diese in kunstvoller Typik herausgebildete Form eine auch in Mitteleuropa neben der ersten auftretende Vereinfachung, bei der beide Schneiden sich zu einer rechteckigen, quadratischen oder trapezförmigen Platte vereinigt haben (Band VI Tf. 27 b), die meistens, wenn auch durchaus nicht immer, durch ein eiförmiges, elliptisches oder rundes, oft sehr kleines Loch in der Mitte, oft auch durch einen mehr oder minder gerundeten Ausschnitt unten die ursprüngliche Trennung der beiden Schneiden ahnen läßt, trotz der scheinbar größeren Ursprünglichkeit, ja Primitivität: eine methodisch sehr beachtenswerte Tatsache. Diese vereinfachte Form ist diejenige, in welcher sich das Gerät nach Mittel- und Süditalien bis nach Sizilien und Sardinien, mit mancherlei lokalen Modifikationen, verbreitet hat. Auch der Griff zeigt meistens nicht mehr die organische Verbindung mit dem Messer, die Herausentwicklung aus demselben, sondern pflegt in Gestalt eines glatten oder tordierten Ringes und kurz gewordenen Verbindungsstabes durch Nieten befestigt zu sein. Doch kommt auch noch Guß aus einem Stück vor. Die Platte ist gewöhnlich beträchtlich verkürzt, oft stark verbreitert und zeigt das innere Loch oder den oft rechteckig, auch wohl dreieckig gebildeten unteren Ausschnitt nur noch ausnahmsweise, seltener in Mittelitalien (z. B. Allumiere: Bull. Paletn. Ital. 35 Tf. 12, 1—3; Montelius *Civ. prim.* Tf. 132, 2) als im Süden, z. B. in Capua (Mon. Lincei 22 S. 139—142 Abb. 60—61), Apulien (Jatta *La Puglia preist.* S. 175 Abb. 114), Timmari (Mon. Lincei 16 S. 87) oder Sizilien (Bull. Paletn. Ital. 31 S. 129 Abb. 33; Mon. Lincei 21 S. 336). Zu schmückenden Gravierungen, die mitunter auf den Platten auftreten (Bull. Paletn. Ital. 41 S. 52 Anm.), sind z. B. in Alfedena die Motive vom einstigen Anhängering und den Mittellöchern genommen (Mon. Lincei 10 S. 368 Abb. 85 = Montelius *Vorkl. Chronol.* S. 193 Abb. 506). Die „Messer" sind je weiter nach S um so häufiger so dünn, blechartig hergestellt, daß Zweifel an der praktischen Verwendbarkeit aufgetaucht sind, verstärkt durch die vielfach außerordentliche Kleinheit, die sie mehr zu schmückenden oder apotropäischen Anhängern geeignet erscheinen läßt, also ähnlich verwendet, wie die Form des verkleinerten Beiles (v. Duhn *Ital. Gräberk.* I Reg. u. Amulette). Mit der etwas unklaren Bezeichnung *Rasoi simbolici* ist diese Erklärung durch Pigorini eingeführt, von Colini aufgenommen (Bull. Paletn. Ital. 20 [1894] S. 11; ebd. 41 [1916] S. 52 Anm.).

Da diese doppelschneidigen Messer der w. Lombardei und Piemont fremd sind, ist die Annahme ausgeschlossen, die verbrennenden „Italiker" hätten sie bereits aus ihren Sitzen n. der Alpen mitgebracht. Die augenfällige Verwandtschaft der gleichen Geräte in Mitteleuropa, wo sie nicht nur gleichartige Formen, sondern gerade in der Nachbarschaft der Alpen weitergebildete, abgerundete zeigen, scheint zu der Vermutung zu drängen, daß Mitteleuropa das Gerät aus der mittl. Po-Ebene, etwa — wie so manches — über den Brenner, erhalten habe. Also ein analoger Fall zu der ersten Fibelübertragung (s. Fibel B § 1).

Die Verwendung als R. muß als fraglich bezeichnet werden, da sie, wenn auch selten, sich auch in Frauengräbern finden, also von Frauen in einer vereinzelt festgestellten Ledertasche oder einem Holzfutteral getragen und benutzt sind (v. Duhn *Ital. Gräberk.* I 542, 564); zeigt zwar gerade manche Südländerin auch heute ansehnlich entwickelten Bartschmuck, so wäre doch Mitgabe des R. eine immerhin weitgehende Fürsorge. Auch muß erwähnt werden, daß z. B. in Alfedena (s. d.) wie andersgeformte Messer so auch in wenigstens einem Falle ein solches Messer in der gewohnheitsgemäß den Toten zu Füßen gestellten Speiseschale ausdrücklich bezeugt wird (v. Duhn a. a. O. S. 564).

Bull. Paletn. Ital. 20 (1894) S. 6—19 Tf. I Pigorini; 31 (1905) S. 124—127 Montelius; ders. *Vorklass. Chronol.* 1912 S. 190—201 Abb. 474—517, 523, 547; ebd. Abb. 524—563 zahlreiche mitteleurop. Beispiele; Bull. Paletn. Ital. 41 S. 48—53 Colini.

§ 3. Von diesen aus ursprünglich zwei Schneiden zusammengesetzten mehr oder minder rechteckigen, wenn auch oft stark abgerundeten Messern sind die halbrunden einschneidigen, ebenfalls — seit Helbig 1875 (Im neuen Reich 1 S. 14, ausführlicher *Homer. Epos*² 1886 S. 247 ff.) die Deutung begründete — als R. angesehenen insofern zu scheiden, als Ableitung der zweiten Gattung von der ersten, oft angenommen, schwerlich aufrechtzuhalten ist. So auch richtig Montelius *Vorklass. Chronol.* S. 202, gegenüber der früheren, namentlich von Pigorini vertretenen Ansicht. Allerdings scheinen sie in manchen Gegenden die zweischneidigen abzulösen, in anderen gehen sie jedoch neben jenen her, die sich noch lange neben ihnen halten. Doch reicht die zweite Gattung weiter herab, findet sich hier und dort auch noch aus Eisen. Neben einer mehr gestreckten Form, die für die Übergangsnekropolen von der BZ zur EZ in Oberitalien typisch ist (noch ganz vereinzelt aus dem Savena-Grabfeld von Bologna: MacIver *Villanovans and Etruscans* Tf. 2, 18), auch in die Schweiz und andere n., w. und nö. Länder sich verbreitet hat, tritt bald, schon in den älteren Bologneser Brandgräbern (S. Vitale und Savena, Benacci und Benacci-Caprara, Depotfund von Piazza S. Francesco — freilich noch selten, nur ein Ex. festgestellt —), eine mehr gerundete, halbmondförmige Gestalt auf, deren erstes und hauptsächliches Ausbildungsgebiet die Gegend um Bologna zu sein scheint. Dort finden sich diese Messerchen in großer Menge, mitunter auch in Frauengräbern (Mél. d'archéol. et d'histoire 1907 S. 448 Grenier; v. Duhn *Ital. Gräberk.* I 162), werden jedoch um die Zeit von Arnoaldi I, wo sie aufhören, ersetzt durch eine mehr längliche, geschweifte Gattung (Mon. Lincei 5 [1895] S. 249ff. Brizio; Grenier *Bologne* 1912 S. 275). Die Entwicklung der Form hat verschiedene Stufen durchlaufen, ohne daß jedoch eine überall gleichmäßige Abfolge der Formen festzulegen wäre: der einen Gegend bleibt mehr die eine, der anderen mehr die andere Form eigen. Auch die Annahme, daß die Stücke mit angenietetem Griff durchweg älter seien als diejenigen, welche den Griff mitgegossen zeigen, wird sich als durchgehend für das ganze Land nicht festhalten lassen. Gute Übersicht über die verschiedenen Formen geben die Zusammenstellungen in Montelius *Vorklass. Chronologie* S. 203—204; die daran anschließenden Abbildungsblätter S. 205—206 zeigen die mittel- und nordeurop. Formen, welche ihre genetische Verwandtschaft mit den ersten gestreckten Typen verraten, während die halbmondförmigen nur in wenigen, den Alpen näheren Gebieten eigene Beispiele vertreten und wohl als vom S eingeführt anzusehen sind. Nachher ist die mitteleurop. und nord. Entwicklung ihre eigenen Wege gegangen; vgl. Montelius a. a. O. S. 206.

§ 4. Die ersten aus der Romagna südwärts vorgedrungenen, verbrennenden „Italiker" scheinen dies halbrunde Messer noch nicht mitgenommen zu haben; denn ihre ersten Schwärme mögen den Apennin überschritten haben, bevor der Vorstoß dieser Gruppen die Adria in der Gegend von Rimini erreichte. Die bereits an Eisen reichen Gräberfelder um Verucchio haben viele solche halbrunden Messer ergeben, während sie in Pianello (s.d.), schon inmitten des umbrisch-picenischen Berglandes, noch nicht vorkommen, sondern das zweischneidige, auf viereckiger Form beruhende noch allein nachklingt. Auch in Terni (s. d.) erscheint es erst in der Zeit, als die bestattenden Umbrer beginnen, sich an die Stelle ihrer verbrennenden Vettern zu setzen bzw. sie aufzunehmen (v. Duhn *Ital. Gräberk.* I 197), wird dann in deren Fossa- und Steinkreisgräbern häufig. Somit führten auch die ersten ans Tyrrhener Meer vordringenden „Italiker" es wahrscheinlich noch nicht mit; die Gräber von Tolfa-Allumiere (s.d.) ergaben wie Terni noch vorwiegend die älteren viereckigen Messer, nur ganz ausnahmsweise, ein einziges Mal (Notizie 1884 S. 101; v. Duhn *Ital. Gräberk.* I 204), erscheint ein halbrundes. So fehlt es denn auch noch in den Albaner Nekropolen der Brandzeit und in den röm. Forumgräbern (s. d.), während die jüngeren Gräber der Monti schon Beispiele lieferten. Demgemäß tritt es auf in den jüngeren Pozzo-Gräbern Cornetos (s. d.) und Vulcis (s. d.), auch in den Faliskernekropolen, in Veji (s.d.), Vetulonia (s. d.), noch gerade in Populonia (s. d.) in älteren Kammergräbern, in Marsiliana (s. d.), Volterra (s. d.), Monte Pitti sowie in den Poggio Renzo-Gräbern von Chiusi (s. d.), die ja trotz mancher alter Formen schon stark in die EZ hineinweisen. Im Volskerlande fehlen die halbrunden Messer noch in den freilich wenigen Brandgräbern, wie bei der dominierenden Nähe der Albaner Berge nicht anders zu erwarten, erscheinen dagegen im selben Caracupa in den ersten volskischen Bestattungsgräbern, die überhaupt ein etwas jüngeres Gepräge zur Schau tragen, gegenüber umbro-sabellischen Gräbern mehr im Inneren. Im s. Samnium fehlen die weiter n., wie in Bestattungsgräbern Picenums und Umbriens, noch häufigen halbrunden Messer vollständig. Dagegen sind sie längs des tyrrhen. Meeres südwärts nach Kyme (s. d.) und dem campan. Hinterland, Lukanien und Brettierland vorgedrungen, während Apulien, Sizilien und Sardinien an der zweischneidigen Form festgehalten haben. Merkwürdig ist ein, wie es scheint, vereinzeltes Exemplar des

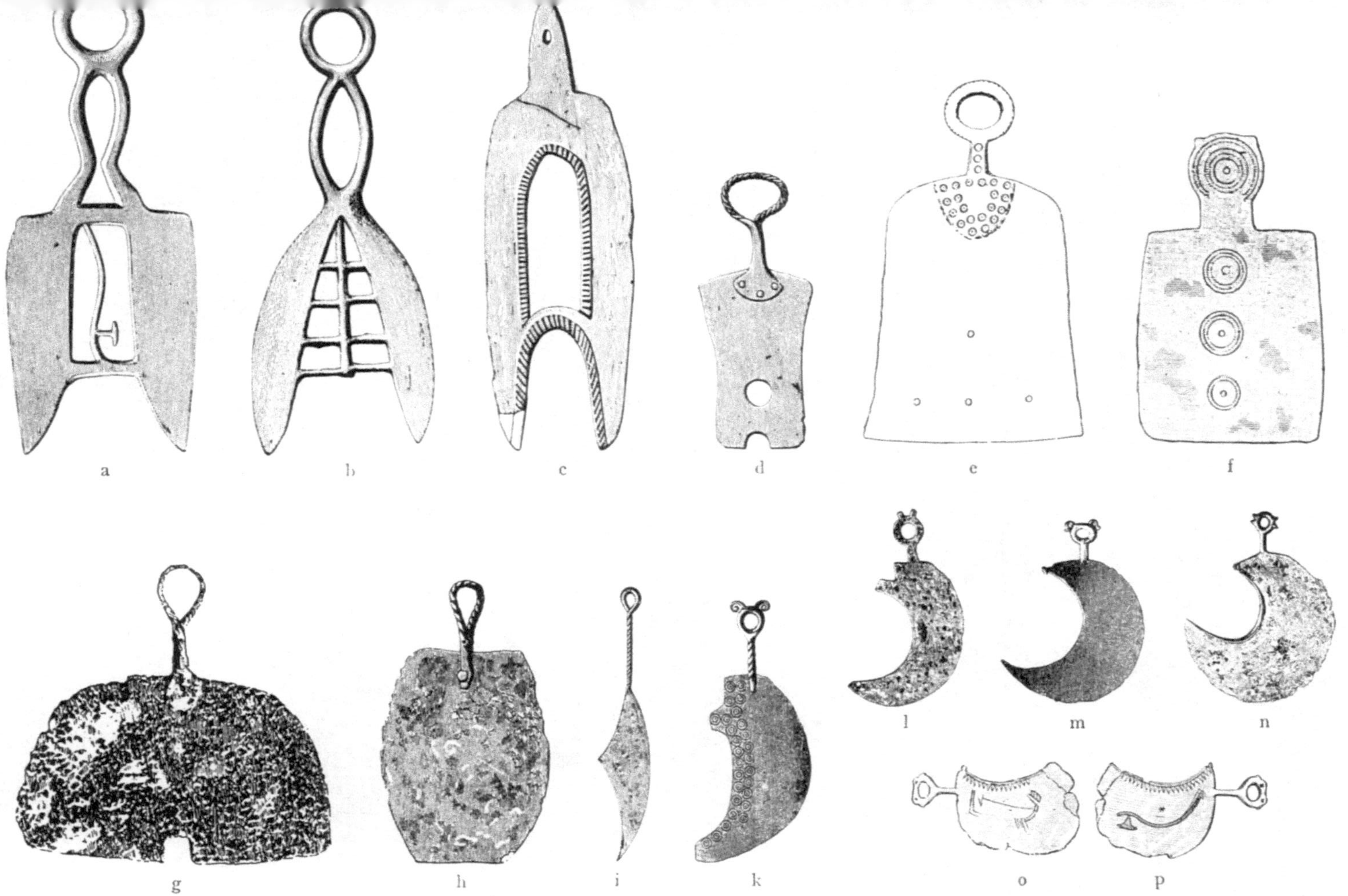

Rasiermesser A 2. Italien

a–c. Norditalien. d–f. Mittelitalien. g. h. Sizilien. i–p. Italien. Bronze. Nach O. Montelius *Vorklassische Chronologie* 1912 S. 192ff. und Grenier *Bologne* 1912 S. 274.

halbrunden Messers, das ganz dem in Benacci I vorkommenden Typus gleicht, in Karthago (Grenier *Bologne* S. 278, 2); vielleicht hat es zufällig aus Etrurien den Weg dorthin gefunden.

Beachtenswert die oftmals ausgeführte zierliche Schmückung mit Gravierungen, Zickzack- und Dreiecksäumungen und Wurfbeilen (diese allein sechsmal beobachtet), einmal auch mit einem Schiff; ebenso die Aufnahme in ein in Spuren oftmals gefundenes Futteral aus Holz oder Leder.

S. die im Text und zu § 2 angeführte Literatur, dazu Gsell *Fouilles de Vulci* 1891 S. 296ff.; Mon. Lincei 15 S. 442, 1 Pinza; ebd. 16 S. 389f. Paribeni; Grenier *Bologne* 1912 S. 274ff.

§ 5. Die § 3 zu Anfang berührte Deutung auch dieser halbrunden Messer auf R. ist aus gleichen Gründen wie bei den zweischneidigen nicht sicher. Aus ihrem FO, meistens neben dem Schädel oder der Schulter, bei Bestattungsgräbern, läßt sich kein sicherer Schluß ziehen, da sie vereinzelt auch zu Füßen oder nahe der Körpermitte notiert werden. Daß auch sie, wie die zweischneidigen (s. o.), gelegentlich am Halsband getragen und apotropäisch verwendet wurden, mag man aus ihrer oftmals überdünnen Beschaffenheit erschließen, aber auch aus ihrer vereinzelten Herstellung aus Bernstein. So notierte ich mir im Museo V. Giulia in Rom, demselben Grab XXIV von Narce entnommen, ein solches halbrundes „Rasiermesser" aus Bernstein und aus gleichem Material eine kleine Axt. Man würde gern das Erscheinen dieser Form auf einem Turiner Relief mit der Darstellung des Kairos verwenden (Arch. Ztg. 33 [1875] Tf. I; Dütschke *Ant. Bildw. in Oberitalien* IV Nr. 117; Friederichs-Wolters *Berl. Abgüsse* 1897), wenn nicht außer sonstigen Bedenken gegen den antiken Ursprung dieses Reliefs noch die sonderbare Tatsache eben des Erscheinens dieser Rasiermesserform auf einem Relief käme, das, wenn auch aus ital. Marmor, doch auf eine griech. Erfindung des 4.—3. Jh. zurückgehen müßte, d. h. eine Zeit, wo diese Form, selbst wenn sie je in Griechenland üblich gewesen wäre — was keineswegs sicher ist; denn das wenige, was Helbig *Hom. Epos* S. 248, danach Blümner *Röm. Privataltert.* 1911 S. 268, 4 dafür anführen, steht völlig in der Luft —, seit zwei Jh. oder mehr verschwunden sein müßte, wie auch in Italien. Wie freilich ein Bildhauer, sei es der altröm. Zeit, sei es der Renaissance, auf diese alte Form hat kommen können, bleibt ein Rätsel. Denn die Gestalt des griech. R., wie es schon bei der bekannten homerischen Wendung Il. K 173 vorausgesetzt werden muß, steht bereits im selben 2. Jht. fest und setzt sich im wesentlichen in gleicher Form fort durch das Mittelalter bis in die Neuzeit (Ausonia 9 [1914] S. 155ff. Della Corte). Es war länglich, leicht geschwungen, spitz oder geradlinig auslaufend, unten mit einer schmäler werdenden Verlängerung des Rückens, wodurch zwischen diesem Griff, der noch eine Fassung erhalten konnte, und der Schneide ein Raum entstand, in den die Finger sicher gelegt werden konnten. Im einzelnen gab es natürlich viele Varianten. Beispiele aus Kreta: Mon. Lincei 14 (1904) S. 541—42 Abb. 24 (Phaistos); Mon. Lincei 14 Tf. 4, 2. 3 (Hagia Triada); E. H. Hall *Excavations in eastern Crete, Vrokastro* 1914 Tf. 19, 1; S. 113, 179 (Vrokastro); Evans *Prehistoric tombs of Knossos* 1906 S. 60 Abb. 63, S. 87 Abb. 98 (Zapher Papura); Ἐφ. ἀρχ. 1904 S. 19 Abb. 3 (Artsá); BSA 8 S. 304 (Palaiokastro-Elaia); aus Rhodos: Furtwängler-Löschcke *Myk. Vasen* 1886 Text Tf. D, 8 (Ialysos); vom Festland: Ἐφ. ἀρχ. 1888 Tf. 9, 17 S. 171 (Mykenai, wo sie jedoch in den Schachtgräbern noch fehlen); Tsuntas-Manatt *Myc. age* S. 166 Abb. 61 (Markopulo); Ἐφ. ἀρχ. 1895 S. 219, 259 und Tf. 9, S. 14 (Sphettos); zwei schöne derartige Stücke aus spätmyk. Grabfund von Aigeira in Berlin (Mitt. R. Zahns). Auf diese Form, die sich in mancherlei Varianten durch die späteren Zeiten verfolgen läßt, und deren Gestaltung in röm. und folgender Zeit Della Corte (Ausonia 9 [1914] S. 139ff.) trefflich dargelegt hat, bezieht sich die *curva theca* Martials XI 58, 9; gleiche Gestalt mag man für die ξυροδόκη des Aristophanes Thesmoph. 220 voraussetzen. S. a. Déchelette *Manuel* II 1 S. 264—65.

v. Duhn

B. Ägypten. Das Scheren des Haares, das in ältester Zeit jedenfalls mit einem Steinmesser bewerkstelligt wurde, spielt in

Ä. sehr früh eine besondere Rolle, da die Sitte, Haupthaar und Bart ganz kurz zu schneiden, ja zu rasieren, schon zur Zeit der 1. Dyn. beim König und bei den Vornehmen allgemein geworden ist (s. Haartracht B). Die älteste Darstellung eines Schermessers ist uns in der Hieroglyphe für das Wort „scheren" aus dem AR erhalten (Sethe *Pyramidentexte* 1428a). Sie zeigt ein kurzes, meißelartiges Instrument, wohl aus Kupfer, mit ziemlich breiter Schnittfläche, das in einem längeren, leicht geschwungenen Griffe steckt. Die Darstellungen des Rasierens im MR (Klebs *Reliefs MR* S. 41; vgl. a. ebd. S. 28 Anm. 16) und des Haarschneidens im NR (Erman-Ranke *Äg.* S. 246) zeigen Messer anderer Form. Originale von R. aus Bronze haben sich aus dem MR und NR erhalten.

Wiedemann *Äg.* S. 139; *Berlin. Ausf. Verz.* S. 208. (Die von Borchardt [ÄZ 42 S. 78f.] als Rasiermesser bezeichnete Hieroglyphe hat mit einem solchen nichts zu tun.) Ranke

Raskopana-Mogila s. Michajlovo-Apostolovo.

Raspel s. Feile.

Rasse. R. ist ein rein naturwissenschaftlicher Begriff und darf daher nicht mit Dingen wie „Volk", „Sprachgemeinschaft" oder gar „Staat" verwechselt werden. Während „Volk" eine durch geschichtliche Vorgänge vereinigte (sekundär meist auch durch Mischung blutsverwandt gewordene) Gruppe, „Sprachgemeinschaft" die Summe derer ist, die — ganz gleich welcher Abstammung, welcher Rasse — die gleiche Sprache reden, und „Staat" ein politisches Gebilde ist, das die verschiedenartigsten Elemente umfassen kann und meist auch umfaßt, ist „Rasse" (schärfer: „Systemrasse") eine Menschengruppe, die durch Blutsverwandtschaft zusammenhängt, deren Einzelglieder alle der gleichen Wurzel entstammen, von gemeinsamen Vorfahren kommen; sie zeichnet sich durch den Besitz bestimmter gleicher Erbanlagen und durch diese bedingte Eigenschaften aus; sie unterscheidet sich durch ihre Erbanlagen von anderen R. und vererbt sie mit Zähigkeit weiter, so daß man von einer „Konstanz der Rassen" sprechen kann.

Es ist also falsch, beispielsweise von einer „deutschen", „englischen" oder „italienischen" „Rasse" zu sprechen. Deutsche, Engländer, Italiener sind „Völker", aber keine „Rassen", sind vielmehr aus einer Mischung verschiedener R. hervorgegangen. (Die Erblichkeitslehre faßt leider — manche Verwirrung war die Folge — den R.-Begriff enger, bezeichnet schon zwei nur durch ein gutes erbliches Merkmal verschiedene Linien als „Rassen".)

Die „Rasseneigenschaften" bestehen nicht nur aus äußerlich sichtbaren körperlichen (somatischen und morphologischen) Merkmalen, sondern auch aus physiologischen und geistigen Eigenschaften: manche Menschenrassen unterscheiden sich geistig fast mehr als körperlich. Und da „Kultur" und „Zivilisation" ein Produkt aus erblicher Rassenanlage und „Umwelt" sind, muß man die große Verschiedenheit der Kulturen und Zivilisationen in Ausprägung und Höhe zu einem sehr großen Teile auf die so verschiedene geistige Veranlagung der R. zurückführen; man macht immer wieder die Beobachtung: eine kulturschöpferisch begabte R. (wie die nordeurop.) kann selbst in ungünstiger Umwelt noch kulturelle Werte schaffen, während eine unbegabte selbst unter den günstigsten Bedingungen nicht über primitive Zustände hinauskommt.

Die wichtigsten sichtbaren körperlichen Merkmale sind: die Farbe von Haut (s. d.), Augen (s. d.) und Haar (s. d.), die Form des Haares, die Gestalt der Hirnkapsel und des Gesichtes, die Formen und Proportionen der Gliedmaßen und des Rumpfes, die Körpergröße.

Physiologische Merkmale sind vor allem die biologischen Rasseneigenschaften des Blutes (Aufbau des Eiweiß, agglutinierende und agglutinable Eigenschaften), der Rasse-Geruch, früheres oder späteres Eintreten der Geschlechtsreife und der Alterserscheinungen, verschiedenes Verhalten gegen klimatische Einflüsse und gegen verschiedene Krankheiten.

Die psychologischen Eigenschaften sind schwerer mit Sicherheit zu bestimmen, besonders bei fernerstehenden Rassen, in deren Psyche man sich nur unvollkommen einfühlen kann. Sicher ist aber, daß sich bei den menschlichen Rassen erhebliche Unterschiede finden: im Temperament, in der Stärke und Ausprägung des Geschlechtstriebes, im Charakter, in der Stärke von Willen, Tatkraft, Zielbewußtsein, Vorausdenken, Mut, Aufopferungsfähigkeit, Idealismus; verschieden ist das Gemütsleben, die Durchschnittsintelligenz besonders der führenden Schichten; erhebliche Unterschiede finden sich in den Begabungen und Talenten, besonders in den organisatorischen und schöpferischen Fähigkeiten.

Die Rassen zeigen endlich auch Verschiedenheiten in Eigenschaften, die durch ein Zusammenwirken von körperlichen und geistigen Anlagen bedingt sind, so in der Körperhaltung, im Gange, in den Gesten, im Mienenspiel usw. (s. Homo europaeus, Homo mediterraneus usw.). Reche

Rassel. S. a. Musik A. — (Vorderasien) Die R. haben als urtümliche Geräuschwerkzeuge in der asiat. Vorgeschichte zweifellos eine bedeutende Rolle gespielt. Ihre Spuren sind aber sehr gering, wie es bei wertlosen und zumeist recht zerbrechlichen Gegenständen nicht anders sein kann. Von den Philistern (s. d.) haben sich dosen- und vogelförmige, oft durchlöcherte Tonrasseln mit Einschlußkügelchen und z. T. mit Ösen erhalten. Sie werden dem 1.—2. Jht. zugeschrieben (Macalister *Gezer* II 306). S. a. Mummenschanz § 1. Sachs

Rasseneigenschaften. Es gibt somatische, morphologische, physiologische und geistige. S. Rasse. Reche

Rassenkunde. Lehre von den Menschen-(System-)rassen, ihren Erbanlagen, ihren Eigenschaften, ihrem biologischen Verhalten, ihrer geographischen Verbreitung und ihrer Geschichte. S. Anthropologie. Reche

Rassenmorphologie. Lehre von den morphologischen Eigenschaften der Rassen, d. h. den Eigenschaften des toten Körpers. S. Anthropologie. Reche

Rassenphysiologie. Lehre von den physiologischen Eigenschaften der Menschenrassen. S. Anthropologie, Rasse. Reche

Rassenpsychologie. Lehre von den geistigen Eigenschaften der Menschenrassen. S. Anthropologie, Rasse. Reche

Rassensomatologie. Lehre von den Eigenschaften des lebenden Körpers der Menschenrassen. S. Anthropologie, Rasse. Reche

Raster. Zur Erzeugung paralleler Ornamentlinien auf Tongefäßen diente der R., ein mehrzinkiges, kammartiges Instrument. Seine Benutzung geht bis in die Hallstatt-Kultur zurück, im N läßt er sich erst in der LTZ nachweisen. Alfred Götze

Rat der Alten s. Altenherrschaft, Gericht A, B § 4 III, Stände § 1.

Räter (Tf. 6). Raeti (Ραιτοί), zusammenfassender Name für eine Anzahl von Talgemeinschaften in Graubünden und Tirol.

§ 1. Grenzen. Stämme. Ihr Gebiet umfaßt: 1. die Täler des Rheins und seiner Nebenflüsse von den Quellen bis zum Bodensee; 2. vom Donaugebiet die Täler des Inn und seiner Nebenflüsse bis Kufstein, die Obertäler von Iller, Lech, Isar; 3. die Täler der Etsch und des Eisack mit den meisten Seitentälern; 4. die Obertäler der Adda und des Oglio. Der Kanton Wallis (*vallis Poenina*) und das Helvetergebiet im O, das keltisierte Vindelicien im N, das illyrisierte Noricum im W, das illyrisierte Venetergebiet im W, die keltisierte *Gallia transpadana* im SO bilden die Randländer des eigentl. Räter-Gebietes. Die Namen der rätischen Einzelstämme sind CIL V 7817, auf dem Tropaeum, das Augustus bei dem Städtchen la Turbia oberhalb von Monaco nach Unterwerfung der Alpenvölker errichten ließ, und bei Plinius N. H. III 135—7 aufgezählt (vgl. dazu CIL V 5050 und p. 512). Es sind etwa folgende:

1. *Trump(i)lini* in der Val Trompia, n. von Brixen,
2. *Camun(n)i* am Oberlauf des Oglio in der Val Camonica,
3. *Venostes* im ob. Etsch-Tal (*Vallis Venosta* = Vintschgau),
4. *Vennonetes* im Adda-Tal (*Vennonenses*, *Vennones*, *Vennontes*, *Venii*),
5. *Isarci* im Eisack-Tal (*Isarcus*),
6. *Breuni* od. *Breones* am Brenner,
7. *Genauni*, *-nes* (*Caenaunes*) im mittl. Inn-Tal,
8. *Focunates* im unteren Inn-Tal?,
9. *Ambisontes*, *-ii* am *Isontus* (Salzach)? bis nach Noricum,
10. *Rugusci*, *-ae* im oberen Inn-Tal (Engadin),
11. *Suanetes*, *-ae* im oberen Rhein-Tal,
12. *Calucones* im oberen Lech-Tal,
13. *Brixentes* bei Brixen (oder zu den *Brigantii* bei Bregenz)?,
14. *Lepontii* im oberen Tessin-Tal (Val Leventina),
15. *Bergalei* im Bergell an der Maira,
16. *Anauni* in der Val di Non am Nonsberg,

17. *Tulliasses*
18. *Sinduni* } in der Gegend von Trient,
19. *Sabini* in der Val Sabbia,
20. ʽΡουκάντιοι ?
21. Κωτουάντιοι ?

RE s. v. Raeti und Raetia S. 42—46, 46—62 Haug; H. Nissen *Ital. Landesk.* I 463—8; II 193—211, 225.

§ 2. Inschriften. Im Gebiete der R. und ihrer unmittelbaren Grenznachbarn sind außer lat. Inschriften auch einheimisch-landschaftliche Inschriften in den sog. nordetrusk. Alphabeten zum Vorschein gekommen, und zwar:

1. die kelto-ligur. oder kelto-lepont. Inschriften des Alphabetes von Lugano;
2. die nordetrusk. Inschriften des Alphabetes von Sondrio;
3. die nordetrusk. Inschriften des Alphabetes von Bozen-Trient;
4. die nordetrusk. Inschriften des Alphabetes von Magrè-Vicenza;
5. die illyr. Veneter-Inschriften des Alphabetes von Este.

Von den Gruppen 1 und 5 wird unter Ligurer B und Veneter B gesprochen. Die Inschriften der Gruppen 2—4 verteilen sich nach FO und Gegenständen wie folgt:

2. 2 Grabsteine aus Tresivio und aus Montagna, Orten bei Sondrio im Veltlin, 1 Ziegelstein aus Cividate im Camonica-Tal des Oglio und 1 Marmorstein aus Sale di Marasino, Orten im Gebiet des Iseo-Sees, 1 Marmorstein aus Voltino bei Limone am Garda-See, 1 Tonscherbe aus Rotzo in den Sette Comuni bei Bassano (Vicenza).
3. 2 Funde aus Nordtirol: 1 Bronzehandgriff aus Matrei (s. d.) von Innsbruck und die Inschrift von Pore bei Buchenstein. 9 Inschriften aus der Umgebung von Bozen: 1 Grabdeckelplatte aus Stadelhof-Kaltern bei Pfatten, 1 Bronzemeißel aus Tisens, 1 Bronzegefäß von Schloß Greifenstein, 1 Bronzelöffel aus Siebeneich bei Greifenstein (Fälschung?), 1 Grabstein aus Klobenstein am Ritten, 4 Bronzegefäße aus Moritzing. 18 Stücke aus der Val di Non: 1 pferdeartiges Bronzeornament aus Dercolo, 1 bronzene Kriegerstatuette, 1 Bronzehenkel, 1 Bronzelöffel, 1 Bronzehund, 4 bronzene Hohlmeißel, 1 Vasenscherbe, 2 Messergriffe aus Bein, alle aus San Zeno, 2 Bronzebleche, 2 Beinfragmente aus Mechel, 1 Bronzegefäß aus Campi Neri bei Cles, 1 Grabsteinpyramide aus Tavon. 8 Funde aus dem S des Gebietes: 1 Bronzeeimer vom Berge Caslyr im Cembra-Tal bei Trient, 1 Metallklinge aus Cà di Cavri bei Verona, 1 Tongefäßchen aus Verona, 2 Hirschhorngriffe aus San Brizio di Lavagno bei Verona, 1 Stein aus Feltria in den venezianischen Alpen, 1 Vasenscherbe aus Rotzo in den Sette Comuni bei Bassano, 1 Vasenscherbe aus Piovene bei Magrè, beide Fundorte in der Gegend von Vicenza.

   Nach den Stoffen haben wir also: 4 Inschriften auf Ton, 5 auf Stein, 6 auf Bein, 22 auf Bronze, d. h. die bodenständigen Grabsteine treten vor den vielleicht nur eingeführten Handelsartikeln stark in den Hintergrund.
4. 21 Inschriften auf durchsägten Hirschhorngriffen (oder Hirschhorn-Jagdtrophäen?) aus Magrè bei Vicenza, der Art nach zu vergleichen mit den Bein-Inschriften aus San Zeno, Mechel und aus San Brizio di Lavagno des Alphabetes von Bozen-Trient.

Über die „nordetruskischen" Inschriften grundlegend Th. Mommsen *Nordetruskische Alphabete* Mitt. Zürich 7 (1853) und C. Pauli *Die Inschriften nordetruskischen Alphabets. Altital. Forsch.* I (1885) S. 1—131. — Im einzelnen: Inschr. von *Sondrio* Pauli a. a. O. Nr. 27—31, dazu Glotta 4 (1913) S. 168—171 G. Herbig; Inschr. von *Bozen-Trient* Pauli a. a. O. Nr. 32—39, dazu Öst. Jahresh. 4 (1901) Beiblatt S. 1—4 L. de Campi, G. Pellegrini (s. u.) S. 190/3 und Unveröffentlichtes aus den Zetteln des CIE; Inschr. von *Magrè-Vicenza* G. Pellegrini *Corna di cervo iscritte ed altre reliquie di una stipe votiva preromana scoperta presso Magrè in provincia di Vicenza* Notizie 1918 S. 169—209, dazu The Class. Quarterly 18 (London 1923) S. 61—72 J. Whatmough.

§ 3. Schrift. Nordetrusk. können die oben aufgezählten 5 Alphabete genannt werden, weil sie bei dem gemeinsamen Fehlen der Medien und bei der zu vermutenden nachträglichen Ein- oder Anfügung des *o* (im Alphabet von Este steht *o* am Schluß des Alphabetes) in zwei wesentl. Punkten die Eigentümlichkeiten des etrusk. Gemeinalphabetes zeigen. Enger zusammen gehören die Alphabete von Lugano und von Bozen-Trient sowie die von Este und Magrè; diese letztgenannten sowie das nur unvollständig erhaltene von Sondrio teilen auch gewisse Ähnlichkeiten mit dem vorsabell. Alphabet (s. Vorsabeller). Doch bleiben eine Reihe von Fragen noch zu lösen, Paulis erste und fruchtbare Versuche, in dem Chaos Ordnung zu schaffen, müssen erneut überprüft werden. Die Normaltypen der einzelnen Alphabete sind auf nebenstehender Tf. 6 vereinigt.

Über die „nordetruskischen" Alphabete: Pauli (s. o. § 2) I 46—68, III 216—9, 231; Pellegrini (s. o. § 2) S. 190—201; Whatmough (s. o. § 2) S. 63—65.

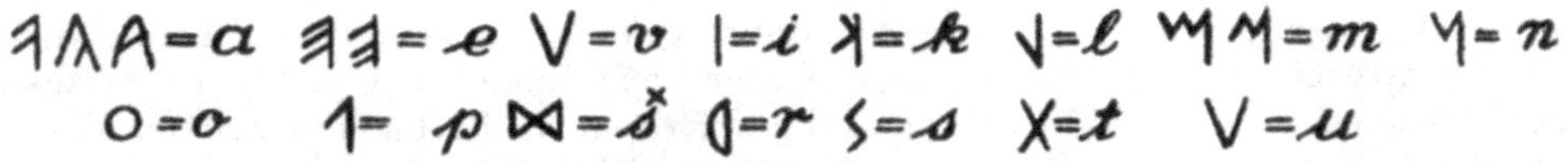

a. Lugano

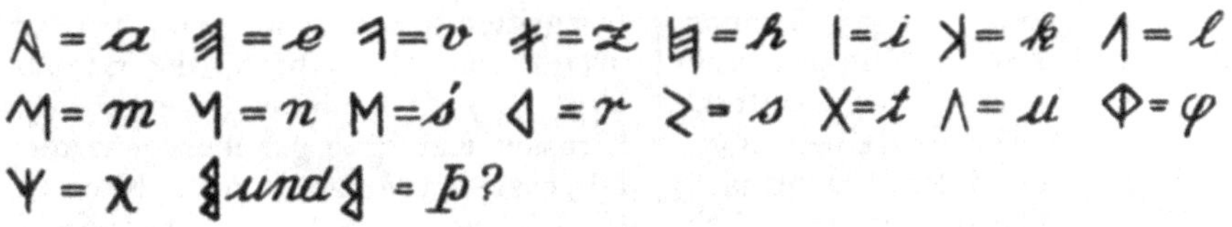

b. Magrè-Vicenza

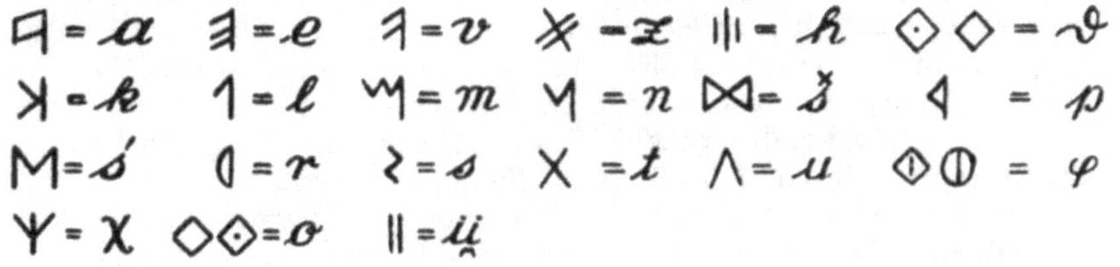

c. Este

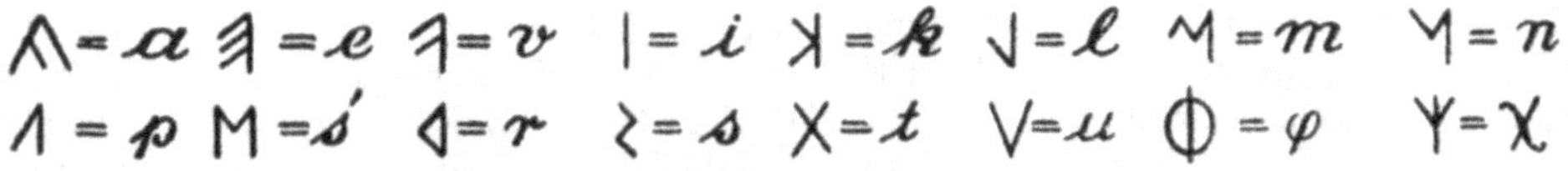

d. Bozen-Trient

e. Sondrio

Räter. Veneter

§ 4. Sprache. Die Inschriften der Alphabete von Lugano und Este sind ihrer Sprache nach kelt. (s. Ligurer B) und illyr. (s. Veneter B); die der Alphabete von Bozen-Trient und von Sondrio hat Pauli als etrusk. oder etruskisierend nachgewiesen, zu ihnen scheinen auch die Hirschhorn-Inschriften von Magrè zu gehören. Da die sicher deutbaren Teile der Inschriften meist aus Eigennamen bestehen, die aus verschiedenen Kulturkreisen hier zusammenströmten, und Alphabete und Sprachen nicht aneinander gebunden sind, können wir oft nur undeutlich sehen. Ein paar Beispiele mögen die Schwierigkeiten erläutern. Die Magrè-Inschriften sind in einem illyr. Alphabet geschrieben und der Sprache nach wahrscheinlich nordetrusk., ganz ähnlich wie die Palette von Padua ihrer Sprache nach etrusk., dem Alphabet nach illyr. ist. Die Sprache der nordetrusk. geschriebenen Inschrift des Grabsteins von Klobenstein am Ritten ist nach v. Scala ein etruskisiertes Illyr., die Sprache der gleichfalls nordetrusk. geschriebenen Inschrift der Grabdeckplatte von Stadelhof-Kaltern nach Pauli ein etruskisiertes Gallisch. Als kelt. oder vielleicht auf ligur. Grundlage keltisierte Sprachdenkmäler sind die in dem nordetrusk. Alphabet von Lugano geschriebenen Inschriften anzusehen (s. Ligurer B).

Es spiegeln sich in diesen Inschriften und Tatsachen also die gleichen Unsicherheiten wieder, über die wir noch nicht hinauskommen, wenn wir die R. als Gesamtbegriff ethnographisch festlegen wollen. Auch hier machen Etrusker (s. d.), Illyrier (s. d.), Kelten (s. d.) und Ligurer (s. d.) ihre Ansprüche geltend, alle mit begründeten Rechtstiteln, wie Inschriften, Eigennamen sowie sonstige Überlieferungen zeigen. Wir kommen um die Schwierigkeiten nur herum, wenn wir einsehen, daß der Räter-Name in hist. Zeit nur noch ein Sammelbegriff ist. Wie bei den Einzelsiedlungen lösen sich auch beim Gesamtbegriff Völker und Sprachen einander ab. Die Stadt *Verona* trägt einen etrusk. Namen, ihre Bewohner werden abwechselnd als euganeisch, rät. und kelt. bezeichnet. *Mantua* ist die Stadt eines etrusk. Unterweltsgottes, ihre Bewohner sind nach der Überlieferung etrusk. oder keltisch. *Tridentum* ist nach dem *-nt*-Suffix illyr. oder kelt., nach der Überlieferung kelt. oder rätisch. Die Etrusker-Räter sind nicht, wie man von Niebuhr bis Helbig angenommen hat, von N aus über die Alpen nach Rätien und Italien gekommen, sondern, wie Livius aus Padua und Plinius aus Comum, die es aus ihrer Heimat im Po-Land wissen konnten, genau berichten, durch die Gallier aus dem Po-Land in das Etsch-Tal gedrängt worden. Der Name Ρασέννα *rasna* hat mit dem der Räter sprachlich nichts zu tun, der Stammname der Räter ist in Gentilnamen etrusk. Inschriften aufgetaucht. Von den etrusk.-tirol. Namengleichungen, die Steub gewagt hat, ist kaum eine geblieben. Den Etrusker-Rätern gegenüber gewinnen die Illyrier-Räter an Boden. Nach Strabo IV 206 sind die Stämme der *Gencuni* und *Breuni* (oben § 1) Illyrier. Das illyr. *-nt*- und *-st*-Suffix sowie der Stamm des Veneter-Namens sind in Nord- und Südtirol zu Haus, und Tiroler Lokalforscher wie Stolz, Walde, v. Scala rücken die illyr. Spuren in Tirol immer mehr in den Vordergrund. Die Illyrier, die schon im 9. Jh. v. C., d. h. vor der griech. Besiedlung von Unteritalien, die Namen *Graeci* (s. a. Griechen B § 4) und *Ulixes* von der Balkan- nach der Apenninhalbinsel gebracht haben, gewinnen Gestalt vom Brenner bis zum Ätna. Horaz und Zosimos bringen als jüngere Überlieferung die Kelten-Räter zu Ehren, und seit dem 5. Jh. v. C. schieben sich die kelt. *Vindelici* zwischen Alpen und Donau über den Bodensee in das rät. Rhein-Tal und die kelt. *Cenomani* vom Po-Land aus nach *Verona* und *Brixia* ins rät. Etsch-Tal vor. *Tridentum* im S und *Brigantium* (Bregenz) am Bodensee sowie die *Brixentes* bei Brixen in Tirol zeigen das gleiche idg. *-nt*-Suffix, es kann kelt. oder illyr. sein. Einigen Anspruch als rät. Urvolk zu gelten, dürfen die Ligurer-Räter erheben, die einzigen Räter, die nicht erst vor unseren Augen in das Räter-Gebiet einwandern. Die *Trump(i)lini* und *Camunni* (s. o. § 1) sind nach Plinius Euganeer, und die (ligur.?) Euganeer nach Livius das Urvolk zwischen Meer und Alpen. Ob die „alpine Rasse" in Rätien ligur.-euganeisch ist, läßt sich schwerlich entscheiden; ist sie als Grundstock der rät. Bevölkerung wirklich nachzuweisen, dann haben die nur einzeln oder in versprengten Scharen, als Tauschhändler oder als

Flüchtlinge, erst spät und von S aus in Tirol auftauchenden Etrusker (s. d.) nichts mit der alpinenRasse zu tun.

Über die nordetrusk. Sprache der Inschriften von *Sondrio* und von *Bozen-Trient* vgl. Pauli (o. § 2) S. 96—112, über die wohl verwandte Sprache der Magrè-Inschriften Pellegrini (o. § 2) S. 201—7 und Whatmough (o. § 2) S. 65—72. Zur Palette von Padua (wie zur Metallklinge von Cà di Cavri, o. § 2 unter Nr. 3) neuerdings Pellegrini S. 192, zum Grabstein von Klobenstein R. v. Scala brieflich, zur Grabdeckplatte von Stadelhof-Kaltern Pauli S. 107—8. Die Überlieferung der Alten über *Verona, Mantua, Tridentum* bei H. Nissen *Ital. Landesk.* II 1 S. 202, 204, 209; zur etrusk. Form der Ortsnamen *Verona, Mantua* Schulze *Eig.* S. 475, 574. Über die Herkunft der Alpen-Etrusker aus dem Po-Land berichten Livius V 33, Pomp. Trogus bei Iust. XX 5, Plinius N.H. III 133. Zu den Namen ʽΡασένvας, *rasna* vgl. *RE* s. v. G. Herbig, über *Raetus*, etr. *reiϑvi, retui* vgl. CIE 8567. Pauli möchte S. 109—110 von Steubs Gleichungen wenigstens Fälle retten wie die der Tiroler Ortsnamen *Velthurns, Ladurn* durch Anlehnung an die etr. Gentilnamen *veldurna, la(r)turna* (jetzt belegt als *larϑurniś, Laturnius*), abgeleitet von den Vornamen *vel-ϑur, lar-ϑur*, nordetr. *latur*. Dazu F. Stolz *Die Urbevölkerung Tirols* 1892 S. 42—44, der dann S. 45—53 die Illyrier-Hypothese aufnimmt, die Pauli *Altital. Forsch.* III (1891) S. 419—425 angeschnitten hatte, und die A. Walde (*Über die Grundsätze und den heutigen Stand der nordtirol. Ortsnamenforschung* 1901) und R. v. Scala (*Die Anfänge geschichtlichen Lebens in Italien* Histor. Zeitschr. 108 [1912] S. 1—37) in verschiedenen Aufsätzen weitergeführt haben, während v. Grienberger in IF 40 (1922) S. 135—9 warnend eingreift. Im *Groß-Venediger* an den Quellen des Flusses *Isontus* oder *Isonta* (Salzach), im Venetberg n. vom Inn zwischen Landeck und Imst, im *lacus Venetus*, dem alten Namen des Bodensees, scheint der Name der illyrischen *Veneter* (s. Veneter B) wiederzuklingen, im Stammnamen der rätischen *Venii, Venostes, Vennones, Vennonenses, Vennonetes* kann er stecken. Das *-st*-Suffix von illyr. *Tergeste* (*Triest*) und venet.-illyr. *Ateste* (*Este*) schaut uns aus *Humiste* (*Imst*), *Venostes, Vinstgau* (*Vintschgau*) entgegen, das illyr. *-t-* und *-nt*-Suffix (Typus *Peucetii, Sallentini-Aletium, Tarentum*; s. Messapier B) aus *Vennonetes, Focunates, Suanetes* und aus *Vennontes*, ʽΡουκάντιοι, Κωτουάντιοι, *Amb-isontes* am *Isontus, Scarantia, Tridentum*; bei einigen freilich, ferner bei *Brixentes, Brigantium, Lepontii*, drängt sich auch ein kelt. *-nt*-Suffix ein. Über die Illyrier als Vermittler der Namen *Graeci* und *Ulixes* hat P. Kretschmer *Einleitung* S. 279—282 ausführlich gesprochen. Zeuss, Diefenbach und v. Planta (*Das alte Raetien staatlich und kulturhistorisch dargestellt* 1872) haben die kelt. Rechte in Rätien vertreten. Von den Euganeer-Rätern handeln Plinius III 134 und Livius I 1, dazu H. Nissen *Ital. Landesk.* I 486. Die Theorie von den Euganeer-Ligurern vertreten Pais, Ghirardini, Pellegrini; Lit. vgl. Notizie 1918 S. 203—4.

† G. Herbig

Rätsel.

§ 1. Die Stellung der R. als Gedankenspiel. — § 2. Die hawaiischen R.-Kämpfe. — § 3. Schimpfkämpfe. — § 4. Das R. im Gottesgericht. — § 5. Das Rätsel als Lehre. — § 6. Das R. als Gesellschaftsspiel. — § 7. Der rätselhafte Ausdruck überhaupt.

§ 1. Das Wort als solches genießt bei den höheren Naturvölkern einen eigenartigen Wert und wird in Versammlungen (s. Gericht A) und Zeremonien gepflegt. Dem Wort wird, namentlich mit Affekt geäußert, eine besondere Kraft zugeschrieben (s. Eid A, Fluch A, Gelübde A, Mana B). Insbesondere im Namen (s. d. A) verkörpert sich eine mystische Beziehung zwischen dem Lautsymbol und der damit bezeichneten Person oder mit dem betreffenden Gegenstand. Auch der Anklang eines Wortes an ein anderes, die Gemeinsamkeit von Attributen, wie Farbe (rotes Wasser, Feuer, Blut) oder äußere Gestalt (Bohne Ei, Embryo), verleiten dazu, auf einen inneren, einen „Wesens"-Zusammenhang der damit bezeichneten Objekte, Tiere oder Menschen zurückzuschließen. Diese Zusammenhänge werden als bevorzugtes Stammeswissen gehütet, in kanonischer Form überliefert und mit dem Respekt mystischer Heiligkeit umwoben (§ 2 und 5).

Die erwähnten Gemeinsamkeiten verleiten zu weitgehenden Folgerungen. Die Beziehung heterogener Dinge auf ein Attribut als gemeinsamen Nenner wirkt zunächst unerwartet. Um der Überraschung Ausdruck zu geben, sucht man nach ebenso verblüffender Form. Diese findet man in einem Frage- und Antwortspiel. Die primitiven R. entsprechen nicht eigentlich Rätseln in modernem Sinne, sondern sie begnügen sich oft nur mit Wort- oder Gedankenspielen (s. § 7), denen eine in analytischem Denken und in der Konstruktion von Kausalzusammenhängen wenig geschulte Zeit eine geheimnisvolle Bedeutung beilegen zu müssen glaubt (s. Fortschritt, Primitive Kultur).

Darauf gehen auch jene merkwürdigen Rätselspiele zurück, von denen in den idg. Märchen und Sagen nur spärliche Trümmer erhalten geblieben sind.

Die hawaiische Überlieferung ist in der Lage, uns ein geschlosseneres Bild des Denkens und der Sitte einer für sie viel weniger weit zurückliegenden Geistesstufe zu enthüllen. Es ist offenbar der Niederschlag des Lebens von durch Hirtenkultur beeinflußten Grab- oder Hackbauern.

Die Besonderheit des R. entspringt einer falschen Problemstellung der Naturvölker, welche die äußerliche Erscheinung von dem inneren Kausalzusammenhang der Gegenstände und Wesen noch nicht zu scheiden vermochte und daher sich zu falschen Rückschlüssen berechtigt wähnte (s. Fortschritt). Die Kenntnis des R. war teilweise ein Zeichen der Zugehörigkeit zu einer Familie, einem Klan oder einem Stamm. Oft aber enthielt sie gewissermaßen eine erste Ideologie, wobei nach dem Muster des Unterschiedes zwischen Gruppenangehörigen und Fremden: die „Nichtwissenden" behandelt werden wie „Fremde" (s. d.). Nur aus dieser Analogiesetzung ist die eigenartige Intoleranz zu erklären (§ 2), die gegen alle geübt wird, welche das R., das ist im heutigen Sinne gesprochen: die „Ideologie", nicht kennen. Das Raten des R. bedeutet also Teilhaberschaft an der Ideologie, ähnlich wie auch in den geheimen Gesellschaften (s. d.) und Männerbünden (s. d.).

Aus dem religiösen Charakter des R. als Träger einer Ideologie leitet sich seine Verwendung im Gottesgericht ab (§ 4). Auch das R. der Sphinx erscheint in der Antike teilweise wie ein Gottesgericht (Apollodor III 8).

Die kanonische spätere Fassung des R. als „Lehre" hat hauptsächlich die Bedeutung einer Gedächtnishilfe (§ 5).

In „aufgeklärterer" Zeit verblaßt das heilige R. zum Gesellschaftsspiel (§ 6), ähnlich wie das rituelle Fadenspiel zum Zeitvertreib der Kinder.

Ob die große Verbreitung ähnlicher R. auf einer Übertragung beruht, muß in den Einzelfällen besonders festgestellt werden. Von der Übereinstimmung in bestimmten einzelnen R. ist jedoch der allgemeine Geschmack an dieser Art intellektueller Betätigung zu unterscheiden. Ihr liegt eine geistige Bereitschaft zugrunde, wie wir sie bei Völkern sehr verschiedener Gebiete der Erde feststellen können. Diese Bereitschaft ist raßlich oder kulturell begründet und muß als etwas angesehen werden, das in jedem Falle aus der besonderen Geistesverfassung der betreffenden Kultur hervorging, somit nicht bloß durch äußerliche Kulturberührung übertragen werden konnte.

Immerhin muß es unsere Aufmerksamkeit erregen, daß polynesische R. (Beckwith) mit altgerman. (Vigfusson und Powell) und mit solchen der Mittelmeerkulturen (Schevil) und Indiens (Swynnerton) merkwürdige Übereinstimmungen zeigen. Der Gedanke von Übertragung ist trotz einer so weiten Entfernung nicht ohne weiteres von der Hand zu weisen, nachdem Graebner in seinem Aufsatz über *Thor und Maui* (Anthropos 14—15 [1919—20] S. 1099—1119) weitgehende Übereinstimmungen auf mythologischem Gebiet nachgewiesen hat.

§ 2. In einigen hawaiischen Geschichten der Vergangenheit wird der Wettkampf in Witz und Hohn als besondere Fähigkeit der Häuptlinge dargestellt und ähnlich bewertet wie die Fertigkeit in Kampfspielen, im Pfeilwerfen oder im Würfelspiel; mit den Kraftproben im Boxen oder Ringen; und mit Kriegskünsten wie Steineschleudern und Speerwerfen. Dabei kommt es zu einem richtigen Wettstreit, um dessen Ergebnisse die Kämpfer selbst ihr Leben einsetzen. Bestimmte Spielregeln sind zu beachten, und sogar ein vorheriges Einüben findet statt. Die Entscheidungen werden auch im Falle eines unbeliebten Rivalen offen und unparteiisch getroffen. Ein solcher Witzwettbewerb heißt *hoopaapaa* = Disputationskunst. Der Kundige in *hoopaapaa* hat sich vor allem die Fertigkeit im Lösen von R. angeeignet. Es kommt darauf an, daß er die Lösung der herkömmlichen R. kennt. — Diese R. werden ferner dazu verwendet, um einen Angehörigen gewissen Ranges festzustellen, insbesondere, wenn ein Fremder (s. d.) erscheint, der Anspruch auf den gleichen Rang wie der Herrscher des Landes oder der Insel erhebt. In den Geschichten ist der erfolgreiche Rätselkämpfer gewöhnlich der Gast. Der Gast darf jedoch nicht ohne weiteres seinen Wirt herausfordern, sonst läuft er Gefahr, in noch andere Wettkämpfe verstrickt zu werden. Doch kann er Aufgaben abweisen, in denen er sich nicht sicher fühlt. Nur der Prahler versucht mehr, als er kann; der wahre Held kennt die Grenzen seiner Kraft. Manchmal kann er aber auch einen seiner Gefolgsleute zum Wettkampf stellen. Aus diesem Grunde pflegten die Häuptlinge in verschiedenen Künsten geübte Leute um sich zu versammeln, letztere hingegen suchten Ehre und Anerkennung dadurch zu erlangen, daß sie durch Witz und Gedankenschärfe andere herausforderten und besiegten. (Man wird an die „Hofnarren" des Mittelalters erinnert.) — Die Kunst des *hoopaapaa* wird von einer Tante oder von dem Vater durch besondere Vorbereitung und Übung erworben. Damit hängt auch die Kenntnis von Namen (s. d. A) und Eigenschaften der physischen Welt zusammen, die Geschichte und die Einteilung von Gegenständen sowie auch die Stammbäume der Häuptlinge (s. d.) und die Bezeichnung von Örtlichkeiten sowie deren Eigenschaften und Besonderheiten (s. a. Primitives Denken). — Beim Wettstreit im *hoopaapaa* ist der Einsatz gewöhnlich das Leben, und der Verlierer wird in der Kochgrube geschmort. Da Kannibalismus (s. d.) in Hawai nicht geübt wurde, bezweckte dieses Verfahren hauptsächlich, das Fleisch schnell von den Knochen zu lösen, um die letzteren als Siegestrophäen herauszuholen. Daher sagte man: „Unser Einsatz sind unsere Knochen." — In der Geschichte von *Kipakailiuli* werden alle Männer aufgefordert, am Hofe des Häuptlings zu erscheinen, um seine R. zu lösen, und denjenigen, die sie nicht lösen, wird der Tod in der Kochgrube angedroht. Bei manchen Rätselwettspielen trägt der Wettbewerber verschiedene Gegenstände in einem Korb; es sind Gegenstände mit übernatürlichen Eigenschaften, z. B. Knochen der Großmutter oder erschlagener Feinde, vermöge deren der Held einen Vorteil über seine Gegenstreiter zu gewinnen hofft. In einer Legende trägt eine Meeresfrau den Mond in ihrer Schüssel. Indessen besteht die Auffassung, daß der Streiter mehr auf seinen Verstand sich verlassen muß als auf die wunderwirkenden Objekte in seinem Korb (s. Idol A1, Zauber A). — Manchmal handelt es sich bei diesen Witzkämpfen jedoch um nichts weiter als um eine gesellschaftliche Unterhaltung. Die verschiedensten Dinge werden als Preis ausgesetzt. Was jedoch hauptsächlich bei *hoopaapaa* hilft, ist die Kenntnis von Worten, Wendungen oder Sprichworten. Z. B. brüstet sich einer, daß er eine Ratte inmitten einer Menschenmenge mit dem Pfeil treffen will. Darauf schießt er auf eine halbblinde Frau und gewinnt die Wette mit der Begründung, daß man einen Menschen, dessen Augen (vom Star) umdüstert sind, „trübäugige Ratte" nennt. Damit hat er die Wette gewonnen. — Viele hawaiische Heldengeschichten enthalten derartige Witzworte, nicht unähnlich wie die Spottwendungen europ. Balladen (Emerson S. 69, 70, 98, 106, 221 usw.) oder isländ. Sagas (Vigfusson und Powell I 62, 69, 81, 86, 100). In der Geschichte von *Kaipalaoa* werden 18 Punkte für einen Rätselwettkampf angeführt. Dabei besteht die Kunst immer darin, einen anderen Fall mehr zu finden, als den, der bei der Herausforderung beschrieben wurde.

Darum decken sich 1. diese Aufgaben keineswegs ohne weiteres mit dem, was wir „Rätsel" nennen, sondern stellen nur Listen von Dingen dar; die Aufgabe besteht darin, eine weitere Sache hinzuzufügen.

Eine 2. Art von Aufgaben besteht in dem bloßen Auswechseln von Ortsnamen, und zwar bald mit, bald ohne witzige Nebenbedeutung. Die Verwendung von Ortsnamen ist sehr beliebt für diese Spiele. Wer Erfolg wünscht, muß daher ein vielgereister Mann sein, da es sich bei dem Auswechseln sowohl um den besonderen Charakter der Örtlichkeit handelt als auch um die damit verbundenen Assoziationen.

An 3. Stelle stehen erst die eigentlichen R., bei denen gewöhnliche Gegenstände durch Bilder in metaphorischer Sprache angedeutet werden, wie: „ein Mann, der in hohem Grase läuft" (= Laus); „zwei Tropfen, die die ganze Erde sehen" (die Augen). — Bei dem Wettbewerb handelt es sich nicht so sehr darum, die R. zu raten („das Tier mit den Knochen außen" = die Krabbe, „der Vogel mit den hängenden Flügeln" = Drachenfliege), sondern vielmehr darum, das R. durch eine entsprechende Aufgabe zu beantworten, die parallel mit der ersten geht und eine ähnliche Analogisierung birgt. — In derselben Weise wird auch die Aufgabe bei den südafrik. Baronga gestellt (Junod S. 252ff.).

4. Manchmal ist aber die Aufgabe nicht metaphorischer Art; ein Gegenstand ist so eigenartig, daß es schwer fällt, dafür eine Analogie zu finden. Als Parallele für die rankende Pflanze *kaunooa* nennt man das Spinngewebe, und zwar mit der Begründung, daß es keinen Stamm hat, sein „Stamm" sei der Baum, an den es sich windet, und bei beiden seien Wurzeln nicht da. Doch sind derartige, die ganze Erscheinung erfassende Analogien selten, sondern gewöhnlich kommt es nur darauf an, die Aufgabe mit einigen geringen Änderungen zu wiederholen.

Sie stellen daher hauptsächlich Anforderungen an das Gedächtnis und an die Geistesgegenwart. Die einzelnen R. werden gewöhnlich ohne Zusammenhang untereinander gestellt; manchmal werden sie indes durch ein Wortspiel miteinander verbunden.

Es gibt Familien in Puna auf Hawaii, die wohl R. kennen, aber sich weigern, deren Lösung zu geben, weil sie Abkömmlinge von solchen Leuten sind, die erfolglos „das Häuptlingsrätsel von den Fingernägeln" zu lösen suchten, und deren Ahnen darum in der Grube schmoren mußten.

Die Zeit der Rätselspiele in der hawaiischen Geschichte entspricht der Periode, während der hervorragende und glänzende adlige Häuptlinge, welche die Blüte der intellektuellen Energie Hawaiis verkörperten (s. Adel, Kaste A, Schichtung), über die Insel herrschten und derem Leben ihren Charakter aufprägten. Es scheint, daß das intellektuelle Leben später verfiel und damit auch der Geist des Kampfes mit den R., von denen viele einer späteren Zeit nicht mehr verständlich waren — ähnlich wie das auch in Skandinavien und Irland der Fall war, als die eigentliche aristokratische Kultur unterging.

§ 3. Etwas Ähnliches wie die Rätselspiele sind die Sing- und Schimpfwettkämpfe der Eskimos, die darin bestehen, daß zwei Gegner sich in einem Kreise von Zuschauern beiderlei Geschlechts einander gegenüberstellen und, auf einen Tamburin oder eine Trommel schlagend, abwechselnd Spottlieder gegeneinander loslassen. Diese Lieder sind vorher gedichtet, bisweilen aber auch improvisiert, erzählen alles, was der Gegner verbrochen hatte, und suchen ihn lächerlich zu machen. Wer durch seine Witze die meisten Lacher auf seine Seite bringt, ist der Sieger (Nansen S. 155f.).

§ 4. Der Mann, der am unteren Kongo als Hexenmeister einem Art Gottesgericht unterworfen wird, muß schnell die Namen von 6 verschiedenen Bäumen nennen, deren Zweige ihm vorgelegt werden, oder die Namen von Ameisenarten, die vor ihm herumlaufen, oder von Vögeln, die vorüberfliegen. Kann er dies nicht, so wird er als Zauberer verurteilt und getötet (Weeks S. 417f.).

§ 5. Bei den Dschagga Ostafrikas werden im Anschluß an die Jünglingsweihen (s. d.) Lehren gegeben, wobei ein Alter ein bestimmtes herkömmliches „Lehrstück" *meku* singt, während ein anderer, ein Sippenbruder des Zöglings, Anwendung und Ausdeutung zu dem festgelegten Kanon des Alten erteilt. Die Lehren bestehen im allg. in Anweisungen für das Leben überhaupt und für das Verhalten bei der Hochzeit. Sie sind fast immer in Gleichnissen abgefaßt. Der Kommentar des Sippenbruders des Kandidaten bildet eine freie Umschreibung zu dem Kanon. Tatsächlich läuft das Ganze vielfach auf eine Art Rätselkampf zwischen dem Alten und dem Verwandten des Zöglings hinaus. Es soll auch vorkommen, daß der Ausdeuter des Kanon versagt. Dann muß er dem Alten eine Buße zahlen oder, richtiger, ihm die Lösung abkaufen. Diese kanonischen Lehrlieder, die in der Gestalt von Rätselsprüchen gekleidet sind, enthalten einen Schatz von Tradition der Dschagga (Gutmann S. 81, 83f.).

§ 6. Bei den Ila-sprechenden Völkern des n. Rhodesia bildet das Lösen von R. nur ein Spiel, das man abends, wenn man um das Feuer herumsitzt, beginnt. Eingeleitet wird das Aufgeben von Rätseln mit dem Worte *kako!* = dieses! die Annahme durch *kakeza* = laß es kommen! Können die anderen das R. nicht erraten, so rufen sie *twazhimina* = wir sind verloren. Dann sagt ihnen der Rätselsteller die Lösung und nennt ihnen ein anderes. Viele hunderte R. sind im Umlauf und immer neue werden gemacht. Manche kennen eine große Zahl der R., die hier, ähnlich wie die Sprichworte, einzig und allein dem Vergnügen und dem intellektuellen Spiel dienen. — Außerdem gibt es R., die in einer Art Katechismus, einem Verhör, bestehen (ähnlich wie wir es z. B. bei den Hochzeitsgebräuchen der Tibetaner in dem Artikel „Heirat" kennengelernt haben, und wie sie auch aus dem Buch Hiob, Kap. 38, 39, der Bibel bekannt sind, wo sie mit den Worten beginnen: weißt du .....? magst, kannst du .....?). — Endlich gibt es anekdotenartige Erzählungen, die in eine Problemstellung auslaufen (Smith und Dale S. 324ff.).

§ 7. Ein Spiel mit Worten ist — wie auch anderswo bei Naturvölkern — bei Trink- und Liebesliedern der Dusun von Britisch-Nord-Borneo außerordentlich häufig, so daß, was wirklich mit den Worten gemeint ist, nur durch komplizierte Umschreibungen festgestellt werden kann. In einem Liede heißt es: „Die Pflanze Lombi lebt an der Wasserscheide, wo zwei Bäche sich treffen. Wir werden durch das Singen angefeuert, daher leert schnell den Bambusbecher." Die Deutung ist: so lange wir nicht angetrunken sind, können wir nicht gut singen; je mehr wir trinken, desto besser ist es, und desto besser werden die Gesänge (Staal S. 32).

S. a. Fluch A, Gelübde A, Gottesurteil, Idol A 1, Name A, Omen A, Primitives Denken, Zauber A.

Beckwith *Hawaian Riddling* Amer. Anthr. 24 (1922); Dixon *Oceanic Mythology* 1917; Emerson *Unwritten Literature of Hawaii. The Sacred Songs of the Hula* Bulletin 38 Americ. Bur. Ethnol. 1909; Gutmann *Die Kerbstocklehren der Dschagga in Ostafrika* Ztschr. f. Kolonialsprachen 1922/23; Junod *Les Ba-ronga* Bulletin de la Société Neufchâteloise de Géographie 10 (1898); Nansen *Eskimoleben* 1891; Schevil *Some forms of the Riddle Question and the Exercise of the Wits in Popular Fiction and Formal Literature* Univ. Calif. Public. in Modern Philol. 2 (1911); Smith und Dale *The Ila-Speaking Peoples of N-Rhodesia* 1920; Staal *Dusun Drinking and Love Songs* Anthropos 21 (1926); Swynnerton *Romantic Tales from the Pandjaub* 1903; Vigfusson und Powell *Corpus Poeticum Boreale* 1883; Weeks *Customs of the Lower Congo People* Folk-Lore 1908.

Thurnwald

Raubehe s. Ehe.

Rauchabzug s. Dach, Haus, Herd, Ofen.

Räuchergerät. A. Europa. § 1. Räucherung zur Entfaltung von Wohlgerüchen tritt in früher Zeit, zuerst im alten Orient, dann auch im Bereich der Länder des klassischen Altertums, auf und spielt dort im Kultus eine bedeutende Rolle. Bei diesem Räuchern verwendete man bestimmte Räuchergefäße. Ein derartiges Räuchergefäß kommt dann auch einmal auf der Situla von Watsch vor (vgl. MAGW Sitzungsber. 1912/3 S. 60).

§ 2. In der präh. Literatur pflegt man als Räuchergefäße eine Reihe von eigentümlichen Gefäßen zu benennen, die vor allem in der Billendorfer Kulturgruppe auftreten (s. Billendorfer Typus). Diese Gefäße sind teils topf-, teils pokalförmig, der untere Teil ist meist mit Durchbrechungen versehen, der obere ist schalenförmig und mit aufrecht gestellten Randzacken verziert (Band II Tf. 8g). Gewöhnlich ist eine runde Tonscheibe als Unterlage hinzugefügt. Der obere Teil ist nicht selten von dem Unterteil getrennt und besteht dann aus einer Schale oder einem Napf, der in der Mitte einfach durchlocht ist. Meistens sind diese Geräte von roher Arbeit und unverziert. Nicht selten scheinen sie auch nur Modelle von Gebrauchsgeräten zu sein, die dem Toten symbolisch ins Grab mitgegeben wurden (ZfEthn. Verh. 1880 S. 482; ebd. 1892 S. 203; Hoops *Reall.* III 462 Brunner). Über die Verwendung der Geräte als R. kann kein Zweifel sein. Der untere Teil der Geräte mit den Luftlöchern an der Seite nahm das Feuer auf, in die obere Schale legte oder goß man den zu erhitzenden Stoff. Ähnliche Geräte aus etrusk. Gräbern, z. B. aus Falerii (Montelius *Civ. prim.* Tf. 138, 141, 310, 319).

Hugo Mötefindt

B. Ägypten (Tf. 7).

§ 1. Gefäße. — § 2. Räucherstoffe. — § 3. Verwendung.

§ 1. Ein niedriger, geradwandiger Topf ist in fast allen Tempelreliefs das Gefäß, mit dem der König vor den Göttern räuchert; er hat meist nicht einmal einen Deckel, der ihm im AR noch gegeben wird. In Wirklichkeit kann das R. nicht diese primitive Form gehabt haben, das in den Bildern mit schematisierender Vereinfachung und mit einer unnatürlichen Entstellung der Wirklichkeit dem König in die Hand gegeben wird. Ein R. von gebrauchsfähiger Form kennen wir aus dem Totenkultus des AR: der Räuchernde hält in der l. Hand eine halbkuglige Schale mit kurzem Fortsatz nach unten als Handgriff; in ihr liegen glühende Holzkohlen, auf die er das Harz streut, und mit der r. deckt er eine zweite halbkuglige Schale darüber, die zuweilen einen Knopf zum Anfassen hat. Der Handgriff zum Anfassen unterhalb der unteren Schale wird im MR und NR zu einem Stiel verlängert und wächst sich zu einem langgestreckten Fuß aus, der in griech. Zeit in mehrere Teile gegliedert wird.

Seit dem NR werden im Tempelkultus Räucherarme verwendet, am Griff mit einem Falkenkopf geziert, am Ende in eine flache Hand auslaufend, auf der ein einfacher Topf, wahrscheinlich durch einen Deckel verschlossen, steht. Diese Räucherarme sind aus Bronzeblech zusammengebogen und aus getriebenen Bronzeteilen zusammengesetzt, während die eingangs genannten Räuchergefäße ursprünglich aus gebranntem Ton bestanden. Bronzene Räucherarme sind mehrfach erhalten (z. B. Berlin, Ägyptisches Museum Nr. 10708, und Hildesheim, Pelizaeusmuseum Nr. 2367). Die in den christl. Kirchen üblichen Gefäße zum Räuchern sind in Ä. aus kopt. Klöstern erhalten: ein Bronzekessel mit christl. Reliefs, mit drei Ösen zum Aufhängen und Schwenken eingerichtet (Ann. Serv. Antiqu. 9 [1908] S. 148 Maspero).

BJ 1912 S. 2—15 Wigand; Klebs *Reliefs MR* 1922 S. 31, 84; ÄZ 50 (1912) S. 66, 69 Blackman.

§ 2. Die Äg. haben sich das von uns Weihrauch, Myrrhe o. ä. genannte Harz zum Räuchern aus den tropischen Ländern in Südarabien sowie von den afrik. Küstenländern am Roten Meer und noch weiter s. geholt. Sie fanden eine Reihe von verschiedenen Bäumen und Sträuchern, die das Harz von selbst absonderten; der Ausfluß wurde von den Eingeborenen durch Ritzen der Rinde verstärkt. Das gesammelte Harz bildete einen Handelsartikel, der aus dem Sudan und vom Roten Meer her auf die äg. Märkte kam. Weihrauchbäume oder Myrrhenbäume sind von der äg. Expedition unter der Königin Hatschepsut (Dyn. 18) aus dem Lande Punt (s. d.) nach Ä. gebracht worden (Darstellung im Tempel von Der el-Bahri). Die Bäume, die botanisch nicht genau bestimmt werden können, sind vielleicht *Boswellia Carterii Birdw.*, die heutige Mutterpflanze des Weihrauchs im Somali-Land. In anderen Fällen ist Harz zum Räuchern scheinbar von *Balsamodendron Myrrha Ehrenb.* gewonnen worden. Als Räucherwerk ist nicht immer eine einzige Harzsorte benutzt worden, vielmehr hat man mehrere verschiedene von ihnen zusammen mit Parfüms, Ölen usw. gemischt. Für die Herstellung dieses zusammengesetzten Räucherwerks (griech. κῦφι nach dem äg. *kꜥp* „Räuchern“ und *kꜥp. t* „Räucherwerk“ genannt) besitzen wir äg. und griech. Rezepte. Bei ihnen spielt auch Mastix, das Harz von *Pistacia lentiscus L.*, eine Rolle.

F. Woenig *Pflanzen im alten Ägypten* 1887 S. 357; Brugsch *Ägyptologie* 1891 S. 410; Wiedemann *Äg.* S. 152. Kyphi-Rezept: ÄZ 12 (1874) S. 106 Ebers.

§ 3. Anweisungen für Heilmittel schreiben Räucherungen vor, die in med. Texten häufig neben den Medikamenten verordnet werden. Mit Parfüms versetzte Harze wurden als Kaumittel benutzt, um dem Mund einen angenehmen Geruch zu geben. Zauberer verwendeten die Räucherung bei ihren Beschwörungen, oft mit Zusatz von besonderen Stoffen, die einen betäubenden Geruch verbreiteten.

Die kultische Verwendung des Räucherns beobachten wir überall und zu allen Zeiten im Gottesdienst. Der König und jeder Priester haben sich außer durch Besprengen mit Wasser und auf andere Weise auch durch Räuchern mit bestimmten Ingredienzien zu reinigen, bevor sie den Tempel oder das Allerheiligste betreten. Sie geben der Luft um das Götterbild herum die kultische Reinheit (s. d. A) durch mehr-

a

b

Räuchergerät B. Ägypten

a. Der Totenpriester räuchert vor der im Schrein stehenden Statue des Verstorbenen; Deckel des tönernen Räuchergefäßes nur leicht gelüftet. Nach Schäfer. — b. Der Sohn räuchert bei der Darbringung der Totenopfer vor seinen Eltern; er hebt den Deckel des Räuchergefäßes so, daß der Weihrauch zu den Eltern hinzieht. Nach Klebs.

fache Räucherung an bestimmten Stellen während der Vollziehung des Rituals. Vor und nach dem Bekleiden und Schmücken des Götterbildes erfolgt eine solche Reinigung, die mit bestimmten Formeln oder längeren Sprüchen begleitet wird.

Ähnlich geschieht das Räuchern im Totenritual. Die uns vom AR ab bekannte große Opferliste wird eingeleitet durch Wassersprengen und Räuchern, bevor das Darbringen und Verzehren der Speisen geschieht (vgl. Tf. 7). Das Ritual der Einbalsamierung und der Beisetzung schaltet an mehreren Stellen zwischen die einzelnen Stadien der Einwicklung und Aufbahrung der Mumie eine Räucherung ein, die unter Anrufungen der Götter ausgeführt wird. Auch Bilder der Vorgänge bei der Bestattung zeigen, wie ein Totenpriester, zuweilen mit dem Pantherfell bekleidet, vor der Mumie räuchert. Roeder

C. Palästina-Syrien.

§ 1. Schalen und Lampen. — § 2. Ständer.

§ 1. Daß die Sitte des Räucherns den Bewohnern von Palästina-Syrien seit alter Zeit bekannt war, bezeugen die äg. Nachrichten über Harz (s. d. C; vgl. auch M. Burchardt *Die altkanaanäischen Fremdworte und Eigennamen im Äg.* II [1910] S. 48 Nr. 947 *qtrt* = hebr. *qᵉtôret*). Dazu wurden Feuerschalen und Lampen benutzt (s. Beleuchtung C § 3f. sowie Band I Tf. 105b—e). Sie hatten den Vorzug, daß man sie leicht an jedem Orte verwenden konnte. Ebenso bequem waren kleine Schaufeln aus Bronzeblech, die erhitzt wurden, um das daraufgelegte Harz verdampfen zu lassen (Schumacher *Tell el-mutesellim* S. 90; s. a. Löffel B). Den Stoff zum Räuchern bewahrte man in Krügen (ein Beispiel etwa 1000 v. C. C. Macalister *Gezer* II 425 ff.) oder in Büchsen aus Elfenbein (ebd. II 118 Abb. 293 f.; Bliss-Macalister *Excavations* Tf. 77, 10) auf.

§ 2. Die größeren Stücke, die oft für R. gehalten wurden, sind sicher nur einfache Kohlenbecken (s. Hausgerät C § 4). Anders steht es mit folgenden Funden. In dem Schutte der 6. Schicht von Megiddo (s. d.; etwa 7.—5. Jh. v. C.) lag ein Gefäß aus grauem, weichem Kalkstein (23 cm h.): eine halbkugelige Schale (Dm 16,2 cm) sitzt auf einem Fuße, der aus zwei Reihen nach außen überfallender Blätter gebildet wird. Zwischen die Reihen sind dicke Scheiben eingeschoben. Die Außenseite ist blau, gelb und rot bemalt. Oben um den Rand der Schale läuft ein Rautenmuster, darunter breiten sich Lotusblüten rings um den Bauch der Schale, und die herabhängenden Blätter sind zu beiden Seiten einer durchgehenden Mittelrippe farbig gestreift. Reste eines zweiten Gefäßes ergaben, daß der Fuß einst beträchtlich höher gewesen war (Gesamthöhe etwa 60 cm). Trotz der auf Ä. deutenden Verzierungen wird das Gefäß einheimische Arbeit sein, aber in der Form stark beeinflußt von assyr. Geräten, in der Farbe von kyprischen Vorbildern (Schumacher *Tell el-mutesellim* S. 127f. Abb. 190 und Titelbild; Arch. Anz. 1907 S. 299f. H. Thiersch). Eine ähnliche, wenn auch kunstlosere Bemalung trug ein etwa gleichaltriger Ständer aus äg. Fayence (?) in Gezer (H. 19,5 cm). Den sich nach oben verjüngenden Fuß schmücken schwarze und braune Dreiecke, oben fällt eine Reihe von Lotusblättern darüber (Macalister *Gezer* II 336f. Abb. 460). In späterer Zeit wird die Form eines Kandelabers beliebt (z. B. auf einem Türsturz aus *ʿabde* Rev. bibl. 2 [1905] S. 88 A. Jaussen, R. Savignac und H. Vincent, sowie auf phön. Darstellungen Perrot-Chipiez III 134 Abb. 82f.), die bei Griechen und Römern geschmackvoll ausgebildet worden ist.

BJ 122 (1912) S. 1ff. K. Wigand.

Peter Thomsen

D. Vorderasien. Wegen der großen Vorliebe der alten Orientalen für Wohlgerüche stellte man, wenigstens in späteren Epochen, Räuchergefäße neben dem Stuhle auf, auf dem man saß. Im Kultus (s. d. D) wurden seit alter Zeit Ständer aus Ton verwendet, in denen man auf einer daraufgesetzten durchlöcherten Schale Räucherwerk anzündete. S. a. Altar E § 3, Opfer B.

B. Meissner *Babylonien u. Assyrien* I (1920) S. 411f., II (1925) S. 76f. B. Meissner

Räucherlampe s. Beleuchtung C, Räuchergerät.

Räucherwerk s. Räuchergerät.

Rauchopfer s. Kultus, Opfer.

Rauheneck (Niederösterreich). W. von Baden liegt ein freistehender Hügel, den die Burgruine R. krönt, und der gegen S eine kleine verwallte Hochfläche bildet, innerhalb welcher G. Calliano verschiedene Untersuchungsgräben zog. Die Grabungen ergaben verschiedene Steinartefakte, Unterlagsplatten, schwarz berußte Herdsteine, von einem Gußbetriebe Bestandteile eines Schmelzofens, Gußlöffelfragmente, Gußform aus Sandstein, viele zerschlagene Schlacken- und Bronzestücke sowie Bronzeartefakte zum Einschmelzen.

An Tongefäßen fand sich eine bauchige Urne mit kegelförmigem Halse, Töpfe mit Henkel und eine weite, flache Schale. Sie sind mit einfacher Reliefverzierung, intermittierender Glättung oder Bemalung verziert. Ebenfalls kommen Graphit-Tongefäße vor. Auch wurde ein zylindrischer Becher, der der Schnurkeramik sehr nahesteht, gefunden, welcher aus dem übrigen Fundkomplex völlig herausfällt. Dieses Stück bezeugt, daß bereits im Jungneol. die Lokalität benutzt wurde. Das Schwergewicht der Besiedlung liegt in der j. HZ, in welcher auch die Bronzegießer dort siedelten. Zur LTZ wurde die Hochfläche nur gelegentlich aufgesucht.

Über die Zeitstellung der Wallanlagen kann nichts Sicheres ausgesagt werden, da der ganze Platz im Mittelalter verschiedenen Terrainveränderungen unterworfen war.

G. Kyrle *Vorgeschichtliche Denkmale des pol. Bez. Baden* Österreichische Kunsttopographie 18 S. 17—21. G. Kyrle

Raupenfibel s. Fibel A § 19.

Rauris (Salzburg). Drei Silbermünzen vom Typus der Tetradrachme Philipps II. von Mazedonien sowie 3 Silbermünzen von norischem Typus. Die Silbermünzen vom Philipper-Typus weisen Hiebmarken auf. Es handelt sich um einen kleinen Schatzfund der ausgehenden LTZ, der um 1880 aufgedeckt wurde, und von dem offenbar nur Reste ins Museum in Salzburg kamen. Der Fund ist wegen seiner Lage, tief in einem Gebirgstale, hauptsächlich verkehrsgeographisch von Bedeutung. S. a. Keltisches Münzwesen § 28.

G. Kyrle *Urgeschichte des Kronlandes Salzburg* Österreichische Kunsttopographie 17 S. 34, 35, 63. G. Kyrle

Rausch.

§ 1. Art und Charakter der R.-Zustände. — § 2. Reizmittel und Leckerbissen. — § 3. Entsagung, asketische Übungen und Selbstquälerei. — § 4. Excitantia und Narkotica. — § 5. Auffassung und Ausdrücke des R. — § 6. Gifte. — § 7. Ekstase und Vision. — § 8. Besessenheit. — § 9. Beschwörung. — § 10. Schamanentum.

§ 1. Hier soll von den verschiedenen Arten von Berauschung die Rede sein: sowohl von Verfahren und Mitteln, um milde Anregungen sich zu verschaffen, als auch von den Steigerungen rauschartiger Zustände zur Ekstase, sowie von den oft bis in das pathologische Gebiet hinübergreifenden Besessenheitszuständen und der Art, diesen zu begegnen.

Man wird kaum ein Naturvolk finden, das nicht irgendwelche Verfahren oder Mittel kennt, um sich aus der Alltagssphäre des Lebens gelegentlich herauszuheben. Vor allem sind es die festlichen Zusammenkünfte und Gelage (s. Fest A). Schon die Anwesenheit einer gleichgestimmten Menge, sei es von Verwandten und Versippten oder von befreundeten Personen, mit denen man nicht täglich zusammenkommt, verhilft, wenn von ähnlicher Grundstimmung getragen, zu euphorischen Gefühlen, insbesondere einer gesteigerten Kraft der versammelten Schar. Dieser Faktor kann durchaus im Sinne einer Berauschung wirken und z. B. zu Freudeausbrüchen oder solchen der Kampfesstimmung u. dgl. führen. Derartige Zusammenkünfte erhalten besondere emotionelle Verstärkung, wenn sie gemeinsamen Interessen und Absichten dienen, wie z. B. Reifeweihen, Totenfeiern oder anderen Zwecken. Namentlich kommt hierbei die Beeinflussung der Geisterwelt durch die ganze Gruppe, die gemeinsam lebt, oder die sich in diesem Streben zusammengefunden hat, in Betracht (s. a. Fasten, Fest A, Freundschaft, Jünglingsweihe, Mädchenweihe, Mana B, Mannbarkeit, Mummenschanz, Saturnalien, Totemismus B, Totenkultus A).

Dieser Stimmung sucht man bei solchen Gelegenheiten noch durch weitere Mittel und Verfahren nachzuhelfen, sie zu verstärken und zu erhöhen. Denn tief in der menschlichen Nervenverfassung scheint die Tendenz verankert zu sein, Erregungen bis zu einem Höchstpunkte zu steigern. Derartiges ist z. B. oft bei Tänzen der Fall, die von Einzelnen mit sich steigernder Intensität so lange fortgesetzt werden, bis der Tanzende ohnmächtig zusammenbricht (s. § 7). Gesellige Tänze werden Wochen und selbst Monate hindurch Nacht für Nacht wiederholt. Von den Schmausereien ist bekannt, daß sie entweder solange abgehalten werden, als der Vorrat reicht, oder bis beim Einzelnen Erbrechen erfolgt, und selbst darüber hinaus. Ebenso ergibt man sich dem sexuellen Genuß maßlos usw. S. § 2, 3.

Es wäre jedoch irrig, zu meinen, daß Rauschzustände nur durch übermäßigen Genuß erzielt werden. Ebenso häufig, ja vielleicht noch häufiger sind künstlich herbeigeführte Leiden, sei es durch Fasten (s. d.) oder durch andere asketische Übungen (s. Askese) u. dgl. m.

Die Mittel und Verfahren, um besondere Erregungszustände herbeizuführen, sind mannigfaltig: Muskelbewegungen, wie Tanz, der Aufenthalt in raucherfüllten oder durch heiße Steine erhitzten Räumen, langes Hungern oder der Genuß verschiedener leichter Gifte (§ 4, 6) und ähnliches.

Durch die Hingabe an Erregungszustände erzielt man ein höheres Lebensgefühl oder doch eine Veränderung desselben und ruft im Zusammenhang damit auch einen veränderten Eindruck der eigenen Persönlichkeit bei den anderen hervor. Das Nachdenken darüber bringt die Deutung, wie sie dem primitiven Denken eigen ist, nämlich, daß das Vorgestellte oder phantastisch Erlebte vollen Wirklichkeitswert besitzt. Darum vermeint man tatsächlich in eine höhere Existenzsphäre durch diese Erregungszustände einzugehen und den transzendenten Mächten nahezukommen, ihre Kraft zu erlangen oder, wie die Wendung lautet, sich „mit ihnen zu vereinigen".

Aus dieser Wurzel stammt die Beziehung dieser Erregungszustände zum Bereich des Religiösen. Man kann sagen, daß die meisten Erregungszustände im primitiven Leben noch nicht „säkularisiert" sind, noch nicht für sich selbst, losgelöst als körperliche oder psychische oder gar als krankhafte Erscheinungen, oder doch nicht ausschließlich als solche, betrachtet werden. Gemäß der Auffassung, die man von den Vorgängen der Natur und des Lebens hat, wird das Ungewöhnliche der Erscheinung eines Erregten oder Berauschten als das Ergebnis einer Einwirkung transzendenter Kräfte aufgefaßt und in der animistischen Welt insbesondere als Besitzergreifung durch übermenschliche Wesen, Geister od. dgl. gedeutet (s. § 5), die sich in irgendeiner Form des Körpers oder der Seele od. dgl. des Erregten oder Berauschten bemächtigten.

So entsteht die Auffassung von der Besessenheit, die hauptsächlich abnormen oder auch krankhaften Persönlichkeiten beigelegt wird. Dabei darf man nicht vergessen, daß die traditionelle Deutung der Besessenheit ihrerseits wieder suggestiv wirken kann und zum Ausbau ganzer Wahnsysteme (§ 9) Veranlassung zu geben vermag (vgl. a. Birnbaum *Grundzüge der Kulturpsychopathologie* 1924). Darum ist es konsequent, wenn sich der Besessene durch Beschwörung behandeln läßt (s. § 10), um die Geister zu vertreiben, die seine besonderen Zustände hervorgerufen haben. Aber auch nach der „Vertreibung der Geister" bleiben dem früher Besessenen besondere Beziehungen zur Geisterwelt erhalten, kraft deren ihm in der Folge noch die Fähigkeiten zugeschrieben werden, mit denen das Schamanentum ausgestattet ist (s. § 8).

§ 2. Von besonderer Bedeutung für die Herbeiführung von Erregungszuständen war zweifellos sehr früh der Tanz. Die das primitive Geistesleben beherrschende Vorstellung, durch Vormachen den Ablauf der Dinge beeinflussen zu können, nämlich durch den „Vorbildzauber" (s. Idol A 1, Zauber A), hat wohl dazu verleitet, die Nachahmung in eine „Vorahmung" rationalistisch umzudeuten. Viele primitiven Tänze bewegen sich in dieser Richtung: sei es, daß es sich um eine Nachahmung der Bewegung von Tieren, des Windes, des Mondes, der Gestirne, sei es um eine solche der See, des Flusses, von Überschwemmungen usw. handelt. Darin macht sich natürlich der persönliche körperliche Rhythmus des Tänzers geltend. Besonders ist der Gruppentanz zu einer gemeinsamen Gefühlserregung geeignet. Aus dem unbewußten Zweck einer Art suggestiven Beeinflussung der die Umwelt beherrschenden Mächte ist zweifellos der religiöse Tanz

(s. a. § 7) mit seinen starken Exaltationen hervorgegangen (vgl. Oesterley S. 14ff.).

Als ein Reizmittel sind die „Schwitzhäuser" zu betrachten, wie sie in Nordamerika üblich waren. Bei der Einweihung in die geheime religiöse Gesellschaft, in Bünde oder bei der Behandlung von Kranken errichtete man Zelte oder Hütten, in denen man durch Entfaltung von Rauch oder Anwendung von heißen Steinen Erregungszustände herbeiführte. Bei diesen zeremoniellen Veranstaltungen wurden herkömmliche Lieder gesungen, die Teilnehmer bemalten sich, und bestimmte Reden wurden gewechselt, wie z. B. bei den Omaha-Indianern (Fletcher und La Flesche S. 561ff.).

Bei den Huchnon und Küsten-Yuki Kaliforniens fand die Reifeweihe in einer Höhle statt, die mit Rauch gefüllt wurde. Diese hatte keinen unmittelbaren Eingang, sondern man mußte durch einen kleinen Tunnel dorthin gelangen, der sich gewöhnlich am s. Ende der Tanzhöhle befand (Kroeber S. 205). — (In vorgesch. Zeit benutzte Höhlen können daher, wenn man derartige Zeremonien ins Auge faßt, auch bloß für festliche Zwecke verwendet worden sein, ohne daß man sie dauernd bewohnte. Daß manche dieser Höhlen stark durchräuchert sind, würde den Gedanken an derartige primitive Berauschungszeremonien, die an den Respekt vor dem Feuer [s. d. A] anknüpfen, nahelegen. Rauchspuren bedingen nicht Abkochen.)

In dem *Kuksu*-Kult der kaliforn. Wintun wurde eine mit Erde bedeckte Zeremonialhütte verwendet, die als Schwitzhaus diente. Überdies gab es noch kleinere Hütten, die bei anderen Gelegenheiten zum Schwitzen verwendet wurden (Kroeber S. 365).

Das Schwitzhaus (*mosh* oder *mos*) der Yakuten des binnenländischen mittleren Kaliforniens bestand in einem ovalen Gerüst über dem Boden, der einige Fuß tief ausgegraben wurde, mit einem Firstbalken, der auf zwei Pfeilern ruhte; das ganze wurde mit schmutziger Erde eingedeckt. Die Hütte war nicht über 15 Fuß lang und diente den alten Männern im Winter als Schlafplatz. Das Tor öffnete sich nach dem S oder nach einem Bach. In einer solchen Hütte pflegte man zu singen und zu schwitzen: man saß in zwei Reihen einander gegenüber, und die eine Hälfte suchte die andere durch Nähren des Feuers und des Rauchs zu immer größerem Schwitzen zu bringen, um sie dahin zu treiben, daß sie erklärten, es nicht mehr aushalten zu können, hinausliefen und sich in den Bach stürzten. Damit war die Zeremonie zu Ende, man legte sich hin, trocknete sich und schlief. Des Morgens rannte man abermals schreiend zum Wasser (Kroeber S. 522f., s. a. S. 655, 713 und Tf. 12—14).

Die Yurock des NW Kaliforniens sammelten das Feuerholz für das Schwitzhaus in zeremonieller Weise. Man erstieg einen Höhenzug, oft in ziemlicher Entfernung vom Dorf, kletterte auf eine der hohen Föhren und schlug die Äste möglichst oben von ihrem Wipfel ab. Das Holz wurde dann in kleine Stücke zerbrochen und in einer Steinhöhle angezündet. Der Ein- und Ausgang zu der Höhle wurden fest verschlossen und der erstere, wenn notwendig, verstopft. Darauf entwickelte das kleine Feuer bald eine intensive Hitze und Rauchschwaden. Der Schwitzer lag am Boden und suchte sich vor allem gegen Ersticken zu schützen. Nachdem das Feuer niedergebrannt war, öffnete er den Ausgang, kroch weiter und stürzte dann in einen in der Nähe befindlichen Bach, Fluß oder See. Der Rauch sammelte sich in dickem Ruß auf der unteren Seite der Decke (Kroeber S. 81).

Die im Vergleich zu diesem Rauchbad höhere Form des mit heißen Steinen bereiteten Schwitzraumes kommt bei den meisten kaliforn. Indianern nicht vor.

Bei den Krähen-Indianern werden heiße Steine für das religiöse Schwitzhaus bereitet. Die erhitzten Steine werden nach einer in der Mitte befindlichen Grube gebracht, dann wird das Weidengerüst mit Decken belegt, so daß es drinnen dunkel ist, und die darin befindlichen Leute lassen ihren Schweiß auf die heißen Steine tropfen. Nach einigen Minuten werden die Decken entfernt und darauf von neuem ein zweites, drittes und viertes Mal aufgelegt, wodurch immer stärkeres Schwitzen hervorgerufen wird. Jedesmal werden gewisse Gebetsformeln gesprochen. Der Hauptzweck der Schwitzzeremonien besteht darin, daß einer während des Schwitzens Träume oder Gesichte hat, die er nachher den anderen mitteilt, die ihm dafür dankbar sind und hoffen, mit der Zeit auch ähnliche Träume zu haben. Manchmal werden diese Visionen während des Schwitzens mitgeteilt, mitunter erst, nachdem die Decken entfernt sind. Zum Schluß rennen alle nach dem nächsten Bad und stürzen sich ins Wasser. — Auch bei den Tabak-Gesellschaften ist das Erlangen von Gesichten während des Rauchens der Hauptzweck. Die Tabakpflanze wird bei den Krähen-Indianern ausschließlich für derartige religiöse Zwecke verwendet und darf nur von bestimmten Personen gepflanzt werden, die den Tabak-Gesellschaften (s. § 4) angehören (Lowie S. 23ff.).

Die Verbreitung des Schwitzhauses reicht von den Eskimos bis zu den Mexikanern. Im Becken des Amazonas-Gebietes und im W Indiens waren starke Brechmittel üblich. Ziemlich allgemein war der Gebrauch von Tabak (s. § 4), der ebenfalls in einer Art von Schwitzhäusern gequalmt wurde (Wissler S. 213. — S. a. Geheime Gesellschaft, Männerbund).

Die Bergdama von Südwestafrika pflegen eine wildwachsende Hanfart, Dagga, in Pfeifen zu rauchen. Doch ist dies nur alten Männern gestattet. — Übrigens ist auch der Genuß des Honigs, den man unverdünnt mitsamt der Wabe zu essen pflegt, der Jugend und den Weibern untersagt (s. a. Meidung). Es ist nicht unwahrscheinlich, daß das Hanfrauchen eine verhältnismäßig rezente Errungenschaft ist. — Bei den Dama ist es so wenig wie bei den Nama oder Herero oder auch in Ostasien üblich, daß außer kleinen Kindern jemand süße Ziegenmilch trinkt, man genießt nur die sauer gewordene. Außerdem bereitet man Tee-Abgüsse aus verschiedenen Pflanzen, ferner Biere aus Honig (Met), Walnüssen, Korn und verschiedenen anderen Ingredienzien (Vedder S. 76).

§ 3. Für den Erwerb schamanistischer Kräfte steht bei den amerik. Indianern das Träumen im Vordergrund. Um dieses herbeizuführen, werden verschiedene Verfahren eingeschlagen, die vor allem im Fasten (s. d.) und im Tanzen sowie im Durchmachen der Räucherungs- oder der Schwitzzeremonie bestehen. In den Räucher- oder Schwitzhäusern wird manchmal viele Nächte hindurch getanzt (Kroeber S. 65, 188f., 197ff.). — Die speziellen Schamanen, wie insbesondere die Bären-Schamanen der Yuki und anderer kaliforn. Stämme, begannen mit wiederholten Träumen von Bären, dann verschwanden sie und behaupteten, von den Bären in den Wald entführt worden zu sein, wo sie oft ein halbes Jahr verweilten. Hierauf benahmen sie sich eine Zeitlang wie Bären und kratzten beim Tanzen die Rinde der Bäume ab wie Bären. Zu der Vorbereitung gehörte auch, daß der angehende Schamane von dem Ast einer Eiche, den er hochschnellen ließ, heruntergeschleudert wurde. Wenn er sich beim Herunterspringen auf den Füßen aufrichten konnte, so hatte er die Fähigkeiten eines Bärenzauberers erworben (Kroeber S. 200, 259f.).

Bei den Wiyot-Indianern Kaliforniens waren hauptsächlich Frauen Schamanen, die ihre Kräfte nachts auf der Spitze von Bergen erlangten. Während der Ausübung ihrer schamanischen Künste stießen sie Kondor-Federn in ihren Magen. Einige stellten die Krankheit der von ihnen Behandelten fest, indem sie tanzten und sangen, andere sogen die Krankheit aus Gegenständen und aus dem Blut (Kroeber S. 117).

In anderem Zusammenhange wurden bereits Askese (s. d.) und Fasten (s. d.) besprochen (s. a. Jünglingsweihe, Mannbarkeit, Mädchenweihe).

§ 4. Zahlreich sind die Mittel, mit deren Hilfe offenbar schon seit den ältesten Zeiten der Mensch sich in einen Zustand von Behagen oder von Erregung, von Träumen oder von Sinnestäuschungen oder auch von Schlaf und Beruhigung versetzte.

Zweifellos liegt bei der bevorzugten Auswahl der einen oder anderen Mittel eine gewisse Persönlichkeitsartung der einzelnen Stämme und Völker vor. Die spezifische Beschaffenheit starker oder schwacher Nerven, die nervöse Veranlagung auf der einen Seite, andererseits klimatische Einflüsse haben zweifellos zur Verbreitung und zur Nachahmung des Gebrauches der einen oder anderen Mittel mit ihren eigenartigen

Auswirkungen beigetragen. Leider sind die Zusammenhänge nach dieser Richtung hin noch sehr wenig durchforscht.

a. Die Kenntnis der verschiedenen Betäubungsmittel ist, soweit sie auf alten schriftlichen Überlieferungen beruht, zum größten Teile in mystisches Dunkel gehüllt. Doch läßt sich z. B. vermuten, daß das Mittel, das Helena für Menelaos herstellte, und das sie von einer Ägypterin erhalten hatte, Opium war, dessen Bereitung aus dem Mohn in Ä. gepflegt wurde (Lewin S. 42f.). Jedenfalls ist Opium auch in Indien schon seit alter Zeit bekannt und hat sich später in Griechenland und Rom eingebürgert. Im Mittelalter kam es durch die Ärzte nach Mitteleuropa. In China war es vor der Tang-Dynastie unbekannt.

Ein anderes Euphorikum wird aus den Koka-Blättern bereitet, die bei den Peruanern heimisch waren. Die Konquistatoren bezahlten Pflanzungs- und Minenarbeiter in Koka-Blättern, doch wurde schon in der Mitte des 16. Jh. durch das 2. Konzil zu Lima der Genuß, wenigstens theoretisch, verboten. In der alten Inka-Kultur spielte das Koka-Blatt eine große Rolle. Nach der Bildung des Reiches haben der Sage nach die Kinder der Sonne das Blatt dieser Pflanze zum Geschenk erhalten. Sie galt als Symbol des Königtums und wurde von den Priestern bei den verschiedenen Zeremonien verwendet. Das Blatt wird gemischt mit Kalk oder Pflanzenasche als Bissen gekaut. Die Pflanzenasche wird auch als harte, kreisförmige, graublaue, etwa 4 cm im Durchmesser haltende, in sich konzentrisch gedrehte Paste bereitet, von der Stückchen zu dem Blatte getan werden. Der Strauch wurde auch von den Frauen gepflanzt und hatte sich in seiner Verbreitung über Bolivien bis nach Argentinien ausgedehnt.

b. Phantastika. Als solche werden Mittel bezeichnet, die Sinnestäuschungen, Halluzinationen und Visionen hervorrufen. Zu diesen gehören eine Reihe von Pflanzen, die auch bei uns heimisch sind und wahrscheinlich seit den ältesten Zeiten verwendet wurden, wie der Fliegenpilz, der Stechapfel und das Bilsenkraut.

Es muß dahingestellt bleiben, ob die Angabe richtig ist, daß norw. Männer oder Riesen des Altertums sich durch den Genuß des im Fliegenpilz enthaltenen Giftes in die eigenartigen Zustände von Wildheit und Wut versetzten, die man als Berserkertum bezeichnete. Der Genuß von Fliegenpilzen hat bei allen nord. Völkern bis nach Island hin in Verwendung gestanden. Heute läßt sich, vielleicht als Überbleibsel eines weiten Gebrauches, der Genuß des Fliegenpilzes nur bei den Samojeden, Ostjaken, Tungusen, Yakuten, Yukagiren, Tschuktschen, Korjäken und Kamtschadalen feststellen. Da der Fliegenpilz in jenen Gegenden nicht reichlich genug vorkommt, wird er auf dem Wege des Handels zu ihnen gebracht. Die Korjäken bezahlten früher die Ware mit Rentieren. Im Winter tauschten sie oft einen Pilz für ein Tier. Zur Herbeiführung der gewünschten Wirkung und für einen Tag reichen ein großer oder zwei bis drei kleine Pilze aus, die an der Luft oder im Rauche getrocknet werden. Auch kalte oder warme, wässerige oder milchige Auszüge aus dem Pilz werden getrunken, entweder ungemischt oder mit Zutaten vom Safte der Trunkelbeere oder des schmalblättrigen Weidenröschens. Kleine Stückchen vom getrockneten Fliegenpilz trägt man in Dosen von Birkenbast oder Lederhüllen bei sich. Von Zeit zu Zeit nimmt man eines in den Mund und behält es darin, ohne es zu verschlucken. Bei den Korjäken zerkauen die Frauen den getrockneten Pilz, rollen die Masse dann zwischen den Händen zu kleinen Würstchen, die sie den Männern geben, welche die Würstchen verschlucken. Die Korjäken und Kamtschadalen haben beobachtet, daß der Harn des durch Fliegenpilz Berauschten gleichfalls berauschende Eigenschaften besitzt. Wenn der Korjäke keinen Pilz mehr hat oder sparen will, trinkt er, sowie er merkt, daß sein R. schwindet, seinen eigenen Urin. Die jukagirischen und tungus.-lamut. Schamanen genießen vor ihren Begeisterungszuständen immer Pilzharn. Die Wirkung der Pilze scheint nicht immer die gleiche zu sein, doch ähneln sich die Wirkungsbilder. Ihr Beginn fällt gewöhnlich in die erste oder die zweite Stunde nach dem Einnehmen. Ziehen und Zittern in allen Gliedern oder Sehnenhüpfen bildet den

Anfang. Das Bewußtsein ist in der Regel beim Beginn noch erhalten, und selbst eine leichte Betäubung hindert nicht, daß der Mensch sich „leicht auf den Beinen“ fühlt und seinen Willen noch eine Zeitlang walten läßt. Er ist aufgeräumt, seelisch zufrieden und glücklich. Dann setzen Halluzinationen und Illusionen ein. Er unterhält sich mit Personen, die nicht anwesend sind, erzählt denselben befriedigt, welchen Reichtum er besäße, welche schönen Dinge er sehe, und wie wohl ihm wäre. Auf Fragen werden ganz vernünftige Antworten erteilt, aber immer mit Bezug auf die im R. als Wirklichkeit erscheinenden Phantasmen. Dabei sitzt er ruhig, ohne zu toben oder wild zu werden, bleich und mit gläsernen Augen, wie abgestorben für die Umgebung. Doch ist selbständiges Handeln in diesem Zustande möglich. Manche fangen an, in dieser Berauschung sehr traurig oder ausgelassen lustig zu werden, zu hüpfen, zu tanzen oder zu singen. Bei einigen stellen sich Angstzustände ein. Größere Mengen des Pilzes verursachen Wahnvorstellungen oder starke Erregungswirkungen, die sich bis zu Tobsuchtsanfällen steigern. Danach stellt sich plötzliche Ermattung und tiefer Schlaf ein. Der Erwachte geht schwankend einher, bis eine neue Erregung mit dem gleichen Verlauf einsetzt. Dies kann sich mehrere Male wiederholen. Dabei können natürlich Gewalttaten auftreten (Lewin S. 118ff.).

Eine eigenartige Giftwirkung ist dem Stechapfel zuzuschreiben. Als Wirkung tritt Ausfall des Gedächtnisses und sinnloses Geschäftigtun ein. Auch vergißt der Betreffende nachher, was während der Zeit seiner Geistesverwirrung geschah. Der Genuß des Stechapfels ist mit den verschiedensten Zaubermitteln in Verbindung gebracht worden. — In Ostafrika und in Arabien werden Blätter und andere Teile der Pflanze (*datura*) gewohnheitsmäßig geraucht, ebenso in Indien. Zur Verstärkung der alkoholischen Getränke weicht man Samen ein und mischt einen Abguß dem Palmwein bei, wie in Madras und Bombay (Lewin S. 130ff.).

Es hat sich jetzt herausgestellt, daß es eine Stechapfelart (*datura meteloides Dunal*) war, welche die aztekischen Priester als Zauberpflanze (*ololiuhoui*) genossen, wenn sie mit den Geistern Zwiesprache zu halten wünschten. Auf diese Weise versetzten sie sich in Erregung und hatten Visionen, in ähnlicher Weise wie im Falle des *solanum maniacum* des Dioskurides. — Auch die Zuñi- und Luiseño-Indianer des s. Kalifornien sowie andere Stämme der sw. Vereinigten Staaten sammeln oder pflücken in zeremonieller Weise die *datura meteloides* und gebrauchen sie, um sich Geistergesichte zu verschaffen, wie überhaupt für religiöse Zeremonien. Ähnliche Stechapfelarten sind in Südamerika in Gebrauch, so insbesondere *datura sanguinea*, die in den peruan. Anden, nach den Angaben von Tschudi, gebraucht wird, um mit den Ahnengeistern in Verbindung zu treten usw. (Safford S. 550ff.).

Das Bilsenkraut hat im alten Griechenland als „Wahrsagemittel“ Verwendung gefunden. Durch den Genuß erhielt der Betreffende glänzende Augen mit weiten Pupillen, führte irre Reden und gab Sinnestäuschungen für innerlich Geschautes wieder. Darauf verfiel er in einen schlafähnlichen Betäubungszustand mit Gefühllosigkeit. Im Mittelalter spielte das Bilsenkraut bei Dämonenbeschwörungen eine bedeutende Rolle (Lewin S. 128).

Zu den verbreitetsten Mitteln, die Sinnestäuschung hervorrufen, gehört der ind. Hanf, der im ganzen Orient seit Alters in Gebrauch ist, und zwar teils gegessen, teils als Abguß getrunken und endlich zu Ballen geknetet geraucht wird (Lewin S. 101ff.).

c. Als Berauschungsmittel treten vor allem die durch verschiedene Prozesse gewonnenen alkoholischen Getränke hervor.

Die alkoholischen Getränke gehören zu den ältesten und verbreitetsten Rauschmitteln. Die am weitesten zurückliegende Grundlage für die Bereitung alkoholischer Getränke bildet die Überführung von Zucker in Gärung, wie es bei der Bereitung von Honigwein oder Honigbier, z. B. in den Galla-Ländern, bei den Masai oder in Südwest-Afrika, üblich ist. Plinius erwähnt den Met, der am besten würde, wenn man ihn aus Regenwasser bereitet, das man schon fünf J. stehen ließ. Manche mischten dem abgestandenen Regenwasser ein Drittel frisches bei, aber auch abgekochtes Wasser und alten Honig. Die Edda erzählt, daß die Zwerge *Fjalar* und *Galar* Blut des ermordeten weißen *Koasin* mit Honig mischten und ein Getränk daraus bereiteten, das die Gabe des Gesanges verlieh. Da man bei der Hochzeitsfeier, die einen Monat lang dauerte, den Metbecher kreisen ließ, wurde der erste Monat der Verheiratung der Honigmond genannt.

Verschiedene Palmen scheiden nach Verletzung ihrer Blütenstände oder des oberen Teils ihres Stammes eine beträchtliche Menge von Zuckersaft aus, aus dem in Süd- und Mittel-Amerika, in Afrika (in Tunis, am Kongo, an der Westküste, am oberen Niger, in Liberia, im Hinterland von Togo, an der Loango-Küste, an der Ostküste bis zu den Somali und zum Monbuttu-Land am Tanganjika), in Asien (Ceylon, Indien, Philippinen), ferner in der Südsee (Karolinen, Marschall-Inseln, Neu-Kaledonien, Neue Hebriden usw.) Wein bereitet wird. Hier und da, wie z. B. im afrik. Seengebiet oder bei den Masai, verwendet man auch die Bananen zum gleichen Zweck. Aus Agave-Arten wurde und wird von den Südamerikanern und von den Mexikanern die berauschende *Pulque* oder das *Metl*-Getränk bereitet. Statt der Agaven bedienen sich südkaliforn. Stämme der Kakteen, um *Colonche* herzustellen.

Viele zentral- und ostasiat. Stämme bereiten aus Stutenmilch durch fermentative Zersetzung des Milchzuckers und dessen Übergang in gärungsfähigen Zucker alkoholische Getränke, die in Armenien als *Mazun*, bei den Tartaren als *Katych*, bei den Tekinzen in der Oase Merw als *Tschal*, sonst unter dem Namen *Kumys* (s. d.) bekannt sind. Der im J. 568 vom griech. Kaiser Justin II. als Gesandter an den Türken-Chan Dizabulos nach Zentral-Asien geschickte Zemarchos erzählt, daß bei dem ihm zu Ehren gegebenen Festgelage große Mengen eines *Kosmos* genannten Getränkes vertilgt worden seien. — Ähnlich ist auch das *Kefyr* genannte alkoholische Milchgetränk.

Die andere Grundlage für die Bereitung alkoholischer Getränke besteht in der Umwandlung von stärkemehlhaltigen Pflanzenprodukten in Dextrose bzw. Maltose. Das älteste hierfür gebrauchte Material scheint die Hirse zu sein, die zu ihrem Anbau nicht des Pfluges bedurfte. Daraus werden die in Afrika verbreiteten Biere hergestellt, die auch in Indien, in den Mahratta-Staaten, in Sikkim (*Marya*) verbreitet sind und von da nach O nach Buthan, zwischen Assam und Tibet nach dem Dharma-Reich, weniger nach W nach Nepal gelangten. — Eine noch weitere Ausdehnung hat das in Afrika herrschende, aus *sorghum vulgare* (*durrha, duchn, Mtama*) der Neger-, Mohren- oder Kaffernhirse hergestellte Bier. Man trifft es schon in der oberen Nilgegend (als *bilbil, merissa*), in Ostafrika als berauschendes *pompe* und nichtberauschendes *togwa* vom Somali-Lande an, in Harar (*bôsa, kuhîja*), Abessinien (*dalla, soa*), im Kongo-Gebiet (*pompe, bussera, malafu*) und s. bis zu den portugies. Besitzungen, durch den Sudan (*merissa, dawa, bosa*) und Südafrika (*oala, boyaloa*). — Wahrscheinlich jünger als Hirse-Bier ist das aus Gerste hergestellte Bier, das von Ägypten seinen Ausgang genommen zu haben scheint.

In ähnlicher Weise wird in Ostasien aus Reis durch Gärenlassen der sog. Reiswein gewonnen. In Mittel- und Südamerika bereitet man aus dem Mais *Tschitscha*, das Maisbier, dessen fortgesetzter Genuß zu besonderen Krankheitsformen von schwerem Alkoholismus führt. In Südamerika erhält man ein alkoholisches Getränk auch aus dem stärkemehlhaltigen *Kassava*-Strauch, dessen Stärke als Mandioka oder Tapioka in den Handel kommt. Die Eingeborenen kochen die Mandioka, dann kauen die Weiber die Breimasse und speien sie in ein Gefäß. Der Speichel wandelt Stärke in Zucker um, und hineingelangende Fermente sorgen für die Umwandlung der letzteren in Alkohol. Die Methode entspricht der Bereitung von *Kawa* in Polynesien. Die gleiche Methode wird auf Formosa mit dem Reis angewendet und von anderen südamerik. Stämmen mit der *Yuka*-Pflanze (s. § 6) usw.

Das dritte Prinzip, das der Destillation alkoholischer Flüssigkeiten, ist bei Naturvölkern nicht bekannt. Wo asiat. Stämme armer Kultur dazu geschritten sind, wie

z. B. die Burjaten des s. Sibiriens, dürfte europ. oder chines. Einfluß zugrunde liegen (Lewin S. 168ff.).

d. Hypnotika. Ein Mittel, das eine gewisse Unempfindlichkeit erzeugt und nach Genuß von nicht zu großen Mengen ohne jede körperliche oder gemütliche Erregung zu einem Gefühl glücklicher Sorglosigkeit, Behaglichkeit und Zufriedenheit führt, ist Kawa. Der Genuß übt eine besänftigende Macht aus und kann als Beruhigungsmittel bei Unglücksfällen angesehen werden. Bewußtsein und Vernunft bleiben erhalten, ja Gesicht und Gehör werden für feinere Eindrücke geschärft. Nach Verbrauch größerer Mengen werden die Glieder matt, die Leute sehen wie halb trunken aus und fühlen das Bedürfnis, sich hinzulegen. Oft bleibt es nur bei unzusammenhängenden Träumen, doch sollen diese gelegentlich von erotischen Visionen begleitet sein.

Die Pflanze wird teils, wie in Bogadjim (Nordküste von Neu-Guinea), nur gekaut, teils durch Kauen vorbereitet, worauf man in einer Schüssel aus den gekauten Stücken, denen Wasser zugesetzt wird, einen Abguß braut (Samoa usw.). Der Genuß von Kawa ist vielfach mit großen Zeremonien verbunden.

Der holländ. Seefahrer Hendrik Brouwer soll im 17. Jh. bei seiner Landung in Chili ein Getränk festgestellt haben, das dort *Cici* oder *Schitic* genannt und ganz ähnlich wie *Kawa* bereitet wurde. Dies deutet auf eine Verbreitung der *Kawa*, die den bisher bekannten Rahmen der Ausbreitung dieses Narkotikums von der Ind. See bis zur Oster-Insel noch übertrifft (Graham S. 254).

e. Weitaus am zahlreichsten sind die Excitantia. Fast alle in diese Reihe gehörige Stoffe dehnen ihre Wirkung auch auf die Herztätigkeit aus; das Wesentliche ist jedoch die Reizung des Großhirns, wodurch die psychischen Funktionen, trotz der Ermüdungsimpulse, die sich nach einer gewissen Arbeitsdauer einstellen, auf dem ursprünglichen Stand erhalten und sogar erhöht werden können. Zur Gruppe dieser Mittel gehören überwiegend Pflanzen, die in unseren Klimaten nicht heimisch sind, wie Kaffee, Tee, Kakao, ferner die Betel-Nuß, die Kola-Nuß und der Tabak.

Die Wirkung der Kaffeebohne als Getränk scheint erst gegen die Mitte des 15. Jh. in Jemen entdeckt und in Gebrauch gekommen zu sein. Auf keinen Fall wohl erhebliche Zeit vor dem J. 1000 n. C. Dann hat sich aber die Kaffeekultur mit großer Schnelligkeit in den Tropen und Subtropen verbreitet.

In Jemen pflegt man zur Anregung des Abends *Kat* zu kauen. Das *Kat* verursacht eine angenehme Erregung und Aufheiterung sowie Fernhalten von Schlaf, Auffrischung der Energie in den heißen Stunden des Tages und auf langen Märschen, ferner Betäubung des Hungergefühls. Boten und Krieger benutzen *Kat*, da es die Nahrungsaufnahme während mehrerer Tage überflüssig macht. In Jemen verwandte man *Kat* schon, ehe Kaffee dort gebraucht wurde. Es sind die frischen Knospen und Blätter einer Staude, die in kühlen, hochgelegenen Tälern von Südwest-Arabien und Nordost-Afrika, einschließlich Abessiniens, kultiviert wird. Als Träger der erregenden Wirkung wird ein Alkaloid angesehen, das in den Blättern vorkommt. Der Mißbrauch verursacht eine Ruhe- und Schlaflosigkeit des *Kat*-Essers, die vielfach zu Herzaffektionen führt, zu Störungen im Nervensystem und auch des Stoffwechsels, insbesondere auch zu einer Herabsetzung der sexuellen Funktion. Infolgedessen ist auch die Zahl der Heiraten in dieser Gegend stark herabgemindert. Der Gebrauch ist von Abessinien ausgegangen und hat sich seit dem J. 1332, in dem es zum erstenmal nachweisbar erwähnt wird, mit der Pflanze über Jemen ausgebreitet (Lewin S. 255ff.).

Ähnlich ist es mit dem Tee, dessen Bedeutung auch erst im 16. Jh. in Indien entdeckt und dann verhältnismäßig rasch nach allen Richtungen verbreitet wurde.

Alt ist der Gebrauch der Kakao-Bohnen unter den Mexikanern. Die Spanier trafen die Bohnen in Mexiko als Wertträger an (s. Geld § 6), in denen Steuern und Abgaben entrichtet wurden. Man trank den Kakao zeremoniell, doch ungesüßt.

Das Bereich des Betel-Kauens erstreckt sich über 100 Längen- und etwa 20 Breitengrade, nämlich zwischen dem 68. und 178. Grad ö. L. und zwischen dem 12. Grad

s. Br. und 30. Grad n. Br.; es ist über die ungeheuren Flächen des Austral.-Asiat. Mittelmeeres, des Ind. und Stillen Ozeans ausgebreitet. Der Indus bildet heute die Grenze nach W, während man früher über diesen hinaus, vielleicht sogar bis zum Euphrat und in einem Teile von Arabien dem Betelgenuß ergeben war. Im SO scheint die Arafura-See und die Torres-Straße eine Scheidelinie zu bilden. Ein so ausgedehnter Gebrauch eines Genußmittels dürfte eine lange Vergangenheit haben. Die Areca-Nuß wird nachweislich mehr als 2000 J. benutzt. Nicht nur Theophrastus beschreibt um 340 vor unserer Zeitrechnung die Areca-Palme, sondern sie wird auch im Sanskrit als *Guvâka* und in chines. Schriften um 150 als *Pinlang* genannt, mit dem malaiischen Namen, den sie auch heute noch trägt. Das Betelblatt wird in der ältesten einheimischen geschichtlichen Urkunde Ceylons, nämlich in dem in der Pali-Sprache verfaßten *Mahâwanso*, um das J. 504 v. C., als ein Geschenk einer Prinzessin an ihren Geliebten erwähnt. Auch heute wird in der Südsee das Schenken von Betelnuß als Liebesaufforderung oder als Freundschaftszeichen betrachtet (vgl. Thurnwald *Lieder und Sagen aus Buin* 1912 Tf. 127 Z. 15; Tf. 135 Z. 14 usw.). — Die im 8. und 9. Jh. unserer Zeitrechnung nach Hindostan gelangten Araber und Perser brachten die Gewohnheit des Betelkauens in ihr eigenes Land. Masûdi, der im J. 916 Indien durchwanderte, erzählt, daß selbst der freiwillig zum Scheiterhaufen Schreitende noch Betel kaut, und daß Unterlassung dieser Gewohnheit eine gesellschaftliche Boykottierung des betreffenden Individuums zur Folge hat. — Die typische Zusammensetzung des Betelbissens besteht in einem Stück der Areca-Nuß, in irgend einem Zustand der Reife, einem Blatt Betel-Pfeffer und einer Menge von gebranntem Kalk. Die Wirkung ist starker Speichelfluß, der, blutrot gefärbt, manchmal ausgespieen, manchmal verschluckt wird. Ein Duft bleibt im Munde zurück, aber auch eine Gehirnbeeinflussung stellt sich ein. Der Betelkauer empfindet Wohlbehagen, gute Laune und Aufheiterung, in ähnlicher Weise wie es auch der Genuß des Tabaks herbeiführt. Doch bringt auch hier die Gewohnheit des Genusses eine Abhängigkeit von dem Erregungsmittel mit sich (Lewin S. 242ff.).

Im Sudan ist die Kola-Nuß heimisch, die dort auch allgemein auf den Märkten gehandelt wird. Zu Beginn des 12. Jh. erfuhren die Spanier von der Existenz dieser Nuß. Stellenweise bildet die Kultur der Nüsse, wie im Hinterlande von Lagos, einen wichtigen Erwerbszweig der Eingeborenen. Von Afrika wurde der Kola-Baum nach den verschiedenen Richtungen, wahrscheinlich durch Negersklaven, verbreitet, so nach den westind. Inseln und auch nach Ostindien, nach Ceylon, nach Ostafrika, aber auch nach Cochinchina usw. (Lewin S. 283ff.).

Der Tabak hat seine Heimat in Amerika, wo er in verschiedener Art, hauptsächlich durch Rauchen, in ritueller Weise verwendet wurde. Aber auch das Schnupfen und Kauen des Tabaks hat weite Verbreitung gefunden und ist ebenfalls in Amerika bereits heimisch gewesen. Wie alle Reizmittel, die Anklang fanden, hat sich der Genuß von Tabak mit verblüffender Schnelligkeit verbreitet, so namentlich auch nach den ostind. Inseln und den Ländern des Pazifik.

Eigentümlich ist die Tatsache, daß bei den kalifornischen Yuroks, die sonst keinerlei Feldbau treiben und auch mit solchen Völkern nicht im Zusammenhang stehen, von diesen selbst Tabak gepflanzt wurde, den sie rauchten. Nicht allein das, sondern durch Verbrennen von Holz scheint man sogar einen Dünger für die Pflanzen bereitet zu haben. Diejenigen Familien, die Tabak zogen, verkauften ihn an die, welche das nicht taten. Somit scheint es sich hier wohl um eine besondere Familientradition zu handeln (s. a. Handwerk A). Doch wächst Tabak von der gleichen Sorte, die gepflanzt wurde, auch wild. Indessen verwendet man diesen wilden Tabak nicht, weil man fürchtet, er könnte von einem Grab herstammen, oder wenigstens die Samen könnten von dort herrühren (Kroeber S. 88).

Die Tabak-Pflanze wird bei den Jibaros und Canelos-Indianern der Anden von Ecuador teils als Zaubermedizin, teils als Narkotikum verwendet. Das Nikotin genießt man hauptsächlich in flüssiger Form, indem nämlich die Blätter in Wasser gekocht oder im Munde gekaut und mit dem Speichel vermengt werden. Manchmal bereitet man auch große Zigarren, deren Rauch bei gewissen Festen von den Indianern verschluckt wird. — Ein anderes Narkotikum *natema* (*aya-huasca*) wird dadurch bereitet, daß ein Teil eines Rebenstocks zerstampft und in Wasser gekocht wird. — Ein stärkeres Narkotikum ist *maikoa* (*guántuc*), das man durch Auspressen des Saftes gewinnt, der sich in der Rinde des Stammes dieser Pflanze befindet. — Den Saft einer Pflanze *varváscu* (*jacquinia armillaris*) verwendet man, um Fische im Bach zu betäuben und zu fangen. Einer kleinen, duftenden Pflanze *tsinsimba* wird von den Jibaros eine Zauberkraft zugeschrieben; ihre Blätter werden ähnlich wie Tabak gekaut und den Frauen und Kindern bei gewissen Festen gegeben, um sie stark und lebhaft zu machen. — Aus den Wurzeln einer Pflanze *chiki*, welche die Jibaros ziehen, bereitet man einen heißen Abguß, dem Tabakblätter beigemischt werden, und den Frauen bei dem „Frauenfest" trinken; der Genuß führt zum Erbrechen und soll angeblich zur Reinigung des Magens beitragen. — Auch die Pflanze *anotto* oder *achiote*, welche die Jibaros und Canelos-Indianer ziehen, um rote Farbe daraus zur Bemalung des Körpers und Gesichtes zu gewinnen, wird zu den Zauberpflanzen gerechnet.

Bemerkenswert ist die Beziehung einiger Pflanzen zum weiblichen Geschlecht: so werden die oben genannte *tsinsimba*, *chiki*, die Pflanze *achiote*, außerdem noch *manioc*, die Bohne, die Erdnuß, die Süßkartoffel, der Kürbis usw. als von einem weiblichen Dämon (*wakāni*, *aya*) belebt gedacht, andere dagegen, wie Tabak, Mais, die genannte Giftpflanze *varvasco* und die *chonta*-Palme usw., als männlich aufgefaßt. Dementsprechend werden diese Pflanzen als Namen (s. d. A) für Frauen oder Männer gebraucht. Die Beziehung ergibt sich daraus, daß die weiblichen Pflanzen von Frauen, die männlichen von Männern gezogen werden. Diese Arbeitsteilung ist allerdings, wie gewöhnlich in diesen Fällen, nur teilweise spezialisiert, indem nämlich den Männern immer die grobe Arbeit der Rodung zufällt, während die Frauen insofern an der Männerarbeit teilhaben, als sie Zaubergesänge zur Förderung des Wachstums dieser Pflanzen singen (Karsten [*agriculture*] S. 6ff.).

§ 5. Wenn bei den Äg. Libationen, Trankopfer, ausgegossen wurden (s. a. Opfer A), so glaubte man den Körper des Gottes oder Geistes durch die Feuchtigkeit zu beleben; insbesondere herrschte die Meinung, daß die ausgegossenen Flüssigkeiten unmittelbar oder auf dem Wege über Osiris der Mumie mitgeteilt würden; ähnliche Gedankengänge bestanden auch in bezug auf den Weihrauch (Blackman S. 75; s. a. Räuchergerät B § 3).

Die Trunksucht galt in Babylonien, wo Gerstenbier, Traubenwein und später auch Dattelwein zur Verfügung stand, als Laster (Jeremias).

Im älteren wie im jüngeren Rigweda bedeutet *Karma* einerseits das Soma-Opfer, und zwar das Indra dargebrachte, andererseits die Krafttaten Indras, speziell die im Soma-Rausch ausgeführten Rauschtaten: „der hat ihn berauscht zum großen *Karma*, es zu vollbringen, — den wesenhaften Indra der wesenhafte Tropfen" — „mit dem Krafttrunk treibe ich euch an, Indra und Vishṇu". Durch das *Karma* vereint man sich mit Indra (Porzig S. 252). Vgl. a. Gutmann S. 81, 205, 260, 302; Staal S. 182ff.).

Charakteristisch für den Zustand, den der Rausch hervorruft, sind die Bezeichnungen, die z. B. aus dem dtsch. Altertum sich bis auf die heutige Zeit erhalten haben, wie „Turmfalke haben" (Schuchardt S. 738 und Riegler S. 129). Ausführlicheres s. unter Name A.

Bei manchen Völkern besteht eine starke Abneigung gegen Alkoholgenuß; seltener auch gegen das Tabakrauchen. Die Eingeborenen von Botel-Tobago auf Formosa rauchen und trinken nicht, dagegen kauen sie Betel (Scheerer S. 23). — Vgl. a. Finsch S. 303ff.

Verbunden mit dieser speziellen Vorliebe einzelner Völker für bestimmte Reizmittel ist auch die gesellschaftliche Wertung, die den betreffenden Reizmitteln beigemessen wird. Insbesondere verbindet sich damit ein gesellschaftlicher Zwang zum

Genuß dieser Mittel, wie es in dem Absatz über die Betelnuß ausgeführt wurde, und wie es von den Gegenden mit herrschendem Alkoholgenuß bekannt ist.

§ 6. Das primitive Denken stellt sich die Wirkung der mannigfachen Erregungs- und Berauschungsmittel in der Weise vor, wie es der Systematik seiner Kausaltheorien entspricht (s. Primitives Denken). Das Wirkende wird als etwas Konkretes, sinnlich Faßbares, Lebendiges gedacht. Am deutlichsten tritt dies bei den Giften und in den Fällen der Besessenheit zutage.

Nach dem Glauben der südamerik. Canelos-Indianer wohnt in jeder der Giftpflanzen, die für das Pfeilgift verwendet werden, ein Geist oder Dämon (*supai*), dem die Pflanze gerade ihre giftigen Eigenschaften verdankt. Es ist dieser Dämon, der das Opfer tötet, wenn der vergiftete Pfeil in seinen Körper eindringt. Daher nennt man das Pfeilgift *supai hambi* = „die dämonische Medizin". Beim Bereiten des Giftes wird durch die Worte der Beschwörungen der in der Pflanze wohnende Geist beeinflußt, sozusagen wachgerufen, gezwungen, seine Kraft zu konzentrieren, wie z. B. im gegorenen, berauschenden *Yuka*-Bier der Geist der *Yuka*-Pflanze konzentriert ist. Die Giftköche sind sich dessen vollständig bewußt, und die Vorsichtsmaßregeln, die sie beobachten, das Geheimnis, mit dem sie ihre Operationen umhüllen, beruhen auf diesem Glauben. Der Geist, der beschworen und bezwungen wird, gilt als sehr böse und versucht, seinen Bezwingern Schaden zuzufügen. Die Gase, die aus dem kochenden Topfe, in dem das Gift bereitet wird, emporsteigen, werden als Ausdruck des Zornes des geplagten Dämons aufgefaßt. Die Köche suchen sich soviel wie möglich aus diesem Grunde den schädlichen Dünsten zu entziehen, die, wie sie behaupten, krank machen. Wenn sie aus dem Walde zurückkommen, wo das Gift bereitet wird, sind sie in der Tat blaß und kraftlos und geben vor, mehr oder weniger krank zu sein, weil sie mit den Dämonen des Giftes Verkehr gehabt haben. Zugrunde liegt jedoch die Tatsache, daß die Köche während der Zubereitung des Giftes im Walde streng fasten und jeden Tag nur ein paar geröstete Bananen ohne Salz essen dürfen. *Yuka*-Bier (*chicha*) dürfen sie trinken. Diese Speisen können sie jedoch immer erst im nächsten Rancho zu sich nehmen, in dem Rancho, in dem das Kochen vor sich geht, dürfen sie überhaupt nichts essen oder trinken. Wenn sie nicht gut fasten, und besonders, wenn sie Salz oder süße Speisen genießen, wird das Gift untauglich ausfallen. Während der Arbeit singen die Köche Beschwörungen der Dämonen der giftigen Pflanzen, um sie herbeizurufen und günstig zu beeinflussen, im übrigen dürfen sie aber nur das Notwendigste sprechen, und das auch nur mit gedämpfter Stimme. Mit Frauen dürfen die Giftköche keinen Verkehr haben; Frauen ist es überhaupt nicht erlaubt, der Stelle zu nahen, wo die wichtige Handlung vor sich geht, denn sonst würde das Gift wirkungslos sein oder verderben. Der Frau aber würde, wenn sie einen Säugling im Hause besitzt, dieser sterben. — Die Meidung von Salz und Zucker hängt zweifellos damit zusammen, daß diese als Gegengift gegen das Pfeilgift angesehen werden. Wird ein Indianer versehentlich von einem vergifteten Pfeil verwundet, so löst man eine kleine Menge Salz im Wasser auf und gibt ihm dies zu trinken. Dasselbe gilt vom Zucker. Richtige Jäger unter den Jibaros und den Canelos-Indianern gehen so weit, daß sie niemals Zuckerrohr kauen oder süße Sachen essen, weil sie glauben, daß ihre Giftpfeile sonst die Fähigkeit verlieren, die Tiere zu töten. Mit den Giftpfeilen dürfen nur eßbare Tiere erlegt werden. Tötet man damit jedoch ein anderes Tier, das als „dämonisch" betrachtet wird, wie z. B. einen Geier oder eine Schlange, so verliert das Gift an diesen seine Wirkungskraft, und man wird damit kein Wild mehr erlegen können. — Haben die Köche das Gift in zeremonieller Weise fertig gebraut, so wird seine Wirkungskraft an einem Frosche erprobt, auf den man mit einem vergifteten Pfeil schießt. Kauft der Indianer Gift, so prüft er es dadurch, daß er davon ein bißchen auf die Zunge nimmt, um sich nach dem Geschmack ein Urteil darüber zu bilden. Das Gift wirkt nur, wenn es ins Blut kommt, wodurch es eine augenblickliche Lähmung hervorbringt. Zur Giftbereitung werden verschiedene

Pflanzen verwendet. — Auch nach der Anschauung der Jibaros stellt der in der Pflanze wohnende Geist oder Dämon (*wakáni*) die Seele der Giftpflanze dar und wird beim Bereiten des Giftes bezwungen (Karsten *Pfeilgift* S. 14ff.).

§ 7. Das Tabakrauchen hat in Amerika, wie z. B. bei den Krähen-Indianern (s. § 2), religiöse Beziehungen. Insbesondere hängt es mit dem wichtigen Sonnentanz zusammen. Dieser wird als Rachefest veranstaltet (s. Blutrache). Hatte ein Stammesangehöriger einen Sohn oder Bruder durch die Hände der Dakota-Indianer verloren, und konnte er seine Trauer darüber nicht in anderer Weise abreagieren, so veranstaltete er einen Sonnentanz (s. Vergeltung). Dieser sollte ihm für den Erfolg seiner Kampfunternehmung die notwendige Vision verschaffen. Mit Hilfe des ganzen Stammes wurde eine Sonnentanzhütte errichtet, in der er so lange vor einem heiligen Fetisch tanzte, bis er das Bildnis eines blutenden Feindes sah, das ihm als Versprechen der Tötung eines Feindes galt (Lowie S. 27).

Eine besondere Stellung nehmen die ekstatischen Tänze ein (s. a. Saturnalien), die in den archaischen Kulturen des Altertums eine große Rolle spielen, und bei denen auch Besessenheitszustände (s. § 8) auftreten (Oesterley S. 135ff.).

§ 8. Besessenheitszustände sind von ekstatischen Erscheinungen scharf zu unterscheiden und gehören zu denjenigen psychischen Phänomenen, die bereits an der äußersten Grenze von Erkrankungen liegen. Nichtsdestoweniger haben sie zu allen Zeiten einen starken Eindruck auf Menschen gemacht und zu Vorstellungen über die Einwirkung transzendenter Mächte auf diese Personen geführt. Während bei den ekstatischen Zuständen häufig Beschreibungen derselben durch die Personen selbst vorliegen, fehlen solche Beschreibungen bei den Besessenheitszuständen. Dieser Umstand allein deutet schon die Eigenart des Phänomens an (vgl. Oesterreich S. 11).

Von den Wasu im ehemaligen Deutsch-Ostafrika wird eine „*Mpepo*-Krankheit" berichtet, die in einer Art Besessenheit zu bestehen scheint und besonders bei Frauen auftritt. Sie gilt als „noble, vornehme Krankheit". Bald redet der Kranke mit fremder Stimme, Frauen in tiefem Baß oder auch in fremder Sprache: Suaheli oder engl., obwohl der Kranke diese Sprachen weder versteht noch spricht. Je nach der Herkunft des in dem Kranken wirksamen „Geistes" redet man von „Besessenheit des Vampirs", „des Suaheli-Mannes", „des Masai", „des Kamba-Mannes", „des Europäers" und auch „des Geistes eines Verstorbenen" überhaupt. Große Gier nach Essen, nach Pfeffer und sonstigen starken Gewürzen, aber auch nach bunten, hellen Kleidern und anderen auffallenden Gegenständen kennzeichnet die Besessenen. Auf Befragen erzählt der „Geist" manchmal seine Lebensgeschichte, er rühmt sich seiner Untaten, ergeht sich in den unflätigsten Reden, und plötzlich verfällt der oder die Besessene in Raserei, wobei sich Zuckungen einstellen. Nach dem Rhythmus der *Mpepo*-Trommel tanzt die Person in entsetzlich wilder Weise bis zur völligen Erschöpfung; dann fühlt sie für eine Weile Erleichterung. (Es knüpfen sich also ekstatische Zustände daran.) — Die Krankheit tritt epidemisch auf, ergreift ganze Landschaften, und zwar verbreitet sie sich von der Küste her ins Innere. Früher ist diese Krankheit nicht bekannt gewesen. Erst in neuerer Zeit scheint sie ihren Einzug in Ostafrika gehalten zu haben (Dannholz S. 23).

Auch bei den südafrik. Thonga wird die Besessenheit als Krankheit aufgefaßt, und zwar wird sie als Geisterkrankheit, *bubabyi bya psikwembu*, bezeichnet. Doch trägt sie gleichzeitig auch religiösen Charakter, weil man glaubt, daß die Geister, welche die Besessenheit verursachen, solche von Verstorbenen sind, und an die darum eine Verehrung gerichtet wird. Die Riten, mit denen man dieser Art von Geisteskrankheiten begegnet, sind durchaus zauberischer Natur, und die Personen, die Anfällen von Besessenheit ausgesetzt waren, werden oft anerkannte Hexenmeister, die behaupten, im Besitz von übernatürlichen Kräften zu sein. Die Krankheit hat sich unter den Thonga in den letzten 30 J. außerordentlich verbreitet. Es wird behauptet (ähnlich wie Dannholz für Ostafrika), daß sie früher sehr selten, ja unbekannt war. Inzwischen ist sie geradezu epidemisch aufgetreten, obgleich sie sich zur Zeit vielleicht eher im Abnehmen befindet. Besessenheit tritt unter den Ba-Ronga häufiger auf als unter den n. Klans. — Die Geister, welche die Krankheit hervorrufen, von denen die Leute besessen werden, sind nicht die Ahnen der Thonga selbst, die Ahnengeister, sondern es sind solche der Zulu und der Ba-Ndjao. Es scheint, daß die Fälle von Besessenheit, die zuerst auftraten, von Zulu- und Ngoni-Geistern kamen; vielleicht fielen sie zusammen mit dem Hereinbrechen von Manukosi-Kriegern, und mit der stets anwachsenden Abwanderung junger Männer, die zur Arbeit in die Diamantminen von Kimberley oder in die Goldberge von Johannisburg oder Natal gingen, und die durch die von den Zulu bewohnte Landschaft reisten. Vor allem muß man beachten, daß die quälenden Geister, welche die Besessenheit hervorrufen, die Ahnengeister von Fremden sind und die Thonga befielen, die durch das fremde Land wanderten und sie auf ihren weiteren Wegen verfolgten. Ausnahmsweise wird allerdings auch der Geist eines eigenen verstorbenen Häuptlings, einmal sogar der des eigenen verstorbenen Sohnes usw., als befallender Geist gemeldet. Die Beschwörungen müssen in der Sprache des befallenden Geistes vorgenommen werden, also für einen Zulu-Geist in Zulu, für einen Ndjao in der Ndjao-Sprache. Diejenigen Personen, die von Besessenheit befallen werden, tragen große, weiße Glasperlen im Haar, manchmal nur eine kurze Schnur kleiner Perlen, die irgendwo vom Kopf herunterhängt. — Die meisten Fälle von Besessenheit begannen mit einer ausgesprochenen Krisis, während welcher die betreffende Person ihr Bewußtsein verlor, ohne daß dies jedoch durch irgendwelche vorhergehende Nervenanfälle herbeigeführt worden war. Eine Frau aus der Nachbarschaft von Laurenço-Marques flüchtete aus ihrem Haus und warf sich in die See. Als sie in das kalte Wasser kam, kehrten ihre Sinne zurück, wonach man erklärte, daß sie „besessen" war. Eine andere hörte eine Stimme wie im Traum rufen: es war die Stimme des sie befallenden Geistes, der sich später als die eines längst toten Häuptlings enthüllte (s. § 9). Ein Mann, der eine Zeitlang in Kimberley gearbeitet hatte, kehrte gesund nach Hause zurück, wurde dann aber für ein halbes Jahr lahm. Nachdem sich sein Zustand gebessert hatte, verlor er den Appetit und hörte fast völlig auf zu essen. Eines Tages kam er an allen Gliedern zitternd nach Hause zurück, sprang plötzlich auf und griff die Leute seines Dorfes an. Darauf rannte er fort, während seine Freunde ihm folgten. Als sie sich seiner bemächtigten, verließen ihn plötzlich die Besessenheitsgeister. Wie er wieder zum Bewußtsein zurückkam, wurde ihm gesagt, daß er einen Mann mit einem Wachsring (*ma-khehla*) geschlagen und andere in den Rücken gestoßen habe. Man sagte: er ist krank von den Geistern. — Als erste Anzeichen der Besessenheit tritt auch ein dauernder Schmerz in der Brust und nicht unterdrückbares Schluchzen auf, ferner gewöhnliches Gähnen, Abmagerung ohne ersichtlichen Grund usw. Doch alle diese Symptome bilden keinen festen Anhaltspunkt für eine Diagnose, sondern, um sich schlüssig klar zu werden, befragt man stets das Knochenorakel (s. Orakel A, Gottesurteil). — Es gibt besondere Hexenmeister (Medizinmänner), die Spezialisten für die Besessenheits-Krankheit sind, und die unter den Ba-Ronga, die besonders von diesem Leiden befallen werden, *Gobela* (*Dji-ma*) heißen. Diese Besessenheits-Beschwörer haben verschiedene, miteinander rivalisierende Schulen gebildet, in denen die Medikamente und Riten um ein geringes verschieden sind (Junod II 435ff.).

Bei der Besessenheit unter den Thonga handelt es sich zweifellos um eine pathologische Spaltung des Bewußtseins. Viele der Besessenen zeigen mediumistische Fähigkeiten. Auf Madagaskar kommen ähnliche Fälle von Besessenheit und eine ähnliche Art der Behandlung vor wie unter den Thonga. Das besonders häufige Auftreten der Besessenheit in moderner Zeit mag mit dem Fortschreiten des Alkoholismus, gleichzeitig mit dem Zusammenbruch der alten sozialen Ordnung und des dadurch gestörten seelischen Gleichgewichts zusammenhängen, eine Folge des

Eindringens der europ. Kultur (Junod II 459).

§ 9. In früheren Zeiten verwendete man unter den südafrik. Thonga zur Beschwörung von Besessenen einen großen Palmwedel, den man vor den Patienten schwenkte. Dies betrachtete man als ausreichend, um die Geister zu vertreiben. Jetzt ist diese Behandlung viel komplizierter, obgleich sie verschieden ist, je nach den Schulen, die diese Behandlung pflegen. Im Vordergrunde steht die Trommelzeremonie und die Abwaschung der *Gobo*-Schüssel, das Trinken von Blut und die *hondlola*-Zeremonie. Die Reihenfolge und Art der Beschwörungsriten wechselt auch je nach der Gegend. — Die Trommelzeremonie *gongondjela* ist mit einer Art Hexensabatt des Mittelalters zu vergleichen wegen des höllischen Lärms, der dabei gemacht wird, und durch den man den Besessenen befreien will. Auf einem komplizierten Wege wird mit Hilfe von Orakel-Knochen erst die Örtlichkeit ermittelt, an der die Zeremonie vor sich gehen soll usw. Auf den Schlag der Trommel laufen die Nachbarn zusammen, um dem Schauspiel beizuwohnen, und nehmen, was immer ihnen an Lärminstrumenten in die Hand fällt, dazu mit: Tamburin, verschiedene Geräte zum Rasseln, heute auch alte Blechdosen und Petroleumkannen. Am wichtigsten ist dabei übrigens der Gesang der menschlichen Stimmen, ein kurzer Refrain, der Hunderte und Tausende von Malen wiederholt wird. Die Absicht besteht darin, den Geist durch den Lärm zu veranlassen, sich zu enthüllen, d. h. seinen Namen (s. Name A) zu nennen, wodurch man ihn in seine Macht zu bekommen glaubt. Mit der Zeit gerät der Patient in eine nervöse Aufregung, er erhebt sich und beginnt wild in der Hütte herumzutanzen. Darauf wird der Lärm verdoppelt, und irgend einer der Anwesenden ruft einen Zulu-Namen, etwa den eines verstorbenen Häuptlings oder eines noch Lebenden. Manchmal wird auch noch der Name des Vaters oder des Großvaters des Besessenheitsgeistes ermittelt. Der Besessene muß hierauf einen Gesang anstimmen, der als „sein Lied" gilt, und durch den gewisse Trancezustände hervorgerufen oder geheilt werden. Diese ganz kurzen Gesänge sind gewöhnlich in der Zulu-Sprache abgefaßt. Es wird behauptet, daß der Patient, auch wenn er diese Sprache nicht kennt, sie auf dem Wege einer Art Zungenwunders gebrauchen kann. Es folgt der Ritus mit der *Gobo*-Schüssel: der Kopf des Patienten wird in eine Schüssel mit Wasser getaucht, ihm die Anweisung gegeben, darin die Augen zu öffnen und so längere Zeit zu verweilen. Man sagt, daß der Patient dann die „See durchmessen" hat und in ein neues Leben tritt. Er kann nunmehr sprechen, weil er „alles gesehen" hat. Einige sollen auf diese Weise auch das Hellsehen lernen. Aber, um die Heilung des Besessenen herbeizuführen, ist Blut nötig (s. a. Menschenopfer C). Von den meisten Zauberschulen wird dazu eine Ziege verwendet, wenn es sich um einen Mann handelt, und ein Bock im Falle einer Frau. Unter verschiedenen Zeremonien wird das Tier gepackt und unter den Vorderbeinen durchstochen, worauf sich der Patient auf die Wunde stürzt, das herausfließende Blut gierig saugt und seinen Magen damit füllt, bis er schließlich mit Gewalt von dem Tiere weggezogen werden muß. Dann erhält er Medikamente, um das Blut hinter der Hütte auszuspeien. Auf diese Weise gibt er den oder die Geister der Besessenheit von sich. Nun wird er gewaschen und mit Ocker beschmiert. Die Gallenblase der geschlachteten Ziege wird dem Patienten in das Haar gesteckt, um das Glück zu symbolisieren, das durch das Opfer herbeigeführt wurde; nachher wird er mit Fellstreifen des geschlachteten Tieres bekleidet. Das Fleisch der geopferten Tiere dient auch dazu, um die mysteriösen Geisterkräfte mit verschiedenen Zeremonien auszutreiben usw. — Durch die Zeremonie des Bluttrinkens erlangt der Mann eine besondere Kraft *thwaza* (s. a. Mana B) auf dem Wege einer Art Wiedergeburt, ähnlich wie das auch beim Neuerscheinen des Mondes der Fall ist (s. a. Idol A 1). Die der Beschwörung Unterworfenen sind mit einer mystischen Welt in Beziehung getreten, mit Zauberern und Hexen und haben sich wieder gegen deren Einwirkungen zu schützen. Dagegen sind zahlreiche Vorsichtsmaßregeln, teils durch Amulette, teils durch gewisse Riten, erforderlich. — Die durch den Exorzismus Beschworenen bilden eine besondere Gruppe von Leuten und können wiederum Kuren mit anderen veranstalten. Ist ein solcher Hexenmeister mit seinen Kuren erfolgreich, so versammelt er von der Besessenheit Geheilte und in die Zauberkunst eingeweihte Persönlichkeiten um sich und gründet unter Umständen eine neue Schule (s. a. Geheime Gesellschaft, Männerbund). Jedes Jahr wird zum Schluß der Erntezeit ein Fest von einer jeden dieser Schulen veranstaltet (Junod II 439ff.).

§ 10. Das Wort Schamane wird vom mandschurischen *Saman* abgeleitet, was einen exaltierten, begeisterten, erregten Menschen bedeutet, vom „*genus irretabile vatum*" der Römer. Tatsächlich sind die Schamanen Menschen von außerordentlicher Nervosität. Agapytow und Changalow sagen, daß künftige Schamanen bei den sibir. Burjaten einen eigenartigen, nervösen Seelenzustand aufweisen, der von dem normalen eines Menschen weit entfernt ist. Radloff bemerkt, daß die angehenden Schamanen der Altai-Tataren zu epileptischen Anfällen neigen und verschiedene andere Anzeichen von Störungen des Nervensystems und der Psyche zeigen. F. J. Kohn meint, daß die Schamanen und Schamaninnen seelisch kranke, anormale Menschen sind. Bei den Sojoten drückt sich der Hang zum Beruf des Schamanen durch Gähnen, Recken der Glieder, Ohnmachten, epileptische Anfälle und zeitweilige Geistesgestörtheit aus. Man sagt von ihnen, daß sie vom Bösen „besessen" oder geistesgestört seien (mit hellen Momenten). Auch Idiotismus und Wahnsinn befähigen zum Schamanen. Eine der berühmtesten und mächtigsten Tschuktschen-Schamaninnen *Telpinej*, die Bogoras persönlich bei seinem Aufenthalt unter den nomadisierenden Tschuktschen am Oberlauf des Flusses Annija getroffen hatte, erzählte ihm, daß sie während dreier Wochen vom Wahnsinn befallen worden war, so daß ihre Hausgenossen sich gezwungen sahen, sie zu fesseln und sie bei der Jurte (Zelt) angebunden zu halten, wobei sie Grausamkeiten unterworfen wurde. Die drei mächtigsten Schamaninnen des Kreises Balagansk erlagen zu gleicher Zeit dem Wahnsinn und wurden deswegen zu Tode gequält; die eine wurde gesteinigt, die andere zu Tode gefoltert, und eine starb den Hungertod in einer Jurte, in der sie von ihrer Schwiegermutter eingesperrt worden war. Eine Schamanin der Yakuten, die dort vor 50—100 Jahren lebte und wirkte, wurde in jungen Jahren wahnsinnig und erhängte sich.

Das Schamanentum ist bei vielen sibir. Völkern in den Familien erblich (Nioradze S. 49ff.), was zweifellos mit der Vererblichkeit nervöser und geistiger Störungen zusammenhängt (s. a. Handwerk A).

Die Eignung zum Schamanen äußert sich bei den sibirischen Völkern meist schon beim Übergang vom Knaben- ins Jünglingsalter durch erhöhte Empfindsamkeit, Geistererscheinungen, Schwindelanfälle, Ohnmachten, die Fähigkeit, die Zukunft vorauszusagen, u. dgl. mehr. Kinder mit diesen und ähnlichen Zeichen von geistiger Unausgeglichenheit oder Störung des Seelenlebens lenken früh die Aufmerksamkeit auf sich. Auch kann es vorkommen, daß Kinder von sich aus erklären, Geister wären ihnen erschienen, mit dem Befehl, Schamane zu werden. Haben die Eltern nur wenige Kinder, dann suchen sie sich dem Wunsche des Kindes zu widersetzen; in kinderreichen Familien wird eine solche Erklärung von den Eltern mit Freuden begrüßt, da sie hoffen, in Zukunft ihren eigenen Schamanen, einen Beschützer ihres Geschlechts, zu haben. Bis zum Eintritt in ihren neuen Beruf durchleben die Anwärter eine Zeit qualvoller, krankhafter, seelischer und körperlicher Leiden. Oft verlieren sie vollständig den Appetit (s. § 3), sie ziehen sich von den Menschen zurück, werden äußerst unruhig, laufen aus dem Hause in den Wald oder in die Flur, schlafen häufig draußen im Schnee und führen dort in der Einsamkeit geheimnisvolle Gespräche mit Geistern. Sie verbringen die Zeit mit den verschiedensten Übungen, welche die Reizbarkeit des Nervensystems erhöhen und die Phantasie entwickeln. Dadurch wird ein Zustand von Gereiztheit, Schreckhaftigkeit und Furchtsamkeit sowie die Neigung zu suggestiven Sinnestäuschungen hervorgerufen. Dieser Zustand ist oft sehr gefährlich und führt auch zu verschiedenen Anfällen. In der Regel muß aber der Anwärter auf das Schamanentum eine gewisse Schule durchmachen, da sich hergebrachte Künste und Übungen ausgebildet haben. Diese Lehrzeit ist auch eine Leidenszeit, die erst einen Abschluß findet durch die Weihe zum Schamanen. Dann ist es oft so, als ob der krankhafte, qualvolle Seelenzustand des Anwärters wie durch ein Wunder plötzlich geheilt wäre. Diese Leidenszeit der Vorbereitung besteht manchmal in langem Fasten oder in einem tiefen Schlafzustand, oder in Anfällen von Starrkrampf, wobei unartikulierte Laute ausgestoßen werden, in Anfällen von Raserei oder epileptischen Krämpfen usw. Die Schamanen halten selbst die Periode der Vorbereitung für eine Krankheit. Jedoch nicht jeder Schamane macht die Lehrzeit in einer Schule durch. So erlangen die Tschuktschen-Schamanen ohne Anleitung die Fertigkeit zu ihrem Beruf. Auch bei den Samojeden und bei den Ostjaken spielt die Lehre keine große Rolle. Die Burjaten sind überzeugt, daß die Seele des jungen, in Vorbereitung befindlichen Schamanen seinen Körper verläßt, während er die verschiedenen Qualen durchmacht, und unterdessen zu den Geistern übersiedelt, von denen die Seele die Schamanenweisheit erlernt (Nioradze S. 54ff.).

S. a. Askese, Bier, Fasten, Fest A, Fluch A, Freundschaft, Gelübde A, Hanf, Honig, Idol A 1, Mana B, Meidung, Name A, Saturnalien, Schwur, Zauber A.

Blackman *The Significance of Incense and Libations* Ztschr. f. äg. Sprache und Altertumswiss. 50 (1912); Dannholz *Im Banne des Geisterglaubens. Züge animistischen Heidenglaubens bei den Wasu in Deutsch-Ostafrika* 1916; Finsch *Südseearbeiten* 1914; Fletcher und La Flesche *The Omaha Tribe* 27. Ann. Rep. Bur. Am. Ethn. (1911); Graham *Kava Drinking in South America* Journ. Polynes. Soc. 30 (1921); Gutmann *Die Kerbstocklehren der Dschagga in Ostafrika* Ztschr. f. Eingebspr. 13 (1922); Hopfner *Die Kindermedien in den griechisch-ägypt. Zauberpapyri* 1926; Jeremias *Handbuch der altorientalischen Geisteskultur* 1913; Junod *Life of a South African Tribe* 1912; Karsten *Ideas and Customs relating to agriculture among the Jibaros and Canelos Indians of Eastern Ecuador. Contributions to the Sociology of the Indian Tribes of Ecuador* Acta Academiae Aboensis Humaniora 1/3 (1920); ders. *Beiträge zur Sittengeschichte der südamerikanischen Indianer* Acta Academiae Aboensis Humaniora 1/4 (1920); Kroeber *Handbook of the Indians of California* Smithson. Instit. Bur. Am. Ethn. Bulletin 78 (1925); Lewin *Phantastica* 1924; Lowie *Primitive Religion* 1924; Nioradze *Der Schamanismus bei den sibirischen Völkern* 1925; Oesterley *The Sacred Dance, a study in comparative folklore* 1923; K. Th. Oesterreich *Die Besessenheit* 1921; Porzig *Bedeutungsgeschichtliche Studien* IF 42 (1924); Riegler *Tiernamen zur Bezeichnung von Geistesstörungen* WuS 7 (1921); Safford *Narcotic daturas of the Old and New World; an account of their remarkable properties and their uses as intoxicants and in divination* Ann. Rep. Smithson. Instit. for 1920 (1922); Scheerer *Luzon und Formosa* Mitt. dtsch. Ges. f. Nat.- u. Völkk. Ostasiens 11 (1907—09); Ztschrft. f. roman. Phil. 35 S. 738 Schuchardt; Staal *Dusun drinking and love songs* Anthropos 21/1—2 (1926); Stoll *Suggestion und Hypnotismus in der Völkerpsychologie* 1904; Vedder *Die Bergdama* 1923; Wissler *The American Indian* 1922.

Thurnwald

Rauschtrank (Vorderasien). R. war in Mesopotamien seit den ältesten Zeiten beim Volke beliebter als der vornehme Wein. Er wurde von Brauern zubereitet und in Schenkstuben von männlichen und weiblichen Wirten verschenkt. Eine solche Schenkwirtin namens Ku-Ba'u wurde sogar Königin und Stifterin der 3. Dyn. von Kiš (s. d.). Hammurapi hat dann die Fabrikation des R. in seinem Gesetzbuche geregelt (§ 108 ff.). Der gewöhnliche R. ist der Dattelschnaps, dessen Geschmack zuweilen noch durch den Zusatz von Kassia-Blättern und Sesam verbessert wurde; aber auch die Bierbrauerei aus Gerste, Emmer und anderen Getreidearten ist seit alten Zeiten bekannt. Wir besitzen mehrere Brau-Rezepte bereits aus archaischer Zeit (ca. 2800 v. C.), die zeigen, daß man zur Bierbereitung Getreide, Bierbrote und Malz (?) verwandte. Aus diesen Ingredienzien wurden verschiedene Sorten Bier, z. B. „schwarzes Bier", „gutes schwarzes Bier", „rotes Bier", „starkes Bier", gebraut. Wenn man das Bier nicht seihte und in dem Gebräu Getreidekörner noch herumschwammen, trank man es durch Rohrhalme.

B. Meissner *Babylonien und Assyrien* I (1920) S. 239 ff.

B. Meissner

Rautenband. Als Kette aus isolierten, in sich geschlossenen und als solche durch die eigene Musterung gekennzeichneten Figuren ist das R. charakteristisch für die spätneol.

Ornamentik: in der späten nord. Megalithkeramik, als spätere Entwicklungsphase des Hinkelsteinstils, in der Glockenbecher- und Ostalpinen Keramik, in Butmir und den Ausläufern der mitteleurop. Bandkeramik in Italien, an iber. Idolen, in der Vasenmalerei Thessaliens, in Troja I, auf den Kykladen, Zypern, in der weiß inkrustierten vordynastischen Keramik Ägyptens. Die Form ergab sich leicht aus dem Dreiecksmuster, sei es dadurch, daß zwei gegenständig gerichtete, sich mit den Spitzen berührende Dreiecksketten das R. als komplementäres, negatives Muster bestimmen (u. a. in der Molkenberger Keramik; s. Molkenberger Typus), oder daß die beiden von einer Umlauflinie ab- und aufwärtsgerichteten Dreiecksketten mit den Basen verwachsen (deutlich in der Hinkelsteinkeramik). Unter diesen Umständen braucht das Auftreten des R. in den verschiedenen Kulturgruppen noch durchaus nicht auf einen bestehenden Zusammenhang zu deuten. — In der geradlinigen Ornamentik der frühesten BZ weiterlebend, verliert das R. mit der Entwicklung des krummlinigen Stils seine Bedeutung, erlebt dann aber in der Gefäßverzierung der früheren EZ eine Auferstehung, namentlich auch im Schachbrettverband zur Füllung umrahmter Felder. Auch auf den geometrisch bemalten Vasen der LTZ (Stradonitz; Band II Tf. 48, 4. 13. 19) ist das R. vertreten.

F. A. v. Scheltema

Recht.

§ 1. Die Bedingtheit primitiven R. — § 2. Die religiöse Gebundenheit des R. — § 3. Die Fixierung des R. — § 4. Das öffentliche R. — § 5. Familien-R. — § 6. Das R. an Grundstücken. — § 7. Das R. der Schuldverhältnisse. — § 8. Erbrecht. — § 9. Strafrecht. — § 10. Der Rechtsstreit. — § 11. Die Bedeutung der Herrschaft für das R. — § 12. Die Gerechtigkeit.

§ 1. Um einen Eindruck von der Gestaltung primitiven R. zu gewinnen, müssen wir unsere Zuflucht zu heutigen Naturvölkern nehmen. Denn die Aufzeichnungen der antiken Völker setzen naturgemäß auf einer Entwicklungsstufe des R. ein, die von Primitivität weit entfernt ist. Schon aus dem Besitz der Schrift (s. d.) allein geht dies hervor. Was aber außerhalb eigener schriftlicher Dokumente von anderen Völkern überliefert wird, etwa von Herodot, Strabo, Polybius, Tacitus, ist ebenso karg wie unsicher.

Selbstverständlich hängt der Zustand des R. in erster Linie von der Verfassung des politischen Verbandes ab, in dem es gilt. Eine solche Organisation ist aber wiederum durch weitere Momente bedingt: vor allem durch die ethnischen Gruppen, die neben- oder übereinander gestaffelt leben, oder durch die soziale Schichtung, ferner durch die Wirtschaftsform. Für die letztere kommt nicht nur die Art der gesellschaftlichen Staffelung in Betracht, sondern auch der Stand der technischen Entwicklung. Weiterhin sind mit allen diesen Dingen Wertungen und Auffassungen, herkömmliche Formen des Denkens und des Ausdrucks, der Überlieferung und der Formulierung des Ausdrucks verknüpft, die der konkreten Rechtsgestaltung ihren Stempel aufdrücken.

Alle diese Faktoren verändern sich jedoch (s. Primitive Kultur):

1. Man kann von einer fortschreitenden Anhäufung technischer Fertigkeiten im Laufe der Zeit reden, und ebenso von einer die Ansichten und Wertungen umgestaltenden fortschreitenden Einsicht in die Kausalzusammenhänge der Alltagsvorgänge und des Geschehens (s. Fortschritt).

2. Dadurch wird eine Vergrößerung der politischen Verbände, eine Vermehrung der Menschenzahl und eine Beschleunigung des Lebensrhythmus ermöglicht (s. Politische Entwicklung).

3. Dies bringt einen lebhafteren Kontakt von verschiedenen ethnischen Gruppen mit sich. Das Nebeneinandersiedeln fördert vermöge einer schon von vornherein gegebenen Neigung zur Spezialisierung der Tätigkeit (s. Handwerk A) die Ausbildung weitgehender Arbeitsteilung, eine Organisation der Wirtschaft (s. d. D) durch Überschichtung (s. Schichtung) und Herrschaft (s. Häuptling).

4. So kommt es zu einer größeren Kompliziertheit der auf ein weiteres Friedensbereich sich erstreckenden politischen Einheiten. Daran knüpft sich ein Fortschreiten der rechtlichen Ordnungen des Lebens: eine „Rechtsentwicklung".

5. So wird nicht nur eine Bereicherung der Rechtsbeziehungen bedingt, sondern auch eine Vertiefung derselben. Ja, die rein juristischen Gesichtspunkte müssen überhaupt erst entdeckt werden, die Ablösung aus ihrer Verflochtenheit mit anderen, mit religiösen, moralischen und sittlichen, muß sich erst vollziehen (s. Mana B, Meidung, Omen A). Dadurch vermag die rechtliche Norm erst bewußt aus dem Chaos von verschiedenen anderen geforderten Verhaltungsweisen rein hervorzutreten.

Immer aber bleibt das Rechtssystem eingebettet in der übrigen Geistesverfassung. Da diese, wie gesagt, durch die fortschreitende Erkenntnis der Kausalzusammenhänge getragen wird, strahlt sie auf die Gestaltung des R. zurück, so daß auch beim R. von Stufen geredet werden kann, auf welche die jeweiligen Gestaltungen zu projizieren sind.

Denn es gibt nirgend ein R. an sich, so wenig wie es eine Kunst an sich gibt, sondern stets nur einen gewissen „Stil" des R. oder der Kunst, also bestimmte konkrete Gestaltungen als Ergebnis ineinandergreifender realer Bedingungen.

Es hat eine Zeit gegeben, und sie liegt nicht allzu weit zurück, da man den Naturvölkern den Besitz von R. ebenso absprach wie eine eigene Geschichte. Redet man doch selbst heute noch von „geschichtslosen Völkern" — nur deshalb, weil man deren Geschichte nicht kennt. Leider war auf dem Gebiete der Gesellschaftsforschung die Tätigkeit der Reisenden nicht gleich eifrig wie im Erwerb von Sammlungen materieller Natur. Überdies erfordert das Sammeln von rechtlichen Einrichtungen eine viel weitergehende Vorbildung als das Einkaufen von Gegenständen. Die verhältnismäßig spärlichen Ermittlungen auf rechtlichem Gebiet erstrecken sich überdies zumeist auf höhere Naturvölker, weniger auf Jäger und Sammler.

Man weigerte sich früher vielfach, R. dort anzuerkennen, wo es keine geschriebenen Satzungen gab. Diese formale Stellungnahme degradierte daher das, was man „Gewohnheitsrecht" nannte, zu etwas gewissermaßen nur halb Juristischem.

Dieser Auffassung wird man mit gewissen Vorbehalten in der Tat nicht ganz Unrecht geben können. Das R. ist stets mit den Gedankengängen seiner Zeit verflochten, auch in höheren Gesellschaften; aber sein rein rechtlicher Charakter ist in primitiven Kulturen nicht bewußt von Vorschriften anderer, etwa religiöser, moralischer, zauberischer Natur losgelöst und verselbständigt. Nicht darum allerdings, wie eine formale Auffassung betonen zu müssen meinte, weil es nur als „Gewohnheit" existiert, ist der juristische Gehalt des Gewohnheitsrechts geringer als der gesatzten R. In geschriebenen Satzungen archaischer Kulturen finden sich unter rein rechtlichen Normen oft auch noch mancherlei Vorschriften anderer Natur. In den Gewohnheitsrechten sind aber regelmäßig noch viele andere Normierungen mit eingewoben; in ihnen ist der rein juristische Gehalt meistens geringer als im geschriebenen R., das in juristischer Beziehung immer stärker spezialisiert ist.

Es gilt hier, gewisse Grundzüge primitiven R. zusammenzufassen. Selbstverständlich bringt die Eigenart des Lebens und der Kultur sehr verschiedenartige Normierungen mit sich. Dazu tritt noch der Einfluß der Übertragung fremder Vorschriften.

Die natürlichen Beziehungen der rechtlichen Ordnungen sind selbstverständlich die gleichen wie überall. Es können die öffentlichen Angelegenheiten, die Verfassung einer Gemeinde (öffentliches R.) geregelt werden, oder die aus Geburt und Heirat sich ergebenden familialen Beziehungen einer Person (Personenrecht, Familienrecht), oder die Verhältnisse des Grundeigentums (Immobiliarrecht), ferner die Geschäfte mit beweglichem Besitztum, eingegangene Verbindlichkeiten (Obligationenrecht), weiterhin der Erbgang (Erbrecht); endlich können die Verhaltungsweisen der einzelnen durch die Gesamtheit einer Kontrolle unterzogen werden, aus der sich die Auffassung von den „Verbrechen" ergibt und das den „Missetätern" gegenüber einzuschlagende Verhalten als Reaktion auf deren Handlungen: Rache und Strafe (Strafrecht). Die Ansichten über verletztes R. werden stets in einer herkömmlichen Form geklärt, in irgendeinem noch so einfachen Verfahren (Prozeßrecht).

Angesichts der Eigenart der Lebensverhältnisse indessen, die jeweils ihre besondere Regelung erfordern, gehen die einzelnen Ordnungen weit auseinander. So erscheint jedes Rechtssystem, z. B. auch das röm., nur als ein Sonderfall unter anderen ebenbürtigen, so groß auch die Unterschiede der Durchbildung und der Grad des Scharfsinns sein mag.

Vor allem ist auch das Gewicht und die Bedeutung der einzelnen Beziehungskomplexe in den mannigfaltigen Normierungen verschieden. In den primitiven Ordnungen tritt das Personenrecht als wichtiger hervor, so wie etwa in der primitiven Kunst die Betätigung der Person des Menschen mit den leiblichen Mitteln in Tanz, Gesang und Körperschmuck; und zwar aus dem einfachen Grunde, weil die geringe Entwicklung der Technik noch nicht Objekte genug geschaffen hat, in denen bewegliche Werte sich verkörpern. Denn die hauptsächliche Grundlage für die Bildung von zivilen Rechtsbeziehungen, insbesondere das große Gebiet des Sachen-, Obligationen- und Erbrechts, ist von der Entwicklung beweglicher Werte abhängig. Das gilt sogar auch für Liegenschaften. Denn die Transaktionen mit Grund und Boden können ohne eine gewisse, wenn auch beschränkte „Mobilisierung" des Grundbesitzes nicht vor sich gehen, d. h. nicht ohne daß der Boden den mobilen Werten insofern angeglichen wird, daß er gegen diese austauschbar, kompensierbar geworden ist. Erst dann kann auch die Fülle von Berechtigungen daran eine bedeutendere Rolle spielen. Selbst in das Personenrecht, in die vermögensrechtlichen Beziehungen der Ehe reicht der Wirkungsbereich der beweglichen Werte. Nicht ausgenommen davon ist das Strafrecht, sogar in seinen ursprünglichen Formen der Blutrache (s. d.), für die später durch mobile Werte eine Ablösung, eine Komposition, eine Bußezahlung (s. Busse), geschaffen wurde.

Schon daraus geht hervor, daß die Wirtschaft, bzw. die Entwicklungsstufe und Art der Technik den Hintergrund abgeben, auf dem die Ordnungen des Rechtslebens erwachsen. Zu ihrer konkreten Gestalt verhelfen ihnen aber erst die ineinandergreifenden und oft sehr verwickelten Ansichten über die Bedeutung der einzelnen wirtschaftlichen Werte (s. Eigentum A, Kommunismus, Reichtum). Die tatsächliche Bedeutung von Wirtschaftsobjekten, wie z. B. Vieh, tritt gegenüber gewissen Vorurteilen nicht selten völlig zurück (s. Wirtschaft D). Dazu kommt noch das ganze System der sonstigen Auffassungen vom Leben und seinen Zusammenhängen, kurz, die gesamte Geistesverfassung des Volkes und seiner Zeit.

So ergeben sich auch die Zusammenhänge des R. mit Sitte, Moral und Ethik. Das R. wurzelt in der Gewohnheit gewisser Verhaltungsweisen. Man kann nicht nach einem „Zuerst" solcher Verhaltungsweisen fragen, sondern höchstens nach einem autoritativen Vorbild des Verhaltens, das Anerkennung findet und dadurch die ethische Sanktion erhält, ein Vorgang, der nur selten mit Absicht durchgeführt wird oder durchgeführt werden kann. Hüterin der Sanktion ist die Gemeinde oder die sie repräsentierenden, führenden Persönlichkeiten, die Alten oder ein angesehener Häuptling (vgl. § 10, 11).

Unter diesen Umständen wäre es irrig, zu meinen, daß unter Naturvölkern nicht ein starkes Empfinden für R. und Unrecht herrschte (s. § 12). Nur sind die Affektakzente anders verteilt als bei uns; während man über einen Diebstahl (s. d.) dort vielleicht hinwegsieht (vgl. § 9), ja das Wegnehmen einer Sache gar nicht als Verletzung des Eigentums empfindet (s. Eigentum A, Kommunismus), mag man gegen eine Übertretung der Heiratsordnung (s. d.) oder einer Meidungsvorschrift (s. Meidung), z. B. den Fürsten essen oder trinken zu sehen (Schmidt S. 29), außerordentlich empfindlich sein.

Die Rechtsentwicklung stellt einen großartigen Akt der Selbstdomestikation, der wachsenden Vergesellschaftung des Menschengeschlechtes dar. Sie geht daher mit dem Wachstum politischer Gemeinwesen Hand in Hand. Die Überschichtung und das Entstehen starker Autoritäten im adligen Häuptling (s. d.), im heiligen Fürsten und im rationalistischen Despoten (s. Despotie) enthielten eine mächtige Förderung für die Rechtsentwicklung (s. § 11).

In diesem Überblick über primitives R. schien es nicht angezeigt, eine große Zahl von vereinzelten Rechtsbestimmungen heterogener Völker als Kuriositäten zu häufen, da ohne ihre Wurzeln die herausgegriffenen Normen unverständlich bleiben. Wenn wir wirklich in das primitive R. eindringen wollen, ist es nötig, dieses als eine Ordnung des gesellschaftlichen Lebens und seiner Gestaltungen aufzufassen. Dabei muß man im Auge behalten, daß das R. nicht einen unmittelbaren Niederschlag der gesellschaftlichen Kräfte darstellt, sondern daß die Wünsche und Bestrebungen nach einer Organisation der politischen und sozialen Beziehungen in den Köpfen bestimmter Menschen vor sich gegangen sind, daß somit das R. durch die Denkart und Geistesverfassung, und zwar außerdem in der Regel einer vergangenen Generation, bedingt ist (s. Primitives Denken). Im Grunde genommen muß die gesamte Kultur als Hintergrund dienen (s. Primitive Kultur). Wir müssen also versuchen, die Rechtsbestimmungen so fremdartiger Kulturen wie die der sog. Naturvölker in Verbindung mit den übrigen Sitten und Verhaltungsweisen, in ihrer Verwachsenheit mit dem gesamten Leben aufzuzeigen. Darum wurden hier nur einige Völker, von denen neue, genaue Ermittlungen vorliegen, ausgewählt. Wegen der Beziehung zur Vorgeschichte schien es am Platz, die niedrigen Jäger- und Sammlervölker zu bevorzugen.

Wünscht jemand die Rechtsanschauungen der Eingeborenen richtig zu würdigen, meint Keysser (S. 85), so muß er europ. Rechtsbegriffe beiseitelassen. Will man gerecht sein, so soll man, wie auf anderen Gebieten, auch auf dem des R. „mit Papua-Augen sehen und mit Papua-Herzen fühlen lernen".

Das primitive R. kann nicht ohne weiteres als etwas Einheitliches dem der Kulturvölker gegenübergestellt werden, nicht nur deshalb, weil viele Übergänge, besonders im R. der archaischen Völker, vorhanden sind, die in dem der höheren Kultur nachwirken, sondern weil die Mannigfaltigkeit der primitiven Kulturen auch sehr verschiedenes R. bedingt. Das geht schon daraus hervor, daß die politische Gestaltung (s. Politische Entwicklung) sehr verschieden ist: angefangen von den homogenen demokratischen Verbänden der Jäger- und Sammlerstämme über die Agglomeration ethnischer Gruppen zur Schichtung (s. d.) nach Abstammung und nach sozial-beruflichen Gesichtspunkten, sowie von einer autoritätslosen Häuptlingsschaft zum heiligen Fürsten und rationalistischen Despoten (s. Adel, Demokratie, Despotie, Häuptling, Kaste A, Klan, Politische Entwicklung, Soziale Entwicklung).

§ 2. Im allgemeinen kann man sagen, daß in primitiven Kulturen der Erfolg auf jedem Gebiet ohne weiteres aus einem guten Einvernehmen mit den übermenschlichen Mächten abgeleitet wird. Dementsprechend wertet man auch die kulturelle Überlegenheit, durch die sich ethnische Gruppen auszeichnen. Darum werden diese anerkannt, ihre Wünsche befolgt und sie so zur Herrschaft zugelassen, zu einer Überordnung nämlich, die einer innerhalb seiner eigenen homogenen demokratischen Horde seinesgleichen niemals zugestehen würde. Auf diese Weise ist es an vielen Orten zur Bildung von Adelsschichten gekommen (s. Adel, Auszeichnung, Häuptling, Kaste A, Schichtung). Im Zusammenhang damit ist es verständlich, wenn auf Fiji (Südsee), wie Hocart (S. 72) ausführt, als erste Bedingung für die glückliche Regierung eines Fürsten seine edle Abstammung sowohl in der mütterlichen als auch in der väterlichen Linie gefordert wird. Außerdem soll er noch der älteren Linie oder der älteren Generation angehören. Ist das nicht der Fall, wenn etwa ein Jüngerer oder eine Familie, die nicht volladlig ist, die Macht an sich reißt, so sind z. B. Hungersnöte auf diesen Bruch der heiligen Sitte zurückzuführen.

Außerdem wird die richtige Beobachtung der Sitten und Riten als Voraussetzung für die glückliche Regierung eines Häuptlings oder Fürsten auf Fiji angesehen. Ein unbeabsichtigter Verstoß kann dazu führen, daß ein Häuptling zugunsten eines anderen verzichtet, um kein Unglück über sein Volk zu bringen (Hocart S. 72).

Die starke Verflochtenheit religiöser Gedankengänge mit rechtlichen Einrichtungen zeigen vor allem Eid (s. d. A), sonstige Beteuerungen (vgl. Zahn S. 314) und Gottesurteil (s. d.). Der Eid weckt den stärksten Zwang, den der Naturmensch kennt. Mit dem Eide unterstellt er sich einem Gottesurteil. — Wenn dem Schwören der Eingeborenen gegenübergehalten wird, daß sie trotzdem lügen, so darf man die egozentrische Auffassung und Reproduktion des Naturmenschen nicht vergessen, der Art, daß einer an „die eigene Lüge glaubt" (Gutmann S. 696ff., 702ff.; s. a. Primitives Denken).

Die griech. δίκη bedeutet Gewohnheit, die Sitte, die sich gehört, R. und Gesetz. Ein Mann, der δίκαιος ist, beobachtet vor allem die Gebräuche und was sonst das Herkommen vorschreibt, vor allem im Verhalten gegenüber den Göttern. So faßt auch Homer in der Odyssee (IX 175) den gastfreundlichen und gottesfürchtigen Mann auf im Vergleich zum anmaßenden Barbaren, der kein R. übt. In ähnlicher Weise tut das auch Äschylus (Theb. 598). Das *dharma* des Sanskrit und *dhamma* des Pali enthalten ähnliche Bedeutungen, bei denen Sitte, R., Pflicht, Tugend und Frömmigkeit ineinander verschwimmen (Hocart S. 71).

Nicht nur für das primitive R., sondern auch noch für das archaische gilt die Auffassung, die z. B. das griech. R. beherrscht, daß die Götter wohl überlegene Gewalten sind, die zu reizen man sich scheut, jedoch keine sittlichen Mächte, die Frevel und Verbrechen ohne weiteres ahnden, wie Latte (§ 2ff.) betont. Eine Gesellschaft wie z. B. „die homerische, die mit Wohlgefallen auf den tatkräftigen Mann blickte, der mit Trug oder Gewalt seinen Vorteil und seinen Willen durchzusetzen wußte", legte keine ethischen Maßstäbe an, doch fühlte sie sich dennoch durch Eide gebunden. Hier tritt auch die Stellung zur Lüge deutlich in Erscheinung: nicht die Unmoral der Lüge ist es, die den Unwillen der Götter wachruft, sondern die Auffassung von einer geradezu an das Sinnlich-greifbare erinnernden Bindung durch Zauberformeln von Schwur und Verfluchung (s. Eid A, Fluch A, Name A), die den Schuldigen ins Verderben zieht.

Auch herrscht hier die Unzulässigkeit des Urkundenbeweises im alten Prozeß, wie sie in das R. von Gortyn hineinragt, in ganz ähnlicher Weise, wie wir das von Naturvölkern hören (s. § 10). Der Rechtsschutz erstreckt sich darum nur auf solche Ansprüche, deren Erweis in den anerkannten Formen möglich ist. Dort überall, wo die Allgemeinheit sich interessieren zu müssen glaubt, hat das R. sakralen Charakter (s. § 9). Im übrigen aber bleibt es bei einem *laisser faire* des Einzelnen, dem gegenüber die Allgemeinheit sich passiv verhält, ihm höchstens die Rache zubilligt. Um nun die Allgemeinheit für seine Sache zu interessieren, wird ein besonderer Weg eingeschlagen, der die übernatürlichen Mächte durch Eid oder Fluch oder im Gottesgericht bannen und damit auch die Gemeinschaft in Mitleidenschaft ziehen soll. Eine gröbere Form, das Interesse der Gemeinschaft zu wecken, besteht in der im § 9 erwähnten und auch unter „Blutrache" geschilderten Kettenrache.

Das röm. R. kennt die Spaltung in *jus* und *fas* (Voigt S. 187). Das *fas* entspricht zweifellos den Tabu-Satzungen (s. Meidung); es ist das *jus divinum*. Von diesem wird wieder das *jus sacrum*, die Ritualregeln, unterschieden, die aber durchaus zu den „übermenschlichen" Satzungen gehören. Das weltliche Gesetz, *jus*, wird teilweise auf die von der Staatsgewalt ergangene Verordnung zurückgeführt (*jus ratum*), wie es in primitiven Verhältnissen in Verordnungen der Häuptlinge oder Fürsten zutage tritt, während die *lex privata* ursprünglich die traditionell dem Einzelnen zugestandene Bewegungsfreiheit in der Wahrnehmung seiner Interessen darstellt, wie z. B. das Ergreifen oder Wegnehmen von Sammel- oder Jagdbeute, wenn ihm etwas abhanden gekommen ist, oder wenn jemand sich unrechtmäßigerweise etwa einer durch Merkmale gekennzeichneten Sache bemächtigt hat. — Vgl. a. § 9, 10 und Leist. — S. a. Asyl, Fest A, Friede.

§ 3. Als Quelle des R. werden bei den zentralaustral. Aranda und Loritja die alten Männer angesehen, nicht der Häuptling. Gewisse Grundzüge der Rechtsgewohnheiten teilt man den jungen Männern nach der Reifeweihe mit (Strehlow S. 10). — Vgl. § 10 und Knabenhans S. 162ff., 171ff., 179.

Wenn auf den Neuen Hebriden auch kein kodifiziertes Gesetz besteht, so sind, nach Speiser (S. 341), die Rechtsbegriffe der Eingeborenen doch ganz klar. Sie beruhen darauf, daß jedes Unrecht durch ein gleiches gesühnt werden muß. Für jedes gestohlene Schwein muß ein gleiches ersetzt werden. Der Mord findet seine Vergeltung durch einen Mord auf der Gegenseite oder durch eine entsprechende Bußezahlung; die Kriege können erst ein Ende finden, wenn jede Partei gleich viel Tote zu beklagen hat (s. § 4 und vgl. Thurnwald *Ermittlungen* usw.; ders. *Das Rechtsleben* usw.).

Bei den westafrik. Kpelle wird das Erlassen eines Gesetzes (*dodo*, *dāla*, *dāma*, *dāmaṅ*) als das „Darauflegen" eines Verbots auf eine Sache oder Handlung betrachtet. Die „Gesetze" haben den Charakter einer vom König erlassenen Verordnung (vgl. § 11), die aus bestimmten Anlässen entspringt, z. B. das Verbot, Palmfrüchte vor der völligen Reife zu ernten, gewisse Landstrecken unter Kultur zu nehmen, innerhalb einer angegebenen Zeit Hühner zu verkaufen oder zu schlachten, unerlaubten Geheimbünden anzugehören oder schädlichen Zauber zu besitzen. — Neben diesen zeitweilig geltenden Verordnungen stehen die altüberlieferten Stammesgesetze, die als *tua* = Sitte bezeichnet werden. Doch sind *dodo* und *tua* nicht immer streng voneinander geschieden. Verkündet z. B. der Häuptling bei der Gründung einer neuen Ortschaft die alte Stammessitte, so wird von dem Erlassen von „Gesetzen" gesprochen (Westermann S. 100; s. Gericht A). — Das Erlassen von Gesetzen wird in folgender Weise geschildert: „Der König ruft seine Leute, die in der Stadt sind, zusammen und nennt die Dinge, die man nicht tun darf." Er sagt: „Jedermann, der hier in der Stadt ist, darf nicht stehlen; wenn aber jemand einen Diebstahl begeht, so muß er eine große Zahlung leisten (vgl. § 9). — Niemand darf mit der Frau eines Anderen Ehebruch treiben. — Wenn einer mit der Tochter eines Mannes eine Liebschaft hat, so muß er die Sache dadurch ins reine bringen, daß er einen Menschen gibt oder an dessen Stelle eine große Geldsumme zahlt. — Wenn einer die Tochter eines Mannes vergewaltigt, so wird der Mann gefangen, in den Stock gelegt, gefesselt, und seine Leute müssen ihn freikaufen; sonst verhandelt man ihn in ein fernes Land als Sklaven (vgl. § 5). — Niemand darf hier Hexerei treiben, sonst fangen wir (der König und seine Leute) ihn und verkaufen ihn. — Niemand darf hier jemand töten; wenn jemand aber einen tötet, so muß er eine Entschädigung, eine Geldsumme bezahlen, und zwar sieben Sklavenwerte, außerdem muß er noch einen Menschen geben; so wird die Angelegenheit erledigt, er hat das Blut vom Lande weggetan. — Niemand darf die Siedlung anzünden, tut er das aber, so muß er die Sache ins reine bringen; haben er und die Seinen nicht die Mittel dazu, so verkaufen wir (der König und seine Leute) sie (den Missetäter und seine Sippe)." Überall tritt hier der König als der Schiedsrichter und Vermittler bei allen Streitigkeiten in Erscheinung (s. § 11; Westermann S. 131f.).

Die vorarchaische Zeit kennt an vielen Orten Gesetze in metrischer Form. So sind Gesetze in Versen von den Bretonen und von den Druiden bekannt (de Laveley S. 785ff.). Ferner wird aus dem vorgesch. Tartessos der Iberer von derartigen Gesetzbüchern berichtet (Schulten *Tartessos* 1922 S. 70). Die fries. und altschwed. Gesetze beobachteten metrische Form in freien Versen (Sievers *Metrische Studien* Abh. d. phil.-hist. Kl. d. sächs. Akad. d. Wissensch. 35 [1918—19]), ebenso die alttestamentlichen Gesetze (Exod. 21). — Bei diesen Nachrichten wird man an die Formulierung von Heiratsprüfungen (s. Heirat) und Jünglingsunterweisungen (s. Jünglingsweihe) von Naturvölkern erinnert, vor allem aber an die eigenartige Rolle der Rätsel (s. d.).

§ 4. Von völkerrechtlichen Ansätzen kann man selbst bei so niedrigen Stämmen reden wie bei dem Jäger- und Sammlervolk der Bergdama von Südwestafrika. Ungefähr viererlei Kategorien von öffentlich-rechtlichen Beziehungen kann man unterscheiden: 1. die Rechtsbeziehungen innerhalb der gleichen Sippe (= politischen Einheit), 2. die unter benachbarten verschiedenen souveränen Sippen, 3. die gegen fremde, aber gleichsprachige Kulturangehörige (= derselben „Nation") und 4. gegen ethnisch Fremde.

Im Krieg gegen eigene Volksgenossen ist ein geordneter Friedensschluß möglich. Die kriegsmüde Partei ordnet die Großfrau des Häuptlings mit ihrem Söhnchen zur Einleitung von Friedensverhandlungen nach dem Lager (Werft) der feindlichen Sippe ab. Sie ist mit ihrem Kinde unantastbar und führt mit dem Oberhaupt der Gegner die Verhandlungen nur so weit, ob er sich überhaupt auf Frieden einläßt (s. Friede). Ein derartiges Verhalten setzt immer eine Vergesellschaftung unter den Sippen, die gemeinsame Basis gewisser ethischer und rechtlicher Anschauungen und Konventionen voraus (s. Moral). Der durchreisende Angehörige einer fremden Sippe kann die offenen Quellen und die künstlich geöffneten Wasserlöcher zum Trinken benutzen, ohne zu bezahlen und ohne zu fragen. Man erwartet jedoch von dem, der mit einer großen Viehherde vorbeizieht und sie tränken möchte, daß er zuvor bei dem Sippenältesten anfragt. Ein durchreisender Fremdling schlägt außerhalb des Sippenlagers (Werft) sein Nachtlager auf (s. Fremder). Gehört er den *Nama-* oder *San-*Buschmännern an, welche die gleiche Sprache reden, so bekam er früher als Gastgeschenk einen Hund, den er für sich schlachtete und aß, und wurde zum Nachtquartier in die Werft geladen. Einem Volksangehörigen oder Bekannten wird vom Werftoberhaupt eine der Frauenhütten zur Verfügung gestellt und ihm nach Möglichkeit eine Ziege geschlachtet. Er darf sich so lange aufhalten, wie er will, und man teilt mit ihm, was vorhanden ist (Vedder S. 147f.).

Die Beziehungen der einzelnen Gemeinden unterliegen bei den zentralaustral. Aranda und Loritja bestimmten traditionellen Formen. Wollen die Bewohner eines Lagerplatzes ihre Freunde in einem anderen Lagerplatz besuchen, so marschieren sie bis in die Nähe desselben, zünden dort ein hell aufloderndes Feuer an, um ihre Ankunft anzuzeigen, und gehen dann mit Speer, Speerwerfer und Schild auf den Lagerplatz zu, indem sie ihre Knie im Takt hochwerfen und dabei den Boden stampfen. Ihnen entgegen kommt der Häuptling mit einigen alten Männern und erkundigt sich nach dem Zweck ihres Besuches. Wenn sie antworten: „Wir sind zu Besuch gekommen", so fordert er sie auf, ihm zu folgen. Im Lagerplatz wird den Besuchern Fleisch und Pflanzenkost vorgesetzt (s. Fremder, Gastfreundschaft). Nachdem sie sich einige Tage aufgehalten, die Neuigkeiten erzählt und vielleicht gegenseitig Tauschartikel eingehandelt haben, sagt der Häuptling des Platzes zu den Besuchern: „Morgen sollt ihr wieder in eure Heimat zurückkehren!", welcher Aufforderung auch am nächsten Tage Folge geleistet wird. — Schweben Feindseligkeiten, so sucht gewöhnlich der Bedrohte den anderen zuvorzukommen. Haben sich die Alten zum Kriege entschlossen (s. Fehde), so suchen sie zunächst befreundete Häuptlinge zur Teilnahme zu bewegen und senden zur Werbung von Verbündeten einen Boten aus. Diesem wird eine aus dem Haar Verstorbener verfertigte Schnur (s. Auszeichnung) um den Hals gebunden, ein Nasenknochen wird ihm durch die Nasenscheidewand gezogen, und große Adlerfedern werden hinten in seinen Gürtel gesteckt; auch trägt er ein mit einer Schnur umwickeltes kleines *tjurunga* (Ahnenholz) unter dem Arm. Will die andere Gemeinde nicht die Rache der Bündniswerber auf sich ziehen, so müssen sie beschließen, ihr zu Hilfe zu kommen. Zum Zeichen des Einverständnisses gibt der Häuptling die oben angeführte symbolische Ausschmükkung, die der Bote bei seiner Ankunft ihm ausgehändigt hat, wieder zurück und schickt ihn weiter nach einem benachbarten Lagerplatz. Nach der Rückkehr des Boten, der gleichzeitig als Führer dient, tritt man gerüstet den Zug zu den Hilfewerbern an. Man begibt sich jedoch nicht gleich in das Lager, sondern zeigt erst am nächsten

Morgen durch Boten sein Erscheinen an. Die Begegnung der beiden verbündeten Horden findet unter Führung ihrer Häuptlinge statt, nachdem sich alle Männer in Kriegsschmuck geworfen haben. Bevor der Kriegszug selbst angetreten wird, werden Gesänge angestimmt, die vor allem zauberischen Zweck haben, und in denen durch Worte der Erfolg der eigenen Waffen und der Mißerfolg der Feinde gebannt werden soll (s. Fluch A, Name A). Außerdem werden Orgien veranstaltet, und zwar mit solchen Frauen, mit denen sexuelle Beziehungen sonst streng verboten sind: z. B. mit der Schwester und Schwiegermutter (s. Blutschande). Diese Exzesse sollen bewirken, daß der Krieger „Bauch entbrennt", sie in große Erregung geraten. Ferner öffnen sich die Krieger mit spitzen Knochen ihre Beschneidungswunde und lassen sich gegenseitig das Blut auf die rechte Schulter fließen, damit ihr „rechter Arm stark werde". Am anderen Morgen finden weiter Kampfspiele statt, und der Häuptling sendet die jungen Männer aus, um einiges Wild zu speeren. Am Abend essen sie ein wenig halbrohes Fleisch, worauf sie wieder die ganze Nacht hindurch Kriegslieder singen. Mit Tagesanbruch marschiert man weiter, bleibt aber ohne Nahrung die folgende Nacht und kundschaftet den Feind aus. Wie fast bei allen Naturvölkern, findet der Überfall vor Tagesgrauen statt, wenn in dem feindlichen Lagerplatz alles in festem Schlaf liegt. Jeder wird mit einem Zauberamulett ausgerüstet, um in Wut zu geraten und die Feinde besser treffen zu können. — Wünschen zwei Lagerplätze, zwischen denen ein Kampf stattgefunden hat, eine Verständigung herbeizuführen, so wird zuweilen ein Mann mit seiner Frau als Friedensbote zu der anderen Niederlassung geschickt. Um die Bereitwilligkeit der Gegner zur Unterhandlung zu erproben, bietet der Bote seine Frau den Bewohnern des feindlichen Lagerplatzes an. Wird dieses Angebot angenommen, so ist ein günstiges Ergebnis gesichert (Strehlow S. 5ff.).

Ein Friede kann auf den Neuen Hebriden erst dann geschlossen werden, wenn jede Partei gleichviel Verluste erlitten hat. Die „Sieger", die geringere Verluste hatten, müssen die fehlende Zahl an Verlusten dadurch ausgleichen, daß sie eine entsprechende Anzahl Menschen lebend den anderen ausliefern. Diese können dann getötet werden, oder die Gegenpartei nimmt sie an Stelle der Toten in den Sippenverband auf (Speiser S. 341; s. Adoption A). Ähnlich war es im alten Island (Heusler S. 93). Man ersieht hieraus, daß die primitive Auffassung nicht Sieger und Besiegte im Sinne der archaischen, wie etwa der altoriental. oder antiken Kulturen, kannte.

Zwischen verschiedenen Stämmen der Ewe-Neger, wie zwischen den Tavieẘeern und den Hoern, herrschte früher ein eigenartiges Bündnisverhältnis: Wenn die Tavieẘeer auf die Jagd gegangen waren oder bei Gerichtsverhandlungen Tiere geschlachtet hatten, so schickten sie eines derselben unaufgeschnitten nach Ho. Wenn im Frühjahr die Felder bestellt wurden, so arbeiteten die Tavieẘeer auch für die Aẘede. War in Tavieẘe der König gestorben, so mußten die Aẘede hinübergehen und den Nachfolger des Verstorbenen einsetzen, und wenn in Ho der König gestorben war, gingen die Tavieẘeer hin, bevor ein anderer eingesetzt wurde. Auch kämpften die Tavieẘe an der Seite der Hoer. Später entstand jedoch Uneinigkeit, und die Freundschaftsbündnisse gingen in Feindschaft über. Als Hauptgrund dafür wird angegeben, daß die Tavieẘeer mit den Akwamuern sich verbündeten und dadurch in Gegensatz zu den anderen gerieten (Spieth S. 816ff.).

Verträge unter verschiedenen abessin. Stämmen wurden früher im mündlichen Verfahren vor beiderseitigen Zeugen bekräftigt. Obwohl diese Verträge keine besondere religiöse Weihe erhielten, wurden sie doch genau beobachtet und unter göttlichem Schutze stehend betrachtet. Zum Zeichen freien Geleites erhielten fremde Eingeborene oder Europäer als Erkennungszeichen bei den Danâkil die Stöcke des Sultans Aussa, bei den Galla irgendeinen bekannten Gebrauchsgegenstand des Fürsten, den sie ostentativ tragen oder vor sich niederlegen ließen (vgl. Mana B). Manchmal wurden die Bündnisse bei den ʿAfar durch Blutbrüderschaft verstärkt, dadurch nämlich, daß der eine aus des anderen Hand dessen Blut trank. Dabei wurde auch noch oft ein Opfer an Kleinvieh geschlachtet, und mit dem Blute des Opfertieres bezeichneten sich die Vertragschließenden (Paulitschke II 136f.).

§ 5. Die familienrechtlichen Institutionen werden in folgenden Artikeln dieses Werkes behandelt: Adoption, Alter, Altersstufen, Avunkulat, Blutschande, Brüderschaft (Künstliche), Ehe, Ehebruch, Ehescheidung, Familie, Familienformen, Familienhaus, Frau, Gemeinschaftshaus, Gruppenehe, Heirat, Heiratsordnung, Keuschheit, Kind, Konkubinat, Levirat, Mädchenweihe, Männerkindbett, Meidung, Mutterbruder, Mutterfolge, Mutterrecht, Nebenehe, Patriarchat, Polygamie, Promiskuität, Prostitution, Sororat, Verwandtenheirat, Verwandtschaft.

§ 6. Mit dem R. an Grundstücken befassen sich teilweise folgende Artikel: Altenherrschaft, Arbeit, Blutrache, Bürgschaft, Eigentum, Familie, Fehde, Friedlosigkeit, Gau, Gemeinde, Gewere, Grundeigentum, Häuptling, Horde, Hufe, Kaste, Klan, Kommunismus, Männerbund, Männerhaus, Siedlung, Sippe, Vertrag, Wirtschaft D.

Im allg. kann man sagen, daß die R. an Grund und Boden von der technischen Art der Wirtschaftsführung eines Stammes abhängen. Während privatrechtliche Ansprüche bei Jäger- und Sammlerstämmen, ebenso auch bei Hirten-Nomaden, fast ganz fehlen, ist bei denjenigen Stämmen, bei denen der Boden im Hack- oder Grabbau oder durch Anlage von Gärten bearbeitet wird, die Tendenz vorhanden, die Früchte dieser Arbeit entweder der Familie oder auch dem einzelnen zu sichern (s. Mutterrecht A). Die Betonung des Privateigentums an Grund und Boden hängt vor allem mit der Entwicklung der patriarchalischen Familie zusammen (s. Familienformen, Patriarchat A).

Unter dem Einfluß sozialer Schichtung und mit der Ausbildung des Häuptlingstums entstehen oft kompliziertere Ansprüche an Grund und Boden. Dafür folgendes Beispiel:

Bei den Pangwe wird der Grund und Boden unterschieden: 1. nach Grundstücken im Dorf, 2. nach bearbeiteten Pflanzungen, 3. gibt es die mit lichtem Busch bedeckten, brachliegenden Pflanzungen, und 4. ist der Urwald da. Während letzterer mit Ausnahme gewisser Fruchtbäume und Bäche als nicht im Privateigentum befindliches Gau-Land zu betrachten ist, bezieht sich der Besitz am anderen Land hauptsächlich auf die dort gepflanzten Bäume und angelegten Felder und auf die Häuser in den Dörfern (s. Arbeit, Eigentum A, Gau A, Grundeigentum A, Kommunismus). Der Anspruch auf Land, das früher bepflanzt wurde, leitet sich daher, daß durch das Roden darauf Arbeit verwendet worden war. Es ist Brachland, das 3—5 Jahre liegen bleibt (Tessmann S. 219ff.).

Im afrik. Osthorn haftet das Immobiliareigentum nur am Grund und Boden selbst, da bei der Bauart der Häuser diese, insbesondere bei den Nomaden, den Mobilien zugerechnet werden. Im moslemischen Teile Nordostafrikas nimmt man an, daß aller Grund und Boden des Stammes dem Fürsten gehört und nur diesem das Verfügungsrecht darüber zusteht. Solches gilt sogar für das, was der Fürst verschenkt und verkauft. Es wird nur als zu Lehen (s. d.) gegeben betrachtet, und sein Eigentum daran erlischt nicht. Aus diesem Eigentum der Fürsten wird auch ihr Anspruch auf Besteuerung hergeleitet. Indessen sind die Verhältnisse bei den einzelnen Stämmen keineswegs gleichartig (Paulitschke II 144ff.).

§ 7. Das R. der Schuldverhältnisse wird noch in folgenden Artikeln behandelt: Bürgschaft, Busse, Diebstahl, Eigentum, Gelübde, Handel, Handschlag, Gewere, Kauf, Markt, Vertrag.

Hier soll zunächst hauptsächlich das Okkupationsrecht behandelt werden.

Bei Sammler- und Jägerstämmen ist das Verhältnis zum Fund eine wichtige

Sache. Der Finder eines Bienen-Nestes wird gleichzeitig als Eigentümer (s. Eigentum A) des Honigs betrachtet. Da dieser jedoch keineswegs zu jeder Jahreszeit weggeholt werden kann, so muß der Finder warten, bis die Waben ausgebaut und mit Honig gefüllt sind. Um seinen Eigentumsanspruch geltend zu machen, wird als konventionelles Symbol ein Stein vor die Öffnung des Erdlochs oder in die Öffnung des hohlen Baumes, in dem sich der Schwarm aufhält, gelegt. Oder man befestigt einen Stock oder einen Strauch derart, daß die Tätigkeit einer Menschenhand ohne weiteres erkennbar ist. In ähnlicher Weise bringt man auch an einem Jagdwild, das der Jäger irgendwo niedergelegt hat, ein Eigentumsmal an. Wer trotz eines solchen Zeichens den Honig oder das Wild wegholt, gilt als Dieb (s. § 9). Da die Ermittlung desselben schwierig ist, so schreitet man zu einer zauberischen Rache, indem der enttäuschte Eigentümer eine Nesselart in der Öffnung des Bienen-Nestes verbrennt, wodurch er den Tod des Diebes herbeizuführen hofft (Vedder S. 147).

Verlorene Gegenstände werden bei den Bergdama von dem Finder in eigenen Gebrauch genommen. In der Regel forscht man nicht danach, wer der rechtmäßige Besitzer sein könnte. Sieht dieser den Gegenstand im Hause eines anderen, so hat er sich vorher bei dem Finder als Besitzer auszuweisen und kann dann sein Eigentum an sich nehmen, ohne jedoch für Abnutzung oder Beschädigung Ersatz zu verlangen oder zu erhalten (Vedder S. 147).

Bei den Pangwe Westafrikas verlangt der Finder eines verlorenen Gegenstandes, daß der Verlierer ihm den halben Wert bezahle. Nur wenn es sich um eine Zaubermedizin handelt, wird sie dem Verlierer ohne weiteres zurückerstattet. Dinge, die einem fremden, nicht befreundeten oder feindlichen Familienverband gehören, sieht man als willkommene Beute an. — Bezüglich der Jagd gilt, daß nur diejenigen Tiere, die der Jäger gleich verfolgte, ihm zufallen. Findet jemand ein angeschossenes Tier, und kommt der Jäger an demselben Tage, an dem es angeschossen wurde, hinzu, so muß er dem Finder einen Vorderfuß ablassen. Vom zweiten Tage ab hat der Jäger die Hälfte abzugeben. Bei Elefanten ist die Frist etwas länger. Am ersten Tage erhält der Finder 2—3 Körbe Fleisch, am zweiten Tage bekommt er die Hälfte des Fleisches, vom dritten Tage ab darf sich der Finder die Hälfte des ganzen Tieres, also auch einen Zahn und die Hälfte des Fleisches, nehmen.

Zur Geltendmachung des Eigentumsanspruchs sowohl an beweglichen Sachen wie auch an Bäumen u. dgl. sind bei allen Naturvölkern gewisse Zeichen gebräuchlich, bald in der Form von Reisern, Blättern, Grasbüscheln usw., aber auch, wie auf der Karolinen-Insel Yap (Senfft S. 151), in Gestalt von Amuletten aus Muscheln, Fischknochen u. dgl., die an Häusern und Körben zu dem Zwecke befestigt werden, um das Eigentum vor Unglück zu bewahren.

Die Auffassung, als führten etwa auf primitiver Stufe stehende Eingeborene, wie die Papuaner von Zentral-Neuguinea, ein völlig isoliertes, von jedem Verkehr abgeschlossenes Leben, ist durchaus irrig. Wie Wirz (S. 120) für den holl. Teil und ich selbst für den ehemaligen dtsch. Teil feststellen konnten, sind die meisten dieser Stämme gewandte Händler. Daher finden auch beständig Käufe und Verkäufe statt. Im holl. Teil bildet eine kleine Cyprea-Schnecke *tiñale* den Wertträger und Wertmesser, außerdem noch salzhaltiges Gestein (*moyu*) und Steinbeilklingen. Sowohl die Siedlungen ein und desselben Tales als die weitere Umgebung stehen in lebhaftem Tauschhandel, bei dem das Schwein eine große Rolle spielt. Die Inland-Papuas durchqueren die Gebirge nach allen Richtungen, während die Küstenbewohner verhältnismäßig wenig in das Inland kommen. Geschenkt wird überhaupt nichts; nur bei Mahlzeiten pflegt man vom Vorhandenen auszuteilen, ohne Hintergedanken an eine Entschädigung zu haben (Wirz S. 40f., 126f.; s. a. Wirtschaft D).

Verträge (s. d.) werden bei den Bergdama Südwestafrikas nicht unter Beisein von Zeugen abgeschlossen, weil dies sonst als Mißtrauensvotum gilt und Entfremdung hervorruft. Man verläßt sich auf den

Eid (s. d. A), den man sich gegenseitig schwört, und kommt den Vertragsbedingungen aus Furcht vor den üblen Folgen nach, die ein Meineidiger zu erwarten hat (s. a. Fluch A). Versprechungen werden im allgemeinen gehalten, aber nicht deswegen, um nicht als Lügner dazustehen, sondern „um des unverschämten Drängens" derer willen, die etwas auf Grund eines Versprechens zu beanspruchen haben. Wie sehr ein Bergdama damit rechnet, daß es nur auf dem Wege der Schlauheit und des Abwartens eines geeigneten Zeitpunktes möglich ist, zu dem Versprochenen zu kommen, geht aus den Darlegungen eines älteren Mannes hervor, der auseinandersetzt: „Hat jemand einem Freunde eine Ziege zu geben versprochen, so wird er nie in der Regenzeit hingehen, um sich das Tier zu holen, weil dann die Ziegen dick und fett sind und das Herz des Besitzers daran hängt. Er kann sich nicht davon trennen. Der Freund wird in der dürren Zeit hingehen, wenn die Ziegen mager sind und das Fleisch wenig taugt; nur in dieser Saison hat er Aussicht, seinen Weg nicht umsonst gemacht zu haben" (Vedder S. 146f.).

Schon in der heidnischen Zeit gab es in vielen Teilen Arabiens festliche Zusammenkünfte verschiedener Stämme unter einem Friedensbann und zu Handelszwecken. Es scheint, daß zu bestimmten Zeiten an verschiedenen Orten, wie Wellhausen (S. 86) bemerkt, eine heilige Festeszeit der Nomaden eingehalten wurde, die mit einer vorübergehenden Enthaltung von den Arbeiten des Hirtenlebens verbunden war, und die neben dem Austausch von Waren auch den von Gedanken förderte. Bei diesen Zusammenkünften entwickelte sich ein lebhaftes Marktleben (s. Handel F, Kauf, Markt A), bei dem auch die verschiedensten Verträge abgeschlossen wurden (s. Fest A, Friede, Saturnalien).

§ 8. Erbrechtliche Fragen werden in folgenden Aufsätzen dieses Werkes in Betracht gezogen: Avunkulat, Eigentum, Erbe, Erbrecht, Familie, Heiratsordnung, Kind, Klan, Kommunismus, Mutterbruder, Mutterfolge, Mutterrecht, Nebenehe, Patriarchat.

Hier soll nur beispielsweise das Erbrecht eines nomadischen Jäger- und Sammlervolkes skizziert werden.

So gering auch der Besitzstand der Bergdama Südwestafrikas ist, hat sich bei ihnen doch ein Erbrecht eingebürgert. Das Erbe wird nach festen Regeln verteilt, die im ganzen Volke bekannt sind und überall befolgt werden. Im allgemeinen kann man sagen, daß eine männliche Person keine weibliche und eine weibliche keine männliche beerben kann. Der älteste Sohn ist alleiniger Erbe des Vaters. Die älteste Tochter alleinige Erbin der Mutter (s. Mutterrecht A). Ist der Sohn noch zu jung, um sein Erbe antreten zu können, so nimmt der Großvater männlicherseits das Erbe in Verwahrung und damit auch in Gebrauch und Nutznießung. Ist auch er schon gestorben oder nicht anwesend, so treten die älteren Brüder des Vaters oder dessen jüngere Brüder für ihn ein. Fehlen auch diese, so nehmen der Reihe nach die Männer der Schwester des Vaters, angefangen von der ältesten, das Erbe in Verwahrung. Herausgegeben wird schließlich nur, was von der Erbmasse noch übrig ist, ohne Ersatz für das bereits verbrauchte Gut zu leisten. Die kleine Ziegenherde braucht keineswegs vollzählig oder gar mit ihrem Nachwuchs abgeliefert zu werden. Sie ist ja mancherlei Unfällen ausgesetzt; überdies ist der Knabe in der Regel Pflegling dessen, der die Ziegenherde für ihn verwahrt. Er hat also selbst auch schon, bevor er sein Erbe antritt, die Nutznießung davon gehabt. In ähnlicher Weise gestaltet sich die Übereignung der Erbmasse bei der Tochter. Ist diese noch nicht erwachsen, so übernimmt die Großmutter mütterlicherseits die Erbmasse oder eine der älteren oder jüngeren Schwestern der Mutter oder endlich eine der Frauen der Brüder der Mutter, angefangen von der ältesten. Hat der Vater keinen Sohn als Erben oder die Mutter keine Tochter, so geht die Erbmasse an diejenige Person über, die sonst nur Verwalter des Nachlasses geworden sein würde. — Nun hat man empfunden, daß auch die übrigen Geschwister des Erben oder der Erbin etwas bekommen sollten. Aus diesem Grunde teilt der Erbe, oder falls er noch unmündig ist, dessen

Vormund an die nächsten Verwandten des Verstorbenen Geschenke aus („Legate"), die der Erbmasse entnommen werden. Niemand hat ein wirkliches Recht an ein solches Geschenk, beansprucht es aber und findet es selten groß genug. Die Verteilung dieser Geschenke findet etwa 3—4 Monate nach dem Tode des Erblassers statt und endigt nicht selten mit heftigen Zänkereien, Prügeleien und lang andauernder Feindschaft. Deswegen ist das Sippenoberhaupt gern bei der Verteilung mit anwesend, um die Zankenden vor dem äußersten zu bewahren. Ihm selbst steht kein Geschenk zu. Auch der Verteiler hat für seine persönliche Mühe nichts zu beanspruchen. Handelt er aber für einen unmündigen Erben, so kommt er selten zu kurz, da ihm die Sitte ja auch ein Geschenk zuspricht. Man ersieht daraus, daß dem Erben gewöhnlich nicht allzu viel übrigbleibt. Die wenigen Kleidungsstücke eines Toten werden nur an alte Personen verschenkt. Weder der Erbe noch jüngere Leute würden sie tragen, da sie zu leicht den „Tod bergen" könnten. — Das Erbrecht ist grundsätzlich Intestat-Erbrecht. Um jedoch besondere Zuwendungen zu machen, müssen Schenkungen unter Lebenden vorgenommen werden. So kann der Ehemann seiner Frau bei Lebzeiten einige Ziegen zu eigen geben und bezeichnet sie durch eine Kerbe im Ohr. Geheiligte Ziegen, die *soχa* gemacht wurden, müssen vor der Geschenkverteilung formell entweiht werden, um auf diese Weise in die übrige Erbmasse aufgenommen werden zu können. Letzte Willensbestimmungen („Testamente"), die von dem vorgeschriebenen Wege des Erbgangs abweichen, werden von den Überlebenden respektiert, weil man den Toten fürchtet. Der Respekt geht jedoch nicht so weit, daß sich nicht die bitterste Feindschaft gegen die bevorzugte Person erhebt. — Ein derartiger letzter Wille muß jedoch öffentlich vor Zeugen erklärt worden sein. Die Schulden (s. § 7) eines Verstorbenen bezahlt der Erbe, d. h. er gibt das noch Vorhandene von dem, was entliehen war, zurück, und zwar ungeachtet der Abnutzung, oder man verständigt sich über einen anderen Gegenstand von gleichem Wert. — Die Würde des Sippenoberhaupts wird in derselben Weise vererbt wie die Erbmasse. Im Falle der Unmündigkeit geht die Würde vorläufig an den über, der das Erbe verwaltet (Vedder S. 143ff.).

§ 9. Bei den strafrechtlichen Bestimmungen kommt es einerseits auf die Auffassung von den Verbrechen überhaupt an, anderseits auf die Art, wie ein solcher Rechtsbruch geahndet wird. In folgenden Artikeln werden diese Probleme ebenfalls erörtert: Asyl, Blutrache, Blutschande, Busse, Diebstahl, Ehebruch, Eid, Fehde, Feindestötung, Feindschaft, Fluch, Friedlosigkeit, Gottesurteil, Kannibalismus, Keuschheit, Mana, Meidung, Menschenopfer, Moral, Polygamie, Strafe, Vergeltung.

Zunächst einige Auffassungen über den Diebstahl. Im allg. kann man sagen, daß Diebstahl erst dort schwer bestraft wird, wo besondere Beziehungen zu Eigentum und Reichtum als soziale Auszeichnung entwickelt wurden.

Von den Kap-Hottentotten wird am Ende des 17. Jh. berichtet, daß sie zwar außerordentlich selten einen Diebstahl untereinander begehen, wenn der Fall eintritt, sie den Dieb jedoch mit dem Tode bestrafen. In der Wildnis indes, wenn sie es gefahrlos tun können und nicht entdeckt zu werden fürchten, morden sie zuweilen, um zu stehlen (Struck S. 75).

Der Diebstahl wird auf Yap ebenfalls nicht als Verbrechen behandelt, sondern wenn der Bestohlene den Dieb ausfindig gemacht hat, rammt er einen Pfandpfahl mit einem Kokosblatt (*bungut*) auf dem Feld des Diebes ein. Dieses Zeichen kann nur mit Genehmigung des Pfänders entfernt werden (s. a. Vertrag). Der Gepfändete sucht sich nun mit dem, der einen Anspruch erhoben hat, durch Vermittlung eines Familienangehörigen zu einigen und bietet Wertstücke zur Befreiung von der Pfändung an (Senfft S. 151).

Unter den Somali des nö. Afrikas gilt der Raub als vollständig erlaubt, während der nachgewiesene Diebstahl streng bestraft wird, z. B. bei den Habr-Auál mit dem Abhauen der rechten Hand. Für einen auf frischer Tat ertappten und dabei erschlagenen Dieb findet keine Blutrache statt. Bei den üblichen Raubzügen wird nur der Raub eines Weibes verfolgt. War eine Frau auf einem der Raubzüge entführt worden, so sendet der Entführer eine Entschädigungssumme zur Entschuldigung an die Angehörigen der Frau. Hat man aber ein Weib, für welches der Ehemann einen Kaufpreis bezahlte, geraubt und es als Arbeiterin verwendet, so entsteht aus dieser Tat ein Kampf usw. (Paulitschke II 152).

Die Festsetzung der Strafe findet bei den Kpelle (Westafrika) durch den König, jedoch in herkömmlicher Weise statt (s. § 3, 11). Bei Diebstahl, der unter Dorfgenossen zwar nur selten ist, jedoch als große Schande gilt, muß eine entsprechende Strafsumme geleistet werden. Für widerrechtlichen Sexual-Verkehr mit verheirateten Frauen und mit Mädchen ist ebenfalls eine Strafsumme zu entrichten; doch wird der Umgang mit Mädchen bedeutend höher bestraft. Findet der Verkehr mit einer Jungfrau statt, so muß noch außerdem ein Mensch entrichtet werden. Handelte es sich um eine Vergewaltigung, so wird der Täter selbst gefangengesetzt, und es liegt in der Hand des Königs, das Strafmaß festzusetzen; es kann dem Werte von mehreren Personen gleichkommen. Wird die Strafsumme nicht gezahlt, so verkauft man den Täter. Auch im Falle einer Tötung ist ein Loskauf durch Zahlung von sieben Sklaven oder entsprechendem Geldwert und außerdem durch Geben eines Menschen möglich (s. Busse). Eine Todesstrafe ist auch hier nicht vorgesehen; sie tritt nur bei schweren Fällen von Zauberei ein. Geht bei einer Brandstiftung, ob verschuldet oder unverschuldet, das Dorf zugrunde, so sind dafür 4—10 Personen zu zahlen. Ist das nicht möglich, so verkauft man den Brandstifter und verteilt seine ganze Habe unter die Einwohner (Westermann S. 131f.).

Die Grundlage für die Beziehung zwischen zwei souveränen Gemeinden, Horden (s. d.), aber selbst auch unter den Angehörigen der gleichen Gemeinde, bildet das *jus talionis* (s. Vergeltung). Wenn ein Mann einem anderen unter den Aranda- und Loritja-Stämmen Zentral-Australiens eine Speerwunde beibringt, so muß er sich vom Verletzten ebenfalls eine Speerwunde zufügen lassen. Damit ist die Sache erledigt, wenn auch nicht vergessen. Ermordet einer einen anderen vorsätzlich, so wird über ihn von den anderen Männern unter dem Vorsitz des Häuptlings das Todesurteil gefällt und durch den jüngeren Bruder bzw. den nächsten Angehörigen des Ermordeten vollstreckt, der seine nächsten Freunde dabei zu Hilfe nimmt. Hat ein Mann aus Versehen und unvorsätzlich einen anderen erschlagen, und meldet er dies sogleich den alten Männern mit dem Ersuchen, ihn dafür ins Bein zu speeren, so gilt nach Vollziehung dieser Vergeltung die Tat als gesühnt; verschweigt er jedoch die Tat und sucht sich seiner Bestrafung durch die Flucht zu entziehen, so wird er als Mörder behandelt und zum Tode verurteilt. Wenn ein Mann einem anderen eine gefährliche Wunde beigebracht hat, so muß der jüngere Bruder des Verletzten den Täter dafür ins Bein speeren oder ihn ins Bein schneiden. Der Gedanke der Verzeihung oder Gnade ist unbekannt. Feindschaften werden oft viele Jahre nachgetragen und erst als gesühnt angesehen, wenn Blut geflossen ist (s. Blutrache). — Die Todesstrafe steht nicht bloß auf Mord, sondern auch auf grober Übertretung der Ehegesetze (s. Heiratsordnung, Meidung). So wird z. B. der Mann, der mit seiner Schwester, Tochter, Mutter, Nichte oder Schwiegermutter sexuellen Umgang hat, samt der betreffenden Frau erschlagen. In diesen Fällen bestimmt der Häuptling in der Versammlung der alten Männer, wer die Strafe zu vollziehen hat. Wenn ein Junge mit einem erwachsenen Mädchen oder mit der Ehefrau eines anderen in sexuellen Verkehr tritt, so befiehlt der Häuptling den jungen Männern, ihn zu erschlagen. — Die Todesstrafe wurde auch an denjenigen Personen vollzogen, die wissentlich oder unwissentlich sich eines Sakrilegs oder einer Kultstörung schuldig gemacht hatten. Wenn ein Mann die *tjurunga* (Ahnen-Hölzer oder -Steine) den Frauen und Kindern zeigte oder Geheimnisse der Männer an sie verriet, so wurde er von den jungen Männern auf Befehl des Häuptlings erschlagen. Aber auch ein Mann, der zufällig den Leuten begegnete, die auf Befehl des Häuptlings die *tjurunga* aus ihrem Aufbewahrungsort (*arknanaua*) holten, wurde als Störer dieser heiligen Handlung empfunden und darum ohne weiteres erschlagen. Das gleiche Los traf auch den, der sich ohne Auftrag in unmittelbarer Nähe einer solchen heiligen Stätte blicken ließ. Ebenso wurde ein Unberufener, der in die Nähe von Männern kam, die mit der Herstellung heiliger Hölzer oder Steine beschäftigt waren, und ihnen zusah, getötet. Sogar einer, der auf dem Platz, an dem die Weihefeiern stattfanden, zu spät eintraf und so das Fest störte, wurde auf Befehl des Häuptlings von den jungen Männern mit dem Tode bestraft. Selbst geladene Gäste traf dasselbe Schicksal, nur wurde die Strafe von älteren Männern vollzogen. Das gleiche Los fiel auch dem Darsteller von Kulthandlungen zu, der sich willkürliche Änderungen des Rituals zuschulden kommen ließ. — In allen Fällen, in denen es sich um Vergehen gegen die Heirat und Kultgesetze handelt, wodurch also die soziale Ordnung und das Einvernehmen mit den überirdischen Mächten gestört wurde, ist es Aufgabe des Häuptlings, die Bestrafung ausführen zu lassen. Daher kann man in diesen Fällen von „göttlichem Recht" sprechen (vgl. § 2). Nur für dieses besteht wirklich eine „Strafe" (s. d.). Bei allen Eingriffen in als persönlich geltende Rechte dagegen muß der Geschädigte selbst sich auf Grund einer üblichen und konventionellen Vergeltung durchsetzen. Dementsprechend wird auch der Diebstahl (s. d.) behandelt: Zwar wird das Eigentum des anderen respektiert. Ein Dieb, der in Abwesenheit des Eigentümers in die immer offene Hütte eines anderen eindringt und stiehlt, wird von dem Eigentümer zuerst gescholten; bringt er die Sachen zurück, so ist die Angelegenheit erledigt. Verweigert er dagegen hartnäckig die Herausgabe des gestohlenen Gutes, so wird er von dem Eigentümer mit einem Bumerang geworfen oder ins Bein gespeert, unter Umständen auch erstochen. Dies geschieht also nicht, um das Entwenden als solches zu bestrafen, sondern nur wegen des Vorenthaltens des Eigentums. Da das Eigentum als erworben betrachtet wird, wenn ein Mann etwa einen Baum mit Früchten, die noch nicht ganz reif sind, findet und sie dadurch mit Beschlag belegt, daß er Grasbündel an den Zweigen befestigt, so gilt als Diebstahl, wenn ein anderer die Früchte an sich nimmt. Der Geschädigte hat das R., den Dieb zu Tode zu speeren. Die übrigen Lagergenossen tuen dann nichts in dieser Angelegenheit. (Dem Gekränkten wird also Rache persönlich zugebilligt, die Allgemeinheit findet jedoch keinen Anlaß, aktiv und spontan einzuschreiten.) In ähnlicher Weise gilt auch das Eigentum als erworben, wenn ein Mann ein Wild, z. B. ein Emu, anspeert, selbst wenn es noch mit dem Speer im Fleisch davonlaufen sollte. Glückt es einem anderen Mann, dieses Emu zu erlegen, so darf er es zwar braten, muß jedoch die Ankunft des Besitzers abwarten, von dem er dann einen Teil der Beute zu beanspruchen hat; andernfalls wird er als Dieb angesehen und darf von dem Eigentümer zu Tode gespeert werden. In dieser Weise ist es jedem erlaubt, gegen den Mann zu verfahren, der heimlich erlegtes Wild wegnimmt (Strehlow S. 9ff.).

Manchmal wird die Strafe (Rache) meuchlings vollzogen, indem eine Falle gestellt wird. Will man z. B. einen bestrafen, der ein Mädchen oder eine Frau geraubt hat, so wird er nichtsahnend in das eigene Lager gelockt und ihm dort eine Frau angeboten, die vorher über die heimtückische Absicht unterrichtet worden ist. Während er sie umarmt, umklammert sie ihn mit Armen und Beinen und stößt einen Schrei aus, worauf die im Versteck lauernden Lagergenossen herbeieilen und ihn zu Tode speeren (Strehlow S. 9).

Bei der Vollziehung der Strafe kann bei den Aranda und Loritja auch eine Vertretung vorkommen. Wenn z. B. ein Mann, der ein Mädchen oder eine Frau heimlich entführt hat, verurteilt wird, nur mit einem Schilde bewaffnet sich von einem Mann der gekränkten Partei aus etwa 30 m Entfernung mit Speeren und Bumerangs bewerfen zu lassen, so tritt manchmal sein älterer Bruder für ihn ein und erbietet sich, den Kampf für ihn zu bestehen; vermag er sich geschickt zu verteidigen, so ist damit der jüngere Bruder frei. Ist der jüngere Bruder zum Tode verurteilt, so stellt sich mitunter der ältere Bruder vor ihn und verlangt, an Stelle des jüngeren Bruders getötet zu werden. Dann sagt er zu seinem Bruder: „Lauf schnell in die Berge und sieh dich nicht um, damit du meinen Tod nicht gewahrst!" (weil nämlich der jüngere Bruder sonst den Tod seines älteren Bruders rächen müßte). Während der Stellvertreter zu Tode gespeert wird, geht der jüngere Bruder frei aus (Strehlow S. 11).

Von den Kap-Hottentotten zu Ende des 17. Jh. wird von de la Loubère berichtet, daß sie den Ehebruch mit dem Tode bestraften (Struck S. 74).

Auf den neuen Hebriden finden sich Symptome jener Erscheinung von Kettenrache, die darin besteht, daß, wenn einer geschädigt wurde und den Schuldigen nicht ausfindig machen kann oder sich zu schwach fühlt, um sich selbst etwa an einer angesehenen Person oder Sippe zu rächen, er nun das gleiche Unrecht einem Dritten zufügt in der Absicht, so die allgemeine Aufmerksamkeit auf den Fall zu lenken, nämlich dadurch, daß der Dritte sich am ersten Täter oder an einem Vierten, dieser an einem Fünften usw., schließlich der Letzte aber an dem ersten Täter schadlos hält (s. Blutrache). Auf diese Weise werden möglichst viele Leute für die Sache interessiert, und die Rache wird erzwungen (Speiser S. 341; Inglis S. 48).

Soll Diebstahl, Hexenwerk, Treubruch unter den Loango gerächt werden, ein hartnäckiger Schuldner zum Zahlen, ein Trunkenbold zur Mäßigkeit, eine Vertrauensperson im voraus zur Ehrlichkeit gezwungen werden, so gilt es in den s. Teilen des Landes für sehr dienlich, zum Schluß der Beschwörung einen Nagel in den Fetisch zu schlagen, falls er in Menschengestalt aus Holz geschnitzt ist. Dazu sind lange, aus Europa eingeführte oder vom Eingeborenen-Schmied hergestellte Nägel in Verwendung. Letztere gelten für besser. Doch werden Messer, Gabeln, Hobeleisen, sogar Bohrer ganz gern genommen, nur dürfen diese nicht eingedreht, sondern müssen eingeschlagen werden. Dabei muß es schallen. Bisweilen wird der Nagel, namentlich im „Verfahren gegen Unbekannte", zuvor am Feuer erhitzt und der Fetisch beim Einschlagen von einem Gehilfen emporgehoben, damit jedermann die wichtige Handlung besser sehen kann. Gern feuert man dazu noch einen Schuß ab. Damit meint man, sei das Leben des Schuldigen verwirkt. Der auf ihn gehetzte Fetisch tötet ihn, „ißt ihn auf", wie es die Leute mit einer der in der mannigfaltigsten Weise angebrachten Redensarten ausdrücken. Packt den Schuldbewußten die Furcht, oder beginnt er im Laufe der Zeit sich elend zu fühlen, so sucht er einen Ausgleich zu erzielen oder Schadenersatz und Bußgeld zu leisten. Aber der Reuige muß außerdem versuchen, daß der für ihn bestimmte Nagel, der den Fetisch zu seiner Verfolgung gereizt hat, aus diesem entfernt wird. Dazu muß er sich ebenfalls eines Zauberpriesters bedienen, der trachtet, den Nagel, der auch als Zeichen der Tat und der losgelassenen Zauberkräfte betrachtet wird, zu entfernen. Da in einem Fetisch oft Hunderte von Eisenstücken eingeschlagen sind, ist es schwierig, das betreffende individuelle Stück zu finden (Pechuël-Lösche S. 393f.). — Höchstwahrscheinlich bedeutet das Nageleinschlagen ursprünglich nichts anderes als das Speeren einer Puppe im Sinne eines Vorbildzaubers (s. Idol A 1, Gelübde A, Zauber A). Erst später hat man solche Puppen für allgemeine Verwendung gemacht und ihnen selbstverständlich wegen der durch sie erzielten Wirkung eine besondere, mit menschlicher Psyche ausgestattete Wirkungskraft, eine „Beseeltheit", angedichtet. Damit wurde auch der Gedanke des Nageleinschlagens verschoben, wie auch auf anderen Gebieten in solchen Fällen (Eid, Fluch, Gelübde), und der Nagel nur als Reiz für den Geist, ja als Symbol einer bösen Tat umgedeutet, der ursprünglichen, unmittelbaren, zauberischen Wirksamkeit entkleidet.

§ 10. Mit den Fragen des Rechtsstreits unter Naturvölkern sowie auch der Rechtsmittel befassen sich noch folgende Aufsätze dieses Werkes: Asyl, Blutrache, Eid, Fluch, Gelübde,

Gericht, Gottesurteil, Vergeltung.

Die Rechtsautorität bildet bei den zentralaustral. Aranda und Loritja ein primitives Häuptlingstum (s. Häuptling), das in gewissen Familien vererbt wird. Da das Ansehen dieser Häuptlinge jedoch durchaus auf der einzelnen Persönlichkeit beruht und diese nur der *primus inter pares* ist, so ist der Häuptling bei allen wichtigen Beschlüssen von den übrigen alten Männern der Gemeinde abhängig. Das kommt sowohl beim Unternehmen von Kriegszügen wie bei der Ausübung der Rechtsgrundsätze innerhalb der Gemeinde zum Ausdruck (s. § 3, 4; Strehlow S. 1ff.).

Beim Austragen von Streitigkeiten herrscht bei den Aranda und Loritja des zentralen Australiens ebenfalls die größte Parteilichkeit für die näheren Verwandten. „Man fragt nicht, was R. oder Unrecht ist, sondern ergreift von vornherein die Partei seines Verwandten." Daher kommt es häufig zu Schlägereien, an denen sich Männer und Frauen, ja sogar Kinder und Krüppel beteiligen. Dabei suchen die Frauen die Männer dadurch anzufeuern, daß sie in etwas hüpfender Weise, den einen Fuß nachschleppend und einen Stock vor oder über sich schwingend, die Reihen der Männer auf und ab tanzen. Bei allem wüsten Geschrei, das vom Schlagen der Bumerangs an die Schilde begleitet wird, kommen jedoch fast selten gefährliche Verletzungen vor. Unter diesen Umständen kann der, welcher die Strafe vollzieht, schlechter wegkommen als der Übeltäter. Sobald der letztere einen Stich oder Schnitt ins Bein oder in die Schulter bekommen hat, hört der Kampf auf, worauf einige Verwandte die Wunde verbinden und die weiblichen Verwandten ein fürchterliches Geheul erheben (Strehlow S. 19f.).

Die einzige Instanz für Streitigkeiten ist bei den Bergdama Südwestafrikas der Rat der Alten am Lagerfeuer. Bei Streitigkeiten unter Angehörigen der gleichen Sippe wird jedoch nach Möglichkeit unparteiisch verfahren. Im allgemeinen kommt es bei der Rechtsprechung auf die Zahl und das Ansehen der Verwandtschaft an. Eine alleinstehende, mißliebige Person, die vielleicht heimatlos im Felde ihr Wesen treibt, wird ohne weiteres ergriffen und getötet, indem man einige junge, kräftige Männer abordnet, sie zu erledigen. Die hauptsächliche Gerichtsbarkeit wird von den Familienvätern gegen die Frauen und Kinder ausgeübt. Dabei verfährt der patriarchalische Richter in der Weise, daß er möglichst Gleiches mit Gleichem vergilt: fiel einer Frau aus Versehen das Kind ins Feuer, so daß es eine Wunde davontrug, so greift der Vater zu einem Brandscheit und fügt der Frau gleichfalls eine Brandwunde zu. Kinder werden wegen Nachlässigkeit beim Weiden der Ziegen, wegen Diebstahl im fremden Haus oder wegen frühzeitigem Geschlechtsverkehr verprügelt oder mit Verfluchung bestraft. Vorwiegend jedoch nur dann, wenn den Vater Zorn und Erregung übermannt (Vedder S. 148f.).

Von den Neuen Hebriden wird berichtet, daß die Häuptlinge oder die geheimen Gesellschaften nur dann einschritten, wenn durch Missetaten die Allgemeinheit bedroht wurde. Im übrigen aber überließ man die Wahrung des R. der Vergeltung durch den einzelnen und seinen Anhang (Speiser S. 341). Als die Allgemeinheit bedrohendes Verbrechen galt vor allem Zauberei (Codrington S. 347).

Wenn beim Austragen von Streitigkeiten der persönliche Einfluß oder Anhang zunächst ausschlaggebend ist, so kommt darin doch der soziale Wert und die Bedeutung, die eine Person für die Gemeinde besitzt, zum Ausdruck.

Der Ursprung der Gerichtsbarkeit liegt in der Autorität des Familienhaupts gegenüber Frauen und Kindern (s. Patriarchat A).

Innerhalb der Familie und der Sippe übt bei den Kpelle Westafrikas der Familienvater oder Sippenvorsteher die Gerichtsbarkeit aus. Ihnen folgt nach oben das Dorfgericht mit dem Dorfhäuptling als Vorsitzenden und den Sippenhäuptern oder auch Familienvätern als Beisitzern. Den Abschluß bildet der unter dem Vorsitz des Königs zusammentretende oberste Gerichtshof. Bei ihm wirken als Beisitzer einige im Hauptort des Königreiches ansässige Ratsmänner; aus besonderen Anlässen können aber andere Notabeln, wie Dorfhäuptlinge und Sippenväter, hinzugezogen werden. Jeder Rechtshandel gehört ordnungsmäßig vor dasjenige Gericht, dem die beiden Parteien unmittelbar unterstehen. Streiten also zwei Angehörige einer Sippe, so ist das Sippenhaupt ihr Richter; handelt es sich um zwei Mitglieder verschiedener Sippen, so untersteht die Schlichtung dem Dorfhäuptling. Angelegenheiten zwischen Bewohnern verschiedener Dörfer hat das oberste Gericht am Hofe des Königs zu erledigen. Gegen jede gerichtliche Entscheidung ist Berufung an die nächst höhere Instanz zulässig. Ferner besitzt jeder das R., sich anstatt an das zuständige sogleich an das höhere Gericht zu wenden. Dieses kann sich der Sache annehmen, sie aber auch ablehnen. Im ersteren Falle muß es wenigstens die Meinung des eigentlich zuständigen Gerichtshofes anhören. — Sehr häufig werden indes Rechtshändel überhaupt nicht vor Gericht gebracht, sondern einer Privatperson, einem gewählten Schiedsrichter, zur Entscheidung vorgelegt. Fast in jedem Dorfe gibt es ältere Männer (heute auch Missionslehrer oder Missionare), die als verständig und rechtdenkend bekannt sind und das allgemeine Vertrauen genießen. Zu ihnen kommen nicht selten von Nachbardörfern und selbst von fern her Reisende, um durch sie ihre Sache schlichten zu lassen. Fast immer beruhigt man sich mit ihrem Bescheid, selbst wenn der Schuldige zu einer erheblichen Schuldsumme verurteilt wird. — Entsteht ein Rechtshandel zwischen Angehörigen zweier verschiedener Oberhäuptlingschaften, so gehört er grundsätzlich vor den Gerichtshof, dem der Verklagte untersteht; doch ist in diesem Falle keine Sicherheit für eine geordnete Austragung vorhanden, weil dafür ein bindendes Rechtsorgan nicht besteht, sondern nur die Möglichkeit einer freundwilligen Vermittlung von seiten der beiden Oberhäuptlinge. Versagt diese, so ist die geschädigte Sippe genötigt, zu dem alten Mittel der Selbsthilfe zu greifen: bei einer sich bietenden Gelegenheit, oft erst nach Jahren, ergreift man einen arglos im Dorf sich aufhaltenden Angehörigen der feindlichen Sippe und hält ihn so lange als Geisel fest, bis sich seine Leute zur Zahlung bequemen (s. Bürgschaft A, Vertrag). Oft legen sich auch hier nachträglich die beiden Oberhäuptlinge zwecks friedlicher Austragung ins Mittel. — Die Blutrache (s. d.) wird nur zwischen Angehörigen verschiedener Königreiche geübt. Sie läuft auf eine negative Schadloshaltung hinaus, weil die Zugehörigkeit des Mörders zu einer fremden Obrigkeit die Erlangung einer positiven Entschädigung ausschließt. Gewöhnlich wird auch da allerdings die Vermittlung der Obrigkeit angerufen, indem der König das Haupt der schuldigen Oberhäuptlingschaft auffordert, von den Angehörigen des Totschlägers das Wergeld zu verlangen und dieses ihm zur Weitergabe an die Sippe des Getöteten zu schicken (s. Busse). Weigert sich der Oberhäuptling, oder gelingt ihm die Einziehung der Entschädigung nicht, so wird diese dadurch herbeigeführt, daß man einen Angehörigen der feindlichen Sippe dort, wo man ihn schutzlos antrifft, umbringt (Westermann S. 100f.; s. Gericht A).

Wie in Abessinien, hatte der Kläger bei den Oromó das R., unter den Aju (Adligen) seiner Ansiedlung einen Richter zu wählen, der wieder einige Altersgenossen zu Assistenten sich suchte und mit diesen im Schatten eines Baumes den Kläger anhörte. Das Verfahren fand in zeremoniellen Formen und mit traditionellen Wechselreden statt (Paulitschke II 154ff.). — Über die Rechtsprechung bei den kaukas. Bergvölkern vgl. Dirr S. 5ff., 9, 11).

Das primitive R. kennt keine anderen Beweismittel als Eid, Fluch und Gottesurteil. Zu einer Ergründung der Tatsachen kommt es darum nicht, weil das Denken durchaus subjektiv und egozentrisch gebunden ist, eine Unterscheidung zwischen dem Eindruck eines Vorgangs und dessen objektivem Ablauf noch nicht durchzudringen vermochte: man anerkennt keine Verschiedenheit zwischen der subjektiven Auffassung von einem Ereignis und dessen tatsächlicher Beschaffenheit. Mit dem Eid oder mit dem Gottesurteil ist alles Notwendige für eine Urteilsfällung beigebracht.

§ 11. Der Fürst oder König (s. Häuptling) tritt als autoritärer Vermittler bei vielen Rechtshändeln in Erscheinung. Vermöge seiner Rolle als Schiedsrichter kann er von vornherein die Richtschnur seiner Urteilsfällung festlegen, namentlich, wenn im Gegensatz zu den oft nur wenige Dutzend Menschen umfassenden Gemeinden der Jäger und Sammler eine größere Menschenzahl und somit weniger bekannte Personen bei sozial geschichteten Feldbauerstämmen oder in Hirten- und Bauernstaaten in Betracht kommen. Die Erweiterung der politischen Verbände führt also zu einer vorausschauenden Ordnung kasuistischer Rechtssatzung (s. § 3).

Es ist eine uralte Sitte der Kpelle (Westafrika), daß, wenn jemand einen Menschen tötet, die anderen ihn nicht töten, sondern er davoneilt und zum Könige geht, dessen Füße faßt und (nach der Schilderung der Eingeborenen) sagt: „O Herr, rette mich, solange du am Leben bist, laß sie nicht mich töten." Wenn der König einverstanden ist, sagt er zu ihm: „Meine Hand ist darunter." Darauf ruft der König seine Leute zusammen und spricht: „Euer Sohn hat zu mir geschrieen; kommt, bringt die Sache ins reine. Sieben Sklavenwerte müßt ihr geben; wenn ihr das gebt, müßt ihr außerdem noch einen Menschen geben; dann dürfen sie euern Sohn nicht töten." Dieses Geld nebst dem Menschen gibt der König der Familie, deren Kind getötet wurde; er gibt es ihnen und sagt: „Bitte, verzeiht!" (Westermann S. 132). — Man ersieht aus dieser Schilderung, wie vermöge der Autorität (s. Despotie) die Blutrache in den Hintergrund tritt und dadurch ein friedlich-wirtschaftlicher Ausgleich erfolgt (s. Busse, Politische Entwicklung).

Das systematisch angewendete chin. Patriarchat (s. d. A) machte den Kaiser zu dem pater familias aller Chinesen und ließ keine Unterscheidung aufkommen zwischen der Staatsgewalt und der Person des Herrschers (Sternberg S. 148).

Die starke Ausbildung der patriarchalischen Großfamilie bedingte im chines. R. die Kollektivhaftung der Sippe. In diesen Zügen erinnert das R. der chines. Gartenbauer an das der ind. Bauern und unterscheidet sich stark von dem der nomadisierenden arab. Hirten (Sternberg S. 149). — Wirtschaft und Lebensführung wirken eben entscheidend auf die Rechtsgestaltung ein.

§ 12. Daß bei den Bergdama die Rechtsprechung so gehandhabt wird, daß derjenige, welcher Verwandte besitzt, für schuldlos, und wer keine solchen Hintermänner hat, für schuldig gehalten wird, wird von ihnen heute als nicht „recht" empfunden. Doch dürfte das wohl erst eingetreten sein, seitdem durch den Einfluß der Europäer ein verhältnismäßig dauerndes und ausgedehntes Friedensbereich geschaffen worden ist. Innerhalb der Sippe wurde immer die möglichste Unparteilichkeit geübt (Vedder S. 148f.; s. § 10).

Der Zweck aller Gesetze läuft bei den Kpelle Westafrikas auf den Schutz des Eigentums (s. d. A und vgl. § 6 und 7) der einzelnen und der Familiengemeinschaft (s. Familie A) hinaus. Der Gedanke der Strafe (s. d. und vgl. § 9) oder Sühne (s. d.) scheidet zunächst aus. Es gibt also eigentlich nur ein Zivilrecht, aber kein Strafrecht. Nur darum handelt es sich, daß der von einem anderen Menschen Geschädigte durch Vermittlung der Obrigkeit Ersatz für den erlittenen Schaden erlangt, und das Gericht hat lediglich festzustellen, ob und durch wen jemand geschädigt worden und welche Entschädigung dafür zu leisten ist. Dementsprechend gibt es weder Gefängnis noch Todesstrafe, noch überhaupt eine entehrende Bestrafung (vgl. § 9). Das Begehen einer gesetzwidrigen Handlung ist für den Täter überhaupt nicht entehrend; lediglich der mißlungene Versuch, sich auf Kosten eines anderen einen Vorteil zu verschaffen. Wäre der Versuch geglückt, so würde auf dem Täter kein Vorwurf haften bleiben. — Eine Ausnahme von dieser überwiegend materialistischen Auffassung der Rechtsbeziehungen bilden nur einige wenige Verhaltungsweisen, deren gemeinschädlicher Charakter zutage tritt: nämlich das Umgehen mit einem bösen Geist, schwere Brandstiftung oder unverbesserliche Neigung zum Diebstahl. Nur in diesen Fällen schreitet man zur Hinrichtung, zur Ausweisung und (bei den n. Toma) zum Abhauen einer Hand. Dabei will man weniger bestrafen als den gemeingefährlichen Menschen unschädlich machen. Denn es herrscht die Auffassung, daß man einen bösen Geist ohne Schuld in sich tragen kann, und daß einer Brandstifter und Dieb deshalb ist, weil er mit einem Herzen geboren ist, das ihn unwiderstehlich zu solchen Handlungen treibt. Doch können selbst diese drei Verbrechen, wenn nicht besonders erschwerende Umstände vorliegen, durch Zahlung einer Geldsumme an den oder die Geschädigten und durch gleichzeitiges Einfangen und Abtöten des bösen Geistes aus der Welt geschafft werden. Mit der starken Betonung der wirtschaftlichen Seite aller Rechtsbeziehungen fehlt auch das Interesse, die persönliche Schuldfrage aufzurollen, während durch die stark ausgebildete Sippensolidarität die aus der Tat entstehenden Rechtsfolgen zu einer Angelegenheit der ganzen Sippe werden, deren Erledigung das Sippenhaupt in die Hand nimmt. Wenn nach Begehung der Tat der Täter, sofern er auf frischer Tat ertappt ist, ergriffen und in die Stockfessel gelegt wird, so will man sich auf diese Weise nur die Entschädigung sichern. Diese garantiert gewissermaßen der König, der, von dem Vorfall in Kenntnis gesetzt, zum Schadenersatz innerhalb einer bestimmten Frist auffordert, widrigenfalls der Täter als Sklave verkauft und der Geschädigte aus dem Erlös befriedigt wird. Aber nur in ganz seltenen Fällen, in denen der Täter keinen Familienanhang hat, oder diesem die Beibringung der geforderten Menschen (Sklaven) nicht möglich ist, wird er selber verkauft (Westermann S. 103f.).

Um die Auffassung der Gerechtigkeit in archaischen R. zu beleuchten, müssen wir sie in dem Zusammenhang betrachten, in dem sie sich mit der höchsten Autorität, dem heiligen Fürsten, darstellt. Die Übung einer unparteiischen Gerechtigkeit erscheint hier als eine moralische Forderung, die ihm gegenüber als Menschen erhoben wird, und deren Erfüllung die transzendenten Mächte dadurch vergelten, daß sie ihm Glück und Erfolg bescheren. Dabei ist zu beachten, daß dieses moralische Verhalten (s. Moral) im wesentlichen auf eine formale Erfüllung der verschiedenen rituellen Handlungen, die von ihm verlangt werden, hinausläuft. Von dem Tamilen-König von Ceylon heißt es: „Der König, welcher Gerechtigkeit (R., rechte Opfer) beachtet, erhält Regen zur entsprechenden Jahreszeit". In der Odyssee (XIX 109) wird gesagt, daß gottesfürchtigen Königen, die Gerechtigkeit üben, die schwarze Erde Weizen und Korn trägt und ihnen Bäume schwer mit Früchten hängen, die Herden sich vermehren und die See sie mit Fische versorgt, und zwar als Folge guter Regierung; darum gedeihen auch die Menschen unter ihrer Verwaltung (Hocart S. 71).

Dort, wo sich eine idealistische Ethik mit der Wirklichkeit verhältnismäßig zurückgebliebener Kulturen und Gesellschaftsformen auseinanderzusetzen hat, wie insbesondere in gewissen Gegenden des islam. R., tritt ein Gegensatz zwischen den theoretischen Forderungen des R. und der praktischen Anwendung der Normen in der Rechtsprechung zutage (Kohler 1889 S. 224ff.; Goldziher S. 406ff.).

S. a. Adoption A, Asyl, Blutrache, Blutschande, Brüderschaft (Künstliche), Bürgschaft A, Busse, Diebstahl, Ehe A, Ehebruch A, Eid A, Eigentum A, Erbe, Familie A, Fluch A, Fremder, Friede, Friedlosigkeit, Gastfreundschaft, Gericht A, Gewere, Gottesurteil, Heiratsordnung, Kauf, Kommunismus, Lehen, Mana B, Meidung, Moral, Politische Entwicklung, Primitive Kultur, Soziale Entwicklung, Strafe, Vergeltung, Vertrag, Wette, Wüstung.

v. Amira *Nordgermanisches Obligationenrecht* I (1885), II (1895); Asmis *Die Stammesrechte der Bezirke Misaköhe* Zfvgl. RW. 26 (1911); Autenrieth *Recht der Kisibaleute (Bukoba)* Zfvgl. RW. 21 (1908); Brunner *Grundzüge der deutschen Rechtsgeschichte* 1906—1912; Burckhardt *Notes on the Bedouins and Wahábys* 1830; Codrington *The Melanesians, their Anthropology and Folk-Lore* 1891; Dannert *Zum Rechte der Herero* 1908; Dareste *Études d'histoire du droit* 1906; Darmestetter *The Zend-Avesta* I (1880); Deloustal *La justice dans l'ancien Anam (traduction et commentaire du Code des Lê)* Bulletin de l'école Française d'extrême-orient 10 (1910); Dirr *Aus dem Gewohnheitsrecht der kaukasischen Bergvölker* Zfvgl. RW. 41 (1925); Goldziher *Mohammedanisches Recht in Theorie und Wirklichkeit* Zfvgl. RW. 8 (1889); Grimm *Deutsche Rechtsaltertümer* 1881; Gutmann *Das Recht der Dschagga* 1926; Hahl *Über die Rechtsanschau-*

ungen der Eingeborenen eines Teiles der Blanchebucht und des Innern der Gazelle-Halbinsel Nachrichten über Kaiser-Wilhelm-Land 1897; Heusler *Strafrecht der Isländersagas* 1911; His *Das Strafrecht des deutschen Mittelalters* 1920; Hobley *Further Researches into Kikuyu and Kamba Religious Beliefs and Customs* Journ. anthr. inst. 41 (1911); Hocart *The King's Justice* Man 1924 Nr. 54; Hose und Mc Dougall *The Pagan Tribes of Borneo* 1912; Hübner *Grundzüge des deutschen Privatrechts* 1913; Jolly *Sitte und Recht in Indien* in *Grundriß der indoar. Philol.* 1896; Inglis *Bible Illustrations from the New-Hebrides* 1890; Juynboll *Handbuch des islamischen Rechts* 1910; Keysser *Aus dem Leben der Kaileute* in Neuhauss *Deutsch-Neu-Guinea* III (1911); Knabenhans *Die politische Organisation bei den australischen Eingeborenen* 1919; Koehne *Das Recht der Kalmücken* Zfvgl. RW. 9 (1891); Kohler *Rechtshistorische und rechtsvergleichende Forschungen* Zfvgl. RW. 3 (1882); ders. *Indische Gewohnheitsrechte* Zfvgl. RW. 8 (1889); ders. *Die Wirklichkeit und Unwirklichkeit des islamischen Rechts* Zfvgl. RW. 8 (1889); ders. *Die Rechte der Urvölker Nord-Amerikas* Zfvgl. RW. 12 (1897); ders. *Recht der Papuas* Zfvgl. RW. 14 (1900); ders. *Über die malaiischen Adats* Zfvgl. RW. 36 (1919); Kovalewsky *Coutume contemporaine et droit coutumier ossétien* 1893; Lambert *Mœurs et Superstitions des Néo-Calédoniens* 1900; Lasch *Der Eid* 1906; Latte *Heiliges Recht in Griechenland* 1920; de Laveley *Les lois des Brehons et l'ancien droit celtique en Irlande* Revue des deux mondes 8 (1875); Leist *Altarisches Jus civile* 1892—6; Liebermann *Die Gesetze der Angelsachsen* II (1906); Mayne *A Treatise on Hindu Law and Usage* 1880; Felix Meyer *Wirtschaft und Recht der Herero* 1905; Müller-Wismar *Yap* 1917; Munzinger *Das Recht der Bogos* 1859; ders. *Ostafrikanische Studien* 1883; Niese *Das Personen- und Familienrecht der Suaheli* Zfvgl. RW. 16 (1903); Niegmann *Die Wahehe* 1908; Paulitschke *Ethnographie Nordost-Afrikas* 1896; Pechuël-Lösche *Volkskunde von Loango* 1907; Rehse *Kiziba* 1910; Sachau *Mohammedanisches Recht nach Schafiitischer Lehre* Lehrb. d. oriental. Seminars Bd. 17; Sarfert *Kusae* II (1920); Max Schmidt *Zur Rechtsgeschichte Afrikas (aus altholländischen Berichten)* Zfvgl. RW. 30 (1913); Schulz-Ewerth *Samoanisches Recht* Blätter f. vergl. Rechtsw. u. Volkswirtschaftsl. 18, 7—9 (1924); Schreuer *Recht der Toten* Zfvgl. RW. 33 (1915), 34 (1916); Senfft *Die Rechtssitten der Yap-Eingeborenen* Globus 91 (1907); Speiser *Ethnographische Materialien aus den Neuen Hebriden und den Banks-Inseln* 1923; Spieth *Die Ewe-Stämme* 1906; Sprenger *Eine Skizze der Entwicklungsgeschichte des muslimischen Gesetzes* Zfvgl. RW. 10 (1892); Steinmetz *L'Ethnologie et l'anthropologie criminelle* Travaux du 5me Congrès d'Anthropologie Criminelle 1901; ders. *Rechtsverhältnisse von Eingeborenen-Völkern in Afrika und Ozeanien* 1903; Sternberg *Der Geist des chinesischen Vermögensrechts* Zfvgl. RW. 26 (1911); Strehlow *Die Aranda- und Loritja-Stämme* IV, II (1915); Struck *Die Kaphottentotten im Jahre 1688* Archiv f. Anthr. 46 (1920); Tessmann *Die Pangwe* II (1923); Thurnwald *Ermittlungen über Eingeborenenrechte der Südsee* Zfvgl. RW. 23 (1910); ders. *Das Rechtsleben der Eingeborenen der deutschen Südsee-Inseln, seine geistigen und wirtschaftlichen Grundlagen* Blätter f. vergl. Rechtsw. u. Volkswirtschaftsl. 6 (1910) 5 und 6; Vedder *Die Bergdama* 1923; Velten *Sitten und Gebräuche der Suaheli* 1903; Vinogradoff *Outlines of Historical Jurisprudence* I (1920); Vogel *Die historischen Grundlagen des chinesischen Strafrechts* Zfvgl. RW. 40 (1922); Voigt *Die röm. Klassifikation von jus divinum und humanum* Berichte über die Verhandl. der sächs. Ges. d. Wiss. Bd. 54 (1902); Wellhausen *Reste arabischen Heidentums* 1897; Westermann *Die Kpelle* 1921; Westermark *The origin and Development of the Moral Ideas* 1906; Wirz *Anthropologische und ethnologische Ergebnisse der Central-Neu-Guinea-Expedition 1921—22* Nova-Guinea 16, 1 (1924); Zahn *Die Jabim* in Neuhauss *Deutsch-Neu-Guinea* III (1911).

Thurnwald

Rédéyef s. Capsien § 2, Nördliches Afrika A § 5, Tunis B.

Regenbogenschüsselchen s. Keltisches Münzwesen.

Regolini-Galassi-Grab s. Caere § 4.

Regöly (Kom. Tolna, Ungarn; Tf. 8, 9). Schatzfund, der folgende silberne Schmuckstücke enthielt: 1. Fragment einer Kette aus doppeltem Drahtgeflecht, wie sie auch in Szalaska (Arch. Ertesitö 1911 S. 311ff. Tf. II Darnay) zum Vorschein gekommen sind. 2. Andere Fragmente ähnlicher Kettengehänge, an deren oberer, mit Filigrandraht eingesäumter, rechteckiger Abschlußplatte (17 : 7 mm) oben 4 Haken angelötet, unten 4 in Bommeln endende Kettchen eingehängt sind; das freie Feld der Platte ist mit 4 angelöteten, gestanzten menschlichen Köpfen, außerdem mit runden, jetzt leeren, früher wahrscheinlich Bernsteinperlen umschließenden Hülsen und mit Kreisen und Linien in Filigranarbeit verziert; das abgeplattete obere Ende der Haken ist mit einem menschlichen Köpfchen in Filigran-Umsäumung dekoriert; ein viereckiges Silberblech mit einem ähnlichen Köpfchen ist auch unmittelbar oberhalb der Bommeln der aus feinem, vierfachen Drahtgeflecht bestehenden Kettchen angebracht. K. Hadaczek hat in diesen wie in den Schmuckstücken des Goldfundes von Szarazol (s. d.; Tf. 8)

Tafel 8

Regöly

Goldene Schmuckstücke von Szarazol, Kom. Tolna: 1—7. Perlen. — 8—11. Rädchen. — 12. Zylindrisches Röhrchen. — Nach Röm. Mitt. 21 (1906) S. 390.

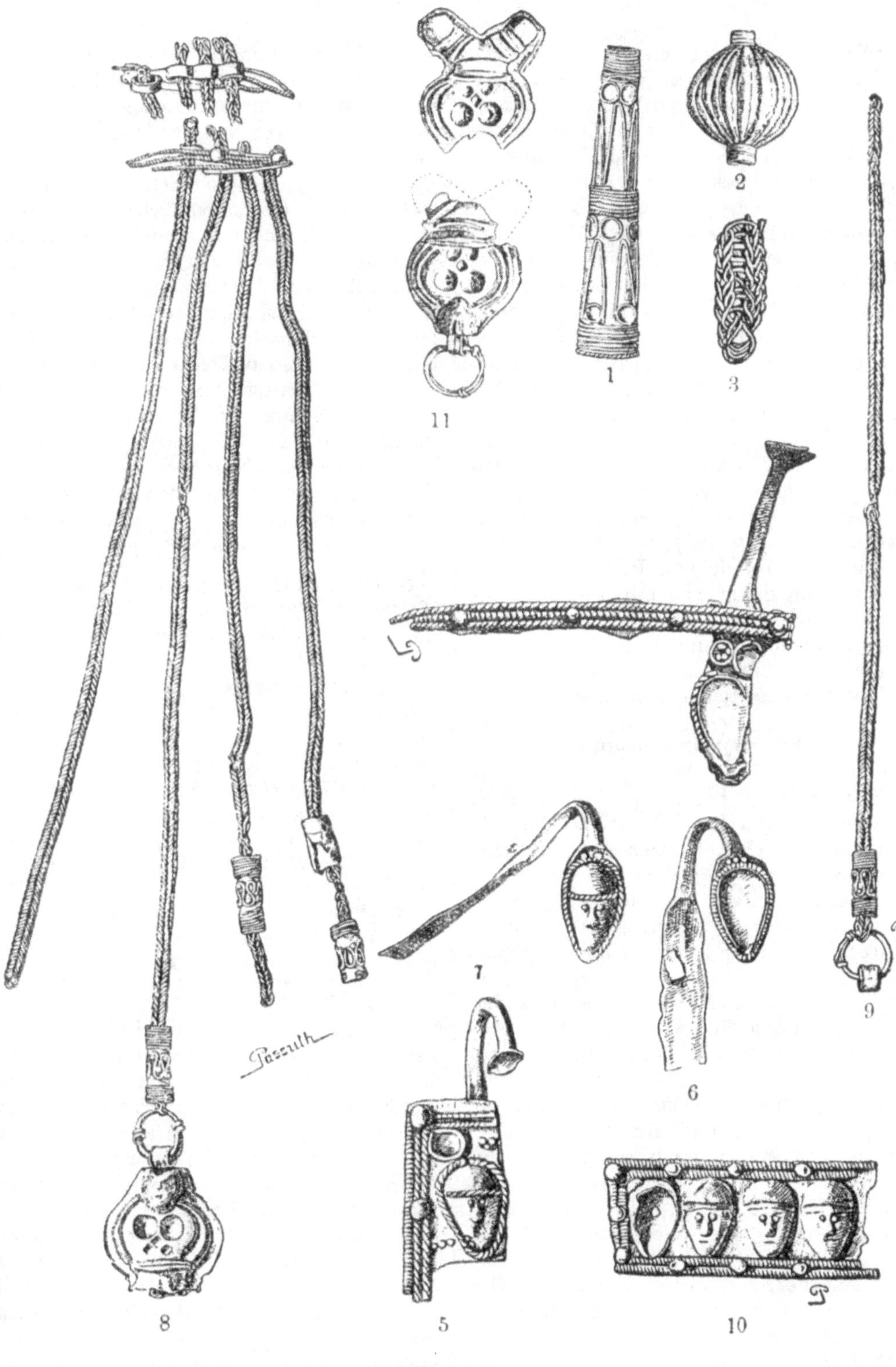

Regöly

Silberne und goldene (Nr. 2) Schmuckstücke von Regöly, Kom. Tolna.
Nach Röm. Mitt. 21 (1906) S. 391.

mit Recht „freie, zum Teil unbeholfene Imitationen etrusk. Werke der Kleinkunst" erblickt und dabei nur übersehen, daß es sich um typisch kelt. etruskisierende Metallarbeiten der frühesten Latènestufe handelt, wie sie uns in dieser Periode in den kelt. Gebieten von Ostfrankreich bis Böhmen in großer Zahl entgegentreten. Diese starke Beteiligung etrusk. (nicht, wie vielfach behauptet wird, massaliot.) Elemente am kelt. Frühlatènestil (s. Latènestil) haben auch M. Hoernes (*Urgesch.*[2] S. 563) und Déchelette (*Manuel* II 2 S. 582) betont, der zugleich auch im kelt. Stil nicht einen Sprößling, sondern einen „jüngeren Bruder" der venetischen Kunst erblickt. Da kelt. Stämme das Duab-, Save- und Drave-Gebiet kaum viel vor Beginn der Mittellatènestufe (Stufe C Reinecke) erreicht haben (Mainz. Z. 2 [1907] S. 46 Reinecke), so sind die Funde von R. und Szarazol (ebenso wie die Dolche mit anthropomorphem Kopfe von der Pußta Dinsiyes und andere analoge Funde) wohl als kelt. Importwaren, nicht aber als Arbeiten einheimischer Künstler anzusprechen.

Röm. Mitt. 21 (1906) S. 387f. Hadaczek; Archäol. Ertesitö 1907 S. 166ff. ders.

G. Wilke

Reh. S. a. Hirsch C § 4. — Das R. (*Capreolus copreolus* L.) ist der kleinste der einheimischen Hirsche. Sein kleines Geweih erhält normalerweise nie mehr als 6 Enden (3 an jeder der beiden Stangen). Dem geringen Ertrag entsprechend wurde es im Paläol. nicht regelrecht gejagt, sondern wohl nur zufällig erbeutet. Daher sind seine Reste unter den Tierresten der ä. StZ selten, im älteren Abschnitt vielleicht noch etwas häufiger als im jüngeren, wo es wohl ganz vom Ren verdrängt wurde. Größere Bedeutung erlangte es dann in den Kulturen an der Ostsee, die der Übergangszeit vom Paläol. zum Neol. angehören. Im Maglemose (s. d.) sind nach Winge (Präh. Z. 1911 S. 100) Rehknochen häufig, ebenso in den älteren Kjökkenmöddingern (Affaldsdynger). Man verwendete die Laufknochen zur Herstellung feiner Ahlen und Pfriemen. Als dann die Haustiere (s. d. B) eingeführt wurden, traten Schaf (s. d. A) oder Ziege (s. d. A) an seine Stelle. So ist denn das R. schon in den jüngeren Kjökkenmöddingern selten und fehlt im rheinischen Neol. fast ganz. In den Pfahlbauten ist es nicht gerade selten, aber nicht so stark vertreten wie der Hirsch, in den bronzezeitl. dagegen fehlt es fast ganz. Vielleicht hängt die Seltenheit dieses mehr offene Gegenden liebenden Tieres mit der zunehmenden Bewaldung zusammen. Noch unter röm. Funden traf ich (Saalburg-Jahrbuch 1925) seine Reste unter den Knochen sehr spärlich, während die des Hirsches (s. d. B) häufig waren. Dieses Verhältnis der beiden Tierarten bleibt wohl so bis in die neueste Zeit, wo mit Zunahme der Ackerflächen und Abnahme der Waldflächen für das R. günstigere Lebensbedingungen geschaffen wurden, so daß heute bei uns das R. wohl den Hirsch zahlenmäßig überwiegt.

Max Hilzheimer

Reibstein s. Mühle.

Reichenhall (Bayern). Daß bei R. schon in der BZ Salz gewonnen wurde, macht die starke Besiedlung des R. Talkessels wahrscheinlich, wenn auch der angeblich aus dem Salzbergbau stammende Holzschaft mit Bronze-Randaxt eine neuzeitliche Nachbildung nach Halleiner Original ist (F. Weber *Die vorgeschichtlichen Denkmale des Königreichs Bayern* I [1909] S. 67). S. a. Bergbau A § 37.

M. v. Chlingensperg-Berg *Das Gräberfeld von Reichenhall* 1890 S. 21 ff. — Weitere Literatur s. Karlstein.

Behrens

Reichtum.

§ 1. R. und Kollektivismus. — § 2. Wirtschaft und R. — § 3. Die Bedeutung der Verteilung. — § 4. Geben und Nehmen. — § 5. Der zirkulierende R. — § 6. R. des Besitzes. — § 7. Strafen an R.

§ 1. Der R. nimmt in primitiven Kulturen eine eigenartige Gestalt an. Die wirtschaftlichen Mittel werden hier in anderer Weise zur Hervorhebung einer Person und zur Machtentfaltung benutzt als bei uns. Die Voraussetzungen des Lebens sind anders: die Wirtschaftsgüter treten nicht in der Form abstrakter Werte auf, sondern sind konkrete Gegenstände des Verbrauchs oder Gebrauchs und stehen daher in Beziehung mit noch vielen anderen Seiten des Lebens außer den ökonomischen, vor allem mit den Ansichten und Vorstellungen über die Beziehung der Gegenstände zu den übermenschlichen Kräften und Mächten, wie sie gerade der Geistesverfassung des einzelnen Stammes zugrunde liegen. Dies schließt somit eine einseitig rationalistisch-ökonomische Stellungnahme zu den Wirtschaftsgütern aus. — Vergessen wir nicht, daß auch bei uns die bloß rationalistisch-ökonomische Auffassung von allen Dingen des Lebens der Ausdruck einer bestimmten Geistesverfassung ist! Die wirtschaftliche Seite ist bei uns auch keineswegs immer die einzig ausschlaggebende für das Verhalten der Menschen.

Die Stellung zur Wirtschaft ist bei den Naturvölkern vor allem noch durch Vorurteile oder Respekt gegenüber gewissen Tätigkeiten in einer durchaus unrationalistischen und unökonomischen Weise eingeschränkt (s. Handel F, Handwerk A). Bestimmte Tätigkeiten sind z. B. auf einzelne Familien oder nur auf das eine oder andere Geschlecht in fester herkömmlicher Weise beschränkt. Überdies findet die Ausnutzung etwa der Viehzucht in nur ungenügender Weise derart statt, daß, wie z. B. bei den Mandschus, die Kühe nicht gemolken und sowohl Stiere wie Kühe nur als Zugtiere Verwendung finden (Shirokogoroff S. 130) u. dgl. m. — Vgl. a. Herskovits.

Als die eigentlichen Eigentümer des Landes gelten bei den Ashanti gewisse Geister (Rattray S. 218; s. Eigentum A).

Die Eigentumsrechte an beweglichen Gütern sind oft außerordentlich beschränkt, obgleich auf den ersten Blick von individuellem Eigentum gesprochen werden kann (Driberg S. 170ff.; Czaplicka S. 45, 57).

Neuerdings wurde von Firth (S. 357ff.) darauf hingewiesen, daß z. B. eine so einfache Tätigkeit wie der Vogelfang bei den Maori Neuseelands nicht allein aus dem Streben, sich Nahrung zu verschaffen, erklärt werden kann. Wenn auch vielleicht die Beschaffung von Essen im Vordergrunde steht, so verbinden sich doch mit dem Streben, eine möglichst große Anzahl von Vögeln zu fangen, noch andere Motive. Vielerlei Zeremonien knüpfen sich an den Vogelfang: besondere Bäume und besondere Köder werden ausgesucht, die Schlingen in bestimmter Art gelegt. Dabei kommt dem Maori seine reiche Beobachtung des Tierlebens zu Hilfe, um die schwachen Seiten der einzelnen Tierarten seinen Zwecken dienstbar zu machen. In alle diese Tätigkeiten spielen aber neben den auf praktischer Erfahrung beruhenden Vorstellungen auch andere, nämlich traditionelle und religiöse, hinein. Die überlieferten Methoden sind das Ergebnis von Meinungen und Ansichten nicht nur über das Leben und Verhalten der Tiere, sondern auch über ihre Beziehungen zur Welt und zum Menschen. So wird der Vogelsteller durch Überlieferung und Glauben gezwungen, außerordentlich viel Zeit auf das sorgsame Sammeln aller, auch der verstreuten Federn, zu verwenden, um sie einzugraben. In der Tiefe des Urwaldes, wenn seine Nahrung knapp ist, wirft er oft einen Vogel als Opfer an *Maru* oder *Tane* weg. Dazu kommt der Wetteifer beim Vogelstellen, beim Rupfen vor dem Kochen und überhaupt die Sucht, bei jeder der verschiedenen herkömmlich bestimmten Handlungen in Bezug auf das Zeremoniell „richtiger" zu verfahren als der andere, um auf diese Weise die Anerkennung der übrigen zu ernten. Dieses Haschen nach Auszeichnung in der Gemeinde ist ein Faktor, der einer rationalistischen Wirtschaftlichkeit entgegenarbeitet. Das Gesellschaftsleben bildet einen stärkeren Faktor des Ansporns als rein wirtschaftliche Gesichtspunkte. — Die Produkte der Tätigkeit des Individuums wurden an das gemeinschaftliche Lagerhaus abgeliefert ohne genaue Vergeltung für die von jedem Einzelnen geleistete Arbeit. So geschah das auch beim Vogelstellen, und die gefangenen Tiere wurden auf dem *marae*, dem Mittelplatz des Dorfes, zur Schau ausgelegt und nachher in das gemeinsame Lagerhaus gebracht. Der Träger des Reichtums ist hier die Gemeinde, die größte Auszeichnung für den einzelnen liegt darin, möglichst viel zur Vermehrung der Wertträger und somit des Glanzes der Gemeinde beizutragen. Dabei darf man nicht vergessen, daß eine Reihe von weiteren Tätigkeiten mit den eigentlich ökonomischen verknüpft sind, wie Tänze, das Schnitzen von Verzierungen, die Herstellung von Schmuck oder das Glätten von Waffen. Auch alle diese Tätigkeiten wurzeln keineswegs in irgendwelchen wirtschaftlichen Bedürfnissen, sondern sind vielmehr als Ausdruck eines Tätigkeitsdranges zu betrachten, der durch Wetteifer, vor den anderen durch eine bessere Leistung zu glänzen, angespornt wird. Dieses Streben nach Hervortreten vermöge der Leistung kennzeichnet namentlich kleinere Gesellschaften, bei denen einerseits Massenvorgänge weniger beherrschend im Vordergrund stehen, und bei denen anderseits die Spannung zwischen der Menschenzahl und dem notwendigen Lebensunterhalt verhältnismäßig groß ist. — Insbesondere ist das Verhältnis zwischen Mensch und Arbeit (s. d. und Handwerk A) ein viel persönlicheres. Es wird erzählt (Firth S. 360), daß z. B. ein Mann nachts aus Liebe zur Arbeit aufstand, um seine Prunkkeule (*mere*) zu polieren. Ja, manche waren sehr unglücklich, wenn sie irgend eine Schnitzerei oder ein anderes Kunstwerk fertiggestellt hatten, weil sie unmittelbar am Gestalten und Ausführen Freude genossen. Die zur wirtschaftlichen Tätigkeit führenden Motive sind also komplexer Art und hängen mit der traditionellen Kultur und der Gestaltung der Gesellschaft zusammen, in welcher der einzelne, entsprechend der Geistesverfassung und Wertstaffelung seiner Gemeinde, nach Auszeichnung und Anerkennung strebt. Gerade in den Gemeinden mit kommunistischen Tendenzen (s. Kommunismus) der höheren Hack- und Gartenbauer, Fischer und Handwerker tritt dies deutlich hervor (s. Wirtschaft D).

Über die Art des Fischfangs bei den Neukaledoniern vgl. Lambert S. 211 ff. — Über Lebensmittel und Speiseverbote vgl. Strehlow S. 1 ff.

Wer früher (18. Jh.) bei den Kaffern weniger besaß, als er zu seinem oder seiner Angehörigen Unterhalt bedurfte, bekam sogleich von einem andern, der solches im Überfluß hatte, einige Kühe auf zwei, drei oder mehrere Jahre zur Leihe, wofür er aber die Hälfte der geworfenen Kälber abtreten mußte. Häufig geschah eine solche Unterstützung, ohne daß der geringste Vorteil für den Verleiher ausbedungen worden wäre (Schmidt S. 123).

§ 2. Die ganze Betrachtung der Naturvölker lehrt, daß das soziale Motiv, das Verlangen nach einer ausgezeichneten Stellung unter den Gruppenangehöriger, durchaus die wirtschaftlichen Motive überwiegt. Übrigens darf man nicht vergessen, daß auch bei uns die wirtschaftliche Betätigung vielfach nur Mittel zum sozialen Zweck ist, dem Erlangen oder dem Erhalten von sozialem Rang dient. Die Wirtschaft der Naturvölker unterscheidet sich von unserer jedoch darin, daß sie unmittelbar ist, während unsere über den Umweg von Geld, Kapital und Kredit geht. Dementsprechend hat auch der R. eine verschiedene Gestalt bei den Naturvölkern und richtet sich in den einzelnen Kulturen nach der ganzen Art der Lebensausstattung und Lebensführung. In der modernen Wirtschaft läuft R. in Afrika auf nichts anderes hinaus als in Grönland: er ist im wesentlichen stets durch den Besitz von in Geldmengen ausdrückbaren Werten repräsentierbar. Bei den Naturvölkern sind die Werte, an denen der R. haftet, je nach der Lebensführung des einzelnen Stammes bald Armringe oder Halsgehänge, Sago oder Yams, bald Bärenfelle, bald Matten mit feinen, roten Vogelfedern, bald Lanzenspitzen aus Eisen, bald Kakaobohnen usw., sind also qualitativ bedingt. Der zweite Punkt, in dem sich der R. der Naturvölker von dem unsrigen unterscheidet, besteht darin, daß er sich weniger im Eigentum ausdrückt, als darin, groß zu sein im Geben und Nehmen, „große Umsätze zu tätigen", daß der Mann, der etwas besitzt, gewissermaßen als Treuhänder der Gemeinschaft aufgefaßt wird und sich auch selbst als solchen betrachtet. „Noblesse oblige" ist in der Tat die soziale Norm, die das Verhalten regelt (vgl. Malinowski S. 97). Der Erwerb um des Erwerbes willen ist daher unbekannt.

Das Fehlen rein ökonomischer Gesichtspunkte tritt im Leben der Naturvölker allenthalben zutage. Bei den verschiedensten Gelegenheiten werden manchmal wertvolle Nahrungsmittel und Vorräte aller Art aus religiösen und zauberischen Motiven zerstört, verbrannt oder gemieden (s. Meidung, Opfer A). Ganz besonders ist dies der Fall bei Totenfesten (s. Totenkultus A). So darf z. B. in vielen westafrik. Ländern (im nw. Togo) unmittelbar nach dem Bekanntwerden des Ablebens des Königs nicht nur eine Beraubung des Marktes durch die Eingeborenen stattfinden, sondern es kann auch das im Freien herumlaufende Hausvieh, wie Hühner, Ziegen, Schafe, durch jeden, der dazu Lust hat, totgeschlagen oder weggenommen werden; sogar die Farmen sollen geplündert werden dürfen. Anderseits hält man die gefährlichen, in Wasserlöchern lebenden Krokodile heilig, und sie dürfen nicht getötet werden (Zech S. 123).

Ein solches Vergeuden von R. findet z. B. auch bei den jährlichen Totenfesten der südkaliforn. Indianer statt. Zu Ehren der Verstorbenen werden dabei große Mengen von Muschelgeld, Körben und ähnlichem verbrannt. Jede Familie opfert für ihre eigenen Toten (Kroeber S. 303).

So verhältnismäßig gering und unbedeutend uns auch die Wertstücke in Muscheln, Knochen oder Zähnen bei Jägern und Sammlern erscheinen, darf man doch nicht vergessen, daß sie vom Standpunkte dieser Leute aus „Schätze" darstellen. In der Tat wird gegen derartige Kostbarkeiten auf verschiedenes, sogar auf die Rache verzichtet, natürlich nur unter besonderen Umständen (vgl. Keysser S. 72; s. a. Busse).

§ 3. Nicht nur, daß viele Wertgegenstände der Naturvölker eine längere Aufbewahrung nicht vertragen, sondern verderben, wie z. B. Nahrungsvorräte, sondern die unstete Lebensweise von Jäger- und Sammlerstämmen und auch von solchen Stämmen, bei denen die Frauen Grab-, Hack- oder Gartenbau betreiben, die Männer jedoch überwiegend der Jagd nachgehen, steht der Ansammlung größerer Mengen von Wertgegenständen entgegen (vgl. Knabenhans S. 107). Indes muß ein Unterschied außerdem gemacht werden zwischen der Anhäufung von Nahrungs- und Genußmitteln und handwerklichen Erzeugnissen: die Einstellung diesen beiden Arten von Gütern gegenüber ist verschieden. Bei den Nahrungsmitteln herrscht die Forderung vor, daß sie der Gesamtheit der Gemeinde zugute kommen sollen. Eine solche Tendenz kann seltener festgestellt werden für Werkzeuge oder Geräte, wie Töpfe, Schüsseln u. dgl., noch weniger für Waffen. Dasjenige, woran das persönliche Eigentum und die Freude am Besitz vor allem haftet, sind Luxusgegenstände, wie Glasperlen, Muschelringe, Knochengehänge u. dgl.

Eine Quelle des R. ist sowohl bei Jägern und Sammlern wie auch bei den meisten Hackbauern der Besitz von Frauen. Sie sind die älteste Form „fruchtbringenden Kapitals", nicht nur wegen der Kinder, sondern auch, weil auf diese Weise dem Mann eine Reihe von Vorteilen sowohl in Bezug auf Ernährung als auch an handwerklichen Erzeugnissen in der einen oder anderen Weise zufällt. In der Regel sind es jedoch nur besonders angesehene Leute, sog. „Häuptlinge" (s. d.), die sich durch mehrere Frauen (s. d. A) derartige Vorteile in weiterem Ausmaß zu verschaffen imstande sind (s. Polygamie). Doch handelt es sich in diesen Fällen ebenfalls weniger um eine Anhäufung von Besitz, der etwa in dieser Art auch vererbt wird (s. Levirat, Mutterbruder), als vielmehr um persönliche Vorteile und die Möglichkeit, durch Verteilen von Geschenken und Veranstaltung von Festen (s. d. A) sich bei den Anderen Ansehen und Einfluß zu sichern.

Der Erfolg ist bei Naturvölkern stets mit der Gloriole mystischer Beziehung zu übermenschlichen Mächten verknüpft. Wenn bei den Ewe-Stämmen Westafrikas ein Jäger öfter ein großes Buschtier, wie z. B. einen Büffel, erlegt, so wird er von den Seinen gepriesen. Dieses Lob veranlaßt die anderen, sich von ihm Zaubermittel zu verschaffen. Die Jagd und die Vorbereitungen dazu sind von einer großen Zahl zeremonieller Gebräuche durchwoben. Entdeckt der Jäger die Fußspuren eines Wildes, so fährt er mit einem zugespitzten Holz, das er bei sich trägt, verschiedene Male durch die Luft und zwar in der Richtung, nach welcher das Tier seinen Lauf hatte, dann schlägt er mit dem Holz auf die Fußspuren des Tieres. Auf diese Weise glaubt er, es zu bannen und leicht einholen zu können. Hat der Jäger z. B. eine Pferdeantilope erlegt und deren Fleisch ganz verteilt, so errichtet er mit seinen Brüdern väterlicherseits nach 5 oder 8 Tagen dem Jagdgott *Adee* ein Häuschen, wo sie dort unter Leitung eines alten Jägers ein Opfer mit dem Fleisch des aufbewahrten Nackens des erlegten Tieres darbringen. Dabei werden unter vielerlei Zeremonien ein Brei und eine Suppe bereitet. — Die Verteilung eines erlegten Großwildes (Büffel, Wildschwein) wird in ganz bestimmter Weise vorgenommen: der Kopf gehört den Altersgenossen des Jägers, die Kinnlade des Tieres, eine Keule und die Nieren erhält der Onkel väterlicherseits. Der Nacken fällt der Schwester mütterlicherseits zu, usw. Die Verteilung der einzelnen Stücke wird symbolisch begründet. Stößt nämlich dem Jäger auf der Jagd ein Unglück zu, so müssen seine Altersgenossen den Jäger suchen: sie gehen den Familiengliedern des Jägers voraus, wie der Kopf dem Körper des Tieres. Wird der Jäger auf der Jagd von einem Unglück ereilt und stirbt, so muß der ältere Onkel väterlicherseits, falls der Verstorbene Schulden hinterläßt, reden und bitten, daß die hinterlassene Schuld erlassen wird. Er muß also seine „Kinnladen" anstrengen. Die Schwestern erhalten den Nacken, weil sie ihren Nacken hergeben und die Last tragen müssen, wenn der gefallene Jäger eine Schuld hinterläßt. Sie müssen bezahlen oder solange als Pfandleute dienen, bis die Schuld beglichen ist usw. (Spieth S. 387ff.).

Von großer Bedeutung für persönlichen Rang und Auszeichnung (s. d.) ist jene Art von Entfaltung materieller Macht, wie sie z. B. in den Potlach-Festen der nordamerikan. Indianer sich zeigt. Diese Macht beruht jedoch nicht auf einer Anhäufung von Eigentum, vielmehr darauf, daß eine Person das Zentrum für einen Austausch von Wertgegenständen darstellt. Die Macht und der Glanz beruhten darin, daß möglichst viele Wertgegenstände zu der betreffenden Person hinströmen und diese sie wieder verteilt (s. Handel F, Markt A). Der R. der nordwestamerik. Stämme besteht also darin, daß eine Menge kostbarer Güter durch die Hand einer Person gehen und diese dadurch in der Lage ist, bei den Verteilungsfesten zu glänzen (Wissler S. 185; Boas [1895], 1897). Bei den Kwakiutl-Indianern bestehen diese Wertgegenstände z. B. in Decken aus den Fellen von Seeotter, Marder, schwarzem Bär, Grizzly-Bär, Nerz, Hirsch, Elch, Luchs, Bergziege usw., ferner in Decken aus Zederbast, außerdem auch in Sklaven und großen Kanus. Dazu traten in moderner Zeit noch Wolldecken. Schließlich kamen noch Schüsseln zur Verteilung hinzu, sowie ideelle Güter, nämlich Namen (Boas II [1921]).

Dieses System von Geschenken und Verteilung gruppierte sich um den Mittelpunkt gewisser ausgezeichneter Familien, war mit umständlichen Zeremonien verknüpft und in religiöser Weise mit dem Leben des Volkes und seiner Kultur unzertrennlich verwachsen (vgl. Lenoir). Auf diese Weise wurde die Staffelung des Volkes unterstützt und erhalten (s. Kaste A, Schichtung). Die wirtschaftliche Konzentration zur Stützung der hierarchischen Ordnung bestand jedoch nicht, wie erwähnt, in einem bloßen Aufspeichern, sondern darin, daß die ausgezeichneten Persönlichkeiten die Verteilungszentren des Besitzes waren. Bei der Art der hauptsächlichen Wertträger ist das auch nicht zu verwundern, da die Gefahr bestand, daß diese, wie die Felle, durch langes Lagern zugrunde gingen. Außerdem aber konnten die Wertträger nicht „arbeiten", wenn sie nur aufgespeichert waren. Erst das Zirkulieren der Wertgegenstände nach und von gewissen Zentren konnte zur Hebung des persönlichen Ansehens und des Glanzes der Familien beitragen. Diese ganz andersartige Form von „Reichtum" wird durch die konkrete Natur der Wertträger bedingt, die nur durch das Geben nnd Nehmen zu einer Quelle von persönlicher Macht werden können (vgl. Mauss I 88).

§ 4. Bei den Stämmen von Loango im w. Zentralafrika gehörten der Boden sowie auch alle Schätze, die im Boden ruhen, dem ganzen Gau; Grundbesitz erstrebt niemand. Vielmehr sucht man Anschluß an Sicherheit bietende Menschen zu finden, sich also in der Gruppe günstig einzuordnen (s. a. Lehen). Feld- und Baumerträgnisse, Handelsgüter, Haustiere und Sklaven bilden den Besitz der Mutterfamilie. Obwohl es kein persönliches Grundeigentum gibt, besteht doch ein Anrecht auf die Erträgnisse des bearbeiteten Bodens und auf alles, was dort die Erde hervorbringt: „Wer die Scholle stürzt, hält den Platz". Auch ohne Zutun der Menschen gedeihende Fruchtbäume dürfen weder beseitigt noch verletzt werden. Wird ein Waldstück gerodet, so bleibt jede Ölpalme unberührt. Ungewöhnlich reiche Ernten an einigermaßen haltbaren Feldfrüchten sucht man vor den Nachbarn zu verheimlichen, sie in aller Stille einzuheimsen und zu verwerten. Man will weder Mißgunst erwecken, noch Habsucht und Bettellust reizen. Mit Erfolgen in Wirtschaft oder Handel oder mit Entfaltung des Viehbesitzes groß zu tun, ist gefährlich (Pechuël-Lösche S. 207, 215f.).

In den Loango-Ländern herrscht z. B. die Gewohnheit, daß, wenn jemand einem Leichenzuge begegnet, er von den Teilnehmern mehr oder minder ausgeplündert wird. Der erfolgreiche Jäger, der den für die Haustiere gefährlichen Leopard erlegt hat, trägt unter dem Jubel der Ortschaft die Beute herum und darf Begegnende um die Hälfte ihrer Habe erleichtern, in Hütten mit offenstehenden Türen eindringen und sich herausholen, was er will. Handelskarawanen, die während der Trockenzeit oft ziemlich weit aus dem Innern zum Meere wandern, konnte früher ein Gau aufhalten und die Waren selbst aufkaufen, um sie mit Nutzen weiter zu vergeben. Diesem Zwang vermochten sich die Karawanenführer dadurch zu entziehen, daß sie Durchgangszölle entrichteten, die oft bis zur Rückkehr gestundet wurden (Pechuël-Lösche S. 220).

Stets droht die Mißgunst der Gaugenossen. Dadurch wird ein Druck zum Ausgleich reicheren Besitzes ausgeübt, namentlich zum Abgeben des Überschusses. Von diesem Verteilen aber leitet sich das Ansehen desjenigen her, der in den Besitz großer Vorräte gelangt ist. Die persönliche Auszeichnung besteht also darin, daß man andere an seinem Überfluß teilnehmen lassen kann; der R. stellt sich somit nicht als Form dauernden Besitzes dar, sondern als vorübergehende Verfügung über viele Genußmittel oder Gebrauchsgegenstände, welche der einzelne den Gruppengenossen zukommen läßt. Man kann sagen, daß der primitive Reichtum nicht wirtschaftlicher, sondern sozialer Natur ist. Er besteht in dem Ansehen, das dem zuteil wird, der mit reicher Beute heimkommt, der einen guten Ertrag aus Viehzucht oder Feldbau erzielt, der durch Tausch sich Schätze zu sichern versteht usw., aber dies alles nicht zu dem Zwecke von Aufspeicherung und Thesaurierung für seine eigene Person, sondern in der Weise, daß die verschiedenen nützlichen oder ideal geschätzten Dinge auch den anderen Angehörigen der Gemeinde zugute kommen. Diesem Geben und Verteilen liegt keineswegs Altruismus zugrunde, sondern zwei Motive stehen im Vordergrund dafür: 1. die Mißgunst der anderen und der dadurch ausgeübte Druck, während 2. die persönliche Eitelkeit aus der Not eine Tugend macht. So sind auch viele kollektivistische Erscheinungen bei den Naturvölkern verständlich (s. Kommunismus). Aus diesem Grunde besteht anderseits die Tendenz bei dem, der zu einem Verteilen genötigt ist, sich etwas vorweg dadurch zu sichern, daß er es versteckt.

§ 5. Die Untersuchungen von Malinowski (S. 146ff.) auf den Trobriand-Inseln haben gezeigt, daß dort z. B. Nahrungsmittel, Yams-Knollen, die in großen Speichern angehäuft werden, keineswegs in erster Linie als Verbrauchsgüter gewertet werden, sondern deshalb, weil sie bequem auf Monate hinaus aufbewahrt und zum Entgelt für geleistete Dienste verwendet werden können. Auf diese Weise dienen sie zur Entfaltung eines R. an Nahrungsmitteln, die potentiell Macht, d. h. die mögliche Inanspruchnahme fremder Dienste, bedeuten. Diese Yams-Speicher werden so gebaut, daß die darin befindliche Menge durch die weiten Zwischenräume gesehen und geschätzt werden kann. Die Knollen selbst werden so gelegt, daß die besten Stücke von außen her wahrzunehmen sind. Die besonders großen, manchmal bis 2 m L. messenden Stücke einer besonderen Yams-Varietät, die mitunter einige Kilogramm schwer sind, werden in Holz eingefaßt, mit Farbe bemalt und außen am Yams-Haus aufgehängt. Das Prunken mit dem Besitz an Yams geht so weit, daß es eifersüchtig von den großen Dorfhäuptlingen beansprucht wird und die Leute minderen Ranges ihre

Speicher mit Kokosnußwedel verhängen müssen, um nicht den Anschein zu erwecken, mit dem Häuptling in Wettbewerb treten zu wollen. Denn von der Entfaltung an Yams-Reichtum hängt ein gut Teil des Ansehens überhaupt in der Gesellschaft der Trobriander ab (a. a. O. S. 168f.). Diese aufgespeicherten Yams sollen möglichst lange vorhalten, und ein eigener Zauber, *vilamalya*, dient diesem Zweck. Dadurch soll nämlich die Lust der Dorfbewohner, von diesen Vorräten zu essen, verringert und ihre Neigung verstärkt werden, wilde Waldfrüchte, Mango und Brotfrüchte der Dorfpflanzung zu genießen. Auf diese Weise verdirbt manchmal die Hälfte der Yams im Speicher, und die verrotteten Yams müssen auf den Müllhaufen hinter dem Hause weggeworfen werden, wenn die neue Ernte Platz finden soll.

Auch auf dem Gebiet der handwerklichen Tätigkeit kann man keineswegs sagen, daß die Eingeborenen der Trobriand-Inseln unter dem Druck der Not oder nur zwecks Gewinnung ihres Lebensunterhalts an die Arbeit gehen. Ihre Tätigkeit entspringt vielmehr der Tradition und Neigung und wird von ihnen selbst als das Ergebnis zauberischer Inspiration empfunden. Ganz besonders ist das unter denen der Fall, die Gegenstände hohen Wertes herstellen, mit Verständnis und mit Liebe ihr Werk schaffen. Seltene Formen oder ungewöhnliches Material an Muscheln, Holz oder Stein werden besonders geschätzt. Nicht diejenigen Gegenstände werden hoch gewertet, die hervorragend nützlich oder schwer zu beschaffen sind (a. a. O. S. 172f.), sondern am ehesten kann noch die verwendete Arbeit als Grundlage für die Bewertung angesehen werden. Auf die Herstellung von Kunstgegenständen wirkt diese Art der Bewertung n i c h t ästhetisch fördernd ein, weil quantitativ viel Arbeit gezeigt werden soll und man darum z. B. Holztrommeln oder Kanus manchmal mit Ornamenten überladet.

Auch auf den Trobriand-Inseln spielt das Nehmen und Geben von Geschenken eine große Rolle, und die persönliche Auszeichnung hängt mit der Menge der traditionellen Wertgegenstände zusammen, die einem Manne zur Verfügung stehen. Als solche kommen in erster Linie die Yams im Speicher in Betracht. Diese werden jedoch nicht von dem Manne selbst gezogen, sondern sie stellen vielmehr G e s c h e n k e d e s B r u d e r s s e i n e r F r a u zur Erntezeit dar. Ein jeder arbeitet für seinen Schwager. Der Besitz vieler Frauen bedeutet also große Einkünfte an Yams, und die großen Häuptlinge bringen durch viele Frauen deren Stamm-Dörfer von sich in Abhängigkeit. Als Gegengabe erhält der Bruder der Frau keinen vollen Wert, sondern höchstens zum Zeichen der Anerkennung ein Schwein. Durch die Vorräte an Yams können wieder andere Ausgaben bestritten werden, die vorwiegend mit diesen Knollen bezahlt werden. Das ist teilweise der Fall bei Austausch gegen Fische oder gegen Handwerkserzeugnisse usw., wie auch für den Erwerb von zauberischen Fertigkeiten, vor allem aber für den Bau von Kanus und die großen Seefahrtsunternehmungen zum Kula-Handel (s. H a n d e l F § 7). Bei diesem Handel stehen Wertgegenstände an Halsketten und Armringen im Mittelpunkt. Doch soll bei dem Erwerb dieser Kostbarkeiten nicht ein Einzelner das Eigentum möglichst vieler dieser Wertgegenstände an sich reißen, sondern es verschafft eine ebenso große Auszeichnung, eine derartige Kostbarkeit seinem Freunde schenken zu können. Auf diese Weise befinden sich diese bevorzugten Wertträger in beständiger Zirkulation. Der R. bildet hier gewissermaßen den gemeinsamen Besitz sämtlicher im Tauschkartell stehenden Stämme, an dem der einzelne Großhäuptling, der allein für würdig erachtet wird, die Kostbarkeiten selbst für kurze Zeit unter der Bedingung zu besitzen, sie innerhalb eines Jahres an seinen Freund zu verschenken, nur gelegentlich Teil hat. Der Einzelne hat also gewissermaßen nur einen Nießbrauch an den im Tauschspiel befindlichen Kostbarkeiten.

§ 6. Die Stellung zum R. und Besitz wird bei denjenigen Völkern anders, bei denen b e w e g l i c h e s G u t eine wichtige Rolle im Leben spielt. Voraussetzung dazu ist aber Zerstörung des Klanverbandes und Ersatz desselben durch kleinere und größere Familienverbände. Verknüpft damit ist gewöhnlich auch eine Schichtung (s. d.), wenigstens in Freie und Sklaven, verbunden mit einem autoritativen Häuptlingtum (s. Politische Entwicklung). Der einer anderen ethnischen Schicht angehörige autoritative Häuptling (s. d.) unterscheidet sich von vornherein in seinem Besitz an Gütern. Diese Verschiedenheit des Besitzes wird von beiden Seiten gewahrt und anerkannt. —

Der R. von Hirtenvölkern, wie z. B. der Beni-Amer von Abessinien, besteht fast nur in Viehherden (Munzinger S. 355); er ist also einseitig auf bestimmte konkrete Güter beschränkt.

Die Batutsi benutzen besondere symbolische Bezeichnungen, um die Größe ihres Viehbesitzes anzugeben: wenn einer sagt, er hat „ein Kalb", so bedeutet das eine kleine Herde von nicht über 10 Stück, „eine kleine Kuh" eine Herde von 30—60 Stück Vieh, „eine Kuh" mehrere Herden. Sagt einer jedoch, er hat „viele Kühe", so gibt er zu erkennen, daß er mächtig und reich an Einfluß und Besitz ist. Der Besitz an Kühen beherrscht das ganze Leben der Batutsi (Czekanowski S. 125; vgl. a. Herskovits).

Wenn bei archaischen Völkern, etwa bei den alten Persern, aufgehäufter R. in Pferden, Wagen, Schwertern, Silber und Gold, vor allem in Rindern, Tributen an Getreide und Nahrungsmitteln vorkommt, so lebt doch in der Auffassung über die großen Herren und Despoten überall der Gedanke weiter, daß diese Personen vor allem die Dinge aufspeichern, um durch eine reiche Verteilung wieder glänzen zu können (vgl. Darmestetter S. 273).

§ 7. Strafen am Eigentum erscheinen hauptsächlich in der Form der Wüstung (s. d.). Auf den Oleai-Inseln, die zu den West-Karolinen (Südsee) gehören, trifft den Verführer im Falle eines Ehebruches folgende Strafe: sowie die Tat aufgedeckt ist, fahren fast sämtliche Männer der umliegenden Inseln, die rasch benachrichtigt wurden, nach der Insel des Übeltäters, brennen sein Haus nieder, schlagen Kokospalmen und Brotfruchtbäume ab und zerbrechen sein Kanu, so daß ihm seine Nahrungs- und Lebensquellen entzogen werden (Born S. 189).

S. a. Arbeit, Auszeichnung, Eigentum A, Familie A, Handel F, Handwerk A, Häuptling, Kommunismus, Markt A, Politische Entwicklung, Wirtschaft D.

Boas *The Social Organisation and Secret Societies of the Kwakiutl Indians* Report Un. Stat. Nat. Mus. for 1895 (1897); ders. *Ethnology of the Kwakiutl* 35. Ann. Rep. Bur. Am. Ethnol. 1921; Born *Einige Beobachtungen ethnograph. Natur über die Oleai-Inseln* Mitt. a. d. deutschen Schutzgebieten 17 (1904); Czaplicka *Aboriginal Siberia* 1914; Czekanowski *Forschungen im Nil-Kongo-Zwischengebiet* 1917; Darmestetter *The Zend Avesta* II (1883); Driberg *The Lango, a Nilotic Tribe of Uganda* 1923; Firth *Economic Psychology of the Maoris* Journ. anthr. inst. 55 (1925); Herskovits *The Cattle Complex* Amer. Anthr. 28 (1926); Keysser *Aus dem Leben der Kaileute* in Neuhauss *Deutsch-Neu-Guinea* III (1911); Knabenhans *Die politische Organisation bei den australischen Eingeborenen* 1919; Kroeber *Anthropology* 1923; Lambert *Moeurs et Superstitions des Néo-Calédoniens* 1901; Lenoir *Sur l'institution du Potlach* Revue philosophique 1924—25; Malinowski *Argonauts of the Western Pacific* 1922; Mauss *Essai sur le don, forme archaique de l'échange* L'année sociologique NF 1 (1923—24); Munzinger *Ostafrikanische Studien* 1883; Pechuël-Lösche *Volkskunde von Loango* 1907; Rattray *Ashanti* 1923; Max Schmidt *Zur Rechtsgeschichte Afrikas. I. Aus althollländischen Berichten* Zfvgl. RW. 30 (1913); Shirokogoroff *Social Organization of the Manchus* Asiatic Soc. N.-China Branch, Extra vol. 3 (1924); Spieth *Die Ewe-Stämme* 1906; Strehlow *Die Aranda- und Loritja-Stämme* V (1920); Trimborn *Der Kollektivismus der Inkas in Peru* Anthropos 20 (1925); Wissler *The American Indian* 1922; Graf Zech *Land und Leute an der Nordwestgrenze von Togo* Mitt. a. d. deutschen Schutzgebieten 17 (1904). Thurnwald

Reihendorf s. Haus, Siedlung.

Reihengrab. § 1. Schon auf den bandkeramischen Gräberfeldern von Flomborn (Schumacher *Materialien zur Besiedlungsgeschichte Deutschlands* 1913 S. 81 Nr. 135), Lingolsheim (s. d.) i. E. (Anz. f. elsäß. Altertumsk. 3 [1911] S. 149 f. Forrer) u. a. m. läßt sich, wenn auch nicht immer ganz scharf, eine reihenweise Anordnung der Gräber erkennen, und das gleiche gilt auch von manchen schnurkeramischen Gräberfeldern, wie dem von Heroldishausen i. Th. (Sächs. Jahresschr. 3 [1904] Tf. I 26), von einzelnen Rössener Nekropolen, wie von einem Teile des Rössener Grabfeldes selbst (s. Rössen; Schumacher a. a. O. S. 83) und namentlich von dem Walternienburger Friedhofe mit Elbmegalith-Keramik, der ein ausgesprochenes Reihengräberfeld bildet (Sächs. Jahresschr. 6 [1907] Tf. 13 Reuß; Präh. Z. 4 [1912] S. 113ff. mit Plan Götze). Ebenso zeigen die kupferzeitl. Skelettgräber von Bodrogkeresztúr (s. d.), in der Baradla-Höhle (s. d. § 2) und auf dem Friedhofe von Remedello (s. d.), so verschiedenartig auch die Bestattung in ihnen ist (gestreckte Leichen; seitliche Hocker; Hocker in Rückenlage), und obschon eine bestimmte Orientierung der Leichen nicht eingehalten ist, eine gewisse Regelmäßigkeit, und noch mehr gilt dies von manchen hallstatt- und latènezeitl. Skelettgräberfeldern, z. B. dem auf dem Salzberg bei Hallstatt (s. d.). Typisch wird diese Bestattungsweise jedoch erst für die Völkerwanderungs-, Merowinger- und Karolingerzeit, für die die Bezeichnung in der Regel auch ausschließlich angewendet wird.

§ 2. Die Reihengräberfelder liegen häufig an sanften Lehnen unter den Straßen, die die zugehörigen Ortschaften durchziehen, und die Toten sind gewöhnlich in gestreckter Lage, der Kopf im W, und mit ausgestreckten oder gekreuzten Armen beigesetzt. Meist ruhen sie in der bloßen Erde und zuweilen, wenn Felsgrund vorhanden ist, in künstlichen Vertiefungen. Doch haben sie auch häufig Steinplatten oder Bretter als Unterlage, und auch Steinkisten, rohe Steinwölbungen und Bretter- oder Baumsärge (s. d.) kommen öfter vor. Auf einzelnen Gräberfeldern sind die Gräberreihen auch übereinandergelegt.

§ 3. Die üblichen Beigaben in den Männergräbern bilden: die breite, zweischneidige Spatha, deren Griff, Stichblatt, Knauf und Scheide manchmal prunkhaft mit Gold, Silber oder Bronze eingelegt oder überzogen, graviert oder nielliert und mit Almandinen und Edelsteinen besetzt sind; der Skramasax, ein mitunter gleichfalls reich verziertes Hauschwert mit langem Griffdorn; die breitschneidige, zum Hieb wie zum Wurf gleich geeignete, ebenfalls häufig verzierte friesische Streitaxt (Franciska) und der dem röm. Pilum (s. d.) ähnelnde langhalsige Linienspeer („Angon"), dessen Eisen in den Gräbern von Selzen eine Länge von $1^1/_4$ m erreicht. Häufig kommen eiserne, einfach geschmiedete oder mit Bronze oder Silber tauschierte Pferdegebisse, Sporen, Sattelzeuge u. dgl. vor, außerdem auch noch, wie gleichfalls in den Frauengräbern, allerhand Schmucksachen, Hals- und Armringe, Ohr- und Fingerringe, Anhängsel der verschiedensten Formen, Gürtelschnallen und Gürtelbeschläge, scheiben-, kreuz- oder tiergestaltige Fibeln usw., die, aus Bronze oder Edelmetall gefertigt, in gefälliger, reicher Anordnung mit Almandinen, Türkisen, Granaten, Amethyst oder verschiedenfarbigen Pasten besetzt, oft auch, wie namentlich die Gürtelbeschläge, mit Silber tauschiert sind.

Von den Germanen haben später auch die Slaven die R. übernommen. G. Wilke

Reihengräber-Typus. Die Skelette der in den sog. Reihengräbern beigesetzten Germanen zeigen meist einen sehr einheitlichen Typus, den des *Homo europaeus* (s. d.); die seltenen fremden Elemente finden sich fast nur unter den Frauen.

E. Fischer *Spezielle Anthropologie* in *Anthropologie* 1923 S. 150; F. Birkner *Die Rassen u. Völker der Menschheit* 1912/13 S. 388; L. Wilser *Die Germanen* 1913 S. 45; H. Günther *Rassenkunde des dtsch. Volkes* 1924 S. 282.

Reche

Reihung s. Rhythmus.

Reinheit, Reinigung. S. a. Kultus, Religion.

A. Ägypten. § 1. Der Priester hat sich zum Gottesdienst einer gründlichen körperlichen Reinigung zu unterziehen, die ein symbolischer Ausdruck seiner geistigen Vorbereitung ist. Wenn er sonst schon Wert auf Sauberkeit zu legen hat, durch weißleinene Gewänder, durch Rasieren des Schädels und anderweitige Körperpflege, so muß er in völlig einwandfreiem Zustande vor den Gott treten, wenn sein Gebet erfolgreich werden soll. Die Anweisung für die Rezitierung von Sprüchen verlangt Waschungen mit Wasser, Räucherung (s. Räuchergerät B) mit Weihrauch, Fernbleiben von Frauen, Anlegen bestimmter Kleidung usw. Das gleiche gilt für den Zauberer, der seine Handlungen wirkungsvoll vornehmen will (s. Kultus B, Zauber B).

§ 2. Der Tote, der seinen Weg ins Jenseits antritt, muß auf ihn in ähnlicher

Weise vorbereitet sein wie der Priester auf den Gottesdienst. Er muß durch Weihrauch und Wasser gesäubert und dadurch instand gesetzt werden, am Mahle der Götter teilzunehmen. Wenn er in das Totengericht tritt, versichert er ausdrücklich seine Reinheit und betont, daß er mit reinem Mund und reinen Händen käme. Zum Beweise schildert er, wie er in jenem Teich oder Brunnen an den himmlischen Gewässern von dem und dem Gott gereinigt worden sei.

§ 3. Die überall übliche Besprengung der Opfergaben mit Wasser und ihre Beräucherung bedeutet in Wirklichkeit eine Reinigung, durch die sie für die Darbringung in den rechten Zustand versetzt und geweiht werden. Im Tempel wird dieses Zeremoniell vor dem Gott durch den König oder einen Priester in seiner Vertretung vollzogen. Im Grabe erscheint zu diesem Zwecke ein Totenpriester oder in der Rolle desselben ein Sohn des Verstorbenen; diese vollziehen das Ritual, wobei sie sich zuweilen einer besonderen Kleidung oder besonderer Abzeichen bedienen. S. a. Tf. 7. Roeder

B. Palästina-Syrien s. Religion D.

C. Vorderasien. Reinheit ist nach babyl. Auffassung eine Wesenseigenschaft der Gottheit. Reinheit ist daher identisch mit Heiligkeit. Wer der Gottheit naht, muß in demselben Zustand wie diese, also rein und heilig sein. Man unterscheidet nicht zwischen materieller und moralischer Reinheit bzw. Unreinheit, d. h., um ein Beispiel zu nennen, es ist ebenso verpönt, mit unreinem Körper gottesdienstliche Handlungen auszuführen, wie mit einer Sünde beladen. Die Dinge bzw. Handlungen, die Unreinheit herbeiführen, sind von den Babyloniern in förmlichen Katalogen aufgeführt worden, z. B. in der 2. Tafel der Beschwörungsserie *Šurpu*. Merkwürdig ist dabei die Tatsache, daß manches, was bei einem Gotte als ungehörig, also als unrein gilt, dies bei einem anderen nicht zu sein braucht. Man nennt so etwas, was ein Gott verabscheut, sein *ikkibu*. Aus den erwähnten Aufzählungen und weiter aus den Hemerologien, in denen genannt wird, was täglich zu tun bzw. zu lassen war, ersieht man, daß Unreinheit nicht nur bedingt wird durch Berührung von Schmutzigem (z. B. Kot oder einer menstruierenden Frau) und Verübung von Verbrechen und unedlen Handlungen, sondern auch z. B. durch Genuß gewisser Speisen.

Wer in diesem Punkte gesündigt hatte, mußte seine Reinheit wiederherzustellen suchen. Das geschah durch Waschungen mit Wasser, aber auch durch Wein, Honig, Butter, Salz, Zedernholz, Zypressen. Holz und mancherlei Rauchwerk wirkten reinigend und wurden im Verlaufe symbolischer Riten, die die Wiederbelebung des „von Gott verlassenen", also toten Sünders bewerkstelligen sollten, angewandt. Ebeling

D. Allgemein.

§ 1. Bedeutung, Beziehungen und Arten der Reinigung. — § 2. Materielle Reinigung. — § 3. Gewissen. — § 4. Sicherung des Lebens. — § 5. Heil- und Zauberkünste. — § 6. Reinigung vor Opfern. — § 7. Beichte. — § 8. Verfall der materiellen Reinigung.

§ 1. Wenn wir von Reinigung sprechen, so denken wir zunächst an die des Körpers, von Hausrat, Wohnplatz oder Wohnräumen, erst in zweiter Linie an eine seelische oder geistige Reinigung. Jedenfalls ziehen wir eine scharfe Trennungslinie zwischen materieller und geistiger Reinigung. Die materielle Reinheit ist uns höchstens als ein allegorisches Symbol, jedoch ohne wesentlichen Zusammenhang mit geistiger Reinheit geläufig. Anders bei Naturvölkern. Bei Naturvölkern gewisser Kultur verschwimmen die Auffassungen von materieller und geistiger Reinheit ineinander. Besonders ist dies bei höheren Hack- und Gartenbauern mit ausgebildetem Handwerk der Fall. Ihre Reflexionen über die Zusammenhänge der Welt und der Erscheinungen haben aus der von ihnen „entdeckten" Reinigung weitgehende Schlüsse in bezug auf ihre geistige Tragweite gezogen. Das seßhafte Leben und die Siedlung in größeren Gemeinschaften mußte eine gewisse Reinheit der Siedlungsstätte notwendig machen und hat daher die Aufmerksamkeit nach dieser Seite hin sicher verstärkt. — Die Theorien über die Reinigung knüpften allerdings an Auffassungen an über Schmutz, Absonderungen, Speichel u. dgl. (vgl. Lublinski), die sicher sehr alt sind, und durch die eine Verbindung zu den übermenschlichen Mächten gezogen wurde (vgl. Vedder S. 46, 107;

s. a. Mana B, Name A). Auch der Geruch und die Körperwärme, die etwa nach Berührung oder nach dem Sitzen u. dgl. zurückbleiben (s. Idol A 1), werden als Fluidum gedacht, durch das eine Einwirkung und Übertragung seelischer Kräfte vor sich gehen kann (s. Primitives Denken).

Die Geisterwelt wirkt nach Analogie der unter den Menschen gültigen Vorgänge ihrerseits auf die Menschen ein.

Da nun Mißerfolge, z. B. auf der Jagd oder im Kampf, auf die Störung durch Gespenster oder Geister zurückgeführt werden, so muß man gegen die Gefahren von dieser Seite Vorsicht üben und Vorkehrungen treffen. Zweifellos spielt in diese Maßregeln die Entdeckung hygienischer Einsichten hinein, die jedoch gemäß der ganzen Lebensauffassung und im Einklang mit dem Bild von Welt und Natur ihren Ausdruck finden.

Die Reinigung ist daher bei den Naturvölkern bald vorwiegend nach der materiellen Seite hin organisiert (s. § 2), wie z. B. bei den Geburts-, Sexual- und Toten-Zeremonien (s. § 4), bald mehr nach der seelischen Seite, wie etwa bei den Reinigungszeremonien nach der Tötung eines Feindes (s. § 3) oder nach dem Bruch von Sexualvorschriften (s. § 6 und 7). Die Mittel, deren man sich bei der Reinigung bedient, entsprechen den in der betreffenden Kultur herrschenden Auffassungen über drohende Gefahr. Daß für die seelische Reinigung materielle Verfahren eingeleitet werden, beruht auf der gedanklichen Ungetrenntheit materieller und geistiger Vorgänge, die das ganze primitive Denken beherrscht. Zu einer Trennung aber gelangt man deshalb so schwer, weil das Prinzip der Analogie für den Naturmenschen regelmäßig den Schlüssel zu allen Geheimnissen birgt. Unzweifelhaft liegt der seelischen Reinigung häufig eine Stimmung zugrunde, die wir Gewissen nennen. Denn bei der Reinigung handelt es sich gewöhnlich um eine innere Beruhigung der Personen durch Vornahme gewisser Handlungen, durch die sie eine Sicherung zu erzielen suchen, die oft nur eine nach außen projizierte innere Unruhe zu beschwichtigen hat. Erst bei den archaischen Völkern wurde diese Reinigung in ethischem Sinne ausgebaut, während der materialistische Einschlag sich allmählich verlor.

Was die Einteilung der Reinigungen anbelangt, so kann man nach Arten, Methoden scheiden, und nach Gelegenheiten, Anlässen: man kann die Reinigung sowohl durch Wasser als durch Feuer vollziehen, jedoch auch durch Erde oder durch Luft oder Rauch (s. Rausch) usw. (vgl. Leist I 373ff. und Darmestetter). — Anlässe für die Reinigung bietet der Eintritt in das Leben oder in gewisse Lebensphasen (vgl. § 4 und Jünglingsweihe, Mädchenweihe), wie auch die Beendigung des Lebens. Vor allem aber sucht man sich dann in einen besonders gesicherten, gereinigten Zustand zu versetzen, wenn man mit den transzendenten Mächten, mit Geistern oder Göttern sich in Verbindung setzt: also vor Opfern und Gebeten (s. § 5, 6, 7).

§ 2. Die körperliche Reinhaltung ist außerordentlich verschieden; die Hausa von Nigerien verrichten z. B. als Mohammedaner ihre regelmäßigen Waschungen von Gesicht, Händen und Füßen sowohl des Morgens als auch vor und nach den Mahlzeiten. Die übrige Bevölkerung von Nigerien befolgt nicht das gleiche Verhalten, auch nicht bei Gebeten, außer wenn irgendeine besondere Verunreinigung erfolgt ist. Auch findet bei den Hausa eine Reinigung der Zähne und des Mundes vor und nach den Mahlzeiten statt (Tremearne S. 54 ff.). — Vgl. a. Labouret *Le Lavement chez les nègres* L'Anthrop. 34 (1924) S. 553, bezügl. der Elfenbeinküste W-Afrikas.

Die Reinhaltung von Gefäßen und Töpfen ist bei den Hausa Nigeriens eine wichtige Angelegenheit. Die Geräte werden stets gleich nach dem Gebrauch gereinigt, und es gilt als ein Zeichen von Nichtachtung, jemand Speisen in schmutzigem Geschirr vorzusetzen. In der Dunkelheit darf der Koch kein Licht an den Topf heranbringen, um nachzusehen, noch auch den Inhalt nicht anders kosten als von einem Löffel. Ein Bruch dieser Gebote würde die Leute, welche die Speisen genießen, im Kriege und auf der Jagd unbrauchbar machen (Tremearne S. 74).

Von dem Nilotenstamm der Schilluk wird peinliche Reinlichkeit sowohl des Hofraums ihrer Siedlungen als auch der

Wohnungen selbst berichtet. Dadurch unterscheiden sich z. B. ihre Behausungen außerordentlich von denen der Araber. Der Boden des Hauses ist wie eine gescheuerte gewalzte Tenne und wird von den *Jur* durch Schlagen mit Rindenbast zurechtgemacht. Die Frauen der Schilluk nehmen schwarze Erde (Humus) mit Wasser und bestreichen damit den Boden, den sie trocknen lassen und dann mit einer Häcksel- und Sandmischung bearbeiten. Zum Schluß fegt man den Boden noch mit wässeriger schwarzer Erde, um dem Ganzen ein schönes Aussehen zu verleihen. Der so bereitete Ton-Estrich sieht aus wie Asphalt. Dadurch werden insbesondere Insekten ferngehalten (Hofmayr S. 309).

§ 3. Keysser (S. 117) weist auf die Auffassung der papuan. Kai-Leute im Hinterlande vom Finsch-Hafen (ehemaliges Deutsch-Neu-Guinea) hin. Die seelische Wirkung der Reinigung wird in körperlicher Form gedacht. Jede Berührung bewirkt eine Art materieller Verbindung von seelischen Kräften: bleibt dem Papua auf dem Wege nach dem Busch an einer dornigen Ranke ein Büschelchen Haar oder eine Faser seines Gürtelstoffes hängen, so geht er nicht weiter, bevor er nicht jede Spur davon beseitigt hat. Er wirft nichts weg. Auch wenn er in einem befreundeten Dorf zu Gast ist, hebt er jede Betelnuß-Schale sorgfältig in seinem Netztäschchen auf, das er stets mit sich herumträgt, oder er wirft die Überreste ins Feuer. Damit hängt auch die peinliche Reinhaltung der Dorfplätze zusammen: man fürchtet stets den „Restezauber" (s. Zauber A).

Vor dem Gebrauch reinigen die Kai-Leute ihre Netze zum Schweinefangen von allen ungünstigen Seelenstoffen. Man bereitet sich zu diesem Zweck eine Brühe, die durch Abkochen von bestimmtem Holz und der Kinnlade eines früher erlegten Schweines mit einem Zusatz von Lianensaft gewonnen wird. Mit diesem scharfen Wasser besprengt man die Netze. (Die Hauptsache bildet dabei wohl der Schweinekiefer, dessen Reststoff Schweine anlocken soll.) — Jägern, die auf die Jagd gehen, darf sich niemand anschließen, der sich nicht vorher von den das Wild verscheuchenden bösen Einflüssen gereinigt hat. (Ungeschicklichkeiten oder Fehler des Verhaltens werden so als etwas Greifbares vorweggenommen.) Sonst birgt seine Gegenwart, selbst seine Stimme ein Hindernis für den Jagderfolg. Während der geweihte Jäger ruhig seinen Hund rufen kann, wird durch den Anruf eines Ungeweihten sofort alles Wild verscheucht (Keysser S. 129f.).

Häufig meint man, daß nach Kämpfen, bei denen Feinde erschlagen wurden, eine Reinigung notwendig sei. Unter den Kai-Leuten werden die zurückkehrenden Kämpfer einige Tage hindurch von den anderen Dorfgenossen gemieden (s. Meidung). Bekommt jemand während dieser Tage Leibschmerzen, so nimmt man an, daß er sich auf den Platz eines zurückgekehrten Kämpfers gesetzt habe. Klagt jemand über Zahnschmerzen, so hat er eine von den Kämpfern berührte Frucht genossen. Alle Speisereste der Krieger müssen aufs sorgfältigste beseitigt, verbrannt oder vergraben werden, damit kein Schwein etwas davon erwischt, denn sonst würde es daran zugrunde gehen. (Die Erschlagenen würden Vergeltung nehmen.) Der „Seelenstoff" der Feinde kann den Kriegern selbst jedoch nicht gefährlich werden, weil sie sich mit „desinfizierendem" Lianensaft behandeln (Keysser S. 132). Vor allem haben sich die Krieger ja stärker erwiesen als die von ihnen Erschlagenen und sind darum schon gegen sie „immun".

Unter den Mekeo-Stämmen von Südost-Neuguinea wird eine ähnliche Meidung der zurückgekehrten Kämpfer beobachtet. Tagelang kauern diese um ein Feuer, essen nur wenig und dürfen die Nahrung mit ihrer Hand nicht berühren, sondern müssen sie mit einer Holzgabel zu Munde führen. Nach mehreren Tagen findet eine Waschung mit einem Wasser statt, in das vorher Blätter bestimmter Kräuter geworfen wurden. Aber auch nach dieser R. dürfen sie sich nicht schmücken, sich auch ihren Frauen nicht nähern und haben nachts in die Männerhalle zurückzukehren. Erst nach 2 oder 3 Monaten findet ein Fest in der Halle eines anderen Klans statt, der auch in die Kämpfe verwickelt war. Dabei spielen die Unter- und Oberabteilungen der politisch-sozialen Organisation und ihre Oberhäupter eine wichtige zeremonielle

Rolle; praktisch scheint die Veranstaltung auf eine gewisse Versöhnung unter den bisherigen Feinden hinauszulaufen. Erst am Schluß dieses Festes werden die Krieger geschmückt und verlieren den Bann, der von ihnen ausging (Seligmann S. 333, 298). Der Gedanke des Sieges bleibt also bis dahin durch die Angst vor der Rache der Toten und wohl auch der Lebenden verdunkelt.

§ 4. a. Sieben Tage nach der Geburt eines Mädchens, neun nach der eines Knaben findet bei den westafrikanischen Yoruba ein Opfer statt. Diesem folgt eine Zeremonie, die eine Reinigung von Mutter und Kind, ähnlich wie bei den Tschi- und Ewe-Stämmen, darstellt. Das Wasser in den Gefäßen vor den Götterbildern wird auf das Dach des Hauses gebracht, wo man es von der Traufe heruntertropfen läßt, während Mutter und Kind dreimal unter den fallenden Tropfen hindurchgehen. Sodann nimmt der Zauberpriester (*babalawo*) das Reinigungswasser, in dem er den Kopf des Kindes wäscht, wobei er dreimal dessen Namen ausspricht und es so tief herunterläßt, daß die Füße des Kindes den Boden berühren. Das Herdfeuer wird ausgelöscht und die Asche weggetragen, sodann das Haus sorgfältig gereinigt. Hierauf bringt man Holzkohle und entzündet ein neues Feuer (s. d. A), worauf abermals ein Hühneropfer dargebracht wird. — Das Reinigungsverfahren findet hier sowohl durch Wasser als durch Feuer statt (Ellis S. 155).

Die Geburt von Zwillingen galt bei den Baganda Ostafrikas als wichtigstes Ereignis, weil es unmittelbar auf den Einfluß des Gottes *Mukasa* zurückgeführt wurde. Darum war große Vorsicht und Aufmerksamkeit erforderlich. Eine große Zahl von Zeremonien wurde vorgenommen. Insbesondere galt der Vater der Zwillinge als unter dem Schutz des Gottes stehend und hatte dementsprechend Verpflichtungen. Nichtsdestoweniger war am Schluß der Feierlichkeiten eine Reinigung erforderlich, und zwar an dem Tage, an dem die Kinder gezeigt und benannt wurden.

Die Freunde und Verwandten gingen mit Fakeln aus Reisern in einer Prozession mit Vater und Mutter auf ein benachbartes Ödland. Dort entkleidete der Vater seine Frau und breitete ihr Bastkleid auf dem Boden aus, während die übrigen Leute mit dem Rücken zu dem Paar einen Kreis bildeten. Darauf legte sich die Frau auf das Rindenkleid hin, und ihr Gatte reichte ihr eine Platanenblüte von phallus-ähnlicher Form und schob sie ihr zwischen die Beine in ihren Geschlechtsteil. Ein Junge, der die Rolle des Großvaters der Zwillinge spielte, näherte sich und stieß die Blume mit seinem Fuß, bei einigen Klans mit seinem Penis weg; in diesem Augenblick erhoben die Gäste einen schrillen Freudenschrei, worauf sich die Frau erhob, ihren Rindenstoff umlegte und dann zusammen mit ihrem Gatten zu einem Bach mit fließendem Wasser geleitet wurde oder, wenn kein solcher in der Nähe war, zu einem Brunnen. In einigen Klans war es üblich, sie wie Fürst und Fürstin auf den Schultern hinzutragen. Dort wurden die Eltern der Zwillinge gewaschen und geschoren. Die Mutter des Gatten oder eine von ihren Schwestern vollzog diese Zeremonie. Der Abfall von Haaren und Nägeln wurde gesammelt, in ein Stück Rindenstoff eingewickelt und aufbewahrt, bis der Mann in den Krieg zog. Beide Eltern wurden mit einem neuen Rindenstoff versehen; der Vater trug das neue Zeug jedoch über dem alten, die Zwillingsmutter legte zwei Stück Rindenstoff an, wie eine Priesterin oder ein Mitglied der Königsfamilie. Denn ihr wurde eine besondere Würde als Mutter von Zwillingen zuerkannt (Roscoe S. 64 ff.).

Zu bemerken ist, daß auch nach einer gewöhnlichen Geburt die Frau am 9. Tage sich aus dem Hause begab, um sich einer Waschung zu unterziehen, während inzwischen das Haus völlig von allen Spuren der Geburt gereinigt wurde. Darauf unterzog sich der Gatte der Frau ebenfalls einer Reinigung an den Geschlechtsteilen mit dem gleichen Schwamme, den sie gebraucht hatte; in einigen Klans war es üblich, daß die Frau diese Reinigung selbst an ihrem Gatten vollzog. Hierauf kochte die Frau ein Essen für ihren Gatten, an dem auch die Hebamme teilnahm. Danach sprang der Gatte über seine Frau und beendigte damit das sexuelle Tabu (Roscoe S. 55; vgl. a. ebd. S. 68, 293, 310).

Bei den südwestafrik. Ovandonga muß sich die Mutter einer körperlichen Reinigung unterziehen, bevor der Vater dem Kinde den richtigen Rufnamen beilegt (Krafft S. 21).

Auch bei den Kalmücken war eine Reinigungszeremonie bei der Geburt üblich, die jedoch ganz deutlich den Stempel einer Verscheuchung der Gefahren trug. Der Vater des Kindes spannte um das Zelt ein Netz aus und mußte, bis das Kind zur Welt gekommen war, mit einem Knüppel in der Hand ein Luftgefecht um das Zelt herum aufführen, um die bösen Geister, die sich einfinden möchten, zu vertreiben: ununterbrochen rief er *'gart tschetkirr'* (fort Teufel!). Vornehme stellten dazu besondere Priester an (Pallas S. 360).

Bei den Griechen finden wir z. B. vierzigtägige Unreinheitsfristen vor und nach der Geburt. Das Betreten der Heiligtümer war während dieser Zeit verboten, weil nach pythagoräischer Lehre das Embryo 40 Tage braucht, um menschliche Gestalt anzunehmen. Damit hängen wieder andere Meidungen (s. d.) zusammen; die Tage sind vielfach in eine Sechs-Wochenfrist übergegangen; in Westfalen war es verpönt, daß Neuvermählte vor Ablauf von sechs Wochen das Elternhaus besuchten (Roscher S. 30, 45ff.).

Über die Reinigung nach Berührung von Frauen im alten Persien vgl. West (*Lâ-Schâyast*); bei den Syrjänen vgl. Journal de la Société Finno-ougrienne 25 (1908) Abh. Nr. 4; über die befleckende und schädigende Wirkung des Menstrualblutes vgl. Frazer *Golden Bough* II 222ff.

Die Reinigung bei der Geburt soll Gefahren beseitigen, die der Mutter und dem Kind aus dem Geburtsvorgang selbst anhaften. Ähnliche Gedankengänge knüpfen sich auch bei höheren Naturvölkern an sexuelle Akte unmittelbar, namentlich vor und nach der Hochzeit (s. d.). Anders jedoch bei der Sicherung der Lebenden vor den Toten. Die Reinigungszeremonie derjenigen, die mit der Leiche zu tun hatten, sie berührten oder doch zum Bestattungsplatz geleiteten, bezweckt, sich gegen das wiederkehrende Gespenst zu schützen. Die Waschung des Toten ist eine im Verhältnis späte und kulturell eng umgrenzte Einrichtung (s. a. Totenkultus A).

b. Die Kamtschadalen sollen ihre Leichen den Hunden vorwerfen. Bei der Heimkehr von dieser Art Bestattung müssen die Teilnehmer an der Zeremonie durch eigens für diesen Zweck hergestellte Reifen aus Baumzweigen hindurchkriechen. Diese Reifen werden dann in den Wald getragen und in der Richtung gegen W fortgeworfen. Derjenige, der die Leiche getragen hat, muß zwei Vögel fangen, von denen er einen verbrennt und den anderen aufessen muß (Schaschkow S. 59, nach Nioradze S. 25). — Die Juraken-Samojeden schießen Pfeile nach der Leiche ab, ehe sie die Begräbnisstätte verlassen. — Wenn die Tungusen sich von dem Ort, an dem sie den Verstorbenen begruben und ihm Opfer dargebracht haben, entfernen, so verwischen sie sorgfältig ihre Fußspuren mit Schnee oder bedecken sie mit dürrem Laub und Zweigen, damit ihnen der Tote nicht folgen kann. — Bei der Heimkehr von der Bestattungsfeier gehen die Korjaken zwischen zwei Ruten hindurch. Neben diesen steht ein Schamane, der jeden mit der Rute schlägt, indem er den Wunsch ausspricht, die Seele des Verstorbenen möge ihn nicht zu sich holen (Nioradze S. 25). — Der Sinn der verschiedenen Reinigungszeremonien nach der Beisetzung der Toten unter diesen sibir. Völkerschaften geht ganz deutlich aus der Bemerkung hervor, die Krascheninnikow von den Korjaken macht: Die Rückkehr des Toten soll überhaupt, ganz besonders aber für diejenigen, die in Berührung oder doch in eine gewisse Nähe zu der Leiche kamen, verhindert werden, damit die betreffenden Lebenden außer Gefahr gesetzt sind (s. Totenkultus A).

Bei den westafrik. Yoruba wird die Leiche mit Rum oder einem Abguß aus aromatischen Kräutern gewaschen und dann in die besten Kleider gewickelt. Männern rasiert man außerdem den Kopf, wickelt das Haar sorgfältig in ein Stück weiße Baumwolle und begräbt es in der Erde hinter dem Haus. Bei einer Frau werden die unbekleideten Teile mit dem Abguß einer Rinde gefärbt, so daß die Haut einen Stich ins Rötliche bekommt (Ellis S. 156).

Die persönliche Habe des Toten, wie Pfeile, Schlafmatte, Eßgeschirr u. dgl., wird in den Busch gebracht und verbrannt (Ellis S. 159). Die Angehörigen des Toten dürfen sich während der Trauerfeierlichkeiten nicht waschen oder ihr Haar kämmen. Erst am letzten Tage rasieren die Männer ihren Kopf und statten denen Besuche ab, die an dem Begräbnis teilnahmen. Hernach läßt man jedoch während der ganzen folgenden Trauerzeit von gewöhnlich 3 Monaten das Haar wieder wachsen und kämmt es nicht. Frauen müssen ihren Kopf mit einem Tuch von dunkelblauer Farbe bedecken. Eine Witwe wird für 40 Tage eingeschlossen und darf während dieser Zeit ihre Kleider nicht waschen (Ellis S. 160 f.). — Über die zeremonielle Reinigung bei den Wa-Yao von Nyasa-Land (Ost-Afrika) vgl. Man 1922 Nr. 55 Meredith Sanderson; vgl. Frazer *Balder the Beautiful* 1911 II 179 ff.

§ 5. Im Zusammenhang mit den exogamen vaterrechtlichen Gruppen, *ntoro*, veranstalten die Aschanti Westafrikas einen eigentümlichen Ritus, den sie „Waschen des *ntoro*“ nennen. Er findet an dem Wochentag statt, der dem betreffenden *ntoro* zugehört. Gewöhnliche Leute nehmen die Zeremonie ohne Vermittlung eines Priesters oder einer anderen Person in ihrem eigenen Hause vor. In den früheren Zeiten fand allwöchentlich eine solche Feier in *Coommassie* für den *Bosommuru-Ntoro* statt, dem viele berühmte Aschanti-Könige angehörten. Dabei erschien auch das übrige Volk. Jeden Dienstag „wusch“ der König der Aschanti seinen Palast, während alle Häuptlinge und die Bevölkerung sich zu dem Suben-Fluß begaben. Die Leute geringeren Ranges gingen in das Wasser und badeten, während für die hervorragenden Persönlichkeiten Wasser in Kupfereimern geschöpft und auf das Ufer gesetzt wurde. Von einem besonderen Platz (*kwasu*) wurde das Wasser in einem goldenen Becken, das „Seelenbecken“ (*akra yawa*) genannt wurde, zur Residenz des Königs gebracht und in einem besonderen Raum, dem Seelenhaus (*akrafieso*), hingestellt. Die „Badeleute“ kamen nun alle in dem langen Audienzhof des Palastes zusammen, wo der König der Aschanti saß. Ein Mann zu des Königs Rechten schlug die Trommel, wenn der König sich erhob und alle ihm nach der *Bosommuru*-Zimmer folgten. Dort nahm der König etwas von dem Wasser in seinen Mund und spritzte es wieder heraus mit den Worten: „Möge ich leben und dieses Volk gedeihen!“ Dann nahm er etwas Yams-Brei (*eto*) und Eier und legte sie in einen großen Kessel, hierauf fügte er dem noch einige Eierschalen hinzu. Er genoß ein wenig von dem Brei und den Eiern, das übrige wurde unter die Versammelten verteilt. Damit war die Zeremonie zu Ende und alle zerstreuten sich und schmierten sich mit drei Fingern drei Striche weiße Erde jede Backe herunter, und zwar von der Mitte des rasierten Kopfes bis auf die Brust, die Schultern und die Oberarme und die Handrücken; der König nur auf die Handrücken. — Die gewöhnlichen Leute nehmen die Waschungszeremonie nicht allwöchentlich vor, sondern nur, wenn ihr Gott (*obosom*) es ihnen sagt, oder wenn sie es sonst für notwendig halten. — Dazu muß bemerkt werden, daß der *ntoro*-Bestandteil in einem Menschen oft mit Wasser oder Flüssigkeit, etwa mit Speichel, in Verbindung gebracht und sein Ursprung davon hergeleitet wird. Wasser gilt überhaupt als göttlichen Ursprungs: es kommt als Regen von *Onayme*, dem größten der Götter, dem Himmelsgott. Das Kochen des Wassers wird als dessen Tötung betrachtet. Darum dürfen neugeborene Kinder nicht mit Wasser, das gekocht hat, gewaschen werden, während man Leichen gerade in gekochtem Wasser badet. Was den Speichel anbelangt, so tritt seine Bedeutung als Lebensträger vor allem darin hervor, daß, nachdem das Kind einen Namen bekommen hat, dieses acht Tage später zu seinem Großvater väterlicherseits gebracht wird, der zu seinem eigenen *ntoro* gehört. Dieser spuckt dem Kinde in den Mund, damit es seinen Geist, den es allerdings schon durch Benennung mit seinem Namen erhalten hat, nun auch materiell empfange (Rattray S. 52 ff.). Über die Reinigungszeremonien bei den nordamerik. Pima-Indianern vgl. 26. Ann. Rep. Bur. Am. Ethn. 1908 S. 187 Russell.

Reinigungen spielen in der mittelalterlichen Heil- und Zauberkunst eine wichtige Rolle (Thorndike II 142, 288, 320, 352, 729).

§ 6. Für die Veranstaltung des großen Gebetes und Festes *Baban-Salla* gilt bei den Hausa-Stämmen des w. Afrika als Haupterfordernis persönliche Reinheit. Die Männer lassen sich die Köpfe rasieren und gehen hierauf in eines der heißen Bäder der Stadt, die vor dem Feste Tag und Nacht offen stehen. Die Reinigung erstreckt sich indessen nur auf den Körper, nicht auf die Gesinnung. Es handelt sich dabei nur um eine rituelle Waschung. Nach dem Bade pflegt man reine Kleidung, wenn möglich ganz neue, anzuziehen, die vorher geräuchert und parfümiert wurde. Die Anwendung von Henna (*lelle*) für Menschen und gewisse Tiere soll vor allem üble Einflüsse bannen. Die Geister mögen alle Henna nicht, wie es heißt (Tremearne S. 235f.). — Über die Reinigung nach Diebstahl vgl. Keysser S. 126f. (s. a. Diebstahl, Strafe, Sühne).

§ 7. Zur Erlangung kultischer Reinheit und Kraft wird bei den Kágaba-Indianern von Kolumbien außer sexueller Enthaltsamkeit und Fasten (s. d.) auch das Meiden profanen Umgangs durch Sichzurückziehen in den Tempel geübt, namentlich aber werden Sünden bekannt und gebeichtet. Letzteres findet allerdings nur dann statt, wenn einer krank ist, oder wenn sonst ein Unglück zugestoßen ist. Nicht weil die Sünde an sich den Kágaba drückt und er von ihr befreit sein will, um als reiner Mensch leben zu können, beichtet er, sondern weil es ihm sonst schlecht gehen würde. Die Sünde, um die es sich handelt, ist Übertretung der Ehe- und Sexualgesetze sowie sexueller Verkehr mit Tieren. Diese Verstöße werden als Ursache von Krankheit und Unheil angesehen. Daß man auch Diebstahl beichtet, ist als ein späterer Zusatz anzusehen. — Es ist möglich, daß man durch die Beichte drückende Gedanken ebenso wie eine Krankheit durch Übertragung loszuwerden beabsichtigt: hat nämlich jemand eine schwere Wunde, so wirft er ein Blatt, mit dem die Wunde bedeckt gehalten wurde, z. B. beim Vorübergehen auf das Grab *Tumus*. Der Tote soll „die Krankheit essen". In ähnlicher Weise sucht man durch Aussprechen die üblen Folgen einer Sünde loszuwerden, sich dadurch zu „reinigen". — Der Beichte folgen Zeremonien mit gewissen Steinen zur Heilung und zum Schutze gegen Krankheit und andere Gefahren. Gewöhnlich muß jeder Erwachsene beichten, bevor die Heilungsriten oder die entsprechenden Vorkehrungs-Zeremonien gegen die Gefahren sündhaften Verhaltens durch den Priester vollzogen werden. Auch vor Festen muß jeder einzelne im ganzen Dorfe beichten, bevor der Krankheitsschutz als eine der Handlungen des Festes vor sich gehen kann (Preuss S. 95f.). Bezüglich der Eskimo vgl. Boas S. 120f. — Über Einführung der Beichte durch christlichen Einfluß bei den Irokesen vgl. Wolf S. 58.

Bei der Beichte, die geschildert wurde, sollen Handlungen bekanntgegeben werden, die man als Quelle von Gefahren betrachtet. Wenn es sich dabei auch nicht um einen bewußten Zusammenhang mit einer bestimmten Gesinnung handelt, so wird man doch die Hypothese, daß die betreffenden Handlungen zu gefährlichen Folgen führen, als den Ausdruck beschwerten Gewissens aufzufassen haben, von dessen Druck man sich durch Aussprechen zu befreien sucht.

§ 8. Die rituellen Bäder und Waschungen der Hindu (vgl. z. B. Beal I 77) tragen deutlich die Zeichen jener Vermischung von Hygiene und Einsicht an sich, die durch eine Systematik von Theorien über die Wirksamkeit der verschiedenen übermenschlichen und übernatürlichen Mächte in die religiösen und zauberischen Gedankengänge hinüberleiten. Ebenso aber enthalten diese Vorschriften einen Kern primitiver Ethik, namentlich durch ihre Verbindung mit den verschiedenen Meidungen und der Hypothese von besonderen Kräften, Mana (s. Askese, Fasten, Mana B, Meidung).

Einen Skeptizismus gegen Reinigungsverfahren, Beschwörungen, Zauberformeln, Amulette finden wir schon bei Celsus (Thorndike I 441, vgl. a. ebd. S. 62, 204, 232), ebenso bei den Neuplatonikern (ebd. S. 531, vgl. a. S. 598).

S. a. Askese, Fasten, Feuer A, Gelübde A, Idol A 1, Keuschheit, Mana B, Meidung, Moral § 2, Totenkultus A, Zauber A.

Beal *Si-Yu-Ki, Buddhist Record of the Western World* 1906; Bull. Amer. Mus. Nat. History 15 (1907) Boas; Darmestetter *The Zend*

Avesta Sacred Books of the East 23 (1883); Ellis *The Yoruba speaking peoples of the Slave Coast of West Afrika* 1894; Hofmayr *Die Schilluk* Anthrop. Bibl. 2/5 (1925); Keysser *Aus dem Leben der Kaileute* in Neuhauss *Deutsch-Neuguinea* III (1911); Krafft *Die Rechtsverhältnisse der Ovakuanjama und der Ovandonga* Mitt. a. d. dtsch. Schutzgebieten 27 (1914); Leist *Altarisches Jus civile* 1892; Lublinski *Eine mythische Urschicht von dem Mythos* ArchfRW 1922; Nioradze *Der Schamanismus bei den sibirischen Völkern* 1925; Pallas *Reisen* I (1771); Preuss *Forschungsreise zu den Kágaba* (SA a. d. Anthropos) 1926; Rattray *Ashanti* 1923; Roscher *Die Tessarakontaden der Griechen und anderer Völker* Heft II des 61. Bd. der Ber. d. phil.-hist. Kl. d. sächs. Ges. d. Wiss. 1909; Roscoe *The Baganda* 1911; Schaschkow *Šamanstvo v Sibiri* Russ. Geogr. Ges. 2 (1864); Seligmann *The Melanesians of British New Guinea* 1910; L. Thorndike *A History of Magic and Experimental Science* 1923; Tremearne *The Ban of the Bori* 1914; Vedder *Die Bergdama* 1923; West *Pahlavi Texts* Sacred Books of the East 5 (1880) und 18 (1882); Morris Wolf *Iroquois Religion* 1919. Thurnwald

Reisen (im Nahen Orient) s. Fundstätten, Reisen und Ausgrabungen.

Reiterei s. Heer, Pferd.

Reittier s. Esel, Haustier, Kamel, Pferd, Viehzucht, Wirtschaft.

Relief. S. a. Kunst, Plastik, Rundplastik. — § 1. Im Gegensatz zu der figuralen Flächenkunst des alten Orients und Ä., dann der kret.-myk. Kultur, die sich mit Vorliebe des erhabenen R. bediente, spielt dieses im alten Europa, wenn wir vom Ornament absehen, eine sehr geringe Rolle. Bei den ligur. und skand. Felsenzeichnungen (s. d. A, C), den figurierten Platten des Kivik-Monuments (Schonen), großenteils auch bei den skulptierten Steinen der Bretagne, sind die Darstellungen in die gegebene Fläche eingegraben, so daß eine Art vertieftes Relief entsteht (s. Figürliche Darstellung). Bei den frz. Dolmen kann allerdings auch ein schmaler Streifen des Grundes um die Figur herum vertieft werden, so daß diese in schwachem Hochrelief hervortritt (u. a. an der „Table des Marchands" [s. d.] von Locmariaquer, Morbihan). Dagegen ist die Vertiefung der Grundfläche um die dargestellten Körper- und Gesichtsteile, schmückenden oder symbolischen Abzeichen bei den spätneol. bzw. frühbronzezeitl. Menhirstatuen Südfrankreichs-Italiens die Regel (s. Plastik B), wahrscheinlich weil hier die plastische Darstellung einen besonderen Sinn hatte: die religiöse Vorstellung knüpfte an das natürlich-plastische Steinmal an, — als dann, vermutlich infolge fremder Einflüsse, eine anthropomorphe Umgestaltung der Menhirsteine stattfand, sollte diese Plastizität sich auch in den wichtigsten Teilen der Figur durchsetzen. Die Annahme, daß die neol. Steinbildwerke an Grabkammersteinen des Seine- und Oise-Gebiets und die der Marne-Kreidegrüfte als ein Ersatz solcher Menhirstatuen zu betrachten seien, könnte in einer ähnlichen Technik der reliefmäßigen Wiedergabe der oberen Gesichtshälfte, Augenbrauen und Nase, des Halsschmuckes, der Brüste, Waffen usw. eine Bestätigung finden.

§ 2. Erklärt sich in diesen Fällen die plastisch erhöhte Darstellung aus dem ursprünglich religiösen Interesse an der konkreten, greifbaren Erscheinung, so ist in der ornamentalen Kunst gerade die flächenhafte Bezeichnung der verzierten Gegenstände das Primäre, die reliefmäßige Erhöhung des Musters bzw. die Vertiefung der Grundfläche ein charakteristisches Merkmal späterer Entwicklung zum malerischen, die Schattenwirkung bewußt ausnützenden Stilprinzip. Es gibt Fälle, wo diese beiden Arten von Plastizität, die primär-religiöse und die sekundär-ornamentale, sich begegnen: in Troja war die Ausstattung der religiös bedeutsamen Gesichtsurnen mit plastisch erhöhten Brüsten längst bekannt, als in der VII. Ansiedlung das malerisch-plastische Buckelornament der Keramik einsetzte. — Während das R. in der figuralen Skulptur der Metallzeit völlig zurücktritt, um erst in der späten LTZ und unter direkter Anlehnung an die klassische Kunst diesseits der Alpen eine neue Bedeutung zu erhalten, hat die Zierkunst immer neue Mittel gefunden, um die glatte, natürliche Oberfläche der zu schmückenden Gegenstände durch plastische Erhöhungen zu unterbrechen und zu beleben. Besondere Denkmälergattungen, wie die kannelierten und mit Buckeln verzierten Gefäße der BZ, die Schwertgriffe mit gewölbten Nietköpfen der fortgeschrittenen früheren nord. BZ, die stark gerippten Armringe — „Ammonshornbänder" — der späten südd. BZ, die

„Wendelringe" (s. d.) der spätesten nordd. BZ und HZ, die hallstätt. Gürtelbleche und Bronzegefäße mit getriebenem Muster, die plastisch verzierten Torques und „Nußarmringe" der LTZ u. a. m., lassen die zunehmende Vorliebe für die Reliefverzierung an der Hand charakteristischer Entwicklungsreihen deutlich erkennen. S. für die Keramik: Buckelverzierung, Kannelierung, Metallstil; für die Toreutik: Buckelverzierung, Schraubenwindung, Treibmuster.

F. A. v. Scheltema

Religion. A. Allgemein.

§ 1. Allgemeines. — § 2. Das primitive Denken. — § 3. Verschiedene Ansichten über den Ursprung der Religion. — § 4. Entstehung. — § 5. Wesen. — § 6. Weitere „Entwicklung" der Religion.

§ 1. Bei der Frage nach der Entstehung der R. befinden wir uns auf rein hypothetischem Boden. Wir sind nicht in der Lage, auf Grund von Tatsachen oder Überlieferungen bis zu dem Augenblick vorzudringen, wo sich der Übergang vom Tier zum Menschen vollzogen hat; auch die älteste Entwicklung des Menschen — denn um Menschen, nicht um Menschenaffen, wie R. Otto (*Das Heilige*[6] 1921 S. 137) einmal bemerkt, handelt es sich bei unserer Frage — ist für uns in Dunkel gehüllt. Wir können darum unser Problem nur behandeln, indem wir Analogien zu Hilfe nehmen und Reflexionen anstellen. Allg. richtet sich der Blick der Forscher zunächst auf die heutigen Primitiven. Unter diesen primitiven Völkern versteht man gewöhnlich „kulturell zurückgebliebene" Naturvölker; Völker, die gegenüber den sie umgebenden Naturgewalten in mehr oder weniger drückender Abhängigkeit verblieben sind. Nun wäre es aber verkehrt, die heutigen Primitiven ohne weiteres den Urmenschen, aus denen sich doch die verschiedenen Kulturvölker der Erde entwickelt haben, gleichzusetzen (s. a. Primitive Kultur, Primitives Denken). Denn erstens ist bei den Primitiven der Gegenwart eine körperliche Degeneration anzunehmen, andererseits ist ihr geistiges Leben und religiöses Erleben schon mit allen möglichen Elementen fremder, von außen an sie herangetragener Kultur verquickt, so daß die Gefahr besteht, ihre spezifisch religiösen Gedanken mit diesen Elementen zu verwechseln. Es wird also größte Vorsicht bei Schlußfolgerungen geboten sein, und vor allem wird man sich hüten müssen, angesichts des gänzlich unsystematischen Denkens der Primitiven wie der Urmenschen zu theoretisieren. Wenn wir dennoch bei unserem Problem die heutigen Primitiven als Handleite benutzen, so veranlaßt uns dazu — ganz abgesehen davon, daß uns eben nichts Besseres zur Verfügung steht — vor allem die psychologische Tatsache von der Gleichförmigkeit des menschlichen Vorstellungsvermögens. Es sind die Primitiven in der unreflektierten Art ihres Denkens unseren Kindern nicht unähnlich, welche letztere uns darum auch mit ihrem Vorstellen und Handeln wichtige Analogien zu liefern vermögen.

§ 2. Es lassen sich einige Leitsätze über das Geistesleben und die Denkweise der Primitiven wie der Urmenschen aufstellen.

a. In erster Linie dürfen wir uns dieselben geistig und seelisch nicht alle miteinander uniform denken; es muß — anders ist die Tatsache des Fortschritts nicht zu erklären — unter den Urmenschen Begabte, auch religiös Begabte gegeben haben, die durch ihre individuellen geistigen Vorzüge die anderen beeinflußt bzw. gefördert haben. Es ist eine für die religionsgeschichtliche Forschung verhängnisvolle Meinung, als sei nur die Gesellschaft — der Stamm, die Sippe oder Familie — ursprünglich Schöpfer der religiösen Erkenntnis; sie mag Hüter dieser Erkenntnis oder, besser noch, des religiösen Brauches, des Ritus sein, aber schöpferisch in bezug auf die religiöse Erfahrung — so einfach dieselbe immer sein mag — ist allein der einzelne, wenn man den Ausdruck hier nicht mißverstehen will, der religiöse Genius.

b. Des weiteren hat sich ein reflektierendes Denken erst ganz allmählich eingestellt. Der Urmensch lebte in engstem Zusammenhang mit der Natur und ist sicher ein ungemein scharfer Beobachter aller Naturvorgänge gewesen. Dabei dürfte er alles Leben in der ihn umgebenden Natur seinen eigenen Lebensäußerungen analog aufgefaßt und seine Geisteskräfte auch den Naturgegenständen beigemessen haben. Alles war für ihn belebt (s. Animismus), d. h. mit Kraft oder Kräften ausgestattet, über deren Dasein und Maß ihn die jeweilige Erfahrung belehrte. Indes erschienen ihm Stoff und Kraft vorerst zu einer Einheit verbunden, und er war sicher anfänglich weit davon entfernt, die Fülle der Einzelerscheinungen in Kategorien zu ordnen oder sonstwie zusammenzufassen. Seiner ganzen Auffassungsweise der Natur entsprechend fühlte sich der Urmensch vor allem den Tieren nahe verwandt, er sah in ihnen seine Vorfahren und fühlte sich selbst als ihren Sprößling (s. a. Kultus A § 2). Einer Überlegenheit über die Tiere kraft seiner geistigen Fähigkeiten war er sich, da diese selbst erst im Erwachen begriffen waren, noch nicht inne geworden. Sein Persönlichkeitsbewußtsein war noch sehr mangelhaft. Erst nachdem dieses einigermaßen entwickelt, kommt es zu einer Distanzierung zwischen Mensch und Tier und weiterhin auch zu einer Erkenntnis vom Unterschied zwischen Körper und Seele. Die verschiedene persönliche Begabung und die allg. tägliche Erfahrung haben solche Erkenntnis gewiß bald früher, bald später, bisweilen auch an verschiedenen Orten zugleich entstehen lassen.

c. Ein schwieriges Gebiet, weil von unserem heutigen Denken grundverschieden, ist die Entwicklung des Kausalitätsbegriffs bei dem Urmenschen. Zweifellos hat sich der Trieb zur ursächlichen Erklärung auch im Urmenschen frühe geregt, aber er ist manche Irrwege gegangen. Zunächst hat die kindlich-lebhafte Phantasie des Urmenschen ihn irregeleitet, zumal ihm ein Wissen über die Tragweite seines realen Könnens völlig abging: der bloße Wunsch genügte ihm, um die Wirklichkeit, die Erfüllung des Wunsches, hervorzurufen; wie Edw. Lehmann (*Die Anfänge der Religion und die Religion der primitiven Völker* Kultur der Gegenwart I. Abt. 3, I² [1913] S. 11) von den Primitiven sagt: Der vollkommen gedachte Begriff bedeutet ihnen schon die Wirklichkeit selbst. Es liegt letzten Endes auf dieser Linie, wenn einer Ähnlichkeit oder Gleichzeitigkeit, auch einer Berührung, sei es durch Schlagen, Reiben u. dgl., eine kausale Eigenschaft beigemessen wird. „Vorstellungsassoziationen bedeuten für den Primitiven kausale Zusammenhänge". Namentlich mit der Berührung ist die weitverbreitete Annahme einer Kraftübertragung verbunden. Mittel derselben ist in ältester Zeit besonders wohl das Blut von Menschen und Tieren, ein späteres Mittel ist der Seelenstoff (W. Wundts Körperseele). Letzterer ist ein von der Seele völlig unabhängiges, im Körper vorhandenes vitales Prinzip, das, mit dem Körper in engstem Zusammenhang stehend, diesem Lebenskraft und Gesundheit zuführt. Dieser Seelenstoff bildet, wie Bildnis und Name des Individuums, einen Doppelgänger zu diesem selbst. Und das führt uns schließlich noch auf „ein wichtiges Element in der primitiven Logik", nämlich auf die Anschauung, daß das, was einem dieser drei Faktoren geschieht, dem ganzen Individuum angetan wird.

§ 3. Die Beantwortung der Frage nach der Entstehung der R. wird eingestandener- oder nicht eingestandenermaßen immer von unserem eigenen religiösen Leben beeinflußt sein, und soviel Kautelen man auch aufstellen mag, etwa indem man, wie oben geschehen, sich erst Rechenschaft gibt über die Denkweise des Primitiven bzw. Urmenschen sowie über sein erst im Zustande allmählichen Erwachens befindliches Folgerungsvermögen, so bleibt doch die Möglichkeit, zu einer einigermaßen gesicherten Erkenntnis zu kommen, noch immer recht gering, und der Hypothese verbleibt ein beängstigend weiter Spielraum, zumal das Religiöse primär im Gefühlsleben, nicht im Gebiete des rationalen Erkennens wurzelt. Schon das Altertum sah in der Furcht die Wurzel der R. (primus in orbe deos fecit timor; Statius Thebaid. l. III 661), und diese Ansicht wird auch heute noch von manchen Forschern geteilt. In modifizierter Form geschieht es etwa, wenn Spencer die Furcht vor den Toten als die Wurzel der religiösen Gesetze bezeichnet, oder Marett meint, die primäre Bedingung für die Entstehung der R. sei die Scheu, die im Menschengeist durch Wahrnehmung des Übernatürlichen hervorgerufen wird. Nach Wundt ist die R. aus zwei Trieben erwachsen, einem metaphysischen und einem ethischen, Söderblom seinerseits findet in der Liebe, dem Vertrauen zu dem übernatürlichen Wesen ihren Ursprung.

§ 4. Es soll nicht bestritten werden, daß in jeder dieser teilweise recht verschiedenartigen Aufstellungen ein Körnchen Wahrheit enthalten ist, aber anderseits hinterläßt doch auch eine jede von ihnen die Empfindung einer unbefriedigenden Erkenntnis. Zunächst scheint mir das ein fester Ausgangspunkt, daß R. eine aus der Natur des menschlichen Seelenlebens sich mit Notwendigkeit ergebende Regung ist, durch bestimmte, wenn auch sehr mannigfache Erfahrungen geweckt. Eine Herleitung der R. aus der Magie, aus Fetischismus, Totemismus, Animismus od. dgl. ist irrig, weil sie das Wesen der R. als eines „irrationalen Gefühlselementes" verkennt. R. hat von Haus aus nichts mit der *ratio* zu tun; eine Rationalisierung jenes Gefühlselementes ist zwar in der Geschichte keiner R. ausgeblieben, aber stets ein späteres, nicht selten verhängnisvolles Entwicklungsstadium. Vielmehr die Ahnung von einem unerklärlichen Etwas, das außer und über allen menschlichen und tierischen Kräften steht, das ist die echte Wurzel der R. Diese Ahnung erwächst, wie ich im Anschluß an Otto sagen möchte, aus einer bestimmten geistigen Veranlagung des Menschen, die in einem Trieb zum Mysterium, einem „mystischen Trieb", wie er es nennt, besteht. Ohne die Voraussetzung dieser Anlage, dieses Triebes gibt es keine Religionsgeschichte. Auf diesen Trieb wirkt die Außenwelt durch mancherlei Reize ein; solche sind der regungslos daliegende Körper des Toten wie irgendwelche Äußerungen vom Leben in der Natur: in der sprossenden Vegetation wie im Rauschen der Quelle, im Heulen des Sturmes wie im Branden des Meeres; solche Reize stellt dar der feuerspeiende Vulkan und die unendlich sich dehnende Wüste, der funkelnde Sternenhimmel und die dunkle, vom Tritt des Menschen widerhallende Höhle. Diese Reize erwecken, was in der Seele schlummert: ein Gefühl der Scheu, des Grauens und Schauderns, des Staunens vor etwas Geheimnisvollem, Überirdischem. Die Entdeckung dieses unerklärlichen Faktors ist bei den heutigen Naturvölkern weit verbreitet und zeigt, wie mächtig sowohl wie allg. dieser Trieb und das mit ihm zusammenhängende Gefühl sind, von dem Otto sagt, daß es sich losreißt aus den Sphären ureigensten, obzwar ganz dunklen Vorstellens, verborgensten Erkennens und zugleich gewaltigsten Interesses. Jene Entdeckung hat zur Kehrseite die Erkenntnis von der Begrenztheit und Unsicherheit aller dem Primitiven durch Erfahrung geläufigen Kräfte, der eigenen zumal.

§ 5. Jenes Gefühl der Scheu usw. hat nichts mit menschlicher Furcht, auch nicht in potenziertem Maße zu tun; in diesem letzteren Sinne ist der obige Satz des Statius durchaus abzulehnen. Es ist vielmehr das Bewußtsein von etwas nicht Irdischem, nicht Profanem, Heiligem. Die Unterscheidung von Heilig und Profan ist für die R. und Religiosität das Entscheidende, nicht die erkenntnismäßige Ausgestaltung der Gottesvorstellung. „Es gibt Religiosität ohne einen ausgebildeten Gottesglauben und Kult, aber es gibt keine Religiosität ohne die Vorstellung vom Heiligen." Kult oder Opferwesen und Priesterschaft führen über die primitive Zeit hinaus, gehören höchstens an ihr Ende, keineswegs stehen sie am Anfang. Aus ihrem Fehlen darf man nicht auf das Fehlen von R. schließen. Das primitive religiöse Gefühl erfaßt zunächst das Irrationale, und die Erfahrung ihm gegenüber führt zu dem Gefühl sowohl der Abhängigkeit wie einer vertrauensvollen Zuneigung.

§ 6. K. Beth (*Religion und Magie bei den Naturvölkern* 1914 S. 208) sagt: „Zur R. kommt allemal, auch auf den niedersten Stufen, das ethische Moment, ohne das sie überhaupt nicht vorhanden ist." Durch das Gefühl der Scheu, wie Otto es nennt, wird ein anderes Gefühl im Menschen geweckt, tritt neben jenes und vielleicht auch später an seine Stelle: das Gefühl des Sollens: Gottheit und R. werden ethisiert, zum Irrationalen tritt das Rationale. Otto (a. a. O. S. 165f.) bemerkt darüber: „Wie mangelhaft auch die Ethisierung der *numina* auf ihren verschiedenen ‚wilden' Gebieten gewesen sein mag, Spuren davon finden sich überall." Je höher sich eine R. entwickelt, desto stärker wird der Ethisierungsprozeß, wie verschieden auch die Göttergestalten und wie mannigfach ihre eigene Entwicklung. Das aber „weist auf Momente a priori hin, die im menschlichen Geiste allg. und notwendig liegen, und zwar auf die, die wir in unserem eigenen religiösen Gewissen unmittelbar wiederfinden". Bei diesem Ethisierungsprozeß spielt schon auf primitiver Stufe der Vergeltungsgedanke eine ganz fundamentale Rolle. — Da aber, weit über die primitive Stufe hinaus, religiöse und soziale Institutionen identisch sind, so ruht auch das Recht ganz auf religiösem Grunde. „Wer Menschenblut vergießt, des Blut soll durch die Menschen vergossen werden; denn alle Menschen tragen Gottes Bild." In diesem uralten Spruch verbindet das AT Recht und R., typisch für die ganze antike Entwicklung der Menschheit. So wenig es ein von religiösen Motiven unabhängiges Recht gibt, so wenig existiert für jene Zeiten eine autonome, d. h. von religiösen Satzungen und Bräuchen unabhängige Moral (s. d.). Die moralische Pflicht wird bestimmt durch die Traditionen der Gemeinschaft; diese sind wiederum aus religiös-kultischen Motiven, wobei die *tabu*-Rücksichten (s. Tabu A) eine enorme Rolle spielen, erwachsen. Jenen Traditionen sich zu unterwerfen, heißt moralisch leben. Eine Bewegungsfreiheit des Individuums, die über diese Traditionen hinausführte, gibt es noch nicht. Der oben erwähnte Vergeltungsgedanke beherrscht bei den Primitiven vorwiegend nur das Diesseits. Es muß als eine Ausnahme gelten, wenn, wie Edw. Lehmann (a. a. O. S. 29) bemerkt, bei den amerik. Naturvölkern sich schon Vorstellungen finden, daß Menschen wegen schlechten Verhaltens zu Lebzeiten nicht in das Totenreich kommen können, sondern verdammt werden. Im allg. ist auf primitiver Stufe und darüber hinaus, wenn sich unter dem Einfluß chthonischer Kulte die Vorstellung von einem großen Massengrabe der abgeschiedenen Seelen bildet — gemeinhin und ursprünglich ist der Tote ja in seinem oder seiner Väter Grabe weilend gedacht —, dieses Reich der Toten und das Leben im Jenseits nichts weiter als eine Fortführung des jetzigen Daseins, je nach der sozialen Stellung, welche die Verstorbenen im Diesseits eingenommen haben. Von einer Vergeltung für in diesem Leben begangene gute und böse Taten ist gewöhnlich gar nicht die Rede.

K. Beth *Religion und Magie bei den Naturvölkern* 1914; Rud. Otto *Das Heilige*[6] 1921; N. Söderblom *Das Werden des Gottesglaubens* dtsch. Bearbeitung 1916. Max Löhr

B. Ägäischer Kreis. § 1. Im ägäischen Neol., wo Gräber bisher völlig fehlen, die Toten also wohl einfach verscharrt wurden, sind die in Wohnstätten gefundenen Figuren aus Ton und Stein die einzigen Zeugnisse der R. (s. Ägäische Kultur § 3, Idol B, Kreta B § 3, Terrakotte). Bei den einigermaßen naturähnlichen könnte man die (mir durchaus wahrscheinliche) religiöse Bedeutung anzweifeln, bei den völlig schematischen Figürchen ist diese gesichert. Sie sind gewissermaßen Ideogramme. Wichtig ist das fast ausschließliche Bevorzugen nackter weiblicher Figuren, meist sehr fetter, steatopyger Formen mit betontem Geschlecht; Männer sind sehr selten (Band VI Tf. 3, 4). Die festländische neol. Tradition lebt auf dem Festlande, in Troja (s. d.; Band VI Tf. 1a—e), Anatolien und den Kykladen (s. d.; Band VI Tf. 3f.) in dem Nebeneinander naturnaher und schematischer Typen während der ä. BZ fort, während Kreta auch hier eigene Wege geht (s. d. B § 3; Band VII Tf. 34). Gemeinsam bleibt der gesamten Ägäis von Anfang an bis in die I. EZ das völlige Überwiegen nackter weiblicher Figuren: eine religionsgeschichtlich überaus wichtige Tatsache. Ebenso bezeugt auf Kreta die Vorliebe für ganz plumpe Idole, sogar die Verehrung menschenähnlicher, natürlicher Steingebilde, während der min. Blütezeit und bis zum Ende dieser Kultur (Band VI Tf. 5a, b) ein starres Festhalten an uralter Tradition.

§ 2. Kultstätten kennen wir in der ä. BZ nur auf Kreta. Im FM sind bisher als solche ein paar natürliche Höhlen festgestellt, vor allem Arkalochóri, wo schon das wichtigste min. Kultsymbol, die Doppelaxt (s. d. A), in kupfernen Miniaturnachbildungen erscheint. Bauten, Altäre, Idole fehlen hier völlig, ebenso noch in der MM-Kamares-Höhle, während die von Psychrò (MM III—SM III und später) beides aufweist. Auch der Totenkult ist im FM bereits hoch entwickelt: hausähnliche Gräber in Mochlos, kuppelförmige, gewaltige Stammesgrüfte in der Messarà (s. Kreta B § 4; Band VII Tf. 38). Unter den reichen Beigaben sind religiös wichtig die Idole (ebd. Tf. 44), wiederum nebeneinander naturnahe und schematische Gebilde (z. T. nordafrik. beeinflußt, daneben importierte, bisweilen sorgsam geflickte Kykladen-Idole); ferner kleine, oft winzige Ton- und Steingefäße (s.d. B; ebd. Tf. 42 b), z. T. gewiß kultischer Bedeutung. Dagegen sind die FM-Siegel, im Gegensatz zu den späteren, kaum religiös zu deuten. Die Nachbildung der ägypt. Nilpferdgöttin Tueris auf einem solchen galt den Kretern wohl nur als hübsches Bild. — In allen ägäischen Gräbern der BZ herrscht ausschließlich die Bestattung, Verbrennung ist erst in der EZ nachweisbar.

Künstlich hergestellte Kultstätten erscheinen seit dem Beginn von MM (um 2100): zwei kleine, einfache, heilige Bezirke, mit niedrigen Umfassungsmauern, ohne nachweisbaren Altar, auf hohen Berggipfeln, bei Petsofà s. von Palaikastro (s. d.; Band VII Tf. 52 a), und auf dem Juktas sö. von Knossos, wo in griech. Zeit das Grab des Zeus gezeigt wurde. Die schlichten tönernen Weihegaben umfassen neben Menschen, Tieren, Geräten besonders menschliche Gliedmaßen: also verehrte man hier eine Heilgottheit, von der leider Darstellungen unter den Terrakotten fehlen. Aus MM I ist auch ein Raum im Ovalhaus von Chamaizi (Band V Tf. 53 e) mit Kultgefäßen und Tonidolen, vor allem aber einige winzige Kämmerchen im West-Flügel des älteren Palastes von Phaistos (Band VII Tf. 48, 2), mit Votivgefäßen, einer Tritonmuschel, die bis SM III ein wichtiges Kultgerät blieb, einem tönernen „Opfertisch“ (Band VII Tf. 51). Besonders bezeichnend für das zähe Fortleben religiöser Formen im Min. ist die Verwendung von MM I-Opfertafeln mit aufgesetzten Gefäßchen für Weihegüsse, noch auf dem Altar in der Nordwest-Ecke des Hofes des jüngeren Palastes von Phaistos. Bei dessen Zerstörung waren jene Tontafeln wohl ein halbes Jht. alt. Gesicherte Götterbilder fehlen bisher vor MM III.

§ 3. Aus MM II stammt wichtiges, tönernes Miniatur-Kultgerät von einem leider zerstörten Kultraum des Knossischen Palastes: quadratische, aufgemauerte Altäre mit doppelt gehörnten Aufsätzen („horns of consecration“; s. d.; vgl. a. Band VII Tf. 52 b, c), gegitterte Umfriedungen, wohl von heiligen Bäumen, drei gekuppelte Säulen, die Vögel tragen, ein Tragsessel mit den Resten einer sitzenden Figur (Band VII Tf. 57). Sowohl die Altäre wie die dreigeteilten, säulengeschmückten Kultfassaden kehren nun im jüngeren Palaste von Knossos (MM III) wieder, ferner auf zahlreichen Darstellungen (Fresken, Goldringen Gemmen, Steinreliefs; Band VII Tf. 72). Die Kultfassade der Ostfront des Westflügels, von der Reste des Fundaments erhalten sind, stand vor dem vornehmsten Heiligtum des Palastes, das nach Siegelabdrücken (Band VII Tf. 72 a) der tierbeherrschenden, großen Naturgöttin gehörte, der vornehmsten kret. Gottheit. Sie erscheint hier mit ihren zwei Löwen auf einem Berge über der Kultfassade und einem Adoranten. Die wiederum charakteristisch engen Räume ihres Heiligtums bargen Weihgeschenke in gewaltigen Steinkisten unter dem Fußboden. Zwei davon (die sog. Temple Repositories) sind intakt erhalten, mit einer Fülle von köstlichen Fayencen, Siegelabdrücken, Tongefäßen. Darunter sind religiös besonders wichtig die auch sonst mehrfach belegten Schlangengöttinnen (Band III Tf. 36 f., vgl. V Tf. 2), die Votivgewänder und -gürtel aus Fayence.

Die Kunst von MM III—SM II hat uns eine Menge wertvoller Darstellungen von Gottheiten und Kulthandlungen bewahrt. Unter jenen überwiegen wieder bei weitem die weiblichen. Neben der Göttin mit den Löwen (offenbar der Vorläuferin der griech. Rhea-Kybele und wie diese von der großen kleinas. Göttermutter stammend) erscheinen eine blumenhaltende Göttin, eine mit dem Doppelbeil, eine gepanzerte (dem Palladion der Athene entsprechende), eine Jägerin. Sie zu differenzieren und genauer zu bestimmen, ist noch nicht gelungen. Männliche Götter (Krieger, Löwenbezwinger) sind selten. Die Fabelwesen (Sphinx, Greif; s. d.; Band IV Tf. 240 f.) und Dämonen (s. d. B; Menschen mit Tierkopf und -gliedern, Band VII Tf. 72) erscheinen stets als Diener der Götter, genießen nie Verehrung. Sie sind auch nicht etwa ältere, zu Dienern erniedrigte Gottheiten, da sie vor MM III nicht nachweisbar sind, anderseits aber seit dem Neol. ausschließlich rein menschengestaltige Gottheiten auftreten: eine überaus wichtige Tatsache.

§ 4. Nicht minder bedeutsam ist das Fehlen von Kultbildern in älterer Zeit. In den MM-Kulträumen wurden sogar kaum Kultsymbole gefunden, wie sie später so häufig, ja schon im FM belegt sind. In der Kapelle des „Kleinen Palastes" von Knossos (SM I), der schönsten ihrer Art, verehrte man unförmige, natürliche Steingebilde (s. o. § 1). Auf den Darstellungen von Kulthandlungen (Reigen und Tänze, Prozessionen, Opferzüge) fehlen alle Kultbilder, während diese Darstellungen (Band VII Tf. 52 b, c, 65 f., 68, 72) uns im übrigen alle Einzelheiten wiedergeben. Das Schächten des Opferstieres, Blutopfer und Darbringen unblutiger Opfer am Altar zeigt der noch nicht voll gedeutete Sarkophag von H. Triada (Band V Tf. 12, 13). Hier erscheinen auch auf hohen Masten aufgepflanzte Doppelbeile, wie sie — abgesehen von zahllosen kleinen Nachbildungen und Darstellungen — in riesigen Exemplaren aus dünnem Bronzeblech erhalten sind, vor allem in dem kleinen Herrenhause von Niru Chani (ö. von Knossos an der Küste), wo in einem engen Raume 4 solche Doppelbeile und Dutzende von großen, runden Opfertischen aus Stuck lagen (der schönste kret. Opfertisch, aus Steatit, mit drei Höhlungen für Weihegaben, aus der Höhle von Psychrò). Niru Chani zeigt besonders deutlich, daß der Kult ein Vorrecht der min. Priesterfürsten oder vielleicht der Fürstinnen war: denn auf den zahlreichen Kultdarstellungen erscheinen fast ausschließlich Frauen als Trägerinnen der Handlung. Diese spielt sich im Freien ab (z. T. wohl vor Schautreppen; s. Theater und Band VII Tf. 49 a, b), die winzigen Kulträume konnten nur ein paar Bevorzugte betreten. Auch die beliebten Stierspiele (s. Spiel A 2) dienten wohl dem Kulte. Neben dem Doppelbeil treten andere Symbole, Kreuz, Doppelhörner, Schleife u. a., stark zurück. Besonders bedeutsam ist die Rolle der (oft umfriedeten) heiligen Bäume und aıch heiliger Pfeiler im min. Kult.

Das fürstliche Vorrecht auf helige Handlungen scheint auch das fast völige Fehlen von Kulträumen in Privathäusern zu bestätigen. Erst im SM III, nach der Zerstörung der Paläste, finden wir selbständige Kapellen in Gurnià und Kunasa. Wie die älteren und auch noch die gleichzeitigen in den dürftig hergerichteten Palastruinen von Knossos und H. Triada, sind sie winzig klein. Eine Altarbank trägt Kultsymbole und (zum ersten Male) tönerne Götterfiguren, die als Kultbilder gelten können und uralte Formtradition fortführen. Tempelartige Bauten fehlen völlig, auch alle sonstigen Brücken zur griech. R., abgesehen von den oben erwähnten wenigen Göttertypen. Auch die bevorzugte Stellung der Frau und das ängstliche Vermeiden der Nacktheit (außer bei frühen Idolen und ganz vereinzelten Nachkommen von diesen) sind durchaus unhellenisch. Die Höhle von Psychrò ist nicht der diktäischen des Mythos gleichzusetzen, die auf dem Ida zeigt Zeuskult wohl erst seit dem 8. Jh. v. C. Der karisch-kretische Zeus mit dem Doppelbeil (Labrys) entspricht keinem min. Gott; denn nur min. Göttinnen und gelegentlich ihre Priesterinnen führen ein solches. Indessen dürfte die Ableitung des Labyrinths von dem wirklich als „Haus der Labrys" zu bezeichnenden Palaste von Knossos wohl stimmen. Ägypt. Einflüsse sind in der min. R. nur ganz vereinzelt nachweisbar, kleinas. bloß zu erschließen. Hellenische Mythen scheinen in der min. Kunst nicht vorzukommen.

§ 5. Seit dem MM tritt der Totenkult auf Kreta stark zurück. Die Gräber (s. d. C) sind einfach, die Beigaben sehr dürftig. Felskammergräber erscheinen vereinzelt seit SM I, aufgemauerte, vornehme Grüfte seit SM II (s. Kreta B § 18). Auch das „Königsgrab" von Isopata (Band IV Tf. 214 b) ist einfach, wenn man es mit festländischen vergleicht. Ein paarmal sind FM-Kuppelgräber im SM ausgeräumt und neu benutzt worden, während man im MM an jene alten Stammesgrüfte einfache Kämmerchen angebaut hatte: ein klarer Beweis für die Kontinuität des Grabgebrauches, während Kult am Grabe nicht nachweisbar ist. In

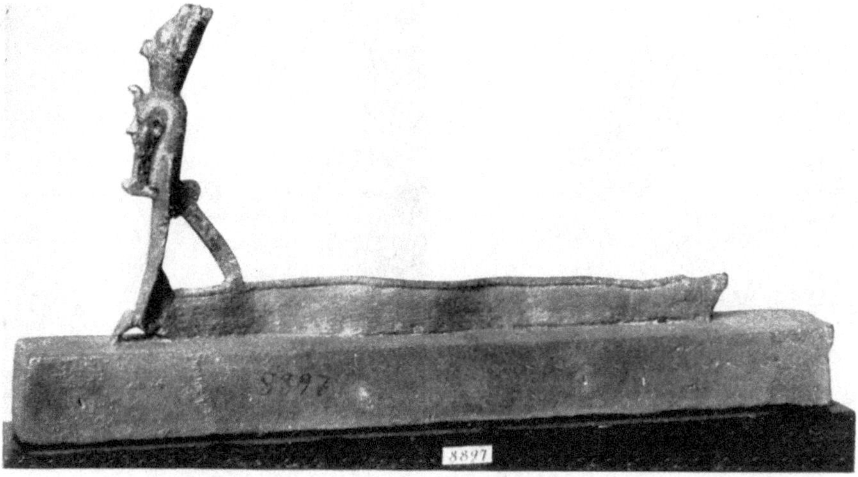

a

b

Religion C. Ägypten

a. Sarg einer heiligen Schlange mit dem Bilde einer menschenköpfigen Schlange. Museum in Berlin. Nach Photographie. — b. Schreibender Mann vor einem Pavian, dem heiligen Tiere des Thot, des Schutzgottes der Schreiber. Gruppe aus Bronze und Holz. Museum in Berlin. Nach Photographie.

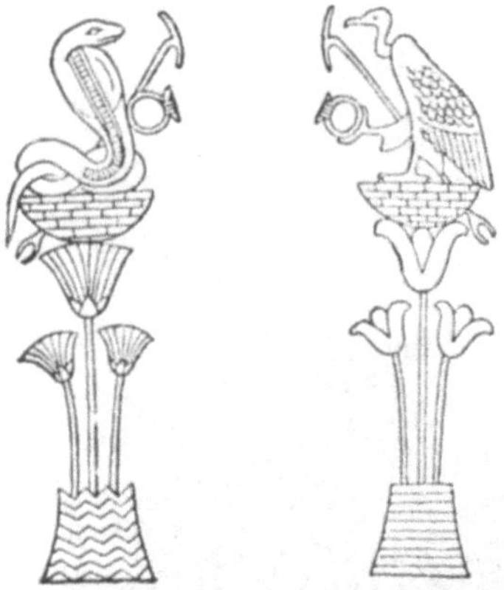

a

b

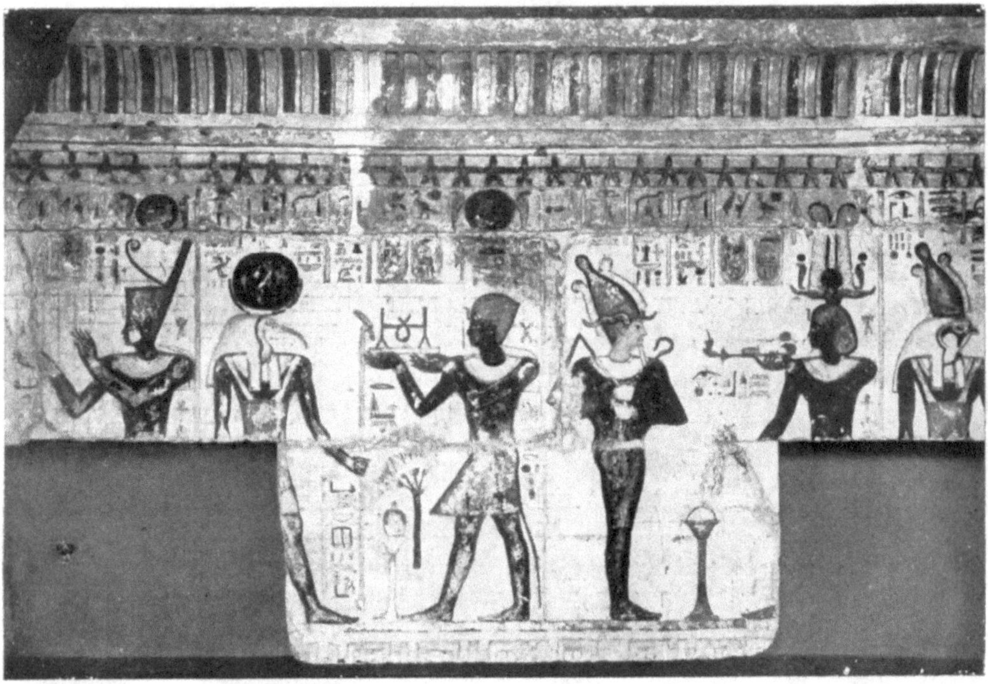

c

Religion C. Ägypten

a. Uto und Nechbet, die Schutzgöttinnen von Ober- und Unterägypten. Nach Erman-Ranke. — b. Grabstein einer Frau, die neben einem König der 1. Dynastie in Abydos bestattet war. Museum in Berlin. Nach Photographie. — c. Teil einer Tempelwand mit Bildern des vor Göttern opfernden Königs Ptolemaios I. zwischen Erde (schwarze Linie) und Himmel (blau mit gelben Sternen). Oben Hohlkehle. Die Götter sind Horus mit Falkenkopf, Osiris mit Mumienleib, Thot mit Ibiskopf. Kalkstein, bemalt. Hildesheim 1883.

SM III werden, wohl unter festländischem Einfluß, Felskammern und kleine Kuppelgräber sehr häufig, letztere halten sich auf Kreta noch in der ersten EZ.

§ 6. Auf dem Festlande ist uns, abgesehen von den erwähnten Idolen, nichts Sakrales vor den Schachtgräbern von Mykenai (s. d.) bekannt. Auch in diesen stehen fast alle religiösen Denkmäler (Goldplättchen mit Kultfassaden, Rhyta, nicht die nackten Göttinnen) unter unmittelbarem min. Einfluß. Von den gleichzeitigen Herrenhäusern wissen wir nichts, aus den späten Palästen von Mykenai (s. d.) und Tiryns (s. d.) dürfen wir schließen, daß auch jene älteren keine Kapellen enthielten. Der Herd im Megaron, ein Altar im Hofe davor bilden die einzigen Kultdenkmäler, auf festländischen Fresken sind die in Kreta so häufigen heiligen Handlungen fast nie vorhanden. Vereinzelt bleibt der Stuckpinax von Mykenai mit der Anbetung der gewappneten Göttin. Erst am Ende der myk. Zeit sind ein paar einfache Kultstätten bei H. Triada n. von Mykenai und im Athena-Heiligtum zu Delphi durch zahlreiche Idole erwiesen, letztere besonders wichtig, weil der hellenische Kult dort an den myk. anknüpft.

§ 7. Der Totenkult ist im Myk. viel stärker entwickelt als im Minoischen. Die Schachtgräber sind bedeutend reicher ausgestattet als die gleichzeitigen auf Kreta. Dort gibt es kaum etwas, was sich mit den älteren Kuppelgräbern (s. d. B und Band X Tf. 115 f.) messen könnte, geschweige denn mit den großartigen Leistungen der jüngeren Blütezeit (14. Jh.; Band IV Tf. 214). Die Leichen ruhten meist in Gruben oder (beim Atreusgrab und dem von Orchomenos [Band IV Tf. 215 b, VII Tf. 179]) in Nebenkammern, der Kuppelraum mit seinem riesigen Portal war dem Totenkult vorbehalten, ebenso der zu gleicher Zeit errichtete Plattenring über den Schachtgräbern (Band IV Tf. 215 a). Das Festland bleibt im Religiösen der min. Kultur gegenüber selbständig, trotz der Aufnahme kret. Göttertypen und Dämonen.

Die stärksten Unterschiede auch des Myk. gegenüber späterer griech. Übung sind das Fehlen von Tempeln, Kultbildern und Mythen. Wie früh diese im Geometr. auftreten, ist noch nicht nachweisbar, da die erhaltenen Denkmäler dieser Art kaum älter sind als der Anfang der orientalisierenden Periode. Hierher gehören wenige spätgeom. Vasen mit Götter- oder Kultdarstellungen, ein paar Fibeln mit dem Kampf des Herakles gegen die Hydra. Dagegen sind uns der Totenkult, Darstellung der Leiche (Prothesis), Begräbnis (Ekphora), Leichenspiele wenigstens für Athen durch die Dipylonvasen (Band II Tf. 203 e) genau bekannt. Und die zahllosen kleinen Weihgeschenke derselben Zeit, Menschen und Tiere aus Ton oder Bronze, die großen geom. verzierten Dreifüße u. ä. lehren, daß im 10.—8. Jh. in allen griech. Heiligtümern eine ganz einheitliche Sitte herrschte.

S. a. Ägäische Kultur, Idol B, Kreta B, Mykenische Kultur, Terrakotte.

Zusammenfassend: M. Nilsson in Chantepie de la Saussaye *Lehrbuch der Religionsgeschichte*[3] II (1925) S. 306 ff.; G. Karo *Religion d. Ägäischen Kreises* (= H. Haas *Bilderatlas z. Religionsgesch.* Heft 7) 1925; R. Dussaud *Les civilis. préhellén.*[2] 1914 S. 327 ff.; G. Glotz *La civil. égéenne* 1923 S. 263 ff. — Neol.: Chr. Tsuntas Διμήνιον καὶ Σέσκλον S. 283 ff. Tf. 31 ff.; Wace-Thompson *Thessaly* S. 41, 49 f., 54 ff., 68 ff., 83 f., 122 ff., 146 ff., 162 ff. 200 f.; A. Evans *Pal. Minos* I 43 ff. (Evans legt in allen seinen Schriften besonderes Gewicht auf Rel. und Kult). — Arkalochóri: BSA 19 S. 35 ff. J. Hazzidakis. — Kamares-Höhle: BSA 19 S. 1 ff. R. Dawkins. — Psychrò: BSA 6 S. 94 ff. D. Hogarth; A. Maraghiannis *Ant. crét.* I Tf. 28 ff. — FM-Gräber: R. Seager *Explor. in Mochlos* 1912; St. Xanthudides *Vaulted Tombs of Mesarà* 1924; A. Evans a. a. O. S. 57; Memorie Ist. Lomb. 21 (1905) Tf. 11. — Tueris: Xanthudides a. a. O. Tf. 14, 1075. — Petsofà: BSA 9 S. 356 ff. J. Myres; Maraghiannis a. a. O. I Tf. 33 f.; Evans a. a. O. I 150 ff. (Juktas ebd.) — Chamaizi: 'Εφ. ἀρχ. 1906 S. 135 ff. Xanthudides; Maraghiannis a. a. O. II Tf. 34. — Phaistos: Maraghiannis a. a. O. I Tf. 2, 4, 9, 11; Mon. Lincei 14 S. 175 ff. Tf. 1 ff.; Karo a. a. O. Abb. 27 ff. — Knossos: Evans a. a. O. I 218 ff.; Maraghiannis a. a. O. III Tf. 21 (Horns of Consecration: ArchfRW 21 [1922] S. 72 ff. W. Gaerte). — Kultfassaden: Journ. Inst. Brit. Archit. 1911 S. 290 ff. A. Evans; Karo a. a. O. Abb. 44 f.; Fr. Winter *Kunstg. i. Bild.* I[2] S. 80. — Naturgöttin: BSA 7 S. 29; Karo a. a. O. Abb. 68 ff. — Temple Repositories: BSA 9 S. 38 ff.; Evans a. a. O. S. 463 ff. — Kleiner Palast: A. Evans *Tomb of Double Axes* S. 59 ff. — Heilige Handlungen: Winter a. a. O. I 89 ff.; Karo Abb. 62 ff. — Große Doppelbeile: Mem. Ist. Lomb. 21 (1905) Tf. 2; A. Evans *Palace Minos* I 436 ff. — Niru Chani: 'Εφ. ἀρχ. 1922 S. 1 ff. St. Xanthudides. — Opfertisch von Psychrò: A. Evans *Scripta Minoa* I 14 ff.;

H. Bossert *Altkreta*² Abb. 49. — Heilige Bäume und Pfeiler: JHS 21 (1901) S. 99ff. A. Evans. — Kapellen: Boyd-Hawes *Gournia* S. 51ff. Tf. 11; Maraghiannis a.a.O. I Tf. 36; Xanthudides *Vaulted Tombs* Tf. 33 (vom Verf. ins MM datiert); BSA 8 S. 95ff.; A. Evans *Palace Minos* I 567. — Gegensatz zum Griechischen: Karo a. a. O. S. VIII f., XI (dess. Aufsätze im ArchfRW darin überholt und verfehlt). — Gräber s. Kreta B § 4, 18, Kuppelgrab B, Mykenai, Mykenische Kultur; Band IV Tf. 213ff.; Ath. Mitt. 40 (1915) S. 113ff. G. Karo; BSA 25 S. 103ff., 283ff. A. Wace. — Hauskult auf dem Festlande s. Mykenai, Tiryns. — Stuckpinax von Mykenai: Ath. Mitt. 37 (1912) S. 129ff. Tf. 8 G. Rodenwaldt. — Heiligtum von H. Triada, n. von Mykenai: Arch. Anz. 1913 S. 116. — Delphi: Bull. corr. hell. 46 (1922) S. 507. — Geom. Vasen mit relig. Darstellungen: Ath. Mitt. 17 (1892) S. 204ff. Tf. 10 E. Pernice; ebd. 18 (1893) S. 113 Brückner-Pernice; E. Pfuhl *Malerei u. Zeichn. d. Griechen* I 72, III Abb. 15; BSA 12 S. 82 Droop. — Prothesis: Pfuhl a. a. O. S. 61ff.; Perrot-Chipiez VII 173, 215; H. Schliemann *Tiryns* Tf. 16ff. — Fibeln: Amer. Journ. Arch. 15 (1911) S. 3; Pfuhl I 95, III Abb. 52. — Idole: Perrot-Chipiez *Hist. de l'Art* VII 150 (mit darauf gemaltem Reigen); H. Schliemann *Tiryns* Tf. 25. — Elfenbeinfiguren: Perrot-Chipiez VII 142ff. Tf. 3. — Votivfiguren aus Ton und Bronze: *Olympia* IV Tf. 10ff. — Dreifüße: ebd. Tf. 27ff.; Arch. Jahrb. 36 (1921) S. 120ff. K. Schwendemann. G. Karo

C. Ägypten (Tf. 10—19).

§ 1. Gottesglaube. — § 2. Naturvölker. — § 3. Übersinnliche Mächte. — § 4. Soziale Gottheiten. — § 5. Gestalt der Götter. — § 6. Weitere Entwicklung des Götterglaubens. — § 7. Totenglaube.

§ 1. Die Vorstellungen der urzeitlichen Äg. können wir weniger aus gleichzeitigen Zeugnissen als aus dem Fortleben in der geschichtlichen Zeit erkennen. Die sorgfältige und methodische Durcharbeitung, die die äg. R. von verschiedenen Wissenschaften her erfahren hat, ermöglicht uns Rückschlüsse auf die Grundlagen, aus denen ihre Vorstellungen erwachsen sind. Da zeigen sich Züge von echt afrik. und ursprünglicher Art noch in geschichtlicher Zeit, die beibehalten sind bis in die Zeit einer hochentwickelten Kultur mit ihren verfeinerten Anschauungsformen. Als volkstümlicher Gottesglaube tritt da eine animistische Naturauffassung zutage, der Bäume, Steine und Berge als beseelte Wesen gelten, und für die auf Erden wie in der Unterwelt und am Himmel Dämonen guter und böser Art hausen. Wie das Totem eines Stammes wird in einer bestimmten Gegend ein Tier verehrt, in einer anderen dasselbe verfolgt und getötet: in Tieren offenbart sich die Gottheit, und unter ihren Schutz stellt sich der Gläubige. Als Fetische eines primitiven Glaubens leben die Amulette und Symbole fort, die der Äg. nicht nur in der Kinderzeit um den Hals trug, und von denen manche durch künstlerische Stilisierung eine bis in die hohe Kunst hinein gültige Form und Verwendung erhalten haben. Von diesen übersinnlichen Vorstellungen wie von den eigentlichen Götterpersönlichkeiten sind viele nur in bestimmten Gegenden zu Hause, so daß sie Glaubensformen urzeitlicher Stämme wiedergeben (s. Lokalgötter).

§ 2. Das Weltbild der Urzeit ist von den Äg. in die R. der geschichtlichen Generationen übernommen worden. Der Himmel ruht, von Stützen getragen, hoch über der Erde, auf der der Nil (s. d.) in den allumfassenden Ozean strömt. Alle Teile sind beseelt. Der Himmel ist eine gebeugt stehende Frau oder eine gewaltige Kuh, in beiden Fällen die Mutter des Sonnengottes. Sonne (s. d.), Mond (s. d.) und Sterne (s. d.) sind nicht nur Gestirne, die man um der Zeitmessung (s. d.) willen genau beobachtet, ihre Bahn am Himmel wie Schiffe auf dem Himmelsozean, sondern sie sind Wohnungen von Göttern, wenn nicht selbst Götter, an die gerade volkstümliche Anrufungen sich gern wenden. Die Luft, der Regen, die Wolken des Gewitters und der Donner, sie sind dem Äg. Gottheiten, ohne die er sich die Welt nicht denken kann. Für die Entstehung der Welt, der ersten Lebewesen, die Schaffung der Götter und der Menschen gibt es in jeder Landschaft eine eigene Sage. Hier hat sich eine Lotosblüte zuerst im Ozean gezeigt, dort sind im Schlamm Frösche und Schlangen entstanden. Der Zeugungsgott hat aus sich selbst die Götter hervorgebracht, der Töpfergott hat sie auf der Drehscheibe gebildet, ein anderer Urgott schuf sie aus einem Ei.

§ 3. Dem urzeitlichen Äg., der über die Gründe des Geschehens der menschlichen Erlebnisse nachgrübelte, wurden die trei-

a

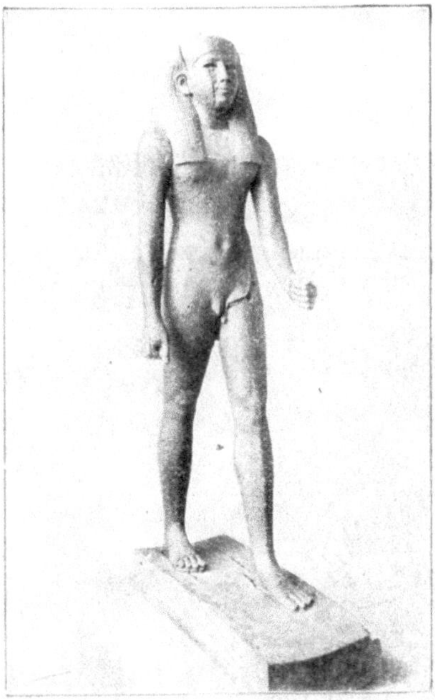

b

c

Religion C. Ägypten

a. Totenfiguren (Uschebti's) in Gestalt der Mumie des Grabherrn, ihm mit Ackergerät zur Arbeit im Jenseits mitgegeben und oft in großer Anzahl in das Grab gelegt. — b. Statue der „Seele“ des Königs Horus (Dyn. 13) aus seinem Grabe. Holz. Museum in Kairo. — c. Totengericht nach einem Totenbuch auf Papyrus: dem thronenden Osiris, hinter dem Isis und Nephthys stehen, wird von Horus der Verstorbene zur Aburteilung zugeführt. Links wird sein Herz von dem hundeköpfigen Anubis gewogen; der ibisköpfige Thot schreibt das Ergebnis auf. Die schuldig Befundenen werden von dem neben der Wage hockenden Höllenhunde zerrissen. Der Gerechtfertigten wartet das Gefilde der Seligen in Gesellschaft der oben dargestellten Götter.

a

b

Religion C. Ägypten

a. Statue des Mondgottes Chons, als Kind mit dem rechten Schläfenzopf dargestellt, in den Händen Krummstab und Geißel. Der Körper ist nach vorgeschichtlicher Weise ungegliedert gegeben. NR. Museum in Kairo. Nach v. Bissing. — b. Statue des Gottes Horus mit Falkenkopf. Museum in München. Nach v. Bissing.

a

b

Religion C. Ägypten

vei Statuen des ithyphallischen Zeugungs- und Erntegottes Min, in seinem Tempel in Koptos gefunden. Frühzeit. Ashmolean Museum in Oxford. Nach Photographie.

a

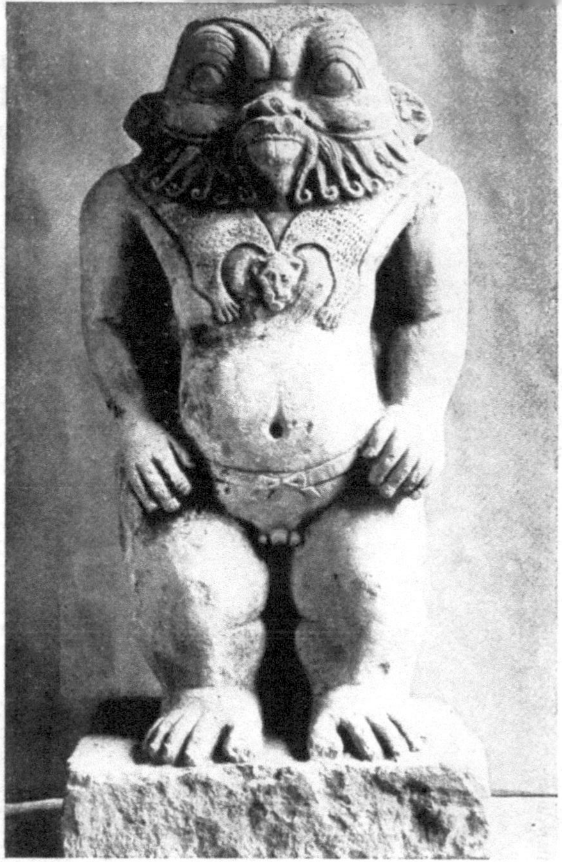

b

Religion C. Ägypten

a. Grabstein in griech.-äg. Stil mit Darstellung der Totenklage in zartem Relief: die Angehörigen stehen an der aufgebahrten Leiche; oben die geflügelte Sonne. Berlin, Ägypt. Abteilung Nr. 19553. Nach Photographie. — b. Der zauberkundige Bes mit innerafrikanischer Gestalt, Helfer der Frauen, besonders in Tracht, Schmuck und Musik; vollbärtiger Zwerggreis mit Pantherfell. Nach F. W. v. Bissing.

a

b

Religion C. Agypten

a. b. Granitgruppe zweier vollbärtiger Nilgötter, die Fische und Lotusblüten tragen, aus Tanis, Dyn. 12. Nach F. W. v. Bissing.

a

b

Religion C. Ägypten

a. Der Totengott Anubis als Mann mit Hundekopf. Holz mit Gipsüberzug, bemalt. Hildesheim 1582. — b. Der Ka („Seele") des Königs Horus (Dyn. 12) als nackter Mann mit dem Schriftzeichen ka auf dem Kopfe. Holz. Museum in Kairo. Nach F. W. v. Bissing.

a

b

Religion C. Ägypten

a. Gott Ptah von Memphis, auf der Treppe stehend, nach vorgeschichtlicher Weise mit ungegliedertem Körper dargestellt; auf dem Kopfe die Kappe zum Zeichen seines Töpferhandwerks. Antiker Sockel aus Fayence. Museum in Hildesheim. Nach Photographie. — b. Denkstein eines Prinzen, oben mit der Darstellung der Prozession des Amon-Bildes, das, mit seiner Kapelle in eine Barke gesetzt, von den Priestern auf den Schultern umhergetragen wird. Museum in Berlin. Nach Photographie.

a

b

Religion C. Ägypten

a. Opfertafel mit Gaben, in Form eines Hauses mit Halle gearbeitet. MR. Museum Leyden. — b. Opfertafel mit Darstellung der auf ihr niederzulegenden Gaben für die Seele des Verstorbenen, aus dem NR. Museum Berlin.

C. G. Röder G. m. b. H., Leipzig

REALLEXIKON DER VORGESCHICHTE

UNTER MITWIRKUNG
ZAHLREICHER FACHGELEHRTER

HERAUSGEGEBEN VON
MAX EBERT
ORD. PROFESSOR AN DER UNIVERSITÄT BERLIN

ELFTER BAND
ZWEITE LIEFERUNG
RELIGION — RYŽANOVKA

MIT 22 TAFELN

BERLIN 1927
WALTER DE GRUYTER & CO.

Das Werk ist auf einen Gesamtumfang von 14 Bänden berechnet und erscheint in Lieferungen. — Der Subskriptionspreis beträgt GM. 6.— für jede Lieferung von etwa 8 Bogen nebst Texttafeln und Abbildungen. Etwa 6 einfache oder 1 bis 2 farbige Einschalttafeln auf Kunstdruckpapier werden als ein Bogen gerechnet. Verstärkte Lieferungen werden entsprechend höher berechnet.

Der Umfang der vorliegenden Lieferung beträgt 5 Bogen und 19 Einschalttafeln. Gesamtumfang also 8 Bogen. Subskriptionspreis M. 6.—; Ladenpreis M. 7.20.

benden Kräfte zu Gottheiten. Träger der Zeugung und selbst ein Erzeuger waren Gottheiten, die man ithyphallisch darstellte, wie Min von Koptos (Tf. 14) und Amon von Theben, für den man auch die Böcke der Schafe und Ziegen als Erscheinungsform nahm. Auch im Götterkreise sind Frauen den Männern zugesellt, und von manchen äg. Göttinnen wissen wir keine anderen Kennzeichen oder Aufgaben zu nennen, als daß sie neben dem Herrn des Tempels als seine Gattin und als Mutter seiner Kinder verehrt werden. Die Geburt steht unter dem Schutze von männlichen und weiblichen Wesen, die mehr im Volke als in den Tempeln bekannt sind. Göttinnen sind stolz darauf, einem göttlichen oder königlichen Kinde die Brust zu reichen (vgl. Band I Tf. 77 a links). Die Lebenskraft des Menschen steht seit seiner Geburt wie ein eigenes Wesen neben ihm (s. Ka; Tf. 17 b). Sein Einatmen der Luft ist eine Tätigkeit, die einer Göttin den Namen gegeben hat. Die Krankheit, die sein Leben bedroht, wird von Dämonen getragen, und wenn ein Mensch stirbt, tritt die Trennung von Körper und Geist ein, die der Seele die Freiheit der Bewegung gibt, durch die sie die Lebenden erschrecken kann.

§ 4. Wie die irdischen Menschen, so haben auch die übersinnlichen Wesen und Mächte ihre soziale Gliederung. Auch im Himmel und im Totenreich herrscht ein König; als solchen hat man sich an jedem Orte den Herrn des Tempels des betreffenden Gaues gedacht. Dem Götterkönig und Weltenherrscher stehen seine Helfer zur Seite. Über die Beamten und Schreiber, unter denen eine Göttin als Erfinderin der Schrift hervorragt, ist der Wesir als Stellvertreter des Königs gesetzt: Thot von Hermopolis, der Gelehrte und Richter. Kriegsgötter wie Horus (Tf. 13 b) oder Anhor (Onuris) schwingen die Lanze und kommen mit ihren Heerscharen, wenn sich dem Sonnengott Feinde entgegenstellen. Ptah von Memphis (Tf. 18 a) ist ein Künstler, Chnum von Esne ein Töpfer; beide üben ihr Handwerk aus, wenn es gilt, den Göttern etwas Neues in der Welt zu schaffen. Anubis (Tf. 17 a) ist der Mumienmacher, der dem Körper des gestorbenen Gottes seine vorgeschriebene und widerstandsfähige Form gibt. Neben ihnen stehen die niederen Götter, oft zu Gruppen vereinigt, und sie bilden einen Beamtenstaat, in den der Äg. auch eine Personifikation von Recht und Wahrheit gesetzt hat. Innerhalb des Volkes der Götter sind Familien gebildet an den einzelnen Orten, indem man den Ortsgöttern Frau und Kind zugesellte. In einzelnen Tempeln ist ein zärtliches Verhältnis zwischen den Verwandten ausgemalt worden, die ursprünglich oft gar nicht zusammengehört haben und nur wegen der örtlichen Berührung aneinander gebunden sind; das himmlische Vorbild der Familie ist Osiris (Band I Tf. 77 b rechts) mit seiner Gattin Isis und ihrem Kinde Horus. Es gibt aber auch Götterkämpfe und Mythen, in denen Gegensätze zwischen den Himmlischen durch Krieg und Tod oder durch ein Gerichtsverfahren entschieden werden müssen.

§ 5. Wir besitzen nicht viele Gegenstände aus vorgesch. Gräbern, die aus dem Kreise der Gebrauchsgegenstände heraustreten und religiösen Charakter haben. Der durch die ganze Folgezeit festgehaltene Hathorkopf (Verbindung zwischen Frauengesicht mit Kuhkopf) ist in der frühdyn. Zeit schon vorhanden (Petrie *Royal Tombs* I [1900] Tf. 27; II [1901] Tf. 6, 22; s. a. hier Band I Tf. 16). Oben (in § 1) war angedeutet, daß Fetische, wie Stab, Pfeiler, Säule, Obelisk usw., in die Urzeit gehören (Rec. de Trav. 25 [1903] S. 184 Spiegelberg). So ist es zweifellos auch mit der allen primitiven Völkern gemeinsamen Wahl des Tieres als Erscheinungsform der Gottheit. Die Äg. sind aber darin weitergegangen als manches andere Volk; sie setzen dem Gott und der Göttin den Kopf des ihnen geweihten Tieres auf die Schultern des im übrigen menschlich gebildeten Körpers, und sie beten vor dem heiligen Tiere wie vor jeder anderen Gestalt des Gottes. Für die Wahl der geheiligten Tiere läßt sich kein Gesichtspunkt aufstellen; es sind nützliche und schädliche darunter, zahme und wilde, von der Erde, dem Wasser und der Luft. Die älteste Form der menschlichen Gestalt von Göttern ist ein roher, ungegliederter Rumpf ohne Absetzung von Armen und Beinen, der einer Mumie nicht unähnlich ist und von uns „Mumienleib" genannt wird. Er wird in geschichtlicher Zeit festgehalten, z. B. bei Min, Ptah, Chons (Tf. 13 a) und Osiris, bei dem letzteren als Totengott mit berechtigter Anknüpfung an die Leichenform. Auf dem menschlichen Haupte tragen Götter und Göttinnen Kronen, in denen oft ihre wesentlichsten Kennzeichen liegen; in den Händen Zepter bestimmter Form. Bei Bes (Tf. 15 b) und den Patäken erscheint in der Götterwelt ein Zwerg mit verkümmertem Körper.

§ 6. Für die Entwicklung der einzelnen Götterpersönlichkeiten und der Beziehungen innerhalb des Pantheons ist der wichtigste Faktor das politische Schicksal der Stadt gewesen, in der die betreffende Gottheit beheimatet war. Die Herren und Herrinnen der großen Städte mit ihren reichen Tempeln übten einen bestimmenden Einfluß aus, demgegenüber alteingesessene Gottheiten zurückblieben, wenn die äußere Macht ihrer Tempel nicht stieg. So hat die äg. Kirche, ein mächtiger Staat im äg. Reiche mit einem zahlreichen Beamtenkörper und einem sicher begründeten Wirtschaftssystem, das Schicksal ihrer Götter in die Hand genommen, die Großen unter ihnen mächtig gemacht und die Kleinen ihrem Hofstaat zugesellt. Familien und Gruppen wurden gebildet, in denen die Priester die verschiedenartigsten Elemente unter irgendeiner Tendenz miteinander vereinigten. Unbedeutende Gottheiten wurden den mächtigen gleichgesetzt, um ihr Ansehen zu steigern. Das äg. Pantheon, ursprünglich voll sprudelnden Lebens und naiver Erfindung, schrumpfte zusammen zu ein paar schemenhaften Gewalten, die sich hier in dieser, dort in jener Form offenbarten. Diese umfassenden und vielseitigen großen Götter der späteren Zeit sind natürlich viel weniger in ihrer Eigenart zu fassen und nach dem Inhalt ihrer Persönlichkeit viel weniger scharf zu umreißen als die einfacheren Gottheiten der Urzeit von bodenständigem Charakter. In den Tempeln des NR finden wir fast nur noch die paar Götter der großen Tempel, vor allem den Königsgott Amon von Theben, der zum Weltenherrscher und Götterkönig, Sonnengott, Schöpfer und Erhalter gemacht wurde, um ihm die Ursache aller Wirkungen zuschreiben zu können. Wir sind froh, wenn wir bei den übrigen Göttern überhaupt noch Beiworte finden, die uns ihren eigentlichen Charakter verraten; sie sind dem Amon, der ursprünglich nichts anderes als Lokalgott einer Provinzialhauptstadt war, in dem Augenblick untergeordnet worden, als sein Gaufürst König von Ä. wurde. Die Tempel der griech.-röm. Zeit haben die individuellen Züge der einzelnen Götterpersönlichkeiten noch weiter verwässert, aber ihre Inschriften sind doch lehrreich für die ursprünglichen Verhältnisse, weil man eine Fülle von alten Texten aus den Archiven geholt und wiedergegeben hat.

Der Versuch Amenophis IV., die Vielheit der äg. Götter durch die Sonne (s. d.) zu ersetzen und die Macht der Tempel der alten Götter zu brechen, ist erwachsen auf einheimischen Vorstellungen, die nach einer vorher vermiedenen Richtung ausgestaltet sind. Die Bewegung ist mißlungen und hat auf die Entwicklung der äg. R. keine entscheidende Wirkung gehabt, wenn auch einzelne Vorstellungen eine zeitlang weitergelebt haben. Alle wichtigen Züge des Glaubens Amenophis IV. sind von den nachfolgenden Geschlechtern als Ketzerei verdammt worden.

Fremde Einwohner haben ihre Gottheiten mit in das Nil-Tal gebracht. An den Grenzen Ä. waren religiöse Vorstellungen heimisch, die unter Einfluß der ausländischen Nachbarn standen und deshalb von den Priestern dort in den Tempel aufgenommen wurden. Endlich lernten Äg. im Auslande zu fremden Göttern beten. Durch alle diese Kanäle sind ausländische Gottheiten nach Ä. eingedrungen, die sich in allen Gruppen bemerkbar machen, besonders als Kampf- und Sonnengötter. Es liegt nicht nur in den politischen Verhältnissen, daß die fremden Gottheiten in erster Linie von Syrien, aber auch von Nubien und schwächer von Libyen in das Nil-Tal eingedrungen sind. Hier müssen die Charaktere der betreffenden Länder mitwirken, und daß dabei Syrien als ein Land von starkem religiösen Leben entgegentritt, wird nicht überraschen.

§ 7. Nach äg. Vorstellung ist mit dem Menschen eine unsterbliche Seele verbunden, die ihn als seine Lebenskraft begleitet und sich im Tode von ihm löst. Der Körper bleibt auf der Erde zurück, der geistige Bestandteil, bald als Vogel, bald in menschlicher Gestalt gedacht, fliegt zum Himmel hinauf. Dort verwandelt er sich in einen Stern oder nimmt unter den Sternen seinen Aufenthalt und findet dort göttliche Wesen, die ihn als ihresgleichen aufnehmen. Hat er nicht die moralische Rechtfertigung gefunden, so sind allerdings auch furchtbare Dämonen dort, denen er anheimfallen kann. Die Seele hat eine gewisse Bewegungsfreiheit, kann als Vogel von den Bäumen des Gartens aus den Fortgang des irdischen Lebens im eigenen Hause beobachten. Man sieht aber die Geister der Verstorbenen nicht gern, denn sie haben meist etwas von dem erschreckenden Spuk der Bösen an sich. Man weiß sie lieber in den Gefilden der Seligen, in denen der Gerechte keine Not zu leiden hat. Er ist allerdings auch dort dem Hunger und Durst unterworfen, hat seine Freude an Frauen und führt kein anderes Leben als auf Erden.

Diese aus der Urzeit stammenden Vorstellungen erhielten eine neue Wendung, als der Gott Osiris von Busiris im Delta durch äußere Ereignisse über ganz Ä. verbreitet und überall zum Vorbild des Toten wurde. Sein Reich lag nicht am Himmel, sondern in der Unterwelt. Mit seiner Gattin Isis, seinem feindlichen Bruder Setech (Seth), seinem Sohne und Rächer Horus und dem Mumienmacher Anubis und anderen Angehörigen führte er ein Familienleben, das man als Abbild und Vorbild ausmalte. Im Totenreich, in das man durch Tore im W hinabstieg, herrschte er wie ein irdischer König, von dem Züge in seinen Charakter hineingeflossen sind. Sein Reich erhielt Wege und Tore, die von Dämonen und Raubtieren bewacht wurden, einen Nil, der es wie Ä. durchströmte, und in der Nacht wurde es abschnittweise für eine Stunde durch die Sonne erhellt, nach der die Toten sich in Sehnsucht verzehren.

Osiris wurde aus dem Delta nach Oberägypten übertragen und in Abydos dem dortigen Totengott, einem hundegestaltigen Chonti Amentiu, „Erster der Westlichen", gleichgesetzt. Ähnlich ging es an anderen Orten, an denen bodenständige Totengötter vorhanden waren, z. B. in Memphis, wo man aus dem Falken Sokar später einen Sokar-Osiris machte und diesen Mischgott Eigenart und Aufgabe beider Einzelgötter übernehmen ließ. So sind die meisten eingesessenen Totengötter dem Osiris angeglichen worden. Ebenso sind Züge, die ursprünglich nur dem Totenglauben von Busiris angehörten, mit Osiris in andere Orte verpflanzt worden. Überall kannte man das Totengericht des Osiris und seiner 42 Richter, überall fürchtete man die Schrecken der Hölle, die man sich Dantes Inferno ähnlich gedacht hat, wenn man auch nicht gern davon sprach.

G. Maspero *Études de mythologie et d'archéol.* I—VI Bibliothèque Égyptologique 1—2 (1893), 3 (1898), 4 (1900), 5 (1911), 6 (1912); H. Brugsch *Rel. u. Mythol. der Äg.* 1891; H. O. Lange *Ägypten* in Chantepie de la Saussaye *Lehrbuch der Religionsgesch.* I³ (1905) S. 172—245; Ad. Erman *Die äg. Rel.*² 1909; J. H. Breasted *Development of Rel. and thought in ancient Egypt* 1912; Roeder *Urkunden zur Rel. des alten Äg.* 1915.

Roeder

D. Palästina-Syrien.

§ 1. Vorbemerkungen: Zeit, Quellen, Anordnung. — I. Vorgeschichtliche Zeit. — § 2. Zauberglaube: Analogiezauber, Kontaktzauber, Wort- und Namenzauber, Amulette, Beschwörungen, Abwehrriten. — § 3. Seelen- und Totenglaube: Der Tote als lebendiger Leichnam, als Schattenseele, als göttliches Wesen. Scheōl. Toten- und Ahnenkultus. Schwagerehe. Seele des lebendigen Menschen. Seelentiere. Trauergebräuche. Haarriten. Auferstehungsglaube. — § 4. Tier- und Dämonenglaube: Tierverehrung. Speiseverbote. Totemismus. Schlange als Ahnherrin des Menschengeschlechts. Tiernamen als Eigennamen von Individuen und Stämmen. Dämonen und Engel. Drachen. Polydämonismus. — § 5. Riten und Kultus: Tabu. Unrein = heilig: Geschlechtliches Leben, Beschneidung, Exkremente, Tod, Aussatz. Sünde und Reinigungsgebräuche: durch Feuer, Wasser, Blut und Übertragung der Unreinheit. Primitiver Kultus: Gebete, Opfer, Tänze. — II. Frühgeschichtliche Zeit. — § 6. Beduinenreligion der Hebräer, Aramäer und Nordaraber (Ṣafaiten, Nabatäer, Palmyrener). Pantheon: Allāt, Al-'Uzza, Allāh, Ruḍā, Duschāra, Schai' alqaum. Kultus: Götterbilder, heilige Steine, Bäume. Geschlechtsverbände. Priester. Frömmigkeit und Ethik. — § 7. Bauernreligion. Fortentwicklung durch äußere Anstöße. Mischung der verschiedenartigsten Bestandteile, besonders aus Mesopotamien und Ä. Gewittergott: Baal (im Himmel), Melqart, Adon, Hadad, Rimmon. Weibliche Gottheit. Mysterien. Prostitution und Kastration. Kinderopfer. Höhendienst. Tempel. Lade Jahwes. Eherne Schlange. Propheten.

§ 1. „Vorgeschichte" der R. ist, zeitlich betrachtet, ein relativer Begriff, der für die verschiedenen Völker notwendig wechseln muß. Bei den frühreifen Israeliten und Griechen endet sie im 8. Jh. v. C. mit dem Auftreten großer, geschichtlich bekannter Persönlichkeiten (Amos, Hesiod), bei den spätreifen Arabern dauert sie bis zum 7. Jh. n. C. (Mohammed). Diese höhere Stufe muß hier ausgeschaltet werden; hier kommen nur die Volksreligionen in Betracht. Für sie ist die Zeit gewiß nicht immer gleichgültig (Israels Volksreligion wird durch den bedeutsamen Übergang von der Beduinen- zur Bauernreligion in zwei ganz verschiedene Perioden gegliedert), aber sie ist doch in der Regel und verhältnismäßig nebensächlich, weil ihnen ein starkes Beharrungsvermögen innewohnt, namentlich in der alten Zeit und doppelt im Orient. Die meisten R. sind bis zu einem gewissen Grade schon im Zustand der „Vorgeschichte" versteinert; denn meist fehlen die großen Persönlichkeiten, die individuelle Umgestaltungen bewirken. In dieser Hinsicht nimmt für Palästina-Syrien nur die R. Israels eine Sonderstellung ein. Alle anderen R. wandeln sich nur geringfügig unter dem Einfluß der allgemeinen Kulturströmungen, die natürlich wohl beachtet werden müssen. — Die Quellen sind sehr ungleichmäßig. Die Inschriften enthalten gewöhnlich nur Götternamen ohne tieferen Gehalt; die wertvollsten Ausnahmen bilden die punischen Opfertarife, aus denen das phön. Opferwesen erschlossen werden kann. Die Ausgrabungen und Funde geben meist nur über die äußeren Formen Auskunft. Hauptquelle ist das AT, weil es tieferen Einblick in die religiösen Gedanken gewährt. Nur muß man sich seiner Schranke bewußt bleiben: die volkstümliche R. Israels ist durch die Überarbeitung der „Schriftgelehrten" seit dem 7. Jh. v. C. (seit dem Deuteron.) im prophetischen Geist vielfach leicht, oft tiefergreifend, ja bisweilen fast bis zur Unkenntlichkeit entstellt worden. Im allg. darf man sagen, daß sich die Nachrichten über die israel. und kanaanit. Volksreligion gegenseitig bestätigen und ergänzen. Für die phön. R. kommen altäg. Nachrichten hinzu, besonders aus der Zeit der 18.—19. Dyn., ferner die bei Eusebios erhaltenen Bruchstücke des Philon Byblios; sie sind zwar spät (um 100 n. C.), aber überliefern doch vielfach zuverlässiges Volksgut, in ein theologisches System eingebettet und mit einem Firnis von rationalisierendem Euhemerismus und chaldäischer Gestirnreligion überzogen (s. Phönikien). Noch wertvoller ist die jüngste Quelle: Lukians „Dea Syria" (Anfang des 2. Jh. n. C.), in der ein ausgezeichneter und nüchterner Beobachter die phön.-aramäische R. seiner Zeit beschreibt; man braucht nur den verwirrenden Synkretismus der hellenist.-röm. Per. abzuziehen, um die echte Volksreligion der älteren Zeit zu gewinnen. Von den meisten anderen R. haben wir nur zufällige und dürftige Kunde. — Die Ordnung des Stoffes nach den verschiedenen Völkern ist nicht ratsam. Durch den Mangel oder die Einseitigkeit der Quellen gezwungen, würde man auf der einen Seite empfindliche Lücken lassen müssen; auf der anderen Seite könnte man zwar eine bunte Fülle, besonders von Götternamen, anführen, würde aber doch nur ein armseliges Abbild der Wirklichkeit geben. Es soll darum der Versuch gemacht werden, die R. als Ganzes zusammenzuschauen. Das ist deshalb möglich, weil sie alle (soweit wir sie kennen) sem. und einander aufs engste verwandt sind. Nur am Schluß sollen sie (soweit das heute möglich ist) nach ihrer Eigenart charakterisiert und voneinander getrennt werden. Obwohl eine scharfe Sonderung unmöglich ist, empfiehlt es sich doch, zwei Perioden zu unterscheiden: 1. Die vorgesch. Zeit, die uns einen Überblick über den „ethnologischen" Stoff geben soll, wie er mehr oder weniger bei allen primitiven Völkern nachweisbar ist. Die Bezeichnung „vorgeschichtlich" ist deshalb gerechtfertigt, weil diese Stufe der R. schon in den ältesten uns vorliegenden Quellen grundsätzlich überwunden ist, obwohl sie tatsächlich noch nachwirkt. 2. Die frühgeschichtliche Zeit, die speziell für Palästina-Syrien charakteristisch ist und uns die beiden für die ganze folgende Entwicklung entscheidenden Haupttypen der Beduinen- und Bauernreligion kennen lehrt.

Zu den Quellen: AT, vollständige und zuverlässige Übersetzung von Kautzsch-Bertholet[4] 1922; Übersetzung mit Heranziehung des ethnologischen Materials von Gunkel-Greßmann[2] 1921 ff.; *Altorientalische Texte* und *Altorientalische Bilder* hg. von Greßmann[2] 1926; W. W. Graf Baudissin *Die Quellen für eine*

Darstellung der Religion der Phönizier und der Aramäer AR. 16 (1913) S. 389ff.; zu Philon Byblios und Lukian vgl. Baudissin *Studien zur semitischen Religionsgeschichte* I (1876) S. 1—46; René Dussaud *Notes de Mythol. Syrienne* 1903; Strong und Garstang *The Syrian Goddess* 1913 (Übersetzung Lukians mit Einl. u. Anm.); aus den altäg. Quellen sind bisher nur die über Baal ausgeschöpft von Greßmann *Hadad und Baal nach den Amarnabriefen und nach ägyptischen Texten* Baudissin-Festschrift 1918 S. 191—216; zu der arab.-nabatäischen Religion vgl. J. Wellhausen *Reste arabischen Heidentums*[2] 1897; Marmardji *Sammlung der Bruchstücke aus dem „Buch der Götzen"* Rev. bibl. 35 (1926) S. 397 ff.; R. Dussaud *Les Arabes en Syrie avant l'Islam* 1907 (behandelt besonders die ṣafaitische Religion auf Grund der Inschriften); G. Dalman *Petra* I, II (1908, 1912) [Heiligtümer und Religion der Nabatäer].

§ 2. Wie weit die „vorgeschichtlichen" Überlebsel in die Vergangenheit zurückreichen, und ob sie verschiedenen Per. in der Entwicklungsgeschichte der vorderas. Menschheit entsprechen, läßt sich auf Grund des beschränkten Stoffes allein nicht entscheiden, und die Theorien der allg. Religionswissenschaft sind noch zu wenig gefestigt, um überall Anspruch auf unbedingte Gültigkeit erheben zu können. Zweifellos geht der Zauberglaube, den man auch „Manaismus" oder „Dynamismus" zu nennen pflegt, der R. voraus. Jedenfalls sind alle geschichtlichen R. gegen den Zauber gerichtet, auch die babyl., und gerade sie, da sie ihn mehr als andere bekämpft; aber es gehört zum Wesen dieses Kampfes, daß man dem Zauber mit Gegenzauber begegnet. Die Form ist bei beiden dieselbe, das Ziel entgegengesetzt. Der Zauberer treibt Schadenzauber („schwarze Magie"), der Zauberpriester Heilzauber („weiße Magie"). Auf der ältesten Stufe, die vielfach auch später nachweisbar ist, wirken Zauber-Wort und Zauber-Handlung durch die in ihnen wirksamen Kräfte. In der geschichtlichen Zeit nimmt man meist zugleich die Hilfe übermenschlicher Wesen in Anspruch, auch der Schadenzauberer; daher stammt das Verbot, den Namen Jahwes (s.d.) freventlich zu mißbrauchen (Ex. 20, 7). Je mehr die Gottheit als freie, sittliche Persönlichkeit gefaßt wird, um so mehr lockert sich der Begriff des „magischen Zwanges". Von einer „Religion" im strengen Sinne des Wortes kann man jedenfalls erst dann sprechen, wenn dieser Zwang aufgehoben ist; denn im Gegensatz zum niederen „Dämon" läßt sich die höhere „Gottheit" niemals zwingen, sondern nur bitten, überreden, beeinflussen, aufmerksam machen. So wird der „Fluchzauber" zum „Rachegebet", der „Segenzauber" zur „Fürbitte", die „hymnische Beschwörung" zum „hymnischen Lobpreis", die „Zauber-Erzählung" zur „Beispiel-Erzählung" usw. In den die Handlung begleitenden Worten können diese wesentlichen Unterschiede zu deutlichem Ausdruck gebracht werden, so daß sie sich in der Literatur des AT oft beobachten lassen; die Handlungen dagegen bleiben immer dieselben, so daß man ihnen nicht ansehen kann, ob sie als „Zauberhandlungen" oder als „sprechende Handlungen" gedacht sind. Besonders lehrreich sind in dieser Beziehung die prophetischen Handlungen, die man nach den zahlreichen Gegenstücken in aller Welt als Zauber, genauer als Analogiezauber, deuten kann, und die auch von den Zeitgenossen damals vielfach so gedeutet worden sind, z. B. das Zerreißen eines neuen Kleides durch Ahia von Silo, um Salomos Reich zu zerreißen (I. Kön. 11, 29ff.; vgl. I. Sam. 15, 27ff.); das Vorbinden eiserner Hörner durch Zedekia, um damit die Aramäer niederzustoßen (I. Kön. 22, 11); das Schießen dreier Siegespfeile durch den König, dessen Hand der sterbende Elisa führt (II. Kön. 13, 14ff.); das Nackt- und Barfußgehen Jesajas, um das Schicksal der Äg. als Gefangener, die in die Verbannung wandern, vorzubilden (Jes. 20); die Belagerung eines Ziegelsteines durch eine Bratpfanne, um Jerusalems Eroberung darzustellen (Hesek. 4, 1 ff.) usw. Auch Jeremia hat solche Handlungen in großer Zahl vollzogen; so erzählt er z. B., er habe einen Topf vor den Augen der Vornehmen im Tal Ben Hinnom zerschmettert zum Zeichen, daß Jahwe Jerusalem zerschmettern werde wie Töpfergeschirr (Jer. 19). Das erinnert an die weit verbreitete Zauberhandlung, die Namen der Feinde auf Töpfe zu schreiben und diese dann zu zerschmettern, um mit ihnen die Feinde zu vernichten (vgl. Abh. Preuß. Ak. 1926, 2 K. Sethe). Dennoch lehnt Jeremia die zauberhafte Auffassung ausdrücklich ab, er habe den Unheilstag nicht herbeigesehnt, geschweige denn herbeigezaubert (Jer. 17, 16; vgl. 15, 11). Wie vorsichtig man in der Deutung sein muß, kann man sich an gewissen Bräuchen der katholischen Kirche klarmachen, die zwar zauberhaft aussehen und dennoch einen ganz anderen, oft sogar einen sehr tiefen Sinn haben, wie die Anbetung der Hostie nach der Verwandlung. Gewiß wird man in den geschichtlichen R. Palästina-Syriens zahlreiche Fälle von Zauber nicht leugnen können, aber meist handelt es sich um Gegenzauber, dessen Formen beibehalten sind, dessen gedankliche Auffassung sich aber geändert und „religiös" vertieft hat. In dieser Einschränkung sei neben dem bereits erwähnten Analogiezauber die zweite große Gruppe des Kontaktzaubers genannt: z. B. durch Schlagen mit dem Zauberstab läßt Mose Quellen springen (Ex. 17, 5ff.), durch sein Ausstrecken erzwingt Josua Sieg (Jos. 8, 26), durch sein Auflegen will Elisa Heilung bewirken (II. Kön. 4, 29ff.). Die ansteckende Kraft, die die Lade Jahwes verbreitet, äußert sich in vielen unheilvollen Wundern (I. Sam. 5, 1 ff.; II. 6, 6). Das Überwerfen des Prophetenmantels verleiht prophetische Gaben (I. Kön. 19, 19; II. 2, 8. 14) usw. Zum Knotenzauber mag man die Vorstellung vom göttlichen „Lebensbündel" rechnen, in das die Seele des Menschen eingeknotet wird (I. Sam. 25, 29; Jes. Sir. 6, 16). Prophetinnen verstehen mit Binden, Schleiern, Netzen Seelen einzufangen (Hes. 13, 17ff.). Auch das in Palästina-Syrien bekannte äg. Lebenszeichen wird vielleicht auf solchem Knotenzauber beruhen. Auffallend starke Spuren hat der Wort- und Namenzauber (s. Name C) hinterlassen; er wirkt nicht nur in den Vorstellungen von Fluch und Segen nach (s. Segen B), sondern auch in den Befehlen des Schöpfergottes, durch dessen Wort alle Dinge entstehen (Gen. 1), oder in der geheimnisvollen Scheu, die den Gottesnamen umgibt (Gen. 32, 30; Ex. 3, 13f.), und die später mit zur Vermeidung des Namens Jahwe geführt hat. So ließen sich noch zahllose Beispiele aufzählen. Unter den Zaubermitteln, die meist der Abwehr dienen, sind besonders die Amulette (s. Amulett C) zu nennen, die wir fast nur aus den Ausgrabungen kennen; dazu gehören auch viele Schmuck- und Gebrauchsgegenstände, die ursprünglich einen profanen Sinn hatten, dann aber sekundär als Zauber aufgefaßt wurden, z. B. Ohrringe, die von den Aramäern mit dem Wort für „heilig" (*q^edāschā*) bezeichnet werden, vielleicht des geheimnisvollen Metalls wegen, aus dem sie gefertigt sind. Metalle gelten ja vielfach dem primitiven Menschen für ebenso zauberhaft wie dem Analphabeten die Buchstaben; deshalb werden vereinzelt Holzklappern noch heute in der katholischen Kirche bei besonderen Gelegenheiten metallenen Instrumenten vorgezogen, und deshalb war für das Empfinden des Beduinen schon ein behauener Stein als Altarstein unmöglich (Ex. 20, 25). Aus demselben Grunde waren umgekehrt Metallglocken beliebt, um böse Dämonen zu vertreiben; daher stammen die Glöckchen und Granaten am Saum des hohepriesterlichen Gewandes (Ex. 28, 33), die ihr Gegenstück in Mesopotamien haben (s. Glocke), während sonst meist Ä. es war, das Palästina-Syrien mit Amuletten versorgte. Das erklärt sich schwerlich daraus, daß die äg. R. reicher mit zauberhaften Bestandteilen durchsetzt gewesen sei, sondern vielmehr daraus, daß die äg. Amulette fremdartiger und darum zauberkräftiger anmuteten. Wie stark auch die israel. R. mit Zauberei behaftet war, erkennt man aus den zahlreichen Namen für die verschiedenen Arten des Zaubers, die meist nur durch fragwürdige Etymologien erschlossen werden können, selten so ausführlich beschrieben werden wie die Totenbeschwörung der „Hexe" von Endor (I. Sam. 28) oder die Wiederbelebung des toten Knaben durch Elisa (II. Kön. 4, 32ff.). Daß in diesen besonders aus Mesopotamien geläufigen Beschwörungen uralte Zauberbräuche nachwirken, kann kein Zweifel sein. Dasselbe gilt für das Orakelwesen, wie denn die Seher und Propheten den Zauberern aufs engste verwandt sind und vielfach bis zu Jesaja herab als solche dargestellt werden (Jes. 7, 11; 8, 19; 38, 7ff.). Auch die Opfer, obwohl sie im allg. auf einer höheren Stufe stehen, haben mannigfache Reste des Zauberglaubens bewahrt, z. B. wenn am großen Versöhnungstage die Sünde der Gemeinde auf den Bock übertragen und zum (bocksgestaltigen) Azazel in die Wüste geschafft wird (Lev. 16). Auf zauberhaften Vorstellungen beruhen im Grunde auch die Gottesurteile in der Rechtsprechung (Ex.

18, 19; das „Eiferopfer" Num. 5, 11ff.) und die Bräuche beim „Bund-Schneiden", die auf magische Selbstverstümmelung oder Selbsttötung beim Eidbruch abzielen. Aber auch sonst lebte in und neben der offiziellen R. uralte Zauberpraxis in zahllosen Abwehrriten weiter. Die purpurblaue Schnur in der Zipfelquaste des Kleides, die nach späterer Deutung an die göttlichen Gebote erinnern sollte (Num. 15, 37), diente ursprünglich gewiß wie die blaue Farbe überall als Gegenzauber gegen den „bösen Blick". Die Arm- und Stirnbänder, an denen Pergamentrollen mit Gesetzesstellen befestigt waren (Tephillin, „Gebetsriemen", „Denkzettel" genannt, Ex. 13, 16; Deut. 6, 8), heißen noch im NT φυλακτήρια (Matth. 23, 5); sie sind ein sekundärer Ersatz für Tätowierungen („Kultmarken", στίγματα) an Arm und Stirn, wie sie in vordeuteronomistischer Zeit ausdrücklich (s. Qeniter) bezeugt sind (I. Kön. 20, 35ff.) und wahrscheinlich dem Volksstamm der Qainiter eigentümlich waren („Kainszeichen"; Gen. 4). Pergamentrollen steckte man auch in die Pfosten („Mezuzoth") des Hauses und der Tür (Deut. 6, 9); Blut strich man an die Schwelle (Ex. 12, 22), denn dort wohnt der gute Geist des Hauses. Aus dem jerusalemischen Priesteramt der „Schwellenhüter" (II. Kön. 22, 4) und einer Sage (I. Sam. 5, 5) wußten wir, daß Israeliten und Philister über die Tempelschwelle hinwegzuhüpfen pflegten; diese Sitte scheint erst aus Assyrien eingewandert zu sein (Zeph. 1, 9). Aber jetzt lernen wir aus den Ausgrabungen, welche Bedeutung die Schwelle im Glauben und Brauch Vorderasiens gehabt hat: dort begrub man mit Vorliebe die Toten, soweit sie im Hause bestattet wurden (s. Gezer § 12); dort fand man Figuren aus Silber (s. d. C) in Silhouettenform, deren Arme auf den Rücken gebunden waren (Macalister *Gezer* II 434; ebenso in Byblos, Mon. Piot 25 S. 263 Abb. 19), oder Lampen zwischen umgestülpten Schüsseln (s. Beleuchtung C § 12; Band I Tf. 105 n), auch Schatzdeposita, meist Schmucksachen in Tonkrügen, als Gründungsopfer für Tempel (in Susa wie in Byblos; Rev. Bibl. 34 [1925] Tf. 5 B = *Altor. Bilder*² Nr. 670).

T. Witton Davies *Magic, Divination and Demonology* 1898; R. Campbell Thompson *Semitic Magic* 1908; James G. Frazer *Folklore in the OT* 1909; S. Mowinckel *Segen und Fluch in Israels Kult und Psalmendichtung* 1924; Joh. Hempel *Die isr. Anschauungen von Segen und Fluch im Licht altor. Parallelen* ZDMG 79 (1925) S. 20ff.; J. Pedersen *Israel* 1926.

§ 3. Wenn wir uns dem Seelen- und Totenglauben zuwenden, so wird man am besten von der primitivsten Vorstellung ausgehen, für die Seele und Leib noch nicht getrennt sind. Der Begriff des „lebendigen Leichnams" (s. Lebender Leichnam) läßt sich aus der Tatsache erschließen, daß man überall den Toten Speisen, Waffen, Schmuck mitgibt, ihnen also ein gewisses Weiterleben zutraut. Aber man hat diesen Gedanken nicht zu Ende gedacht und ist über eine bescheidene Totenpflege im allg. nicht hinausgegangen. Wo sich im besonderen Ausnahmen finden, sind fremde Einflüsse sicher oder wahrscheinlich. So war z. B. Einbalsamierung, um den Leichnam für längere Zeit zu erhalten, nicht Sitte. Die Joseph-Sage (Gen. 50, 2f.) stammt aus Ä. In Phönikien wurde bisweilen der mit Zeugstreifen umhüllte Körper in eine Gipsschicht eingebettet; die Körperöffnungen wurden mit Goldplättchen verschlossen (Renan *Mission de Phénicie* S. 78). Dort gab es goldene Totenmasken (s. d.) wie in Bethsean tönerne (s. Bethsean § 3 und Band II Tf. 1a, b) unter äg. oder kret. Einfluß (vgl. Band IV Tf. 174). Wenn die Gräber der Könige von Byblos (s. d.) und Gezer (s. d.) versteckt und ihre Eingänge versperrt wurden, um die Leichname zu schützen, wenn dort bisweilen Schächte angebracht waren, um dem Toten jederzeit Nahrung zuführen zu können, so ist hier wiederum äg. Einfluß zu spüren (s. Grab F § 10—11). Wie wenig man sich in Israel um die Totenpflege kümmerte, zeigt schon die sorglose Art der Grabanlage, die nur als ein verkümmertes „Schachtgrab" der kanaanit. Zeit angesprochen werden kann (vgl. Grab F § 16 mit 13 und Band IV Tf. 131 b). Immerhin brachte man den Toten wiederholt Nahrungsmittel dar; obwohl diese Sitte seit dem 7. Jh. bekämpft wurde (Deut. 26, 14), hat man sie niemals ganz ausrotten können (Tob. 4, 17; Jes. Sir. 30, 18f.), wie sie denn noch heute im vorderen Orient besteht (Dalman *Petra* I 61). Ein regelmäßiger und allg. üblicher Totendienst ist in der sem. Literatur nirgends nachweisbar und darum auch nicht vorauszusetzen. Eine Ausnahme machen nur die Nabatäer, die hierin von den Äg. als ihren Grenznachbarn beeinflußt sind. Dem entspricht es, daß die Toten meist als „Schattenseelen" (hebr. und phön. Rephaim; s. d.) aufgefaßt werden, d. h. nicht als lebendige, sondern als vertrocknete Leichname, die (etwa wie Mumien) in der „Scheōl", dem Aufenthaltsort der Toten, ganz so liegen, wie man sie beerdigt hat: auf ihren Schilden, mit ihren Wunden, in ihrem Mantel, auf einem Ehrenplatz oder in den Winkeln (Hesek. 32, 22ff.). Denn eine Leichenverbrennung kennt man in hist. Zeit nicht (erst unter röm. Einfluß tauchen die „Columbarien" auch in Palästina-Syrien auf) und hat man auch in vorgesch. Zeit wahrscheinlich nicht gekannt; die wenigen Beispiele der bisherigen Ausgrabungen (s. Grab F § 3) scheinen mir ebenso Ausnahmen zu sein wie die entsprechenden Nachrichten des AT (besonders I. Sam. 31, 12). Wir haben im AT nur ein einziges Zeugnis, daß man die Toten als göttliche Wesen (*elohīm*; I. Sam. 28, 13) betrachtet hat. Dieser Mangel an Nachrichten beruht gewiß auf Überarbeitung; denn die mehrfach erwähnte Totenbeschwörung (s. § 2) lehrt, daß man weithin den Toten übermenschliche Kräfte zugetraut hat. Aber ein allg. Totenkultus im Sinne einer Totenvergottung ist nirgends vorhanden; nachweisbar ist nur an einzelnen Stellen eine Vergottung des verstorbenen Königs, und bezeichnenderweise wiederum am deutlichsten bei den Nabatäern (Dalman *Petra* I 52). Man wird darum sagen müssen, daß die Toten zwar bisweilen „Götter" heißen und als solche gelten, aber in demselben Sinne wie etwa der regierende König, der wohl in den Hofkreisen aller sem. Völker, auch der Israeliten (Ps. 45, 7), als „Gott" angeredet wurde, ohne daß ihm kultische Verehrung gespendet wurde. Wie wenig man sich im allg. um den Tod kümmerte, sieht man aus den dürftigen Vorstellungen von der Scheōl, der „Erde" oder Unterwelt. Das Wort ist wie Thehōm, der „Ozean", ein Femininum ohne Artikel und bezeichnete vielleicht ursprünglich eine Schlangengöttin, wie Ereschkigal, die Herrin der Unterwelt bei den Babyloniern, oder Chavva (= Eva) bei den Phönikern; die Ableitung des Wortes Scheōl aus der äg. Bezeichnung für das Ährenfeld im Jenseits ist deswegen unwahrscheinlich, weil alle damit verbundenen Vorstellungen nach Babylonien hinweisen, die äg. Anschauungen aber völlig fehlen. Die Scheōl wird als „Grube" (Ps. 28, 1), als „ewiges Haus" (Ps. 49, 12), als Festung (Jes. 38, 10; Hiob 38, 17), als Land ohne Wiederkehr (Hiob 7, 9f.), von Bächen durchströmt (Ps. 18, 5) gedacht. Den Begriff der Hölle kennt man noch nicht; er dringt erst in der späthellenistischen Zeit ein. Ebensowenig wie es einen Totenkultus gibt, ebensowenig gibt es einen Ahnenkultus. Die einzige Nachricht, die man mit einem Schein des Rechts dafür anführen könnte, ist Gen. 35, 14; sie weist freilich nicht auf eine Ahnherrin, sondern nur auf deren Amme: Debora, die Amme der Rebekka. Der Stein, der auf ihrem Grabe steht, wird, wie die Massebe, der Gottesstein, gesalbt (s. Menhir C). Salbung der Totensteine ist durchaus wahrscheinlich, da man auch Siegessteine gesalbt hat (die Stele Asarhaddons von Sendschirli), sogar einen röm. Meilenstein bei Sidon, allerdings wohl nur aus Versehen (Pietschmann *Geschichte der Phönizier* S. 207 Anm.). Der Totenstein gilt als Haus der Seele wie der Gottesstein (hebr. *bēthēl*) als „Haus der Gottheit"; daher wird jener von den Aramäern auch *nefēsch* („Seele" oder besser „Person") genannt, da Stein und Person als eins gedacht werden. Personen müssen mit Öl gesalbt werden, also auch Götter und Tote oder ihre Bilder bzw. Steine. Solche Totenpflege bedeutet nicht notwendig göttliche Verehrung, also weder Toten- noch Ahnenkultus. Da alle direkten Nachrichten fehlen, hat man, einer ethnologischen Modetheorie (vgl. Herbert Spencer) zuliebe, aus zahlreichen Bräuchen falsche Rückschlüsse auf Ahnenkultus gemacht, z. B. aus der Schwagerehe (Deut. 25, 5ff.; Ruth), die, wie jetzt auch die altassyr. Gesetze bestätigen, ursprünglich mit Religion überhaupt nichts zu tun hat, sondern aus dem materiellen Egoismus der Sippe stammt, die sich das Vermögen des Verstorbenen dadurch erhalten will, daß ein Bruder dessen Witwe heiratet. Alles, was man sonst noch herangezogen hat, sind Versuche am untauglichen Objekt. S. a. Levirat § 3.

Auch den lebendigen Menschen hat man wohl meist als Ganzes aufgefaßt, ohne sich über das Wesen und den Sitz der „Seele" klar zu werden, so daß man von einer „Körperseele", besser von einem beseelten Körper, sprechen kann. Wo einzelne Körperteile als Sitz der Seele genannt werden, sind es vornehmlich Blut, Fett und Leber, die darum auch beim Zauber, beim Opfer und bei der Opferschau die größte Rolle spielen. Sobald man an eine vom Körper unterschiedene, obgleich nicht von ihm trennbare Seele glaubt, deutet man sie, wie überall in der Welt, hauchartig: Wie die Seele ausgehaucht wird, so kann sie auch eingehaucht werden (Gen. 2, 7; II. Kön. 4, 34; Ps. 104, 29); Speien, Küssen, Anblasen sind daher bekannte Formen des Hauchzaubers (Hag. 1, 9; Joh. 9, 6). Die Psychologie der Hebräer, die wir genau kennen, weiß von keiner Trichotomie: „Leib", „Seele" und „Geist", wie vielfach behauptet wird; selbst die Dichotomie in „Leib und Seele" entspricht nicht ganz den wirklichen Anschauungen, da sie griech. und moderne Gedanken einträgt. Die Vorstellung einer im Leibe inkarnierten Seele liegt dem Semiten ganz fern. Wieder eine völlig andere Idee ist die vom Seelenvogel (Jes. 8, 19; 29, 4; Hesek. 13, 17ff.; vielfach in Ps.), die vielleicht aus Ä. stammt, dort jedenfalls sehr geläufig war und eine besondere Geschichte erlebt hat (z. B. *Altor. Bilder*² Nr. 246). Als Seelenvogel hat man vor allem die Taube betrachtet; die Taubengöttin ist zugleich die Herrin der Seelen und alles Lebens überhaupt. Als Seelentier gilt daneben die Schlange; Eva, die „Mutter alles Lebendigen" und Ahnherrin der Menschheit, heißt „Schlange", und die Taubengöttin ist zugleich Schlangengöttin (in Bethsean wie in Assur oder Kreta). Besonders verbreitet waren diese Vorstellungen bei den Aramäern und Nabatäern.

Die Trauergebräuche pflegt man vor allem als Ausfluß von Totenverehrung aufzufassen; aber man gibt wenigstens das eine zu, daß die Zeugnisse auf sem. Boden allein diese Anschauung nicht rechtfertigen. Das Eingeständnis eines Analogieschlusses von primitiven R. Australiens oder Afrikas wird den vorsichtigen Forscher zu doppelter Vorsicht mahnen. Wenn auch Geschichten von wiederkehrenden Toten fast ganz fehlen (nur das Buch Tobit behandelt das Märchenmotiv vom dankbaren Toten, der als Engel wiederkehrt), so ist doch kein Zweifel, daß man vielfach Angst vor der unheimlichen Macht der Toten gehegt hat, und daß viele Bräuche von hier aus zu erklären sind, z. B. die Pflicht, Unbeerdigte zu beerdigen; selbst Gehenkte müssen noch in der Nacht bestattet werden (Deut. 21, 22ff.). Daß man über den Leichen der Verbrecher Steinhaufen errichtet, ist begreiflich (Jos. 8, 29; 10, 26ff.; II. Sam. 18, 17); vielleicht fürchtete man noch im Tode Schandtaten von ihnen. Vielleicht aber war die Absicht, jede Gemeinschaft mit ihnen abzuleugnen und sie noch über das Grab hinaus zu ächten (Rudolf Hirzel *Die Strafe der Steinigung* 1909; Islam 10 S. 170ff. C. Clemen). So gewiß man einzelne Fälle von Totenverehrung oder besser Gespensterfurcht zugeben muß, so gewiß ist, daß die Semiten nach den ältesten uns vorliegenden Nachrichten entweder schon über sie hinausgewachsen oder noch nicht reif geworden waren für sie, wie sie sich ja auch von der Dämonenfurcht im allg. frei hielten und erst später von ihr befallen wurden. Der nächstliegende Sinn der Trauerbräuche scheint nur die Absicht zu sein, auf den Toten einzuwirken oder ihm zu helfen, daß er wieder lebendig werde. Daher stammt die Leidenschaft aller Äußerungen. Um das Weinen zu steigern, bezahlt man Klagemänner (Amos 5, 16) und Klageweiber (s. a. Klagefrau), die rituelle Klagelieder singen müssen. Die Aramäer kannten auch Klagetänze, wie der Baal Marqodes, „der Herr der Klagetänze", beweist (Roscher *Lex.* s.v. Megrin); man wird an obszöne Bauchtänze denken müssen, wie man sie (im Zeitalter des Synkretismus) zu Ehren des toten Osiris tanzte, um seine Zeugungskraft zu wecken (Greßmann *Tod und Auferstehung des Osiris* AO 23 [1923] Abb. 1). Man streute sich Asche oder Kot aufs Haupt (Jos. 7, 6) und hockte am Boden Tag und Nacht (II. Sam. 12, 16). Bei den Arabern gingen die Weiber halbnackt wie in Byblos (s. d.; Sarkophag des Aḫiram; *Altor. Bilder*² Nr. 665) und schlugen mit den Händen die Brüste oder den Hinterkopf. Überall war die Sitte bekannt, sich die Kleider zu zerreißen oder wenigstens einzureißen (die einzige Darstellung auf dem „Klagefrauensarkophag"; *Altor. Bilder*² Nr. 211); bisweilen trug man geflickte oder schmutzige Kleider („schmutzig sein" = „traurig sein"), oder man legte den „Sack" (hebr. *saq*) an, ein schwarzes Ziegenhaartuch (II. Sam. 3, 31; Sach. 3, 3). Man fastete und trauerte sieben Tage lang (I. Sam. 31, 13). Am lehrreichsten sind die überall verbreiteten und nur wenig wechselnden Haarriten (s. Haartracht C; auch für sem. Verhältnisse lehrreich ist die äg. Darstellung auf dem Sarg des Anchpechrod; *Altor. Bilder*² Nr. 198). Man verstümmelte das Haupthaar, indem man sich eine Glatze vorn auf der Stirn schor oder Zwickel hineinschnitt (Deut. 14, 1; Anchpechrod). Der Kinnbart wurde geschoren (Jes. 15, 2) oder, wenigstens bei Priestern, verstümmelt (Lev. 21, 5). Den Schnurrbart ließ man in der älteren Zeit, wo man glattrasierte Oberlippe trug, wachsen, indem man ihn ebensowenig pflegte wie die Fingernägel (II. Sam. 19, 25); später, als man nach assyr. Mode einen kurzen Schnurrbart trug, verhüllte man ihn (Mich. 3, 7; Hes. 24, 17. 32). Im syr. Hieropolis mußten sich Jünglinge den Bart, Jungfrauen die Locken scheren lassen, ehe sie heirateten; die Haare wurden in silbernen oder goldenen Gefäßen im Tempel mit dem Namen der Betreffenden aufbewahrt (Lukian, Dea Syria 60). Sicher hat das mit der Angst vor Totengeistern nichts zu tun, sondern es geschah wahrscheinlich aus Mitleid mit dem verstorbenen Gotte; man gab seine eigene Kraft hin (in den Haaren sitzt ja bekanntlich die Kraft des Menschen), um die Kraft des Gottes zu vermehren, damit er zu neuem Leben auferstehen könne. Frauen, die das nicht tun wollten, mußten („zur Strafe", so fälschlich Lukian, Dea Syria 6) ihm auf andere Weise helfen, indem sie sich einem beliebigen Fremden auf dem Markte preisgaben und so ebenfalls (durch Begattung) das Leben förderten. Für diese Haarschur gab es besondere „Scherer, die zum Dienst bestimmt waren" (Inschrift des Astarte-Tempels in Kition; CIS I 86), in karthagischen Inschriften auch „Gottes-Scherer" genannt (CIS I 257ff.; vgl. Herodot III 8). Die Israeliten bekämpften diesen Brauch der Baal-Adonis-Religion seit dem 7. Jh.: „Ihr sollt euch keine Einschnitte (Tätowierungen) für die Toten machen noch euch vorn am Kopf eine Glatze scheren; denn ihr seid Diener Jahwes" (Deut. 14, 1f.; ähnlich und wohl abhängig Lev. 19, 28); man muß ergänzen: „aber nicht Diener Baals oder des Adonis". Die Einschnitte, Tätowierungen, Kultnarben, die sonst auf den Gott einwirken sollten (I. Kön. 18, 28), gelten hier dem Toten; richtiger muß man wohl sagen: dem mit Adonis gleichgesetzten Toten. Wie im Osiris-, so wird man auch im Adonis-Glauben Tod und Auferstehung des Gottes auf jeden Toten übertragen haben. Allerdings fehlen die Beweise dafür; aber im AT darf man sie jedenfalls nicht suchen, obwohl Spuren vorhanden sind. Denn seit der Zeit der Propheten hat man den Adonis-, also auch den Auferstehungsglauben aufs schärfste bekämpft, und erst seit der Makkabäer-Zeit beginnt er langsam ins Judentum einzudringen; das erste, sicher datierbare Zeugnis findet sich im Buche Daniel 12, 2.

B. Stade *Über die altt. Vorstellungen vom Zustand nach dem Tode* 1877; Fr. Schwally *Das Leben nach dem Tode* 1892; A. Bertholet *Die isr. Vorstellungen vom Leben nach dem Tode* ¹1899, ²1914; C. Grüneisen *Der Ahnenkultus und die Urreligion Israels* 1900; P. Torge *Seelenglaube und Unsterblichkeitshoffnung im AT* 1909. — Über Trauergebräuche und Totenklage beste Darstellung Hedwig Jahnow *Das hebr. Leichenlied im Rahmen der Völkerdichtung* 1923; über die Haarriten J. G. Frazer *Folklore in the OT* 1919 III 270—303: Cuttings for the Dead; über die Seele des lebenden Menschen H. Wheeler Robinson *Hebrew Psychology* in *The people and the book* ed. by A. S. Peake 1925 S. 353—382.

§ 4. Tierverehrung hat es in Palästina-Syrien wahrscheinlich von jeher gegeben, wenn auch vielleicht nicht in demselben Umfange wie bei den Ägyptern. Immerhin, einen wie großen Raum sie, wenigstens im Kulturlande, eingenommen haben muß, kann man am deutlichsten an den Speiseverboten der Israeliten (s. Nahrung D) erkennen (der ältere Katalog Deut. 14, der jüngere Lev. 11, doch sind keine wesentlichen Unterschiede vorhanden): unter den Vierfüßlern sind Kamele (s. d. B), Hasen, Klippdachse und Schweine (s. d. C) verboten, ferner unter den Fischen alle, die keine Flossen und Schuppen haben, sodann die meisten Vögel, einschließlich der Fledermäuse, endlich zahlreiche kriechende und springende Tiere wie Eidechsen und andere Reptilien, Mäuse und Wiesel.

Bei dieser priesterlichen Systematisierung der Volksbräuche mögen mancherlei Vorstellungen zusammengeflossen sein; wahrscheinlich sind auch neue Gesichtspunkte hinzugekommen, die dem Volksglauben fremd waren. Aber das Wesentliche ist, daß alle diese Tiere als „unrein" gelten; d. h. sie sind im Jahwe-Kultus verboten, weil sie ursprünglich heilig waren und zu anderen Göttern oder Dämonen in Beziehung standen. Tatsächlich sind bei vielen dieser Tiere Beziehungen zu fremden Gottheiten der Kanaaniter, Phöniker, Aramäer usw. nachweisbar. Ob man aber gerade an Totemismus (s. d.) denken darf, wird davon abhängen, wie man diesen Begriff definiert. Versteht man darunter die Verwandtschaft des Menschen mit dem Tier als seinem Bruder, genauer der Sippe mit dem Totem-Tier (Ankermann bei Bertholet-Lehmann *Lehrbuch der Religionsgeschichte*[4] I 169), so wird man zugeben müssen, daß sichere Spuren von Totemismus in Palästina-Syrien nicht oder, wenn man will, nicht mehr vorhanden sind. Außer den Speiseverboten kann man noch folgende Zeugnisse erwägen: Die in Gen. 2 vorausgesetzte Anschauung, daß der Mensch ursprünglich den Tieren näher steht als dem Weibe; denn als Gott ihm einen Kameraden geben will, schafft er zunächst die Tiere, dann erst das Weib. Aber die Kameradschaft mit den Tieren wird bereits abgelehnt; Adam erkennt nur Eva als seinesgleichen an. Jene Voraussetzung hätte zum Totemismus führen können, aber die Erzählung beweist nicht, daß sie jemals dazu geführt hatte. Wenn hier wie anderswo (AR 10 [1907] S. 359f. Greßmann) die Schlange als Ahnherrin des Menschengeschlechtes und vermutlich einzelner Stämme wie der Chiwwiter (s. d.) erscheint, so genügt vielleicht der Hinweis auf die Seelentiere (§ 3), deren Ursprung freilich auch sehr dunkel ist; in hist. Zeit wird man stets an eine Schlangengöttin denken müssen. Ferner sind die zahlreichen Tiernamen zu nennen, die meist Individuen, seltener Stämmen beigelegt werden. Aber nichts zwingt uns, diese Tatsache totemistisch zu erklären; im Gegenteil, arab. Gegenstücke lehren, daß man Kindern gern Tiernamen gab, um irgendeine hervorragende Eigenschaft des betreffenden Tieres auf sie zu übertragen (s. Name C). Zur Deutung der uns vorliegenden Überlieferungen genügt überall die Voraussetzung des Glaubens, daß die Tiere durch ihre Kraft dem Menschen überlegen sind und deshalb als übermenschliche Wesen erscheinen. Als heiliges Tier begegnet uns vor allem der Stier; seltener, aber auch weit verbreitet, sind heilige Schlangen, Tauben und Fische.

In der geschichtlichen Zeit tragen die Gottheiten fast überall Menschengestalt; wenn sie sich einst in Tieren verkörperten, so haben sie sie jetzt als „Rangzeichen" neben sich, wie schon der Gott mit den beiden Löwen auf dem thinitischen Siegelzylinder in Byblos (um 3400; Mon. Piot 25 S. 248 Abb. 11) oder die Regen- und Himmelsgötter mit dem heiligen Stier. Die Tiergestalt ist im allg. nur von den Dämonen und Engeln ganz oder teilweise bewahrt worden, d. h. von den niederen Gottheiten feindlicher (= Dämonen) oder freundlicher (= Engel) Art. Unter den bösen Geistern, wie dem Satan, der erst in der späthellenist. Zeit zum Gegengott wurde, wird man zu allen Zeiten die Krankheitsdämonen am meisten gefürchtet haben, gegen deren Überfälle nur Schutzengel den Menschen behüten konnten (I. Sam. 2, 25; 29, 4. 9). Aber neben Pestdämonen und „Blutegeln" (*ʿaluqa* Prov. 30, 15) kannte man auch Nachtgespenster (*lilith* Jes. 34, 14) und Mittagsgeister (Ps. 91, 5f.; vgl. Gruppe *Mythologie* II 759). In der Wüste hausten nach arab. Vorstellung die Dschinnen, nach israel. die „Böcke" (*seʿ-īrīm* Jes. 13, 31; s. Ziege C), den Faunen und Satyrn vergleichbar, als deren Haupt Azazel galt (Lev. 16f.), im Ozean die Meeresschlange (Am. 9, 3), in den Quellen Schlangengeister, wie zahlreiche Quellnamen bezeugen. Die Phöniker fürchteten an der Totenbahre den „Grimmlöwen", einen leichenfressenden Kobold (εἰχθρολέων; Pietschmann *Phön.* S. 193), auf den Schiffen den Klabautermann (Münzbilder). Die gefährdeten Häuser sicherte man nicht nur durch Abwehrriten (§ 2), sondern vertraute sie auch dem Schutz der Schwellengeister an, indem man die Toten unter der Schwelle begrub. Als besonders schrecklich galten Drachen, d. h. mischgestaltige Wesen, von der Phantasie geschaffen, wie die geflügelten

Schlangen (*sārāph*; Jes. 30, 6), mit denen man die Wüste bevölkerte, und die man auch in der Umgebung der Gottheit dachte (s. Schlange). Wie früh die Engel vermenschlicht wurden, lehrt ihr Herabsteigen vom Himmel auf einer Leiter (Gen. 28, 12); wo Flügel vorausgesetzt werden, haben sie noch einen Überrest der tierischen Gestalt bewahrt. Daß die Sterne als ein Heer himmlischer Wesen aufgefaßt wurden, zeigen Anspielungen in alten Liedern (Richt. 5, 20) und Sagen (Gen. 32, 3). Im allg. geht aber aus dem AT mit großer Deutlichkeit hervor, daß der Dämonenglaube bei den alten Israeliten vor dem Exil von geringer Bedeutung war; die wenigen Spuren, die man aufzeigen kann, sind unter dem Einfluß der Prophetie fast ganz unterdrückt. Das meiste ist überdies schon vor dem Exil aus Assyrien eingewandert. Aber erst nach dem Exil, als die Religion Israels von ihrer Höhe herabsank, hat unter der Einwirkung chald.-iran. Glaubens der Polydämonismus immer stärker die Oberhand gewonnen, bis Satan in späthellenist.-christlicher Zeit geradezu zum Gegengotte wurde. Wer sich diese Entwicklung vergegenwärtigt, wird nicht geneigt sein, den Polydämonismus an den Anfang der israelit. R. zu setzen oder ihn als ihre Vorstufe zu betrachten. Die Vorstufe, die wir noch einigermaßen erkennen können, muß man vielmehr als Polytheismus bezeichnen.

Zum Totemismus vgl. W. Robertson Smith *Kinship and marriage in Early Arabia* 1885 und *Religion der Semiten* (deutsch) 1899 S. 96ff.; B. Stade *Geschichte des Volkes Israel* I 407ff.; ZDMG 40 (1886) S. 156ff. Noeldeke; P. de Lagarde *Mitteilungen* II 69ff.; V. Zapletal *Der Totemismus und die Rel. Israels* 1901; Eduard Meyer *Die Israeliten u. ihre Nachbarstämme* 1906 S. 309ff. — Zum Dämonenglauben vgl. Hans Duhm *Die bösen Geister* 1904.

§ 5. Mit dem polynes. Ausdruck Tabu (s. d.) pflegt man alles das zu bezeichnen, was aus Angst vor den ihm innewohnenden übermenschlichen Kräften dem menschlichen Gebrauch entzogen ist oder doch nur mit besonderen Vorsichtsmaßregeln verwendet werden kann. Diese übermenschlichen Kräfte können, wie im Zauberglauben, unpersönlich bleiben; sie können aber auch als Dämonen oder Götter gedacht werden. Im AT ist der Begriff „Tabu" gespalten: die gefährlichen Dinge, die in Beziehung zu Kräften außer Jahwe stehen, also zum Zauber, zu Dämonen oder zu fremden Gottheiten, und deren Benutzung oder Berührung deshalb vom Jahwe-Kultus ausschließt, gelten als „unrein"; diejenigen aber, die zu Jahwe selbst in Beziehung stehen, gelten als „heilig". Daraus ergibt sich in gewissem Sinne die Gleichung unrein = heilig. Beides ist „Tabu", d. h. verboten, weil mit göttlichen Kräften geladen und gefährlich für den Menschen, der sich nicht auf ihre richtige Behandlung versteht; berührt man sie, so muß man sich reinigen. Die Reinigungsgebräuche gehören also notwendig zum Tabu (s. Reinheit). Der Unterschied von unrein und heilig ist sekundär und zweifellos erst mit einer höheren Entwicklungsstufe, nicht nur der jahwistischen, sondern der vorderas. R. überhaupt (vgl. Lukian, Dea Syria § 54), entstanden, um alles mit ihr Unerträgliche abstoßen zu können. Darum wird man gerade in dem Unreinen außer- und vorjahwistische Vorstellungen suchen müssen. Die große Gruppe der Speiseverbote haben wir bereits kennengelernt und gesehen, daß sich die Unreinheit der betreffenden Tiere aus alter oder fremder Tierverehrung erklärt (§ 4). Als unrein gilt aber auch alles das, was mit dem geschlechtlichen Leben der Männer und Frauen zusammenhängt: der Beischlaf, die Pollution, Menstruation, Geburt (junge Gesetze Lev. 12 und 15, als alt bezeugt durch I. Sam. 21, 5; II 11, 4). In der kanaanitischen R. dagegen werden Männer und Frauen, die sich im Dienst der Gottheit preisgeben, als „heilig" bezeichnet (*qedēschā*, die Tempeldirne). Besondere Gefahren drohen beim ersten geschlechtlichen Verkehr in der Brautnacht; darum mußten es in Byblos Fremde sein, die die phön. Weiber begatteten (Lukian, Dea Syria § 6); daher stammt zweitens die Beschneidung (nach Ex. 4, 24ff.; s. Beschneidung B), die ursprünglich am geschlechtsreifen Jüngling (Gen. 34; Jos. 5), erst später am achten Tage nach der Geburt vollzogen wurde (Gen. 17, 12). Zum nationalen Rangzeichen wurde sie erst nach dem Exil, nachdem die meisten anderen Völker diesen Brauch aufgegeben hatten, eine Äußerung des nationalen Eigensinns im Judentum. Ein drittes Beispiel für die Angst vor der Brautnacht ist die Entlassung der Krieger, die kurz vor der Hochzeit stehen, aus dem Kriegsdienst (Deut. 20, 7). Ebenso unheimlich wie die Begattung erschien die Entleerung des menschlichen Körpers; die Exkremente galten daher als unrein (Deut. 23, 13ff.; Hes. 4, 12). Wie die Geburt so verunreinigte auch der Tod, die Berührung der Leiche, die Teilnahme an der Bestattung oder am Totenmahl (Deut. 26, 14; Hes. 9, 4). Dasselbe galt vom Aussatz (s. d.) an Menschen, Kleidern und Häusern (Lev. 13f.), weil man hier überall unerklärliche, übermenschliche Kräfte wirksam sah.

Wer mit diesen unreinen Dingen in Verbindung gekommen ist, hat sich verunreinigt oder, der späteren Auffassung entsprechend, die sie als ein Greuel der Gottheit betrachtet, sich versündigt; er muß sich daher reinigen oder entsündigen. Die Sünde ist ja ursprünglich ein ganz oder fast ganz ritueller Begriff, der erst durch die Propheten sittlich vertieft worden ist. Dementsprechend sind auch die Reinigungsbräuche ritueller oder kultischer Art gewesen. Man benutzte dabei meist Dinge, die selbst mit zauberhaften Kräften geladen sind, um durch sie einen heilsamen Gegenzauber ausüben zu können. Um sie recht wirkungskräftig zu machen, fügt man bisweilen noch Zauberformeln hinzu, oder man häuft die Riten in der Hoffnung, durch Quantität die Qualität zu verbessern. Die reinigende Kraft des Feuers (s. d.) ist uns schon bei den Abwehrriten entgegengetreten, wenn man brennende Lampen unter der Schwelle vergräbt (s. § 2), die auch durch Zauberschalen ersetzt werden können. Ebenso wird es zu erklären sein, wenn man die zu opfernden Kinder „durchs Feuer gehen" läßt (II. Kön. 21, 6), oder wenn man mit Feuer tauft (Matth. 4, 11; vgl. das „Fegefeuer"). Vielleicht gehört auch das Verbrennen des Weihrauchs hierher, wobei dann die verschiedenen Bestandteile des Weihrauchs seine Wirkung erhöhen sollen (Ex. 30, 34ff.). Weiter verbreitet als Sühnemittel ist das Wasser, das die Unreinheit abwaschen soll von Kleidern oder vom Leibe vor Gebet, Opfer, Ritus. Bevorzugt wird lebendiges, d. h. fließendes Wasser, dessen Wirkungskraft vermehrt wird etwa durch das Blut eines geopferten Vogels (Lev. 14, 5) oder durch die Asche einer fehllosen roten Kuh, die noch kein Joch getragen hat (Num. 19, 1ff.). Blut ist ein besonders wirksamer Saft und wird gern zur Entsündigung benutzt, indem es nicht nur auf die heiligen Gegenstände, sondern auch auf Menschen und Kleider gesprengt wird (Ex. 24, 6ff.; 29, 12ff.). Eine ganz andere Art der Reinigung wird durch Übertragung der Unreinheit auf ein Tier bewirkt. So wird die Krankheit des Aussätzigen auf einen Vogel übertragen, der sie fortnimmt (Lev. 14, 7); die Sünde der Gemeinde wird am großen Versöhnungstage auf den Bock Azazel geladen und durch ihn in die Wüste gebracht (Lev. 16). Nach einem Märchenmotiv kann man die Sünde wie einen Gegenstand in eine Kiste packen und wegschaffen lassen dahin, wo sie keinen Schaden mehr stiftet (Sach. 5, 5ff.). S. a. Reinheit, Reinigung.

Wahrscheinlich muß man schon auf der ältesten Stufe der R. einen primitiven Kultus voraussetzen: Kultstätten unter freiem Himmel, vielleicht mit einem Stein (-fetisch), der den Gott, und einem Holz (-fetisch) ausgestattet, der die Göttin darstellt. Was man an primitiven „Idolen", „Brettidolen", „Figuren" bei den Ausgrabungen in Palästina-Syrien gefunden hat (vgl. *Altor. Bilder*² Nr. 556, 560—562), verdankt wohl mehr dem Spieltrieb als dem Kultus seine Entstehung. Priester waren daher nicht notwendig. An Festen wird es nicht gefehlt haben, auf denen man seine Gebete sprach, seine Opfer darbrachte und seine Tänze aufführte. Die Gebete waren laut; „beten" und „schreien" ist dasselbe (ein leises Gebet erregt noch sehr viel später Anstoß; I. Sam. 1, 13). Genügt die menschliche Stimme nicht, so nimmt man die Posaunen zu Hilfe (Num. 10, 10). Die Hauptsache ist das Rufen des göttlichen Namens, den man daher genau kennen muß (Gen. 32, 30; Ex. 3, 6; 6, 2); der Name hat noch etwas von der magischen Kraft bewahrt. Auch bei den Gebetsformen erhalten sich magische Riten (I. Kön. 18, 42), wie denn auch der Inhalt oft vom Zauber beeinflußt wird. Dasselbe gilt vom Opfer (Num. 23, 1), obwohl die zauberhaften Vorstellungen auf dem Gebiete der R. grundsätzlich überwunden sind. Man bezeichnet das Opfer als „Speise Gottes" (Lev. 3, 11). Daher gibt man ihm Blut und Fett, die Seele des Tieres, um ihn zu sättigen und mit Lebenskräften zu füllen. Die „Schaubrote" soll er nicht nur schauen, sondern auch essen. Der süße Opferduft, der ihm in die Nase steigt, dient „zum Geruch der Beruhigung" (Gen. 8, 21). Nach anderer Vorstellung ist das Opfer eine Gabe (hebr. *mincha*, später auf das Getreideopfer beschränkt); man erscheint nicht vor der Gottheit mit leeren Händen; dieser Gedanke liegt besonders dem Gelübdeopfer zugrunde, das auf sie einwirken soll. Eine dritte Anschauung ist die der Kommunion; durch gemeinsames Essen und Trinken gehen Gott und Mensch Blutsbrüderschaft ein. Daher stammen die Opfermahlzeiten, die in der ältesten Zeit eine große Rolle spielen. Als alt müssen viertens auch die Sühnopfer gelten, die sich in Israel schon früh in „Sünd-" und „Schuldopfer" gespalten haben (II. Kön. 12, 17), die bei den Kanaanitern und Phönikern noch eine Einheit bildeten. Vielleicht noch älter als die Opfer sind die Tänze, die ursprünglich die Bewegung der Götter und Göttertiere nachahmen wollen, um ihnen zu schmeicheln oder sie zu ehren. Auf einer höheren Stufe wollen die Menschen mit ihnen eins werden, indem sie sie durch Maskeraden verkörpern (s. a. Mummenschanz, Saturnalien); wenn sie im ekstatischen Tanz bewußtlos geworden sind, nehmen sie den Gott in sich auf. Vegetationstänze sollen das Wachstum der Ähren befördern (I. Kön. 18), Rundtänze vielleicht den magischen (Sonnen-) Kreis nachbilden, Schwerttänze die Dämonen von der Braut in der Hochzeitsnacht fernhalten oder die Berserkerwut der Krieger hervorrufen, Trauertänze die bösen Geister von der Leiche verscheuchen oder die Toten ehren.

W. Robertson Smith *Die Religion der Semiten* (deutsch von Stube) 1899; R. Dussaud *Les origines cananéennes du sacrifice israélite* 1921; G. R. Gray *Sacrifice in the OT* 1925; Joh. Döller *Das Gebet im AT* 1914; Anton Greiff *Das Gebet im AT* 1915; W. O. E. Oesterey *The sacred dance* 1923; J. G. Frazer *The Scapegoat*[3] 1913.

§ 6. Von den beiden Typen der Beduinen- und Bauernreligion, die von jeher auf dem Boden Syriens lebendig gewesen sind, darf jene als die ältere gelten. Von den hebr.-aram. Stämmen wissen wir, daß sie ursprünglich eine Beduinenreligion hatten, solange sie noch in der syr.-arab. Wüste, die sich zwischen Nordarabien und dem Euphrat erstreckt, oder in der Wüste Juda wohnten; aber ihre literarischen Überreste sind in die Bauernreligion eingebettet, die sie beim Eindringen in das Kulturland übernahmen. Im AT kommt überdies die Umwandlung der Volksreligion in die sittlich vertiefte Weltreligion der Propheten hinzu, die die Spuren der alten Beduinenreligion mit einem noch dickeren Firnis überzogen hat. Dasselbe gilt für die Beduinenreligion der nordarab. Stämme, von der im Koran nur noch wenig erkennbar ist. Im allg. schreiben die Beduinen nicht; es ist etwas ganz Außergewöhnliches, wenn wir schon im 17. Jh. v. C. sem. Inschriften in Serabiṭ auf der Sinai-Halbinsel finden (s. Schrift E), die Weihungen zu Ehren der Göttin Baalath enthalten (*Altor. Bilder*[2] Nr. 677). Meist geben die Inschriften erst dann Kunde auch von der R., wenn die Beduinen mit der Kultur das Alphabet übernommen haben. Das trifft auf die Nabatäer in Hauranitis und Trachonitis und auf die Palmyrener zu. Etwas weniger fortgeschritten ist dieser Entwicklungsprozeß bei den Ṣafaiten, den Bewohnern der vulkanischen Ṣafa, sö. von Damaskus, so daß man hier fast von unmittelbaren Selbstzeugnissen des beduinischen Heidentums reden kann (4. Jh. n. C.). An der Spitze des Pantheons stand die auch im Koran (53, 19ff.) erwähnte Allāt. Ihr Hauptsitz war *ṭā'if* bei Mekka; das fruchtbare Tal, in dem die Stadt lag, war ihr heiliger Bezirk, in dem Bäume nicht geschlagen und wilde Tiere nicht gejagt werden durften. Sie wohnte in einem viereckigen Kalkstein, der mit allerhand Schmuck behangen war. Zu seinen Füßen befand sich die Grube, in der ihre kostbaren Kleider und Schätze aufbewahrt wurden. Ihre Verehrung wurde durch Nabatäer und Ṣafaiten weiter nach dem N verbreitet. Schon Herodot (I 131, III 8) kennt sie als Alilat und setzt sie der „Uranie" gleich, der Himmelskönigin, dem Venusstern (Wellhausen *Reste*[2] S. 29ff.; Dussaud *Les Arabes en Syrie* S. 118ff.; Dalman *Petra* I 51). Später wird sie der Athena angeglichen und ist als solche auf einem Flachbild aus Emesa dargestellt (Dussaud a. a. O. S. 130 Abb. 28). Ob die „Jungfrau" *Χααμου*, die Epiphanius (Haeres. 51, 22; vgl. dazu B. Moritz *Sinaikult* S. 18) neben Dusares erwähnt, mit Allāt identisch ist, muß fraglich bleiben. Dagegen sind wohl sicher aus ihr die beiden Gottheiten des Morgen- und Abendsterns abgespalten, die wie sie selbst bald männlich, bald weiblich gedacht werden; denn der nordarab. Göttin Allāt entspricht der südarab. Gott ʿAthtar (= Istar, Venusstern). Aber die Namen von Phosphoros-Hesperos wechseln: bald heißen sie „die beiden ʿUzza" — al-ʿUzza galt vor allem als kriegerische Gottheit, der man die Gefangenen schlachtete (Wellhausen *Reste*[2] S. 40) —, bald Azizos und Monimos usw. (Dussaud a. a. O. S. 132). Unter den männlichen Gottheiten ist der Name Allāh am interessantesten, der sicher schon der vorislamit. Zeit angehört, da er ausdrücklich bei den Ṣafaiten bezeugt ist, ohne daß wir Genaueres über sein Wesen aussagen könnten. Ihm war wahrscheinlich die *kaʿbā*, der würfelförmig schwarze Stein in Mekka, geweiht; da die allg. Bedeutung „Gott" noch durchsichtig war, machte Mohammed diesen Gottesnamen zum Kennzeichen seines Monotheismus und schonte sein heiliges Baityl (Dussaud a. a. O. S. 141f.). In den ṣafait. Texten wird neben Allāt am häufigsten Ruḍā genannt; mit leise abweichender Form begegnet er uns auch in nordarab. Texten und palmyren. Inschriften, so daß seine weite Verbreitung und hohe Bedeutung gesichert sind. Vielleicht liegt sein Name dem Οροταλτ (lies Οροταν) Herodots (III 8) zugrunde, der ihn als den arab. Hauptgott erwähnt und ihn mit Dionysos gleichsetzt (Ephemeris f. sem. Epigr. 3 S. 90ff. Lidzbarski); er müßte ihn dann allerdings schon als Bauerngott kennengelernt haben. Das ist um so eher möglich, als mit seinem Namen Aʿarra identisch zu sein scheint, der Beiname des nabat. Hauptgottes Duschāra (Dusares), der ganz zum Baal = Dionysos geworden war, ursprünglich aber ein Beduinengott gewesen sein wird. Auch ihm war ein schwarzer, viereckiger Stein heilig, der Bauernkultur entsprechend auf einem goldenen Postament in einem Tempel aufgestellt (nach Suidas; Dalman *Petra* I 49ff.). Besonders bezeichnend für die Beduinenreligion ist der in ṣafait. und palmyren. Inschriften bezeugte Gott Schaiʿalqaum, „der gute und belohnende Gott, der keinen Wein trinkt", von den Griechen dem Lykurgos gleichgesetzt (Littmann *Semitic Inscr.* S. 70ff.).

Die R. der Beduinen ist im allg. bildlos, d. h. der Steinfetisch, der fast nirgends fehlt, um die Gegenwart der Gottheit anzudeuten, ist noch nicht zum Götterbild geworden. Wo dennoch Götterbilder vorkommen, kann man mit Sicherheit oder Wahrscheinlichkeit Einfluß des Kulturlandes und fremden Ursprung nachweisen. Erhalten sind uns Nachbildungen der nackten Göttin mit Gürtel, Hals-, Arm- und Fußspangen; in den ausgestreckten Händen hält sie die Enden einer Schärpe, die sich im halbkreisförmigen Bogen über ihr wie der Himmel wölbt. Ein Stern neben ihr macht es vollends sicher, daß sie als Himmelsgöttin gedeutet werden muß (De Vogüé *Syrie Centrale*; *Inscr. sémit.* S. 141; Mschatta, Berlin, Kaiser-Friedrich-Mus.). Aus den Kreisen der Beduinenreligion stammt sicher auch eine bemalte Terrakotta aus Damaskus, 16 cm h., 12,5 cm br., die zwei Göttinnen auf dem Rücken eines Kamels in einer Qobba darstellt; eine andere Terrakotta aus Syrien, jetzt im Louvre, 23 cm h., 12 cm l., zeigt zwei Musikantinnen, die eine mit Doppelflöte, die andere mit Rahmentrommel, in einer Qobba auf einem Kamel, vielleicht als Begleiterinnen der Götterbilder in einer Prozession gedacht (Cumont *Études Syriennes* S. 264 Abb. 93 und S. 273 Abb. 94). Die Qobba ist ein kleines, pyramidenförmiges Zelt aus rotem Leder, das bei Prozessionen oder in der Schlacht von einem Kamel getragen wird; es war seit der Zeit Mohammeds leer, enthielt aber in der Zeit der „Unwissenheit" wahrscheinlich Fetischsteine oder Götterbilder, ähnlich dem heiligen Zelt der Hebräer in der Wüste (Zeitschr. f. alttest. Wiss. 40 [1922] S. 75ff. Hoffmann-Greßmann). Neben den heiligen Steinen gab es in dem heiligen Bezirke meist auch heilige Bäume. Die Hauptsache beim Fest war der Umlauf, die Prozession, das Tanzen um den heiligen Stein, das dem Fest seinen Namen verliehen hat (*ḥaǧǧ*). Dazu kommt das Schlachtopfer, dessen Blut auf den heiligen Stein gestrichen wird (ein Altar fehlt), und dessen Fleisch von der blutsverwandten Sippe verzehrt wird. Der geschlechterrechtliche Verband, der seinen eigenen Hauptgott hat, spielt überhaupt in der Beduinenreligion die Hauptrolle. Priester sind selten; häufiger werden sie erst beim Übergang in die Kultur und bei der Übernahme der Götterbilder (vgl. z. B. für die Nabatäer B. Moritz *Sinaikult* S. 27ff.). Wo sie vorhanden sind, müssen sie vor allem das Los- oder Pfeilorakel bedienen; ihr Amt ist erblich, oft sind sie stammfremd. Im Schutz der R. steht vor allem die Heiligkeit der Verträge und der Gastfreundschaft. Im allg. gilt der Beduine als unfromm, und jedenfalls geht die R. bei ihm nicht tief; die These Renans von der Wüste als der Urheimat des Monotheismus ist an den Tatsachen zerschellt.

Vgl. die Lit. zu § 1. Dazu B. Moritz *Der Sinaikult in heidnischer Zeit* 1916 (Abh. Gött. Ges. Phil.-hist. Kl. NF 16, 2); Fr. Cumont *Études Syriennes* 1907; W. Lammens *Le culte des bétyles et les processions religieuses chez les Arabes préislamites* Bull. de l'Inst. franç. d'archéol. or. du Caire 17 (1920) S. 74ff.; Hoffmann-Greßmann *Teraphim, Masken und Winkorakel in Ägypten und Vorderasien* Zeitschr. f. alttest. Wiss. 40 (1922) S. 75ff.

§ 7. Alle Völker, die aus der Steppe ins Kulturland dringen und den Ackerbau übernehmen, müssen zur Bauernreligion übergehen, die am Kulturland haftet. So werden sie auch in religiöser Beziehung Schüler der ansässigen Bewohner, von denen uns die Amoriter (s. d.) am besten greifbar sind. Die Götternamen wechseln, aber das Wesen der Gottheiten ist überall dasselbe. Wenn Stämme wie die Israeliten ihren Gott aus der Wüste mitbrachten, mußte sich seine Natur dem Kulturland anpassen; so wurde Jahwe (s. d.; das ist die älteste, schon in der Mēšaʿ-Inschrift [s. Moabiter § 2] bezeugte Form; jüngere Formen sind Jahû, Jao) aus einem Wüsten- und Vulkangott durch Verschmelzung mit Baal (s. d.) zu einem Bauerngott. Leben und Bewegung kommt in diese Bauernreligionen vor allem durch die Anstöße von außen. Denn während die Wellen der benachbarten großen Kulturvölker nur leise und selten in die unwegsame Wüste hineinschlagen, ist das Kulturland ihren beständigen Einflüssen unterworfen. Heere, Kaufleute, Gelehrte (Schreiber), Sklaven, vor allem aber die politisch herrschenden Völker sind die Verbreiter fremder R. Wie im hellen Licht der Geschichte nacheinander die Weltreiche der Assyrer, Chaldäer, Perser, Griechen, Römer, Araber die R. nicht nur der Israeliten, sondern aller Völker Syriens mehr oder weniger stark beeinflußt und umgemodelt haben, so werden wir es auch für die vor- und frühgeschichtliche Zeit voraussetzen müssen. Es wäre einseitig, wollte man nur nach Mesopotamien, ebenso einseitig, wollte man nur nach Ä. hinblicken; charakteristisch ist für Syrien vielmehr die Mischung der verschiedenartigsten Bestandteile: man denke an den Berg Nebo im Ostjordanlande, der einen mesopotam. Gottesnamen trägt, an die in Byblos (s. d.) und Bethsean (s. d.) ausgegrabenen Heiligtümer, die so stark äg. sind, daß man sie geradezu, aber wohl mit Unrecht, „ägyptische" Tempel genannt hat, oder an den König Puduchepa von Jerusalem, dessen Name ihn als „Verehrer" der kleinas. Göttin „Chepa" kennzeichnet. Man kann sich kaum einen Begriff davon machen, wie verwirrend die bunte Fülle des Pantheons in Syrien gewesen sein muß, da wir von dem Völkergemisch der Hyksos (s. d.), die doch neben Ä. auch Syrien beherrschten, oder von dem Völkergemisch der Söldner, die die fremden Großkönige in ihren Heeren hatten, nicht die geringste Kunde haben. Aber dies Aufeinanderprallen der verschiedenartigsten R. in dem Wetterwinkel Vorderasiens muß man sich vergegenwärtigen, um zu verstehen, daß dort in Abständen von je 600 J. drei Weltreligionen entstanden sind: Judentum, Christentum und Islam. So wird man sich im Grundsatz stets den Blick für Einflußmöglichkeiten von allen Seiten offenhalten müssen, auch wenn diese nicht immer so klar aufzuzeigen sind wie etwa bei der „nackten

Göttin", deren Typen teils aus dem mesopotam., teils aus dem kleinasiat., teils aus dem mittelländ. Kulturkreis stammen (ZdPV 47 [1924] S. 129ff. Pilz). Dennoch sind zwei Abhängigkeiten besonders hervorzuheben, zunächst die von der ägyptischen Religion, die meist mit den Waren zu Schiff über Phönikien nach N gekommen ist; Phönikien ist darum am meisten von ihr durchtränkt. Viel seltener ist sie den geraden Weg durch die völkertrennende Wüste gewandert, obwohl sie natürlich auch auf ihre unmittelbaren Grenznachbarn, die Midianiter (s. d.) oder später die Nabatäer, gewirkt hat. Noch stärker wird man den Einfluß der mesopotamischen Religion einschätzen müssen, die durch ihre sem. Art den sem. Bewohnern Syriens von vornherein näher verwandt war. Beide Abhängigkeiten gegeneinander abzuwägen und im einzelnen aufzuzeigen, wieviel die R. Syriens der einen bzw. der anderen verdankt, ist heute noch unmöglich und wird vielleicht bei den eigentümlichen Zwitterbildungen Syriens immer unmöglich bleiben.

Im Kulturland Vorderasiens stammt alles Gedeihen vom Regen und dieser vom Gewitter; der Bauerngott, der überall an der Spitze des Pantheons steht, ist darum der Gewittergott. Wo er in menschlicher Gestalt erscheint, ist sein Deutezeichen der Blitz, sein heiliges Tier der junge Stier; wo die menschliche Gestalt verpönt ist, wie wahrscheinlich bei den Hebräern (s. d.), gilt der Stier (s. Rind C) geradezu als seine Verkörperung (Ex. 32, 4; I. Kön. 12, 28ff.). Die Namen wechseln. Bei den Amoritern heißt er schon um die Mitte des 2. Jht., wie die äg. Texte lehren, und wohl von jeher Baal (s. d.) oder „der Baal", genauer „der Baal im Himmel", für den nicht der blaue Äther, sondern das „Donnergebrüll" charakteristisch ist (Baudissin-Festschrift S. 191ff. Greßmann). Von den Kanaanitern übernahmen die Israeliten diesen Namen und übertrugen ihn auf Jahwe. Mit der wachsenden Zersplitterung in die einzelnen Stadtkönigtümer spaltete sich auch der Baal nach den verschiedenen Orten und Bergen in eine Fülle von Baalen (Baal von Sidon, vom Libanon usw.). Einzelne Städte bevorzugten andere Namen: In Tyrus (s. d.) sagt man Melqart „Stadtkönig", in Byblos (s. d.) Adōn (gräzisiert Adonis) „Herr", in Damaskus (s. d.) Hadad (s. d.) oder Rimmon, in Megiddo (s. d.) Hadad-Rimmon usw. Neben ihm stand eine weibliche Gottheit, deren Namen ebenfalls mannigfach wechseln: Qadesch (s. Löwe E), ʿAnāt, Astarte, Aschēra (s. d.), Baalat (s. Baala) usw., aber ihr Wesen ist immer dasselbe. Als „Himmelskönigin" ist sie, wie Ištar oder Allāt, die Göttin des Venussterns; als Vegetationsgöttin sind ihr die Bäume heilig, als Tierherrin gehören ihr vor allem die Löwen, Schlangen und Tauben. Sie gilt als Geliebte des Baal-Adonis, dem sie alljährlich den Tod bringt; nach dem phön. Mythus zerfleischen Bären oder Eber den jungen Gott (Baudissin *Adonis und Esmun* 1911). Auch der Baal des AT muß wahrscheinlich als „Adonis" aufgefaßt werden; die „Mysterien", d. h. die öffentlichen Festspiele, die seinen Tod und seine Auferstehung darstellten, fanden wahrscheinlich am (vordeuter.) Laubhüttenfest statt (Expositor 1925 S. 416ff. Greßmann). Die Laubhütten sind, wie die „Adoniazusen" Theokrits bezeugen, nur eine andere Form der „Adonisgärten". Mit diesen Mysterien hängen vermutlich die in Megiddo und Bethsean gefundenen Gefäßringe zusammen (*Altor. Bilder*² Nr. 675—676; s. Vase E § 15). Um dem Gott zur Auferstehung zu verhelfen, begehen die Menschen die Trauergebräuche und Haarriten (§ 3). Der Gott stirbt mit der Vegetation am Ende der Ernte und erwacht mit dem Beginn der Regenzeit und des Wachstums zu neuem Leben; um seine Hochzeit zu fördern, begatten sich die Menschen. Daher spielt die Prostitution in seinem Kult eine große Rolle, die durch Analogiezauber auf den Bauerngott einwirken und die Fruchtbarkeit des Landes sichern soll. Weniger verbreitet ist die aus Kleinasien eingedrungene, perverse Art des Geschlechtsverkehrs, die mit der Kastration verbunden ist (*RE*² s. v. Kombabos Ganschinietz); sie beschränkt sich im allg. auf Nordsyrien, soweit der Attis-Kult gewandert ist. Neben der Preisgabe des Weibes ist das Kinderopfer (s. Menschenopfer B) zu nennen, das besonders im Dienste des Melek („Moloch" ist die gräzisierte Form) geübt wurde. Es ist in Israel vor allem für die Zeit Manasses bezeugt (Jer. 7, 31; II. Kön. 16, 3; 21, 6; 23, 10), war aber in Phönikien und Karthago noch sehr viel später in Zeiten höchster Not geläufig (Herzog-Hauck *RE*³ s. v. Moloch Baudissin).

Die Heiligtümer lagen ursprünglich unter freiem Himmel, in der Regel auf den Bergen; doch waren auch einzelne Flußläufe und Schluchten heilig, z. B. bei Byblos und Petra, und deshalb mit Felsbildern und Altären ausgestattet. Jeder Ort hatte seine heilige Stätte auf dem nächsten Berge; einzelne von ihnen erlangten schon früh Berühmtheit und wurden oft weither von Wallfahrern besucht wie der Tempelberg in Jerusalem, der Garizim bei Sichem, Karmel, Tabor, Hermon, Libanon usw. Dieser Höhendienst erklärt sich wohl aus dem Glauben an die Wohnung der Götter im Himmel, denen man auf der Spitze der Berge näher zu sein wähnte. Als Jakob auf der Höhe von Bethel schlief, sah er die Engel Gottes vom Himmel herabsteigen und sprach: Hier ist der „Wohnsitz Gottes, die Pforte des Himmels" (Gen. 28, 17). Die beste Anschauung vermitteln die Heiligtümer der Nabatäer, die sich erhalten haben, weil sie aus dem lebendigen Felsen gehauen sind; sie stammen zwar erst aus der hellen.-röm. Zeit, gehen aber auf ältere Vorbilder zurück (Dalman *Petra* I und II). Auch hier ist die Hauptsache der Steinfetisch (hebr. *maṣṣēbā*; s. Menhir C), der als „Haus Gottes" gilt (hebr. *bētēl*, griech. βαιτύλιον). Als Sitz der weiblichen Gottheit dient der heilige Baum oder sein Ersatz, der hölzerne Pfahl (hebr. *aschērā*; s. d.). Nirgends fehlt der Altar (s. d. D; Galling *Der Altar in den Kulturen des alten Orients* 1925) und die dazu gehörige Opfermahlstätte; denn das Hauptopfer der alten Zeit ist das Schlachtopfer und das damit verbundene Opfermahl der Sippe oder Ortschaft. Bei den Ausgrabungen sind derartige Kultstätten mit Steinfetischen in Bethsemes (s. d. § 3) und vor allem in Gezer (s. d. § 13—15) gefunden worden. Jünger sind die Tempel, die zusammen mit den Götterbildern entstanden sind. Das beste Beispiel eines kanaanit. Tempels ist das salomonische Heiligtum in Jerusalem (s. d. und Baukunst C § 6), das nach dem Muster des Melqart-Tempels in Tyrus (s. d.) gebaut worden ist und als typisch gelten darf; daß im Allerheiligsten ursprünglich zwischen den Flügeln der beiden Kerube ein oder zwei Götterbilder aufgestellt waren, kann man aus dem überarbeiteten Bericht in I. Kön. 5ff. vielleicht noch erschließen. An die Stelle des Gottesbildes ist in dem gegenwärtigen Text die Lade Jahwes getreten, die aus dem Tempel von Silo (s. d.) stammt. Sie ist wahrscheinlich kanaanit. Herkunft und war ursprünglich wohl ein Prozessionsheiligtum mit zwei Götterbildern, aus denen die spätere Überlieferung die beiden mosaischen Gesetztafeln gemacht hat (Greßmann *Die Lade Jahwes und das Allerheiligste des Sal. Tempels* 1920). Dagegen wird die eherne Schlange (s. d.), der man bis zum 8. Jh. im Tempel von Jerusalem Opfer darbrachte (II. Kön. 18, 4), ein Fetisch aus der mosaischen Zeit gewesen sein, mit dem Zauberstab Moses identisch; Schlangen sind die einzigen heiligen Tiere, die von den Beduinen verehrt werden (Greßmann *Mose und seine Zeit* 1913 S. 453ff.).

Bedeutsamer als die Priester, die ursprünglich nur selten sind, später aber an den großen Heiligtümern immer zahlreicher werden, sind die Propheten, die überall im Kulturlande nach Art der modernen Derwische in Schwärmen auftreten. Charakteristisch für sie ist die Ekstase; in leidenschaftlicher Erregung, die allerdings bisweilen durch künstliche Mittel wie Rauschtrank, Fasten, Selbstverwundungen (I. Kön. 18) bis zur völligen Bewußtlosigkeit gesteigert werden kann (I. Sam. 19, 24), werden sie mit Gott eins und haben Gesichte, in denen sie räumlich und zeitlich Entferntes schauen; so verbindet sich das inspirierte Orakel mit der Prophetie. Wir kennen ihre Art aus zahlreichen Berichten des AT und außerhalb desselben von der Erzählung des Wen-Amon an (*Altor. Texte*² S. 72 Ranke) bis herab zu dem Roman Heliodors (Äthiopiaca IV 16). Tempeldirnen und Propheten, Kinderopfer und Höhendienst sind die bezeichnenden Merkmale der Bauernreligion, deren Wesen im Gegensatz zu der herben Keuschheit der Beduinenreligion die sinnliche Aufregung ist, von starken, ja ungeheuren Leidenschaften durchwühlt und mit Blutrausch und Grausamkeit verbunden. Wie alle die anderen Völker, so waren auch die Israeliten in ihr fast ganz untergetaucht; immerhin wurde die Jahwe-Religion durch die ihr innewohnenden sittlichen Kräfte vor völligem Untergang bewahrt, und eben dies Ethos war es, das mit dem Auftreten der großen Propheten seit der Zeit Elias eine geistige Wende im religiösen Leben Israels herbeiführte und die kanaan. Bauernreligion grundsätzlich und bald auch praktisch überwand. Damit begann der Aufstieg zur Weltreligion.

F. Baethgen *Beiträge zur sem. Religionsgeschichte* 1888; W. Baudissin *Studien zur sem. Religionsgeschichte* I (1876), II (1878) und zahlreiche Monographien bei Herzog-Hauck *RE*[3]; J. M. Lagrange *Études sur les rel. sém.*[2] 1905; Ed. Meyer *Die Israeliten u. ihre Nachbarstämme* 1906 und ders. *Geschichte des Altertums* I[2] (1907); H. Schneider *Kultur und Denken der Bab. u. Juden* 1910; G. Hölscher *Die Propheten* 1914; B. Duhm *Israels Propheten* 1916; H. Gunkel *Die Propheten* 1917; G. Hölscher *Geschichte der isr. u. jüd. Religion* 1922.

† Greßmann

E. Mesopotamien.

§ 1. Literaturdenkmäler. — § 2. Bildliche Denkmäler. — § 3. Weltbild. — § 4. Vorstellung von den Göttern. — § 5. Lokalgötter. — § 6. Götterkönige. — § 7. Götterwelt in sumerisch-akkadischer Zeit. — § 8. Dgl. der Kassiten. — § 9. Dgl. der Neubabylonier. — § 10. Dgl. der Assyrer. — § 11. Priester und Kultus. — § 12. Tempel und Verehrungsstätten.

§ 1. Die Darstellung der R. Mesopotamiens gehört heute zu den schwierigsten Kapiteln. Es liegt nicht nur daran, daß eine große Fülle von religiösen Texten zwar publiziert, aber noch nicht bearbeitet ist. Ein zweiter wichtiger Hinderungsgrund ist der, daß die assyriol. Wissenschaft, mit wenigen Ausnahmen, bis vor kurzem eine Entwicklung der Kultur des alten Orients verneinte, dagegen angenommen hatte, daß alles, insbesondere die religiösen Anschauungen, schon von Anfang an dagewesen und dieselben geblieben seien (E. Unger *Sumer. und Akkad. Kunst* 1926 S. 17ff.; A. Ungnad *Religion der Babylonier u. Assyrer* 1921 S. 3). Diese irrige Ansicht vom Stillstand des Orients haben dann die Gelehrten, die den „Panbabylonismus", d. h. die Lehre, daß die R. überhaupt aus Babylonien stamme, predigten, zur festen Grundlage ihres Systems gemacht und so die große Verwirrung angerichtet. So muß erst wieder der langsame Aufbau gemacht werden durch erneute, sorgfältige Prüfung der Texte, die nach Herkunft, Volk und Zeit genau bestimmt werden müssen, ehe man einwandfreie Folgerungen für die R. aus ihnen ziehen darf. Jedenfalls muß man zunächst von hist. festdatierten Texten ausgehen. Aus allen diesen Gründen habe ich mich hier darauf beschränkt, nur einige grundlegende Züge der R. der mesopotamischen Völker zu charakterisieren.

Für die Kenntnis der R. der mesopotamischen Völker steht zwar eine ungeheure Fülle von Literaturdenkmälern zur Verfügung, aber diese stammen meistens aus der spät im 7. Jh. v. C. angelegten Bibliothek (s. d.) des Assurbanipal zu Ninive (s. d.), z. T. auch aus den noch viel späteren Archiven in Uruk (s. d.) oder aus den Archiven der Stadt Aššur (s. d.), die über das 14. Jh. v. C. nicht hinaufgehen. Noch älter sind die Archive in Nippur (s. d.), wo sich Tafeln aus der Zeit der Dynastie von Isin (s. d.), bzw. der Hammurapi-Zeit, um 2300 ff. v. C., erhalten haben. Bisher ist nur ein einziger Text der Akkad-Zeit (um 2700) bekannt, der rein religiös und ein Beschwörungstext ist (Barton *Miscellaneous Babyl. Texts* I [*Sumer Rel. Texts*] New Haven 1918 Nr. 1, S. 1—20 Tf. 1—3). Im übrigen ist man auf die hist. oder Weihinschriften der alten Könige angewiesen, nach denen, als zeitgenössischen originalen Quellen, zuerst Paffrath (*Zur Götterlehre in den altbabyl. Inschriften* Stud. z. Gesch. u. Kultur des Altertums 6 Heft 5—6 [1913]) die religiöse Entwicklung in der sumer.-akkad. Zeit erfolgreich dargestellt hat. Die übrigen, in den genannten Archiven und Bibliotheken gefundenen Texte sind Kopien, wenn sie nicht ausdrücklich auf hist. Personen Bezug nehmen (wie z. B. E. Klauber *Politisch-religiöse Texte aus der Sargonidenzeit*; KB 6, 2 S. 108f. P. Jensen). Die Zeit der Originale, nach denen die Kopien gefertigt sind, läßt sich nicht immer feststellen. In der Bibliothek des Assurbanipal befinden sich aber keine Kopien nach Originalen, die älter sind als die Hammurapi-Zeit, etwa 2300 v. C., deren Schrift auch von Assurbanipal noch für seine Inschriften in Babylonien benutzt wurde. Aus seiner Bibliothek gibt es Listen von altertümlichen Schriftzeichen, die mit den späten assyr. Zeichen in Parallele gesetzt sind, aber gewöhnlich in unrichtiger Weise, so daß man daraus schließen muß, daß den damaligen Schriftgelehrten die Kenntnis der archaisch-sumer. Formen nicht mehr geläufig, wenn nicht überhaupt verschlossen gewesen ist (vgl. Unger *Assyr. u. Babyl. Kunst* 1927 S. 52; Olmstead *History of Assyria* Abb. 170). Die Schreiber der Isin-Zeit (2300 v. C.) kopierten in ihrer eigenen zeitgenössischen Schrift (Rev. d'Assyr. 8 S. 138 Thureau-Dangin), und später kopierte man nach Kopien (a. a. O. 7 S. 183 ders.), oder man nahm einen mechanischen Abdruck der alten Inschrift (Unger a. a. O. Abb. 5—6). Der Verfertiger dieses Abdrucks vermochte nicht mehr den Namen des alten Königs anzugeben. Aus allem ergibt sich, daß den Schreibern der späteren Zeit das Kopieren der altsumer. Inschriften (bis zum Ende der Ur-Dynastie III) verschlossen war, und daß sie auf die Kopien der späteren Zeiten, von 2300 v. C. ab, angewiesen waren. Da nun auch die meisten religiösen Texte (Hymnen, Epen) durch Hervorhebung des Marduk von Babylon frühestens auf die Zeit der 1. Dyn. von Babylon (seit 2168 v. C.) datiert werden können, so ergibt sich weiter, daß man zur Wiederherstellung der sumer. und akkad. R. vorläufig auf die eigenen zeitgenössischen Quellen angewiesen ist, wenn man sicher gehen will. Der Rassenunterschied der Sumerer (s. d.), Akkader (s. Akkad) und Amoriter (s. d.; Westsemiten) setzt auch schon einen Unterschied in der R. voraus.

§ 2. So bleiben vorderhand in der großen Mehrheit die arch. Denkmäler als Leitsterne für die Erkenntnis der R. der Sumerer und Akkader; sie sind aber auch von größtem Wert für die R. der späteren Völker und geben oft erst die Erklärung der literarischen Überlieferung, insbesondere, was die religiösen Zeremonien, wie Gebet (s. d. B) und Opfer (s. d. B), anlangt. Die Verwertung der bildlichen Denkmäler für die R. habe ich schon in den Artikeln Glyptik C, Götterbild E 1, Göttersymbol E 1, Gründungsurkunde, Mischwesen durchgeführt.

§ 3. Das Weltbild, das man sich in Mesopotamien gemäß der Literatur und einer neubabyl. Karte (*uṣurtu*) vorstellte (*Cun. Texts* 22, 48; Meissner *Babylonien u. Assyrien* II 378 Abb. 41), läßt sich höchstens bis zur Hammurapi-Zeit hinauf verfolgen. Die Erde war eine kreisrunde Scheibe, auch schon bei den Sumerern, deren Schriftzeichen *ki* „Erde" ein Kreis mit 4 senkrechten Strichen ist, und befand sich mitten im runden Ozean oder „Bitterfluß", *Nâr Marratu*, der außen von einem doppelten Damm abgeschlossen wurde. Über der Erde wölbten sich drei Himmel übereinander. Als Schriftzeichen für Himmel wählten die Sumerer einen Stern, der auch den Himmelsgott Anu, sowie „oben" bezeichnete, während erst drei Sterne „Gestirn" oder „Sternbild" bedeuteten. Am oberen Rande des untersten Himmels entlang wanderte die Sonne von zwei Bergen des Dammes im O zu zwei w. Bergen. Unterhalb der Erde und dem irdischen Ozean befanden sich noch zwei Untererden. Das gesamte Weltbild ist vom himmlischen Ozean eingehüllt (Meissner a. a. O. S. 109 Abb. 27 Schwenzner). Die Erde selbst teilte man in 4 Teile, Akkad, Elam, Amurru (Westland) und Subartu (Assyrien) im S, O, W und N. Das Land Sumer wird nicht namhaft gemacht. Die neubabyl. Weltkarte ist nach NW orientiert. Jenseits des irdischen Ozeans lagen ringsherum noch 8 Landstriche (*nagû*), in deren n. „die Sonne nicht gesehen wird", während sich in den anderen abenteuerliche Gestalten aufhalten.

§ 4. In den Mythen ist der Mensch nach göttlichem Muster gebildet. In Wirklichkeit ist es umgekehrt gewesen, und alle größeren Götter sind in Mesopotamien rein menschlich gedacht und dargestellt. Das ist ein schwerwiegender Gegensatz zu Ä., wo die Götterdarstellung die Tiere oder Fetische zum Vorbilde genommen hatte und auch die Symbolisierung des Königs als Stier (s. Rind B § 4) oder als Löwe schon früh im Gebrauch war. In Mesopotamien galt im Gegenteil der Mensch als das Höchste und Beste und das Tier als böse und niedrig.

So läßt sich hier zu allen Zeiten der feststehende Grundsatz verfolgen, daß ein göttliches Mischwesen, je mehr Menschliches es an sich hat, um so besser und günstiger auch für den Menschen gesinnt ist. Je mehr Tierisches aber ein Mischwesen an sich hat, wenn es gar aus verschiedenen Tieren zusammengesetzt ist, umso verderbenbringender ist es (s. Mischwesen; Unger *Sumer. u. Akkad. Kunst* 1926 S. 9). Stets ist ein menschlicher Gott einem Mischwesen überlegen. Untereinander sind die Mischwesen ebenfalls abgestuft, und zwar wieder nach dem Grade der tierischen Zusammensetzung, je mehr tierisch, um so schwächer. Besteht das Mischwesen nur aus tierischen Elementen, dann entscheidet die Stärke des Tieres, z. B. der Löwe bändigt den Stier. Die Beflügelung des menschengestalteten Gottes beginnt erst zur Kassitenzeit (um 1700 v. C.). Meist sind damit niedere Götter gemeint, aber in assyr. Zeit kann auch ein großer Gott Flügel anlegen, wenn er zu Fuß mit einem beflügelten Mischwesen (s. d. § 31 a) zu kämpfen hat. Denn ohne die Flügel wäre der Gott in diesem Falle seinem Gegner unterlegen; dieser würde ihm leicht mit Hilfe der Flügel entkommen. Kämpft derselbe Gott aber ohne Flügel, so trägt ihn ein geflügeltes Mischwesen. Die von L. Heuzey (*Quelques règles d'interprétation pour les figures assyr.* in *Origines orient. de l'art* S. 247f.) geäußerte Ansicht, daß es sich bei geflügelten Göttern stets um niedere Wesen handle, ist danach zu berichtigen.

Zu Anfang gab es in Mesopotamien nur wenig Mischwesen. Erst allmählich sind, namentlich durch den wachsenden Einfluß vom W her und unter der Einwirkung der idg. Kassiten (s. Kaššu) und der Assyrer, mehr Mischwesen in die R. eingedrungen, so daß sie zuletzt die menschengestalteten Götter überwogen, hinter denen sie aber stets an Macht und Gewalt zurückstehen mußten.

§ 5. Das Pantheon der mesopotamischen Götter hat sich aus Lokalkulten heraus entwickelt. In jeder Stadt wurde neben anderen Göttern ein bestimmter Gott ganz besonders als höchster Gott verehrt (s. die Stadtnamen). Von diesen Städten waren und blieben einige reine Kultstädte, die nur religiöse, aber keine politische Bedeutung gewannen (s. Mesopotamien C). Auffallend ist von Anfang an die Zentralstellung der Stadt des Enlil (s. d.), Nippur (s. d.), wodurch sich die einstige höchste Stellung des Enlil (s. § 7) als alleiniger Götterkönig auch in spätesten Zeiten noch kundtut, nämlich dadurch, daß jeder König, der die Oberhoheit über das ganze Mesopotamien innehatte, hier in Nippur gebaut oder Geschenke geweiht hat.

Sehr eigenartig ist die Tatsache, daß eine Reihe von Göttern in zwei Städten als höchste Götter Verehrung genossen, und zwar liegt von diesen die eine im S, in Sumer, die andere im N: Anu in Uruk (s. d.) bzw. in Dilbat; Enki (Ea) in Eridu (s. d.) bzw. in Malgium; Babbar (Šamaš; s. d.) in Larsa (s. d.) bzw. in Sippar (s. d.); Ninurta in Lagaš (s. d.) bzw. in Kalḫu (s. d.); Sin (s. d.) in Ur (s. d.) bzw. in Harran (s. Harrân); Ištar (s. d.) in Ḫallab (später auch in Uruk) bzw. in Ninive (s. d.). Nur Enlil (s. d.) und Ašur (s. A-usar) haben als Hauptgötter nur eine einzige Stadt, Nippur (s. d.) bzw. Aššur (s. Aššûr), und wohl auch Marduk (s. d.), der aber erst in der Hammurapi-Zeit auftaucht, und dem damals die beiden Nachbarstädte Babylon (s. d.) und Borsippa (s. d.) zugewiesen sind (Paffrath a. a. O. S. 152). Letztere Stadt wird aber schon von Hammurapi dem Nabu (s. d.), der ebenfalls erst damals auftritt, zugewiesen (Paffrath a. a. O. S. 153). Die eigentümliche Duplizität läßt sich noch nicht erklären, könnte aber mit einer Kolonisierung der Sumerer nach dem N hin zusammenhängen, nachdem sie ihre Kultur im eigentlichen s. Sumer konsolidiert hatten. Andere Beweise dafür sind aber noch nicht gegeben als die Duplizität der Kultstädte selbst.

§ 6. Unter der Masse von Göttern heben sich einige heraus, die über die anderen gestellt werden und als Götterkönige zu bezeichnen sind. Das sind seit 2000 v. C. Anu, Enlil und Enki (Ea), sowie Marduk im s. Mesopotamien, für den in Assyrien der Nationalgott Ašur tritt. Zur Zeit der assyr. Oberherrschaft in Babylonien wird auch Marduk neben Ašur in Assyrien als ein Götterkönig anerkannt. In dieser Zeit, seit dem 9. Jh., lassen sich die Götterfürsten schon äußerlich erkennen, daran, daß sie eine kleine Mittelspitze auf dem Polos tragen, wie der weltliche König auf seinem abgestumpften Kegelhut (Band IV Tf. 208b), oder die Königskeule in der Hand (Band VIII Tf. 61c), oder den Bumerang, das Beschwörungsinstrument (Band VIII Tf. 1). Für die ältere Zeit lassen sich die Götterkönige nur durch Symbole oder Beischriften (Band IV Tf. 154l—m) namhaft machen.

§ 7. Die Entwicklung der R., insbesondere die Hervorkehrung einzelner Götter aus dem Pantheon, hat Paffrath an Hand der Originalinschriften selbst für die erste Periode der mesopotam. Kultur (3300—1868) feststellen können. Im alten Sumer war der höchste Gott im Anfang Enlil als einziger. Im Einklang mit der hohen Stellung des Enlil geht auch die Tatsache, daß dieser Gott im Weltschöpfungsepos ursprünglich der Hauptgott war (Meissner *Babylonien u. Assyrien* II 174f.). Um 2800 v. C. erhebt der Oberherrscher des Landes Lugalzaggisi den Gott seiner Hauptstadt Uruk, nämlich Anu, über Enlil. So beeinflußte die politische Macht den Glauben. In den Inschriften der folgenden Zeit, insbesondere der neusumer. Fürsten (2600—2300 v. C.), läßt sich dann eine Götterdyas, Anu und Enlil, nachweisen (Paffrath a. a. O. S. 12f.), die ihren Ausklang noch im Kodex Hammurapi findet (Paffrath a. a. O. S. 26f.). Der letzte König von Larsa, Rim-Sin (2000 v. C.), der Vorgänger des Hammurapi, hat dann in seinen Inschriften die Göttertrias, Anu, Enlil und Enki (Ea), systematisch eingeführt, indem er Enki, den Stadtgott von Eridu, hinzufügte, dem er anscheinend besonderes Interesse entgegenbrachte. Neben der Dyas hat denn auch Hammurapi die Trias in seinen Kodex übernommen. Wie in der Geschichte der Gesamtkultur, so steht die Hammurapi-Zeit auch in der Geschichte der R. am Ende der I. Per., der sumerisch-akkadischen Zeit (3300—1868 v. C.). Die R. kam damals zu einem einigenden Abschluß durch die Voranstellung der Trias, die von nun an in Geltung blieb. Neben der Trias standen die Lokalkulte, deren Gottheiten durch die wiederholte Einigung des Landes und durch die Mischung der Bevölkerung in anderen größeren Städten Eingang fanden, wo ihnen Tempel erbaut wurden. So gab es zuletzt in Babylon (um 600) nach einer Tontafel des Berliner Museums nicht weniger als „43 Tempel der großen Götter", in denen die Bewohner von anderen Städten auch zu ihren Lokalgöttern beten konnten (VAT 554, Mitt. Or. Slg. 10 S. 142 Nr. V Reisner; K 3089, 4714: Proc. Soc. Bibl. Arch. 22 [1900] S. 367 Pinches). Die Differenzierung der Gottheiten vermehrte sich dadurch. So sah man sich zur Feststellung von Göttersystemen veranlaßt, die in der Hammurapi-Zeit entstanden sein können, aber erst in späteren Abschriften vorliegen (SB. Sächs. Ges. 63 [1911] Heft 4 H. Zimmern; ZfAssyr. 33 [1921] S. 123f. Schroeder; Arch. f. Keilschriftf. 2 [1924] S. 1f., 71f. Weidner; dieser Text stammt wegen der Schrift und Nennung des westländischen Gottes Anmartu aus der Zeit der Hammurapi-Dynastie). Über das allmähliche Aufkommen der Symbole sowie über die Typisierung der Götterbilder s. Glyptik C, Götterbild E 1, Göttersymbol E 1.

§ 8. Das Eindringen der kassit., idg. Eroberer in Mesopotamien (1700—1000 v. C.) hatte eine weitere Veränderung der R. zur Folge. Vor allem sind die Kassiten durch die Vermehrung der Göttersymbole (s. d. E 1) für die R. von Bedeutung. Waren die Götterbilder zur Hammurapi-Zeit schon zu festen Typen erstarrt, die erst durch beigesetzte Symbole eine spezielle Bedeutung erlangten, so werden nunmehr die Götterbilder von den Symbolen selbst fast vollständig verdrängt (Unger *Assyr. u. Babyl. Kunst* S. 17). Die Grenzsteine (s. d.) sind mit einer Unzahl von Symbolen, die die Götterbilder vertreten, geschmückt. Die Kassiten brachten auch neue Götter mit ins Land, die sie den alteingesessenen Göttern gleichsetzten. Bei einigen ist die Identifizierung noch nicht gelungen. Es sind folgende Götter, die sich namentlich in den Eigennamen finden (s. Kaššû): Bugaš; Buriaš (= Herr der Länder); Duzagaš; Duniaš; Ḫirbe oder Ḫarbe (= Enlil); Indaš; Marruttaš (= Ninurta); Šipak (= Marduk); Saḫ und Šuriaš (= Sonnengötter); Šuḳamuna (= Nergal); Turgu.

Mit dem Ende der Kassitenherrschaft verschwinden aber auch diese Götter (Delitzsch *Die Sprache der Kossäer* 1884; F. Steinmetzer *Die babylonischen Kudurru* (*Grenzsteine*) *als Urkundenform* Stud. z. Gesch. u. Kult. des Altert. 11 Heft 4—5).

§ 9. In der späteren babyl. Zeit (9.—6. Jh. v. C.) hat sich, soviel man weiß, an dem seit der Hammurapi-Zeit bestehenden Pantheon wenig verändert; doch ist die Differenzierung der Gottheiten noch weiter fortgeschritten. Marduk übt namentlich im neubabyl. Reiche eine hohe Zentralgewalt aus, hinter der selbst die Göttertrias zurücktreten muß. Das erklärt sich nicht durch eine Hinneigung zum Monotheismus, sondern durch die Machtstellung der Hauptstadt. Im Gegenteil werden mit größter Sorgfalt die einzelnen Gottheiten auseinandergehalten und die einzelnen Götter in verschiedene Typen eingeteilt, deren unterschiedliche Eigenschaften erst noch festgestellt werden müssen. So gibt es z. B. in Uruk die Ištar und die Nanâ; in Babylon mindestens drei verschiedene Nabus mit ihren Tempeln. Es bedarf genauer Untersuchungen, um die jeweilige Erscheinungsform einer Gottheit zu ermitteln, die sich an ganz bestimmte Orte oder Tempel bindet. So ist z. B. die Gemahlin des Marduk von Babylon im Tempel *Esagila* die „*Ṣarpanitum*", in dem auf der Spitze des Tempelturms Etemenanki gelegenen Hoch-Tempel *Šaḫuru* aber die „*Erua*", während sie in einem anderen, eigenen Tempel mitten in der Stadt Babylon, namens *Eḫursagkalamma*, die „*Bêlit von Babylon* (*Tin-Tir Ki*)", auch „*Bêlit ilâni von Babylon*", oder kurzweg die „*Bêlit* (*Ninlil*)" oder „*Nin-šaḫ* (*šubur*)" ist. Vgl. VAT 398; Mitt. Or. Slg. 10 (Reisner) S. 144 Nr. VII Z. 8, 15 mit Clay *Bab. Rec. Coll. Morgan* 4 Nr. 25 Z. 18 und 34; Deimel *Pantheon babyl.* S. 110; Reisner a. a. O. Rücks. Z. 2 vgl. mit Clay a. a. O. Z. 52.

§ 10. Eine Sonderstellung in der R. nimmt Assyrien ein. Hier ist der höchste Gott zu allen Zeiten Ašur (s. A-usar). Dieser Kult, der sich an die Kultstadt des Ašur, Aššur, anlehnt, ist zuerst um 2350 v. C. z. Z. des Amar-Sin von Ur sicher nachgewiesen, aber wohl schon älter. Auch nach dem Aufhören des assyr. Reiches (606) besteht sein Kult weiter, was sich in den Eigennamen mit Ašur kundgibt, die allerdings sehr selten vorkommen. Schon im 42. Jahre des Nebukadnezar II. (563) erscheint ein *Ašur-šar-uṣur* in einem Kontrakt aus Nippur (Babyl. Exped. Univ. Penns. VIII Nr. 27), im 8. und 12. J. (544) des Nabonaid ein *Ašur-zêr-ibni* (Congrès intern. Orient. 8 Leyden 1883 Actes 2 Nr. 88 und YOS 6 Nr. 141). Im 6. und 8. J. (531) des Kyros lebt ein *Abdi-Ašur* in Nippur (Babyl. Exped. a. a. O. Nr. 68 und 72); z. Z. des Barzia (521) ein *Ašur-nadin-aḫi* daselbst (a. a. O. Nr. 101); z. Z. des Darius I. ein *Ašur-taribi* im 4. J. (518) in Sippar (Clay *Bab. Rec. Coll. Morgan* I Nr. 69); im 4. J. des Darius II. (420) ein *Ašur-ḫammu-ibni* in Nippur (Univ. Pennsylv. Bab. Sect. II, 1 Nr. 85). Aus aramäischen Inschriften von Aššur, die wohl dem 1. Jh. v. C. angehören mögen, hat P. Jensen (SB. Preuß. Ak. 53 [1919] S. 1042f.) nachgewiesen, daß die damaligen Bewohner der Stadt ebenfalls noch den Gott Ašur verehrten und sich Namen mit Ašur gegeben haben. Aus diesen spärlichen Zeugnissen läßt sich jedoch mit Sicherheit entnehmen, daß der Kult des Ašur die Macht des Reiches überdauert und sich ebensolange gehalten hat wie die Kulte in Babylonien, die, vor allem in der s. Stadt Uruk, noch bis um die Wende der Zeitrechnung in Blüte gestanden haben.

Die Assyrer haben ihren höchsten Gott Ašur bezeichnenderweise dem Enlil an Würde gleichgesetzt und z. B. Hymnen des Enlil in Hymnen des Ašur umgewandelt. Diese Bevorzugung des Enlil vor Anu könnte wohl seine Begründung darin finden, daß sie schon in altsumer. Zeit, als die alleinige Machtstellung des Enlil noch bestand (s. § 7), angewendet wäre; aber einen Beweis dafür gibt es einstweilen nicht. Vielmehr wird sich die Angleichung leichter aus der wichtigen und religiös bedeutsamen Stellung des Zentralheiligtums des Enlil in Nippur, welcher Gott die politische Hegemonie sanktionierte, erklären (§ 5). Seit dem 13. Jh. lieben es die assyr. Könige, sich als „Statthalter des Enlil und Priester des Ašur" zu titulieren, indem sie somit Enlil und Ašur in Parallele setzen.

Auffällig ist, daß der Gottesname Ašur in den Fürstennamen der ältesten Zeit sehr selten ist; er ist erst seit 1550 v. C. häufiger. Unter den anderen Göttern, die in Assyrien verehrt wurden, nahm Adad, der Wettergott, eine bevorzugte Stellung ein, was in dem gebirgigen und regenreichen Lande wohl verständlich ist. Der Gott ist auf assyr. Siegeln des 9. und 8. Jh. v. C. sehr häufig abgebildet (Unger *Assyr. u. Babyl. Kunst* 1927 Abb. 45, 47, 49—50). Eigentümlich für Assyrien ist die Verehrung eines Gottes, namens Bêr, der dem Feuergott Bilgi (s. Nusku) gleichgesetzt wurde. Die bildlichen Denkmäler zeigen, daß die Assyrer auch in der R. in vielen Dingen selbständig, von Babylonien unabhängig, gewesen sind. An gewissen Symbolen, z. B. der in Wolken gehüllten, sog. geflügelten Sonnenscheibe (s. Mischwesen), dem Siebengestirn (= *sibitti*), der Säule mit Halbmond (= Sin von Harran) usw., lassen sich assyr. Denkmäler sofort und leicht von den babyl. unterscheiden. Auch die Haltung beim Gebet war von der babyl. Art verschieden (Band VII Tf. 154b—c, 156a—b) und nur bei den Assyrern gebräuchlich, nämlich die zur Faust geballte r. Hand, aus der der Zeigefinger lang herausgestreckt wurde, als zeige er auf die Götter bzw. deren Symbole. Auch beim Opfer (s. d. B) werden Unterschiede gegenüber Babylon bestanden haben. Es kann daher nicht nachdrücklich genug betont werden, daß die Assyrer zwar den Keim für ihre Kultur und R. vom S her empfingen, daß sie ihn aber selbständig und in eigenem Geiste im 2. und 1. Jht. zur Entfaltung und zur Blüte gebracht haben. Auch die in Assyrien seit dem 14. Jh. in großer Fülle nachgewiesenen Mischwesen (s. d.) sind für dieses Land charakteristisch und in Babylonien wenig bekannt.

§ 11. Über den Kultus gibt am besten eine Aufzählung der verschiedensten Priesterklassen Aufschluß. Die Priester waren studierte Leute und neben den Schreibern, die vielfach auch Priester waren, die Träger der Kultur und der Überlieferung (vgl. a. W. Schrank *Babylonische Sühneriten mit Rücksicht auf Priester und Büßer* LSS 3, 1 [1908]). Der allg. Ausdruck für Priester ist sumer. *šanga* oder *sanga*, das ins Semitische als *šangu* oder *šagû* übernommen ist. Großpriester hieß *sangamaḫ* oder sem. *šangamaḫḫu*; eine andere hohe Bezeichnung war sumer. *en*, semit. *enu*, dem *maḫ*, sem. *maḫḫu* ebenbürtig gewesen ist (Meissner *Babylonien und Assyrien* II 61 ff.). Ein Fürstentitel mit priesterlichem Rang war *patesi* oder *issak* (sumer.), der bis zum Beginn der Dynastie Ur III (um 2500 v. C.) dem Titel *lugal* = König gleichwertig war, dann aber zum Kleinkönig oder Vasallenfürst degradiert wurde (s. Mesopotamien C). Seit dem 2. Jht. wird dieser Titel dem *šangu* gleichgesetzt und als Beititel von assyr. Königen angenommen. Im neubab. Reich amtierten Oberpriester (*E-maš*) in kleineren Städten als oberste Beamte (Theol. Lit. Ztg. 50 [1925] S. 481 f. E. Unger). Als Vorsteher von größeren Tempeln werden in dieser Zeit genannt die *urigallu*, die früher (2000 v. C.) untergeordneteren Rang besaßen. Unter ihnen standen die „Tempelbetreter" (*êreb bîti*), die aber z. Z. des Hammurapi (2000 v. C.) wohl höhere Tempelbeamte waren. Ein speziell assyr. geistlicher Würdenträger war der *ummânu*-Priester, den man als Oberhaupt der Staatskanzlei anspricht (Meissner a. a. O. II 63).

An verschiedenen Priesterklassen gab es die Wasch- oder Reinigungspriester (sumer. *sussir*, sem. *ramku*), die die Götterbilder täglich reinigten und wuschen. Sie standen unter dem Schutze des Gottes Tischpak.

Die Salbpriester (sumer. *guda*, sem. *pašišu*) waren zur Salbung von Kultgeräten, wohl auch von Gründungsurkunden (s. d.) angestellt, wobei sie Beschwörungsformeln rezitierten; gleichzeitig waren sie auch Verwalter des Tempeleinkommens.

Die Magier (*maḫḫu*) deuteten die Träume.

Die Beschwörungspriester (sumer. *nigru*, *kakkuggal*, sem. *âšipu* oder *mašmašu*) lösten den Zorn der Götter und der Dämonen (s. d. C) durch Beschwörungen und magische Handlungen, um die Menschen von Bann, Fluch, Krankheit und Sünde zu befreien. Auch bei Einweihungen, bei der Zeremonie der „Mundöffnung" und „Mundwaschung" einer Statue, beim Totenkult, zur Abwehr des Unheils einer Mondfinsternis waren sie tätig. Ihr Schutzpatron war Ea.

Die Zukunft wahrsagte der Seher (sumer. *azu*, *maššububu*, sem. *bârû*) mit Hilfe der

Leberschau (s. d.; seit Hammurapi ?), durch Pfeilorakel (seit dem 9. Jh. in Assyrien) und durch Beobachtung von Öl, das auf einen Becher mit Wasser gegossen wurde. Sie deuteten aus Träumen, Mißgeburten, aus dem Verhalten der Tiere, aus Wetterbeobachtungen und Konstellationen der Sterne. Als Totenbeschwörer führten sie den Totengeist (*eṭimmu*) herauf (vgl. Klauber *Politisch-religiöse Texte aus der Sargonidenzeit*; MVAG 14 [1909] 3 [Hunger]; LSS I, 1 [ders.]; Meissner a. a. O. S. 242—82; vgl. Göttersymbol E 1 § 31; E. Unger *Assyr. und Babyl. Kunst* 1927 S. 28 [Pfeilzeremonie]). Ihr Schutzpatron war Šamaš, der Sonnengott.

Die Klagepriester (sumer. *gala*, sem. *kalû*), rezitierten Gebete, Bußpsalmen, Handerhebungs- und Pauken-Gebete mit besonderer Verwendung der Musik. Die Beruhigung der erzürnten Götter war ihre Aufgabe. Beim Wiederaufbau von Tempeln und bei Begräbnissen traten sie auch in Erscheinung. Ihr Schutzgott war Ea.

Sängerpriester (sumer. *nar*, sem. *naru*, *zammeru*), mit dem *nargallu* an der Spitze, sorgten für Gesang bei Opfern und Prozessionen.

Im Dienste der Ištar standen die „kinädischen" oder „päderastischen" Priester (*assinnu* oder *kurgarû*), deren Männlichkeit durch Ištar in Weiblichkeit umgewandelt ist. Ob diese Priester Eunuchen vorstellen, ist aber nicht sicher.

Priesterinnen gab es als Magierinnen und Beschwörerinnen, Sängerinnen und Klagefrauen (s. d.; Meissner a. a. O. S. 71). Eine besondere Klasse waren die Hierodulen (s. d.; sumer. *nugig*, sem. *qadištu*), die innerhalb der Tempel im Tempelbordell (*bît aštammi*) die sakrale Prostitution ausübten.

Die Frau (s. d. B) hatte im Kultus eine hohe Stellung inne. In Assyrien tritt sie beim Gebet und beim Opfer gleichberechtigt neben dem Manne auf; gewöhnlich sieht man beide zusammen als Ehepaar (Band III Tf. 39c; Band IV Tf. 162a, 196a, 202a [Weihung einer kassit. Prinzessin zur Priesterin, um 1200 v. C.]; E. Unger *Assyr. und Babyl. Kunst* S. 35, 40, Abb. 51, 72).

§ 12. Die Tempel (Band I Tf. 97—99) waren, je nach ihrer Größe, Komplexe von mehreren Gebäuden, die insgesamt von einer Peribolos-Mauer umgeben waren. Erst aus späterer Zeit, dem 7.—6. Jh., sind solche größeren Tempel bekannt geworden. Am besten der komplizierte Tempel von Babylon (s. d.), *Esagila*, der, obgleich noch nicht völlig ausgegraben, nach der Beschreibung einer Tontafel mindestens 3 verschiedene Baulichkeiten hatte: Den sog. „*Nuchar*" mit 6 Kapellen mehrerer Götter, die „Schicksalskammer" *Duku* oder *Ubšukkinna* und den Tempelturm *Etemenanki*. Hierzu gehörte auch ein Neujahrsfesttempel außerhalb der Stadt. Der Tempelturm (s. d.) ist eine Erfindung der Sumerer, die für ihre Götter einen Berg mit Tempel darauf errichteten. Welche Rolle er im Kultus spielt, ist unsicher, da er bei den Riten so gut wie gar nicht erwähnt wird. Sowohl beim Tempel wie bei seinem Turm macht sich ein großer Unterschied zwischen Assyrien und Babylonien bemerkbar, und zwar darin, daß der assyr. Tempel dem Königspalast angegliedert ist, in Babylonien aber abseits steht, ferner darin, daß der Hauptraum des assyr. Tempels ein Längsraum mit einer apsis-artigen Zella am Ende ist, wogegen der babyl. Tempel einen Breitraum hat, hinter dem ein zweiter Breitraum, der die Zella mit dem Standbild der Gottheit repräsentiert, gelegen ist (s. Baukunst D § 5—8). Auch der Tempelturm ist beiderseits verschieden: in Babylonien läßt sich die alte sumer. Form, deren Grundriß oblong mit langer und kurzer Seite ist, feststellen. Auf den geböschten Turmberg führt eine gerade aufsteigende Treppe hinauf zu dem auf der Spitze stehenden Tempel. Beispiele dafür geben die Städte Eridu (s. d.), Kiš (s. d.), Nippur (s. d.) und Ur (s. d.). Dagegen sind die assyr. Tempeltürme im allg. quadratischen Grundrisses, eine Wandelrampe führt linksherum auf die oberste Plattform, wo der Hochtempel steht, so in Dur-Sargon (s. d.; vgl. Band II Tf. 221 b) und in Nachbildung bei einem Obelisken (s. d. B § 5), und wohl auch in Aššur (s. d.) und Kalḫu (s. d.) zu ergänzen. In Babylonien sind bisher nur zwei quadratische Türme gefunden, und zwar in Borsippa (s. d.; Band II Tf. 64) und Babylon (s. d.), d. h. Städten, die sehr spät in neusumer. Zeit, um 2400 v. C., auftauchten und erst in sem. Periode (2150 ff.)

Bedeutung erlangten, als der sem. Einfluß den sumer. überwog. Der Turm zu Babel hat sich gemäß der jetzt möglichen Rekonstruktion (Forschungen und Fortschritte 2 [1926] Heft 21 E. Unger) als eine Verschmelzung des alten sumer. und des späteren assyr. Typus herausgestellt, die durch die wiederholte langandauernde Oberherrschaft Assyriens über Babylon veranlaßt und vermutlich von einem assyr. Künstler, dem Baumeister Assarhaddons, 681 v. C. ff. geschaffen ist (Z. f. altt. Wiss. 1927 E. Unger).

Kultische Handlungen wurden von den assyr. Königen auch an anderen Orten als in Tempeln vorgenommen. Am Ost- (Pers. Golf) und am Westmeer (Mittelmeer) „wuschen sie die Waffe des Gottes Ašur" und erlangten dadurch vermutlich den Titel „König der vier Weltgegenden" (E. Unger *Assyr. und Babyl. Kunst* S. 25f.). An Quellen, wie der eigenartigen Tigrisquelle (s. d.) und der Supnatquelle, sowie an markanten Punkten, wie dem Vorgebirge am Nahr el-Kelb (s. d.), in Bawian und Maltaja (s. d.) und an anderen Gebirgspunkten (s. Felsdenkmal), haben die Herrscher Mesopotamiens Denkmäler und Inschriften geweiht (s. a. Iwris).

S. ferner die Spezialartikel, die Namen der Götter und Städte (s. a. Mesopotamien C), Ahnenkultus B, Apotropaion, Astralkultus, Astrologie, Beschwörung, Dämon C, Eid B, Fest D, Fluch B, Gebet B, Gelübde B, Geschlechtsleben, Glyptik C, Götterbild E 1, Göttersymbol E 1, Grab G, Gründungsurkunde, Krankheitsdämon, Mischwesen, Opfer B, ferner Altar E, Baukunst D, Baum (Heiliger), Lebensbaum, Obelisk B, Tempelturm usw.

Keilinschr.-Bibl. 6 (Jensen); H. Greßmann *Altorientalische Texte u. Bilder zum Alten Testament*[2] 1926; B. Landsberger *Babyl.-assyr. Religion* Bilderatlas z. Religionsgeschichte Heft 6; A. Ungnad *Die Religion der Babylonier und Assyrer* 1921; B. Meissner *Babylonien und Assyrien* II (1925); M. Witzel *Perlen sumerischer Poesie* 1925; Thureau-Dangin *Rituels accadiens* 1921; A. Deimel *Pantheon babylonicum*; M. Jastrow *Die R. Babyloniens und Assyriens* 1905ff.; Th. Paffrath *Zur Götterlehre in den altbabylon. Inschriften* Stud. z. Gesch. u. Kultur des Altertums 6 Heft 5—6 (1913); H. Zimmern *Religion der Hethiter* Bilderatlas z. Religionsgeschichte Heft 5 (1924). Eckhard Unger

Religiöse Ideen des Paläolithikum s. Grab A, Kunst A, Schmuck A.

Remedello-Sotto (Italien; Tf. 20). Nachdem manche Einzelfunde vorangegangen waren, hat Chierici das große Verdienst, durch erstmalige wissenschaftliche Aufdeckung (1884—86) eines Begräbnisplatzes bei R.-S., nahe einem alten Lauf des Chiese, s. von Brescia, Klarheit gebracht zu haben in das kulturelle Bild, welches die Po-Ebene bot um die Zeit, als die verbrennenden „Italiker" begannen, durch die ö. Schweiz einzurücken. Sie fanden dort eine Urbevölkerung vor, deren Nachkommen die Alten in den Ligurern erkannten, und mit denen die „Italiker" sich schlecht und recht auseinandersetzten. Wie die Wohnhütten, deren Spuren etwas n. gefunden wurden, rechtwinklig angeordnet und durch Gräben gesichert, so waren auch die Gräber felderweise und z. T. in Reihen angelegt. In ihnen lagen die Toten als liegende Hocker mit steinzeitl. Inventar, aber auch vereinzelten Beigaben aus Kupfer. Ganze Gräber wurden sorgsam ausgehoben und in die benachbarten Museen gebracht und gewähren nunmehr nicht nur für diese Gegend Norditaliens, sondern als Analogie auch für viele andere Teile des Landes, auch der großen Inseln, eine lehrreiche Vorstellung dieser frühen Kulturphase und ihrer wehrhaften Vertreter. Die Erkenntnis dieser kuprolith. Periode, mit welcher in vielen Gegenden Italiens die menschliche Besiedelung überhaupt erst anzufangen scheint, knüpft durchaus an an diese Entdeckung, mit der die Namen Chiericis und alsdann des ganz Italien daraufhin durcharbeitenden Colini dauernd verbunden bleiben. S. a. Italien B § 4.

v. Duhn *Ital. Gräberk.* I 8, 14—16. v. Duhn

Remen s. Schiff.

Remouchamps-Höhle s. Belgien A § 3, Tardenoisien § 2.

Ren (Tf. 21). S. a. Castillo-Höhle § 1, Diluvialfauna § 2—4, Kunst A, Norddeutschland A § 5.

§ 1. Das R. (*Rangifer tarandus* L.), der einzige Vertreter der Hirsche, bei dem auch das Weibchen ein Geweih trägt, ist heute auf den N der alten Welt beschränkt. Im

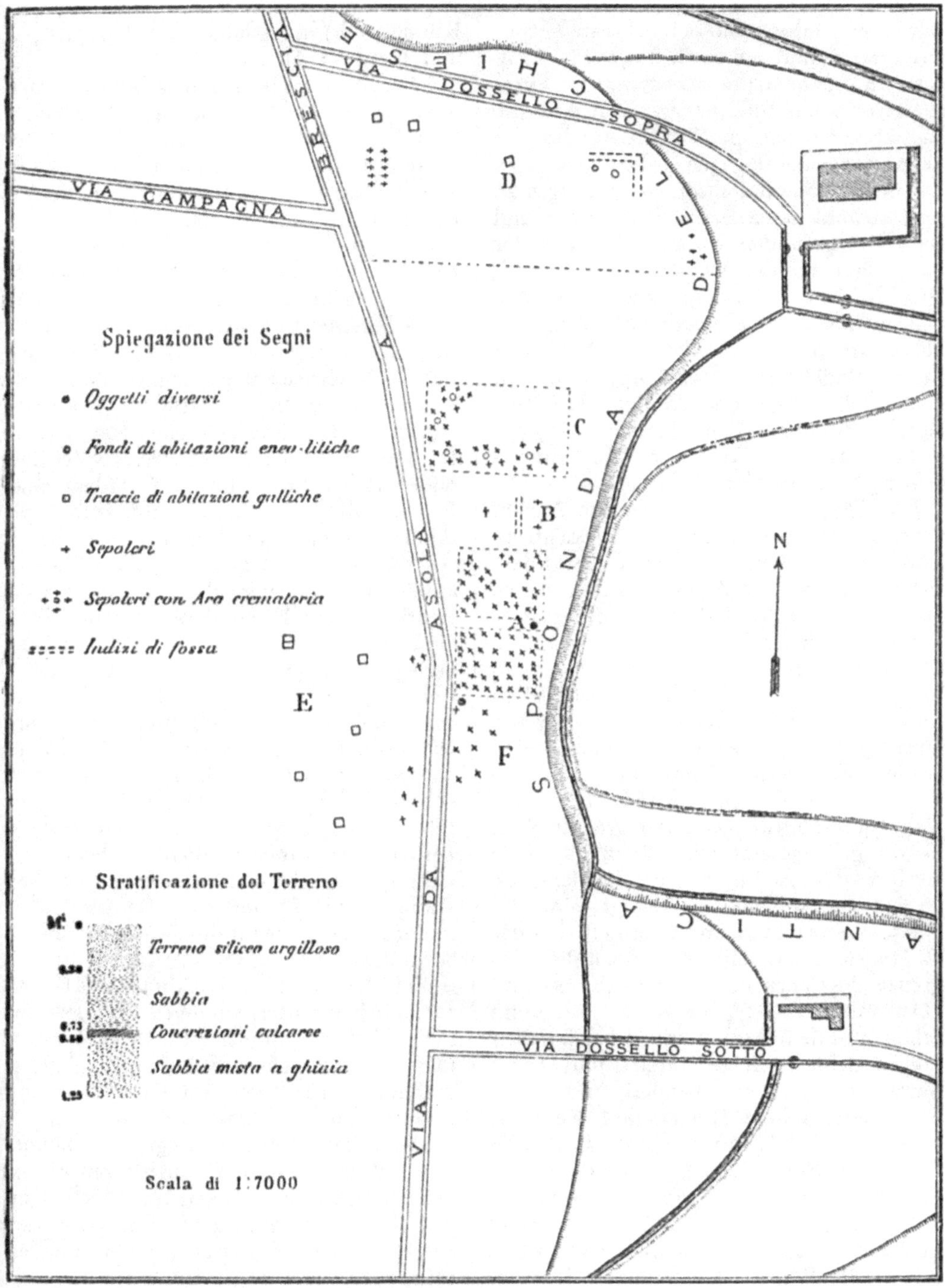

Remedello-Sotto

Plan des Gräberfeldes. Nach Bullettino Paletn. Ital. 1898.

Diluvium dehnte es sein Gebiet bis ans Mittelmeer im S und bis nach England im W aus. In Spanien überschritt es die Pyrenäen nur wenig und gelangte erst über die das Ebro-Becken im N begrenzenden Gebirge nach S, dagegen scheint es nicht auf die Apenninhalbinsel vorgedrungen zu sein, obwohl seine Reste in Mentone und bei Triest gefunden wurden. Noch weiter im O hat es die Donau nach S nicht überschritten. Mit dem Ende des Paläol. verschwindet es ziemlich plötzlich aus Mitteleuropa. Das Azilien (s. d.; Holmegaard, Maglemose, Sværdborg; s. d.) und noch viel weniger das Campignien (ältere Kjökkenmöddinger) enthielten nirgends mehr Reste von Rentieren. S. Campignien, Nordischer Kreis A.

§ 2. Dagegen sind eine geringe Anzahl bearbeiteter Rengeweihe aus Norddeutschland und Dänemark bekannt geworden, welche in die dem Azilien voraufgehende Zeit der Lyngby-Kultur (s. d.) gesetzt werden (Elbinger Jahrb. 1924 S. 3—16 La Baume). Da diese Rengeweihbeile vom Lyngby-Typus (Band IX Tf. 2) recht selten sind, es aber mindestens ebenso viele von Hirschgeweih gibt, so ist anzunehmen, daß zu dieser Zeit das R. in Norddeutschland ausstarb und der Hirsch einwanderte. Da die Maglemose-Kultur geol. der Ancylus-Zeit (s. d.) gleichgesetzt wird, muß das Aussterben des R. in Norddeutschland zu Beginn der Ancylus-Zeit erfolgt sein.

§ 3. Weiter im N und O erhielt sich das R. länger. Im O fällt heute noch die Südgrenze des Vorkommens des R. im Ural etwa mit dem 52°, in Kasan allerdings schon mit dem 54° zusammen. Von hier mögen denn auch Aristoteles und Theophrast, die es zuerst nennen, und später Cäsar und andere Römer ihre Kenntnis erhalten haben (Sarauw *Das Rentier in Europa zu den Zeiten Alexanders und Cäsars* Mindeskrift for Japetus Steenstrup 1913). Und hier werden auch die „Germanen" gewohnt haben, die sich nach Sallust (Hist.) in Rentierfelle (*renones*) kleiden. Hierher gehören vielleicht auch jene Rengeweihe, die nach Sarauw (Präh. Z. 1911 S. 87) in den neol. Schichten des Kownatken-Sees in Ostpreußen (s. Pfahlbau G § 3) gefunden wurden, ebenso die von Kunda (s. d.) in Estland. S. a. Jättene (d) und Band VI Tf. 45.

§ 4. Ob damals das R. schon Haustier war, wissen wir nicht, wie überhaupt über die ersten Domestikations-Stadien des R. so gut wie nichts bekannt ist. Daß zur ä. StZ das R. nicht gezähmt war, dürfte heute kaum angezweifelt werden. Wie aber steht es mit jenen R., deren Reste nach Collett in Norwegen, wo das R. heute noch bis zum äußersten S geht, seit der StZ in menschlichen Kulturen gefunden wurden? (s. a. Finnland A § 7). Die erste sichere Nachricht vom zahmen R. hatten wir aus dem 9. Jh., wo Ottár in einem Brief an den König Alfred sich seiner 600 zahmen R., worunter 6 Lock-Rentiere, als Zeichen seines Reichtums rühmt. Trotzdem sind R., wie wir jetzt wissen, schon früher gezähmt worden. Wenn freilich auf Grund gewisser bearbeiteter Hölzer, die Schlittenkufen, und zwar ausschließlich, Kufen vom Rentier-, nicht Hundeschlitten sein sollen, die Domestikation bis in die j. StZ zurückverlegt wird (Sirelius), so müssen doch wohl noch andere Beweise abgewartet werden, eine Sicherheit über eine so frühe Domestikation zu gewinnen. Wichtiger dagegen ist, daß die chin. Annalen schon 499 n. C. für Sibirien zahme Rentiere angeben, eine Zähmung für noch frühere Zeiten aber wahrscheinlich machen. Auf Grund der chin. Nachrichten glauben Itkonen und Laufer eine Domestikation in der Baikal-Gegend um C. Geb. annehmen zu sollen.

Nun kommt aber Wicklund auf Grund zoologischer Untersuchungen zu der Ansicht, daß das nordskand. R. eine Bergrasse und als solche von den Berglappen gezähmt worden sei. Da diese Zähmung also erst nach Einwanderung der Lappen in Nordskandinavien erfolgt sein könne, also erst nach 150 v. C. anzusetzen sei, so braucht das doch nach den Untersuchungen des Zoologen Lönnberg nicht so ganz feststehen. Dieser glaubt bei den Lappen zahme Rentiere zweierlei Ursprungs annehmen zu müssen. Nach ihm gehört die Mehrzahl der zahmen nordskand. R. zu einer kleineren Form. Diese sei, wie auch Wicklund schreibt, identisch mit dem wilden schwed. Tundra- oder Berg-Ren

Rangifer tarandus L.). Aber es gibt daneben auch in Nordschweden zahme Rentiere einer größeren Rasse, die mit dem Wald-Rentier (*Rangifer tarandus fumicus* Lönnberg) nicht nur anatomisch übereinstimme, sondern auch biologisch darin, daß sie den Wald und das Moor bewohne, niemals aber auf die Berge ginge. Die Heimat dieses Rentiers im wilden Zustand ist aber Finnland, von wo es nur gelegentlich (im Winter?) nach Nordostschweden hinüberwechselt. Es ist also ganz gut möglich, daß die Lappen schon vor ihrer Einwanderung in Skandinavien die Rentierzucht kannten.

Wir müssen annehmen, daß die Rentierzucht in Europa in eine sehr frühe Zeit zurückgeht. Ebert weist (*Südrußland* 1921 S. 172 und Abb. 32) auf eine merkwürdige, in Memphis (?) gefundene Gipsform eines Bechers hin, deren Original wohl aus Rußland stammt, wo eine Frau, hinter der zwei Hunde sitzen, ein gehörntes Tier melkt (Tf. 21 b). Vor ihm steht ein ganz ähnliches, männliches Tier, das zwar ein deutliches Elchgeweih trägt, aber nach dem Bau des langgestreckten Körpers und dem relativ langen Schwanz, worin er dem gemolkenen Tiere gleicht, kein Elch ist — dazu fehlt noch die herabgebogene Elchnase —, sondern nur ein R. sein kann, bei dem ja auch die Weibchen Geweihe, und zwar erheblich schwächere als die Männchen, tragen. Möglicherweise haben wir in diesem dem 5. oder 4. Jh. v. C. angehörenden Stück die älteste Urkunde zahmer Rentiere vor uns. Dagegen stellt jene von O. Keller (*Die antike Tierwelt* S. 280) auf der Autorität Guido v. Lists hin als Rentierherde angesprochene Darstellung auf einer Urne aus der HZ Ödenburgs sicher keine Rentiere, überhaupt keine zahmen Tiere vor, sondern Hirsche, welche der Reiter mit Hilfe von Hunden jagt.

E. Lönnberg *Taxonomis Notes on about palaearctis Reindeer* Arkiv för Zoologi Bd. 6 (1909) Nr. 4 S. 1—18; Berthold Laufer *The reindeer and its domestication* Memoirs of the American Anthropolog. Association 4 Nr. 2 S. 91—143 April-Juni 1917; U. T. Sirelius *Über einige Prototypen des Schlittens* Journal de la Société Finno-Ougrienne 30 (1913—18); ders. *Über die Art und Zeit der Zähmung des Rentiers* ebd. 33; K. B. Wicklund *Om renskötselns uppkomst* Ymer 1918 S. 249ff.; J. T. Itkonen *Teorier om renskötselns uppkomst* Suomen Museo (Finskt Museum) 26 (1919) S. 30—40 (dtsch. Resumé).
Max Hilzheimer

Rener (Revler) s. Bornholm B § 3.

Rengeweihgeräte s. Jättene (d), Lyngby-Kultur, Norddeutschland A, Nordischer Kreis A § 1, C 1 § 4c, 6.

Renieblas s. Numantia.

Rephaim. Im Deuteronomium 2, 10f., 20f. heißt es: „Die Emim wohnten vor Zeiten dort (sc. im Lande Moab), ein Volk, groß und zahlreich und hoch wie die Enakiter. Wie die Enakiter gelten auch sie als R., aber die Moabiter nennen sie Emim. Es (sc. Moab) galt gleichfalls für ein Land der R.; vor Zeiten wohnten die R. darin, denen die Ammoniter (s. d.) den Namen Zamzummîm (s. d.) gaben. Es waren Leute, so groß, zahlreich und hoch wie die Enakiter." Die beiden Urvölker Emîm und Zamzummîm (s. d.) werden den Enaks-Söhnen oder den R. gleichgesetzt. Aus Deut. 3, 13 wissen wir, daß sie im Ostjordanland in den Gauen 'Argōb und Bāsān lokalisiert wurden. Ihr König Og war nach Deut. 3, 11 in einem „eisernen Bette" von 9 Ellen L. und 4 Ellen Br. in Rabbat benē 'Ammon bestattet. Das war wohl ein merkwürdiger Naturstein oder ein großer Dolmen. Jedenfalls geht aus dieser Stelle gleichfalls hervor, daß man die R. für Riesen hielt. Nach II. Sam. 21, 16ff. gab es solche Riesen auch im Philisterlande. Goliath hatte einen Speer, der glich einem Weberbaum. Ein anderer Riese hatte je 6 Finger bzw. Zehen an Händen und Füßen. Die Riesen werden als „die von dem Rapha Abstammenden" bezeichnet, d. h. also als R. Auffallend ist das Fehlen des nomen gentile *rephaî* für den Singular; dafür tritt (mit Artikel) *ha-raphah* ein. Daraus hat Schwally mit Recht geschlossen, daß R. ursprünglich gar kein Eigenname, sondern ein Gattungswort ist. Und in der Tat findet sich das Wort als ein Appelativum (Jes. 14, 9; 24, 14. 19; Ps. 88, 11; Prov. 2, 18; 9, 18; 21, 16; Hiob 26, 5) in der Bedeutung „Totengeister". Etymologisch heißt R. die Kraftlosen, die Schlaffen. Das ist auch die Vorstellung vom Leben der Toten, die im Schattenreich (*šeōl*) wohnen. Der Doppelsinn: Totengeister und Riesen, ist wohl aus dem Volksglauben zu verstehen, daß die ersten Menschen und so auch die ersten Toten von besonderem Wuchs gewesen seien. Nach Gen. 6, 1ff. sind die Recken der Vorzeit, die Hochberühmten (wörtlich: die Männer, die einen Namen haben), durch die Zeugung von Gottessöhnen und Menschentöchtern der Urzeit entstanden. In der Nähe von Jerusalem gab es ein Tal der R. (Jos. 15, 8; 18, 6; II. Sam. 5, 18. 22; 23, 13; Jes. 17, 5; I. Chron. 11, 5; 14, 9). Hier ist wohl an die Totengeister gedacht, denn Jes. 17, 5, das dagegen zu sprechen scheint, ist wohl ironisch zu verstehen: Dort kann man keine Ähren lesen! Die LXX denkt an eine öde Schlucht. — S. a. Megalith-Grab F § 12.

H. Schwally *Über einige palästinische Völkernamen* Zeitschrift f. Alttestamentl. Wissenschaft 1898; E. Meyer *Die Israeliten und ihre Nachbarstämme* 1906; P. Karge *Rephaim* 1918.

Galling

Retusche. Vornehmlich durch Schlag oder Druck bewerkstelligte Randdengelung von Steinwerkzeugen, zur Schärfung oder Nachbesserung der Schneiden („Schärfungsretuschen"). In anderen Fällen bezweckt die R. die Abstumpfung gewisser Randteile zur Erleichterung der Handhabung („Schutzretusche") oder der Schäftung („Schäftungsretusche"). Dient sie der Zurichtung oder Verfeinerung der Gesamtoberfläche eines Gerätetypus, so spricht man von „Oberflächenretusche".

Hiervon zu unterscheiden sind die einfachen „Gebrauchsretuschen", d. i. durch die bloße Benutzung hervorgerufenen Abschartungen und Aussplitterungen. S. a. Steinbearbeitung § 6.

H. Obermaier

Reudingi s. Germanen B § 5.

Reutel-Stufe (Reutelien) s. Eolithenproblem § 7.

Rezept. Zusammensetzungsvorschriften und Herstellungsanweisungen für Arzneien zum innerlichen und äußerlichen Gebrauch beherrschen, je weiter man im medizin. Schriftwerk in die Frühzeit zurückgeht, in immer steigendem Maße die ärztliche Literatur. Zusammen mit der Verwendungsvorschrift, die ja meist als integrierender Bestandteil des R., der Verordnung, zu gelten scheint, jedenfalls so auftritt, bilden solche Rezeptvorschriften mit Verwendungsüberschrift bis zum heutigen Tage den allergrößten Teil der aufgezeichneten Volksmedizin.

Auch in der medizin. Fachliteratur vom Euphrat und überwiegender noch in der vom Nil, nimmt das R. einen ausgiebigen Platz ein; im Pap. Ebers z. B. überwuchert es alles andere (s. Papyri [Medizinische]).

Zu Ausgang der Antike, nach dem Niedergang der produktiven Wissenschaft, in der Übergangszeit und durchs ganze Mittelalter ist das R. als solches wieder ein wesentliches, großen Raum beanspruchendes Teilstück der medizin. Literatur. S. a. Rezept-Sammlung.

Sudhoff

Rezept-Sammlung. § 1. Für den täglichen Gebrauch des Praktikers zusammengelesen, bilden sie schon in der medizin. Frühliteratur eine wichtige und weit verbreitete, regionär und zeitweise völlig überwiegende Erscheinung. Sie wachsen früh aus einzelnen Rezeptgruppen für nahe verwandte Erkrankungsformen, für Einzelorgane und Körperregionen zusammen und sind mehr oder minder zweckmäßig und übersichtlich in der Zusammenordnung disponiert. Überschriftsmäßig wird auch hier (s. Rezept), und hier erst recht, weil sonst die Verwirrung zu groß würde, die Zweckbestimmung nach Krankheitserscheinungen in schlagwortartiger Kürze oder als wortreichere Beschreibung der Krankheitssymptome vorausgeschickt, es folgt die Aufzählung der Bestandteile (in Ä. wenigstens mit genauer Dosen-Angabe nach Gewicht und Maß). Eine Anweisung über Besonderheiten der Zubereitung und Arzneiformgebung sowie deren Anwendung macht das Teilstück der R.-S. erst vollständig. Ganz ausnahmsweise ist auch der Name dessen verzeichnet oder mehr zufällig daran hängengeblieben, für den oder die das Mittel einmal oder zuerst hergestellt wurde, noch seltener in frühgeschichtlicher Zeit der Name dessen, der es angegeben, erfunden oder wenigstens empfohlen hat.

§ 2. Der weitaus größte Teil der auf uns gekommenen Medizin-Literatur Ä. besteht aus solchen Rezepten pharmakologischen Inhalts, unterbrochen durch spärliche physikalisch-mechanische Vorschriften, wie Begießungen, Umschläge usw., für die eine

a

b

Rentier

a. **Rentier.** Männlich, vollentwickelt. Nach G. Hallström. — b. Szene aus dem Nomadenleben. Gipsform für einen Becher. In Ägypten (Memphis?) gefunden. Nach Rubenssohn *Hellenistisches Silbergerät* 1911 Tf. 14, 24.

Rhinluch

Scherben von binsenverzierter Tonware. a—i $^1/_3$, k $^1/_2$ n. Gr.
Nach Photographie.

besondere Herstellungsvorschrift nur in beschränktem Maße oder gar nicht nötig ist, oder auch durch zauberische Besprechungen oder Anweisungen zur Vornahme einer (kultischen) Zauberhandlung usw. Diese erweist sich wohl auch als Teilstück der Arzneiherstellung oder deren Verwendung, insofern ein Spruch beim Zerstoßen im Mörser oder beim Zusammenmischen der Bestandteile zu sprechen oder beim Trinken des Arzneitrankes herzusagen ist usw.

§ 3. Auch in der babyl.-assyr. Medizin nimmt das Rezept einen großen Raum ein. Das Schriftwerk tritt aber nicht so sehr als R.-S. formell in Erscheinung, da durchgehends die Arzneivorschrift mit Spruch und Zauberhandlung bzw. ritueller Anweisung zur Vornahme einer Handlung kultischer Natur vergesellschaftet ist, oft in einem solchen Maße, daß auf den ersten Blick das Ganze wie ein Stück rein magischer Literatur sich ausnimmt, die ja auch tatsächlich als medizinische vorkommt, wenn auch da wieder pharmakologische Rezepte usw. mit eingemengt angetroffen werden.

§ 4. In der ind. und klassisch-antiken ärztlichen Literatur auf ihrer Höhe tritt die R.-S. zurück, taucht aber in der späteren Zeit wieder in der uns erhaltenen Literatur auf. Ganz verschwunden war sie sicher niemals, wenn auch nur Spuren in den Überresten der Literatur, die ja sowieso nur spärliche Proben des Ganzen uns bieten, auf uns gekommen sind. Seit den *Compositiones* des Scribonius Largus (d. h. eben Rezepte in unserem literarischen Sinne) unter Kaiser Claudius gewinnt sie wieder größere Bedeutung für $1^1/_2$ Jahrtausende in den Rezeptarien und Antidotarien des Mittelalters im Abendlande, die neben den „Passionarien" zeitweise völlig die Literatur beherrschen.

Sigerist *Studien und Texte zur frühmittelalterlichen Rezeptliteratur* Stud. z. Geschichte d. Medizin 13 (1923). Sudhoff

Reziprokes Muster s. Unendliches Muster.

Rheindürkheim (bei Worms, Rheinhessen). Ein Gräberfeld von über 20 Gräbern des Hinkelstein-Typus hat C. Koehl 1897 ausgegraben. Die Anordnung der Gräber zeigt keine Regel, doch liegen die einzelnen Gräber mit einer Ausnahme alle von SO nach NW. Es handelt sich um Flachgräber mit gestreckten Leichen ohne Steinsetzungen, die 55—80 cm t. in die hochwasserfreie, ins Rheintal vorspringende Bodenwelle eingebettet sind. Die Beigaben decken sich mit denen der Gräber der Rheingewann bei Worms und des Hinkelsteins (s. d.). Die Männergräber enthalten durchbohrte Steinhämmer und Schuhleistenkeile, ferner Schaber und Messer aus Feuerstein und Feuersteinknollen sowie Schwefelkies zum Feuerschlagen, selten auch Halsketten, deren einzelne Glieder aus fossilen Muscheln geschnitzt sind. Solche Ketten aus runden Muschelscheibchen kommen besonders in den Frauengräbern vor, die auch ähnlich zusammengestellte Gürtel-, Arm- und Handfesselketten lieferten. Alle diese Schmuckketten der Frauen sind auch bisweilen aus kleinen, fossilen Schneckengehäusen hergestellt. Größere Muscheln dienten als Anhänger. Handmühlen aus einem größeren Bodenstein und einem kleineren Läufer fehlen in keinem Frauengrab. An Färbemitteln begegnet Roteisenstein und Ocker. Die reichen und schön dekorierten Gefäße enthielten noch teilweise Tierknochen, sie waren also für die Wegzehrung der Toten bestimmt. Näheres über die Keramik s. Bandkeramik § 3.

Anthr. Korr.-Bl. 29 (1898) S. 146ff. C. Koehl; Festgabe z. 34. allg. Versammlung der Deutschen Anthr. Ges. in Worms 1903 S. 11ff. ders. † W. Bremer

Rheinlande s. Mittel- und Süddeutschland, Niederrheinische Hügelgräberkultur, Norddeutschland A und die Einzelartikel.

Rhinluch (Prov. Brandenburg; Tf. 22). § 1. Unter R. hat man, im Gegensatz zu irrigen Bezeichnungen selbst auf amtlichem Kartenmaterial, zwei Gebiete zu verstehen: die ehemalige Torfkammer von Berlin w. vom Kremmener See bei Linum, und dann die weiten Moorflächen von Friesack-Mark in der Talschneise des sog. Berlin-Warschauer Urstromtals bis dahin, wo sich der Rhin beim Gülper See mit der Havel vereinigt. Um diesen zweiten Teil handelt es sich hier im besonderen.

Vom Klimasturz in der EZ bis zum 18. Jh. n. C. war das ganze Luch eine unpassierbare Länderscheide zwischen der Grafschaft Ruppin und dem Havelland, (ein kleines Seitenstück zu den Urwäldern Südamerikas, wie Klöden es nennt). In den J. 1770—78 wurde es entwässert, aber erst durch die Meliorationen während des Krieges so trocken gelegt, daß einschneidende und nicht ganz ungefährliche Veränderungen mit ihm vorgegangen sind.

§ 2. Bis in die jüngste Zeit hinein galt es für einen feststehenden Grundsatz, daß die Gegenden der heutigen großen Moorflächen, besonders der Urstromtäler, von den ältesten Zeiten an siedlungsfeindlich gewesen seien. Und im Einklang damit zeigen die Fundkarten von Åberg und Kossinna in den Luchgegenden eine völlige Leere. Die Austrocknung, Sackung und Abtragung der Moore und die Ergebnisse der jüngsten Moorforschung räumen auch mit dieser Ansicht auf. Das Moor ist auch im vorgesch. Sinne forschungsreif geworden. Was ich seit 10 Jahren im Luch gefunden habe, nötigt zu der Überzeugung, daß es kaum eine Landschaft gibt, die so dicht bis zur j. StZ besiedelt gewesen ist, wie das R. Die wichtigste dieser Siedlungen scheint der Horst an der III. Rhinbrücke bei Friesack gewesen zu sein.

§ 3. Die Grabungen an dieser Stelle wurden bereits seit dem J. 1918 mit Unterbrechungen durchgeführt. Sie sind noch nicht beendet, aber zu einem gewissen Abschluß gelangt. Die gesamten Funde befinden sich in der Vorgesch. Abteilung der Staatl. Museen in Berlin. Die Untersuchungen haben bis jetzt folgendes Bild ergeben:

§ 4. An dem Friesacker Rhin oder Kl. Hauptgraben ragt bei der III. Rhinbrücke eine Talsandkuppe mit schwacher Dünenüberwehung, im Dm 82 m O—W, 51 m N—S, 1—1,5 m aus dem Luch empor. Die Westhälfte ist als Sandgrube ausgebeutet worden, die andere noch unberührt. Hier wurde die Grabung vorgenommen.

Die Ostseite dieser Kuppe lag einst an der Bucht eines kilometerlangen Sees, der mindestens bis Friesack reichte. Als sich die ersten Jäger und Fischer auf diesem Horst niederließen, befand sich der Spiegel des Sees $1/_2$ m unter der heutigen Luchoberfläche. In drei Etappen rückte er bis zu $^2/_3$ der Horsthöhe den Abhang hinauf und mit ihm die Siedlerschaft. Darum liegt hangaufwärts die Hauptmasse der Kulturschicht, die im Durchschnitt 40 cm, mit dem darüber gelagerten Bleichsand stellenweise 50—70 cm stark ist. Dann sank das Wasser wieder bis unter die erste Strandlinie, und die Siedlung rückte nach. Die Uferzone vertorfte bei weiterem Sinken des Sees während des Frühneol. völlig, und die Horstsiedler wanderten mit den meisten anderen Talbewohnern aus.

Nach den von der Siedlung und ihrer Umgebung eingesandten Proben hat Knud Jessen, Kopenhagen, die Pollenanalyse (s. d.) ausgeführt und die Ansicht ausgesprochen, daß diese Fundstelle in die Ancylus-Zeit (s. d.) gehöre. Zu demselben Ergebnis kam J. Stoller von der Geol. Landesanstalt-Berlin. Auf Grund seiner persönlichen Untersuchung des Geländes behauptet er, daß die Kulturschicht zeitlich zu den tiefgelagerten Torfschichten des Sees gehöre, in denen hier ausschließlich oder doch fast ausschließlich die Kiefer und Birke geherrscht haben, daß sie also mit hoher Wahrscheinlichkeit bereits in der Ancylus-Per. vorhanden gewesen sei.

§ 5. Dem geol. Befund entspricht der archäologische. In der einheitlich durchgehenden Kulturschicht gab es Herde, aber weder Wohngruben noch Pfostenlöcher. Nur 3—4 m große, runde, flache Lagerplätze hoben sich schwärzlich von dem weißen Sand in der Tiefe unter der Kulturschicht ab.

§ 6. Außerordentlich reich waren die Funde an Knochen. Von den über 12000, leider meist zerschlagenen Stücken hat E. Pohle vom Zoolog. Museum-Berlin bis jetzt gegen 3000 untersucht und daraus folgende Tierarten festgestellt: Biber (zahlreich), Wasserratte, Iltis, Wolf, Bär, Katze (alle nicht häufig); Wildschwein, Pferd, Reh, Rothirsch; wahrscheinlich Elch, Ur, Wisent. Außerdem viele kleine Nager, Vogelarten und sehr viele Fische, auch in auffallend großen Exemplaren.

Neben den zerschlagenen Knochen fanden sich auch bearbeitete Werkzeuge und Waffen aus Hirschgehörn, Elch- und Urstierbein: Dolche, Pfriemen, stielrunde

Speerspitzen (eine mit abgeschrägter Basis), Keulenhammer, Beil, Hacke, Nadeln, Spitzen, ausgehöhlte Griffe, Glätter und ein durchlochter Eberzahn.

§ 7. Ebenso reichhaltig sind die Funde an Silex-Artefakten. Es wurden nur die retuschierten Stücke gezählt, die bis zum Herbst 1924 1169 Stück umfaßten. Die Hauptmasse bildeten vererbte Aurignacien-Formen (u. a. Châtelperron- und Gravettespitzen, Doppel-, Kiel-, Hohl- und Klingenkratzer, gekerbte Klingenkratzer, Klingen mit Kratzer-Ende, dreikantige Raspeln, Bohrer, Bogen- und Winkelstichel). Seltener waren vererbte Magdalénien-Formen (u. a. Papageienschnabel, Klingen mit Fächerretusche). Capsien- und Azilien-Formen kamen wieder häufiger vor (u. a. geometrische Mikrolithen, kleine, diskoide oder halbdiskoide Schaber und 129 längsschneidige Pfeilspitzen). Schließlich fanden sich auch querschneidige Pfeilspitzen und unretuschierte Klingen. Gar keine charakteristischen Beziehungen zeigten sich zum Campignien; es gab hier weder Spalter noch Gratbeile. Die Fülle der Formen war überraschend und die Ausführung nicht selten elegant, die Größe der Stücke aber meist geringer als ihre Urform. Im ganzen ein mesol. Inventar, doch nicht im Birknerschen Sinne einer Oberflächen-Steinzeit.

§ 8. Als fast noch interessanter könnte man die Keramik (Tf. 22) dieser Fundstelle bezeichnen, weil hier eine neue steinzeitliche Gruppe auftauchte, die schon zu bedeutsamen Folgerungen Anlaß gegeben hat. Es ist dies eine Tonware, deren Scherben scheinbar wahllos mit reiskornartigen Eindrücken dicht besät sind. Bei näherer Prüfung erkennt man aber darin mehr oder weniger regelmäßig gelagerte Abdrücke eines Geflechts, das nach Gothan, Potonié, Gams und Sernander wohl nur aus Binsen, und zwar einer der *Juncus*-Arten, bestanden haben kann. Aus diesem Grunde habe ich diese Gefäßreste Binsenkeramik genannt. Sie ist dadurch entstanden, daß man einen Binsenkorb innen mit Ton ausgeschmiert und die Tonform bis zum Erhärten im Geflecht gelassen hat. Darauf wurde die Randschnurre des Korbbeutels gelöst, das Geflecht abgestreift, der unverzierte, glatte Hals mit den Griffzapfen an den Gefäßrand angesetzt und das Ganze gebrannt. Die Binsenabdrücke bedecken die ganze Gefäßwand vom Hals bis unten auf den Boden. Knoten und Schleifen und vor allem die Spiralen auf dem Boden beweisen die Entstehung dieses Ornaments (Präh. Z. 15 [1924] S. 75).

Außer der Binsenkeramik kam hier noch eine andere altertümlich-ornamentierte Keramik vor, die man als frühneol. bezeichnen dürfte. Die Binsenkeramik bildete indessen die Hauptmasse, 240 Stück gegen 80 Stück. Während die frühneol. Keramik weiter oben in einer T. von 10—40 cm unter der Oberfläche lagerte, gab es geradezu eine binsenkeramische Strate zwischen 35—50 cm. Und hatte die jüngere Gruppe die querschneidige Pfeilspitze als auffälligstes Begleitinstrument, so waren es bei der Binsenkeramik der kleine, diskoide Capsien-Schaber und die längsschneidige Pfeilspitze, die zwischen 40 und 50 cm ihr Optimum hatte. Nach der Tiefenlage der binsenkeramischen Fundschicht, nach dem zugehörigen Kulturinventar mit seinen paläol. und epipaläol. Typen und nach der Ausdeutung des geol. Profils der Siedlung und ihrer Umgebung reicht diese Keramik bis ins Mesol. Deswegen ist sie die älteste Keramik der Mark, vielleicht des N überhaupt.

Zu gleichem Ergebnis gelangte ich durch eine Probegrabung auf einer Talsand-Düne an einem ähnlich vertorften Ancylus-See im gleichen Urstromtal bei Brädikow, wo bis jetzt nur Binsenkeramik zu finden war. Dort liegt unter 20 cm Bleichsand eine Kulturschicht von 60 cm Stärke. Bei 30 cm unter der Oberfläche erschienen Binsenkeramik und querschneidige Pfeilspitzen, bei 50 cm Binsenkeramik und längsschneidige Pfeilspitzen mit kleinem, diskoiden Capsien-Schaber, bei 60 cm Binsenkeramik und längschneidige Pfeilspitzen, bei 70 cm nur längsschneidige und dreieckige Azilien-Tardenoisien-Pfeilspitzen.

Binsenkeramik fand sich ferner bei Strodehne, Kietz-Rhinow, Klessen, Friesack-O, Hakenberg, Kienberg, d. h. in dem ganzen über 50 km l. Westteil dieses Urstromtales. Sie kam auch bei Pritzerbe, Schmöckwitz (s. d.), bei Mildenberg-Templin und Ketzin in der Mark vor. Zeigte es sich schon bei Friesack und Brädikow, daß die Binsenkeramik bis ins Frühneol. erhalten blieb, so weisen die Funde der letzten beiden Orte noch jüngere, schon degenerierte Formen auf, bei denen es bereits zweifelhaft wird, ob wir es da noch mit bloßen Abdrücken zu tun haben. Die ursprünglichen ausdrucksvollen Knoten und Schleifen sind verschwunden und vor allem das Entscheidende: der spiralgeflochtene Bodenabdruck. Es sind die Erzeugnisse der neol. Binsenkeramiker, die das R. längst verlassen und sich auf die Uferränder zurückgezogen hatten.

Auch in Mähren (Jaispitz-Jevišovice [s. d. § 3f.], Greslové Mýto, Ondratice) kommt die Binsenkeramik vor. Mehrere ganze Gefäße davon stehen im Museum zu Brünn. J. L. Červinka teilt sie nach einer brieflichen Mitteilung an den Verfasser der jüngsten neol. Keramik und zwar dem Untergrombacher oder Michelsberger Typus (s. d.) zu (vgl. Wien. Präh. Z. 1914 S. 273 Abb. 30).

§ 9. Ob diese Binsenkeramiker der späteren Per. der j. StZ die einzigen Reste ihrer mesol. Vorfahren in der Mark sind, werden weitere Forschungen zu entscheiden haben. Für die Hauptmasse dieses Jäger- und Fischervolks im R., das sicher schon im frühesten Abschnitt des Neol. das Tal verlassen mußte, und von dem wohl nur kleinere Gruppen die höheren Diluvialränder als Ackerbauer besiedelt haben und die Gründer der jüngeren havelländ. Kultur wurden, muß ein anderer Weg gesucht werden. Auf einen solchen hat als erster Hubert Schmidt aufmerksam gemacht. In ZfEthn. 1924 S. 145ff. weist er auf die prototype Stellung hin, die die märkische Binsenkeramik zur finn. Kammkeramik (s. d.), zur russ. Textilkeramik (s. d.), zur Mattenkeramik der japanischen Muschelhaufenkultur und zu J. G. Anderssons chines. Mattenkeramik einnimmt. Für Osteuropa handelt es sich dabei in der Hauptsache um zwei Fundgebiete, um die Steinzeitsiedlungen um den Finn. Meerbusen mit den Dünen am Ladoga-See und das Gouv. Olonec (u. a. finn. Plätze, wie Rantapelto und neuerdings einen im Kirchsp. Sortawala), um das Tal der Oka (besonders Volossovo und Plechanovbor), oberen Wolga und das Waldaï-Plateau (s. a. Finnland A, Kammkeramik, Ladoga-Transgression, Sibirien B, Textilkeramik). Hier ist es vor allem die Siedlung am See von Bologoje, wo Fürst Putjatin aus 5 Schichten in 25 Jahren zahlreiche Scherben gesammelt hat (die Zapiski Arch. Ges. 5 abgebildet sind). Leider kann man bei keiner dieser Siedlungen von einer genauen Stratigraphie oder gesicherter chronol. Zuteilung des Materials sprechen. Bis jetzt weiß man nur, daß die Funde dieser Wickelschnur-, Kamm- und Textilkeramik der StZ angehören. Aber was man dort unter Textilkeramik versteht, ist zweifellos Binsenkeramik oder ihre Abart, und was Ailio (Z. d. finn. Altertumsges. 29, 1 S. 28f.) über die Entstehung dieser angeblichen Gewebeabdruckskeramik sagt, gleicht ganz dem Verfahren der reinen binsenkeramischen Technik. Ich verweise nur auf Z. d. finn. Altertumsges. 28 Tf. 18, 6 und 7 sowie Zapiski Arch. Ges. 5 Tf. 43 und 44. Wahrscheinlich gehören in das binsenkeramische Kulturgebiet auch Ångermanland (s. d.) und die Ukraine.

Aber weit jenseit dieser Grenzen taucht die Binsenkeramik dann plötzlich noch in China und Japan auf. Welchen Weg sie bis zu den Muschelhaufen der Ainos dort gezogen ist, und welche Wandlungen sie dabei erfahren hat, müssen weitere Untersuchungen erweisen (Munro a. a. O. Abb. 101 und 84). Von Wert dürfte dabei die Tatsache sein, daß auch die mit ihr z. T. vergesellschaftete märk. frühneol. Keramik und gewisse Artefakte in diesen ö. Kulturen wiederzufinden sind.

Zapiski Arch. Ges. 5 (1903/4); Z. d. finn. Altertumsges. 28 (1920), 29 (1922); O. Münsterberg *Japanische Kunstgeschichte* 1907; Munro *Prehistoric Japan* Yokohama 1911; Genshi Mou-yo Shu *Ornamente der steinzeitl. Keramik Japans* Tokio 1924; Geological Survey of China. Palaeontologia Sinica Bd. I Heft 1. Peking 1923, Heft 2 (1925); Hubert Schmidt *Prähistorisches aus Ostasien* ZfEthn. 1924 H. 5—6.

§ 10. Erschwert wird diese Lösung dadurch, daß die chines. Mattenkeramik keine bandkeramischen Elemente enthält, aber mit bandkeramischer Gefäßmalerei ver-

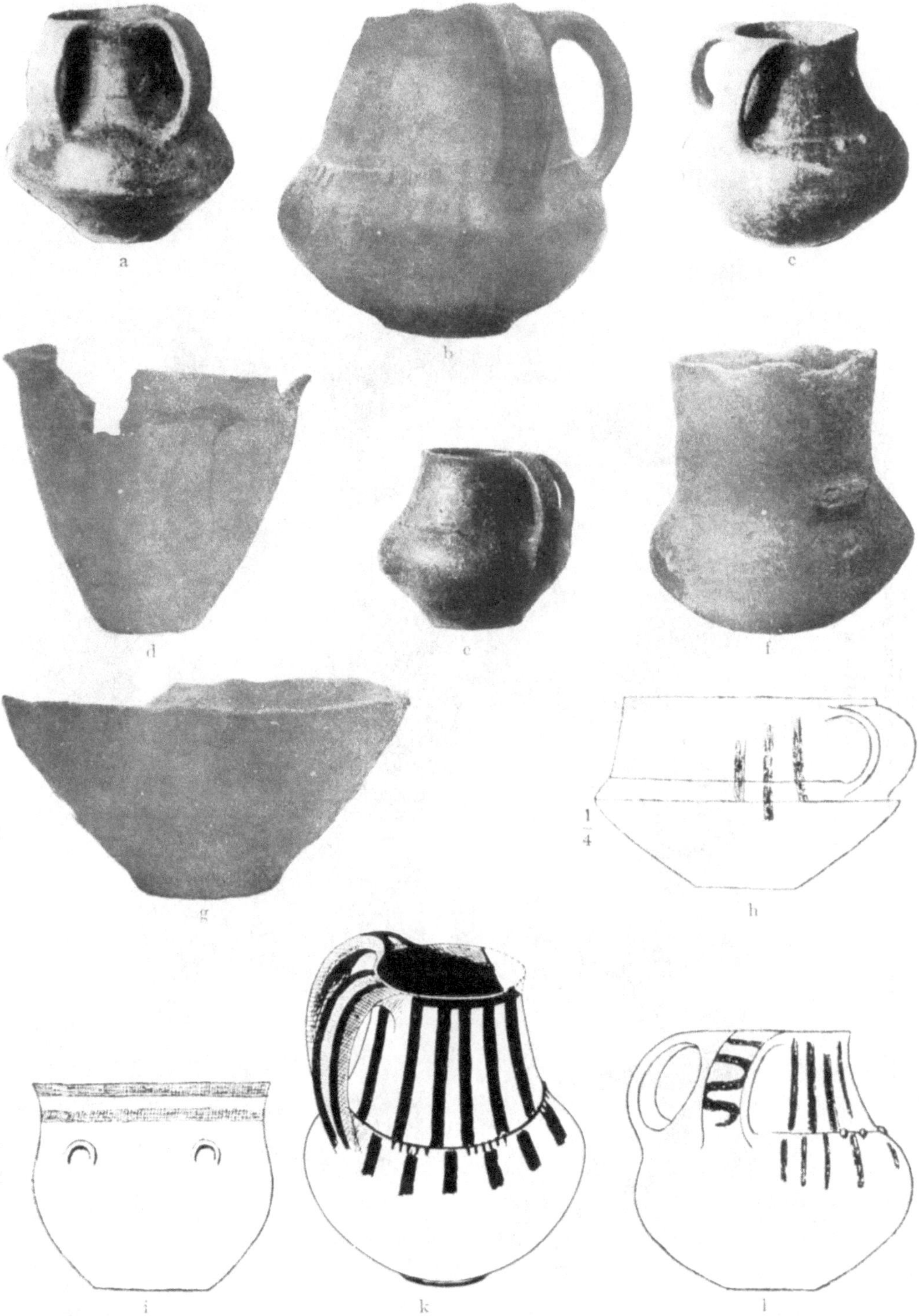

Rhinow

a. c, e, h, i, l. $^1/_4$ n. Gr. — b, d, f, g, k. $^1/_3$ n. Gr. Nach E. Sprockhoff *Die Kulturen der jüngeren Steinzeit* 1926 Tf. 52.

Riethoven

Gefäße aus dem Hügelgrabfeld. Die Nummern beziehen sich auf den Plan Band V Tf. 103C.
Nach J. H. Holwerda.

gesellschaftet ist, während in der japan. Mattenkeramik zuweilen wohl Bandkeramik, aber keine Gefäßmalerei vorkommt. Das heutige Problem lautet also: Wie kommt die Binsenkeramik zur Bandkeramik und Gefäßmalerei, und warum ist sie immer nur an eine dieser Stilarten geknüpft? Schon vor Jahren habe ich darauf hingewiesen, daß im mähr. Jungneol. mit nord. Megalithkeramik auch Binsenkeramik vorkommt, die über Linear-Stich- und bemalter Keramik liegt. Jetzt habe ich auch in dem keramischen Inventar von Molfetta (s. d.) in Apulien steinzeitl. Binsenkeramik neben bandkeramischer Gefäßmalerei aufgefunden.

§ 11. Das obige Problem dürfte also wohl durch die Voraussetzung zweier gesonderter Züge gelöst werden können.

Zug A. In einem der ersten Abschnitte des Frühneol. verließen zahlreiche Fischer und Jäger mit reiner Binsenkeramik und der frühneol. Luchkeramik das R. und gingen durch die kamm- und textilkeramischen Länder des O bis Japan. Auf ihrem nö. Zuge kamen sie nirgends mit bandkeramischen Kulturen in Berührung und landeten darum auch als reine Binsen- oder Mattenkeramiker am Großen Ozean (Ko-Typus). Es ist nicht sehr wahrscheinlich, daß sie dabei durch die chinesische Honan- oder Fengtien-Kultur gezogen sind.

Zug B. Während des Hoch-Neol. oder bei Beginn des Jung-Neol. wanderten größere Volksteile der Nachkommen der ursprünglichen Binsenkeramiker als Ackerbauer, Viehzüchter und Fischer aus dem Havelland nach S aus. Sie nahmen als keramisches Erbgut die Binsenkeramik und die z. T. schon veränderte Luchkeramik mit. (Die bemalten Töpfe von Rhinow [s. d.] im R. mit den asymmetrischen Henkeln werden wohl als Fremdlinge erklärt werden müssen.) Auf ihrem Zuge trafen sie in Mähren zum erstenmal auf die starken Quellen der Band- und bemalten Keramik, ohne von ihr auch nur im geringsten berührt zu werden. Von hier aus ging ihr Weg durch die bandkeramischen Donauländer zur Adria und wohl, wie Maximilian Mayer annimmt, über Pelagosa und die Tremiten-Inseln zum Garganos und bis Molfetta. Diese Station erreichten sie noch im Vollbesitz nord. Kulturguts; denn die Ornamente der unbemalten Keramik dort sind fast die gleichen wie die in der Luchkeramik. Wir haben auch hier das Gitter-, Grübchen-, Lanzen-, Ähren-, Dreiecks- und Tupfenleisten-Ornament, den Punktstrich, Ringelstich, das Schachbrettmuster und viele Arten von Fingernagel-Eindrükken sowie echte Binsenkeramik (Mon. Lincei 20 Abb. 6 A, E; Abb. 42 und 43, Abb. 62, 9. Dazu zahlreiche deutliche Nachahmungen derselben: ebd. Abb. 6 C; Abb. 4, 46 und 50 A, B und Abb. 56 E sowie bei M. Mayer *Molfetta und Matera* Tf. 4, 5; 7, 7; 8, 12; 10, 10; 11, 12, 15).

Für die Lösung unseres Problems ist Molfetta von entscheidender Bedeutung, weil hier die Binsenkeramik zum erstenmal neben bandkeramischer Gefäßmalerei erscheint, von der sie nun auf ihrer weiteren Bahn stets begleitet gewesen sein wird, ohne wohl irgendwo mit ihr zu verschmelzen.

§ 12. Von diesem Drehpunkt wendet sie sich nach O; denn nach M. Mayer (a. a. O. S. 74) sollen mattenkeramische Abdrücke auch auf Melos (s. d.; Phylakopi), in Thessalien (Lianokladi) und in Bessarabien gefunden worden sein, also inmitten der Gefäßmalerei aus der donau-balkanländischen Tripolje-Cucuteni-Kultur oder ihrer Einflußsphäre (Hub. Schmidt a. a. O. S. 154). Ob auf ihrer weiteren Bahn auch Susa (s. d.) oder Anau (s. d.) gelegen haben, ist sehr zweifelhaft. Aber in der Yang Shao-Kultur Chinas begegnen wir ihr wieder, indes auch hier nur mit bemalter Keramik wie in Molfetta. Noch deutlicher wird dieser Zusammenhang im Fengtien-Gebiet, wo u. a. mit Gefäßmalerei und neben Mattenkeramik ein sehr auffälliges Ornament aus Molfetta wieder auftaucht, ein doppelseitiges, geschweiftes Wolfszahnornament, wie Holländerbogen (Pal. Sinica Bd. I, Heft 1 Tf. 10, 2. 3a. 3b. 8a. 8b; Mon. Lincei 20 Abb. 55 A und B, Abb. 56 A).

§ 13. So sehen wir auf diesem jüngeren Zuge die Binsen-Matten-Keramik durchweg frei von bandkeramischen Einflüssen, aber mit bandkeramischer Malerei am gleichen Ort. In derselben Volksgemeinschaft zwei stets getrennte Kulturelemente, die nur an zwei verschiedene Volksklassen gebunden sein können: Die Binsenkeramik, die von Urvätern vererbte keramische Technik der einfachen Fischer, die sich im Laufe der Zeit zu einer Art stilisierter technischer Kunstübung emporarbeitet, aber immer mit den altheimischen Elementen des N zäh vereinigt bleibt, und daneben die bandkeramische Gefäßmalerei, die moderne, unterwegs erworbene Kultur, der Kunstausdruck der mitwandernden, vornehmen, internationaler gerichteten Kaste der Ackerbauer. Diese beiden Dinge konnten sich nicht verschmelzen, selbst wenn im gleichen Haushalt das eine vielleicht beim Küchen-, das andere beim Festgeschirr verwendet wurde.

§ 14. Die Überfahrt von Chinas fruchtbarer Flachküste zur japanischen Inselwelt haben aus der binsenkeramischen Volksgruppe wohl nur die Fischer unternommen. Was sie an Töpferei zu ihren schon lange dort wohnenden Vettern des Nordzuges mitbrachten, das war nur die Binsen-Matten-Keramik und das, was sie von ihrer s. Wanderung an erlernter Kunst für ihre primitiven Bedürfnisse noch auf ihren rauhen Töpfen verwerten konnten: bandkeramische Formen, die sich nun zum ersten Male auch über die Mattenabdrücke der Nordzügler legten und mit ihnen verschmolzen. Die feinere Gefäßmalerei aber war vornehmes Herrengut und ihnen vorläufig noch zu schwierig; sie blieb in China.

Wace-Thompson *Thessaly* 1912; M. Mayer *Molfetta und Matera* 1924; Palaeontologia Sinica Bd. I Heft 1. Peking 1923; Mon. Lincei 20 (1910) S. 237 A. Mosso. Max Schneider

Rhinoceronten s. Diluvialfauna § 3, 4, 6, 7.

Rhinow (Kr. Westhavelland, Prov. Brandenburg; Tf. 23). Wichtiges Flachgräberfeld der j. StZ und beginnenden BZ. Sehr verschiedenartig sind die Tongefäße: außer Tassen der Walternienburger Gruppe finden sich Formen, die dem nord. Megalithstil im engeren Sinne angehören, so eine Tasse mit kräftiger Schnittverzierung und Resten weißer Inkrustation. Neben einem Napf mit ausgezogenem Rande erscheinen ein plumper, geschweifter Becher mit halbmondförmiger Griffleiste (Tf. 23 i) und unverzierte, einhenklige Krüge. Besonders charakteristisch sind doppelhenklige Krüge mit asymmetrischer Henkelstellung, bauchigem Unterteil und leicht abgesetztem und etwas eingezogenem Halse (Tf. 23 a—c, e). Kleine Warzen, zu Paaren geordnet, oder Gruppen von kleinen Rippen bilden den plastischen Schmuck am Halsansatz. Die durchschnittliche Größe der Rhinower Gefäße beträgt 10—15 cm. Die Form der Gefäße weist die Rhinower Gruppe z. T. in das nord. Kulturgebiet, z. T. bilden sie Ausstrahlungen s. Kulturen; so die doppelhenkligen Krüge mit asymmetrischer Henkelstellung, die mit den Krügen von Jordansmühl (s. Jordansmühler Typus; Band VI Tf. 52e) und den Aunjetitzer Schlauchkrügen (s. Aunjetitzer Kultur A; Band I Tf. 50 k—m) in Beziehung stehen, und die Form des Napfes mit ausgezogenem Rande, die ebenfalls in Jordansmühl und Noßwitz (s. Nosswitzer Typus) ihre Heimat besitzt (Schles. Vorz. NF 7 S. 4 Abb. 10 Seger). Das auffallendste Ornament an den Rhinower Gefäßen ist die schwarze Bemalung durch schmale Bänder in wagerechter und senkrechter Anordnung (Tf. 23h, k, l). Da nicht nur die Gefäße s. Orientierung, sondern auch eine echt nord. Tasse die Bemalung aufweist, muß sie an Ort und Stelle aufgetragen sein. Die nächste Parallele zu der Rhinower Art der Bemalung bietet wiederum Jordansmühl (Seger a. a. O. S. 8ff. und Abb. 15 auf S. 5). Da die entsprechenden Jordansmühler Funde eine Auswirkung der donauländischen bemalten Keramik bilden, so müssen wir auch die Rhinower „Gefäßmalerei" in Zusammenhang mit einer Reihe anderer gleichgerichteter Einflüsse über Jordansmühl auf dieselbe Quelle zurückführen, so daß der Buchhorst von Rhinow z. Z. den deutlich bezeichneten nördlichsten Punkt der donauländischen Gefäßmalerei bildet.

Als Beigaben enthielten die Rhinower Gräber: Feuersteinmesser in Spanform, dicknackige Äxte aus Wiedaer Schiefer (s. Wiedaer Schiefergeräte) und Feuerstein, Kieselsteine, die als Klopfsteine benutzt waren, perlenartige Spiralröhrchen, die aus bandförmigen Bronzeblechstreifen aufgedreht und auf einem Bronzedraht aufgereiht waren, querschneidige Pfeilspitzen aus Feuerstein und gebrannte Holzasche.

Nachr. ü. D. A. 1892 S. 67—68, ebd. 1899 S. 43—44 Brunner; ders. *Steinzeitkeramik d. Mark Brandenburg* 1898; Sprockhoff *Die Kulturen der jüngeren Steinzeit in der Mark Brandenburg* Vorgeschichtliche Forschungen 1, 4 (1926) S. 119ff. Ernst Sprockhoff

Rhode s. Griechische Kolonisation D.

Rhodesia s. Südliches Afrika § 2.

Rhodos. Die am weitesten ö. gelegene Insel der Sporaden, den sw. Ausläufern Kleinasiens dicht vorgelagert, die bedeutendste des Dodekannesos, etwa 77 km l., 35 km br. Der Länge nach durchzieht sie die im Atabyros (1250 m) gipfelnde Bergkette, welche zahlreiche Ausläufer zu den Küsten entsendet. Dadurch ist das Land reich gegliedert und unwegsam, aber dank seinem milden Klima und reicher Bewaldung fruchtbar. Trotz dieser günstigen Umstände und der hervorragenden Bedeutung seiner Lage scheint R. erst im 15. Jh. etwa myk. Einfluß und seit dem 14. Jh. wohl auch starke myk. Einwanderung erfahren zu haben. Bisher sind Zeugen dafür die Nekropolen von Felskammergräbern an mehreren Stellen, vor allem bei Jalysos und Kameiros an der Nordwest-Küste, bei Apollakià und Katavià im S. Die Gräber sind fast alle spätmykenisch. Die dän. Ausgrabungen bei Lindos haben Steinbeile und ein paar ältere Scherben geliefert. Weitere Erforschung der Insel wird hier gewiß viel mehr bringen. S. a. Band IV Tf. 104c.

L. Ross *Reisen nach Kos, Halikarnassos, Rhodos (Inselreisen* IV) 1852; Furtwängler-Loeschcke *Myk. Vas.* S. 1ff., 18, 80f.; D. Fimmen *Kret.-myk. Kultur*^{2} 1924 S. 16; Arch. Jahrb. 26 (1911) S. 259ff. G. Karo; Ann. Scuola ital. di Atene 1 (1914) S. 369f. ders. G. Karo

Rhombische Axt s. Nackengebogene und Rhombische Axt, Nordischer Kreis A § 5c 2.

Rhôneschwert s. Möriger Schwert, Schwert A.

Rhythmus. § 1. Die Wiederholung der gleichen Motive nach gleich großen Intervallen ist schon in der tektonischen Bindung des Ornaments an seinen Träger begründet. Die Fingerspitzeneindrücke der älteren dän. Muschelhaufen-Keramik, die primitivste Form neol. Gefäßverzierung, erhalten erst dadurch ornamentalen Wert, daß sie durch ihre regelmäßige Wiederholung auf oder unter dem Mundrand den gleichmäßigen Umlauf des Gefäßes in dem wagerechten Querschnitt schrittweise begleiten. Erst durch die gereihte Anordnung der einzelnen Elemente bekommen diese den einheitlichen Charakter eines Randstreifens oder Gürtels, welche die Rand- und Teilungslinien des Gefäßes oder dessen größte Ausweitung betonen.

§ 2. Nach dem gleichen ornamentalen Grundgesetz erscheinen in der naturalisierenden Ornamentik der altorient.-äg. Kunst die figürlichen Motive vielfach in strengster Reihung (bemalte Gefäße von Susa [s. d.], Mussian-Tepe [s. d.]; Abydos [s. d.], El Amrah [s. Amrah ⟨El⟩] usw.; s. a. Mesopotamien B und Band VIII Tf. 45—47, Vase C). In der beliebten orient. Streifenkomposition mit Kriegeraufzügen, schreitenden Vierfüßlern u. ä. erscheint diese Reihung gemildert und innerlich begründet, in den kret.-myk. Jagdszenen, Stierspielen, Erntezügen usw. wird das höchst denkbare Gleichgewicht zwischen tektonisch begründetem R. und freier Gruppendarstellung erreicht.

§ 3. In der gemeineurop. Ornamentik der j. StZ ist Reihung von geradlinigen Motiven, von der einfachen Stichpunkt- und Strichreihe bis zum Dreiecks- und Rautenband, die Regel. Durch Interpolierung sekundärer Reihen wird das Muster bereichert, statt des Schemas a-a-a entsteht der Rhythmus a-b-a-b. Durch Gegenüberstellung einer zweiten a-Reihe, deren Elemente den Intervallen der ersteren entsprechen, entstehen „alternierende" Reihen: $a^a a^a a$ (sehr häufig bei schraffierten, später auch bei ausgestochenen Dreiecks-Ketten). Bestimmen die beiden gegenständigen Dreiecksreihen ein Rautenband als negatives Muster, d. h. durch ihre gemeinsamen Intervalle, so haben wir den R. ${}_a^a b_a^a b_a^a$. Durch die Vermischung des horizontalen und vertikalen Dekorationssystems können schließlich größere komplexe Gruppen in die Reihung eintreten (u. a. beim Metopenband; s. d.). — Handelt es sich in all diesen Fällen um eine Ordnung isolierter Motive, so stellt das spätneol. Winkelband einen ersten Versuch dar, nicht bloß verschiedene R. untrennbar ineinander zu verketten (Rautenband zwischen Dreiecken), sondern die Elemente der Reihe in einem durchgehenden Bewegungsfluß zu verschmelzen (s. Winkelband).

§ 4. Eine ähnliche Entwicklung von der äußerlichen, mechanischen Reihung der beziehungslos nebeneinandergestellten Elemente zum bewegten, selbstbestimmenden R. vollzieht sich in der BZ. Von der I. Per. Mont. an erscheinen als neue gereihte Elemente die Halbkreisbogen als Randornament, seit der B-Stufe-Reinecke die Reihen konzentrischer Kreise. In der sich ein- und wieder ausrollenden Spirale der II. Per. Mont. wird nicht nur das beziehungslose Ineinander, sondern auch das Nebeneinander dieser Kreise in der Reihe überwunden, die rhythmische Wiederholung wird eine selbstgewollte und vorbereitete, eine organisch gewachsene statt äußerlich angeordnete. Gegenüber diesem Spiralornament, das auf den ersten Blick immer noch aus einzelnen Zellen oder Augen zu bestehen scheint, zeigen sich die Wellenband- und Wirbelmuster der späten nord. BZ in noch viel höherem Grade als einheitlich beseelte, rhythmisch gegliederte Organismen, die mit ihren regelmäßigen Abzweigungen eine stilistische Parallele zu der naturalistischen myk. Ranke bieten und durch die vielfach kontrapunktisch ineinanderverketteten R. den äußersten Gegensatz zu den gereihten Randbogen darstellen, aus denen diese Formen sich entwickelten (s. Wellenornament). — Wie bei der neol. Bandkeramik wird auch die Beurteilung der Kunstentwicklung in der mittel- bzw. westeurop. EZ durch die starke Einwirkung fremder Einflüsse erschwert. Die Gegenüberstellung der zumeist streng gereihten Motive — jetzt auch Tierfiguren — der HZ und zum Teil noch der frühen LTZ und des charakteristischen Pflanzenornaments des reifen Latènestils ergibt aber das gleiche Bild einer Ablösung der mechanisch-tektonischen Reihung durch den organisch belebten R. (s. Hallstattstil, Latènestil).

§ 5. Die hier angedeutete Entwicklung kompliziert sich dadurch, daß in den späteren Entwicklungsstufen die höher gegliederten Organismen sich vielfach in einzelne, isolierte Teile auflösen, so daß eine Rückkehr zur einfachen Reihung stattfindet. In der j. StZ ist besonders die Bandkeramik reich an solchen Beispielen, die laufende Spirale der früheren nord. BZ löst sich in der III. Per. Mont. wieder in isolierte Kreise auf, das Wellenband der späten nord. BZ kann in einzelne Tiergestalten auseinanderfallen.

§ 6. Durch diesen doppelten Prozeß, das Verwachsen zuvor in der Reihe isolierter Elemente zu einer vielgliedrigen Einheit und deren Auflösung in wiederum isolierte Teile, bekommt die gesamte ornamentale Kunstentwicklung als solche den Charakter eines rhythmischen, periodisch sich wiederholenden Geschehens. F. A. v. Scheltema

Rhyton. Griech. Bezeichnung für ein (meist figürliches) Gefäß mit mehr oder minder großem Einguß- und kleinem Ausflußloch, durch das der Inhalt in dünnem Strahl herausspritzt. Auf Kreta seit der zweiten Hälfte des 3. Jht. sehr beliebt, offenbar mit kultischen Beziehungen. Ein paar tönerne Stiere, z. T. mit an ihren Hörnern hängenden Männchen (s. Spiel A 2; vgl. Band VII Tf. 71), könnten noch FM II sein, andere sind sicher schon MM I. Auch plumpe, weibliche Gestalten kommen als R. vor. Dagegen scheinen die nicht figürlichen, eiförmigen, geschweiften oder geraden, trichterförmigen R. nicht vor MM III aufzutreten, um dann in SM I—II überaus häufig zu werden. Die tönernen Exemplare sind bloß billige Nachahmungen kostbarer Vorbilder aus Stein und Metall: schöne Steingefäße (s. d. B; Band XII Tf. 97 A a), vor allem die Reliefgefäße aus Hagia Triada (s. Faustkampfspiel; Band III Tf. 34) und die Schnittervase (Tf. 95), silbernes Trichterrhyton mit Stadtbelagerung aus Mykenai (s. Mykenai § 2; Band VIII Tf. 128b). Darstellungen auf Wandgemälden wie Band VII Tf. 68a; als R. hergerichtete, kostbar gefaßte Straußeneier aus Mykenai und Mideia, tönerne aus Knossos; Nachbildungen von Triton-Muscheln in Stein oder Fayence; vor allem aber wundervolle Löwen- und Stierköpfe aus Edelmetall oder Stein (s. Kreta B § 14; Band VII Tf. 69; Mykenai § 2, 10; Band VIII Tf. 129a), deren Nachahmungen in Ton z. T. auch von vortrefflicher Arbeit sind (daneben auch häufig ganze Stierfiguren, bisher nur in Ton gefunden). Typisch ist der Einguß auf dem Nacken, das Ausgußloch in der Schnauze. Hält man jenes zu, so kann aus diesem nichts herauslaufen. Dies ist für Weihegüsse sehr praktisch und offenbar der Grund, daß alle R. außer den geradwandigen Trichtern kleine Eingüsse haben. Vereinzelt bleiben R. in Form eines Hunde- oder Menschenkopfes. Aus SM III besitzen wir nur ziemlich dürftige Stierkopfrhyta, z. T. formal umgestaltet; die Tradition erhält sich in Kleinasien bis weit in hellenische Zeit hinein. Eine lokale Abart, keine eigentliche R. mehr, sind die Fayencegefäße aus Kypros (Band VII Tf. 182[D] a, b). Die geometrische Kunst kennt das R. nicht, es tritt erst in der entwickelt schwarzfigurigen Keramik wieder auf, ohne Zusammenhang mit Minoisch-Mykenischem. Vgl. Kreta B, Mykenische Kultur, Sieben Brüder, Vase B. — S. a. Band VI Tf. 64; VIII Tf. 127a; X Tf. 29a, 102b; XIV Tf. 15b, 24a, b.

Athenaeus XI 476b, 496f. FM: St. Xanthudides *Vaulted Tombs of Mesarà* Tf. 2, 7, 28, 37; R. Seager *Explor. in Mochlos* S. 58f., 60, 64; A. Evans *Tomb of Double Axes* S. 91; ders. *Palace Minos* I 116, 188ff.; A. Maraghiannis *Ant. crét.* II Tf. 10. Steinerne und metallene R. (MM III—SM II): Arch. Jahrb. 26 (1911) S. 249ff., Tf. 7ff. G. Karo; ebd. 30 (1915) S. 247ff., 319ff. K. Müller; Evans *Tomb of Double Axes* S. 79ff.; ders. *Palace Minos* I 688ff. (ebd. S. 698 Silberrhyton von Mykenai, S. 594 Straußeneier; zu letzteren auch Ath. Mitt. 40 [1915] S. 168f. G. Karo); Gnomon 2 (1926) S. 618 W. W. Schuchhardt; BSA 24 S. 200ff. Tf. 11, 13; ebd. 25 S. 1f.; H. Bossert *Altkreta*[2] Abb. 87ff.; Ἐφ. ἀρχ. 1912 S. 219 J. Hazzidakis. Tritonmuscheln: Karo a. a. O. S. 163f. Tf. 17, 1; A. Maraghiannis *Ant. crét.* I Tf. 39. Hundskopf: Rev. arch. 1904 II 201ff. J. De Mot; Frau: Maraghiannis a. a. O. II Tf. 29; ebd. Tf. 50 bärtiger Kopf. — Bemalte tönerne Rhyta: JHS 22 (1902) Tf. 12; R. Seager *Pseira* S. 23ff. Tf. 9; Boyd-Hawes *Gournia* Tf. F, I, 7 f., 11; Bosanquet-Dawkins *Unpubl. Objects fr. Palaikastro* S. 35f., 50ff. Tf. 17, 18ff. Späte Stierkopfrhyta: Arch. Jahrb. 26 (1911) S. 259ff.; Bull. Corr. Hell. 31 (1907) S. 117ff. Tf. 23 E. Pottier (ebd. S. 255ff. ein spätes Exemplar aus Karien; andere aus Samsun, unpubl.). Kypr. Fayencevasen: A. Murray u. a. *Excav. in Cyprus* S. 33f. Tf. 3 (tönerne R. ebd. S. 37, 40, 47ff., 70ff.). Vgl. d. ägypt. Nachbildung eines Trichterrhytons: Bossert a. a. O[1] Abb. 272.

G. Karo

Richter s. Gericht.

Rideaux-Höhle s. Kunst A § 4.

Ried (Tirol). Im J. 1831 wurden von Straßenarbeitern eine Randaxt, ein sehr gut gearbeitetes Dolchblatt aus Bronze von dreieckiger Form, 1 Ösenring, Spiraltutuli aus Bronzedraht und Perlen aus Bernstein gefunden. Der Depotfund, denn um einen solchen scheint es sich hier zu handeln, gehört der ä. BZ an und ist deshalb von Wichtigkeit, weil sich in ihm s. (Dolchblatt) mit n. Ware (Bernstein) treffen. Bezüglich der Verkehrslage befindet sich der Fund in einem Gebiete, in welchem sich bereits in sehr alter Zeit s. und n. Handelswege und Handelsbeziehungen begegnen.

G. Kyrle *Urgeschichte von Tirol* Österreichische Kunsttopographie (im Erscheinen).

G. Kyrle

Riedschachen s. Haus A 1, Pfahlbau A und B, Schussenried.

Riesenbett s. Megalithgrab.

Riesenhirsch s. Diluvialfauna § 5.

Riesenstube s. Megalithgrab, Nordischer Kreis A.

Riethoven (Nord-Brabant, Holland; Tf. 24). § 1. Das Hügelfeld ist klein, eng gedrängt (Band V Tf. 103 C), mit sehr kleinen und niedrigen Hügelchen. Durch Ziehen eines Ringgrabens um die etwas in die feste Erde eingelassene Urne und Aufhäufen der ausgehobenen Erde enstanden diese kleinen Hügel. Die Gräben schneiden öfters ineinander ein, da die Hügel sehr nahe liegen. Das Feld befindet sich an einer Haardt, einem flachen Abhang, wie diese Hallstattfelder alle, und der dort sehr leichte Sand ist vom Regen allmählich abwärts über die Hügel geschwemmt. Mehrmals kamen mehr als ein Grabfund in einem Ring vor, so daß möglicherweise Nachbestattungen vorliegen. Zweimal finden sich Langhügel — genau wie bei De Hamert (s. d. und Band II Tf. 175). Die ganze Anlage auf der Haardt, Rundhügel und Langhügel, setzen die Hügelgruppe nach unseren Erfahrungen am Niederrhein in die späte

BZ—HZ; die winzigen Hügel deuten auf eine frühe Stufe, nämlich den Ausgang der BZ, für den sie charakteristisch sind. Auf mehreren großen Hügelgrabplätzen bei Köln, Idelsfelder Haardt und Altenrath wurde nach der chronol. Anlage der Hügelfelder für eine bestimmte Stelle die Frühstufe vermutet und dann auch tatsächlich dort in den ganz kleinen, früher nicht beobachteten Hügelchen gefunden. Die Überdeckung mit Sand beweist, daß R. vor dem Grenzhorizont liegt, also vor 1000—900 v. C. Die Funde von R. bestätigen das durchaus.

§ 2. Die Keramik zerfällt in mehrere, sehr voneinander abweichende Gruppen. Die erste ist echte Kerbschnittware, wie sie in den niederrhein. Grabhügeln öfter vorkommt (vgl. z. B. Band VIII 159 d mit ebd. f, i). Gegenstücke liefern zur Genüge *AuhV* 5 Tf. 40 und 61 aus der mittl. BZ, ähnliche Formen — mit und ohne Kerbschnitt — im Kölner Museum aus der mittl. BZ bis zur Frühhallstattzeit. Diese R. Einhenkeltasse ist der Form nach das älteste Stück des Feldes und setzt seinen Beginn in die späte BZ. Die Gruppe gehört der bodenständigen kelt. Reihe an.

Die zweite Gruppe sind Villanova-Typen, teils mit Kannelierung, teils mit Mäander, genau wie in den Bodensee- und anderen Pfahlbauten. Die Gruppe gehört den Urnenfelderleuten alpiner Rasse an, die aus dem Alpenvorland das Rheingebiet, Ost- und Mittelfrankreich durchsetzten und überall durch ihre Keramik, dann aber auch durch ihren Grabbau (Brandflachgräber statt der bisherigen urkelt. Bestattungshügel der BZ) auffallen. Sie gingen langsam in der alteingesessenen Bevölkerung, die sich aus den Zonenkeramikern heraus entwickelte, auf. Als Zeichen dafür kamen überall die Grabhügel wieder zum Vorschein, ebenso die Bestattung mit Ausnahme der niederrhein. Grabhügelgruppe, die Brand beibehielt. Diese letztere Gruppe reicht von der Champagne (Haulzy; s. d.) über Belgien, Südholland bis zum Rhein (n. des Rheins fehlt sie ganz), über den Rhein bis zur Weser (in der Frühzeit) und wird durch das Vorrücken der Germanen dauernd verkleinert.

Die dritte Gruppe der R. Gefäße gehört dem Hallstattkreise an. Einige zeigen deutliche Hallstattform, andere desgleichen mit dem am Niederrhein n. Kölns sehr oft aus der Frühzeit her gebliebenen senkrechten Rande, der s. Kölns fast ganz durch den Hallstätter Schrägrand verdrängt ist. Ein weiteres mit eingeritzten Dreiecken ist aus den rheinischen Hallstatthügeln wohlbekannt. Mit dem Fingernagelband verzierte Gefäße bilden eine in HZ 1 auftretende Erscheinung. Sie unterscheiden sich sehr stark von den späteren Arten, die von den germ. Rauhtopf in HZ 4 (= 1. nordd. EZ und später) übernommen wurden (wie De Hamert; s. d.). Die letztbesprochene R. Gruppe gehört zu dem niederrheinischen Hallstattkreise, der nur schwache Einflüsse des eigentlichen Hallstattkreises erfuhr und deshalb nur verblaßte Formen zeigt. Dieser Einfluß wird immer deutlicher, je weiter man rheinaufwärts geht. Der nächste große Schritt ist die Kölner Gegend. S. Niederrheinische Hügelgräberkultur.

Die 4. Gruppe von R. hat einen ganz anderen Charakter. Sie weist nicht nach S, in das Keltenland, sondern nach O ins germ. Gebiet. Doppelkonische Urnen u. a. waren die Vorbilder. Immerhin sind diese Formen mehr vereinzelt und deuten erst auf Einfluß von O her. Dieses Auftreten von germ. Einfluß an der Ostgrenze der Völker kelt. Stammes ist nichts Seltenes, so finden sich ein germ. Griffzungenschwert im kelt. Fund von Dinslaken (Museum Köln), dann später auf einem Grabhügelfeld bei Wesel germ. Urnen und bronzene Rasiermesser, ein ebensolches Rasiermesser bei kelt. Kerbschnitt-Keramik (*AuhV* 5 Tf. 40), noch später der germ., eimerartige Rauhtopf vom Typus Nordstemmen überall am Niederrhein (in HZ 4; s. De Hamert).

Einige Stein- und Bronzefunde treten dazu: 1 bronzezeitlicher Steinhammer, 2 Nadeln der spätesten BZ und 1 Bronze-Tutulus derselben Zeit.

§ 3. Überblicken wir das Ganze, so ergibt sich, daß das kleine Feld an das Ende der BZ und in den Anfang der HZ gehört, also um 1000 v. C. anzusetzen ist. Es entspricht genau dem, was wir von Köln besitzen, zusammen mit früheren und etwas späteren Formen.

Besonders interessant und wichtig sind die Gruppierung in eine einheimische Kerbschnittware, eine aus dem S eindringende, von den Urnenfelderleuten gebrachte Villanova-Kultur, dann Typen des s. Hallstattkreises und vor allem das Eindringen von Formen aus dem germ. Nachbargebiet. Dieses letztere, zu frühest w. und s. des Rheins, macht R. zu einem Platz von besonderer Bedeutung.

Die Datierung von Evelein in Mededeelingen trifft nicht zu. Nach dem Vorgang von Holwerda hält er alle mit dem Fingernagel verzierten Gefäße für germ. und gleichzeitig, so daß einige der Riethovener Gefäße auf Grund einer mehr als unsicheren Fundkombination mit einem Stück, das aus den Jh. um C. Geb. stammen soll, zusammengebracht werden. Das ganze Grabfeld wird von Evelein und auch Holwerda irrtümlich in die Zeit um C. Geb. gesetzt, doch hat Holwerda richtig erkannt, daß es älter ist als De Hamert.

R. und De Hamert sind typische Plätze für die frühe und späte Stufe der Hügelgräberzeit Hollands, die anscheinend noch in der reinen BZ beginnt.

Mededeelingen 4 (1910) S. 31 Evelein; ebd. 7 (1913) S. 91 Holwerda; J. H. Holwerda *Das Gräberfeld von de „Hamert" bei Venlo* Leiden o. J.; Mannus 10 (1918) S. 97 E. Rademacher.

E. Rademacher

Rind.

A. Europa. I. Wildrind (Ur, *Bos primigenius* Boj.). § 1. Alle die R., bei welchen *Parietalia* und *Interparietalia* fast völlig von der Stirnfläche des Schädels verdrängt sind und höchstens noch in einem kleinen, dreieckigen Zipfel in der Mitte von hinten her auf ihr erscheinen, werden als „taurine" R. zusammengefaßt. Zu diesen taurinen R. gehört von den jetzt lebenden das Hausrind in seinen verschiedenen Rassen und der Zebu.

§ 2. In Europa ist bis jetzt nur ein taurines Wildrind, der Ur (*Bos primigenius* Boj.), bekannt geworden. Beweise für das Bestehen eines zweiten (*Bos europaeus brachyceros* Adametz in Galizien, *Bos brachyceroides* Pohl. = *B. mastodontis* Pohl. in Italien) konnten bisher noch nicht einwandfrei erbracht werden. In Europa erscheint *B. primigenius* vielleicht schon im ersten, sicher aber im zweiten Interglazial, doch finden sich während der ganzen Eiszeit seine Reste nicht so häufig wie die der Gattung Bison. Auch stellen ihn die paläol. Tierbilder weit seltener dar. Das ändert sich erst gegen Ende der Eiszeit. Während z. B. in Altamira (s. d.) nur Bisonten (Band II Tf. 163 b; VII Tf. 105) dargestellt sind, zeigen Cogul und Alpera (Band I Tf. 31) nur Ure. Im Alluvium scheint dagegen der Ur den Wisent an Zahl übertroffen zu haben. Alluviale Reste des Wisent sind gegen die des Ur auffallend selten. Das Zahlenverhältnis beider Tiere, wie es das Nibelungenlied bei der bekannten Jagdszene von Siegfrieds Tod bringt, 1 : 4, scheint durchaus richtig zu sein. Wahrscheinlich fand der Ur erst in der starken Bewaldung des Alluviums ihm zusagende Lebensbedingungen. Er starb in Europa erst in geschichtlicher Zeit aus. Im J. 1627 n. C. wurde die letzte Urkuh in Masovien getötet.

§ 3. Schon der mitteleurop. Ur zeigt erhebliche Variationen in der Stirn- und Gehörnbildung, ohne daß es bisher gelungen ist, geogr. oder geol. schärfer begrenzte Arten oder Unterarten abzusondern. Es ist daher auch fraglich, wie weit sich die auf längere und schlankere Hörner begründeten ital. Formen, der *Bos primigenius macroceros* Duerst, *B. p. Italiae* Pohlig und *B. p. Siciliae* Pohlig aufrecht erhalten lassen. Ja selbst für die außereurop. Vertreter, den *B. p.* Hahni Hilzh. aus Ä. und den *B. p. opisthonomus* Pomel aus Algier mit stark abwärts gebogenem Gehörn, den asiat. *B. namadicus* (sic!) Falconer und selbst für die aus den jüngeren Siwalikh-Schichten stammenden, also pliozänen *Bos acutifrons* und *B. planifrons* Lydekker, steht nicht fest, wie weit sie selbständige Arten oder nur Unterarten eines und desselben Tieres, eben des *Bos primigenius*, sind. Auch in Asien und Afrika starb der Ur in hist. Zeit aus. In Ä. fand die letzte Urjagd unter Ramses III. statt. In Mesopotamien haben wir seit Assurnasirpal (884—860) keinen Bericht mehr von Urjagden. Die Ur-Bilder von

Bauten Nebukadnezars (605—562) und Nabonids (556—539) können Nachahmungen älterer Werke sein. Vgl. Band VII Tf. 150.

§ 4. Eine merkwürdige Stellung nimmt der Zwerg-Ur (*Bos primigenius minutus* v. d. Malsburg) ein. Er ist aus Norddeutschland bekannt geworden. Sein Schädel — andere Skeletteile sind von ihm bisher noch nicht aufgefunden worden — stimmt aufs genaueste mit dem des großen Urs überein, ist aber etwa ein Drittel kleiner. Wenn wir von La Baumes unhaltbarem Erklärungsversuch als jugendlichen Ur absehen, bleibt nur übrig, eine Kümmerungs-Erscheinung darin zu sehen. Es kann sich dabei um Kümmerung infolge Geburt in ungünstiger Jahreszeit (Herbstkälber Nehrings) oder infolge Domestikation (erste Domestikationsstadien Hilzheimers) handeln. Vielleicht kann auch daran gedacht werden, daß während einer nacheiszeitlichen Trockenphase (Grenztorf) viele Ure infolge nicht zusagender Lebensbedingungen kümmerten. Wenn also auch die Frage des Zwerg-Urs noch nicht spruchreif ist, so scheint doch in ihm keine besondere Art vorzuliegen. Es bleibt somit der Ur (*Bos primigenius*) als einziges taurines Wildrind übrig und somit als einziger Stammvater der taurinen Hausrinder, die demnach monophyletisch entstanden sind.

§ 5. Nach den Nachrichten, Abb. und Skelettresten war der Ur ein großes R. mit geradem Rücken, geradem Gesichtsprofil, sehr langen Hörnern, die im Bogen vorwärts, mit den Spitzen aufwärts und etwas einwärts verliefen. Sie waren wohl weißhornfarben mit schwarzer Spitze. Das struppige, nirgends zu einer Mähne verlängerte Haar hatte bei alten Stieren eine tief dunkelbraunschwarze Farbe, war aber bei Kühen und Kälbern heller braun. Längs des Rückens verlief ein hellerer, wohl silbergrauer Aalstreifen. Kinn, Einfassung des Flotzmaules, Bauch und Innenseite der Extremitäten waren weißlich. Unter den heutigen R. gleicht ihnen am meisten die andalusische Rinderrasse.

E. O. Arenander *Om uroxen i Sverige och Olaus Magnus uroxbild* Nya Dagligt Allehanda Nr. 51 Jhg. 1925; ders. *Den sista Urens horn i Livrustkammaren* ebd. Nr. 310 (1924); Hilzheimer *Wie hat der Ur ausgesehen* Jahrbuch f. wissensch. u. prakt. Tierzucht 1910 S. 42—93 (vollst. Literatur bis dahin); ders. *Der Ur in Ägypten* Festschrift für Eduard Hahn. Stuttgart 1919; ders. *Der Zwergur* Brandenburgia, Monatsblatt d. Gesellsch. f. Heimatk. usw. Berlin 1924; La Baume *Über zwei westpreuß. Schädel von jungen Uren* Schrift. der Naturf. Gesellsch. Danzig NF 15 (1922) S. 101—112; K. v. d. Malsburg *Über neue Formen des kleinen diluvialen Urrindes Bos (Urus) Minutus n. spec.* Bull. de l'Acad. des Sc. de Cracovie 1911 S. 340—347; ders. *Wiadomość o nowych formach małego Tura dyluwialnego, Bos urus minutus n. sp.* Kraków Nakładem Akademii Umiejętności Skład główny w Księgarni Spółki Wydawniczej Polskie 1911 S. 1—36; Henry Osborn *A Review of the Pleistocene of Europe, Asia and Africa* Annals of New York Acad. of Sc. Kl. 26 (1905) S. 295—315; B. Szalay *War der Ur wild?* Arch. f. d. Gesch. d. Naturwissenschaften u. Technik 2 (1917) S. 106-123; Leop. Adametz *Kraniologische Untersuchungen des Wildrindes von Pamiatkowa* Arbeiten der Lehrkanzel für Tierzucht an der Hochsch. f. Bodenkultur. Wien 1925 S. 1—25.

II. Hausrind (*Bos taurus* L). § 6. Wenn es richtig ist, daß der Ur das einzige taurine Wildrind ist, das je gelebt hat, und das Hausrind auch taurinen Charakter im Schädelbau hat, so ist es klar, daß alle seine verschiedenen Rassen und Formen Zuchtprodukte des Menschen und in der Domestikation entstanden sind. Gehen wir von dieser monophyletischen Auffassung an die Systematik der Hausrinder heran, so werden wir nicht erwarten, scharf geschiedene Rassengruppen zu finden, zumal sich selbstverständlich zwischen den einzelnen Rassen Kreuzungen ergeben haben, wie sie noch heute vorkommen. Ein System der Hausrindrassen kann also auch nicht mehr leisten als ein System der Menschenrassen, d. h. es wird eine Anzahl Individuen mit einer möglichst großen Anzahl übereinstimmender Merkmale als Rassen und Rassengruppen zusammenfassen. Hierbei wird es immer eine Anzahl Individuen geben, die sich nicht ohne Zwang in das Rassenschema einfügen.

§ 7. Der erste, der eine Gruppierung der Hausrinder vornahm, war Rütimeyer. Sein hauptsächlich auf Schädelmerkmale begründetes System hat heute, wenn auch mannigfach ergänzt und erweitert, noch Gültigkeit. Er unterschied drei Rassengruppen.

1. Die Primigenius-Rassen (*Bos taurus primigenius*). Der Schädel ist dem des wilden Ur noch sehr ähnlich, gestreckt, die Stirn eben, von geraden Umrissen, mit wenig vorstehenden, schiefgestellten Augenhöhlen, geringer Schläfeneinschnürung, gerader Zwischenhornlinie, tief eingesenkten Schläfengruben und gestielten, drehrunden Hornzapfen, die an den äußersten und hintersten Ecken der Stirn ansetzen. Rütimeyers Typus war die Budjadinger Rasse. Heute, wo Primigenius-Rinder in Norddeutschland ganz zurücktreten, nehmen wir vielleicht besser die südosteurop. Steppenrinder oder die andalusischen R. als Typus.

2. Die Frontosus-Rassen (*B. t. frontosus*) zeichnen sich durch enorme Verbreiterung der Stirn aus. Sie ist mehr lang als breit. Die Umrisse sind sehr unregelmäßig, da die Stirn zwischen den Augen stark verbreitert ist und sich nach hinten in einem mächtigen Stirnwulst fortsetzt. Außerdem fällt sie in ihren rückwärtigen Teilen von der Mitte dachförmig zu den Seiten ab. Die Hornzapfen sind gestielt und abgeplattet. Typus dieser Rasse, der „Großstirnrasse", die Nielssen zuerst in vorgesch. schwed. Fundplätzen entdeckte, ist das Schweizer Fleckvieh.

3. Die Longifrons-Rassen (*B. t. longifrons = brachyceros*) oder Langstirnrassen nach dem hervorragendsten Merkmal, der Länge der Stirn, die bis über 50% der Schädellänge erreicht. Rütimeyers treffliche Schilderung lautet: „Schmale, schlanke Schädelform mit kleinen, stark gekrümmten Hörnern, die merklich vor der Stirngrenze angesetzt sind und, weit entfernt, gestielt zu sein, im Gegenteil die ganze Schädelkapsel an ihrem Ursprung stark einengen, sehr vorragende, weit nach außen gerichtete Augenhöhlen und feine, kurze Schnauze sind somit die vorragenden Züge der Physiognomie des *Brachyceros*- (= *Longifrons*- des Verf.) Viehes, das bei uns sehr bezeichnend „hirschköpfig" heißt". Dazu kommt eine unregelmäßig profilierte Stirn, die zwischen den Augen oft tief eingesenkt ist und eine starke Beule („Stirnbeule", Adametz) besitzt. Typus ist das Schweizer Braunvieh.

Diese Rassengruppe wurde zuerst von Rütimeyer aufgestellt nach Funden aus den Schweizer Pfahlbauten, weshalb sie auch als „Torfrind" bezeichnet wird.

Diesen drei Rütimeyerschen Rassengruppen sind später einige weitere hinzugefügt worden.

4. Die Brachycephalus- oder Kurzkopfrasse (*B. t. brachycephalus*), deren hervorragendstes Merkmal die Kürze des Gesichtsabschnittes ist. Sie wurde von Wilckens für gewisse Alpenrassen (Eringer- und Tuxerrinder) aufgestellt.

5. Die Akeratos-Rassen (*B. t. akeratos*). Unter diesem Namen faßt Arenander alle hornlosen Rassen zusammen, die er als eine geschlossene Einheit den gehörnten Rindern gegenüberstellt. Typus: die hornlosen nordskandinavischen Rinder.

6. Die aufrechthörnigen Rinderrassen oder die Orthoceros-Rassen (*B. t. orthoceros*) sind neuerdings von Stegmann auf Grund ihres geraden, aufgerichteten Gehörns für gewisse Rinderrassen aufgestellt, deren Gebiet sich von den Steppen des sö. Rußland nach Westsibirien und Turkestan erstreckt. Der Typus ist das Kalmücken-Rind. Da nach Stegmann diese Rassengruppe in Europa nicht vor dem 13. Jh. erscheint, liegt sie außerhalb des Kreises unserer Betrachtungen.

§ 8. Was nun die übrigen Rassengruppen anbelangt, so hatte bereits Rütimeyer die Frontosus-Rinder als Abkömmlinge der Primigenius-Rinder angesehen. Und als Übergang dazu glaubte er schon eine von ihm als Trochoceros-Form beschriebene Rinderart in den Schweizer Pfahlbauten nachweisen zu können. Die Ansicht, daß also der Frontosus-Typus des Rindes nur eine Domestikations-, wohl Üppigkeitsform darstellt, ist seither die herrschende geblieben.

§ 9. Auch im Kurzkopfrind glaubte Rütimeyer nur eine Domestikationsform sehen zu sollen, eine Ansicht, welche neuerdings durch die eingehende Untersuchung von Adametz über die Kurzkopfrinder glänzend bestätigt ist. Danach tritt Kurzschnäuzigkeit, das wesentlichste Merkmal der Brachycephalie beim Rinde im Gegensatz zur Brachycephalie beim Menschen, mit gerader oder geknickter (Mopsköpfigkeit) Schädelachse unabhängig bei den verschiedensten Rindergruppen und in verschiedenen

Gegenden auf (Konvergenzerscheinungen Hilzheimers). Die ältesten Kurzkopfrinder fand Schoetensack im Neol. des Mittelrheins, und zwar in Neuenheim-Heidelberg, bronzezeitliche wies Studer aus einem Pfahlbau am Bieler See nach, und röm.-helvet. Krämer in Vindonissa.

§ 10. In den hornlosen Rindern will Arenander, der sich besonders eingehend mit ihnen beschäftigt hat, Nachkommen eines wilden, hornlosen Rindes sehen. Aber da niemals bisher Reste eines wilden, hornlosen Rindes gefunden worden sind, da ferner Hornlosigkeit auch bei anderen Hornträgern, Büffeln, Yaks, Schafen, Ziegen, gelegentlich auch bei wilden Antilopen gefunden wird, so neigt wohl die Mehrzahl der Forscher zu der Ansicht, daß Hornlosigkeit eine Verlustmutation ist, die unter gewissen Umständen und besonderer züchterischer Auswahl rassebildend wirken kann. Auch hornlose Rinder finden sich schon sehr früh. Aus der jüngeren StZ sind solche Schädel bekannt geworden aus Klein-Wanzleben bei Magdeburg (Duerst), Złota bei Krakau (Hoyer), aus den spätneol. Schweizer Pfahlbauten Lüscherz (s. d.) und Sutz (David, Studer) am Bieler See, aus der Römerzeit Englands von Newstead bei Melrose (Ewart), den z. T. späteisenzeitl. Pfahlbauten Irlands (Duerst), z. B. den Crannogs (s. d.) von Dushauglin (Wilde, Wilson), etwa 848—893 n. C., sowie aus den niederländ. Terpen (Broekema). Aber wenigstens auf dem mitteleurop. Festland sind solche hornlosen Schädel so selten, daß wir nicht berechtigt sind, anzunehmen, es habe hier in vorgesch. Zeiten hornlose Rassen gegeben. Es hat sich wohl überall nur um hornlose Einzelindividuen gehandelt. Heute finden sich außer in England hornlose Rassen im n. Europa in Rußland, Finnland und Skandinavien. Auf diese Länder mögen sich auch die diesbezüglichen Nachrichten bei antiken Schriftstellern (Herodot, Tacitus) beziehen. Freilich liegen einzelne hist. Nachrichten vor, nach denen es noch in den letzten Jh. auch in der Lausitz, in Oldenburg und Tirol vereinzelt ungehörntes Rindvieh gab.

§ 11. Über die Herkunft der Langstirnrassen ist die Meinung außerordentlich geteilt. Die einen (Hilzheimer) sehen in ihnen nur eine Domestikationsform, die sie mit oder ohne Umweg über die primigenen R. vom Ur ableiten wollen. Den anderen scheint der Unterschied im Schädelbau zu bedeutend, als daß sie darin nur Folgen der Domestikation erblicken könnten. Sie leiten sie von einer besonderen, wilden Stammform ab. Adametz glaubt eine solche wilde Stammform in seinem *Bos brachyceros europaeus* (s. o.) gefunden zu haben, freilich ohne daß die wilde Natur dieser Schädel allg. als erwiesen angesehen wird. Ganz unhaltbar ist C. Kellers Ansicht der Ableitung vom hinterindischen Banteng. Die anatomischen Unterschiede im Bau des Hinterhauptes, der Wamme- und der Dornfortsätze der Rückenwirbel sind derart tiefgreifend, daß sie nicht auf die Wirkung der Domestikation geschoben werden können. Dazu kommt die beschränkte Fruchtbarkeit der Bastarde von Hausrind und Banteng und die Unwahrscheinlichkeit, daß ein im Neol. Europas weit verbreitetes Haustier aus dem s. Hinterindien stammt.

§ 12. Eine etwas abweichende Auffassung vertritt v. d. Malsburg insofern, als er zwar alle Rinder vom Ur ableitet, eine Spaltung des Ur aber schon im Diluvium in eine Primigenius-, Longifrons-, Frontosus- usw.-Unterart annimmt, von welchen dann die entsprechenden Hausrindrassen abstammen sollten. Da aber bisher niemals derartige diluviale Reste gefunden sind, handelt es sich hierbei um reine Spekulation, ohne reale Grundlage. Eine ganz besondere Stellung nimmt Laurer ein. Er lehnt den Ur als Stammvater der Hausrinder ab. Diese stellen nach seiner Meinung gegenüber dem Ur eine besondere Art dar und sind sämtlich vom Torfrind abzuleiten. Lediglich aus hist. Gründen erwähne ich diese Arbeit, die deswegen von Bedeutung ist, weil in ihr zum erstenmal das Vorkommen vom Ochsenschädel unter den vorgesch. Rinderschädeln nachgewiesen wird. Damit wird gezeigt, daß schon in vorgesch. Zeiten Kastration geübt wurde. Wie weit allerdings die Ausübung der Kastration der R. zurückgeht, wissen wir nicht. Auf jeden Fall konnte ich unter den der Lausitzer Kultur angehörigen Rinderrassen des Lossower Ringwalles bei Frankfurt a. O. Ochsenschädel nachweisen.

§ 13. Die ältesten Hausrinderreste in Europa stammen aus den älteren Kjökkenmöddingern. Sie sind aber anscheinend so schlecht erhalten, daß ihre Rassezugehörigkeit schwer zu bestimmen ist. Winge (*Affaldsdynger*) rechnet sie zwar zu den Langstirnrindern, aber anscheinend nur mit einem gewissen Vorbehalt. Und die Größe und Stattlichkeit, die er manchen von ihnen zuschreibt, widerspricht dieser Diagnose („Ils sont relativement grands, plus grands que le bétail domestique de l'âge du fer et du moyen âge, et, à cet égard, ils se rapprochent un peu plus du type primitif, *Bos taurus*"). Eine erneute eingehende Untersuchung wäre dringend wünschenswert.

§ 14. In den Schweizer Pfahlbauten, die in faunistischer Hinsicht besonders gut untersucht sind, scheint in der ältesten Zeit das Langstirn-Rind allein oder fast allein vorhanden gewesen zu sein und erst gegen Ende der j. StZ auch das Primigenius-Rind in nennenswerter Anzahl aufzutreten. Es wäre aber verfehlt, aus diesen rein örtlichen Verhältnissen weitgehende Schlüsse zu ziehen. Anderseits ist die Primigenius-Rasse in Europa sicher schon im Neol. vorhanden, z. B. von Schoetensack für den Mittelrhein nachgewiesen. Auch sonst werden bei weiterer Untersuchung noch mehr Schädel vom *Bos taurus primigenius* gefunden werden. Mir selbst sind verschiedene bisher noch nicht veröffentlichte bekannt, z. B. von Grube „Vereinigte Anna", Kreis Neuhaldensleben, bei Magdeburg.

§ 15. Über die Herkunft des Hausrindes läßt sich zur Zeit noch nichts aussagen. Ob die Domestikation in Europa entstand oder das zahme R. nach hier gebracht wurde, wissen wir nicht. Sicher ist, daß, sei es nun im Anschluß an das importierte Hausrind, sei es spontan, der Ur hier an verschiedenen Stellen domestiziert worden ist. Einen solchen Domestikationsherd glaube ich in Spanien gefunden zu haben, wo uns Ullmansky in den andalus. Rinderrassen ein noch heute dem wilden Ur sehr ähnliches R. kennen lehrte. Ein zweiter scheint in der nordd. Tiefebene gelegen zu haben. Es soll damit nicht in Abrede gestellt werden, daß auch in anderen Gegenden Ure in den Hausstand übergeführt sein können.

Eine Verbindung bestimmter Hausrindrassen mit bestimmten Kulturen oder Völkern, wie sie von zootechnischer Seite immer wieder versucht wird (Stegmann, Holdefleiss), und wie sie in Bezeichnungen wie Germanenvieh, Keltenvieh usw. zum Ausdruck kommt, ist nach dem derzeitigen Stande unserer Kenntnis nicht möglich. Es handelt sich dabei um reine Phantasieprodukte.

E. O. Arenander *Die Ergebnisse meiner 30jährigen Studien über die morphologischen und zootechnischen Erbcharaktere der ungehörnten Rinder Europas und besonders Schwedens* Intern. Kongreß f. Rindviehzucht in 's Gravenhage 1923 S. 1—15; ders. *Kortfattade Hufondresultat af mina 30-åriga Studier rörande del Kulliga Nötboskapstypen och speciellt de Kulliga Svenska Raserna* Meddelande från Ultuna Landtbruksinstitut Nr. 33 Upsala 1924 S. 1—54; L. Adametz *Untersuchungen über die brachyzephalen Alpenrinder (Tux-Zillertaler, Pustertaler und Eringer) und über die Brachyzephalie und Mopsschnäuzigkeit als Domestikationsmerkmal im allgemeinen* Arbeiten der Lehrkanzel für Tierzucht an der Hochschule für Bodenkultur in Wien 2 (1923) S. 1—72; Hilzheimer *Überblick über die Geschichte der Haustierforschung usw.* *Das Hausrind* Jahrbuch f. wissensch. u. prakt. Tierzucht 14 (1921; Literaturübersicht bis dahin); ders. *Die Tierknochen* Abh. Preuß. Akad. Phil.-Hist. Kl. 1923 Nr. 5 S. 25—73; M. H. Hoyer *Ein hornloser Rinderschädel aus der j. StZ* Bullet. de l'Acad. Polonaise des Sciences et des Lettres Krakau 1922 S. 191—207.

Max Hilzheimer

B. Ägypten. § 1. Unter den Knochen von Tieren, die sich in vorgesch. Gräbern in Ä. und Nubien neben der Hockerleiche beigesetzt fanden, und die dem Verstorbenen offenbar zur Nahrung im Jenseits dienen sollten, spielen die Knochen von R., besonders Köpfe (z. B. Petrie-Quibell *Naqada* S. 24 Tf. 10 und Tf. 52) und Schenkel (z. B. ebd. S. 26, 369), eine große Rolle. Eine zoologische Bestimmung dieser Knochen ist nirgends veröffentlicht. Die zahlreichen Rinderknochen aus der vorgesch. Siedlung bei Abydos (s. d.; Peet *Cem. Ab.* II 6) sind von Miß K. Haddon als zu „großen Rindern, wahrscheinlich *Bos africanus*" gehörig bestimmt worden.

§ 2. Die Darstellungen der ältesten Zeit (Band I Tf. 15b, 16; III Tf. 84b; Petrie-Quibell *Naqada* Tf. 77, 1) zeigen einen schweren, gedrungenen Schlag mit ziemlich kurzen, meist etwas nach innen gebogenen Hörnern; ein Stück von einem Elfenbeingerät derselben Zeit zeigt ein solches R. schon mit Halsband und Troddel geschmückt, wie uns das als äg. Sitte seit dem AR häufig begegnet. Auch plastische Darstellungen von R. sind schon in vorgesch. Gräbern als Beigaben nicht selten; so Ayrton-Loat *Mahâsna* S. 33 und Tf. 21, 5; Maciver *El Amrah* S. 41 und 36 sowie Tf. 5, 1;9, 1 und 3 (4 Rinderfiguren nebeneinander auf einem Brett); ebd. S. 17 und 41, Tf. 9, 2. 6. 9. 10 usw. Duerst (S. 21f.) will zwei vorgesch. Rinderarten in Ä. unterscheiden, „von denen die eine lange, leierförmige, die andere kurze Klemmhörner besaß". Duersts Ansicht, daß diese Rinderrassen sämtlich nicht in Afrika heimisch, sondern aus Asien nach Ä. eingeführt worden seien, kann, wie es scheint, heute nicht mehr aufrechterhalten werden. Noch ein Relief der 5. Dyn. (Borchardt *Sahurê* II Blatt 17 Reihe 2) zeigt rotbraun gefärbte R. unter dem Jagdwild der Wüste, und das Naturalienkabinett in Stuttgart besitzt ein Stirnstück aus dem Pleistozän des Fajjum, das nach Hilzheimer unzweifelhaft von einem Ur (*Bos primigenius*) herstammt.

§ 3. Eine hornlose Rinderart, die die Bilder des AR zeigen, läßt sich in vorgesch. Zeit noch nicht nachweisen. Buckelochsen begegnen in äg. Darstellungen erst seit dem NR.

J. U. Duerst *Die Rinder von Babylonien, Assyrien und Ägypten* 1899 S. 21ff.; Hilzheimer bei Borchardt *Sahurê* II (1913) S. 173ff.; vgl. a. Lortet und Gaillard *La faune momifiée de l'ancienne Egypte* Archives du Musée d'histoire naturelle de Lyon 8 (1903) S. 41ff.

§ 4. Der Zweck der Viehzucht (s. d. B) ist in Ä. der gleiche wie überall sonst: Man will die Milch und das Fleisch der Tiere. Außerdem sind die R. gewiß schon in vorgesch. Zeit zu den gleichen Arbeiten verwendet worden wie im AR: zum Ziehen von Lasten und zum Ausdreschen des Getreides.

Der Stier gilt den Äg. seit ältester Zeit als Urbild der Kraft, und seine Gestalt wird als Symbol für den König verwendet (vgl. z. B. Band I Tf. 15b), der bis in die Spätzeit hinein den Titel „starker Stier" trägt.

§ 5. Verschiedenen Göttern ist ein Stier heilig — so der bekannte Apis dem Ptah von Memphis, der Mnevis dem Atum von Heliopolis —, und auch die Kuh gilt den Äg. seit ältester Zeit als göttliches Wesen. In ihrer Gestalt erscheint die Mutter- und Liebesgöttin Hathor (s. d.), die schon früh der Himmelsgöttin Nut und der Göttin Isis gleichgesetzt wird und häufig auch als Frau mit Kuhkopf und Menschengesicht, aber Kuhohren und Hörnern (Schäfer *Kunst*² Tf. 4) oder wenigstens mit einem aus Kuhhörnern bestehenden Kopfschmuck dargestellt wird. (S. a. Religion C.)

Erman-Ranke *Äg.* S. 522ff.; Erman *Religion*³ S. 29, 93f. Ranke

C. Palästina-Syrien.

§ 1. StZ. — § 2. Äg. Nachrichten. — § 3. Archäol. Funde. — § 4. Angaben im AT. — § 5—6. Stierverehrung.

§ 1. Wann und woher das R. zu den Bewohnern von Palästina-Syrien gelangt ist, wissen wir nicht. An den steinzeitl. FO sind bisher keine Reste des R. zum Vorschein gekommen, sondern nur solche des Auerochsen (s. d. B). Aber unter der Lava-Decke bei *el-huberîje* im Ḥaurân entdeckte Dr. Endriß Knochen einer kleinen Rinderart. Diese wurde demnach in spätneol. Zeit, vielleicht von Hirtenstämmen, die auch die Dolmen erbauten, gehalten (R. Kittel *Geschichte des Volkes Israel* I³ [1916] S. 16). Die spätneol. Kritzeleien auf der Felswand der Höhle 30 IV in Gezer (s. d.) geben u. a. auch R. wieder (Band V Tf. 63c; Macalister *Gezer* I 149ff.; III Tf. 46, 27. 32. 34; 47, 38. 57). Das Tier war also am Ende des Neol. im Lande vorhanden.

§ 2. Dasselbe bezeugen die äg. Nachrichten für die BZ. Bereits unter Sesostris III. (1887—1849 v. C.) wird eine in *rṯnw* erbeutete Herde dargestellt (P. E. Newberry *El Bershe* I Tf. 12 und 18; Journ. Eg. Arch. 2 [1915] S. 13f., Tf. 5). Sinuḫe berichtet (Z. 34ff.), daß er von den Beduinen mit Milch gelabt worden sei. Wiederholt verzeichnet Thutmosis III. (1501—1448 v. C.) in seinen Annalen Stiere, Ochsen, Farren und Kälber als Tribut aus

Syrien (J. H. Breasted *Ancient Records of Egypt* II 447 [749 Stiere, 45 Farren und Kälber aus *rṯnw*], 471 [104 Ochsen und Farren, 172 Kühe und Kälber], 482 [564 Stiere, 28 Ochsen, Farren und Kälber], 491 [530 Stiere, 13 Ochsen und Kälber], 518 [84 Stiere], 556, 616). Da Stiere und Ochsen genau unterschieden werden, ist die Kastration bei den Syrern damals üblich gewesen. Auch unter den Tieren, die Thutmosis III. als seine Beute aus Asien in Karnak malen ließ, findet sich das R. (Wreszinski *Atlas* II [1925] Tf. 27f.). Syrer mit Buckelrind erscheinen im Grabe des Senye (MVAG 9 [1904] 2 S. 34ff., Tf. 4 W. M. Müller). Im Grabe des Amenmose (um 1450) bringen die Einwohner einer eroberten syr. Festung den Äg. ein Paar Buckelochsen (Wreszinski *Atlas* I [1923] Tf. 168). Buckelochsen begleiten die syr. Händler unter Amenḥotep III (Rev. arch. 27 [1895] Tf. 51 G. Daressy), ein Buckelrind wird nach 1400 als syr. Tribut dargebracht (Grab Nr. 119 in *šêch ʿabd el-gurna*; Wreszinski *Atlas* I Tf. 340), bei der nordpalästin. Festung *qdš* (s. Qadesch) treibt ein Hirt eilig eine Herde krummgehörnter Buckelrinder in das Dickicht (ebd. II [1925] Tf. 53), und der Papyrus Harris (12b, 8) erwähnt unter Ramses III. Stiere, Kühe und Kälber als Tribut aus Syrien (Breasted *Records* IV 229). Oft ist das R. oder wenigstens sein Kopf als Zierat an den Prunkgefäßen angebracht, die Syrer nach Ä. liefern (Wreszinski *Atlas* II Tf. 38, 44, 59, 61, 154).

§ 3. Dem entsprechen die arch. Funde. In Gezer (s. d.) fanden sich von der vorsem. Zeit ab Kuhknochen in reicher Fülle, z. T. mit deutlichen Spuren, daß man das Fleisch gekocht hatte (Macalister *Gezer* II 4ff.). Die Hörner waren nach den einzelnen Schichten verschieden. In der vorsem. und 1. sem. Schicht waren sie kurz, dick und gebogen, in der 2. länger und breiter, in der 3. ziemlich dünn, in der 4. kegelförmig und kurz, in hellenistischer Zeit kurz, aber gebogen (ebd. Abb. 204). Seltener waren die Reste des Büffels, von dem sich neben Knochen von jungen, also geschlachteten Ochsen ein Zahn in Lachis (s. d.) fand (Bliss *Tell el Hesy* S. 191). Knochen von Kühen, die ebenfalls zur Nahrung gedient hatten, lagen in der Grabkammer I zu Megiddo (s. d.; Schumacher *Tell el-mutesellim* S. 15) und in dem Stall auf dem *tell eṣ-ṣâfi* (s. d.; Bliss-Macalister *Excavations* S. 33). Die weite Verbreitung des R. wird auch durch die zahlreichen Nachbildungen in Ton bezeugt, die allerdings z. T. erst spät sind (ebd. Tf. 68, 14; Macalister *Gezer* I 305; II 4ff., Abb. 205; III Tf. 124, 4ff.; 125, 2ff.; Sellin-Watzinger *Jericho* S. 150f., Abb. 182; Sellin *Tell Taʿannek* S. 64, 81, Abb. 78, 114; *Nachlese* S. 29 Abb. 79; Bliss-Macalister *Excavations* Tf. 68, 12ff. [z. T. als Rhyta verwendet]). Auch bei diesen Figuren wird oft der kleine Buckel des Tieres hervorgehoben, wie denn noch Plinius (Nat. Hist. VIII 179) und späte Münzen (z. B. von Arados, Hieropolis, Neapolis und Sidon) gerade die Buckelart in Syrien bezeugen.

§ 4. Aus dem AT erkennt man die große Bedeutung des R. (hebr. *bāqâr* als Kollektivum; *šôr* meist das männliche Tier; *ʾallûf* das gezähmte R.; *pār* und *pārâ* Farr und Färse; *ʿêgel* und *ʿeglâ* Kalb; *ʾabbîr* der starke Stier) für die Israeliten. Bereits die Stammväter des Volkes sollen als Halbnomaden mit Ackerbau das R. in ihren Herden geführt haben (Gen. 12, 16; 13, 5; 15, 9; 18, 7; 24, 35; 26, 14; 32, 6. 16; 33, 13). In späterer Zeit waren vor allem die Tiere aus der Landschaft *hab-bāšân* (heute die Ebene *en-nuqra*) berühmt (Deut. 32, 14; Ezech. 39, 18; Amos 4, 1; Psalm 22, 13). Doch sind manche Stämme erst langsam zur Zucht des R. übergegangen (vgl. Kilamu-Inschrift Z. 12). Man trank seine Milch (hebr. *ḥālîb*, saure Milch *ḥemʾâ* Gen. 18, 8) oder bereitete aus ihr Käse (s. Nahrung D). Das Fleisch wurde nur bei besonderen Gelegenheiten genossen, wenn etwa ein Gast kam (Gen. 18, 7; Deut. 12, 21; 14, 4; 1. Sam. 14, 32ff.; 28, 24). Beständiger Genuß galt als Üppigkeit (1. Kön. 4, 23; Amos 6, 4). Das Opfer eines R. war natürlich wertvoller als das eines Schafes oder einer Ziege (Richt. 6, 19ff.; 1. Sam. 6, 14; 15, 14f.; 2. Sam. 6, 13; Exod. 22, 30; Lev. 1, 2 u. ö. [meist männliche, immer fehlerlose Tiere]). Sonst benutzte man das R. vor allem zum Ziehen des Pfluges (s. d. C; Deut. 22, 10; Richt. 14, 18; 1. Sam.

11, 5; 1. Kön. 19, 19ff.; Jes. 30, 24; Amos 6, 12; Hos. 10, 11) oder zum Dreschen (Hos. 10, 11; Jerem. 50, 11; Deut. 25, 4), manchmal auch vor dem Wagen (1. Sam. 6, 7; 11, 7). Ernährt wurden die Tiere auf der Weide (Num. 22, 4; 1. Kön. 4, 23; Jes. 7, 25), in der trockenen Jahreszeit im Stalle (Jes. 1, 3; 11, 7; 65, 25), hier auch dann, wenn sie gemästet werden sollten (1. Sam. 28, 24). Gesetzliche Bestimmungen sorgten dafür, daß von stößigen Stieren kein Unheil angerichtet wurde (Exod. 21, 28ff.; vgl. Codex Hammurapi § 250f.). Kastrierte Tiere durften nicht geopfert werden (Lev. 22, 24), woraus später ein allg. Verbot der Kastration gemacht wurde (Josephus antt. IV 8, 40; S. Krauss *Talmudische Archäologie* II [1911] S. 113ff.).

Riehm-Baethgen *Handwörterbuch des biblischen Altertums* II² (1894) S. 1741ff.; H. Guthe *Kurzes Bibelwörterbuch* 1903 S. 548f.

§ 5. Verschiedene Angaben lassen auf eine religiöse Bedeutung des R. schließen. Bekannt ist die Erzählung von dem goldenen Kalbe, in dem Aaron auf Verlangen des Volkes den Gott sichtbar machte, der die Israeliten aus Ä. geführt hat (Exod. 32, 1ff.; Deut. 9, 12ff. wohl ein Holzbild mit Goldüberzug). Wahrscheinlich soll damit die im Nordreiche (Bethel und Dan) durch Jerobeam I. (1. Kön. 12, 26ff.; 2. Kön. 10, 29; 17, 16; Hos. 8, 5f.; 10, 5f.; 13, 2; anders H. Greßmann *Die Lade Jahwes u. das Allerheiligste des Salomonischen Tempels* 1920 S. 27) eingeführte Verehrung Jahwes (s. d.) in der Form eines Stieres verächtlich gemacht werden. Daß diese Vorstellung als berechtigt betrachtet wurde, zeigt das Verhalten des Propheten Elia, der sie nicht bekämpft. Auf ihr Alter deuten nicht nur Ausdrücke in Verbindung mit Gott, die sich lange erhalten haben (z. B. *re'êm* Wildochse Num. 23, 22; 24, 8 vgl. Deut. 33, 17; *'abbîr* der starke [Stier] Gen. 49, 24; Jes. 1, 24; 49, 26; Psalm 78, 25; 132, 2ff. vgl. Jerem. 46, 15 [= Apis]; vielleicht auch *'ēl šaddaj* Gen. 17, 1 u. ö. vgl. assyr. *šêdu* = der Stierkoloß), sondern auch Bilder von Stieren oder Stierköpfe im salomonischen Tempel (das eherne Meer tragen 12 Stiere 1. Kön. 7, 25; an den Kesselwagen sind R. angebracht 7, 29; Stierköpfe am Throne 10, 19). Ob Namen von Personen (*lē'â* Wildkuh Gen. 29, 16ff.; *'eglâ* die Kalbe 2. Sam. 3, 5; 1. Chron. 3, 3) totemistisch zu erklären sind, bleibt zweifelhaft. Doch ist es auffällig, daß der erste Buchstabe des kanaanäisch-phön. Alphabets als Stierkopf (*'âlef*) bezeichnet wird und den Zahlenwert 1000 (also den einer großen Menge) hat.

§ 6. Möglicherweise haben die oben (§ 3) erwähnten Tonfiguren eine religiöse Bedeutung. Sicher ist dies der Fall bei den kleinen Stierbildern aus Bronze von *riḥâb* im Ostjordanlande (Mitt. Deutsch. Pal.-V. 1899 S. 54 G. Schumacher; ZdPV 48 [1925] Tf. 40 A), aus Syrien (R. Serrure *Collection de M. J. Gilbert* 1903 S. 14 Nr. 225) und aus dem Libanon (*'âleih* vielleicht hettit., jedenfalls aus dem 2. Jht., auf dem ursprünglich eine Gottesfigur stand; *ǧîne, ksâra* und *ḥôṣn slēmân* aus röm. Zeit Mélanges de la faculté orientale Beyrouth 4 [1910] S. 181ff. S. Ronzevalle; vgl. Records of the Past 10 [1911] S. 317ff. H. M. Wright). Ebenso sind die Felsskulpturen zu deuten, z. B. aus *er-rummân* zwischen *es-salṭ* und *ǧeras* (ZdPV 29 [1906] S. 201f. G. Dalman, nach Damaskus verkauft Pal.-Jahrb. 8 [1913] S. 59 ders.), *qizz el-ahir* im Libanon (S. Ronzevalle a. a. O.) und *chirbet summâqa* im Karmel-Gebiet (ZdPV 31 [1908] S. 159 Abb. 68 E. Graf v. Mülinen). Auch auf Siegeln kommt der Stier in diesem Sinne vor (I. Benzinger *Hebräische Archäologie*² 1907 S. 229 Abb. 154). Oft ist deutlich ein Buckelrind dargestellt. Bei den älteren Bildern ist sicher an den Gewittergott Rammân-Hadad (s. Hadad) gedacht (vgl. die Asarhaddon-Stele von Sendschirli; Mitteilungen aus den orient. Sammlungen Berlin 11 [1893] Tf. 1 und das Gottesbild in Hieropolis bei Lucian, De dea Syria 31ff.), dessen Erben dann Jupiter Heliopolitanus (Th. Wiegand *Baalbek* I [1921] S. 29f. Abb. 14f.; II [1923] S. 110f., Abb. 172ff.) und Jupiter Dolichenus (H. Greßmann *Altorientalische Texte und Bilder zum AT* II [1909] S. 78f., Abb. 142), in gewissem Sinne auch Mitra geworden sind. Ochsenköpfe als Verzierung von Altären oder Sarkophagen kommen erst in röm. Zeit vor (vgl. Bull. corr. hell. 31 [1907] S. 120ff., 238ff. E. Pottier). Zweifelhaft bleibt die Echtheit des ägyptisierenden Kuhkopfes aus der Gegend von Askalon oder Jaffa

(Vincent *Canaan* S. 169 Abb. 115). Rein äg. ist hingegen die Sonnenscheibe mit Hörnern auf dem Denkmale des Jehômelek aus Byblos (s. d.; CIS I Tf. 1). Danach kann man annehmen, daß schon in ältester Zeit der Stier als Verkörperung einer mächtigen, zeugenden und vernichtenden Gottheit betrachtet wurde und deshalb Stiere als heilige Tiere galten (vgl. Lucian, De dea Syria 41).

Protest. Realenzyklopädie[3] IX (1901) S. 704ff. W. Baudissin; O. Keller *Tiere des klassischen Altertums* 1887 S. 66ff.; ders. *Die antike Tierwelt* I (1909) S. 329ff.; ZdPV 9 (1886) S. 64ff. L. Anderlind. Peter Thomsen

D. Vorderasien s. Haustier E.

Rinde s. Baumrinde.

Ringfibel (Ringspange, Nordischer Kreis; Band IX Tf. 156d). Kleine, offene, runde Ringe aus Bronzedraht oder bronzener Stange, die an den Enden oft spiralig umgebogen, mit eingehängtem Dorn oder mit Knöpfen versehen sind. Weit verbreitete Form von La Tène bis Skandinavien (S. Müller *Ordning* II 33), eine Form der Gürtelschließe, die in der III. Per. der nord. EZ beginnt und in die röm. Zeit hineinreicht. S. a. Finnland C, Ostpreussen C, Südostbaltikum C.

Mecklenb. Jahrbb. 85 S. 66 Beltz; ZfEthn. Verh. 1884 S. 27 Mestorf; Knorr *Urnenfriedhöfe* S. 34. R. Beltz

Ringgeld s. Geld § 13.

Ringhalskragen. Halsschmuck aus mehreren (8—15) Bronzeringen verschiedener Größe, die so angeordnet sind, daß unten der größte, oben der kleinste Ring sitzt. Die Ringe, die vorn breit und flach sind, haben offene Enden von kreisrundem Durchschnitt, die in eine mit seitlichen Löchern versehene Schließplatte gesteckt wurden (Band II Tf. 87d). Der Schmuck wurde offenbar so getragen, daß die Schließplatte im Nacken saß und die dachziegelartig übereinanderliegenden Ringe vorn den Hals und die obere Brust bedeckten. Sowohl die Ringe wie die Schließplatte sind meist durch eingepunzte Ornamente (meist Strichgruppen in Form von Drei- und Vierecken) reich verziert.

Derartige R. oder Bruchstücke von solchen sind sowohl in Steinkisten-Gräbern wie in Depots in Torfmooren und im Erdboden gefunden worden; alle datierbaren Stücke gehören der frühen EZ (Per. VI Mont.) an. Die Verbreitung dieses Typus ist ausschließlich auf Posen, Pommerellen, Westpreußen und das w. Ostpreußen beschränkt. Nimmt man hinzu, daß solche R. wiederholt auf ostd. Gesichtsurnen dargestellt sind (Band IV Tf. 114a, 115b, c, 116b; VI Tf. 97a), so kann es keinem Zweifel unterliegen, daß sie ausschließlich der ostd. Gesichtsurnenkultur (s. d.) eigentümlich sind. [Bekannt sind z. Zt. ca. 25 R. und 24 Vasen mit Darstellungen von solchen darauf. Der Prototyp ist inseldänisch; Müllers 7. Gruppe.]

A. Lissauer *Bronzezeit* S. 23, 24 Tf. 14 (Zusammenstellung der Funde bis 1891); Amtl. Ber. WPM 1899 S. 39f. Abb. 18 Conwentz; ders. *Das Westpr. Prov.-Mus.* 1880—1905 Tf. 51, 1. 2; Schlemm *Wörterbuch* S. 470/71 (partim) Abb. a, b; Bezzenberger *Analysen* S. 51—54 Abb. 51; La Baume *Vorgesch. v. Westpreußen* 1920 S. 49 Abb. 63, 64 Tf. 7 Abb. 4, 5. W. La Baume

Ringkopfnadel s. Aunjetitzer Kultur A § 8, Nadel A 1 § 23.

Ringsjö (Wohnplatzfund der Ganggräberzeit auf Schonen) s. Nordischer Kreis A § 4c 2α.

Ringwall s. Festung.

Rinnekalns (Lettland; Tf. 25). § 1. Im n. Lettland, am Nord-Ende des Burtneck-Sees, am Ausflusse der Salis, auf dem ehemaligen Gut Altottenhof liegender Wohnplatz der j. StZ.

Die ältere lett. Bezeichnung für den Rinne-Hügel ist *krumišu-kalns* = Hocker-Hügel (auch der Name Krewetsch-Hügel wird angeführt). *Rinne* — Familienname eines dort früher ansässigen Fischers. Gegenüber auf dem Nordostufer des Sees, durch die ganze Breite des Sees davon getrennt (die Ortsbestimmungen und -benennung bei Ailio in Zeitschrift der Finnischen Altertumsgesellschaft 29, 1 [1922] S. 46f. treffen nicht zu), liegt das Sweineck-Gesinde (auf dem Gelände des ehem. Gutes Ostrominski-Osthof), welches ebenfalls neol. Funde geliefert hat. Vgl. die Karte Präh. Z. 5 (1913) S. 509 Abb. 7. Der R. hat späteren Zeiten als Friedhof gedient, wie Skelette mit Münzen des 15. und 16. Jh. (nach Bestimmung v. Sallets und A. Sommers) und wohl noch jüngeren Datums zeigen. Mit der neol. Kulturschicht haben sie nichts zu tun. Die Beigaben dieser 1875 von Graf Sievers, 1881 von A. Sommer freigelegten Gräber sind aufgezählt im *Rig. Katalog* 1896 S. 126ff. Nr. 758—759. Vgl. a. Sitzungsber. Estn. Ges. 1882 S. 124—135.

Der Rinne-Hügel (Tf. 25a) hat eine Br. von 25 m und eine L. (SO—NW) von 35 m. Ursprünglich war er ca. 2,50 m h. (über dem Wasserspiegel der Salis und des Burtneck-Sees). Als vorgesch. Wohnplatz wurde er zuerst erkannt von dem Besitzer des Gutes Osthof, dem Grafen Carl Georg Sievers, der 1875 allein, 1877 mit R. Virchow dort Grabungen vornahm. Doch war der kleine „Kjökkenmödding" damit nicht erschöpft, wie spätere Schürfungen von Sommer (1884), K. von Löwis (1895) und M. Ebert (1913) erwiesen. Das Fundmaterial ist verstreut, jedoch kam das meiste in die Sammlung der Gelehrten estn. Gesellschaft, Dorpat, in die Staatssammlung Berlin und in das Rigaer Dommuseum.

§ 2. Der Hügel hatte eine flachrundliche Gestalt, sein „archäologischer Abschnitt" soll vom See- bzw. Flußufer nach dem Lande hin etwa 15 m betragen haben. Einen Plan mit Angabe der von Sievers, Virchow und von ihm selbst durchgrabenen Partien gibt A. Sommer (Archiv f. Naturkunde Liv-, Ehst- und Kurlands 2. Serie 9, 5 [1884] Abb. b hinter S. 398), leider ohne den Maßstab beizufügen. Von der Sieversschen Grabung befindet sich ein bisher unveröffentlichter Plan Sievers' im Archäologischen Kabinett der Universität Dorpat. Das Fundprotokoll mit der nummerweisen Aufzählung der Stücke, durch das ihre Lage in den Schichten festgestellt werden könnte, scheint aber nicht mehr vorhanden zu sein. Wie sein Bericht lehrt, ist Graf Sievers umsichtig zu Werke gegangen.

„Nachdem ich durch Winkelmessung und Distanz-Aufnahme diesen (dem Wasser zunächstliegenden) Landstreifen aufgemessen, bildete ich mittels parallel gezogener Schnüre, die durch quer hinübergezogene, an jene angebundene Schnüre verbunden und an eingerammten Pfählen befestigt waren, Quadrate von je 1 m L. und 2 m Br. Jeder Arbeiter hatte ein in Zentimeter eingeteiltes Meßband ..., um die Tiefe der Lage seines Fundstückes zu bestimmen, und es wurde die Erde, nachdem durch Abgraben eine senkrechte Wand gebildet war, mit kleinen Kinderschaufeln ... oder einem ... Messer ... durchsucht ... Ich selbst ... band an jedes interessante Fundstück einen Zettel mit fortlaufender Nummer, trug diese in das betreffende Quadrat der Karte ... ein und machte nebenan auf dem Kartenrande Bemerkungen über die Tiefe, die Schichtungen ..." (ZfEthn. Verh. 7 [1875] S. 217f.).

Die unter der humosen, 15—30 cm t. Oberflächenkrume auf einer gelblichen Tonschicht (darunter brauner Sand) liegende schwarze Kulturstrate, ganz mit Muscheln (meist *unio tumidus*) durchsetzt, nestweise dazwischen Fischgräten und -schuppen sowie Aschenstellen hatte eine Mächtigkeit von 80—110 cm. Ihr unterster Teil war stark kohlehaltig. Über Herdsteine wird nichts berichtet.

§ 3. Die Hauptmasse des Fundmaterials bilden Tongefäßscherben (abg. ZfEthn. Verh. 9 [1877] Tf. 18; *Rig. Katal.* Tf. 1, 33. 34; Ztschr. d. Finn. Altertumsges. 29, 1 [1922] S. 76 Abb. 24) grober Technik mit eingemischten Stückchen von Quarz und Muschelschalen der kammkeramischen Gattung, für deren Ornamentik neben Grübchen das Winkelband charakteristisch ist (Tf. 25g, h). Daneben geben dem Fundinventar namentlich die Knochengeräte das Gepräge: Ein- und zweireihige Harpunen (Tf. 25o—r; ZfEthn. Verh. 7 [1875] Tf. 14, 2. 8. 9; *Rig. Katalog* Tf. 1, 1—4. 8; Präh. Z. 5 [1913] S. 508 Abb. 6e, f), Angelhaken und Schleppangeln (Tf. 25d, n; Tallgren *Zur Archäologie Eestis* I [1922] S. 46 Abb. 9), Pfeilspitzen mit flachem Blatt (ZfEthn. Verh. 7 Tf. 14, 31—34; Präh. Z. 5 S. 508 Abb. 6a, b) oder konischer Spitze (Tf. 25f); *Rig. Katalog* Tf. 1 Abb. 26—27), wie sie z. B. auch aus Kunda (s. d.; vgl. das Kopenhagener Stück bei Tallgren a. a. O. S. 38 Abb. 7) und Ostpreußen (Darkehmen) bekannt sind (ein Exemplar dieses Typus mit Querschneide Präh. Z. 5 S. 508 Abb. 6d). Ferner Dolche, Messer, Pfriemen, Meißel, Schaber, Messer aus Eberzahn u. a. Die Knochengeräte sind z.T. mit feinen, eingeritzten Mustern (ZfEthn. Verh. 7 S. 401; Präh. Z. 5 S. 508 Abb. 6g) netzartig verziert. — Steininstrumente treten dahinter sehr zurück. Es fanden sich Pfeilspitzen aus Schiefer (*Rig. Katalog* Tf. 1 Abb. 31), Quarzit (ZfEthn. Verh. 7 Tf. 14, 30), Feuerstein, einige Felssteinäxte vom dünnnackigen Typus mit spitzovalem Querschnitt, Schleif- und Koch(?)-Steine. Als Schmuck erscheinen ein gelochter Anhänger aus Stein (Präh. Z. 5 S. 508 Abb. 6k), zahlreich durchbohrte Tierzähne, vor allem vom Elch (daneben von *Bos primigenius*, Wildschwein, Wolf, Dachs), und eine

Rinnekalns

a. Ansicht des Rinnekalns von W. — b—r. Typen aus den neol. Kulturschichten.
Nach Aufnahme des Archäologischen Kabinetts der Universität Dorpat.

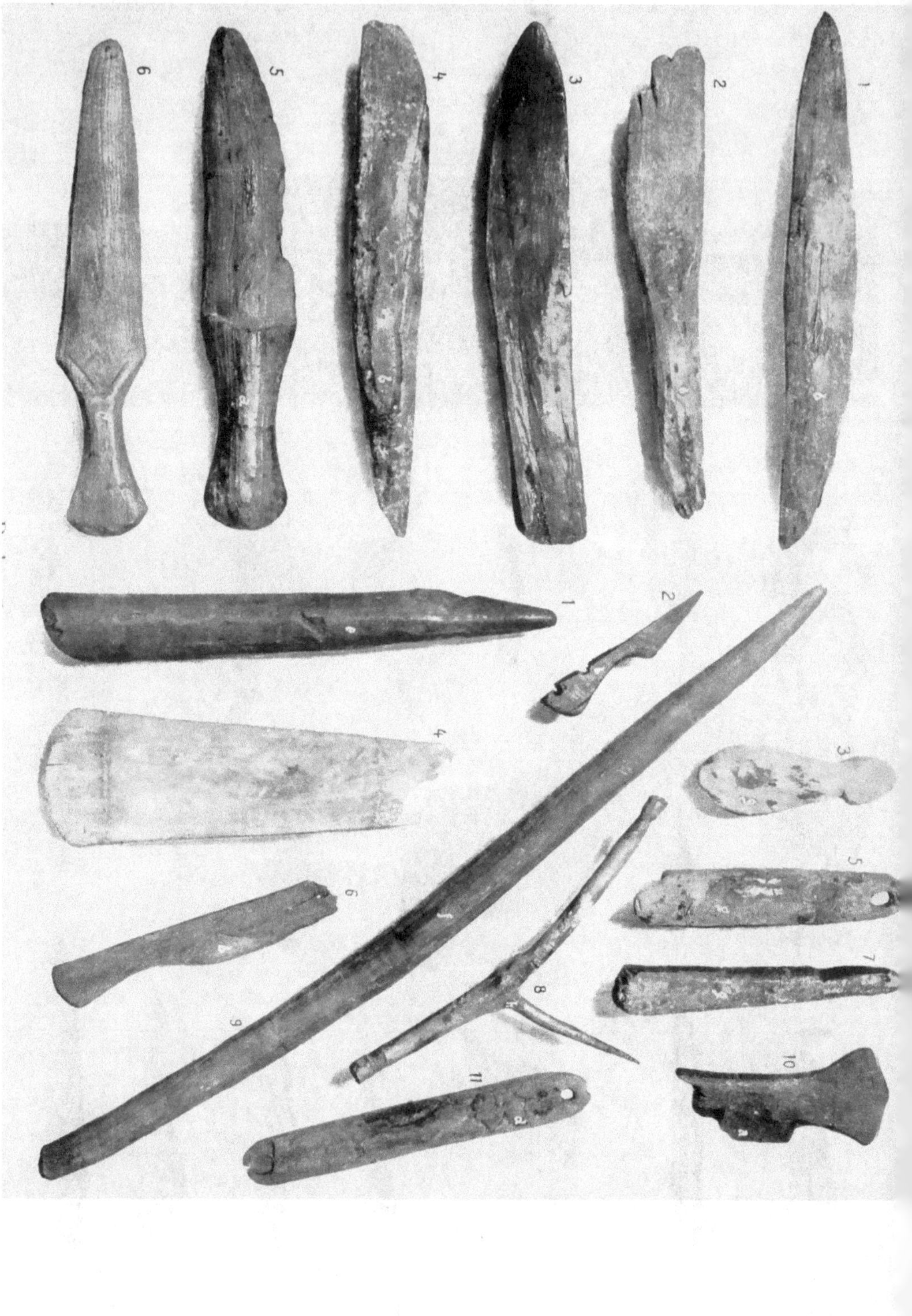

Robenhausen

Links 1–6. Messer und Dolche aus Eibenholz. — Rechts: Verschiedene Holzgegenstände, darunter: 1, 7, 9 Langbogen. — Nach Messikomer.

Bernsteinperle. Der R. ist einer der wenigen Plätze im Südostbaltikum, von dem bisher Bernstein bekannt ist. (Neben dem durchlochten Bernsteinstück sind noch mindestens 11 andere gefunden.)

§ 4. Sehr reich ist der R. an Überresten der Tierwelt, die uns ein lebendiges Bild von der damaligen Fauna des Landes vermitteln. Neben *Bos primigenius*, Elch, Reh, Wildschwein, Bär (*Ursus arctus*), Biber (besonders zahlreich), Dachs, Fuchs, Marder, Sattelrobbe (*Phoca groenlandica*), Fischotter, Vielfraß (*Gulo borealis*) finden sich auch zahlreich Reste von Vögeln (Gans, Ente, Schwan, Rothalstaucher) und Fischen (Barsch, Zander, Hecht).

Von den im R. gefundenen Haustierknochen (Hund, Rind, Schaf, Schwein) ist, soweit sie sich wirklich gezähmten Arten zuweisen lassen, fraglich, ob sie der alten Kulturschicht angehören. Höchstens vom Hund möchte ich das annehmen.

SB. Dorpater Naturf. 4 S. 211—213, 539—543; SB. Riga 1877 S. 36; ZfEthn.Verh. 1877 S. 408—412.

§ 5. Der R. ist neben den ebenfalls seit langem bekannten Siedlungen bei Kunda (s. d.) und Pernau (s. d.) noch immer einer der wichtigsten FO der südostbalt. StZ, und er zeigt in seinem Inventar dieselbe Färbung wie sie, das starke Hervortreten des Knochens und Horns als Werkzeug- und Waffenmaterial, wie wir es auch aus den großen Siedlungen bei Darkehmen in Ostpreußen (s. Zedmar) kennen.

Zeitlich am nächsten steht er im Südostbaltikum (s. d. A) den FO bei Pernau, die in ihrer Hauptmasse etwas jünger sein werden als der R., der Schaftlochäxte noch nicht kennt und im wesentlichen, wenn wir hier das skand.-chronol. Schema in Ermangelung anderer Anhaltspunkte anwenden dürfen, in die Dolmenzeit (II. Per. Mont. gehört.

§ 6. Was den Charakter der Stelle betrifft, so hat m. E. schon R. Virchow das Richtige erkannt. Nach der ganzen Lage des Platzes handelt es sich hier nicht um einen dauernden Wohnplatz, sondern um eine günstige, wahrscheinlich allerdings im größten Teil des Jahres benutzbare Fangstelle, zwischen Wasser und Wald, der noch vor nicht langer Zeit die ganze Westseite des Burtneck-Sees umzog — ein Saison- oder Gelegenheitsaufenthalt für Jäger und Fischer dieser Gegend, vergleichbar den bekannten steinzeitl. Saisonfangplätzen Norwegens (s. Ruskenesset).

ZfEthn. Verh. 7 (1875) S. 214—225 Graf Sievers; SB. estn. Ges. 1875 S. 29—30 ders.; SB. Dorpat. Naturf. 1876 S. 406—417 ders.; SB. Riga 1877—1881 S. 36—38; ZfEthn.Verh. 9 (1877) S. 396—433 R. Virchow; SB. Dorp. Naturf. 5 (1880) S. 409—416 Sommer; ebd. 1881 S. 48—62, 176—177 ders.; ebd. 1882 S. 391—399 ders.; SB. estn. Ges. 1882 S. 175—182; Archiv f. die Naturkunde Liv-, Ehst- und Kurlands 2. Serie Band 9, 5 ders.; SB. Riga 1895 S. 77—84 K. v. Löwis of Menar; *Rig. Katalog* 1896 S. 1ff. R. Hausmann und A. Buchholtz; Z. d. Finn. Altert.-Ges. 26 (1912) S. 203 S. Pälsi; Präh. Z. 5 (1913) S. 507—509 M. Ebert; ders. *Führer durch das Rigaer Dommuseum* 1914; Z. d. Finn. Altert.-Ges. 29, 1; S. 46 Ailio; A. M. Tallgren *Zur Archäologie Eestis* I (1922) S. 40ff.

M. Ebert

Ripač (bei Bihač, Bosnien). Pfahlbau, der vom Neol. bis in die EZ reicht. Aus neol. Zeit sind außer einer Reihe von Knochen-, Hirschhorn- und Steingeräten sowie typischen Gefäßresten besonders einige plumpe Tonidole bemerkenswert, kaum viel mehr als einfache, runde Tonklötze, an deren nach oben zu sich verjüngendem Kopfteil durch einen Druck mit Daumen und Zeigefinger ein primitives Gesicht hergestellt ist, während die Füße gerade nur angedeutet sind. Arme und Geschlechtsteile fehlen bei den meisten von ihnen, so daß man, wie bei einer Tonfigur aus dem Pfahlbau von Grésine, an hermaphroditische Idole gedacht hat. Daneben kommen aber auch mehrfach Figuren vor, bei denen durch die stark entwickelten Brüste der weibliche oder durch phallusartige Gebilde der männliche Charakter ausdrücklich hervorgehoben wird. Endlich finden sich auch noch „anikonische Idole" in Gestalt von pyramidenförmigen, meist undurchbohrten Webstuhlgewichten, deren Bedeutung als Idole durch die auf ihnen angebrachten, Hänge- und Halsschmuck nachahmenden Ornamente und bisweilen auch durch die Andeutung eines Kopfes klar erkennbar ist.

Aus den jüngeren Abschnitten fanden sich zahlreiche, namentlich hallstattzeitl. keramische Reste, Schmuck- und Gerätetypen usw., die im wesentlichen mit denen des Debelo brdo (s. d.), der Hügelgräber des Glasinac (s. d.) und anderer Fundstätten übereinstimmen. S. a. Jugoslavien B § 6f., Pfahlbau A § 6, B § 2.

Mitt. Bosnien 11 S. 25. G. Wilke

Ripdorf (bei Ülzen, Hannover). Das Ripdorfer Urnenfeld ist von I. M. Kemble ausgebeutet (Ztschr. d. hist. Vers. f. Niedersachsen 1852 S. 165 Kemble) und von G. Schwantes (Präh. Z. 1 [1909] S. 151) namengebend für die III. EZ-Stufe (Mittellatène, Knorr Stufe II) gemacht. Urnen, meist ohne Steinschutz, Brandgruben. Die Urnen sind eine Weiterbildung des Todendorfer Typus (s. d.), an dem der zylindrische Hals kleiner wird und einbiegt, eine Form („mit konischem Hals"), die aber auch in der Hallstätter Keramik, z. B. am Niederrhein (II. Stufe; Mannus 4 Tf. 19, 8. 10, 21, 1 Rademacher), verbreitet ist und sicher auch, trotz des beträchtlichen Zeitunterschiedes, auf die nordd. Gefäße eingewirkt hat. Dann verschwindet der Hals und wird nur durch eine Linie markiert. Meist glänzend schwarz, doch kommen auch einfache braune Töpfe vor. Verzierung selten (Zickzacklinienbündel; die Wandung hinablaufende Streifen). S. a. Band IX Tf. 166a, b.

Präh. Z. 1 (1909) S. 151 Schwantes; ders. *Urnenfriedhöfe* S. 8; Nachrichtenblatt f. Niedersachsens Vorgeschichte 1921 S. 5 ders.; F. Knorr *Urnenfriedhöfe* S. 22. R. Beltz

Rippenziste s. Ziste.

Riß-Eiszeit (3. alpine Eiszeit) s. Diluvialgeologie § 6.

Riß-Würm-Interglazial (3. alpine Zwischeneiszeit) s. Diluvialgeologie § 6.

Rittershausen (Westerwald, Hessen-Nassau). Bei R. liegt ein zwei- bis dreifacher Ringwall, der die Wasserscheide zwischen Sieg-, Lahn- und Edergebiet beherrscht und wohl als Grenzfeste der Gallier gegen die Germanen anzusehen ist, ähnlich wie der Gleichberg bei Römhild (s. Steinsburg). Der Wall besteht aus einer stellenweise mehrteiligen Trockenmauer mit Holzbalken-Einlage und vorliegendem Graben mit Astverhau. Von besonderem Interesse sind die an den oberen Wall sich anlehnenden Unterkunftsräume mit Pfostenstellungen, mit zahlreichen Funden der Frühlatènezeit, auch einer Schmiede. Da ringsherum Eisenerz vorkommt, wird Bergbau anzunehmen sein, der viel Volk beschäftigte, wie bei Oberlahnstein, Braubach, Neuhäusel (s. d.) usw. Ein anderer mächtiger Ringwall des Westerwalds bei Stein-Wingert an der großen Nister hat auch Funde der späten Mittel- oder frühen Spätlatènezeit ergeben, wohl schon von Germanen herrührend (Nass. Annal. 44 S. 181).

R.-G. Korr.-Bl. 5 (1912) S. 95f.; Korr. Gesamtv. 1913 S. 99; Nass. Annal. 42 (1913) S. 200; Nass. Heimatbuch S. 337 E. Brenner; Nass. Annal. 44 (1916/17) S. 183 K. Schumacher. K. Schumacher

Ritueller Eingriff. R. E. von besonderer Bedeutung sind vielfach in der Völkerkunde mit dem Eintritt der Knaben in die Mannbarkeit verbunden, kommen aber auch bei Mädchen vor. Dazu sind auch Bemalung und Tätowierung zu rechnen. Wir werden hierzu ferner das Herausschlagen, Abschlagen, Anfeilen usw. der Zähne und die Beschneidung (s. d.) bei beiden Geschlechtern, meist nur beim Mann, zu zählen haben. Die Mädchenbeschneidung ist sicher aus dem hellenist. Ägypten noch bezeugt, aber auch bei afrik. Negern, wie sie denn aus Afrika zu stammen scheint (s. Beschneidung, Mädchenweihe). Auch das Vernähen und die sonstige Okklusion der Schamspalte durch Anfrischen der einander gegenüberliegenden inneren Schleimhautflächen gehören hierher, die sog. Infibulation (z. B. nilaufwärts bis Abessinien) und verwandte konzeptionshindernde Maßnahmen am Frauenkörper. Ein solcher ritueller Engriff, einstweilen noch nicht näher zu bestimmender Art, für den es aber in der Völkerkunde manche Parallelen gibt, hat auch in Babylonien stattgehabt, die künstliche Unfruchtbarmachung bestimmter Priesterinnenkasten, auf die Landsberger hingewiesen hat, Frauenklassen, die heiraten, kohabitieren, aber nicht empfangen können. In Babylonien wurde durch einen solchen rituellen Eingriff die Empfängnisfähigkeit offenbar dauernd aufgehoben, vernichtet. Primitive Völker von heute sind nicht so radikal, sondern begnügen sich meist mit vorehelicher Schwängerungsverhinderung.

Otto Stoll *Das Geschlechtsleben in der Völkerpsychologie* 1908 S. 499—553; H. Ploss *Das Weib in der Völkerkunde*[8] 1905 I 246—259,

Robenhausen

1, 2, 5. Geschäftete Äxte mit Holzstiel. — 3. Hölzerner Keulenkopf. — 4. Holzschaftstück. — Nach Messikomer.

Robenhausen

Das Torfmoor von Robenhausen: a. Pfahlbauten R. – – b. Riedbühl. c. Himmerich. d. Pfahlbau Irgenhausen. – Im Hintergrund der Pfäffikon-See und Pfäffikon. — Nach Messikomer.

727—731; Landsberger *Zu den Frauenklassen im Kod. Hammurabi* ZfAssyr. 30 (1915/16) S. 67ff. Sudhoff

Rivetazzo s. Sizilien B II.

Robenhausen (am Pfäffiker See, Schweiz; Tf. 26—28.) Der Pfahlbau von R. ist seit 1857 regelmäßig von Messikomer untersucht worden. Er liegt in einem Ried zwischen dem jetzigen Ufer des Pfäffiker Sees und dem Dorf R. Dieses Ried ist heute vom See durch einen eigentümlichen Wall von 1 m H., dem „Himerich", abgetrennt (Tf. 28). Dieser hat viele pfahlbauzeitl. Artefakte geliefert, aber auch römische. Er wird in röm. Zeit hergestellt sein; die neol. Funde sind durch das benutzte Baumaterial zu erklären. Der Pfahlbau nimmt eine Fläche von etwa 10000 qm ein und war mit dem ursprünglich 3000 Schritt entfernten Ufer durch eine Brücke verbunden. Durch Messikomer sind drei übereinanderliegende Schichten festgestellt, die durch 0,7—1 m starke sterile Schichten getrennt waren. Alle drei Schichten gehören dem Neol. an, doch war Kupfer schon in der mittl. Schicht bekannt, wie Gußformen mit Kupferresten beweisen. Die Schichtlage einer ganz frühen Kupferaxt ist nicht bekannt. Die beiden älteren Dörfer sind durch Brand vernichtet, die dritte Ansiedlung wurde anscheinend verlassen. Der Pfahlrost war teilweise bis zu einer L. von über 3 m erhalten. Die unten zugespitzten Pfähle der beiden unteren Schichten bestanden aus Rund-, die der 3. meist aus Spalthölzern. Infolge der guten Konservierung durch das Moor sind in den beiden unteren Schichten Erzeugnisse der Flachsindustrie außerordentlich gut erhalten: Fäden, Netze, Gewebe, oft mit Fransen, und auch Flechtwerk (vgl. Déchelette *Manuel* I 580). Ferner Holzgegenstände (Tf. 26, 27): Keulen, einfache Bogen aus Eibenholz, Quirle (Fischereigeräte?), Messer, Löffel und Schüsseln (Abb. auch Déchelette *Manuel* I 535). Auch Einbäume (s. d.) haben sich gefunden. Ein 67,5 cm l. Ruder mit 9 cm br. Schaufel besteht aus Eibenholz. Dazu kommen reiche Keramik, Knochen- und Steingeräte. Durchbohrte Steingeräte treten in der zweiten Schicht, Nephrit- und Jadeitbeile in der dritten Schicht auf. Endlich sind zahlreiche Tierknochen und Vegetabilien gefunden. Rind (s. d. A II), Schaf (s. d. A) und Ziege (s. d. A) sind, nach ihren vielen Exkrementen zu urteilen, besonders in der mittl. Schicht, auf dem Pfahlbau selbst gehalten worden.

Mitt. Zürich 12 (1858/60) *2. Pfahlbautenbericht* S. 122ff.; ebd. 13 (1858ff.) *3. Pf.-Ber.* S. 100ff., Situationsplan Tf.6, 1; ebd. 14 (1861ff.) *5. Pf.-Ber.* S. 167ff.; ebd. 15 (1863ff.) *6. Pf.-Ber.* S. 245ff. F. Keller und J. Messikomer; Antiqua 1883 S. 2; ebd. 1884 S. 70; ebd. 1885 S. 87; ebd. 1887 S. 77; Anz. f. schweiz. AK. 1882 S. 324 J. Messikomer; Mitt. Zürich 22 (1886—1890) S. 45ff. J. Heierli; Munro *The Lake-Dwellings of Europe* London 1890 S. 112; Montelius *Chron. ält. BZ.* S. 120; H. Messikomer *Die Pfahlbauten von Robenhausen* 1913.

† W. Bremer

Robenhausen-Stufe. Die Bezeichnung ist von G. de Mortillet 1872 nach dem Pfahlbau am Pfäffiker See (s. Robenhausen) eingeführt zur Bezeichnung des Neolithikums. Bei unserer jetzigen Kenntnis der vielen unter sich verschiedenen Kulturen, die das Neol. ausmachen, wäre es irreführend, diese Bezeichnung in ihrer allg. Bedeutung beizubehalten.

Matériaux 7 (1872) S. 464 G. de Mortillet; vgl. auch: Bulletin de la Société d'Anthr. de Bruxelles 24 (1905); Rev. préh. 2 (1907) S. 51 A. Rutot.

Ebenso ist die Bezeichnung R.-St. für die gesamte Pfahlbauten-Kultur in allen ihren Phasen, die Salmon 1886 vorschlug, nicht angenommen worden. Er wollte das ganze frz. Neol. einteilen in ein Frühneol. (Campignien), die R.-St. und das Carnacéen, und unter letzterem Namen die Megalith-Kultur verstehen.

Matériaux 1886 S. 129 Ph. Salmon.

† W. Bremer

Rochette, La. In der Halbhöhle von L. R. (Dép. Dordogne) wurden im J. 1910 durch O. Hauser Skelettreste gefunden. Sie gehören dem mittl. Aurignacien an. Erhalten sind: Bruchstücke eines rechten und eines linken Oberarmes, eine Elle, eine Speiche, ein rechter Oberschenkel, Stück eines linken Oberschenkels und 11 Zähne. Die oberen Extremitätenknochen zeigen Ähnlichkeit mit denen der Aurignac-Rasse (s. *Homo aurignaciensis*), die unteren mit denen des *Homo primigenius* (s. d.). Nach Klaatsch handelt es sich also entweder um die Reste zweier sehr verschiedener Menschen oder um ein Individuum, das aus einer Mischung dieser Rassen hervorgegangen ist. Da man aber sonst keine derartigen Mischlinge kennt, es auch fraglich ist, ob die beiden sich verwandtschaftlich außerordentlich fernstehenden Rassen miteinander kreuzbar waren, ist wohl die erstgenannte Annahme zutreffend, wenn nicht die Analyse der Knochen Fehler aufweist. — Die Zähne sind relativ groß, auch die Milchzähne.

H. Klaatsch und W. Lustig *Morph. d. paläol. Skelettreste d. mittl. Aurignacien d. Grotte von La Rochette* Archiv f. Anthr. NF 13 (1914/15) S. 81—126; F. W. Elsner *Die Zähne von La Rochette* ebd. S. 127—129. Reche

Rock s. Kleidung.

Rödelheim (bei Frankfurt a. M.). Im J. 1911 wurde in einer dortigen Ziegelei ein leider schon stark zerstörter Töpferofen entdeckt, von dem noch Reste der Ofendecke mit Pfeifen erhalten waren. Er war mit Scherben zahlreicher, z. T. nicht völlig gebrannter Tongefäße angefüllt, auch mit Klumpen ungebrannten Töpfertons, einem Stück Rötel und Glättinstrumenten aus Ton. Die meisten Scherben, wohl aus der HZ_3, zeigen Graphitschwärzung und rote oder häufiger gelbbraune Bemalung. Eine Parallele geben die besser erhaltenen Töpferöfen der gleichen Zeit bei Marlenheim - Fessenheim im Elsaß, wo auch Webstuhlgewichte, Spinnwirtel usw. angefertigt wurden (Präh. Z. 11/12 [1919/20] S. 144). Der Töpferofen beweist mit aller Deutlichkeit, daß die bemalte Hallstattware auch im Mittelrheingebiet hergestellt wurde, nicht bloß am Oberrhein, wie es früher schien; in der Mayener und selbst noch in der Kölner Gegend ist sie gleichfalls öfters zum Vorschein gekommen, auch mit Kerbschnitt-Verzierung.

Korr. Gesamtv. 1913 S. 340 K. Wölcke; vgl. R.-G. Korr.-Bl. 6 (1913) S. 45 Wölcke-Welker; Altfrankfurt 4 (1912) S. 24 G. Wolff; ders. *Die südliche Wetterau* 1913 S. 1917. K. Schumacher

Rodenbach (bei Kaiserslautern, Bayr. Pfalz; Tf. 29—30; Fürstengrab der Frühlatènezeit). Im J. 1874 wurde in einem großen Grabhügel (Fuchshübel) zwischen R. und Weilerbach bei einer tumultuarischen Nachgrabung ein reiches Kriegergrab entdeckt, dessen Funde jetzt im historischen Museum zu Speyer liegen. Es enthielt ein eisernes Langschwert, wie sie auch bei La Motte Saint-Valentin und Somme-Bionne (s. d.; vgl. Band IV Tf. 63, 4) an der Marne vorkommen, ein Hiebmesser aus Eisen, wie von Eygenbilsen (s. d.), Weißkirchen (s. d.), Schwabsburg im linksrhein. Gebiet, drei eiserne Lanzen, Überreste eines vierräderigen Wagens und vom Pferdegeschirr, prächtiges Tafelgerät aus Bronze (Schnabelkanne, Bronzebecken, eigenartig verzierte „Feldflasche"; Tf. 30 a—d) und Ton (griech. bemalter Kantharos aus der Zeit um 450; Tf. 29 b). Alles weist auf einen reichen kelt. Heerführer hin. Außerdem aber kamen noch zwei reich mit Masken, Tierkörpern, Palmetten usw. verzierte Goldringe (ein Arm- und ein Fingerring; Tf. 29 a; 30 e) zum Vorschein, welche sonst in Frauengräbern dieser Zeit begegnen (Besseringen, Schwarzenbach [s. d.], Dürkheim [s. d. A] usw.). Vielleicht war es also ein Doppelgrab wie in Waldalgesheim (s. d.). Der Stil und die Zusammensetzung der Totenbeigaben liefern uns wichtige chronol. und handelsgeschichtliche Anhaltspunkte.

Lindenschmit *AuhV* 3 Heft 5 Tf. 1—3; F. Sprater *Urgeschichte der Pfalz* 1915 S. 63, 68 usw.; Präh. Z. 8 (1916) S. 145; Schumacher *Rheinlande* I (1921) S. 124 f. K. Schumacher

Rodmarton (England). In einem neol. Grab bei R. wurde ein Skelett gehoben. Großwüchsig, langer, schmaler, großer Schädel, ziemlich breites Gesicht; hat etwas Ähnlichkeit mit der Crô-Magnon-Rasse (*Homo priscus*; s. d.), dürfte aber zur nordeurop. (*Homo europaeus*; s. d.) gehören.

N. C. Macnamara *Studien über den präh. Menschen* Archiv f. Anthr. 27 (1902) S. 371 und Tf. 22. Reche

Rodung s. Wirtschaft.

Rogačik-Kurgan (Südrußland). Großer, im J. 1914 von Veselovskij untersuchter Grabhügel, ca. 8 km sö. vom Dorfe Verchnij-Rogačik im Bezirk Melitopol, nahe Znamenka. H. 11 m. Typischer Vertreter der Gruppe mit zentraler Kammer und Seitengrab, leider durch Raubgräber geplündert. Sehr interessant unter den gefundenen Goldblechen solche mit spiegelhaltender

a

b

Rodenbach

a. Goldener Armring. Gr. Dm 8,8 cm. — b. Kantharos. H. 12,2 cm.
Nach Aufnahmen des Museums Speyer.

Rodenbach

a. Bronzenes Becken. Dm 22,5 cm. — b. Gehenkeltes Bronzebecken. Dm 35 cm. — c. Bronzene Flasche. Dm 29 cm. — d. Bronzene Schnabelkanne. H. 28 cm. — e. Goldener Fingerring (in 4 Ansichten). Dm 6 cm. — Nach Aufnahmen des Museums Speyer.

Göttin und Skythen (CR Pétersb. 1913—1915 S. 135 Abb. 221, vierte Reihe links), wie im Kul-Oba (s. d.; ABC Tf. 20, 11), und mit ringenden Skythen (CRPétersb. 1913—1915 S. 135 Abb. 221, vierte Reihe rechts), wie in der Čmyreva Mogila (s. d.; CR Pétersb. 1898 S. 27 Abb. 24). Unveröffentlicht ein Halsband vom Typus Ryžanovka (s. d. § 4) mit in die viereckigen Goldmedaillons eingepreßten Doppelsphinxen oder Sphinxen mit doppeltem Leib (vgl. z. B. *Collection Khanenko* II Tf. 26 Nr. 438), auch im Kul-Oba (s. d.; *Antiq. Bosphore Cimmérien* Tf. 22, 10. 11) vertreten (Rostovcev *Skifija i Bospor* 1925 S. 452). S. a. Südrußland D.

CR Pétersb. 1913—1915 (1918) S. 132—136 mit Plan (S. 134 Abb. 218); Stepanov *Istorija russkoj odeždy* I (o. J.; 1916) S. 26f. Abb. 22, 23. M. Ebert

Roggen (*Triticum cereale* Salisb.). § 1. Diese Kulturpflanze ist an der Grenze der vor- und frühgeschichtlichen Zeit und in einem Gebiet, das als Durchgangsland für viele unserer Kulturgüter von O nach W und von NW nach SO gelten kann, im Süden Rußlands, entstanden. Klarheit darüber kam durch zwei in der Festschrift für Ed. Hahn (Stuttgart 1917) erschienene Arbeiten. Einmal machte Th. H. Engelbrecht es sehr wahrscheinlich, daß der R., wie manche andere Kulturpflanze, aus einem Unkraut entstanden ist. Wenn in einer Reihe von Notjahren der gegen reichlichen Regen viel empfindlichere Weizen vom R., der als Unkraut zwischen ihm stand, überwuchert wurde, der R. aber sich mit reichem Ertrag entwickelte und so zum Anbau empfahl, so mag er an Stelle des Weizens zuerst als Notnahrung gegessen worden sein, wie noch 1816 die Trespe in Westfalen an Stelle des mißratenen R. Da der R. sich nach diesem Anfang nach W hin in immer regenreichere und deshalb für ihn geeignete Gegenden verbreitete, hat sich so die Kulturform wahrscheinlich sehr schnell herausgebildet und weite Gebiete erfaßt. Die Übersiedlung des uns in dieser wilden Form nur aus Kleinasien bekannten R. nach Südrußland erklärt eine Arbeit Walther Vogels als Nebenergebnis einer Forschung, die auf den Spuren Herodots eine große wirtschaftliche Teilung der Bewohner Südrußlands für jene Zeiten festlegt. Herodot (IV 17) spricht von den Σκύθαι γεωργοί, die Vogel als Hackbauern, und von den Σκύθαι ἀροτῆρες, die er als Pflugbauern erklärt. Letztere bauten den Weizen zum Export (ἐπὶ πρήσι), erhielten aber höchstwahrscheinlich das Saatkorn von den Griechen aus Kleinasien, also aus jenen Gebieten, in denen die (ziemlich sichere) Stammform des R. wild vorkam. Jedenfalls wird so die Einführung dieses jüngsten und größtenteils auf Europa beschränkten Getreides besonders glücklich begründet.

§ 2. Mit dieser Entstehungsgeschichte würden die Funde im ganzen gut übereinstimmen. Daß sich die eine oder die andere Zeitbestimmung um ein paar Jh. verschiebt, hat wohl wenig zu sagen. Wenn hier und da R. an anderen Stellen als neol. angeführt wird, so müssen die näheren FU noch einmal nachgeprüft werden. Dies Ergebnis über das Auftreten des R. wird ganz wesentlich durch die Zusammenstellung unterstützt, die Gradmann von den slav. Niederlassungen des frühen Mittelalters in Ostdeutschland gegeben hat (*Der Getreidebau im dtsch. und röm. Altertum* 1909 S. 24).

Besondere Erwähnung verdient in diesem Zusammenhang die Brandwirtschaft (s. d.), bei der der R. das bevorzugte Getreide bildet.

Hehn *Kulturpflanzen*[8] S. 558ff., 562; Buschan *Vorgesch. Botanik* S. 50ff.; Hoops *Waldbäume* S. 443ff., 461f., 482, 599ff., 653ff. (hier weitere Lit.); R. Gradmann *Getreidebau im deutsch. und röm. Altertum* 1909 S. 22ff.; A. Schulz *Geschichte des Roggens* 39. Jahresb. d. Westf. Prov.-Ver. f. Wissenschaft und Kunst 1910—11 (mit Lit.); Zeitschr. f. Naturwissenschaft 84 (1913) S. 339ff. ders.; ders. *Geschichte der kultivierten Getreide* I (1913) S. 71ff.; *10. Pfahlbautenber.* 1924 S. 246ff. Ed. Hahn

Rohr. § 1. Vorbilder künstlicher R. sind die natürlichen, die im Schilfrohr, Holunder, in ausgewitterten Baumstämmen, Federkielen, Röhrenknochen fertig zur Verfügung stehen. In der Technik lassen sie sich nicht nachweisen mit Ausnahme der als Steinbohrer benutzten Holunderröhre, die ihr charakteristisches Profil in halbfertigen Bohrungen hinterlassen hat.

§ 2. Von künstlich ausgehöhlten Flüssigkeitsleitern kennt man drei aus Lärchenstämmen gearbeitete R. in der bronzezeitl. Quellfassung von St. Moritz (Band II Tf. 187b). Sonst sind Wasserleitungsrohre aus vorgesch. Zeit noch nicht gefunden worden (s. Bewässerung). Die griech. und röm. Wasserleitungsrohre aus Ton, Blei, Bronze (und Silber), von denen zahlreiche Funde vorliegen, gehen auf äg. und orient. Vorläufer zurück. Nach Plinius (Nat. Hist. XVI 81) benutzte man auch solche aus dem Holz der Fichte, Rottanne und Erle.

Anz. f. schweiz. AK. 9 (1907) Heft 4 Heierli; Mannus 10 (1918) S. 25ff. M. M. Lienau; F. M. Feldhaus *Die Technik der Vorzeit* 1914 S. 871ff.

Alfred Götze

Rolfsåcker (Schweden). FO eines menschlichen Skeletts, bei dessen Kopf eine Steinaxt lag. Auf dem Felde des Bauerngehöfts R., etwa 3 km ö. von Kungsbacka im n. Halland, wurde im J. 1920 bei Dränierungs-Arbeiten dieser Fund gemacht. Das Skelett lag in einer dunklen, lehmigen Schlammablagerung unmittelbar oberhalb des Liegenden, das von einer Austernbank gebildet wird, deren Oberfläche 6,42 m ü. d. M. liegt. Oben geht die Schlammablagerung allmählich in gelblichen Lehm über. Die Erdoberfläche ist auf dem Fundplatze 2,34 m über der Austernbank. Das Skelett wurde in vollkommen ungestörten Schichten gefunden, weswegen es mit der Schicht, in die es eingebettet war, gleichaltrig sein muß. Auf geol. Wege hat man die folgenden Anhaltspunkte zur Datierung des Fundes erhalten. Die Austernbank muß während der Tapeszeit gebildet sein und beweist, daß das Meer, das bei dem Transgressionsmaximum ca. 21—21,5 m höher lag als jetzt, damals salziger und wärmer war als heute. Diatomeen- und Waldpollenanalysen zeigen, daß der lehmige Schlamm während oder etwas nach dem Tapesmaximum abgesetzt wurde. Zu dieser Zeit bildete, wie topographisch-geolog. Untersuchungen ergaben, die Fundstelle eine Meerenge zwischen zwei Inseln, welche damals bewohnt waren (Wohnplatzfunde). Diese Meerenge verlandete, als ca. 43% der Landhebung noch übrig war, das heißt wahrscheinlich gegen Ende der Ganggräberzeit oder zu Beginn der Steinkistenzeit. Der Fund muß also noch älter sein. Der Lehm hat nicht früher abgesetzt werden können, als das Meer den Lehmboden der Gegend, der nicht höher als 12—14 m liegt, bearbeiten konnte, d. h. bei ca. 75—80% der Tapesgrenze. In diesen Zahlen wird also das Alter des Fundes geol. eingeschlossen.

Die Axt war eine „Absatzaxt" (Müller *Ordning* I 71), ein Typus, der sehr spärlich in Schweden vorkommt und mit Formen der jütländ. Einzelgräber-Kultur zusammenzugehören scheint. Eine sichere Chronologie für diesen Typus hat man nicht, aber er scheint der Zeit des Überganges zwischen dünnackiger und dicknackiger Axt am nächsten zu stehen und kann also ans Ende der Dolmenzeit oder den Beginn der Ganggräberzeit (etwa 2500 v. C.; Montelius) datiert werden. Die arch. Datierung gibt also hier eine bessere Altersbestimmung, als man sie durch die geol. Untersuchungen erhält.

Über das Skelett selbst kann nach Fürst folgendes gesagt werden: Es war ein Mann von 25—30 Jahren und 154 cm L. Schenkel und Schienbeine waren seitlich zusammengedrückt, wie gewöhnlich bei steinzeitl. Skeletten. Das rechte Schienbein zeigt eine Hiebspur. Die Hiebwunde muß unmittelbar vor dem Tode empfangen sein. Sie kann nicht von dem Manne selbst, falls er nicht etwa linkshändig war, herrühren. Er hat offenbar von einem Gegner den Hieb erhalten und dadurch sein Leben verloren. Dies muß wohl während einer Bootfahrt über die genannte Meerenge geschehen sein.

Göteborgs jubileumspublikationer III: Götaälvsområdets fornminnen I. Göteborg 1923 S. 122ff. Alin; Erdtmann *Pollenanalytische Untersuchungen von Torfmooren und marinen Sedimenten in Südwestschweden* K. Vet. Akad. Ark. f. Botanik 17, 10 (1921).

Hjalmar Larsen

Rollennadel. Bei der einfachsten, aus einem Stück Bronzedraht bestehenden Gewandnadel konnte leicht eine Öse dadurch gebildet werden, daß man das obere Ende einrollte. Auf diese Weise wurde erstens am Kopfende eine Verdickung geschaffen, die verhinderte, daß die Nadel durch die Gewandfalte hindurchrutschte, und zweitens konnte man durch die gewonnene Öse eine Schnur ziehen, mit deren Hilfe (indem man das andere Ende um die Nadelspitze wickelte) eine weitere Befestigung erreicht wurde. So entstand die einfache „Rollennadel". Es war nur ein Schritt weiter, wenn man den unter der Rolle gelegenen Kopfteil durch Klopfen verbreiterte, oder wenn man das ganze Kopfende breithämmerte und dann erst zu einer Rolle umbog („Rollennadel mit Kopfplatte"). Bei Nadeln dieser Art ist die Kopfplatte bald oval (Band VIII Tf. 131 n), bald rhomboidal geformt. Eine andere Variante der Rollennadel, die „Rudernadel" (s. d.), entstand dadurch, daß die Kopfplatte spaten- oder ruderförmig gestaltet wurde (ebd. Tf. 131 l).

Die R. ist eine weit verbreitete und langlebige Form der Gewandnadel. Unter den ältesten Stücken aus der frühen BZ läßt sich eine Gruppe mit säbelartiger Schaftkrümmung aussondern, deren Vertreter bisher hauptsächlich im mittl. Rheingebiet, aber auch in Böhmen, Mähren und Ostpreußen gefunden worden sind (Band VIII Tf. 75a 2, 9, 12; IX Tf. 216c; ZfEthn. 1905 S. 788 Lissauer). Bei einer anderen, ebenfalls der frühen BZ angehörigen Form, die ihr Verbreitungszentrum in Südwestdeutschland hat, sind an dem verbreiterten Kopfende noch seitliche, flügelförmige Ansätze angebracht (Behrens *Bronzezeit* S. 4 Abb. 1 oben). Im übrigen findet sich sowohl die einfache Form der R. wie die mit verbreiterter Kopfplatte in allen Abschnitten der BZ und in den verschiedensten Gebieten Mittel- und Südeuropas. Als Prototypen sind wohl kupferne Hakennadeln aus Zypern und Concise (Schweiz) anzusehen (Forrer *Reall.* S. 277 Tf. 67 Nr. 1, 2). R. aus Bronze sind bekannt aus Oberitalien, der Schweiz (Pfahlbauten), Süddeutschland, Hessen, Franken, Thüringen (hier aus den Per. II—VI Mont.; Mannus 5 [1913] S. 335 Mötefindt), Schlesien, Posen, Ostdeutschland, Böhmen, Mähren, Österreich, Ungarn. Die Form hält sich bis in die frühe EZ (Per. VI Mont.) und LTZ hinein und erscheint in dieser Zeit im Gebiet der Schwanenhalsnadeln (s. d.), besonders in Ostdeutschland vielfach mit einfacher oder doppelter (Schwanenhals-)Biegung am Halse (Ph. Ö. Schr. 29 [1888] Tf. 1 Abb. 1a, 3a, 8a Tischler: Ostpreußen; Forrer *Reall.* Tf. 67, 8, 8a: Gotland). In dieser Zeit kommt sie auch mehrfach aus Eisen vor (Band IX Tf. 154a). Im n. Europa begegnen R. nur sehr selten. Einige Male sind R. gefunden worden, in deren Öse Kettenglieder angebracht waren (z. B. Tf. 129 Abb. 13). S. a. Nadel A 1 § 11 ff.

Ph. Ö. Schr. 29 (1888) S. 112ff. Tischler; A. Lissauer *4. Typenkartenbericht* ZfEthn. 1907 S. 787f. (R. mit säbelartiger Schaftkrümmung); Schlemm *Wörterbuch* S. 476—478 (partim); Behrens *Bronzezeit Süddeutschlands* Text-Abb. 1 Nr. 1—4; 3 Nr. 3 und 4; 10 Nr. 10; 18 Nr. 2, 9, 12, 23; Tf. 4 Nr. 9; 5 Nr. 10, 11, 16, 17; 7 Nr. 5; 9 Nr. 14; 24 Nr. 10. W. La Baume

Romanelli-Höhle (Italien). Gelegen auf der Halbinsel Salentina, nahe beim Städtchen Castro, etwa 50 km s. von Lecce (Terra d'Otranto). Bereits im J. 1904 meldeten E. Regàlia und P. E. Stasi das Vorkommen von Felsgravierungen; Baron G. A. Blanc überprüfte im J. 1914 die Höhle neuerdings und entdeckte eine ungleich größere Menge archaischer Gravierungen, darunter besonders Vögel. S. Kunst A II. Unveröffentlicht.

Der gleiche Platz ist bedeutsam ob seiner reichen Aurignacien-Einschlüße. S. Italien A § 4.

P. E. Stasi und E. Regàlia *Grotta Romanelli* Archivio per l'Anthrop. e l'Etnol. 34 (1904) Heft 1; ebd. 35 (1905) Heft 2; G. A. Blanc *Grotta Romanelli* I ebd. 50 (1920) Heft 1—4. H. Obermaier

Römer. Latin. Abstammung, also zur Gruppe der Italiker (s. d.) gehörend und daher ursprünglich Angehörige der nordeurop. Rasse (*Homo europaeus;* s. d.). Sie beherrschten am Anfang ihrer Geschichte die offenbar andersrassige Urbevölkerung (Mischung aus *Homo mediterraneus* [s. d.] und *Homo brachycephalus, var. europaea* [s. d.]) als Adelskaste (Patrizier), die jede Ehe mit der eingeborenen Bevölkerung (Plebejer) vermied und so ihre Rasse lange rein erhielt. Der von den gentes deutlich empfundene Rassengegensatz zwischen hellem Nord- und schwarzhaarigem Südländer kommt vielleicht auch in dem Sprichwort „hic niger est, hunc tu, Romane, caveto!" zum Ausdruck. Erst 445 v. C. wurden

Ehen zwischen Patriziern und Plebejern durch Gesetz für gültig erklärt, und damit begann die Rassenmischung in größerem Umfange, die schließlich das herrschende und staatsschöpferische nord. Blut zerstören sollte. Trotzdem hat das nord. Element noch Jahrhunderte lang in der Staatsleitung die Führung gehabt und auch den Geschmack bestimmt, denn noch lange blieb das nord. Schönheitsideal herrschend. Nord. Typus zeigten beispielsweise Sulla (blond), Cato major (helläugig, Rotkopf), Augustus (blond), Nero (blond und blauäugig), Galba (blauäugig) und viele andere; über Cäsars Aussehen ist man nicht mit Sicherheit unterrichtet. Selbst in der Spätzeit galt blondes Haar noch als vornehm, und reiche dunkelhaarige Frauen trugen blonde Perücken.

G. Kraitschek *Die Menschenrassen Europas* Pol. Anthr. Rev. 1 (1902) S. 509ff.; A. Schliz *Beiträge zur präh. Ethnologie* Präh. Z. 4 (1912) S. 56; F. Birkner *Die Rassen und Völker der Menschheit* 1912/13 S. 395; H. Günther *Raskunde Europas* 1926 S. 147 ff. Reche

Römerschanze (bei Potsdam, Brandenburg; Band III Tf. 76a). § 1. Eine große germ. Volksburg des 8.—5. Jh. v. C., von den Slaven im 9.—11. Jh. n. C. wieder benutzt. Der Name ist aus Räuber-, Röberschanze entstanden. Die Burg liegt auf einer 25 m sich stark in den Lehnitz-See vorschiebenden Höhe, die auch nach rückwärts durch einen breiten Sumpfgürtel geschützt ist. Ausgrabungen Schuchhardts 1908, 1909 und 1911 haben die Bauverhältnisse der Burg aufgeklärt. Sie sind die ersten gewesen, die in Norddeutschland zeigten, wie die Spuren von Holzbauten im Boden deutlich nachzuweisen sind. Der ausgezeichnet erhaltene, 3 m h. Wall ist eine Festungsmauer aus Erde und Holz gewesen. Die Pfostenlöcher der Vorder- und Rückfront waren als kreisrunde Eintiefungen von 1 m Dm nachweisbar. Die Wallmauer war $3^1/_4$ m (10 germ. Fuß) dick, die Pfosten standen 1,60 m (5 Fuß) auseinander. Die Burg hat zwei große Tore gehabt, eins gegen SW nach Nedlitz zu, das andere gegen O. Das erstere haben wir unberührt gelassen, das zweite dagegen ausgegraben. Es war ein Doppeltor, 6,40 m weit (20 Fuß), mit einer Durchteilung in der Mitte. Die Torfront lag erst in der Rückfront des Walles, so daß — wie später bei den großen röm. Toren von Haltern-Aliso — der Angreifer vor dem Tore den Geschossen von rechts und links ausgesetzt war. Nach rückwärts sprang das Tor sehr weit, mindestens 6 m, in die Burg hinein. Gegen N hatte die Burg noch ein kleineres, das Seetor, das aber nur in einer Wallöffnung von 5 m bestand und später zugebaut wurde.

Vor dem Wall lagen eine ca. 2 m br. Berme und dann zwei Spitzgräben von $1^1/_2$—2 m Tiefe; nur an der Seeseite, wo der Burgberg steil abfällt, fehlten diese Gräben. Hinter dem Wall, nach dem Burginnern zu, zieht sich eine breite Mulde hin, die das außer dem Grabenaushub für den Wallbau noch nötige Erdreich geliefert hat; es scheint, daß sie schon aus altgerm. Zeit stammt, nicht erst aus slavischer, wo der Wall erneuert wurde.

§ 2. Das Innere der Burg ist dicht und lange besiedelt gewesen. Die kreuz und quer gefaßten, langen Versuchsschnitte zeigten überall eine solche Fülle durcheinandergehender Pfostenspuren, daß ein Bebauungsplan nicht zu erkennen war. Auch die Burgmitte ist anscheinend kein freier Platz gewesen. Nur an einer Stelle, im sw. Teile, haben die Ausgrabungen einen großen, klaren Hausgrundriß ergeben, der dann durch seine Übereinstimmung mit dem trojanisch-myk. Megaron (s. Haus A 1 § 16, Troja, Vorhalle) allg. Aufmerksamkeit erregt hat. Es ist ein Bau von 11 m L. und hinten 6,25, vorn 7,25 m Br. An jeder Langseite standen 11 Pfosten, an der hinteren Schmalseite 4, in der Front dagegen nur 1 Pfosten in der Mitte zwischen den Endigungen der Längswände. Beim 3. Pfostenpaar aber war eine Durchteilung, indem — wie bei der Rückwand — zwischen den Längswänden noch 2 Pfosten standen. Das Haus hatte also eine bis zum 3. Pfostenpaar reichende Vorhalle von 2,5 m Tiefe. In dem dann folgenden einheitlichen großen Raume stand wohlerhalten, fast in der Mitte, ein wenig nach hinten gerückt, ein aus kopfgroßen Findlingssteinen aufgebauter Herd mit einem viereckigen Kochloch in der Mitte.

Die Wände zwischen den Pfosten bestanden aus Rutenflechtwerk, mit Lehm bestrichen; das zeigten die verziegelten

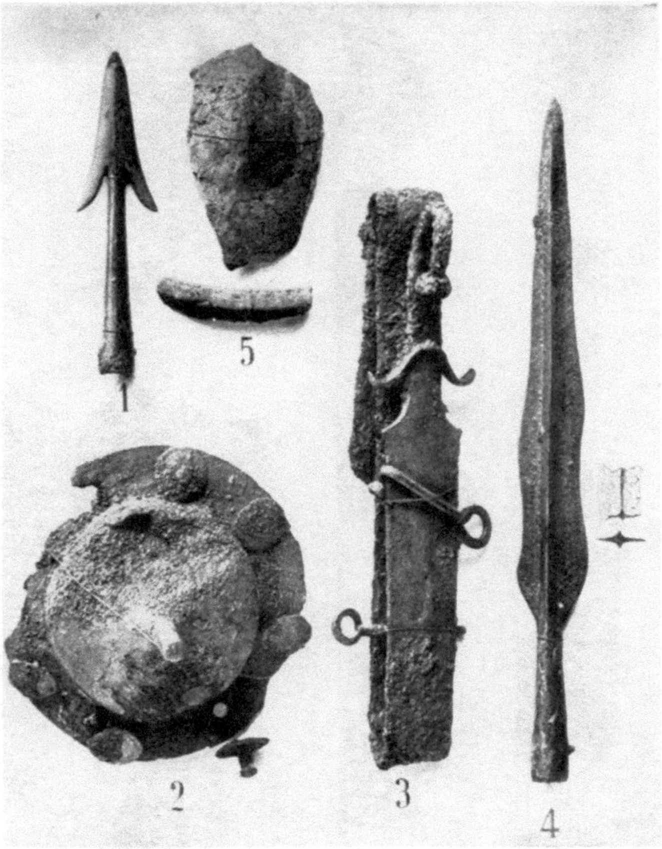

a

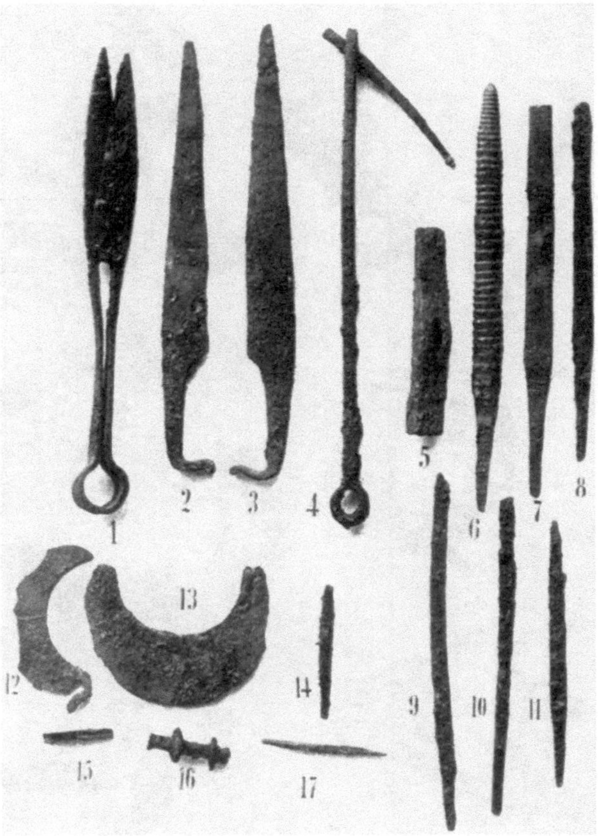

b

Rondsen

a. Grab 4: 1. Wurfspeer. — 2. Schildbuckel. — 3. Zweischneidiges Schwert. — 4. Lanzenspitze (mit Ätzmustern). — 5. Gefäßscherben.
b. Grab 8: 1—17. Eiserne Geräte. — Nach Anger *Rondsen.*

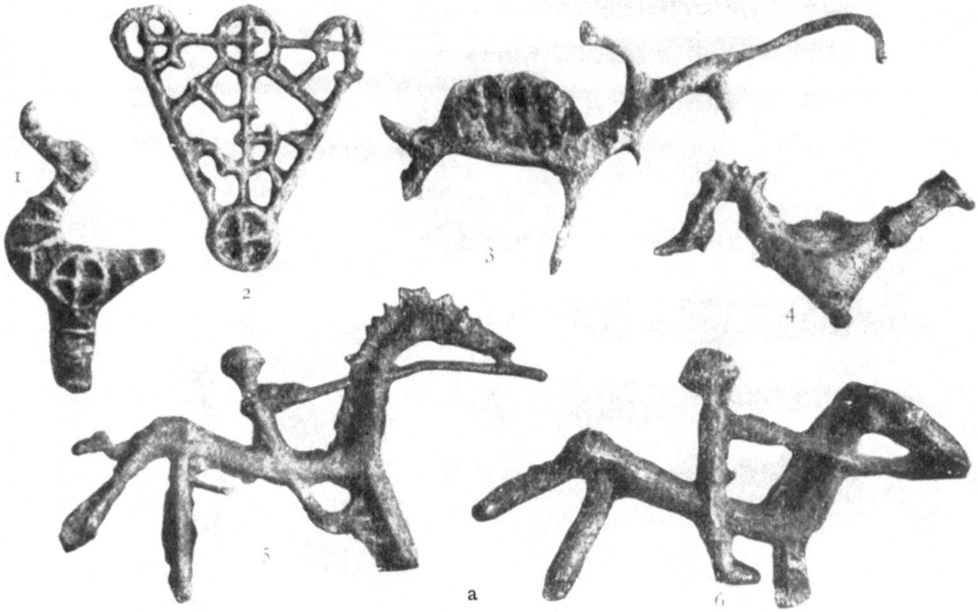

Rosegg

a. Figuren aus Blei. $^1/_1$ n. Gr. Nach Aufnahme des Naturhistorischen Museums Wien

Rosdorf

b. Scherben aus einer jungsteinzeitlichen Siedlung bei Rosdorf nahe Göttingen (Grabung 1911; Fr. Heiderich und M. Voit). Nach Aufnahmen des Städtischen Museums Göttingen.

Lehmbrocken, die der Zerstörungsbrand des Hauses zurückgelassen hatte. Das Dach haben wir uns giebelförmig mit Stroh oder Schilf gedeckt zu denken.

§ 3. In der slav. Per. ist die Wallmauer und das Osttor erneuert worden, das Tor stark verengt und verkürzt. Die Gräben scheint man nicht mehr offen gehalten zu haben. Vor der Wallmauer waren an verschiedenen Stellen, so beiderseits vom SW-Tor, an der sw. und an der nö. See-Ecke, Bastionen vorgebaut, die sich 10—12 m br. an den Wall legten und nach vorn $3^1/_2$ m weit abgerundet vorsprangen. Sie waren 1—$1^1/_2$ m h., und auf ihrer Fläche lagen mehrfach slavische Scherben. An der nö. See-Ecke war auch ein schmaler Durchgang ($1^1/_2$ m br.) durch den Wall zu erkennen, der mit gleich hohem Fußboden auf die Plattform hinausführte. Derartige Anlagen sind sonst aus vorgesch. Zeit noch nicht bekannt.

Die slav. Häuser in der Burg scheinen alle in der Mulde am Wall entlang gestanden zu haben, so daß sie einen Rundling bildeten. Diese Häuser sind etwas in den Boden eingetieft und haben gepflasterten Fußboden. Vor der Burg fanden sich auch mehrere tiefe Hausgruben.

In germ. sowohl wie in slav. Zeit ist der Werder, der sich von der Burg gegen W weit vorstreckt, schon voll besiedelt gewesen. Es finden sich dort auch Scherben aus der Zeit der Regermanisation, die von Besiedlung dieses Platzes auch nach der slav. Herrschaft zeugen.

An Einzelfunden hat die Burg außer Topfscherben kaum etwas Bemerkenswertes geliefert. Die Scherben sind junglausitzisch, bald mehr an Aurith, bald an Göritz und Billendorf erinnernd (s. Aurither, Billendorfer, Göritzer Typus), und reichen bis an die LTZ. Aus Bronze ist nur das Stück einer Lanzenspitze gefunden. Aus Knochen eine Hirschhornhacke.

Sie slav. Scherben sind früh-, mittel- und spätslavisch. Zu ihnen gehören einige Eisensachen, wie Messer, Kettenstücke u. dgl. S. a. Festung A § 17, Nordischer Kreis B § 13a, 14a.

Präh. Z. 1 (1909) S. 209—238 C. Schuchhardt; ZfEthn. 1912 S. 244—246 ders.

C. Schuchhardt

Romnysche Gruppe s. Aksjutincy, Südrußland D, Šumejko, Volkovcy.

Rondsen (Tf. 31). § 1. R., Kr. Graudenz (Pommerellen), ist durch ein hier um 1880 entdecktes, ausgedehntes Gräberfeld der Spätlatène- und Kaiserzeit bekannt geworden, das mit seinen über 800 Gräbern weitaus das größte in diesem Landesteil überhaupt ist. In den J. 1884—1889 ist das Gräberfeld von S. Anger, dem Vorsitzenden der Graudenzer Altertumsgesellschaft, planmäßig untersucht worden und hat eine sehr reiche Ausbeute geliefert. Die große Mehrzahl der Gräber (757) bestand hier aus Brandgrubengräbern (s. d.), denen nur 71 Brandschüttungsgräber (s. d.) und 1 Knochenhäufchen gegenüberstehen. Daneben sind 46 Brandstellen zum Vorschein gekommen, die wohl z. T. als Ustrinen (s. d.) gedient haben, z. T. aber auch als Herdgruben zu deuten sind, wie die vielfach darin gefundenen überbrannten und geschwärzten Steine sowie Tierknochen beweisen. Das einzige hier entdeckte Skelettgrab ist, dem mitgefundenen Feuersteinbeil nach zu schließen, steinzeitlich. Fast alle Brandschüttungsgräber (s. d.) und die Mehrzahl der Brandgrubengräber (s. d.) gehören der Spätlatènezeit an.

§ 2. Die Brandgrubengräber lagen in R. unmittelbar unter der etwa 25 cm starken Humusschicht. Von oben gesehen, erschienen sie als kreisförmige oder elliptische, schwarze Flächen von 0,5—1 m Durchmesser. In der Mitte befand sich oft ein schwerer, in die Brandmasse eingesunkener Stein. Die Tiefe der Gruben schwankte zwischen 10 cm und 1 m. Die Beigaben und Knochenreste lagen fast immer im Unterteil der Grube, während der Oberteil mit Brandmasse gefüllt war, die aus schwarzer Erde, Kohlenstaub und kleineren Kohlenstückchen bestand.

§ 3. In den Brandschüttungsgräbern standen die Urnen meist aufrecht in der sie umgebenden Brandmasse. In der unteren Hälfte waren die Urnen mit zerkleinerten Knochen und Beigaben, in der oberen mit Branderde gefüllt. Auch in der die Urne einhüllenden Brandmasse fanden sich bisweilen Beigaben. Einige Urnen waren mit gehenkelten Schalen oder mit flachen Steinen zugedeckt. Sonst sind Beigefäße in Brandgruben- und Brandschüttungsgräbern nur äußerst spärlich vertreten. Während unter den Brandschüttungsgräbern die männlichen Bestattungen überwiegen, haben unter den Brandgrubengräbern die weiblichen das Übergewicht.

§ 4. Unter den Beigaben der Spätlatènegräber sind vor allem Waffen häufig vertreten, die in den kaiserzeitl. Bestattungen hier wie im übrigen Pommerellen und Hinterpommern durchweg fehlen. Es liegen z. B. 10 zweischneidige und 9 einschneidige Schwerter (Tf. 31 a 3), 75 Lanzen und 9 Speerspitzen (Tf. 31 a 1, 4), 28 Schildbuckel (Tf. 31 a 2) und 9 Sporen (Band XII Tf. 90 c) aus R. vor. Von anderen Gegenständen sind besonders Fibeln (etwa 120 Stück) und Gürtelhaken (über 60 Stück) zahlreich gefunden worden. Unter den Fibeln bilden die geknickten Spätlatènefibeln (s. Geknickte Fibel) mit Stützfalte den häufigsten Typus, unter den Gürtelhaken sind die Scharniergürtelhaken am zahlreichsten. Sonst sind in R. noch 10 gerade, 23 sichelförmige, 7 halbmond- und 1 halbkreisförmiges Messer, 18 eiserne Nähnadeln, 46 Spinnwirtel vertreten, abgesehen von selteneren Geräten, wie Pinzetten, Pfriemen und Punzen, Scheren, Feilen, Feuerschlagsteine, eine Axt, ein Hammer, eine Raspel usw. (vgl. Tf. 31 b).

§ 5. Das Gräberfeld von R. gehört der ostgerm. Kultur an, wie die Grabform und die Formen der Beigaben erweisen. Die Hauptmasse der R. Funde befindet sich im städt. Museum in Graudenz (poln. Grudziądz), 39 Gegenstände von hier besitzt das Provinzialmuseum in Danzig, etwa 60 die vorgesch. Staatsslg. in Berlin. S. a. Ostpreussen C § 5.

Anger *Das Gräberfeld von Rondsen im Kreise Graudenz* Graudenz 1890; Kostrzewski *Die ostgerm. Kultur der Spätlatènezeit* 1919 II 82 (dort ist die übrige Literatur verzeichnet).

J. Kostrzewski

Rosdorf (bei Göttingen, Hannover; Tf. 32 b). Eine Siedlung des Eberstadter Typus (s. d.), in der einzelne keramische Erscheinungen ganz besonders stark an den Hinkelstein-Typus erinnern, ist 1911 von Heiderich bei R. untersucht worden. In Zusammenhang damit steht eine im J. 1921 aufgefundene Skelett-Bestattung eines Jünglings, dem ein Marder mit ins Grab gegeben war.

Anthr. Korr.-Bl. 44 (1913) S. 14 ff. Heiderich; Der Wanderer im Cheruskerland 1 (1922) S. 13 f. M. Voit.

† W. Bremer

Röse s. Finnland B § 2, Nordischer Kreis B § 4 c 2.

Roseaux, Les s. Morges.

Rosegg (Kärnten; Tf. 32 a). In der Nähe von Frögg bei R. wurde im J. 1882 hinter dem Liechtensteinschen Tiergarten ein großes Gräberfeld entdeckt, das reiche Funde der HZ, Stufe C, ergab. Neben den üblichen Fundinventaren sind mehrere Situlen (s. d.) und Zisten (s. d.), einige mit Tierfiguren besetzt, gehoben worden. Besonders bemerkenswert ist ein kleiner Plattenwagen, Menschen-, Tier- und Reiterfiguren aus Blei (Tf. 32 a), die entweder Vollplastiken sind oder als Halbrelief häufig auf Tongefäße aufgelegt wurden. Das Blei scheint aus den nahegelegenen Bleilagerstätten zu stammen. Eine zusammenfassende Publikation hat dieser ausgedehnte und interessante Fundplatz noch nicht gefunden. Es scheint, daß er bis in die ä. LTZ hineinreicht.

Mitt. Zentr.-Kom. 1886 S. LXXVI—LXXX Hauser; KT Kärnten 1889 S. 60, 61.

G. Kyrle

Rössen (Kreis Merseburg, Prov. Sachsen; Tf. 33). Das Gräberfeld von R., das dem Rössener Typus seinen Namen gegeben hat, wurde in den 80er Jahren des vorigen Jh. ausgegraben. 21 vollständige und der Inhalt einer langen Reihe anderer Gräber kam in die vorgesch. Staatsslg. zu Berlin, je ein Grab in das Germ. Mus. Nürnberg und das Mus. für Völkerk. Hamburg und 5 Gräber in das Prov.-Mus. Halle. In neuerer Zeit haben wieder (1915—1918) Untersuchungen und Grabungen durch das Prov.-Mus. Halle stattgefunden, die unsere Kenntnis von der intensiven Besiedlung des Platzes außerordentlich gefördert haben. Das Dorf R. liegt in einer nach N ausbiegenden Schleife der Saale, der FO sö. vom Dorfe auf der flachen Höhe. Gegen das Dorf zu ist er von einem Wall mit vorgelagertem Spitzgraben abgeschlossen, dessen Zeitstellung noch nicht gesichert ist. Gräber und Wohnstätten der verschiedenen neol. Kul-

a

b

c

d

e

f

g

h

Rössener Typus

Gefäße von Rössen, Kr. Merseburg. b $^1/_{10}$, die übrigen ca. $^1/_3$ n. Gr. Nach C. Schuchhardt.

turen liegen hier durcheinander. Im einzelnen wurden folgende Perioden bzw. Kulturgruppen nachgewiesen:

1. Spiralkeramik.

2. Hinkelstein-Typus (Stichreihenkeramik). Das häufige Vorkommen von Scherben dieser Art außer in Wohngruben, die rein dieser Gruppe angehören, in der Füllerde von Gruben und Gräbern der folgenden Stufen zeigt, daß er älter ist als diese.

3. Rössener Typus. Die über 30 Gräber, mit vielleicht einer Ausnahme liegende Hocker, sind frei in die Erde gebettet. Die früher hierher gezogenen Brandgräber haben nichts mit dem Rössener Typus zu tun (s. Nr. 4). Die Gräber sind anscheinend teilweise in Reihen angelegt worden. Die Ausstattung ist sehr reich (s. Rössener Typus).

4. Jordansmühler Typus. Die Keramik der Rössener Brandgräber ist im Anschluß an die jüngsten Grabungen zuerst von Niklasson richtig eingereiht worden als letzter Ausläufer der bemalten neol. Keramik, mit dessen jüngsten Mährener Erscheinungsformen die Rössener Gefäße ebenso wie die schles. des Jordansmühler Typus (s. d.) eng zusammengehören. Hervorzuheben sind Fußschalen mit abgesetztem Rand, Gefäße mit konischem Unterteil, scharf abgesetzter, eingezogener Schulter und 2 Schnurösen an dem zylindrischen Hals, kleine, konische Tassen mit 2 unmittelbar am Rande sitzenden Schnurösen.

5. Eine dem Bernburger Typus nahestehende Gruppe, die Niklasson zuerst zusammengestellt und näher umschrieben hat. Sie zeigt eine deutliche Mischung nordd. Formen mit solchen des böhm.-schles. Kreises. Die Hauptformen der Gefäße sind: große Amphoren mit zylindrischem Hals und fast doppelkonischem Körper, deren Henkelösen in dem Winkel des Halsansatzes sitzen, und die oft plastische Verzierungen zeigen; Henkelkannen mit hohem, zylindrischen Hals und weitausladendem Henkel und Henkelkrüge gedrückterer Form, die denen der nordwestd. Megalith-Keramik nahestehen; Trommeln und endlich flaschenförmige Gefäße. S. a. Opperschöner Typus.

6. Schnur-Keramik. Zwei Gräber sind bisher aufgedeckt worden, das Hauptgrab in dem großen Grabhügel, neben der Windmühle, und ein zweites Grab, das durch eine Halskette von runden, durchlochten Scheibchen aus Muscheln ausgezeichnet ist. Trotzdem beide Gräber in Steinkisten angelegt sind, gehören sie ihrem keramischen Inhalt nach typologisch der Spätzeit der Schnur-Keramik an.

7. Die Glockenbecher Kultur ist durch ein Grab mit einer Armschutzplatte und ein weiteres mit einem den Glockenbechern nahestehenden, unverzierten Ge-Gefäß vertreten.

Götze-Höfer-Zschiesche *Thüringen* S. 16f. mit weiterer Lit.; ZfEthn. Verh. 32 (1900) S. (237) A. Götze; Mannus 11/12 (1919/20) S. 309ff. N. Niklasson.; [Sächs. Jahresschr 13 (1925) ders.]. † W. Bremer

Rössener Typus (Tf. 33). A. Archäologie.

§ 1. Der R. T. führt seinen Namen nach dem Gräberfeld von Rössen (s. d.), das in den 80er Jahren des 19. Jh. von Nagel untersucht wurde. Es handelt sich um tief in den Boden eingetiefte Flachgräber mit Hockern ohne Steinkisten, die nur teilweise von einem Steinpflaster überdeckt sind. Die Eigenheiten des keramischen Stils der reichen Gefäßbeigaben treten weit klarer hervor, wenn man die notwendige Absonderung der Formerscheinungen in den Brandgräbern, die trotz gewisser Beziehungen einer anderen Stufe zuzuschreiben sind, vornimmt (s. Rössen).

§ 2. Der R. T. ist beheimatet im Saale-Gebiet ö. des Harzes und den angrenzenden thüring. Gebieten bis an die Rhön. Nach N greifen die Fundplätze von Hundisburg, Hindenburg und Losse über dieses Gebiet hinaus. Im Gegensatz zu den reichen Umwandlungen, die der R. T. auf seinem Vordringen nach Südwestdeutschland erlitten hat, wird dieser ältere R. T. auch als „Alt-Rössener" bezeichnet. Verbreitungslisten bei Götze (wo die jüngeren Abarten des R. T. mit einbegriffen sind) und Åberg (a. a. O. Karte 10). Der R. T. tritt auch n. des Harzes weiter w. auf, als gemeiniglich angenommen wird, wie die von Voges (Präh. Z. 9 [1917] S. 111 Anm. 1) erwähnten Fundplätze des mittleren Okergebietes

(Watenstedt bei Jerxheim, Eilam bei Schöppenstedt, Ohrum, Börssum) zeigen. Von seiner Heimat in Thüringen und Südhannover aus hat sich der R. T. über einen großen Teil Südwestdeutschlands verbreitet. Diesen südwestd. R.T. hat man auch als Albsheimer Typus (s. Albsheim) bezeichnet. Die Verbindung zwischen den thür. und rhein. Fundplätzen, die im hess. Gebiet längere Zeit zu fehlen schien, wird jetzt durch eine Reihe von Funden hergestellt.

Grabfunde vom Schönberg bei Hofgeismar: J. Boehlau *Neolithische Denkmäler aus Hessen* Cassel 1898 S. 20. — Neue Wohnplatz-Funde vom Lamsberg bei Dissen und Holzhausen, Reg.-Bez. Cassel, im Hess. Landesmuseum Cassel. — Hüttenplätze am Frauenberg (s. d.) bei Marburg: Zeitschrift d. Vereins f. Hess. Geschichte u. Landeskunde 52 (1918), Germania 1917 S. 19, 182 G. Wolff. — Siedlungs-Funde von Leihgestern, Kr. Gießen: R.-G. Korr.-Bl. 2 (1909) S. 34 C. Kramer.

In der Wetterau (s. d.) ist der R. T. weit verbreitet. Sehr reich sind die Funde im ganzen Rheingebiet, wobei es sich im n. Teil freilich meist um die Niersteiner Abart (s. Niersteiner Typus) des R. T. handelt. Die wichtigsten FO sind:

Vorgebirge bei Cöln: BJ 123 (1914) Beil. 1 S. 170; Montelius-Festschr. 1913 S. 38 C. Rademacher. Einzelne Scherben von Gering (s. d.) und Polch auf dem Maifelde erwähnt: Mannus 6 (1914) S. 51 A. Günther. — Urmitz (s. d.). Jägerhaus bei Urmitz: BJ 119 (1910) S. 335ff. A. Günther. — Rübenach am Neuwieder Becken: Mannus 6 (1910) S. 55 A. Günther. — Gräber aus der Steetener Höhle bei Limburg a. d. Lahn: Nass. Ann. 15 (1879) v. Cohausen. — Bingen: G. Behrens *Kat. Bingen* Frankfurt 1918 S. 8 Abb. 3. — Rüdesheim bei Kreuznach: Mus. Kreuznach. Bretzenheim a. d. Nahe: Mus. Kreuznach. Siefersheim: Behrens-Geib *Der Südwesten Rheinhessens in Geologie u. Vorgeschichte* Mainz 1922 S. 24. — Mainz: Mainz. Z. 7 (1912) S. 109 G. Behrens; Westd. Z. 1901 S. 351, ebd. 1902 S. 426. — Schierstein (s. d.), Wiesbaden: Mus. Wiesbaden. — Nierstein (s. d.), Zornheim: Mainz. Z. 12/13 (1917/18) S. 67 K. Neeb. — Weitere FO aus Rheinhessen sind in Koehls Festschrift zum Wormser Anthropologentag 1903 verzeichnet. — Wallertheim: Koehl a. a. O. S. 45. — Monsheim (s. d.), Esselborn-Kettenheim: Mannus 4 (1912) S. 55, 58 C. Koehl. — Albsheim (s. d.), Mölsheim: Koehl Festschrift Tf. 11. — Michelsberg (s. d.) bei Untergrombach, Rheingönheim und einige andere FO aus der Rheinpfalz: Sprater *Urgeschichte der Pfalz* 1915 S. 19f. — Einige elsäss. FO, wie Hausbergen: Anz. f. Elsäss. Altertumsk. 3 (1912) S. 201, 222 R. Forrer. — Großgartach (s. d.) — Ludwigsburg: Fundb. Schwaben 22—24 (1914/16) S. 4. — Goldberg (s. d.) bei Nördlingen, Bernburger Höhle bei Neuffen: Fundb. Schwaben 21 (1913) S. 9. — Aus Oberfranken stammt ein Scherben v. d. Stempfer Mühle: Vorgesch. Staatsslg. Berlin.

Weitere FO finden sich in der genannten Literatur verzeichnet. Daß der R. T. auch in Bayern allg. verbreitet ist, ist weniger bekannt. Die FO liegen nicht nur in der Oberpfalz, n. der Donau, sondern ziehen sich durch das ganze bayr. Donau-Tal bis nach Südostbayern hin.

Mainz. Z. 4 (1909) S. 90 Anm. 3 P. Reinecke. Von FO besonders hervorzuheben: die Bocksteinhöhle (Mitt. d. Ver. f. Kunst u. Altert. in Ulm u. Oberschwaben 3 [1892] S. 9) und die Klausenhöhlen, gegenüber Neuessing a. d. Altmühl, Bez.-A. Kehlheim (Präh. Z. 7 [1915] S. 214 P. Reinecke). Eine Reihe von FO aus Südostbayern sind von Reinecke im R.-G. Korr.-Bl. 9 (1916) S. 71ff. aufgezählt: Holzen, Gem. Altheim, Bez.-A. Landshut; Kopfham, Gem. Ergolding, Bez.-A. Landshut; Rast und Asenkofen bei Langenbach, Bez.-A. Freising; Oberlauterbach, Bez.-A. Rottenburg; Oberhinkofen und Gailsbach, Bez.-A Regensburg bzw. Stadtamhof.

Österr. und tschech. Forscher bringen auch böhm., mähr., ja selbst ungar. Erscheinungen mit dem R. T. in Zusammenhang. Es muß demgegenüber festgestellt werden, daß reine Rössener Keramik in den genannten Ländern nicht begegnet. Es kann nur als ein letztes Ausklingen des R. T. aufgefaßt werden, wenn der Doppelstich gelegentlich in die böhm. Stichreihenkeramik eindringt. Nur in zwei Fällen ist in der Ornamentik und Form Berührung mit einer jüngeren Gruppe des R. T. zu erkennen (Eberstadter Typus; s. d.): Scherben von Černý Vůl (Stocký a. a. O. Tf. 2, 2 und ders. *La Bohême à l'âge de la pierre* 1924 Tf. 12); Fußbecher von Selc bei Prag (a. a. O. S. 7 Abb. 3 Mitte). Damit erledigen sich auch die andersartigen Anschauungen Stockýs über den R. T. S. a. Böhmen-Mähren B § 12.

Památky 26 (1914) S. 150ff. E. Stocký; ders. *Rössenský typ v Čechách* Obzor praeh. 1 (1922) S. 2—15.

§ 3. Die Ansicht Kossinnas, daß der R. T. in West-Hannover entstanden und auf zwei verschiedenen Wegen nach Süddeutschland gelangt sei, einmal nach Thüringen und anderseits über Westfalen direkt zum Niederrhein und dann rheinaufwärts, wird durch die sich immer weiter mehrenden

Funde im hess. Zwischengebiet unwahrscheinlich. Wichtiger noch ist der von Åberg dagegen angeführte Grund, daß die älteste Rössener Keramik nur in Mitteldeutschland auftritt, während sie am Niederrhein völlig fehlt.

Mannus 1 (1909) S. 231 G. Kossinna; ders. *Deutsche Vorgeschichte*[2] S. 33.

§ 4. Die Ansiedlungen des R. T., meist geschlossene Dorfschaften, deuten fast immer auf eine bäuerliche Kultur hin. Sie finden sich, ebenso wie die Dörfer der Bandkeramik (s. d.; Hinkelstein-Typus und Spiralkeramik), fast ausschließlich im Gebiet ehemaliger Steppenheide spez. auf den fruchtbaren Lößflächen. Doch waren die Träger der Rössener Kultur weit mehr Jäger als Ackerbauer, wie die Untersuchungen Staudingers an dem Knochenmaterial rheinhess. Wohngruben erwiesen haben. Nur gelegentlich (Steeten), häufiger in Bayern, werden auch Höhlen aufgesucht. Während schon in den Hüttenplätzen des Eberstadter Typus die Haustiere überwiegen und in den spiral-keramischen Siedlungen noch mehr in den Vordergrund treten, machen in Rössener Hütten die Jagdtiere die Hälfte der Nahrungstiere aus. Hauptjagdtiere sind: Urrind (*Bos primigenius*), Hirsch, Reh, Wildschwein. An Haustieren begegnet Rind (s. d. A II), Schaf (s. d. A) und vielleicht das Schwein (s. d. A).

Korr. Gesamtv. 1910 S. 187 ff. Staudinger.

§ 5. Das Hauptkennzeichen der Rössener Kultur ist die Keramik (Tf. 33). Das Formen-Inventar hat erstmals A. Götze genauer umschrieben. Die Gefäßformen zeigen, daß es sich um eine reine Mischkultur handelt, die aus der nordwestd. Tiefstich-Keramik und der Bandkeramik (s. d.) hervorgegangen ist. Aus ersterer stammt die Fußvase, die aus einem halbkugligen Unterteil mit Standring, hoher, eingezogener Schulter und ausladendem Rand besteht (Tf. 33 g, h). Sie hat stets 4 Knöpfe oder Schnurösen etwas oberhalb des weitesten Umfangs. Da wir die Entwicklung dieser Form in der Megalith-Keramik verfolgen können, sie aber in Rössen fertig auftritt, ist die Ansicht Reineckes, es handle sich umgekehrt um eine Einwirkung des R. T. auf die Megalith-Keramik, hinfällig. Auch die halbkuglige Schale mit Standring und ausladendem Rand, die besonders in Südwestdeutschland verbreitet ist, ist aus derselben Quelle übernommen, auch Trichterbecher, zylindrische Becher mit flacher Standfläche u. ä. Aus der Bandkeramik stammen kalottenförmige Schälchen, Flaschen verschiedener Formen, diese bezeichnenderweise oft mit der dort üblichen Dreizahl der Schnurösen, während bei den Fußvasen immer nur die durch die Technik bedingte (Präh. Z. 1 [1909] S. 47 C. Schuchhardt) Vierzahl begegnet, und kleine Bombengefäße mit eingezogenem Hals, die wiederum besonders im Rheinland eine Rolle spielen. Von Besonderheiten in den Gefäßformen sei noch auf die großen Schalen mit ausladendem Rand verwiesen, die statt eines Standrings Schnurösen um den Unterteil aufweisen (Neu-Dietendorf, Rüdesheim, Heidelberg-Neuenheim). Trotz deutlicher regionaler Unterschiede ist die Einheitlichkeit innerhalb des R. T. eine erstaunliche. Die Fußvase, die in Rössen, Hindenburg usw. das wichtigste Gefäß ist, begegnet genau gleichartig auf dem Goldberg. Noch enger sind die Zusammenhänge in Technik und Ornamentik.

§ 6. Der Ton der verzierten Gefäße ist fast immer sehr fein geschlemmt, das Gefäß im Brande gerußt, die Oberfläche schwarz poliert. Der Gefäßrand ist mit Vorliebe, wie gelegentlich in der Megalith-Keramik, gekerbt. Die Ornamente sind im Tiefstich der nw. Gattung ausgeführt, die Linien im Furchenstich. Der Doppelstich ist sehr beliebt. Dieses eingestochene Ornament scheint regelmäßig inkrustiert worden zu sein. Leichtere Ritzlinien finden sich nur in den oberen dreieckigen Feldern der horizontalen Zickzacklinien und dienten hier zum Halten der weißen Flächeninkrustation, die diese Dreiecke bedeckte.

§ 7. Auch der Stil der Ornamentik entspricht völlig dem der nordwestd. Megalith-Keramik. Bei den kleineren Bombengefäßen handelt es sich um Hängeornamente, die von einem schmalen Schulterbande herabhängen, gerade und gebrochene Vertikallinien, Dreiecke sowie fransen- und troddelartige Gebilde. Am reichsten, fast teppichartig mit Schmuck überzogen, sind die Gefäße mit Standring, die Schalen und Fußvasen. Bei ersteren spielt das aus der Megalith-Keramik bekannte breite Zickzackband aus parallelen, in tiefem Furchenstich eingegrabenen, horizontalen Winkellinien die Hauptrolle. Bei den Fußvasen tritt es etwas mehr zurück. Hier hängt meist, wie bei den Bombengefäßen, die Ornamentik des unteren Gefäßteils an einem durch die Schnurösen um die Schulter gelegten, schmalen Bande, während darüber um den Hals ein breites Horizontal-Band gelegt ist, ganz durch Tiefstiche ausgefüllt, in dem nur über den Knöpfen kurze Zickzackbandstücke, Schachbrettfelder u. ä. ausgespart sind.

§ 8. Zwei wichtige Fortentwicklungen des R. T. durch Berührung mit anderen Kulturen sind hervorzuheben. In Südwestdeutschland ist wiederholt Berührung des R. T. mit der Michelsberger bzw. Pfahlbauten - Kultur nachgewiesen, auf dem Michelsberg (s. d.) in zwei Wohngruben (22 und 53), Schierstein (s. d.), Urmitz (s. d.), Goldberg (s. d.), aber auch in den Flachpfahlbauten des Rhein bei Mainz und in Pfahlbauten des Bodensees: Maurach, Nußdorf, Bodman (s. d.), Rauenegg-Konstanz (ZfEthn. Verh. 33 [1900] S. 603; Anthr. Korr.-Bl. 32 [1902] S. 45). Von den Michelsbergern scheinen die Rössener die Sitte der Befestigung der Dorfschaften durch einen umlaufenden Sohlgraben übernommen zu haben (s. Monsheim). In Schwaben wurden die Michelsberger offenbar nicht ganz verdrängt. Beide Bevölkerungen schienen ineinander aufzugehen. Dieser Prozeß tritt uns arch. im Schussenrieder Typus (s. d.; Tf. 114) entgegen.

§ 9. Die zweite Umformung des Rössener Stils geht unter dem Einfluß des Hinkelsteins und der Spiralkeramik vor sich. Der Einfluß des ersteren ist schon im Niersteiner (s. d.) und Heidelberg-Neuenheimer Typus (s. d.; Band V Tf. 86) zu erkennen und führt dann weiter zu den selbständigen Gruppen der südwestd. Stichkeramik (s. Eberstadter, Friedberger, Großgartacher Typus; Band III Tf. 3 b, IV Tf. 84 a, 263).

§ 10. Das Inventar des R. T. an Steinwerkzeugen ist im wesentlichen das der Bandkeramik. Flintmesser und Schaber, Hobelbeile, Schuhleistenkeile (s. d.), dreieckige, durchbohrte Steinhämmer. In Rössen begegnen auch querschneidige Pfeilspitzen. Die wirkliche Verbreitung der eigentümlichen Beigaben des Rössener Gräberfeldes, Oberarmringe aus Marmor (vom Fichtelgebirge?) und anscheinend Elchgeweih, Röhrenperlen und Scheibchen aus Marmor, Muschelschale und Braunkohle, Hirschgrandeln und Nachahmungen derselben aus Marmor u. ä., ist noch nicht bekannt.

§ 11. Die Gleichartigkeit des Inventars, des Bestattungsritus und des Schädelmaterials der Rössener Kultur lehrt, daß wir es nicht nur mit einer Kultur-, sondern auch mit einer Volksgemeinschaft zu tun haben.

Über das somatische Material: Archiv f. Anthr. 31 (1914) S. 196 A. Schliz. — Allg. Lit.: ZfEthn. Verh. 32 (1900) S. 237 ff. A. Götze; ebd. S. 600 ff. P. Reinecke; ebd. 33 (1901) S. 414 ff. A. Götze; Götze-Höfer-Zschiesche *Thüringen* S. XXII f.; *AuhV* 5 S. 2f., 23f. u. s.; 8. Ber. röm.-germ. Kom. 1913/14 S. 55 ff. K. Schumacher; ders. *Rheinlande* I 39 ff.; Präh. Z. 1 (1909) S. 46 f., 351 f. C. Schuchhardt; ebd. 2 (1910) S. 111 ff.; Montelius-Festschr. 1913 S. 25 A. Schliz; C. Koehl *Die Bandkeramik der steinzeitlichen Gräberfelder und Wohnplätze in der Umgebung von Worms* (= Festschrift zur 34. Allg. Versammlung der dtsch. anthr. Gesellschaft) Worms 1903 S. 39 ff. und sonst, bes. Mannus 4 (1912) S. 49 ff.; Präh. Z. 5 (1913) S. 424 f. W. Bremer; N. Åberg *Das nord. Kulturgebiet in Mitteleuropa während der jüngeren Steinzeit* Uppsala 1918 S. 151 ff. † W. Bremer

B. Anthropologie. Der Schädel der Rössener Bevölkerung ist dem der Megalith-Bevölkerung sehr ähnlich und zweifellos aus ihm hervorgegangen. Die Rössener stammen aus dem N, sind eine Kolonistengruppe der Megalith-Bevölkerung, gehören also ebenfalls zum *Homo europaeus* (s. d.), zur nordeurop. Rasse. Nach Schliz unterscheidet sich der langgebaute Schädel von der genannten Gruppe durch etwas weniger flache Stirn und runderes Hinterhaupt, vielleicht eine Folge von Beimischung einer bandkeramischen Bevölkerung, die vorher im Lande saß.

A. Schliz *Beiträge zur prähist. Ethnologie* Präh. Z. 4 (1912) S. 42; ders. *Die Vorstufen der nordisch-europäischen Schädelbildung* Archiv f. Anthr. NF 13 (1914) S. 189. Reche

Rosshaararbeiten. Roßhaar ist auf den brit. Inseln gelegentlich zu Webe- und Knüpfarbeiten in der BZ verwendet worden

(s. Armoy und Band IV Tf. 256). Auch in einem Grabe von Broomend, Aberdeenshire, das zwei mit einer Rindshaut bedeckte Skelette mit zwei frühbronzezeitl. Urnen barg, fanden sich Teile eines Geflechtes aus Pflanzenfasern und Haar.

Catalogue of the Nat. Mus. of Ant. of Scotland Edinburgh 1892 S. 186. † W. Bremer

Rost s. Konservierung von Altertumsfunden § 3, Patina A § 2.

Rostro-Carinate-Industrie s. Eolithenproblem § 14.

Rote Farbe im Totenkult (Italien). § 1. Rote Färbung der Knochen, der Grabwände, der Innenwandungen von Behältern für ganze Leichen wie für Leichenbrand, auch beigegebener Gegenstände sowie Mitgabe roter Farbe ist wie in vielen anderen Ländern so auch in Italien beobachtet und als rituelle Sitte gewertet, läßt sich auch, obwohl wesentlich den Frühzeiten eigen, doch durch die hist. Jh. wenigstens in Nachwirkungen bis in die Gegenwart verfolgen.

§ 2. In Ligurien sind es namentlich die bis an die Grenze paläol. Zeit hinaufreichenden Höhlen der Balzi rossi an der frz. Grenze und die Höhlen im Finalese, besonders die Grotten delle Arene candide und Pollera, welche, vielleicht weil am besten erforscht, von einer Übung Zeugnis ablegen, die in gewissen Zeiten und Gegenden allg. Sitte gewesen zu sein scheint: so wird man es nach den Beobachtungen der dortigen Forscher für die Schweiz (Anz. f. schweiz. A.-K. 23 [1921] S. 70 Tschumi) auch für die hierfür in Betracht kommenden Gegenden Italiens annehmen dürfen. Es handelt sich um die Erscheinung roter Knochenfärbung, namentlich am Schädel, bei frühzeitl. Gräbern, meist an den Hockern.

Für Ligurien: Bull. Paletn. Ital. 19 (1893) S. 248ff. und ebd. 28 (1902) S. 6ff. Colini; Issel *La Liguria preist.* 1908 S. 341, 359, 380; v. Duhn *Ital. Gräberk.* I 6—7.

Am Nordrand der Albaner Berge: Hockergrab in Vigna Schiboni (v. Duhn *Ital. Gräberk.* I 30). Bei Sgurgola im Hernikerland (ebd. I 31; gute Abb. farbig: Bull. Paletn. Ital. 24 Tf. 16).

In Gräbern beim Scoglio del Tonno, nahe Tarent und Bellavista am Nordrand des Mare piccolo (Bull. Paletn. Ital. 32 [1906] S. 34, 48 Quagliati; v. Duhn *Ital. Gräberk.* I 41). Von Mayer (*Molfetta und Matera* 1924 S. 22) wohl zu Unrecht bestritten, da er, nach dem Wortlaut seiner Erklärung, doch wohl Tarent zu Apulien gerechnet hat, für das er Rotfärbung der Knochen in Abrede stellt.

In Sizilien: Trefontane unweit Catania: ein l. männl. Unterkiefer mit Spuren rötlicher Substanz, Hinweis auf eine Nekropole in der Nähe der von den Brüdern Cafici untersuchten Niederlassung (Mon. Lincei 23 [1914] S. 537 Anm. 1). Sollte dieser Fund durch künftig zutage kommende Tatsachen in seiner Bedeutung bestätigt werden, so würden damit Orsis Bedenken (Bull. Paletn. Ital. 34 [1908] S. 160; vgl. Bull. Paletn. Ital. 28 S. 15 Colini) niedergeschlagen, der glaubte, in dem Nichtvorkommen rotgefärbter Knochen in Ostsizilien, während der W sie kennt, ein Zeichen ethnol. Verschiedenheit vermuten zu sollen. Die Bedenklichkeit solchen Schlusses *ex silentio* ergibt sich schon aus dem sonstigen Vorkommen roter Farbe auch im O in Gräbern gleicher Art. Im W sind in der Umgebung Palermos, namentlich in den Höhlen von Villafrati und Capaci, rotgefärbte Schädel gefunden (v. Duhn *Ital. Gräberk.* I 68, 71). S. a. Sizilien B I.

§ 3. Es sind, wenigstens in Italien, meistens nur die Schädel, welche die rote Färbung zeigen, und zwar da, wo im Leben weder Haar noch Bart oder Kopfbedeckungen irgendwelcher Art die Haut bedeckt haben werden. Somit wird Pinza recht haben, wenn er (Mon. Lincei 15 S. 22—30 und *Storia delle civiltà ant.* 1923 S. 126) annimmt, daß das bleiche Angesicht des Toten bei der Prothesis, vor der Beisetzung, mit der Blut- und Lebensfarbe bestrichen worden sei (vgl. ArchfRW 11 [1908] S. 157 Ostheide), welche sich alsdann, bei Zerfall der Haut- und Fleischdecke, den Knochen mitgeteilt habe. Also ein analoges Vorgehen, wie wenn man das Antlitz eines Götterbildes aus Ton mit roter Farbe bedeckte, um den Eindruck der Lebensfarbe zu erhöhen (Plin. XXXIII 111—112), und wenn der röm. Triumphator, vermutlich nach etrusk. Sitte, als irdischer Vertreter des siegreich helfenden Gottes bei der Auffahrt zum Kapitol das Gesicht mit Mennig färbte, sicher keine Fabel, wie Reid (Journ. Rom. Stud. 6 [1916] S. 182) meint. Oder wenn der röm. Bauer bei ländlichem Lustralfest sich rot bestreicht (Tib. III 55). Sind dagegen, wie bei einigen Leichen der ligur. Grotten, auch andere Knochen des Körpers rot gefärbt, so wird selbsttätige Färbung durch das Lager aus zerpulvertem Hämatit in Frage kommen, das unter manchen Leichen in Ligurien, auch um sie gestreut, so daß die Toten wie eingebettet in diesen Lebensstoff erschienen, gut bezeugt ist (Balzi rossi: z. B. Bull. Paletn. Ital. 28 [1902] S. 6, ebd. 32 [1906] S. 102; Arene Candide u. a.: Bull. Paletn. Ital. 19 S. 280, 329; ebd. 28 S. 6, 8) und auch in Gräbern von Gela, Predio Sozza (Bull. Paletn. Ital. 34 S. 132—37, 159) und Santo Cono bei Licodia Eubea, Sizilien (Bull. Paletn. Ital. 25 S. 56, 64—65; ebd. 28 S. 15; v. Duhn *Ital. Gräberk.* I 68) und auf Malta (ebd. I 92) beobachtet wurde. Solche Umgebung, ja Einbettung des Toten in rote Farbe findet dann ihre weitere Auswirkung in rotem Anstrich der Wände des Grabraumes oder auch des Behälters, in dem die bestatteten oder verbrannten Reste des Toten geborgen waren.

Wände: Kuprolith. Felsgräber von Anghelu Ruju (s. d.) auf Sardinien: v. Duhn *Ital. Gräberk.* I 70, 103. — Malta (s.d. B §6): a.a.O. S. 91. — Holzsärge aus Kyme: ArchfRW 9 (1906) S. 2; Mon. Lincei 22 S. 234 Gr. XX; S. 252 Gr. XLVIII; S. 265 Gr. LXII; S. 270 Gr. LXVII vgl. S. 366 (griech. 6.—5. Jh.). — Sarkophage aus Stein und Ton von Gela, Akragas, Syrakus: ArchfRW a.a.O.; Mon. Lincei 19 S. 133 (griech., 5. Jh.). — Megara Hyblaea: Sarkophag: Mon. Lincei 19 S. 133 (griech., 5. Jh.). — Christl. Sarg aus Syrakus: Mon. Lincei 25 S. 367 Gr. IX. — Auch Tonsärge aus der Nekropole S. Placido von Messina, die z. T. in die vorgerückte RKZ gehören, waren mit Um- und Übermauerungen gedeckt, deren Stucküberzug lebhaft rot bemalt war: Mon. Lincei 24 S. 126, 141. — Ein Kindersarg von Ceglie (bei Canneto di Puglia) aus hellenistischer Zeit war rot ausgemalt: Bull. Ist. 1875 S. 148—50. — Ebenso ein Kindersarg von Vignanello (Südetrurien): Notizie 1924 S. 244. — Im Valle Taggiasca, oberhalb Oneglia, grub ich selbst mit Amerano spätröm. Gräber (etwa 3. Jh. n. C.) aus, deren dachförmig deckende Ziegel innen rot bemalt waren. — Und ebenso zeigen Behälter für Leichenbrand vielfach rote Ausmalung. So die Steinwürfel, in denen in Kyme (s.d.) und dem von Kyme kulturell abhängigen Campanien, also auch in Capua (s.d.) und Suessula (s.d.) vom Ende des 6. bis zum Ende des 5. Jh., die bronzenen Aschenurnen geborgen wurden (ArchfRW 9 [1906] S. 2; Ruggiero *Scavi n. ant. Regno d. Napoli* S. 340); ja, in Gela fand Orsi rote Ausmalung selbst im Bronzekessel, der die Asche aufnahm: Mon. Lincei 19 S. 133. So sind in Rom Aschenkisten, sog. Arche (v. Duhn *Ital. Gräberk.* I 435), der republikanischen Zeit inwendig rot ausgemalt gefunden: Mon. Lincei 15 S. 124. — Möglicherweise muß auch die gänzliche äußere Übermalung mit Ockerfarbe von venetischen Aschenurnen der III. Per. Este (Notizie 1922 S. 8), nebst ihren Dekkeln, in diesen Zusammenhang gerückt werden.

§ 4. Auch mitgegeben wird den Toten rote Farbe, damit ihnen im Jenseits das gewohnte Mittel, welches dem Antlitz kraftvolles Aussehen und den Schein blühenden Lebens verleihen soll, nicht fehle. Finden sich doch auch in den ligur. Wohnhöhlen vielfach Ockerstücke und Mühlsteine, auf denen sie für den Gebrauch zerpulvert wurden, und an denen oft noch Spuren der roten Farbe haften (Bull. Paletn. Ital. 28 S. 8). Ebenso in der Grotte delle Felci auf Capri (Mon. Lincei 29 S. 309, 311, 319, 353), in der kuprolith. Siedlung bei Cannatello (s. d.) unweit Girgenti (Mon. Linc. 18 S. 657) und in der Grotte S. Bartolomeo bei Cagliari (Bull. Paletn. Ital. 28 S. 16). So finden sich denn auch Gefäße, in denen der zerpulverte Ocker mit einer mehr oder minder flüssigen Substanz gemischt und so zum Auftrag fertiggemacht wurde, auch in Höhlen Liguriens, die zeitweilig zum Wohnen, zeitweilig zum Bestatten — wenn nicht mitunter gleichzeitig — benutzt wurden: ein solches korbförmiges Gefäß aus der Grotte Pollera bei Issel (*Ligur. preist.* S. 108 Abb. 32) mit Resten des darin angesetzten Farbstoffes (Issel a. a. O. S. 354—55). Auch die im Leben zum Auftrag benutzten Werkzeuge, die Stempel aus Ton — gewiß gab es auch solche aus Holz oder Knochen —, die Pintaderas (s. d.), zeigen noch oft Reste roter Farbe (z. B. Bull. Paletn. Ital. 26 S. 10; ebd. 28 S. 10) und sind vorsorglicherweise den Toten gern mitgegeben. Ich bemerke ausdrücklich, gegen Tschumi (s. u.), daß in allen Berichten und auch mir persönlich in Italien nur roter, kein gelber Ocker entgegentrat.

Meist zur Seite des Schädels liegen die Ockerstücke, gewöhnlich in einem kleinen Gefäß, meist einem Schälchen. Aber auch in ein Stück Stoff eingewickelt finden sich die Rötelstücke, so in einem Brandgrabe bei Rondineto (Como; Riv. arch. di Como 58—61 [1910] S. 40).

In Gefäßen z. B. ligur. Grotten: v. Duhn *Ital. Gräberk.* I 11; ferner Bull. Paletn. Ital. 19 S. 329; ebd. 26 S. 204; ebd. 28 S. 8—9; Issel *La Liguria preist.* S. 308, 378. — Buca dei Colombi auf Palmaria: Bull. Paletn. Ital. 28 S. 7. — In Gräbern der neol. Siedlung oberhalb des Pulo di Molfetta (s.d.), wo einmal sich sogar in der Hand des Skeletts ein Schälchen mit Ocker gefunden haben soll (vgl. Mayer *Molfetta u. Matera* S. 21): Mon. Lincei 20 S. 265, 273, 324 Mosso; v. Duhn *Ital. Gräberk.* I 41. — Bei Tarent, Scoglio del Tonno: Bull. Paletn. Ital. 32 S. 34. →

In der Grotte S. Bartolomeo bei Cagliari: Bull. Paletn. Ital. 28 S. 16. — Auch einzelne Stücke Ocker in Gräbern werden mitunter erwähnt, so von Orsi in der Nekropole Orsi III von Finocchito: v. Duhn *Ital. Gräberk.* I 70.

§ 5. Außer den Mühlsteinen, Platten und runden Reibern, die zur Bereitung des Färbmittels (s. o.) dem Toten gern mitgegeben wurden, ein Brauch, dem besonders Rellini in seiner Abhandlung über die Grotte delle Felci auf Capri (Mon. Lincei 29 [1924]) nachgegangen ist, sind noch manche den Toten mitgegebene Gegenstände durch die rote Farbe mitgefärbt und mögen daher oft für deren rituelle Anwendung Zeugnis ablegen, auch wo rotgefärbte Knochen nicht mehr vorhanden oder nicht beobachtet worden sind.

So Steinpfeilspitzen z. B. Sgurgola, Vigna Schiboni (v. Duhn a. a. O. I 31, 30), Steinmesser, Steinhacken und andere Werkzeuge, z. B. im Materano: Ridola *La Grotta dei Pipistrelli* 1912 S. 29—30. — In Anghelu Ruju: Mon. Linc. 19 S. 489 Gr. XXVII. — Malta (Idole): v. Duhn a. a. O. I 91. — Licodia Eubea (Basaltsteine): v. Duhn a. a. O. I 68. — Tarent und Bellavista: v. Duhn a. a. O. I 41. — Apulien, Amulettbeilchen aus Stein und Kupfer: v. Duhn a. a. O. I 41.

§ 6. Interessant ist, daß vor kurzem im Monte Amiata Minengänge gefunden sind, durch welche stark zinnoberhaltige Erzstätten aufgeschlossen wurden. Steinernes Handwerksgerät, auch Reste von Holzgeräten weisen diese Stollen in frühe Zeit und verraten die Wege, auf welchen sich die Urbevölkerung die ihr so wichtigen roten Farbstoffe holte (Bull. Paletn. Ital. 41 [1916] S. 5—12; Arch. Anz. 1921 S. 63).

§ 7. Die Vorstellungen, welche die Urbevölkerung Italiens mit dieser rituellen Anwendung der roten Farbe verband, und die sich den späteren Einwanderern derartig mitteilten, daß noch Ovid (Ibis 231—32) uns erzählt, wie die Toten auf dem Scheiterhaufen in rote Tücher eingewickelt seien, und andere Dichter der RKZ dasselbe melden, und daß noch bis auf den heutigen Tag das Rot im dortigen Toten- und Trauerritual seine Rolle spielt, lassen sich natürlich nur verstehen, wenn der vergleichende Blick die heutigen Länder- und Völkergrenzen weit überspringt. Ich habe das versucht in meiner Abhandlung *Rot und Tod* (ArchfRW 9 [1906] S. 1—24), dem manche andere ergänzend, auch berichtigend gefolgt sind, von denen ich nenne: ArchfRW 9 S. 525—29 Sonny; ArchfRW 11 S. 157 Ostheide, ebd. S. 406; Anz. f. schweiz. A.-K. 22 (1920) S. 148, 218; ebd. 23 (1921) S. 7, 70—75, 162, 169 Tschumi; Mitt. geogr.-ethnogr. Ges. Zürich 20 S. 20 Martin; Arch. Anz. 1922 S. 171 Rodenwaldt; Eva Wunderlich *Die rote Farbe* RWVV 1925; Rot gegen bösen Blick: Seligmann *Der böse Blick* II (1910) S. 247—59.

v. Duhn

Rötel. A. Allgemein. Roteisenstein, ein beliebter Farbstoff zum Rotfärben, wurde in mehreren paläol. Stationen Frankreichs und in den meisten neol. Pfahlbauten gefunden. In einem steinzeitl. Grabe von Poserna bei Weißenfels war eine beträchliche Menge in einem Netz, das in einem Töpfchen lag, beigegeben worden. Weitere Nachweise vgl. Mannusbibliothek Nr. 23 (1922) S. 18 G. Girke. S. a. Ocker A, Steinbearbeitung § 7.

Heierli *Urgeschichte der Schweiz* 1901 S. 126, 163; Präh. Z. 1 (1909) S. 192 f. Götze; Déchelette *Manuel* I 126, 134, 143, 205, 285, 576.

Alfred Götze

B. Paläolithikum. Eisenoxydfarbe, welche in vorgesch. Zeiten zu Färbe- und Malzwecken reichlich verwendet wurde. Rötelmineral tritt häufig auf, ist leicht zerreibbar und liefert Farbstoff in allen Abstufungen von Gelb, Orange, Hell- und Dunkelrot. Der diluv. Mensch wurde hierauf bereits im Acheuléen aufmerksam (Castillo-Höhle [s. d.] in Nordspanien), noch häufiger sind einschlägige Vorkommnisse im Moustérien und im ganzen Jungpaläolithikum.

R. diente vielfach zu Schminkzwecken und Körperbemalung und wurde pulverisiert in Knochenbüchsen aufbewahrt, wie rötelgefüllte und mit Gravierungen verzierte Vogelröhrenknochen-Funde verschiedener Magdalénien-Stationen beweisen (Adler-Radius der Valle-Höhle, Prov. Santander, usw.; s. a. Schmuck A).

Sehr verbreitet war bereits im Paläol. dgl. die Sitte, die Leichname auf R. zu betten bzw. mit solchem zu überstreuen (s. Grab A).

Zur Herstellung der diluv. Höhlenmalereien war der R. das weitaus bevorzugteste Farbmaterial. Manchmal wurden die farbigen Zeichnungen mit sorgsam zugespitzten Stiften ausgeführt; für gewöhnlich wurde das Mineral zerrieben, mit Blutserum oder Fettstoffen angesetzt und alsdann mit dem Finger oder pinselähnlichen Gegenständen aufgetragen. S. Kunst A.

H. Obermaier

Rothengrub (Niederösterreich). In Rothengrub, Gemeinde Willendorf a. d. Schneebergbahn, wurde ein größerer Depotfund gemacht, der aber in alle Winde zerstreut wurde. Soweit noch festzustellen ist, wurden unter anderem hierbei 20 goldplattierte Bronzestücke mit Kreisornamenten, verschiedener Golddraht, offenbar von der Umwicklung von Ringen herstammend, Spiralgoldringe und eine größere, goldplattierte Bronzescheibe mit aufgelegten Golddrahtornamenten gefunden. Fund der j. HZ. S. a. Band VII Tf. 28 C f.

M. Hoernes *Goldfunde aus der Hallstattperiode in Österreich-Ungarn* Jahrb. Zentr.-Kom. 1906 S. 71—92.

G. Kyrle

Ῥουκάντιοι s. Räter.

Round Barrow. Für die ältere BZ Englands charakteristische Grabform. Niedrige Rundhügel, im Querschnitt meist konisch oder umgekehrt schalenförmig, besonders aus Wiltshire, Dorsetshire, Yorkshire, Derbyshire und von der Ostküste Schottlands bekannt. S. Cotteswold Hills § 3, Großbritannien und Irland C § 19, Long Barrow.

Round Barrow-Typus (Band VII Tf. 206 A c, d). In dem *Round Barrow* genannten Gräbertypus Englands finden sich neben sehr wenigen Langschädeln meist Leute mit gemäßigt brachykephalem Kopf, fliehender Stirn, starken Oberaugenbögen, hohem und breitem Gesicht, die dem sog. Borreby-Typus (s. d. und Band II Tf. 63) angehören. Besonders charakteristisch für sie ist auch ihre bedeutende Körpergröße. In einzelnen Round Barrows gefundene Haare hatten rötliche Farbe — ein Umstand, der allerdings über die Haarfarbe der Leute keine sichere Auskunft gibt, denn es kann sich um eine im Grabe erfolgte chemische Verfärbung handeln. Hierher gehört auch der Schädel von Catford (s. d.), der aber einen ziemlich reinasiat. Eindruck macht. Wir werden es also mit einer Mischrasse aus langschädligen Elementen (*Homo europaeus*; s. d.) und eingewanderten asiat. Rundköpfen zu tun haben (*Homo brachycephalus, var. europ.*; s. d.).

J. Beddoe *Die Rassengeschichte der britischen Inseln* Pol. Anth. Rev. 3 (1904) S. 26ff.; Bull. de la Soc. d'Anthrop. de Paris 5 (1864) S. 395ff. Thurnam; de Lapouge *L'Arien* 1899 S. 190; Kraitschek *Die Menschenrassen Europas* Pol. Anth. Rev. 1 (1902) S. 498.

Reche

Rovere di Caorso (Italien). Kleine Pfahlbausiedlung (Terramare; s. d. B), 14 km ö. von Piacenza, deren Untersuchung durch Scotti zwischen 1891—1897 wichtige Bestätigungen zu Pigorinis Ermittlungen in Castellazzo (s. d.) di Fontanellato ergab. Auch hier in der ö. Hälfte der als *templum* oder *arx* bezeichnete, von Hütten freie Raum mit dem Graben und den Vertiefungen, hier nur drei, in demselben, welche *signa* und Tierknochen enthielten; auch hier Umgebung durch einen Graben, jedoch mit nur einer Brücke in derselben Decumanus-Richtung, in deren Fortsetzung eben jener Graben mit den *signa* liegt. Auch hier am Innenfuß des Walles, am äußeren Ansatz der Holzversteifung jene um die ganze Siedlung gezogene Furche, der *sulcus primigenius*, in dem sich gleichartige Dinge, Tonscherben und Steinchen, fanden, wie in den drei Vertiefungen der *arx*. Nekropolen außerhalb des Tores, und zwar je eine an jeder Seite des Eingangs.

Notizie 1894 S. 3—9, 373—376; ebd. 1896 S. 57—61 (Plan Abb. 1); ebd. 1897 S. 132—134; Peet *Stone and Bronzeages* 1909 S. 338—342; v. Duhn *Ital. Gräberk.* I (1924) S. 118—119.

v. Duhn

Rowaniemi-Hacke s. Österbottnische Gerättypen und Band III Tf. 126a und 130.

Rübe s. Kohl und Rübe.

Ruder s. Schiff.

Rudernadel (Band VIII Tf. 131 l, o). Die R. ist eine Abart der Rollennadel (s. d.), aus der sie zweifellos hervorgegangen ist. Um die leichte Verschiebbarkeit der einfachen Rollennadel einzuschränken, wohl auch, um die Nadel ansehnlicher zu gestalten, wurde sie am Kopfende verbreitert; ist diese Verbreiterung (die „Kopfplatte“) rhombisch, so entsteht die „Rollennadel“ mit Kopfplatte (Rollenschaufelnadel; Band VIII Tf. 131 n); ist sie ruder- bzw.

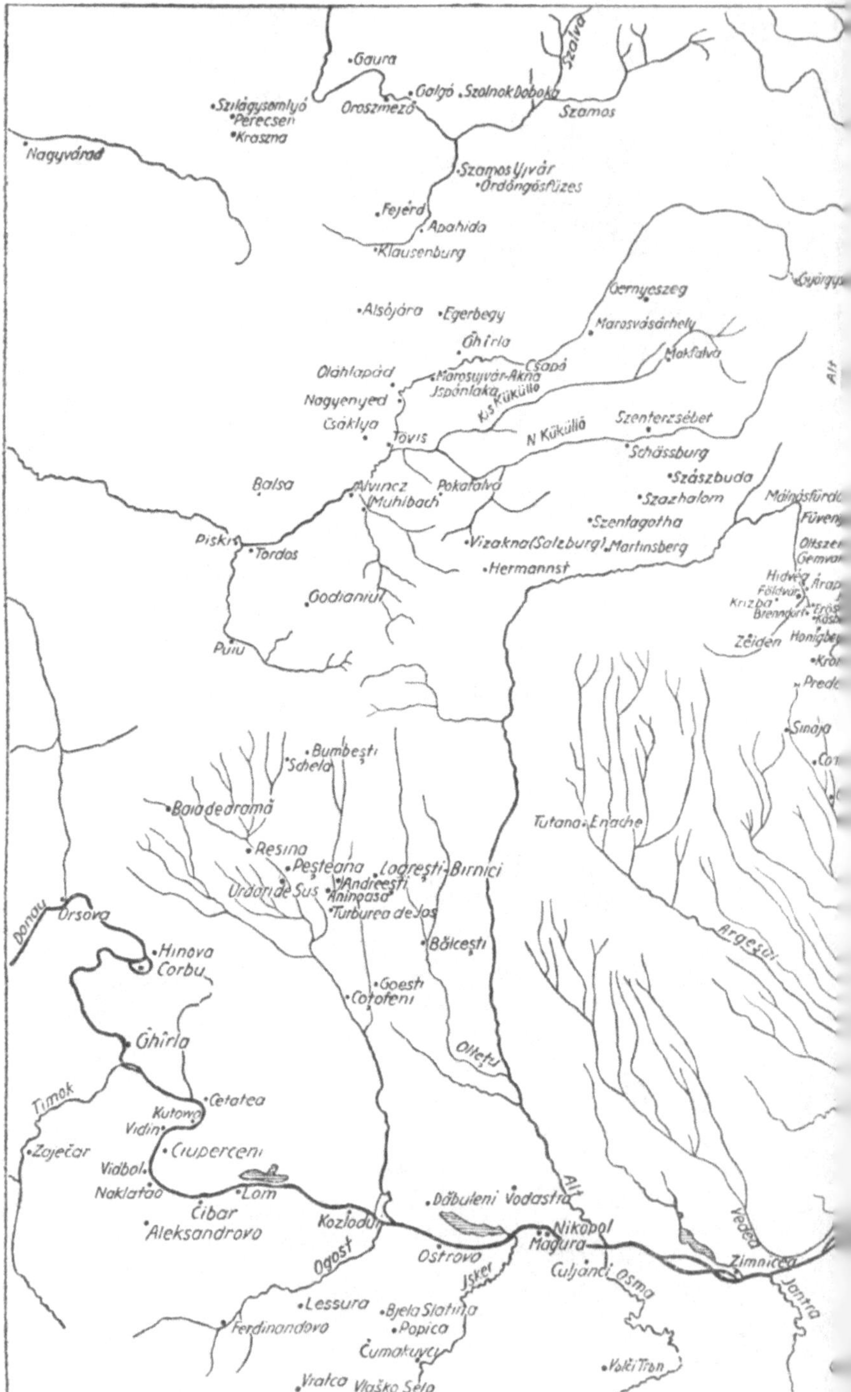

Rumäni

Karte v

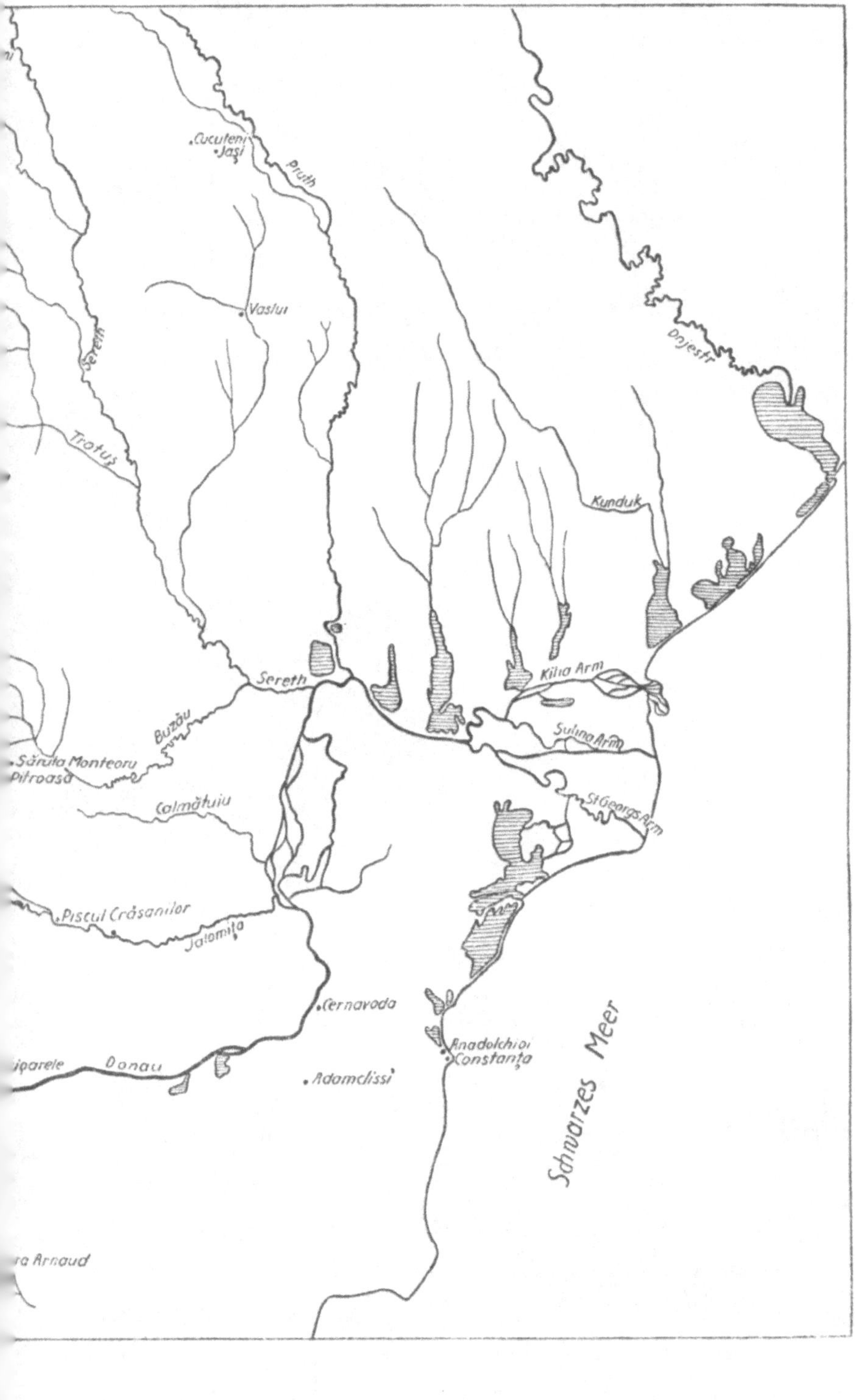

e Perioden

in Rumänien.

schaufelähnlich, so entsteht die „Ruder"- bzw. „Schaufelnadel". Die Kopfplatte der R. ist entweder lang und schmal wie ein schlankes Ruderblatt, oder breit spatenförmig mit glatter, spiegelnder Fläche („Spiegelnadel" nach Virchow), oder breit oval und reich verziert. Die Einrollung am oberen Ende, die zum Durchziehen eines Fadens oder einer Schnur diente, fehlt niemals und ist mit der Verbreiterung der Platte ebenfalls breiter geworden.

R. mit langer, schmaler Kopfplatte kennen wir nur aus dem Kaukasus (s. d. C; Band VII Tf. 6 l, m) und aus Ungarn; solche mit großer, spatenförmiger Kopfplatte („Spiegelnadeln") kommen ausschließlich im Kaukasus vor, die mit mittelgroßer, spatenförmiger Kopfplatte finden sich nur in Ungarn, Böhmen (Band II Tf. 31, 6. 7), Süddeutschland und Ostpreußen (Band VIII 77 a 2; IX Tf. 221 a), und die ganz kleinen, wie Anhänger aussehenden R. sind nur in Hessen-Darmstadt gefunden worden; die Nadeln mit großer, schön verzierter, ovaler Kopfplatte kommen in der Schweiz (s. d. C; Wallis) und in Rheinhessen vor. Die böhm. und hess. Funde gehören der ä. BZ (Per. I—II Mont.) an, die ungar. z. T. (Nadeln von Tökes) der mittl. BZ (Per. II—III Mont.), die Nadeln aus Ostpreußen (s. d. B § 7) der frühen EZ, die kaukas. Nadeln (Koban) der HZ. Ein typol. Zusammenhang dieser Gruppen scheint nicht zu bestehen; es ist vielmehr wahrscheinlich, daß die Entwicklung dieser Formen aus der allg. verbreiteten und langlebigen Rollennadel an verschiedenen Punkten zu verschiedenen Zeiten selbständig vor sich gegangen ist. Bezzenberger glaubt allerdings einen Zusammenhang zwischen den ostpreuss. Funden auf dem Wege über Ungarn mit den kaukas. Vorkommen konstruieren zu können. S. a. Nadel A 1 § 14f.

Lissauer *Erster Typenkartenbericht* ZfEthn. 1904 S. 573/74, 578/80 (dort spezielle Literaturangaben). Außerdem Bezzenberger *Bronzezeitliche Beziehungen Ostpreußens zum Kaukasus* Arb. d. 15. Arch. Kongr. in Novgorod 1914.

W. La Baume

Rugier s. Germanen B § 5.

Ruguscl s. Räter.

Rumänien.

A. Paläolithikum. Die bisher bekannt gewordenen paläol. FO Rumäniens sind ausschließlich über Siebenbürgen verteilt und zumeist wenig bedeutend.

Die Höhle von Cioclovina (Czoklovina) liegt im Komitat Hunyad und wurde von M. Roska erforscht. Der an Höhlenbärenresten reiche Platz enthielt wahrscheinlich eine Moustérien-Strate und, mit Bestimmtheit, Aurignacien.

Das Aurignacien tritt, nach Roska, außerdem noch in der Höhle von Igriez (beim Dorfe Körösbarlang, Kom. Bihor), ferner in der Höhle Ohaba Ponor (Kom. Hunyad) auf.

Die durch die Ausgrabungen von J. Teutsch erschlossene Station von Magyarbodza (Buzeul Ardelean), unweit Kronstadt (Brassó; Komit. Háromszék), enthält typische, ausgebuchtete Klingen, kräftige Eckstichel, kleine Klingen mit abgestumpftem Rücken, welche für mittleres Aurignacien sprechen.

Unbedeutende „jungpaläol." Spuren liegen außerdem noch vom Bodzaer-Paß vor.

Das eigentliche alte Königreich R. ist noch unerforscht; ihre natürliche Fortsetzung findet die transsylvanische Zone in Bulgarien (s. d. A).

M. Roska *A diluviális ember nyomai a Czoklovinai Cholnoky-Barlangban* Dolgozatok az erdélyi Nemzeti Múzeum érem-es régiségtárából. Kolozsvár 1912; D. M. Teodorescu und M. Roska *Cercetari archeologice in Muntii Hunedoarei* Publicaţiile Comisiunii Monumentelor Istorice. Secţiunea pentru Transilvania 2. Cluj 1923; J. Teutsch *Das Aurignacien von Magyarbodza* Barlangkutatás (Höhlenforschung). Budapest 2 (1914) S. 91 ff.; [H. Breuil *Stations paléolithiques en Transylvanie* Buletiul Societăţii de Ştiiţne din Cluj 2 (1925) S. 193 ff.; M. Roska *Recherches sur le Paléolithique en Transylvanie* ebd. 2 (1925) S. 183 ff.]

H. Obermaier

B. Jüngere Perioden (Tf. 34—38[B]). § 1. R. ist arch. bisher nur sehr unvollkommen aufgeschlossen, so daß wir uns gegenwärtig noch kein lückenloses Bild von seiner Kulturentwicklung machen können. Am besten sind wir noch über die neolithische Kultur unterrichtet, über die uns außer verschiedenen Stationen des nunmehr dem Reiche angegliederten Burzenlandes und außer den schon seit länger bekannten Siedlungen von Candidiana in der Dobrudscha, Rădăşeni und Baia besonders die von J. G. Andrieşescu ausführlich behandelte (G. Andrieşescu *Contribuţie la Dacia înainte de Romani* 1912) und von Hubert Schmidt neuerdings genauer untersuchte befestigte Siedlung von Cucuteni bei Tirgu Frumos, Bez. Jaşi, am Pruth wertvolle Aufschlüsse gebracht hat (s. Cucuteni; Tf. 35 a, b).

§ 2. In keramischer Hinsicht lassen sich hier zwei Entwicklungsstufen unterscheiden, die beide durch ausgiebige Verwendung der Gefäßmalerei gekennzeichnet sind. Die ältere Gefäßgattung verwendet als Malfarbe ziemlich gleichmäßig Weiß, Rot und Schwarz. Das Grundmotiv ist wie in Erösd (s. d.), Brenndorf (s. d.; Band II Tf. 67) u. a. Stationen Siebenbürgens beim Aufsetzen der Malfarbe ausgespart. Die Verzierungen bestehen vorwiegend in Spiralen und Voluten, die aber noch nicht so entartet sind wie in den siebenbürg. FO. Daneben findet sich auch noch eine einfachere, rohere Tonware mit eingeritzten Ornamenten oder ganz unverzierte primitive Töpfe. Die Tonplastik ist noch wenig entwickelt. Einige flache Tonfigürchen sind am ganzen Körper mit eingeritzten Ornamenten bedeckt, unter denen auch Spiral- und Mäandermotive sowie Rauten mit Punkt- und Kreuzfüllung vorkommen.

§ 3. In der jüngeren Entwicklungsstufe treten in der bemalten Keramik Weiß und Rot bedeutend zurück, und das Grundmuster ist in der Regel nicht ausgespart, sondern mit der Malfarbe selbst, Schwarz, aufgesetzt. Das Spiral-Ornament erscheint meist mehr oder weniger entartet. Die Idolplastik dieser Stufe schließt sich im wesentlichen den ukrainischen Typen an. Im Gegensatz zur älteren Stufe finden sich in dieser Gruppe auch bemalte Figuren. Einige altertümliche Kupfergeräte, die jedenfalls der jüngeren Schicht von Cucuteni entstammen, verweisen diese Stufe bereits in die Kupferzeit. Ob in dieser Zeit, wie H. Schmidt wegen einiger von ihm aufgefundenen Eisenpfriemen und unter Berufung auf analoge Funde in einigen bulgar. Tumulis — allerdings unter Vorbehalt — vermutet, auch das Eisen schon in beschränktem Maße verwendet wurde, muß mehr als fraglich erscheinen, denn die Funde im Tell Mečkjur (s. Mečkjur) und Tell Račev (s. Račev), auf die sich H. Schmidt im besondern stützt, haben keinerlei Beweiskraft, da es sich bei ihnen jedenfalls nicht, wie Seure und Degrand (Bull. Corr. Hell. 30 [1906] S. 359ff.) vermuteten, um Grabanlagen und geschlossene Grabfunde, sondern um Wohnhügel handelt, wie sie in Bulgarien (s. d. B) und Mazedonien auch sonst noch sehr häufig vorkommen.

§ 4. Was den Zusammenhang dieser neol. Kultur mit anderen Gebieten anlangt, so schließt sie sich, wie schon aus dem Gesagten hervorgeht, am meisten der siebenbürg.-ukrain Gruppe an, mit der sie auch die Geräte aus Stein, Knochen und Hirschhorn gemein hat. Nach S zu setzt sie sich nach Bulgarien (s. d. B) und weiter über das w. Mazedonien (s. Makedonische Tumuli) bis Nordgriechenland fort, wo namentlich in den zahlreichen Siedlungen Thessaliens noch sehr nahe verwandte keramische Typen auftreten. Von W her hat jedenfalls die slavon. und nordwestbalkan. Keramik einen gewissen Einfluß ausgeübt (Rautenmuster, Ausfüllung der Vierecke mit Punkten und liegenden Kreuzen u. dgl. m.), die namentlich in den älteren Wohnstättenfunden auf der Donauinsel Ghirla (s. d. und Band IV Tf. 133, 134) unweit Gârla Mare in typischer Ausbildung erscheint (weiß inkrustierte, in Furchen- und Tiefstichtechnik ausgeführte Liniengruppen; Volutenmuster und mäandrische Motive und dergleichen; Idole, ähnlich denen von Vidbol bei Vidin, Jablanica [s. d.], Vinča [s. d.] und Butmir [s. d.]), und deren letzte Ausläufer sich bis nach Černavoda (s. d.; Band II Tf. 145—148) in der Dobrudscha (s. d.) verfolgen lassen. Auch in Ostrovul-Corbovei und Coţofeni din Dos, Distr. Doljiu, ist typische Spiral-Mäanderkeramik vom Typus der nw.-balkanischen zum Vorschein gekommen.

§ 5. Über die früheste Bronzezeit unterrichten uns — außer den noch nicht publizierten Stationen von Piscul Coenişorului oder Salcutza und namentlich Sultana im Bez. Ilfov (Mitt. d. Herrn Andrieşescu) — die Wohn- und Grabstättenfunde (liegende Hocker) der großen Siedlung von Sărata-Monteorŭ (s. d und Tf. 51, 52) bei Bŭzeŭ,

a

b

c d

Rumänien B. Jüngere Perioden

a. Bemalte Gefäße von Cucuteni; Schicht A. — b. dgl.; Schicht B. — Nach C. Schuchhardt. — c, d. Reliefverzierte neolithische Tongefäßscherben von Gumelnița; Schicht B. Nach Dacia 2 (1925) S. 69.

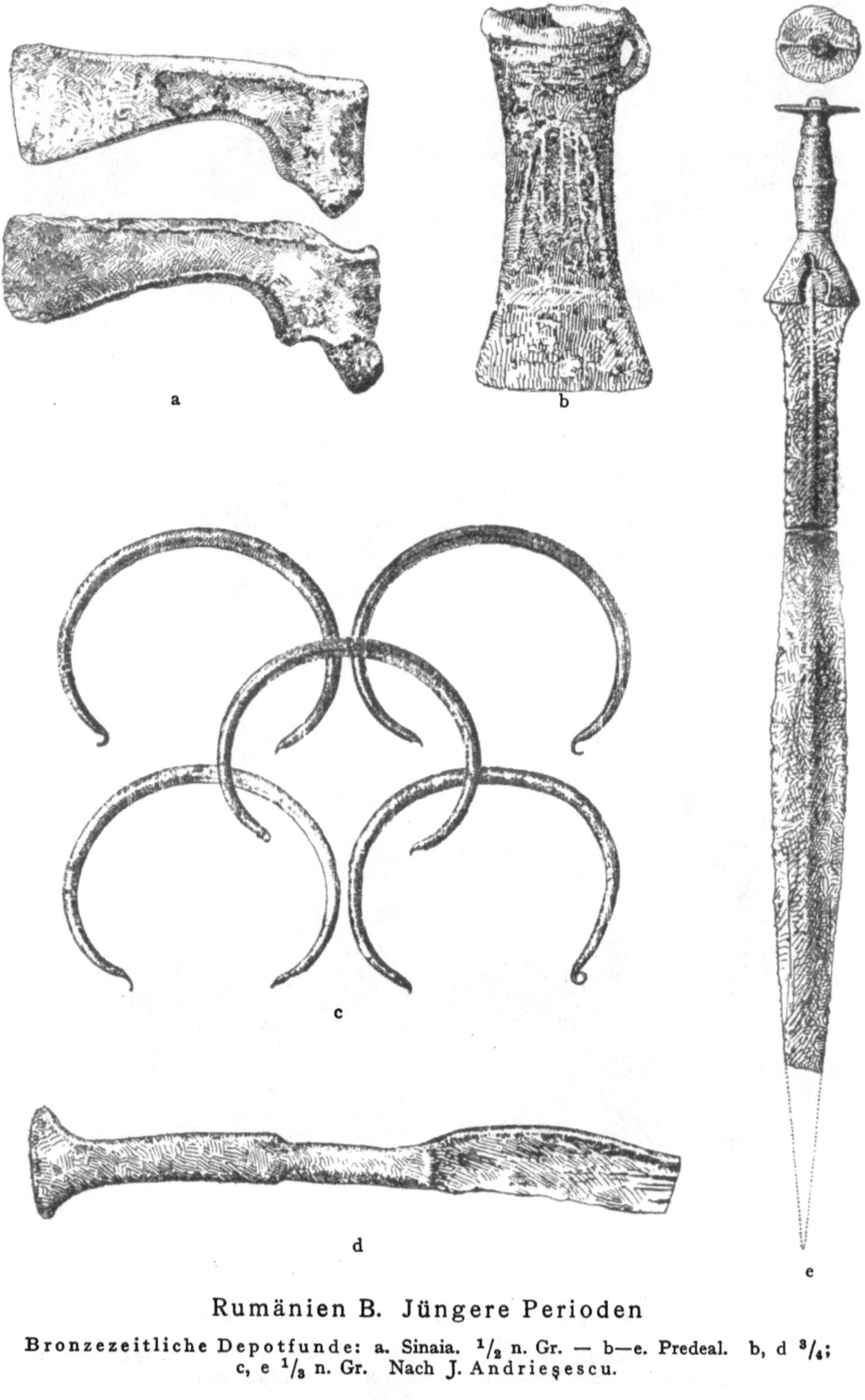

Rumänien B. Jüngere Perioden

Bronzezeitliche Depotfunde: a. Sinaia. $^1/_2$ n. Gr. — b—e. Predeal. b, d $^3/_4$; c, e $^1/_3$ n. Gr. Nach J. Andrieşescu.

die ihre Entstehung wahrscheinlich den dort befindlichen Salzquellen verdankt. Die Gefäßmalerei ist in dieser Stufe vollständig verschwunden. Dafür erscheinen zahlreiche Scherben von feinen, bräunlichen, gelblichen oder grauschwärzlichen, z. T. glänzend polierten Gefäßen, die teilweise eine sehr reiche und geschmackvolle Verzierung (Reihen schraffierter stehender und hängender Dreiecke, Hängebögen und girlandenartige Muster, von Punktreihen eingefaßte Dreiecke, ineinandergeschachtelte Dreiecke, Horizontalreihen von Schrägstrichen, falsches Schnurornament, vereinzelt auch noch mäandrische Motive u. dgl.) aufweisen. Neben dieser feineren findet sich auch noch eine gröbere, gelbrötliche Tonware, die teils nur mit dem Fingertupfenornament, teils mit reliefierten, oft durch Schrägstriche gegliederten Horizontal-, Kreis- oder Spiralwulsten, nicht selten auch durch knopfartige, an der Oberfläche schalenartig vertiefte Ansätze verziert ist, wie sie in großer Zahl auch in Crăsani wiederkehren. Unter den Henkeln sind neben einfachen, hochstehenden, runden oder abgeplatteten Typen, wie sie schon an den steinzeitl. Gefäßen mit abgeschrägter Mündung in Siebenbürgen auftreten, und neben plumpen Viereckhenkeln besonders die zahlreichen, in verschiedenen Varianten auftretenden, oft sehr eleganten und geschmackvoll verzierten Mondhenkel bemerkenswert, deren ohrenartige Erweiterungen bisweilen wie in den oberital. Terramaren in einen Knopf auslaufen. Von Geräten herrschen noch Knochen- und Hirschhorngeräte vor. Aus Kupfer und Bronze sind Pfriemen, Lochäxte, Ohrgehänge, Armbänder und Armspiralen (ähnlich den siebenbürg.) u. dgl. Was die Herkunft dieser frühen Bronzekultur anlangt, so ist die gröbere Tonware offenbar aus der vorhergehenden neol. Keramik hervorgegangen, mit der sie nach den in meiner Sammlung befindlichen zahlreichen Scherben vom Priesterhügel bei Brenndorf sich sowohl technisch wie hinsichtlich auf Gefäßformen, der Bildung der Henkel und Ansätze und der Verzierungsweise eng berührt Dagegen erinnert die feinere Tonware teilweise lebhaft an die „pannonische (s. d.) Keramik", deren Verbreitungsgebiet ja ostwärts bis Donaubulgarien (Gräberfeld von Kutovo bei Vidin; Bull. Soc. Bulg. 2 [1911] S. 152ff. Čilingirov) reicht, und die auch in den jüngeren Wohnstättenfunden auf der oben erwähnten Donauinsel Ghirla noch in typischer Ausbildung erscheint (dünnwandige Schalen und Fußschalen; Schmelztiegel; Buckelverzierung; weiß inkrustierte, in Absatzstichtechnik ausgeführte Bogen- und Volutenlinien, mäandrische Muster, konzentrische Kreise, Zickzackmuster usw.; Idole ähnlich denen von Orsova, Temes-Kubin [s. d.], Kličevac [s. d.; Band VI Tf. 2] usw.). Doch bestehen auch noch nahe Beziehungen zu den oberital. Terramaren (s. d. B) und in s. Richtung zu den makedon. (s. d.) Tumuli in der Gegend von Saloniki.

§ 6. Von sonstigen bronzezeitl. Niederschlägen sind besonders die Depotfunde von Sinaia (s. d.) und Predeal (s. d.) bemerkenswert. Der erstere (26 Lochäxte mit nur 2,434 ‰ Zinngehalt; Tf. 36a) fällt noch in Per. I. Das zu den Geräten verwendete Kupfer stammt jedenfalls, weil völlig silberfrei, aus Baia de aramă, dem metallurgischen Zentrum R., und nicht aus Transsylvanien, dessen Kupfer silberhaltig ist. Den Fund von Predeal (5 Halsreifen, 1 Messer, 1 Tüllenaxt, 1 Schwert; Tf. 36b—e) verlegt J. Andrieşescu in den Schlußabschnitt der Per. IV. Auch bei ihm muß das Kupfer von Baia de aramă stammen. Typol. schließen sich die Funde (wie auch eine Anzahl von Einzelfunden im Nationalmuseum in Bukarest) aufs engste der ungar.-transsylv. Gruppe an. Ebenso sind wohl einige Urnengräberfelder (Caiceni, unweit von Cucuteni, in dem Buţereanu die Grabstätten der Bewohner von Cucuteni glaubte erblicken zu dürfen, und Vaslui im Distrikt Vaslui mit ganz ähnlichem Grabinventar: Doppelhenkelkrüge, kleine Beigefäße, Teller und Schüsseln als Deckgefäße der Aschenurnen, tönerne Idole, Steinwerkzeuge) trotz gewisser Übereinstimmung ihrer Keramik mit der der Stationen von Baia, Rădăşeni und Cucuteni der BZ zuzuweisen. Außerdem erwähnt Andrieşescu noch eine Reihe anderer Funde, so die prächtigen Spiralfibeln von Rafaila, Bez. Jaşi, einige verzierte Ösenhalsringe im Museum in Turnu-

Severin, mehrere Gußformen für Tüllenäxte von Logreşti Birnici, Bez. Gorjiu, und Pleniţa, Bez. Doljiu u. a. Im allg. aber ist das aus dieser Per. vorliegende Material noch ein sehr geringes, wenn auch von einem Hiatus zwischen der glänzenden jungneol. Kultur und der Kultur des herodotischen Zeitalters, wie ihn noch Tocilescu (*La Dacie avant les Romains* 1880) glaubte annehmen zu dürfen, heute nicht mehr die Rede sein kann.

§ 7. Nur sehr wenig läßt sich z. Z. über die jüngeren Kulturabschnitte sagen. Eine Anzahl schwarz- und rotfig. Vasen im Nat.-Mus. zu Bukarest weist auf gewisse Beziehungen nach Griechenland hin, wie sie auch für das benachbarte Bulgarien bestehen. Vor allem aber dringt von der Mitte des letzten Jht. ab die frühcisenzeitliche skythische Kultur ein (Tf. 37), die namentlich in Siebenbürgen nach dem im 7. Jh. v. C. erfolgten Abbruch der bis dahin dort herrschenden ungar. Hallstatt-Kultur zahlreiche Niederschläge hinterlassen hat (Pokafalva, Fejérd bei Klausenburg, Oláh-Zsákod im Kom. Kis-Küküllő, Gernyeszeg a.d. Maros u.a. FO), aber auch im übrigen R. (glockenförmiges, durchbrochenes Zierstück mit typischer hockender Tierfigur; Tf. 37a; s. Ul § 3) und Bulgarien (s. d. D; Tumuli in den Bezirken Čirpan, Philippopel und Loveč) nicht fehlt, wo sich unter ihrem Einflusse im 5. und 4. Jh. v. C. ein besonderer thrak.-skyth. Stil entwickelt (Ebert *Südrußland* 1921 S. 355). Endlich hat auch die Latènekultur in Gestalt einiger bronzener und eiserner Latène-Fibeln (z.B. Cucuteni) einige Spuren hinterlassen (s. a. Tf. 38 B). Ebenso gehört dieser Per. neben den Funden von Zimnicea (s. d.) und Tinosul (s. d.), Bez. Prahova (Mitt. d. Herrn Andrieşescu), die große Station auf dem Piscul Crăsanilor an der Jalomiţa an, die neben zahlreichen neol. und jüngeren Einflüssen ein reiches keramisches Material aus den letzten Jh. v. C., darunter auch zahlreiche importierte griech. Amphoren, geliefert hat (Tf. 38 A). Die einheimische Tonware zeigt zwar im allg. einen ausgeprägt lokalen Charakter, doch läßt sich anderseits eine gewisse Verwandtschaft mit der latènezeitl. Keramik Siebenbürgens (Apahida u. a. FO) nicht verkennen, und auch zu den kelt. Stationen der Gebiete n. der Alpen und Böhmens sind mancherlei Beziehungen vorhanden. Auffallend ist die sehr geringe Zahl von Metallgeräten.

§ 8. Schließlich sei noch auf eine kleine Gruppe von Burgen im Hunedoara-Distrikt (s. d.) in Südwest-Transsylvanien hingewiesen, unter denen die auf der 1100 m h. Culmea Godeanulăi gelegene Grădistea Muncelului mit den Trümmern eines auch architektonisch bemerkenswerten, auf griech. Vorbilder hindeutenden Säulenpalastes und den Resten eines an die westeurop. Cromlechs erinnernden Doppelringes die bedeutendste ist. Teodorescu vermutet in dieser Anlage, wenn auch nicht gerade die Haupt- und Residenzstadt, so doch das letzte Refugium der dakischen Könige, wo sich der letzte Akt der endgültigen Zertrümmerung des dakischen Königreichs abspielte. Der Doppelring war jedenfalls ein Freilufttempel, und er erinnert lebhaft an das von Macrobius (Saturnal. I 18) erwähnte Heiligtum auf dem Berge Zilmissos in Thrakien, wo der dem Zeus Hypsistos nahestehende, ursprünglich thrakisch-phryg., aber schon in hellenistischer Zeit mit dem κύριος Σαβαώθ der Septuaginta identifizierte κύριος Σαβάζιος in ähnlicher Weise gefeiert wurde, wie nach Hekatäus Apollo in dem gleichartigen, von manchen Forschern mit Stonehenge (s. d.) identifizierten Heiligtum der Hyperboräer.

Beldiceanu *Antichitateli de la Cucuteni* Jaşi 1885; Gr. C. Buţureanu *Noticia asupra sapaturilor si cercetarilor facute la Cucuteni din comuna Băiceni judetul Jaşi* Archiva Soc. ştiintifice si literare din Jaşi 1 S. 257—270; ders. *Note sur Coucouteni et plusieurs autres stations de la Moldavie du Nord* Compte rendu du Congr. internat. 10 (1889) S. 299f.; Hubert Schmidt *Vorläufiger Bericht über die Ausgrabungen 1909/10 in Cucuteni bei Jassy* ZfEthn. 43 (1911) S. 582—601; Hoernes *Urgesch.*² S. 308, 310; Joan Andrieşescu *Asupra epocei de bronz in România* Bul. Comisiunii Monumentelor Istorice 1915. Bukarest 1916; Fd. Honzik *Die prähist. Station von Sărată-Monteorŭ* ZfEthn. 39 (1907) S. 999ff.; G. Wilke *Über den Beginn der Bronzezeit in Mitteleuropa* Mannus 11/12 S. 141f.; J. Andrieşescu *Contribuţie la Dacia înainte de Romani* 1912; ders. *Piscul Crăsani* Acad. Rom. Memoriile secţiunii istor. Ser. 3 (1924); Nicolaescu-Plopşor *Insemnari asupra agriculturii preistor. de pe pămantul roman.* 1922; [Dacia 1 (1924), 2 (1925) passim; G. Pârvan *Getica* 1927; Vorgeschichtliches Jahrbuch 3 (1928) Andrieşescu].

G. Wilke

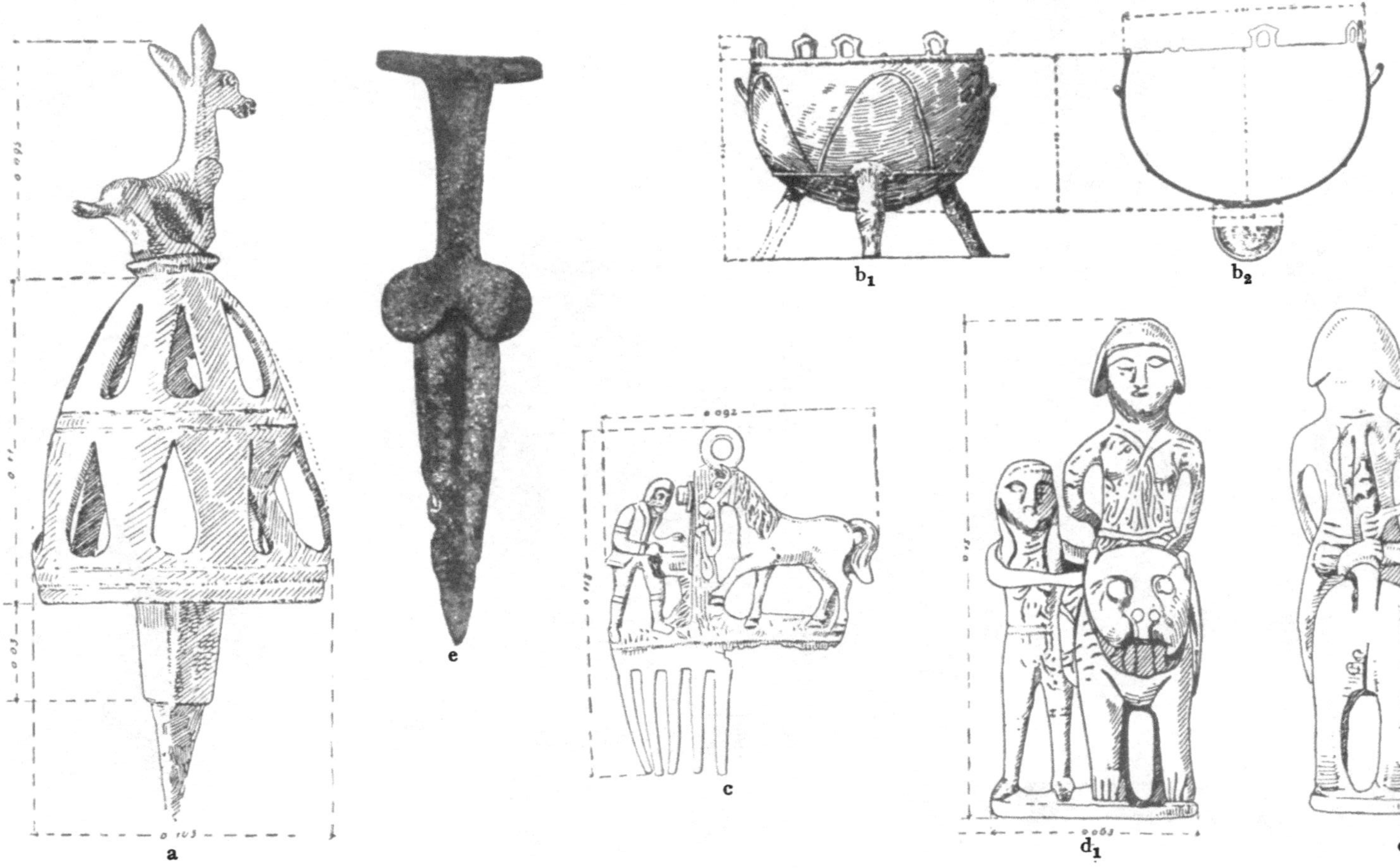

Rumänien B. Jüngere Perioden

Skythische Funde aus Rumänien: a. Stangenkopf. Rumänien. — b. Bronzekessel. Scorţaru-Brăila. — c. Bronzekamm. Bukarest. — d. Anaitis-Gruppe. Năeni (Buzeu). — e. Akinakes vom archaischen Typus. Bureni, Bez. Fălticeni. — Nach G. Parvân *Getica* 1927 und Dacia 2 (1925) S. 418.

Rumänien B. Jüngere Perioden

a—m. Getische und hellenistische Keramik von der befestigten Siedlung von Piscul Crăsanilor. Nach J. Andrieşescu.

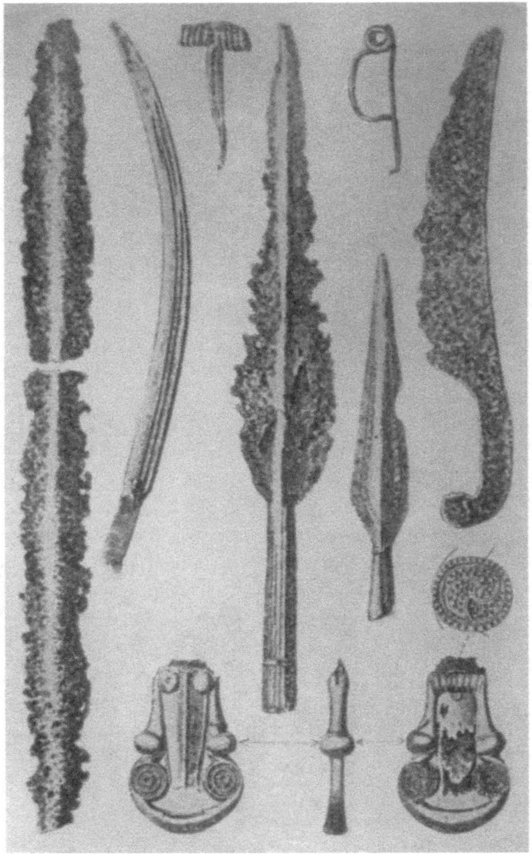

a

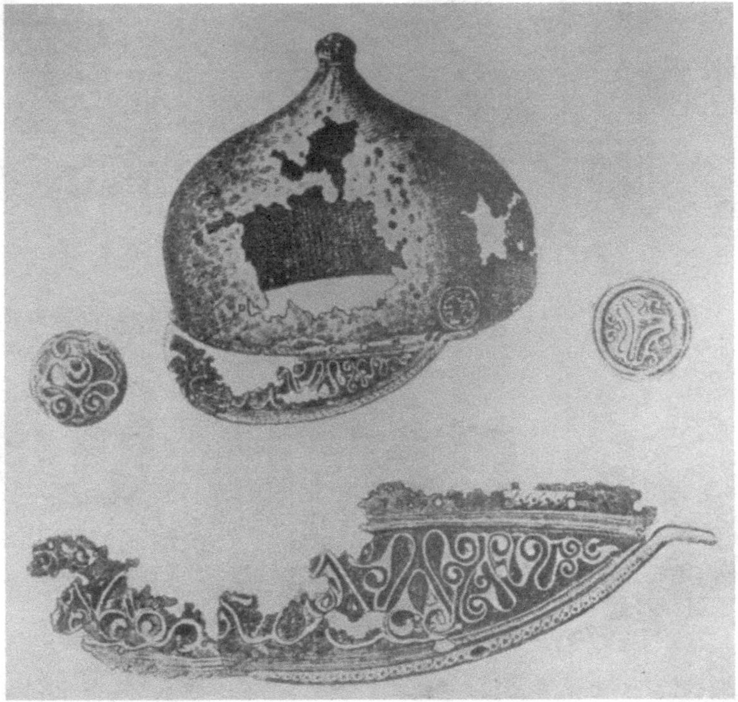

b

Rumänien B. Jüngere Perioden

Funde aus dem keltischen Kriegergrabe von Silivaş (Siebenbürgen). Nach M. Roska.

a

b

c

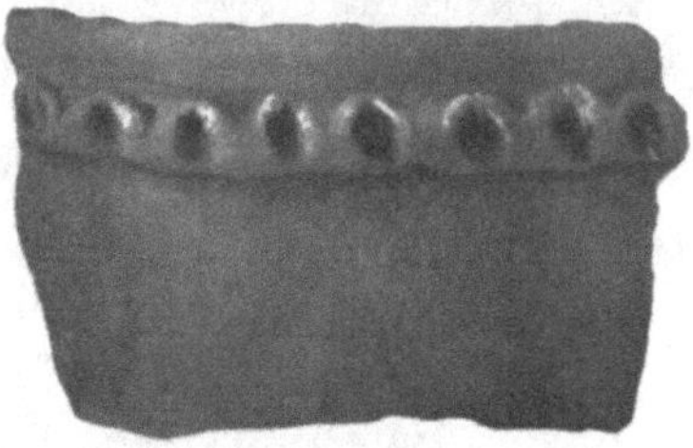

d

e

f

g

h

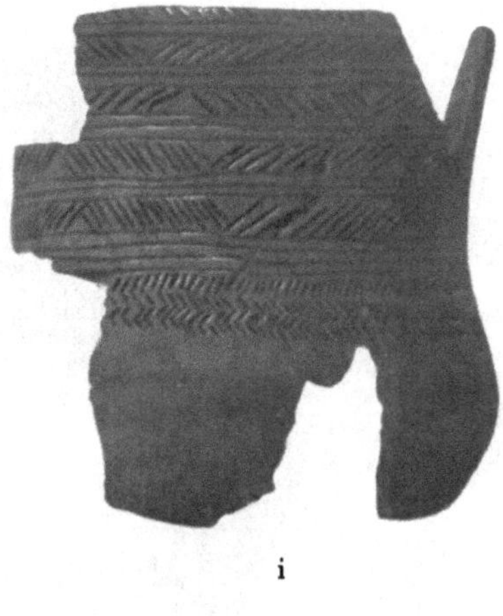

i

Rutzau

Tongefäßscherben aus der neolithischen Siedlung von Rutzau. Ca. 1/3 n. Gr.
Nach Aufnahmen des Danziger Museums.

Rundbau s. Festung, Grab, Haus.

Rundkratzer s. Aurignacien, Azilien, Tardenoisien.

Rundplastik (Ägäischer Kreis). Schon im Neol. zeigt sich ein Zug zur R. in Thessalien einerseits, auf Kreta (s. d. B) anderseits in den Idolen aus Ton oder Stein (s. Idol B; Band VI Tf. 1 h—l; VII Tf. 34). Daß ähnliches bisher aus Mittelgriechenland und dem Peloponnes fehlt, ist wohl nur Zufall, denn die frühhellad. Idole (z. B. aus Ägina und Sparta) führen offenbar neol. Tradition fort, ebenso verwandte kleinas. Typen. Dagegen sind die Marmoridole von den Kykladen und Troja (Band VI Tf. 1 b—e, 3, 4), die frühmin. aus Kreta (Band VII Tf. 44) auch dem Typus nach Schöpfungen der BZ. Gegen Ende von FM und in MM I—II fallen die ältesten Goldfigürchen (Band IV Tf. 166, VII Tf. 44). Gewiß nicht zufällig ist das Fehlen der Reliefplastik bis etwa 1600 v. C. Ein FM-Deckel mit einem gelagerten Hunde darauf kann ebensowenig als richtiges Relief gelten wie einzelne MM II-Schalen mit Tieren oder Männchen darin (Band XIV Tf. 19): es sind aufgesetzte, vollplastische Figürchen. Der reichen Fülle der Tonfiguren im MM I—II (Band VII Tf. 52a) entsprechen keine Reliefs, den von lebendigem, plastischen Sinn erfüllten figürlichen Gefäßen (s. Rhyton) keine Reliefvasen. Erst im MM III tritt neben rundplastische Kleinkunst in Ton und Fayence ebenbürtig das Relief (Band III Tf. 35—37). Steinplastik tritt im MM ganz zurück, eine merkwürdig gelagerte Sphinx (s. d. A) von Hagia Triada ist entweder von auswärts importiert oder nach einem orient. Vorbild gearbeitet.

In der Blütezeit von SM I (16. Jh. v. C.) erreicht das Relief seine höchste Vollendung in der Stuckverkleidung der Wände (s. Kreta B § 13; Band V Tf. 3; VII Tf. 65b; X Tf. 112 C), dem Schmuck von Metall- und Steingefäßen (Band III Tf. 34; VII Tf. 52b. c; XI Tf. 95). Selbständige Steinreliefs dagegen fehlen, bis auf bloß ornamentale Platten. Und ebenso verzichtet die min. Kunst auf alle größere Rundplastik. Wohl zeigen die Statuetten aus Bronze, Ton und Elfenbein (Band V Tf. 1, 2) vorzügliches Können, aber man bleibt beim kleinen Format, und an sich glänzende Leistungen wie die Stierspielgruppe Band VII Tf. 71 oder gar die zu einer ähnlichen gehörigen, einst offenbar frei über einem hölzernen (?) Stier schwebenden, wunderbaren Elfenbeinfiguren (s. Kreta B § 14) sprengen im Grunde alle Gesetze der Rundplastik; nicht minder bescheidene Werke wie ein sich schaukelndes Mädchen aus Ton. Diese ganze Einstellung ist bezeichnend für min. Kunst im Gegensatz zur ägypt. und altorientalischen.

Auf dem Festlande fehlt im 2. Jht. bisher alle Plastik, bis zu der ersten starken Einwirkung Kretas, im 16. Jh. v. C. In den Schachtgräbern bieten kostbare Gefäße genaue Parallelen zur SM I-Rund- und Reliefplastik (s. Mykenai § 2, Mykenische Kultur § 3; Band IV Tf. 172, VIII Tf. 127—129). Aber Werke wie das silberne Hirsch-Rhyton (Band VIII Tf. 127a) und vor allem die Goldmasken (Band IV Tf. 174) zeigen selbständigen Formwillen, in noch höherem Maße die Grabstelen (Band IV Tf. 237 A); diese sind, ganz im Gegensatz zu Kreta, schon von demselben Sinn für das monumentale Relief getragen, der dann am Löwentor (Band VIII Tf. 123) zu großartigster Entfaltung kommt. Freilich bleibt dieses Meisterwerk ganz vereinzelt, ein paar andere Relieffragmente können sich damit nicht messen. Die große Rundplastik tritt auch auf dem Festlande völlig zurück. Ein vereinzelter weiblicher Kopf aus Stuck (vielleicht von einer Sphinx) ist so flach gebildet, daß er ganz reliefmäßig wirkt. Mykenische Bronzen und Terrakotten (s. d.) entsprechen den minoischen, nicht minder die dekorativen Steinreliefs, unter denen der Alabasterfries von Tiryns mit seinen Einlagen aus blauem Schmelz besonders hervorragt. Jüngermyk. Gräber sind reich an Elfenbeinreliefs (Band IV Tf. 241), kypr.-myk. bieten solche mit starken orient. Einflüssen (Band VII Tf. 182 D d). Ein reliefgeschmückter Elfenbeinzahn aus Mykenai dürfte syrisch sein.

Der geom. Kunst fehlt große Rund- und Reliefplastik ganz. Dagegen sind bronzene und tönerne Votivfigürchen ungemein häufig: Menschen, vor allem Krieger, Pferde, Rinder, Vögel u. a. Tiere. Vereinzelt und spätgeom. sind einige Elfenbeinstatuetten nackter Frauen.

S. a. Ägäische Kultur, Mykenische Kultur, Geometrische Kultur, Idol B, Kreta B, Religion B, Rhyton, Terrakotte.

Neol. Idole: Chr. Tsuntas Διμήνιον καὶ Σέσκλον S. 283 ff. Tf. 31 ff.; Wace-Thompson *Thessaly* S. 266 (u. Figurines); A. Evans *Palace Minos* I 44ff. — Idole aus Ägina und Sparta: Arch. Anz. 1910 S. 48; Ath. Mitt. 16 (1891) S. 52 P. Wolters; Idole aus Kleinasien: BSA 19 S. 49ff. H. A. Ormerod. — Zu Troja und Kreta s. d. — Deckel von Mochlos: R. Seager *Mochlos* S. 20, 36; Evans a. a. O. S. 94. — MM I-Schalen: Bosanquet-Dawkins *Unpubl. Objects fr. Palaikastro* S. 12 Tf. 6f.; Festschrift für Evans 1927 G. Rodenwaldt. — MM-Tonfiguren: H. Bossert *Altkreta*² Abb. 100 ff.; A. Maraghiannis *Ant. crét.* I Tf. 23 f. — Rhyta: Bossert a. a. O. Abb. 109 ff. — Sphinx von H. Triada: Rendic. Lincei 1908 S. 699 ff. della Seta; A. Maraghiannis a. a. O. I Tf. 24. — Stuckreliefs: Bossert a. a. O. Abb. 50 S. 78 ff.; Arch. Anz. 1923/4 S. 268 ff. G. Rodenwaldt. — Ornamentale Steinreliefs: Bossert a. a. O. Abb. 51, 98, 202 ff. — Steingefäße: ebd. Abb. 87—97 (vgl. Arch. Jahrb. 30 [1915] S. 242 ff. K. Müller). — Statuetten: ebd. Abb. 113, 131—142; Bosanquet-Dawkins a. a. O. — Stierspielgruppen: BSA 8 S. 72 ff. Tf. 2 f., vgl. ebd. 7 S. 118; JHS 41 (1921) S. 246 ff. A. Evans; Bossert a. a. O. Abb. 122 f., 130. — Schaukelndes Mädchen: ebd. Abb. 112. — Grabstelen von Mykenai: BSA 25 S. 126 ff. W. A. Heurtley; Ath. Mitt. 40 (1915) S. 128 ff. G. Karo. — Masken: ebd. S. 135 ff., 169 ff. — Löwentor u. a. Reliefs: Perrot-Chipiez *Hist. de l'Art* VI 823 Tf. 14; Bossert a. a. O. Abb. 236 f. — Stuckkopf: Ἐφ. ἀρχ. 1902 S. 1 ff. Tf. 1 f. Chr. Tsuntas. — Kleinplastik in Stein: Ath. Mitt. 39 (1914) S. 256; in Ton: Winter *Typen figürl. Terrac.* I 2 f., 10; ders. *Kunstg. in Bild.* I 3 Tf. 92; in Bronze: Perrot-Chipiez VI 745 ff.; Bossert a. a. O. Abb. 131 ff.; ebd. Abb. 224 ff. Elfenbeinreliefs; Staïs *Coll. myc. d'Athènes*² 1915 S. 119 ff. — Elfenbeinzahn: ebd. S. 133; Woermann *Gesch. d. Kunst* I 204. — Kypros: A. Murray *Excav. in Cyprus* S. 9 ff. Tf. 1 f.; Winter *Kunstg. in Bild.* I 4 Tf. 102. — Geometr.: *Olympia* IV 28 ff. Tf. 10 ff.; A. Furtwängler *Kl. Schr.* I 339 ff.; Winter *Typen* I 3 ff.; *Kunstg. in Bild.* I 4 Tf. 111 f.; Perrot-Chipiez VII 142 ff. Tf. 3.

G. Karo

Ruse (Ruščuk; Bulgarien). Kupferzeitlicher, 6 m h. und 100 m l. und br. Wohnhügel (Band II Tf. 90) und Skelettgräber (l. liegende Hocker) der gleichen Periode. In keramischer Hinsicht schließt sich die Station den übrigen FO dieser Periode an (Band II Tf. 93 a). Von Idolen finden sich: 1. einfache, rohe, klotzförmige Tonfiguren mit durch Fingerdruck herausmodellierter Nase, mit kurzen, horizontalen Armstümpfen und Punktverzierungen zur Andeutung des Halsschmuckes und der Tätowierung (ebd. Tf. 91 c); 2. Knochenidole von einer in den ö. Balkanländern (Gumelniţa, Sultana [s. d.] und Căscioarele in Rumänien; Sultan-Selo [s. d.], Kodža-Dermen [s. d.], Jambol in Bulgarien; Vinča [s. d.] in Serbien) weitverbreiteten Form mit typischen Randdurchbohrungen und z. T. sehr weit durchgeführter Gliederung der Beine und starker Betonung des Geschlechtsdreieckes (ebd. Tf. 92). Dagegen sind die in den unteren Donauländern gleichfalls recht häufigen Sitzfiguren (Gumelniţa, Tripoli, Sprenchii Braşovului, Vinča, Jablanica [s. d.], Tatar-Pazardžik, Papasli, Račev [s. d.] usw.) bisher anscheinend noch nicht zum Vorschein gekommen. Ebenso fehlen noch die offenbar gleichfalls kultischen Zwecken dienenden Miniaturstühle (Gumelniţa, Sultana, Căscioarele, Boïan, Kodža-Dermen) und Miniaturtischchen (gleiche FO; s. Band II Tf. 97e), und auch die Mondhörner, wie wir sie aus dieser Per. von Světi Kirilovo (s. d.; Band II Tf. 97 d) und namentlich von Gumelniţa (Dacia 2 S. 99 Abb. 75), Căscioarele (ebenda S. 179) und Lengyel (s. d.) kennen, sind bisher noch nicht zum Vorschein gekommen. Häufig sind dagegen tönerne Tierfiguren.

Die Steingeräte (Äxte, Hämmer, Pfeilspitzen usw.) zeigen die in den unteren Donauländern allg. herrschenden Formen. Ziemlich häufig sind doppelseitig gezähnte Harpunen aus Elchknochen (Band II Tf. 91 a, b), deren Form sehr genau denen von Gumelniţa (Dacia 2 S. 88 Abb. 66), Boïan (ebd. S. 284 Tf. 25), Căscioarele (ebd. S. 191 Abb. 45), Vinča (Präh. Z. 2 S. 27) u. a. FO entspricht. Gleichfalls nicht selten sind Webgewichte und Spinnwirtel. Von Metallgeräten fanden sich neben den weitverbreiteten Kupferpfriemen kupferne Nadeln verschiedener Form, darunter besonders die nähnadelartigen Typen (Band II Tf. 93 g) und Nadeln mit doppeltem Spiralkopfe (ebd. Tf. 93 e), die beide namentlich in Velem St. Vid (s. d.) sehr zahlreich vertreten sind. Endlich sei noch kurz auf die in verschiedenen Formen auftretenden beinernen Schmuckstücke verwiesen (ebd. Tf. 92 unten l.), zu denen

Gegenstücke von Gumelniţa (Dacia 2 S. 88 Abb. 66), Căscioarele (ebd. S. 190 Abb. 44) u. a. FO vorliegen.

Vodač za narodnija Muzej w Sofija 1923 S. 61, 101, 104. G. Wilke

Ruskenesset (Ksp. Fana, Norwegen). R. liegt 1 Meile s. von Bergen und ist einer der reichsten und bestuntersuchten Wohnplätze aus dem jüngsten Teil der StZ in Norwegen. (Ausgegraben in den J. 1914—1916 von H. Shetelig.) Es handelt sich um zwei Höhlen oder besser „Abris", die während der StZ ganz dicht am Meeresufer lagen. Die Kulturschicht erreicht eine Dicke bis zu 1,50 m und besteht aus schwarzer Humuserde, in der sich außer den Altertümern Kohle, Muscheln und Tierknochen fanden, unter diesen letzteren auch einige wenige von Haustieren und verschiedenen Jagdtieren, hauptsächlich aber vom Hirsch und Seehund (*Phoca vitulina*). Außerdem kamen einige Menschenknochen zutage. Die Altertümer bestanden im wesentlichen aus Pfeilspitzen (Flint, Schiefer, Quarz), Angelhaken und Harpunen aus Knochen, ferner einer Anzahl kleiner Geräte aus Stein und Knochen, aber nur ein paar Äxten. Dies und das Knochenmaterial zeigen, daß R. kein dauernd bewohnter Platz war, sondern nur im Frühling und Vorsommer als Aufenthaltsort diente, also eine vorübergehende Jagdstation war, wie wahrscheinlich noch eine Reihe anderer norw. Höhlen dieser Art. S. a. Nordischer Kreis A § 4d 3.

Aug. Brinkmann und Haakon Shetelig *Ruskenesset* Norske Oldfund 3 (1920); H. Shetelig *Primitive tider i Norge* 1922 S. 187f., 202f., 325; [ders. *Préhistoire de la Norvège* 1926 S. 18ff.; A. W. Brøgger *Kulturgeschichte des Norwegisch. Altertums* 1926 S. 45ff.]. † H. Gjessing

Russische Urbevölkerung. Aus dem Paläol. sind bisher erst zwei menschliche Reste bekannt geworden: der Schädel von Podkumok (s. d.) und ein Neandertaler (?) aus der Krim. Nach dem Rückgang der letzten Vereisung finden wir Rußland in seinem mittl. und s. Teile von einer ausgesprochen dolichokephalen, schmalgesichtigen, in nahe verwandte Lokalformen zerfallenden Bevölkerung bewohnt, die vermutlich aus den Donau-Gegenden gekommen und mit den dortigen Bandkeramikern (s. d.) verwandt war, also mit der nordeurop. Rasse (*Homo europaeus*; s. d.) zusammenhing, vielleicht mit einem Einschlag von *Homo sudeticus* (s. d.) und *Homo mediterraneus* (s. d.). Die Tripolje-Kultur Südrußlands (s. d. B) dürfte dieser Bevölkerung angehören. Daneben saßen im N und ganz besonders im O kurzköpfige, mongoloide Stämme (*Homo brachycephalus*), und diese Rassenbestandteile drangen allmählich in die Bevölkerung ein, von Zeit zu Zeit immer wieder zurückgedrängt von neuen Wellen der nordeurop. Rasse (Skythen, Sarmaten, Slaven, Germanen usw.). In fast allen älteren Gräbern finden sich daher meist Schädel, die der nordeurop. Rasse nahestehen. Erst nach dem Aufhören dieser aus NW kommenden Völkerwellen dringen immer neue mongoloide Scharen aus O ein und durchsetzen das Gebiet schließlich so, daß heute der Rundschädel die typische Form für den größten Teil Rußlands geworden ist.

G. Retzius *Crania suecica antiqua* 1900 S. 46; M. Ebert *Südrußland im Altertum* 1921; R. Weinberg *Rassen u. Herkunft des russ. Volkes* Pol. Anthr. Rev. 3 (1904) S. 484ff.; K. Saller *Die Steinzeitschädel des ehemaligen Rußland* Anthr. Anz. 2 (1925) S. 29—46. Reche

Russisch-karelischer Meißel (= ostkarelischer Meißel) s. Karelische Gerättypen § 3.

Rußland s. Eurasische Bronzezeit, Fatjanovo-Kultur, Finno-Ugrier, Kammkeramik, Kaukasus, Ostrussische Bronzezeit, Sibirien, Skythen, Slaven, Südrußland und die Einzelartikel.

Ruth, Le s. Solutréen § 1.

Rutzau (Freistaat Danzig; Tf. 39). Bei dem an der Festlandseite der Danziger Bucht gelegenen Dorfe R., Kr. Putzig, wurde im J. 1894 dicht am Meer ein Fundplatz aufgedeckt, der durch seine Lage, die Fundverhältnisse und das hier zutage tretende Material an Stein, Knochen und Keramik ein gleiches Gesicht zeigte wie die schon früher bekannt gewordenen steinzeitl. Fundstellen bei Tolkemit (s. d.) und auf der Kurischen (s. d.) Nehrung. Es handelte sich um einen Abfallhaufen, dessen Schichttiefe sich zwischen 30—50 cm bewegte. Von den Einschlüssen wurden neben einigen Kleingeräten aus Feuerstein besonders zahlreiche Scherben von rein steinzeitl. Gepräge gehoben (Tf.39). Sämtliche Ornamentstile, die bei ähnlichen Fundstellen vornehmlich Ostpreußens bereits vorher in Erscheinung getreten waren, begegneten auch in dem Abfallhaufen bei R. Es fanden sich Gefäßfragmente mit ausgedehnter und abwechslungsreicher Anwendung der Tiefstich-Ornamentik. Die Zierweise im Stempelstich steht im Vordergrunde. Daneben kommt, aber nur selten, der Strichzonenstil vor, ausgeführt in Stempel- und Furchenstichmanier. Auch die Verzierungsweise im Stichkanal ist mehrfach nachweisbar. Ferner liegen Beispiele für die Schrägstrichzonen-Keramik vor, wobei die Zonen allein oder mit horizontalen Linienbändern gepaart erscheinen. Solche Schrägstrichzonen finden sich außer am Halse auch unmittelbar oberhalb der Standfläche der Gefäße (wie bei einem Gefäßfragment der Kurischen Nehrung). Strichzonen in einmaliger Ausführung oder doppelspitzige Einstiche rings um den untersten Rand von Bodenstücken, wie sich solche vereinzelt in R. gefunden haben, dürften als Vorläufer zu jenen unterständigen Schrägstrichzonen anzusehen sein. Ähnliche Verzierung an der gleichen Stelle bieten Scherben aus Wiek-Luisenthal, Kr. Elbing (Sitzungsber. Prussia 24 [1923] S. 141), und aus der Zedmar (s. d.). Zu diesen in Strichmanier ausgeführten Verzierungsweisen gesellt sich noch das sog. „Flechtbandmuster".

Neben dieser Stempelstich- und Strich-Ornamentik steht der Zierstil mit Anwendung von Flechtschnüren. Mit Tolkemit hat R. die Gefäßdekorierung durch lange Schnurschleifen und kurze Bogenmuster gemeinsam. Im ganzen ist die R. Flechtschnur-Ornamentik sehr wenig abwechslungsreich. Auffallend häufig vertreten ist die Fingertupfen-Verzierung. Die Wulst- und Rillen-Ornamentik beschließen als jüngste Erscheinung der steinzeitl. Gefäßdekoration die Reihe der R. Zierstilarten.

Die Tonscherben zeigen bei fast durchweg unvollkommenem Brand eine große Verschiedenheit in ihrer Zusammensetzung und Farbe. „Einige bestehen aus feinerem Ton und sind schwarz, dünnwandig und glatt, andere weisen Beimengungen von Sand und Gesteinspulver auf, sind braun oder rot, dickwandig und rauh" (Conwentz).

Die Gefäßformen sind bei dem trümmerhaften Zustand des überkommenen Materials nur sehr schwer erkennbar. Doch kann gesagt werden, daß in der Schnur- und Schrägstrichzonen-Keramik Gefäße mit geschweifter Kontur, in der Strichzonen- und Rillen-Keramik dagegen solche mit geradem Mündungsrand vorgeherrscht haben müssen. Man könnte bei letzterer Gruppe an Trichterrand-Becher oder Formen wie La Baume *Vorgeschichte von Westpreußen* 1920 S. 11 Abb. 14 und A. Götze *Die Gefäßformen und Ornamente der neol. schnurverzierten Keramik im Flußgebiet der Saale* Diss. Jena 1891 Abb. 9 (degenerierte Amphore) und Abb. 14 (degenerierter Schnurbecher) denken. Sicher bezeugt für R. sind wannenförmige Schalen, wie sie für die Siedlungen der ostd. Küstenbevölkerung (s. Ostpreussen A) typisch sind. Auch Kugelamphoren mit Stehfläche lassen sich durch Scherben mit charakteristischer Strichverzierung (wie Schumann *Die Steinzeitgräber der Uckermark* 1904 Tf. 12) nachweisen.

An faunistischen Überbleibseln fanden sich in der Kulturschicht neben Resten verschiedener Fischarten — Flußbarsch, Zander, Stichling, Dorsch, Schmerle, öfters zu großen Haufen geballt, wie auf der Kurischen Nehrung und bei Tolkemit — sehr häufig Knochen vom Seehund, außerdem solche vom Schwein, Rind und Pferd.

R. bildet ein Glied in jener steinzeitl. Kulturgruppe Ostdeutschlands, die, getragen von einer Fischerbevölkerung, von W aus längs der Südküste der Ostsee sich bis zu den Küsten des Frischen und Kurischen Haffs hinzog und noch weiter darüber hinaus im ostbalt. Gebiet vereinzelte Spuren hinterlassen hat. Auch landeinwärts hat sich diese Kultur ausgedehnt. Ihre Wurzeln hatte sie in den spätmegal. Kulturen Mitteldeutschlands, vornehmlich der Odergegend, von wo ihr die ganze Zeit ihres Bestehens hindurch — vom Mittel- bis Spätneol. — stets neue Anregungen zuflossen.

Amtl. Ber. WPM 1894 S. 21ff; ebd. 1896 S. 32; ebd. 1898 S. 34; ebd. 1906 S. 22; Con-

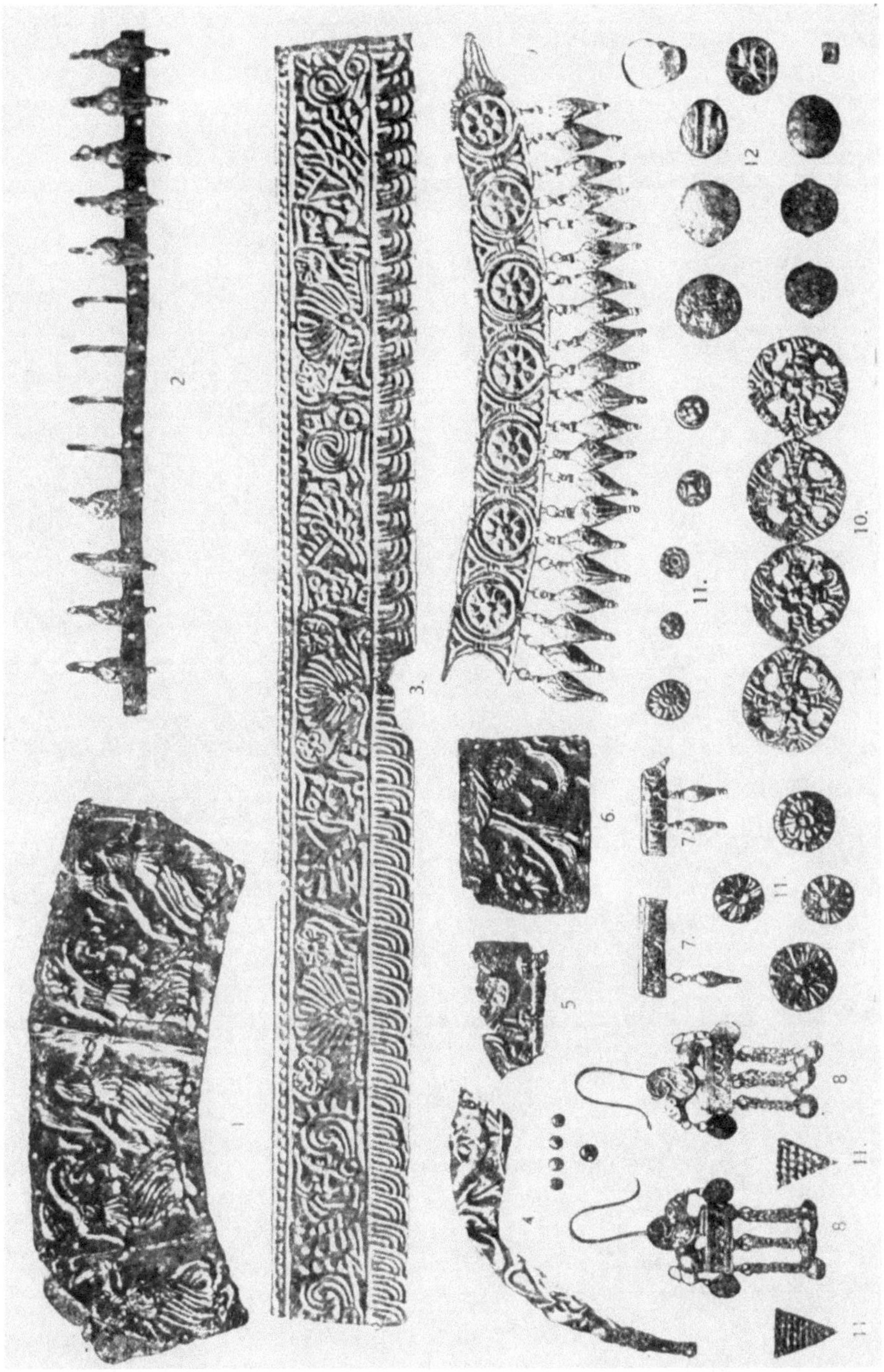

Ryžanovka

Schmuckstücke aus dem Frauengrabe. $^1/_2$ n. Gr. Nach Izvestija Arch. Kom. 63 (1917) Tf. 6.

wentz *Das Westpreußische Provinzial-Museum* 1905 Tf. 42. W. Gaerte

Ryegaard (Seeland) s. Nordischer Kreis B § 13b.

Rylston (Yorkshire, England). Holzsärge, aus ausgehöhlten Baumstämmen hergestellt, sind, wie in der dän. und nordd. BZ, auch in England in dieser Per. keine Seltenheit (s. Baumsarg). Greenwell kennt solche aus Yorkshire von Gristhorpe, Sunderlandwick, Fimber, West-Tanfield, und aus Südengland sind sie von Hove bei Brighton und häufiger in Wiltshire (4 mal) und Dorsetshire ('King Barrow' bei Stowborough) bekannt. Ähnliche Eichensärge begegnen in England zwar auch in frühchristlicher Zeit, aber diese sind in Flachgräbern, nicht wie die der BZ in Grabhügeln, gefunden. In einem Falle haben sich, wie im dän. Kongehøi und Treenhøi (s. Nordischer Kreis B § 3b und Band I Tf. 104), durch die Gerbsäure des Eichenholzes des Baumsarges auch Gewebeteile erhalten in einem Grabhügel bei Scale House, in der Nähe der mittelalterl. Burgruine des R. und von Skipton, Yorkshire. Der von Canon Greenwell untersuchte Grabhügel hatte eine H. von 1,5 m bei 9 m Dm. Unter Steinlagen, die offenbar durch einen Holzeinbau ursprünglich getragen waren, lag der 2,2 m l. Eichensarg, außen unbearbeitet, innen rechteckig, mit einem schmalen Metallwerkzeug ausgehauen, in N—S-Richtung. Das Skelett war ganz vergangen; dabei aber fanden sich, durch eine frühere Grabung sehr zerstört, Reste eines wollenen Gewebes, schlicht, ohne Musterung gewebt, ohne daß es möglich war, zu entscheiden, ob es sich um ein Gewand oder nur um eine Decke handelte, in die der Leichnam eingehüllt war. Weitere Beigaben fehlten, doch ist bei der Anlage des Grabes die Datierung in die BZ gesichert.

W. Greenwell *British Barrows* Oxford 1877 S. 374ff. Abb. S. 32 Nr. 2. † W. Bremer

Ryžanovka (Kr. Zvenigorodka, Gouv. Kijev; Tf. 40). § 1. Örtchen ca. 25 km w. von Zvenigorodka, in dessen Nähe zahlreiche Hügelgräber liegen und z. T. untersucht sind. Der wichtigste von ihnen ist der Kurgan Nr. 4, schon äußerlich auffallend durch beträchtliche Höhe (7,50 m bei 30 m Dm). Seine Untersuchung begann im J. 1884 mit einer Grabung von Grincevič, der (angeblich) einen 2 m br. Kreuzschnitt (N—S, O—W) durch den Aufschutt des Hügels legte bis etwa 1 m unter das Niveau des gewachsenen Bodens. Im Zentrum des Hügels zeigte sich in der Ebene der Erdoberfläche eine konusartige, flache Erhöhung von 7 m Dm und 1,5 m H. Im Aufschutt fand Grincevič eine eiserne Lanzenspitze, Scherben einfacher, griech. Vasen, Kohle und Reste von Pferden, Hammeln u. a. Tieren. Dies schien ihm alles so wenig bedeutungsvoll, daß er die Grabung abbrach.

§ 2. Diese wurde erst im J. 1887 von G. Ossowski wieder aufgenommen, da inzwischen in Grincevičs O—W-Graben, auf dessen Westseite die Erde eingestürzt war, eine griech. Weinamphora (Bobrinskoj *Směla* II 139), ein bronzenes Gefäß, ein Spiegel, Goldschmuck, ein menschlicher Schädel, Pferdereste u. a. von Landleuten ans Tageslicht geholt waren. Dabei wurde festgestellt, daß der Einsturz ein Grab im Hügel betroffen hatte, aus dessen Inventar die genannten Stücke stammten. Die Anlage ist dieselbe wie in der Dnjepr-Gruppe (s. besonders Solocha): ein nahe dem Zentrum des Hügels 3,10 m in die Tiefe gehender Schacht, umbiegend in einen horizontal laufenden Korridor (6 m l., 1 m h., 1,50 m br.), eine viereckige, in den Löß geschnittene, gewölbte Kammer (von O—W 3,10 m l., 2,76 m br., ca. 1,65 m h.). Die Kammer war der Länge nach in zwei ungleiche Hälften (n. Hälfte: 0,90 m, s. Hälfte 1,50 m br.) geteilt, die schmalere für allerhand Geschirr und Gerät (s. o.), die breitere für die Bestattung einer jungen Frau, die in halbsitzender Stellung in der Südwest-Ecke längs der Südwand der Kammer lag.

Ob dies das Seitengrab war und in dem Hügel noch ein zweites, das Hauptgrab, lag, kann nicht entschieden werden, da die Grabung nicht zu Ende geführt wurde. Zweifel an der Zuverlässigkeit von Grincevičs Angaben und Ossowskis Plänen: D. Samokvasov *Mogily russkoj zemli* 1908 S. 71ff.

§ 3. Schmuck und Kleidung der Toten sowie die übrige Aussteuer des Grabes waren so ungewöhnlich reich, daß es mit den Frauengräbern von Čertomlyk (s. d.), Alexandropol (s. d.), Karagodeuašch (s. d.), aus dem Dějev- (s. Sěrogozy-Gruppe) und dem Mordvinov-Hügel (s. d.) u. a. zu den für die Frage nach der Tracht reicher skyth. Frauen wichtigsten Gräbern gehört. Die Fürstin trug einen reich mit Goldblechen besetzten Kopfschmuck aus Stoff mit lang herabfallendem, ebenfalls mit Goldblechen benähten Schleier und ein Diadem, beides im Avesta als auszeichnender Schmuck der Göttin Anahit hervorgehoben (vgl. a. Sarre-Herzfeld *Iran. Felsreliefs* Tf. 117 Nr. 4).

Rekonstruktionsversuche der (sicherlich sehr verschiedenartigen) Kopfschmucktypen skyth. Frauen in Izvestija Arch. Kom. 63 (1917) S. 69ff. Rostovcev-Stepanov; Izvestija Ak. Mat. Kult. 1 (1921) S. 169ff. J. G. Borovka.

Andere Goldbleche (es sind meist Rosetten, Dreiecke [,,Wolfszähne"], auch Sphinxe: Bobrinskoj *Směla* II Tf. 16, 1. 2. 6. 8. 10. 11; Tf. 17, 7. 9. 10; Tf. 18, 1—4. 6. 7) an Gewand und Gürtel.

§ 4. Das Halsband besteht aus einem dünnen, an den Enden spitz zulaufenden Goldband mit einfachen, eingepreßten Rossettenmustern, an dem dicht bei dicht in regelmäßigen Abstande Väschen hängen (Tf. 40, 9).

Solche Halsbänder sind u. a. bekannt aus dem Karagodeuašch (s. d.; Materialien Arch. Russl. 13 [1894] S. 36 Tf. 4, 1), dem Dějev-Kurgan (Izvestija Arch. Kom. 19 [1906] S. 171 Tf. 13; s. a. Sěrogozy-Gruppe), dem Mordvinov-Hügel (s. d.; unveröffentlicht, vgl. Rostovcev *Skifija* S. 451 f.), aus der Čmyreva Mogila (s. d.; CR Pétersb. 1909/10 S. 129 Abb. 193 Mitte; Rosetten abwechselnd mit Masken) und dem Rogačik-Kurgan (s. d.). Das anscheinend älteste Stück dieser auf altionische Vorbilder zurückgehenden Kolliers ist das schöne, zusammen mit zwei goldenen Ohrringen in einem Grabe in Olbia gefundene Halsband CR Pétersb. 1903 S. 149, zusammengesetzt aus breiteren und schmaleren, viereckigen Plättchen (6. Jh. v. C.). Die breiteren sind mit Rosetten in Filigran-Technik verziert und tragen drei Amphoresken, die schmaleren zeigen eine sitzende Sphinx in seitlicher Ansicht und haben zwei Väschenanhänger. Die Endstücke bilden dreieckig geschnittene Stücke mit Filigran-Muster (Palmetten). Eine ähnliche Anordnung der Anhänger (zwei und eins) zeigt noch das Kollier von Vasilkov, Gouv. Kijev (*Collection Khanenko* VI [1907] Tf. 5 Nr. 567—575). Vgl. a. Minns *Scythians and Greeks* 1913 S. 399ff.

Ein paar Prachtstücke sind die beiden goldenen Ohrringe (Tf. 40, 8; Bobrinskoj *Směla* II Tf. 16, 4. 5; Minns *Scythians and Greeks* 1913 S. 178; Hadaczek *Ohrschmuck* 1903 S. 41 Abb. 76) von allerdings befremdlich-archaischer Haltung in diesem Milieu: ein liegender Löwe, geflügelt, auf breiter Basis, von der ebenso wie vom Maul und Schwanz des Löwen an Ringen oder Kettchen runde Scheibchen und Schellen herabhängen.

Am nächsten stehen dem R.-Ohrgehänge die beiden schönen Ohrringe aus dem Dějev-Kurgan (Izvestija 19 [1906] S. 170 Tf. 13, 18 [die Nummerbezeichnung fehlt auf der Tafel]; s. a. Sěrogozy-Gruppe), eine sitzende Sphinx auf breiter Basis, von der an fein geflochtenen Kettchen Vögelchen (Enten?) herabhängen, im Stil nicht so altertümlich, und die Ohrringe von Čertomlyk (s. d.; *Antiq. Scythie Hérod.* Tf. 30, 24; Text S. 104), sitzende Sphinx mit schmaler Basis und silbernem Haken zum Einhängen in das Ohrläppchen. Vgl. a. *Katalog der Sammlung Vogel* Nr. 1229 S. 92 Abb. 61b und ein Stück aus Theodosia rein griech. Arbeit (*Antiq. Bosph. Cimmér.* Tf. 12, 2). Daß dieser Typus orient. Herkunft ist (Rostovcev *Skifija* S. 453 Anm. 1), dürfte sich schwer beweisen lassen. Hier liegen doch, wie das Schmuckstück aus Theodosia zeigt, ganz greifbare Vorbilder in nächster Nähe. Die Ohrringe aus der Čmyreva Mogila (s.d.; CR Pétersb. 1909/10 S. 130 Abb. 194, 195; Arch. Anz. 25 [1910] S. 215 Abb. 15) gehören einem anderen Grundtypus an (vgl. Hadaczek a. a. O. S. 22ff. Abb. 40—42), dem ,,kahnförmigen" (der in Ägypten in der Amarna-Zeit auftritt, in Troja aber bereits in der II.—V. Schicht; Dörpfeld *Troja* Tf. 43 VI a, b), stehen aber in der Einzelheit (die fast ,,hallstättische" Art der Anhäufung von Klapperwerk) denen von R. nahe. Fast identische im Hügel IV von Novosiolka (s. u.). — Minns (a. a. O. S. 397) hält die Ringe von R. gegen Hadaczek für älter als das 3. Jh. v. C., obwohl er das Grab ins 2. Jh. setzen will (Minns a. a. O. S. 180), was etwas zu spät sein dürfte.

§ 5. An den Händen trug die Bestattete 8 goldene Ringe: drei glatte, einen aus dünnem Draht mit einem Kalkstein (*Směla* Tf. 18, 10), einen Siegelring (Dolch, Bogen und Keule; a. a. O. Tf. 18, 9) und drei mit pantikapäischen Münzen (a. a. O. Tf. 18, 5. 13. 11; zwei mit Satyrkopf, eine mit Greifen vom archaischen Typus) aus der Zeit um 300 v. C.

Es ist dies m. W. der einzige Fall (über Goldblechabschläge nach Münzen s. Südrußland D), daß Münzen in einem Steppengrabe des w. Skythiens vorkommen, und zwar nicht als Beigabe an sich, sondern an einem Schmuckstück, und dieses beides könnte wohl den chronol. Wert der Stücke herabdrücken. Dieser Ansicht scheint Minns zu sein.

Zum Schmuck der Frau gehören endlich noch ein silbernes Spiralarmband mit einem Knöpfchen an den Enden und flache, zylindrische Röhrchen.

Das mitgegebene Geschirr bestand aus einem silbernen Kugel-Fläschchen des gewöhnlichen Typus (s. Veronež) mit einem schmalen Tierfries in der Mitte (*Směla* Tf. 16, 7) von 13 cm H. (die Leisten am Halsabsatz und beiderseits des Frieses vergoldet), einer silbernen Schale (a. a. O. Tf. 17, 4), einem bronzenen Eimer mit Löwenkopf als Ausgußtülle (a. a. O. Tf. 19, 5—7), einer bronzenen Fußschale (a. a. O. Tf. 17, 8) und einfachem griech. Geschirr, darunter ein geflickter Skyphos (a. a. O. Tf. 19, 2) und eine Spitzamphora.

§ 6. In diesem Zusammenhang sei auch auf die von A. Bydłowski untersuchten Hügel bei Novosiolka (Kr. Lipovec, Gouv. Kijev), insbesondere auf den Hügel IV, hingewiesen, der in einer Holzkammer des gewöhnlichen Typus ein Doppelgrab (Mann und Frau) umschloß (vgl. den Plan: Światowit 5 [1904] S. 62 Tf. 4). Die zur linken ruhende Frau trug einen konischen Kopfschmuck mit Schleier (s. z. B. Mordvinov-Grabhügel), beide mit Goldblechen besetzt, ein Halsband aus Stoff, ebenfalls mit Goldblechen belegt, zwei Ohrringe von derselben Art wie im Čmyrev- und Ryžanovka-Kurgan (s. o.; Światowit 5 [1904] S. 61 Abb. 47, 48, S. 65 Abb. 73 und Tf. 5), an den Handgelenken Armbänder aus Perlen. Zu ihren Häupten lag ein bronzener Spiegel mit angegossenem Griff, zu ihren Füßen ein Messer und weiter ein Pferdeskelett.

Da nichts Einschränkendes gesagt ist, sehe ich, wenn man den Bericht von Bydłowski für verläßlich hält (s. u.), keinen Grund, eine Pferde-Teilbestattung in Frage zu ziehen. Vgl. Światowit 5 S. 69 und den Plan Tf. 4, r. unten.

§ 7. Zu Füßen des Mannes lag eine große Spitzamphora (H. 71 cm) mit bauchigem Leib und Knopffuß (a. a. O. S. 70 Abb. 99), zu seinem Kopf stand ein einfacher Henkelkrug griech. Arbeit, zu seiner linken Hand (zwischen Mann und Frau) ein kleiner, kupferner Kessel mit tierkopfförmigen Henkeln (a. a. O. S. 67 Abb. 89), am linken Ohr lag ein Ohrring desselben Typus wie bei der Frau, doch einfacher (a. a. O. Abb. 52, 59), am Hals ein Kollier aus 9 kleinen Goldringen (a. a. O. Abb. 60 und 68) usw. Zur Bewaffnung gehören ein eisernes Schwert (L. 76,5 cm) mit gleichmäßig spitz zulaufender Klinge (vgl. a. a. O. Abb. 95) an der l. Seite vom Gürtel abwärts, r. vom Kopf 4 eiserne Lanzenspitzen (a. a. O. Abb. 91—95) und zu beiden Seiten des Gürtels je 68 und 75 bronzene, dreikantige Pfeilspitzen. Seitlich des l. Oberarmes (vgl. a. a. O. Tf. 4) lag ein kleines Gerät, das als „Zange" bezeichnet wird.

Das Material und die Größe sind nicht angegeben. Es ist vermutlich Bronze. Nach der Abb. a. a. O. S. 67 Nr. 82 zu schließen, handelt es sich um eine sog. Zangenfibel. Leider ist eine Nachprüfung am Original nicht mehr möglich, da die Funde (anscheinend während der Revolution) in Rußland vernichtet sind (vgl. a. Światowit 9 S. 145—146, ebd. 10 S. 92). Nur „ein paar Kleinigkeiten und eine Amphora" sind, wie mir Prof. W. Antoniewicz freundlichst mitteilt, nach Warschau gekommen und im Majewskischen Museum aufgestellt. Sowohl Prof. Kostrzewski, dem ich ebenfalls für gütige Auskunft zu danken habe, wie Prof. Antoniewicz stimmen mit mir überein, daß das fragliche Stück als Zangenfibel zu deuten ist, was man bisher stets übersehen hat. Herr Antoniewicz bemerkt auf meine diesbezügl. Anfrage darüber noch: „Leider existieren auch die photographischen Aufnahmen, die als Vorlage für die Klischees gedient haben, nicht mehr. Ich habe nur das Zinkklischee von Abb. 76—86 (im Światowit 5) geprüft, das ein etwas schärferes Bild als die Abbildungen im Text selbst zeigt. Man kann ohne Zweifel eine eiserne(?) Zangenfibel (Abb. 82) bemerken. Der Bronzekessel besitzt zwei bronzene Löwenkopfhenkel, die als Basis für einen eisernen Bügel dienten." Durch diese Feststellung entsteht eine schwierige Sachlage. Ich bin leider z. Zt. nicht imstande, die Frage weiter zu verfolgen. Augenblicklich sind mir jedenfalls außerhalb Südrußlands keine Funde bekannt, die es ohne weiteres erlaubten, die Anfänge der Zangenfibel über die RKZ (Tischler wollte sie sämtlich ins 3. Jh. n. C. datieren), so weit hinaufzuschieben, wie es der von Bydłowski untersuchte Hügel zu verlangen scheint. Auf ukrainischem Boden ist die Form aber schwerlich entstanden. Soweit ich eben zu sehen vermag, liegt jedenfalls das Hauptverbreitungsgebiet in Südtirol und Oberitalien. Leider fehlen hierüber noch eingehende Untersuchungen. Aus Südrußland kenne ich z. Zt. nur noch das von Bezzenberger (Sitzungsber. Prussia 22 Tf. 40, 1) abg. Exemplar, ein Einzelfund aus dem Gouv. Kijev, mit einem an die Certosa-Fibel erinnernden Nadelhalter, aus dem Kaukasus das Stück Chantre *Recherches Anthropologiques dans le Caucase* III Tf. 15 Abb. 14. In Rumänien scheinen, wie mir der vor kurzem verstorbene Prof. V. Pârvan-Bukarest mitteilte, Zangenfibeln bisher zu fehlen, aus Bulgarien kennt das Nationalmuseum in Sofia nur 1 Exemplar, das auf dem Burgberg Ormanlii, Kr. Sofia, zusammen mit einer Münze aus dem 4. Jh. n. C. (spätrömisch) gefunden wurde. Dagegen sind sie in Ungarn (Beispiele: Bia, Kom. Komorn [ZfEthn. Verh. 31 ⟨1899⟩ S. 217], Dunapentele [Berl. Staatsslg. Nr. 10529]) häufiger (Stücke in

Budapest, in den ungar. Provinzialsammlungen und in Wien) und kommen im Küstenlande vor (Komen bei Nabresina; Mitt. Zentr.-Kom. 26 [1900] S. 106), zahlreich dann in Italien (z. B. Veleja [2 Stück im Museum Parma; Sitzungsber. Prussia 22 Tf. 60, 2], Marzabotto [Almgren *Fibelformen*[2] Tf. 11 Nr. 244 Text S. 110; Montelius *Civ. Prim.* I Tf. 13 Nr. 192], Suessula [ZfEthn. 29 ⟨1897⟩ S. 5 Abb. 5]), Süddeutschland (vgl. z. B. *AuhV* 4 Tf. 9, 3—5) und Frankreich (Ph. Ö. Schr. 29 [1878] S. 209). Die meisten dieser Stücke dürften der nachchristl.-röm. Zeit angehören (so auch die einzige Zangenfibel aus Ostdeutschland von Neu-Bodschwingken, Kr. Goldap; Ebert *Truso* Schriften der Königsberger Gelehrten Gesellschaft 3, 1 [1926] S. 80). Herr G. v. Merhart hatte die Güte, die Bestände des Innsbrucker Museums nach Zangenfibeln durchzusehen, und stellte ca. 50 Exemplare fest, sämtlich aus Bronze, überwiegend aus dem Trentino, und verwies auf eine eiserne Zangenfibel von Vilters, St. Gallen.

Die Zangenfibel, der Kessel und wohl auch das Schwert geben dem IV. Hügel von Novosiolka Züge, die ihn trotz sonstiger Übereinstimmungen von der Dnjepr-Gruppe etwas abrücken, vorausgesetzt, daß die Grabung und der Bericht zuverlässig sind.

Zbiór Wiadom. 12 Ossowski; ders. *Wielki Kurhan Ryžanowski wedlug badań dokananych w latach 1884 i 1887* (1888); Bobrinskoj *Směla* II 137 ff. Tf. 16—19; Światowit 5 (1904) S. 59 ff. A. Bydłowski; Izvestija Arch. Kom. 14 (1905) S. 40 ff. Bobrinskoj; Minns *Scythians and Greeks* 1913 S. 177 ff.; Izvestija Arch. Kom. 63 (1917) S. 81 Rostovcev; ders. *Skifija i Bospor* 1925 S. 433, 443, 451 ff., 485 ff., 490 ff.

M. Ebert

C. G. Röder G. m. b. H., Leipzig

REALLEXIKON
DER VORGESCHICHTE

UNTER MITWIRKUNG
ZAHLREICHER FACHGELEHRTER

HERAUSGEGEBEN VON

MAX EBERT

ORD. PROFESSOR AN DER UNIVERSITÄT BERLIN

ELFTER BAND

DRITTE LIEFERUNG

SABBAT – SCHILD

MIT 29 TAFELN

BERLIN 1927

WALTER DE GRUYTER & CO.

Das Werk ist auf einen Gesamtumfang von 14 Bänden berechnet und erscheint in Lieferungen. — Der Subskriptionspreis beträgt Rm. 6.— für jede Lieferung von etwa 8 Bogen nebst Texttafeln und Abbildungen. Etwa 6 einfache oder 1 bis 2 farbige Einschalttafeln auf Kunstdruckpapier werden als ein Bogen gerechnet. Verstärkte Lieferungen werden entsprechend höher berechnet.

Der Umfang der vorliegenden Lieferung beträgt 5 Bogen und 21 Einschalttafeln. Gesamtumfang also 8 Bogen. Subskriptionspreis Rm. 6.—; Ladenpreis Rm. 7.20.

S

Sabbat. Im alten Babylonien der Dyn. von Ur und Hammurabis kennt man eine kultische Feier der Mondphasentage, des 1., 7., 15. Die klassische Stelle dafür ist bei Ungnad *Babylonische Briefe aus der Zeit der Hammurapi-Dynastie* 1914 Nr. 246, 28ff. (= VAB 6): *ar-ha-am si-bu-ta-am u ša-pa at-ta-am ki-ma ku-ul-lu-ma-a-ta šu-ul-li-im*, d. h.: Den 1. (*arḫu*), 7. (*sibûtu*) und 15. Tag (*šapattu*), wie du belehrt worden bist, begehe richtig! Auch der 28. ist nach der 5. Tf. des Enûma eliš-Epos (E. Ebeling *Das babylonische Weltschöpfungslied* 1920 Tf. 5) ein signifikanter Tag der Mondlaufbahn. Aus diesen Mondphasenfeiern dürfte sich die hebr. Institution des S. allmählich entwickelt haben. In assyr. Zeit sind die Siebenertage im Monat „böse Tage", „Trauertage". Es ist an ihnen dem Könige verboten, gewisse Handlungen auszuführen. So heißt es z. B.: „Der Hirte der zahlreichen Menschen darf Fleisch, das mit Kohlen gekocht ist, Brotgebäck nicht essen, das Gewand, das er am Leibe hat, nicht wechseln, keine reinen Kleider anziehen, keine Opfer darbringen, der König darf auf dem Wagen nicht fahren, kommandierend nicht sprechen; an dem Orte des Geheimnisses darf der Opferschauer kein Wort tun, der Arzt darf mit dem Kranken sich nicht abgeben, zum Ausführen eines Vorhabens ist der Tag nicht geeignet." Diese Enthaltung dient dazu, den Zorn der Götter zu beschwichtigen. Ob sie auch für Privatleute Geltung gehabt hat, ist nicht erkennbar. Das Wort *šapattu* (s. o.) bedeutet im Babyl. stets Vollmondstag(feier). Die Etymologie des Wortes ist unsicher. Ein anderer Name für diesen Tag ist *ûm nûḫ libbi* = Tag der Herzensberuhigung. Ob das Wort mit dem hebr. S. verwandt ist, ob der hebr. Begriff dem Babyl. entlehnt ist, und, wenn dies der Fall ist, wie aus dem spezifischen 15. Tag = *šapattu* der hebr. S. der durchrollenden Siebenerwoche geworden ist, alles das bleibt trotz mancher Erklärungsversuche dunkel.

B. Landsberger *Der kultische Kalender der Babylonier und Assyrer* 1915 S. 97ff., 110ff.; J. Hehn *Siebenzahl und Sabbat* 1907 S. 91ff.

Ebeling

Säbel. Den S. im eigentl. Sinne des Wortes, wie er im frühen Mittelalter durch ö. Reitervölker (gladius hunniscus) nach Europa eingeführt worden ist (vgl. Hampel *Altertümer* I 193ff.), kennt das vorgesch. Europa nicht. Doch zwei dem S. ähnliche Stücke aus Dänemark und Skandinavien, die in Europa vorläufig isoliert dastehen, kann man als Vorläufer dieser Waffenart bezeichnen. Beiden Exemplaren, von denen das in Silex gearbeitete aus Dänemark die Nachbildung eines bronzenen Stückes darstellen dürfte, wie es ähnlich in Östergotland zutage getreten ist (Montelius *Chron. ält. BZ.* S. 85 Abb. 227, 227a), liegen höchstwahrscheinlich kleinas. Vorbilder aus der 2. Hälfte des 2. vorchristl. Jht. zugrunde. Es scheint sich um einen spezifisch hettitischen Typus zu handeln (Präh. Z. 4 [1912] S. 26 Abb. 4 Troja; L. Siret *Questions de chronologie et d'ethnographie Iberiques* I [1913] S. 181f. Abb. 40). Auch auf Kreta ist in spätmin. Zeit eine Art S. gebräuchlich gewesen, die sich aber von dem soeben genannten Typus durch größere Breite des unteren Klingenteils auszeichnet, so daß man diese kret. Waffe eher dem Genus des Hiebmessers (Säbelmessers) zurechnen darf, das während der HZ bei den Kelten der nordalpinen Zone in Aufnahme kam (Evans *Preh. tombs Knossos* 1906 S. 70 Abb. 88). S. a. Falcata, Hiebmesser.

W. Gaerte

Säbelkatze (*Machairodus*) s. Diluvialfauna § 6, 7.

Sabeller s. Italiker B.

Sabini s. Italiker B, Räter.

Sabroso. Siedelung (Castro) im N von Portugal, eine der bedeutendsten der Kultur der Castros (s. d.). S. ist von einer Mauer umgeben, die an einigen Stellen noch 3 m h. ist; ihre ursprüngliche Höhe scheint aber 5 m betragen zu haben. Diese Mauer war sowohl eine Verteidigungsmauer als eine Stützmauer für das Erdreich, denn die Ortschaft war auf einer Anhöhe angelegt, die von der Mauer umzogen war, und im Innern war die Höhe der Mauer dem Niveau des Bodens gleich. Die Bauten in S. sind kreisförmig; unter den Überresten ragen einige von architektonischem Charakter hervor, d. h. behauene Steine, die man für Türbalken- und -rahmen verwendete. In einem Lager, das in allem dem von S. ähnlich ist, hat man einen reich bearbeiteten Stein gefunden, der unter dem Namen „der schöne Stein" bekannt ist. Diese Funde aber kann man keineswegs mit Einflüssen aus dem Orient zusammenbringen. In der Keramik von S. findet man Gefäße mit Einschnitten und Aufdrucken und unter kleinen Metallgegenständen Halsringe, sog. Torques, aus Bronze, Ringfibeln und Gegenstände aus der LTZ I und II.

Lit. s. Castro. J. de C. Serra-Ràfols

Sachnovka s. Südrußland D.

Sachsen (Freistaat) s. Mittel- und Süddeutschland, Norddeutschland A.

Sachsen (Volk) s. Germanen B § 5.

Sächsische Stufe s. Diluvialgeologie § 7.

Sächsisch-thüringische Keramik s. Schnurkeramik A.

Sack. Daß die abgezogene, im Bauche nicht aufgeschnittene Tierhaut in uralten Zeiten unmittelbar als S. benutzt wurde, indem die Füße die Stelle der Tragbänder vertraten, liegt sehr nahe. Solche Hautsäcke sind uns sprachlich für das germ. Altertum bezeugt (vgl. Hoops *Reall.* IV 66). Und mit solchen S. stehen wohl die in den bronze- bzw. hallstattzeitl. Bergwerken gefundenen Ledertaschen (Band I Tf. 126b; s. a. Korb A) in engster Verbindung. S. aus gewebtem Zeug sind uns in Nord- u. Mitteleuropa in Funden nicht erhalten. Bemerkenswert ist, daß ihre sprachliche Bezeichnung im Germ. ein Fremdwort ist (Hoops *Reall.* IV 66). Dagegen sind derartige gewebte S. aus Ägypten bereits in der Nagada-Zeit belegt (Wiedemann *Äg.* 1920 S. 145; dazu auch Wilkinson-Birch I 371, II 422). In vorgesch. Leichenbrandgräbern findet man sehr oft neben Urnen, in die der Leichenbrand eingefüllt ist, auch Leichenbrand frei in der Erde beigesetzt. Man hat in solchen Fällen des öfteren die Vermutung ausgesprochen, daß der Leichenbrand in vergänglichem Material, S. oder Tüchern, eingepackt gewesen sei, ohne sich für das eine oder andere sicher entscheiden zu können. Auch bei manchen Depotfunden fanden sich Gewebereste, die darauf hindeuteten, daß der Fund dereinst in Tücher oder S. eingepackt war. Hugo Mötefindt

Sackpfeife. Die S., die man im Anschluß an die gewöhnliche Deutung des Namens *sumponjah* im Buche Daniel unter den altwestas. Tonwerkzeugen sucht, hat man auf einem Relief des Palastes zu Öjük (s. d.), also auf einem hett. Denkmal um 1000, finden wollen (J. Garstang *Land of the Hittites* 1910 Tf. 73 S. 261). Die Erklärung ‚Sackpfeife' ist wohl nur dem Umstande zu verdanken, daß sich der Träger unmittelbar an einen Lautenspieler anschließt. Wie hätte man sonst auf den Gedanken kommen können, in einem frei vor dem Körper gehaltenen Tier ohne Mundrohr, ohne Spielpfeife und ohne Armdruck einen Dudelsack zu sehen? Was man für Pfeifen gehalten hat, sind nichts als die Spannbänder der zweisaitigen Laute. Gewiß handelt es sich überhaupt um kein Musikinstrument, sondern um einen Widder, der dem Könige als Geschenk dargebracht wird, wie es ähnlich auch an den Orthostaten von Sendschirli (s. Samʿal) dargestellt ist. Sachs

Sadersdorf (Tf. 41). S., Kr. Guben (Niederlausitz), ist durch ein hier entdecktes Gräberfeld der Spätlatène- und RKZ bekannt. Die Gräber der Spätlatènezeit sind freistehende Urnengräber, in denen die Urne meist mit einer Schale zugedeckt ist. Beigefäße fehlen mit einer Ausnahme (Gr. 20). Die Urnen sind der Mehrzahl nach abgerundet doppelkonisch, weitmündig, mit verdicktem, ausladenden Rand und größter Breite im Oberteil (Tf. 41h). Seltener kommen ein-

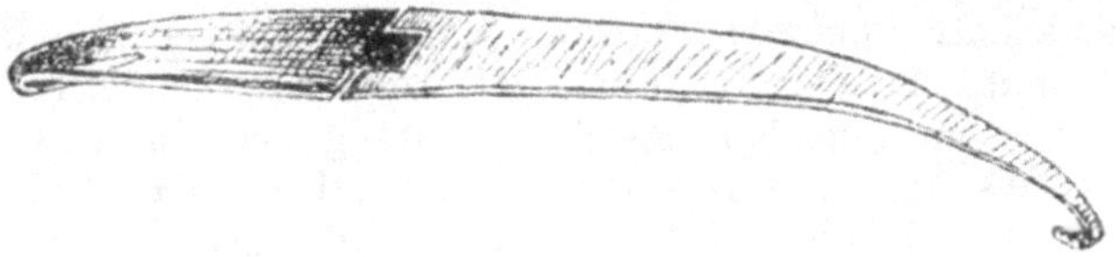

a

b

e

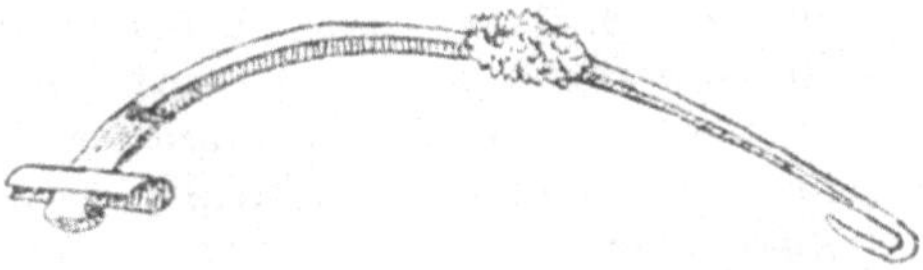

c

d

g

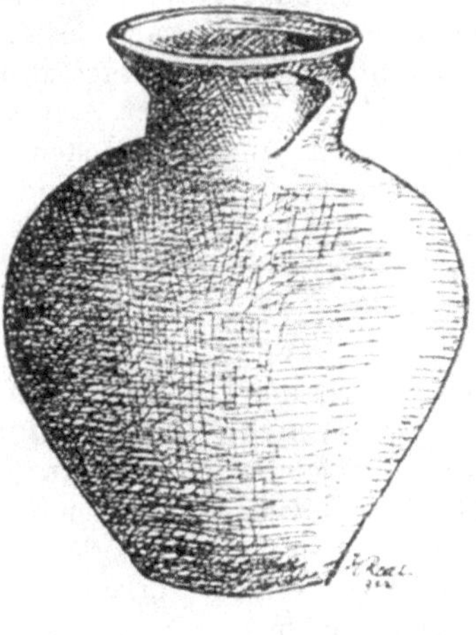

f

h

Sadersdorf

a. Scharniergürtelhaken. Eisen. 1/3 n. Gr. — b. Geknickte („dreieckige") Fibel vom Spätlatène-Typus. Eisen. 1/3 n. Gr. — c. Gürtelhaken („Schieberspange"). Eisen. 1/3 n. Gr. — d, e. Korallenverzierte Fibeln vom Mittellatène-Typus. — f—h. Tongefäße. 1/4 n. Gr. — Nach Niederlausitzer Mitteilungen 4 (1896).

henklige oder henkellose schlanke, etwa eiförmige Gefäße mit stark verengtem, hohen Hals und weit ausladendem Rand vor (sogenannte Krausen; Tf. 41f), sowie schlanke, doppelkonische Gefäße, bei denen die größte Breite im Unterteil liegt (Tf. 41g). Alle diese Gefäße haben eine lederbraune, unverzierte Oberfläche. Nur ein henkelloses, im übrigen der Abb. Tf. 41f gleichendes, hat eine schwarze, glänzende Oberfläche, ein anderes ist hellgelb, mit zwei Wulsten verziert und anscheinend auf der Töpferscheibe gearbeitet. Die Beigaben der Spätlatènegräber bestehen aus zahlreichen Fibeln vom Mittel- und Spätlatène-Schema, Gürtelhaken, Spinnwirteln und einer Pinzette. Waffen fehlen vollständig. Einige der hier gefundenen Metallgeräte sind ausgesprochene Lokalformen, z. B. die zweihakigen, vierkantigen Gürtelhaken mit nach derselben Seite umgebogenen Enden, andere sind hauptsächlich aus dem nördlichen Teil des übrigen ostgermanischen Gebiets bekannt, z. B. die Scharniergürtelhaken (Tf. 41a) und die dreieckigen Fibeln (Tf. 41b), andere wieder liegen sonst nur aus dem Oder-Persantegebiet vor, z. B. die eingliedrigen, bandförmigen Gürtelhaken mit nach derselben Seite umgebogenen Enden. Da S., obwohl durchaus noch auf ostgerm. Gebiet liegend, doch schon unweit der westgerm. Grenze gelegen ist, so nimmt es nicht wunder, daß sich hier manche westgerm. Einflüsse bemerkbar machen. Als westgerm. Einfuhr sind z. B. einige hier gefundene Gürtelhaken (die sog. „Schieberspangen"; Tf. 41c) und die korallenverzierten Fibeln (Tf. 41d, e) anzusehen. S. gehört während der Spätlatènezeit mit einer Reihe von anderen niederlausitzer Gräberfeldern zu beiden Seiten der Lausitzer Neiße mit Einschluß des angrenzenden, links der Oder gelegenen Teils Niederschlesiens zu einer besonderen Kulturgruppe, deren gemeinsames Merkmal vor allem die Grabform ist. Jahn schreibt diese Sondergruppe den um 100 v. C. von Seeland eingewanderten Silingen (s. a. Germanen B § 5) zu.

Die kaiserzeitlichen Gräber in S. sind entweder Urnen- oder Brandgrubengräber (s. d.). Sie fallen zeitlich z. T. noch in die 2. Hälfte des 2. Jh., die Mehrzahl der Gräber gehört jedoch erst der jüngeren Kaiserzeit an. Die Keramik und die Metallbeigaben sind hier typisch ostgermanisch. Eine nähere Behandlung der einzelnen Formen muß hier unterbleiben, da die Kaiserzeit bereits außerhalb der diesem Werk gesteckten zeitlichen Grenzen liegt.

Hugo Jentsch *Das Gräberfeld bei Sadersdorf, Kr. Guben* Niederl. Mitteilungen 4 (1896) S. 1ff.

J. Kostrzewski

Šadikanni (Arban). A. Geschichte. Š. ist nach der noch unveröffentlichten Tonzylinder-Inschrift des Bel-ereš, *šangu* der Stadt Š., aus Assur (Ass. Nr. 1758), jetzt in Konstantinopel (Nr. 6702), nahe der alten Hauptstadt des Mitanni-Reiches Waššugganni anzusetzen (s. Mitanni A). Bel-ereš nennt den Gott *Sa-am-nu-ḫa* als Stadtgott von Š., der in den Verträgen des Mattiuza von Mitanni mit Šubbiluliuma von Ḫatti als *Sa-ma-an-mi-nu-ḫi* oder *Ša-ma-an-mi-nu-ḫe* neben Tešup von Waššugganni genannt wird (E. Weidner *Polit. Dokumente aus Kleinasien* S. 33, 55; Arch. f. Keilschriftf. 2 [1924] S. 73 Anm. 11 ders.). Als weitere Gottheit, vermutlich eine Göttin, erwähnt Bel-ereš *Gubaba*. Bel-ereš nennt den assyr. König Ašur-rabi (1000) und später Ašur-reš-iši, diesen augenscheinlich als seinen Zeitgenossen, um 970 v. C. Er ist anscheinend assyr. Vasall, datiert nach assyr. Königen und hat wohl ein Exemplar des Bauzylinders nach Assur gestiftet. Die Lage von Š. ist nach Bel-ereš am Habur-Flusse, dessen Wasser der Stadt Schaden zugefügt hätten. Auch im 9. Jh. leistete Š. den Assyrern den gewohnten Tribut, und die Fürsten Sa-ma-nu-ḫa(!)-šar-ilani, Ninurta-ereš und Mušeš-Ninurta residierten wie Bel-ereš als *šangu* (E. Unger *Assyr. u. Babyl. Kunst* 1926 S. 28, Abb. 46).

Eckhard Unger

B. Archäologie. § 1. Ortschaft in Mesopotamien. Auch die Lesung *Šadiganni* ist möglich. Der Name ist zu zerlegen in *Šadi* und *k-anni*, welch letzteres Element auch in *Waššugganni* (von D. Opitz mit Sikani, gegenüber Gusana [s. d.], gleichgesetzt) auftritt. Beide Namen dürften also einer gleichen, sicher nicht sem. Sprache, wohl der Mitanni-Sprache angehören, wie ja auch die beiden Städte selbst im Chabur-Gebiete, also nicht allzu fern voneinander, lagen. Eigentümlicherweise wird einmal der Ort *Ša*[alu]*di-kan-ni* und *Ša*[mâtu]*di-kan-ni* geschrieben, wofür eine Erklärung noch fehlt.

§ 2. Š. ist höchstwahrscheinlich mit dem modernen Ruinenhügel Arban (arab. Tell Arabān oder auch Tell ʿAdschādsch) gleichzusetzen (36° 11′ n. Br., 40° 50′ ö. L. Gr.). Dieser liegt im Tale des Chabur (s. Ḫabur), das hier etwa 1—2 km br. und nur wenige m t. in die horizontale Fläche der mesopot. Ebene eingeschnitten ist. Da der Fluß das ganze Jahr reichlich Wasser führt, mag sich hier einstmals genügende Möglichkeit für Ableitung von Bewässerungskanälen und Anlage von Feldern wie Gärten ergeben haben. Der Ruinenhügel ist gegenwärtig der größte, der sich überhaupt am Chabur findet, was uns jedoch keine Rückschlüsse auf den Umfang der alten Ansiedlung gestattet, da Arban noch in frühislamischer Zeit ein Rolle gespielt hat und die vorhandenen Kulturschichten z. T. sicher erst aus dieser Per. stammen. Der Hügel wird an seiner Ostseite vom Chabur bespült, der schon Beträchtliches davon weggeschwemmt hat, so daß hier die Schichten aus assyr. und vorassyr. Zeit ohne weiteres zugänglich sind. Entdeckt und an der erwähnten Erosionsstelle angegraben wurde der Hügel 1850 von Layard, später besuchte ihn W. Budge (1890/91), Baron v. Oppenheim (1893), schließlich Herzfeld und Sarre (1907).

§ 3. Š. entstammt, seinem Namen entsprechend, sicher schon der Blütezeit des Mitanni-Reiches (Mitte des 2. Jht.), ist uns aus dieser Zeit aber nicht belegt. Wir erfahren vom Bestehen der Stadt vielmehr erst durch die assyr. Inschriften der 1. Hälfte des 1. Jht. Die bedeutendste Stadt im unteren Chabur-Tale war damals wohl Qatni (Tell Chatunije); dieser gegenüber trat Š. an Bedeutung etwas zurück. Genannt wird uns die Stadt von Tukulti-Ninurta II. (890—884; vgl. Scheil *Annales de Tukulti Ninip II., Roi d'Assyrie 889—884* Paris 1909) und Ašurnaṣirpal II. (884—860; vgl. Annalen I 78, III 3f.), welche Herrscher sie auf ihren Feldzügen berührten und Tribut empfingen. Zur Zeit Ašurnaṣirpals regierte in Š. als Vasallenfürst Samanuḫa-šar-ilani. Auf ihn dürften sein Sohn Ninurta-ereš und schließlich sein Enkel Mušeš-Ninurta gefolgt sein, welch letzterer sich zu Š. einen Palast erbaute. Sein Siegelzylinder (Band VIII Tf. 65a) hat sich zu Tarbiṣu (s. d.) gefunden, dem wir die Möglichkeit der Identifikation von Š. und Arban (diese nur von S. Schiffer S. 102 abgelehnt) verdanken. — An der Stätte des alten Š. hat auch später noch eine Siedlung bestanden. Notitia dignitatum 36, 25 berichtet von *equites Arabanenses,* was uns für römische und byzantinische Zeit bereits den Ortsnamen Arabana erschließen läßt. Während der Seldschuken-Herrschaft scheint die Ortschaft an Bedeutung sogar noch gewonnen zu haben, um jedoch bald darauf völlig zu verfallen.

§ 4. An Funden sind zu nennen: 11 ägypt. Skarabäen, davon drei von Thutmosis III. (1501—1447) und einer von Amenophis III. (1411—1375); eine Anzahl von Plastiken aus grobem Kalkstein, von Layard ausgegraben, und zwar an Vollskulpturen einige geflügelte Stiere mit Menschenköpfen, beschriftet von dem „Priester" (*šangu* = Kleinfürst) Mušeš-Ninurta, und ein schreitender Löwe (unbeschriftet); ferner eine Stele mit Relief einer männlichen Figur in Vorderansicht. Nach v. Bissing sind alle diese Plastiken in die Zeit zwischen Ašurnaṣirpal (884—860) und Sargon (722—705) zu datieren, was mit den Angaben des erwähnten Siegelzylinders, daß Mušeš-Ninurta der Enkel des von Ašurnaṣirpal erwähnten Samanuḫa-šar-ilani sei, aufs beste übereinstimmt. Ferner wurden gefunden ein Stierkopf aus Terrakotta, Pinienzapfen aus Ton, ein großer Kupferring und emaillierte Ziegel. In der Kulturschicht finden sich zahlreich Mauerzüge, teils aus Luftziegeln mit Bruchsteinfundamenten, teils aus gebrannten Ziegeln; auch Pithos-Gräber (Skelette mit Beigaben, nichts Näheres bekannt) werden erwähnt. An jüngeren Resten sind neben solchen hellenistisch-römischer und byzantinischer Herkunft besonders solche aus frühislamischer Zeit zu nennen, darunter die Ruinen der von Lulu ed din (13. Jh.) über den Chabur (altes Bett) erbauten schönen Brücke. Verschiedene Kleinfunde sind ins Britische Museum gekommen. Die Skulpturen scheinen sich noch an Ort und Stelle zu befinden (vgl. v. Bissing S. 13 Anm. 3); einen geflügelten Stier hat dort Baron v. Oppenheim noch gesehen.

Layard *Nineveh and Babylon* London 1853 S. 272ff.; Baron v. Oppenheim *Vom Mittel-*

meer zum persischen Golf II 19; AO 10 (1909) Heft 1 S. 31f. ders.; Herzfeld und Sarre *Archäologische Reise im Euphrat- und Tigrisgebiet* I (1911) S. 184ff. (mit Situationsskizze); Abh. Bayer. Ak. 26 (1914) S. 12ff. v. Bissing; E. Meyer *G. d. A.*[3] § 466 A; F. Hommel *Geschichte Babyloniens und Assyriens* S. 557ff.; W. Budge *The Mummy* S. 251f.; G. Smith *History of Assyria* S. 37; S. Schiffer *Die Aramäer* 1911 S. 102, 113; *RE* Suppl.-Heft 15 S. 115 s. v. Arabana (M. Streck); Z. f. Assyr. 37 S. 299 Opitz.

F. Schachermeyr

Säftetheorie. Alle wässerigen und schleimigen Ausscheidungen, wie Tränen, Nasenschleim, Auswurf, Harn, dünne Stuhlgänge, Schweiß, lenkten in Zusammenhang mit dem „besonderen Safte" Blut, der bei jeder nennenswerten Verletzung von Haut oder Schleimhaut aussickerte oder hervorquoll oder -spritzte und als Wundausscheidung bald sich in Eiter oder Jauche oder wiederum in Schleim wandelte und aus zurückbleibenden Fistelgängen oft wochen-, monate-, selbst jahrelang rann und tropfte, früh und eindringlich die Aufmerksamkeit Denkender unter den Menschen auf sich. Blut, Schleim, Eiter, Jauche kam gelegentlich aus jeder Körperöffnung, aus jeder wunden Stelle zutage, war also allenthalben im Körper vorhanden, und diese Beobachtungserkenntnis tritt uns auch, zwar etwas verhüllt, aber doch erkenntlich, in der frühen medizinischen Literatur im Nil-Tal wie im Zweistromlande, in Indien wie in China und schließlich im frühen Hellas als zeitig schon gewonnene Erfassung physiologischen und pathologischen Geschehens im Menschenkörper, als erste große Konzeption, entgegen. Der Verblutungstod infolge von Verletzungen wie bei Blutstürzen aus dem Munde und bei Geburtsverblutungen bildet für diese humorale Auffassung das grausige Beweisstück. Wie früh man als gleichsam experimentelle Ergänzung dieses Grundbeweises die folgenschwere Entdeckung machte, daß man durch Druck auf ein Glied oder dessen Umschnürung herzwärts von einer blutenden Stelle den vorquellenden Lebensborn hemmen könne, läßt sich nicht auch mit nur annähernder Bestimmtheit sagen. Diese Entdeckung ist wohl schon in unerdenklich früher Zeit an mehreren Orten in verschiedenen Kulturen gemacht worden, aber auch das läßt sich nur als völlig vage Vermutung aussprechen. Der Zufall bei entsetztem Zupacken, Umklammern und Drücken des geliebten Körpers mag dazu hingeleitet haben. Die Folgen einer solchen Erfassung für das Weiterspinnen der Gedanken in humoraler Richtung sind nicht abzusehen.

Umgekehrt mögen leichte Blutabgänge, z. B. aus der Nase bei drückenden und spannenden Zuständen, bei Blutandrang nach dem Kopfe oder an anderer Stelle, das freiere Atmen nach leichtem Bluthusten, das entlastende Gefühl von Spannungen in Bauch- und Beckengegend nach hämorrhoidalen und menstruellen Blutungen die Gedanken darauf geleitet haben, eine prall gefüllte Ader am Arme, am Halse oder an den Schläfen zu öffnen. Der Aderlaß (s. d.) setzt die Säftetheorie voraus.

Sudhoff *Kurzes Handbuch der Gesch. d. Med.* 1922 S. 5ff.

Sudhoff

Säge. A. Europa (Tf. 42a—f). § 1. Die S. ist aus dem durch Gebrauch schartig gewordenen Feuersteinmesser hervorgegangen. Durch absichtliche, regelmäßige Herstellung der Scharten entsteht die Säge. Ansätze hierzu finden sich schon im Paläol., die vollkommen ausgebildete S. erscheint aber erst im Neol., wo sie im N die Form einer schlanken Sichel oder eines Kreissegmentes erhält (Tf. 42a). Die Zähne sind durch den Gebrauch manchmal lackartig poliert. In den Pfahlbauten haben sich Holzschäftungen erhalten, die den Rücken in seiner ganzen Länge umfassen (Tf. 42c). Die S. wurde also ebenso wie das Feuersteinmesser voll über den Rücken gefaßt, wodurch ein stärkerer Druck ausgeübt werden konnte als bei einem die Klinge verlängernden Schaft. Letztere Schäftung tritt erst bei den Metallsägen ein, deren schärfere Zähne eine Verminderung des Drucks gestatteten. Eine seltene Form von S. kommt einige Male in den Pfahlbauten von Vinelz (Finelz; s. d.) und Kreuzlingen (s. d.) vor: ein Holzschaft, in dem mehrere dreieckige Feuersteinzähne mit Teer eingekittet sind (Tf. 42d); ein ähnliches Exemplar — Hornsteine in Geweihfassung — stammt von Stockstadt.

§ 2. Eine andere Art des Sägens wandte man in der jüngeren StZ zum Zerlegen von Steinblöcken an, nämlich mittels eines Holzbrettchens mit Zuhilfenahme von Sand

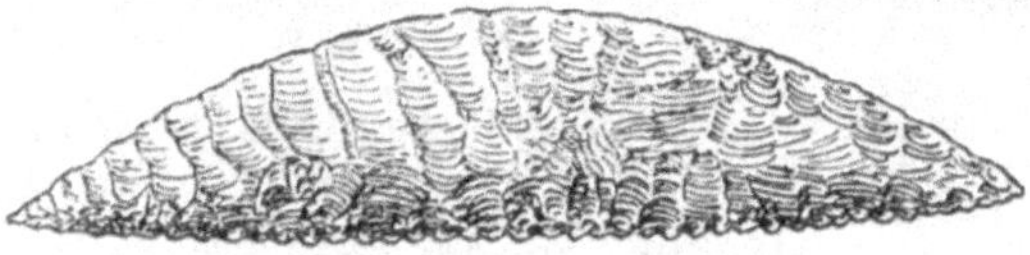

a

b

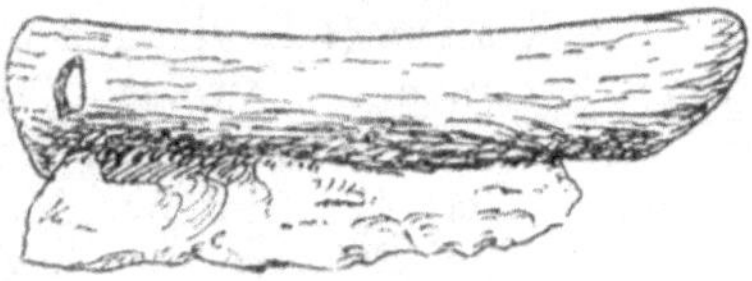

c

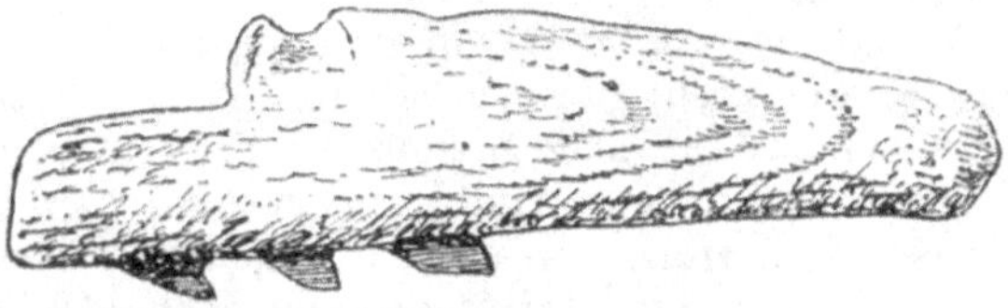

d

e

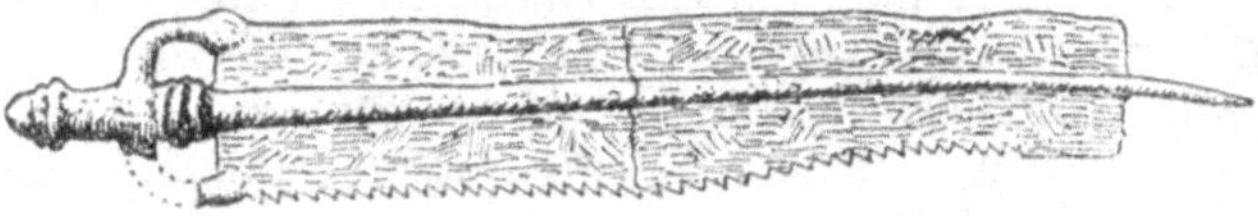

f

g

h

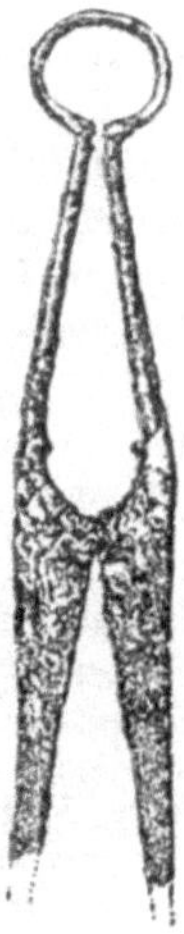

i

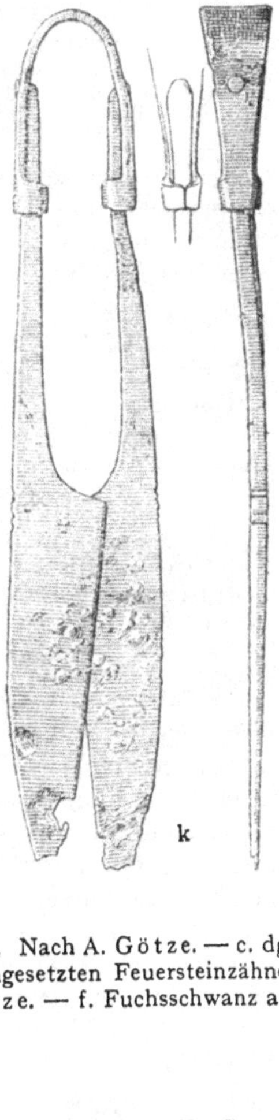

k

Säge

a. Nordische Feuersteinsäge. Nach S. Müller. — b. Feuersteinsäge von Troja. Nach A. Götze. — c. dgl. mit Eibenholzgriff von Nußdorf. Nach v. Tröltsch. — d. Holzsäge mit eingesetzten Feuersteinzähnen von Finelz. Nach v. Tröltsch. — e. Feuersteinsäge von Troja. Nach Götze. — f. Fuchsschwanz aus Bronze von Bologna. Nach O. Montelius.

Schere

g. Warengen, Kr. Fischhausen. — h. La Tène. — i. Schulstein, Kr. Fischhausen. — k. Karzec, Kr. Gostyn. Nach A. Bezzenberger.

(s. Steinbearbeitung § 11), der die Stelle der Zähne vertritt; Sägekörper und Zähne sind hier also nicht miteinander verbunden.

§ 3. In der BZ sind die neol. Methoden gewiß noch vielfach angewandt worden. Nachgewiesen sind Feuersteinsägen in Troja II—V und zwar in Form einfacher Späne (Tf. 42e) wie auch gut gearbeiteter Sägeblätter (Tf. 42b). Daneben kommen Bronzesägen auf. Entweder sind es nach Analogie der neol. Holzsägen einfache Bronzeplatten, die mit Sand arbeiteten und nach S. Müller zum Absägen von Gußzapfen dienten, oder es sind dünne Bronzeblätter, die, teils einseitig, teils zweiseitig gezähnt, in die HZ übergehen. Die Sägen der LTZ schließen sich an die Bronzeblattsägen an, bestehen aber aus Eisen. Eine echte Fuchsschwanzsäge aus Bronze mit Verstärkungsrippe stammt aus den Arnoaldi-Gräbern von Bologna (s. d.; Tf. 42f). Die Form der heute zum Holzzerkleinern üblichen Spannsäge verbreitet sich erst mit der römischen Kultur.

§ 4. Von Spezialsägen lassen sich zwei Exemplare aus der LTZ von Obermenzing und Kisköszeg als Trepanations-Sägen erkennen; es sind kurze, eiserne Sägeblätter an einem gebogenen Stiel von griech. Form und vermutlich Importstücke. Ein Fund von Ninive beweist die uralte Kenntnis des Krontrepans.

Müller *NAK*. I 29, 139, 280, 428, 435; Hoops *Reall.* s. v. Sägen Fuhse; v. Tröltsch *Die Pfahlbauten des Bodenseegebietes* 1902 S. 69; Forrer *Reall.* S. 669; F. M. Feldhaus *Die Technik der Vorzeit* 1914 S. 889ff.; Dörpfeld *Troja* S. 386f. Götze; Archiv f. Anthr. 10 (1878) S. 35f. S. Müller; Chantre *Age du br.* I 85; Zannoni *La fonderia di Bologna* 1888 Tf. 28n—v; L'Anthrop. 14 (1903) S. 393 Pagès-Allary; E. Holländer *Die chirurgische Säge* (SA. Archiv f. klinische Chirurgie 106 Heft 2); Montelius *Civ. prim.* I B Tf. 82, 17.

Alfred Götze

B. Ägypten. Der Gebrauch der S. läßt sich aus den Funden der vorgesch. Gräber und Siedelungen noch nicht belegen. Doch findet sich die Darstellung einer Kupfersäge (?) mit kurzem Holzgriff schon in einer Grabmalerei der 3. Dyn. (Quibell *Tomb of Hesy* S. 21 und Tf. 16). In geschichtl. Zeit wird eine S. mit metallenem Blatt, das — nach der Art unserer „Fuchsschwanzsägen" — in einen hölzernen Griff eingelassen ist, zum Zerkleinern von Holzbrettern verwendet (vgl. Klebs *Reliefs AR* S. 87, *MR* S. 114; Wreszinski *Atlas* Tf. 80, 310. 314. 315. 358. 359. 420).

Ranke

C. Palästina-Syrien.

§ 1. Paläol. — § 2. Neol. — § 3. BZ und EZ.

§ 1. Zum Zerteilen von Holz und anderen festen Stoffen hat man im Altpaläol. zunächst den Faustkeil benutzt. Allmählich erkannte man, daß bei der Hin- und Herbewegung Ecken und Spitzen, die durch Schlag oder Splitterung entstanden waren, tiefer eingriffen. Deshalb sind dann Feuersteine absichtlich an einer Seite gezähnt worden. Die frühesten Beispiele sind die sehr feinen S. aus der *muγâret el-ʿabed* in Galiläa, die wohl dem Aurignacien zuzuweisen sind (P. Karge *Rephaim* 1917 S. 110), und die Pfriemen mit gezähnter Schneide aus dem Magdalénien von *anṭeljâs* (G. Zumoffen *La Phénicie avant les Phéniciens* 1900 Tf. 13, 28).

§ 2. Im früheren Neol. scheinen die S. zu fehlen. Spätneol. sind die messerartigen Stücke von *mînet dâlie* an der phön. Küste (Mélanges de la Faculté orientale de Beyrouth 7 [1914—21] S. 205 Tf. 13f. R. Desribes), die Funde vom *tell en-naṣbe* n. von Jerusalem (J. Germer-Durand *Un musée palestinien* 1908 S. 8 Abb. 6, L. 7,5 cm); die langen, schmalen Klingen mit fein gezähnter oder unregelmäßig gezackter Schneide von *ǧaʿîta* (G. Zumoffen *La Phénicie* S. 92ff. Tf. 9, 3; Anthropos 5 [1910] S. 14ff. Tf. 3, 1. 2. 6. ders.; P. Karge *Rephaim* S. 161 Abb. 32 a); die etwas gröberen S. vom *rās el-kelb*, die aus einer prismatischen Klinge mit quer abgeschlagener Spitze hergestellt sind, indem die eine Kante unregelmäßig gezähnt, die andere stumpf gelassen wurde (Anthropos 5 [1910] Tf. 1, 12—17 G. Zumoffen); die aus kleinen, länglichen Abschlägen gefertigten Geräte vom *rās bērût*, unter denen sich schon ein doppelseitig gezähntes findet (ebd. Tf. 6, 1—16; P. Karge *Rephaim* S. 165 Abb. 33 b, c), und die Stücke vom *tell el-ʿorême* (s. Kinneret; P. Karge *Rephaim* S. 173).

§ 3. Bei der Metallarmut des Landes haben sich diese S. aus Feuerstein lange im Gebrauch erhalten. Das zeigen die Funde von Megiddo (s. d.), wo sie nicht nur in der Tiefe, sondern noch in der 5. Schicht lagen (Schumacher *Mutesellim* S. 60, 66, 74, 103, 157 Tf. 14 A; Typen 240, 241, 343, 255, 259 nach J. de Morgan *Recherches sur les Origines de l'Egypte*), von Lachis (s. d.; Petrie *Tell el Hesy* Tf. 10), von Gezer (s. d.; Macalister *Gezer* II 124, 127, 244; III Tf. 138, 18—20, 33; 139, 14—17; 193, 10; selten in den älteren Schichten, von der 3. ab nicht mehr nachgewiesen) und Samaria (s. d.; G. A. Reisner, Cl. S. Fisher, D. G. Lyon *Harvard Excavations at Samaria* 1924 S. 339 Abb. 213 Tf. 66 g 1, 3). In Jericho fehlen S. mit regelrecht geformten Zähnen (die eisernen Blätter sind byzant.; Sellin-Watzinger *Jericho* S. 166). Die Bronzestücke (Macalister *Gezer* III Tf. 193, 11.12) sind wohl ausländische Erzeugnisse. Zum Gebrauch mußten natürlich Stein- und Metallgeräte in Holzgriffe eingesetzt werden. Das AT kennt die S. als Werkzeug des Zimmermanns (hebr. *massôr* Jes. 10, 15; *m^egērâ* 2. Sam. 12, 31; 1. Chron. 20, 3) sowie zur Bearbeitung der Quadern aus dem weichen Kalkstein (1. Kön. 7, 9).

Peter Thomsen

D. Vorderasien. Bereits in der neol. Zeit lassen sich in Mesopotamien S. aus Feuerstein und Obsidian nachweisen, die aber vielleicht die Schneiden von Sicheln bildeten. Später war die S. ein Fabrikat des Schmiedes und Zimmermanns; der erste verfertigte das Blatt, der andere den Griff. Eine kupferne S. aus mittelsumer. Zeit ist in Tello gefunden (G. Cros *Nouv. Fouilles de Tello* 1910 S. 99).

B. Meissner

E. Medizinisch. Aus den nicht seltenen geschlagenen Feuersteinsägen für den ärztl. Gebrauch bestimmte auszuscheiden, ist unmöglich; gleiches gilt für die Bronzesägen und die eisernen Sägeblätter seit der LTZ, soweit die Frühgeschichte in Frage kommt. Zur Trepanation (s. d.) der Schädelknochen wurde wohl das Gebrauchsgerät des Alltags verwendet, entweder ein einfacher Spitzkeil oder ein solcher mit sägeförmig gestalteter Spitze (vgl. die Versuche von Broca, Capitan und Lucas-Championnière). Eine ganz aus Bronze gearbeitete chirurgische S., die Meyer-Steineg abbildet (Meyer und Sudhoff *Gesch. d. Med. im Überblick* II [1922] S. 19), scheint mir äußerst zweifelhaft. Sie soll bei Ninive mit andern Bronze-Instrumenten gefunden sein, dürfte aber aus hellenist. Zeit stammen. Wirkliche medizinische Sägen sind auch aus der äg. Kultur nicht mit irgendwelcher Wahrscheinlichkeit nachzuweisen, weder in aich. Funden noch ist ihre Anwendung in medizinischen Texten überliefert.

Ludw. Pfeiffer *Die steinzeitliche Technik* 1912; Lucas-Championnière *Trépanation néolithique* 1912; Theod. Meyer-Steineg *Chirurg. Instrumente des Altertums* 1912 S. 46f.; Friedr. Kauffmann *Dtsch. Altertumskunde* I 106.

Sudhoff

Sägemesser vom ostpolnischen Typus (Band X Tf. 62 c, d). Eine der markantesten Formen der ostpoln. Feuersteinindustrie bilden sichelförmige Feuersteinmesser, die im Gegensatz zu den nord. Geräten gleicher Bestimmung fast durchweg unsymmetrisch geformt sind, d. h. nur ein spitzes Ende besitzen, während das andere breit, entweder gerade abgeschnitten oder unbearbeitet, ist. Die Schneiden dieser Sägemesser sind gewöhnlich mehr oder weniger deutlich gezähnt.

Das Verbreitungsgebiet dieser Sägemesser ist ungefähr dasselbe, wie das der ostpolnischen (s. d.) Feuersteinäxte. Sie kommen in der Wojewodschaft Lublin, im früheren Ostgalizien, in Wolhynien und im ö. Podolien vor, zu beiden Seiten des mittleren und oberen Bug. Wie das Rohmaterial beweist (dunkler bzw. gebänderter Silex), sind diese Sägemesser einheimischer Herkunft, doch sind sie zweifelsohne als Nachahmung der nord. symmetrischen, halbmondförmigen Silexmesser entstanden. Schon Gloger hat sie 1874 als besonderen Typus erkannt und richtig als Sägemesser gedeutet. Dagegen sieht sie Kosłowski als Sicheln an.

Wiad. Arch. 3 S. 121f. Gloger; ebd. 4 S. 82ff. Gloger, S. 145 Kicka; Mannus 1 (1909) S. 229 Kossinna; Kozłowski *Młodsza epoka kamienna w Polsce* (*neolit*) Lemberg 1924 S. 85f., 181f. Tf. 23, 1—3.

J. Kostrzewski

Sahara-Paläolithikum s. Nördliches Afrika A § 1, 6.

Saiga-Antilope s. Diluvialfauna § 3.

Saint-Acheul. S.-A., Vorort von Amiens (Dép. Somme), bildet das Zentrum der für das Studium des frz. Freiland-Paläol. überaus wichtigen Zone des unteren

Somme-Laufes und hat deshalb von Anfang an die Aufmerksamkeit der Forscherwelt auf sich gelenkt (s. Acheuléen, Altpaläolithikum, Paläolithikum).

Die endgültige Festlegung der Stratigraphie dieses Gebietes geht auf V. Commont zurück, welcher ebenda, in langjährigem Studium an Ort und Stelle, die nachstehende Schichtenfolge erwies.

a) Oberflächlicher Humus: Funde der vorgesch. Bronze- und Eisenzeit.

b) Tiefere Oberflächenschichten: Funde der j. StZ und des protoneol. Campignien.

c) Desgl.: Archaistisches Tardenoisien.

d) Straten unter den holozänen Torfen, Tuffen und Verwaschungslehmen: Streufunde des Magdalénien.

e) Obere Verwitterungs- (Lehm-) Zone des jüngeren Lößes: Streufunde des Solutréen.

f) Oberste Partien des j. Lößes: Oberes Aurignacien.

g) Obere Kiesstrate des j. Lößes: Mittleres Aurignacien.

h) Mitte des j. Lößes: Oberes Moustérien; vollendete Kleinindustrie, ohne Faustkeile.

Fauna: *Elephas primigenius, Rhinoceros tichorhinus, Rangifer tarandus.*

i) Kiesstraten an der Basis des j. Lößes: Unteres Moustérien, mit guten Kleintypen, feinen dreieckigen bzw. rohen länglichen Faustkeilen. (Früher als Endacheuléen interpretiert.)

Fauna: *El. prim., Rhin. tich., Rang. tar., Equus* (kleiner Typus), *Bos bison, Canis lagopus, Spermophilus* usw.

k) Älterer Lößlehm: Oberes Acheuléen, mit weißpatinierten, lanzenspitzenförmigen Faustkeilen.

Fauna: *El. prim., Rhin. tich., Equus* (großer Typus), *Felis leo, Cervus elaphus* etc. (Kein Rentier.)

l) Älterer Sandlöß: Unteres Acheuléen, mit mandelförmigen und ovalen Faustkeilen und guter Kleinindustrie.

Fauna: *Elephas antiquus, Equus* (sehr großer Typus), *Bos, Cervus elaphus; Belgrandia marginata* und *Unio litoralis.*

In Montières (unter dem Altmoustérien und über dem Chelléen): sog. „warmes Moustérien" (s. Acheuléen § 2).

m) Schotter der Niederterrasse von Montières: Spät-Chelléen.

Fauna: *Hippopotamus.*

n) Feine obere Sande der zweiten Somme-Terrasse von Saint-Acheul: Hoch-Chelléen.

Fauna: *Elephas antiquus, El. primigenius* (irrig; tatsächlich liegt *El. trogontherii* vor; H. O.), *Equus, Bos, Cervus elaphus.*

o) Flußschotter der zweiten und dritten Somme-Terrasse von S.-A.: Prä-Chelléen (s. d.).

Fauna: *Elephas meridionalis trogontherii, El. antiquus, Hippopotamus, Rhinoceros etruscus, Rh. Merckii, Rh. leptorhinus, Cervus Solilhacus, C. Somonensis, C.* sp., *Equus Stenonis.*

(Commont wendet hier eine auch sonst in der frz. Schule noch vielfach übliche veraltete Nomenklatur an, welche bezüglich *El. meridionalis trog., Cerv. Solilh., C. Somon.* und *Equus Stenonis* dahin richtig zu stellen ist, daß hier nicht diese frühquartären Typen, sondern *Elephas trogontherii* und ältere Formen von *Cervus* und *Equus* vorliegen. *Rhinoc. leptorhinus* ist zu streichen. S. a. Prä-Chelléen.)

Die Schotter der vierten, höchsten Somme-Terrasse lieferten weder Faunen- noch menschliche Industriereste.

V. Commont *Les gisements paléolithiques d'Abbeville* Annales de la Soc. Géol. du Nord 39 (1910); ders. *Chronologie et stratigraphie des industries... paléolithiques dans les dépôts holocènes et pleistocènes . . . de la vallée de la Somme* Congr. intern. préh. Genève 1912 I 239—249.

Die Kritik, welche A. Vayson in L'Anthrop. 30 (1921) S. 441—496 an Commont und seinem Werke übt, lehnen wir, auf Grund persönlicher Kenntnis der Sachlage, als aus der Feder eines unklaren, sich selbst allerdings keineswegs allzu bescheiden einschätzenden Käufers und Sammlers stammend ab. H. Obermaier

Saint-Acheul-Stufe s. Acheuléen.

Saint-Brelade. Im J. 1910 wurden bei S.-B. auf der Insel Jersey menschliche Zähne gefunden; sie werden zur Neandertalrasse (*Homo primigenius*; s. d.) gerechnet.

R. R. Marett *Pleistocene man in Jersey* Rep. Brit. Assoc. Adv. Sc. Porthmouth 1911; A. Keith und F. Knowles *A description of teeth of palaeolithic man from Jersey* Journ. Anat. a. Phys. 46 (1911) S. 12—27. Reche

Sainte-Eulalie-Höhle. Im Célé-Tale, unfern von Cabrerets (Dép. Lot). Mit mehreren Gravierungen und Malereien, darunter sehr schöne Rentier- und Pferdedarstellungen und drei merkwürdige Menschenbilder. Entdeckt von Abbé Lemozi (1922). Unveröffentlicht. S. Kunst A II.

H. Obermaier

Saint-Michel d'Arudy s. Kunst A I.

Saint-Prest-Stufe s. Eolithenproblem § 7.

Saint-Vallier (Frankreich). Plateau im Dép. Alpes-Maritimes, auf dem sich mehrere Megalithgräber befinden, zusammen mit Ansiedlungsresten, vielleicht aus der gleichen Zeit wie die Gräber.

Am besten bekannt sind 4 Gräber, aus einer viereckigen Kammer mit kleinem Eingang bestehend. Die Kammer (Steinkiste) wird aus ziemlich großen Steinplatten gebildet, während die Platten am Eingang viel kleiner sind (Band IV Tf. 21 b). Die Gesamtlänge des größten Grabes beträgt 3,60 m, des kleinsten 2,90 m.

Die Funde sind in allen Gräbern gleichartig und bestehen aus Silexsplittern, einer kleinen, polierten Axt, Perlen aus Muschel und Stein, Kupferringen und einem Kupferpfriemen. Zwei Gräber enthielten Glockenbecherkeramik, darunter zwei gut erhaltene Gefäße (Band IV Tf. 23a, b).

Die Gräber bezeichnen den östlichsten Ausbreitungspunkt der pyrenäischen Kultur Südfrankreichs. S. a. Frankreich B.

Matériaux 1875 S. 137 Olivier; ebd. 1885 S. 163 Bottin.

J. de C. Serra-Ràfols

Saint-Vérédème (Frankreich). Grotte im Dép. Gard, aus der bedeutende Funde besonders aus der vollentwickelten Kupferzeit vorliegen. Doch hat man es mit mehreren Schichten zu tun, wie eine Bronze-Randaxt und Keramik aus der BZ (Band IV Tf. 55f) lehren. Leider sind die FU nicht gut bekannt.

Die Funde gehören meistens einer fortgeschrittenen Stufe der südfrz. Grottenkultur an (große Vasen mit reichen Ornamenten in Relief [einfache Tonwülste, Tonwülste mit Fingereindrücken, meistens Motive bildend, die vom Henkel ausgehen] und Einritzungen, andere Vasen ohne Verzierung, kleine, polierte Steinäxte, Gehängsel aus Stein und Knochen, atypische Silexsplitter).

Diese Kultur wird auch durch andere Grotten des gleichen Dép. Gard (Bramabian, Campefiel, Cimetière, Figuier, de la Fromagerie, du Gardon, Meyrannes, Malissargues) sowie durch die Gräber von Cantepardie (Com. Calvisson) vertreten, doch erscheinen an einigen von diesen FO Silexpfeilspitzen und gut gearbeitete Silexmesser, die auf Einflüsse der pyren. Kultur deuten.

Am stärksten zum Ausdruck kommt er in der Grotte des Morts (auch Grotte de Durfort [s. Durfort-Stufe] genannt, im gleichen Dép. Gard), wo reiches Silexmaterial und viele Gehängsel angetroffen werden, dagegen ärmliche Keramik, wohl einer ziemlich späten Zeit angehörend (frühesten BZ = III. Stufe der pyren. Kultur). S. a. Frankreich B.

Frère Sallustien Joseph *Grotte néolithique de St. Vérédème* 1904; Mazauric, Mingaud und Vedel *Grotte de Meyrannes* Bulletin de la Société d'Histoire Naturelle de Nîmes 1904. Die Funde meist im Naturhistor. Museum zu Nîmes, sonst auch in der Universität zu Montpellier.

J. de C. Serra-Ràfols

Saiteninstrument s. Harfe, Leier, Musik.

Saken. Zu den Ariern, den Iraniern (s. d.), gehörend, mit den Parthern (s. d.) mindestens nahe verwandt, vielleicht sogar die eigentlichen Träger des Parther-Reiches; vielfach werden auch die Kimmerier (s. d.) als nahe Verwandte angesehen. Die Saken sind also Angehörige der hellfarbigen, langschädeligen, schmalgesichtigen nordeurop. Rasse (*Homo europaeus*; s. d.), dürften aber mongoloides Blut in sich aufgenommen haben.

J. Strzygowski *Altai-Iran und Völkerwanderung* 1917 S. 188; Pol. Anthr. Rev. 10 (1911) S. 195 K. Penka.

Reche

Sakkara (Ägypten; Tf. 43). § 1. Der Friedhof von Memphis, der Hauptstadt Ä. im AR, gliedert sich in Abschnitte, die nach den in der Nähe liegenden Dörfern genannt werden. So pflegen wir das vorzugsweise von der 5.—6. Dyn. mit Gräbern belegte Gebiet s. von dem von Gise und Abusir nach dem heutigen Dorf S. zu benennen; im S folgt das Gebiet von Dahschur. Das Gräberfeld von S. ist etwa 7 km l. und liegt unmittelbar w. von dem aus dem Fruchtland sich heraushebenden Hügel von Bedraschên, der die Ruinen der alten Stadt Memphis in sich schließt.

Die wichtigsten Denkmäler des Gräberfeldes von S., das im Zuge des w. Wüstengebirges sich über dem Rande des Nil-Tales erhebt, werden nachstehend in zeitlicher Folge aufgezählt. Außer ihnen gibt es dort noch eine große Anzahl von weniger bedeutenden Altertümern. Die wissenschaftliche Untersuchung des Geländes und die Freilegung der einzelnen Anlagen geschieht durch die Verwaltung der Altertümer der äg. Regierung. Der Reisende pflegt die Besichtigung von einem einfachen Hause aus zu machen, das Auguste Mariette, der erste frz. Ägyptologe im äg. Staatsdienst, für seine Ausgrabungen errichtet hat.

§ 2. Der 3. Dyn. gehört noch die Stufen-Pyramide, das Grab des Königs Zoser (s. d.; Tf. 43; Band IV Tf. 223a), an.

§ 3. An späteren Königsgräbern liegt bei S. die Pyramide des Onnos (Unas), des letzten Königs der 5. Dyn., und mehrerer Pharaonen der 6. Dyn., darunter des Pepi (Phiops) I. und II., des Teti und des Meren-Rê. Alle diese Pyramiden sind kleiner als die von Gise und Abusir, und die vor ihnen liegenden Totentempel haben sich, soweit sie überhaupt freigelegt worden sind, als unbedeutend und zerstört herausgestellt. Von der größten Wichtigkeit sind die Anlagen aber dadurch, daß die Pyramiden im Inneren, und zwar im Gegensatz zu den völlig schmucklosen Räumen der älteren Pyramiden, über viele lange Wände hin mit Inschriften bedeckt sind. Sie enthalten die für das Jenseitsleben des Pharao bestimmten Totentexte, und diese „Pyramidentexte", die ältesten umfangreichen Literaturwerke Ä., lehren uns die äg. Sprache in einer frühen Form kennen. Einzelne Texte stammen aus vorgesch. Zeit und setzen politische, religiöse und kulturelle Verhältnisse voraus, die im AR nicht mehr bestanden.

Kurt Sethe *Die altägyptischen Pyramidentexte* I—IV (1908—1922).

§ 4. In der 5.—6. Dyn. sind eine Reihe von Mastabas (s. Grab D) errichtet, die vollständig verschüttet waren und jetzt nach der Ausgrabung in einer tiefen Grube liegen, in die man hinabsteigen muß. Diese Gräber mit ihrem Reichtum an Reliefs von kulturgeschichtlicher Bedeutung gehören für die Reisenden zu den größten Sehenswürdigkeiten Ä.; um so mehr, als die Felsengräber in den äg. Provinzen schwer zugänglich sind und selten besucht werden. Die Mastabas von S. sind sämtlich von hervorragenden Mitgliedern des Hofstaates oder von hohen Beamten angelegt, denen die besten Künstler zur Verfügung standen; so sind sie durchweg auch künstlerisch von hoher Bedeutung. Die baulichen Anlagen außerhalb des Steinmassivs sind meist schlecht erhalten, und nach den Ergebnissen der sorgfältigen Ausgrabungen auf dem Mastaba-Friedhof von Gise muß man annehmen, daß auch hier Vorbauten und Vorhöfe irgendwelcher Art vorhanden gewesen sind.

§ 5. Die berühmteste Mastaba ist die des Oberbaumeisters Ti (Dyn. 5). In ihr liegt die Kammer mit dem Sarge unter dem Steinmassiv und ist durch einen schrägen Gang zugänglich, der im Fußboden einer großen Pfeilerhalle beginnt. Vom Inhalt der bemalten Hochreliefs auf schwarzem Grunde, die an den Wänden von 5 Zimmern angebracht sind, seien erwähnt: Herrichten und Darbringen des Totenopfers, Tänzerinnen und Sängerinnen im Innern des Hauses, Handwerker aller Art in Ausübung ihres Gewerbes, Besichtigung der landwirtschaftlichen Arbeiten und der Herden, Jagd auf Nilpferde und wildes Geflügel. Der reiche Typenschatz dieser Bilder geht über die Anforderung dessen hinaus, was der Verstorbene im Jenseits zu seinem Lebensunterhalt braucht, besonders, weil die Bildhauer die einzelnen Szenen aus Freude am Gegenstande durch Bilder erweitert haben, die für den ursprünglichen Zweck belanglos sind.

Georg Steindorff *Das Grab des Ti* I (1913).

§ 6. Die Mastaba des Ptah-hôtep, eines hohen Beamten der 5. Dyn., enthält wiederum einen Pfeilersaal und außer diesem eine besondere Kammer für die Darbringung des Totenopfers, die mit Reliefs geschmückt ist. Auch hier sind die Bilder, die ursprünglich nur das geben sollten, was für den Grabherrn in seinem jenseitigen Leben nützlich sein konnte, durch lebensvolle Zutaten erweitert. Der Bau enthält einen besonderen Raum, der für den Totendienst seines Sohnes Acht-hôtep bestimmt ist.

N. de Garis Davies *The Mastaba of Ptahhetep and Akhethetep* I—II (1900—1901).

§ 7. Der 6. Dyn. gehört die Mastaba des Mereruka an, deren zahlreiche Räume aus

a

b

Sakkara

a. Der Abschluß der Säulenstraße am Fuße der Stufen-Pyramide von Sakkara (Band IV Taf. 223a).
b. Grab der Tochter des Königs Zoser, mit kannelierten Halbsäulen. — Nach Photographien.

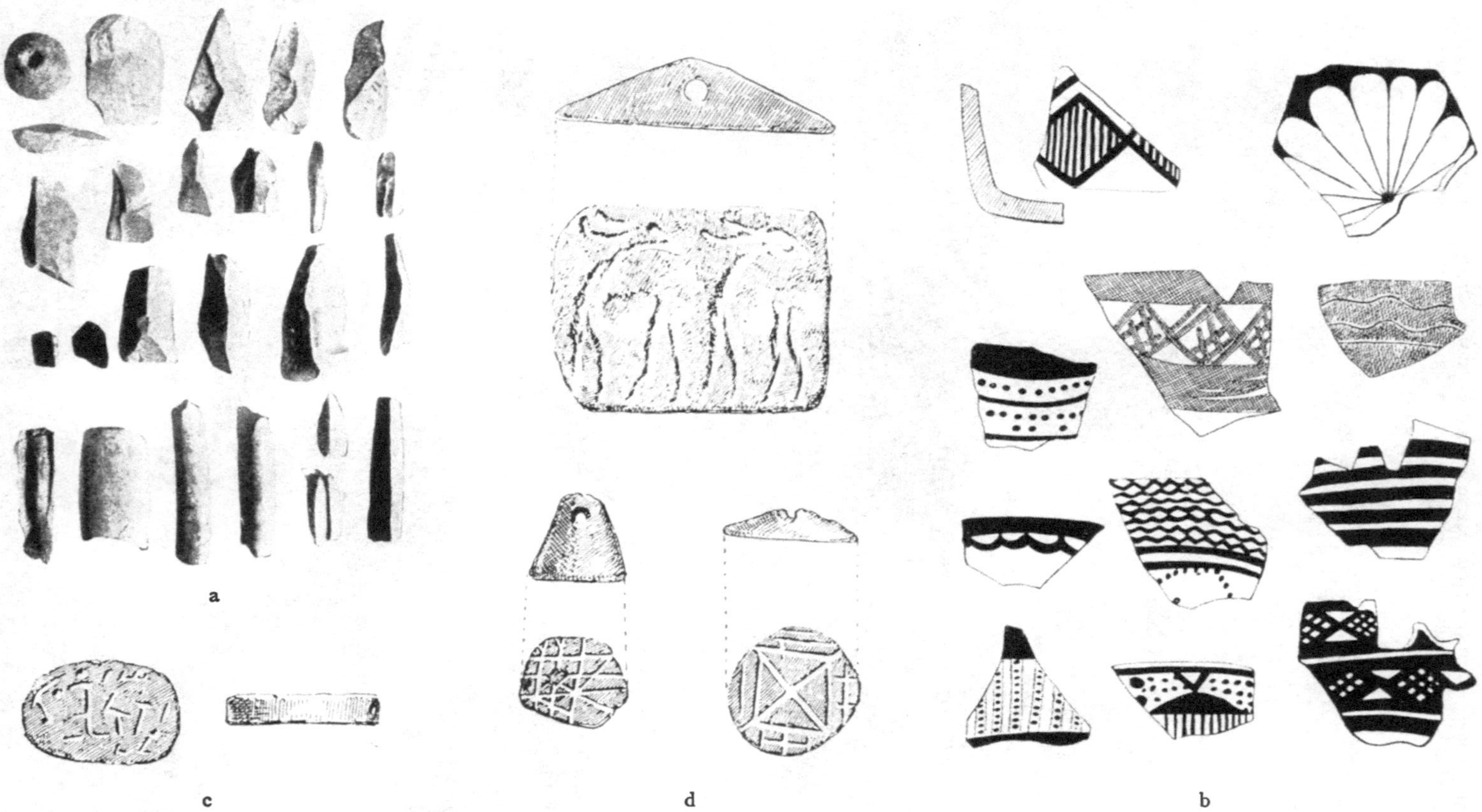

Saktschegözü

a. Vorgeschichtliche Steingeräte. — b. Vorgeschichtliche, bemalte Keramik. — c. Siegel mit arämischer Schrift (vgl. Tf. 110). — d. Stempelsiegel. — Nach Liverpool Annals.

a

b

c

Saktschegözü

a. Aramäische Löwenjagd, in Berlin (VA 971). Nach Humann-Puchstein. — b. Löwe. — c. Löwenjagd. Dolerit (9. Jh. v. C.). — Nach Liverpool Annals.

c

1 2 3 4 5 6 7 8

a

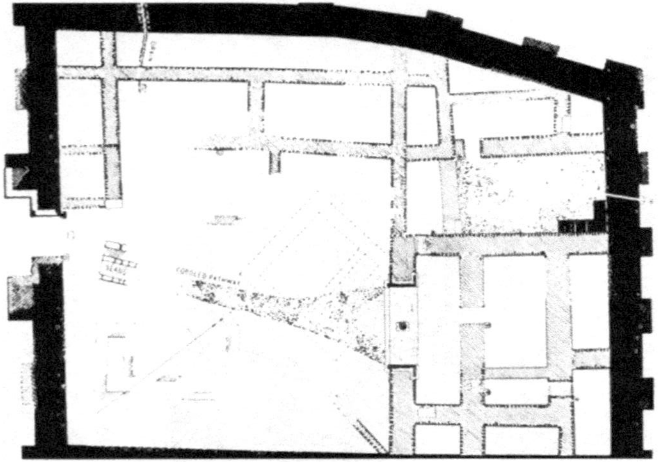

b

Saktschegözü

a. Plan des aramäischen Palastes. — b. Eingangshalle des Palastes (mittlere Säulenbasis). — c. Relief-Orthostaten ebd., l. Hälfte. Dolerit. 8. Jh. v. C.
Nach Liverpool Annals.

drei Gruppen bestehen. Die erste Gruppe von 21 Zimmern gehört dem Grabherrn, die zweite von 6 Zimmern seiner Gattin, und die dritte von 5 Zimmern seinem Sohne. Fast alle Räume sind mit Wandreliefs geschmückt; man kann sich also denken, daß die ursprüngliche Bilderfolge stark erweitert ist, und daß keineswegs jede der kulturgeschichtlichen Darstellungen noch eine unmittelbare Beziehung auf das Jenseitsleben der hier Bestatteten hat. Von diesem Grabe ist nur eine kurze Beschreibung veröffentlicht worden.

George Darressy *La Mastaba de Mera* I.

§ 8. Die Mastaba des Wesir Kagemni (Dyn. 6), eines lange Zeit berühmt gebliebenen Weisen, enthält nach einer Vorhalle 5 Zimmer mit Bildern.

Fr. W. von Bissing *Die Mastaba des Gemni-kai* I (1905), II (1911).

§ 9. Eine Reihe von weiteren Gräbern der 6. Dyn. liegt in geschlossener Folge an einer Straße, die 1899 ausgegraben ist. Bemerkenswert ist von diesen das „Ärzte-Grab" mit Bildern einer Beschneidung und der ärztlichen Behandlung eines Fußkranken.

Jean Capart *Une rue de tombeaux à Sakkara* 1907.

§ 10. Das Gräberfeld von S. enthält nur verschwindend wenig Anlagen aus dem MR und NR. In der 18. Dyn. begann man, den Apis, den heiligen Stier des Gottes Ptah von Memphis, in unterirdischen Kammern beizusetzen, die man neben einem langen Gange anlegte. Der Eingang befindet sich ziemlich weit in der Wüste und ist vielleicht die *ro-setaw* „Mund der Gänge" genannte Stelle, die in den Totentexten aller Zeiten eine hervorragende Rolle spielt. In der Spätzeit sind die Stiergräber besonders prächtig ausgeführt worden. Als Ptolemäus I. den griech.-äg. Gott Sarapis als Symbol der Vereinigung der beiden Völker im Nil-Tal einführte, wählte er als äg. Bestandteil eine Verbindung des Osiris mit dem Apis, die als Osiris-Apis in hieroglyphischer Schreibung für Sarapis verwendet wird. So gelangten die Apis-Gräber, das Sarapeion (Serapeum), erneut zu hoher Bedeutung. Später haben christliche Mönche dort als Einsiedler gelebt.

Auguste Mariette *Le Sérapéum de Memphis* 1882.

§ 11. Aus der Spätzeit sind einige, z. T. unter den pers. Königen angelegte Gräber zu erwähnen. Ihre Kammern liegen an Schächten, die 25 bzw. 27,5 m t. in den Felsen hinabgetrieben sind. Darstellungen aus dem täglichen Leben fehlen in diesen Gräbern, deren Bilder und Inschriften, ebenso wie auf fast allen übrigen Denkmälern jener Zeit, ausschließlich religiösen Inhalt haben.

§ 12. Außerordentlich ergebnisreich war die Freilegung des Klosters des heiligen Jeremias, unmittelbar am Rande des Fruchtlandes. Außer den Wohnräumen der Mönche, die wie die heute noch bestehenden koptischen Klöster einem Dorfe gleichen, fanden sich die Wirtschaftsanlagen, dabei die Einrichtungen zum Keltern des Weines, zum Pressen des Öls, zum Backen der Brote usw. Aus zwei Kirchenräumen und einem Refektorium stammen die schönen Skulpturen in Kalkstein mit byzantinischer Ornamentik, die jetzt den koptischen Saal im Museum in Kairo füllen; ebenso der Stuhl des Abtes. Das im 5. Jh. v. C. gegründete Kloster ist in der Blütezeit der koptischen Kirche bewohnt worden.

J. E. Quibell *Excavations at Saqqara* IV (1908/09, 1909/10) Kairo 1912. Roeder

Sakrament s. Aberglaube A, Kultus A § 6, Magie A § 2.

Saktschegözü (Tf. 44—46). § 1. Ortschaft in Nordsyrien am Ostfuß des Kurd-Dagh, 37° 12′ N und 36° 54′ ö. Gr. gelegen, an der Grenze der antiken Staaten Gurgum im N und Sam'al-Ji'di im S, wohl zu letzterem gehörig, bisher noch nicht mit einer alten Stadt identifiziert, wurde 1907, 1908 und 1911 von J. Garstang ausgegraben. Drei in geringer Entfernung voneinander liegende Hügel, Songrus Öjük (B bei Garstang) im W, Dschobba Öjük (A) in der Mitte und Kefridis Öjük (C) im O, wurden untersucht. Vielleicht enthalten diese Namen noch den antiken. Hügel B scheint die älteste Besiedlung darzustellen, jedoch ohne bedeutende Kulturprodukte ans Licht zu bringen. Er war später in seleukidischer Zeit wieder besiedelt. Hügel C ist unbedeutend und wenig erforscht; dagegen ergab Hügel A, Dschobba Öjük, hervorragende Dolerit-Skulpturen aus aramäischer Zeit, aber ohne Inschriften.

§ 2. Die neol. Zeit ist durch zwei verschiedene Vasentypen charakterisiert: 1. schwarze Vasen mit geometrischen Mustern in Ritztechnik (Garstang I Tf. 45/7); 2. bemalte Vasen (a. a. O. Tf. 48; hier Tf. 44b). Außerdem fanden sich Pfeilspitzen und Steingerätschaften (a. a. O. Tf. 44; hier Tf. 44a).

§ 3. Aus älterer aramäischer Zeit, Ende des 9. Jh., stammt die fünfseitige Burgmauer (Tf. 46a) mit einem großen Tor an der SW-Front, das mit Skulpturen geschmückt war, die von einem Flechtband eingerahmt, flach scharfkantig sind (Tf. 45) und Personen mit dem charakteristischen, syrisch-aramäischen Barttypus zeigen, Vollbart mit ausrasierter Ober- und Unterlippe (s. § 6).

§ 4. Dem 8. Jh. gehört das im NO der Umfassungsmauer gelegene Schloß an mit Skulpturen der Kulturzeit des Bar-Rekub von Sam'al (s. d.), rundere, weichere Formen von kleinerer Zeichnung der Darstellungen, die die Eingangshalle des Palastes schmücken (s. § 7). Die Personen auch dieser Zeit haben noch den syr. Bart beibehalten, sind also aramäisch.

§ 5. Der röm. Periode entstammt ein von W nach O orientierter, oblonger Bau in der Mitte des Burggrundstücks. Das Gebäude hat einen fast quadratischen Hauptraum und zwei schmale Breiträume dahinter.

§ 6. Die Denkmäler der aramäischen Zeit des 9. Jh. schmückten das Burgtor. Die Umfassungsmauer ist nach SW orientiert, ist tiefer als breit und hat an der NW-Seite einen Knick. Außer den Ecktürmen springen jederseits 4 Türme aus der Mauer heraus, nur an der SO-Seite sind deren 5. Besonders vorspringend sind die beiden Türme, die das Tor flankieren. Der Torschmuck bestand aus mehreren Reliefs: 1. Löwenjagd in Berlin (VA 971) zeigt einen Fürsten mit seinem Wagenlenker rechtshin, beide im Panzer, zu Wagen und bei der Jagd auf einen Löwen (Tf. 45a). Der Wagen hat ein achtspeichiges Rad. Lanze und Löwenkopfschild. Auch die beiden Pferde sind gepanzert. Den Löwen bekämpfen zwei Götter: Der eine bartlos mit Lockenkopf, nur mit Schurz bekleidet, mit Speer und Doppelaxt in den Händen, der andere linkshin, mit syrischem Vollbart, im Panzer und Helm, führt eine Lanze gegen den Löwen (Humann und Puchstein *Reisen in Kleinasien* Tf. 46 S. 377f.). Die Anschlußstücke fehlen seitlich, da die Flechtbänder nur oben und unten laufen. 2. Fragment einer zweiten Löwenjagd, linkshin schreitender Löwe, hinter ihm Gott im Schurz (Tf. 45c). Das rechts aufsteigende Flechtband schließt das Relief hier ab (Garstang I Tf. 15, 2). 3. rechtshin schreitender Löwe, Fragment mit Flechtband unten (Tf. 35, 2; hier Tf. 45b). 4. Relief einer rechts sitzenden Frau vor einem Tisch mit gekreuzten Füßen und dahinterstehendem Diener (Garstang I Tf. 35, 1).

§ 7. Die Skulpturen des aramäischen Palastes des 8. Jh. beschränken sich auf die Eingangshalle, die durch eine Basis mit zwei weiblichen Löwensphinxen in zwei Teile geteilt ist (Tf. 46b). Front, Seite und Rückfront (die Wand des Breitraumes hinter dem Eingange) sind beiderseits mit gleichartigen Bildwerken im Gegensinne zueinander geschmückt (Tf. 46c). An der l. Seite sind sie vollständig erhalten. An der Front steht Nr. 1: zwei bärtige Genien, seitlich des Lebensbaumes, über ihnen die geflügelte Sonne mit Mondsichel. Nr. 2: geflügelter Mensch mit Adlerkopf. Nr. 3/4: Löwenskulptur, das Gesicht nach vorn wendend. Nr. 5: geflügelter Löwe mit Menschenkopf und hoher Krone in Form eines abgestumpften Kegels mit breiterem Aufsatzschmuck. Nr. 6: König mit Becher, dem geflügelten Löwen folgend. Nr. 7/8 an der Rückfront: das Gefolge des Fürsten: Page mit Schwert, Wedel und Handtuch und ein zweiter Page mit Schwert, Keule und Falken auf der Faust (Garstang I Tf. 40/42). An jeder Seite sind es 7 Steinblöcke (Tf. 46c).

§ 8. An Kleinfunden sind von Interesse eine Reihe von Stempelsiegeln von konischer Form mit ovaler Grundfläche (Garstang I Tf. 49; hier Tf. 44d). Ein Siegel (a. a. O. Tf. 49, 4) enthält, wie es scheint, eine Anzahl aramäischer Schriftzeichen (hier Tf. 44c), bisher der einzige Fundgegenstand mit Schrift aus S., dessen genaueres Studium vielleicht von Bedeutung für die Identifizierung des Ortes sein könnte. Die anderen Siegel tragen Tierdarstellungen und geometrische Ornamente in roher, primitiver, provinzieller Art.

J. Garstang *Excavations at Sakje-Geuzi* Liverpool Annals 1 (1908) S. 97—117 Tf. 33—49; ders. *Second interim Report on the Excavations*

al Sakje-Geuzi in North Syria 1911 Liverpool Annals 5 (1913) S. 63f. Tf. 3—5.
Eckhard Unger

Salamatino (Kr. Kamyšin, Gouv. Saratov; an der Ilovlja, im Südzipfel des Gouv.). Hier wurde im J. 1902 am Rande einer sandigen Düne ein reicher Grabfund gemacht, von dem Stücke in die Leningrader Eremitage und in den Besitz der Saratover Archiv-Kommission kamen. Es sind ein großer und ein kleinerer Spiralarmring aus Gold (CR Pétersb. 1902 S. 139 Abb. 246, 247), zwei große Perlen aus Email (?), gelb mit blauen Augen, eine zylindrische, schwarze mit buntem Muster, ein kleiner sog. skyth. Kessel aus Kupfer, ein zylindrischer Schleifstein (a. a. O. Abb. 248; s. Vettersfelde), etwa 20 gepreßte Goldbleche, rosetten- und herzförmig (a. a. O. Abb. 250—253), und Bruchstücke eines eisernen Dolch-Schwertes vom späten Typus (vgl. Materialien Arch. Rußl. 37 [1918] Tf. 5 Abb. 11; Schwert aus dem 3. Grab von Prochorovka; s. d.) mit kurzer, gerader Parierstange (der obere Teil des Griffes fehlt) und langer, gleichmäßig sich verjüngender Klinge mit 2 Blutrinnen in der Mitte (L. ca. 48—50 cm; abg. a. a. O. Abb. 249). Angeblich lagen die Armringe, der Schleifstein und die Perlen in dem Kessel und die Goldbleche bei dem Schwert. Auch von einem Tongefäß einheimischer Arbeit ist die Rede. Sonst ist über die FU nichts weiter bekannt. Die wichtigsten Stücke sind die beiden Armringe, von denen der eine an den beiden Enden mit je einem laufenden, ziegenartigen Tier, der andere in einem Widderkopf abschließt. Eine gewisse Verwandtschaft mit den Ringen im Oxus-Schatz (s. d.) wie mit denen aus Sibirien und die Schwertform geben die ungefähre Zeitstellung des der sarmat. Per. zugehörigen Grabfundes an. — S. a. Stavropol.

CR Pétersb. 1902 S. 138f.; Minns *Scythians and Greeks* 1913 S. 63, 173; Rostovcev *Skifija i Bospor* 1925 S. 591f.; O. M. Dalton *The Oxus Treasure*² 1926 S. 32ff.
M. Ebert

Salamis. A. Felsige Insel im saronischen Golf, der S-Küste Attikas w. vom Piräus unmittelbar vorgelagert, deren Fortsetzung sie bildet. Die höchste Erhebung ist der Mavrovuni (405 m). In vorgesch. Zeit unbedeutend. Beim Marine-Arsenal, am Sunde zwischen S. und dem Aigaleos-Vorgebirge, eine Nekropole kleiner, reihenweise angeordneter Erd- oder Felsgruben und Pithoi, mit Vasen aus dem Übergang vom Spätmyk. zum Geometrischen. Höher am Abhang ein kleines kyklop. Mauerstück. Vereinzelte myk. Funde an anderen Orten.

RE II R. 2 S. 1826ff. Bürchner; D. Fimmen *Kret.-myk. Kultur*² 1924 S. 9; Ath. Mitt. 35 (1910) S. 17ff. S. Wide.

B. Stadt an der O-Küste von Kypros (s. d.) beim heutigen Enkomi. Große Nekropole von Schacht- und Kammergräbern. Importierte myk. neben einheimischen Vasen. Reiche Schätze an Goldschmuck und Elfenbeingerät, mit interessanten orient. Einflüssen. S. a. Band VII Tf. 182D.

RE II R. 2 S. 1832ff. Oberhummer; Fimmen a. a. O. S. 97; A. Murray, Smith, Walters *Excav. in Cyprus* S. 1ff., dazu Arch. Jahrb. 26 (1911) S. 215ff. F. Poulsen; JHS 31 (1911) S. 110ff. E. Forsdyke.
G. Karo

Salat. Der S. (*Lactuca sativa*) ist jedenfalls eine recht alte Gartenpflanze, die sich wohl aus einer ausgesprochenen und ursprünglich recht scharfen und bitteren Ruderalpflanze entwickelt hat. Dafür spricht die weite Verbreitung in alter Zeit von Ägypten bis zum fernen China. Nur ist bis ins Mittelalter hinein die uns so vertraute Form des Kopfsalats noch nicht anzutreffen (Fischer-Benzon *Altdeutsche Flora* S. 104). Es ist vielmehr der „römische" S. eine schlanke, aufstrebende Form mit einzelgestellten Blättern, die wir auf äg. Bildern sehen. Als eine Ursache für den Übergang in den Garten werden wir den weißen, medizinisch wirksamen Saft annehmen können. Die Milch der Pflanze sollte die Muttermilch beeinflussen. Doch spielt wohl auch die Verwendung des Öls der Samen seit alter Zeit eine große Rolle, wie heute noch in Ägypten.
Ed. Hahn

Salbbehälter (Ägypten; Tf. 47e—g). Das Salben des Körpers, besonders aber der Haupthaare (Junker *Kubanieh-Süd* S. 44) spielt in der äg. Toilette zu allen Zeiten eine große Rolle, und schon die vorgesch. Äg. haben auch nach dem Tode dieser Gewohnheit nicht entraten wollen. In den Hockergräbern bei Naqada (s. Negade) haben sich sehr zahlreiche Tongefäße mit Resten von Fett und Salben (*scented fat*) gefunden, und zwar sind es die sog.

„Wellenhenkelgefäße" (Tf. 44e) und „zylindrischen Gefäße" (v. Bissing *Tongefäße* Tf. 6), die für diesen Zweck bestimmt worden sind (Petrie-Quibell *Naqada* S. 11 und 39 sowie Tf. 21 und 22; Junker *Kubanieh-Süd* S. 44), und die sich dementsprechend meist zu Häupten der Leiche, also am Südende des Grabes, gefunden haben (*Naqada* S. 19r., 29r.). Die Salbe wurde gelegentlich mit einer Schlammschicht bedeckt, um besser erhalten zu bleiben, und im Laufe der Zeit nimmt diese Schlammschicht zu, die Salbe aber ab, so daß die genannten Gefäße zuletzt nur noch mit Nilschlamm gefüllt werden. (Die Zusammensetzung und Herkunft dieser Salbe, die Petrie für importiert hielt, ist nicht einwandfrei festgestellt; vgl. *Naqada* S.39f.) Auch in den Darstellungen des AR erscheinen die Salbgefäße immer mit fest zugebundenem Deckel, der den duftenden Inhalt sorgfältig verschließt. Diese Salbgefäße des AR sind aus Stein gearbeitet, und gar manche der vorgesch. Steingefäße (s. d. C) werden ebenfalls mit Salben gefüllt gewesen sein, ohne daß wir das heute noch nachweisen können. Große Tongefäße, mit Salbe gefüllt, in Tragnetzen, fanden sich in Tarkhan (Petrie *Tarkhan* I 9; Grab 42).

Über die Art und Form der mit Salben gefüllten Tongefäße in den Königsgräbern der 1. und 2. Dyn. bei Abydos (s. d.) besitzen wir infolge der barbarischen Ausgrabungsmethoden Amélineaus keine genauere Kunde, — sie müssen nach Petrie (*Roy. Tombs* II 2) in Massen vorhanden gewesen sein. Auch Etiketten von Ölgefäßen haben sich in diesen Gräbern in beträchtlicher Anzahl gefunden (vgl. PSBA 34 [1912] S. 285ff.; über große Salbopfer am Königsgrabe vgl. Petrie *Roy. Tombs* I 14). Die mit Salbe gefüllten (37!) Tongefäße in einem Privatgrabe dieser Zeit (Petrie *Tarkhan* I 11, 101 und Tf. 51, 59h) haben eine andere Form (hohe Schulter und Hals) als die vorgeschichtlichen. Ranke

Salbe. S. zu äußerlicher Anwendung gehören zum ältesten Heilbedarf, hergestellt mit tierischen und pflanzlichen Fetten und Talgen, denen die verschiedensten tierischen, pflanzlichen und mineralischen Substanzen beigemischt waren. In Babylonien war die gebräuchlichste Salbengrundlage das Sesam-Öl, aber auch Rinderfett, Schweinefett, Hammeltalg und Milchfett, also Butter, wurden verwendet. Auf Leder gestrichen, wurden solche Mischungen als Pflaster gebraucht, in flüssigerer Form einfach zu Einreibungen.

Ähnliche Verhältnisse bestanden auch in Ägypten, dem Lande der Öle und Wohlgerüche, und anderwärts (s. Balsam).
Sudhoff

Salblöffel (Tf. 47a—d). Zum Herausnehmen der Salbe aus ihrem Behälter dienen Löffel aus Knochen oder Elfenbein, und zwar sind die bis zu 20 und mehr cm großen offenbar für die großen Tongefäße (Petrie-Quibell *Naqada* S. 20, 17 und Tf. 61, 5 in einem zylindrischen Tontopf), die kleinen, zierlichen aber für die kleinen Steingefäße (Petrie *Diospolis* Tf. 6, B 378 und S. 34; *Tarkhan* I S. 8 und Tf. 12, 2 mit zwei Alabastergefäßen im Sarg gefunden) bestimmt. (Auch der Inhalt wird verschieden gewesen sein, die kostbarere Salbe etwa für das Gesicht [L. Klebs]?) Die kleinen Löffelchen sind meist unverziert, die Kelle ist oft kreisrund, der Griff meist ganz gerade oder gelegentlich mit einer Krümmung nach der Kelle zu und häufig mit einer Durchbohrung am Griffende versehen. Die großen Löffel dagegen sind selten schmucklos gelassen. In älterer Zeit ist der Griff häufig mit geschnitzten Tierfiguren (Löwe und Hund, Falke, Löwe und 2 Schlangen) verziert, später trägt auch die Unterseite der Kelle gelegentlich reichen figürlichen Schmuck, so bei Petrie *Tarkhan* I Tf. 12, 6 (= 13. 1—6), wo die Kelle ausnahmsweise viereckig gestaltet ist (ähnlich Petrie *Tarkhan* II Tf. 1, 1331), oder bei *Tarkhan* II Tf. 1, 1925, wo Kelle und Griff aus zwei Stücken gearbeitet sind. Für gewöhnlich ist auch bei diesen großen Löffeln die Kelle kreisrund oder oval. Bei Petrie *Tarkhan* II Tf. 1, 1805 ahmt der Griff 2 Arme nach, deren Hände die Kelle selbst bilden; hier ist also der primitivste Vorgänger des Salblöffels, in Elfenbein übersetzt, festgehalten. Eine Ausnahme bildet ein Löffel mit Kelle aus Schiefer und einem Stiel, der mit Kupferdraht umwickelt und mit Steinperlen verziert ist (Petrie-Quibell *Naqada* Tf. 61, 8). Darstellung eines Salblöffels mit zierlichem Griff, der eine Hand nachbildet: Quibell

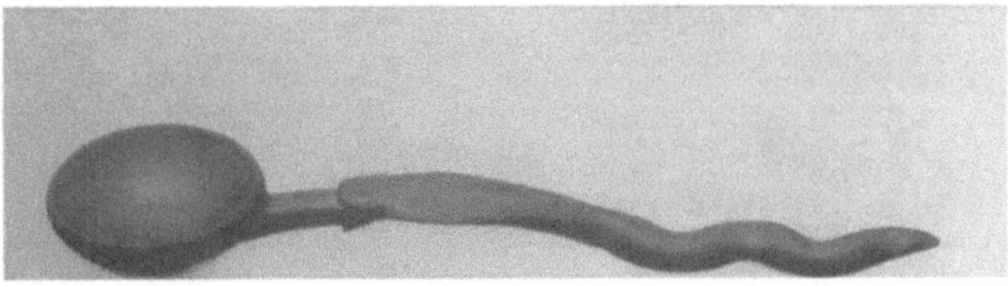

a

c

b

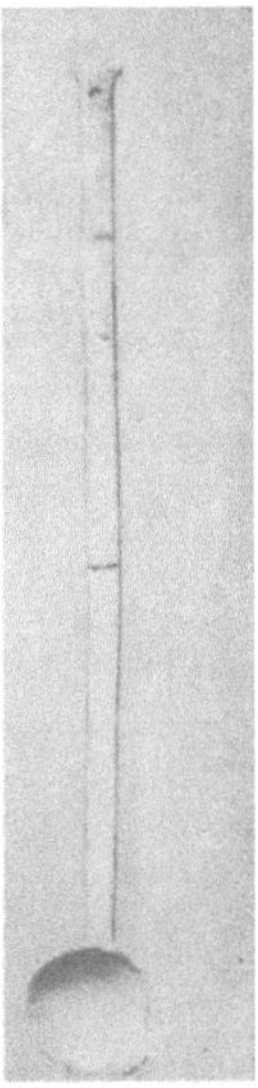

d

e f g

Salbbehälter und Salblöffel

Salblöffel: a. Aus grünem Stein. Den Griff bildet eine Uräusschlange. Berlin Inv. Nr. 22454. — b. Aus Elfenbein. Am Griff ein Löwe und zwei Schlangen. Berlin Inv. Nr. 19205. — c, d. Aus Knochen. Berlin Inv. Nr. 18930, 18772. — Salbbehälter: e. Tongefäß. Inv. Nr. 19168. — f, g. Aus Alabaster, darin Salbgriffel aus Knochen. Inv. Nr. 18929, 18933. — a. Unbekannter FO in Ägypten, b—g. von dem vorgesch. Gräberfeld von Abusir el-Meleq.

Tomb of Hesy 3. Dyn.) S. 35, Abb. 18 und Tf. 21.

Petrie-Quibel *Naqada* Tf. 61; Ayrton-Loat *Mahasna* Tf. 20, 22; MDOG 30 S. 22 Möller; Petrie *Tirkhan* I Tf. 12 und 13, II Tf. 1 und 2; Peet *Cem. Ab.* I Tf. 3 und 5; Quibell *Archaic Obj.* Tf. 58 14490; Petrie *Royal Tombs* II Tf. 34, 81. Ranke

Saleby (Rasagården, Ksp. Saleby, Västergötland, Schweden). Urnenbrandgräberfeld aus vorröm. und früh-röm. Zeit, in dem Sicheln und Krummesser in auffallender Anzahl vorkommen. S. Nordischer Kreis C 1 § 7.

H. Jungner *Gudinnan Frigg och Als Härad* Diss. Uppsala 1922 S. 45ff.; Fornvännen 1911 S. 247. Hanna Rydh

Salem-Koberstädter Stufe s. Mittel- und Süddeutschland D § 4.

Salgir s. Südrußland D, Vettersfelde.

Salitre-Höhle. Unfern Ajanedo-Miera (span. Provinz Santander). Entdeckt von L. Sierra (1903). Unbedeutende Tierbilder. S. Kunst A II.

H. Alcalde del Rio, H. Breuil und L. Sierra *Les Cavernes de la Région Cantabrique (Espagne)* Monaco 1911 S. 25. H. Obermaier

Sallentini s. Messapier B.

Salles (Portugal. Nekropole mit Megalithgräbern an der span.-portug. Grenze, etwas ö. von dem Ort, wo der Fluß Lima in portug. Gebiet übertritt, also z. T. in der span. Orense, z. T. im portug. Tras-os-Montes. Besonders bemerkenswert ist die große Anzahl von Gräbern, die ein weites Gebiet bedecken. Viele sind aber noch nicht ausgegraben, und die bis jetzt untersuchten (alle im portug. Teile der Nekropole) haben ein ärmliches und wenig typisches Material ergeben. Den Gräbertypen nach wären verschiedene Momente der Megalithgräberentwicklung vertreten, da einige kleinen Steinkisten, andere den richtigen alten „Dolmen" der Nekropole bei Villa Pouca de Aguiar gleichen (s. Alvão). Um ein definitives Urteil über die Nekropole fällen zu können, muß eine methodische Untersuchung derselben abgewartet werden.

J. Fortes *A Necropole dolmenica de Salles* Portugalia 1 S. 665ff. J. de C. Serra-Ràfols

Salmanovo s. Denev und Band V Tf. 72c.

Saltadora-Nischen s. Valltorta-Schlucht.

Salz. S. a. Bergbau A § 36ff., Nahrung.

A. Allgemein. § 1. S. gehört unstreitig zu den ersten Bedürfnissen der Menschheit, wenn auch die verschiedenen Völker in ihrer Vorliebe und der Verbrauchsmenge sehr voneinander abweichen. So ist für die älteste Zeit schon der Handel mit S. eine der großen Quellen der Völkerverbindungen. Kyrle konnte mit vorzüglichem Material nachweisen, daß im Salzkammergut das Steinsalz nicht nur für die Anwohner, sondern auch für den Handel gewonnen wurde. S. Bergbau A § 36ff.

§ 2. Neben diesem Steinsalz hatte man wohl schon früher aus Meer- und Solwasser S. in natürlichen und künstlich angelegten Gruben durch die Sonne herausdörren lassen, oder es geholt, wo es fertig am Strande oder in der Steppe zu finden war. Es scheint auch früh gebräuchlich gewesen zu sein, daß man Buschholz oder Baumstämme mit Sole begoß und sie dann verbrannte, um aus der Asche das S. auszuziehen, oder daß man auch auf glühende Steine Sole goß. Wir kennen die technischen Hilfsmittel der alten Zeit noch zu wenig, um zu wissen, wie groß der Salzhunger und der Salz- oder Laugenverbrauch in der alten Wirtschaft und wie stark deshalb die Aschenbrennerei war, die sich bis ins 18. Jh. erhielt. Jedenfalls reizte jede einigermaßen starke Solquelle zur frühen Besiedelung.

§ 3. Gelegentlich wird auch in Europa S. aus Pflanzen, z. B. Tangen an der Seeküste, gewonnen sein. Doch wird es nie, wie im salzhungerigen mittleren Afrika, zum Anbau salzhaltiger Pflanzen gekommen sein. Ob sich aber bei uns das S. in alten Funden nachweisen läßt, ist noch nicht entschieden. In trockenen Gegenden, wo der Boden nicht selbst S. enthält, wäre es immerhin möglich. Ed. Hahn

B. Palästina-Syrien. Da sich in allen sem. Sprachen dieselbe Bezeichnung für das S. (hebr. *melaḥ*; in den Amarna-Briefen auch *ṭâbtu* Knudtzon 22 III 10) findet, ist es schon in der ältesten Zeit verwendet worden. Die Israeliten brauchten das S. nicht nur zu den Speisen, sondern nach babyl. Sitte auch für das Opfer (Ezech. 43, 24; Lev. 2, 13; Esra 6, 9; 7, 22). Gemeinsames Essen von S. verband die Teilnehmer der Mahlzeit unlöslich (Salzbund Num. 18, 19; 2. Chron. 13, 5 vgl. Esra 4, 14). Das neugeborene Kind wurde mit S. abgerieben (Ezech. 16, 4). Man holte das S. vom Toten

Meere. Bei dem *ǧebel usdum* finden sich noch heute große, reine Salzfelsen, aus denen der Regen sonderbar geformte Gestalten herauswäscht (die Salzsäule Gen. 19, 26). Auch an der Halbinsel *lisân* ist Steinsalz nachgewiesen (ZdPV 2 [1879] S. 230 O. Kersten). Das Tote Meer wurde deshalb und wegen seines starken Salzgehaltes Salzmeer genannt (Jos. 15, 2ff.; 18, 19; Num. 34, 3. 12; Deut. 3, 17). Wohl erst später hat man aus dem Meere S. gewonnen (Ezech. 47, 11; Zeph. 2, 19 vgl. Joseph. antt. XIII 4, 9; 1. Mak. 11, 35). Besonders Ostrakine scheint viel geliefert zu haben. In Nordsyrien lagern noch heute mehrere Seen nö. von Aleppo sehr reichlich S. ab (Mitt. Deutsch. Pal. V. 1899 S. 93).

H. Guthe *Kurzes Bibelwörterbuch* 1903 S. 564; ZdPV 19 (1896) S. 33ff. M. Blanckenhorn; ebd. 20 (1897) S. 22f. R. Sachsse.

Peter Thomsen

Sam'al. § 1. Die Hauptstadt eines Fürstentums S.-Jidi wurde im Ruinenhügel von Sendschirli im n. Syrien, 37° 6′ NB und 36° 34′ ö. Gr., durch die Ausgrabungen von F. von Luschan, im Verein mit C. Humann, R. Koldewey, 1888, 1890, 91, 94 und 1902 wiedergefunden.

§ 2. Durch die assyr. Keilinschriften und durch eigene, seit der 2. Hälfte des 9. Jh. in S. geschriebene aramäische Inschriften ist die Geschichte der Stadt einigermaßen bekannt, wenn auch die genauen Regierungsdaten der Fürsten daraus nicht erschlossen werden konnten. In Dunkel gehüllt ist die älteste Zeit, die durch die Skulpturen des s. Stadttores mit Figuren des rasierten, hettit. Volkstypus, sowie durch einige später wieder verwendete Reliefs derselben Kunstart aus dem äußeren Burgtor vertreten ist. Die Zeit ist um 1000 anzusetzen. Hettit. Inschriften fehlen. Seit dem 9. Jh. ist S. im festen Besitz der Aramäer. Der älteste bekannte Herrscher ist Gabbaru, eines Namens mit dem Kapara von Gusana (s. d.). Der Sohn des Gabbaru, Hajâ oder Hajanu, kämpfte 859 gegen Salmanassar III. von Assyrien bei der Stadt Lutibu im Gebiete von S. Eine zweite, S. untertänige Stadt war Hazrak gemäß der Stele des Zakir von Hamat (s. Hamath § 3). Aus der Zeit des Gabbaru oder des Hajâ dürften die ältesten aramäischen Skulpturen des äußeren Burgtores mit aramäischer Physiognomie der Personen stammen. Kalammu, der Sohn des Hajâ, hat die erste aramäische Inschrift hinterlassen (*Sendschirli* IV 374ff.). Nach einer Lücke regierte Karallu, dann sein Sohn Panammu I., dessen Statue des Gottes Hadad in Gerdschin, ö. von S., gefunden wurde und aramäische Inschrift trägt (*Sendschirli* II 49ff.). Um 765 ist dann Bar-Sûr bekannt, ferner dessen Sohn Panammu II., dem dessen Sohn Bar-Rekub eine Statue mit Inschrift errichtete, die man in Tahtali-Bunar (Islahije) entdeckte. Panammu II. wird von Tiglatpileser III. von Assyrien 738 und 734 als tributpflichtig und als Vasall erwähnt. Seit 732 etwa regierte Bar-Rekub, der den Palast bedeutend erweiterte und mit Reliefs (Band II Tf. 21) und Inschriften schmückte (vgl. a. ebd. Tf. 201c). Das Vasallenverhältnis dieses Königs zu Assyrien war derart gesteigert, daß er nicht nur statt des früher verehrten Gottes Ba'al Halebbeh (Hadad von Aleppo) den Gott Ba'al Harrân von der benachbarten assyr. Provinz als Hauptgott anbetete, sondern auch seine aramäische Nationalbarttracht, Vollbart mit rasierten Lippen, die alle früheren Skulpturen zeigen, umänderte und die assyr. Barttracht, Vollbart mit Schnurrbart und Fliege, selbst übernahm und an seinem Hofe überhaupt einführte. Im J. 725 machte Salmanassar V. einen Feldzug gegen S., in dem wahrscheinlich dieses Fürstentum völlig zur assyr. Provinz gemacht wurde. Eine in S. gefundene Königsstele (*Sendschirli* II 27 Abb. 9) könnte von Salmanassar herrühren, da die Assyrer als Zeichen ihrer Herrschaft stets zuerst eine solche Stele errichteten. 681 ist ein assyr. Statthalter von S., Nabuaḫe-ereš Eponym. Das letzte Denkmal in S. ist die von Asarhaddon im J. 671 errichtete Stele (Band IV Tf. 208b; VII Tf. 83b, c, 160a; *Sendschirli* I Tf. 1). An den Schmalseiten sind Assurbanipal und Šamaš-šum-ukin, die Kronprinzen von Assur und von Babylon, in Relief dargestellt (ZfAssyr. 31 S. 236f. E. Unger). Asarhaddon hat nach einer kürzlich veröffentlichten Chronik im Jahre 674 gegen eine Stadt Ša-amêlê, vermutlich verhört für Sam'al, Krieg geführt, demzufolge die Stele errichtet worden ist.

§ 3. Die Stadt S. ist kreisförmigen Grundrisses und von einer doppelten Mauer eingehegt (Band I Tf. 102). Sie wird von 3 Toren unterbrochen, im NW und NO und im S. Letzteres ist mit Reliefs geschmückt, die der hettit. Kultur um 1000 angehören (*Sendschirli* III Tf. 34 S. 202ff.). Der Palast hat ovalen Grundriß, liegt mitten im Stadtgelände und ist durch Mauern in 3 Teile zerlegt. Das äußere Burgtor im S hat meist Skulpturen mit dem aramäischen Typus der Personen, verwertet aber auch ältere Reliefs aus der hettit. Periode. Das Tor dürfte aus der 1. Hälfte des 9. Jh. stammen. Aramäische Inschriften sind noch nicht verwendet (*Sendschirli* III Tf. 27ff. S. 208f.). Die Palastgebäude bestehen aus dem eigentümlichen Typus des Hilani (s. d. und Baukunst D § 3; Band I Tf. 96). Eine Erneuerung und Erweiterung des Palastes nahm der letzte aramäische König Bar-Rekub um 732 vor und schmückte ihn mit zahlreichen Skulpturen.

§ 4. Außer den genannten Bildwerken sind noch folgende erwähnenswert. Die Kolossalstatue eines Königs, der wahrscheinlich vergöttert auf eine Löwenbasis gesetzt ist (Band VII Tf. 165a; *Sendschirli* IV Tf. 64), die sich in Konstantinopel befindet (Nr. 7768); die Stele eines aramäischen Königs, gefolgt vom Pagen, vielleicht dem Kalammu zuzuschreiben (*Sendschirli* V Tf. 66); endlich die Reliefs aus der Zeit des Bar-Rekub; die Stele einer Königin, die vielleicht ein wenig älter ist (*Sendschirli* IV Tf. 54); Relief des betenden Königs in Konstantinopel (Nr. 7697; *Sendschirli* IV Tf. 67) und seines Gefolges von Musikanten in Konstantinopel (Nr. 7723), Relief des thronenden Königs in Berlin (VA 9317; *Sendschirli* IV Tf. 60). Die Kleinfunde und die Keramik, von der in Konstantinopel reiches Material aufbewahrt wird, harren noch der Veröffentlichung.

Ausgrabungen in Sendschirli Mitt. a. d. Oriental. Sammlungen 11—14 (1893—1911) = *Sendschirli* I—IV; O. Puchstein *Pseudohethitische Kunst* 1890; E. Meyer *Reich und Kultur der Chetiter* 1914 S. 59ff.; E. Unger *Hettitische und Aramäische Kunst* Archiv f. Keilschriftf. 1, 2 S. 78f. Eckhard Unger

Samaria.

§ 1. Geschichte. — § 2. Grabungen. — § 3. Inschriften.

§ 1. Nach 1. Kön. 16, 24 kaufte König Omri von Israel (um 883 v. C.) den Berg *šômᵉrôn* (griech. Σαμάρεια) und verlegte auf diese sehr günstig gelegene Höhe seine Residenz. Der Berg wurde befestigt und erhielt eine Stätte zur Verehrung Jahwes (Micha 1, 5), unter Ahab auch einen Tempel des tyrischen Baal (1. Kön. 16, 32; 2. Kön. 13, 6). Sehr bald scheint sich eine größere Ortschaft entwickelt zu haben; denn schon unter Omri hatten die syr. Kaufleute von Damaskus hier einen eigenen Basar (1. Kön. 20, 34). Von Assurnasirpal, der 878 bis an die phön. Küste vordrang, hat sich Omri wohl durch eine Tributzahlung seine Unabhängigkeit erkauft. 724 wurde die Stadt von den Assyrern belagert und 722 erobert. Erst durch Herodes kam sie zu einer neuen Blüte, da er sie mit prachtvollen Bauwerken schmückte.

§ 2. In den Jahren 1908—1910 ist im Auftrage des Semitic Museum der Harvard Universität auf Kosten von J. H. Schiff in S. gegraben worden. Die Funde bestätigten die geschichtl. Nachrichten, indem nichts Vorisr. aufgedeckt werden konnte, während für die röm.-byzant. Zeit viel zutage kam. Die isr. Bauten waren unmittelbar auf dem natürlichen Felsen errichtet; nur hatte man hier und da Unebenheiten durch Aufschüttung ausgeglichen. Die Mauern aus der Zeit Omris zeigen bereits eine vorgeschrittene Bearbeitung der Steinblöcke. Der Palast Ahabs war aus sorgfältig behauenen Werkstücken gebaut. Auf Steinen, die noch etwas später verwendet wurden, fanden sich, ähnlich wie in Megiddo (s. d.), hebr. Buchstaben als Steinmetzmarken. Die Tonwaren und Geräte wiesen durchweg spätere Formen auf. Gefäße aus Glas und Alabaster (dabei eine Vase mit dem Namen des Pharao Osorkon II.), Geräte aus Elfenbein (Dolchgriffe), Amulette aus Fayence und Skarabäen (diese z. T. auch inländisches Erzeugnis) waren aus Ägypten eingeführt. Auch die Feuersteingeräte (Sicheln, Sägen, Messer) gehen wie die Steinäxte und Keulenköpfe nicht in die vorisr. Zeit zurück. Dementsprechend waren Waffen und Werkzeuge aus Eisen hergestellt; erst in hellen.-röm. Zeit tritt wieder Bronze für Pfeilspitzen, Nägel, Werkzeuge, Fibeln, Nadeln, Ringe und Armreifen auf. S. a. Band VIII Tf. 136^B u—a_1.

§ 3. Bei weitem am wertvollsten unter allen Funden waren die 63 beschriebenen Tonscherben (Ostraka) aus dem Palaste

Ahabs. In althebr. Schrift (s. d. E) waren darauf Angaben über das Jahr der Lieferung, den Empfänger, die Absender oder den Ausgangsort und das Abgelieferte (Wein, Öl) gemacht. Diese Scherben waren demnach die Begleitschreiben zu Abgaben an den königlichen Hof. Für die Geschichte der hebr. Schrift sind die Ostraka insofern von Bedeutung, als alte Denkmäler sehr selten sind und die hebr. Schrift hierauf bereits im 8. Jh. in voller Flüssigkeit erscheint. Die Funde in Byblos (s. d.) haben freilich gezeigt, daß die Schrift schon im 14. oder 13. Jh. in Phönizien erfunden worden sein muß (s. Schrift E § 1). Eine kleine Keilschrifttafel und verschiedene aram. Inschriften, die außerdem auftauchten, gehören in noch spätere Zeit.

G. A. Reisner, Cl. S. Fisher, D. G. Lyon *Harvard Excavations at Samaria* 1924; OLZ 28 (1925) S. 265f. R. Kittel; ebd. S. 273ff. A. Jirku. Peter Thomsen

Šamaš. Von Anbeginn der babyl. Geschichte finden wir im Zweistromlande den Kultus der Sonne. Die Sumerer hatten für sie den Namen Utu (= Tag), die Semiten den Namen Šamaš. Beide Völker sehen in der Sonne einen männlichen Gott. Seine Hauptkultstätten sind Larsa (s. d.; heute Senkereh) und Sippar (s. d.; heute Abu Habba). In beiden Städten heißt der Sonnentempel Êbabbara. Die babyl. Theologen bezeichnen den Gott als Sohn Sins (s. d.). Demgemäß ist seine Zahl niedriger als die Sins, nämlich zwanzig. Seine Braut ist Aja, seine Kinder Kettu und Mêšaru (Recht und Gerechtigkeit). Er fährt am Himmel auf einem Wagen dahin, den sein Wagenlenker Bunene lenkt. Seine Eigenschaften entsprechen seinem Charakter als Sonne. Er spendet durch sein Licht Leben und Gesundheit. Niemand kann sich ihm entziehen, sein Strahl durchdringt alles. Daher ist er auch der „Richter der Welt". Wo alle Weisheit versagt, vermag er zu urteilen. Sein Spruch ist gerecht; das Gute siegt, das Böse unterliegt. Wer Auskunft über die Zukunft erheischt, wendet sich an ihn. Er ist der Herr des Orakels, die Wahrsagepriester erkennen ihn als Schutzpatron an und leiten ihre Weisheit von ihm ab. Sein Symbol ist die Säge und vielleicht das Kreuz. S. a. Götterbild E 1, Göttersymbol E 1, Religion E.

*KAT*³ S. 367ff. H. Zimmern; Roscher *Lex.* S. 533ff. s. v. Šamaš A. Jeremias; A. Schollmeyer *Sumerisch-babylonische Hymnen und Gebete an Šamaš* 1912. Ebeling

Sammelring s. Geld § 13.

Sammelwirtschaft s. Jagd A § 7, Wirtschaft.

Samniter s. Italiker B.

Samojeden s. Finno-Ugrier B § 25f.

San Antonio el Pobre (Spanien; Band X Tf. 150, 151). § 1. Bei San Antonio el Pobre, unweit Murcia, wurde an der Stelle „La Luz" der bedeutendste Fund iber. Bronzestatuetten gemacht. Einige Mauerreste, leider sehr schlecht erhalten, stammen aus einem dortigen iber. Heiligtum, dessen Ex-vota die Statuetten waren. Vor mehreren Jahren wurden die ersten Bronzen gefunden, leider durch Laienhände. Aus deren Grabungen stammen etwa 35 Bronzestatuetten, die durch das Museum in Barcelona erworben wurden. Später unternahm für das Madrider Archäologische Nationalmuseum C. de Mergelina Ausgrabungen, die noch einige Bronzen zutage führten, aber keine sicheren Anhaltspunkte über die Eigenart des Heiligtumes zu geben vermochten, weil der FO bereits gestört war.

§ 2. Die Statuetten stellen öfters Krieger zu Pferd, mit Rundschild, Krummschwert (Falcata; s. d.), Helm und Sporen dar. Auch der Kopf des Pferdes ist mit einer Platte geschützt. Ferner Krieger zu Fuß, Männer mit langem Mantel, der bis zu den Füßen reicht, einige mit Falcata oder Lanze, nackte Männer, einer davon ithyphallisch. Die Frauen haben ebenfalls einen langen, bis zu den Füßen herabfallenden Mantel und am Kopf einen Kamm (span. *peinetas*), wie häufig an den iber. Steinplastiken zu beobachten ist (Dame von Elche; s. d. und Band III Tf. 12). In anderen Fällen ist der Mantel ohne diese Kammstütze am Kopf befestigt. Einige Frauen sind mit Kolliers und Ohrgehängen geschmückt, andere halten eine Vase in den Händen. Sehr kunstvoll gearbeitet ist eine nackte Frauenfigur, mit langen Zöpfen, sowie eine Hand, die wohl einer größeren Statuette angehörte. Weiter finden sich Pferdchen, sowie Beine und Torsos, welche die Bedeutung des Platzes als Heiligtum durch ihren Ex-voto-Charakter sichern.

Sonst sind in La Luz wenig Funde gemacht worden: Eisenmesser, Bronzeringe und spärliche Keramik: mehrere kleine iber. bemalte Vasen, doch nur mit einfachen Farbenstreifen, monochrome Gefäße, ein Paar Webstuhlgewichte aus Ton u. a.

§ 3. Einige der Bronzen sind wohl das Beste und Kunstvollste, was es unter den iber. Bronzen gibt, und, von einigen rohen Typen abgesehen, stellen sie eine sehr entwickelte Phase der iber. Plastik dar. Die Gesichtszüge sind fein modelliert und die Glieder anatomisch vollkommen dargestellt. Mit anderen Funden von Bronzen aus Südostspanien und mit der Steinplastik des Cerro de los Santos (s. d. und Band II Tf. 150, 151) bilden sie eine gegen die andalusische selbständige Gruppe der iber. Skulptur. Griech. Einfluß ist in den Figürchen aus La Luz deutlich zu erkennen, doch nicht der der archaischen griech. Typen, wie bei einigen Steinfiguren und Bronzen Andalusiens, sondern wohl der Plastik des 5.—4. Jh. v. C. La Luz ist etwa in die Blütezeit der südostspan. iber. Kultur, eben in diese Jh., zu datieren.

Andere iber. Heiligtümer sind aus Südostspanien von Cerro de los Santos (s. d.) und La Serreta (s. Serreta [La]) bekannt. In Cerro de los Santos waren die Opfergaben Stein- und Bronzefiguren, in La Serreta bei Alcoy (Prov. Alicante) ausschließlich aus Ton hergestellt und zum Teil späterer bzw. röm. Zeit angehörend. In Andalusien kennen wir die großen Heiligtümer von Castellar de Santisteban und vom Collado de Jardines.

Bosch *Bronzes ibèrics de la Luz (Murcia) al Museu de Barcelona* Gaseta de les Arts 1924 Nr. 10 S. 4—5 (vorläufige Veröffentlichung, die Publikation in Anuari Inst. noch nicht erschienen); C. de Mergelina *El santuario hispano de la Sierra de Murcia* Memorias Junta Exc. 77, 7 (1924—25); R. Carpenter *The Greeks in Spain* Bryn-Mawr 1925; Arch. Anz. 1923—24 S. 182 ff. Bosch.

J. de C. Serra-Ràfols

San Antonio-Höhle. In Ribadesella (span. Provinz Asturias). Einfache Umrißmalerei eines Wildpferdes, entdeckt von H. Alcalde del Rio (1912). S. Kunst A II.

L'Anthrop. 25 (1914) S. 235.

H. Obermaier

San Canziano (Küstenland). Komplex von Karsthöhlen, etwa 20 km ö. von Triest, für die Vorgeschichte dieser Gebiete besonders wichtig durch die beträchtliche Anzahl von Höhlen, die von der ausgehenden neol. Zeit bis in die röm. hinab besiedelt oder doch benutzt waren. Die in manchen dieser Höhlen wohnenden Vorillyrier haben dort auch bestattet bis ins 4. Jh.: Skelettgräberreste mit Certosa-Fibeln und Stücken venetischer Bronzesitulen mit venetischen Inschriften (s. Altitalische Alphabete, Veneter), also aus derselben Zeit, wo die seit mehr als einem halben Jahrtausend im Lande wohnenden Illyrier (s. d.) ihre Toten verbrannten und mit gleichem Inventar der Erde anvertrauten, in den Nekropolen dieses Höhlengebiets freilich stets außerhalb, in der Nähe der Höhlen und meist in bloßen Erdgruben, seltener in Tongefäßen. Das Gepräge dieser Brandgruben ist etwas älter als die istrischen Grabfelder von Nesazio (s. d.), Vermo (s. d.) und Pizzughi (s. d.), auch als Santa Lucia (s. d.), Redipuglia, Karfreit. Szombathy nimmt an, daß auch die in der Tiefe, z. B. der „Knochenhöhle", gefundenen Reste von Skelettbestattungen Gräbern entstammen, die ursprünglich in der Höhe angelegt waren, und nur durch Erdrutsch in die schwer zugänglichen Schutthalden der Tiefe hinabgeglitten seien. Die Urbewohner werden nach den Knochenresten als eine kleine Rasse erkannt. Es sind dieselben, welche auch die Castellieri (s. d.) erbauten, als sie dem Troglodytentum entwachsen waren, die, von den Illyriern, die sich auf jenen Hochburgen an ihre Stelle setzten, unterjocht oder verjagt, sich dann aber später teilweise wieder in die Höhlen zurückgezogen zu haben scheinen. Schließlich ist ein großer Depotfund bemerkenswert, der in der sog. „Fliegenhöhle" gehoben wurde: eine Fülle von Waffen, fast durchweg Bronze, ganz wenig Eisen, auch viel Sachen venetisch-getriebener Art, geschwungene Messer, Sicheln, Haken u. a. Geräte, Bronzeeimerhenkel u. a. Stücke, Lampen, Nadeln der istrischen, gern mit mehreren Knöpfen gekrönten Art, sehr wenige Fibeln, darunter eine doppelspiralige Schlangenfibel mit spiralischer Fußscheibe mittelitalischer Art (Szombathy a.a.O. S. 159 Abb. 152; Montelius' Periode IV), spiralischer Hals- und Ohrschmuck: alles Dinge, die mit dem Bronzefund von S. Francesco, Bologna (s. d. § 5), zusammenhängen, in etwas jüngere Zeit hinabreichen und für die damals schon engen Beziehungen der ö. Po-Ebene mit Istrien, Krain usw. Zeugnis ablegen. Unberührt oben auf der Schuttschicht, in der tief unten in der schrägen Schutthalde eines senkrechten Höhlenschachtes diese reichen Funde auftauchten, lag ein röm. Legionarhelm mit gepunzter Inschrift des 1. Jh., daneben eine augusteische Fibel, beides zu viel jüngerer Zeit in die unzugängliche Tiefe geschleudert. Wie, aus welchem Anlaß und ob gleichzeitig — sehr fraglich — die sog. Depotfundstücke in die Höhle gekommen sind, ist nicht festzustellen. Szombathy denkt an sukzessive Opferhandlungen oberhalb der Höhlenöffnung.

Peet *Stone- and Bronzeages* S. 198—199; Szombathy *Altertumsfunde aus den Höhlen bei St. Kanzian* Mitt. präh. Kom. 2, 2 (1912) S. 127—190. Dort S. 127 die frühere Lit., auch über die jüngeren Nekropolen der illyr. Zeit. Über letztere besonders Boll. d. Soc. Adr. d. sc. nat. 20 (1901) S. 23ff. v. Duhn

Sand. S. fand die mannigfachste technische Verwendung: im Neol. beim Sägen von Stein und beim Bohren der Steinäxte (s. Steinbearbeitung § 11, 13), ferner als Schleifmittel und wahrscheinlich zum Scheuern der Holzgefäße und anderer Holzgeräte, die gewiß in größerem Umfang benutzt wurden als die spärlichen Funde erkennen lassen. In der Töpferei wurde der Ton mit S. gemagert, namentlich auch für diejenigen Ton- und Lehmgeräte, die, wie Schmelztiegel und Gußformen, höheren Hitzegraden ausgesetzt waren. Manche Ausgrabungsberichte erwähnen, daß den Fußboden von Gräbern eine Schicht besonders feinen oder reinen S. bedeckt, offenbar um eine saubere Unterlage zu schaffen. Das läßt bei dem Zusammenhang, der zwischen Grab- und Wohnbau besteht, vermuten, daß man auch in den Wohnhäusern den Fußboden mit S. bestreute, wie es auf ungestrichenen Holzdielen noch heute üblich ist. Füllt S. einen umschlossenen Raum aus, wo er nicht ausweichen kann, dann bildet er eine feste Unterlage, besonders wenn er mit Wasser eingeschlämmt wird. Hieraus zog die antike Baukunst Nutzen, indem sie gelegentlich in lockerem Boden Gebäude mit S. fundamentierte, z. B. das Schatzhaus von Sybaris in Olympia und den Athena-Tempel in Troja IX.

Dörpfeld *Troja* S. 217ff. Alfred Götze

Sandale. S. a. Kleidung. — (Ägypten) Spuren von irgendwelcher Fußbekleidung haben sich bei vorgesch. Leichen weder in Ä. noch in Nubien gefunden, und man würde versucht sein, die S. für eine Erfindung der „dynastischen" Zeit zu halten, spräche nicht ein einziger Fund dagegen. In Diospolis Parva (s. d.; Petrie S. 22 und Tf. 10, 19) hat sich in einem Hockergrabe (U 160) der frühen Vorzeit (nach Petrie „S. D. 32") ein Paar sauber gearbeiteter Elfenbeinmodelle von S. gefunden, rot bemalt mit weiß gelassenen Querstreifen, jedes Stück mit 5 Löchern für die Sandalenriemen versehen. Man wird also annehmen müssen, daß entweder bei den Tausenden von vorgesch. Leichen, die bisher in Ä. und Nubien ausgegraben worden sind, die (etwa aus Binsen geflochtenen) S. spurlos zugrunde gegangen sind, oder daß die älteste Sitte aus irgendeinem Grunde die Beisetzung von S. im Grabe verbot, und daß nur in ganz seltenen Fällen davon eine Ausnahme gemacht wurde. Auch aus der Frühzeit haben sich keine S. im Original erhalten (vgl. aber die merkwürdigen *sandal-trays* Petrie *Tarkhan* I 11f., 25 und Tf. 11 und 12!).

Auch die Darstellungen der vorgesch. wie der frühgesch. Zeit zeigen uns alle Menschen ohne jede Fußbekleidung. Selbst der König der 1. Dyn. geht — sogar bei festlichen Gelegenheiten — noch barfuß (Capart *Débuts* S. 237 und 241; vgl. S. 236), aber ihm folgt ein Diener, der ihm die S. nachträgt. Ranke

Sandalengefäß s. Stiefelgefäß.

Sande (Ksp. im Amt Jarlsberg, Norwegen). Bei Aas gibt es ein kleines Gräberfeld mit Hügeln der vorröm. Zeit, wovon besonders zwei Hügel mit mehreren Gräbern in jedem von ihnen interessant sind. Bemerkenswert ist ein Skelettgrab der III. Periode. S. Nordischer Kreis C 1 § 7.

Oldtiden 7 (1918) S. 65ff. A. W. Brøgger. Hanna Rydh

Sandelholz s. Ebenholz C.

Sandguß s. Bronzeguß A § 11.

Sandshavn-Typus s. Band IX Tf. 45 f.

Sänger (Vorderasien). Im babyl. Kultus nimmt der S. eine hervorragende Stellung ein. Denn die Hymnen, Gebete und Litaneien, die einen sehr wesentl. Bestandteil des Gottesdienstes ausmachen, werden von berufsmäßigen Sängerpriestern gesungen. Man bildete Chöre, die entweder einzeln sangen oder einander respondierend gegenüberstanden. Nach den zahlreichen Kunstausdrücken des Tempelgesanges muß dieser schon ziemlich kompliziert gewesen sein. Eine Art Note oder Zeichen für die Art des Gesanges ist im Gebrauch gewesen. Der Gesang wurde durch Instrumente, vor allem Saiteninstrumente, begleitet. Die Priester, deren eigentliche Aufgabe es war, die kultischen Vorgänge mit ihrem Gesange zu begleiten, nannte man sum. *nar*, akk. *nâru*, fem. *nârtu* bzw. *zammeru*, fem. *zammertu*. Eine große Serie von Vorschriften für den *zammeru* zeugt von der Bedeutung dieses Priesters.

H. Zimmern *Beiträge zur Kenntnis der babyl. Religion* 1901 S. 93ff.; K. Frank *Studien zur babyl. Religion* 1911 S. 14ff.; E. Ebeling *Ein Hymnenkatalog aus Assur* 1923. Ebeling

Sanguisuga-Fibel s. Fibel A § 22, B § 3.

San Julián de Ramis s. Pyrenäenhalbinsel A § 7.

SanktCanzian-Berg (bei Mallestig, Kärnten). In der Nähe des Schlosses Finkenstein liegen 50—60 Grabhügel, deren einige bereits früheren Raubgräbereien zum Opfer fielen. Eine Grabung in einem intakten Hügel ergab einen 1 m hohen Steinsatz aus gut gefügten, schweren Bruchsteinen, in 5 Schichten zusammengesetzt. Unterhalb des Steinringes wurden Spuren von Kohle und stark zerschmolzene Bronzegegenstände gefunden.

In zwei weiteren Gräbern konnte man 1908 zwei bronzene Armbrustfibeln mit zurücktretendem Fuße, 1 Certosa-Fibel, Bruchstücke von Gürtelblechen, Glasperlen und ähnliches heben. Es handelt sich offenbar um ein großes Gräberfeld der beginnenden LTZ.

MAGW 1885 S. 69 Hauser; Bericht Rotkys unediert. G. Kyrle

Sankt Gallenkirch (Vorarlberg). Auf der Alpe Vergalden (2000 m) wurde eine oberständige Lappenaxt und auf dem Schlapiner Joche (2200 m) eine Lanzenspitze, beide aus Bronze, gefunden, die als Passfunde (s. d.) in bedeutender Seehöhe bezeugen, daß diese Orte bereits am Ende der BZ und am Beginn der HZ begangen waren.

G. Kyrle und O. Menghin *Vorgeschichtliche Denkmale Vorarlbergs* Österr. Kunsttopographie (im Erscheinen). G. Kyrle

Sankt Goarstein (Sankt Goar, Rheinprovinz; Tf. 48). An der Kirchhofmauer zu St. Goar am Rhein ist ein jetzt noch 1,06 m h., oben abgebrochener, verzierter Obelisk auf runder Säule, in einem Stück aus rotem Sandstein, eingemauert, welcher vom Friedhof in Pfalzfeld im Hunsrück stammt. In einer Zeichnung des rheinischen Antiquarius Frankfurt 1739 S. 468 erscheint diese „Flammensäule" noch etwas vollständiger als heute, aber auch schon ohne den oberen Kopf, von dem die dortigen Leute erzählten. Auf allen 4 Seiten, deren Kanten durch einen kräftigen Schnurstab eingefaßt sind, wiederholt sich dieselbe Reliefdarstellung: ein bärtiger Kopf mit einem zweiblatt-verzierten Kopfputz, umgeben von zwei großen Fischblasen, unter und über ihm Spiral- und kleinere Fischblasen- und Blattornamente. Wie zuerst C. Koenen (B J 106 S. 80f.) schärfer betont hat, ist die Übereinstimmung mit gewissen Latène-Denkmälern, namentlich den Schmuckplatten von Waldalgesheim (s. d.; Band XIV Tf. 57A) unverkennbar; sie wird durch einen neuen Fund aus dem Schoenbuch bei Stuttgart (Germania 5 [1921] S. 11f. R. Knorr) noch mehr bestätigt. Dieses zweifelsohne der Mittellatènezeit angehörige, vierkantige Steindenkmal, welches den Oberkörper einer menschlichen (oder göttlichen) Figur darstellt und vielleicht noch in Steinskulpturen von Heidelberg (?) und Holzgerlingen (Württemberg) Parallelen hat, lehrt uns, daß diese bis jetzt nur in Frankreich und in jüngeren Beispielen in England-Irland bekannten bzw. gesicherten Götterbilder auch im gall. Westdeutschland vorkommen. Fällt damit auch ein Teil der Bedenken gegen so frühe Ansetzung des St. Goarsteins, der jedenfalls nicht vor der Mittel- (oder Spät-) LTZ anzusetzen wäre, so habe ich immer noch aus der Übertreibung und Erstarrung der

Ornamente und aus dem Vergleich mit den in Irland so häufigen Steinsäulen frühchristlicher und karolingischer Zeit den Eindruck wesentlich späterer Entstehung, wie ja auch der Heidelberger Kopf aus einer spätröm. Fundschicht stammt. Da in Pfalzfeld, wo St. Goar sein erstes Wunder auf der Reise nach Trier (5. Jh.) vollbrachte, in der Nähe der frühen Kirche ein Erinnerungsmal an den Heiligen leicht denkbar wäre, hatte ich zunächst an einen solchen Zusammenhang gedacht, gebe aber zu, daß gerade in diesem Teile des Hunsrücks ein längeres Fortleben echter latènezeitlicher Formen jedenfalls bis in röm. Zeit sehr möglich ist. Nur ein weiterer Parallelfund oder vielleicht auch eine genauere Untersuchung der Fundstätte in Pfalzfeld dürfte eine sichere Entscheidung darüber bringen. R. Knorr deutet die Köpfe als keltischen Mercur und die beiden Wülste an den Köpfen als stilisierte Flügel (Teutates-Wodan?).

BJ 106 S. 80f. C. Koenen; *AuhV* 5 S. 310f. (Tf. 54) K. Schumacher; H. Lehner *Führer durch d. Provinzialmus. Bonn* 1915 Tf. 9, 3.

K. Schumacher

Sankt Margarethen (Jugoslavien; sö. von Watsch, am r. Gurk-Ufer). Große Hügelgräbernekropole, bestehend aus mehr als 100 Tumuli, die sich in zerstreuten Gruppen über einen Umkreis von etwa 9 km ausdehnen. Im Gegensatz zu Videm, wo durchaus Körperbestattung vorwaltet, und Watsch (s. d.), wo diese wenigstens teilweise geübt wurde, herrscht hier ausschließlich Brandbestattung in Deckelurnen. Die in ziemlicher Menge vorliegende Keramik, die als typisch für das ganze ö. Krain gelten kann, zeichnet sich durch edle Formen aus. Häufig findet sich glänzender Graphitüberzug, seltener Bemalung. Besonders in die Augen fallende Typen bilden Vasen auf hohlem Fuß mit vorspringenden Warzen oder Tierköpfen, Schalen mit dreieckig durchbrochenem Fuß, Schalen mit zwei ansalunata-artigen, in Tierköpfen auslaufenden Henkeln u. dergl., namentlich aber die in recht stattlicher Zahl vertretenen Bronze nachahmenden Tongefäße mit Reihen von Bronzenagelköpfchen usw. Unter den sonstigen Grabfunden verdient zunächst ein sog. Schüsselhelm (s. Helm A) der Erwähnung, der aus einem mit einem Lederüberzug versehenen und mit Bronzenägeln und Bronzeplatten dicht bedeckten Haselrutengeflecht besteht (vgl. Band V Tf. 88a). Gegenstücke dazu finden sich auch noch in anderen ostkrainischen Grabhügeln, z. B. von Rovišče (Much *Atlas* Tf. 54, 1), doch wurden ähnliche Helme auch in Oberitalien getragen, wie u. a. die damit ausgerüsteten Krieger auf der Bologneser Situla lehren. Wesentlich jünger, d. h. schon der zweiten Stufe Reineckes der LTZ angehörig, ist ein anderer Bronzehelm mit reich durch Palmettenmuster verzierten Backenklappen und schmalem Nackenschutz, dessen Kappe unterhalb des (eisernen) Knopfes mit einem strahlenförmigen Ornament, in der Mitte und nach dem Rande hin von einem Flechtband bedeckt ist. Ein mit diesem in Form und Verzierung fast völlig übereinstimmendes Gegenstück liegt von Montefortino (Montelius *Civ. prim* I Tf. 111, 3) vor, und auch in Bologna, Paestum und an anderen Punkten Italiens kehrt dieser Typus, obschon mit abweichender Verzierung, wieder. Ebenso erscheint er in Tirol (Much *Atlas* Tf. 78, 9) und mehrfach in Frankreich; so in Amfreville-sous-les-Monts (Dép. Eure), in Les-Martres-de-Veyre (Dép. Puy-le-Dôme) u. a. FO (vgl. Déchelette *Manuel* II 3 S. 1162ff.). Andere bemerkenswerte Funde sind bronzene Stabhülsen (Nadeletuis?) mit dem typischen Klapperschmuck, vogelförmige Anhängsel analog denen des Glasinac (s. d.) und Makedoniens (s. Band II Tf. 106a), zahlreiche kreuzförmige Riemenknöpfchen, oblonge und rhombische Gürtelhaken und Gürtelbleche mit eingravierten oder in Tremolierstich ausgeführten Ornamenten (Wolfszahn, Doppelhaken usw), oder mit getriebenen Buckelchen (Hakenkreuze), Hohlarmringe und schwere Spiraarmringe mit Linien- oder Kreisverzierung und verjüngten profilierten Enden, zahreiche Glasperlen verschiedener Form und vereinzelt phönikische Glasfläschchen von besonderer Feinheit. Unter den Fibeln sind namentlich die Bogenfibeln mit lichtblauem stachel- oder warzenbedeckten Glasbügel erwähnenswert. Häufig sind ferner jüngere Kahn- und Schlangenfibeln, darunter auch mehrfach solche mit Hörnchen, etwas seltener die Watscher Knotenfibel, Zweiknopffibeln, Certosa-Fibeln usw.

a b c

Sankt Goarstein

Verzierte Steinsäule (in 3 Ansichten) von Pfalzfeld im Hunsrück (Rheinlande). Jetzt im Provinzialmuseum in Bonn, früher auf der Kirchhofsmauer in St. Goar. H. 1,06 m. — Nach *Altertümer unserer heidnischen Vorzeit* 5 Tf. 54.

Sanskimost

a—b. Haumesser. 1/9 n. Gr. — c. Lanzenspitze. 1/9 n. Gr. — d, e. Gürtelhaken. 1/3 n. Gr. — a—e. Eisen. — f—i, l. Einheimisches Tongeschirr. — k. Bemalter Skyphos. — f—i, l 1/4, k 1/8 n. Gr. — Nach Mitt. Bosnien 6.

a

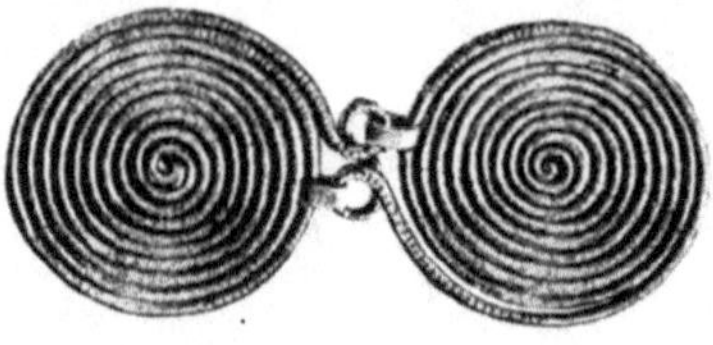

c

b

d

e

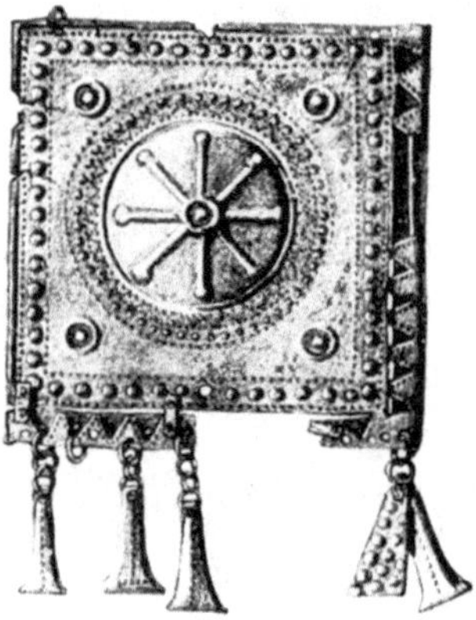

f

g

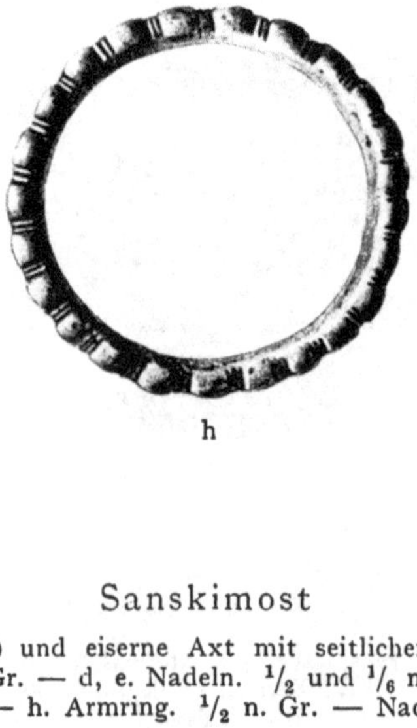

h

Sanskimost

Bronzene Schmuckstücke (a—f, h) und eiserne Axt mit seitlichen Zapfen: a, b. Frühlatènefibeln. $^{1}/_{2}$ n. Gr. — c. Brillenfibel. $^{1}/_{3}$ n. Gr. — d, e. Nadeln. $^{1}/_{2}$ und $^{1}/_{6}$ n. Gr. — f. Zierplatte $^{1}/_{3}$ n. Gr. — g. Axt. $^{2}/_{9}$ n. Gr. — h. Armring. $^{1}/_{2}$ n. Gr. — Nach Mitt. Bosnien 6.

MAGW 10 (1881) Deschmann; ebd. NF 4 (1884) Spöttl; Much *Atlas* Tf. 56, 57, 90; ZfEthn. 1913 S. 840, 845, 890 Beltz; Hoernes *Urgesch.* S. 480, 520. G. Wilke

Sankt Michael (Jugoslavien; am Südabhang des Birnbaumer Waldes, unweit Adelsberg und etwa 30 km von Triest). § 1. Am Rande einer weiten und fruchtbaren, vom Poik-Fluß durchströmten Landbucht erhebt sich dicht n. des Dorfes mit dreieckiger Grundfläche und ziemlich steilen natürlichen Böschungen ein mehrfach umwallter Wohnplatz, dessen O-Seite etwa 600 Schritt mißt, während die Länge der N-Seite 500 und die der SW-Seite 800 Schritt beträgt. Am stärksten befestigt sind die drei Eckpunkte. Im NW und SW sind es mächtige, halbmondförmig gekrümmte Wälle. Im NO ragt, einem natürlichen Luginsland vergleichbar, ein steiler, kegelförmiger Hügel von 10 m Höhe, Kazul genannt, empor. Im W, wo der Siedlungsraum nur durch einen unbedeutenden Bach vom anstoßenden Gelände getrennt ist, war der Hauptfestung ein Außenwerk vorgelagert, dessen Wälle auf der O- und S-Seite teilweise erhalten sind. Ein zweites, noch bedeutenderes Außenwerk bildete die 600 Schritt von der NW-Ecke entfernte, unregelmäßige, teilweise durch niedere Felswände zu einer natürlichen Festung gestaltete Erhebung des Mačkovc. Wichtigere Funde sind weder in der Hauptburg noch in den Außenwerken gemacht worden. In jener kamen nur einige Herdgruben (in einer das Bruchstück einer Certosa-Fibel) und in der NW-Ecke ein Skelettgrab und spärliche Fragmente ungedrehter Tongefäße zum Vorschein, während auf dem Mačkovc neben Gefäßresten vom Charakter der Keramik des Gräberfeldes Pod Kazulem (s. § 2) auch Reste dickwandiger, gelbtoniger Dolien und kleiner, lichtgrauer Töpfe mit scharfer Randprofilierung gefunden wurden.

§ 2. Mit der Wallburg stehen die Gräberfelder Pod Kazulem, Za Polšno, Pod Mačkovcam und Mačkovc in Verbindung. Die Bestattungsform auf dem Grabfelde Pod Kazulem war teils Körper-, teils Urnen-, teils Brandgrubenbestattung. Die Skelette, die in bloßer Erde in Rückenlage mit Kopf im O, Füßen im W bestattet und mit 6—8 flachen Feldsteinen zugedeckt waren, lagen genau in den Zwischenräumen der Brandgruben- oder Urnengräber. Man darf daraus wohl schließen, daß alle drei Bestattungsformen gleichzeitig üblich waren, was auch noch durch die Art der Beigaben bestätigt wird, soweit solche bei den Skeletten überhaupt zum Vorschein kamen. Die Skelette rühren also wohl von der ärmeren Bevölkerung her, die nicht über die Mittel zu der kostspieligen Brandbestattung verfügte. Von Tongefäßen erscheinen am häufigsten elegant profilierte Bauchurnen mit eingezogenem Hals und kleinen Horizontalhenkelchen an der Schulter, Formen, die auch in Santa Lucia (s. d.) häufig wiederkehren, in Watsch (s. d.) dagegen sehr selten sind. Daneben finden sich auch noch öfter Schalen mit eingebogenem Randteile. Eine singuläre Erscheinung bildet eine schlanke, an der Schulter mit Gruppen von je drei Wärzchen verzierte Halsurne, für die sich weiter n. und selbst noch in Watsch zahlreiche Analogien finden. Als Beigaben erscheinen vor allem bronzene Brillenfibeln mit Achterschleife, eiserne, seltener bronzene Bogen- und Zweischleifenfibeln, halbmondförmige Gehängefibeln, stabförmige, kreisrunde, offene oder geschlossene Armringe, gedrehte Halsringe mit Ösenenden, Rollennadeln und Kugelkopfnadeln mit Scheibchen am Hals, Anhängsel in typischen Hallstattformen, Bronzekettchen, Bronzebleche und -schüppchen und zahlreiche Glasperlen verschiedener Größe und Form, darunter auch geschichtete Augenperlen. Von Waffen kam nur das Fragment eines Haumessers zum Vorschein.

§ 3. Im Gegensatz zu dem vorigen herrscht im Gräberfelde Za Polšno anscheinend nur Brandgrubenbestattung. Keramische Reste fehlen hier vollständig. Unter den Fibeln ist der Certosa-Typus in meist großen, schweren, bis über 23 cm langen Stücken entschieden vorherrschend. Daneben erscheinen massive, gegossene Schlangenfibeln und als jüngere Typen auch eiserne Mittellatène- und zweigliederige Armbrustfibeln, ferner Hals-, Oberarm-, Handgelenk- und Fingerringe aus Bronze, Perlen aus Bronze, Glas und Bernstein usw. Die wichtigsten Funde des Gräberfeldes bilden aber die zahlreichen Eisenwaffen: schmale, einschneidige, nach abwärts gekrümmte Hiebmesser, ein Mittellatèneschwert mit glockenförmigem Heftabschluß (Band IV Tf. 65, 3) und wohlerhaltener, aus zwei dünnen Eisenblechen gearbeiteter Scheide sowie ein Fragment eines gleichartigen Schwertes, zahlreiche eiserne Lanzenspitzen mit oder ohne Mittelrippe und mit bisweilen sehr langer Schafttülle, endlich eine stattliche Anzahl schlanker Streitäxte mit band- oder bügelförmigem Stielloch, dünnem Mittelteil und kurzer Schneide (s. a. § 5).

Das gleiche Inventar wie Za Polšno zeigt auch das Gräberfeld Pod Mačkovcam, während die Mačkovc-Nekropole, von einigen jüngeren Gräbern mit Certosa-Fibeln abgesehen, im wesentlichen den Charakter von Pod Kazulem trägt.

§ 4. Was die Zeitstellung und ethnische Zugehörigkeit dieser Gräberfelder anlangt, so gehören Pod Kazulem und die älteren Gräber von Mačkovc in der Hauptsache einem älteren Abschnitte der HZ, etwa der Stufe B Reineckes, an, und nur vereinzelt treten Formen auf, die schon den jüngeren Abschnitten zuzuweisen sind. Dagegen fallen die Gräberfelder Za Polšno und Pod Mačkovcam und auch einzelne Gräber auf dem Mačkovc ganz in die LTZ, und zwar vorwiegend in die Stufen A-C Reineckes. Dementsprechend dürfen wir jene einer illyrischen Bevölkerung, am ehesten wohl den Japuden, zuschreiben, obschon diese im allgemeinen w. des Birnbaumer Waldes saßen (Strabo V, 1; IV, 6; VII, 4 und 5; Plinius N. H. III, 5). Die jüngeren Gräberfelder zeigen zwar im ganzen den keltischen Latène-Charakter, doch erscheinen in den Gräbern auch noch zahlreiche ausgeprägt späthallstattzeitliche Typen oder Derivate von solchen, und wir haben es daher hier offenbar mit einer kelto-illyrischen Mischbevölkerung zu tun. Als keltisches Element kommen dann insbesondere die Karner in Betracht, deren mit dem Okra-Gebirge (Birnbaumer Wald) gleichnamige Stadt Okra von manchen Forschern geradezu mit S. M. identifiziert wird. Doch könnte als Okra auch noch ein 1 Stunde ö. von der Wallburg auf halber Höhe des Nanos gelegenes, großartiges, bisher aber noch nicht näher untersuchtes Gradišče oder auch eine bei Strmza (1 Stunde nö. S. M.) gelegene, gleichfalls noch nicht näher durchforschte alte Wallburg in Frage kommen. Über die Entstehungszeit der Akropolis von S. M. läßt sich zwar bei der geringen Zahl der in ihrem Inneren zutage geförderten Funde nichts Genaueres sagen, doch führt ihre Errichtung sicher noch in die illyrische Periode. Dagegen ist es wahrscheinlich, daß die Verstärkungen erst in der Zeit angelegt wurden, als die Keltenschwärme erobernd in das Küstenland, Friaul, Kärnten und Krain einbrachen.

§ 5. Als eine besondere Eigentümlichkeit von S. M. seien noch die oben (§ 3) erwähnten, in verschiedenen Varianten vorkommenden Streitäxte hervorgehoben, die sich außer in S. M. nur noch in den diesem auch in sonstiger Hinsicht recht nahestehenden, obschon ungleich reicher ausgestatteten Hügelgräbern am Magdalenenberge bei St. Marein, im Gräberfelde von Nassenfuß, weiter in der Umgebung von Laibach, in Unter-Zemon an der Rjeka und an einigen anderen Punkten Krains gefunden haben, außerhalb davon aber nur noch je einmal in Santa Lucia (s. d.) im Küstenlande und in Fröy bei Velden in Kärnten (Mitt. Zentr. Kon. NF 10 S. CCI Abb. 2) beobachtet sind. Außerdem kann man vielleicht noch eine Latène-Axtdarstellung auf einem Cäreaner Wandgemälde (Noël des Verger *Etrurie* III 2, 3) zum Vergleich heranziehen. Die Herkunft dieser Typen ist noch nicht geklärt. Hoernes denkt, wenn auch mit einem gewissen Vorbehalt, an einen Zusammenhang mit den bekannten bronzezeitlichen ungarischen Streitäxten. Doch halte ich dies aus chronol. und typol. Gründen für höchst unwahrscheinlich, denn auch die der Per. IV (HA Reineckes) angehörigen jüngsten ungarischen Streitäxte liegen den Krainer latènezeitlichen Äxten noch um viele Jahrhunderte voraus, ganz abgesehen davon, daß sie sich auch in ihrer Form aufs schärfste von ihnen unterscheiden (s. Czófalva; Band II Tf. 17). Die älteren Typen ähneln den krainischen Stücken zwar z. T. in der Form der schmalen Klinge (z. B. Hampel *Bronzezeit* T. 30, 1. 5. 7; 32, 2—4 u. a.), unterscheiden sich aber von ihnen sehr wesentlich durch die Ausgestaltung des Stielloches oder die Ausbildung einer Schafttülle. Auch ist bei ihnen der zeitliche Unterschied noch viel größer. Am ehesten könnten vielleicht einige eiserne

Äxte von Velem St. Vid (s. d.) unweit Güns in Betracht kommen, aber auch sie weichen sowohl in der Form der Klinge wie namentlich in der Bildung des Stielloches sehr erheblich ab (Kálmán von Miske *Die prähistorische Ansiedelung Velem St. Vid* 1908 Tf. 48, 2). Wir werden daher die Krainer Streitäxte als eine lokale Form auffassen müssen, die sich dort erst innerhalb der LTZ aus bisher noch unbekannten Vorstufen entwickelt hat.

§ 6. Gegenüber der reichen Ausstattung der ostkrainischen Nekropolen, wie sie uns namentlich in den zahlreichen Hügelgräbern von Watsch (s. d.), dem ostkrainischen „Hallstatt", entgegentritt, erscheint die Hinterlassenschaft sowohl in den rein illyrischen wie in den kelto-illyrischen Gräberfeldern von S. M. ziemlich ärmlich, und das gleiche gilt auch von den sonstigen auf diesem Gebiete liegenden Stationen (Unter-Zemon a. d. Ljeka, Dornegg, Šiler-Tabor bei Zagurje u. a.). Diese Tatsache stimmt sehr gut zu den Überlieferungen der alten Schriftsteller, denn von den Japuden, die wir ja oben als wahrscheinliche Bewohner dieser Gebiete kennengelernt haben, und die auch noch nach der keltischen Invasion den Grundstock der Bevölkerung bildeten, wird sowohl von Strabo (VII, 4) wie namentlich Tibull (IV, I 108) neben ihrer Streitbarkeit ihre Armut ausdrücklich hervorgehoben.

C. Deschmann und F. v. Hochstätter *Prähistorische Ansiedelungen und Begräbnisstätten in Krain* I. Bericht (27. Band der Denkschr. d. math.-nat. Kl. d. k. Akad. d. Wissensch. 1879); M. Hoernes *Die Gräberfelder an der Wallburg von St. Michael bei Adelsberg in Krain* MAGW 18 (NF 8) S. 1—33. G. Wilke

Sankt Moritz (Depotfund) s. Depotfund A § 2, Schweiz C § 5.

Sankt Peter (bei Linz; Oberösterreich). Kleines Gräberfeld mit stark vermorschten Skeletten, das unter anderem ein Früh-Latène-Schwert, Lanzenspitzen und Haumesser aus Eisen sowie Hand- und Fußringe aus Bronze ergab. Es handelt sich um frühlatènezeitliche Bestattungen.

A. Mahr *Die La Tène-Periode in Oberösterreich* Mitt. präh. Kom. 2 I 323. G. Kyrle

Sankt Pölten (Niederösterreich). Auf der Galgenleiten bei S. P. fand man anläßlich der Anlage von Übungsgräben eine Siedelungsschicht, die durch das Auftreten bemalter Keramik, schnabelförmiger Henkel, eines Tonlöffels mit Stiel nebst Schuhleistenkeilen und Flachäxten von trapezförmigem Typus sich dem jüngeren Abschnitt des Vollneol. zugehörig erweist. Auch wurden an dieser Stelle unbedeutende Reste einer junghallstattzeitl. Benutzung, darunter schwarze, polychrome und inkrustierte Keramik, gefunden.

O. Menghin *Vorgeschichtliche Sammlungen aus Niederösterreich* Wien. Präh. Z. 1920/1921 S. 54, 55. G. Kyrle

Sanskimost (Jugoslavien; Tf. 49, 50). Großes Flachgräberfeld, das im wesentl. der Certosa-Periode angehört, aber auch noch zahlreiche jüngere Gräber bis zur Spätlatènezeit enthält. Die plumpe Keramik weist besonders metallnachahmende Gefäße mit gebuckelter Wandung auf (Tf. 49i, l). Einritzungen auf Tongefäßen sind selten und bestehen im wesentlichen nur in Zickzacklinien und schraffierten Dreiecken (Tf. 49h). Vereinzelt erscheinen auch mit Spiralbändern bemalte griechische Skyphoi (Tf. 49k). Unter den in großer Zahl aufgedeckten Metallgeräten seien neben den typischen Fibelformen (Tf. 50a, b), den Armringen (Tf. 50h), den für Bosnien so charakteristischen Doppelnadeln (Tf. 50d), den Brillenspiralfibeln mit Achterschleife (Tf. 50c) u. a. m. als besonders auffallende Stücke mehrere sehr eigentümliche, große, rinnenartig eingezogene Schmuckringe aus Bronzeblech erwähnt, die in der Ohrgegend lagen und vielleicht zum Umwickeln des Zopfendes dienten, wie es Truhelka von einem gleichartigen Stücke aus dem „Krematorium" von Gorica (s. d. A § 2) annimmt (Mitt. Bosnien 8 S. 35).

F. Fiala *Das Flachgräberfeld von Sanskimost* Mitt. Bosnien 6 S. 62 ff. G. Wilke

Santa Lucia (Italien). § 1. Das größte Gräberfeld des Küstenlandes, am l. Ufer des Isonzo, zu beiden Seiten der Idria an deren Vereinigungspunkt mit dem Isonzo, etwa 30 km oberhalb Görz, 20 km unterhalb Karfreit, nahe Tolmein, am Südrand der bedeutendsten unter den kleinen Talweitungen des engen Isonzo-Tales. Seit 1850 durch Einzelfunde bekannt, wurde es zuerst 1880 untersucht, und 70 Gräber wurden aufgedeckt, worauf dann bald teils durch

Szombathy, teils durch Marchesetti umfassende Grabungen folgten, deren Ergebnisse in den Museen von Wien, Triest und Görz liegen. Bis jetzt sind etwa 7000 Gräber aufgedeckt.

§ 2. Durchweg Flachgräber und so gut wie ausschließlich Brand, wie in allen gleichzeitigen Gräbern des Veneterlandes und der angrenzenden illyr. Landschaften. Im Gegensatz jedoch z. B. zu Este (s. d.) steht die Seltenheit der Bergung der Asche in Gefäßen aus Metall oder Ton: knapp 10%. Alle übrigen Beisetzungen erfolgten in Gruben.

Die Raumknappheit des engen Tales zwang zu möglichster Ausnutzung des Platzes; doch sind kaum je Störungen älterer Gräber durch jüngere bemerkt worden, so daß Kennzeichnung der Gräber wohl durch Holzpfähle —wie in Karfreit — o. ä. anzunehmen ist. Merkmale aus Stein sind nicht gefunden. Zwar sind oftmals über den flachen Steinen — nie Tonschalen —, welche die Brandreste decken (vgl. die Abb. Marchesetti a. a. O. 1886 Tf. 10), Häufungen von Steinen beobachtet, jedoch nicht so, daß auf einen förmlichen Tumulus geschlossen werden dürfte. Sie breiten sich gern über mehrere Gräber aus: wohl Familienzusammenhang. In seltenen Fällen war der Platz des Grabes durch seitlich aufgestellte, in rohem Mauerwerk zusammengesetzte Steine isoliert. Das Einzelgrab ist die Regel, doch tritt vereinzelt die merkwürdige Erscheinung auf, daß in reicheren Gräbern die Reste der Hauptleiche, durch die Beigaben als solche gekennzeichnet, umgeben sind von beigabenlos Bestatteten, die, nach Maßgabe der äußeren Umstände und der augenscheinlich auch über sie rituell mit ausgebreiteten Schicht von Scheiterhaufenasche, gleichzeitig beigesetzt wurden. Wir würden also hier ähnlich wie in Este zu der Annahme gedrängt, daß sozial untergeordnete Genossen dem oder der Toten ins Jenseits folgen mußten, nur daß sie hier nicht wie im eigentl. Veneterland unverbrannt nach ihrer heimischen Sitte bestattet wurden, weil es vor den im oberen Isonzo-Tal sich festsetzenden Illyro-Venetern hier noch keine zu Hörigen hinabgezwungene Urbevölkerung gegeben zu haben scheint und man sich die Sklaven anderswoher holen mußte und diese nach eigner Sitte ebenfalls verbrannte. — Die Verbrennung fand statt auf besonderen, innerhalb der Gräberfelder ausgesparten Landstreifen, wo die Spuren der Scheiterhaufen gefunden sind. Obwohl Marchesetti die Möglichkeit aufgab, topographisch oder stratigraphisch zeitliche Scheidungen und somit sich folgende Abstufungen auseinanderlegen zu können, ist es doch Hoernes gelungen, hier Klarheit zu schaffen durch sorgsamste und scharfsinnige Durchprüfung der Grabungsberichte und somit die typol. gewonnene Gliederung auch durch den Befund zu stützen.

§ 3. Die Leichen sind mit ihrer Kleidung verbrannt, so daß an manchen am Körper getragenen Gegenständen Feuerspuren sichtbar sind, an anderen sieht man zwar Anzeichen von Einwirkung starker Hitze, jedoch nicht von Feuer; sie werden nachträglich zu der noch heißen Asche gelegt sein; denn man gab sich nur ganz ausnahmsweise die Mühe, Knochenreste des Körpers — die in diesem Falle in eine besondere Ecke der Grube geschoben wurden — von den Scheiterhaufenresten zu sondern. Noch andere Beigaben sind augenscheinlich erst nach völliger Abkühlung zu den Resten gelegt, namentlich so manches Stück aus Bernstein.

§ 4. Wurden die Leichenreste, meistens nur die der offenbar Wohlhabenderen, in Gefäßen geborgen, so bedeckte man diese gern mit Tüchern. Entweder stand das Aschengefäß in der Grube, von anderen, welche Beigaben enthielten, umgeben, oder aber, wo besonderer Wohlstand oder Sorgsamkeit herrschte, war es wieder geborgen in Metall- oder Tongefäßen von oft mächtigen Abmessungen, die dann genügend Raum hatten, um auch alles übrige aufzunehmen. Die Metallgefäße, mit größter Sorgfalt und hohem Geschick zusammengenietet (vgl. Marchesetti a. a. O. 1893 Tf. 1), zeigen die Form von Eimern (Situlen) oder henkellosen Töpfen von Amphorenform; auch Rippenzisten kommen vor, nicht nur als Aschenbehälter, sondern auch beigegeben, wie auch kleinere Bronzeeimer und -Schalen. Die Tongefäße zeigen Rippung und dazwischen gern rote und schwarze Färbung, also ganz wie in Este Per. III, nur daß die Abmessungen in S. L. meist viel größere sind. In

Bronzegefäßen — nur in diesen — finden sich oft Spuren mitgegebener, jedenfalls als sehr kostbar geschätzter Aromata (für diese Verwendung vgl. das Bild auf der Situla von Watsch; Band VII Tf. 88c), in den Tongefäßen Reste mitgegebener Speisen, namentlich viel Fleisch, wie die Knochenreste von Wild, Rindern und Schafen beweisen. Schwein, Geflügel, Fisch fehlen dagegen gänzlich. Von Vegetabilischem sind nur Haselnüsse gefunden. Reiche Gräber lieferten auch kostbare Glasgefäße (z. B. Marchesetti a. a. O. 1893 Tf. 8, 9; Boll. d. soc. Adr. 19 [1899] S. 157) und importierten Glas- und Fayence-Schmuck.

§ 5. Waffenmitgabe ist sehr selten, wie in Este, und wenn, dann finden sich die Stücke außerhalb des Grabes, für das sie meist zu groß waren. Häufig dagegen die bekannten schlanken, geschwungenen Speisemesser. Gürtel, Schmuck jeder Art, wenn auch sehr selten aus Edelmetall, besonders Fibeln, sehr reichlich, wo es die Verhältnisse gestatteten. Ebenso gegossene, mit Scheiben und Knöpfen reichlich besetzte lange Nadeln, z. T. nordischer oder östlicher Formen, wie auch manche Fibeln; so die hier besonders beliebte Brillenfibel oder die halbmondförmige Fibel mit flachem Tragband für zahlreiche Anhänger oder die Certosa-Fibeln mit Armbrustspiralen, alles für die nordwestlichen Balkanländer charakteristische Typen, auch die torques-artigen Hals- und Fußknöchelringe. Ohrringe, Finger- und Armringe in Fülle. Bernstein ist reichlich, der Bernsteinstraße so nahe nur natürlich, gern als Amulett an den Halsketten, wo auch Beilchen u. a. gegen den bösen Blick schützen. Wie überhaupt diesen aus Illyrien gekommenen Stämmen die Furcht vor dem bösen Blick ebenso im Blut saß wie ihren Stammesgenossen in Italien, die sich nicht genug tun konnten im Behängen mit glitzerndem und klapperndem Tand und Bernsteinmassen bis tief in die röm. Zeiten hinab, nach des Plinius Zeugnis (XXXVII 44) und dem Befund namentlich in Picenum. So hängen denn neben kleinen Toilettegeräten die zahlreichen Bullae runder und eckiger Form, Klapperbleche, Kettensysteme mit Brillenspiralen, Ringen und Anhängern anderer Art an den Fibeln, die bald zu zweien, bald nur je eine, bald aber auch sehr viele sich auf den Brandresten finden. Die Formen entsprechen durchweg der j. HZ, die einfachen Bogenfibeln werden schon sehr selten und gehen bald in schlanke Formen mit Kanal und Knöpfen über; häufig sind Kahnfibeln oder Segelfibeln mit langem Kanal, der offen oder mit Schwalbenschwanz-Endigung ausläuft oder, am häufigsten, mit einem Knopf nach Art der jüngeren Golasecca-Fibel endigt. Früh beginnen Schlangenfibeln, mit oder ohne Spirale, aber großer Vorliebe für Hörner, Knöpfe, Scheiben, Rosetten usw. auf dem Bügel. Die jüngere Entwicklung der Bogenfibel führt dann auf einfachstem Wege zur Certosa-Fibel, die in mancherlei Varianten auftritt, besonders auch in jener schon genannten balkanischen. Gegen das Ende der Certosa-Fibel-Zeit bildet sich eine S. L. eigene Neigung zu figürlicher Gestaltung des Bügels aus: Tieren und Tiergruppen (einmal eine Sphinx); sehr verkürzte Viergespanne u. dgl. zeigen sich zugleich mit dem ersten Auftreten von Frühlatène-Formen, die freilich nicht zu allg. Herrschaft gekommen sind, und nach denen auch nur ganz wenige Mittellatène-Stücke erscheinen. Wie denn überhaupt Eisen noch selten ist und auch die Keramik kaum über das augenscheinlich sehr stark herüberwirkende Este III hinausgeht, so daß Beginn der Nekropole und damit doch auch wohl der Niederlassung mit Este II, Eingehen der Siedelung mit dem Ende von Este III, also zu Anfang der Gallierherrschaft im 4. Jh., anzusetzen sind.

§ 6. So hat denn der im eigentlichen Veneterland siegreiche und dadurch bis auf den heutigen Tag wirkungsvoll gebliebene Widerstand der Veneter gegen die Gallier im Isonzo-Tal augenscheinlich sich nicht aufrecht halten lassen, ebensowenig wie wohl überhaupt im ganzen erst später von Venetern besetzten Friaul östlich des Tagliamento; das lehren die Venetergräber jener Gebiete. S. L. verödete, vielleicht infolge heftiger Kampfkatastrophen, während weiter oberhalb, bei Monsanvito, im Karst selbst bei Idria (Mitt. Präh. Kom. 1 [1901] S. 239ff. Szombathy) und namentlich bei Karfreit, sich eine vollkräftige Gallierschicht, den ebenfalls zum guten Teil Marchesetti verdankten Gräberaufdeckungen zufolge, über die Veneterschicht legte.

Die von O noch vor der Jahrtausendwende in die Po-Niederung eingezogenen Veneter (s. d.) haben zunächst die Alpentäler liegen lassen: denn die ältere erste Este-Schicht ist im Isonzo-Tal nicht vertreten und von der zweiten auch erst jüngere Phasen. Die von ihren Sitzen in Italien sich etwa von 600 ab nach N, W und O ausbreitenden Veneter stießen auch in die Alpentäler vor, brachten die während der sog. Villanova-Zeit in Italien aufgenommenen Kulturkeime mit und blieben mit der Heimat in Fühlung. Daher starker Import venetischer Handwerksware aus Este usw. Aber zu gleicher Zeit machte sich in der Übergangslandschaft des Küstenlandes der Einfluß der Handelsverbindungen mit dem O, auch mit dem N und NW bemerkbar. Solche Beziehungen belauschen und so das Entstehen von Neuem an diesem Kreuzungspunkt von W, O und N beobachten zu können, ist die Wissenschaft durch die stille und erfolgreiche Arbeit der Triestiner, Görzer und Wiener Forscher in den Stand gesetzt.

Marchesetti *La necropoli di S. Lucia* Boll. d. Soc. Adriat. d. sc. naturali 9 (1886) S. 94—162, 10 Tf.; ders. *Scavi nella necrop. di S. Lucia 1885—1892* Boll. d. soc. Adr. d. sc. nat. 15 (1893) S. 3—336, 30 Tf.; Hoernes *Zur Chronologie der Gräber von S. Lucia* Archiv f. Anthr. 23 (1895) S. 581—636, 4 Tf.; Boll. d. soc. Adr. 19 (1899) S. 153—158; ebd. 20 (1901) S. 25—27; ebd. 21 (1903) S. 225—226 Marchesetti. Einige Abb. auch bei Much *Kunsthist. Atlas* 1889 Tf. 64.

v. Duhn

Sant' Angelo Muxaro s. Sizilien B II.

Sant Antoni de Calaceit (Spanien). § 1. Iber. Ansiedlung bei dem Dorfe Calaceit (kast. Calaceite) in der Prov. Teruel. Die bedeutendste besser bekannte Ansiedlung Niederaragoniens, an der Grenze der Prov. Teruel und Tarragona. Auf einem Hügel erbaut, beherrscht sie die ganze Ebene, die durch Matarranya und Algar gebildeten Täler sowie die Wege von Katalonien nach Niederaragonien einerseits, zur Küste über Morella nach dem Ebro andererseits. Die Ansiedlung ist durch das Institut d'Estudis Catalans in Barcelona unter Leitung von P. Bosch-Gimpera von 1915—1922 methodisch ausgegraben. S. Antonio ist für die Baugeschichte der iber. Ansiedlungen sehr wertvoll.

§ 2. Auf dem Hügel und auf den benachbarten Gipfeln sind Wachtposten beobachtet worden: zwei bestehen aus viereckigen Räumen mit Wänden in der üblichen Technik der Ansiedlung. Am s. Ende des oberen Plateaus von S. Antoni liegt eine in den Fels ausgehauene Treppe sowie der Wachtposten selbst. Der ö. Abhang des Berges trägt einen künstlichen Weg, der im Zickzack von einem der unteren Wachtposten bis zum oberen Plateau aufsteigt. Der eigentliche Eingang war aber im NW, wo der Gipfel des Berges zugänglicher ist. Vor dem Haupteingange, eine Niederung des Geländes benutzend und durch eine Mauer abgeschlossen, liegt ein Wasserbassin, das sich durch Regenwasser füllte. Nebenbei zeigen die Felsen Spuren von Behauung. Vermutlich wurden hier die Bausteine für die Ansiedlung gebrochen. Vor dem Wasserbassin wird durch eine Mauer ein Außenbezirk abgetrennt, so daß, bevor der Haupteingang der Stadt erreicht war, zwei große Sperren durchschritten werden mußten.

Die Stadt besteht in ihrem jetzigen Zustand aus zwei Teilen, einem oberen Plateau und einer unteren Terrasse, beide durch eine Rampe und Treppengänge verbunden. Alles von einer Mauer umzogen, deren Reste sich nur teilweise erhalten haben. Die obere Stadt hat eine Mittelstraße mit Häusern an beiden Seiten. In der unteren Stadt findet sich nur eine Reihe von Häusern, direkt an die Stadtmauer angelehnt. Die Bauten in der oberen Stadt zeigen eine rohere Technik als diejenigen der Unterstadt und verschiedene Reparaturen, teilweise in der fortgeschritteneren Technik der Unterstadt. In der letzteren sind die Wände regelmäßiger und mit gut geglätteten Steinen, an denen noch die Schläge der Eiseninstrumente zu sehen sind, gebaut. Dagegen herrscht oben die primitivere Technik: unregelmäßige kleine Steine mit größeren Steinblöcken gemischt, wie wir sie in den älteren iber. Ansiedlungen Niederaragoniens finden (Tossal Redó, Las Escodinas usw.). Der Plan der oberen Stadt entspricht den Plänen von Tossal Redò, Piurò und La Gessera (auch mit Mittelstraße). Daraus ergibt sich, daß sie die ältere ist und wohl aus der Übergangszeit von der I. zur II. Periode der iber. Kultur Nieder-Aragoniens (4. Jh. v. C.) stammt. Die Unterstadt ist wohl als eine

Erweiterung vom Ende des 4. oder aus dem 3. Jh. anzusehen. Es wird dies durch die Tatsache bestätigt, daß die obere Stadt für sich allein auch durch eine Verteidigungsmauer mit einem vorspringenden viereckigen Turm umschlossen ist, und daß diese Mauer am Ende der Rampe, welche die Ober- mit der Unterstadt verbindet, durchschnitten wird, sowie daß der viereckige Turm in der Mauertechnik der Unterstadt repariert worden ist. Die Mauer der Oberstadt ist ziemlich roh, die Mauer der Unterstadt dagegen sehr sorgfältig gebaut, besonders in der Nähe des Stadttores, wo sie eine vorspringende turmartige Kurve zur Deckung des Tores bildet. S. a. Band X Tf. 157b.

Die Häuser haben keinen regelmäßigen und einheitlichen Grundriß. In der Oberstadt bestehen sie aus ein paar kleinen, viereckigen Räumen, in der Unterstadt dagegen aus verschiedenen viereckigen Kammern, mit Treppen, welche durch die natürlichen Unebenheiten des Bodens bedingt sind. So haben die meisten Häuser an der Stadtmauer kellerartige, durch Treppen zugängliche Räume, über denen eine obere Etage vorhanden gewesen sein muß.

§ 3. Die gehobenen Fundstücke entstammen der letzten Zeit von S. A., fast ausschließlich dem 3. Jh.: Holzbalkenreste, Steine mit bemaltem Stuck, Mühlsteine, Waffen und Geräte aus Eisen (Krummschwert: die sog. Falcata, Mittellatène-Schwerter, Messer usw.) und aus Bronze (Pfeilspitzen, Gürtelschließen, späte Früh- und Mittellatène-Fibeln usw.); häufig auch Bleistückchen. Am zahlreichsten vertreten sind Webstuhlgewichte und Spinnwirtel aus Ton, meistens mit geometrischen Mustern bzw. Hakenkreuzen verziert, und Vasen. Die Keramik ist teilweise mit der Hand gemacht, sehr einfach und wenig verziert, häufiger jedoch Scheibenarbeit, letztere mit aufgemalten Ornamenten („iberische Keramik"). Die Muster, denen der Ware aus Valencia ähnlich, sind ärmlicher als in der benachbarten Ebro-Ebene. Die Formen der Gefäße weisen diese in den Kreis der Ebro-Gruppen (Azaila, Belmonte), die Ornamentik ist jedoch andersartig als dort. Nach der Tonware kann man S. A. als bescheidenen Vertreter der iberischen Kulturgruppe Niederaragonien-Valencias im 3. Jh. ansehen. S. a. Band X Tf. 158, 159a, b.

§ 4. Für die Chronologie wichtig sind neben den Mittellatène-Schwertern und -Fibeln die zahlreichen Funde hellenistischer schwarzgefirnister Keramik mit Palmettenstempeln (daneben auch kleine Kratere mit geripptem Bauch). Einige Scherben rotfiguriger Keramik späten flüchtigen Stiles sind auch mitgefunden. Insgesamt 3. Jh. v. C.

S. A. scheint durch Brand zerstört zu sein, vielleicht in einem Feldzuge des Cato. Wie das ganze Gebiet von Niederaragonien gehörte es den Edetanern, welche, wohl in verschiedene Unterstämme geteilt, vom Sucro (Jucar), über die Ebene Valencias, das Berggebiet Valencias und Castellóns bis Niederaragonien und die Ebene des Ebro (nur die rechten Ufer) mindestens bis Salduvia (Zaragoza) bewohnten. S. a. Pyrenäenhalbinsel D II B.

Bosch-Gimpera *La investigació de la cultura ibérica al Baix Aragó* Anuari Inst. 6 (1915—20) S. 659—671; Arch. Anz. 1923—24 S. 200ff. Bosch; MAGW 1925 S. 69ff. Bosch.
J. de C. Serra-Ràfols

Santián-Höhle. Unfern Puente Arce (span. Provinz Santander), auch unter dem Namen der „Cueva de los Señores" bekannt. Der ehedem verschüttete, schmale Zugang wurde im J. 1888 anläßlich einer Dachsjagd neuerdings erschlossen. Die von H. Alcalde del Rio (1905) entdeckten Wandmalereien sind nahezu ausschließlich „waffenähnliche Symbole". S. Kunst A II und Band VII Tf. 107a—c.

H. Alcalde del Rio, H. Breuil und L. Sierra *Les Cavernes de la Région Cantabrique (Espagne)* Monaco 1911 S. 26. H. Obermaier

Santimamiñe-Höhle. Beim Dorfe Cortézubi, Gemeinde Guernica (span. Provinz Vizcaya); auch als Basondo-Höhle bekannt. Entdeckt von Jesús Guridi (1917); mit Magdalénien-Straten am Eingange und einer ziemlichen Anzahl von kleinen, meist fein ausgeführten Gravierungen (Bisonten und Wildpferde) und kleinen oder mittelgroßen Malereien (Pferde, Bisonten, Cerviden, Steinböcke, ein Bär, jedoch kein Ren) im Höhleninneren. S. Kunst A II.

Wissenschaftlich unbrauchbar ist die Monographie von F. de la Quadra Salcedo und A. Alcalá Galiano *La Cueva de Basondo* Boletín de la Comisión de Monumentos 7 (1918). Bilbao. Vergleiche: T. de Aranzadi *Breves explicaciones acerca de las exploraciones actuales en la Cueva de Santimamiñe* Associación Españ. para el Progreso de Ciencias. Congreso de Bilbao II [Conferencias] Madrid 1920 S. 19—29. H. Obermaier

Santo Cono s. Sizilien B I.

Santo, Cueva del. Bei Santa Elena unfern Despeñaperros (span. Provinz Jaén). Entdeckt von J. Cabré (1916). Felsnische mit einigen naturalistischen Ziegenbildern (s. Kunst A III) und zahlreichen schematischen Darstellungen.

I. Calvo und J. Cabré *Excavaciones en la Cueva y Collado de los Jardines (Santa Elena-Jaén)* Memor. Junta Exc. Madrid 1917. H. Obermaier

Sărată Monteorŭ (bei Buzeŭ, Rumänien; Tf. 51, 52). Große, kupferzeitliche Siedelung auf der Cetăţuia, die ihren Ursprung wahrscheinlich den dort befindlichen Salzquellen verdankt, nach denen auch das Flüßchen Sărată (săra Salz; sărat gesalzen) benannt ist. Außer den bis $1^1/_2$ m t. und 3 und mehr Meter l. Wohngruben fanden sich auf der höchsten Stelle des Berges auch Gräber mit liegenden Hockern, z. T. direkt in den Wohngruben.

Steinwerkzeuge fanden sich nur in geringer Zahl, dagegen sehr viele Geräte aus Knochen und Hirschhorn (Pfriemen, runde und dreieckige, mit eingedrehten Punktkreisen verzierte Knochenscheiben u. a. m.). Außerdem wurden gehoben: ein Bronzearmband, ein Ohrgehänge aus Kupfer, ein Pfriemen mit flacher Schneide und in der Nähe eine kupferne Hohlaxt mit Loch.

Unter den keramischen Resten (Tf. 51, 52) begegnet man neben sehr groben, dicken, gelbrötlichen Scherben, die meist mit Buckeln oder durch Schrägstriche oder Fingertupfen gegliederten, reihen- oder kreisförmig angeordneten Tonleisten verziert sind, sehr feinen, bräunlichen oder grauschwärzlichen, z. T. sorgfältig polierten Gefäßen, deren Verzierung aus eingetieften, horizontalen Furchen oder Hängebogen sowie aus schrägen, mehr oder minder tiefen Einstichen besteht. Auch mehrreihige Wellenlinien, ähnlich den slav., kommen vor, ebenso reliefierte Spiralen und flache Kannellüren. Unter den Henkelformen sind neben groben, viereckigen und einfachen, randständigen, hochstehenden, runden oder abgeplatteten Henkeln besonders die zahlreichen Mondhenkel bemerkenswert, deren ohrenartige Erweiterungen bisweilen in einen Knopf auslaufen. Außerdem erscheinen öfters breite zapfenartige oder hohe knopfartige, an der Oberfläche schalenartig vertiefte Ansätze. Die Keramik erinnert nach den in meiner Sammlung befindlichen Resten einigermaßen an die pannonische (s. Pannonische Keramik), von der sie vielleicht bis zu einem gewissen Grade beeinflußt ist.

ZfEthn. 1907 S. 999ff. Ed. Honzik und H. Schmidt. G. Wilke

Sarden A. Archäologie s. Italien B.

B. Sprache. S. (*Sardi* Σαρδόνιοι), Bewohner der Insel *Sardĭnia*, griech. Σαρδώ, die ihre Küsten nach Spanien und nach Afrika (nicht nach Italien hin) öffnet (Seeweg nach Afrika 190 km, nach Italien 225 km), so daß die ältesten Bewohner (die Erbauer der Nuragen; s. d.) und der ältesten Kolonisatoren (Phönizier-Karthager und Iberer) wohl aus Libyen und aus Spanien auf die Insel kamen. Ob sie als *Šardana* im 13. und 12. Jh. vor Ägypten auftauchten oder schon den äg. Pharaonen als Söldner dienten, ist noch durchaus ungewiß. Die sardischen Bergbewohner gelten den Alten als kulturlos und unbändig freiheitsliebend; ihre Latinisierung vollzog sich langsam, und unter den romanischen Sprachen ist das Sardische die altertümlichste geblieben. Epichorische Sprachdenkmäler haben die S. nicht hinterlassen, den Eigennamen ist noch wenig abzugewinnen.

H. Nissen *Ital. Landesk.* I 353—361, 552; Lübker-Geffcken-Ziebarth *Reall. d. klass. Alt.*[2] S. 912—3; E. Pais *La Sardegna prima del dominio Romano* Atti Acc. Linc. Roma 278 (1881) S. 259—378. — Über den phönizischen *pater Sardus* Nissen I 552, über die iberische Einwanderung Philippon *Les Ibères* 1909 S. 115—8; Histor. Zeitschr. 108 (1912) S. 23 R. v. Scala. — Zum Einbruch der Seevölker in Ägypten: H. Nissen I 116; W. M. Müller *Asien u. Europa* 1893 S. 356—368; Ed. Meyer *G. d. A.* II § 136 und 320; Breasted-Ranke *Gesch. Ägyptens* 1910 S. 280, 332, 356; A. Fick *Die Kriegszüge u. Völker gegen Ägypten unter den Pharaonen Merneptah und Ramses III.* KZ 47 (1915) S. 170—4 (die Vokalisierung der Seevölkernamen ist ganz unsicher; wenn sie sicherer wäre, gehörten dann diese *Šardana* zu *Sardĭnia* oder zu *Sardes*? Oder gehören auch *Sardinia* und *Sardes* letzten Endes zusammen? W. Schulze sucht *Eigenn.* S. 574 das auffallende Verhältnis *Sardĭnia*: Σαρδώ durch etrusk. Bildungsweise *sartna*: *sartu* ‚die sardische Insel' zu erklären. Fick a. a. O. S. 173 bringt *Karalis*, die Hauptstadt Sardiniens, zusammen mit *Κάραλλις*, einer Stadt in der kleinasiatischen Landschaft Isaurien). [Seit lyd. *śfard-* als Stamm von *Sardes* aufgetaucht ist, werden die erwogenen Zusammenhänge noch unsicherer.] S. a. Italien und der Orient § 1. † G. Herbig

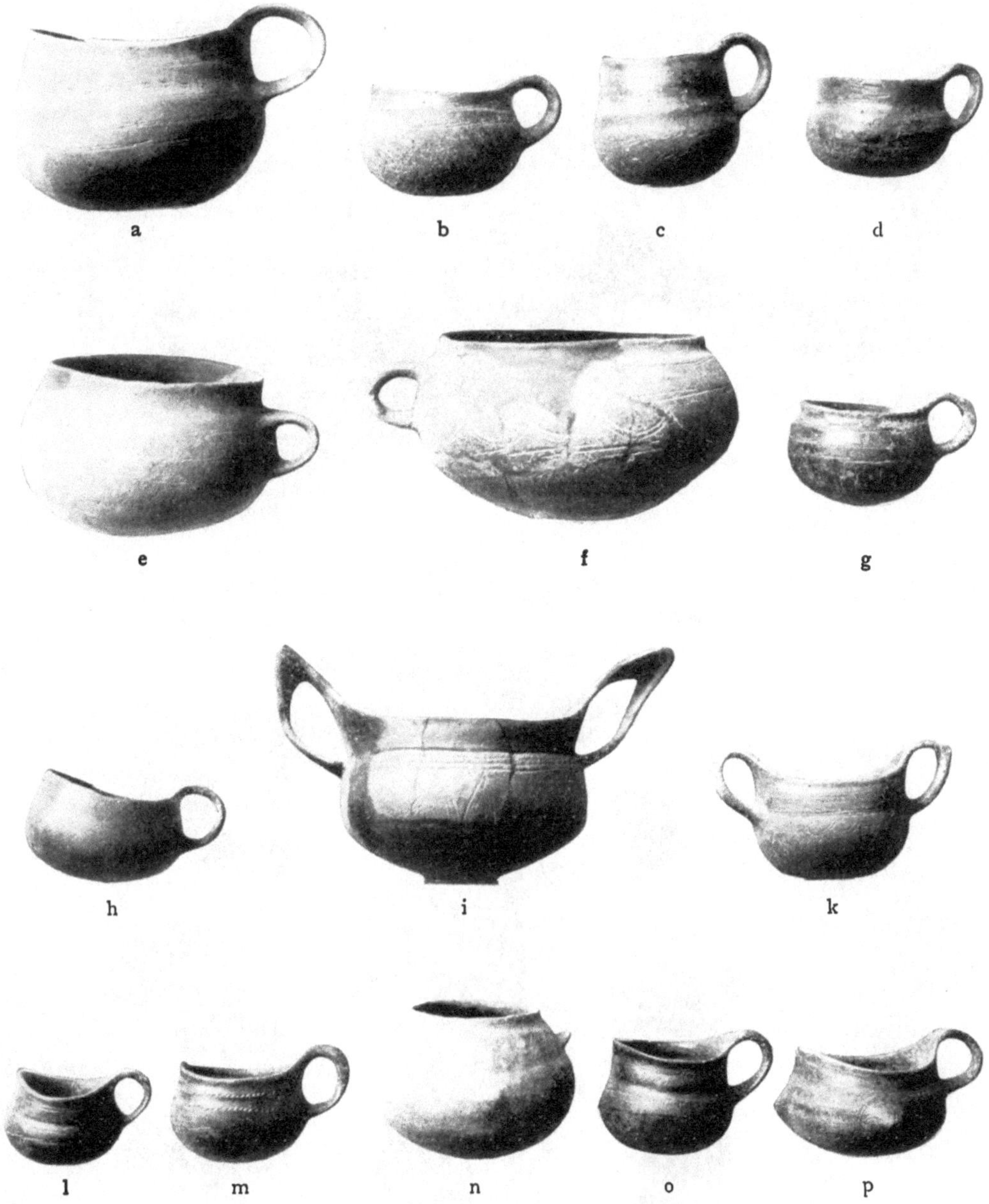

Sărată Monteorŭ

a—p. Keramische Typen von Sărată Monteorŭ. Ca. 1/4 n. Gr. — Nach Aufnahme der Vorgeschichtlichen Abteilung der Berliner Staatsmuseen.

Tafel 52

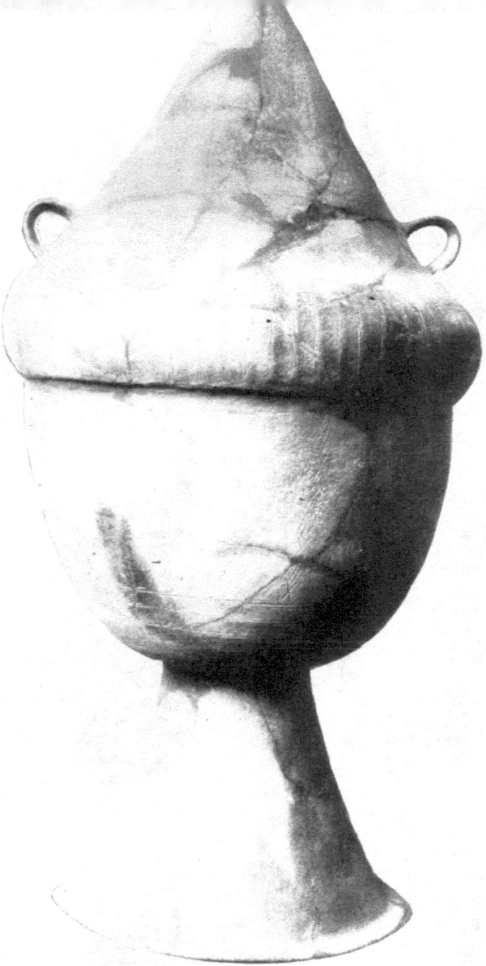

a

b

Sărată Monteorŭ

a. Tongefäß und b. Scherben. — Nach Photographien.

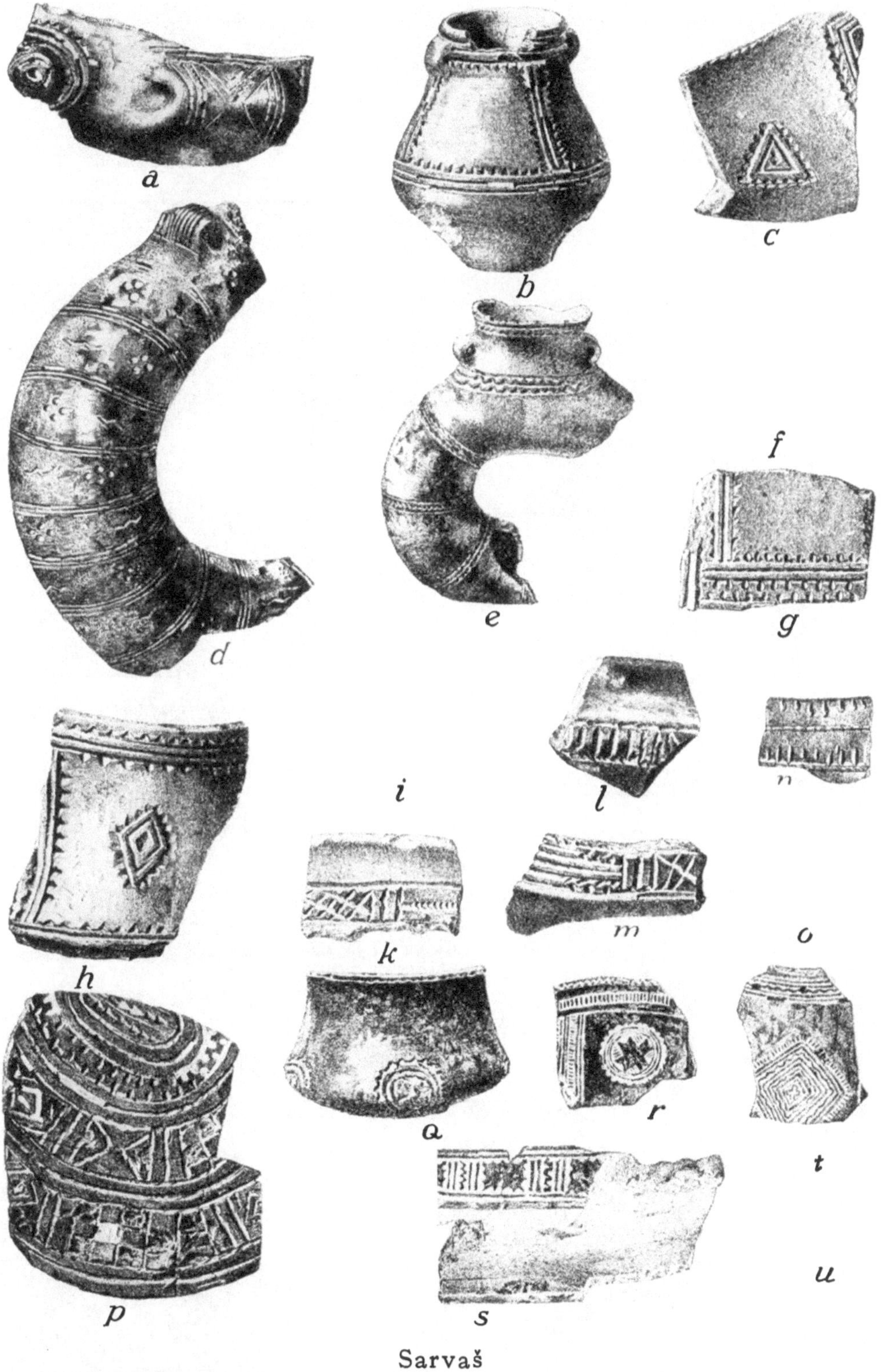

Sarvaš

Tongefäßscherben von Vučedol und Sarvaš. Nach M. Wosinsky *Inkrustierte Keramik* 1904 Tf. 17.

C. Anthropologie. Die S., die wahrscheinliche Urbevölkerung Sardiniens, gehörten nach den alten Berichten und nach Ausweis der Skelettfunde zur Mittelmeer-Rasse (*Homo mediterraneus*; s. d.), waren also langköpfig, dunkelhäutig, schwarzhaarig und hatten schwarzbraune Augen; ihr Wuchs war gering. Nach G. Sergi und A. Schulten stammten sie aus Nordafrika; auf jeden Fall waren sie mit den Nordafrikanern verwandt. Die Alten sprechen z. T. von „Sardo-Libyern". Schon im Äneolithikum scheinen übrigens vereinzelte kurze Schädel vom Typus des *Homo dinaricus* (s. d.) vorzukommen, die vermutlich im Gefolge von Kretern oder Etruskern nach Sardinien verschlagen waren.

G. Sergi *Sardegna* 1907 S. 20ff.; A. Schulten *Die Keltiberer* 1914 S. 53 ff.; F. v. Luschan *Anthropologie von Kreta* ZfEthn. 1913 S. 392.

Reche

Sardinien. A. Paläolithikum. S. lieferte bislang keine Spuren des paläolithischen Menschen.—S. a. Diluvialfauna § 6, Diluvialgeologie § 9. H. Obermaier

B. Jüngere Perioden s. Italien B.

Sarg.

A. Allgemein. § 1. Sargartige Behälter finden sich schon in neol. Zeit, in der sie namentlich in Ägypten in Form viereckiger, hölzerner Kisten mit gestreckten und hockenden Leichen ziemlich häufig (Band V Tf. 61a; vgl. a. Band IV Tf. 217a), in Spuren aber auch in Schleswig-Holstein, Jütland und anderwärts nachgewiesen sind. In größerem Umfange erscheinen sie auf europ. Boden jedoch erst in der ä. BZ, in der namentlich im N, vereinzelt auch in England und Frankreich die Sitte aufkommt, die Toten in Baumsärgen (s. d.; Band I Tf. 104) zu bestatten, die bisweilen auch eine menschenähnliche Form erhielten (im „Langenberg" bei Langen in Hannover; Jahresber. der Männer v. Morgenstern 11 S. 110ff. Schübeler). Ebenso haben sich aus dieser Periode in den myk. Schachtgräbern Spuren von Holzsärgen gefunden (Ἐφ. ἀρχ. 1907 S. 31ff. Staïs). [S. a. Sarg B.]

§ 2 Erst sehr spät bürgern sich im s. Europa steinerne Sarkophage ein, die in Ägypten schon in Gräbern des AR auftreten (Band I Tf. 79) und sich von da aus über Phönizien und Syrien, Zypern, Kreta, Griechenland und Italien ausbreiten. Dies erscheint um so befremdlicher, weil einfache, sargartige, aus zwei manneslangen Längs-, einer Stirn- und Fuß- und einer Deckplatte bestehende Steinkisten, die wir wohl als unmittelbare Vorstufe der Steinsarkophage zu betrachten haben, gegen Ende des Neol. und in der frühen BZ in Europa außerordentlich weit verbreitet sind.

§ 3. Mit der vom Ende der ä. BZ ab in fast ganz Europa so gut wie ausschließlich herrschend werdenden Leichenverbrennung (s. d.) verschwinden natürlich S. vollständig, und an ihre Stelle treten tönerne, dem gewöhnlichen Gebrauchsgeschirr gleichende Graburnen, in Italien, Skandinavien und Norddeutschland in der HZ auch Haus- und Gesichtsurnen, und im Süden Europas, besonders in Etrurien, Aschenkisten mit oft reicher Verzierung.

§ 4. Erst mit der Wiedereinführung der Körperbestattung treten auch hölzerne S. wieder auf, die dann bisweilen mit ihrer dachförmigen Gestaltung des Deckels der alten Auffassung des Grabes als Totenwohnung wieder Ausdruck verleihen (latènezeitliche Gräber von Vevey).

§ 5. Der ursprüngliche Zweck des S. war wohl weniger der, dem Toten Schutz zu gewähren, als seine Wiederkehr zu verhüten. Dafür spricht nicht nur die Verwendung der schweren, sargartigen Steinkisten in der endenden Stein- und frühen Bronzezeit, sondern auch die oft sehr beträchtliche Anhäufung schwerer Steinmassen über dem Sargdeckel, die es dem Toten unmöglich machen sollten, den S. zu öffnen. S. a. Baumsarg, Grab, Holzsarg, Pithos-Bestattung. G. Wilke

B. Ägäischer Kreis. Tönerne Särge finden sich zuerst gegen Ende der FM-Zeit auf Kreta. Sie sind gerundet, länglich oder kurz, die flachgewölbten Deckel tragen kleine Henkel zum Festbinden. Die Form hält sich bis weit ins MM hinein, ohne je häufig zu werden. Dann verschwindet sie. Erst an der Grenze von SM II und III taucht die neue Truhen- oder Hausform der Larnax (s. d.) auf, rechteckig, geradwandig, mit 4 kurzen Füßen und hohem, spitzen Giebeldeckel (ganz vereinzelt statt dessen ein rund gewölbter). Solche S. sind besonders im späteren Verlaufe von SM III und bis ans Ende der min. Kultur sehr häufig. Neben einfachen Exemplaren erscheinen reich mit Ornamenten oder Kultsymbolen und auch mit Figuren bemalte. Vereinzelt statt dessen eingestempelte einfache Ornamente. Ganz für sich steht der steinerne, mit Kultszenen bemalte S. von H. Triada (Band V Tf. 12, 13; s. Religion B). Auch tönerne Wannen wurden in SM III als Särge verwendet (Band I Tf. 67).

Außerhalb von Kreta fehlen die S. bisher ganz. Die Versuche, hölzerne S. oder gar Mumienkästen in den Schachtgräbern von Mykenai (s. d.) nachzuweisen, haben wenig Anklang gefunden.

FM III: R. Seager *The Cemetery of Pachyammos, Crete* S. 9ff., 28, Tf. 12, danach A. Evans *Palace Minos* I 126, 150. — MM: Ath. Mitt. 38 (1913) S. 43ff. J. Hazzidakis. — Ältere Larnakes: z. B. BSA 8 Tf. 18f.; Mon. Lincei 1 S. 203ff. Tf. 1. — Jüngere: Bull. corr. hell. 46 (1922) S. 525, ebd. 47 (1923) S. 533. — Späteste: 'Εφ. ἀρχ. 1904 S. 1ff.; Evans *Prehist. Tombs Knossos* S. 93ff. Eine zusammenhängende Behandlung fehlt.—Eingestempelte Ornamente: 'Εφ. ἀρχ. 1904 Tf. 2. — Gewölbter Deckel: ebd. S. 54. — Sarkophag von H. Triada: Mon. Lincei 19 S. 5ff. Tf. 1ff. — Wannen als Särge: z. B. Mon. Lincei 1 Tf. 2; H. Bossert *Altkreta*[2] Abb. 174; BSA 10 S. 230. — Särge in Mykenai: 'Εφ. ἀρχ. 1907 S. 31ff. V. Staïs; Arch. Jahrb. 27 (1912) S. 208ff. Tf. 12 M. Meurer; Ath. Mitt. 40 (1915) S. 135ff. G. Karo. G. Karo

Sarmaten.

A. Archäologie s. Südrußland D.

B. Sprache s. Skythen B.

C. Anthropologie. Stamm in Südrußland, zur Zeit seiner größten Macht zwischen Don und dem nö. Ufer des Kaspischen Sees, mit den Skythen und den übrigen iran. Völkern verwandt, von vielen als ein Teil der Skythen angesehen. Ihre Hauptstämme waren die Roxolanen, Jazygen und Sigynnen (s. d.). Oft wird von den alten Schriftstellern ihre Ähnlichkeit mit Skythen, Parthern und Medern erwähnt. Sie waren ursprünglich Angehörige der nordeurop. Rasse (*Homo europaeus*; s. d.), hatten also helle Haut, blondes Haar, helle Augen, langgebauten, schmalgesichtigen Schädel; später nahmen sie mongoloides Blut in sich auf; schließlich sind sie wohl von den Slaven aufgesogen worden.

M. Ebert *Südrußland im Altertum* 1921 S. 340ff.; R. Weinberg *Rassen und Herkunft des russischen Volkes* Pol. Anthr. Rev. 3 (1904) S. 506; E. Fischer *Spezielle Anthropologie od. Rassenlehre* in *Anthropologie* 1923 S. 151. Reche

Sarmsheim (a. d. Nahe). Am lößbedeckten Hange des Mühlbergs s. von S., in dem Winkel des Zusammenflusses des Trollbaches und der Nahe, wurde 1914—1916 von dem Bonner Prov.-Mus. und dem Verein f. Heimatkunde in Kreuznach von einer ausgedehnten spiralkeramischen Ansiedelung ein 1050 qm großer Teil aufgedeckt (Band V Tf. 45), auf dem auch eine Reihe Häuser bzw. Gruben der HZ und der LTZ zutage kamen. Das ganze untersuchte Terrain ist von einer großen Zahl der üblichen Wohngruben bedeckt, von denen einige ganz kleine nach den sie begleitenden Pfostenlöchern einst einen zeltförmigen Überbau gehabt haben. Auch eine Reihe von „Wildfallen" (s. d.) kam zutage. Über und neben diesen Gruben fanden sich aber auch viereckige Pfostenhäuser, mindestens 4 an der Zahl. Eins dieser Häuser (lichte Weite etwa 6 × 4 m) war durch Innenpfosten in 3 gleiche, rechteckige Räume geteilt. Ein zweites etwas kleineres, fast quadratisches Haus hatte vor der Tür an der einen Ecke einen Vorbau, wie er auch sonst bei vorgesch. Häusern begegnet. Am wichtigsten ist ein drittes Haus (l. W. 4 × 5 m), von dem an 3 Seiten ein durchlaufendes Pfostengräbchen gefunden wurde, während auf der vierten die Wand von 3 mächtigen Einzelpfosten gebildet wurde. Zwei derselben waren wieder durch einen Schwellbalken miteinander verbunden. Die genauen Aufnahmen K. Geibs ermöglichten eine sehr eingehende Rekonstruktion des ganzen Gebäudes. Die reichen Funde entsprechen dem Inventar der Spiralkeramik, in der Tonware zeigen sich starke Anklänge an die Wetterau-Keramik mit ihrer im Verhältnis zum Plaidter Typus derberen und dürftigeren Ausführung der Ornamente (s. Wetterau).

BJ 124 (1918) S. 104ff. H. Lehner; 32. Veröffentlichung des Vereins f. Heimatkunde in Kreuznach 1919 S. 31ff. K. Geib; Präh. Z. 11/12 (1919/20) S. 71f. F. Behn. †W. Bremer

Sarvaš (bei Esseg, Slavonien; Tf. 53). Runder Wohnhügel mit sehr reichen Kulturresten aus neol. Zeit, während Metall nur ganz spärlich vertreten ist. Außer zahlreichen zugeschlagenen und geschliffenen Steinwerkzeugen erscheinen auch viele Geräte aus Knochen und Hirschhorn, darunter namentlich viele Hirschhornhämmer, ganz ähnlich denen im Laibacher Moor. Hervorragend schön ist die Keramik. Darunter schemelförmige Gebilde mit vier Füßen und diese verziert mit Zickzacklinien, die teils als horizontale Bänder, teils als vertikale Streifen in metopenartig gegliederten Streifen auftreten. Charakteristisch sind auch die anscheinend in Zahnradtechnik hergestellten Dreiecke und Zickzackbänder. In ihren Hauptzügen steht die Keramik von S., die in ganz ähnlicher Weise auch noch am Varádberg bei Erdöd (Kom. Virovititz in Slavonien) und in Vučedol (s. d.) wiederkehrt und auch auf dem Debelo Brdo (s. d.) und an anderen FO Bosniens mancherlei Parallelen hat, der aus dem Laibacher Moor und dem Mondsee (s. Mondsee-Typus) sehr nahe. An letzteren erinnern konzentrische Kreise mit Strahlen- und Zahnkranz, an Laibach die in Ketten auftretenden Rauten mit eingezeichneten kleineren Rauten und namentlich die Kreuzfiguren. Einmal sind die ineinandergeschachtelten Rauten abwechselnd aus geraden und Zickzacklinien gebildet, den Rand bilden strahlenförmige Strichel, in der Mitte steht ein kleines, diagonales Kreuz. Auch Rauten und metopenartig in Streifen angeordnete Sanduhrmuster, Schachbrettmuster usw. sind vielfach vertreten. Eine besondere Eigentümlichkeit von S. bildet die häufig vorkommende rote und blaue Inkrustation der Verzierungsmuster.

Hoernes-Menghin *Urgesch.*³ 1925 S. 340, 764.
G. Wilke

Sassanidische Silberarbeiten s. Finno-Ugrier A § 12.

Sasykalskoje s. Südrußland D.

Satricum (Conca; Italien). § 1. Stadt am Astura-Flüßchen, n. von Nettuno, in der volskischen Küstenebene, wo erfolgreiche, leider noch immer nicht genügend veröffentlichte Grabungen von 1896 ab die verschiedenen durch Zwischenräume getrennten Siedelungen, den gegen Ende des 3. Jh. durch Blitz zerstörten archaischen Tempel der Mater Matuta mit seinen Vorstufen und einige Gräbergruppen bloßgelegt haben. Durch die hier möglich gewesene Auseinanderlegung der aufeinanderfolgenden Schichten in Siedelung, Tempel und Gräber ist ein für das vergrößerte Latium wertvoller Platz aufgehellt worden. Schon in der vorvolskischen Zeit waren bis hierher, so wie am Rand der Lepiner Berge bis an den Fuß des späteren Norba (Caracupa) und nach Antium, die letzten Spitzen der verbrennenden „Italiker" vorgedrungen, haben runde und elliptische Wohnhütten mit meist runder Herdvertiefung hinterlassen, die ganz dem Grundriß der albanischen Hausurnen (s. d. B) gleichen und auch im übrigen ganz das albanische Gepräge zeigen (v. Duhn *Ital. Gräberk.* I 412—13). Ebenso das in ihnen gefundene Inventar an Gefäßen, bronzenen Schmuck- und Gebrauchsdingen; neben bronzenen Pfeilspitzen schon eiserne Lanzenspitzen. Einzelne halbmondförmige Gefäßhenkel verbinden auch das Tongeschirr mit demjenigen der verbrennenden Gruppen.

§ 2. Als später die sabellischen Vorstöße in die mittelitalischen Küstenebenen begannen und die verbrennenden Vorgänger auf ihre Siedelungen am Albaner Gebirge und Rom beschränkt oder auch aufgesogen wurden, wie es wohl bei Satricum und Norba gewesen sein mag, wurden die Küstenebenen w. und s. des Albaner Gebirges volskisch und rutulisch. Die Mitte des den Ausgangspunkt der Siedelung bildenden, w. von der Astura sich leicht erhebenden Hügels nahm ein zuerst offnes, später zu einem Tempel umgestaltetes Heiligtum ein, dem andere kleinere auf umliegenden Hügeln folgten, von denen eins noch durch eine *Stips votiva* besonderes Interesse hat. Dem raschen Wachstum dieses Ortes entspricht das immer Dichterwerden der Besiedelung auch der weiteren Umgegend von S., noch aus Resten erkennbar. Der Tempelhügel wurde bald profaner Benutzung immer mehr entzogen und wie eine Art Akropolis Mittelpunkt der religiösen und administrativen Verwaltung der Stadt.

§ 3. Gegen Mitte des 6. Jh. erhob sich der erste nach ionischer Art erbaute Tempel, der bald, wohl schon gegen Anfang des folgenden Jh., durch einen beträchtlich größeren ersetzt wurde. Von beiden, vom ersten weniger, vom zweiten sehr viel mehr, sind uns Tonfriesteile mit Reliefdarstellungen, Terrakottaverkleidungen, Dachziegel, künstlerisch reich ausgestaltete Antefixe und zum Tempel gehörige, freiplastische Werke aus Ton erhalten, deren im Museo Villa Giulia aufgestellte Reihen, ebenso wie manches Verwandte aus Nemi, Cività Lavigna, Velletri (Arch. Anz. 1921 S. 124—125) und Rom selbst, zeigen, wie stark neben Etrurien auch die latinischen Landschaften teilnehmen an der Aufnahme und Verarbeitung griech., durch Campanien, besonders Kyme (s. d.), vermittelten Kunstgutes, wie rasch und siegreich namentlich griech. Baukunst in diesen Zeiten größter Expansivkraft Kyme's einzieht, wie mit dem ersten Auftreten liebevoll und farbenreich ausgeschmückter Gotteshäuser natürlich auch die Gottesverehrung andere konkretere Formen annimmt und hellenische Poesie und Sagenwelt dem Leben des nüchternen ital. Bauern geistigen Gehalt zu geben beginnen.

§ 4. Schon aus dem raschen Ersatz des ersten Tempels durch den zweiten erhellt das Emporsteigen von S. und seines Kults der Mater Matuta, einer umbro-sabellischen Muttergottheit, deren Kult — ebenso wie derjenige einer ihr ungemein wesensverwandten Fortuna, die ihr Hauptheiligtum im ursprünglich auch sabellischen Praeneste (s. d.), aber ebenfalls an anderen Orten gerade des volskischen und Küstenlandes hatte — wohl durch die Sabiner auch nach Rom gebracht worden ist (Wissowa *Rel. u. Kultus d. Römer* S. 110ff., 257f.). In wie hoher Achtung das Heiligtum bei allen Umwohnern stand, ergibt sich aus der zweimaligen Schonung des Tempels bei Zerstörungen der Stadt im 4. Jh. (Liv. VI 33; VII 27). Und während des Hannibalischen Krieges war es ein Angst erregendes Prodigium, daß der Tempel vom Blitz getroffen wurde und im dortigen Juppiter-Tempel zwei Schlangen eindrangen (Liv. XXVIII 11). Auch nachdem S. selbst wie so manche andere Latinerstädte Rom zum Opfer gefallen war (Plin. III 68), meldete der Tempel noch von alten, glanzvollen Zeiten und setzte sich der Kult, wenn auch bescheiden, fort. Große Mengen von Votivgaben geben reichlich Zeugnis von der Geschichte von Kult und Stadt. Leider ist der von Manchen, eindringlich namentlich von Rizzo (der sich um die archaischen Terrakotten des Tempels besonders verdient gemacht [Bull. com. di Roma 1910 S. 297—303; ebd. 1911 S. 30—53], auch durch Veröffentlichung eines Tempelmodellstücks dem baulichen Verständnis weitergeholfen hat) ausgesprochene Wunsch (Bull. com. 1910 S. 282) nach guter Bearbeitung und Publikation des ganzen Materials noch unerfüllt. Doch hat wenigstens die gute Aufstellung der Fundstücke in Rom und ihre sorgsame Beschreibung durch Della Seta das Studium viel verhandelter Fragen erleichtert.

Lagepläne: Notizie 1896 S. 24; ebd. 1898 S. 167. — Fundberichte: Notizie 1896 S. 23—48, 99—102, 190—200 Barnabei, Mengarelli, Cozza; ebd. 1898 S. 166—171 Mengarelli; Mél. d'archéol. et d'hist. 1896 S. 131ff. Graillot; Röm. Mitt. 1896 S. 157ff. Petersen; Atti del congr. stor. Roma 5 (1903) S. 267—272 Mengarelli; Pinza *Monum. prim. di Roma e del Lazio* Mon. Lincei 15 (1905) S. 477—487. Die Fundstücke im Museo Villa Giulia: Helbig *Führer*[3] 1913 S. 349—55 Weege; Della Seta *Museo di Villa Giulia* I 233—320. — Die Gräber der — bestattenden — Volsker: v. Duhn *Ital. Gräberk.* I 530—533. — In einem der Gräber eine künstliche, durch einen Goldmantel zusammengehaltene Zahn-Pièce, wohl das älteste Beispiel künstlichen Zahnersatzes in Italien: abg. Notizie 1898 S. 169. — Auch der sonstige Inhalt dieser Gräber zeigt gegenüber den Brandgräbern bedeutenden Kulturfortschritt und enge Handelsbeziehungen mit Kyme (s. d.), vielleicht auch mit der ferneren ö. Mittelmeerwelt, zeugt ebenso von dem rasch angewachsenen Wohlstand der neuen Einwohnerschaft.

v. Duhn

Sattel. A. Europa (Tf. 54—56).

§ 1. Allgemeines. — § 2. Griechen. — § 3. Römer. — § 4. Germanen. — § 5. Kelten. — § 6. Iberer und Keltiberer. — § 7. Skythen. — § 8. Sarmaten und Bosporaner.

§ 1. Das Pferd als Reittier ist uns in Europa zuerst bezeugt auf den Felsenzeichnungen der BZ und häufiger auf den Denkmälern der HZ. Sichere Zeugnisse über den Gebrauch des S. treten dagegen verhältnismäßig spät auf. Das liegt einerseits daran, daß das Reiten durchaus nicht immer auch den Gebrauch von S. oder ähnlichen Vorrichtungen voraussetzt, anderseits am Fehlen literarischer und bildlicher Überlieferung und der Vergänglichkeit des Materials. Die erwähnten Reiterdarstellungen der BZ und HZ kommen für die Sattelfrage wegen ihrer geometrisierenden Darstellungsweise nicht in Betracht. Wirkliche Sattelreste aber haben sich nur in äußerst seltenen, günstigen Fällen erhalten (s. § 7).

Der eigentliche Reitsattel setzt ein festes Sattelgerüst voraus, dessen Aufgabe es ist, dem Reiter einen möglichst sicheren Sitz zu bieten und zugleich das Reittier vor Druckschäden zu schützen. Dem S., als dem komplizierteren und längere Erfahrung erfordernden, wird wohl immer die einfache Reitdecke oder ein Reitkissen vorausgegangen sein. Daneben spielen im Altertum die bei der Beförderung von Lasten unentbehrlichen Maultier- und Packsättel eine wichtige Rolle.

§ 2. Die Reitdecke, das ἐφίππιον der Griechen, die wir im Orient schon früh antreffen (Band II Tf. 20a, Band III Tf. 41, Band IV Tf. 93a), bürgert sich in Griechenland nur langsam und verhältnismäßig spät ein. Sie wird zuerst von Xenophon in seinem Buche über die Reitkunst (Hipparch VIII 4) erwähnt. Die Reitdecke ist hier aber kein unentbehrliches Ausrüstungsstück, Xenophon kennt vielmehr das Reiten auf nackten wie auf bedeckten Pferden. Bis auf die Zeit Alexanders zeigen alle die zahlreichen Darstellungen griech. Reiter das Reiten auf dem nackten Rücken des Pferdes. Das kann unmöglich auf eine alte Tradition zurückgeführt werden, besonders bei den Vasenbildern, die die Ausrüstung der Pferde in allen Einzelheiten schildern und die Reitdecke, falls sie einigermaßen häufiger gewesen wäre, nicht verschwiegen hätten. Die wenigen Ausnahmen, wo auf griech. Bildwerken das Reiten auf einer Reitdecke schon in archaischer Zeit dargestellt ist, stammen sämtlich aus dem O und sind nur durch orient. Einfluß zu erklären, unter welchem der Gebrauch der Reitdecke im asiat. Griechenland zuerst aufkam. Beispiele sind: Pferde mit Reitdecken auf einem griech. Gefäß aus Unterägypten (Edgar *Cat. gén. du Caire. Greek vases* Nr. 32377 Tf. 5); Bruchstück einer Vase aus Daphnai mit einer Reiterin auf reich ausgestattetem Pferde mit ausgezackter Reitdecke (*Antike Denkm.* II Tf. 21 und E. Pfuhl *Malerei und Zeichnung der Griechen* 1923 Abb. 145); Bruchstück eines Tonsarkophages aus Klazomenai mit galoppierenden Reitern auf Decken dreieckiger Form (JHS 1883 S. 19). Auf dem Fries des Monumentes aus Xantos in Lykien ist ein Mann mit einem Pferde dargestellt, das eine mit Bauch- und Brustgurt befestigte Decke trägt (JHS 30 [1910] S. 148 Abb. 5). Aus Perugia stammt ein archaisch ionisches Silberrelief mit zwei galoppierenden Amazonen auf Reitdecken (*Cat. of the Silver Plates in the Brit. Mus.* London 1921 Tf. 1, 3). Das ἐφίππιον tritt also zuerst in Ostgriechenland auf, wohl unter babyl.-assyr. und pers. Einfluß. Neben der Reitdecke nennt Xenophon (*de re eq.* VII 5, XII 9) das ἔποχον, dessen Gebrauchsweise aber nicht sicher zu deuten ist. Es scheint ein mit Wülsten versehenes Reitkissen gewesen zu sein.

Alexander hat, nach Diodor (XVII 77), seine Pferde mit pers. Geschirr ausgerüstet. Ob er mit der pers. Pferdeausrüstung bloß die Reitdecke übernahm, die hier eine große Rolle spielte, denn von den Persern wird gesagt, sie hätten mehr Decken auf ihren Pferden als in den Betten (Xenoph. Cyr. VIII 8, 9; Athenaeus XII 10; Curtius V 1, 23), oder einen S., ist nicht sicher. Die Darstellungen lassen nirgends einen wirklichen Reitsattel erkennen. Die bekannte Bronzestatuette aus Herkulanum stellt Alexander auf einer mit runden Zacken versehenen und mit Bauch- und Brustgurt befestigten Reitdecke dar. Ebenso ist nur eine Decke zu erkennen auf den Darstellungen des Alexandersarkophags aus Sidon (Franz Winter *Der Alexandersarkophag* 1912 Tf. 1). Hervorzuheben ist, daß hier Alexander und die anderen Reiter, mit Ausnahme von zweien, die auf Pantherfellen reiten (Winter a. a. O. Tf. 4, 10), die charakteristische, buntgemusterte pers. Reitdecke haben. Als pers. ist sie gekennzeichnet durch die länglich viereckige Form mit den langen Fransen am hinteren Rande der Decke. Solche Reitdecken haben z. B. die pers. Reiter auf den achämenidischen Siegelsteinen (O. Weber *Altorientalische Siegelbilder* 1920 Abb. 521, 524) und auf dem Griff eines pers. Akinakes aus dem skyth. Grabhügel von Čertomlyk (s. d. A; Materialien Arch. Rußl. 31 [1911] Tf. 5 Pridik).

Von jetzt an wird die Satteldecke auf griech. Darstellungen häufiger. Nicht mit dem ἐφίππιον als ausgesprochener Pferde-

und Reitdecke zu verwechseln ist der gelegentliche Gebrauch von weichen Unterlagen auf der Reise mit Maultieren. So sehen wir z. B. auf der sog. François-Vase (Furtwängler-Reichh. Tf. 1, 2) Hephaistos auf einem Maulesel. Er sitzt auf einer dicken, gestreiften Decke, aber bequem nach Frauenart seitlich. Diese Art des Sitzens ist charakteristisch für die ἀστράβη. Es ist dies ein Reise- und Frauensattel, der gewöhnlich nur bei Maultieren und Eseln verwendet wird. Er ist für den seitlichen Sitz eingerichtet und besteht aus einem Holzgestell mit Lehne und oft auch Fußstütze. Die ἀστράβη ermöglichte ein bequemes Sitzen und war bei den Frauen beliebt. Beispiele dieses S. sind: Eine Frau auf einem Maultier (Tf. 54b; O. Benndorf und Niemann *Das Heroon von Gjölbaschi-Trysa* Tf. 13); ein reitender Barbare auf einer rotfigurigen attischen Vase (JHS 41 [1921] Tf. 8).

In manchem der ἀστράβη ähnlich sind die verschiedenen Arten der Packsättel, die einem möglichst sicheren und zweckmäßigen Aufbinden der Lasten dienten (vgl. z. B. Hartwig *Meisterschalen* Tf. 63; hier Tf. 54a).

A. Schlieben *Die Pferde des Altertums* 1867; *RE* s. v. ἐφίππιον und ἀστράβη; Daremberg-Saglio s. v. ephippium und equitatio Lafaye.

§ 3. Auch bei den Römern wird der S. anfangs von der einfachen Reitdecke vertreten. Sie scheint ziemlich spät von den Griechen übernommen worden zu sein. Dafür spricht auch die Bezeichnung *ephippium*, die Cicero (de fin. III 4) unter die aus dem Griech. übernommenen Fremdwörter setzt, für die im Lat. eine entsprechende Bezeichnung fehlt. Das lat. Wort *stratum*, das oft gebraucht wird, ist eine mehr allgemeinere Bezeichnung, worunter alles verstanden werden kann, was den Reit- und Lasttieren aufgelegt wird, wie Decken, Polsterkissen, Packsättel usw.

Zuerst ist das Ephippium auf einer röm. Münze mit der Reiterstatue des Q. Marcius Philippus nachweisbar (Cohen *Monnaies de la republ.* Marcia 5). Auch eine Münze mit dem Reiterbild des Sulla zeigt ihn auf einer Reitdecke (ebd. Manlia 4).

Ebenso war die Reiterei Cäsars schon mit Reitdecken ausgerüstet (de Bell. Gall. IV 2). Wenn Dio Cassius sagt, die röm. Reiterei habe sich zuerst unter Nero des ephippium bedient, so meint er damit wohl nur die jährlichen Musterungen, von denen hier die Rede ist, und auf denen die Reiter jetzt, im Gegensatz zu früher, mit vollständig ausgerüsteten Pferden besichtigt wurden.

Die älteren röm. Denkmäler, wie z. B. der Ehrenbogen in Orange und das Denkmal der Julier in Saint-Remy, weisen bei den röm. Reitern noch keine S. auf, wohl aber das Ephippium. Daß der Gebrauch des S. den Römern damals noch ungewohnt war, darauf deuten auch die Darstellungen erbeuteter gall. S. auf dem Bogen in Orange, wo sie unter anderen gall. Trophäen besonders hervorgehoben sind (s. § 5). Zuerst tritt der S. bei den Auxiliar-Reitern auf. So zeigt der Grabstein des C. Romaninus in Mainz (*Germania Romana, Bilder-Atlas der röm.-germ. Kom.* 1922 Tf. 32, 7), der noch in die Zeit Neros gehört, den Reiter auf einem S. mit Satteldecke und deutlich erkennbaren Vorder- und Hinterbogen. Der S. ist mit Bauchgurt und Vorder- und Hinterzeug versehen, das mit großen Phaleren geschmückt ist. Unter dem S. hängen hinten drei Riemen hervor. Ein anderes Beispiel bietet der Grabstein des Ubiers Albanus in Châlon-sur-Saône (Tf. 56c).

Die Reitergrabsteine geben von jetzt ab ein reichhaltiges Material an Sattelformen. Sehr entwickelt sind bei manchen S. die Sattelbogen, die oft hoch aufragen, und, den Reiter ganz einengend, den schweren S. des Mittelalters ähnlich sind. Eine häufige, auffällige Erscheinung dieser S. ist die Verzierung mit den frei unter dem S. hervorhängenden drei Riemen (Tf. 56c). Die Dreizahl dieser Riemen wird mit selteneren Ausnahmen, wo sie verdoppelt oder verdreifacht wird, indem je drei Riemen vorn und hinten oder auch in der Mitte des S. angebracht sind, immer eingehalten, was nicht ohne Bedeutung sein kann (*Germania Romana* Tf. 31, 5; 32, 3. 5. 7).

Dieser Riemenschmuck ist keine ethnische Eigenart der Auxiliar-Reiter, da er bei Reitern verschiedener Nationalität auftritt. Die drei Riemen sind aber auch charakteristisch für den sarmat. und sassanidischen S. (s. § 8), und man wird wohl daraufhin den Ursprung dieser S. im iran. SO Europas vermuten müssen, wo ja der Gebrauch des Reitsattels am frühesten zu verzeichnen ist (s. § 7).

Die typisch röm. Form des S., die auf den

Denkmälern der Kaiserzeit häufig ist, zeigen die Darstellungen auf der Trajans- und der Markussäule (Cichorius *Die Trajanssäule* Tf. 8, 16—18; Petersen und Domaszewski *Die Markussäule* Tf. 67).

Es sind S. mit gewöhnlich deutlich erkennbaren Sattelbogen und doppelter Satteldecke: eine untere, lang herabhängende, mit Fransen und eine obere, kurze, scheinbar lederne Decke mit gezacktem Rande (Tf. 55c; vgl. a. Band IV Tf. 108a). Öfters ist zwischen beiden Decken an der r. Seite des S. der ovale Schild des Reiters befestigt (Cichorius a. a. O. Tf. 78, 278). Die Bezeichnung *sella equestris* für den S. tritt erst nach der Mitte des 4. Jh. n. C. auf (Sidon. Apollin. ep. III 3). Der Name für den im Heere gebräuchlichen S. ist noch im Edict. Diocl. (X 2): *scordiscus militaris*. Diese Bezeichnung wird mit den Skordiskern in Zusammenhang gebracht, die ein Reitervolk waren (Frontin. Strateg. III 10, 7).

Reitsättel sind wahrscheinlich auch die im Edict. Diocl. (X 3) genannten Maultiersättel, die *parammae mulares*.

Der Maultiersattel in der Form eines Frauensattels mit seitlichem Sitz, die ἀστράβη (s. § 1), bei den Römern auch *clitellae*, ist auch im Gebrauch (Prob. Verg. Bucol. p. 2, 23, Keil: *clitellaria, in qua mulieres in eiusmodi vehiculis inductae*). Unentbehrlich bei dem Heere und bei sonstigen Transporten auf Lasttieren war der Packsattel — die *sagma* (z. B. Cichorius a. a. O. Tf. 14, 15; 36, 49—50).

Schlieben *Die Reit- und Packsättel der Alten* Annalen des Vereins für Nassauische Altertumskunde 20 (1888); *RE* und Daremberg-Saglio s. v. sella equestris.

§ 4. Von den Germanen sagt Cäsar (Bell. gall. IV 2), daß sie auf nackten Pferden ritten und die röm. Reiter, die sich einer Unterlage bedienten, gering schätzten. Danach zu urteilen, haben die Germanen ursprünglich den Gebrauch des S. nicht gekannt. Ihre Abneigung gegen den S. werden sie aber bald aufgegeben haben, nachdem sie durch die röm. Reiterei mit ihm bekannt wurden und seine Vorzüge erkannten. Auf den Denkmälern sind Germanen mit wie ohne S. dargestellt. Auf den Reliefs der Trajanssäule reitet die dakische Gesandtschaft an Trajan auf Pferden ohne S. und Decke (Cichorius *Die Trajanssäule* Tf. 21, 67—69), in einer anderen Szene aber (Cichorius Tf. 105, 380) haben sie S. mit rechteckigen Decken, die von einem schmalen Bauchgurt gehalten werden. Bei dem Pferde des Quadenfürsten auf der Markussäule ist es nicht sicher, ob ein S. oder bloß ein stärkeres Reitkissen gemeint ist.

Die Auxiliar-Reiter germanischer Abstammung bedienen sich alle des Sattels.

§ 5. Die Gallier auf den Darstellungen des Denkmals der Julier in Saint-Remy und des Ehrenbogens in Orange reiten auf gesattelten Pferden. Die S. mit Satteldecke und Vorder- und Hinterzeug sind deutlich sichtbar, während die Römer daselbst anscheinend nur das Ephippium haben (Brunn-Bruckmann Tf. 92—94). Auf den Reliefs in Orange sind unter anderen Trophäen auch erbeutete kelt. S. dargestellt. Sie haben deutlich erkennbare Sattelknöpfe, hinteren Sattelbogen und einen gemusterten, wohl gesteppten Lederbezug (Tf. 55b; E. Espérandieu *Recueil général des Bas-reliefs de la Gaule Romaine* I [1907] S. 197, 198, 200).

Hier ist auch eines vermutlichen Packsattels zu gedenken, dessen Holzgestell in der Station La Tène (s. d. § 13) gefunden wurde (Vouga *La Tène* Abb. 10 und Tf. 35, 3—8).

§ 6. Die iber. Reiter auf der bekannten Kriegervase aus Archena (Südostspanien) haben helle Satteldecken (Band I Tf. 43). Vgl. a. Band X Tf. 150b.

Nach einer in Palencia gefundenen Reiterstatuette zu urteilen, ritten auch die Keltiberer auf S. (P. Paris *Essai sur l'Art de l'Espagne prim.* II 224). Die Statuette zeigt deutlich einen mit Vorder- und Hinterzeug versehenen S. (vgl. Schulten *Numantia* I 203).

§ 7. In Südosteuropa tritt der S. bei den iran. Reitervölkern am frühesten auf und bietet interessantes und reichhaltiges Material in Darstellungen und Gräberfunden. Ein naturgetreues Bild eines gesattelten skyth. Reitpferdes befindet sich auf der bekannten Silbervase aus dem Grabhügel von Čertomlyk (Band II Tf. 154, 155a). Der S. scheint hier aus einem nicht sehr starken Lederkissen zu bestehen, das auf einer Unterlage, von der nur der Rand sichtbar ist, ruht. Das Ganze ist mit einem schmalen Bauch- und Brustgurt befestigt. Anzeichen eines festen Holzgerüstes sind nicht vorhanden, im Gegenteil scheint sich der S. ganz dem Rücken des Tieres anzuschmiegen. Einen deutlich erkennbaren S. mit großer, gezackter Satteldecke trägt das durchgehende Pferd auf dem Elfenbeinplättchen aus dem Kul Oba (Tf. 55a). Auf nach pers. Art, bloß am hinteren Rande gezackten Decken (s. § 2) reiten die Skythen auf einem Silbergefäß aus dem Solocha-Kurgan (Band XII Tf. 83c; Rostowtzeff *Iranians and Greeks in South Russia* 1922 Tf. 20, 2). Eine genau alle Einzelheiten wiedergebende Satteldarstellung zeigt eine der sibir. Goldplatten aus der Eremitage (Tf. 55d). Erhaltene Reste von S. befanden sich unter den Pferdebestattungen des skyth. Grabhügels von Alexandropol (s. d.). Das Sattelgestell war aus Holz, das in einem Falle rote Farbspuren aufwies; die Sattelbogen waren mit gezähnten Goldblechstreifen beschlagen. An der linken Seite des S. befand sich eine eiserne Schnalle, wohl vom Sattelgurt, und an der rechten Seite waren die Reste eines am S. befestigten, hölzernen Goryts mit Bronzebeschlag. Bei einem S. waren noch Lederreste erhalten, die vermittelst silbernen, mit goldenen Köpfen versehenen Nägeln befestigt waren (*Recueil d'antiquités de la Scythie* II [1873] S. 8, 10, 16 Tf. 12, 7, 8). Ähnliche mit Gold- und Silberbeschlägen verzierte Sattelreste acht gesattelter Pferde wurden in den Kammern VIII, IX, X des Čertomlyker Kurgans gefunden. Alle Funde gehören dem 4.—3. Jh. v. C. an (s. Čertomlyk).

§ 8. Die S. auf den zahlreichen Darstellungen bosporanischer Reiter der Grabreliefs und Wandmalereien aus Südrußland liefern einige charakteristische Einzelheiten (Tf. 56a). Die Form dieser S. ist ein längliches Viereck, dessen vordere Ecken mehr oder weniger nach unten ausladen und in dem schmalen Bauchgurt enden. Die Sattelbogen heben sich deutlich ab und sind oft recht hoch. Der vordere Sattelbogen ist meist stark nach unten gezogen (v. Kieseritzki-Watzinger *Griechische Grabreliefs aus Südrußland* 1909 Abb. 599, 618, 628, 640 u. a.). Die Satteldecke fehlt mit einer Ausnahme (Kieseritzki Abb. 591) auf den Grabsteinen, befindet sich aber auf den Wandmalereien, auf denen die Pferdeausrüstung überhaupt reicher ist. Charakteristisch für diese S. ist der Sattelschmuck aus drei Riemen, die unter dem hinteren Rande des S. frei herabhängen. Sie sind bei Kieseritzki „Pflöcke" genannt, jedoch auf den Malereien deutlich als Riemen gekennzeichnet (Rostowtzeff *Iranians and Greeks* Tf. 28, 1; 29, 1—3). Alle Darstellungen gehören dem 1. und 2. Jh. n. C. an. Analogien zu diesem Riemenschmuck finden wir im W bei der röm. Reiterei (s. § 3) und im Orient auf den Felsreliefs des sassan. Persiens. Die sassan. Könige auf den Reliefs aus Schapur und Naksch-i-Radjab (Sarre und Herzfeld *Iranische Felsreliefs* Tf. 11, 13, 41, 42; Stolze *Persepolis* Tf. 100, 139, 140, 142) haben alle neben der typischen, an einer langen Kette herabhängenden Riesentroddel die rätselhaften drei Riemen am S., die hier an den Enden mit runden Scheiben geschmückt sind (Tf. 56b). Die bosporan. Reiter haben aber außer dem erwähnten Riemenschmuck auch die ausgezackte Pferdemähne und die Quasten am Halse der Tiere (Rostowtzeff a. a. O. Tf. 28, 1; 29, 3), die bei den sassan. Pferden häufig sind. Da diese Züge bei den Skythen, soweit wir sie aus Darstellungen kennen, fremd sind, so können die Bosporaner diese eigenartige, der sassan. überaus verwandte Pferdeausrüstung nur von den ebenfalls iran. Sarmaten übernommen haben, zusammen mit einzelnen Typen der sarmat. Bewaffnung und Tracht, die wir bei ihnen vorfinden. Hier wird auch der Ursprung analoger Erscheinungen bei der röm. Auxiliar-Reiterei zu suchen sein. Welche Bedeutung den sonderbaren drei Riemen zugrunde liegt, ist nicht klar. Daß es nicht bloß ein belangloser Schmuck ist, beweist schon die Konsequenz mit der die Dreizahl dieser Riemen überall beibehalten wird.

W. Günther

B. Vorderasien. Ob S. bereits in archaischer Zeit existierten, ist unsicher (H. de Genouillac *Tablettes sumériennes archaïques* 1909 S XLV). Die Reitpferde der Assyrer waren, wie die Abbildungen zeigen, gesattelt (s. z. B. Band VII Tf. 152b).

B. Meissner

Saturnalien.

§ 1. S. in der Antike und im alten Orient. — § 2. Den S. zugrunde legende Zeremonien bei den Naturvölkern.

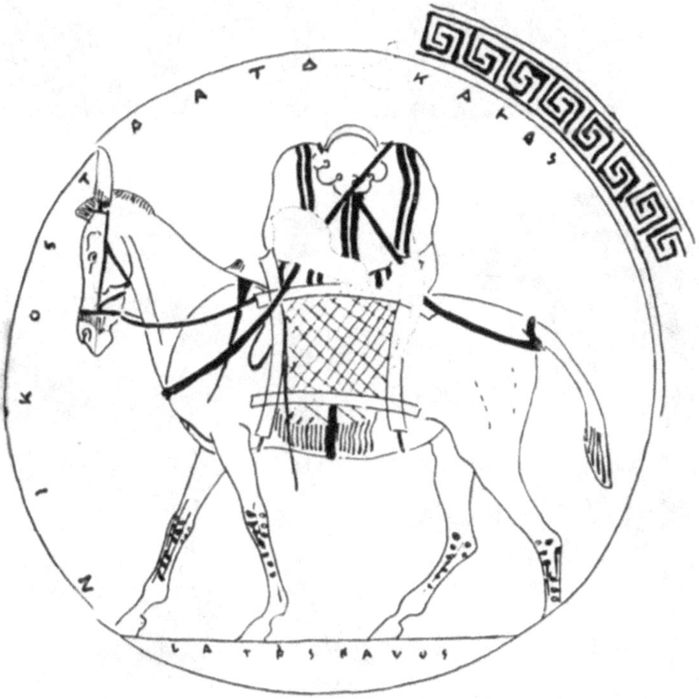

a

b

Sattel A. Europa

a. Aus der Slg. Bourgignon. Nach Hartwig *Meisterschalen.* — b. Relief vom Heroon zu Gjölbaschi. Nach Benndorf und Niemann.

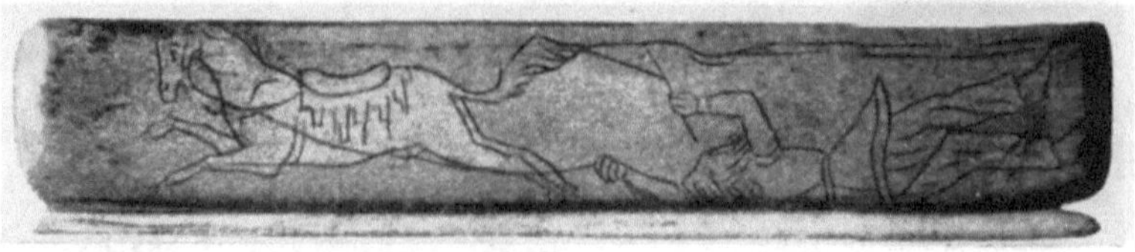

a

b

c

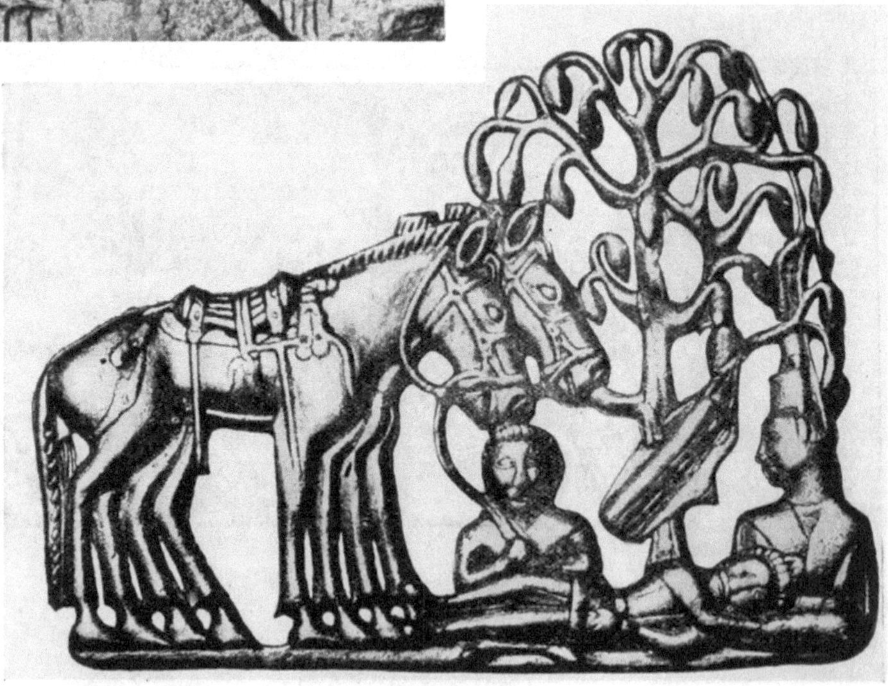

Sattel A. Europa

a. Elfenbeinplättchen aus dem Kul-Oba. Nach E. H. Minns. — b. Vom Ehrenbogen in Oran Nach E. Espérandieu. — c. Von der Markussäule. Nach A. Strong. — d. Sibirische Goldplat Nach E. H. Minns.

a

b

c

Sattel A. Europa

a. Grabstein von Kerč. Nach Kieseritzki und Watzinger. — b. Felsrelief aus Naksch-i-Radjab. Nach Dieulafoy. — c. Grabstein von Châlon-sur-Saône. Nach E. Espérandieu.

§ 1. Der Ausdruck S. geht auf das röm. Fest zurück, das man in der republikanischen Zeit vom 15.—17. Dezember feierte, und bei dem den Sklaven außergewöhnliche Freiheiten gestattet wurden: sie speisten zusammen mit der Herrschaft oder vor ihr und wurden von ihr bedient. Das Fest, das wahrscheinlich griech. Ursprungs ist oder doch durch griech. Einfluß einen besonderen Charakter erhielt, war überhaupt mit großer Ausgelassenheit und mit Schmausereien verbunden: an diesem Tage galt es nicht als Schande, einen Rausch zu haben, und sogar das sonst verpönte Würfelspiel war erlaubt. Bezeichnenderweise wurde das Fest auch mit Rätselraten (s. Rätsel) verknüpft. An diesem Tage pflegte man sich zu beschenken, wobei Opfer und Gaben an Wachslichtern und Tonpuppen im Vordergrund standen. In späterer Zeit kam es sogar vor, daß an diesem Tage Gefangene entlassen wurden. Es handelt sich also um ein Fest, an dem nicht nur eine gewisse zügellose Freude erlaubt war — man konstruierte später daraus eine Erinnerung an das goldene Zeitalter, die *aurea saecula* —, sondern bei dem vorübergehend eine Umkehrung der sozialen Stellung zur Schau getragen wurde, sowie eine gewisse Art von Gaben in Erscheinung trat. Noch in röm. Zeit führte man die Opferung der Tonpuppen auf Ersatz von Menschenopfern zurück (Roscher S. 428ff.).

Von diesem eigenartigen röm. Fest leitet sich die verallgemeinerte Anwendung des Ausdrucks S. für ähnliche Veranstaltungen ab, die periodisch stattfanden, und bei denen während kürzerer oder längerer Frist eine Umkehrung des üblichen täglichen Lebens, namentlich in bezug auf die soziale Stellung, eine zeitweise Verkehrung der Schichten (s. Schichtung), vorgenommen wurde.

Eine solche Umkehrung kann auch nur auf besonders ausgezeichnete Personen beschränkt bleiben, wie es z. B. im alten Orient der Fall war, wo vor allem der König davon betroffen wurde. S. Mummenschanz.

Im alten Babylonien betand das Neujahrsfest, das 11 Tage dauerte und seinen Höhepunkt am fünften Tage erreichte, in dem Ritual und der Pantomime des Todes und der Auferstehung von *Bêl-Marduk*. Den wesentlichen Teil des Festes am fünften Tage bildete die zeitweilige Entsagung des Königs von Babylonien. Der Hohepriester empfing den König am Tor des Tempels, ließ ihn aber nicht eintreten, sondern nahm ihm Krone, Zepter und die königlichen Gewänder ab. Diese Regalien wurden in der Kapelle vor dem Standbild des *Bêl* aufgepflanzt. Der Hohepriester kehrte zurück zu dem König, der am Tore von *Bêl*s Kapelle kniete, schlug ihn auf die Wange, gab ihm eine Ohrfeige und geißelte ihn. Wenn der König darüber weinte, so galt das als eine gute Vorbedeutung für das nächste Jahr. Hierauf durfte der König die Kapelle *Bêl*s betreten und richtete dort ein bußfertiges Gebet an den Gott, in dem er seine Niedrigkeit bekannte und betonte, daß er seine königliche Macht von *Bêl* empfangen habe. Darauf sprach der Hohepriester dem König zu und stellte ihm *Bêl*s Segen in Aussicht. Nach dieser Selbsterniedrigung erhielt er wieder die königlichen Insignien zurück (Zimmern S. 14ff.).

Ähnliche Vorgänge sind auch aus Persien bekannt (Langdon S. 71ff.).

Hier haben wir es also mit Riten zu tun, die an die verschiedenen sakralen Beschränkungen erinnern, mit denen das „heilige Fürstentum" (s. Häuptling, Mana B) in seiner ursprünglichen Fassung umgeben war. Als eine milde Form jener Beschränkung, wie sie z. B. roher in der Tötung des Fürsten nach Verlust der Vollkraft seiner Jahre oder nach Ablauf einer bestimmten Zahl von Jahren eintrat (vgl. Frazer *The Golden Bough. The Killing of the Divine King* 1911), dürfte die jährliche Erniedrigung des Herrschers von Babylonien aufzufassen sein (s. a. Staat).

Es ist wohl möglich, daß die Griechen diese Sitte in ihrer Weise umgestalteten, in veränderter Form nach Rom überpflanzten und dort dem Saturnfest aufpfropften.

Die Gedankengänge einer zeitweiligen Erniedrigung des Helden, des Mannes oder der Männer, die sich ausgezeichnet haben (s. a. Auszeichnung), ist auch dem primitiveren Leben der Naturvölker nicht fremd. Sie treten auf, eingekleidet in Zeremonien zur Reinigung (s. d. D) oder zur Sühne (s. d.) für besondere Taten oder wegen außerordentlicher Ereignisse.

§ 2. Dieser Hülle von rituellem Verhalten liegt zweifellos der Gedanke zugrunde, daß Erfolg und Macht etwas Gefährliches seien (wie er z. B. in der griech. ὕβρις zugespitzt erscheint). Angst befällt den erfolgreich Kämpfenden, der darum sich gewissen Demütigungen unterwerfen muß (s. Mana B).

Unter den Mekeo- und ähnlich auch unter den *Roro*-sprechenden Stämmen des s. Neu-Guinea ist es üblich, daß Krieger, die aus dem Kampf zurückkehren, in dem sie Menschen getötet haben, erst einmal eine Zeitlang in strenger Abgeschlossenheit im Männerhaus (*ufu*) verbleiben, bis eine Reihe von Riten erledigt ist (s. Menschenopfer C § 2). Erst am Ende von zwei oder drei Monaten wird ein Fest veranstaltet, an dem alle die Klans teilnehmen, die in den Krieg verwickelt waren. Dieses Fest ist mit dem Schlachten mehrerer Schweine und dem Schmücken der Krieger, welche die Zeit über abgeschlossen waren, verknüpft (Seligmann S. 298, 333). Hier scheint es sich vor allem um die Vertreibung der Geister der feindlichen Toten zu handeln.

Wie bei vielen kannibalischen Stämmen darf der Mörder den Erschlagenen nicht verzehren (s. Kannibalismus); so auch bei den **Namau** von Neu-Guinea. Doch kocht die Tochter das Herz des Opfers, und der Totschläger darf den Abguß davon genießen und auch etwas vom Herz, wenn er auf einer Kokosnuß sitzt und je eine Nuß unter den Füßen hat, so daß er nicht in unmittelbarer Berührung mit der Erde sich befindet. Des Abends läuft er mit einer Fackel herum, ruft den Namen des Geistes *Kopiravi* und löscht dann die Fackel auf der Erde aus. Hierauf darf jeder im Dorf Verkehr mit der Frau des Totschlägers haben (s. Prostitution), während dieser selbst in der heiligen Halle schläft (Haddon Nr. 91).

Das normale tägliche Leben erfährt auch eine Unterbrechung, wenn sich besondere Dinge ereignen.

Eine teilweise oder zeitweise Behinderung in der Ausübung üblicher Rechte tritt gelegentlich gewisser Ereignisse ein: z. B. wenn bei den Kikuyu Ostafrikas ein Baum auf die Hütte eines Mannes fällt. Dann muß der Dorfhäuptling einen Widder töten, der vor dem Schlachten im Dorf herumgeführt wird. Vor dieser Sühnehandlung darf der Eigentümer die Hütte nicht betreten, denn man nimmt an, daß die Ahnengeister (*ngoma*) das Mißgeschick herbeiführten. Sie müssen erst besänftigt werden (Hobley S. 406ff.).

Durch die soziale Gruppierung (s. Klan, Kaste A) und Schichtung (s. d.) wird eine besondere Lebenslage der Bevorzugung für weite Gruppen geschaffen. Saturnalien im eigentlichen Sinne des Wortes setzen darum auch eine in ausgeprägter Weise geschichtete Gesellschaft voraus, mit Unterschieden, die deutlich als Bevorzugung empfunden werden.

Von diesen auf sozialer Basis beruhenden Festen müssen die Fälle eines Wechsels der Tracht und oft auch des Gehabens zwischen Männern und Frauen, das auf sexuellem Boden sich bewegende „Transvestitentum", unterschieden werden, wie es namentlich im Schamanentum zutage tritt. S. a. Fest A, Heirat, Jünglingsweihe, Keuschheit, Meidung, Menschenopfer C, Moral, Mummenschanz, Nebenehe, Prostitution, Reinigung D, Sühne, Totenkultus A, Zauber A.

Hobley *Further Researches into Kikuyu and Kamba Beliefs and Customs* Journ. anthr. inst. 41 (1911); Haddon *The Kopiravi Cult of the Namau* Man 19 (1919) Nr. 91; Langdon *The Babylonian and Persian Sacaea* Journ. Asiat. Soc. 1924; Roscher *Lexikon der griech. und röm. Mythologie* IV (1909—14); Seligmann *The Melanesians of British New-Guinea* 1910; Zimmern *Zum babylonischen Neujahrsfest* Ber. üb. d. Verh. d. kgl. sächs. Ges. d. Wiss. zu Leipzig, phil.-hist. Kl. 58 (1906). Thurnwald

Saucière. Gußgefäße eigenartiger Form mit bauchigem, tiefen Leib, kleinem Ringfuß, schmalem oder breitem, häufig sehr hohem Ausguß mit langen Spitzen, ganz kleinem, wagrechten (vereinzelt senkrechten) Henkel an der dem Ausguß entgegengesetzten Seite (Band XIV Tf. 23a). Die Form ist auf die Urfirniskeramik (s. Ägäische Kultur § 11—13, Vase B) beschränkt, in dieser aber sehr häufig und zu eigenartiger Schönheit entwickelt. Sie ist auch in Metall ausgeführt worden, wie ein goldenes Exemplar aus Arkadien im Louvre beweist; ein verwandtes, zweihenkliges Gefäß stammt aus Troja (s. d.; Band XIII Tf. 69a und 71a). Man darf die Form letzten Endes vom Flaschenkürbis ableiten.

BSA 22 S. 176ff. Tf. 6f. Wace-Blegen; Fimmen *Kret.-myk. Kultur*[2] S. 135ff.; H. Bossert *Altkreta*² Abb. 2. — Goldenes Exemplar: JHS 44 (1924) S. 103ff. Childe; W. Dörpfeld *Troja und Ilion* I 353. G. Karo

Säulchenurne (Band V Tf. 129a). Zylinderhalsurne mit weit ausladendem Mundsaume, von dessen Rande sich gegen die Schulter gewöhnlich 4 Tonstäbchen ziehen, die entweder glatt oder torquiert sind, wodurch sie den Eindruck von Säulchen hervorrufen. Die S. gehören dem Ende der BZ an und stellen einen führenden Keramiktypus der Höttinger-Kultur (s. d.) dar. G. Kyrle

Säule. S. a. Baukunst. — (Ägäischer Kreis) Hölzerne Innenstützen sind schon in neol. Häusern von Thessalien nachgewiesen, eigentliche Säulen zuerst im MM Kretas. Der MM I erbaute Palast von Mallia enthielt schon große Säulenhallen im Mittelhof und einzelne, z. T. eigenartig geformte Säulen an Treppen und in Zimmern. Im SM erfährt die S. dann ihre reichste Ausgestaltung, vor allem in Knossos, wo die großartigsten Beispiele sich im Treppenhause des Ostflügels (Band VII Tf. 39a) und im Kultraum des Kleinen Palastes finden. Auch bei den min. Kultfassaden waren S. häufig auf den sog. Horns (s. d.) of Consecration aufgepflanzt, ein ständiges Bauglied und zugleich — wie am Löwentor von Mykenai (Band VIII Tf. 123) — ein heiliges Symbol. Die Vorstufe dazu bildet ein tönernes Kultsymbol von Knossos (MM II; Band VII Tf. 57 F): drei S. auf gemeinsamer Platte tragen abgekürzte Balkenlagen und darauf je einen Vogel. Die S. haben hier zwar runde Basen, aber weder die Verjüngung nach unten, noch das Wulstkapitell, die sonst für min. S. bezeichnend sind. Da diese stets aus Holz, nur die Basen aus Stein waren, kennen wir sie nur aus Abbildungen auf Malereien, Reliefs, Gemmen, Goldringen. Bei den Ausgrabungen waren die Schäfte z. T. noch leidlich erhalten; sie waren fast stets glatt. Im Kultraum des Kleinen Palastes von Knossos sind die Abdrücke konvex kannelierter S. im Lehm der Wände festgestellt. Eine Sonderform mit merkwürdigen, kastenartigen Verkleidungsstücken kennen wir nur aus Wandgemälden und Steingefäßen.

Die myk. Kunst übernimmt die S. unverändert von Kreta und verwendet in Palästen und Häusern auch nur hölzerne auf Steinbasen. Indessen haben uns das Löwentor und die Kuppelgräber des „Atreus" und der „Klytaimnestra" steinerne Exemplare bewahrt, die beiden letzteren mit reichem, an metallene Vorbilder gemahnenden Ornament und konkaven Kanellüren (s. a. Band VIII Tf. 126). Diese S. glichen also den dorischen, ob auch im Kapitell, läßt sich nicht sagen, da dieses am Klytaimnestra-Grabe fehlt. Die Ableitung des dorischen vom min.-myk. Wulstkapitell ist umstritten und um so schwieriger, als wir aus der Zeit vom Ende dieser Kultur bis zum 7. Jh. keine S. kennen.

Neol. Stützen: D. Fimmen *Kret.-myk. Kultur*² S. 31, 46. — Mallia: Vorberichte Bull. corr. hell. 46 (1922) S. 522ff.; ebd. 47 (1923) S. 532ff.; Vorgesch. Jahrb. 2 (1926) S. 266. — Kultsymbol von Knossos: BSA 8 S. 29: F. Winter *Kunstg. i. Bild* I 93, 5. — Kultfassaden: G. Karo *Religion d. äg. Kreises* Abb. 43f. — Treppenhaus in Knossos: H. Bossert *Altkreta*² Abb. 35—39; F. Noack *Baukunst d. Alt.* Tf. 7f., vgl. 9 (Tf. 12 Kultfassaden).; Winter a. a. O. I 80 (dort auch Abb. von S. und Kultfassaden; vgl. 92, 6). — Kultraum des Kleinen Palastes: A. Evans *Tomb of the Double Axes* S. 59ff. Gegen die Verjüngung irrig Öst. Jahresh. 10 (1907) S. 46ff. J. Durm. — Kastenartige Verkleidungen: Winter a. a. O. I 80, 10; 89, 4; 91, 2; Bossert a. a. O. Abb. 60. — Myk. Säulenbauten: BSA 25 S. 153 Wace. — Löwentor und Gräber: Bossert a. a. O. Abb. 202f.; Winter I 81, 93; Perrot-Chipiez *Hist. de l'Art* VI 363: Noack a. a. O. Tf. 14. G. Karo

Säulenkultus s. Kultus A § 2, Religion B.

Sauromaten s. Sarmaten, Skythen, Südrußland D.

Saussurit s. Nephrit.

Sausteigen s. Bergbau A § 22.

Saxeröd (Ksp. Jörlanda, Bohuslän, Schweden). Einziger schwed. Fund von Topfsteingefäßen (s. d.) der LTZ (vgl. Band IX Tf. 160d). Im Gefäße, das aus einem Flachbodengrab stammt, lagen die verbrannten Knochen. Unter den Funden fanden sich Gürtelbeschlagfragmente und eine fragmentierte Bronzekette.

Månadsblad 1903—05 S. 131 und Abb. 173—176; Oldtiden 2 (1912) S. 52 H. Shetelig.
Hanna Rydh

S'baïkia (El Ouesra) s. Nördliches Afrika A § 3.

Sbaikien (Sbaikia-Stufe) s. Acheuléen, Nördliches Afrika A § 3, Pyrenäenhalbinsel A § 4.

Scé, Grotte du s. Schweiz A.

Schaber (Tf. 57). S. a. Prächelléen und die verschiedenen folgenden Stufen des Paläolithikums. — Die Tätigkeit des Schabens und Kratzens hat gewiß ebenso wie das Tier auch der Mensch ursprünglich mit dem Fingernagel ausgeübt. Indem ein scharfkantiger Stein, Knochen oder Holzspan zu Hilfe genommen wurde, geschah der entscheidende Schritt zu einem der frühesten Werkzeuge, das wiederum der Stammvater verschiedener Werkzeugreihen geworden ist. Das bevorzugte Material ist Feuerstein. Schon im Paläol. hat sich der S. je nach Zweck und Handhabung in eine Menge Formen differenziert, aus denen später Säge (s. d.), Hobel (s. d.) und Feile (s. d.) erwachsen. Auch im Neol. ist der Feuersteinschaber noch sehr beliebt, aber dann geht sein Gebrauch mit der Ausbildung metallener Spezialwerkzeuge bald zurück.

Alfred Götze

Schachbrettmuster. Durch die grundsätzliche Gleichsetzung der positiven gemusterten und negativen leeren Felder und als endlos sich ergänzendes Flächenmuster vereinigt das S. in sich so charakteristische Merkmale der fortgeschrittenen neol. Ornamententwicklung, daß es in der steinzeitl. Gefäßverzierung nur spät und auch dann noch verhältnismäßig selten anzutreffen ist. Vereinzelte Beispiele aus der späten StZ bzw. frühesten BZ begegnen in der skand. Megalithkeramik (Band IX Tf. 82d), der Bschanzer Stichbandkeramik (Band II Tf. 14a), auf engl. Glockenbechern, auf den zweifellos spätneol. Gefäßen vom Camp de Chassey, in Butmir (s. d.), in der thessalischen Vasenmalerei (Band I Tf. 8c), auf Zypern (s. Kypros), in Ägypten. Ein einheitlicher Ursprung dieser S. kommt wohl nicht in Frage und ist zur Erklärung dieser charakteristischen Stilform auch nicht nötig. Tritt das S. als Gewandmuster in der figuralen Plastik auf, so kann es sich um die Nachbildung eines gewebten Musters handeln. Vielleicht ist das schon der Fall bei den spätneol. kyprischen und iber. Idolen, sicher bei gewissen serb.-ungar. Tonidolen der BZ (Band VI Tf. 2), deren Vorbild vermutlich in den bekannten kret. Fayence-Statuetten mit glockenförmigem, gleichfalls im Schachbrett gemusterten Gewande zu suchen ist (Band III Tf. 36; Hoernes *Urgesch.*[2] S. 409 Abb. 2, S. 411 Abb. 7; Wosinsky *Inkrustierte Keramik* 1904 Tf. 92; s. Idol A 2). In einzelnen Fällen mag das Muster von der Tonplastik auf die Verzierung der Gefäße übertragen worden sein (Wosinsky a. a. O. Tf. 41 Abb. 3, 6, Tf. 95 Abb. 8 aus der ungar. BZ), dagegen dürfte die Ableitung der zahllosen späteren S. in der Mittelmeerzone aus einem heiligen Gewandmuster zu weit gehen (Mannus 4 [1912] S. 351 Vittorio Macchio). Als Füllung umrahmter Felder ist das S. aus Rechtecken oder Rauten in der polychromen Gefäßverzierung der HZ sehr allgemein (Band VIII Tf. 86a1). Als stilisiertes Tierhaar erscheint es vereinzelt in der frühesten LTZ (Mainz. Festschr. 1902 Tf. 6 Abb. 1); häufig begegnet das Muster an bemalten Gefäßen der Spätlatènezeit (Band VIII Tf. 93, 4. 5). S. Flechtmuster.

F. A. v. Scheltema

Schachtgrab s. Grab.

Schachtgräberstufe s. Mykenische Kultur.

Schachtofen s. Eisen A § 2.

Schädeljagd s. Kopfjagd, Kannibalismus, Menschenopfer.

Schädelkultus s. Fetischismus A, Grab A § 3.

Schaf. A. Europa. § 1. Wilde S. finden wir in Europa nur noch auf Korsika und Sardinien in dem dort beheimateten Muffion (*Ovis musimom Schreb.*), einem kleinen S. mit schneckenartig um die Ohren gewundenen Hörnern, deren Spitzen sich gegeneinander kehren. Die Weibchen sind gehörnt (Korsika) oder hornlos (Sardinien). Diese Mufflons sind wohl der letzte Rest einer Wildschafbevölkerung, die sich von Asien, dem Hauptverbreitungsgebiet der Wildschafe, im frühen Diluvium über Mähren (*ovis argaloides Nehrg.*), Süddeutschland, Südfrankreich (*O. antiqua Pomm.*) bis nach Südengland (*O. savini Newton*) erstreckte, aber n. der Alpen nirgends das Ende des Diluviums erlebte. Ob dunkle Nachrichten antiker Schriftsteller von Wildschafen in Spanien und den Seealpen hier ein längeres Ausdauern beweisen, mag dahingestellt bleiben. Aber auch hier scheinen nirgends Wildschafreste in menschlichen Kulturen nachgewiesen worden zu sein.

§ 2. Die ältesten Reste des Hausschafes (*Ovis aries L.*) sind aus den älteren Kjökken-

Schaber

Depotfund von Feuerstein-Schabern. Kil, Ksp. Tillinge, Uppland. L. 7,8—10,8 cm. Nach G. Ekholm *Studier i Upplands Bebyggelsehistoria* I (1915) S. 67.

a

b

Schalenstein A. Allgemein

a. Berg mit Schalensteinen (×) bei Himna Berggård, Ksp. Vårdsberg, Östergötland. Nach Fliegeraufnahme von Nordén und Bergman (1924). — b. Schalensteine bei Herrebro, Östergötland. Nach Aufnahme von A. Nordén.

möddingern (Aamølle; s. **Nordischer Kreis** A § 3 b 3) mit Sicherheit bekannt, während Winge in Havnø und Klinterø bei der Schwierigkeit, Schaf- und Ziegenknochen allemal mit Sicherheit zu unterscheiden, was eigentlich nur bei Schädel- und Hornzapfen möglich ist, es offen läßt, ob nicht Ziegenknochen vorliegen. Ich möchte allerdings aus einem anderen Grunde annehmen, daß es sich in den älteren Kjökkenmöddingern nur um Schafreste handelt, weil nämlich die jüngeren (Ørum, Aa, Aalborg, Leire Aa; s. **Nordischer Kreis** A § 4 b) auch nur Schafreste geliefert haben. Diese besser erhaltenen Schafreste der jüngeren Kjökkenmöddinger erlaubten Winge auch die Bestimmung der Rasse. Es handelt sich um das Torfschaf (*Ovis aries palustris Rütim.*), das zuerst von Rütimeyer nach Funden aus den Schweizer Pfahlbauten beschrieben wurde. Es war dies ein kleines S. mit feinen Gliedmaßen, flacher Stirn und ziegenartig gestellten und geformten, zweischneidigen Hörnern, die ihm den Namen „ziegenhörniges" Schaf eingetragen haben. Ich möchte aber in dieser Hornform nichts anderes sehen als die Beibehaltung eines Jugendmerkmales bei einem kleinen, kümmerlichen Haustier. Die Verbreitung des Torfschafes muß eine sehr weite über Mitteleuropa gewesen sein, wo es außerdem nach einer Zusammenstellung bei **Duerst** (Archiv f. Anthr. 1904 S. 292 f.) aus der Schweiz, Italien, Frankreich, Deutschland und England bekannt geworden ist. Wann es in den einzelnen Ländern ausgestorben ist, dürfte schwer zu ermitteln sein. Die Völkerwanderungszeit hat es wohl überall erlebt. An einigen abgelegenen Stellen leben noch heute Nachkommen von ihm, sei es verkreuzt mit anderen Rassen (Nalpser-Schaf), sei es mehr oder weniger rein (Island).

§ 3. In den jüngsten neol. Zeiten (mit Kupfer) erscheint plötzlich ein großes, schwergehörntes S., dessen große Hörner einen vollständigen Kreisbogen beschreiben. Die Spitzen zeigen nach auswärts [Vgl. a. die Widderdarstellung von Jordansmühl Tf. 78[B]]. Es erhielt von Duerst den Namen *Ovis aries Studeri*. Da dieses ertragreicher war als das alte Torfschaf, so verdrängte es jenes allmählich. Auch finden Kreuzungen statt. Das Kupferschaf lebt ebenfalls noch hier und da rein fort, so besonders auf der St. Kilda-Insel Soay. Nach diesem noch heute lebenden Reste ist es ebenso wie das Torfschaf kurzschwänzig gewesen, langschwänzige Schafe haben wohl erst die Römer eingeführt. Aber auch bei diesem „kurzschwänzigen" Hausschafe ist der Schwanz länger als bei den Wildschafen. Schwanz, Extremitäten und Gesicht des Kupferschafes sind kurzhaarig. Der übrige Körper trägt eine feine Wolle. Am Unterhals scheint, nach einer Abbildung bei Ewart, eine Art kurzer Mähne entwickelt zu sein. Nach Schädel- und Skelettbau, Schwanzlänge, Farbe und Zeichnung gleicht es, abgesehen von der Wolle, so genau dem kleinas. Mufflon, *Ovis orientalis Brandt*, daß über seine Verwandtschaft mit ihm kein Zweifel bestehen kann. Ob die Herkunft von einer der verschiedenen Unterarten der Spezies *Ovis orientalis*, die von Zypern durch Kleinasien und Transkaukasien bis Persien verbreitet ist, näher festgestellt werden kann, erscheint zweifelhaft. Über die Herkunft des Torfschafes lassen sich zurzeit noch nicht einmal Vermutungen aussprechen.

§ 4. Horn-Anomalien treten erst später auf. Hornlose S., die mit unseren ostfries. Milchschafen übereinstimmen sollen, sind nicht vor der BZ und Vierhörnigkeit, (4 Hörner) ist erst seit der RKZ bekannt.

Duerst *Über ein neues präh. Hausschaf und dessen Abstammung* Vierteljahrsschrift naturf. Gesellsch. Zürich 49 (1904) Heft 1; Glur *Beiträge zur Fauna der schweiz. Pfahlbauten* Diss. Bern 1894. Max Hilzheimer

B. **Ägypten.** Daß auch das S. zu den Haustieren des vorgesch. Ä. gehört hat, läßt sich nicht bezweifeln. Seine Knochen finden sich — wenn auch nicht häufig — in Hockergräbern (vgl. z. B. **Peet** *Cem. Ab.* II 6), sein Vließ wird als Bedeckung über die Leichen gelegt, und auch plastische (**Petrie** *Diospolis* S. 33, B 109 und Tf. 6, 1; **Ayrton-Loat** *Mahasna* S. 33 und Tf. 21, 8) sowie zeichnerische Darstellungen (**Capart** *Débuts* S. 228; Berlin 18695?) sind uns erhalten.

Die Äg. können das S. nur seines Fleisches wegen gehalten haben (obwohl das Essen von Schaffleisch in den äg. Inschriften nie erwähnt wird), denn die Wolle haben sie nicht verwertet. In der Landwirtschaft wird es in älterer Zeit (wie später das

Schwein; s. d. B) zum Eintreten der ausgestreuten Getreidekörner in den Nilschlamm verwendet.

Der Widder galt in der äg. Religion als das heilige Tier verschiedener Götter, vor allem des Amon von Theben, der im NR zum äg. Reichsgott wurde, und der nun häufig als Mensch mit Widderkopf dargestellt wird. S. Religion C § 3.

Duerst und Gaillard unterscheiden in Ä. zwei verschiedene Arten von S. Die eine, *Ovis platyra aegyptiaca* Fitz, ein Fettschwanzschaf, tritt erst im MR auf. Die andere, *Ovis longipes palaeo-aegypticus*, die vor dem NR schon in Ä. ausstirbt, ist seit vorgesch. Zeit in Ä. vorhanden, nach Duerst und Gaillard aber aus Asien eingeführt. Lortet dagegen hält sie für einheimisch afrikanisch.

Thilenius *Das ägyptische Hausschaf* Rec. de Trav. 22 (1900) S. 199ff.; Duerst und Gaillard *Studien über die Geschichte des äg. Hausschafes* ebd. 24 (1902) S. 44ff.; Lortet und Gaillard *Faune momifiée* I (1903) S. 87ff.; Hilzheimer bei Borchardt *Sahurê* II (1913) S. 178f. Ranke

C. Palästina-Syrien. An den Stätten paläol. Siedlungen sind bisher keine Knochen des S. gefunden worden. Erst im Neol. läßt sich die Zucht dieses nützlichen Tieres nachweisen. Bei *el-hūberîje* im Ḥaurân lagen unter der Lava-Decke Reste von Rindern und S., die von einem Ausbruche überrascht worden sein mögen (R. Kittel *Geschichte des Volkes Israel* I² 16). Die Halbnomaden des ausgehenden Neol. besaßen sicher große Herden, für die in dem Gebiete ö. vom Jordan von Moab bis zum Ḥaurân überall rohe Steinwälle als Hürden angelegt wurden (s. Gilgal). Besonders Moab bietet seit alter Zeit mit seinen ausgedehnten Weideflächen den besten Aufenthalt für die Schafzüchter (A. Musil *Arabia Petraea* III [1908] S. 23ff., 283ff.). Deshalb rühmt der moabitische König *Mēšaʿ* in seiner Inschrift (s. Moabiter § 2) seinen Besitz an Hirten und Kleinvieh. Nach 2. Kön. 3, 4 mußte er jährlich 100000 Lämmer und 100000 Widder als Tribut an Israel abliefern. An den meisten Ausgrabungsstätten fanden sich schon in den ältesten Schichten Knochen des Tieres (Schumacher *Mutesellim* S. 15, 43, 62, 66, 70, 158; Bliss-Macalister *Excavations* S. 33; Macalister *Gezer* II 4ff.). In der Zeit Davids, der selbst Schafhirte gewesen war (1. Sam. 16, 11; 17, 28ff.), wurden besonders im s. Teile des Landes große Herden gehalten (1. Sam. 25, 1ff. Nabal in *tell maʿîn* und *el-kurmul*), und das Fest der Schafschur wurde fröhlich begangen (Gen. 38, 12; 1. Sam. 25; 2. Sam. 13, 23). Das männliche Tier wurde vor allem zum Opfer verwendet (Lev. 3, 7; 12, 6; 14, 10f.; 22, 19; Num. 28, 3ff.), weibliche Tiere seltener (Lev. 4, 32ff.; 5, 6). Aus dem Fell fertigte man Mäntel; Wolle und Milch waren wertvoll. Die Widderhörner verarbeitete man zu Behältern (1. Sam. 16, 1) oder zu Musikinstrumenten (s. Trompete C). Die in Pal.-Syrien heimische Art ist das Fettschwanz-S. (*Ovis laticaudata* oder *platyra*). Eine Platte Tiglatpilesers III. stellt erbeutete S. dar, die aus einer eroberten Festung weggetrieben werden (s. Fremdvölker C; Band IV Tf. 77).

H. Guthe *Kurzes Bibelwörterbuch* 1903 S. 580f.; ZdPV 9 (1886) S. 63 L. Anderlind; C. Keller *Die Abstammung der ältesten Haustiere* 1902 S. 169ff.; O. Keller *Die antike Tierwelt* I (1909) S. 309ff.; F. Hommel *Die Namen der Säugetiere bei den südsem. Völkern* 1879 S. 232ff.; H. B. Tristram *The Fauna and Flora of Palestine* 1884 S. 7. Peter Thomsen

D. Vorderasien s. Haustier E § 3.

Schaffis (Chavannes, Bieler See, Schweiz). Der Pfahlbau liegt am linken Seeufer, wo wegen des ungünstigen Geländes außer ihm nur noch eine andere Station nachgewiesen ist. Er ist, bei 50 m gr. Br., 195 m lang. Mehrere Brücken verbanden ihn mit dem Festlande. Nach Chavannes benannte Groß seine 1. Periode des Neol. der Pfahlbauten (s. Schweiz B). Die Steinbeile sind verhältnismäßig klein und wenig sorgfältig poliert (bis zu 18 cm l.). Nephritbeile kommen nur in zwei Exemplaren vor. Die Feuersteinartefakte sind dagegen zum Teil von ansehnlicher Größe. Aus Hirschhorn kommen Hämmer und Beilfassungen, am Ende durchbohrte Harpunen mit Widerhaken, kleine Nähnadeln und eigentümliche, größere (etwa 20 cm lange), gebogene Nadeln mit seitlichem, durchbohrten Ansatz vor. Zwei Knochendosen und schlecht gebrannte, grobe, unverzierte Keramik vervollständigen das Inventar. Von Einzelfunden sei noch der Verschluß eines Fensters oder einer Tür erwähnt, der aus Tannenholz besteht, über 35 × 40 cm groß war und zwei Buckel zeigt, durch die ein Riegel aus Eibenholz geschoben war.

Mitt. Zürich 19 (1875ff.) 7. *Pfahlbautenbericht* S. 28f.; ebd. 20 (1878ff.) 8. *Pf.-Ber.* S. 48 F. Keller; J. Heierli *Urgeschichte der Schweiz* 1901.

† W. Bremer

Schäftung der Steingeräte. Ohne die Kenntnis der Schäftung der Steingeräte muß auch die ihrer Verwendung und Bedeutung problematisch bleiben. Wegen der Vergänglichkeit des gewöhnlich benutzten Materials, des Holzes, sind wir aber nur in besonders glücklichen Fällen in der Lage, uns ein unbedingt sicheres Bild der Fassungen vorgeschichtlicher Steingeräte zu machen.

§ 1. Das ältere Paläol. scheint die Schäftung der Steingeräte noch nicht zu kennen. Da ethnologische Parallelen nicht vorliegen — über das einzige Volk, das bis in unsere Zeit sich auf dieser Kulturstufe erhalten hatte, den inzwischen ausgerotteten Stamm der Tasmanier, lauten die Angaben in dieser Beziehung widerspruchsvoll —, sind wir lediglich auf die Formen der Geräte angewiesen. Die Faustkeile jedenfalls sind deutlich für die Benutzung direkt in der Hand zurechtgeschlagen, daher zeigt der Griffrücken, der in der Handfläche liegen soll, meist die alte, glatte Oberfläche des Feuersteinknollens, und für Daumen und Finger finden sich regelmäßig Einarbeitungen. Diese zeigen, daß sie gemeiniglich für rechtshändigen Gebrauch bestimmt sind. Gegen eine Schäftung, wie sie in theoretischen Zeichnungen oft, besonders in der zahlreichen populären Literatur (z. B. Forrer *Urgeschichte des Europäers* S. 42), angenommen wird, spricht schon die Schwere eines großen Teiles dieser Werkzeuge. Für das jüngere Paläol. aber ist die Schäftung der Steingeräte vielfach aus ihrer Form erweislich. Die Technik der Schäftung der Pfeilspitzen geht am klarsten aus den Formen der Knochenspitzen hervor, die anfangs gespalten sind, später breit gekerbt, so daß sie über den Holzschaft übergreifen (Band I Tf. 54, 7), während im Magdalénien (s. d.) auch die einseitige Abschrägung begegnet, der eine gleiche des Schaftes entsprochen haben muß. Für die Harpunen, deren Schäftung eine lose war, wiegt die Zuspitzung der Spitze, die dann in eine Aushöhlung des Schaftes gesteckt wurde, vor (Band VII Tf. 216a–h). Dem entspricht auch die Schäftung der steinernen Spitzen. Den Schrägansatz an den Schaft zeigt am deutlichsten die typische Kerbspitze des Solutréen (Band XII Tf. 86, 2c), die an der schräg abgeschlagenen Seite mit dem Schaft durch Harz verkittet oder verschnürt war. Die Stielspitzen (vgl. Band I Tf. 55, 8) des oberen Aurignacien zeigen eine lange Griffzunge, die in eine Höhlung oder wahrscheinlicher ein gespaltenes Holz eingelassen war. Letztere Art der Schäftung ist auch bei kleinen, prismatischen Klingen, wie sie besonders im Magdalénien auftreten, angewandt, die an der Basis zwei gegenständige Einkerbungen zeigen (wie Obermaier *Der Mensch der Vorzeit* o. J. [1912] S. 199 Abb. 118d), durch die die notwendige Umschnürung dieses Spaltholzes lief (Band VII Tf. 216i).

§ 2. Auch die kleinen Messer und Klingen des Neol. werden in ihrer Verwendung erst verständlich, wenn man sich die ursprüngliche Schäftung dazu vorstellt. Die kleinen Klingen wurden für gewöhnlich einfach in einen Holzgriff eingelassen und festgekittet. (Über den dabei verwendeten Kitt vgl. Pfeiffer a. a. O. S. 188ff.; vgl. den Meißel Déchelette *Manuel* I 503 Abb. 178, 5.) Die Mikrolithklingen sind großenteils offenbar zur Herstellung längerer Schneiden und Sägen verwendet worden, indem sie nebeneinander in gleicher Weise in Holz oder Knochen eingelassen wurden, wie dänische Knochenspitzen der Maglemose-Zeit lehren (Band IX Tf. 7i; vgl. a. ebd. Tf. 206l; Kossinna *Die Indogermanen* I 18 Abb. 15; s. a. Moosseedorf). So können auch Pfeil- und Lanzenspitzen in den Schaft eingelassen werden, meist aber geschieht es dadurch, daß sie in den gespaltenen Schaft eingeklemmt wurden, wie die Magdalénienklingen. Erhaltene Beispiele: Pfeilspitzen von Burgäschi (Anz. f. Schweiz. A. K. 1919 S. 6 Abb. 1 Ischer; Dolch von Auvernier a. a. O. Abb. 9, 3a und b; vgl. a. Band VIII Tf. 101, 3).

Diese Schäftungsweise scheint besonders im Mittelmeergebiet und im N verbreitet zu sein. Zur Erleichterung der Bindung werden dann wieder gern die seitlichen Bindelücken angebracht, wie bei den *Pointes à crans latéraux*.

Montelius *Svenska Fornsaker* I 13 Nr. 50; G. Wilke *Spiralmäanderkeramik u. Gefäßmalerei* Mannusbibl. 1 S. 34ff.; ders. *Südwesteuropäische Megalithkultur* ebd. 7 S. 94; Bull. Paletn. Ital. 24 (1898) S. 51; ebd. 25 (1899) Tf. 13 u. v. a. Ein Nachleben dieser Schäftungsart haben wir in den Dolchen des ostmediterranen Gebietes und in den Pfeilspitzen des Westalpengebietes mit Bindelücken zu erkennen: Athen. Mitt. 11 (1886) S. 15, Beil. 1, 8 Dümmler; 'Εφ. ἀρχ. 1898 Tf. 12, 1. 2. 5; Anz. f. Schweiz. A. K. 1919 S. 7 Abb. 4 B, D, F Ischer; de Beauregard-Perrin *Exposition universelle de Paris* 1878; *Catalogue de l'exposition arch. du Département de la Savoie* Tf. 11 Nr. 372—396. — Auch diese Pfeilspitzen in Troja und Zafer Papura bei Knossos. Rudimentär haben sich die Bindelücken erhalten an Tüllen-Lanzenspitzen Englands (Band IV Tf. 252 a 1—4), Italiens und von Rhodos [sowie Spaniens, Frankreichs, der Schweiz, Ungarns, der Balkanländer und Rußlands; s. Band V Tf. 130 q; IX Tf. 240 a].

In analoger Weise durch Bindelücken sind die halbkreisförmigen Feuersteinäxte des ö. Mittelmeergebietes an den Schaft angebunden worden (Read-Smith *Brit. Mus. Stone age Guide*² S. 107, 110). Auch bei diesem Typus hat man die Schäftungsweise nach der Übertragung der Form in Metall beibehalten und durch Bindelücken verbessert, die rudimentär sich noch an der durch die Axt von Vaphio bekannten syr.-äg. Gruppe (Band I Tf. 59 B, 60 d; vgl. a. Band VIII Tf. 48 s) erhalten haben. Bei den größeren Messern und Dolchen ist der Griff gern direkt aus dem Steinmaterial herausgearbeitet, aber auch dann wird er oft verbessert durch Holzbelag und Umwicklung. Schaberklingen werden mit der Hand am Rücken gefaßt, daher wird bei ihnen der Rücken zu einer Handhabe durch aufgekittete Auflagen verdickt, wie es auch bei den halbmondförmigen Flintmessern des N und S Europas meistens geschehen zu sein scheint (Pfeiffer a. a. O. S. 118).

§ 3. Mit der Schäftung der Steinbeile hat sich besonders K. Schumacher beschäftigt, der auch den großen Einfluß der Schäftungsart auf die Typenentwicklung der Beile hervorhebt. Das spitznackige Beil, das im Neol. des Mittelmeergebietes und in der westeurop. Dolmenkultur verbreitet ist, wird einfach durch eine entsprechende Durchbohrung des Schaftes hindurchgeschoben. Aus dieser Schäftungsart ist die bronzezeitl. Axt mit breiter Griffzunge des Mittelmeergebietes hervorgegangen. Wird für kleinere Äxte eine Hirschhornfassung verwendet, so ist diese durchbohrt und der Holzstiel durch die Fassung hindurchgeführt (in Nägelstedt mit Kragenflaschen; Götze-Höfer-Zschiesche *Thüringen* Tf. 5 S. 77). In gleicher Weise wurden die schmalnackigen Feuersteinbeile des N durch das verdickte Stielende hindurchgeführt (Band IX Tf. 73 c, d), während der dicke Nacken der Beile der Ganggräberzeit nur in den Stiel eingelassen wurde und das Durchschlagen dieses Stiels verhindern sollte. Wie letztere wurden auch die kleinen Beile der Pfahlbautenkultur nur in den Schaft eingelassen, entweder direkt, meist aber mittels einer Hirschhornfassung, die, im Gegensatz zu der westeuropäischen Lösung, ihrerseits ebenfalls in den Schaft eingelassen ist (vgl. a. Band VIII Tf. 102, 1. 5. 7). Die Äxte der Schnurkeramik (s. d. A und Facettierte Streitaxt) aber werden, wohl in Anlehnung an die ungar. Flachbeile der frühesten Metallzeit, in das aufgespaltene, kurze Ende eines Winkelholzes eingeklemmt und verschnürt (z. B. Stedten: Sächs. Jahresschr. 1 [1902] Tf. 23 = Götze-Höfer-Zschiesche *Thüringen* Tf. 5 [79]). Auch die Form der bandkeramischen Hobelbeile und Schuhleistenkeile (s. d.) ist durch die Schäftung bedingt, denn sie wurden mit der flachen Seite hackenartig an dem abgeflachten, kürzeren Ast eines Winkelholzes befestigt. Die größeren derselben dienten als Pflüge. Endlich begegnen überall, anscheinend seit dem Ende der BZ, Schlägel und Hammer mit umlaufender Schäftungsrille, mittels deren sie in einen elastischen Stiel eingeschnürt waren. Sie werden hauptsächlich in den Bergwerken benutzt (s. Bergbau).

L. Pfeiffer *Die steinzeitliche Technik und ihre Beziehungen zur Gegenwart* 1912; Präh. Z. 6 (1914) S. 44ff.; Ber. röm.-germ. Kom. 8 (1913/4) S. 74ff.; Germania 2 (1918) S. 1ff. K. Schumacher; Präh. Z. 6 (1914) S. 180ff. P. Quente; Anthr. Korr.-Bl. 42 (1911) S. 48 M. Verworn; Götze-Höfer-Zschiesche *Thüringen* S. XV. Über die Steinwerkzeuge mit Schäftungsrillen vgl. Pravěk 1908 S. 120ff. A. Procházka.

† W. Bremer

Schalenknaufschwert s. Hajdu-Böszörmény, Schwert A.

Schalenstein (Tf. 58). A. Allgemein. Steine und Steinblöcke von wechselnder Größe mit runden schalenförmigen Vertiefungen, gewöhnlich 5—10 cm im Dm. Bisweilen sind die Schälchen verbunden durch in den Stein eingehauene Furchen oder von konzentrischen Streifen umgeben. Derartige Steine sind weit verbreitet, sie finden sich im Orient, den Mittelmeerländern, Frankreich, auf den Britischen Inseln, in Deutschland und Skandinavien (Tf. 58). In dem äußerst lebhaften Streit über diese Denkmäler ist insofern Einigkeit erzielt, daß sie allg. als von menschlicher Hand bearbeitet, nicht etwa durch natürliche Vorgänge entstanden, angesehen werden, und daß man sie mit bestimmten religiösen Vorstellungen und magischen Bräuchen zusammenbringt. Über deren Bedeutung herrschen verschiedene Meinungen. Da man sich aber beinahe vollständig darin einig ist, daß die immer gleichartigen Vertiefungen, die auf den Deck-, bisweilen auch den Wandsteinen der Megalithgräber vorkommen, für Totenopfer bestimmt sind, kann man dies auch für jene S. annehmen, die nicht mit Gräbern in Zusammenhang stehen. Hierfür spricht, daß die Sitte, solche Vertiefungen in die Steine einzuhauen, sich mit den Megalithgräbern über Europa verbreitet zu haben scheint. Die Bestimmung für Totenopfer ist so in jedem Fall die primäre. Von schwed. Seite (Hildebrand) hat man als Stütze für diese Deutung auf den schwed. Namen für die S. *älvkvarnar* (Elfenmühlen) hingewiesen und darauf, daß das schwed. *älva* synonym sei mit dem isl. *alfr* (Totengeist), eine Theorie, die jedoch nicht allg. Beifall gefunden hat. Von den Totenopfern hat man behauptet, daß sie Speisegaben waren (Ekholm), und darauf aufmerksam gemacht, welche große Rolle die Speiseopfer überall im Totenkultus (s. d.), besonders bei den idg. Völkern, spielten. Ein weiteres Argument ist, daß diese S. durch das Mittelglied der in westeurop. Gräbern, z. B. New-Grange (s. d.), vorkommenden Steine mit gewissen Speiseopfer-Altären von Ton, die in äg. Gräbern angetroffen werden, in Zusammenhang zu stehen scheinen. Und eine weitere wichtige Stütze hierfür ist, daß die Riten, die noch heute in Mittelschweden an die bei Sonnenauf- und Untergang vorgenommenen Schalensalbungen anknüpfen, ihrem Charakter nach Speiseopfer für die Toten sind (Hammarstedt). Da die schalenförmigen Vertiefungen in der Regel auch die häufigsten Bildelemente auf den bronzezeitl. Felsenzeichnungen ausmachen, so spricht alles dies sehr nachdrücklich dafür, daß die Felsenzeichnungen dem Totenkultus dienten. S. a. Felsenzeichnung A § 6, Nordischer Kreis A § 5b 2β.

Ant. Tidskr. 13, 1 (1905) Montelius; ders. *Der Orient und Europa* 1899 S. 26f.; Déchelette *Manuel* I 615ff.; Montelius *Minnen* I Abb. 689; Ymer 1916 S. 289ff.; Fornvännen 1922 S. 222ff. Ekholm; Beiträge zur Religionsgeschichte 2 (1918) S. 1ff. Hammarstedt. — S. a. Felsenzeichnung A § 6 Literaturverzeichnis.

Gunnar Ekholm

B. Italien. Wie auf der schweizer. und frz. Seite der Alpen, so sind auch auf der italien. in den nach S sich öffnenden Tälern, wie dem Bergell, besonders aber im Vorgebiet der großen Seen, namentlich in der Nachbarschaft Como's, zahlreiche S. festgestellt, auch hier wie in den n., namentlich den skand. Ländern in der Weise mit den Gräbern verbunden, daß mit Schaleneintiefungen versehene Steine zur Auskleidung oder Bedeckung des Grabes benutzt sind. So z. B. bei Rondineto über einem Brandgrab der ausgehenden BZ (Riv. arch. d. prov. d. Como 42 [1900] S. 18—19). Wohl zuerst auf Anregung eines Briefes Desor's an Pigorini (Bull. Paletn. Ital. 5 [1879] S. 68ff.) haben solche Steine die Aufmerksamkeit auf sich gezogen. Besonders hat sich Magni um ihre Auffindung und Sammlung verdient gemacht, auch eine bis 1901 vollständige Karte (Riv. arch. d. prov. di Como 43—44) herausgegeben.

Ebd. die bis dahin wohl vollständige Liste S. 19—134 mit 22 Tf. Nachträge: Riv. di Como 48—49 S. 131; ebd. 51—52 (1906) S. 3—26; ebd. 63—64 (1912) S. 130; ebd. 73—75 (1916) S. 3; ebd. 79—81 (1921) S. 201; ebd. 82—84 (1922) S. 238.

v. Duhn

C. Palästina-Syrien. Literatur und kultische Deutung s. Altar D; an Dolmen s. Megalithgrab F; an aufgerichteten Steinen s. Menhir C.

Peter Thomsen

Schamanische Funde s. Finno-Ugrier A § 12.

Schanzriedl (bei Senftenberg, Niederösterreich). Isoliert stehende Plateauerhebung, in mittelalterlicher Zeit verwallt, die Pfahlbau- und nord. Keramik, kannelierte und Schnurkeramik, sowie bronzezeitl. Keramik und einen Gußtrichter ergab, dann Flach- und Lochäxte aus Stein und Knochenartefakte. Nähere Untersuchungen stehen noch aus. Es handelt sich um eine leicht zu verteidigende, verkehrsgeographisch sehr günstig gelegene Anhöhe, aus der bisher endneol. und bronzezeitl. Reste nachgewiesen werden konnten.

A. Hrodegh *Die prähistorische Höhensiedelung Schanzriedl* Wien. Präh. Z. 1919 S. 97—108.

G. Kyrle

Scharnier. Die Vorstufe ist die im Zapfen sich drehende Tür, die schon in der jüng. StZ bekannt war (Robenhausen [s. d.]) und für die auch aus späterer Zeit Belege vorhanden sind (Türpfanne mit eisernem Lager von der Steinsburg [s. d.], steinerne Türpfanne von Troja [s. d.]). Ausgebildete Metallscharniere kommen in hallstätt. Funden Italiens vor (Scharnierketten aus den Gräbern Regolini-Galassi [s. Caere] und von Vetulonia [s. d.]). N. der Alpen findet man sie als Verschluß von Kettenhalsbändern in bayr. Gräbern der HZ in einer praktischen Konstruktion, die ein Auseinanderziehen der Schlaufen verhindert, sowie auf kelt. Gebiet an den sog. Nußarmringen der früheren LTZ (Band IV Tf. 65, 7). In Nord- und Nordostdeutschland sowie Skandinavien erscheinen sie ebenfalls in der älteren EZ an Bronzehalsringen (s. Kronenhalsring und Band VII Tf. 85). Merkwürdigerweise beschränkt sich die Anwendung des S. auf diese engbegrenzten Gruppen und verwandte gleichzeitige Typen (Halsring von Arontorp; Montelius *Meisterstücke im Museum vaterländ. Altertümer zu Stockholm* 1913 S. 14 Abb. h), ohne zeitlich weiterzugehen. Die vielversprechende Erfindung wird vergessen, um erst in der RKZ (Scharnierfibeln, Schnallen usw.) allg. Verbreitung zu finden.

Alfred Götze

Scharnierhalsring s. Kronenhalsring.

Schässburg (Siebenbürgen). Hier wurde im J. 1901 eine sehr merkwürdige Tonplatte gefunden, die mit einem doppelten Kranze verwickelter Doppelvoluten im Stile der donauländischen Spiralmäanderkeramik verziert ist. Der äußere Ring enthält 11, der innere 13 Doppelvoluten. Die Platte, die starke Brandwirkung zeigt und ursprünglich jedenfalls einen Dm von etwa 85 cm hatte, diente als Deckplatte eines tönernen Feuerherdes, der in der Mitte weißgrau gebrannt ist, nach den Rändern zu dagegen in rötliche bis schwärzliche Farben übergeht. Auch der unter den Ornamenten liegende Teil der Platte zeigt starke Feuerwirkung. In der näheren und weiteren Umgebung fanden sich viele Tonscherben, z. T. auch ganze Töpfchen mit und ohne Verzierung. In einer Urne lag ein ganzes Kinderskelett (ohne Brandspuren) und in einem anderen Topf nur ein Kinderschädel. Außerdem sind noch eine Unmasse von Knochen von Rindern, Ziegen, Schweinen und auch Pferden, z. T. auch von Menschen zutage gefördert worden. Die Tonplatte, die nach dem Verzierungsstil nur der Zeit der Bandkeramik (s. d.) entstammen kann, ist schon von ihrem Entdecker C. Seraphim in Anbetracht der geschilderten FU mit gutem Recht als Kult- oder Opferplatte aufgefaßt worden.

Nachr. ü. D. A. 1902 S. 73f. C. Seraphim; Mannus 10 S. 121ff. Wilke.

G. Wilke

Schatiu s. Neunbogenvölker § 2.

Schatz, Schatzfund s. Depotfund, Handel, Reichtum, Wirtschaft.

Schaufelnadel s. Nadel A 1 § 14.

Schefēlâ s. Palästina-Syrien B.

Scheibenfibel (Nordischer Kreis). Runde, gegossene Platte, meist mit konzentrischer Riefelung und spitzem Aufsatz (Tutulus) in der Mitte; Nadelbefestigung durch Einhakung in einer Öse (Band III Tf. 103d, f). Mancherlei Nebenformen. Entstanden aus der hallstättischen Brillenfibel (Band III Tf. 103c, e; daher meist paarweise vorkommend). Besonders in Schweden und Dänemark. In den ersten Abschnitt der EZ (Mont. VI) fallend. S. a. Fibel A § 18, Nordischer Kreis C 1 § 4, C 2 § 6.

ZfEthn. 1913 S. 603.

R. Beltz

Scheibennadel s. Nadel A 1 § 16.

Scheibenspalter s. Campignien § 1, Nordischer Kreis A § 2a, § 3b3.

Scheidung. Die S. des ehelichen Zusammenlebens wird in jeder Kultur durch die besondere Gestaltung von Ehe (s. d.) und Familie (s. d.) bedingt, sowie überhaupt durch die Stellung der Männer (s. Altenherrschaft, Patriarchat) zu den Frauen (s. Frau, Fraueneinfluß, Mutterrecht). Im allg. wirkt in einem gerontokratischen oder patriarchalischen Gemeinwesen der mutterrechtlich gebundene Anhang der Frau willkürlicher S. entgegen. In den Gesellschaften mit matriarchaler Tendenz, wie z. B. bei Indianern Nordamerikas, hemmt das ungebundene Davonlaufen der Frauen den Unterhalt durch den Mann und die Sorge für die Kinder. Ausführliches s. Ehescheidung. Thurnwald

Scheingefäß (Ägypten). Um das kostbare Material und die mühsame Arbeit der Steingefäße (s. d. C) zu sparen, wurde den Toten gelegentlich — die Sitte ist nicht sehr häufig belegt — ein geringerer Ersatz ins Grab mitgegeben. Man hilft sich entweder dadurch, daß das Steingefäß zwar in seiner äußeren Form ausgearbeitet, aber nicht ausgebohrt wird (Mace *Nâga ed Dêr* II 42 oben), oder daß man die kostbaren Steingefäße in Ton nachahmt (s. Steingefäß C). Ranke

Scheintür s. Grab D und Band IV Tf. 222a.

Schemel s. Fußbank, Hausgerät, Kunstgewerbe D § 8.

Schere. A. Allgemein (Tf. 42).

§ 1. Das Bedürfnis, aus dem diese Erfindung geboren wurde, liegt darin, daß ein leicht beweglicher Gegenstand vor einer schneidenden Klinge nicht standhält und durch Gegendruck festgehalten werden soll. Als einen frühen Vorläufer der S. führt Bezzenberger ein kleines Bronzegerät aus Ägypten (18. Dyn.) an, das er nur deshalb nicht geradezu als S. bezeichnen will, weil es nicht durch Zusammendrücken, sondern durch Auseinanderspreizen der Schenkel bewegt würde; die Deutung als S. ist aber unmöglich, weil die Schneide nach außen anstatt nach innen gerichtet ist. Im S läßt die Schafschur, die in Babylonien zwischen 1300 und 600 v. C. auftritt und im AT allgemein üblich ist, an den Gebrauch der S. denken; aber die Art des dabei benutzten Instrumentes ist unbekannt, man weiß nur, daß es aus Eisen bestand und *sirpu, sirapu* hieß. Da eine sem. Etymologie hierfür nicht bekannt ist, denkt Bezzenberger an idg. Entlehnung (russ. *serp*, lett. *sirpe*, griech. ἅρπη „Sichel", lat. *sarpere* abschneiden). Für den Gebrauch der S. läßt sich hieraus jedenfalls nichts Sicheres entnehmen.

§ 2. Sicher nachweisbar ist die S. erst in der 2. Hälfte des 1. Jht. v. C. und zwar als eingliedrige Bügelschere in der Form der heutigen Schafschere, d. h. zweier durch einen federnden Bügel verbundener, messerartiger Klingen; das Bügelprinzip war schon in der bronzezeitl. Pinzette (s. d. A) vorgebildet. Ursprünglich mögen es zwei gesonderte Klingen gewesen sein, die an den Bügel angenietet wurden; das deuten einige so konstruierte Exemplare an (Tf. 42k). Die Hauptmasse der S. ist aber in einem Stück gearbeitet und zwar meistens aus Eisen, seltener aus Bronze. Bezzenberger unterscheidet drei Typen: 1. mit einfach elliptisch gebogenem Bügel (Tf. 42g); 2. der Bügel erweitert sich bogenförmig (Tf. 42h); 3. die Ausbiegung wird annähernd kreisrund und setzt scharf ab (Tf. 42i). Aus dem S ist aus vorgesch. Zeit nur Typus 1 bekannt, ein Exemplar aus hellenistischer Zeit von Priene; die Zeitstellung mehrerer Exemplare unbestimmter Herkunft im Nationalmuseum in Athen sowie je eines Exemplares von Hermione, aus Böotien und Karthago ist unsicher. Für Mittel- und Nordeuropa, wo die datierbaren Funde nicht über die Mittellatènezeit zurückgehen, vermutet Bezzenberger auf Grund der Fundstatistik, daß Typus 1 eine ursprünglich ostgerm. Form ist, aus der sich der im W beheimatete Typus 2 und aus diesem Typus 3 entwickelt hat. Hiernach wäre die Bügelschere eine germ. Erfindung.

§ 3. Was die zweigliedrige S. (heutige Konstruktion) betrifft, so treibt eine Tanagra-Figur (Friseurszene), die angeblich eine solche darstellt, in der Literatur ihr Unwesen und wird auch von Bezzenberger in diesem Sinne herangezogen. Tatsächlich handelt es sich, wie eine Nachprüfung des Originals im Berliner Antiquarium erwies, nicht um eine solche, sondern um die ungeschickte Darstellung einer Bügelschere. Die zweigliedrige S. ist aus vorchristlicher Zeit nicht nachweisbar. Aus der RKZ sind nur wenige Exemplare bekannt, deren kräftige, kurze Klinge eine technische Verwendung etwa als Blech- oder Drahtschere vermuten läßt (L. Jacobi *Das Römerkastell Saalburg* 1897 S. 439, 454, Textabb. 71 Nr. 5; *AuhV* 3, 3 Tf. 5, 7). Das Alter der Exemplare von Köben und Rondsen (s. d.; Tf. 31 b 1) ist zweifelhaft.

Sitzungsber. Prussia 25 (1924) S. 114 Bezzenberger.

Alfred Götze

B. Vorderasien. S. lassen sich in Mesopotamien etwa seit der Kossäerzeit (ca. 1500 v. C.) nachweisen. Früher wird man die Haare nur mit dem Messer abrasiert haben; vgl. OLZ 14 (1911) S. 47ff.

B. Meissner

C. Medizinisch. Eine Erfindung der EZ stellt das Doppelmesser dar, dessen beide gegeneinander wirkende Klingen durch einen Bogen federnd verbunden sind, und das wir als S. bezeichnen. Sie tritt in der Latène-Periode auf und behält die genannte Form, wie sie heute noch die Schafschere, Grasschere und Tuchschere z. T. bewahrt haben, auch durch die klassische Antike bei.

J. Y. Akerman *Remains of Pagan Saxondom* Tf. 9 London 1855; Lindenschmit *Handb. dtsch. A.K.*; S. Müller *NAK.* II; M. Heyne *Hausaltertümer* III 63f.; R. Beltz *VAM* Tf. 54 Abb. 21.

Sudhoff

Schernen (Memelgebiet). Von hier stammt eine im Prussia-Museum in Königsberg aufbewahrte Bronzefigur, die im Walde bei Schernen unter einem flachen Stein gefunden worden ist (Band IX Tf. 218a). Die Figur zeigt folgende Eigentümlichkeiten: ein hoher Konus stellt die Kopfbedeckung dar; die Augen, durch tiefe Höhlen gebildet, stehen unverhältnismäßig hoch im Gesicht; die großen Ohren setzen unmittelbar an der Kopfbedeckung an; die Nase springt scharf vor; der Mund wird durch eine längliche Höhlung gebildet. Der rechte Arm ist erhoben, die Hand zur Faust geballt und durchbohrt, der linke, jetzt gewaltsam nach der Brust zu gedreht, stand ursprünglich weiter vom Körper ab; die linke, ebenfalls durchbohrte Faust war vermutlich vertikal gerichtet. Um die Hüften schließt sich ein Gewandstück; die Beine sind in Schreitstellung, und unter den Füßen befindet sich je ein Zapfen.

Nach der schwärzlichen Farbe der Bronze darf vermutet werden, daß diese ursprünglich mit einer Masse überzogen war, welche als Bindemittel für einen Belag aus Edelmetallblech diente.

Durch Vergleich mit einer Anzahl ähnlicher Statuetten aus dem Orient ist Peiser zu dem Ergebnis gelangt, daß die Bronzefigur von Schernen aus Kleinasien stammt und speziell dem kappadokischen Kreise solcher Figuren angehört; innerhalb dieses Kreises nähert sie sich den älteren Typen und dürfte daher wohl der Zeit um 1500 v. C. zuzuschreiben sein. Sie ist vielleicht auf dem Wege über Südrußland, möglicherweise zusammen mit anderen, später eingeschmolzenen Bronzen, nach Ostpreußen gelangt. S. a. Bronzeguß C § 8, Syro-hettitische Bronzen in Südrußland.

A. Bezzenberger und F. E. Peiser *Die Bronzefigur von Schernen, Kr. Memel* Sitzungsber. Prussia 22 (1909) S. 424ff.

W. La Baume

Scherzbeziehung.

§ 1. Im Schwägerschaftsverhältnis. — § 2. Bei sonstigen Gelegenheiten.

§ 1. Bei manchen Völkern mündet das Schwägerschaftsverhältnis in ein traditionelles Necken, das mitunter mehr oder minder brutale Formen annimmt. Die besonderen Neckbeziehungen zwischen Mutterbruder und Schwestersohn wurden in dem Artikel Mutterbruder § 2 und Mutterrecht A § 3 geschildert (vgl. Hocart). Hier sollen die Fäden, die den S. zugrunde liegen dürften, verfolgt werden.

Mit der Schwägerschaft ist auf Vanua Levu (Fiji) gegenseitiges Necken verbunden. Dieses erstreckt sich auf den ganzen Stamm, zwischen dem eine solche Schwägerschaftsbeziehung (*tauvu*) herrscht. Ja dieses Verhalten geht so weit, daß man die Dinge sogar umkehrt und sagt: wir stehen mit diesem und diesem Stamm aus dem Grunde in Schwägerschaft (*tauvu*), weil unsere Ahnen sich gegenseitig geneckt haben. Dabei handelt es sich nicht nur um gewisse Freiheiten, die man sich nimmt, sondern, wie das ja bei den festen Sitten von Naturvölkern gewöhnlich der Fall ist, um ein geradezu pflichtmäßiges Benehmen, das z. B. in der Landschaft Korodhu gewissermaßen zu einem Ritus geworden ist (Hocart Nr. 96).

Besonders die australischen Verhältnisse scheinen lehrreich zu sein. Sie weisen darauf hin, daß die S. einer gewissen Spannung unter den Geschlechtern entspringen, wie sie in ähnlicher Art auch in der Befangenheit und dem Sichsträuben der Brautleute vor dem Eingehen dauernder sexueller Bindung durch die Ehe auftritt (s. Heirat).

In eigenartiger Weise dürfte man nämlich die S. unter der Schwägerschaft ihrem Ursprung nach auf das gegenseitige konventionelle Sträuben bei der Verheiratung zurückführen können, wie das aus einer Sitte vielleicht erschlossen werden kann, von der Howitt (S. 151) erzählt. Am nördlichen Pine-River in der Landschaft von Brisbane, Nordaustralien, findet gelegentlich ein Kampf der Geschlechter statt, bei dem die Männer, um das andere Geschlecht zu necken, die Schwester einer Frau töten, während umgekehrt die Frauen den Bruder eines Mannes erschlagen. Es kommt dann zu einer Art von „lustigem Krieg", bei dem die einen den anderen einen Schabernack spielen — wenn dieser auch ein bißchen derb und blutig verläuft.

Howitt bringt diese Sitte mit dem Geschlechter-Totem in Verbindung und weist vor allem darauf hin, daß das Geschlechter-Totem Anlaß zu Kämpfen unter Männern und Frauen sowohl bei den südostaustralischen Kurnai als auch bei anderen Stämmen mit Geschlechter-Totems gegeben hat. — Unter den Kurnai entstand öfter eine gewisse Spannung zwischen den Männern und den Frauen, die sich dahin zuspitzte, daß einige Frauen einen der Brüder ihrer Männer töteten, „um sie zu ärgern". Wenn sie mit dem Opfer nach dem Lager zurückkehrten, so griffen die Männer die Frauen mit ihren Keulen an, während letztere sich mit ihren Grabstöcken verteidigten. Waren die Männer ausgezogen und hatten die Schwester einer ihrer Frauen getötet, so griffen die Frauen die Männer nachher an. — Die Beziehungen dieser Neckkämpfe unter den Geschlechtern zu der in dem Artikel Heirat geschilderten Zurückhaltung, zu dem Sträuben der Brautleute, tritt namentlich darin zutage, wie das Problem gelöst wurde, wenn heiratsfähige Mädchen vorhanden waren, ohne daß ein Bewerber sich fand, oder wenn die in Betracht kommenden Junggesellen zögerten. In einem solchen Falle zogen nämlich die Frauen aus und töteten einen „älteren Bruder". Wenn sie dann nach dem Lager zurückkehrten und ihre Tat offenbar wurde, gerieten die Männer darüber in Zorn. Darauf bewaffneten sich die jungen Männer und Frauen mit Keulen und Stöcken und prügelten einander. An diesen Kämpfen nahmen jedoch nur die jungen Männer teil, die heiratsfähig waren, und denen die Heirat von den alten Männern erlaubt worden war, von denen sich also die Frauen beleidigt fühlten. Am folgenden Tage zogen dann die jungen Männer aus und töteten eine „ältere Schwester", woraus wieder nach ihrer Rückkehr eine Prügelei entstand. Nachher, wenn die Beulen und Wunden der Kämpfe ausgeheilt waren, mochte ein junger Mann zu einem Mädchen, das er traf, etwa so sprechen: „Ältere Schwester! Was ißt die ältere Schwester?" Dies galt als Werbung, und ihre Antwort: „Sie ißt Känguruh, Opossum", oder irgendein anderes Wild, war ein Zeichen ihrer Annahme. Die Folge war dann Entführung zwecks Heirat. Daß bei vielen Stämmen mit Geschlechts-Totemismus das Töten des brüderlichen oder schwesterlichen Totems zu Prügeleien führte, muß wohl als eine abgeleitete Sitte betrachtet werden, die aus dem eigenartig entwickelten Solidaritätsgefühl der Geschlechter entsprungen ist (Howitt S. 148ff.).

Ein harmloserer Neckkampf zwischen den Geschlechtern spielt sich gelegentlich der Jünglingsweihe (s. d.) bei dem Stamm der Bánaro am Töpferfluß, Nebenfluß des Augusta-Stromes, in Neu-Guinea ab. Dort treiben die Frauen die Männer bei einem Tanze ins Wasser, und zwar, wie es heißt, aus Vergeltung dafür, daß diese die Jünglinge ins Wasser stießen. Die Männer, die dabei zunächst keinen Widerstand leisten, springen ins Wasser, jedoch mit Bogen und Pfeil. Die Frauen holen vorher bereitgelegte Kokosnüsse und werfen sie auf die Männer im Wasser. Die Männer schießen mit Pfeilen zurück und suchen dabei die Frau ihres Sippenfreundes (*mundu*) zu treffen, diejenige Frau also, mit der ihnen bei Festen in der Geisterhalle Umgang zu haben erlaubt ist. Hierauf klettern die Männer ans Ufer, und derselbe Kampf wiederholt sich mit vertauschten Rollen unter den Geschlechtern: die tanzenden

Frauen werden mit einem Rotang-Seil von den Männern ins Wasser gedrängt, die Frauen hatten sich inzwischen der Bogen und Pfeile ihrer Gatten bemächtigt, während die Männer die Frauen mit den übriggebliebenen Kokosnüssen bombardieren. Jetzt suchen die Frauen aus dem Wasser ihren „Sippengatten" oder „Festgatten" zu treffen (Thurnwald S. 31).

§ 2. Auch halbfreundschaftliche Beziehungen führen oft zur Äußerung von Spott, der jedoch nicht übelgenommen, sondern nur in gleicher Form vergolten werden darf.

Die Feuerzeremonie der südlichen Diegueño-Indianer Kaliforniens war von einer merkwürdigen Verspottung begleitet. Bei der Einweihung wurde der Kandidat von zwei Frauen darüber belehrt, daß er beim Tanz die Toten eines Klans (*gens*), zu dem weder er noch die Frauen gehörten, lächerlich machen müsse. Gleichzeitig wurde er verspottet, während er *toloache* (= Stechapfel, vgl. Spier S. 316ff.; s. a. Rausch) trank; er seinerseits beabsichtigte, bei Gelegenheit diesen Spott zurückzugeben. Die Verspottung bildete auch wieder den Gegenstand einer anderen Zeremonie. In einer Erzählung wird gesagt: „Wir sangen von diesem und diesem Stamm, weil wir ihn gern hatten, wir machten ihn lächerlich. Er war mit uns nicht verwandt, wir singen nicht, wenn der Verstorbene ein Verwandter ist. Wir verspotteten die Trauernden in einem Lied (wegen ihres Zeremoniells)." Um den Spott zu vergrößern, kommt es vor, daß ein Mann oder eine Frau, insbesondere die letztere, alle Kleider auszieht. Ist ein Angehöriger des verspotteten Klans (*gens*) anwesend, so ärgert er sich nicht darüber, aber bei gelegener Zeit gibt er den Spott zurück (Spier S. 323). — Diese merkwürdige Verspottung von Trauernden entspringt wohl einem gewissen Genugtuungsgefühl, daß ein fremder Stamm durch den Verlust eines Angehörigen geschwächt wurde, drückt sich mythologisch hauptsächlich in der Form der Abwehr von Geistern des Verstorbenen aus und überbetont die Nichtteilnahme an den Vorkehrungen des betroffenen Stammes gegen die eigenen verstorbenen Angehörigen.

Über ähnliche Sitten bei den Menomini-Indianern vgl. Skinner 1911 S. 563 und 1913; ferner bei den Mandan-, Hidatsa- und Crow-Indianern vgl. Lowie S. 42; bei den Winnebago vgl. Radin S. 133.

Die Neckereien und Verspottungen, die sich noch in verschiedenen Gegenden Deutschlands erhalten haben, sind bekannt und drücken sich teils in Spitznamen, teils in Versen oder Anekdoten aus (vgl. Pfister S. 21, 34). S. a. Heirat, Mutterbruder, Mutterrecht A, Patriarchat A, Rätsel, Verwandtschaft.

Hocart *The Fijian custom of Tauvu* Journ. anthr. inst. 43 (1913) S. 101; Man 14 (1914) Nr. 96 ders.; American Anthr. 1915 S. 631 ders.; Howitt *The Native Tribes of South-East-Australia* 1904; Lowie *Notes on the Social Organization and Customs of the Mandan, Hidatsa and Crow Indians* Anthr. Pap. Am. Mus. Nat. Hist. 21/1 (1917); Blätter zur bayrischen Volkskunde 10 (1925) Pfister; Radin *The Winnebago* 37. Ann. Report Bur. Am. Ethn. 1923; Skinner *A Comparative Sketch of the Menomini* Amer. Anthr. 13 (1911); ders. *Social Life and Ceremonial Bundles of the Menomini Indians* Anthropol. Papers of the Americ. Mus. of Natural History 13 Teil I (1913); Spier *Southern Diegueño Customs* Univ. California Publications in Am. Archaeology and Ethnology 20 (1923); Thurnwald *Die Gemeinde der Bánaro* 1921.

Thurnwald

Scheuklappe s. Pferd D § 5.

Schichtung.

§ 1. Formen der S. — § 2. S. bei Jägern und Sammlern. — § 3. Nebeneinandersiedeln verschiedener Familien und Sippen. — § 4. Ausgezeichnete Häuptlingsfamilien, inbesondere bei Hirten. — § 5. Hörige und Sklaven. — § 6. Ausgebautes Rangsystem mit persönlichen Unterschieden. — § 7. Die Rolle von Besitz und andere Gesichtspunkte.

§ 1. Wenn auch innerhalb der niedrigen Gesellschaften von Jägern und Sammlern persönliche Unterschiede des Ansehens nicht fehlen, ja selbst ausgezeichnete Familien sich geltend machen (s. § 2), so kann man von einer Schichtung doch erst dort sprechen, wo ein rangmäßiger Unterschied zur Grundlage des Gesellschaftsbaues geworden ist. Die Voraussetzung dafür scheint aber das Zusammentreffen verschiedener ethnischer Gruppen zu sein, also von Völkern verschiedener Rassenzusammensetzung und Kultur (s. Primitive Kultur, Politische Entwicklung).

Hierbei kann man sehr verschiedene Formen von Schichtung unterscheiden: 1. eine Schichtung verschiedener Familien (s. § 3), die als solche nebeneinander siedeln (s. Familienformen); 2. das Bestehen einer Gruppe von ausgezeichneten Häuptlingsfamilien (s. § 4 und Adel, Kaste A, Klan); 3. das Vorhandensein von Hörigen (s. d. A) oder Sklaven (s. d. A und § 5); 4. persönliche Auszeichnung (s. d.), die an ein Rangsystem mit familialer Bevorzugung angeschlossen ist (s. § 6); 5. die Verbindung von Adel und Rang mit Besitz (s. Eigentum A, Reichtum) und anderen Gesichtspunkten (s. § 7).

Obwohl Besitz und Reichtum einerseits zur Komplizierung und Ausgestaltung der Rangunterschiede beitragen, wirken sie doch andererseits umgestaltend und sogar teilweise auflösend auf die sippenmäßige Schichtung (s. Klan, Sippe). Finden keine neuen Überlagerungen statt, so verfällt, wie in vielen Teilen des nordwestlichen Amerika, die starke Betonung der abstammungsmäßigen Auszeichnung.

§ 2. Selbst niedrige Jäger- und Sammlerstämme, wie die Bergdama, anerkennen, wie erwähnt, gewisse Unterschiede, die teils mit Altersstufen (s. d.), teils aber auch mit persönlichen Auszeichnungen (s. d.) verbunden sind (s. a. Häuptling). Jedoch nicht das allein, sondern auch gewisse Ämter, wie das des Speisemeisters, des Beschmeckers der Speisen, heben Einzelne aus der Masse der übrigen heraus. Diesem Speisemeister z. B. fällt auch die Bestellung von Botschaften an andere Klans zu, sowie auch die Behandlung der Kranken. Man könnte ihn als „Koch" und „Arzt" bezeichnen (Vedder S. 19). Daneben steht noch der Loswerfer oder Zauberer, der „Priester", der durch seine Künste einen besonderen Einfluß ausübt, und dessen Fertigkeit nicht selten vom Vater auf den Sohn vererbt wird (ebd. S. 112ff.). Bei genauerer Untersuchung stellt sich überdies heraus, daß es eine Zahl von angesehenen Familien innerhalb der Bergdama gibt, die einen besonderen Einfluß auf die übrigen ausüben (ebd. S. 3, 173ff.; s. a. Familie A, Handwerk A, Kaste A, Sippe).

§ 3. Eine Auszeichnung gewisser Familien tritt z. B. bei den berühmten jährlichen Seeexpeditionen der Motu Neu-Guineas nach dem Papua-Golf hervor. Die Führer dieser Reisen gehören nämlich bestimmten Sippen an (Seligmann S. 100ff.). — Bezüglich der Sippen-Spezialisierung der Mailu-Töpfer und Kanu-Bauer vgl. Saville S. 119, 141.

Einer Schichtung, die sich in der Angehörigkeit zu bestimmten Häuptlingsfamilien äußert, begegnen wir in Buin auf Bougainville (Salomo-Inseln, Südsee). Hier reicht die Überlagerung durch eingewanderte Erobererstämme in eine verhältnismäßig kurze Vergangenheit zurück. Das Sklaventum ist nur in Gestalt von persönlicher Dienerschaft in sehr milder Form ausgebildet (Thurnwald S. 314ff.).

§ 4. Von besonderer Bedeutung für die Herbeiführung einer abstammungsmäßigen Schichtung sind die Hirtenstämme. Das Halten von Vieh bedingte eine, im Verhältnis sowohl zu Jägern und Fängern als auch zu Feldbebauern, bequeme Lebensweise, die sich auf die Auswirkung technischer Verbesserungen stützt, auf intelligente Leistungen, die Gemeingut der Gruppe geworden sind. Die Viehhaltung läßt Muße zum Kampf und zieht nicht davon ab wie der schwere körperliche Arbeit erfordernde Ackerbau. Das Vieh ist als Trag- oder Lasttier, als Milchtier ein Gebrauchsgut, während der Jäger in ihm nur ein Verbrauchsgut sieht und die Früchte der Grabstockgärtnerin auch für den unmittelbaren Verbrauch bestimmt sind. Auf die Viehhaltung gründet sich darum die Wertung beweglichen Besitzes, damit aber auch die Verleitung zum Raub.

Die Nutzung der Menschenkraft nach Analogie des Verfahrens mit Tieren wurde von großer Bedeutung in Gestalt des Haltens von Menschen als Hörige oder Sklaven. Vor allem aber legte die Viehhaltung die Grundlage, auf welcher der wirtschaftliche Gedanke von einem fruchtbringenden Kapital sich entwickeln konnte (s. Wirtschaft D). Teils deuten diese Faktoren auf eine gegebene intellektuelle Überlegenheit der Hirten, die durch Auslese innerhalb ihres Kreises zweifellos verstärkt wurde, teils förderten die erwähnten Auswirkungen ihrerseits Stämme, die Viehzucht trieben. Durch das eine wie durch das andere wurde das Überlegenheitsgefühl der Hirten gehoben; es fand auch Anerkennung, und damit wurde die wichtige Voraussetzung für die Schichtung überhaupt geschaffen.

Einer solchen Überschichtung durch ausgezeichnete Familien begegnen wir z. B. auch bei südarabischen Hirtenstämmen. Die Regierung der Wahabys bildete ein Rat der großen Scheichs. In Friedenszeiten wurden die Ulemas von Derayeh befragt, die zur Familie des *Abd el Wahab* gehörten und erheblichen Einfluß besaßen (Burckhardt S. 294, vgl. S. 169).

Besonders charakteristisch für exklusive Hirten ist die Stellung von Paria-Stämmen, die mit ihnen zusammenleben. So dürfen z. B. in Südarabien die *Achdam* (Diener, Tamburinspieler, Trommler, fahrende Sänger) wohl in die Moschee, aber nicht in die Häuser kommen. Den *Schumr* (Abdeckern) ist auch in die Moscheen zu kommen nicht erlaubt; man sagt von ihnen, daß sie Aas genießen, und hält die Berührung mit ihnen für verunreinigend. Sie wohnen auswärts der Stadt in abgeschlossenen Häusern. Beide Kasten (s. d. A) haben weder connubium noch consortium mit den übrigen Arabern (von Maltzan S. 349, vgl. a. S. 369).

§ 5. Die S. ist manchmal in nächster örtlicher Nachbarschaft sehr ungleichartig ausgeprägt, wie z. B. bei verschiedenen abessinischen Stämmen. Während z. B. die Barea und Kunáma eine gerontokratische Demokratie besitzen, begegnen wir bei den Bogos einer aristokratischen Familienorganisation (Munzinger S. 476). Auch das Verhältnis zu den Sklaven ist sehr verschieden. Die Barea und Bazen besitzen nur ausnahmsweise Sklaven. Sie kommen in deren Besitz durch Beraubung feindlicher Stämme; meist werden die Sklaven aber von ihren Verwandten wieder ausgelöst oder, bevor sie sich eingewöhnt haben, weiter verkauft. Die Barea und die Bazen kaufen sich nie vom Ausland Sklaven (ebd. S. 483; s. Sklave A). Bei den Beni Amer dagegen bilden die Sklaven einen bedeutenden Teil der Bevölkerung und sind entweder vom Feinde geraubt oder aus dem Ausland gekauft. Diese Sklaven werden wieder in neu angekaufte und in eingeborene unterschieden. Der im Lande geborene Sklave erfreut sich einer verhältnismäßig freien Stellung; jedoch darf er sich nicht mit den Freien verheiraten. Doch werden Kinder einer freien Frau, deren Vater ein Sklave ist, nach mutterrechtlichen Gesichtspunkten frei (ebd. S. 308ff.). Außerdem gibt es noch Dörfer oder Dorfteile von Familien in besonderer Stellung, die *Scheich* genannt werden. Sie können, obwohl nicht zum Adel gehörig, doch dessen Töchter heiraten. Die meisten sind frei von Tributleistungen und haben eigene Jurisdiktion. Sie gelten als mit besonderer Wunderkraft ausgestattet; es scheint sich dabei um eine Art von Zauberfamilien zu handeln (ebd. S. 315).

§ 6. Unter den Trobriandern auf den Inseln ö. von Neu-Guinea üben Häuptlinge aus hochstehender Sippe politische Macht aus und werden mit Respekt und Ehrfurcht betrachtet und behandelt. Nicht nur, daß sie Tribut von anderen Dörfern empfangen, sondern sie werden auch durch verschiedene Formalitäten, Verbeugungen und Meidungen geehrt (s. a. Häuptling). Der Glanz der Persönlichkeit eines Häuptlings strahlt auf sein Dorf und die ganze Landschaft aus. Die Häuptlinge unterscheiden sich untereinander wieder im Rang, so daß sich eine Staffelung unter den Häuptlingssippen ergibt. Außerdem gibt es Paria-Dörfer, die handwerkliche Tätigkeit ausüben, deren Angehörige sich tiefer bücken müssen, wenn sie sonstigen Leuten begegnen, die andere Speiseverbote haben als die übrigen und darum verachtet werden, denen keine Heiratsgemeinschaft oder auch nur Liebeshändel mit den Nachbarn zugestanden werden (s. a. Handwerk A, Kaste A). Das Handelsspiel des zeremoniellen *Kula*-Tausches (s. Handel **F** § 7) vollzieht sich nur unter den Großhäuptlingen und den ausgezeichneten Sippen, nicht jedoch unter denen, die mit diesen nicht verwandt sind oder den unteren Rangstufen angehören. Dabei macht es natürlich nichts aus, daß sich die Würde mutterrechtlich vererbt. Eine Frau höheren Ranges, die mit einem niedrigeren Mann die Ehe eingegangen hat, behält ihren Status sogar ihrem Ehemann gegenüber und muß von diesem durch Verbeugungen und Zeremonien sowie durch Respektierung ihres Tabu entsprechend behandelt werden (Malinowski S. 54f., 63, 66f., 275, 279). Neben diesen rein sippenmäßigen Rangunterschieden gibt es noch solche, die mit der Ausübung von Ämtern, insbesondere des Zauberers und des priester-

a

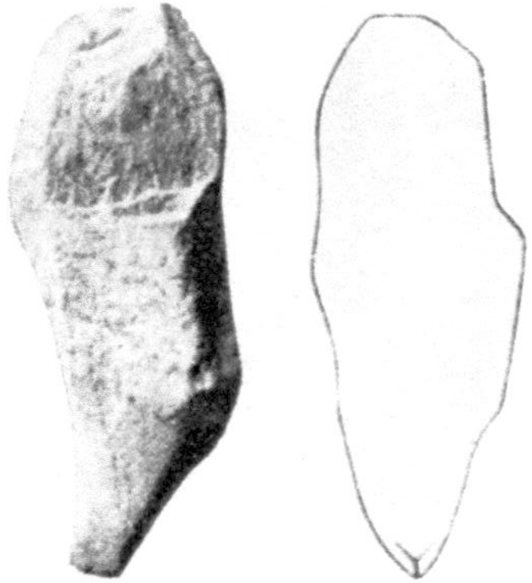

b

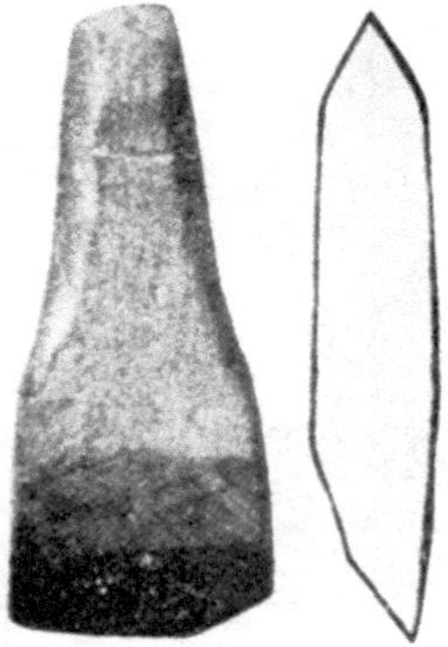

c

d

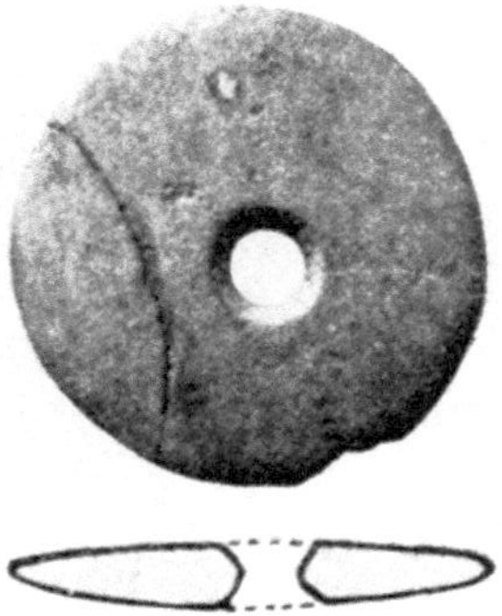

e

f

Schiefergerät B. Finnland

a. Meißelartiges Gerät. Kyrkslätt, Nyland. — b, c. Kleine meißelartige Geräte. — d. Pfriemen. — e, f. Schieferschmuck. b—f. Kaukola, Karelien. — a. $^1/_2$, b. $^3/_5$, c—f $^1/_1$ n. Gr. — Nach S. Pälsi in Ztschr. d. Finn. Altert. 28: 1.

lichen Wirtschaftsleiters, jedoch auch erbmäßig, verbunden sind (ebd. S. 59).

An der Loango-Küste des w. Zentralafrikas besteht ein mutterrechtlicher Adel, der zwar keine konsequent ausgebildete Rangstaffelung durchgeführt hat, jedoch mit ausgeprägten Vorrechten ausgestattet ist. Dieser Adel, der sich zeremonieller Verehrung erfreut, tritt als Grundherrschaft auf (s. a. Lehen). Ihm stehen Freie gegenüber, weiterhin Unfreie, sowie endlich Leibeigene (Pechuël-Lösche S. 175, 197, 199; s. a. Höriger A, Sklave A).

§ 7. Eine außerordentlich komplizierte soziale Organisation tritt uns gewöhnlich auf den mikronesischen und polynesischen Inseln entgegen. Beispielsweise sei hier die Insel Yap angeführt, auf der eine vielfach untergeteilte Rangstaffelung sich findet. Die Häuptlingschaft selbst ist dort rangmäßig geschichtet, derart, daß z. B. die Karolinen-Insel Yap von acht Oberhäuptlingen verschieden angesehener Familien regiert wird, von denen nicht nur ein Zahl Dorfhäuptlinge abhängt, sondern diese Unterhäuptlinge unterscheiden sich voneinander wieder je nach dem Rang des Dorfes, dem sie vorstehen. Außerdem aber ist mit dem Besitz gewisser Grundstücke eine bestimmte Würde verbunden. Aus dieser Kombination von Abstammung und Familienangehörigkeit mit Besitz, zu der noch eine Staffelung nach Altersrang (s. Altersstufen) tritt, ergibt sich eines Menschen Einreihung in den Rang, der auf Yap *yegûm* genannt wird. Der Übergang von einem niedrigeren *yegûm* in das höhere ist mit Unkosten verbunden (Müller-Wismar S. 242ff.), ähnlich wie bei dem Rangaufstieg in den Geheimen (s. d.) Gesellschaften z. B. der neuen Hebriden (vgl. Speiser S. 397ff.). — Für Kusae vgl. Sarfert II 299, 333ff. — Bezüglich Polynesiens vgl. Williamson III 61ff., 137ff., 170ff.

Einer S. von Sippen begegnen wir auch bei den nordwestamerikanischen Tlingit-Indianern. Der Rang der höchststehenden fünf Sippen hing da mit der Größe der Siedlung zusammen, der sie angehörten, und weiterhin mit deren Lage zu den großen Handelsstraßen (s. a. Handel F). Einige kleinere Gruppen galten als besonders niedrigstehend. Die Angehörigen der größeren Gruppen standen im Rang einander nicht gleich. Der Unterschied im Rang trat durch die Etikette und die moralische Bewertung (s. Moral) in Erscheinung. Von einem Manne ausgezeichneter Herkunft verlangt man ein besonderes Verhalten. Entsprach er dem nicht, so verlor er an Ansehen (Swanton S. 427).

S. a. Adel, Altersstufen, Auszeichnung, Demokratie, Despotie, Familie A, Familienformen, Geheime Gesellschaft, Häuptling, Höriger A, Kaste A, Klan, Lehen, Moral, Politische Entwicklung, Sklave A, Soziale Entwicklung, Wirtschaft D.

Burckhardt *Notes on the Bedouins and Wahabys* 1830; Malinowski *Argonauts of the Western Pacific* 1922; v. Maltzan *Reise nach Südarabien* 1873; Müller-Wismar *Yap* 1917; Munzinger *Ostafrikanische Studien* 1883; Pechuël-Lösche *Volkskunde von Loango* 1907; Sarfert *Kusae* II (1920); Saville *In Unknown New-Guinea* 1926; Seligmann *The Melanesians of British-New-Guinea* 1910; Speiser *Ethnographische Materialien aus den neuen Hebriden und Banks-Inseln* 1923; Swanton *Social Conditions, Beliefs and Lingu. Rel. of the Tlingit Indians* 26. Ann. Rep. Bur. Am. Eth. 1908; Thurnwald *Ermittlungen über Eingeborenenrechte der Südsee* Zfvgl.RW. 23 (1910); Vedder *Die Bergdama* 1923; Williamson *The Social and Political Systems of Central Polynesia* 1924.

Thurnwald

Schiefergerät. A. Allgemein s. Frankreich B § 24, Nordischer Kreis A § 4c 2β, 4d 2, Rinnekalns § 3, Primitive Kunst § 33, Pyrenäenhalbinsel, Schminkpalette.

B. Finnland (Tf. 59).

§ 1. Zur Herstellung von Steinwerkzeugen sind in Finnland und zwar besonders im Gebiet der kammkeramischen und verwandten Kulturgruppen verschiedene Schieferarten allg. benutzt worden. In Ost- und Nordfinnland sind ungefähr $^3/_4$, in Südwestfinnland, wo Eruptivgesteine vorgezogen wurden, nur $^1/_3$ der Steingeräte aus Schiefer verfertigt (Ailio *Wohnplatzfunde* I 58ff.).

§ 2. Sonderformen, die ihren Ursprung der Anwendung des leicht zu bearbeitenden Schiefers verdanken, sind die besonders auf südkarelischen Wohnplätzen häufig auftretenden kleinen Schiefergegenstände, die oft deutliche Nachahmungen der in Pernau (s. d.), Kunda (s. d.), im Ladoga-Kanal und in Antrea (s. d.), aber auch in kleinerer Anzahl auf südkarelischen Wohnplätzen gefundenen Knochengeräte sind. Schon die an diesen Schiefergegenständen sichtbaren Spuren der Herrichtung, z. B. Säge- und mitunter auch Schabspuren, weisen auf die Knochentechnik zurück. Solche Schiefertypen, die auf Knochengerätformen am deutlichsten zurückführen, sind die Meißel mit schmaler Schneide (Tf. 59 a—c; vgl. Band III Tf. 124a), die Angelhakenstiele (Band III Tf. 125e), gewisse Angelsenkertypen, Pfriemen (Tf. 59d) und die langen, schmalen Pfeilspitzen (Band III Tf. 125c), deren Verbreitungsgebiet sich hauptsächlich auf Karelien beschränkt. Außerdem weisen auch mehrere größere Geräte Spuren von Beeinflussung durch Knochentypen auf (s. Karelische Gerättypen). Durch die Überführung der Knochentechnik auf den Stein erklärt sich auch die an gewissen Steingerättypen in Finnland sehr früh auftretende allseitige Schleifung. Von Schiefergegenständen seien noch erwähnt die in Finnland verhältnismäßig seltenen Messer und Lanzenspitzen: einfache Formen mit breitem Blatt (Band III Tf. 125 b, d), bei Lanzenspitzen fehlen die Widerhaken. Auch sie haben in ostbaltischen und den Ladoga-Kanal-Funden Seitenstücke aus Knochen.

§ 3. Eine Gruppe für sich bilden die skand. Schiefergegenstände: Lanzenspitzen mit Widerhaken, Krummesser und T-förmige Anhängsel, von denen aus Finnland im ganzen nur etwa 2 Dutzend Exemplare, die meisten in Nordfinnland gefunden, vorliegen; sie müssen zum größten Teil aus Skandinavien importiert sein. Dort hatte sich nämlich, von Knochen- und Feuersteinformen ausgehend, eine eigene Schieferkultur entwickelt, deren am meisten typische Formen die eben genannten Importstücke sind (s. Finnländisch-schwed. Beziehungen; vgl. a. Band IX Tf. 33, 47—50).

§ 4. Zu dem Kleingerät aus Schiefer gehören noch die auf finnl. Wohnplätzen sehr zahlreich gefundenen Miniaturmeißel, die meist recht sorgfältig geschliffen sind und in der Form den größeren Gerättypen genau entsprechen, sowie der von Feuersteinschabern abzuleitende Krummeißel (s. Karelische Gerättypen; Band III Tf. 124l, VI Tf. 65a).

Eine eigene Gruppe bilden die Schmuckgegenstände aus Schiefer: die Schieferringe (Band III Tf. 125f) und -Scheiben (Tf. 59e) sowie verschiedene Anhängsel (Tf. 59f); sie sind unter dem Einfluß ostpreuss. Bernsteinschmuckformen entstanden (s. Schwarzort). Am zahlreichsten sind die Schieferringe, welche, wie viele unvollendete Stücke zeigen, mit dem Hohlbohrer hergestellt sind.

§ 5. Die Blütezeit der kleinen Schiefergegenstände dürfte in die III. Per. Mont. der StZ fallen, doch kommen sie noch in den Funden der IV. Per. vor. Schieferspitzen mit breitem Blatt sind jedoch schon viel früher in Gebrauch gewesen, wie mehrere auf Wohnplätzen der Suomusjärwi-Kultur (s. d.) gefundene Exemplare dartun.

Ailio *Wohnplatzfunde* I 42ff.; Z. d. Finn. Altert. Ges. 28, 1 S. 130ff. S. Pälsi; Finskt Museum 1 (1894) S. 17ff. A. Hackman.

Aarne Europaeus

Schieferpalette s. Schminkpalette.

Schieferplatte. S. a. Frankreich B § 24. — (Portugal; Band X Tf. 110 und 130) S., brettförmige, mit eingeritzten, seltener aufgemalten Ornamenten, meistens geometrischer Art, doch öfters auch mit anthropomorphen Darstellungen, werden überall im Gebiet der w. oder portug. Megalithkultur der iber. Halbinsel gefunden. Sie erscheinen auch in Extremadura, Prov. Huelva und in der Prov. Cordoba an der Grenze von Extremadura (Espiel). Sonst hat man sie vereinzelt in der Millares-Kultur der Prov. Almeria nachgewiesen (portug. Einfluß?).

Sie sind als religiöse Gegenstände, also wohl als Idole (s. d.), und als verwandt mit den Kalksteinzylindern mit anthropomorphen Ornamenten (Band X Tf. 131) und mit einigen abweichenden S. geschweifter Form (sog. *cresses*) anzusehen.

Vereinzelt ist die S. des Megalithgrabes von Garrovilles de Alconétar, bei der ein menschliches Gesicht und Arme aus der Platte reliefartig herausgeschnitten sind.

Man kennt sie aus Gräbern oder Einzelfunden. In der Cueva de la Mora bei Jabugo (Prov. Huelva) scheint eine S. auf der Brust eines Skelettes gelegen zu haben.

Vielleicht sind diese portug. S. in näheren Zusammenhang mit den ovalen, unverzierten S. (auch aus anderem Gestein kommen sie vor) der katal.-pyren. und der südostfrz. Megalithgräber zu bringen. S. a. Primitive Kunst § 33, Pyrenäenhalbinsel B.

J. de C. Serra-Ràfols

Schierstein (Kr. Wiesbaden). Die Siedelung des Michelsberger Typus (s. d.) auf einer flachen Lehmwelle, etwa 300 m vom Rhein entfernt, bei der Petersschen Ziegelei ö. vom Dorfe ist seit 1894 bekannt. Kesselförmige Gruben nach Art der vom Michelsberg (s. d.) und längliche Wohngruben enthielten außer Kohle, Asche und Tierknochen reichlich Keramik (Band VIII Tf. 57, 18. 21. 23), Steinbeile und Mahlsteinbruchstücke. Ob die in der Nähe gefundenen Gräber zu dieser oder einer der jüngeren Perioden, die an derselben Stelle nachgewiesen sind, gehören, ist zweifelhaft. Funde im Mus. Wiesbaden und Mainz und in der Slg. Dr. Peters in Schierstein. Der auch hier sicher vorhandene Umfassungsgraben ist noch nicht gefunden.

Korr. Gesamtv. 42 (1894) S. 126; Nass. Annalen 26 (1894) S. 168 A. v. Cohausen; *AuhV* 5 (1911) Tf. 19 S. 100f. K. Schumacher; ders. *Materialien zur Besiedelungsgeschichte Deutschlands* Katal. Mainz Nr. 5 (1913) S. 78; ders. *Rheinlande* I (1921) S. 27.

† W. Bremer

Schiff. A. Europa (Tf. 60—64).

I. Steinzeit.

§ 1. Die Anfänge von Schiffahrt und Schiffbau liegen im Dunkeln und sind so wenig faßbar wie die irgendeiner anderen Kulturfunktion. Die Besiedelung von Capri in paläol., von Helgoland, England, Sardinien, Kreta und anderen ägäischen Inseln in neol. Zeit bezeugen einwandfrei eine Form der Schiffahrt, die sich bereits stark über die Phase der Küstenfahrt erhoben haben muß, denn alle diese Inseln waren in nachpaläol. Zeit nicht landfest und nur auf dem Seewege erreichbar. Die Instrumente dieser frühesten Schiffahrt kennen wir nicht, es fällt schwer, sich vorzustellen, daß eine Fahrt wie die nach Helgoland oder über den Kanal mit Naturfahrzeugen, etwa losgerissenen Baumstämmen oder ähnl., hätte ausgeführt werden können. Eher wären Flöße oder Fellboote nach Art des Eskimo-Kajaks denkbar. Im Orient sind Schilfboote und Flöße aus aufgeblasenen und einzeln oder zusammengebunden verwendeten Tierhäuten als Urschiffe nachgewiesen (s. a. Schiff D).

§ 2. Die typol. ältesten Kunstschiffe sind die Einbäume (s. d.), mit mehr oder weniger Sorgfalt ausgehöhlte und zweckmäßig bearbeitete Baumstämme. Die Form hat ein unglaublich zähes Leben und wird selbst in europ. Gewässern noch heute verwendet, so daß einem Einbaum ohne sichere Begleitfunde an sich jedes chronol. Datum abgeht. Sind auch die allermeisten unter den Einbäumen zeitlos, so scheinen jedoch ein paar durch ihre Fundverhältnisse als neol. gesichert. In einem im Flußgebiete des Clyde aufgedeckten Einbaum lag eine Diorit-Axt (Rev. arch. 1866 S. 276). Im Pfahlbau von Robenhausen (s. d.), der nichts Nachneol. mehr enthielt, fand sich ein Einbaum sehr einfacher Form, die der neol. Datierung nicht widersprechen würde, ein flach muldenförmiger Trog von 3,60 m L. und 0,75 m Br., sowohl in Längs- wie in Querschnitt symmetrisch mit gleichmäßiger Aufwölbung des Bodens zu den beiden Enden (5. *Pfahlbaubericht* 1863 Tf. 10, 23). Im Torfried des ehemaligen Federsees wurden mehrere Einbäume gehoben, deren Lagerung den zeitlichen Zusammenhang mit der spätneol. Besiedelung des Moores ziemlich wahrscheinlich macht. Zwei von ihnen haben die bedeutende L. von annähernd 9 m. Die Fahrzeuge enden nach vorn in eine stumpfe Spitze, die Seiten sind gleichmäßig abgerundet, der Boden ist zur Erhöhung der Stabilität flach nach innen gewölbt. Bei dem erstgefundenen Stück, dessen Konservierung nicht gelang (Ber. des Stuttgarter Museums 1919 S. 6 Abb. 1), ist das hintere Ende glatt abgeschnitten und durch ein senkrecht eingesetztes Brett geschlossen. Den gleichen Abschluß hat ein Einbaum aus einem irischen Crannog (s. d.; Rev. arch. 1866 S. 274) und ein solcher von Brigg in der engl. Landschaft Lincolnshire (Hoops *Reall.* I 537). An dem im Herbst 1921 gefundenen und gehobenen Einbaum aus dem Federsee-Ried hebt sich das hintere Ende, und die Wölbung der Wand geht in einen wagerechten, hinten gerade abgeschnittenen Hintersteven über; zum Schutz gegen Verbiegen und Reißen ist eine vierkantige Leiste in die obere Stevenfläche eingelassen. Der Einbaum hat mehrere aus dem gleichen Stamm ausgehauene Verstärkungsrippen, ein an Einbäumen sehr häufiges technisches Mittel. Die Pfahlbaustation, die 1904 im See von Châlain (Dép. Jura; s. Lac de Châlain) untersucht wurde, ergab nur Neol., der dort gefundene Einbaum kann deswegen ebenfalls dieser Zeit angehören. Er ist 9,35 m l. und hat die stumpfe Spitze der Federsee-Boote; über der Höhlung liegt eine mit Nuten eingelassene Tannenplanke. Das hintere, unvollständig erhaltene Ende scheint einen flach wagerechten Abschluß gehabt zu haben (Umschau 9 [1905] S. 756ff.; Präh. Blätter 17 [1905] S. 68ff.; Déchelette *Manuel* I 368, 540). Neu ist ein viereckiges Loch im Boden, wie es sich ebenso am Einbaum von Estreboeuf findet (Rev. arch. 1866 S. 279). Ist die übliche Erklärung auf Einsatzlöcher für einen Mast richtig, so schließt das die neol. Datierung aus, da Segelboote in diesem Gebiete während der StZ noch nicht bekannt waren; sind die Einbäume aber steinzeitlich, so dienten die Löcher anderen Zwecken als der Aufnahme des Mastes, und das ist das Wahrscheinlichere. Ein Einbaum aus Finelz (s. d.; 7. *Pfahlbauber.* 1876 Tf. 23, 6) enthielt bronzezeitl. Scherben. S. a. Einbaum.

II. Bronzezeit.

§ 3. 1. Die nordische BZ. Die Monumente der nord., germ. BZ bezeugen eine hohe Blüte der Schiffbaukunst; Bewohner der Küsten und Inseln werden in den allermeisten Fällen durch ihre Lage auf das Meer und seine Beherrschung hingewiesen. Die ältesten Zeugen sind gegen 100 kleine, ineinander geschachtelt gefundene Votivboote aus Nors (s. d.) in Jütland (Tf. 60, 1; Aarb. 1886 S. 238; G. H. Boehmer *Naval architecture* S. 557 Abb. 41; Müller *NAK.* I 431 Abb. 233). Diese Bootmodelle haben eine Länge von 11—12 cm; Reeling und Spanten bestehen aus schmalen Bronzebändern, die Bootshaut aus dünnem Goldblech, das nach außen um die Reeling umgekrempt ist und diese verdeckt. Die Gesamtform ist scharf und schnittig, der Querschnitt spitzwinklig, die beiden Steven sind spitz ausgezogen, es sind also ausgesprochene „Kielboote". Die eigenartige Sparrenkonstruktion weist darauf hin, daß diese goldenen Votivboote Nachbildungen von kajakartigen Fahrzeugen sind, bestehend aus einem Gerüst mit darübergespannten Fellen.

§ 4. Welch große Rolle Schiffahrt und Schiffbau im Leben des bronzezeitl. N spielten, beweisen am deutlichsten die Felsenzeichnungen (s. d. A; Tf. 60, 4—29; Band III Tf. 52—54, 118) jener Zeit, in denen die Schiffsbilder den weitaus größten Raum einnehmen. Der eigentümliche Stil dieser Felsbilder, der ganz auf Schattenrißbildung eingestellt ist, bereitet der Ausdeutung der Schiffs- wie aller übrigen Darstellungen mancherlei Schwierigkeiten. Auf bronzenen Messern der gleichen Zeit (Tf. 60, 2. 3; Band III Tf. 121a—d, IX Tf. 136a) begegnen gleichartige Schiffsbilder, ebenso auf Wandplatten von Kammergräbern (Band III Tf. 55a, 56c). Der Formenreichtum dieser Schiffe ist erstaunlich groß. Verhältnismäßig selten sind einfache Fahrzeuge mit flachem oder tieferem Querschnitt (Tf. 60, 16 und 29). Bei den Schiffen aller Typen sind gewöhnlich die Spanten angegeben, meist senkrecht, gelegentlich schräg oder auch gekreuzt; sie müssen also äußerlich sichtbar gewesen sein, wenn man nicht annehmen will, daß ein übersteigertes technisch-konstruktives Gefühl zur Darstellung unsichtbarer Dinge geführt habe.

Die meisten Schiffe der skand. Felsbilder gehören einem Typus an, dessen bezeichnendes Merkmal der doppelte Vordersteven ist, der sich oben in der Verlängerung der Reeling unter der des Kieles bildet; achtern ist der Kielsteven nur selten symmetrisch hinaufgeführt, meist endet er spornartig zugleich mit dem Schiffskörper.

Wilkes Deutung (Weltall 19 [1919] S. 203ff.) auf Sonnenschiffe, die von Schwänen gezogen werden, steht im Bann der mythologischen Erklärung der ganzen Denkmälergruppe und ist mit dem klaren technischen Befunde nicht zu vereinen.

Ein Rammsporn zu kriegerischen Zwecken kann dieses Gebilde schon darum nicht sein, weil es viel zu lang und schwankend ist und (in der Regel wenigstens) so hoch über den Wasserspiegel hinausragt, daß es das feindliche Schiff nicht mehr treffen würde. Es kann sich lediglich um eine Schutzmaßregel handeln, die aus dem Charakter der nord. Küstengewässer gedeutet werden muß, eine elastische Auffangvorrichtung für den eigentlichen Schiffskörper beim Auffahren auf Unterwasser-

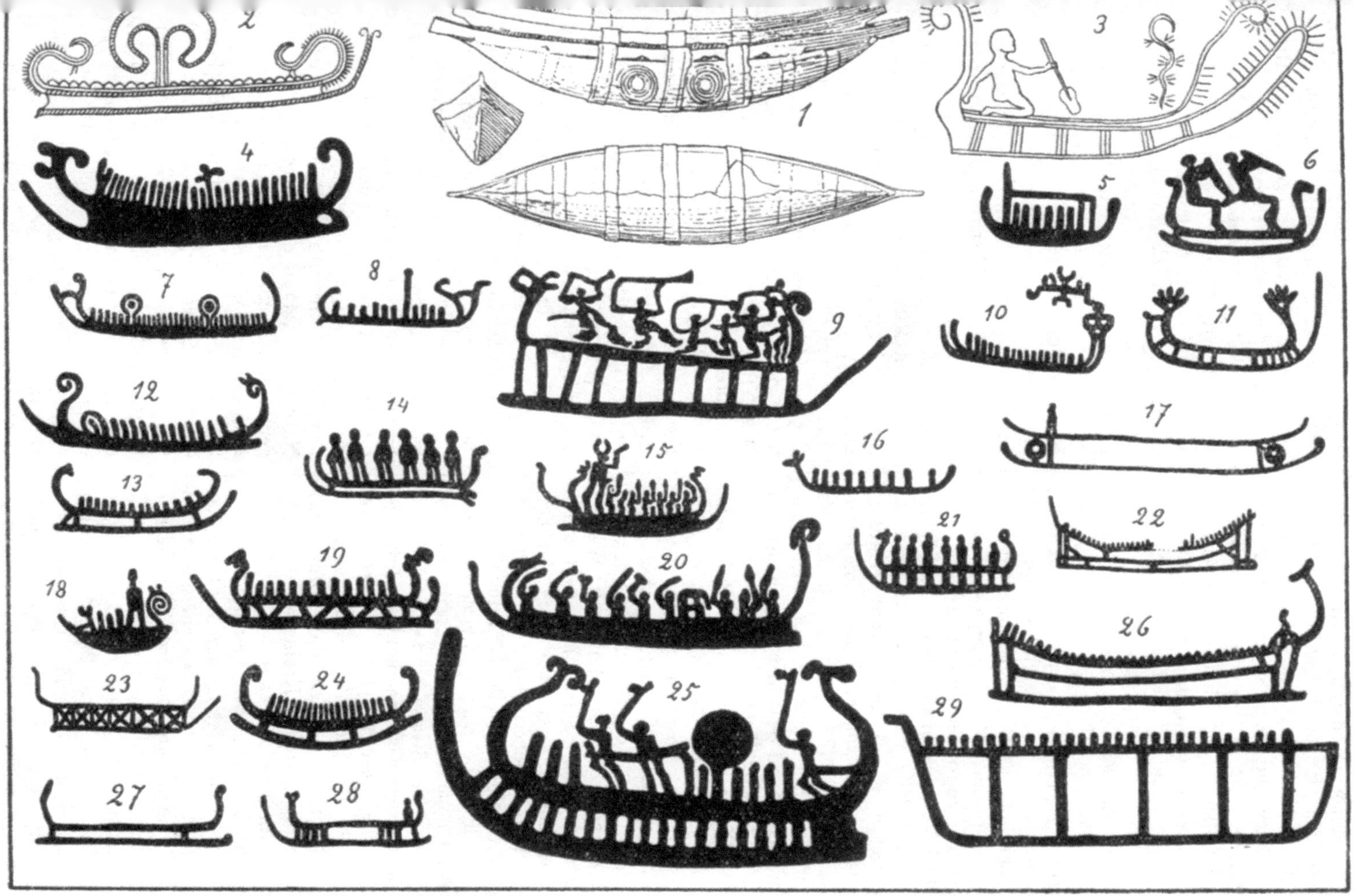

Schiff A. Europa

Nordische Bronzezeit: 1. Goldene Votivboote von Nors (s. d.). — 2, 3. Von bronzenen Rasiermessern. — 4—29. Von schwedischen Felsenzeichnungen.

klippen, Eisberge oder dgl. Diesem Zweck konnte der lange, federnde Kielsteven, der nur selten mit dem oberen Steven durch einen Querriegel verbunden ist, vortrefflich dienen. Über die Konstruktion der Schiffshaut, ob klinker oder karveel, geben die Darstellungen naturgemäß keine Auskunft, wenn auch wagerechte Plankenreihen manchmal angegeben sind (Tf. 60, 22. 26). An Rinden- oder Fellboote zu denken (Präh. Z. 4 [1912] S. 5ff. W. Vogel; ZfEthn. 39 [1907] S. 42ff. E. Hahn) verbietet m. E. die durchweg sehr große Kopfzahl der an Bord befindlichen Menschen, die ein solches „genähtes Boot" schwerlich zu tragen imstande wäre. Die Analogie der Waganda-Boote im Quellgebiet des Nil (Vogel a. a. O.) kann nur das Detail des Doppelstevens erläutern und ist für alle anderen Fragen unergiebig. In einem Bilde (Tf. 60, 5) meint man ein erhöhtes Sturmdeck in Gestalt einer Kommandobrücke zu erkennen, doch ist die Darstellung singulär.

§ 5. Die Bemannung der Schiffe fehlt nur selten und ist manchmal sehr groß; oft sind die Gestalten durch einfache Striche angedeutet, vielfach aber auch naturalistischer ausgeführt, besonders bei Darstellung von Kämpfen und Waffentänzen an Deck. Die Führer sind durch übermenschliche Größe kenntlich gemacht.

Die völlige Beherrschung der konstruktiven Technik erlaubte, den Einzelteilen des Schiffes über die nächste Zweckmäßigkeit hinaus schöne Formen zu geben. Es sind vor allem die Steven und deren Köpfe, an denen sich das Schmuckbedürfnis auswirkt: die Steven werden elegant geschwungen, die Stevenköpfe volutenförmig eingerollt und erhalten die Form einer mehrfach gespaltenen Krülle wie das Aphlaston des griech. Schiffes (Tf. 60, 11) oder eines Tierkopfes wie die rund zwei Jht. jüngeren Wikingerschiffe als Ausdruck der Vorstellung des Schiffes als eines lebenden Wesens; auch ganz bizarre, geweihartige Auswüchse am Stevenkopfe kommen vor (Tf. 60, 10).

Die Schiffe der nord. BZ sind Ruderschiffe. Ruderer sind mehrere Male dargestellt und stets in Paddelstellung mit dem Gesicht in der Fahrtrichtung, während die Mittelmeerschiffe durch Rojen bewegt werden. Auf den Felsbildern ist vom Ruder nur die Stange, auf der Ritzzeichnung eines Bronzemessers (Tf. 60, 3) auch das Blatt angegeben.

Ob für die Steuerung eine besondere Vorrichtung vorgesehen war, ist aus den Bildern allein nicht zu entscheiden. In einigen Darstellungen findet sich am hinteren Ende des Kieles eine kurze, einfache oder doppelte, schräg nach unten gehende Verlängerung, die man vielleicht als Steuer ansprechen darf, doch hat sie möglicherweise auch nur in der Art unseres „Schwertes" dazu gedient, der Abtrift entgegenzuwirken.

§ 6. Viel besprochen ist die Frage, ob die Schiffe der nord. BZ Segel hatten, wie sie im Mittelmeer bereits aus früheren Zeiten belegt sind (in Ägypten schon in neol. Zeit: J. Capart *Débuts de l'art* S. 116 Abb. 83; vgl. C. Busley *Schiffe des Altertums* S. 9ff.). Ein längerer, senkrechter Strich unter vielen kürzeren bezeichnet nicht einen Mast (Boehmer a. a. O. Tf. 72), sondern den durch besondere Größe hervorgehobenen Führer. Runde Scheiben, auf Stangen an Deck errichtet, können wegen ihrer geringen Größe und ihres gelegentlich doppelten Auftretens nicht Darstellungen von Mast und Segel sein, sondern bedeuten offenbar das heilige Sonnenbild, wie es im „Sonnenwagen" von Trundholm (s. d.; Band XIII Tf. 76) und verwandten Denkmälern vorliegt. In einigen Darstellungen auf Bronzemessern hat dieses Symbol nicht Scheibenform, sondern ist wie ein Baum mit beiderseits überhängender Krone gestaltet (Tf. 60, 2). Ein Segel solcher Form ist natürlich undenkbar; die Deutung dieses Gebildes auf einen als Segel verwendeten Busch (Präh. Z. 10 [1918] S. 178ff. C. Schuchhardt), wie ihn heutige Naturvölker gebrauchen, steht zu der sonstigen Höhe der Schiffbaukunst des bronzezeitl. N in zu grellem Mißverhältnis, um glaubhaft zu erscheinen. O. Almgren (Festschr. für Bezzenberger 1921 S. 1ff.) will hier, entsprechend seiner Auffassung der Hällristningar als Denkmäler des Kultes, einen heiligen Baum an Bord des Festschiffes erkennen und zieht neuzeitliche schwedische Volksbräuche heran (s. a. Felsenzeichnung A § 6). Wir müssen uns also wohl oder übel damit abfinden, daß die

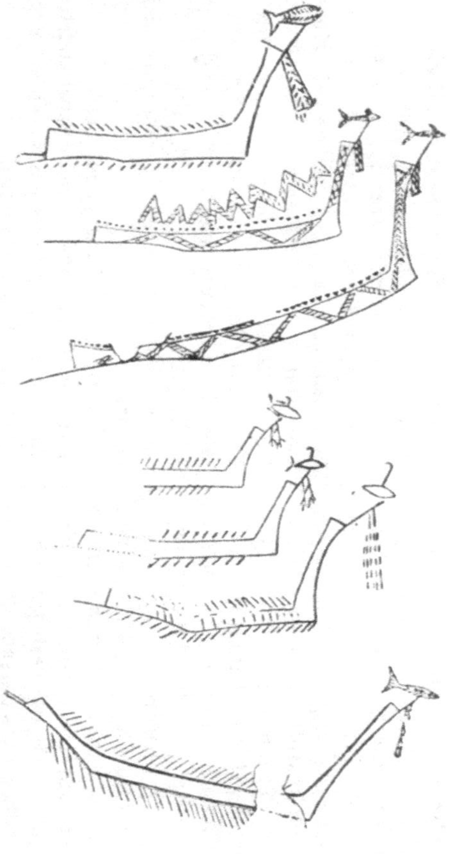
a

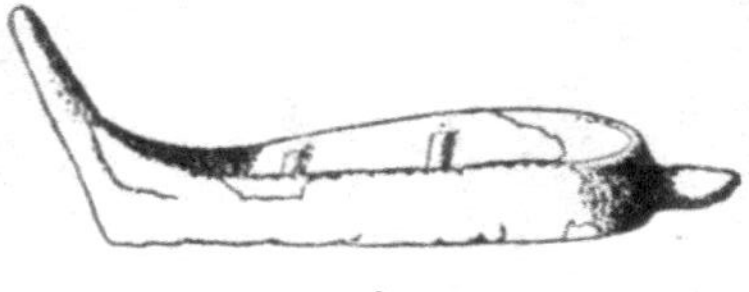
b

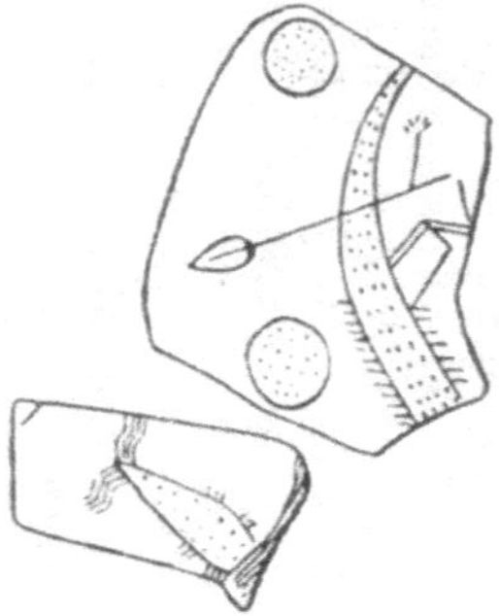
c

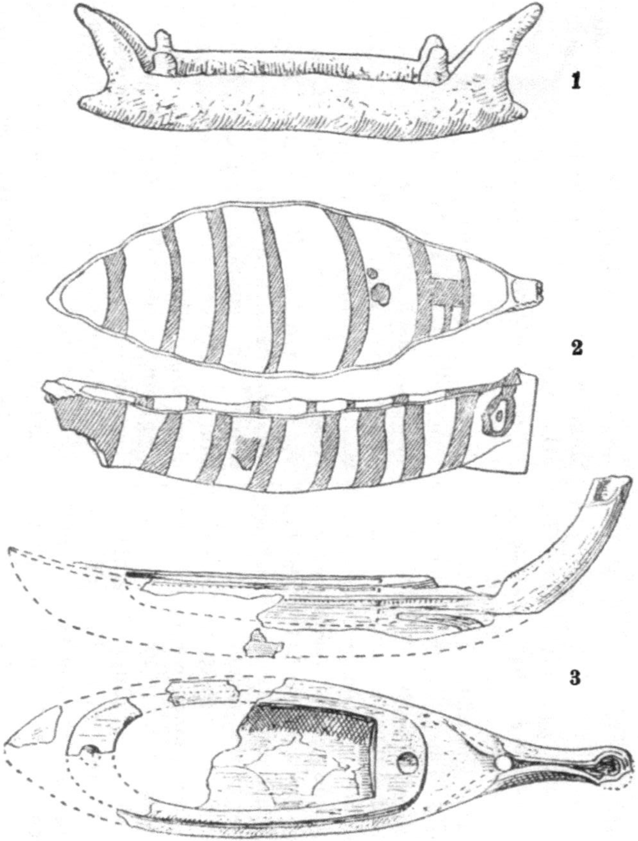

d

Schiff A. Europa

Kykladen-Schiffe: a. Zeichnungen auf „Bratpfannen" von Syros. Nach Arch. Anz. 1915 S. 194. — b. Tonmodell (FMI) von Palaikastro. Nach Evans. — c. Scherbe von Phylakopi. Nach D. Fimmen *Kretisch-Mykenische Kultur*² S. 117. — d. Modelle von Kykladen-Schiffen: 1. Mochlos; 2. Phylakopi; 3. Zafer Papura.

nord.-bronzezeitliche Schiffbaukunst den letzten, in damaliger Zeit möglichen Schritt nicht getan hat, die Naturkräfte zur Vorwärtsbewegung der Fahrzeuge auszunutzen und sich aus heute nicht mehr erkennbaren Gründen mit der Rudertechnik begnügt hat. Diese Auffassung findet eine Stütze in der Nachricht des Tacitus, daß die Suionen, also die Nachkommen der bronzezeitlichen Seefahrer, den Gebrauch des Segels nicht kannten (Germania 44: Suionum civitates classibus valent — nec velis ministrantur nec remos in ordinem lateribus adjungunt).

Einen Unterschied zwischen Handels- und Kriegsschiffen können wir nicht mehr feststellen; wo Bewaffnete an Bord sind oder die Schiffe in größerer Anzahl in Reihen ausgerichtet mit den Führerschiffen vor der Front aufgefahren sind, handelt es sich natürlich um kriegerische Verwendung.

§ 7. Eine dritte Quelle für unser Wissen vom Schiffbau der nord. BZ ist erst seit kurzem in ihrer chronol. Bedeutung erkannt. Unter den schiffsförmigen Steinsetzungen auf Gräbern, die in der Mehrzahl der Wikingerzeit angehören, befindet sich eine zuerst in Kurland (C. Grewingk *Steinschiffe von Musching* 1878) bekannt gewordene Gruppe abweichender Form (Präh. Z. 11/12 [1919/20] S. 195 Abb. 6 Ebert). Untersuchungen an gleichen Anlagen auf Gotland (s. d. B § 16—19; Band IV Tf. 188—191) haben diese jedoch in das Ende der BZ und den ersten Beginn der EZ datiert (M. Ebert a. a. O.). Es sind stets Fahrzeuge spitzovaler Form, völlig entsprechend den Votivbooten von Nors (s. § 3), ohne Innenteilung wie die schiffsförmigen Steinsetzungen der Wikingerzeit, doch mehrfach mit Angabe des langen Vorderstevens, wie ihn die Hällristningar in der Seitenansicht zeigen. Diese Schiffsgräber verbinden in der Regel zwei Fahrzeuge in der Kiellinie miteinander, was wohl rituell zu erklären sein dürfte. S. a. Band IX Tf. 147b und Südostbaltikum B.

2. Die Ägäische BZ. § 8. Die ägäische und die kret.-myk. Kultur haben, obwohl sie sich vorwiegend auf den Inseln und an den Meeresküsten abspielen, nur verhältnismäßig wenig Schiffsbilder hinterlassen, doch sind alle wichtigeren Stufen dieser Entwicklung immerhin faßbar und mehrere Typen zu erkennen.

Die Schiffe der Kykladenzeit, die wir von den gravierten Tonpfannen besonders der Insel Syros kennen, haben sehr charakteristische Bauweise: langgezogenen Rumpf mit nur flach gehobenem Achterteil und sehr hohem, scharfen Bug (Tf. 61a; Arch. Anz. 1915 S. 194; Ἐφ. ἀρχ. 32 [1914] S. 109 Abb. 15; D. Fimmen *Kret.-myk. Kultur*² 1924 S. 116ff.). Die gefüllten Zickzackbänder, die sich auf einigen dieser Zeichnungen an den Seiten der Schiffe finden, sind wohl nicht nur ornamental, sondern eher konstruktiv zu erklären als Verschnürungen des Rumpfes, ähnlich dem Hypozom der späteren griechischen Schiffe (Arch. Jahrb. 22 [1907] S. 245ff. F. Behn). S. a. Kykladen.

Die Kykladen-Schiffe dieser Denkmälergruppe haben niemals ein Segel; die zahlreichen, durchweg an beiden Bordwänden angebrachten Strichelchen sollen jedenfalls die Ruder wiedergeben. Ob die ein- oder zweistrichige Verlängerung der Schiffe am Achtersteven das Steuer andeuten soll, wie Fimmen a. a. O. annimmt, darf fraglich bleiben. Typisch für die Kykladen-Schiffe ist die Verzierung des Vorderstevens: auf einer kurzen Stange ist jedesmal ein Fisch angebracht, am Original jedenfalls drehbar je nach der Windrichtung, und von dieser Stange hängen Tänien herab. Die Richtung dieses Schmuckes bezeichnet diesen Schiffsteil mit aller Sicherheit als Bug, während man ohne ihn hier eher das Heck vermuten würde nach Maßgabe der griechischen Schiffe historischer Zeit, wie es auch Dussaud (*Civil. préhell.* S. 275) tut. Von diesem Typus besitzen wir ein vollkommen gleichartiges, plastisches Modell aus Ton von Palaikastro (s. d.; Tf. 61b). Die stachelartige Verlängerung des Kieles über das Heck hinaus kann hier jedenfalls kein Steuerruder sein, da das gesamte Altertum und noch der größere Teil des Mittelalters das Stevensteuer nicht kennt.

Ein zweiter Schiffstypus dieser Zeit besitzt im Gegensatz zum erstbehandelten einen hoch aufgeschwungenen Achtersteven, wie er in der Ritzzeichnung einer Scherbe von

Phylakopi (s. d.; Tf. 61c) besonders deutlich zum Ausdruck kommt. An der Seite liegt das Steuer in der antiken Normalform, ein herzförmiges Blatt mit langem Schaft und Pinne. Das Achterdeck trägt eine Deckkajüte, wie ägyptische Schiffe (Tf. 65a) diese bereits in frühester Zeit haben. Auch hier ist die Rudervorrichtung durch zahlreiche Strichelchen beiderseits angedeutet. Der Fisch auf einer weiteren Scherbe ist auch hier wohl als der übliche Stevenschmuck aufzufassen (Tf. 61c). Auch zu diesem Typus gibt es eine plastische Parallele in einem Elfenbeinmodell aus Zafer Papura (s. d.; Evans *Prehist. tombs* S. 27 Abb. 22; hier Tf. 61 d 3). Daß der hochgeschwungene Steven auch an diesem Modell an das Hinterteil zu verlegen ist, ergibt sich außer bei dem Vergleich mit dem Graffito von Phylakopi durch die Form des Hohlraumes, der nach vorn abgerundet, nach hinten abgeflacht gehalten ist. Der Längsschnitt hat weich gerundete Formen, Steven und Kiel setzen nicht wie beim ersten Typus in scharfem Winkel zueinander auf. Mit der leicht erhöhten, eingezogenen Reeling um den Hohlraum ererinnert das Fahrzeug auffallend an die Bauweise neuzeitlicher Segelboote. Unbestimmt ist die Bedeutung der beiden Löcher am vorderen und hinteren Ende der Reeling.

Andere Bootsmodelle geben weitere technische Einzelheiten. Ein solches aus Phylakopi (*Phylakopi* S. 206 Abb. 180) hat scharf gegen den Körper abgesetzten Steven und offenbar mehrfache senkrechte Umschnürungen (Tf. 61 d 2). Ein Modell aus Mochlos (Tf. 61 d 1; Amer. Journ. Arch. 1909 S. 279 Abb. 2 Mitte) ist in Vorder- und Achterteil vollkommen symmetrisch gebaut und bietet damit das erste Beispiel für den Rammsporn.

Die überwiegende Mehrzahl der Kykladen-Schiffe sind Ruderschiffe; am Modell aus Mochlos sind die Ruderpflöcke angegeben. Immerhin war die Segeltechnik den damaligen Bewohnern der Inseln bereits bekannt, wie die Angabe der Segeleinrichtung an einem unveröffentlichten Bootsmodell aus Hagia Triada (Fimmen a. a. O. S. 117 Anm. 3) erweist; vielleicht deuten die Löcher an dem Modell von Zafer Papura auf eine ähnliche Vorrichtung.

Um für das Verhältnis der verschiedenen Typen von Kykladen-Schiffen zueinander ein Urteil zu gewinnen, reicht das Material noch nicht aus, die Unterschiede können örtlich und völkisch, aber auch aus der verschiedenen Verwendungsart der beiden Typen erklärt werden, und die Abweichungen der Typen in den Grundfragen des Aufbaues würden eher für die letzte Annahme sprechen.

§ 9. Die Kykladen-Schiffe sind Seeschiffe, aus diesem Grunde sind beim gleichzeitigen äg. Schiffbau, der damals noch ganz der Flußfahrt diente, auch keine Beziehungen oder gar Vorbilder zu erwarten, doch sind Einzelheiten vergleichbar (C. Busley *Schiffe des Altertums* S. 1ff.). Die Form des Rumpfes bei den Syros-Schiffen erinnert lebhaft an die Konstruktion der altägyptischen Papyros-Barken. Auch die Taugurten des Rumpfes wurden an den ägyptischen Schiffen des AR angewendet (Busley a. a. O. S. 16ff.). Der steil aufsteigende Steven findet sich in Ägypten an beiden Enden. Das Fischzeichen am Bug erscheint in vielfach wechselnder Gestalt bereits auf Schiffsbildern vordynastischer Zeit (J. Capart a. a. O. S. 204 Abb. 147), auch hier mit angehängten Bändern. Die Kykladen-Schiffe des zweiten Typus haben zu allgemeine Formen, als daß man berechtigt wäre, aus Einzelheiten eine Beeinflussung zu erschließen. Immerhin verdient vermerkt zu werden, daß diese Kykladen-Schiffe bereits das Detail der Deckkajüte besitzen, das in Ägypten bereits an prädynastischen Fahrzeugen und späterhin mit größerer Regelmäßigkeit begegnet als irgendwo anders.

§ 10. Einen erheblich größeren Formenvorrat zeigen die Schiffe der späteren minoischen Stufen, besonders vom Ausgange dieser Kulturperiode. In den Darstellungen überwiegen durchaus die Segelschiffe mit 1—3 Masten (Tf. 62c; Fimmen a. a. O. S. 117 Abb. 110; vgl. A. Furtwängler *Ant. Gemmen* I [1900] Tf. 4, 2 u. a.). Außer dem Bug- und Backstag sind meist noch mehrere parallel fahrende Taue angegeben, doch ist bei der Kleinheit und Flüchtigkeit der Bilder kein einigermaßen sicheres Urteil über die Takelung zu gewinnen. Auf einem Vasenbilde (Tf. 62a; Arch. Anz. 1915 S. 191/2 Abb. 6; 'Εφ. ἀρχ. 1914 S. 109 Abb. 15) ist auch das Segel angegeben, doch ebenso wie die beiden Stagtaue in merkwürdig gerundeter und praktisch ganz unmöglicher Form. Die beiden vom Achtersteven ausgehenden unteren Taue, die nur auf eine kurze Strecke erhalten sind, bedeuten jedenfalls die Brassen und sind richtiger beide an das Segel heranzuführen. Die Spitze des Mastes trägt einen Mastkorb (καρχήσιον). Diese bei weitem sorgfältigste Schiffsdarstellung jener Zeit ist auch in anderen Einzelheiten wichtig. Auf der Höhe des Vorderstevens finden wir wieder das Fischzeichen der Kykladen-Schiffe, die einzige Einzelheit allerdings, die diese beiden Stufen des Schiffbaues miteinander verbindet. Die Bauart des Schiffes ist unsymmetrisch, das vordere Ende läuft in einen Sporn aus, der Vordersteven steigt darüber fast senkrecht auf. Dagegen ist der Achtersteven gebogen und endet in einem runden Knopf. Sehr sorgfältig ist das Steuer ausgeführt; ein unten breit ausladendes Blatt an langem Schaft, oben mit Pinne und Bügel versehen. Der Gitteraufbau am Hintersteven bezeichnet jedenfalls den erhöhten Standpunkt des Rudergängers. Wie die zahlreichen senkrechten Verbindungslinien zwischen Bord und Kiel zeigen, besaß das Schiff ein von Stützen getragenes Deck, wie es an Schiffen der polygnotischen Zeit wieder allgemein in Gebrauch kommt (F. Behn *Ficoron. Cista* 1907 S. 36ff.). Der Raum zwischen diesen Stützen war offen und diente den Rojern als Sitz, wie ein Siegelabdruck aus Knossos (Band VII Tf. 72k) mit aller Deutlichkeit zeigt. (Die Ergänzung ist auch hier unrichtig, Vorder- und Hintersteven sind zu vertauschen, wie aus der Sitzrichtung der Rojer hervorgeht.) Ein weiteres, weniger bedeutungsvolles Detail zeigt ein anderes knossisches Tonsiegel (Tf. 62d), die Querverbindung an dem rund aufgebogenen Hintersteven. Wieweit das Kultboot auf dem Goldring von Mochlos (Tf. 62b) die Gebrauchsformen des praktischen Lebens zeigt, kann dahingestellt bleiben. Das Boot erinnert in der Form des Rumpfes an die ägyptischen Papyrus-Barken. Der Vordersteven ist wie eine offene Blüte geformt, der Hintersteven trägt einen nach vorn gewendeten Pferdekopf; das erste findet sich wieder an einigen Schiffsbildern der kretischen Siegel, tierköpfige Steven haben auch die Schiffe der nord. BZ (s. o.). Das Boot des Totenopfers auf dem Sarkophag von Hagia Triada (wenn überhaupt ein Boot gemeint ist) ist schiffbautechnisch völlig unergiebig wegen seiner ganz konventionellen Formengebung (Band V Tf. 12).

Die schiffbautechnischen Grundlagen und Voraussetzungen der kret.-myk. Schiffe sind völlig anders als bei den Kykladen-Schiffen, nur das äußerliche Detail des Fischwimpels am Vordersteven verrät eine ununterbrochene Tradition. Dagegen wird der Schiffstypus der Vasenscherbe von Pylos (Tf. 62a) fast ohne Veränderung in der folgenden geometrischen Stufe beibehalten.

III. E i s e n z e i t. 1. S ü d e u r o p a. a) G r i e c h e n l a n d. § 11. Die auf „geometrischen" Vasen der Dipylon-Gattung ziemlich häufigen Darstellungen von Schiffen (Tf. 63) gehören ausnahmslos einem einzigen Normaltypus an, wenn auch Einzelheiten wechseln und die Genauigkeit der Ausführung ungleich ist: es ist der Schiffstypus mit der unsymmetrischen Bauart, dem Rammsporn am vorderen Ende und dem rundlich aufgebogenen Hintersteven, den wir erstmalig auf der myk. Vasenscherbe von Pylos (Tf. 62a) kennen gelernt haben. Auch die sonstige Bauweise ist durchaus die gleiche: das Oberdeck, dessen Stützen den Rojern eine seitlich offene Galerie lassen, die gitterförmigen Aufbauten an beiden Steven sowie Form und Anbringung des Steuerruders. Über dem Unterwassersporn erscheint gelegentlich ein Überwassersporn (προεμβόλιον) oder mehrere (bis zu 4) kurze Spitzen, die gleichfalls dazu bestimmt waren, das feindliche Schiff aufzureißen. Der Schiffsrumpf selbst ist sehr niedrig, wie an den Kykladen-Schiffen, die Aufbauten an Bug und Heck dagegen sind sehr hoch, der am Bug (die „Back") ist durchweg zweistufig. Einige Schiffe haben an beiden Steven eine durchbrochene Galerie als Standplatz des Rudergängers und der Vorkämpfer. Im Vorderschiff ist eine große, runde Klüse mit Gitterverschluß angebracht. Auf der Höhe des Vorderstevens sitzt ein dünnes, hornartiges Gallion, der Hintersteven ist schmucklos im Gegensatz zum späteren griech. Schiff. An diesem Stevenhorn sind manchmal Bündel von Stangen oder Speeren befestigt, die Waffen für die Vorkämpfer, deren Platz im Ge-

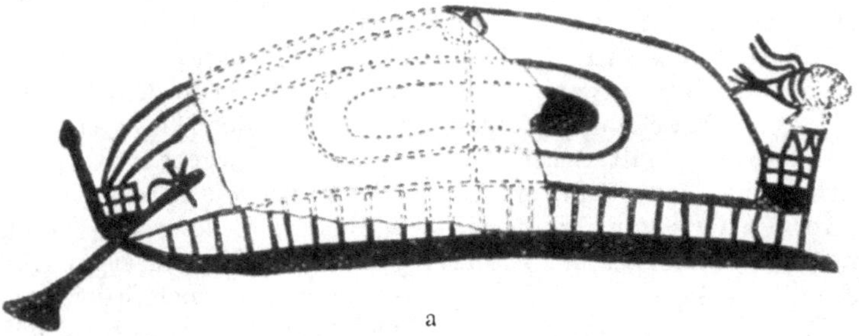

a

b

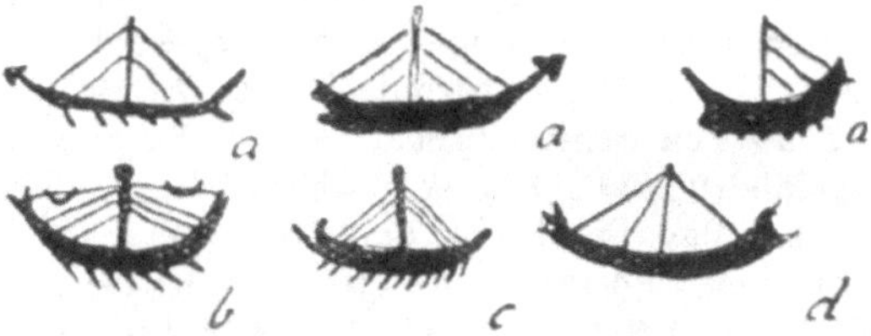

c

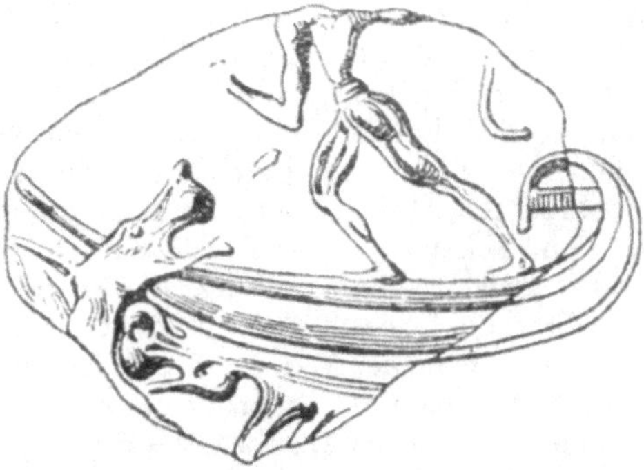

d

Schiff A. Europa

Mykenische Schiffe: a. Segelschiff auf einer Vase von Pylos. Nach Arch. Jahrb. 1915 S. 191. — b. Goldring von Mochlos. Nach Ath. Mitt. 35 S. 343. — c. Segelschiffe von kret. Siegelabdrucken. Nach Fimmen. — d. Tonsiegel von Knossos. Nach Ath. Mitt. 31 S. 50.

fecht im Vorderschiff war (Arch. Ztg. 1885 Tf. 8, 1; Ath. Mitt. 17 [1892] S. 289 Abb. 1 und 2). Später wurden diese Speerbündel dekorativ behandelt wie am Schiff vom Sikyonier-Schatzhaus in Delphi und einem korinthischen Pinax des Berliner Museums (Arch. Jahrb. 20 [1905] S. 32 Abb. 1, S. 35 Abb. 2). Zwischen dem hohen Vorder- und Hinterschiff läuft meist eine Längskonstruktion, die mit Stützen auf dem Schiffsrumpf aufsitzt; von ihr werden gelegentlich menschliche Körper zur Hälfte verdeckt, und auf ihr liegen in Gefechtsbildern Tote. Es kann sich danach also nicht um eine Reeling handeln, sondern um ein durchlaufendes Sturmdeck auf Stützen, das in der Mitte einen Schlitz für den umlegbaren Mast haben mußte, falls dieser nicht wie an heutigen größeren Segelschiffen überhaupt unbeweglich eingesetzt war. Ein solches Sturmdeck ist bereits an ägäischen Schiffen (Scherbe von Pylos, Siegelabdruck aus Knossos; s. § 10) bezeugt.

§ 12. Das Segel (Tf. 63c) hat bereits rechteckige Formen und ist mit engen Schachbrettmustern benäht. Das Fall ist meist als doppeltes, nur einmal als einfaches Tau wiedergegeben. Segel solcher Form setzen eine Raa voraus, auch wenn sie nicht zeichnerisch angegeben ist; von den beiden Enden fahren Brassen ins Vor- und Achterschiff und werden dort an Klampen oder am Geländer der Reeling belegt. Sind die Schoten in die Ecken des Unterlieks eingebunden, so bauscht sich das Segel, und die senkrechten Nähte oder Streifen müssen zu den Ecken zusammenlaufen; das ist auf zwei Vasen dargestellt (Tf. 63c; Ath. Mitt. 17 [1892] S. 289 Abb. 3), soweit das mit der geometrischen Stilisierung dieser Kunstrichtung überhaupt möglich ist. Eine Scherbe von der Akropolis dagegen (Tf. 63f mit Ergänzungsversuch nach Mon. dell' Inst. 9 Tf. 40, 4; vgl. Baumeister *Denkm.* III 1597 Abb. 1658) zeigt eine andere Vorrichtung: am Unterrande des Segels ist hier scheinbar nach Art der ägyptischen Schiffe eine zweite Raa angeschlagen, die bei einem Segel solcher Form außerordentlich zweckmäßig sein mußte. Die eine Schot sitzt in der Ecke des Segels, die andere dagegen ein gutes Stück nach innen, und man meint auch die Verlängerung der unteren Raa über die Ecke hinaus zu erkennen, falls hier nicht ein Flüchtigkeitsfehler des Zeichners vorliegt. Auf einer anderen Scherbe aus Athen (Tf 63e; Mon. dell' Inst. 9 Tf. 40, 3) halten zwei bewaffnete, im Vorderschiff stehende Männer je ein Tau, der Mast steht schräg, ein Segel ist nicht angegeben. Das Schiff liegt voll von Toten, wir haben also ein Kampfbild. Die Tätigkeit der beiden Männer wird nicht ganz klar. Ein ausgespanntes Segel müßte auf dem erhaltenen Stück der Vasenmalerei noch sichtbar sein, man könnte nur annehmen, daß die Männer das an die Raa aufgegeite Segel herablassen wollten, eine Segelvorrichtung, wie sie an den kleinasiatischen Schiffen in den Reliefs von Medinet Habu bezeugt ist (Band V Tf. 82; s. a. Schiff B § 4). Der nach vorn geneigte Mast spricht dagegen mehr für eine Havarie des Schiffes, und das Bild ist dann am ersten so zu deuten, daß die beiden Bewaffneten das bereits stark beschädigte Schiff geentert haben und nun im Begriff sind, es durch Umreißen des Mastes gänzlich kampfunfähig zu machen. Die Spitze des Mastes trägt nur in einem der Bilder einen kurzen, dreizackigen Aufsatz, von einem Mastkorb (καρχήσιον) ist nirgends etwas zu erkennen (vgl. a. Band III Tf. 117 oben)

Die Rojer sitzen in den verdecklosen Schiffen flach im Raum, in den Schiffen mit Verdeck entweder auf diesem (Arch. Jahrb. 15 [1900] S. 92) oder häufiger unter dem Verdeck an großen, offenen Pforten. Die Stützen des Verdecks werden zum Schutz der Rojer zuweilen verbreitert, so daß diese nur zum Teil sichtbar werden; der Schutz ist entweder massiv (Tf. 63a) oder gegittert (Tf. 63b), oder die Rojer haben ihre großen Schilde umgehängt, und die Pforten haben Mandelform. Über die Rojetechnik im einzelnen ist aus den Vasenbildern kein Bild zu gewinnen; in einigen Zeichnungen meint man, an den Deckstützen Widerhaken zu erkennen, die wohl als Widerlager für die Remenschäfte gedient haben (E. Cartault *Mon. Grcs* II [1886] S. 47 Abb. 2; vgl. Ath. Mit. 17 [1892] S. 295ff. E. Pernice).

Auf einigen der Vasenbilder sind zwei Reihen von Ruderern übereinander gezichnet. Die

b

a

c

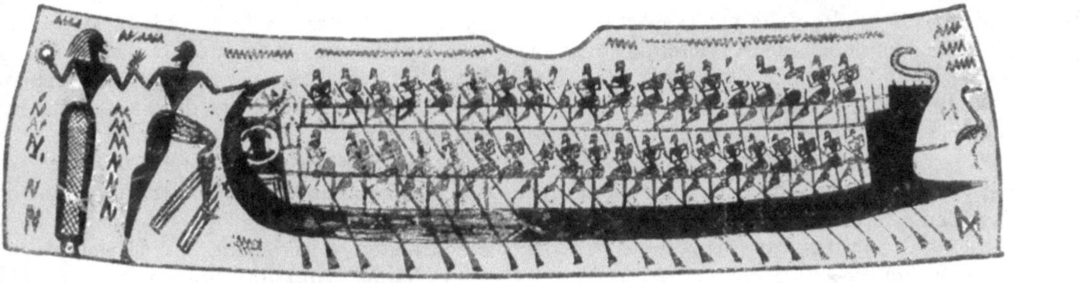

d

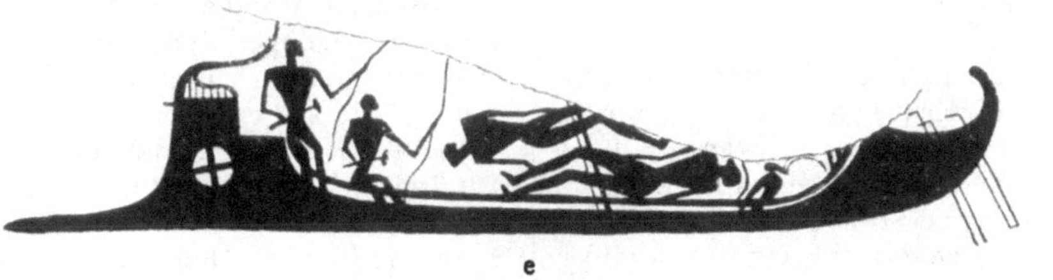

e

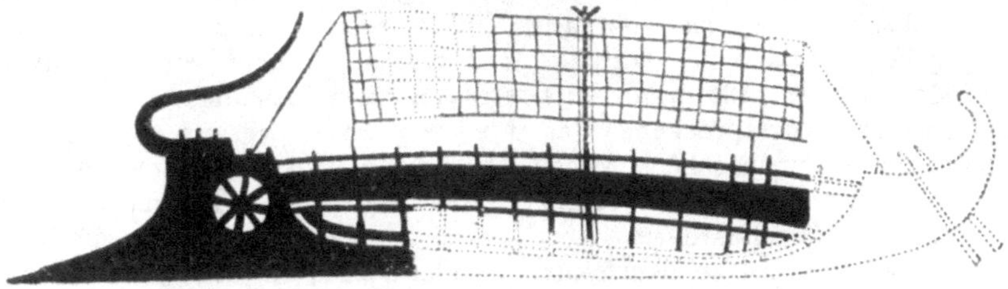

f

Schiff A. Europa

Schiffe der „geometrischen" Zeit: a—f. Darstellungen auf Vasen. — Nach Ath. Mitt. 17 S. 289, 298; Arch. Jahrb. 1900 S. 92; Mon. dell' Inst. 9.

Stellung der Schiffe der Dipylon-Klasse in der Schiffbaugeschichte hängt davon ab, ob wir sie als Moneren (Arch. Jahrb. 15 [1900] S. 92ff. E. Pernice; C. Bauer *Griech. Kriegsaltert.* S. 299 Anm. 2) oder als die ersten Beispiele des Dieren-Typus deuten müssen (Arch. Jahrb. 1 [1886] S. 315ff. E. Assmann; ebd. 20 [1905] S. 35; Arch. Anz. 1895 S. 118ff., ebd. 1901 S. 98ff.; Baumeister *Denkm.* III 1596 und sonst; E. Cartault *Mon. Grecs* II [1886] S. 33ff.; Ath. Mitt. 17 [1892] S. 285ff. E. Pernice; JHS 19 [1899] S. 198ff. J. Murray). Die Schiffsbilder stehen selbstverständlich unter den gleichen perspektivischen Gesetzen wie die Bilder anderer Gegenstände in diesem Kunststil. Der Mangel an jeglicher Linearperspektive in der geometrischen Kunst zeigt sich am klarsten in den großen Prothesis-Bildern. Das Streben, alles darzustellen, führt zur Aufgabe der alten, reinen Seitenansicht, statt Anwendung einer Tiefenperspektive werden die einzelnen Flächen des dargestellten Gegenstandes aufgeklappt gezeichnet, aus einem Hintereinander wird dadurch ein Übereinander. Die obere Reihe der Rojer ist deshalb in Wirklichkeit auf der dem Beschauer abgewendeten Bordseite des Schiffes zu denken, d. h. die Dipylon-Schiffe sind Moneren, keine Dieren. Sie reihen sich damit zwanglos in die Geschichte des griech. Schiffbaues ein. Den Anschluß nach oben gibt die mehrfach behandelte Vasenscherbe aus Pylos (Tf. 62a). Hätten die Griechen bereits im 8. Jh. vor C. richtige Dieren besessen, so wäre es nicht verständlich, daß die Vasenbilder bis kurz vor den Perserkriegen noch immer Moneren zeigen. Daß eine Angabe von Thukydides (I 13, 2) über den korinthischen Schiffbau auf Trieren zu beziehen sei, ist wohl allgemein aufgegeben. Sind die Dipylon-Schiffe aber Moneren, so fällt damit auch Assmanns mehrfach ausgesprochene Vermutung, daß die geometrischen Vasen nicht griech., sondern griechenfeindliche, vor allem phön. Schiffe darstellen. Eine Einzelheit wie die Unterraa an dem einen Segelbild hat dem Gesamtbild gegenüber keine Beweiskraft, ebensowenig die hypothetische Ableitung des Aphlaston vom Rüssel des Elefanten, der in keinerlei Beziehung zu Schiff und See steht.

§ 13. Die Angaben der in geometrischer Zeit entstandenen homerischen Epen stimmen mit dem Befund der Vasenbilder durchaus überein. Da diese ausschließlich Kampfbilder geben, kommt in den Bildern der Unterschied von Kriegs- und Handelsfahrzeug nicht zur Geltung. Von Einzelheiten des Aufbaues werden genannt der Kiel, die Spanten, die beiderseits hochaufgehenden Steven, das Aphlaston am Hinter- und das Horn am Vordersteven, die Rudersitze, das Verdeck; von der Takelung Mast, Raa, Segel, zwei Bugstage und ein Backstag, Schoten und Brassen und die eisenbeschlagenen Schiffsspeere (ξυστὰ ναύμαχα), dagegen fehlt jede Erwähnung des Rammspornes. Die Zahl der Rojer wird auf 20—52 angegeben, sie ist auch in den Vasenbildern zuweilen sehr groß (Londoner Vase: Tf. 63d; Arch. Jahrb. 15 [1900] S. 92; JHS 19 [1899] Tf. 8), so daß wir in ihnen wohl die Abbildungen der Pentekonteren erkennen können, mit denen bis zum Ende des 6. Jh. die Seeschlachten ausgefochten wurden.

b) Italien. § 14. Während aus der BZ Schiffsdarstellungen aus Italien vollkommen fehlen, häufen sie sich am Beginn der EZ, beschränken sich jedoch auf Mittelitalien. Sehr häufig sind in Funden der ersten proto-etruskischen EZ-Stufe die kleinen, bootförmigen Gefäße aus Ton (*navicelle*), wohl als Lampen oder sakrale Votive verwendet, auch bronzene Stücke begegnen. Sie stellen einen ganz bestimmten, schlanken Schiffstypus dar, meist mit tiergestaltigem Vorder- und manchmal ebensolchem Achtersteven (Röm. Mitt. 34 [1919] S. 15 F. Behn; Mon. Lincei 11 [1901] S. 193ff. G. Pinza). Da diese Bootmodelle an demselben Zeitpunkt in Mittelitalien auftreten, zu dem wir die Einwanderung der Etrusker anzunehmen haben, so haben wir ein Recht, sie als die frühesten Bilder etrusk. Schiffe anzusprechen, für die bezeichnenderweise die nächsten Analogien sich auf karischen und samischen Münzen finden; auch in den Reliefs von Medinet-Habu mit den Bildern aus der Seeschlacht gegen die „Nordvölker" (Band V Tf. 82) erscheinen ähnliche Formen. Ein etruskisches Schiff im Kampfe mit einem griech. Kriegsfahrzeug ist auf einer Pyxis von Cervetri

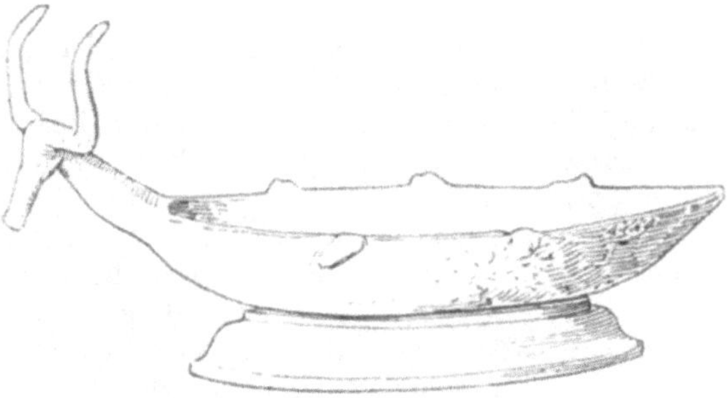

a

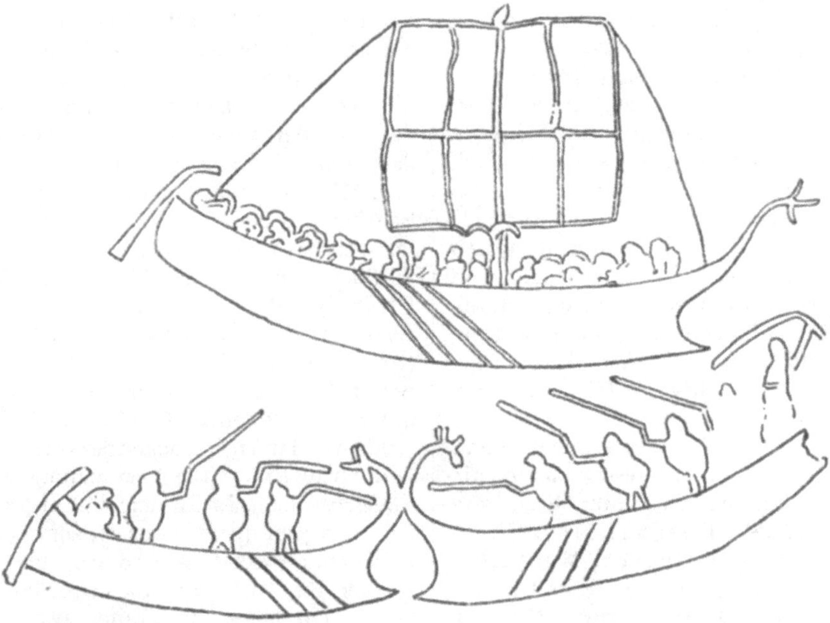

b

c

Schiff A. Europa

Altitalische Schiffe: a. Schifförmige Bronzeschale aus Sardinien. — b. Schiffdarstellungen auf einem Grabstein von Pesaro. — c. Seekampfdarstellung auf einer Pyxis von Cervetri.

dargestellt (Tf. 64c links; Röm. Mitt. a. a. O. S. 13 Abb. 14); es zeigt im großen und ganzen die gleichen Formen und Baugedanken wie die kleinen Modelle: schlanke, fast symmetrische Bauart und tierköpfiges Gallion, das hier phantastisch gesteigert erscheint.

Die gleichen Schiffsmodelle wie in Etrurien finden wir in Sardinien, doch hier durchweg aus Bronze; auch sie haben den langen, schmalen Körper, bei symmetrischer Bauart, und den Tierkopf am Vordersteven (Tf. 64a). Die sardinischen Bronzemodelle treten in solcher Zahl auf, daß an ihrer Entstehung auf der Insel selbst nicht gezweifelt werden kann. Da andererseits die tönernen Modelle aus Etrurien ebenso sicher im Lande gefertigt sind, ergibt sich eine völlige Identität des etruskischen mit dem sardinischen Schiffstypus am Beginn der EZ. Beide Stämme gehörten zu den „Nordvölkern", die, ursprünglich im östlichen Mittelmeer ansässig, durch die „dorische Wanderung" in Bewegung kommen und nach der Niederlage gegen die Ägypter unter Ramses III. sich nach W wenden.

Besonderes schiffbautechnisches und kulturgeschichtliches Interesse bieten die Schiffsbilder auf der berühmten Stele von Novilara (s. d. A) bei Pesaro (Tf. 64b; ZfEthn. 15 [1883] S. 209 Tf. 5 Undset; Montelius *Civ. prim.* Tf. 143, 2) aus dem Gräberfelde der älteren Molaroni-Stufe. Nur der langgereckte, tierköpfige Vordersteven erinnert an die Schiffe der etruskisch-sardinischen Klasse, die Grundform dagegen ist ganz anders mit dem Rammbug und dem senkrechten Achtersteven. Die beiden unteren, im Kampfe begriffenen Schiffe sind so gestellt, daß ihre Schnäbel sich überkreuzen; vier Remen sind angegeben ohne die zugehörigen Rojer, an Bord stehen mehrere Männer mit geschwungenen Schwertern. Das Steuerruder ist so gezeichnet, als wenn es auf dem Achtersteven ruht statt auf der Bordwand; das kommt, wenn auch vereinzelt, an ägyptischen Schiffen vor, niemals aber hängt das Ruder in Scharnieren am Hintersteven wie heute. Das obere, einzelne, stark bemannte Schiff hat gleichfalls 4 Ruder, dazu ein annähernd quadratisches, kreuzweis benähtes Segel mit Brassen; daß die Schoten nicht angegeben sind, ist natürlich nur Flüchtigkeit des Künstlers.

Die lebhaften Beziehungen der Novilara (s. d.) -Kultur zum balkanischen Gegengestade der Adria (Hoernes-Behn *Kultur der Urzeit* III³ S. 29) machen sich auch im Schiffbau entscheidend bemerkbar: die Fahrzeuge der Stele von Pesaro stehen im Typus den Schiffen der Dipylon-Klasse außerordentlich nahe; der figurale Vordersteven, der sie allein mit dem etruskisch-sardinischen Schiffstypus verknüpft, ist kein artbildendes Merkmal und findet sich bereits am Nachen des Goldringes von Mochlos (s. o.). Im übrigen ist es keineswegs ausgeschlossen, daß auf der Stele gar keine ital. Schiffe dargestellt sind, sondern solche ö. Seefahrer.

2. Mitteleuropa. § 15. Die Spuren von Schiffen aus diesem Gebiet sind sehr gering im Vergleich mit den reichen Materialien aus dem Norden und Süden. Ein für die Geschichte des Schiffbaues sehr wichtiger Fund stammt aus dem Laibacher Moor (Argo 1 [1892] S. 1ff. C. Müllner). Das Schiff lag auf dem alten Seegrund, doch unter dem älteren Torf, auf dem die Römerstraßen verlaufen, ist sonach der vorrömischen Zeit zuzuweisen. Die Verwendung eiserner Nägel, besonders im Vorderschiff, ergibt einen terminus post quem in der vorrömischen EZ. Es ist ein Lastschiff von 30 m L. und 4½ m größter Br., mit völlig flachem Boden und nur 50 cm hoher Bordwand, also ein sog. „Sohlboot". An mehr als 40 quergelegten Balken aus Ulmenholz von 12 zu 10 cm Querschnitt sind die fichtenen Bodenbretter von 30—35 cm Br. und 3½ cm Dicke mit Nägeln aus Wegedorn und teilweise auch aus Eisen angenagelt. Die Spanten bestehen aus naturkrummem Eichenholz, die Planken sind karveel angelegt. Der ganzen Länge nach und rings um die Seiten sind Laufbretter aus Ulmenholz gelegt, an einer Stelle, wohl dem Platz des Steuermannes, eine kurze Strecke verbreitert. Die Dichtung von Boden und Wand geschah mit Bündeln aus Lindenbast, die einzelnen Bündel sind durch Einschnitte auf der Unterseite der Querhölzer durchgeführt und mit Bastschnüren befestigt, die durch schräg durch die Bohlen gebohrte Löcher geführt sind; die Löcher sind wieder mit Dornnägeln ausgekeilt. Der Boden-

a

b

Schiff B. Ägypten

a. Nilschiffe der ältesten Zeit. Wandmalerei in einem vordynastischen Grabe bei Hierakonpolis (vgl. Band VII Tf. 116). — b. Lastschiff des AR. — Nach Erman-Ranke.

raum des Fahrzeuges beträgt rund 100 qm, die Tragfähigkeit 700—800 Ztr.

Sonst besitzen wir aus dieser Zeit brauchbare nautische Nachrichten nur von den Schiffen der gall. Veneter (s. d. B) in der Bretagne (Cäsar, Bell. gall. III 13ff.; A. Breusing *Nautik der Alten* 1886 S. 54, 57, 115). Die Fahrzeuge haben in Anpassung an das Wattenmeer etwas flacheren Boden als die Mittelmeer-Schiffe. Um trotzdem den Stürmen der Biskaya trotzen zu können, sind sie ganz aus Eichenholz gebaut, so daß die Rammstöße der röm. Kriegsschiffe wirkungslos bleiben, und haben sehr hohen Bord; beide Steven ragen noch besonders stark heraus. Die ganze Bauart ist sehr massiv, das Verdeck besteht aus fußdicken Balken, die verwendeten Eisennägel haben Daumendicke. Statt der im Mittelmeer üblichen Ankertaue wurden Ketten verwendet, statt der empfindlichen Leinensegel solche aus zusammengenähten Fellen und Leder. Die Veneter-Schiffe wurden ausschließlich durch Segel bewegt. Die Römer wurden dieser Gegner dadurch Herr, daß sie mit Sicheln, die an langen Stangen geschäftet waren, das Tau durchschnitten, an dem die Takelage am Mast befestigt war (das „Fall"), so daß die Raaen herabstürzten und das feindliche Schiff bewegungsunfähig wurde. [S. a. Hjortspring.]

A. Breusing *Nautik der Alten* 1886; C. Busley *Schiffe des Altertums* 1918; W. Vogel *Von den Anfängen deutscher Schiffahrt* Präh. Z. 4 (1912) S. 1ff.; E. Assmann *Seewesen* in Baumeister *Denkmäler* III; H. Falk *Altnordisches Seewesen* WuS 4 (1912) S. 1ff.; A. Brøgger, H. Falk und H. Shetelig *Osebergfundet* I (1917); E. Hahn *Entstehung und Bau der ältesten Seeschiffe* ZfEthn. 39 (1907) S. 42ff.; C. Torr *Ancient ships*; G. H. Boehmer *Naval architecture* 1893; C. de Mortillet *Origines de la navigation* Rev. arch. 14 (1866) S. 269ff.; [R. und R. C. Anderson *The Sailing-Ship* London 1926; C. Fox *A „Dug out" Canoe from South Wales* The Antiquaries Journal 6, 2 (1926) S. 121ff.]. F. Behn

B. Ägypten (Tf. 65, 66). § 1. Ägyptens Nautik ist nur verständlich im Zusammenhang mit der noch heute in Afrika, Arabien und ostwärts fortlebenden Technik, im Gegensatz zu der nw. europ., sowie im Hinblick auf die heimischen Verhältnisse. Von den frühesten vorgesch. Schiffsbildern (Negade; s. d.) ab wird das charakteristische Nilschiff stets dargestellt als mit niedrigem, mondsichelartig gekrümmten Rumpfe nur zu 40% oder weniger seiner Länge im Wasser ruhend, größtenteils mit Überhängen vorn und hinten in der Luft schwebend (Tf. 65a; s. a. Band VII Tf. 116). Die gefürchteten Schlammbänke des Nils sollten möglichst wenig berührt werden. Demselben Zweck entsprachen tönerne Totenschiffchen aus Negade mit plattem, breiten Boden, ohne Krümmung und Überhänge (hochbordige, flachgehende Frachtschiffe). Am hinteren der beiden kleinen Deckshäuser die Standarte des Heimatsortes. Neben Hunderten von Ruderschiffen in der Vorzeit bis zu den Thiniten herab ist nur ein zwerghaftes Segel am einfachen Mast neben dem Steuer (!) zwischen fremdartigen Aufsätzen von Bug und Heck bekannt (vgl. Monum. Piot 22 Abb. 11, 12 Bénédite). Eine Frühzeit ohne Segel am Euphrat, in Schweden nachweisbar (Assmann *Vom Busch im Bug* ZfEthn. 1916 S. 83).

§ 2. Altes Reich. Die Grundworte des äg. Schiffbaues sind das Schiff „krumm ziehen" und „binden". Rumpf ohne Kiel und Spanten, eine dickwandige Mulde aus kurzen Stücken der harten, schweren, dauerhaften *acacia nilotica*, welche, an den Stoßflächen durch versenkte Dübel und Lederriemen verbunden, reihenweis, wie Ziegel (krawel) aufgebaut wurden. Vorn ein hoher, quergestellter, aushebbarer Bockmast mit viereckigem, hohen, schmalen Segel, woran Rah und Unterrah (Baum). Tauwerk: Stag, Backstag, viele Pardunen, Fall, Brassen, Bulienen. Rudern anfangs nur mit kurzschäftigen Paddeln (Gesicht bugwärts), später mit langschäftigen Remen (Gesicht zum Heck) in verschiedenen Körperstellungen, auch stehend (Tf. 65b, 66a), wobei das Remenblatt dauernd im Wasser verblieb. Treideln. An jeder Heckseite stehen einige Steuerer mit am Bord durch einen Stropp laufenden Steuerremen. Auf dem Bug der Lotse mit Peilstange. Hohes Deckshaus hinter dem Mast. Königsschiffe von 100 Ellen (52 m) aus ausländischem Holz. „Achter", „Sechzehner", „Schleppschiffe". Ein „Breitschiff" 60 Ellen lang, 30 breit. Fahrten nach Byblus (s. d.) und Punt (s. d.). Das Seeschiff des Sahurê' (3100 v. C.) kürzt die Überhänge und stützt sie nach oben durch ein gewaltiges, über Krücken laufendes Längsverbandtau (Sprengwerk) ab; mindert die Bordkrümmung; Heckreling; kein Deckshaus; an Bord vielleicht Schleppsteine als Hemmschuhe der Fahrt sichtbar. — Aus zusammengeschnürten Papyrus-Schilfbündeln kleine, vorn und hinten aufgebogene, recht kurzlebige Flöße mit Staken und Paddeln.

§ 3. Mittleres Reich. Glänzender, vielvielseitiger Aufschwung der äg. Technik. Totenschiffchen zeigen als Träger der Deckbalken bzw. Duchten einen starken Balkenzug von Bug zu Heck, welcher zuweilen wie ein Längsschott aussieht. Von solchem Längsverband lassen die erhaltenen Boote der 12. Dyn. zu Dahschur (9 m l., 2,4 br., 1,2 t.; Wandstärke 9 cm) nichts erkennen. Loses Deck beweglicher Bretter. Mittschiffs ein einfacher Pfahlmast mit besonderen Vorrichtungen zum Befestigen und Legbarmachen am Fuße. Segel doppelt (und mehr) so breit wie hoch, mit 70% seines Umfangs an den Rahen fest, kann mit den nun auftretenden Toppnanten von Rah und Baum, mit Niederhaltern des Baums unter seinem Kreuzrack flach und steif gesetzt werden wie keines sonst in Altertum und Mittelalter; Bulien fällt daher weg. Das sehr vergrößerte Steuer dreht sich zwischen dem Kopf eines hohen Steuerpfostens und dem Bordstropp mittels einer Pinne um seine Längsachse. Ein hockender Steurer lenkt zwei steile Seitensteuer mit gekuppelten Pinnen oder nur ein flaches, über das Heck in Kiellinie ausgelegtes Steuer. Landungspflöcke am Ufer eingeschlagen für Landfesten. Einige Totenschiffchengeräte lassen sich als angeseilte Steinkegel zum Nachschleppen behufs Hemmung der Fahrt deuten. Vornehme Deckshäuser zeigen Wände aus gemusterten Tüchern und Matten. Frachtschiffe hoch über Deck beladen, darüber noch Mast und Rahen auf Krücken. Vereinzelt erscheint ein Sprengwerktau auf Frachtschiff.

§ 4. Neues Reich. Bei größeren Schiffen durchbrechen Deckbalken die Schiffswand (Querverband). Am Masttopp eine Art Saling. Rahe und Baum des verbreiterten Segels öfters aus zwei Spieren zusammengesetzt. Das Segel wird vom Baum lösbar, erscheint zuweilen in Buchten unter der Rah hängend, so auf dem Seeschiff der Hatschepsut, ohne daß Geitaue und Gordings dargestellt wären. Die Schiffe von Ramses III. (Band V Tf. 82) kämpfen gegen die Nordvölker unter aufgegeitem Segel ohne den nationalen Baum (der noch im 5. Jh. n. C. bestand), mit ausländischem, becherförmigen Mastkorbe statt der zeitgemäßen Saling, sie ähneln in manchem sehr den Feinden; war hier der Maler unverläßlich oder ausländischer Einfluß maßgebend oder beides der Fall? Die Flottenbesatzung soll damals zumeist ausländisch, phön., gewesen sein. Das Seeschiff der Hatschepsut zeigt eine Reling an Vorder- und Hinterdeck, ein Want des Steuerpfostens, ein Sprengwerktau (wie bei Sahurê‛). Was Daressy und Köster für phön. Frachtschiffe in Theben (18. Dyn.) halten, sind wohl richtige Nilschiffe mit äg. Besatzung, gechartert an der Küste zur Stromfahrt von dem phön. Warenherren (s. C § 3). Götter- und Königsbarken entfalten eine verschwenderische Pracht im bunten, kostbaren Schmuck der Deckshäuser, Kapellen, Segel (beliebt vielfarbige Würfelung) und anderer Teile. — Gemeincharakter: Niedrige Schiffe geringer Tauchung mit starken Überhängen und Mangel an Innenverbänden, überlastig, übertakelt, geneigt zum Kentern und Niederbrechen der Überhänge, für Seefahrt wenig geeignet. — Flaschenzüge fehlen gänzlich. Horusaugen (s. d.) am Bug nur auf Götter-, Königs-, Totenbarken. Ehrenplatz Vorderdeck (bei Phöniziern, Griechen, Römern Hinterdeck).

Capart *Primitive art in Egypt*; Petrie *Naqâda*; ÄZ 1895 S. 159ff. Schäfer; Quibell *Hierakonpolis*; Petrie *Royal tombs*; ÄZ 1908 S. 7 Sethe; ÄZ 1882 S. 23 Erman; Assmann bei Borchardt *Sahure* II 133ff.; Steindorff *Grab des Ti* Tf. 74—81; Steindorff *Grabfunde d. mittl. Reiches*; ÄZ 1895 S. 24ff. Belger; Schäfer *Priestergräber* MDOG 1908; Newberry *Beni Hassan*; Dümichen *Flotte e. äg. Kön.* Tf. 1—5, 25—31; Naville *Deir el Bahari*; Daressy *Fouill. d. l. vallée d. rois*; v. Bissing *Denkmäler äg. Skulptur* Tf. 94a, b; Rosellini *Monumenti* II Tf. 105—110, bes. 107, 108, und 133; Reisner *Models of ships* (Kairo Catal. gén.); Erman-Ranke *Ägypten* S. 571—82; Köster *Das antike Seewesen* 1924 S. 9—44. †Ernst Assmann

C. Palästina-Syrien (Tf. 67).

§ 1. Ägypter in Syrien. — § 2. Ägäer. — § 3. Syrer und Phöniker. — § 4. Israeliten.

§ 1. Die ersten See-S., die sich an der syr. Küste zeigten, kamen aus Ägypten. Sie vermittelten seit der Zeit der ersten Dyn. den Verkehr mit Byblos (s. d.; Baustoff C, Handel D), woher sie vor allem das geschätzte Zedernholz holten. Dargestellt sind solche „Byblosfahrer“ im Totentempel des Königs Sahurê' um 2600 v. C. (WVDOG 14 [1910] S. 19; ebd. 26 [1910] S. 25ff., 133ff. Tf. 12f. L. Borchardt). In den Amarna-Briefen wird wiederholt die Bitte ausgesprochen, der Pharao möge auf S. Lebensmittel, Waffen und Soldaten senden (Knudtzon 85, 18; 129, 50. 97; 132, 54; 155, 69). In Beirut (ebd. 143, 19) und Tyrus (ebd. 155, 69) sind auch solche tatsächlich eingetroffen. Aus dem Reisebericht des Ägypters Wen-Amon (unter Ramses II. um 1100 v. C.) erkennt man, daß auch damals noch ein regelmäßiger Verkehr zwischen Ägypten und Phönikien bestand. Anscheinend wurden die S. von Reedern oder Großkaufleuten (z. B. den Ägyptern Smendes und Tent-Amon oder dem Phöniker [?] Berket-el in Tanis; zu letzterem vgl. ZDMG NF 3 [1924] S. 61ff. R. Eisler) auf ihre Rechnung ausgerüstet. Angelaufen wurden unterwegs die Häfen von Dor (s. d.), Tyrus (s. d.) und Sidon (s. d.). In Byblos, wo ein Hafenmeister die Aufsicht führt, lagen 20 äg. Fahrzeuge. Die Ladung eines aus Ägypten eintreffenden S. bestand aus kostbaren Gefäßen, Gewändern, 500 Papyrusrollen, 500 Ochsenhäuten, 500 Tauen, Linsen und (wohl getrockneten) Fischen (H. Greßmann *Altorientalische Texte und Bilder zum AT* I [1909] S. 225ff.). Zur Beförderung von Truppen scheinen die Ägypter meistens den Landweg dem zur See vorgezogen zu haben. Unter Phiops I. (um 2500 v. C.) berichtet Uni, daß er ein Heer auf S. nach der Gazellennase (wohl ein Vorgebirge in Phönikien; Müller *Asien und Eur.* S. 33) gebracht und zum siegreichen Kampfe gegen die Barbaren gelandet habe (J. H. Breasted *Ancient Records of Egypt* I 315). Wenn sich der Admiral Ṯtj (6. Dyn.) rühmt, mehrmals nach Byblos gefahren zu sein, so hatte er bei diesen Fahrten sicher Soldaten an Bord. Ausdrücklich erwähnt werden solche in Begleitung des Sen-nufe, der von Thutmosis III. nach dem Libanon entsandt wird, um dort Holz schlagen zu lassen (SB. Preuß. Ak. 1906 S. 356ff. K. Sethe). Für die Fahrt nach N waren die Strömung, die an der syr. Küste entlang geht, und der im Mai und Juni meist wehende Süd- oder Südwestwind recht günstig. Bei der Rückfahrt mußte jedoch fleißig gerudert werden, bis man im Gebiet des Nil-Deltas den Nordwind ausnutzen konnte.

§ 2. Im 2. Jht. fanden sich dann auch die Ägäer an der syr. Küste ein. Thutmosis III. erbeutet auf dem 9. Feldzuge (Jahr 34) in den phön. Häfen Keftiu- (s. d.), Byblos- und Sktw(?)-Schiffe (Breasted *Records* II 492). In den Amarna-Briefen erwähnt der König von Alaschia (Zypern) seine S. (Knudtzon 36, 13; 39, 17; 40, 8ff.), die Kupfer und andere Waren nach Ägypten befördern. Sicher sind diese auch nach den syr. Hafenstädten gesegelt. Von Inseln des Mittelländischen Meeres kommen S. der *mi-lim* (oder *mi-ši*)-Leute, anscheinend Seeräuber, die überall Unruhe erregen (ebd. 101, 4ff.; 105, 27; 110, 48ff.). Im Hafen von Byblos trifft Wen-Amon 11 S. der Zakkaru, die ihn gefangen nehmen wollen. Ramses III. gelang es, in einer großen Seeschlacht die mächtige Flotte der Philister, Zakkaru, Schardanu, Danuna und Weschesch zu besiegen und zu vernichten (dargestellt in *medînet habu*; Band V Tf. 82, X Tf. 36a; Champollion *Monuments* 222f.; Rosellini *Monumenti storici* 130f.; vgl. Breasted *Records* IV 64ff.). Bereits in der 1. Hälfte des 2. Jht. muß ein verhältnismäßig reger Seeverkehr der syr. Küstenstädte mit dem W bestanden haben, da um diese Zeit die ersten ägäischen Erzeugnisse, vor allem Tonwaren, in Palästina-Syrien auftreten. S. a. Ägäischer Einfluß auf Palästina-Syrien.

§ 3. Von eigenen S. der Bewohner Syriens erfahren wir erst um die Mitte des 2. Jht. Unter den von Thutmosis III. erbeuteten S. (s. o. § 2) mögen schon solche der phön. Städte gewesen sein. Die älteste Abbildung eines phön. S. findet sich, leider arg zerstört, im Grabe des Sennye aus der Zeit Thutmosis III. Der Rumpf ist aus Holzplanken hergestellt. Rings herum läuft eine Schanzverkleidung, anscheinend aus Flechtwerk oder dünnen Latten. Der Bug ist ziemlich steil, das Hinterteil höher als das Vorderteil. Das Steuerruder ist mit einem Griff und einer Stütze versehen, was gegenüber den ältesten äg. S. eine Verbesserung bedeutet. Am Mast, den ein Korb für den Ausguck krönt, hängt eine nach unten gebogene Rahe (MVAG 9 [1904] 2 S. 23ff. Tf. 3 W. M. Müller). Noch deutlicher sind die Abbildungen in einem thebanischen

Grabe aus der Zeit Amenhoteps III. (1411—1375 v. C.; Tf. 67). Man erkennt die Übereinstimmung mit den äg. Fahrzeugen an dem gebogenen Rumpf, den vorn und hinten weit überhängenden Steven, dem gerade aufsteigenden Stevenholz und den Deckbalken, die durch die Außenhaut hindurchgehen. Auch der Mast, die Segel und das Steuer sind nach äg. Art gestaltet. Abweichend davon werden die Rahen nicht heruntergelassen, sondern hochgehißt, wenn man das Segel nicht braucht, und gegen die Gefahr, daß die Ladung herabgespült wird, schützt ein aus Latten gezimmerter Verschlag, der am Bord entlang läuft (Rev. arch. 27 [1895] Tf. 14f. G. Daressy). Nach den Amarna-Briefen sind die nordsyr. Städte im Besitz eigener Schiffe. Rib Addi von Byblos spricht wiederholt davon, daß er S. entsandt habe (Knudtzon 77, 32; 82, 28; 85, 18; 105, 85; 113, 14; 114, 17ff.; 126, 8ff.). Sonst werden genannt Ambi (ebd. 104, 46), Arwad (ebd. 101, 11ff.; 104, 46; 105, 20. 87; 149, 61; auf S. aus Arwad rühmt sich Tiglatpileser I. das große Meer befahren zu haben KB I 124f.), Beirut (ebd. 114, 20; 155, 68), Sidon (ebd. 114, 12; 149, 61; 155, 68), Šigata (ebd. 104, 46), Tyrus (ebd. 114, 12; 153, 10) und Ullaza (ebd. 104, 46). Der gefürchtete Aziru bedient sich ihrer zu Raubzügen oder gar zur Blockade (ebd. 98, 13; 126, 12; 149, 61; 151, 67; 160, 14; 161, 56). Selbst Abdichiba von Jerusalem berichtet, daß er ein S. an den Pharao habe abgehen lassen (ebd. 288, 33; wohl von Jāfō [s. d.] aus). Im allg. begnügte man sich mit kurzen Fahrten an der Küste. Als weiteres Ziel wird nur Ägypten genannt, niemals das w. Mittelmeer (ebd. 153, 10; 245, 28). Merkwürdig ist es, daß seit 1500 v. C. eine Reihe von sem. Bezeichnungen für das S. oder seine Teile in das Äg. übergegangen ist (so für das S. *ḳr*, *ḳrr* oder *kr*, was dem hebr. *kᵉlî* entspricht; sodann *br*; *mᶜ* = Boot; *ḏnḥ* Teil des Ruders; M. Burchardt *Die altkanaanäischen Fremdworte im Ägyptischen* II [1910] S. 19, 24, 47, 51, 62 Nr. 348, 448, 912, 921, 997, 1226). Das sieht so aus, als ob die Syrer den Ägyptern im S.-Bau überlegen gewesen wären. Jedenfalls sind am Ende des 1. Jht. infolge des Zusammenbruches der äg. Macht und der ägäischen Reiche die Phöniker die Erben der Ägypter zur See geworden; die Seeherrschaft liegt nun in ihren Händen. Aber wenn wir auch z. T. sagenhaft anmutende Berichte über ihre Fahrten bis weit nach dem W haben, so fehlen doch genauere Beschreibungen ihrer großen See-Schiffe. Kleinere Ruderkähne von Tyrus aus dem Jahre 859 v. C. sind auf den Bronzetoren von Imgur-Enlil (*balawâṭ*) abgebildet (Band III Tf. 97b; IV Tf. 73b; Beiträge zur Assyriologie 6 [1909] S. 16f. Tf. 2 A. Billerbeck und F. Delitzsch). Sanherib berichtet, daß er für eine Fahrt über den Pers. Golf in Ninive von Phönikern S. habe bauen lassen, die dann mit tyrischen, sidonischen und jonischen Matrosen bemannt wurden (B. Meissner *Babylonien und Assyrien* I [1920] S. 100f.). Die Abbildungen (A. H. Layard *The Monuments of Niniveh* I [1853] Tf. 71; Perrot-Chipiez *Phénicie* 1885 S. 34 Abb. 8f.) zeigen ein kurzes Handels-S., dessen Bug und Heck sehr hoch gebogen sind, während das Kriegs-S. ein ganz spitz zulaufendes Heck hat. Bei beiden ist der Bord mit Schilden der Besatzung verziert.

§ 4. Die kundigen Phöniker sind die Lehrmeister der Israeliten geworden. Die Kanaaniter waren dem Meere fern geblieben. Auch Israel entschloß sich spät zur Schiffahrt, da die Küste zum großen Teil in fremder Hand war (Gen. 49, 13; Deut. 33, 19; Richt. 5, 17; über die Häfen s. Askalon, Dor, Gaza, Sidon, Tyrus und vgl. Rev. bibl. 11 [1914] S. 556ff. F.-M. Abel). Salomo machte den ersten Versuch, mußte aber seine S. mit phön. Seeleuten bemannen (1. Kön. 9, 26ff.; 10, 11. 22; s. Gold C, Handel D). Die Fahrten begannen in dem Hafen von Ezeongeber bei Elath an der N-Spitze des älanitischen Meerbusens. Als der judäische König Josaphat einen neuen Versuch machte, scheiterten die S. schon im Hafen (1. Kön. 22, 49f.). Nachdem die Edomiter (s. d.) diese Gegend besetzt hatten, mußten die Israeliten auf weitere Unternehmungen verzichten. Möglicherweise wurde auch an der Küste des Mittelländischen Meeres von ihnen in bescheidenem Umfange Schiffahrt betrieben. Jedenfalls kannte man das S. (hebr. *ᵒnijjâ* Sprüche 30, 19; Jon. 1, 3; plur. *ᵒnijjôt* Gen. 49, 13; Richt. 5, 17; Ezech. 27, 29; 2. Chron. 8, 18; Flotte *ᵒnî* [vgl. die kanaanitische Glosse *anaji* in den Amarna-Briefen 245, 28] 1. Kön. 9, 27; 10, 11. 22; Ruderboot *ᵒnî šajiṭ* Jes.

33, 21; große bis nach Tharšiš [= Tartessus ⟨s. Tartessos⟩ in Spanien] fahrende S. °*nijjôt taršîš* Jes. 2, 16; 23, 1; 1. Kön. 9, 22; 22, 49; Kriegs-S. *ṣî* Jes. 33,21; Num. 24,24; aram. *śefînâ* Jon. 1, 5) und seine Einrichtung genau (Mast *tôren* Ezech. 27, 5; der Querbalken, in dem der Mast steht, *kēn tôren* Jes. 33, 23; Ruder *šajiṭ* Jes. 33, 21, *māšôṭ* Ezech. 27, 29 oder *miššôṭ* Ezech. 27, 6; Rahe? *ḥibbêl* Sprüche 23, 34; Taue *ḥebālîm* Jes. 33, 23; Verdeck oder Ruderbank *qereš* Ezech. 27, 6; Segel? *nēś* Jes. 33, 23; Ezech. 27, 7). Kähne zum Gebrauch auf Flüssen und Seen im Lande werden im AT nur zweimal (°*nijjôt êbe* Binsenkähne Hiob 9, 26 und *kelî gôme* Papyrus-Kähne auf dem Nil Jes. 18, 2), häufiger im NT erwähnt (eine Abb. auf der Mosaikkarte von Madaba), müssen aber vorhanden gewesen sein, da sich in Gezer (s. d.) das Tonmodell eines kleinen Bootes fand (L. 17,8 cm, Br. 5,1 cm). Es hat an beiden spitz zulaufenden Enden einen Pfosten und einen stark hervortretenden Kiel (Macalister *Gezer* II 448f. Abb. 532). Ein angeblich in Jerusalem gefundenes Siegel trägt auf der Rückseite die Darstellung eines S. mit darin sitzender Gottheit (Pal. Jahrb. 2 [1906] S. 44ff. Tf. 1 G. Dalman), ist aber moderne Fälschung (Rev. bibl. 6 [1909] S. 121ff. H. Vincent).

H. Guthe *Kurzes Bibelwörterbuch* 1903 S. 583f. A. Köster *Das antike Seewesen* 1924; ders. *Schiffahrt und Handelsverkehr des östl. Mittelmeeres im 3. und 2. Jht.* 1924; K. Abraham *Die Schiffsterminologie des AT* 1920.

Peter Thomsen

D. Vorderasien (Tf. 68). In dem fluß- und kanalreichen Zweistromland spielte sich der Verkehr zum großen Teil zu Wasser ab; daher hat es S. daselbst seit den ältesten Zeiten gegeben. In Südbabylonien, wo ein großer Überfluß an Rohr herrschte, hat man S. aus Schilf gebaut. Daneben aber gab es schon immer solche aus Holz. Bereits ein archaisches Relief aus der Sintflutstadt Šuruppak (s. d.) zeigt ein schlankes, augenscheinlich aus Holz gezimmertes Boot, das von zwei bärtigen Männern gerudert wird (Meissner *Grundzüge der babyl.-assyr. Plastik* 1915 S. 10). Ein ebenfalls aus Šuruppak stammender, sehr alter Siegelzylinder stellt ein S. mit kühn geschwungenem Vorder- und Hintersteven dar. Die Form des S. hat sich bis in die späten Zeiten erhalten. Eine andere Schiffsart ist rund aus Weiden geflochten und mit Leder bespannt. Diese S., die Herodots (I 194) Bewunderung hervorriefen, haben sich unter dem Namen *Guffa* bis auf den heutigen Tag erhalten (Tf. 68a; Band III Tf. 148c), nur daß sie an Stelle des Leders jetzt mit Asphalt überzogen sind. Ein Floß, das auf aufgeblasenen Hammelhäuten ruhte, konnte große Lasten tragen. Auch dieses hat sich bis heute in der gleichen Form und unter demselben Namen (*kalakku — Kelek*) wie vor mehreren tausend Jahren erhalten. Seeschiffe verstanden aber die Babylonier und Assyrer nicht zu bauen, da sie sich auf das Meer kaum jemals hinauswagten. Wenn die assyr. Könige einmal Expeditionen zur See unternahmen (Tf. 68b), ließen sie sich S. von den Phöniziern bauen und bemannten sie mit phön. und griech. Matrosen. S. a. Band VII Tf. 168i.

B. Meissner *Babylonien und Assyrien* I (1920) S. 250ff.

B. Meissner

Schiffbau. Die Urformen der Wasserfahrzeuge sind verschieden nach der Sonderart der Gewässer und den vorhandenen Baustoffen. In bewaldeten Gegenden muß die Erkenntnis von der Tragfähigkeit eines losgerissenen Baumstammes folgerichtig zur Herstellung einerseits von Flößen, andererseits von ausgehöhlten Kähnen („Einbäumen"; s. d.) führen, die ihre eigene Geschichte haben. Auf dem Nil verwendete man flache Barken aus zusammengebundenen Papyrusbündeln; auf dem Euphrat und Tigris fuhr und fährt man noch heute auf runden Fahrzeugen aus Korbgeflecht (Tf. 68a) oder Flößen aus aufgeblasenen Tierhäuten, die auch für einzelne Leute als Tragapparat beim Schwimmen dienen; tönerne Nachen auf dem Nil erwähnt Juvenal (XV 12). Die goldenen Votivboote von Nors (Tf. 60, 1) in Jütland aus dem Beginn der BZ stellen wohl Kajaks dar aus Häuten, die über ein Gerüst aus Stangen oder Walfischrippen gespannt waren, wie sie Cäsar in England kennen lernte (Bell. civ. I 54). Die größte Bedeutung für die Entwicklung des Schiffbaues gewann der Grundtypus des aus Rindenplatten „genähten" Schiffes (ZfEthn. 39 [1907] S. 48ff. E. Hahn), des Vorfahren des Plankenschiffes. Im Nydamer Boot wie

a

b

Schiff B. Ägypten

Wandbilder aus Gräbern des AR: a. Reiseschiff mit Kajüte, am Bug ein Tierkopf; das Segel ist am Mast hochgezogen und wird durch Stricke vom Heck aus vor den Wind gestellt. Darunter ein Ruderschiff; im Bug der Pilot, der die Wassertiefe mißt. Nach Junker *Vorbericht Gise* 1913. — b. Bau eines Holzschiffes; die Zimmerleute schlagen Holzstifte ein, um die kleinen Stücke, aus denen der Körper zusammengesetzt wird, miteinander zu verbinden. Nach Steindorff *Grab des Ti*.

Schiff C. Palästina-Syrien

Phönikische Schiffe in einem ägyptischen Hafen. Aus einem Grab bei Theben.
Nach A. Köster *Schiffahrt und Handelsverkehr des östlichen Mittelmeers* 1924.

a

b

Schiff D. Vorderasien

a. Antike Guffa. — b. Assyrisches Kriegsschiff. .— Nach B. Meissner.

Schifferstadt

Sog. goldener Hut von Schifferstadt. H. 28,3 cm. Nach Aufnahme des Nationalmuseums, München.

in den Langschiffen der Wikinger findet diese Bauart ihre letzte Vollendung.

Nach der Art, wie die Plankengänge aneinander gefügt werden, unterscheidet sich die Klinkertechnik mit dachziegelartig übereinander greifenden Planken vom Karveelbau mit bündigem Fugenschluß und vollkommen glatter Außenwand, jenes eine speziell nordische, dieses eine mittelländische Form. Der Klinkerbau, der für Fahrten auf offenem Meere vortrefflich geeignet ist, weil er den Widerstand des Schiffes gegen das Wasser vervielfältigt, steht der Urform des „genähten" Bootes noch näher, da bei ihm die Planken miteinander vernietet werden mußten. Diese Technik, die heute nur noch an ganz kleinen Fahrzeugen angewendet wird, war im N bis tief in die Wikingerzeit hinein allgemein in Gebrauch, und das Nydam-Boot wie die Langschiffe sind so hergestellt. Erst spät und selten begegnet eine Nachricht von Karveelbau im N (H. Falk *Altnord. Seewesen* WuS 4 [1912] S. 1ff., 49ff.), auch Mischformen kommen vor wie an den Schiffsresten von Storhaugen, bei denen die drei obersten Gänge karveel, die unteren klinker gebaut sind. Die Mittelmeervölker übten dagegen durchweg den Karveelbau, der für Ägypten aus Reliefdarstellungen vom Schiffbau (C. Busley *Schiffe des Altertums* 1918 S. 12ff.) und aus zahlreichen Bootsmodellen einwandfrei erwiesen ist. Die Nachricht Herodots (II 96) von der ziegelförmigen Anordnung (πλινϑηδόν) der Plankengänge bezeugt indessen auch für Ägypten die Bekanntschaft mit der Klinkertechnik, obschon offenbar nur vorübergehend. Auslegerboote sind im ganzen Altertum unbekannt. S. a. Schiff. F. Behn

Schiffdarstellung s. Felsenzeichnung A, Figürliche Darstellung, Kivik, Schiff.

Schifferstadt (bei Speyer; Tf. 69). In der etwa $^1/_4$ Stunde n. von S. gelegenen Gewann „Griesgarten" fand 1835 der Besitzer eines Ackers in der Tiefe von ungefähr einem Fuß den „goldenen Hut". Als Unterlage diente eine Platte, die beim Anfassen ganz und gar zerbröckelte. Auf dem äußeren Rande des Hutes sollen die drei mitgefundenen Bronze-Absatzbeile, an den oberen Teil des Hutes angelehnt, gestanden haben. Der Hut (Tf. 69) ist aus Goldblech (24karätig) getrieben, hat hohen Kopf und breiten, wagerechten Rand (dieser etwas beschädigt). Die von innen nach außen getriebene Verzierung ist zonenartig angeordnet. Zwischen Gruppen von Rippen und Punktreihen sind Reihen von runden oder mandelförmigen Buckeln oder Rundbuckeln im Kreise eingeschoben. Der äußerste Rand ist schräg gerippt. An zwei gegenüberliegenden Stellen am inneren Teil des Randes sitzen je zwei kleine Löcher 0,8 cm voneinander entfernt, offenbar zum Festbinden beim Aufsetzen.

Die beste Parallele ist ein unvollständiges Stück von Avanton (Dep. Vienne; abg. *AuhV* 1, 10 Tf. 4, 2), dessen Verzierung so völlig mit der des Schifferstadter Hutes übereinstimmt, daß man glauben möchte, sie wären von einer Hand verfertigt. Allerdings haben gewisse Goldgefäße aus Frankreich (Rongères und Villeneuve-Saint-Vistre; Band IV Tf. 57) und Deutschland (z. B. Werder a. d. Havel) ähnliche Verzierung, die für die BZ typisch ist.

Die genauen Angaben über die Umstände lassen keinen Zweifel, daß es sich um ein Votivdepot handelt (s. a. Mittel- und Süddeutschland C § 5).

AuhV 1, 10 Tf. 4, 1 Lindenschmit; *Katal. d. Nat.-Mus. München* IV (1892) S. 74 Nr. 390—392 Tf. 23, 1 und 7, 7 Hager; Sprater *Urgesch. d. Pfalz* 1915 S. 50 Abb. 47; Behrens *BZ Süddeutschlands* S. 20—21 Abb. 7; [Mannus 4 (1912) S. 180ff. Kossinna; ders. *Goldfund bei Eberswalde* 1913 S. 18f.]. Behrens

Schiffgrab, Schiffsetzung s. Bootsgrab § 4, Bornholm § 4, Gotland B § 16, Südostbaltikum B.

Schild. A. Europa (Tf. 70—75).

§ 1—3. Schilde der Bronzezeit: § 1. Griechenland. — § 2. Italien. — § 3. Nord- und Mitteleuropa. — § 4—11. Schilde der vorchristlichen Eisenzeit: § 4—5. Griechenland (§ 4. Dipylon; § 5. seit dem 7. Jh.) — § 6—7. Italien (§ 6. Etrusker; § 7. Römer). — § 8. Spanien. — § 9. Osteuropa. — § 10—11. Mittel- und Nordeuropa (§ 10. Kelten; § 11. Germanen).

§ 1. Während der StZ fehlt der Schild. Erst als durch die größere Mannigfaltigkeit der Angriffswaffen in der BZ ein stärkeres Schutzbedürfnis nötig erscheint, begegnet man ihm unter den Verteidigungswaffen

(s. a. Helm A, Panzer A). Sein Auftreten fällt in einen verhältnismäßig späten Abschnitt. Vor der j. BZ scheinen keine Metallschilde in Gebrauch gewesen zu sein. Er ist unabhängig voneinander an verschiedenen Stellen entstanden, von denen zwei bereits klar zu erkennen sind: Griechenland und Nordeuropa.

Griechenland besitzt während der myk. Zeit drei Schildformen: Den Kuppelschild in der Aufsicht von der Form einer 8, in der Seitenansicht wie ein geblähtes Segel (Tf. 70 a, b; Band VII Tf. 72 m, VIII Tf. 128 b), einen viereckigen in allen Größen (Band IV Tf. 169 rechts), dessen Hauptform jedoch in dem großen, halbzylindrischen Turmschild zu sehen ist, und gegen Ende der myk. Zeit schon den Rundschild. Der Rundschild ist die jüngste Form; seine Ausbildung scheint mit der Entwicklung einer geschlossenen Kampffront in Verbindung zu stehen, bei der die großen S. hinderlich waren. Das Material zur Herstellung der großen S. bestand in der Hauptsache aus Leder, das durch eine Holzverspannung die nötige Festigkeit erhielt, so daß die beabsichtigte Form erhalten blieb. Auf die starke Zugwirkung der mittelsten Querspante ist wahrscheinlich die beiderseitige Einziehung des Mittelteiles zurückzuführen, die in den Wiedergaben als die typische Einkerbung (8-Form) erscheint. Die Ränder besaßen vermutlich Metallbeschlag. Eine Handhabe, die etwa der späteren Schildfessel entsprach, hatten die großen S. nicht, da sie mehr ein Ersatz für den Panzer und eine Art Schutzmauer waren als ein handliches Waffenstück. Man brauchte mindestens eine Rindshaut zu ihrer Herstellung, die allein schon 15—30 kg wiegt. Die S. hing man deshalb an einer Tragschlinge (τελάμων) um den Nacken über die linke Schulter. Schmuck zeigen die myk. S. nicht, abgesehen von ein paar Linien und Buckelreihen am Rande, die wahrscheinlich die Einfassung wiedergeben sollen. Im Original ist uns kein myk. S. bekannt, so daß die Rekonstruktion lediglich auf der Deutung von bildlichen Wiedergaben (Dolchklinge; Band IV Tf. 169) und Schmuckstücken beruht (Halskette von Enkomi; Tf. 70 b).

Die Heimat des myk. S. in 8-Form ist noch unaufgeklärt. Er zeigt zwar Verwandtschaft mit ö. Typen (Hettiter) und dem ital. *ancile*, doch liegt wohl nur, wenigstens mit diesem, eine gemeinsame Urform zugrunde.

§ 2. In Italien scheinen erst während der EZ Schilde häufiger zu werden. Aus der BZ hat nur die Per. V durch Miniaturschilde Anhaltspunkte für die Beschaffenheit der S. geliefert. Danach müssen die BZ-Formen Rundschilde gewesen sein. Sie besaßen scheinbar eine bandförmige Schildfessel. Griech. Beeinflussung ist möglich, eine Entscheidung läßt sich bei dem Mangel an Fundmaterial nicht treffen.

§ 3. Die bronzezeitl. S des nordischen Kreises sind uns aus Funden und durch Felsenzeichnungen (s. d. A) bekannt. Aus Irland stammt ein lederner Rundschild, der zweifellos mit Bronze belegt war, wie es die ein- bzw. augepreßten Wulstringe und Buckelchen beweisen (Tf. 71 d). Auch Rundschilde mit Wulstringen und Buckeln, die ganz aus Bronze bestehen, sind von den brit. Inseln und Schweden bekannt geworden (Tf. 70 d; Band IV Tf. 254 b). Für Schweden kann man das Vorhandensein der runden Form außerdem aus den Felszeichnungen ablesen (Tf. 70 c). Sie zeigen den gleichen Typus des Rundschildes, der auch aus Irland und Schottland durch Originale bezeugt ist (s. a. Tf. 71 c). Wahrscheinlich ist Britannien die Heimat dieses Typus. Auf den Felszeichnungen kommen ferner kleine Viereckschilde vor, die etwa von der Schulter bis zu den Hüften reichen (Tf. 70 c). Sie werden von Reitern getragen, denen größere hinderlich wären (vgl. § 7; *parma*). Die Darstellungen des runden Typus sind bei weitem häufiger als die der Viereckschilde. Ein Geflecht wäre nicht unmöglich. Wieweit ein Bronzebelag in Frage gekommen ist, läßt sich nicht feststellen.

Zu dieser nord. Gruppe, die durch die brit. Originale am besten verkörpert wird, gehören mit großer Wahrscheinlichkeit Bronzeschilde, die man in Nordeuropa auf dem Festlande gefunden hat. Man hat in ihnen bisher wohl meist eine Auswirkung s. Kulturströme gesehen (s. § 6), vielleicht aber mit Unrecht, denn sie besitzen stärkste Verwandtschaft mit den brit. Stücken, vor

Metzger & Wittig, Leipzig

REALLEXIKON DER VORGESCHICHTE

UNTER MITWIRKUNG
ZAHLREICHER FACHGELEHRTER

HERAUSGEGEBEN VON

MAX EBERT
ORD. PROFESSOR AN DER UNIVERSITÄT BERLIN

ELFTER BAND

VIERTE LIEFERUNG

SCHILD–SCHRIFT

MIT 34 TAFELN

BERLIN 1927
WALTER DE GRUYTER & CO.

Das Werk ist auf einen Gesamtumfang von 14 Bänden berechnet und erscheint in Lieferungen. — Der Subskriptionspreis beträgt Rm. 6.— für jede Lieferung von etwa 8 Bogen nebst Texttafeln und Abbildungen. Etwa 6 einfache oder 1 bis 2 farbige Einschalttafeln auf Kunstdruckpapier werden als ein Bogen gerechnet. Verstärkte Lieferungen werden entsprechend höher berechnet.

Der Umfang der vorliegenden Lieferung beträgt 4 Bogen und 30 Einschalttafeln. Gesamtumfang also 9 Bogen. Subskriptionspreis Rm. 6.—; Ladenpreis Rm. 7.20.

allem dem Lederschilde (Tf. 71 d). Die brit. und skand. Rund-S. gehören der V. Per. Mont. an, während die viereckigen bereits in die EZ hinüberreichen.

Die S. des Hallstattkreises sind oval oder rund. Leider sind wir bei ihrer Beurteilung auf bildliche Darstellungen angewiesen. Die runden Typen zeigen das allg. verbreitete Buckelornament (Klein-Glein; s. d.), die ovalen sind dagegen meist unverziert und nur mit einem Schildbuckel versehen. Sie gehören der ä. HZ an.

§ 4. Während der geom. Zeit herrschen in Griechenland drei Formen. Am häufigsten erscheint der Ausschnittschild, der jedoch mit dem vorangehenden 8-Schild der myk. Zeit nur oberflächlich einen Zusammenhang vortäuschen könnte. Er wurde auch am τελάμων getragen. Beider Grundlage dürfte eine gemeinsame primitive Form des Stierschildes sein. Dazu tritt als allg. Form der Rundschild, der den Rumpf bedeckt (Band III Tf. 117 oben). Am seltensten ist der Viereckschild; er ist im Aussterben begriffen, denn die folgende Zeit kennt ihn nicht mehr. An Verzierungen sind die S. der geom. Zeit verhältnismäßig arm. Auch in dieser Per. mangelt es wiederum an Originalen. Die Ornamentik beschränkt sich vornehmlich auf Anwendung einfacher Muster (Punkte, Linien, Leiterbänder u. dgl.). Zum ersten Male treten Schildzeichen auf (s. u. § 5).

§ 5. Seit dem 7. Jh. sind nur zwei Schildformen in Griechenland nebeneinander in Gebrauch: Der runde und der bötische Schild. Dieser verschwindet jedoch mit der zweiten Hälfte des 6. Jh. aus dem Waffeninventar, er tritt nur noch auf mittelgriech. Münzen auf. Die halbmondförmige Pelte löst ihn ab.

Der Rundschild (ἀσπίς) ist verhältnismäßig groß. Funde aus Olympia messen 80—100 cm im Durchschnitt. Der Rand ist abgesetzt, der Mittelteil flach gewölbt, die Form bisweilen leicht elliptisch. Der Rand ist mit mehrfachem Flechtband verziert. Die Vasenmalerei zeigt ihn vom Hals bis zu den Knien oder der Mitte der Oberschenkel reichend. Entweder besteht er ganz aus Metall (πάγχαλκος), das auf einer Lederunterlage befestigt ist, oder er ist aus übereinandergelegten Rindshäuten gefertigt, die teils zum Zusammenhalt, teils zum Schmuck mit Bronzeplättchen oder -buckeln belegt sind. Man trug ihn im Ruhestande um den Hals gehängt, so daß er die linke Schulter oder den Rücken deckte. Zwei Griffe und ein Armbug dienen zur Handhabung. Spätere Darstellungen vornehmlich zeigen einen Schurz, der am Unterteil des Schildes angebracht ist und als Schutzdecke für die Oberschenkel dient, manchmal jedoch bis auf die Zehenspitzen stößt. Er bestand aus Leder oder Stoff. Wahrscheinlich ist er von der nichtgriech. Bevölkerung Kleinasiens entlehnt. Eine Variante des ἀσπίς ist der maked. S., der kleiner und leichter ist. Die Herkunft des griech. Rundschildes wird in Kleinasien gesucht.

Der bötische Schild hört bald auf, eine praktische Bedeutung zu behalten, und zeigt die Neigung, reine Zierform zu werden. In Verbindung mit ganz bestimmten Szenen tritt er hauptsächlich in der schwarzfigurigen att. Malerei auf, um mit ihr zugleich bei der rotfigurigen zu verschwinden, während er im Korinthischen eigentlich unbekannt ist. In Mittelgriechenland scheint der böot. S. besonders häufig zu sein. Er stammt von dem geom. Ausschnittsschild ab, und die Ausbildung seiner charakteristischen Einbuchtungen dürfte mit seiner Tragweise im Zusammenhang stehen. Ihn trugen nach den Malereien besonders die Wagenlenker, die Ellenbogenfreiheit brauchten, sowohl vor der Brust als auf dem Rücken. Sobald er jedoch in die Hände der Hopliten kam, wurde er zu einem scheinbötischen Schild, auf dem die ehemaligen Ausschnitte nur noch durch ein Ornament angedeutet sind. Dieser scheinbötische S. ist in runder Form im Korinthischen charakteristisch.

Die Pelte ist klein, in Form eines zunehmenden Mondes gestaltet oder mit zwei Einbuchtungen versehen, eine Form, die in Italien entstanden zu sein scheint. Später nimmt auch die Pelte runde Form an. Die Form schützt gerade den etwas gekrümmten Arm. Sie ließ sich bequem auf dem Rücken tragen. Die Pelte ist ursprünglich eine nichtgriech. Waffe. Sie war ein Schild der Skythen, Thraker und Amazonen. Die Griechen haben sie in der 2. Hälfte des 6. Jh. von andern Völkern entlehnt und besonders nach dem dreißigjährigen Vernichtungskampf zwischen Athen und Sparta in Gebrauch genommen.

Die griech. S. werden seit dem 7. Jh. in reicherem Maße mit Verzierungen ausgestattet als in der vorangehenden Zeit. Man darf allerdings von dem in freudiger Schaffenslust überreich darstellenden Vasenmaler nicht erwarten, daß er uns naturgetreue Wiedergaben der Vorlagen gibt. Den Hauptschmuck trägt das Äußere des S. Von einfachen Anfängen geht die Entwicklung zu prunkvoller Ausgestaltung, um dann in einer mehr traditionellen Form als Schildzeichen oder Wappen zu erstarren oder lediglich zum Rahmen rein künstlerischer Tätigkeit zu werden. Es werden Szenen dargestellt, die den Feind schrecken oder den Träger gewissermaßen als Talisman schützen sollen. Das Medusenhaupt dient als Schmuck oder eine prahlerische Inschrift. Der Kampf in größeren Verbänden läßt eine bessere Möglichkeit zur Unterscheidung nötig werden. So führen denn die Lakedämonier den Anfangsbuchstaben L oder die Thebaner die Sphinx als Schildzeichen. Daneben treten Symbole von mehr oder weniger tiefer Bedeutung auf: Löwe, Pferd, Anker, Blatt und dgl. Die Erfindung der Schildzeichen wird den Karern zugeschrieben (Herodot I 171), von denen sie die Hellenen übernommen haben sollen. Daß auch die Innenseite des S. verziert wird, ist keine Seltenheit. Doch erblicken die Meister darin hauptsächlich ein Feld künstlerischer Betätigung, so, wenn Phidias, der den S. der Minerva des Parthenon gearbeitet hat, außen den Kampf der Griechen mit den Amazonen und innen das Ringen der Götter gegen die Riesen darstellte. Schon nach der Auswahl der S.-Zeichen und der Farbenwahl der Malerei lassen sich häufig die einzelnen Stämme unterscheiden. Daß die reich und prächtig verzierten S. in einen Überzug gesteckt wurden, müßte man auch dann annehmen, wenn die Tatsache nicht durch Darstellungen auf den Vasen bezeugt wäre.

§ 6. Die italischen S. der EZ scheinen unter dem Einfluß des gleichzeitig in Griechenland fast zur Alleinherrschaft gelangten Rundschildes zur Entwicklung gekommen zu sein. Doch ist zu erwägen, ob die Etrusker diese Form nicht aus ihrer asiatischen Heimat mitgebracht haben, worauf Motive in der Ornamentik hinzudeuten scheinen. Vorstufen in Italien könnten bisher lediglich die Miniaturschilde der BZ Per. V sein. Doch muß irgendeine Anbahnung vorhanden gewesen sein, da die S. bei den Etruskern sofort mit großer Prachtentfaltung in die Erscheinung treten. Die etruskischen Schilde sind rund, bestehen aus Bronze und tragen überreiche Verzierung (Tf. 74). Ihr Dm schwankt zwischen $^1/_2$ und 1 m. Die Verzierung zeigt eine einheitliche Schule: in der Mitte befindet sich gewöhnlich ein Sternmuster, während die Fläche in konzentrische Streifen aufgeteilt ist. Diese sind entweder abwechselnd mit zwei verschiedenen Mustern oder gruppenweise wechselnd oder jeder mit einem Muster für sich verziert. Innerhalb jedes Streifens gibt es gewöhnlich nur ein Motiv, das ständig wiederholt wird, so daß vollkommene Regelmäßigkeit das Muster beherrscht und der Gesamteindruck streng geschlossen und einheitlich wirkt. Striche, Kreise, Rosetten, Blattranken und Tierdarstellungen herrschen vor. Auch kleine Buckel werden verwendet. Diese reich verzierten etrusk. Schilde sind auf Mittelitalien beschränkt. Vielleicht ist ein Stück aus Olympia als ital. Einfuhr zu bezeichnen. Zu der sonst einfachen und auf das Praktische eingestellten Ausrüstung des etrusk. Feldsoldaten passen diese Prachtschilde nicht (s. Helm A § 10). Sie sind außerdem aus so dünnem Blech hergestellt, daß sie nur als Paradestücke aufgefaßt werden können. Manche zeigen allerdings durch Löcher an, daß sie auf einer Holzunterlage befestigt gewesen sind. Von einfacheren Formen ist bisher jedoch noch nichts bekannt. Schildbuckel aus dieser Zeit sind in Italien sehr selten. Wir erkennen aus ihnen nur, daß in etwas jüngerer Zeit (6.—5. Jh.) auch einfache, unverzierte Schilde in Gebrauch waren, die einen runden Buckel hatten. Die Schildfessel besteht aus einem breiten Bronzeblechstreifen, der keine Holzunterlage besitzt. Die Blütezeit der etrusk. Schilde ist die Regolini-Galassi-Periode (s. Caere).

Mit den ital. Stücken wird nun eine Reihe von S. in Zusammenhang gebracht, die man in Nordeuropa gefunden hat (Tf. 72, 73). Ihre Form neigt deutlich zum Ovalschild hin, die Ornamentierung betont diese Tendenz noch. Die Ausschmückung ist erheblich einfacher gehalten als etwa bei den etrusk. S. Die Muster erschöpfen sich in Buckelkränzen, Ringwülsten und der Darstellung von „Hallstattvögeln". Typisch scheint die halbkreisförmige Einbuchtung auf der einen Seite der Wülste zu sein, die auch der irländische Lederschild zeigt (vgl. Tf. 71 d). Dieses Motiv kehrt auch häufig auf jungbronzezeitl. Fibeln des nord. Kreises wieder (vgl. z. B. Band IX Tf. 136 c). So zeigen sie kaum Anklänge an die ital. S. Ihre Heimat könnte die Hallstattkultur sein, jedoch fehlen dort ebenso die Vergleichsstücke wie in Italien. So bliebe ihre Herkunft zunächst dunkel, wenn man nicht die brit. Inseln für ihr Ursprungsland ansehen will. Praktisch brauchbar scheinen sie nicht immer gewesen zu sein, denn die Handhabe im Innern ist oft zu klein. Sie sind aus Brandenburg (Tf. 72), Dänemark und Schweden (Tf. 73) bekannt. Zeitlich dürften sie in die jüngere BZ Norddeutschlands oder ältere HZ Süddeutschlands zu setzen sein.

§ 7. Der runde Etruskerschild vererbt sich nach Meinung der antiken Schriftsteller auf die Römer weiter (Dionysos v. Halikarnaß IV 16 und Diodor Fragm. X, III 3). Das ist ihr *clipeus*, dessen Gestalt durch das im Hinblick auf ihn gebrauchte Wort *orbis* klar beschrieben ist. Häufig wird er auch der argivische genannt, weil die Argiver ihn erfunden haben sollen (Plinius Hist. Nat. VII 57, 9). In bezug auf seinen Schmuck macht er ähnliche Wandlungen durch wie der gleichzeitige griech. Rundschild (s. § 5). Die zweite röm. Schildform ist das *scutum*, mit dem bezeichnenden Zusatz *longum* gebraucht. Es verdrängt im 4. Jh. sogar den Rundschild (340 v. C.; Livius VIII 8). Seine Form ist halbzylindrisch, nach Polybius $2^1/_2$ Fuß br. und etwas über 4 Fuß lang. Es hüllte fast den Körper ein und gewährte dadurch guten Schutz. Gestützt auf ihn konnten die Soldaten sogar zeitweilig schlafen.

Die Ausmaße werden n. C. Geb. kleiner (Trajanssäule). Seine Herstellung geschah, um ein besseres Krümmen zu ermöglichen, durch Zusammenleimen dünner Holzplatten, über die zunächst Leinewand und dann Kalbsleder gezogen wurde, das manchmal den gänzlich verhungerten Soldaten letzte Rettung gewesen ist (Livius XXIII 19). Den inneren Handgriff schützte ein Eisenbuckel, der in nachchristlicher Zeit durch Verzierung reicher ausgestaltet wurde. Der Ursprung des Buckels (*umbo*) bei den Römern ist ungewiß. Die Alten schrieben die Erfindung den Samnitern zu.

Mannigfaltig sind die Namen, die die alten Schriftsteller als Schildbezeichnung wählten: *clipeus* (ἄσπις; s. § 5), *scutum* (θύρεος; s. § 7), *pelta* (πέλτη; s. § 5), *parma* (πάρμη) und *cetra* oder *caetra* (§ 8).

Die *parma* ist ein Rundschild von etwa 3 Fuß Dm. Sie erinnert an die etrusk. S., ist so dünn gearbeitet und so reich verziert, daß sie oft nur als Schmuckschild gedient haben kann. Ihre Leichtigkeit und Kleinheit macht sie zur Waffe der Leichtbewaffneten und der Reiterei, die schnelle Bewegungen ausführen muß. Sie lebt bis in nachchristl. Zeit, wo sie oval wird (Trajanssäule, Markussäule; Band IV Tf. 108 a).

§ 8. Die *cetra* ist ursprünglich in Asien zu Hause. Sie ist ein Rundschild, aus Tierfellen hergestellt, von etwa 2 Fuß Dm. Die Phönizier sollen sie an der Mittelmeerküste bis nach Spanien verbreitet haben. Dort erhält sie ihren Namen und wird die allg. übliche Schildform auf der iber. Halbinsel (Tf. 71 a, b; Band X Tf. 150 b, 152 a [andersgestaltete iber. S.: Band I Tf. 43, X Tf. 149 a, 153 c, 157 a]). Sie kam außerdem in Britannien in Gebrauch.

§ 9. Die S. der Völker Osteuropas sind von verschiedener Form: rund, länglich oval und viereckig. Schildzeichen kommen ebenfalls vor. Von hier ging die Form der Pelte nach Griechenland, wie sich umgekehrt griech. Einfluß im O geltend machte. Besonders häufig scheinen geflochtene Schilde in Gebrauch gewesen zu sein: τὸ γέρρον der Amazonen. S. a. Band VI Tf. 55; XII Tf. 84 b; XIV Tf. 52 und Südrußland D.

§ 10. Keltische Schilde aus den ersten Jh. der EZ sind bisher nicht bekannt. Auch noch in der LTZ I sind sichere Funde spärlich, doch setzt die Vollkommenheit der späteren Formen bereits das Vorhandensein eines S. voraus. Man wird solche annehmen müssen, die nur aus vergänglichem Material (Holz, Leder u. ä.), meist ohne Metallbeschläge hergestellt waren. Von LTZ II an gehört der S. ständig zu den kelt. Verteidigungswaffen. Er ist durch Funde von Gebrauchs- und Votivschilden bekannt, sowie zahlreich auf bildlichen Darstellungen vertreten. Seine Form ist verschieden: rund oval (Band III Tf. 121 g, 122), rechteckig mit abgerundeten Ecken, sechseckig (Tf. 75 g—k; Band III Tf. 16, IV Tf. 261 b). Am häufigsten und typisch kelt. sind die länglichen Formen, während der Rundschild in dieser Zeit letzten Endes wohl auf griech. Einfluß zurückzuführen ist. Schriftlichen Nachrichten zufolge waren die kelt. S. bemalt (Diodor, Livius, Cäsar, Plutarch). Die H. des S. maß etwa 1 m, die Br. betrug durchschnittlich die Hälfte der Länge oder etwas darüber. Er war aus mehreren zusammengefügten Holzplatten hergestellt und besaß eine Längsrippe mit einem gerstenkornförmigen Holzbuckel in der Mitte. Die Erhaltung der Holzteile ist zwar selten, doch kommt sie mehrmals vor. Außerdem läßt sich die Gestalt der S. an der Färbung der Erde und den Beschlagstücken aus Metall sowie den Darstellungen der Denkmäler einwandfrei feststellen. Diese Metallteile bestehen aus dem Buckelbelag, dem Randbeschlag und der Fessel. Diese bildet ein langer, dünner Stab mit Nietplatten, der später bandförmig wird (Tf. 75 e, f). Sie liegt einer Holzunterlage auf oder wird mit einem Lederstreifen umwickelt. Eiserne Schildfesseln kommen schon in der Frühlatènezeit vor. Da der kelt. S. im allg. leicht war, bedurfte er außer der Fessel keiner weiteren Handhabe. Der Schildrandbeschlag ist aus schmalen, eisernen oder bronzenen Bändern hergestellt. Er ist schon seit der Früh-LTZ bekannt.

Wichtig ist der Buckelbelag, dessen Entwicklungsreihe eine Datierung der S. zuläßt. Er erreicht eine Länge von 26—34,5 cm und eine Breite von 6—12 cm. Die älteste Form des Belages besteht aus einem einfachen, breiten Band, das in der Mitte gewölbt und beiderseits mit je einem Niet befestigt ist (Tf. 75 a). Er läuft also quer über den S. Wenn dieser Belag auch schon in der Frühlatènezeit erscheint, so wird er doch erst in der Mittellatènezeit häufiger. Im Laufe der Entwicklung wächst die Zahl der Befestigungsnieten (vgl. Band VIII Tf. 91 rechts). Die Enden werden abgerundet oder dreizipflig, daneben erscheint ein Belag mit gerstenkornartigem Mittelteil, der der Holzunterlage entspricht (Tf. 134; Band IV Tf. 65, 6). Die erste Form bekommt in der Spätlatènezeit trapezförmige Enden, während die zweite gegen Ende der LTZ sich in der Längsrichtung ausdehnt und die ehemaligen Enden zu einem schmalen Rande beiderseits verkümmern läßt. Die Nietköpfe zeigen keine Besonderheit in der Form, wohl aber sind sie aus der Mittel- und Spätlatènezeit mehrfach mit Blutemail verziert gefunden worden. Die Buckel (Tf. 75 c, d) bestehen meist aus Eisen. In der Spätlatènezeit treten bei den Kelten auch halbkugelige Buckelformen auf (s. § 11). Sie sind aber nicht kelt., sondern entweder unter germ. Einfluß entstanden, oder sie bezeugen das Vorhandensein germ. Kriegsscharen (so wahrscheinlich in Alesia; nach Jahn).

Die Verbreitung des kelt. Schildes geht, soweit der starke Einfluß der Kelten in der LTZ reichte. So besitzen nicht nur die germ. Main-Sweben typisch kelt. Buckel auf ihren S., sondern von den Pyrenäen bis Böhmen, in Italien, Griechenland und von dort nach Kleinasien macht seine Herrschaft sich geltend. Von besonderem Interesse sind in dieser Beziehung kelt. Votivschilde aus Telamone in Italien, die fast sämtliche Formen in Bronze getreu darstellen, und ein Steindeckel aus Vetulonia (s. d.), der in der Form eines kelt. Ovalschildes gehalten ist.

§ 11. Eine Form des germanischen S. der vorröm. EZ kennen wir jetzt durch den Fund von Hjortspring (s. d. und Band V Tf. 100 c). Weiter sind wir über sie durch Funde der metallenen Beschlagstücke (Buckel, Fessel, Randbeschlag) unterrichtet (Tf. 75 l—p). Das Herstellungsmaterial war Holz, Geflecht oder Leder, die Bauart glich wohl der der kelt. S. Seine Größe ist unbekannt, seine Form war nach Ausweis des Randbeschlages rundlich oder eckig. Die Dicke war gering (Rand 0,5—0,6 cm, Mitte 0,8—1,5 cm). Nach Tacitus trugen die Germanen bemalte S. Die zahlreichen Funde beweisen, daß er zum Waffeninventar gehörte.

Der Buckel, erst seit der Spätlatènezeit aus Metall (Eisen), zeigt eine vielseitige Entwicklung. Die älteste Form ist flach halbkugelig, ein Typus, der den ostgerm. Burgunden zu fehlen scheint. Die Weiterbildung drängt zur Erhöhung des Oberteiles. Der Kopf wird konisch und erhält einen Knick, so daß ein Kragen entsteht. Die spätesten Formen sind hochkonisch oder zeigen die charakteristische Form des Stangenbuckels (s. a. Tf. 31 a 2). Dieser ist

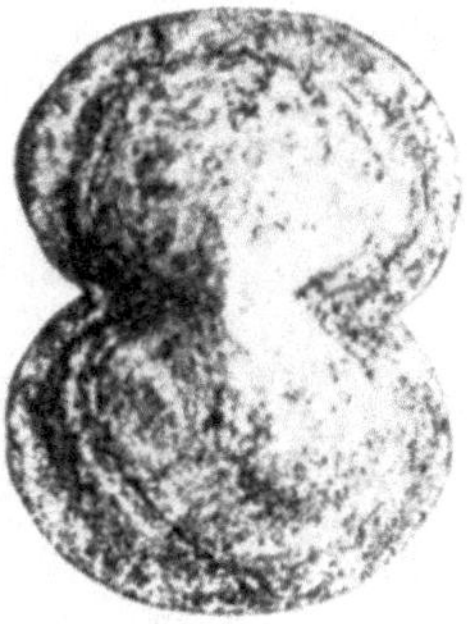

b

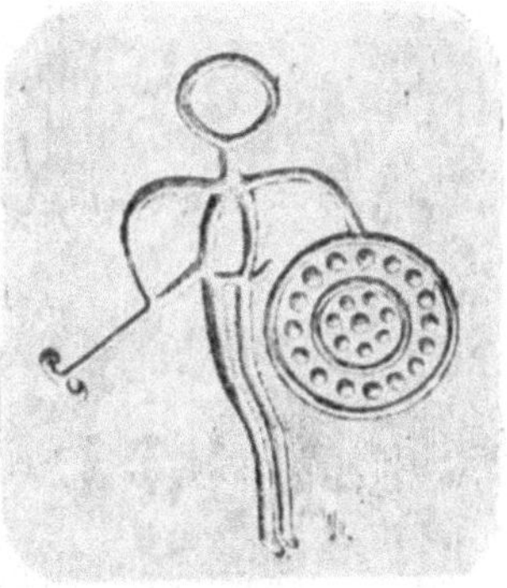

c

d

e

Schild A. Europa

a. Elfenbeinernes Modell eines Kuppelschildes von Spata. — b. Goldener Halsschmuck von Enkomi. — a. und b. nach Reichel, Homerische Waffen 1901 S. 3. — c. Krieger mit Schild wie d. auf einer Felsenzeichnung von Bohuslän. — d. Bronzeschild aus England. $^1/_6$ n. Gr. — e. Felsenzeichnung von Tegneby, Bohuslän. — c—e. Nach Montelius *Kulturgeschichte Schwedens* S. 85, 122.

a

b

c

d

Schild A. Europa

a, b. Iberische Bronzestatuetten von Despeñaperros. $^1/_1$ und $^4/_5$ n. Gr. Nach H. Kühn. — c. Schild aus Erlenholz. Gefunden in einem Moor 1863 bei Annedale, Co. Leitrim, Irland. — d. Lederschild. Gefunden 1908 bei Clonbrin, Co. Longford, Irland. Nach G. Coffey.

a

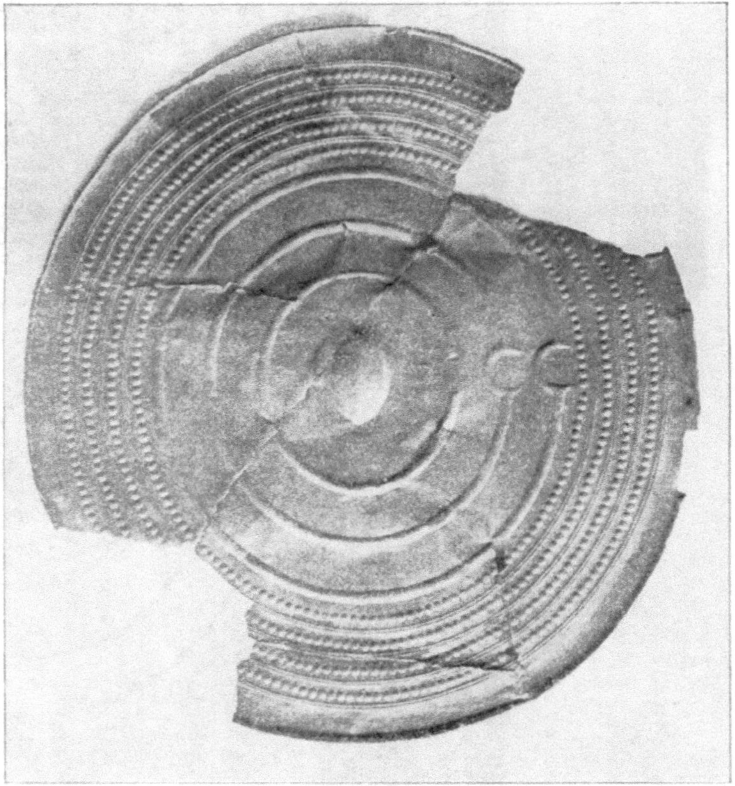

b

Schild A. Europa

a, b. Bronzeschilde von Herzsprung bei Wittstock, Kr. Ostprignitz. 1/7 n. Gr. — Nach A. Götze *Ostprignitz* S. 48/49.

Schild A. Europa

Bronzeschild von Nackhälle, Ksp. Spannarps, Halland, Schweden. Etwa $^1/_5$ n. Gr. — Nach Aufnahme des Historischen Museums, Stockholm.

Schild A. Europa

Etruskischer Schild von Corneto. Dm 0,92 m. — Nach Photographie

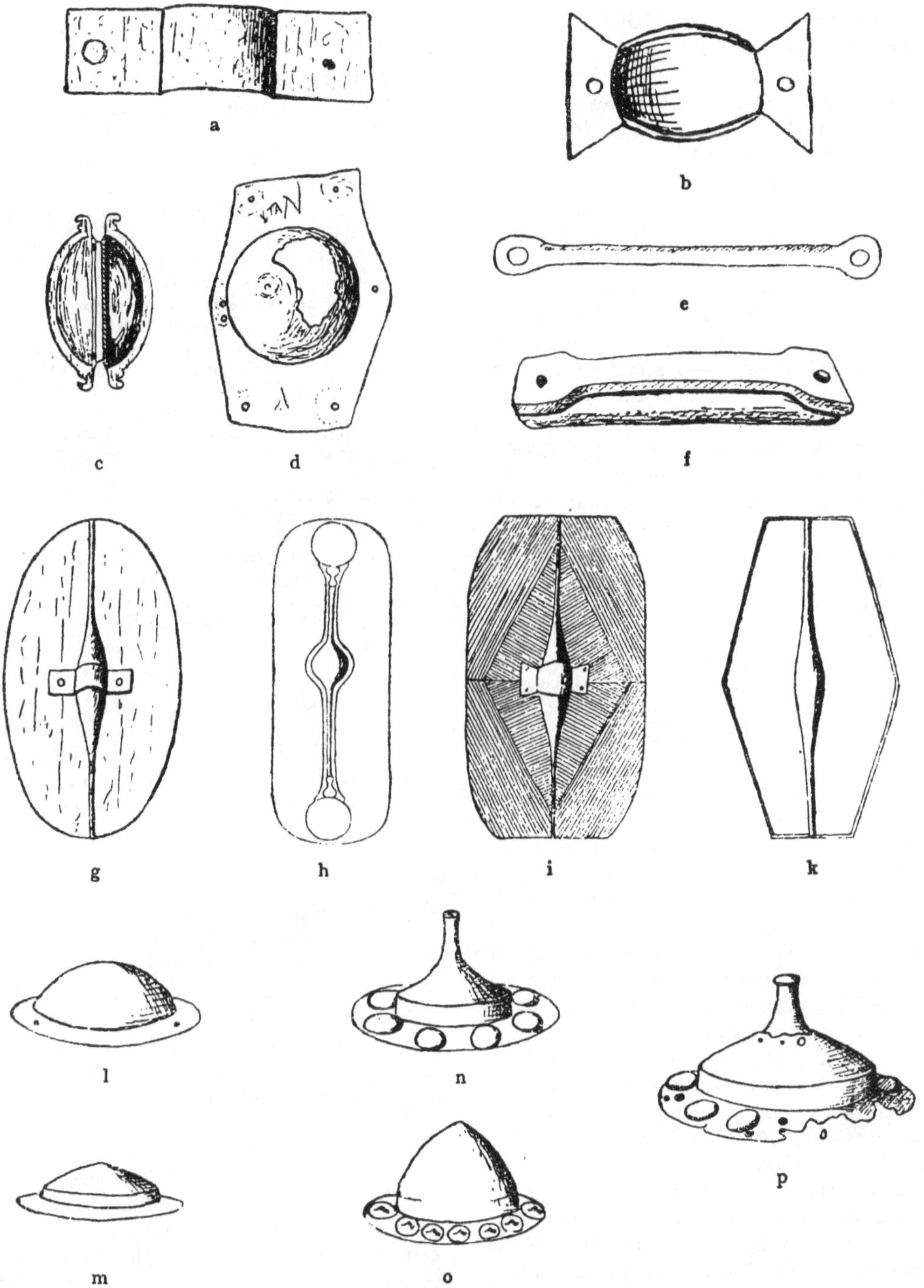

Schild A. Europa

Keltischer Schild: a—d. Entwicklung des keltischen Schildbuckels (a. Manching, b. Alesia, c. Campagnac [vgl. Band IV Tf. 66, 5], d. Weisenau). e. Schildfessel von Corvy. — f. Dgl. von La Tène (mit hölzernem Schildgriff; vgl. a. Band VII Tf. 190 b 2). — g—k. Schildformen (g. Langugest, h. bei Lincoln [vgl. Band IV Tf. 261 b], i. Montdragon, k. sechseckiger Typus). — **Germanischer Schild**: l—p. Schildbuckelformen der Spätlatène- und Römischen Kaiserzeit. — Nach M. Jahn *Bewaffnung der Germanen* 1916.

auf ostgerm. Gebiet vornehmlich als burgund. anzusprechen, während jener bei den Ostgermanen überhaupt selten ist. Eine Sonderform bildet der Stangenbuckel mit einem Knopf am Ende. Der Dm des Buckels beträgt durchschnittlich 15—17 cm, seine H. bis 12,5 cm. Der Kragen ist 1—2 cm h., der Rand mißt wegen der in der Regel platten und breiten Nagelköpfe im Mittel 3 cm. Es kommen sogar solche bis zu 7 cm Dm vor. Im allg. sind sie unverziert, doch zeigen manche Stücke auch Strichmuster. Die Zahl der Nägel ist anfangs gering (3), sie wächst bald auf 6—9, steigt sogar bis auf 10 und 12 Stück. Vgl. a. Tf. 89 p.

Die metallene Schildfessel läßt sich erst seit der zweiten Hälfte der Spätlatènezeit nachweisen. Die Grundform, ein drahtförmiger Stab mit je einer Nietplatte beiderseits, ist wahrscheinlich von den Kelten entlehnt. Bald aber setzt eine eigene, reiche Entwicklung ein. Es bilden sich Fortsätze an den Enden aus, der Querschnitt wird zur besseren Anpassung an das unterliegende Holz plankonvex oder dachförmig. Aus dieser Form gehen zwei andere hervor: 1. Die Enden werden so lang, daß sie ebenfalls mit je einer Nietplatte versehen werden müssen. 2. Die Enden spalten sich fischschwanzähnlich auf. Die Verlängerung der Fessel ist in dem Streben begründet, den einzelnen hölzernen Schildplatten einen stärkeren Zusammenhalt zu geben. Neben den genannten Formen, die alle durch Nieten befestigt wurden, gab es Typen mit verbreiterten Enden und hakenförmig gebogenen Fortsätzen daran, die eingetrieben werden mußten. Die Schildfesseln zeigen auch Verzierung (Striche, Punkte, einseitige Profilierung).

Der Schildbeschlag bestand aus mehreren Stücken. Es waren saumartig umgebogene Blechbänder von 1,5—2 cm Br., die meist mit kreisförmigen oder viereckigen Nietplatten versehen waren.

Der germ. S. hat zwar Fessel und Randbeschlag von den Kelten entlehnt, er wird aber ohne Zweifel aus heimischer Wurzel entstanden sein. Das geht nicht nur aus dem Vorhandensein des S. bei den Germanen der BZ hervor, sondern dafür spricht auch die Tatsache, daß der typische Buckel in Halbkugelform eine rein germ. Erfindung ist, denn bei den Römern kommt diese Form erst um C. Geb. auf, während die Kelten den bandförmigen Belg besitzen. Wahrscheinlich geht die typich germ. Form auf Vorbilder aus Holz zurück. wie beim Schild von Hjortspring (Band V Tf. 100 c), wenn sie nicht ein Wiederaufleben der jungbronzezeitlichen Form darstellt. Daß die Germanen Schilde aus Flechtwerk besaßen, berichtet Tacitus (*viminibu textis*; Annal. II 14).

M. Greger *Schildformen und Schildschmuck bei den Griechen* Erlangen 1908; W. Helbig *Das Homerische Epos* S. 311 ff; Reichel *Homerissche Waffen*² 1901; G. Lippold *Griechische Schilde* Münchener Archäologische Studien 1909 S. 399 ff.; Thiersch *Thyrrhenische Amphoren* Beitr. z. Kunstgeschichte NF 27—31 Leipzig 1899—1906; H. B. Walters *Catalogue of Bronzes in the British Museum* S. LVIII f.; *British Museum. Greek and Roman Life* S. 887 ff.; Montelius *Kulturgeschichte Schwedens* 1906; ders. *The Chronology of the British Bronze Age* Archaeologia 61, 1 S. 97—162; ders. *Civ. prim.*; ders. *Vorklass. Chronol.*; Daremberg-Saglio s. v. clipeu; Götze *Ostprignitz*; Präh. Z. 1 (1909) S. 243 Arnstrong; Déchelette *Manuel* II; Jahn *Die Bewaffnung der Germanen* 1916; Vouga *La Tène* 1923; Forrer *Reall.*; Kostrzewski *Die ostgermanische Kultur der Spätlatènezeit* 1919.

Ernst Sprockhoff

B. Ägypten (Tf. 76). Ein hölzerner, mit einem Tierfell bespannter S. ist die einzige Schutzwaffe der ätesten Ägypter. Er findet sich schon in den Wandgemälde eines vorgesch. Grabes (Quibell-Green *Hierakonp.* II Tf. 76) und bleibt in ähnlicher Form, meist oben abgerundet auch in der geschichtl. Zeit in Gebrauch. Auch der eigentümliche, annähernd ovale, an seinen Rändern besonders eingefaßte Gegenstand, den mehrere Krieger der „Löwenjagdpalette" auf dem Rücken tragen (Band II Tf. 211, 212), wird wohl als ein S. aufzufassen sein. Eine andere Form eines S. findet sich zur Zeit der 1. Dyn., mit zwei gekreuzten Pfeilen zusammen, in der die Kriegsgöttin Neith symbolisierenden Hieroglyphe (z. B. Petrie *Roy. Tombs* I Titelabb.). Er ist merkwürdig schmal und — dem myk. S. nicht unähnlich — an den langen Seiten in der Mitte eingezogen. Daß dieses Gebilde wirklich als ein S. aufzufassen ist, wird dadurch nahegelegt, daß es in späterer Zeit in derselben Hieroglyphe durch den gewöhnlichen breiten, oben abgerundeten S. ersetzt wird. S. a. Band V Tf. 80—82.

Wiedemann *Äg.* S. 231 f.; Erman-Ranke *Äg.* S. 625, 627; Wolf *Die Bewaffnung des altägyptischen Heeres* 1926 S. 18, 24, 57 ff., 76 ff. und Tf. 11.

Ranke

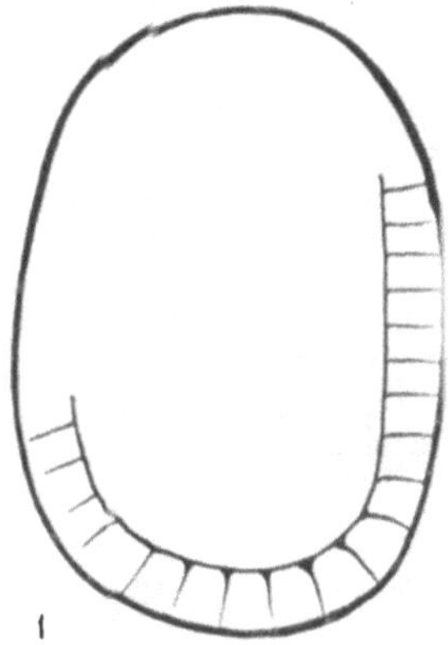

1

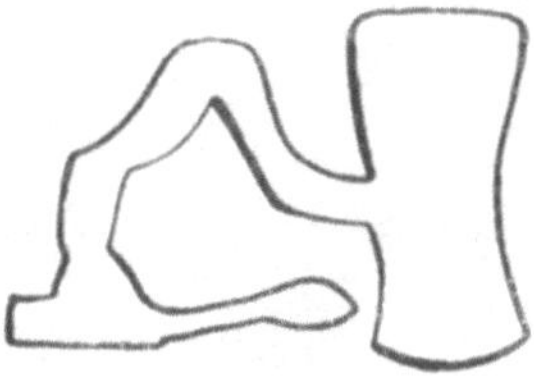

2

3

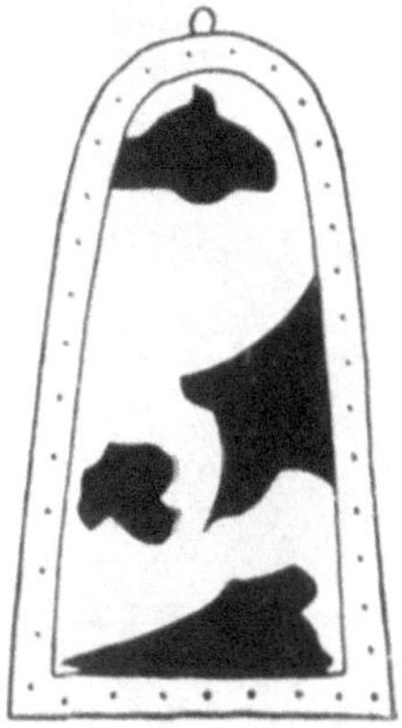

4

5

6

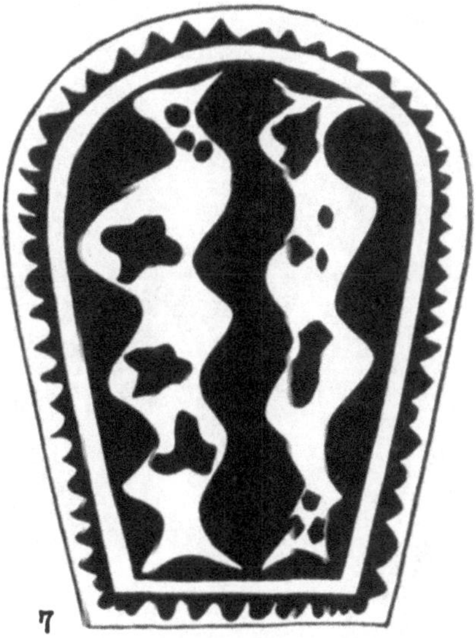

7

8

Schild B. Ägypten

1. Nach Proc. Soc. Bibl. Arclaeol. Bd. 22, Tf. 9. — 2. Nach Wolf *Bewaffnung des altägypt. Heere* Abb. 11. — 3. Nach Wof *Bewaffnung des altägypt. Heeres* Abb. 10. — 4. und 5. Nach Wolf *Bewaffnung des altägypt. Heees* Abb. 37. — 6. Lange-Schäfer *Grab- und Denksteine des Mittl. Reiche* Bd. IV (Kairemer Katalog) Tf. 91, Nr. 548. — 7. Nach Wolf *Bewaffnung* Abb. 49. — Nach Davies Gardiner *Tomb of Huy* Tf. 25.

C. Palästina-Syrien. § 1. Bei den Bewohnern Palästina-Syriens scheint sich der S. als Verteidigungswaffe verhältnismäßig spät eingebürgert zu haben. Thutmosis III. erwähnt im J. 38 unter den Tributen aus Syrien auch S. (J. H. Breasted *Ancient Records of Egypt* II 509). Auf Abbildungen aus der Zeit Sethos I. ist diese Waffe rechteckig geformt und an der Innenseite mit einem Handgriff versehen (I. Rosellini *Monumenti storici* 46). In den Amarna-Briefen sprechen die syr. Fürsten nie von diesem Gerät; nur Tuschratta von Mitanni zählt unter den Geschenken an Amenḥotep III. auch lederne S. (*aritu*), mit Silber oder Bronze verziert, auf (Knudtzon 22 I 47; III 42ff.). Gewiß sind hier die eigenartigen Waffen der Hettiter gemeint, die wie ein Geigenboden geformt waren (sog. Pontischer Amazonen-S.; Rosellini 88f., 95, 103; Lepsius *Denkmäler* III 157, 166; *Ausgrabungen in Sendschirli* 1902 S. 213, 229 Abb. 103, 135 Tf. 38, 40, 44). Sie waren wohl aus Flechtwerk hergestellt. Der syr. Gott Rescheph trägt auf äg. Denkmälern fast immer einen unten viereckigen, oben abgerundeten S., der dem äg. ähnelt (vgl. Band XIII Tf. 49 b; W. M. Müller *Egyptological Researches* I [1906] S. 33 Tf. 41; OLZ 11 [1908] S. 529ff. W. Spiegelberg; Ausnahmen J. Ménant *Recherches sur la Glyptique orientale* 1886 Nr. 204f. und Spiegelberg a. a. O. Nr. 3, 4). Die Krieger auf der Tonscherbe aus Megiddo haben dagegen am linken Arm einen runden S. (Schumacher *Mutesellim* Tf. 24), wie ihn auch die Schardanu tragen (Müller *Asien und Eur.* 375).

§ 2. Im AT werden zwei Arten unterschieden. Die kleinere (hebr. *māgên* Richt. 5, 8; Jerem. 46, 3; Ezech. 27, 10; 38, 5; 1. Chron. 6, 18; 2. Chron. 14, 8; 17, 17 [bei Bogenschützen]; 23, 5; Sprüche 6, 11; 24, 34) war aus Leder hergestellt und mußte deshalb mit Öl eingerieben werden (2. Sam. 1, 21; Jes. 21, 5). Auf dem Marsche trug man darüber einen Überzug (Jes. 22, 6). In der Mitte war zum besseren Schutze ein Buckel angebracht (Hiob 15, 26). Die königliche Leibwache war mit S. aus Gold ausgerüstet (1. Kön. 10, 16f.), die später von Scheschonk geraubt wurden und deshalb durch eherne (d. h. aus Bronze) ersetzt werden mußten (1. Kön. 14, 26ff.). Auch die größere Art (hebr. *ṣinnâ* Ezech. 23, 24; Jerem. 46, 3; 1. Chron. 12, 8. 24. 34; 2. Chron. 11, 12; 14, 7; 25, 5) war nicht aus Metall gefertigt (deshalb verbrennbar Ezech. 39, 9; Ausnahme 1. Kön. 10, 16). Der Philister Goliath hatte dazu einen eigenen S.-Träger (1. Sam. 17, 7. 41). Mit dem hebr. Worte *šeleṭ* (2. Sam. 8, 7; 2. Kön. 11, 10; Jerem. 51, 11; Ezech. 27, 11; Hohesl. 4, 4) können auch S. gemeint sein; doch ist wohl eher an Rüstungen zu denken. Alte S. oder Teile von solchen sind bisher nicht gefunden worden. Das aus Bronze und Leder gefertigte Stück von Karkamisch mit dem Gorgonen-Haupte ist spät, entweder auf Handelswegen oder von einem Söldner im Heere Nechos dahin gebracht (*Carchemish* II [1921] S. 128 Tf. 24).

Riehm-Baethgen *Handwörterbuch des Biblischen Altertums* II² (1894) S. 1414ff.

Peter Thomsen

D. Vorderasien. In archaisch sumer. Zeiten führten die Soldaten des Königs Eannadu einen großen, viereckigen, mit Buckeln beschlagenen S. (Band VII Tf. 138 b). In assyr. Zeit wechselte Form und Material der S. bedeutend. In Nimrud haben sich runde, flache S. aus Bronze gefunden. Größere, gewölbte S., die unten gerade und oben halbrund waren, bestanden wohl aus Flechtwerk und Leder. Bei Belagerungen von Festungen vergrößerten sich die S. zu kolossalen Setztartschen, die früher aus einem rechteckigen Bohlenbau, später aus einem rückwärts gekrümmten Rohrgeflecht bestanden. S. dienten auch, besonders in den Nordländern, zur Verzierung der Tempel. Das Heiligtum des Gottes Ḫaldia in Muṣaṣir (s. d.) war, wie die Abbildung und Inschrift (Band VII Tf. 153 a) seines Eroberers Sargons II. zeigen, mit solchen S. geschmückt, und aus Van hat sich noch ein solcher Prunkschild erhalten, der eine Inschrift des Königs Rusa II. trägt (Amtl. Verzeichnis der Vorderasiat. Altertümer zu Berlin 1889 S. 100 Nr. 805; s. Tuschpa). S. a. Band III Tf. 93, V Tf. 85, VI Tf. 67 a, VII Tf. 151 b, 158 b, c, 160 b.

B. Meissner

Schildkröte. Die S., deren Süßwasserform in Mitteleuropa und Südrußland die Nordgrenze erreicht, während die Landformen schon in den Mittelmeerländern und Vorderas. aufhören, wurden in älterer Zeit auch bei uns, wie es scheint, gegessen. Früher erreichte unsere Süßwasserform auch England und Dänemark. Ethnologisch wichtig ist die Verbindung der S. mit der Göttin des weiblichen Prinzips. Ed. Hahn

Schildpatt (Ägypten). In Friedhöfen der vorgesch. Zeit sind gelegentlich Armringe aus Schildpatt gefunden. Sie sind in einem Stück aus dem Rückenschild der Schildkröte geschnitten, sodaß sich eine breite Form der flachen Ringe ergibt, meist der Mondsichel ähnlich, indem die eine Seite dünn zugeschnitten ist.

Junker *Kubanieh-Süd* S. 96; ders. *Kubanieh-Nord* S. 85. Roeder

Schimmelsprung (bei Gars, Niederösterreich). In nächster Umgebung der Ruine S., die auf einem Bergplateau liegt und zahlreiche Verwallungen zeigt, welche offenbar aus mittelalterlicher Zeit stammen, fanden sich Anzeichen für eine äneolithische Besiedelung. Alle Stufen der BZ sind auch reichlich durch Bronzefunde belegt, aus der HZ liegen Keramikreste der Stufen A, B, C vor und die Graphit-Tonware mit Kammstrichmuster weist auf die jüngere und jüngste LTZ. Wir haben es hier mit einer Höhensiedelung zu tun, die vom Ende des Neol. bis zur LTZ Besiedelungskontinuität ergibt. Auch im Mittelalter, wie Bodenfunde und die Ruine ergeben, wählte man diese Höhe als gesicherten Wohnplatz.

A. Hrodegh *Prähistorische Siedelung nächst der Ruine Schimmelsprung in Thunau bei Gars am Kamp* Wien. Präh. Z. 1916 S. 24—30. G. Kyrle

Schlacke. S. entsteht als Abfall bei verschiedenen Techniken. Eisenschlacke bildet sich beim Ausschmelzen des Eisens im Rennverfahren; sie durchsetzt den „Wolf" und sammelt sich besonders in dessen Oberteil an (s. Eisen A § 2). In der Töpferei verschlackt die Topfware bei fehlerhafter Überhitzung. Solcher Abfall liegt haufenweise an Stellen, wo lebhafter Töpfereibetrieb stattfand, wie in der früheisenzeitl. Schicht des Schloßberges bei Burg (im Spreewald) und auf dem Burgwall von Fergitz (im Ober-Uckersee). Überall wo Leichenverbrennung herrscht, findet man manchmal Verschlackungserscheinungen an Gegenständen, die der Scheiterhaufenhitze ausgesetzt waren, auch hier wieder häufig an Tongefäßen (s. Töpferei A § 17). Über die Verwertung von S., wie sie das Sparsamkeitsprinzip der modernen Technik anstrebt, ist im Altertum nichts bekannt.

Alfred Götze

Schlackenwall s. Festung A § 22.

Schlagstein. S. a. Steinbearbeitung. — (Paläolithikum) „Haustein" (frz. *percuteur*) zur Behauung bzw. Absplissung von Steingeräten. Zur feineren Retuschierung der letzteren dient häufig der kleinere, meist länglichschmale „Zuschläger" (frz. *retouchoir*).

H. Obermaier

Schlange (Tier; Palästina-Syrien).

§ 1. Heutiges Vorkommen; Angaben im AT. — § 2. Mythologische Vorstellungen. — § 3. Archäol. Funde.

§ 1. Noch heute kommen in Palästina-Syrien sehr viele S. vor (etwa 33 Arten), von denen die meisten nicht giftig sind (H. B. Tristram *The Fauna and Flora of Palestine* 1884 S. 140ff.; J. Aharoni bei M. Blanckenhorn *Naturwissenschaftliche Studien am Toten Meere und im Jordantal* 1912 S. 432f.). Das AT kennt außer der allgemeinen Bezeichnung (hebr. *nāḥâš*) noch verschiedene Namen für einzelne Arten (*qibbôz* kleine Sandviper; *peten* Kobra, zu Beschwörungen verwendet Jerem. 8, 17; Psalm 58, 5f.; *ef'ê* Rauhotter; *'akšûb* Viper; *šfîfôn* Hornviper; *ṣefa'* und *ṣif'ōnî* Daboja xanthina; *tannîn* Exod. 4, 3f.; 7, 9ff. von Gauklern steif gemacht). Über ihre Lebensweise waren die Israeliten genau unterrichtet (sie beißen *nāšak*, legen Eier Jes. 34, 15; 59, 5). Ihr Fleisch sollte nicht gegessen werden (Lev. 11, 10. 41ff.).

§ 2. Das Unheimliche der S., ihr starrer Blick, ihr giftiger Biß und ihr schnelles, lautloses Verschwinden haben seit alter Zeit dazu geführt, in ihr ein übernatürliches Wesen zu erblicken. Vielleicht galt sie als das Abbild der Seele der Toten. Auch das Totem eines Stammes kann sie gewesen sein (Familie Davids: Journal of Philology 9 [1880] S. 99f. W. Robertson Smith). Übereinstimmung mit altbabyl. Anschauung zeigt die Äußerung, daß auf dem Grunde des Meeres eine furchtbare S. lag (Amos 9, 3), deren babyl. Name *tiâmat* noch in der Bezeichnung der Urtiefe (*thôm* Gen.

1, 2) weiterlebt (vgl. den mythologischen Drachen *liwjātân* Jes. 27, 1; Hiob 3, 8; 40, 20ff. [an letzter Stelle mit dem Krokodil vermengt] und den öfter erwähnten Kampf Gottes mit Rahab oder anderen Drachenungeheuern KAT 507). Ebenfalls aus Babylonien stammt die Gestalt der S. als böser Geist, der im Garten Eden die Menschen zum Ungehorsam verführt (Gen. 3, 1ff.). In der Wüste sollen die Israeliten unter giftigen S. gelitten haben (Num. 21, 6ff.; Deut. 8, 15; von zweiköpfigen und geflügelten S. in der Sinai-Wüste weiß auch Asarhaddon 671 v. C. zu erzählen KAT 90), deren Biß sofort tödlich wirkte. Schutz gewährte nur der Aufblick zu einer ehernen S. (hebr. *sārâf* „Verbrenner"), die Mose aufrichtete. Ein solches Erzbild, durch das sicher erst die Sage von dem Bilde in der Wüste veranlaßt wurde, stand bis zu Hiskias Zeit im Tempel zu Jerusalem (hebr. *neḥuštân* 2. Kön. 18, 4) und wurde gewiß oft zur Heilung von Wunden mit Räucheropfern aufgesucht (*Prot. Realencyklopädie* XVII³ [1906] S. 580ff. W. v. Baudissin). Sicher sind hier uralte mythologische Vorstellungen im Spiele (vgl. *sārâf meʿôfêf* Jes. 14, 29; 30, 6). Dasselbe Wort (*sārâf*, pl. *serāfîm*) dient zur Bezeichnung von Wesen in der Umgebung Jahwes, die mit 6 Flügeln den Herrn umschweben und den Ruhm des dreimal heiligen Gottes verkünden (Jes. 6, 2ff.). Während sie hier als menschenartig geschildert werden, sind sie ursprünglich wohl als S. gedacht und Verkörperung der Blitze. Auf eigentliche S.-Verehrung läßt der Name eines Steines bei Jerusalem (*eben haz-zoḥelet* 1. Kön. 1, 9) schließen, bei dem Adonia, Salomos Sohn, ein Opfer darbrachte (s. Jerusalem § 18), vielleicht auch die Drachenquelle (*ʿēn tannîn* Nehem. 2, 13) und die S.-Stadt (*ʿîr nāḥâš* 1. Chron. 4, 12) sowie einzelne Personennamen.

W. v. Baudissin *Studien zur semit. Religionsgeschichte* I (1876) S. 257ff.; *Prot. Realencyklopädie* V³ (1898) S. 3ff. ders.; H. Gunkel *Schöpfung und Chaos in Urzeit und Endzeit* 1895; KAT 503ff.; K. Furrer bei Riehm-Baethgen *Handwörterbuch des Biblischen Altertums* II (1894) S. 1420ff.; H. Guthe *Kurzes Bibelwörterbuch* 1903 S. 585f.

§ 3. Archäol. Funde aus älterer Zeit sind sehr gering. Auf den Krummschwertern von Byblos (s. d.) liegen nach äg. Vorbilde lang ausgestreckte Uräus-S. (s. Schwert C § 3 und Tf. 145 a). Eine Scherbe aus Gezer trug eine S. in Relief, eine andere zwei S., und aus Ton war ein S.-Kopf hergestellt (Macalister *Gezer* II 20; III Tf. 124, 26. 27). Die Schleuderkugel aus Blei mit Darstellung einer S. ist hellenistisch (ebd. II 370). In einem der runden Behälter, die auf dem heiligen Platz in Gezer (s. d.; nach Macalisters Annahme zur Aufbewahrung lebender S.) angelegt waren, fand sich unter kyprischen Scherben der beginnenden EZ ein Bronzestück (L. 15 cm) in Form einer Kobra (ebd. II 399 Abb. 488); ein Amulett in S.-Form lag in der Höhle 15 IV (ebd. I 98; III Tf. 26, 13). In Thaanach (s. d.) lagen in Häusern der Schichten 2a und 2b vielfach natürliche S.-Köpfe (Sellin *Tell Taʿannek* S. 112). Das alles ist sicher nicht als Zeichen von S.-Verehrung zu deuten, sondern als Schutzmittel gegen die gefürchteten Tiere oder den in ihnen wohnend gedachten bösen Geist (Vincent *Canaan* S. 174ff., mit Verweis auf ganz gleichartige Funde in Susa). Wenn auf der linken Wand des Räucherbeckens von Thaanach (Sellin *Tell Taʿannek* S. 77 Abb. 76) ein Knabe dargestellt ist, der eine S. würgt, so stammt dies wohl eher aus den altbabyl. Mythen von Gilgamesch als aus der Herakles-Sage (ZfAssyr. 29 [1915] S. 285ff. J. Morgenstern). Mit dieser hängt vielmehr das in Petra gefundene Relief eines Gottes, der zwei S. in den Händen erdrückt (G. Dalman *Petra und seine Felsheiligtümer* 1908 S. 355), und das Siegel des Baʿalnatan (M. Lidzbarski *Ephemeris für semit. Epigraphik* I [1902] S. 140) zusammen. Der röm. Zeit gehören das Relief des Asklepios (oder Eschmun?) aus *kufrelma* im *ǧōlân* (ZdPV 9 [1886] S. 336 G. Schumacher) und die von einer S. umwundene Bronzegestalt einer syr. Gottheit (Hadad, Atargatis?) vom Janiculus in Rom (CR acad. inscr. 1914 S. 105ff. G. Darier) an. Auf eigentliche S.-Verehrung deutet die große S. in Petra, die sich oberhalb einer Grabanlage um einen Steinkegel windet (G. Dalman *Petra* S. 217ff, vgl. S. 76, 109, 187, Abb. 28, 103, 141ff.; Pal. Jahrb. 3 [1907] S. 167 F. Jeremias; H. Greßmann *Altorientalische Texte und Bilder zum AT* II [1909] S. 94ff. Abb. 178). Peter Thomsen

Schlange (Gottheit; Vorderasien). Eine ausgesprochene Schlangengottheit finden wir schon in ältester Zeit in Eigennamen unter der Bezeichnung ^{d}*Muš* = Schlange, später läßt sich auch der akkad. Name *Ṣîru* = Schlange nachweisen (Belege bei A. Deimel *Pantheon Babylonicum* 1914 s. o.). Dieser Gott *Muš* bzw. *Ṣîru* wird zu der Stadt Dêr in Beziehung gesetzt (*mâr bîti ša di-e-ir*; s. o.). Hier erscheint *Ṣîru* als weiblich nach der Bezeichnung „^{d}*Gal*, Königin von Dêr, Herrin (Var. allerdings = Herr) des Lebens". Anderwärts hat die Gottheit den Beinamen *râbiṣ* von *Êšarra* = „Lauerer von E." und wird in dieser Eigenschaft mit *Šeraḫ* identifiziert, welcher seinerseits wieder mit *Saḫan* gleichgesetzt wird. Auch die Gottheit *Ka-Di* (bessere Aussprache Esir oder Gusilim) wird mit *Ṣîru* aufs engste verknüpft und entweder Mutter des Schlangengottes genannt oder ihm gleichgesetzt. Auch sie ist in Dêr heimisch, wird aber auch bei Gudea im Tempel des Ningirsu erwähnt und zusammen mit *Miuššar* in Babylon.

Als Prinzip des Chaos, des Bösen im Kampfe gegen den Schöpfer- und Heilandsgott, mag er nun Ninurta, Marduk oder Ašur heißen, findet sich die S. mehrfach auf bildlichen Darstellungen. So wird man sich auch Tiâmat, die als Mutter alles Lebendigen den Muttergöttinnen zuzurechnen ist, unter der Gestalt einer S. vorgestellt haben. Der *mušḫuššu*, der sich in ihrem Gefolge befindet und wohl mit ihr identisch ist, wird allerdings auf den Bildern als Mischwesen mit Schlangenkopf, Raubtierleib, Raubtier- und Raubvogelfüßen dargestellt, dürfte aber auf eine einfache Schlange zurückgehen (*mušḫuššu* = furchtbare Schlange; s. Mischwesen § 45 a).

Auch andere Gottheiten haben, wenn das auch nicht immer deutlich hervortritt, Schlangencharakter. So wird Tammuz (s. d.) ebenso wie Innini (und die ihr verwandten Muttergöttinnen Ištar [s. d.], Ninḫarsag, Nîna) *ušumgal*, doch wohl = große Schlange, genannt. Ningizzida, eine Parallelgestalt zu Tammuz, wird in dem Sternbild *Ṣîru* = Schlange lokalisiert. S. a. Göttersymbol E 1 § 39.

A. Deimel *Pantheon babylonicum* 1914 s. v. Ṣîru; M. Witzel *Der Drachenkämpfer Ninib* 1920 S. 188ff. und passim; St. Langdon *Tammuz and Ishtar* 1914 S. 117ff.

Ebeling

Schlangenfibel s. Fibel A § 25, B § 4.

Schlangengöttin (Ägäischer Kreis) s. Religion B § 3.

Schlauch. A. Allgemein. Zur Aufbewahrung von Wasser und Getränken wurden im alten Orient vielfach Schläuche aus Tierfellen verwendet (vgl. z. B. für Ägypten: Wiedemann *Das alte Ägypten* 1920 S. 295; Babylonien: B. Meissner *Babylonien und Assyrien* I [1920] S. 241), ebenso in Griechenland und Italien. Auch in Mittel- und Nordeuropa dürften in der Vorzeit solche S. benutzt worden sein, obwohl wir das sprachlich nicht zu belegen vermögen und unser Fundmaterial direkte Nachweise nicht zu erbringen vermag. Dafür können wir diesem letzteren jedoch einige indirekte Nachweise entnehmen, wenn wir uns die Abhängigkeit gewisser keramischer Formen von ledernen Vorbildern bzw. der alten Lederbearbeitungstechnik vergegenwärtigen.

Präh. Z. 2 (1910) S. 146ff. Schuchhardt; Sächs. Jahresschr. 10 (1911) S. 26 Höfer.

Hugo Mötefindt

B. Palästina-Syrien s. Hausgerät C § 2.

C. Vorderasien. S. aus Tierhaut fanden in Mesopotamien vielfache Verwendung. Einmal dienten sie als Aufbewahrungsort für alle möglichen festen und flüssigen Gegenstände, z. B. Wasser, Milch, Bier und Wein. Mit Luft aufgeblasen, halfen sie Menschen die Flüsse zu durchschwimmen, oder in größerer Anzahl bildeten sie eine Unterlage für Pontonbrücken oder Flöße (s. Schiff D und Tf. 68a).

B. Meissner *Babylonien und Assyrien* I (1920) S. 99, 217, 241f.

B. Meissner

Schleedorf (Salzburg). Auf einem Bergrücken konnte O. Klose 6 Hügelgräber, davon 4 mit Brand- und 2 mit Skelettbestattung, öffnen. Die Hügelgräber waren rund 30 cm h. und hielten bis 60 Schritt im Umfange. Die Bestattungen lagen durchschnittlich 1 m t., bei zwei Gräbern fand sich Steinsetzung. Die Inventare der Gräber sind ziemlich einheitlich; unter anderem fanden sich Doppelspiralen, Nadeln und Doppelspiralfibeln aus Bronze, einige Ringe, eiserne Lanzenspitzen und Messer, Gürtelhaken, Beschläge und Zaumzeug. Die

Keramik ist sorgfältig gearbeitet, auch polychrom verziert. Als seltener Fund wurde eine zweigliederige Bronzefibel gehoben. Es handelt sich um eine Gräbergruppe der HZ-Stufe C.

G. Kyrle *Urgeschichte des Kronlandes Salzburg* Österreichische Kunsttopographie XVII S. 40—43, 113, 114. G. Kyrle

Schlehe. Die S. ist nach Buschan reichlich unter den vorgesch. Funden aus dem Neol. und der BZ vertreten. Nach dem Beispiel mittelalterl. Vorschriften wird die Frucht zur Herstellung von Getränken verwendet sein, wie heute noch in England und Deutschland. Ed. Hahn

Schleife (zum Transport). Während aus Ägypten und Mesopotamien die Benutzung von S. zum Transport schwerer Körper wie Steinskulpturen aus Wandgemälden bekannt ist, läßt sie sich für das vorgesch. Europa nicht belegen. Man vermutet, daß S. beim Bau der Megalithgräber benutzt wurden. S. a. Schlitten. Alfred Götze

Schleifen (Schleifstein). A. Europa.

§ 1. Allgemeines. — § 2. Passive Schleifsteine. — § 3. Aktive Schleifsteine. — § 4. Rotierende Schleifsteine. — § 5. „Pfeilglätter". — § 6. Wetzsteine. — § 7. Wetzstähle. — § 8. Polieren.

§ 1. Das S. dient zum Formen eines Gegenstandes durch Abtragen seiner Substanz, zum Entfernen von Vorsprüngen, zum Ebnen und Glätten der Oberfläche und zum Schärfen der Schneiden und Spitzen. Das Paläol. kannte die Schleiftechnik schon und wendete sie bei Knochen an, z. B. bei Nähnadeln des Magdalénien. Obgleich man hierbei Gelegenheit hatte, die Schleifwirkung am Schleifstein zu beobachten, verfiel man doch nicht darauf, die Nutzanwendung auf das S. von Steingeräten zu ziehen. Erst im Mesol. (Azilien [s. d.] und Maglemose-Stufe [s. Nordischer Kreis A]; Präh. Z. 6 [1914] S. 24 Sarauw) beginnt man Steinäxte zu schleifen und entwickelt in der j. StZ, dem „Zeitalter des geschliffenen Steins", die Technik zur Vollkommenheit (s. Steinbearbeitung § 7). In der BZ überträgt man die Technik auf die Bronzebearbeitung, schärft Bronzeäxte und entfernt Gußnaht und Gußhaut durch Schliff (s. Bronzeguß A § 15). Das S. erfolgt entweder durch Reiben des zu schleifenden Gegenstandes auf einem ruhenden Schleifstein, oder der Schleifstein wird über das Werkstück hin bewegt. Um Staubbildung und Kratzen zu vermeiden, pflegt man den Schleifstein mit Wasser oder Öl zu befeuchten; die Verwendung von Öl bezeugt Plinius (Nat. Hist. XXXVI 47).

§ 2. Der Schliff auf dem unbewegten (passiven) Schleifstein ist im Neol. durch zahlreiche Schleifsteine mit ausgearbeiteten Mulden oder Rillen belegt (s. z. B. Band III Tf. 126 l). Sie bestehen in der Regel aus Sandstein, quarzitischem Konglomerat oder anderem geeigneten Gestein und haben die Form dicker, unregelmäßiger Platten von handlichem Format, erreichen aber bisweilen die erstaunliche Größe bis zu 2—3 m Dm (Umgegend von Pont-Levoy), oder es sind anstehende Felsen (Gegend von Niederbronn im Elsaß). Durch rotierende Bewegung entstehen seichte, rundliche Mulden, durch Hin- und Herbewegen in einer Richtung, je nach der Breite des Werkstücks, breite oder schmale Rillen, letztere namentlich beim Zuspitzen von Stäben (Pfriemen, Nadeln u. dgl.). An bronzezeitlichen Waffen und Werkzeugen hat S. Müller beobachtet, daß der Schliff immer parallel mit der Schneide geht, also nicht mit einem rotierenden Schleifstein hergestellt sein kann, der stets Schleifspuren rechtwinklig zur Schneide hinterläßt.

§ 3. Der bewegte (aktive) Schleifstein wurde in der Regel, wie Pfeiffer durch Versuche wahrscheinlich gemacht hat, in der Längsrichtung des Werkstücks oder etwas schräg nach Art des Hobels bewegt. Dadurch nutzt er sich in der Mitte stärker als an den Enden und in Facetten ab (Band IX Tf. 95 c). Solche aus Quarzit bestehenden Schleifsteine sind auf das nord. Neol. beschränkt. Ähnliche aus Sandstein tauchen dann wieder in der kelt. Kultur der LTZ, z. B. auf der Steinsburg (s. d.), auf (Präh. Z. 13 [1921] Tf. 4, 12 Götze). S. a. Band XII Tf. 103 d 32, 33.

§ 4. Zu den aktiven Schleifsteinen gehört auch der rotierende, wie er gegenwärtig üblich ist. In kleinem Format war er als Schleifrädchen für die antike Edelsteinbearbeitung unentbehrlich. Ob die europ. Vorgeschichte ihn kannte, ist zweifelhaft. Wibel möchte einige Granitscheiben aus dem neol. Grabfund des Denghoog (s. d.) als rotierende Schleifsteine deuten und sieht die Bestätigung in gewissen konkaven Schliffen (Hohläxte und Schleiffehler), die nach seiner Ansicht auf andere Weise nicht entstanden sein können. Ist das richtig, dann müßte eine so vielversprechende Erfindung wieder vergessen worden sein, denn in den folgenden vorgesch. Epochen findet sich keine Spur von rotierenden Schleifsteinen, obgleich die in der späten LTZ gebräuchlichen Drehmühlen leicht darauf hätten führen können (s. Mühle A).

§ 5. Eine Spezialform zum S. von Rundstäben sind Sandsteine in Form eines der Länge nach halbierten Eies mit axialer Schleifrille („Pfeilglätter"). Sie wurden paarweise übereinanderliegend gehandhabt. Man findet sie in bandkeramischen Stationen (Worms, Monsheim [s. d.], Tordos [s. d.]), ferner in Troja II und in Spanien an Fundstätten der ältesten Metallzeit (Dörpfeld *Troja* S. 388 Götze, mit Nachweisen).

§ 6. Wirkt der Schleifstein flächig, so der Wetzstein in einer Linie oder schmalen Fläche, auf der er sich mit dem Werkstück stets nur auf einem Punkt oder einer kurzen Linie berührt. Er hatte daher die Form eines kantigen oder runden Stabes, am oberen Ende häufig mit einem Loch oder einer Kerbe oder einer Montierung zum Anhängen. Als Material wurden geeignete Schieferarten genommen. Man kann den Wetzstein aktiv (wie beim Schärfen der Sense) oder passiv handhaben; sein Wirkungskreis ist auf das Schärfen von Schneiden beschränkt. In der StZ scheint er nicht benutzt worden zu sein, er eignet sich auch eher für Metallschneiden und kommt häufig in eisenzeitl. Fundstellen vor. S. a. Vettersfelde.

§ 7. In der älteren EZ wurde der Wetzstein in Eisen (Stahl?) übertragen; Bronze ist hierfür zu weich. Solche Wetzstähle, wie sie heute der Fleischer benutzt, kommen auf der Steinsburg aus der LTZ vor und zwar zwei Stück an einem Ring hängend (*Vorgeschichtl. Altertümer der Prov. Sachsen* Heft V—VIII [1886] Tf. 5, 107 G. Jacob). Wetzstähle von gleicher Form aus gutem Stahl hat auch die Saalburg geliefert (L. Jacobi *Das Römerkastell Saalburg* 1897 S. 439 Tf. 36, 19—24).

§ 8. Die durch Schleifen geglättete Oberfläche wurde zuweilen poliert. Das Polieren ist nichts anderes als ein Schleifen mit feinen und feinsten Schleifmitteln. Ob, wie Pfeiffer (*Die Werkzeuge des Steinzeit-Menschen* S. 14) vermutet, pulverisierter Naxos-Schmirgel in der europ. StZ benutzt wurde, scheint fraglich; seine spätere Verwendung wird durch Plinius bezeugt (Nat. Hist. XXXVI 52, 54; XXXVII 109). Auf die Benutzung von Eisenoxyd weist Wibel hin; er fand Spuren hiervon auf einem Flintkeil von Preetz in Holstein.

Über Poliersteine und andere Poliermittel zum Glätten der Tongefäße s. Töpferei A § 12.

Wibel *Der Gangbau des Denghoogs bei Wenningstedt auf Sylt* 1869 S. 37ff.; Archiv f. Anthr. 10 (1878) S. 36 S. Müller; ZfEthn. 38 (1906) S. 613 Verworn; Anthrop. Korr.-Bl. 44 (1913) S. 17ff. ders.; L. Pfeiffer *Die steinzeitliche Technik* 1912 S. 164, 320 und passim; ders. *Die Werkzeuge des Steinzeit-Menschen* 1920 passim; C. Matthis *Vorzeitliche Schleifwerkstätten aus den Niederbronner Bergen* 1916 (SA Anzeiger f. elsässische Altertumskunde 1915); F. M. Feldhaus *Die Geschichte der Schleifmittel* 1919.

Alfred Götze

B. Ägypten. Der einzige, wohl mit Sicherheit zum S. einer Dolchklinge be nutzte Schleifstein aus Ä. stammt aus dem NR (18. Dyn., um 1500 v. C.). Er hat die Form eines niedrigen Trapezes und besteht aus feinkörnigem Sandstein (Berlin Inv. 274, veröff. mit dem dazugehörigen Dolch bei Heinrich Schäfer *Ägyptische Goldschmiedearbeiten* 1910 S. 21 Nr. 17, Abb. auf Tf. 4). — Aus vorgesch. Zeit wissen wir nichts über den Schleifstein. Auf Bildern des AR begegnet uns häufig bei den Darstellungen des Schlachtens der Opfertiere ein stabartiges Gerät in der Hand des Schlächters, mit dem er sein Messer wetzt. Dieser Schleifstein ist an dem gebogenen Ende mit einer Schnur umwickelt, die am Schurz des Mannes befestigt ist; so trägt der Schlächter seinen Schleifstein ähnlich wie bei uns heute stets mit sich herum. (Das Gerät ist beschrieben und abgebildet in ÄZ 49 [1911] S. 122 P. Montet; Darstellung des Schleifens z. B. Rich. Lepsius *Denkmäler* II 52 und 68; G. Steindorff *Grab des Ti* 1913 Tf. 71.) Schleifsteine dieser Art sind nicht gefunden worden, daher läßt sich über ihr Material nichts sagen. Ebenso ist die Erklärung des S.

noch unsicher. Bei der ersten der genannten Darstellungen ist auf dem Bilde deutlich das Wegspringen kleiner Splitter beim Wetzen zu beobachten (vgl. dazu ÄZ 35 [1897] S. 105 unten L. Borchardt). Das Messer scheint also, wie dies ja bei rituellen Schlachtungen nicht anders anzunehmen ist, aus Feuerstein gewesen zu sein. Dem ist aber entgegenzuhalten, daß bei öfterem Wetzen in der dargestellten Weise bald nicht mehr viel von dem Feuersteinmesser vorhanden gewesen sein dürfte, weshalb es nahe liegt, doch an Messer aus Metall (Kupfer) zu denken (gegen die Annahme von Feuersteinmessern spricht auch de Morgan *Origines* II 104). Die Darstellungen bei F. Ll. Griffith *Beni Hasan* III Tf. 7—10 aus dem MR (um 2000 v. C.) scheinen in den ersten Bildern wenigstens nichts mehr mit dem Schleifen von Feuersteinmessern zu tun zu haben; die Leute klopfen mit einem stabartigen Gegenstand auf die Messer und führen dadurch wohl geringe Absplitterungen herbei. — Bei N. de Garis Davies *The Rock Tombs of Deir el Gebrâwi* I (1902) ist auf Tf. 13—14 unten möglicherweise das Schleifen von Halbedelsteinen dargestellt (Zeit des AR).

Scharff

C. Palästina-Syrien. Mit dem Neol. beginnt die Kunst, die Kanten der Steinwerkzeuge (Äxte, Meißel) so zu glätten, daß sie eine scharfe Schneide erhalten. Immerhin sind die Stücke, an denen dies sicher nachgewiesen werden kann, nicht zahlreich (z. B. *arṭâs* Quarterly Statements 44 [1912] S. 82f. R. A. S. Macalister; *bēt ta'âmir* P. Karge *Rephaim* 1917 S. 145; *nahr el-kelb* G. Zumoffen *La Phénicie avant les Phéniciens* 1900 Tf. 3, 13; *rās bērût* Anthropos 5 [1910] S. 159 Abb. 6, Tf. 6, 1ff.; Schumacher *Mutesellim* S. 76f., 81, 87; Macalister *Gezer* III Tf. 139, 1; Sellin-Watzinger *Jericho* Tf. 25, 127. 128). Bronze- und Eisengeräte sind oft vorzüglich geschliffen. Dazu wurden kleine, meistens rechteckige Steine benutzt, die an dem einen Ende oder in einer Ecke ein Loch haben (vgl. die ägäischen Geräte bei R. Dussaud *Les civilisations préhelléniques*² 1914 S. 256). Bei den Ausgrabungen scheint nicht genügend darauf geachtet worden zu sein (alte Stücke vom *rās el-kelb* G. Zumoffen *La Phénicie* 1900 S. 115ff.; Anthropos 5 [1910] S. 143ff. ders.). Sicher sind Schleifsteine die als Amulette gebuchten Stücke von Gezer (s. d.; L. 5—10 cm; Macalister *Gezer* III Tf. 226, 21. 32; vgl. Reisner-Fisher-Lyon *Harvard Excavations at Samaria* 1924 S. 341; ein byz. Stück Sellin-Watzinger *Jericho* S. 167). Häufiger ist die andere Form, bei der durch das Wetzen des Gerätes an einer Seite oder auf beiden Seiten des kegelförmigen Steines Vertiefungen entstanden sind (Macalister *Gezer* II 255; Sellin-Watzinger *Jericho* S. 154). Verwendet wurden Kalkstein, Diorit, Schiefer. Zum Polieren von Gefäßen, Geräten, Gewichten oder Siegeln benutzte man viereckige Steine etwa von der Größe eines Seifenstückes (Macalister *Gezer* II 256). Die einzelnen Stadien der Bearbeitung zeigt der Fund von Blutsteinstücken aus der Ramessidenzeit (ebd. II 257).

Peter Thomsen

Schleifennadel s. Nadel A 1 § 17.

Schleifrädchen (Vorderasien). Die ältesten Siegelzylinder in Mesopotamien wurden mit der Hand graviert. Später wurden das S. und die Schleifkugel erfunden, die die Technik wesentlich erleichterten. Infolge der übermäßigen Anwendung der Schleifkugel in neuassyr. Zeit scheinen aber die Darstellungen fast nur aus Punkten und Strichen zu bestehen.

L. Curtius *Studien zur Geschichte der altorientalischen Kunst* 1912 S. 54; R. Koldewey *Das wieder erstehende Babylon* 1913 S. 264; MDOG 25 S. 40, 42.

B. Meissner

Schleifstein s. Schleifen.

Schlesien (Tf. 77—89).

Allgemeines: § 1. — A. Ältere Steinzeit: § 2. — B. Jüngere Steinzeit: § 3—12. — C. Ältere Bronzezeit: § 13—23. — D. Die Zeit der Urnenfriedhöfe: § 24—33. — E. Die Zeit der germanischen Besiedlung: § 34—43.

Allgemeines. § 1. „Schlesien liegt an einer besonders wichtigen Stelle der Grenzlinie zwischen Ost- und Westeuropa, an dem Schnittpunkt dieser Grenzlinie mit einer anderen, welche die nördliche und südliche Hälfte Deutschlands scheidet" (J. Partsch). Diese Lage räumt ihm während seiner ganzen Geschichte eine merkwürdige Mittlerrolle ein. An dem nordwestwärts streichenden Zuge der Sudeten staut sich in wachsender Breite die nordd. Ebene, um jenseits der schles. Grenzsteine in die ungeheure Weite der ö. Tiefländer zu münden. Treffend vergleicht W. Volz diese Lage mit einem Trichter, worin sich der schmale w. Verkehrsstrom entfaltet, der breite ö. zusammengefaßt wird. „Die tektonische Lage fügt neue Momente der Verkehrsgunst hinzu: im S Schlesiens stoßen das verkehrsschwere Alpengebirge und der paßlose Karpathenbogen zusammen in einer breiten verkehrsgünstigen Senke (Lage von Wien! Böhmen!); die niedrige mährische Pforte, der paßreiche Sudetenzug führen den Verkehr leicht nach N weiter, fast zwangsläufig, ist doch der Karpathenzug jenseits des Jablunkapasses paßlos. So wird S. zum natürlichen Schnittpunkt wichtigster O-W- und N-S-Straßen."

Alles das trifft im vollen Umfange schon für die Urzeit zu.

J. Partsch *Schlesien* I (1896) S. 21 f.; W. Volz *Oberschlesien und die oberschlesische Frage*; H. Hassinger *Die mährische Pforte und ihre benachbarten Landschaften* Abh. d. Geogr. Ges. Wien 11 Nr. 2 (1914).

A. Ältere Steinzeit. § 2. Der Reichtum Westpolens und Mährens an Fundplätzen der älteren StZ legt die Vermutung nahe, daß der paläol. Mensch auf seinen Streifzügen auch nach S. vorgedrungen sei. Doch mögen die rauhen Winde, die von der nahen Vergletscherungszone herunterwehten, von längerem Verweilen abgeschreckt haben. Sonst wäre es schwer erklärlich, daß z. B. die ausgedehnten Lößschichten Oberschlesiens noch nichts von Resten diluv. Alters ergeben haben. Ebensowenig weist sich ein schles. Fundstück durch seinen Rohstoff, etwa Rengeweih, als altsteinzeitlich aus. Nur ihrer Form nach kann man einige aus Hirschgeweih hergestellte Hacken, die sich den west- und nordeurop. Rengeweihhacken an die Seite stellen, mit gutem Grunde an den Ausgang der älteren StZ oder in ihren Übergang zur jüngeren setzen. Drei sind in einer Kiesgrube bei Mondschütz, Kreis Wohlau, eine auf dem Gahler Berge bei Herrnstadt, Kreis Guhrau, ausgegraben worden (Band IX Tf. 2 f, g). In beiden Fällen deuten die FU auf eine Verwendung der Geräte zum Ausheben von Wildfanggruben hin. S. a. Lyngby-Kultur.

Schles. Vorz. 6 (1896) S. 67 ff.; Altschlesien 1 (1921) S. 2 ff.

B. Jüngere Steinzeit. § 3. Aus den altneol. Stufen, die doch im n. Ostdeutschland verhältnismäßig gut vertreten sind, kennen wir in S. noch keine sicheren Funde. Es scheint, daß die Vorbedingungen für eine dauernde Besiedelung erst in jungneol. Zeit erfüllt waren. Ein kontinentales Klima, beträchtlich wärmer und trockner als das heutige, begünstigte die Bildung von Parklandschaften mit mählichem Übergang vom Wald zur Steppe. Dieser Gegensatz war nach Wahle nirgends so ausgesprochen wie in Ober- und Mittelschlesien: der ganze Löß und das Gebiet der Schwarzerde werden von Steppenpflanzen eingenommen gewesen sein. Steppenstreifen mögen auch die Niederungen der Oder und ihrer Nebenflüsse, mit Wiesen wechselnd, begleitet haben. Im übrigen war sowohl der gebirgige Teil wie das Tiefland von einem dichten, schwer durchdringlichen Waldkleide überzogen. Für die Besiedelungsgeschichte ist dieser Gegensatz von entscheidender Wichtigkeit: es ist klar, daß die Einwanderer sich zunächst an das offene Land gehalten haben werden.

E. Wahle *Ostdeutschland in jungneolithischer Zeit* 1918; M. Hellmich *Die Besiedelung Schlesiens in vor- und frühgeschichtlicher Zeit* 1923.

§ 4. In der Tat sind die Spuren frühester Seßhaftigkeit auf die Lößböden und ehemaligen Grasflächen beschränkt. Sie häufen sich in der fruchtbaren Ebene s. von Breslau zwischen Ohle und Weistritz und reichen hier bis in den Kreis Frankenstein, also an die Vorberge des Glatzer Kessels heran. Kleinere Sammelpunkte liegen in der Gegend zwischen Liegnitz und Jauer und auf dem l. Oder-Ufer bei Glogau. In Oberschlesien sind die Lößhänge des Oder-Tales bei Ratibor, der Hotzenplotz zwischen Gläsen und Schönau und der Oppa oberhalb Troppaus dicht bewohnt gewesen, während die Seitentäler der Zinna und Troja trotz ihres Lößbodens zwar viele Einzelfunde, aber — vielleicht nur zufällig — bisher keine Wohnstätten der ältesten Stufen ergeben haben.

§ 5. Man lebte in Dörfern. Die eng gedrängten Hütten waren mit ihrem unteren Teile in den Boden eingetieft und mit

Wänden aus Spaltholz, Rutengeflecht und Lehmverputz versehen. Der Grundriß ist selten erkennbar. In der spiralkeramischen Siedlung von Nosswitz (s. Nosswitzer Typus) wurden viereckige Pfostenhäuser mit Herd in der Mitte beobachtet (s. a. Haus A 1 § 11). In Jordansmühl deutete die Form der Gruben mehr auf Rundhütten, und die Herdstellen scheinen hier z. T. außerhalb der eigentlichen Wohnräume gelegen zu haben. Ob diese und andere Unterschiede der Bauweise örtlicher Natur, vielleicht durch die Beschaffenheit des Erdreiches bestimmt waren, oder ob sie mit kulturellen Eigenheiten zusammenhängen, bedarf noch genauerer Untersuchung. Im allg. macht die Kultur einen gleichförmigen Eindruck: Ackerbau und Viehzucht bildeten neben der Jagd die Hauptquellen der Ernährung. Einseitig gewölbte Flachhacken, schuhleistenähnliche Pickel und große Pflugkeile waren die wichtigsten Arbeitsgeräte. Die Kleinwerkzeuge wurden, z. T. fabrikmäßig, aus Flint zugeschlagen oder aus Knochen geschnitzt. Waffen, außer Pfeilspitzen, fehlen nicht bloß in den Wohngruben, sondern auch in den Gräbern. Es wurde gesponnen, gewebt und getöpfert. Dem Kultus dienten vermutlich die kleinen tönernen Figuren, welche nackte Frauen darstellen. Alles in allem ein Bild, das die wohlbekannten Züge der donauländischen oder, wie man mit einem konventionellen Ausdruck auch sagt, der bandkeramischen Kultur aufweist (Tf. 78^A^, 79 a—i).

§ 6. Bei näherer Betrachtung löst sich dieses Bild, wie in den Ursprungsländern, in eine Anzahl Einzelgruppen auf, deren Abweichungen zum Teil wohl aus der Altersfolge, zum Teil aber auch aus völkischer Verschiedenheit erklärt werden müssen. Die augenfälligsten Merkmale liefert das Tongeschirr, jedoch gehen andere Unterschiede, z. B. in der Totenbestattung, vielleicht auch im Hausbau (s. § 5), damit Hand in Hand.

a) Die älteste Gruppe wird durch einfache Kümpfe von Halbkugel- oder Bombenform bezeichnet. Statt der Henkel dienen Knorren und Knöpfe als Handhaben oder Halte für die Umschnürung. Die Verzierungen sind Tupfenreihen, breite, mit Punktstichen gefüllte Bänder, Bogenlinien mit knoten- oder notenkopfartigen Eindrücken. Formen und Ornamente verweisen sie in die Gattung der Spiral-Mäander-Keramik. Sie gleicht völlig der böhm. Art (Band II Tf. 22 a) und wird, wie diese, ausschließlich in Wohngruben angetroffen. Metall kommt mit ihr zusammen noch nicht vor. Verbreitung: Mittel- und Niederschlesien.

b) Als nächste folgt aus derselben Richtung und mit derselben Verbreitung, durch Wohn- und Grabfunde bezeugt, die Stichreihenkeramik oder der Bschanzer Typus (s. d. und Band II Tf. 14 a—c). Es lassen sich in ihr zwei Stufen erkennen. Die ältere schließt sich in ihren rundlichen Formen an die vorige Gruppe an und gleicht im wesentlichen der älteren Stichreihenkeramik Böhmens und Mährens (Band II Tf. 24 a). Die jüngere zieht eckige und gegliederte Formen vor und steht ersichtlich unter dem Einfluß

c) des Jordansmühler Typus (s. d. und Band VI Tf. 52), mit dem sie in Wohngruben, nicht aber in Gräbern öfters gesellt ist. Dieser ist vom sw. Ungarn ausgegangen (vgl. Band VII Tf. 201 d, e) und hat sich über Mähren einerseits nach Oberschlesien, andererseits nach Böhmen verbreitet. Seine Merkmale sind überall die Fußschale und die doppelkonische Vase mit oder ohne Walzenhals und mit flachrunden Knöpfen, ferner die auch der schles. Gruppe nicht ganz fremde Gefäßmalerei, die Verwendung seltener, durch den Handel bezogener Gesteinsarten (Obsidian [s. d. B; vgl. Tf. 79 c], Jadeit) und des Kupfers für Schmucksachen, endlich das strenge Festhalten an der altertümlichen Sitte des Begrabens der Toten im Hause (s. Wohnungsbestattung). Auch beim Jordansmühler T. unterscheidet man zwei Stufen. Die ältere, mit einem Formenvorrat, der dem mährisch-ungarischen entspricht, kennen wir bisher nur aus Oberschlesien, die jüngere, mit reicher ausgebildeten Sonderformen (doppelhenklige Krüge), nur aus Mittelschlesien. S. a. Tf. 78^B^.

§ 7. Danach läßt sich der Verlauf der Besiedelung mit ziemlicher Sicherheit bestimmen. Die erste Einwanderung, bezeichnet durch die Spiralkeramik, erfolgte von Böhmen her über die Grafschaft Glatz und den Wartha-Paß durch das Lohe-Tal.

Bei Breslau wendete sich der Zug zunächst nach W hin, um dann teils in der Gegend von Liegnitz, teils in einer n. Abzweigung bei Glogau zu enden. Denselben Wegen folgten später die wahrscheinlich gleichstammigen Träger der Stichreihenkeramik. Zugleich mit ihnen rückten über das Gesenke die Jordansmühler Leute ein, die nach Gründung von Niederlassungen an der Oppa bei Ratibor und Oberglogau oderabwärts bis Breslau zogen und sich hier und im Zobten-Gau mit den früheren Ankömmlingen in die Siedlungsplätze teilten. Als ungefähren Endpunkt dieser älteren Besiedlungsschicht kann man die Mitte des 3. Jht. in Ansatz bringen.

§ 8. In starkem Gegensatz zu diesen südlich gefärbten Gruppen steht die von Nordischem Gepräge, näher bekannt geworden durch die Ausgrabungen in Nosswitz, Kreis Glogau (s. Nosswitzer Typus und Band IX Tf. 174). Ihre Benennung stützt sich gleichermaßen auf die Gefäßformen wie auf die in Tiefstich mit weißer Einlage ausgeführten Verzierungen und die begleitenden Steingeräte (dicknackige Flintäxte) sowie den Bernsteinschmuck. Die Nosswitzer Siedlung war auf dem Schutte einer spiralkeramischen Siedlung erbaut, die damals längst verfallen gewesen sein muß. Dagegen lieferte die Jordansmühler Fundstätte den Beweis, daß die nach ihr benannte Kultur gleichzeitig mit der nordischen geblüht hat. Die Berührung geht so weit, daß die beiderlei Erzeugnisse wechselseitig nachgeahmt und als Grabbeigaben verwendet werden. Auch zwischen jüngerer Stichreihen- und Nordischer Keramik walten Beziehungen ob. Hiernach hat die von NW her auf dem Oderwege eingewanderte neue Bevölkerung eine Zeitlang friedlich neben der alten gewohnt, was schließlich zu einer Verschmelzung der beiden Elemente führen mußte.

§ 9. Diesen Prozeß sehen wir im jüngsten Abschnitt des Neol. vollendet. Der Marschwitzer Typus (s. d.) vereinigt Erscheinungen zweifellos nord. Herkunft mit solchen, die ebenso sicher aus alt-einheimischer Überlieferung zu erklären sind. Eine seiner Charakterformen, der bauchige Henkelkrug (Band VIII Tf. 6d), erinnert z. B. gerade in seiner ältesten Gestalt sehr stark an die Doppelhenkelkrüge von Jordansmühl. Desgleichen haben sich die Fußschale und verschiedene andere Arten von Gefäßen (ebd. Tf. 6h) fortgeerbt. Nord. Ursprungs ist dagegen die Ornamentik, ihre streng tektonische Linienführung, ihre Auffassung als gleichsam aufgelegter, umgürtender Hals- und Schulterschmuck. Immerhin sind die stilistischen Wandlungen, die wir zwischen der Nosswitz-Jordansmühler und der Marschwitzer Stufe vollzogen sehen, so bedeutend daß mit einem Abstande von mehreren Jahrhunderten zu rechnen ist. Die zwischenzeitliche Entwicklung vermögen wir mangels größerer Fundzusammenhänge noch nicht restlos aufzuklären. Einflüsse aus dem Kreise der thüringischen Schnurkeramik und der brandenburgischen Kugelamphoren spielen hinein, auch haben neue Nachschübe von der unteren Oder her stattgefunden, die u. a. die „jütischen" Mörserbecher und eine gleichfalls auf jütische Vorbilder zurückgehende Form von Streitäxten nach S. brachten.

§ 10. Wie schon der Nosswitzer Typus, hat sich auch der Marschwitzer durch das ganze Oder-Tal bis nach Oberschlesien (und darüber hinaus) verbreitet. Vornehmlich sind es Gräber, aus denen er uns entgegentritt. Der Grabritus zeigt bemerkenswerte Unterschiede sowohl gegenüber der vorangegangenen wie gegenüber der folgenden Zeit. Die Hausbestattung (s. § 1) ist durch das Begraben auf gemeinsamen Friedhöfen, die Schläferstellung durch die überstarke Zusammenziehung der Gliedmaßen ersetzt. Nicht selten sind Gräber mit zwei oder drei eng verbundenen Leichen und Teilbestattungen einzelner oder mehrerer Schädel. Spricht sich darin eine veränderte Auffassung des Verhältnisses zu den Toten aus, so war der Ritus andererseits noch nicht so streng ausgebildet wie in der nächsten Stufe. Ohne nennenswerten Steinschutz und ohne eine bestimmte Orientierung liegen die Toten bald auf der r., bald auf der l. Seite.

§ 11. In den Ausgang der StZ gehören auch die wenigen aus Ober- und Mittelschlesien vorliegenden Grabfunde der Glokkenbecherkultur (s. d. und Band IV Tf. 152d, e [ersterer: FO unsicher; vgl. Altschlesien 1 ⟨1926⟩ S. 217 Alb. 20]). Sie stimmen vollkommen mit der mähr. und

a

b

Schlesien

a, b. Wohngrube und Grab von Jordansmühl, Kr. Nimptsch. Nach Photographie des Breslauer Museums und Archiv für Anthropologie.

Schlesien

Funde aus steinzeitlichen Wohngruben von Ottitz, Kr. Ratibor: a—d, f, g. Tongefäßscherben; e. Spinnwirtel; h. Hirschgeweihaxt; i. Flintgeräte; k—o. tönerne Idole; p—x. Steinäxte.

böhm. überein und deuten durch ihre Eigenart, die sich auch in der regelmäßigen Bogenbewaffnung und anderen Zügen kundtut, auf ein besonderes Bevölkerungselement. Ihre Gleichzeitigkeit mit der Marschwitzer Gruppe wird durch die von dieser übernommenen Gefäßformen und steinernen Armschutzplatten (vgl. Band IV Tf. 50 Abb. 20) bezeugt. Da nun die Glockenbecher vermöge ihrer Beziehungen zur Mittelmeerkultur eine ungefähre Datierung erlauben, gewinnen wir so einen chronol. Anhalt auch für unsere Gegenden: die Schlußstufe der jüngeren StZ muß in die letzten Jahrhunderte des 3. Jht. fallen.

§ 12. Die Frage der Rassenzugehörigkeit der neol. Bewohner S. ist von Reche und in einem größeren Zusammenhange von Schliz behandelt worden. Somatisches Material besitzen wir nur für die Jordansmühler und für die Marschwitzer Kultur. Reche unterscheidet zwei Typen: I. einen kleinwüchsigen, meso- bis brachykephalen, mit platter, vorn aufgeblähter, breiter Nase, Neigung zur Prognathie, niedrigem, breiten Gesicht und etwas vorstehenden Backenknochen; II. einen dolicho- bis hyperdolichokephalen, den er für identisch mit der nordeurop. Rasse hält. I herrscht in der Jordansmühler Stufe vor, wird aber in der Marschwitzer zurückgedrängt, so daß jetzt die große Mehrzahl der Individuen zu Typus II oder zu Mischlingen gehört. Dieses Verhältnis bleibt auch in der frühen BZ bestehen. Zu ähnlichen Feststellungen kommt Schliz, doch weicht er in ihrer Erklärung und in den Schlußfolgerungen von Reche ab. Eine Nachprüfung auf breiterer Grundlage darf von der Zukunft erwartet werden. Jedenfalls führt auch die anthrop. Betrachtung zu dem Ergebnis, daß Rassenmischungen im Sinne eines Vordringens nord. Elemente stattgefunden haben.

Schles. Vorz. NF 7 (1916) S. 1ff. H. Seger; Archiv f. Anthr. NF 7 (1908) S. 220ff. O. Reche; ebd. NF 9 (1910) S. 207ff. A. Schliz.

C. Ältere Bronzezeit. § 13. Der Übergang zur BZ war durch den langen Gebrauch kupferner Werkzeuge und Waffen vorbereitet. Schon der Jordansmühler Typus hatte kupferne Schmucksachen gekannt (Band VI Tf. 52b; s. a. § 6c), und vermutlich gehen auch die einzeln gefundenen Beile und Äxte aus reinem Kupfer (Tf. 80a, c, d, f—k) teilweise bis auf diese Stufe zurück. In einem der Marschwitzer Gräber fanden sich bereits kleine Drahtringe und ein Pfriemen aus zinnreicher Bronze. Doch ist das ein vereinzelter Fall. Die eigentliche BZ beginnt erst nach dem Ausklingen des Marschwitzer Typus, und im allg. ist der Zinnzusatz anfangs sehr gering. Ja, ein großer Teil der chemisch untersuchten Gegenstände aus frühbronzezeitl. Funden weist so minimale Beimischungen anderer Metalle als des Kupfers auf, daß man zweifeln muß, ob sie überhaupt beabsichtigt waren und nicht vielmehr natürliche Nebenbestandteile des Grundstoffes darstellen.

Schles. Vorz. 7 (1899) S. 341, 514ff. O. Mertins.

§ 14. Dies ist wohl verständlich, wenn man bedenkt, daß zwar Kupfererze an vielen Stellen Mitteleuropas gefunden und seit den Anfängen der Metallbekanntschaft ausgebeutet werden, daß aber für die Zinngewinnung ursprünglich nur die pyrenäische Halbinsel und allenfalls das heutige Cornwall in Betracht kamen. Man mochte also die Vorzüge seiner Legierung längst erkannt haben, ohne doch in der Lage zu sein, sie sich regelmäßig zu verschaffen. Erst die Entdeckung der Zinnlager im Böhmisch-Sächsischen Erzgebirge konnte darin eine Änderung bringen. Sie allein erklärt den raschen Aufschwung und die hohe Blüte der Bronze-Industrie während der frühen BZ in den Ländern der Aunjetitzer Kultur (s. d.).

§ 15. Die Stellung Schlesiens in diesem Kreise war die einer Außenprovinz, die aber für den Transitverkehr nach dem N eine große Bedeutung hatte. Über ein Dutzend Bronzefunde, die als Händlervorräte gedeutet werden können, liegen vor. Ihre Zusammensetzung ist die übliche: es überwiegen die offenen Ösen-Halsringe (Tf. 81b) und die Randäxte vom „sächsischen" Typus (Tf. 80p). Nächstdem sind am häufigsten die kräftigen Oberarmringe mit dicht zusammenstoßenden, öfters quergerippten Enden (vgl. z. B. Band IX Tf. 106). Offenbar waren dies die für den Tauschhandel gangbarsten Bronzeformen, Waren und Wertmesser zugleich. Der Fund von Piltsch (Kreis Leobschütz) enthielt 20 Äxte (Tf. 80m—p), 17 Halsringe und 8 zylindrische Armspiralen (Tf. 81a, b); der von Glogau 11 Beile,

23 Hals- und Armringe und 2 gerippte Armstulpen (Tf. 81 c, e); der von Pilsnitz, Kreis Breslau, 13 Beile, 4 Hals- und 17 Oberarmringe sowie einen Dolch (Tf. 80 r), alle bei der Vergrabung noch neu und unbenutzt. In anderen Fällen machen die Funde einen mehr individuellen Eindruck, als ob es sich um die verborgenen Schätze einzelner Personen handelte. Hier findet man einzelne Prunkwaffen und Schmuckgarnituren, wie sie auch in reicher ausgestatteten Gräbern vorkommen. Es ist bemerkenswert, daß alsdann zu den Metallschmucksachen fast regelmäßig Bernsteinperlen treten (Tf. 81 l—q).

§ 16. Der Formenkreis deckt sich im großen ganzen mit dem böhmischen. Die Ausnahmen betreffen seltenere Stücke, bei denen der Zufall mitgesprochen haben kann. Doch haben wohl auch mit dem w. Teile des Aunjetitzer Gebietes (Sachsen-Thüringen) Verbindungen bestanden, die z. B. die Axtdolche (Dolchstäbe) und die schlanken, längsgerippten Spitzhämmer (Tf. 80 q) nach dem O brachten. Für eine einheimische Industrie haben wir keine sicheren Anhaltspunkte. Sie könnte sich erst ganz am Schluß der Per. entwickelt haben, von wo allerdings einige anscheinend auf S. beschränkte Typen vorliegen, z. B. reich gepunzte, zungenförmige Zierbeschläge und die Vorläufer der ostdeutschen Ösennadeln (s. d.).

Schles. Vorz. 6 (1896) S. 172 und 296ff.; ebd. NF 4 (1907) S. 10f.; ZfEthn. 1902 S. 189ff. Kossinna; Altschlesien 1 (1924) S. 8, 76ff. Seger.

§ 17. Am selbständigsten verhält sich S. in der Töpferkunst. Sie knüpft durchaus an den Marschwitzer Typus an, so zwar, daß dieser zuerst langsam an Charakter verliert, auf schmückende Zutaten verzichtet und ebenso allmählich wieder in die prägnanten Formen der Hoch-Aunjetitzer Stufe übergeht. Die schlesische Keramik steht in Feinheit und Geschmack innerhalb des Aunjetitzer Kreises mit an erster Stelle (Band I Tf. 50, 51). Sie bewährt hier schon dieselben Eigenschaften, die ihr während der ganzen siedlungsgeschichtlichen Epoche treu geblieben sind. Eine offenbare Freude an dieser Begabung spricht sich in der S. eignen, überreichlichen Ausstattung der Gräber mit Tongefäßen aus, ein Zug, dem wir schon in der Jordansmühler Stufe begegnen, und der sich ebenfalls bis in die frühe EZ erhält (vgl. § 26).

§ 18. Die Totenbestattung (Band I Tf. 48b–d) folgt dem früheren Brauche (§ 10, aber man hält nunmehr darauf, daß der Leichnam, Scheitel nach S, auf dem rechten Seite liegend, gegen Morgen blickt. Umfriedung des Grabes mit großen Steinen ist gewöhnlich, auch mächtigere Packungen, die an hölzerne Einbauten denken lassen, kommen vor. Das Grabgut ist ärmlich; außer Tongefäßen ist oft gar nichts mitgegeben, doch fehlt es auch nicht an Beispielen für das Gegenteil. Ein Frauengrab aus Weigwitz (Kreis Breslau) barg zwei Halsketten von Bronzespiralen und Bernsteinperlen, 6 Haarlockenringe aus Doppeldraht und vier in der Mitte durchbohrte Knochenscheiben. Von der Kleidung waren Reste eines gewebten, dunkelbraunen Wollstoffes erhalten. Nahe dabei waren vorher drei goldene Armspiralen gefunden worden. Daß man noch immer an ein materielles Weiterleben der Verstorbenen glaubte, beweisen die Tierknochen (Schulterblätter vom Rinde), die sich z. B. in den Gräbern von Gleinitz (Kr. Glogau) vorgefunden haben. In alledem bekundet sich die ungestörte Fortdauer der Besiedlung, wie denn auch deren Grenzen gegenüber den steinzeitl. ziemlich unverändert sind.

Schles. Vorz. 6 (1896) S. 336f.; ebd. 7 (1899) S. 234; ebd. NF 2 (1902) S. 5 und 15; ebd. 4 (1907) S. 1ff. Seger.

§ 19. Weniger durchsichtig liegen die Verhältnisse in der folgenden Stufe (Per. II Mont.). Die Spärlichkeit der Funde, das Fehlen namentlich von größeren Fundkomplexen hat seinerzeit die Hypothese hervorgerufen, daß die Aunjetitzer Bevölkerung abgeströmt und eine Verödung des Landes eingetreten wäre (ZfEthn. 1902 S. 206f. Kossinna). Inzwischen ist mancher neue Fund hinzugekommen. Die Kluft zwischen I und III beginnt sich zu verringern, und es zeigen sich Anknüpfungen nach beiden Seiten hin. Gleichwohl bleibt noch vieles rätselhaft. Gewisse Erscheinungen stehen vorläufig unvermittelt da. Die Möglichkeit wenn auch nur teilweiser Bevölkerungsverschiebungen ist nach dem derzeitigen Stande der Forschung nicht gänzlich von der Hand zu weisen.

Schlesien

Widder aus Ton von Jordansmühl. H. 33 cm. — Nach Photographie des Museums Breslau.

Schlesien

a, o. Fundort unbekannt. — b. Geppersdorf, Kr. Strehlen. — c. Matzwz, Kr. Grottkau. — d. Dittersbach, Kr. Wohlau. — e. (Obsidian) Ottitz, Kr. Ratibor. — f. Cielmitz, Kr. Pleß. — g. (Jadeit) Ratibor. — h. Laubnitz, Kr. Frankenstein. — i. Groß-Neukirch, Kr. Cosel. — k. Gmeiche, Kr. Breslau. — l. Ober-Weistritz, Kr. Schweidnitz. — m. Jacobine, Kr. Ohlau. — n. Protzan, Kr. Frankenstein. — p. Tepliwoda, Kr. Münsterberg. — $^2/_7$ n. Gr.

Schlesien

Kupferzeit: a. Ottwitz, Kr. Strehlen. — b. (Stein) Eichberg, Kr. Bunzlau. — c, i. Jordansmühl, Kr. Nimptsch. — d. Groß-Zauche, Kr. Trebnitz. — e. (Stein) Zinkwitz, Kr. Münsterberg. — f. Alt-Altmannsdorf, Kr. Frankenstein — g. Groß-Strehlitz. — h. Nieder-Kunzendorf, Kr. Münsterberg. — k. Strehlen. — Frühe Bronzezeit: l. Groß-Tinz, Kr. Liegnitz. — m—p. Piltsch, Kr. Leobschütz. — q. Karschau, Kr. Nimptsch. — r. Pilsnitz, Kr. Breslau. — ca. $^{2}/_{7}$ n. Gr.

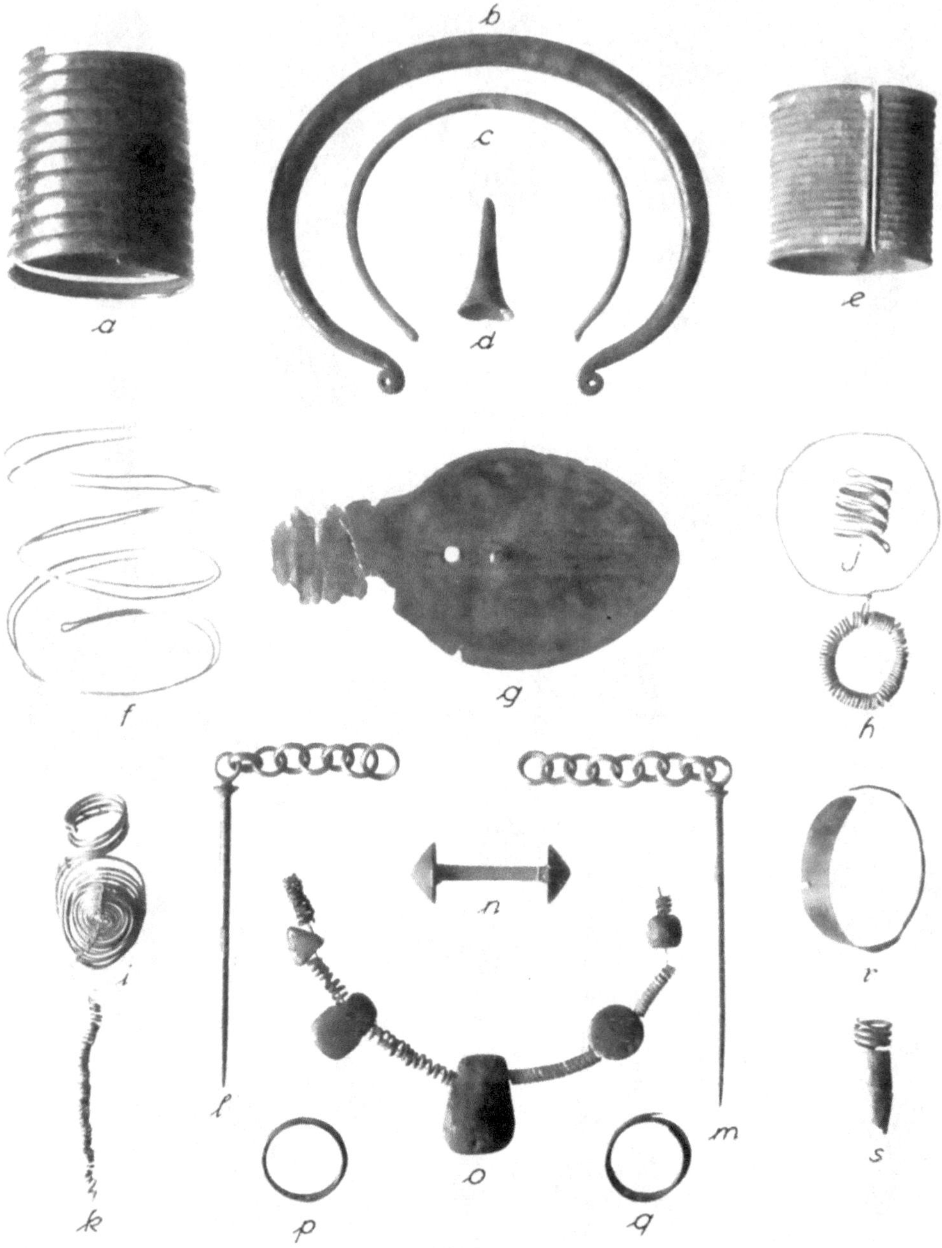

Schlesien

Frühe Bronzezeit: a, b. Piltsch, Kr. Leobschütz. — c, e. Glogau. — d. Niclasdorf Kr. Strehlen. — f, j, k. (Gold) Halbendorf, Kr. Oppeln. — g. Zedlitz, Kr. Steinau. — h. (Gold) Fundort unbekannt. — i. (Gold) Tschanschwitz, Kr. Strehlen. — l—q. Klein-Gandau, Kr. Breslau. — r, s. Zedlitz, Kr. Steinau. — Etwa $^1/_3$ n. Gr.

§ 20. Zu denken gibt in dieser Hinsicht besonders das Aufkommen der Hügelbestattung in Gegenden, die vorher nicht besiedelt waren: den Waldgebieten der nord-mittelschlesischen Kreise Trebnitz, Militsch, Oels. Gewöhnlich war das Grab genau in der Hügelmitte angelegt, mit Steinplatten oder kleinen Steinen gepflastert und umfriedet und bei der Errichtung wohl auch mit einem Holzdach versehen, über dem sich ein mächtiger Steinhaufen und schließlich der Erdhügel wölbten (vgl. Band X Tf. 72a). Vom Leichnam sind selten mehr als Spuren erhalten. Nur die Ausmaße der Gruft und die Lage der Beigaben zeigen eine brandlose Bestattung an. Anderwärts sind die Erdhügel durch den Ackerbau eingeebnet, aber die unterirdischen Steinhaufen geblieben. Im alten Siedlungslande überwiegen die einfachen Erdgräber, die sich meist bloß durch die schwarze Bodenfärbung und die etwaigen Beigaben erkennbar machen. Tongefäße finden sich nur ausnahmsweise. Die Geringfügigkeit der Merkmale dürfte der Hauptgrund sein, weshalb sich diese Gräber der Beobachtung leicht entziehen. Übergangsformen vom Begraben zum Verbrennen sind in Massel und Jordansmühl festgestellt worden.

Schles. Vorz. 6 (1896) S. 326f.; ebd. 7 (1899) S. 548; ebd. NF 4 (1907) S. 8; ebd. 5 (1909) S. 28; ebd. 6 (1912) S. 8.

§ 21. Größere Bronzefunde, wie sie die I. Per. so zahlreich dargeboten hat, sind aus der zweiten nicht bekannt. Verhältnismäßig häufig trifft man dagegen einzelne ansehnliche Bronzegeräte, die offenbar in einer bestimmten Absicht niedergelegt worden sind. Hierher gehören z. B. die schönen, reich ornamentierten Prunkäxte mit scheibenförmigem Nackenknauf und Schafttülle (Tf. 82c—e) und ferner die immer paarweise auftretenden Armbergen mit symmetrisch gebildeten Doppelspiralscheiben (Tf. 83c—d). Ihre Auffassung als Votivfunde wird durch die Begleitumstände und analoge Beobachtungen in anderen Gegenden gestützt.

§ 22. In der Metallarbeit stellt die II. Per. einen Gipfel dar. Die Technik des Bronzegusses und die Kunst der Flächenverzierung wurden mit gleicher Meisterschaft geübt. Ob und wieweit man dabei mit einheimischer Erzeugung rechnen darf, ist freilich zweifelhaft. Unmittelbare Beweise dafür in Gestalt von Gußformen besitzen wir aus der älteren BZ so wenig wie aus der ältesten. Von den genannten Prunkäxten kann man mit Bestimmtheit sagen, daß sie ungar. Herkunft sind, und bei den seltenen Schwertern weit verbreiteter Typen (Tf. 82a) ist der fremdländische Ursprung gleichfalls so gut wie sicher. Andere Typen aber, wie die erwähnten Armbergen (Tf. 83c, d), kennt man ganz überwiegend aus Ostdeutschland und den angrenzenden Landstrichen, so daß hier viel für die örtliche Entstehung spricht. Vor allem zeigen die Gewandnadeln fast nirgends eine so reiche Entfaltung wie in S. (Tf. 83a, b, k, l). Charakteristisch für Per. II sind die stattliche Größe und die eingepunzten Hals- und Kopfverzierungen. Die letzteren zeigen Sternmuster, konzentrische Kreise und Kreisgruppen, Spiralwirbel u. dgl. (vgl. Band X Tf. 73). Die Köpfe sind teils flachbreite, von hohen Spitzen überragte Scheiben (Spindelnadeln), teils abgestumpfte Kegel (Spundkopfnadeln); wieder andere sind oben und unten mit einem hohen Rande umgeben (Zargenkopfnadeln). Bei den größten Exemplaren ist der Kopf und das oberste Halsstück für sich gegossen und dann mit dem Nadelschaft verschmolzen. Zu diesen gradstieligen Nadeln gesellen sich die stark gekrümmten Ösennadeln (Tf. 83e; s. a. Ostdeutsche Ösennadel). Aus gewissen Veränderungen der Einzelheiten läßt sich folgern, daß die Entwicklung geraume Zeit in Anspruch genommen hat.

Schles. Vorz. NF 3 (1904) S. 52; ebd. 6 (1912) S. 39; Anthrop. Korr.-Bl. 1906 S. 125; Präh. Z. 1 (1909) S. 54 Seger.

§ 23. Daß die Beurteilung dieser Stufe Schwierigkeiten macht, liegt vornehmlich an der Seltenheit der Keramik. Die Zahl der Grabgefäße ist zu gering, als daß sie die Aufstellung von förmlichen Typenreihen ermöglichte. Immerhin fehlt es nicht ganz an Anklängen einerseits an die Aunjetitzer, andererseits an die frühlausitzische Stufe. Auch mit der südböhm. Hügelgräberkeramik und gleichzeitigen mähr. Gefäßen sind Berührungen vorhanden. Der allen drei Gruppen gemeinsame „illyrische" Henkelkrug vom Pansdorfer Typus ist als Vorläufer der echten Buckelkrüge längst anerkannt. Ähnliches trifft aber nach neueren Untersuchungen auch auf andere Typen zu. Gewisse bauchige Töpfe und Vasen mit erst nur angedeuteten Buckel- und Warzenreihen oder breiten Leistengriffen leiten direkt zu den ältesten Formen der schles. Buckelkeramik über. Dazu stimmt, daß die Flachgräber der II. Per. nicht selten in räumlicher Verbindung mit denen der III. gefunden werden.

Mannus 4 (1912) S. 175f. Kossinna; B. von Richthofen *Die ältere Bronzezeit in Schlesien* Vorgeschichtliche Forschungen 1, 3 (1925).

D. Die Zeit der Urnenfriedhöfe. § 24. Mit der Einführung der Leichenverbrennung beginnt die Zeit der dichtesten Besiedlung Schlesiens. Verglichen mit ihr erscheinen alle anderen vorgesch. Epochen arm an Hinterlassenschaften. Vielleicht ist dieser Eindruck täuschend, insofern die damaligen Bestattungssitten der Überlieferung besonders günstig waren. Aber es kann kein Zufall sein, daß sich nun auch die Wohnplatzfunde stark vermehren, und daß weite Gebiete reich besetzt mit Siedlungsspuren sind, wo die Fundkarten vorher und z. T. auch nachher wieder leere Flächen zeigen. Wenn man annimmt, daß Klima und Vegetation den heutigen entsprachen, so müssen damals ausgedehnte Rodungen stattgefunden haben. Es ist aber auch möglich, daß der Eintritt eines Trockenklimas das Zurückweichen des Waldes und damit die Niederlassung des Menschen förderte. Für klimatische Schwankungen spricht die auffallende Tatsache, daß im nördlichen Niederschlesien die III. und VI. Per. Mont. sehr stark, die IV. und V. minimal oder gar nicht vertreten sind.

§ 25. Die älteste Stufe der Urnenfriedhöfe ist die des älteren Lausitzischen Typus (s. Lausitzische Kultur A und Band VII Tf. 195) und etwa gleichzusetzen mit Per. III Montelius. Das Ritual der Gräber zeigt den Verbrennungsgedanken in seiner Reinheit. Regelmäßig ist in die sorgfältig zugedeckte Aschenurne ein rundes Loch als Ausschlupf für den Totengeist gebohrt (s. Seelenloch). Die Begleitgefäße sind umgestülpt, — man denkt an die noch heute vielerorts bewahrte Sitte, bei einem Todesfalle Stühle und Geschirr umzustürzen, damit nichts die weichende Seele zurückhalte. Sonst nichts von Mitgift, als was an Überbleibseln der Kleidung mit den Gebeinen vom Scheiterhaufen gesammelt wurde. Auf die äußere Grabform kam es weniger an. In den Heidelandschaften Niederschlesiens herscht die Hügelbestattung in der alten Weise. Wo früher unter flachem Boden begraben worden war, fuhr man damit fort. Steinpackungen wechseln mit bloßen Erdgräbern.

Schles. Vorz. 6 (1896) S. 49; ebd. NF 5 (1909) S. 36, 41ff.

§ 26. Mit der Zeit verblaßten die Vorstellungen, welche die Feuerbestattung begründet hatten, und der und jener mit ihr anfänglich verbundene Zug geriet in Vergessenheit. In der Hauptsache aber blieb alles beim alten. Der schon im Jordansmühler Typus wurzelnde Brauch, dem Toten eine Menge Tongefäße mitzugeben, zeitweilig unterdrückt durch neue Ideen oder fremde Einflüsse, wächst sich zu einer wahren Topfverschwendung aus und verleiht diesen Friedhöfen ihr einheitliches Gepräge. Zum Greifen klar zeigen sie das zähe Festhalten an der Überlieferung und die Stetigkeit der Besiedlung. Es ist keine Seltenheit, daß sich ein großes Gräberfeld über alle 4 Per. erstreckt, und gelänge es einmal, ein solches Feld Grab für Grab vom ersten bis zum letzten auszudecken, so würde sich eine rund achthundertjährige organische Formentwicklung wie in einem Filme vor unseren Augen abrollen. Trotzdem die Neuzeit mit Hochdruck an der Zerstörung gearbeitet hat, ist die Fülle des Vorhandenen überwältigend, eine Sorgenquelle für die Museen, die zu seiner Sammlung und Bewahrung verpflichtet sind.

§ 27. An der Ausbildung des „Lausitzischen Typus" hat S. hervorragenden Anteil gehabt, ja, wenn die Bemerkungen über dessen Zusammenhang mit der schles. Keramik der II. Per. (s. § 23) richtig sind, kann es sogar als seine Wiege betrachtet werden. Jedenfalls übertrifft die schles. Per. III-Gruppe an Altertümlichkeit alles sonst Bekannte. Manche Formen sind denen der I. Per. so überraschend ähnlich, daß man an eine zufällige Konvergenz nicht glauben mag. Hier muß man in Betracht ziehen, daß wir von der II. Per. zu wenig kennen, daß sie also die fehlenden Zwischenglieder sehr gut enthalten haben kann.

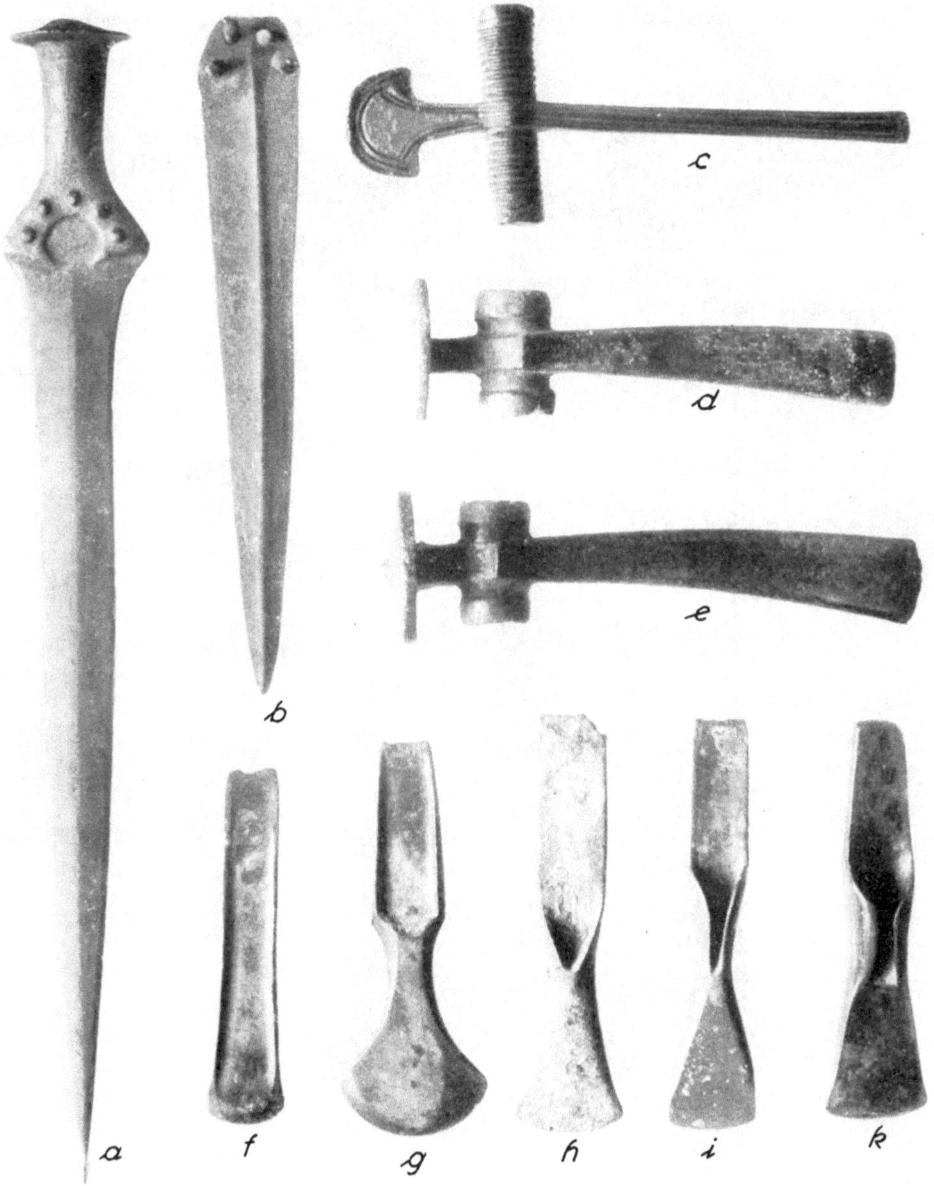

Schlesien

Ältere Bronzezeit: a. Goldberg. — b. Breslau. — c. Haynau. — d. Gleinau, Kr. Wohlau. — e. Rosenthal, Kr. Schweidnitz. — f. Schimmelwitz, Kr. Trebnitz. — g. Mallmitz, Kr. Lüben. — h. Tschirne, Kr. Bunzlau. — i. Dobrischau, Kr. Oels. — k. Liegnitz. — Etwa $^{2}/_{7}$ n. Gr.

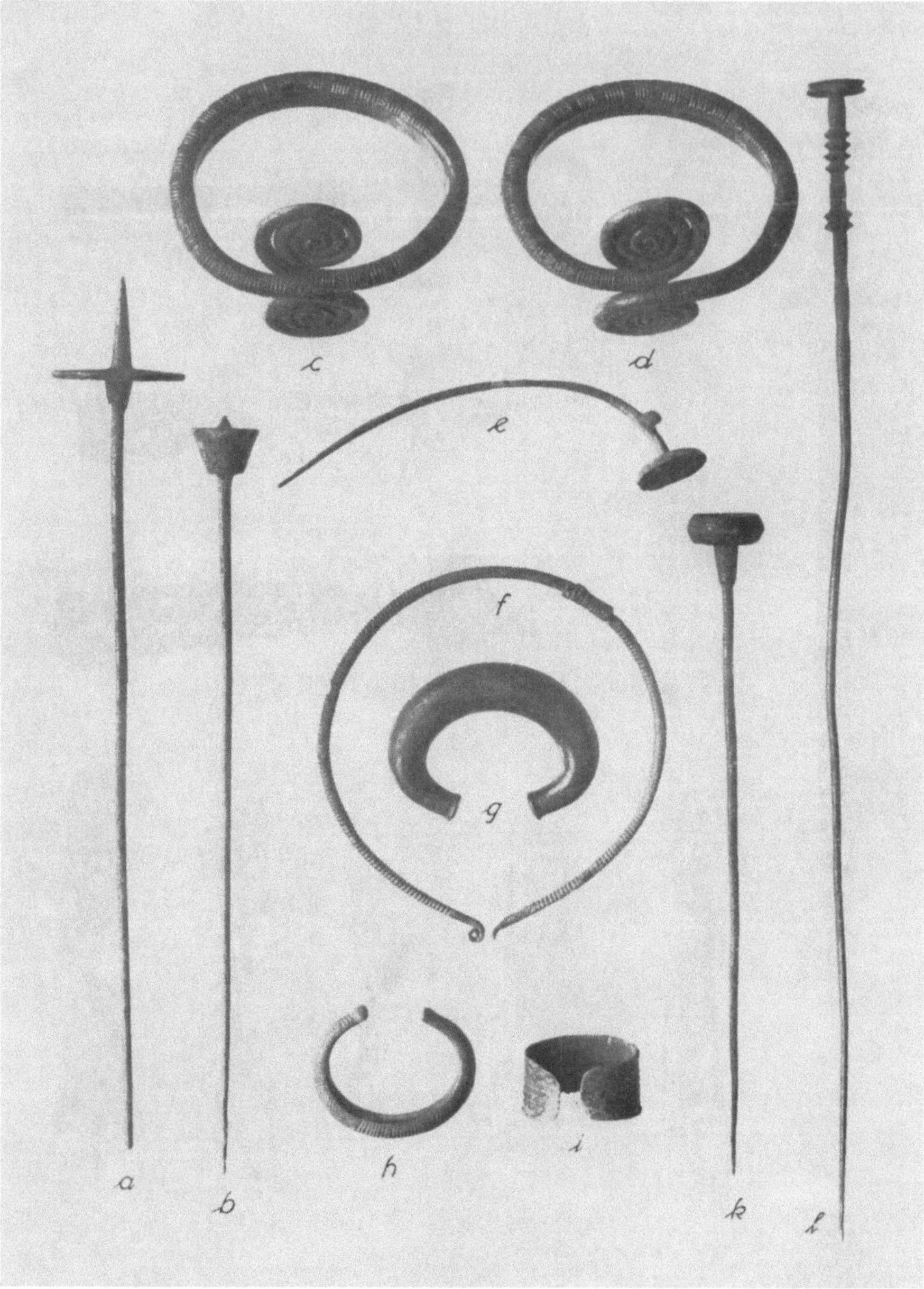

Schlesien

Ältere Bronzezeit: a. Groß-Tschansch, Kr. Breslau. — b, e. Namslau. — c, d. Trebnitz. — f. Pansdorf, Kr. Liegnitz. — g. Stannowitz, Kr. Ohlau. — h. Deutsch-Lauden, Kr. Strehlen. — i. Seschwitz, Kr. Breslau. — k. Klein-Kreidel, Kr. Wohlau. — l. Reuthau, Kr. Sprottau. — Etwa $^1/_3$ n. Gr.

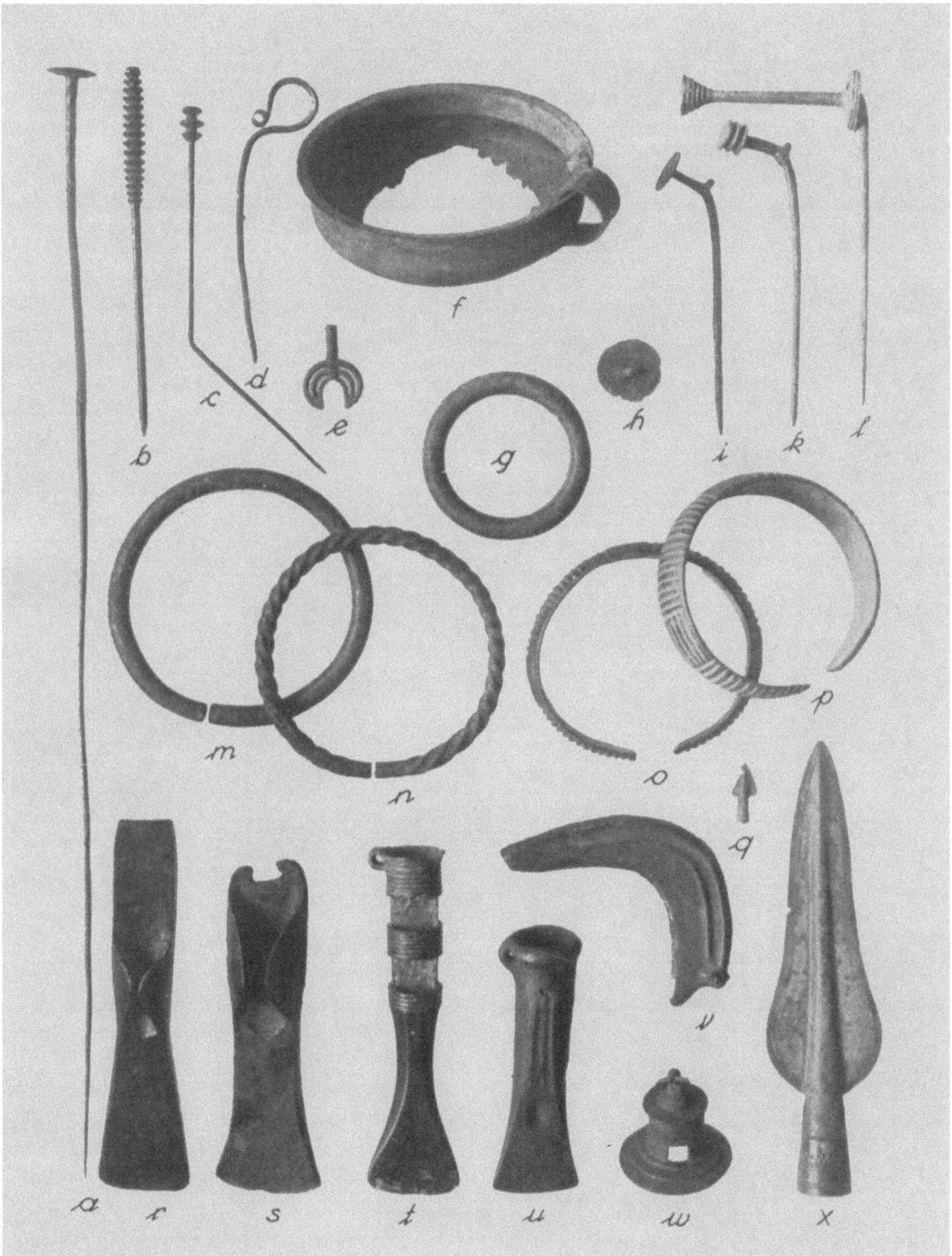

Schlesien

Mittlere Bronzezeit: a, v. Buchwald, Kr. Freystadt. — b. Heidersdorf, Kr. Nimptsch. — c, d. Langheinersdorf, Kr. Sprottau. — e, h, q. Jordansmühl, Kr. Nimptsch. — f, g, m, n, w. Rohow, Kr. Ratibor. — i. Oberlausitz. — k. Kreis Glogau. — l. Wangern, Kr. Breslau. — o. Talbendorf, Kr. Lüben. — p. Fundort unbekannt. — r. Groß-Ausker, Kr. Wohlau. — s. Sudoll, Kr. Ratibor. — t. Ratibor. — u, x. Breslau. — Etwa 2/7 n. Gr.

Andererseits hat sich die schles. Buckelkeramik nicht zu der künstlerischen Höhe erhoben, die sie in Brandenburg und Sachsen erreichte, vermutlich, weil sie früher abgeblüht hat. Schon in der IV. Per. beginnt der Verfall, indem die Konturen abgeschwächt, die Hauptmotive der Verzierung zugunsten nebensächlicher unterdrückt, die plastischen Gliederungen in flache Furchen und Rippen, in eingeritzte Flechtbänder aufgelöst werden (Band VII Tf. 196). Die V. Per. (ebd. Tf. 197) vollendet diesen Prozeß und fügt als neues Element die sich vordem erst schüchtern andeutenden Einflüsse des Hallstattkreises hinzu. Daraus erwächst in der frühen EZ (ebd. Tf. 198) ein Stil von ausgesprochen s. Gepräge, als dessen eigentümlichste Merkmale die Gefäßmalerei (s. Bemalte ostdeutsch-polnische Keramik § 4 und Band I Tf. 109; Malerei A 1 § 5) und die Neigung zu figürlichen (s. d.) Darstellungen erscheinen. Hand in Hand damit gehen in zunehmendem Maße landschaftliche Schattierungen. Das Schwergewicht der Entwicklung lag in Mittelschlesien, dem sich das s. Posen und, in weiterem Abstande, Oberschlesien anschloß, während die w. und nw. Teile der Provinz mehr nach Brandenburg und Sachsen gravitieren.

Schles. Vorz. NF 8 (1924) S. 5ff. Seger; Mannus III. Ergänz.-Bd. (1922) S. 29ff. Jahn.

§ 28. Gibt die Keramik einen untrüglichen Anhalt für die Stetigkeit der Besiedlung durch lange Zeiträume hindurch, so gestatten die Metallfunde deren Einordnung in die allg. Chronologie. Die Zahl der hierfür in Betracht kommenden Typen ist in den älteren Stufen nicht eben groß, und sie wird noch kleiner, wenn man die Typen ausscheidet, die wegen ihrer geringen Veränderlichkeit zwei aufeinanderfolgenden Stufen angehören können. Dies ist z. B. der Fall bei einfachen Arbeitsgeräten: die Absatz- und mittelständigen Lappenäxte sind von der II. bis zur III., die Tüllenäxte von der IV. bis zur V. Per. in Gebrauch gewesen (vgl. Tf. 82, 84, 85). Selbst bei den viel beweglicheren Schmucksachen ist eine strenge Stufentrennung nicht immer möglich. Zu den häufigsten Bestandteilen von Depotfunden der älteren BZ zählen z. B. große, abwechselnd quer- und längsgerippte Armbänder (Tf. 84 o, p) und torquierte Ringe von einem der II. und III. Per. gemeinsamen Typus (Tf. 84 n). Bei Grabfunden ist die Unterscheidung leichter. So weichen die gekrümmten Ösennadeln in Brandgräbern mit Buckelkeramik in bestimmter Weise von den in Körpergräbern gefundenen (§ 22) ab. Der Vergleich fällt, was die Kunstfertigkeit betrifft, zugunsten der älteren Stücke aus, und diese Bemerkung gilt für die Bronzearbeiten der beiden Stufen allgemein. Außer der gekrümmten Form besaß die III. Per. noch eine höchst eigentümliche Art von Ösennadeln mit rechtwinklig gebogenem Schaft (Tf. 84 l). Hier läßt sich die Typenreihe bis in die I. Per. zurückverfolgen. Konnten wir nun schon für die II. Stufe den schles. Ursprung der ostd. Ösennadeln wahrscheinlich machen, so sind wir um so mehr berechtigt, diesen auch für ihre jüngeren Abarten, sowie überhaupt für alle in Schlesien besonders häufigen ostd. Bronzetypen, wie die erwähnten Armbänder und Ringe, anzunehmen. Die Einfuhr tritt daneben sehr zurück. Zu ihr zählen getriebene, glattwandige Tassen mit angenietetem Henkel, die ersten ital. Bronzegefäße, die den N erreichten (Tf. 84 f) und bei uns auch in Ton nachgeahmt wurden.

Schles. Vorz. 6 (1896) S. 347f.; ebd. NF 4 (1907) S. 17f.; Altschlesien 1 (1924) S. 69 und die Lit. zu § 22.

§ 29. Einen neuen Aufschwung nahm die Bronze-Industrie in der jüngeren BZ. Die als Grabbeigaben verwendeten Gußformen für Äxte und Sicheln, Lanzen- und Pfeilspitzen, Nadeln und Schmuck sind nicht allein direkte Beweise für die einheimische Erzeugung, sondern auch für die Wertschätzung, deren sich das Gießerhandwerk erfreute. Auch die Schmiedetechnik wurde jetzt in größerem Umfang herangezogen. Ein glänzendes Beispiel für ihre Leistungsfähigkeit liefert die Schweidnitzer Fibel (s. d. und Tf. 121). Nord. und ungar. Schwerter (Tf. 85 z), Bernstein von der balt. Küste, vor allem aber der immer stärker werdende hallstättische Warenstrom deuten die Lebhaftigkeit des Handelsverkehrs an.

§ 30. Seit der V. Per. kommt auch in S. das Eisen in Aufnahme. Anfangs nur gelegentlich und für untergeordnete Zwecke benutzt, gewinnt es nach und nach einen immer größeren Geltungsbereich, um in der VI. Per. die Bronze als Werkstoff fast völlig aus dem Felde zu schlagen. Zum erstenmal seit Beginn der Metallzeit war man wieder in der Lage, sich das Rohmaterial für die wichtigsten Gegenstände des täglichen Gebrauches im eigenen Lande zu verschaffen. S. hat Überfluß an Raseneisenerz; an vielen Stellen sind primitive Anlagen zu seiner Verhüttung, datiert durch Scherben des frühen Eisenalters, festgestellt worden. Die schneidenden Werkzeuge und Waffen wurden von nun an durchweg aus dem neuen Metall gefertigt. Aber auch für Schmuck und Toilettengeräte, z. B. Arm- und Halsringe, Nadeln, Gürtelhaken, Haarzangen u. dgl., verarbeitete man neben der leuchtenden Bronze vielfach das dunkle Eisen. Noch deutlicher als bei der Keramik gewahrt man bei diesen der Mode so stark unterworfenen Dingen den alles beherrschenden Einfluß der Hallstattkultur. Er tritt auch in gewissen Veränderungen der Bestattungsgebräuche zutage. Das Grabgut wird reicher und üppiger, als ob jetzt wieder eine materiellere Auffassung vom jenseitigen Leben durchgedrungen wäre, und in einigen Gegenden (s. Adamowitz) findet man, genau wie in Hallstatt selbst, Seite an Seite Brand- und Körpergräber. Den Reichtum des Landes offenbaren Bronzefunde wie die von Klein Zöllnig und Lorzendorf (s. d. und Band VII Tf. 207, 208), mehr noch der große, 2000 g schwere Goldschatz von Wohlau, den man mit Rücksicht auf die dortigen Gräberfelder wohl erst in diese Periode zu setzen hat (Tf. 86, 87).

ZfEthn. 1909 S. 53, 60, 88f.; Schles. Vorz. 7 (1899) S. 195; NF 2 (1902) S. 8; ebd. 3 (1904) S. 40.

§ 31. Im Gegensatz zur StZ sind die Aufschlüsse, die wir den Wohnplatzfunden der BZ und frühen EZ verdanken, gering. Klare Hausgrundrisse haben sich noch nicht beobachten lassen, weil in den Fällen, wo die Pfostenlöcher erkennbar waren, das Bild durch vielfache Umbauten gestört war. Doch ist anzunehmen, daß die Bauweise der in anderen Gegenden desselben Kulturkreises, z. B. in Buch (s. d. und Band V Tf. 49—51) bei Berlin oder der Römerschanze (s. d., Festung A § 17 und Band III Tf. 76a) bei Potsdam, festgestellten ähnelte. Die in den Abfall- und Herdgruben angehäuften Tonscherben gleichen durchaus der Grabkeramik, widerlegen also die öfters aufgestellte Behauptung, daß die letztere nur für den Totenkultus angefertigt worden sei.

§ 32. Gegen Ende der BZ muß man das Bedürfnis empfunden haben, sich an günstig gelegenen Plätzen durch Erdbefestigungen zu schützen. Das beste Beispiel dafür bietet bei Breslau die Schwedenschanze. Aber auch auf dem Breiten Berge bei Striegau und dem Burgberge bei Mertschütz (Kr. Liegnitz) haben die Ausgrabungen unter der slav. Wallanlage eine solche aus der HZ ergeben (vgl. Vorgeschichtliches Jahrbuch 3 [1926] S. 1ff. G. Bersu), und gleichartige Wahrnehmungen sind noch an einer Reihe anderer Punkte gemacht worden. Fast überall weisen diese Befestigungen die Spuren gewaltsamer Zerstörung durch Feuer auf. Man wird nicht fehlgehen, wenn man darin einen Fingerzeig auf das Schicksal des Urnenfriedhofvolkes erblickt.

§ 33. Seine Stammeszugehörigkeit ist in dem Artikel „Lausitzische Kultur“ erörtert worden. Hier soll nur kurz zusammengefaßt werden, was für seine Transässigkeit in S. spricht. Der springende Punkt ist, ob wir eine Kontinuität der Bevölkerung über die II. Per. hinweg anzunehmen haben oder nicht. Wir haben gesehen, daß trotz der Lückenhaftigkeit des Fundstoffes mancherlei Fäden von der II. zur III. Per. laufen, als da sind: Weiterbenutzung derselben Begräbnisplätze, Zwitterformen von Körper- und Brandgräbern, Bronzetypen, teils gemeinsam, teils genetisch verknüpft, Tongefäße, gleichfalls in deutlichem Verwandtschaftsverhältnis. Auf der anderen Seite nichts, was die fremde Herkunft der Schlesisch-Lausitzischen Kultur begründete. Bleibt also noch die Frage, wie es mit dem Übergange von I zu II steht. Auch dafür ist die Antwort schon gegeben. Möglich, daß damals ein Zuzug (von N?) stattgefunden und die Hügelgräbersitte mitgebracht hat. Aber seine Anzeichen beschränken sich auf koloniales Neuland und lassen die alten Siedlungsgrenzen unberührt. Von einem Bevölkerungswechsel kann keine Rede sein, dazu sind die Nachwirkungen der Aunjetitzer Kultur zu stark. So werden wir schrittweise bis in die SZ hinauf und

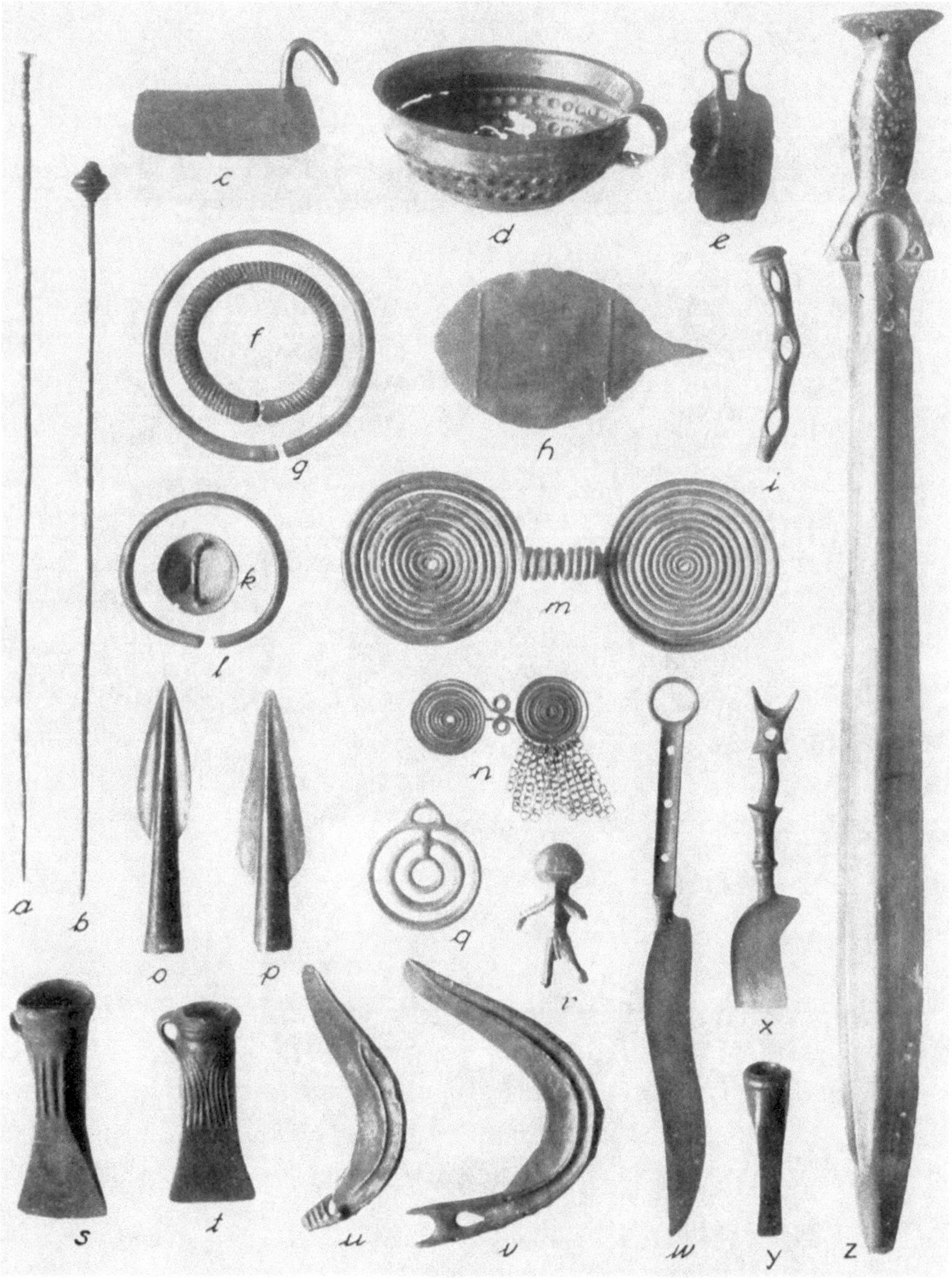

Schlesien

Jüngere Bronzezeit: a. Kr. Grünberg. — b. Stannowitz, Kr. Ohlau. — c. Krischütz, Kr. Wohlau. — d, f, g, h, l, p. Seiffenau, Kr. Goldberg. — e. Oberlausitz. — i, s—v, x. Karmine II, Kr. Militsch. — k, m. Protsch. Kr. Militsch. — n. Weigwitz, Kr. Ohlau. — o, y. Fundort unbekannt. — q. Karmine I, Kr. Militsch. — r. Groß-Schottgau, Kr. Breslau. — w. Breslau. — z. Jägerndorf, Kr. Brieg. — Etwa $^2/_7$ n. Gr.

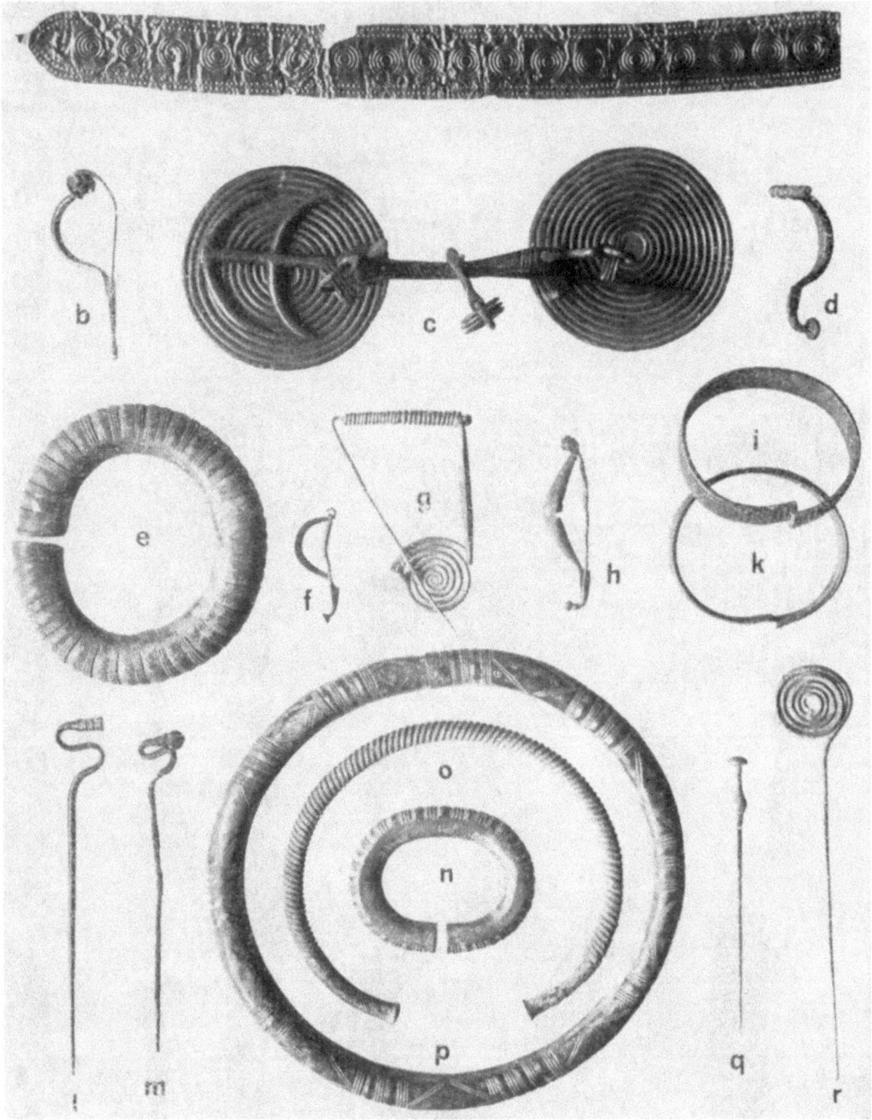

Schlesien

Jüngste Bronzezeit (a, c) und frühe Eisenzeit: a. Mönchswald, Kr. Jauer. — b. Freystadt. — c. Kolzig, Kr. Grünberg. — d. Sulau, Kr. Militsch. — e. Lohnia, Kr. Gleiwitz. — f. Karzen, Kr. Nimptsch. — g. Giesdorf, Kr. Namslau. — h. Crossen-Grünberg. — i. k. Krehlau, Kr. Wohlau. — l. Schlesien. — m. (Eisen) Woischwitz, Kr. Breslau. — n, p. Buschen, Kr. Wohlau. — o. Malschwitz, Kr. Freystadt. — q. Gaffron, Kr. Steinau. — r. Adamowitz, Kr. Groß-Strehlitz. — $^1/_4$ n. Gr.

weiter bis in die Anfänge der Besiedlung S. geführt. Und wenn die Lausitzische Kultur ihr Angesicht stets gegen S gerichtet, in ihrem Wesen immer eine gewisse Familienähnlichkeit mit der danubischen bewahrt hat — ein Eindruck, der sich ja in den Benennungen „illyrisch", „thrakisch" usw. wiederspiegelt —, so mag dies letzten Endes mit der Urverwandtschaft der Bevölkerungen zusammenhängen, die über allen Wechsel der Zeiten und trotz zeitweiliger Überflutung durch fremde Herrenschichten ihre Kraft bewahrte.

E. Die Zeit der germanischen Besiedlung. § 34. Das Zeitalter der Urnenfriedhöfe endet in S., arch. gesprochen, mit der Hallstatt-Ära, das wäre nach der für Süddeutschland gültigen Chronologie um 500 v. C. Hier und da mag die Besiedlung etwas länger gedauert haben, einzelne Funde vom Typus des 5. Jh., wie Kropfnadeln und durchbrochene Gürtelhaken, deuten darauf hin. Ganz haltlos ist die oft erhobene Behauptung, die Urnenfriedhöfe ragten noch in die nachchristlichen Jahrhunderte hinein. Ihr stellt sich schon die Tatsache entgegen, daß die mittlere LTZ in unseren Gegenden mit der in § 38 angegebenen Ausnahme schlechthin leer an Siedlungsresten ist (vgl. § 36 und 39). Wir müssen also mit dem Abzug der betreffenden Bevölkerung rechnen. Er kann durch den bekannten Klimasturz (s. Klimaverschlechterung [Postglaziale]) befördert worden sein. Den Anstoß gab aber unzweifelhaft ein Druck von außen her. Die Funde reden in dieser Hinsicht eine nicht mißverständliche Sprache.

Mannus 16 (1924) S. 315f. v. Richthofen.

§ 35. Um dieselbe Zeit, wo jene Kultur zu Ende ging, taucht im n. Mittel- und Niederschlesien eine neue Art von Begräbnisplätzen auf. Sie bergen zwar ebenfalls Brandbestattungen, sind aber nach Inhalt und Einrichtung merklich verschieden von den jüngsten Urnenfeldern. Um die hervorstechendsten Merkmale vorwegzunehmen, so sind dies in der Keramik die Gesichtsurnen (s. Gesichtsurnenkultur B), in der Grabform die aus senkrechten Platten oder gespaltenen Blöcken erbauten Steinkisten (Band IV Tf. 120 a), beide typisch für die Kultur der frühen EZ im Gebiet der unteren Weichsel und von dort südwärts in abnehmender Dichte verbreitet nach Posen und Schlesien (ebd. Tf. 122). Entsprechend ihrer Außenlage hat die schles. Gruppe etwas an Charakter verloren. Die menschliche Gestaltung der Gefäße ist sehr flüchtig behandelt (ebd. Tf. 120 b). Selten finden sich alle Teile des Gesichts beisammen; meist hat man sich mit Augen und Nase begnügt, noch öfter auch diese weggelassen und nur das übliche Schema des in Hals und Bauch gegliederten Gefäßkörpers mit dem hut- oder mützenförmigen Falzdeckel beibehalten. Auch die Grabform ist entartet. Richtigen Steinkisten, bedeckt mit Haufen von Geröll, begegnet man nur ausnahmsweise. Das Gewöhnliche sind kunstlose Packungen (ebd. Tf. 120 a). In Westpreußen herrscht gerade das umgekehrte Verhältnis. Man könnte darin Zeichen eines Altersunterschiedes sehen, doch findet dies in den Begleitstücken keine rechte Stütze. Die Entfernung von der Heimat und der nachbarliche Einfluß einer fremden Kultur haben wohl das ihrige getan, die angestammte Eigenart abzuschwächen.

§ 36. Neben den Gesichtsurnen und ihren Derivaten steht die Menge der beziehungslosen Gefäße, die in ihrer schlichten, bäurisch-plumpen und abwechslungsarmen Gestaltung (ebd. Tf. 120c, 121a) nicht minder offensichtlich einerseits den Gegensatz zur bunten und zierlichen Tonware der jüngsten Urnenfriedhöfe, andererseits die Verwandtschaft mit der westpreußisch-posenschen Gruppe zur Schau tragen. Diese Begleitkeramik finden wir nun in einer nach O und S erweiterten Zone auch in bloßen Erdgräbern ohne Steinschutz. Zuweilen ist ein großes Tonfaß über die Urne gestülpt (s. Glockengräberkultur) — abermals ein im Weichselgebiete heimischer Brauch —, in anderen Fällen steht sie frei im Sande. Das letzte Bindeglied bilden die Beigaben (ebd. Tf. 121b). Es sind vorwiegend Gegenstände der Tracht, wie Nadeln, Fibeln, Knöpfe, Gürtelhaken und -ringe, Hals- und Fingerringe, Bronzebommeln, Perlen von Bernstein, Glas, Koralle, dazu Haarzangen, Rasier- und andere Messer, Nähnadeln, Spinnwirtel u. dgl. Merkwürdig ist das Fehlen von Waffen, obwohl Beschläge von Schwert- und Dolchscheiden nicht eben selten sind. Der Stil ist hallstättisch, doch nord. abgetönt und chronol. schwer zu fassen, so daß die Datierungen um mehrere Jahrhunderte auseinandergehen. Anscheinend hat in S., wie in anderen germ. Ländern, die Hallstattmode eine längere Nachblüte gefeiert, wobei eine Vermischung älterer und jüngerer Typen und eine Ingerenz der gleichzeitigen Latènekultur unausbleiblich war. Es muß indes auch hier betont werden, daß wir mit diesen Zugeständnissen höchstens an die untere Grenze von Frühlatène gelangen, aber keineswegs die Kluft überbrücken können, die zwischen der Gesichtsurnenkultur und der spätlatènezeitlichen der Brandgrubengräber liegt (vgl. § 39 ff.). Wenn wir also jene mit Kossinna als ostgerm. anerkennen, so ist doch ihre Verbindung mit dem Namen der Wandalen bis auf weiteres abzulehnen.

Schles. Vorz. 6 (1896) S. 430ff.; ebd. 7 (1899) S. 222; ebd. NF 2 S. 24; K. Tackenberg *Neue schles. Funde d. frühgerm. Zeit* Breslau 1922; ders. *Die frühgermanische Kultur in Schlesien* Altschlesien 1 (1922—1926) S. 121 ff.; [E. Petersen *Die frühgermanische Kultur Ostdeutschlands und Polens* Berliner Diss. 1927].

§ 37. Die von N eindringenden Germanen waren nicht die einzigen Gegner, deren sich die Urnenfriedhofleute zu erwehren hatten. Auch für Vorstöße von O und S liegen Anhaltspunkte vor. Das südrussische Reitervolk der Skythen (s. d.) hat aus der Zeit seiner größten Expansion in Rumänien, Ungarn und Galizien eine Reihe kostbarer Funde hinterlassen. Am weitesten nach W vorgeschoben ist der von Vettersfelde (s. d.) bei Guben, die Prachtrüstung eines Skythenhäuptlings um 500 v. C. Dazwischen liegt auf schles. Boden der anscheinend etwas jüngere Goldring von Vogelgesang (s. d.). In diesem Zusammenhange gewinnt eine Beobachtung Gewicht, die bei der Untersuchung des hallstattzeitlichen Burgwalls auf dem Breiten Berge (§ 32) gemacht worden ist. An der Außenseite der zerstörten Mauer fanden sich in Menge dreischneidige Bronzepfeilspitzen mit kurzer Schafttülle. Gleichartige Pfeilspitzen sind auch auf dem großen Burgwall bei Niemitsch, Kr. Guben, ganz in der Nähe von Vettersfelde, gefunden worden. In S. sind solche sonst noch nirgends vorgekommen. Gerade die Skythen aber, deren Hauptwaffe ja der Bogen war, scheinen sich ihrer fast ausschließlich bedient zu haben. S. a. Südrußland D.

Schles. Vorz. 7 (1899) S. 385; ZfEthn. 28 (1896) S. 6 Reinecke; [über ein neuerdings aus Schlesien nachgewiesenes skyth. Kurzschwert (ἀκινάκης) vgl. W. Ginters *Das Schwert der Skythen und Sarmaten* Vorgeschichtliche Forschungen 2, 1 (1928) S. 28].

§ 38. Auf eine dritte Invasion deuten im s. Mittel- und Oberschlesien einzeln oder in kleinen Gruppen auftretende Gräber mit unverbrannten Leichen, die ausgestreckt, mit dem Kopfe nach N, liegen und mit reichem Schmuck von bronzenen Hals-, Arm- und Fußringen, Brustketten und Fibeln vom Frühlatène-Typus angetan sind. Am Kopf- oder Fußende steht in der Regel ein weitmündiger, henkelloser Topf. Diese Gräber gleichen aufs Haar den Keltengräbern Böhmens, Mährens und Ungarns. Zwei Einzelheiten seien als spezifisch kelt. hervorgehoben: die Verwendung von Lignit zu Armringen und die Drehscheibenarbeit der Gefäße. Hiernach ist nicht zu bezweifeln, daß es sich um echte Keltengräber handelt, nur wird man wegen ihres zerstreuten Vorkommens nicht an eine Einwanderung größerer Volksmassen, sondern allenfalls an kleine Niederlassungen zu denken haben. Die Mehrzahl dürften Frauengräber sein. Waffen, nämlich eiserne Lanzenspitzen und Schwerter, haben sich nur in wenigen Fällen gefunden. Tf. 88 zeigt Typen des 4. Jh. v. C. Doch sind neuerdings auch jüngere Funde bekannt geworden.

Schles. Vorz. 6 (1896) S. 404 f.; ebd. NF 3 (1904) S. 54.

§ 39. Ungefähr um 100 v. C. breitet sich in S. die ostgerm. Latènekultur (Tf. 89) aus, für die nunmehr wegen ihres Zusammenhanges mit der kaiserzeitlichen der Name der Wandalen (s. Germanen B § 4) zu Recht besteht. Daß sie keine Fortsetzung der Gesichtsurnenkultur darstellt, lehrt der Augenschein an Orten, wo beide zufällig zusammentreffen. In Nosswitz lagen auf engem Raume durcheinander gewürfelt viele Gräber der älteren und der jüngeren Stufe, dort steinumkleidete Knochenurnen mit Deckschüsseln, hier offene Erdgruben mit lose eingefülltem Brandschutt, Gerät und Tongeschirr um eine Welt verschieden und keine Spur von einer Überleitung. Die so

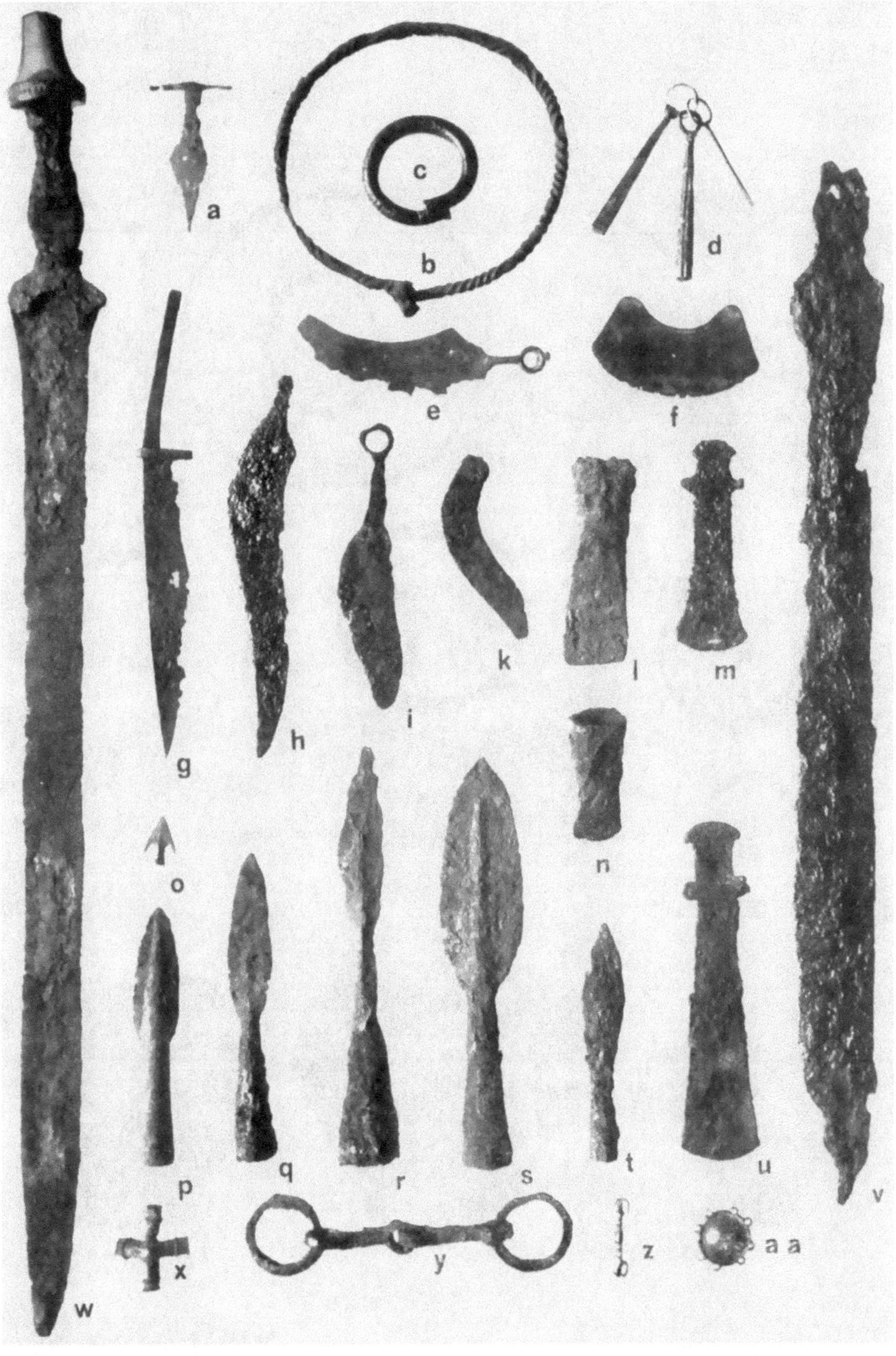

Schlesien

Frühe Eisenzeit: a. Lohnia, Kr. Gleiwitz. — b. Mondschütz, Kr. Wohlau. — c. Schlesien. — d, i, q, r, u, v, w. Groß-Tschansch, Kr. Breslau. — e. Wangern, Kr. Breslau. — f. Kr. Wohlau. — g. Lahse, Kr. Wohlau. — h. Jordansmühl, Kr. Nimptsch. — k, t, x. Woischwitz, Kr. Breslau. — l, o, p, s. Adamowitz, Kr. Groß-Strehlitz. — m. Jeseritz, Kr. Nimptsch. — n. Carlsruh, Kr. Steinau. — y. Glauche, Kr. Namslau. — z, aa. Klein-Zöllnig, Kr. Oels. — $^2/_9$ n. Gr.

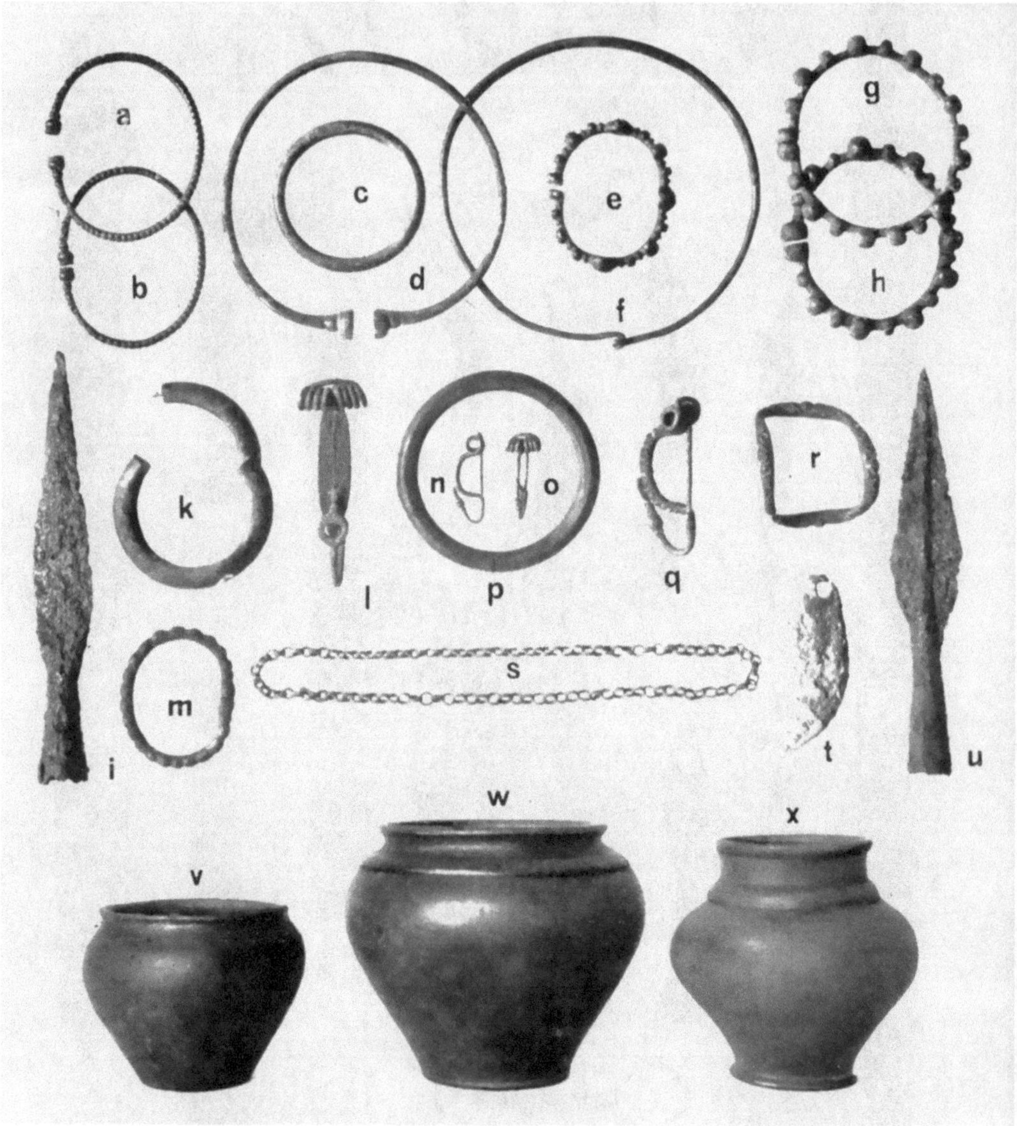

Schlesien

Früh-La-Tènezeit: a, b. Lorzendorf, Kr. Ohlau. — d, i. Zottwitz, Kr. Ohlau. — c, g, h, k, l, p (Lignit), q, w. Oberhof, Kr. Breslau. — f, n, o, s, t, v. Kenschkau, Kr. Breslau. — e. Merzdorf, Kr. Breslau. — m, r. Langenau, Kr. Leobschütz. — u. Baumgarten, Kr. Strehlen. — x. Eiglau, Kr. Leobschütz. — Gefäße $^1/_6$, das übrige etwa $^1/_4$ n. Gr.

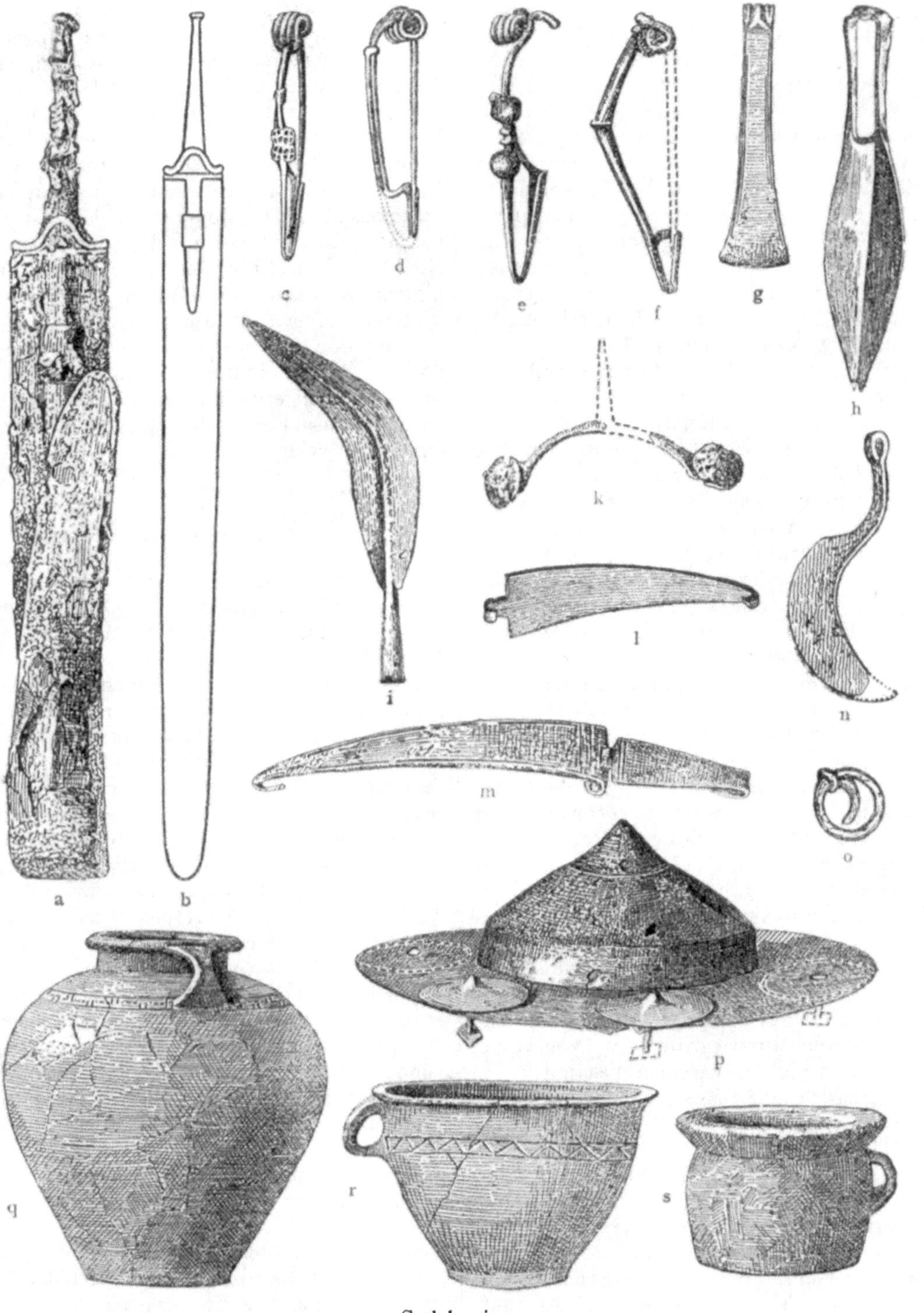

Schlesien

a, b, k. Nosswitz, Kr. Glogau. — c. Denkwitz, Kr. Glogau. — d, i, o, s. Zeippern, Kr. Guhrau. — e. Bernstadt, Kr. Oels. — f, q. Schlawa, Kr. Freystadt. — g. Hohwelze, Kr. Grünberg. — h, p. Kaulwitz, Kr. Namslau. — l. Schlesien. — m. Neustädtel, Kr. Freystadt. — n. Schlichtingsheim, Kr. Fraustadt. — r. Mertschütz, Kr. Liegnitz. — c $^2/_3$; d, e f, k, m $^1/_2$; g, l, n, p, s $^1/_3$; h, o, r $^1/_4$; a, q $^1/_5$; i $^1/_6$; b $^1/_8$ nat. Gr.

plötzlich auftretenden neuen Sitten und Formen können erst kurz vorher ins Land gebracht worden sein.

§ 40. Das Wesen dieser Kultur besteht in der innigen Verschmelzung von Keltischem und Germanischem. Die Germanen haben sich die kelt. Grundformen zu eigen gemacht und ihrer nationalen Arbeitsweise angepaßt. Ihre Waffen und Geräte geben zwar das allg. Schema des Latènestils (s d.) wieder, weichen aber in charakteristischen Einzelheiten so weit davon ab, daß sie als einheimische Werke ohne weiteres zu erkennen sind. Ein gutes Beispiel liefern die in Ätz- und Punztechnik verzierten Lanzenspitzen (vgl. Band IX Tf. 224b) und Schwerter. Die Kelten verwenden dabei das ihrer Kunst eigentümliche Rankenwerk von stilisierten Pflanzen- und Tierverschlingungen. Die Ostgermanen — denn nur sie haben das Verfahren übernommen — ziehen abstrakt geometrische Netz- und Gittermuster oder einfache Grundierung der Fläche durch Punkte, Zickzacklinien usw. vor. In der Töpferei verraten besonders die hochgewölbten enghalsigen „Krausen" (Tf. 89q) eine Abhängigkeit von kelt. Vorbildern, auch darin, daß man fast ängstlich bemüht ist, die gleichmäßige Rundung und Glätte der Drehscheibenarbeit nachzuahmen. Ganz unkelt. ist aber wiederum die Ornamentik, die sich aus rein geometrischen Motiven, Mäander-, Stufen-, Rauten- und Dreieckbändern, Hakenkreuzen u. dgl., zusammensetzt. Eingeführte Drehscheibengefäße haben sich einige Male auf Wohnplätzen und in Gräbern gefunden. Der Handel scheint nicht sehr bedeutend gewesen zu sein. Von ausländischen Metallwaren sind aus S. nur ein paar Dolche mit emaillierten Bronzegriffen in Vogelkopfform und ital. Bronzeeimer bekannt.

Schles. Vorz. 6 (1896) S. 422ff.; ebd. NF 2 (1902) S. 31; ebd. 8 (1924) S. 20ff. Jahn; Mannus 10 (1919) S. 16f.

§ 41. So fest geschlossen die ostgerm. Kultur als Ganzes der westgerm. gegenübertritt, so erlaubt sie doch eine Gliederung in mehrere regionale Gruppen, die von der Kossinnaschen Schule, insbesondere von Kostrzewski, als Stammesgruppen aufgefaßt werden. Die n. und s. bilden je eine engere Gemeinschaft: n. der Warthe-Linie sitzen die Burgunden, s. die Wandalen. Deren Hauptgebiet umfaßt ganz Mittelschlesien, den angrenzenden Nordostzipfel Niederschlesiens beiderseits der Oder und das sw. Posen; ostwärts ist es vorläufig bis an den Bug bezeugt. Oberschlesien und Westgalizien bis zum Dunajec waren unbesiedelt. Eine andere wandalische Gruppe hatte das sö. Brandenburg zu beiden Seiten der lausitzischen Neiße und das benachbarte Niederschlesien links der Oder inne. In diesem Seitenzweige vermutet Jahn die späteren Silingen, die auf ihrer Wanderung von den dän. Inseln längs des Oderstromes an der Neißemündung stehen geblieben und erst nach etwa hundertjährigem Aufenthalt in ihre historischen Sitze am Zobten eingezogen seien.

J. Kostrzewski *Die ostgerman. Kultur d. Spätlatènezeit* 1919; M. Jahn *Zur Herkunft der schles. Wandalen* Mannusbibl. Nr. 22; K. Tackenberg *Die Wandalen in Niederschlesien* Vorgeschichtliche Forschungen 1, 2 (1925).

§ 42. Die arch. Begründung der Bevölkerungshypothese ging von den Grabformen aus. Die Bestattung in Brandgruben sollte burgundisch, die in Urnengräbern wandalisch, und die in der Mitte stehenden „Brandschüttungsgräber" sollten beiden Gruppen gemeinsam sein. In dieser Allgemeinheit ist der Satz nicht aufrecht zu erhalten. Gerade im schles. Hauptgebiete der Wandalen herrscht die Brandgrubenbestattung bei weitem vor, während für das w. Nebengebiet allerdings die Urnengräber typisch sind. Glücklicher war die Begründung durch den Vergleich der Altertümertypen. Hier hat die Untersuchung, je eindringender sie wurde, und je mehr der Arbeitsstoff wuchs, die anfänglichen Ergebnisse nur vertieft und bestätigt. Kennzeichnend für das wandalische Hauptgebiet sind nach Kostrzewski besonders frühe Schwert- und Fibelformen, der Reichtum an Messern mit geradlinigen Klingen, an langen, schlanken Pinzetten und an Pfriemen, die hochhalsigen Krausen und kleinen, dosenförmigen Henkelgefäße, die Verzierung mit Mäandermustern und gefüllten Zickzackbändern. Andererseits fehlen typisch burgundische Formen, wie die einschneidigen Schwerter und die Speerspitzen mit Widerhaken. Die niederschlesisch-lausitzische Sondergruppe unterscheidet sich, außer durch die Grabform, namentlich durch die viel stärkeren Berührungen mit dem westgerm. und dem burgundischen Kreise, die auf einen lebhaften Handelsverkehr längs des Oderweges hindeuten.

§ 43. Wie schon (§ 40) angedeutet, besteht zwischen der spätlatène- und der frühkaiserzeitlichen Besiedlung von S. ein so enger Zusammenhang, daß wir für beide Zeiträume dieselbe Bevölkerung voraussetzen und die von den Alten überlieferten Stammesnamen der Lugier oder Wandalen für sie in Anspruch nehmen müssen. Legt man die bisher bekannt gewordenen Funde einer Statistik zugrunde, so erscheint die Zahl der damaligen Siedlungen außerordentlich klein, und dieser Eindruck verstärkt sich, wenn man damit die Bevölkerungsdichte in der Zeit der Urnenfriedhöfe vergleicht. Hier ist indessen zu bedenken, daß die letzteren eine zufällige Entdeckung ungleich mehr begünstigen, weil schon der Pflug die Scherben an die Oberfläche bringt. Wo eine planmäßige Bodenforschung eingesetzt hat, wächst auch die Zahl der Latènefundstellen germ. Gepräges überraschend schnell. Es ist nicht überflüssig darauf hinzuweisen, weil jenes Mißverhältnis der von slav. Gelehrten gern erhobenen Behauptung zur Stütze dient, die germ. Eroberer hätten nur eine schwache Oberschicht über der im Lande sitzengebliebenen Urbevölkerung gebildet. Nach Kostrzewski sind die für das wandalische Kulturgebiet so charakteristische Vorliebe für Urnengräber und die häufige Ausstattung der Gräber mit zahlreichen Beigefäßen ein deutlicher Beweis für das Fortleben der Träger der „Lausitzer Kultur". Er vergißt, daß die genannten Eigenheiten in der ostgerm. Latèneperiode nie verbunden auftreten: die Urnengräber enthalten keine Beigefäße, und die mit vielen Gefäßresten gefüllten Brandgrubengräber enthalten keine Aschenurnen. Im übrigen sei auf das § 34 und im Artikel Lausitzische Kultur A Gesagte verwiesen.

Schlesiens Vorzeit in Bild und Schrift, Breslau 1858—1899; ebd. NF 1900—1924; Altschlesien 1 (Breslau 1922—1926); O. Mertins *Wegweiser durch die Urgeschichte Schlesiens* 1906; H. Seger *Schlesiens Urgeschichte* 1913 (SA aus *Schlesische Landeskunde*, geschichtl. Abt. hg. v. F. Kampers); M. Hellmich *Die Besiedlung Schlesiens in vor- und frühgeschichtlicher Zeit* 1923. — Eine Übersicht über die Literatur zur Vorgeschichte Schlesiens 1900—1921 gab M. Jahn im Mannus 14 (1922) S. 275ff., der Literatur in d. J. 1924, 1925 und 1926 H. Seger im Vorgeschichtlichen Jahrbuch 1 (1926) S. 21ff., 2 (1926) S. 55ff., 3 (1927). H. Seger

Schlesischer Typus. Eine besonders bei böhm. Archäologen gebräuchliche Bezeichnung für eine jüngere Gruppe der dortigen Urnenfriedhöfe, die von der „Lausitzischen" siedlungsgeschichtlich und typol. unterschieden wird. Der reine S. T. soll nur an der ö. Peripherie des Lausitzischen, im Gebiet von Königgrätz und Turnau, vertreten sein, diesen aber allmählich nach Mittelböhmen zurückgedrängt haben. Daraus wird auf eine schlesische Invasion über den Paß von Nachod geschlossen. Die Fortsetzung des S. T. bildet der Platenitzer, der unter dem mächtigen Einfluß der Hallstattkultur gleich dem jüngeren Lausitzischen in den Bylaner T. mündet. Ähnlich wird der Begriff des S. T. auch für andere Gebiete angewendet, so von Hoernes in Hoops *Reall.* s. v. (IV 132). Im allg. deckt er sich mit der von uns für Stufe C und D (Per. V und VI Mont.) des Lausitz. Typus gegebenen Definition. Er hat also in diesen Fällen mehr eine chronol. als regionale Bedeutung. S. a. Böhmen-Mähren D III § 54ff., Lausitzische Kultur A, Band II Tf. 42.

ZfEthn. 1903 S. 161f. A. Voß; J. L. Píč *Urnengräber* S. 45ff.; Jahrb. Zentr. Kom. 4 (1906) S. 1ff. K. Buchtela; Mertins *Wegweiser* S. 60ff. H. Seger

Schleswig-Holstein s. Norddeutschland, Nordischer Kreis.

Schleuder. A. Paläolithikum s. Jagd A § 4, 5.

B. Ägypten. Die Steinschleuder ist keine äg. Waffe. (Die bei Wiedemann *Äg.* S. 233 abgebildete Hieroglyphe stellt nicht eine S., sondern eine Bogensehne dar; vgl. Erman-Grapow *Handwörterbuch* S. 94 und Lacau *Sarcophages* I Tf. 42.) Sie findet sich in Kampfdarstellungen des MR bei fremden (libyschen?) Söldnern, die zum Unterschied von den rotbraunen Äg. hellfarbig gemalt sind. Diese Schleuderer tragen eine Tasche um den Hals, der sie offenbar ihre Steine entnehmen.

Klebs *Reliefs MR* S. 156 und 161, Abb. 166 und 119. Ranke

C. Palästina-Syrien. Der paläol. Mensch benutzte zum Fernkampf den Faustkeil, den er mit der Hand schleuderte. Besonders die kleinen, scheibenförmigen Fäustel des Acheuléen eigneten sich trefflich dazu.

Noch im Neol. blieb man bei dieser Gewohnheit. In den Höhlen der ältesten Ansiedler von Gezer (s. d.) lagen mehrfach Vorräte von kleinen, runden Steinen für diesen Zweck (Macalister *Gezer* I 84, 93; II 369). Zu welcher Zeit an Stelle der Hand die S. trat, läßt sich nicht sagen. Angeblich ist sie eine Erfindung der Phöniker (Plinius Hist. nat. VII 57); aber diese haben sie wohl nur dem W bekannt gemacht. Die S. bestand aus einem schmalen, in der Mitte breiteren Streifen Leder oder künstlichem Geflecht, dessen Enden in die Hand genommen wurden, nachdem das Geschoß eingelegt war. Nach mehrmaligem Schwingen ließ man das eine Ende los. Das früheste Zeugnis ist die Abbildung der sem. Söldner in *beni ḥasan* (Wreszinski *Atlas* II [1924] Tf. 8; vgl. Müller *Asien und Eur.* S. 9). Das AT erwähnt die S. (hebr. *qelaʿ*) als Waffe der Hirten (1. Sam. 17, 40; Hiob 41, 19) und der Krieger (*qallaʿîm* 2. Kön. 3, 25; 2. Chron. 26, 14). Die Benjaminiten waren wegen ihrer Treffsicherheit berühmt (Richt. 20, 16; 1. Chron. 13, 2), ebenso später die Syrer (Joseph., Bell. Jud. III 7, 8; IV 1, 3; vgl. auch CIL III 18041). Das Geschoß war entweder ein von Natur oder durch Kunst kugelförmiger oder an den Ecken abgerundeter Stein (Macalister *Gezer* II 369f.; Schumacher *Mutesellim* S. 13, 137 [Dm 5—10 cm]; Sellin *Tell Taʿannek* S. 16, 27, 78 [die durchlochten Stücke sind sicher keine S.-Kugeln]). Mandelförmige Geschosse aus Ton oder Blei (letztere oft gestempelt) erscheinen erst in der hellenistischen Zeit (Macalister *Gezer* II 370; Reisner-Fisher-Lyon *Harvard Excavations at Samaria* 1924 S. 367). Da sich Steinkugeln von so beträchtlicher Größe, daß sie mit der Hand nicht geworfen werden konnten, in Gezer in ziemlicher Tiefe fanden, muß es schon am Beginn des 2. Jht. S.-Maschinen (vgl. 2. Chron. 26, 15) gegeben haben (Macalister *Gezer* II 369 Abb. 469). Noch heute gehört die S. zur Ausrüstung des paläst. Hirten (Jérusalem 10 [1925] S. 326, 329 L. Féderlin). Peter Thomsen

D. Vorderasien. Schleuderer werden auf assyr. Reliefs häufig dargestellt, auch haben sich Schleuderkugeln bei den Ausgrabungen in Adab (s. d.; E. Banks *Bismaya* 1912 S. 336) und Babylon (s. d.; Koldewey *Das wieder erstehende Babylon* 1913 S. 257) gefunden, aber in der Literatur läßt sich beides bisher noch nicht sicher nachweisen.

B. Meissner *Babylonien und Assyrien* I (1920) S. 97f. B. Meissner

Schleuderstock s. Wurfstock.

Schlitten. Im alten Ägypten wurden zum Transport von Lasten weit häufiger als Karren und Wagen Schleifen oder Schlitten verwendet, welche sich auf dem weichen Untergrunde des Landes mit weniger Erschütterungen fortbewegen ließen (Wiedemann *Äg.* S. 209). Ähnliche Schleifen werden wir auch für Mittel- und Nordeuropa zur Fortbewegung von Lasten für die Urzeit vorauszusetzen haben. Solche Schleifen lassen sich zwar unter unserem Fundmaterial direkt nicht mehr nachweisen. Jedoch sprechen eine ganze Anzahl indirekter Beweise dafür, daß sich der Wagen (s. d.) erst aus einer solchen Schleife entwickelt hat (Mötefindt *Die Entstehung des Wagens und des Wagenrades* Mannus 10 [1919] S. 31ff., wo auch die weitere Literatur). Regelrechte Schlitten in der Form, wie wir sie heute noch kennen, d. h. zum Fahren auf Schnee und Eis, fanden sich, aus Holz geschnitzt, im Oseberg-Schiff (Brøgger, Shetelig u. a. *Osebergfundet* II). H. Mötefindt

Schloß und Schlüssel (Tf. 90). § 1. Geräte, welche erwiesenermaßen Schlüssel darstellen oder zu Schlössern gehören, sind in Stein- und Bronzezeitfunden bis jetzt noch nicht nachgewiesen. Trotzdem mögen vielleicht damals schon wie zu Homers Zeiten Vorrichtungen bestanden haben, welche es erlaubten, innen vorgeschobene Riegel durch Eingeweihte von außen zurückzuschieben. So wird z. B. Od. XXI v. 6 eine Art Dietrich κληῗδες genannt. Solche einfachen Verschlüsse werden uns auch für die altnord. Zeit noch bezeugt. Einmal in der Gestalt eines hölzernen Riegels, mit dem die Tür von innen geschlossen wurde. Bei diesem wurde z. T. ein besonderer Schlüssel benutzt, womit der auf der Innenseite befindliche Pflock von außen in die Öse am Türpfosten hineinoder aus ihr herausgezogen werden konnte. S. a. Haus, Hausurne.

§ 2. Die ältesten Schlösser treten uns dann in der Gestalt der sog. Hebeschlösser entgegen. Die Konstruktion dieser Schlösser ist die folgende: Der Riegel

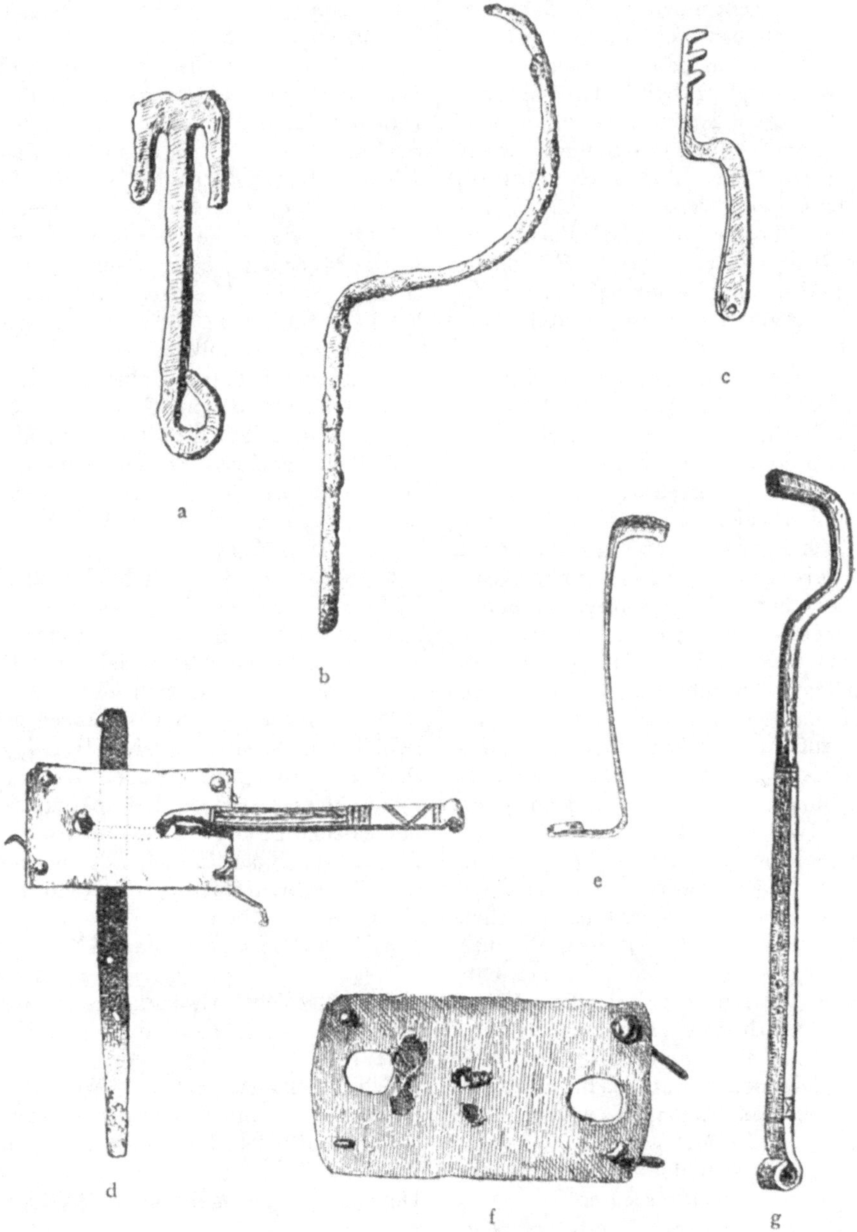

Schloß und Schlüssel

a—c. Eiserne Schlüssel von kelt. FO der LTZ: a, b. Bibracte, c. Karlstein. $^1/_3$ n. Gr. — d—g. Eiserne Schloßteile und Schlüssel von ostpreußischen FO der RKZ: d. Groß-Schläfken, Kr. Neidenburg. — e, f. Abbau Thierberg, Kr. Osterode. — g. Hansdorf, Kr. Elbing. — d—g. ca. $^1/_2$ n. Gr. — Nach Déchelette *Manuel* und E. Blume *German. Stämme.*

wird bei ihnen durch versteckte Holzklötzchen festgehalten. Letztere können durch den wagerecht eingeführten Schlüssel in die Höhe gehoben werden, wodurch sodann das Zurückschieben des Riegels ermöglicht wird (vgl. ZfEthn. 1916 S. 406; MAGW 48 [1918] S. 108). Diese Schloßform ist bereits für Babylonien belegt (ZfEthn. 1916 S. 424) und auch sonst im heutigen Orient sehr verbreitet. Für Mitteleuropa will Forrer dieselbe Form des Schlosses bereits für die ital. EZ durch einen in Bologna erworbenen Schlüssel nachweisen, der in Gestalt eines Hantelboxers gearbeitet ist, und den Forrer mit den Hantelkämpfern auf den Situlen von Kuffarn (vgl. Band VII Tf. 88a), Watsch (ebd. d) und Matrei vergleicht und wie sie datiert wissen will (*Reall.* S. 704). Weitere Belege für das Vorkommen der Schlüsselform sind mir aus dieser Per. nicht bekannt geworden. Wir treffen diese Schlüssel sonst erst in der LTZ III an (Déchelette *Manuel* II 3 S. 1391), und dieselbe Form des Schlosses in etwas komplizierterer Form ist dann aus der röm. Zeit belegt (Forrer *Reall.* Tf. 199 Abb. 3). Auf dem hier vorgeführten System bauten sich auch das röm. Schloß und der röm. Schlüssel auf, nur hat man hier, besonders zur Kaiserzeit, unzählige Variationen ausgeklügelt und die Schlüsselzapfen zum Schlüsselgriff meist senkrecht gestellt. Dieselbe Schloßform hat sich in Deutschland noch bis in die Gegenwart hinein gehalten.

§ 3. Eine Abart dieser Schlüssel stellen die Schlüssel in T-Form dar, die uns erstmalig gleichfalls in der LTZ III entgegentreten (Tf. 90a; Déchelette *Manuel* II 3 S. 1391) und durch die röm. Zeit (Déchelette a. a. O. II 3 S. 1392) bis in die merowingische Zeit sich halten (z. B. Lindenschmit *Handbuch* S. 462; Kropp *Latènezeitl. Funde an der kelt.-germ. Völkergrenze* 1911 S. 124). Das Schloß ist dazu in der gleichen Form zu rekonstruieren.

§ 4. Neben diesen Schlössern erscheint dann erstmalig in der LTZ eine andere Art von Schlössern, hauptsächlich an Holzkästen. Im Oder-Passarge-Gebiet finden sich oft unter den Grabbeigaben ein eiserner oder bronzener Schloßbeschlag, eine eiserne Schloßfeder und ein dazu gehöriger bronzener oder eiserner Schlüssel (Tf. 90 d—g). Eine ideale Rekonstruktion dieser Schloßform: Grempler *Sackrau* Tf. 2 Abb. 2; Sitzungsber. Prussia 21 (1900) S 298. Die Schlüssel dieser Form sind gewöhnlich mit einem Zinken versehen, und das Ende des Schaftes ist zu einer Öse umgebogen (Tf. 90 e). Daneben kommen auch reicher verzierte Schlüssel vor (Tf. 90 g), in späterer Zeit auch solche mit zwei Zinken. Die Schloßbleche sind rechteckig und zeigen zwei große Öffnungen, durch die der einzinkige Schlüssel greift (Tf. 90 d, f), oder, wenn sie für zweizinkige Schlüssel eingerichtet sind, eine längliche Öffnung und zwei runde Öffnungen für die Zinken. Diese Schloßform tritt im Oder-Passarge-Gebiet einmal bereits in der LTZ auf (Blume *Germ. Stämme* I 113, II 120) und hält sich dort in der Kaiserzeit. Dieselben Schlüssel erscheinen im kelt. Gebiet in Latène III und reichen auch dort bis in die Römerzeit (Déchelette *Manuel* II 3 S. 1391).

§ 5. Das bei uns übliche Drehschloß, das in zahlreichen Beispielen aus Pompeji bekannt ist, und dann auf provinzialrömischem Boden in kaiserzeitlichen Funden uns entgegentritt, ist vielleicht auch bereits in Attika im 5.—4. Jh. v. C. üblich gewesen (SB. Preuß. Ak. 1908 S. 27ff.; 'Εφ. ἀρχ. 1902 S. 143). Auf germ. Boden treten solche Drehschlüssel erst in der spätmerow. Zeit auf (Beckum: Lindenschmit *Handb.* S. 462; nachkarolingisch: Königshof-Bodfeld: Zeitschr. d. Harzvereins 35 [1902] S. 219 Tf. 5, 3). — S. a. Haus C § 14, Ostpreußen C § 24 c und Band IX Tf. 238 d, e.

Hugo Mötefindt

Schmalgesicht. Gesicht, dessen Breite im Verhältnis zur Höhe gering ist (s. Kraniometrie).

Reche

Schmalschädel. Schädel, die sich durch besondere Schmalheit auszeichnen; sie können außerdem lang oder kurz sein. Der Ausdruck wird aber vielfach synonym mit Dolichokephalie gebraucht (s. Kraniometrie).

Reche

Schmelz s. Email.

Schmelzofen s. Ofen.

Schmelztiegel s. Bronzeguß A § 3.

Schmergow (Prov. Brandenburg; Tf. 91[A], 91[B]). § 1. S. ist ein Dorf, das zwar zum Kreis Zauch-Belzig gehört, seiner orographischen Lage und seines ganzen Charakters wegen aber als vorgeschobenster Posten zum eigentl. Havelland gerechnet werden muß. Es liegt auf einem früher durch Sümpfe und Wasser völlig isolierten Diluvialhorst an einem Havelknick und Havelsee, gegenüber von Ketzin, 10 km w. Werder a. H. Durch eine weit zum rechten Havelufer vorgestreckte Sandterrasse bestand schon in der j. StZ, als die Havelwasser noch 1 km br. bis dicht an den Schmergower Horst reichten, hier die wichtigste Furt zwischen Sachsen und Pommern über Belzig-Nauen-Kremmen. Auf dieser Terrasse an der alten Volksstraße lag die steinzeitl. Siedlung von Schmergow. Die Chaussee zur Fähre und eine Sandgrube haben sie angeschnitten, und durch meine Grabung von 1918/20 wurde ein Teil von ihr freigelegt. Das gesamte Fundmaterial habe ich der Vorgesch. Abteilung der Staatl. Museen in Berlin überwiesen.

§ 2. Drei für die Geschichte der j. StZ wichtige Feststellungen haben sich hier herausgeschält. Zum erstenmal wurde im Steinzeitgebiet des N der Grundriß eines Hauses aufgedeckt, der eine rechteckige Gestalt und eine Vorhalle wie die beim Megaron besaß (Tf. 91^{A}b). Das Haus bestand aus einem wahrscheinlich einmal geteilten Wohnraum von 5 m L. und 2,60 m Br., mit einem größeren, älteren und einem kleineren, jüngeren Herd im Innern, einem stallartigen Anbau im N und einer nur im S offenen Vorhalle von 2 : 1,60 m, also insgesamt von 20 Fuß L. und 10 Fuß Br. Der Wohnraum war durch eine eigenartige Anlage — eine schräggelegte Schwelle mit schwingender Tür und einklemmbarer Strebe — von innen gegen die offene Vorhalle abzuschließen. Die mit $^{3}/_{4}$—1 cm starken Ruten gedichteten Lehmwände hatten eine Höhe von 2,35—2,45 m und die Pfähle, die in 1 m Abstand folgten, einen Dm von 20—25 cm. Vom Südausgang erstreckte sich ein gepflasterter Vorplatz zu einer großen Herdgrube.

§ 3. Das zweite ist die Eigenart der Schmergower Keramik (Tf. 91^{A}a, 91^{B}). E. Sprockhoff hat sie in seiner Dissertation (Königsberg) über die Kulturen der Mark Brandenburg am Ausgang der j. StZ Havelländische Keramik genannt und ihre Reste aus der Schmergower Grabung zusammen mit den Gefäßen aus der Slg. Schmidt, jetzt im Märkischen Museum, sehr ausführlich, doch nicht völlig klärend behandelt. An Gefäßformen enthält die Schmergower Havelländische Keramik die Tasse, Henkelkanne, Flasche und Amphore, den Becher, Topf und Napf. Die Ornamente von S. sind reichhaltiger als bei den anderen bis jetzt bekannten Steinzeitsiedelungen der Mark. Der Kreuz-, Winkel-, Lanzen-, Punkt-, Bogen- und Ringelstich, der Punktstrich, die Grübchen-, Fingernagel- und Schnurverzierung, das Zickzack-, Rauten-, Schachbrett- und Rollstempelmuster, die Schnitt- und Rillenfurchen und die Hohlkehlen sind in sorgfältiger und eleganter Tiefstichtechnik zu reizvollen Mustern gruppiert und lassen die Schmergower Keramik als die Vollendung der Havelländischen Keramik erscheinen. Verwandte Beziehungen verbinden sie mit Trebus, Göttin, mit der Uckermark, mit Molkenberg, Walternienburg, Bernburg und den anderen sächs.-thüring. Kulturen. Auf Grund dieser Beziehungen hat Sprockhoff die Schmergower Havelländische Keramik chronol. einzureihen versucht und sie an den Ausgang der j. StZ gesetzt. Da ich in S. auch zwei kleine Bronzeröllchen und ein bandförmiges Stück Blei gefunden habe, ist das sicher richtig; bestritten muß aber werden, daß die Havelländische Keramik erst höchstens während der Stufe der älteren Bernburger Keramik entstanden sei. Die ältesten Siedelungen der Mark liegen im Luch (s. Rhinluch). In der mesol. Siedlg. Friesack-Mark fand ich die Binsenkeramik und eine frühneol. Keramik, die ich Luch-Keramik nenne, weil sie überall im Luch auftaucht. Ihre Elemente sind neben der Fingernagelverzierung besonders das Gittergeflecht, das Grübchen, der Punktstich mit und ohne Furche, die Wickelschnur, der Punktstrich, die Rille und die Hohlkehle, wie sie auch, gleichzeitig oder später, in den steinzeitlich - baltisch - innerrussischen Kulturen erscheinen. Dieselben Alt-Ornamente finden sich, mit Ausnahme der Binsenkeramik, auch in der Schmergower Keramik. Aber dicht gegenüber von S. liegt Ketzin, von wo ein binsenkeramischer Topf herstammt (Märkisches Museum, Berlin). Die Schmergower Havelländische Keramik reicht also mit ihren bodenständigen Alt-Ornamenten bis in die

Zeit der frühneol. Luch-Keramik und ist darin älter als die megal. Keramik. Wieviel sie von dieser und anderen empfangen und an sie abgegeben hat, ist noch nicht zu sagen. Obwohl S. dadurch in der Folge zum Umschlagshafen aller keramischen Güter der benachbarten Kulturprovinzen wurde, hat es trotzdem seine älteste Eigenart bewahrt und bildet darum das ausdrucksvolle Optimum einer märkischen keramischen Entwickelungsreihe von den Anfängen der j. StZ bis zum Beginn der BZ.

§ 4. Das dritte Ergebnis ist die Hohlkehle als wichtiges steinzeitliches Motiv (Tf. 91[A] a). Sie war bis dahin nicht ganz unbekannt; aber entweder als nicht in den steinzeitlichen Rahmen passend oder als bedeutungslos angesehen. In S. erschien sie als bestimmende Sonderheit in mehreren Formen. Die $^3/_4$—1 cm br., weichprofilierte Schmergower Hohlkehle stammt nicht von der schmaleren, scharfen Walternienburger Hohlkehle, auch nicht von anderen als Tonwülste aufgelegten Abarten, sondern von der ältesten, ebenfalls weichen, wenn auch schmaleren, frühneol. Hohlkehle der märkischen Luch-Keramik ab, von der sie ihren Zug nach Osteuropa und gegen S, saaleaufwärts und donauabwärts, angetreten hat. Walternienburg ist dabei als schwesterliche Konkordanz-Erscheinung anzusehen. Gegen das Ende der j. StZ erscheint sie in 7 märkischen und 18 Siedlungen der sächs.-thüring. Länder, bei Regensburg, in Mähren, Siebenbürgen und Süd-Bulgarien, zusammen auf 33 steinzeitlichen Siedlungen. Durch den Bronzefund mit Hohlkehlenscherbe von Kriele-Friesack reicht sie ununterbrochen bis in die Per. I der BZ. Auffallend ist ihre überraschende Ähnlichkeit mit der Hohlkehlenkeramik der Lausitzer Kultur. Auf alle diese Tatsachen habe ich bereits 1921 hingewiesen, und Schuchhardt, der schon 1910 (Präh. Z. 1 [1909] S. 362, 364) darauf aufmerksam gemacht hatte, daß die Gefäßformen der Lausitzer Kultur nur aus dem keramischen Steinzeitinventar des N abgeleitet werden könnten, hat dann wegen der Schmergower Hohlkehle diesen Gedanken in *Alteuropa*[1] 1919 S. 114/115 und 284f. noch stärker unterstrichen. S. a. Lausitzische Kultur A § 11—13.

E. Sprockhoff *Die jüngersteinzeitlichen Kulturen in der Mark Brandenburg* Vorgeschichtliche Forschungen 1, 4 (1926). Max Schneider

Schmetzdorf (Kr. Jerichow II; Tf. 91[C]). Wichtiges Urnenfeld, ausgegraben in den J. 1906—1908. Urnen und Knochenlager in ungleichmäßigen Abständen, zum Teil in Steinpackung mit Deckelschalen; Beigefäße vereinzelt. Urnen überwiegend ungegliederte Töpfe, sonst doppelkonische, Latèneflasche usw. Beigaben: Bombennadeln (s. d.), Segelohrringe, einfachste Gürtelhaken, alte Kropfnadeln, Frühlatène-Fibeln. Typisch für die II. EZ mit dem frühesten Latène-Einschlag, doch scheinen die Anfänge nach der zum Teil noch altertümlichen Keramik (doppelkonische Gefäße, Rauhtopf mit gewelltem Rand, Schale mit facettierter Innenfläche) in die frühere Periode zu fallen.

Mannus 4 S. 233 H. Busse. R. Beltz

Schmied. S. a. Bronzeguß, Bronzetechnik, Eisen, Handwerk, Metall. — (Vorderasien) Trotzdem in Babylonien Metalle nicht vorkamen, sondern von weither bezogen werden mußten existierte dort die Schmiedekunst seit den ältesten Zeiten. Nach altorient. Anschauungen war der Feuergott (s. a. Nusku), der die Metalle reinigte und Kupfer mit Zinn mischte, der Herr der Schmiedekunst; aber es gab auch noch einen besonderen Schmiedegott, der keine anderen Funktionen hatte. Der Gott Ea, dem alle Kunstfertigkeiten unterstanden, war u. a. auch der Beschützer der Schmiede. Schon Gudea (ca. 2450 v. C.) erzählt uns von S., die er bei seinen Bauten verwendet hat. Hammurapi (etwa 1950 v. C.) setzt in seinem Gesetzbuche den täglichen Lohn des S. fest. Die S., bei denen man übrigens einen Kupfer- und einen Eisenschmied unterschied, verfertigten im wesentlichen nur gröbere Arbeiten, wie Waffen und Geräte. Die feineren, speziell die Gußarbeiten, lieferte der Metallarbeiter (*qurqurru*). Von beiden unterschieden war wieder der Goldschmied. Der S. (*nappâḫu*) hat seinen Namen vom „Anblasen" des Feuers, in dem die Metalle lagen, mittels eines Blasrohres oder eines Blasebalges. Nachdem die Metalle den Schmelzofen verlassen hatten, verarbeitete der S. sie mit dem Hammer zu Fertigsachen, die zum Schluß noch geglättet und poliert wurden.

B. Meissner *Babylonien und Assyrien* I (1920) S. 230f., 264, 266f. B. Meissner

a

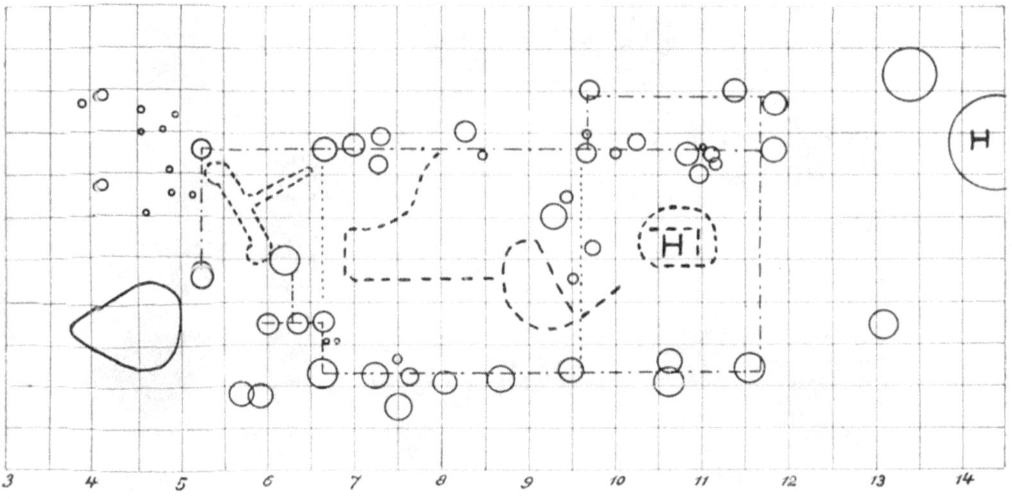

b

Schmergow

a. Scherben von neolithischen Tongefäßen mit Hohlkehlenverzierung. $^1/_3$ n. Gr. — b. Plan des steinzeitlichen Wohnhauses mit Vorhalle. Maßstab 1:100.

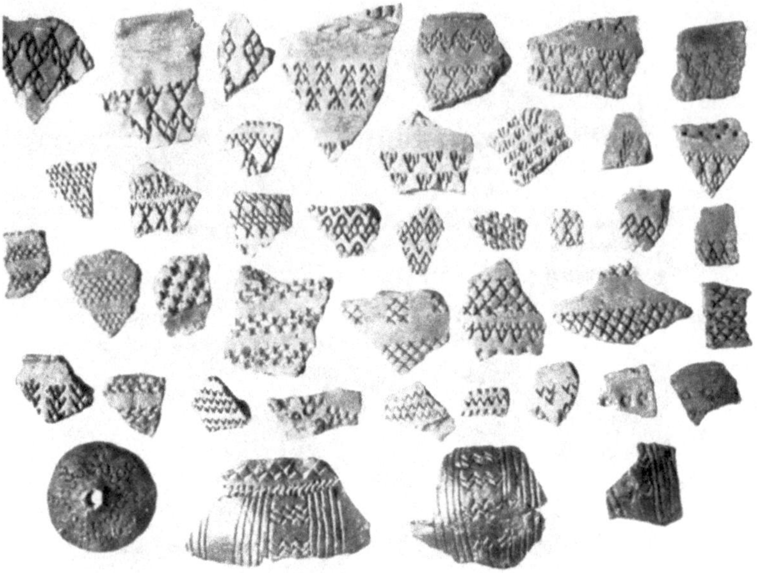

a

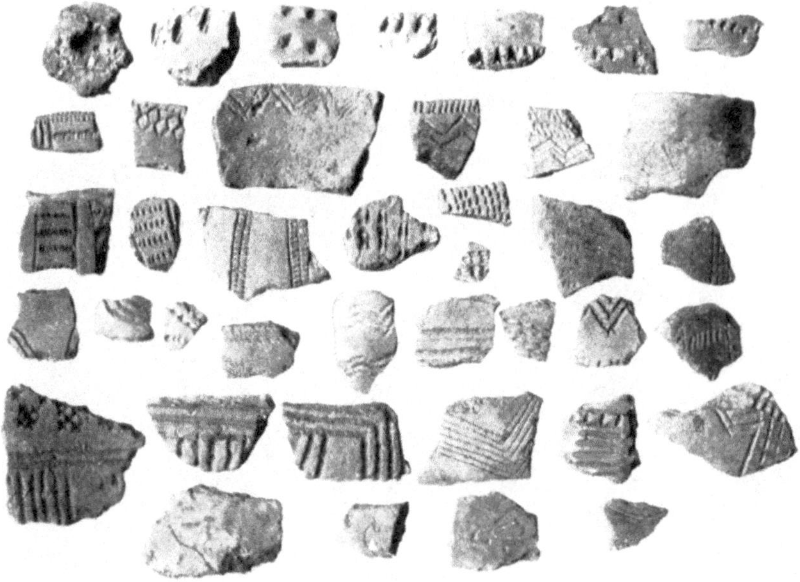

b

Schmergow

a, b. Tongefäßscherben (a. gebräuchlichste Dekoration, b. ältere Verzierungsart). 1/3 n. Gr. — Nach Photographien.

Schmetzdorf

a—i Keramik. — k—o. Schmuckstücke. — Nach Mannus 4.

Schmiedeeisen. A. Europa s. Eisen A § 1, 2.

B. Ägypten. Alle äg. Funde von Eisen aus vorsaïtischer Zeit sind aus weichem Schmiedeeisen angefertigt. Gehärteter Stahl ließ sich nicht aus dem äg. Eisenerz herstellen und ist nur von kleinas. Völkern und dann in großem Umfange von den Griechen und Römern in das Nil-Tal gebracht worden. Das Schmieden des afrik. Eisens ist in Innerafrika heimisch geblieben, wobei dahingestellt sei, ob die Technik von Ä. durch die Nubier nach S weitergegeben oder ob sie dort bodenständig vorhanden ist. Der Schmied ist in der afrik. Kultur als Handwerker geschätzt, aber wegen seiner Verbindung mit Zauberkräften gefürchtet und z. T. gemieden (s. a. Handwerk A § 3c).

Leo Frobenius und v. Wilm *Atlas Africanus* Blatt 8. Roeder

Schmiedegerät. S. a. Amboß, Hammer, Zange. — Über weitere Geräte des Bronzeschmiedes s. Bronzetechnik A § 2, 3. — Ein Gesenke, wie es der Eisenschmied zur Herstellung von Reliefverzierungen braucht, ist noch nicht gefunden worden, die Technik war aber den Germanen der Spätlatènezeit bekannt. S. Eisen A § 7. Alfred Götze

Schmiedetechnik s. Bronzetechnik A § 2, Eisen A § 7.

Schminkbehälter. Die Augenschminke (s. Schminke) wurde den vorgesch. Äg. in der Regel nicht als Fertigfabrikat, sondern als Rohstoff (Malachit und Bleiglanz) ins Grab gelegt, zusammen mit den zur Verarbeitung dieses Rohstoffs nötigen Geräten, der Reibplatte und dem Reibstein. Sehr selten finden sich daneben schon Behälter mit der fertigen Schminke, so bei der Hockerleiche Berlin 14596, die den primitivsten derartigen Schminkbehälter, ein Rohrbüchschen, in der Hand hält. Diese Form hat sich in Ä. lange erhalten und ist später — bald als einzelnes Rohr, bald als mehrere miteinander verbundene Rohre — in Holz (s. d. B), Elfenbein (s. d. C), Stein, Fayence (s. d. B) usw. nachgeahmt worden (Bénédite *Objets de Toilette* I Cat. gén. 55 [1911] Tf. 11 ff.; v. Bissing *Steingefäße* Cat. gén. 17 Tf. 9). Auch unter den vorgesch. Steingefäßen (s. d. C) sind sicherlich manche mit Schminke gefüllt gewesen (vgl. z. B. die von Möller [MDOG 30 S. 9] erwähnten Alabastergefäße mit Schminkgriffeln darin), ohne daß sich eine bestimmte Form als für diesen Zweck reserviert nachweisen ließe. Ranke

Schminke S. a. Antimon B. — (Ägypten) § 1. Die Sitte, die Augenlider und die Umgebung der Augen mit farbigen Schminkstrichen zu versehen, die sich in Ä. zu allen Zeiten findet, geht auf die vorgesch. Zeit zurück. Neben den Hockerleichen — meist in der Nähe des Gesichts oder der Hände — finden sich sehr häufig Reste von Malachit und von Bleiglanz, aus denen — unter Zusatz von Fett oder Öl — die grüne bzw. die schwarze S. hergestellt wurde.

§ 2. Die Reste von Malachit, aus denen der Bestattete im künftigen Leben seine grüne S. herstellen sollte, bestehen teils aus größeren Brocken, teils aus „winzigen Malachitkörnern" (Junker), die, in einer Muschel oder einem kleinen Körbchen, gelegentlich auch in einem Leinen- oder Lederbeutel verwahrt, dem Verstorbenen zur Hand liegen. Bisweilen ist der Malachit auch schon zerrieben, also fertig für den Gebrauch; solche S. wird dann bisweilen in ein Rohrbüchschen gefüllt (s. Schminkbehälter) und der Leiche in die Hand gegeben.

Junker *Kubanieh-Süd* S. 90 und Abb. 52, 54.

§ 3. Etwas seltener als die Malachitstücke haben sich Reste von Bleiglanz (Petrie-Quibell *Naqada* S. 26, 343 in der r. Hand!) oder Eisenglanz-Hämatit (Junker *Kubanieh-Süd* S. 91) gefunden, woraus die schwarze S. bereitet wurde, die die Ä. *sdemet* (daraus griech. στίμμι, lat. stibium) nannten. (Der Bleiglanz wurde — nach Möller — in einem Bleibergwerk bei Assuan gewonnen.) Auch diese S., die dem *koḥl* der heutigen Araber entspricht, wurde gelegentlich in einer Muschel verwahrt den Toten beigegeben (Mace *Nâga ed Dêr* II Tf. 47 e, f). — Zum Verreiben des grünen und schwarzen Minerals wurde den Toten eine Schminkpalette (s. d.) und ein Reibstein mitgegeben. Ranke

Schminkgriffel. In geschichtl. Zeit pflegten die Äg. ihre Augenschminke mit Hilfe eines griffelartigen Stäbchens aus Holz, Elfenbein, Bronze oder auch Stein aufzutragen. Diese Sitte geht wohl schon in die vorgesch. Zeit zurück, da schon die Hockergräber gelegentlich Stäbchen aus Elfenbein aufweisen, die wohl eher als „Schminkgriffel" denn als Haarpfeile (s. Haarnadel B) zu deuten sind. Doch sind solche vorgesch. S. selten beobachtet worden; Petrie (*Prehist. Egypt*) erwähnt sie überhaupt nicht.

MDOG 30 S. 9 Möller; Bénédite *Objets de Toilette* I Cat. gén. 55 Nr. 44601 ff.; v. Bissing *Steingefäße* Cat. gén. 17 Nr. 18590—91 und S. XXIV. Ranke

Schminkpalette. § 1. Um sich die für ihre Toilette unentbehrliche Augenschminke (s. Schminke) selbst herstellen zu können, wurden den vorgesch. Ägyptern eine Schieferplatte ins Grab mitgegeben, dazu ein Reibstein — gewöhnlich ein brauner, naturpolierter Wüstenkiesel —, mit dem das Mineral auf der Platte zu Pulver verrieben werden sollte. Diese Schiefer-„Paletten" sind nach den Ton- und Steingefäßen in Ä. wie in Nubien die häufigste Beigabe der vorgesch. Gräber. Außer Schiefer finden sich — in Ä. sehr selten, in Nubien häufiger — gelegentlich auch andere Steinarten, wie Quarz, Alabaster, Sandstein, Porphyr, zu solchen Paletten verarbeitet. Auch diese Paletten liegen, wie die Schminke selbst, bei ungestörten Gräbern meist in der Nähe des Gesichtes oder der Hände. Sie sind häufig mit — oft mehreren — Löchern durchbohrt, um an Lederschnüren (Petrie-Quibell *Naqada* S. 10, 17; 15, 25) getragen zu werden. Ob sie aber, wie gelegentlich behauptet wird, an den Hals gehängt worden sind, läßt sich bisher nicht erweisen; z. T. sind sie reichlich groß und schwer dafür. Die Schieferstücke, die so als „Paletten" dienen, sind sehr selten ganz roh gelassen (z. B. Junker *Kubanieh-Süd* S. 87 r.; Reisner *Nâga ed Dêr* II 48). Sie haben vielmehr entweder geometrische Form, besonders die (dem Naturbruch des Schiefers entsprechende) der Raute, aber auch herzförmige, kreisrunde, rechteckige, oder sie nehmen Tierformen an (wie Hirsch, Nilpferd, Vogel, Fisch, Schildkröte, Widder) oder sind an ihrem oberen Rande mit zwei kleinen Tierfiguren (besonders zwei gegenständig angeordneten Vögeln oder Vogelköpfen) verziert. Andere Verzierungen, wie eingeritzte (Petrie *Diospolis* Tf. 12, 43; ders. *Tarkhan* II Tf. 6; Capart *Débuts* S. 89 und 90; Quibell *Archaic Objects* Tf. 46) oder in Relief ausgeführte Figuren (Petrie *Gerzeh* Tf. 6, 7; Junker *Turah* S. 57 Abb. 79) oder auch Schriftzeichen (Mac Iver-Mace *Amrah* Tf. 8, 2) sind sehr selten und gehören wohl alle erst der 1. Dyn. an. Auch Miniaturpaletten (Junker *Kubanieh-Süd* S. 86; Petrie *Prehist. Eg.* Tf. 43, 1) kommen, wenn auch selten, vor. Häufig tragen die Paletten Spuren des Gebrauchs in Gestalt von unregelmäßigen Vertiefungen, in denen dann oft noch Reste des Schminkminerals sich finden. Merkwürdig sind ganz große, schwere, rautenförmige Schieferplatten, die gewöhnlich ebenfalls als Schminkpaletten erklärt werden, vielleicht aber auch ganz anderen Zwecken gedient haben. (In einem reichen Grabe bei El Mahasna [Ayrton-Loat S. 11 H. 29, vgl. Tf. 2, 10] ist eine solche große Schieferplatte außer der ebenfalls rautenförmigen, handlichen Schminkpalette beigefügt worden!)

§ 2. S. finden sich von der frühen vorgesch. Zeit an; zur Zeit der 1. Dyn. begegnen sie seltener — übrigens nur in Privatgräbern, in den Königsgräbern der 1. und 2. Dyn. hat sich keine Spur einer solchen Palette gefunden! —, um dann zu Beginn des AR zugunsten der Behälter mit gebrauchsfertiger Schminke ganz zu verschwinden.

Der Schiefer wurde in Ä. selbst gewonnen, wo er an verschiedenen Stellen (z. B. ö. von Esne — vgl. Mac Iver-Mace *Amrah* S. 47 — und bei Assuan) ansteht. Auch im Wadi Hammamât wurde (nach Möller) Schiefer gewonnen.

Petrie-Quibell *Naqada* Tf. 47—50; Petrie *Diospolis* S. 20f. und Tf. 11f.; Mac Iver-Mace *Amrah* S. 46f.; Junker *Turah* S. 57; ders. *Kubanieh-Süd* S. 85ff.; Petrie *Prehist. Eg.* S. 36ff.; ders. *Corpus of Prehist. Pottery and Palettes* Tf. 52ff.

§ 3. Mit diesen Schminkpaletten hat man, gewiß mit Recht (gegen Bénédite), eine andere Gruppe von vorgesch. Schieferplatten zusammengestellt, deren Flächen — bald einseitig, bald auf beiden Seiten — mit Reliefdarstellungen geschmückt sind. Die Darstellungen zeigen Jagd- und Fabeltiere (s. d. B; Band III Tf. 31) oder Erinnerungen an bestimmte Ereignisse, wie eine Löwenjagd (Band II Tf. 211), gefesselte und getötete Feinde (Band I Tf. 16, 17a), erbeutete Herden, Zerstörung von befestigten Städten (Band III Tf. 84), das Niederwerfen

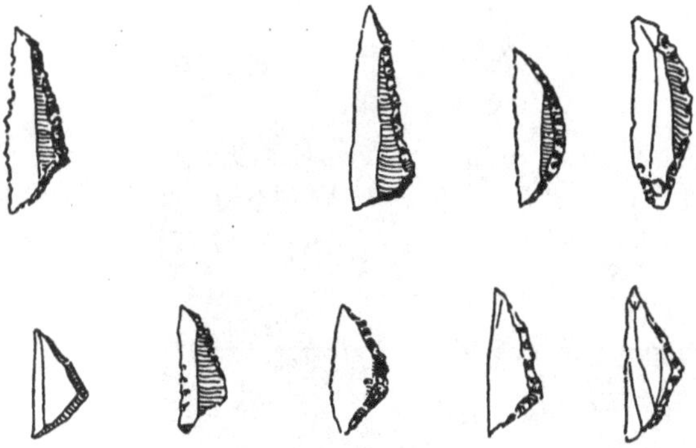

a

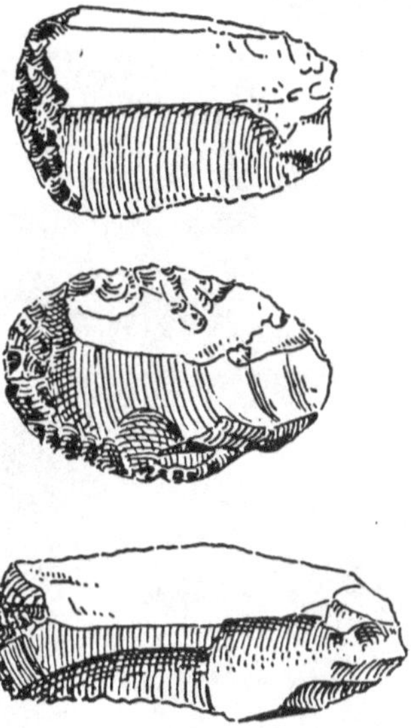

c

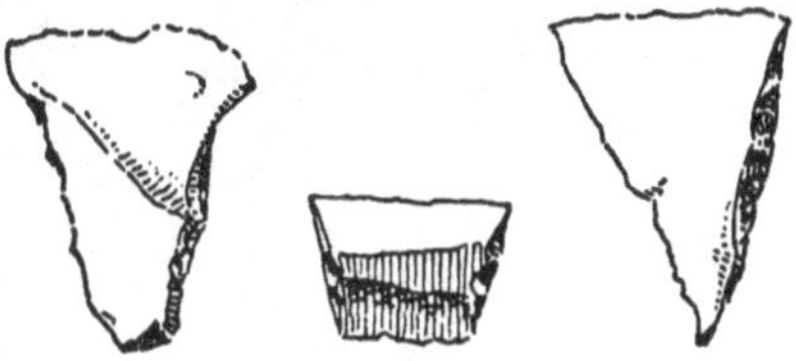

b

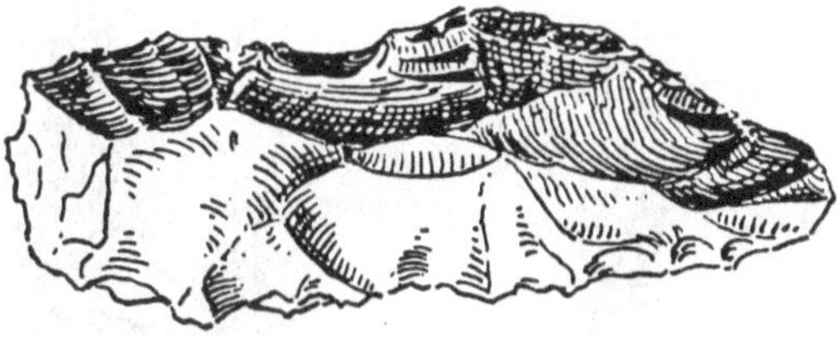

h

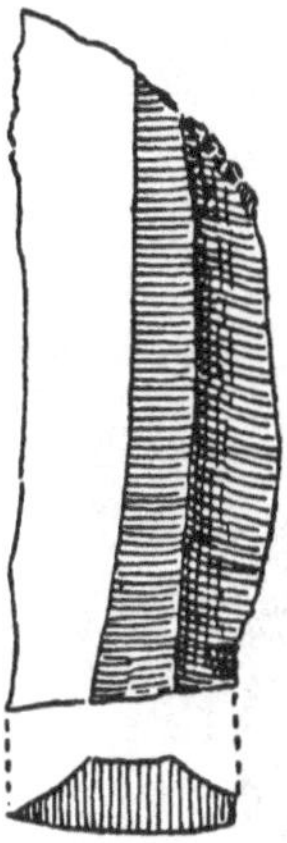

d

e

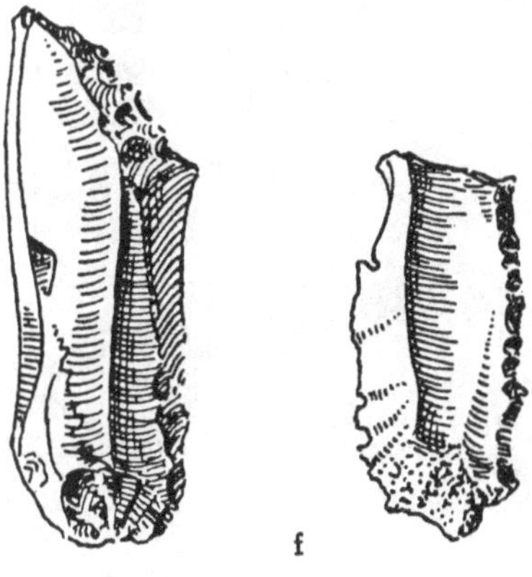

f

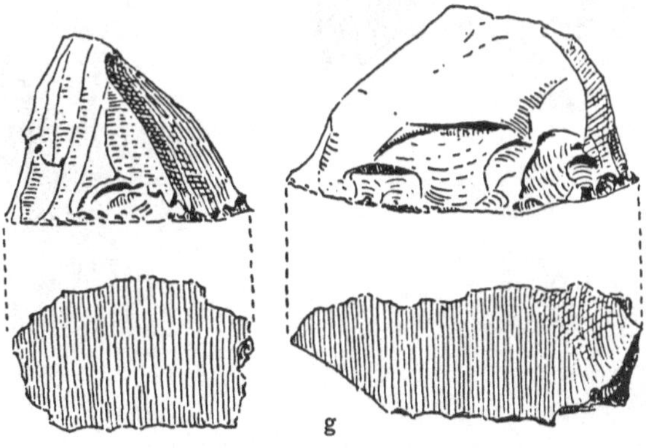

g

Schmöckwitz

Feuersteingeräte mesolithischen Charakters: a. Geometrische Mikrolithen (längsschneidige Pfeilspitzen). — b. Trapezische und querschneidige Pfeilspitzen. — c. Kratzer. — d. Messer mit bogiger Endretusche. — e. Bohrer. — f. Stichel. — g. Hoch- und Kielkratzer. — h. Kleine Kernaxt. $^1/_1$ n. Gr.

1

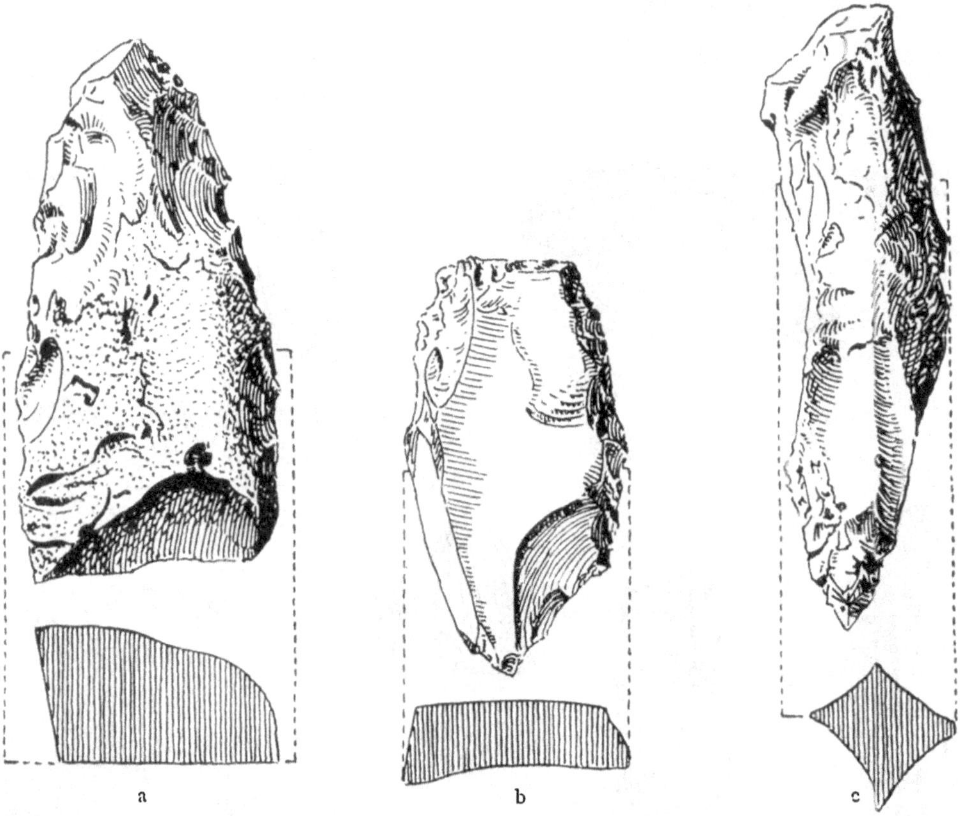

a b c

2

Schmöckwitz

1: Teilbestattung in roter Erde. — 2: Campignien-Typen: a. Spalter. — b. Pickel. — c. Lanzenspitze.
$^1/_1$ n. Gr.

eines Gegners durch den als Stier dargestellten König (Band I Tf. 15b) usw. Diese Darstellungen sind häufig um eine kreisrunde, napfartig (aber sehr flach) vertiefte Mittelfläche angeordnet, die man sich zur Aufnahme für die Schminke bestimmt denken möchte. Es könnten in einen Tempel geweihte Prunkstücke oder auch kultisch gebrauchte Paletten gewesen sein (L. Klebs denkt an das aus dem AR bekannte Schminken von Opfertieren), auf denen die Schminke nicht mehr verrieben (Gebrauchsspuren fehlen), sondern fertig zubereitet in den Napf eingefüllt wurde. Zwei dieser Prunkpaletten aus dem Beginn der 1. Dyn., die eine mit Jagd- und Fabeltieren, die andere mit der Darstellung des einen Feind niederschlagenden und getötete Feinde besichtigenden Königs geschmückt, sind in der Tat in den ältesten Schichten des Horus-Tempels von Hierakonpolis (s. d.) gefunden worden (Quibell *Hierakonp.* I Tf. 29; II Tf. 28).

Capart *Débuts* S. 221ff.; PSBA 22 (1900) S. 125ff., 270ff.,; ebd. 26 (1904) S. 262f.; ebd. 28 (1906) S. 87 Legge; Fondation Piot 10 S. 105ff. Bénédite. Ranke

Schmirgel. A. Europa. Das auf Naxos gewonnene Schleifmittel ist vermutlich den Griechen schon bekannt gewesen. Erwähnt wird S. erst von Plinius (Nat. Hist. XXXVI 52, 54, 164; XXXVII 109) als Schleifmittel für Edelsteine.

F. M. Feldhaus *Die Technik der Vorzeit* 1914 S. 972f. Alfred Götze

B. Ägypten. S. in pulverisierter Form diente in Ä. wohl schon in vorgesch. Zeit beim Ausbohren von Steingefäßen (s. d. C) als Schneidemittel (s. Steinbohrer B). Ebenso wurde S. beim Zersägen von Steinblöcken verwendet (L. Borchardt *Grabdenkmal des Königs Ne-user-re* 7. Wiss. Veröff. der DOG 1907 S. 142). Dort findet sich auch die Angabe, daß Schweinfurth S. bei Assuan nachgewiesen und dessen dort schon im Altertum erfolgten Abbau gezeigt hat. Scharff

Schmöckwitz (früher ein Dorf im Kreise Teltow, Prov. Brandenburg, jetzt Südostecke von Großberlin, zum Bezirk Köpenick gehörig; Tf. 92^A, 92^B).

§ 1. Die günstige Siedelungslage auf einer von drei hier zusammenstoßenden Seen gebildeten ursprünglichen Talsand-Insel ist seit der frühesten BZ ausgenutzt worden. Reste einer bronzezeitl. Siedelung liegen auf der hochwasserfreien Düne, die heute die Kirche trägt. Auf der Gemarkung des Ortes sind im J. 1881 die beiden vorzüglich erhaltenen Axtdolche (s. d. A) des Berliner Staatsmuseums gefunden: Klinge am bronzenen Kopfteil des Schaftes angegossen, Schaftköpfe mit besonderem Kopfaufsatz, Schaftschuh und Zierringe für den Holzschaft. Die Stücke gehören zur nord. Untergruppe 2b H. Schmidts (Präh. Z. 1 [1909] S. 113ff.) und zur brandenburgisch-mecklenburgischen Gruppe Kossinnas mit dreieckiger seitlicher Ausbuchtung des Schaftkopfes (Mannus 3 S. 317f.; ebd. 9 S. 157f.). Nähere FU und genauere Fundstelle sind unbekannt. Schon 1879 waren am nö. Ufer der Dorf-Insel die beiden über 30 cm gr. Bronzespiralfibeln mit Doppelkreuznadel aus der III. Per. Mont. gefunden, eine davon jetzt im Märkischen Museum Berlin, die zweite im Germanischen Museum zu Nürnberg (A. Kiekebusch *Die Vorgeschichte der Mark Brandenburg* in *Landeskunde der Prov. Br.* III Tf. 2, 14; ZfEthn. 46 [1914] S. 733 Nr. 203).

§ 2. Auf dem Förstereigrundstück S., ö. des Ortes, auf dem anderen Ufer der Dahme, liegen Siedelungsreste aus der Stein-, Bronze-Früheisen- und wendischen Zeit. Sarauw (Präh. Z. 6 [1914] S. 14) erwähnt den Ort als Fundstelle von längs- und querschneidigen Pfeilspitzen (s. d. B 1). Reiches Material mittelsteinzeitlicher Gerätetypen (Tf. 92^A, 92^B 2) lagert in beiden Berliner Museen; durch Funde von der Oberfläche und durch Ausgrabung ist es neuerdings wesentlich ergänzt. Es kommen vor: geometrische Mikrolithen (Dreiecke, Segmente, Trapeze), Kiel-, Hoch-, Klingen- und Rundkratzer, letztere bis zu den kleinsten Größen, Schaber, Messer mit abgestumpftem Rücken, darunter solche vom Chatelperron-Typus, und Gravette-Spitzen, Kerbmesser und Kerbspitzen. Auch Stichel erscheinen noch. Dazu zeigt sich ein schwacher Campignien-Einschlag an Großgeräten: Kernäxte (s. d.) — meist kleinere Formen —, Pickel und als seltenes Stück in der Mark ein vorzüglich zugerichteter Spalter. An Spuren des Vollneol. sind erwähnenswert: Bruchstücke geschliffener Feuerstein- und durchlochter Felsgesteinäxte, eine undurchlochte Felsgesteinaxt, dreieckige Pfeilspitzen mit konkaver Basis, entweder nur am Rande gedengelt oder über die ganze Fläche retuschiert. Vereinzelt fanden sich Reste von tiefstich- und schnurverzierter Keramik neben typischer Binsenkeramik, wie sie neuerdings aus dem Rhinluch (s. d.) und sonst aus der Mark hin und wieder bekannt geworden ist. Ein Scherben mit Grubenornamenten mag auf ö. Beziehungen deuten (ZfEthn. 56 S. 133ff. H. Schmidt; Götze-Festschrift 1925 S. 58ff. Gandert).

§ 3. Als wichtigstes Ergebnis der Ausgrabung von 1925, die eine stratigraphisch begründete Scheidung und chronol. Ansetzung der verschiedenen Steinzeitgeräte erstrebte, aber nicht erreichte, stellen sich mehrere menschliche Teilbestattungen heraus (Tf. 92B 1), die in Mulden mit rotgefärbtem, eisenschüssigen Sande unter der dunklen, durchschnittlich 50 cm dicken Kulturschicht lagen. Grab I: Eine Mulde mit unregelmäßigen Konturen; darin ein Häufchen von Röhrenknochen mit dem Schädel obenauf. Als Beifunde ergaben sich Steingeräte primitiver Art, darunter ein Nukleus, ein prismatisches Messer mit doppelseitiger Kerbschäftung, ein dreikantiges, schmales, raspelähnliches Gerät mit einer steil retuschierten Fläche, wie es schon im Aurignacien (Combe-Capelle) erscheint, ein Bogenmesser mit teilweise abgedrücktem Rücken. Auf dem Grunde der Mulde lagen einige faustgroße Steine; in der roten Füllmasse wurden Holzkohleteilchen beobachtet. — Grab II: Oval mit Einschnürungen an den Längsseiten. (Die Längenausdehnung der Mulden betrug bei I und III etwa 1,30 m; bei II etwa 1,80 m.) Bestattet war ein Kinderschädel. Dabei lag neben formlosen Feuersteinsplittern ein mikrolithisches Gerät von schief trapezoider Form mit zwei gedengelten Kanten, ein papierdünnes Spanspitzchen mit einseitig retuschierter Kerbung am Schäftungsende, ein diskoider Nukleus. Einzelne Knochenteilchen zeigen Brandspuren; im roten Füllmaterial der Grube fanden sich wiederum Holzkohleteilchen. — Grab III: Ovale Mulde. Darin zeigten sich die im Kniegelenk eng zusammengedrückten Beinknochen; die nahe Lagerung der Knochen läßt auf Mazerierung vor der Bestattung schließen. Seitlich daneben in abgekehrter Stellung war der Schädel niedergelegt, ohne Unterkiefer; dieser befand sich im Winkel von Beinen und Schädel gesondert. (Das ganze Grab ist zur Präparation und näheren Untersuchung herausgehoben und im Staatsmuseum Berlin aufgestellt.) An Funden aus der oberen abgehobenen Schicht dieses Grabes sind bemerkenswert: Bruchstück eines Rundkratzerchens mit steiler Randretusche, im Feuer zersprungen, zwei kleine Spitzen mit schwach retuschierten Seitenkanten. Aus dem Übergang der oberen dunklen Kulturschicht in die rote Erde der Grabmulde stammt neben unverzierten Tonscherben ein Stück binsenverzierter Keramik. — Eine vierte mit besonders roter und fetter Erdschüttung angefüllte Mulde ergab keine menschlichen Reste, sondern nur das Kieferstück eines Torfrindes. Die nähere Untersuchung der menschlichen und tierischen Knochen steht noch aus.

Im Zusammenhang mit dem sonstigen reichhaltigen, ebenfalls ans Paläol. erinnernden Steingerät-Inventar lassen sich die roten Teilbestattungen (s. Grab A, Ockerbestattung, Rote Farbe im Totenkultus, Teilbestattung) als mittelsteinzeitlich deuten. Der ganze Fragenkomplex der märkischen mittleren StZ, die jetzt bereits an mehr als 20 Fundstellen, darunter auch stratigraphisch beurteilbaren, belegt ist, bedarf jedoch noch eingehender Untersuchungen.

(Präh. Z. 17 [1926] S. 16ff. Schneider; ebd. S. 31ff. Hohmann.) Hohmann

Schmuck. A. Paläolithikum (Tf. 93, 94).

§ 1. Einleitung: fester und beweglicher Körperschmuck und seine Bedeutung bei den heutigen Naturvölkern. — § 2. Altpaläolithikum: Farbreste, beweglicher Schmuck. — § 3. Jungpaläolithikum. Häusliches Inventar: Farbfunde und ihre mutmaßliche Verwendung. Beweglicher Kleinschmuck aus Dauermaterial. — § 4. Gräberfunde. — § 5. Diluviale Darstellungen: Kleinkunst, Felswandbilder.

§ 1. Wir haben unter diesem Stichworte einzig den Körperschmuck zur Sprache zu bringen, da der Geräteschmuck in dem Artikel Kunst A I behandelt ist. Der S. vermag seinerseits fest oder beweglich zu sein. Der feste Körperschmuck wird durch Bemalung, Tätowierung oder Narbenzeichnung erzielt und kann auf verschiedenen psychologischen Beweggründen basieren. Als einer seiner Hauptzwecke hat die Selbst-

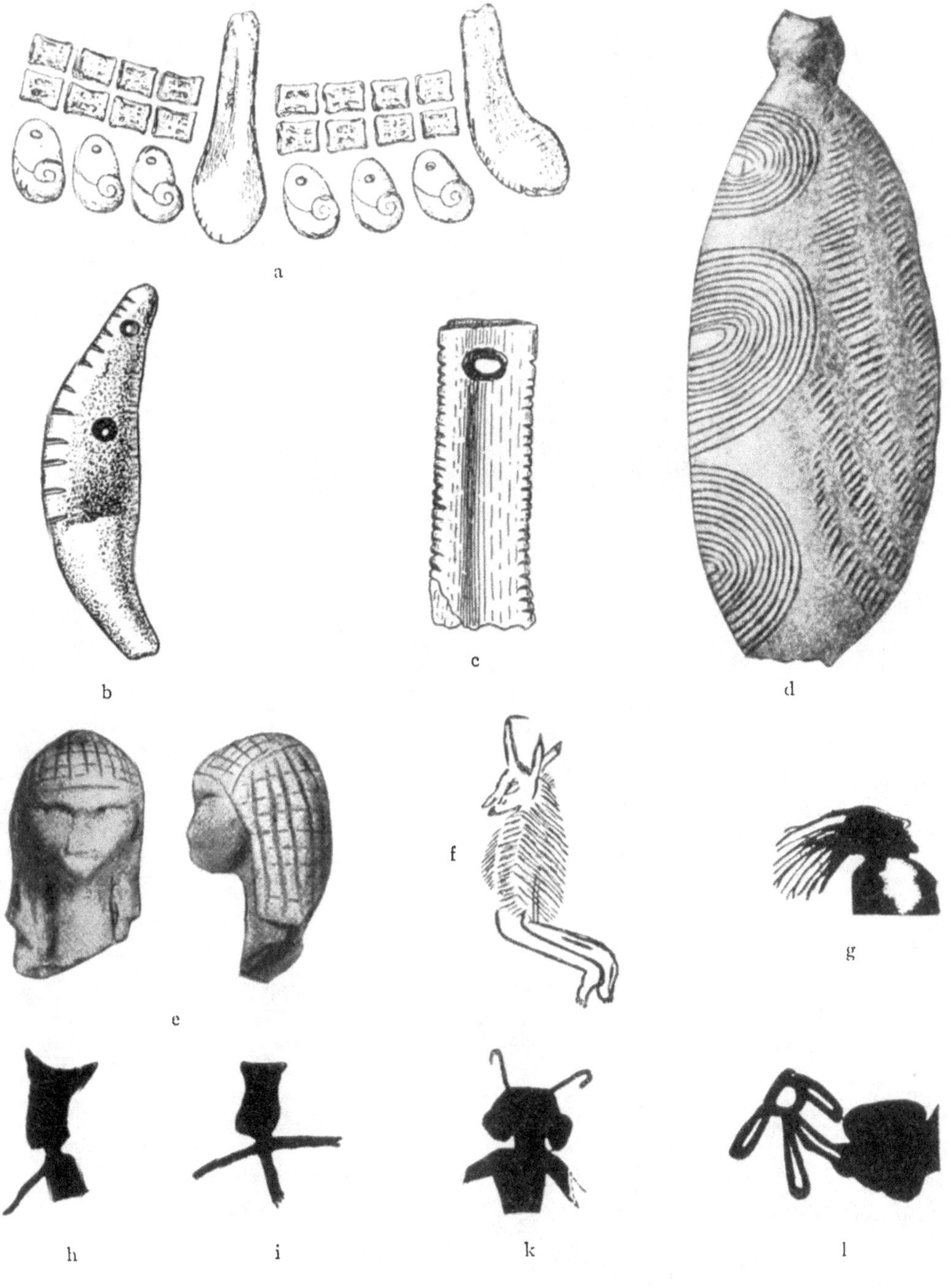

Schmuck A. Paläolithikum

a. Halsschmuck aus Fischwirbeln, Muscheln und Hirschzähnen (Höhle Barma Grande bei Mentone). Nach R. Verneau. — b, c. Schmuckanhängsel von Cueto de la Mina, Asturias. Nach Conde de la Vega del Sella. — d. Elfenbeinanhängsel von Předmost, Mähren. Nach Kříž. — e. Elfenbeinköpfchen von Brassempouy, Südfrankreich. Nach E. Piette. — f. Gravierung aus dem Abri Mège, Dordogne. Nach H. Breuil. — g, h. Felsmalereien von Alpera, Ostspanien. — i. Felsmalerei aus dem Val del Charco del Agua Amarga (ebd.). — k. Felsmalerei aus der Caballos-Nische (ebd.). — l. Felsmalerei aus einer der Valtadora-Nischen (ebd.).

verzierung zu gelten, welche in der Absicht wurzelt, die eigenen Körperformen zu betonen und dadurch die Aufmerksamkeit und Bevorzugung der Mitwelt zu gewinnen. In anderen Fällen hat sie den Stand und Rang der Individuen zur Geltung zu bringen (Altersstufen [s. d.]; ledige, verheiratete, verwitwete Personen; Jagd- und Kampferfolge; soziale Würden; Zugehörigkeit zu einem bestimmten Stamme und ähnl. mehr). Nicht selten ist sie auf öffentliche Feste und Feierlichkeiten eingestellt, oftmals steht sie im Dienst der Religion und von Geheimkulten (Zeichen der Mitgliedschaft; magische Schutzzwecke), des Krieges und der Totenklage. In den letzteren Fällen nimmt sie alsdann häufig unästhetische, ja monströse Formen an, um Furcht oder Schrecken einzuflößen.

Jedenfalls nur sekundäre Bedeutung kommt der Körperbemalung aus hygienischen Absichten zu, wie z. B. zum Schutz der Haut gegen Hitze, Kälte, Insektenstiche.

Der bewegliche Körperschmuck ist wohl eine der ersten und ältesten Manifestationen von freiem Einzeleigentum (s. Eigentum A). Mit Ausnahme der Stämme, welche unter rauhem Klima leben, sind nahezu alle Jägervölker mehr geschmückt als bekleidet, wobei allerdings ein und derselbe Gegenstand (Gürtel, Lendenschurz, Kopfbedeckung) manchmal ebensogut als „Schmuck" wie als „Kleidungsstück" angesprochen werden kann. Der bewegliche S. wurzelt desgleichen vielfach in der Intention, sich vor anderen Personen auszeichnend abzuheben, zum größeren Teile liegen ihm, wenigstens bei den heutigen Naturvölkern, mehr geistige als materielle Bedürfnisse zugrunde.

Der Wilde lebt in einer zumeist beseelt gedachten Umgebung, bedroht von Gefahren aller Art, welche ihm die unverstandenen Elemente, eine feindselige Tierwelt, übelgesinnte und zaubermächtige Mitmenschen, Krankheitsgeister und Todesdämonen bereiten. Zu ihrer Bekämpfung und Ausschaltung dienen in erster Linie die Fetische, Amulette und Talismane, ursprünglich vielleicht Schmuckgegenstände, von welchen die Besitzer durch Zufall erfolgreiche Macht- und Schutzbeweise erfuhren. Während aber das Amulett der schützenden Abwehr feindlicher Einflüsse und Mächte dient, gilt der Talisman als glückbringendes, mit Zauberkraft versehenes Symbol, welches positive Erfolge im täglichen Leben, bei Jagd und Kampf sichert. Es ist unter diesen Umständen begreiflich, daß vielen Amuletten und Talismanen speziell ein primitiver „medizinischer" Charakter (Heilung von Leiden, Bewahrung vor drohenden Krankheiten) zukommt.

Wenn es auch nicht angeht, den Nomaden des Eiszeitalters kritiklos die Mentalität und das Geistesleben moderner Naturvölker unterzuschieben, so begegnet man doch allenthalben derart überraschenden Übereinstimmungen zwischen beiden Gruppen, daß sie unmöglich in ihrer Gesamtheit rein zufälliger und äußerer Natur sein können. In diesem Sinn ist es gestattet, trotz aller Reserve bezüglich vieler unvermeidlicher Ungewißheiten, den „Schmuck" der Urzeit im Licht der modernen Ethnologie zu interpretieren, mag diesen Deutungen vielfach auch nur der logische Wert erklärender Analogie-Erscheinungen zukommen.

§ 2. Altpaläolithikum. Von auswärts absichtlich an den Wohnplatz geschaffte Farbreste, wie Ocker, Roteisenstein u. dgl. (s. Rötel B), erscheinen bereits in den Acheuléen-Straten der span. Castillo-Höhle (s. d.), außerdem in vielen Moustérien-Stationen (Castillo, Cueva Morín, La Chapelle-aux-Saints usw.). Sie mögen zu verschiedenen Zwecken gesammelt worden sein. So fanden sich in Le Moustier Steine mit schwarzen Farbflecken, vielleicht die Reste bizarrer Zeichenkombinationen für religiöse Praktiken, wie sie auch die in einem der Gräber von La Ferrassie (s. Grab A § 1) zutage gekommene Steinplatte mit merkwürdig angeordneten, künstlichen Näpfchen vermuten läßt. Wir werden aber kaum irregehen, wenn wir annehmen, daß diese Farbstoffe hauptsächlich der Körperbemalung dienten, sei es im Sinne einfachster Farbbedeckung (Schminke), sei es zum Auftragen wirklicher Zeichen und Muster. Auch die Möglichkeit von Tätowierung und Schmucknarben-Zeichnung ist nicht von der Hand zu weisen. Es können hierfür Dornen oder scharfe Steinsplitter benutzt worden sein, worauf man die Ritzstellen mit Farbe eingerieben hätte. Daß jener Frühmensch tatsächlich Sinn für Symmetrie der Linien besaß, beweisen die harmonisch konturierten Faustkeile des

Acheuléen und die feinen Doppelspitzen des Moustérien.

Beweglichen Körperschmuck dürfen wir jedenfalls desgleichen als vorhanden voraussetzen. Es kann hier an Blätter und Blumen, Geflechte aus Gras und Bast, Gebilde aus Rinde oder Holz, angeöhrte Fruchtkerne und ähnl. gedacht werden. Weitere vergängliche Materie erstellte die Säugetier-, Vogel- und Insektenwelt (Felle, Schwänze; Federn, Vogelbälge; Krallen, Schnäbel; Geflechte aus Haaren; schillernde Käfer, Schmetterlinge usw.). Irgendwie besser zugerichtete Kleinobjekte aus Dauermaterial stehen aus dieser Zeit aus, welche die Bearbeitung des Knochen oder Horns noch nicht kannte. Es tauchen aber an vielen FO mannigfache Steinplättchen und bunte Kieselarten, Bergkristallstücke und ähnl. auf, welche man wegen ihrer auffallenden Form oder Farbe aufgelesen haben mag. Sie legen den Gedanken an Schmuck-Amulette nahe, ähnlich wie vereinzelt auftretende Zähne, seltener Tier- und Menschenknochen, teils vielleicht nur schlechthin Trophäen, teils wohl verknüpft mit Schutz-, Zauber- und „Medizinideen".

§ 3. Jungpaläolithikum. Zahlreich werden die Farbfunde im jüngeren Paläol., und zwar auch in Ländern, für welche Höhlenwandmalereien nicht erweisbar sind. Man hat den Rötel und Ocker ohne Zweifel vielfach zum Bemalen von Steinplatten (Klausenhöhlen bei Neu-Essing, Bayern; Band VIII Tf. 71 d), Fellen, Holzgeräten usw. benutzt, in nicht geringem Maße jedenfalls auch zum Zweck der Körperverzierung. Die Farbstücke erscheinen manchmal geschabt und als „Zeichenstifte" zugespitzt, wiederholt wurde Ocker in pulverisiertem Zustande auch im Innern von größeren Vogelknochen gefunden, welche wir geradezu als Toilettengegenstände (Schmink- und Puderbüchsen) ansprechen dürfen, zumal ihre Außenflächen öfter mit Gravierungen geschmückt sind. Daß sie wiederholt auch als Schutztuben für feine Knochennadeln verwertet wurden, sei nebenbei erwähnt.

Farbstücke gab man den Toten mit ins Grab, welche überdies nicht selten auf wahre Ockerstraten gebettet wurden (Gräber der Grimaldi-Höhlen, von Brünn usw.; s. Grab A § 2).

Da sich Körper mit Bemalung oder Tätowierung nicht erhalten konnten, ist der absolute Erweis der letzteren ausgeschlossen. Um so bedeutsamer sind daher in diesem Zusammenhange die „stilisierten" Menschendarstellungen Osteuropas (Mezine, Předmost; s. Kunst A I; Band VII Tf. 102 c und Abb. bei Südrußland A), deren Einzelheiten wohl kaum ausschließlich als die geometrische Übersetzung der menschlichen Körperformen zu fassen sind.

Der bereits früher erwähnte einfache „Tand" dauert weiter; wir verweisen auf das Vorkommen von Gagat, Lignit, Schiefer, Bohnerzen, bleihaltigen Mineralien, Flußspat, Bergkristall, Bernstein oder Succinit (Gudenus-Höhle in Österreich; Kostelik- und Zitny-Höhle in Mähren; Aurensan-Grotte in Südfrankreich; Altamira-Höhle in Spanien), von Krallen, versteinerten Konchylien, Haifischzähnen, Korallen und ähnlichem. Daneben erscheint nunmehr auch, seit dem Aurignacien, echter Kleinschmuck aus Dauermaterial. Tierzähne, Muscheln, Schnecken, Fischwirbel sind oftmals angeöhrt und einigemal sogar in Gestalt künstlerischer Kleinskulpturen aus Elfenbein oder Lignit nachgeahmt (z. B. die Cypraea-Muschel von Pair-non-Pair; vgl. auch die Käfernachbildungen von Cap-Blanc, Laugerie-Basse; Tf. 93 a, b).

Man ist seit langem darauf aufmerksam geworden, daß von den in den Kulturschichten auftretenden seltenen Gesteinen und Mineralien und unter den als Schmuck verwendeten fossilen bzw. quartär-rezenten Konchylien ein Teil sich als ortsfremd erweist und sogar aus sehr weiter Ferne stammt. So erscheinen beispielsweise in den Grimaldi-Höhlen bei Mentone und in Cro-Magnon (Dordogne) Muscheln des Atlantischen Ozeans, und an anderen FO des Vézère-Tales und der mittleren Pyrenäen solche, welche teils dem nämlichen Ozean, teils dem Mittelmeer entstammen. In ähnlicher Weise sind mediterrane Konchylien an Fundplätzen Zentraleuropas nachgewiesen, so z. B. in Österreich (Hundssteig bei Krems a. D.), der Schweiz (Kesslerloch), Bayern (Ofnet) und Württemberg. Derartige „Schätze" mögen durch Tausch oder Raub, als Geschenke oder Beutestücke die Eigentümer verschiedentlich gewechselt haben und konnten im Laufe der Zeit sehr

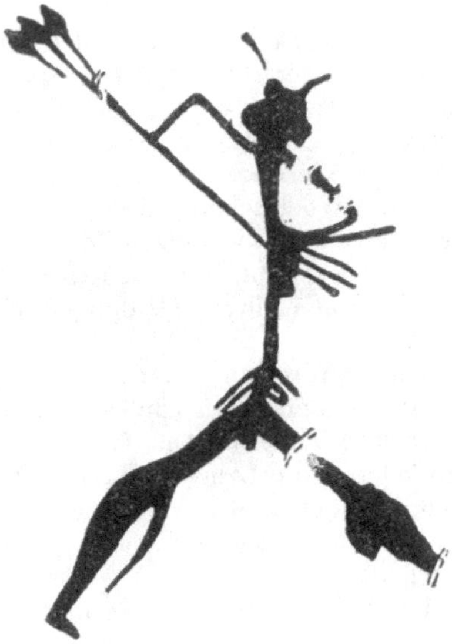

a

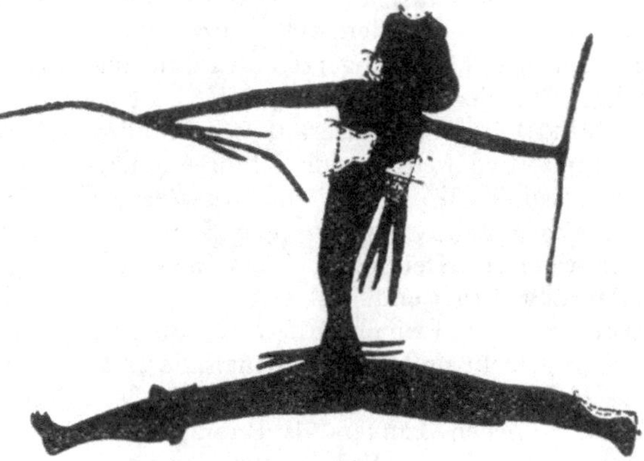

b

c

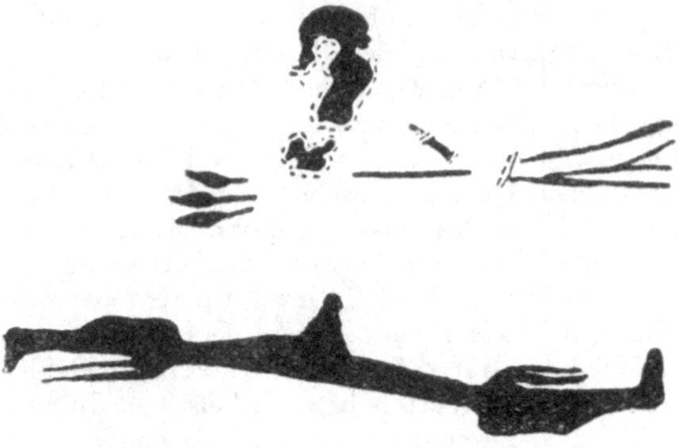

d

e

Schmuck A. Paläolithikum

a, d. Saltadora-Nischen. — b, c. Felsnische des Mas d'en Josep. — e. Cogul.
a—d. nach H. Obermaier, e. nach H. Breuil.

weit gereist sein; in anderen Fällen wanderten sie wohl zusammen mit ihren ursprünglichen Findern oder Verfertigern, welche begreiflicherweise ihren Schmuck, ihre Amulette und Talismane sorgsam hüteten. Auf diese Weise würden diese Funde nicht zu unterschätzende Fingerzeige für die damaligen Wanderrouten bieten, doch wäre es m. E. noch verfrüht, hierauf bereits allzu bestimmte und weitgehende Schlüsse aufzubauen (vgl. F. Wiegers *Diluvialprähistorie als geologische Wissenschaft* 1920 S. 168ff.).

An weiterem Kleinschmuck erwähnen wir Perlen, Scheibchen und sonstige Anhängsel aus Stein, Knochen, Horn und Elfenbein. Sie sind zumeist gelocht und tragen oftmals zierende Einschnitte und Rillen (Tf. 93 c, d). Größere dünne Stäbchen können als Haarspangen, kleinere, rundkurze Typen zum Schmuck von Nase, Lippen oder Ohren gedient haben.

§ 4. Wertvolle Ergänzungen zu diesen häuslichen Inventarbelegen liefern die Grabfunde, welche mannigfache Totenbeigaben umfassen, die, abgesehen von Waffen oder Werkzeugstücken, vorwiegend mit Schmuck oder Tracht zusammenhängen. (Für nähere Einzelheiten s. Grab A.) An derartigen Beigaben, deren die Verstorbenen auch in der Totenwelt nicht entraten sollten, waren besonders die Grimaldi-Grotten (s. Italien A) und mehrere frz. Höhlen reich.

Die Männerskelette weisen in verschiedenen Fällen rings um den Schädel oder in der Stirn- bzw. Schläfengegend durchbohrte Muscheln, Hirschgrandeln, Fischwirbel, Knochenanhängsel und ähnl. auf, welche bald regelrechte Reihen bilden, bald in bunter Unordnung die ganze Kalotte bedecken. Sie lassen auf Hauben oder Kopfnetze, bzw. Haar- oder Stirnbänder schließen, an welchen diese Schmuckstücke angebracht waren. In Nackenhöhe erscheinen ähnliche Belege als Überbleibsel von Halsketten; auf der Brust trug man wohl Latze oder Taschen („Medizinbeutel"), reich an Abzeichen, Schmuck oder Zaubermitteln. Weitere Zier gibt sich am Oberarm, Ellenbogen oder Handgelenk zu erkennen, ferner in der Hüftgegend, an den Oberschenkeln oder Knien und am Fuße. Die Beigaben der Frauengräber sind weniger reich und mannigfaltig, jedenfalls vermißt man dort den Knieschmuck. Die Kinder besaßen Häubchen, Halsbänder und Röckchen oder Schürzchen; auf letztere deutet der Umstand, daß rings um die Becken der Kinderskelette der „Grotte des Enfants" (Mentone) nahezu tausend angeöhrte Nassa-Schnecken zutage kamen.

Bis auf weiteres erscheint die Annahme berechtigt, daß es sich bei obigen Vorkommnissen häufig ebensowohl um die Reste von Verzierungen regelrechter Kleidungsstücke handeln kann, denen sie aufgenäht waren, wie um jene von reinen Schmuckstücken, schmale Stirn- und Halsbänder, Gürtel, Armbänder und Kniefransen. Ob die auf dem Fußskelett von Laugerie-Basse (Dordogne) vorgefundenen Konchylien auf das Bestehen von Fußbekleidung deuten, bleibe dahingestellt.

Auf jeden Fall erheischten all diese auf uns überkommenen Schmuckbelege organische Unterlagen, wie Schnüre, Geflechte, Lederstreifen oder Felle. Bestimmte Beingeräte scheinen in der Tat speziell zur Fellbearbeitung oder für Wirkarbeiten sehr dienlich, andere Gegenstände aus Knochen lassen sich gut als „Knöpfe" interpretieren. Das Vorkommen feiner, mit Ösen versehener Horn- oder Knochennadeln beweist, daß man zu nähen verstand, wobei man als Bindemittel wohl Roßhaare und Tiersehnen verwertete. Damit stimmt überein, daß man an den Fußfesselknochen des Rentiers auffallend häufige Einschnitte bemerkt, wohl zur Entnahme der Sehnen, und daß mancherorts Wildpferd-Schwanzwirbel in Menge auftreten, wohl weil man den Schweif zur Verwertung der Haare ablöste.

§ 5. Die unmittelbarsten Aufschlüsse über den Schmuck der jungpaläol. Zeit verdanken wir naturgemäß den Selbstbildnissen des Quartärmenschen. Solche existieren zunächst aus West- und Mitteleuropa in Gestalt von Werken der Kleinkunst, und zwar sowohl Skulpturen wie Gravierungen. Sie zeigen uns beide Geschlechter, mit gezählten Ausnahmen, stets unbekleidet, so die Statuetten bzw. Reliefs von Brassempouy, Lespugue, Laussel, Grimaldi, Willendorf (s. Kunst A I; Band VII Tf. 98, 99). Die Darstellung von Willendorf trägt das Haar in Form von konzentrischen Wülsten angeordnet, das Elfenbeinköpfchen von Brassempouy weist eine kapuzenähnliche Zier auf (Tf. 93 e); wiederholt sind Gürtel oder

Hüftbänder angedeutet, selten Armschmuck (Willendorf, mit grobzackigem Reifchen am Handgelenk). Überaus merkwürdig ist die an dem Gesäß der Statuette von Lespugue herabhängende, gefranste Schürze (Band VII Tf. 98 b). Daß gewisse osteurop. Gravierungen zugunsten von Körpertätowierung sprechen, erwähnten wir bereits früher (§ 3).

Es ist nicht anzunehmen, daß diese unter strengem Eiszeitklima lebenden Zeitgenossen des Rens, Moschusochsen und Mammuts nackt gingen. Sie hatten für den Aufenthalt im Freien jedenfalls richtige Fellbehänge, die man an geschützten Orten und am warmen Feuer oft abgelegt haben mag. Überwürfe von Tierfellen treten uns überdies bildlich entgegen, so z. B. an den sog. „Maskentänzern" des Abri Mège (Dordogne; Tf. 93 f). Mag man diese und andere damit verwandte Darstellungen auch als besondere Vermummung oder rein phantastisch fassen (s. a. Mummenschanz, Saturnalien), so ist ihnen trotzdem dokumentarische Bedeutung kaum abzusprechen, insofern sie Körperhüllen graphisch wiedergeben, und da nach allem, was die Völkerspychologie und Ethnologie lehren, die Grenzen zwischen Bekleidung und Verkleidung ineinander überfließen.

Helles Licht werfen auf unser Problem die Felsmalereien Ostspaniens, welche den eiszeitlichen Künstlern Veranlassung boten, sich nicht bloß in Einzelbildern, sondern auch in voller Betätigung als Jäger, Krieger, Tänzer und ähnl. wiederzugeben (s. Kunst A III; Band I Tf. 30, 31; VII Tf. 108—113; VIII Tf. 60; X Tf. 109 c–e). Die Männer gingen nackt, und nur ein einziges Mal erscheint ein Bogenschütze mit kurzen „Kniehosen" bekleidet (Secans-Nische; s. d.; Tf. 147 b).

Auf dem Haupte tragen jene Jäger des öfteren losen Schmuck, bestehend aus aufgesteckten Federn oder sonstigem, vielleicht mit Muscheln oder Zähnen besetzten Zierrat (Tf. 93 g, k; Tf. 94 a, c). Es ist bekannt, daß bei den modernen Indianern Nordamerikas derartiger Putz nicht nur Schmuck, sondern in den meisten Fällen Auszeichnung bedeutet. Je nachdem die Feder senkrecht, wagrecht oder herabhängend getragen wurde, je nachdem sie beschnitten oder bemalt war, konnte man ersehen, welche Bedeutung ihr innewohnte, ob der Träger einen Feind gefangen genommen, oder einen verwundeten Stammesgenossen gerettet hatte, ob er einen Skalp genommen, einen Gegner getötet hatte oder selbst verwundet worden war. Der Kopfschmuck des Mandan-Häuptlings Mato Tope (= „vier Bären"; gestorben 1837) gab beispielsweise zu erkennen, daß er einen Feind erlegte und skalpierte, daß er einen Cheyenne-Indianer und zwei Odjib-Frauen tötete und skalpierte, daß er mehrmals mit Pfeilen, einmal mit einem Messer und sechsmal durch Gewehrkugeln verwundet wurde. Eine auf seiner Brust gemalte Hand bedeutete, daß er auch Gefangene machte (nach Ch. Bodmer). Ähnlicher, entsprechend modifizierter Sinn dürfte auch unseren quartären Darstellungen innewohnen.

Vielfach besaßen die span. Ostleute regelrechte Kopfbinden oder Mützen, teils mit tierohr-ähnlichen Spitzen, teils mit seitlichen Ohrlappen (Tf. 93 h, i, k; Tf. 94 a, c). Manchmal bemerkt man am Hinterhaupt einen kugelförmigen Fortsatz, möglicherweise das quastenähnliche Ende der nach aufwärts zusammengeknoteten Haare. Besonders merkwürdig ist der zackenbesetzte Kopfring eines verwundet zusammenbrechenden Kriegers der Valltorta-Schlucht; die „Krone" fällt ihm beim Sturze lose vom Haupt (Tf. 93 l).

Ein Bogenschütze von Mas d'en Josep trägt einen breiten Rückenwedel, welcher an den Schultern befestigt ist und, langgefranst, in Hüfthöhe endet (Tf. 94 b). Ähnliche Binden mit freiflatternden Enden, Schlingen oder sonstigen Anhängseln gürtete man um die Hüften (Tf. 94 a, b, c).

Am Ober- oder Unterarm, bzw. Ellenbogen weisen verschiedene Figuren teils dünnen, teils breiten, ringförmigen Schmuck auf. Die Kniezier besteht aus schmalen oder breitdicken Ringwülsten (Tf. 94 b), verschiedene Male aus ebenda befestigten Bändern mit kürzeren oder längeren, frei herabhängenden Zipfeln oder Fransen Tf. 94 a, c, d). Die letzteren sind von variierender Gestalt. Manchmal ist nur ein Bein geschmückt oder trägt jedes derselben andersartige Zier, ein Fingerzeig dafür, daß diesen Dingen tiefere Bedeutung als bloßer Schmuck zukam, und daß nicht jedermann berechtigt war, sie sich nach freiem Belieben zu eigen zu machen. P. Wernert hat auf eine interessante moderne Parallele aus Timor aufmerksam gemacht, wonach ebendort nur demjenigen Stammesmitgliede das Tragen eines Kniebandes („Ponor“) aus weißem Ziegenfell gestattet ist, der sich als Kopfjäger ausgezeichnet hat (H. Obermaier und P. Wernert *Las pinturas rupestres del Barranco de Valltorta* [*Castellón*] und Memor. Comisión. Núm. 23. Madrid 1919).

All diese Zier bestand aus vergänglichen Stoffen (Geflechten aus Pflanzenfasern, Haaren; Lederstreifen); oftmals waren ihnen ergänzend Muscheln und Schnecken, Tierzähne, Schmuckplättchen aus Stein, Horn oder Elfenbein eingeflochten oder aufgenäht. Dies geht aus dem Inventar der jungpaläol. Gräber hervor (s. o. § 4), in denen sich dieser Dauerschmuck in guter Übereinstimmung an den nämlichen Körperstellen zu finden pflegt, an denen ihn die Felsbilder zur Darstellung bringen.

Frauen sind selten wiedergegeben; sie sind in den meisten Fällen mit einem Hüftrock bekleidet, welcher bis an die Kniee reicht, indes der Oberkörper unverhüllt blieb (Cogul; s. d.; Tf. 94 e; Band II Tf. 163 a, vgl. a. Band VIII Tf. 60 a). An den Armen erscheint ringförmiger oder kurzgefranster Schmuck. Die dreieckigen „Köpfe“ der Cogul-Weiber können ebensogut als eigenartige Kopfbedeckung wie als Steilfrisur gedeutet werden. Daß eine der Frauen von Alpera (s. d.; Band I Tf. 30 c) in ihrer Linken ein idol-ähnliches Gebilde halte, beruht zweifellos auf einer irrigen Interpretation. Dieser Arm ist vielmehr auf gleiche Weise brustwärts eingebogen wie jener der Nachbarfigur, und die Linien seitlich von ihm sind der Rest von größtenteils zerstörten älteren Malereien.

Kinderwiedergaben existieren nur vereinzelt; von ihnen läßt sich nur mit Bestimmtheit sagen, daß sie Kopfbedeckung trugen.

Die uns in den ostspanischen Felsnischen hinterlassenen Schmuck- bzw. Trachtenaufschlüsse treffen wohl so ziemlich für die sämtlichen Capsien-Stämme zu, welche im ausgehenden Quartär die Mittelmeerküsten der iberischen Halbinsel innehatten; sehr ähnlich dürfte auch das Aussehen der mehr nördlichen Grimaldi-Leute (Gegend von Monaco) gewesen sein, wie deren schmuckreicher Grabinhalt nahelegt.

Diese s. Küstenstriche erfreuten sich eines ungleich milderen Klimas als Mittel- und Westeuropa, obschon das Bergland von Castellón (mit der Valltorta-Schlucht) selbst in der Gegenwart sehr kalte und nasse Wintermonate aufzuweisen vermag. Man wird also wohl auch hier wärmende Fellhüllen nicht ganz haben entbehren können; trotzdem steht fest, daß wenigstens die Männer ihrer Hauptbeschäftigung, der Jagd und dem Kampfe, völlig unbekleidet oblagen und auf jeden wirksameren Schutz gegen die Unbilden der Witterung und gegen mechanische Verletzungen in steinigem Terrain, beim Durchstreifen von Dickicht oder Erklettern von Bäumen verzichteten.

Wenig positive Aufschlüsse besitzen wir über Schmuck und Tracht der Epipaläolithzeit. Immerhin ist der Gebrauch muschelgezierten Kopfputzes durch die Schädelfunde der Ofnet-Höhle (s. Grab A § 3) erhärtet. H. Obermaier

B. Europa. Jüngere Perioden s. die Einzelartikel und die Behandlung der Typen bei den Ländern und Kulturgruppen.

C. Ägypten. § 1. Bei Privatleuten. Die äg. Tracht hat seit der Frühzeit für die Männer zum mindesten in einem engen Knieschurz bestanden, der vielleicht nicht einmal durch einen Gürtel zusammengehalten wurde (vgl. Band II Tf. 211). Der Schurz wurde allmählich länger und weiter, der Gürtel erhielt einen Zierat durch einen Knoten, ein hochstehendes Bandende oder eine eingesetzte Schließe. Vom AR ab vereinzelt, im MR und NR bei Vornehmen häufig trat dann der Mantel hinzu. Die Frauen trugen, soweit wir zurückblicken können, zu allen Zeiten das anliegende Gewand, das, von Schulterbändern gehalten, bis fast auf die Knöchel reichte, dazu zeitweise einen Mantel. Das Salben der Haut mit Öl und wohlriechenden Stoffen wird in Ä. schon seit der Urzeit üblich gewesen sein: es war in geschichtlicher Zeit stets in Anwendung, und die Zahl der verwendeten Öle und Parfüms ist groß. Eine Bemalung oder Tätowierung der Haut ist unsicher, mag aber gelegentlich erfolgt sein; der an Oberarm oder Brust von Privatleuten angebrachte Königsname läßt sich meist als Stickerei auf dem Gewande deuten.

Bei dieser Tracht der Privatleute bleiben Hals, Arme und Füße außer dem Kopf für Anbringung von Schmuck frei. Der Oberkörper ist dafür so gut wie gar nicht in Frage gekommen, wenn auch gelegentlich goldene Rosetten, die man den Toten auf die Brustwarzen legte, von den Lebenden getragen sein mögen. Fußringe an den Beinen kommen gelegentlich vor und sind auch als Grabfund aus der Frühzeit erhalten. Ebensolche Ringe aus Stein, Knochen, Elfenbein, Horn usw. sind an den Armen getragen worden. Aber schon im AR sind sie durch breite Bänder ersetzt, die bei Statuen von Männern und Frauen am Handgelenk mit bunten Farben angegeben werden. Die gleichen Bänder kommen seit dem NR auch am Oberarm vor (Band VII Tf. 126). Fingerringe sind vereinzelt in der Frühzeit nachzuweisen durch Grabfunde, aber nicht an Darstellungen; häufig treten sie seit dem MR und zahlreich im NR auf, wahrscheinlich unter ägäischem Einfluß, der sich auch in der Technik und der Ornamentik der Goldschmiedekunst (s. d. B) zeigt. Die Hände der Vornehmen halten gern Stäbe (s. d.) als Würdezeichen.

Seit der Urzeit trägt der Äg. gern ein Band um den Hals, an dem zum mindesten ein Amulett oder anderes Schmuckstück auf die Brust herabzuhängen pflegt. Meist aber ist das ganze Band besetzt mit Kettengliedern irgendwelcher Art. Weiter legt man mehrere Ketten nebeneinander um den Hals, und zuletzt bildet sich ein breiter Kragen von festem Gefüge und allerlei Zwischengliedern zwischen den einzelnen Reihen. Ein solcher Halskragen ist vielleicht auch gewebt worden. S. Band VII Tf. 128a.

Die Anbringung von Schmuck ist in reichstem Maße am Kopf erfolgt. Das bei Männern kurz geschnittene, aber auch bei Frauen oft nur dünne Haar ist seit dem AR von Vornehmen beiderlei Geschlechts mit einer Perücke bedeckt worden, die wie ein Schmuckstück wirkt und in kunstvollen Aufbauten hergerichtet wird. In vorgesch. Zeit hat man, abweichend von der späteren Sitte, Haarpfeile (s. H a a r n a d e l B) getragen, die in offenbar lang getragenes Haar lose eingesteckt wurden. Männer pflegen das Gesicht, Priester in späterer Zeit auch die Kopfhaut zu rasieren. Der von weltlichen Großen zuweilen angelegte kurze Bart (s. d. B) dient dem Gesicht als Schmuck. Im Ohrläppchen wird schon in der Frühzeit gelegentlich ein einfacher Metallring getragen, in späterer Zeit mit Anhängern, im NR sind sie zu großen Gebilden ausgestaltet worden, die durch ihre Schwere das Ohrläppchen in die Länge gezogen haben müssen (vgl. Band IV Tf. 178). Im NR treten Knöpfe auf, die durch ein Stäbchen mit Tülle im Ohrläppchen getragen werden und vorderas. Herkunft sind. Stirnbänder sind nur von Frauen getragen worden, die das metallene oder gewebte Band gern mit Blumen schmückten. Bei Prinzessinnen kommt ein reich ausgestalteter Kranz als Kopfschmuck vor (Band IV Tf. 176), Königinnen tragen überladene Kronen.

§ 2. B e i d e m K ö n i g u n d G ö t t e r n. Die Tracht des Königs bietet schon in den Gewändern stärkere Gelegenheit zur Anbringung von Schmuck als die der Privatleute. Der König trug in späterer Zeit zuweilen mehrere Schurze, die aus dünnem, durchscheinenden Stoff bestanden. Von dem Gürtel, der seinerseits schon durch Brettchenweberei (s. d. B) und Einsatz einer Metallschließe eine künstlerische Form erhalten hatte, hing ein Vorderstück über dem innersten Schurz herab, das undurchsichtig aus bunten Fäden gewebt und durch goldene Auflage geziert war. Der Stoff von Schurzen und Mänteln hat gelegentlich durch Plissierung künstliche Falten erhalten, die an Königsstatuen wiedergegeben sind.

Über den Schmuck der Beine (an denen bei dem König stets, wenigstens in älterer Zeit, die Sandalen fehlen, obwohl sie seit der frühdynastischen Zeit für ihn belegt sind) und der Arme gilt das gleiche wie bei Privatleuten. Die Zepter (s. d. A) in der Hand des Königs und der Götter sind vielgestaltig und kommen häufiger vor als die Stäbe bei Privatleuten. Der Halsschmuck hat grundsätzlich keine besonderen Züge, wenn auch die einzelnen Gegenstände reich gearbeitet und kunstvoll gestaltet sind. Seit dem MR tragen Könige an einem Bande um den Hals eine Brusttafel, auf der meist Götterbilder oder der Königsname steht; berühmt sind die goldenen Brusttafeln in Durchbrucharbeit mit eingesetzten

Glasflüssen und Halbedelsteinen aus den Königsgräbern des MR bei Dahschur (vgl. a. Band IV Tf. 175b). Der charakteristische Schmuck des Königs und die eigentlichen Abzeichen seiner Würde sind die Kronen, die er auf dem Haupte trägt. Ihre Formen reichen von einem einfachen Stirnband mit der Uräus-Schlange (s. Uräus) und schlichten Helmen bis zu komplizierten Gebilden von phantastischem Aufbau aus Hauben, Gewinden, Hörnern, Federn und Schlangen. S. a. Königstracht und Band VII Tf. 12.

Vernier *La bijouterie et la joaillerie égyptiennes* 1907; ders. *Bijoux et orfèvreries* Catal. Génér. Le Caire 1909; G. Möller *Metallkunst* 1925.

§ 3. Schmuckmaterialien. Die Äg. haben zur Herstellung von S. alle Rohstoffe verwendet, die sie auch sonst zu bearbeiten pflegten und zu benutzen verstanden. Metall wird in der Frühzeit von Privatleuten nur in ganz geringem Umfange getragen worden sein, Gold oder gar Silber nur von Vornehmen. So bleibt für Ringe an den Fingern oder an den Ohrläppchen Kupfer übrig, das vereinzelt vorkommt. An den Leichen einfacherer Leute sind Ringe aus Elfenbein (s. d. C) und Muscheln (s. d. B), auf die Finger gesteckt. Das gleiche gilt für die Armringe, bei denen selten Stein, meist Elfenbein, Muschel, Horn (s. d. B) oder Schildpatt (s. d.) verwendet werden. Die Halsketten haben Glieder aus verschiedenen Steinarten, unter denen in einem Einzelfall auch Eisen vorkommt, häufiger Halbedelsteine und auch schon Fayence (s. d. B) mit der in der Frühzeit erfundenen Glasur; daneben Muscheln, Elfenbein, Knochen (s. d. B) und Straußenei (s. d.).

Die Vielheit der Rohstoffe läßt im AR nach. Wir haben aus den Mastabas fast nur Halsketten und Halskragen aus Fayence; Statuen, wie die des Prinzen Rahotep (Anfang Dyn. 4), lehren uns, daß gelegentlich ein Amulett aus Stein oder Metall an einem Bande um den Hals getragen wurde. Im MR tragen Privatleute die billigen Nachahmungen in Fayence, durch die Halbedelsteine vorgetäuscht werden sollen. Die Vorbilder selbst sind durch Schmuckstücke der königlichen Familie als Erzeugnisse einer hochstehenden Goldschmiedekunst erhalten. Wir besitzen aus Gräbern von Königen des MR und ihren Angehörigen zahlreiche Stücke des Schmucks für den König und seine weiblichen Angehörigen aus Gold und Silber, viele von ihnen mit Einlagen in anderen Metallen oder in Steinen. Im NR werden für den königlichen Schmuck alle edlen Materialien verwendet; Privatleute begnügen sich mit billigeren Ausführungen, wenn nicht mit Ersatz durch unedle Rohstoffe.

§ 4. Schmucktechniken. Die Bearbeitung der weicheren Stoffe, wie Elfenbein, Horn und Schildpatt, Knochen und Muschel, ist in der ältesten Zeit durch Feuersteinmesser erfolgt; aber schon vor der dyn. Zeit setzen vereinelt Kupfermesser ein, die dann im AR häufiger und vom MR ab durch Bronzemesser ersetzt werden. Auch für die Bearbeitung der härteren Stoffe, wie Steine und Metalle, sind Techniken in der Frühzeit angewendet worden, die zunächst kein Metall erforderten und das Ausbohren, z. B. durch Sand, das Sprengen durch Holz mit Wasser und das Treiben des Metalls durch Schlagen mit Steinen ermöglichten. Die Herstellung des Schmucks der älteren Zeit ist in einfacher Weise erfolgt. Kettenglieder aus Fayence haben die ungegliederte Form von Röhren oder Scheiben, und ihre Farbe schwankt im wesentlichen nur zwischen den helleren und dunkleren Tönen von Blaugrün. Komplizierte Techniken wurden erst vom MR ab angewendet, seit die Goldschmiedekunst um Methoden bereichert war, die z. T. aus dem Auslande gekommen waren, und die Metallbearbeitung eine hohe Stufe erreicht hatte. Roeder

D. Palästina-Syrien.

§ 1. StZ. — § 2—8. BZ und EZ (§ 2. Kupfer und Bronze. — § 3. Silber. — § 4. Gold. — § 5. Skarabäen, Siegel, Perlen. — § 6. Amarna-Briefe. — § 7. Angaben im AT. — § 8. Äg. Abbildungen, Göttergestalten).

§ 1. Das Bedürfnis, den Körper zu schmücken, haben schon die Menschen der StZ empfunden. Zugleich verbanden sie damit die Absicht, sich durch die Zierde zu schützen, so daß der S. auch ein Amulett (s. d. C) wurde. Sie verwendeten dazu vor allem Muscheln, die durchbohrt und entweder einzeln als Anhänger oder zusammengereiht als Halskette getragen wurden. Solche durchbohrten, aber sonst nicht weiter bearbeiteten Muscheln haben sich mehrfach gefunden; aus dem Moustérien bzw. Solutréen in *ṣûr bâher* (Vincent *Canaan* S. 399), aus spätneol. Zeit am *rās bērût* und *rās el-kelb* (G. Zumoffen *La Phénicie avant les Phéniciens* 1900 Tf. 11, 15; 13, 11), ebenso in den *nawāmîs* des *wâdi naṣb* auf der Sinai-Halbinsel (W. M. Flinders Petrie *Researches in Sinai* 1906 S. 243f. Abb. 179; an gleicher Stelle lag ein kunstvoll aus einer großen Seemuschel geschnittener Armreifen, ein altäg. Erzeugnis, vgl. A. Wiedemann *Äg.* S. 46). In Gezer (s. d.) hielt sich diese Sitte noch bis in die spätere BZ hinein (Macalister *Gezer* I 123 [Höhle 28 II], 265, 288 [aus dem Krematorium], 390; II 20, 94, 451; III Tf. 121, 13. 14 [aus Grab 252]; 226, 40 a: ganze Muscheln oder Teile von ihnen, besonders von der Küste bei Jaffa, sowie Korallenstücke). Auch flache Knochenstückchen wurden in gleicher Weise gebraucht, wie ein jungpaläol. Anhänger (6 cm l., 2 cm br., 0,3—0,4 cm dick) aus *anṭeljâs* beweist (Anthropos 3 [1908] Tf. 16, 3 G. Zumoffen; vgl. das Amulett aus *Gezer* I 161). Eine größere Kunstfertigkeit zeigt sich an den aus Muscheln geschnittenen Perlen, die sicher aus Ägypten eingeführt sind (Petrie *Researches in Sinai* S. 243).

§ 2. Aus der Übergangszeit vom Neol. zur BZ stammen wohl die Kupferringe, die in Dolmen an der Brücke über den *ruqqâd* und bei *kefr jûba* im *ǧōlân* lagen, aus schlichtem Draht von 2,5 mm Stärke (Dm 7 cm) mit kaum merklichen Verzierungen hergestellt (ZdPV 9 [1886] S. 268 G. Schumacher). Noch dünner waren die Fußspangen (? 1,4 mm; Dm 8,5 cm) von Thaanach (s. d.; Sellin *Tell Taʿannek* S. 18; ein Armring S. 74). Ringe aus Bronze sind in der BZ und EZ offenbar der beliebteste S. gewesen. Sie treten auf als Armbänder (ebd. S. 27; *Nachlese* S. 24; Schumacher *Mutesellim* S. 59, 168; Sellin-Watzinger *Jericho* S. 152 [Dm 9,5 cm]; Bliss-Macalister *Excavations* S. 25, 149, Tf. 80, 12ff.; Macalister *Gezer* I 301, 312, 313, 315, 324, 335, 389; II 97f.; III Tf. 63, 57. 58; 73, 16; 75, 18; 76, 20; 89, 16; 121, 5; PEF Annual 2 [1912—13] S. 59, 73, 90, Tf. 26f., 59 B D. Mackenzie; *Carchemish* II [1921] S. 134; Tf. 27a, 10), Knöchelspangen (Schumacher *Mutesellim* S. 20 Abb. 17 [aus einzelnen Bronzeperlen hergestellt, wohl für Kinder]; Macalister *Gezer* I 335, 389; III Tf. 89, 15; 121, 11), Fingerringe (Sellin *Tell Taʿannek Nachlese* S. 14, 18 Abb. 16, 22; Schumacher *Mutesellim* S. 74, 84 Tf. 26 g, h [mit Kaninchenkopf], S. 89 Tf. 28f.; Sellin-Watzinger *Jericho* S. 152; Bliss-Macalister *Excavations* S. 25ff.; Macalister *Gezer* I 324, 330, 355, 381 Abb. 171, 19; II 95ff. [meist für Frauen]; III Tf. 83, 9; 121, 7; PEF Annual 2 [1912—13] S. 90; *Carchemish* II [1921] S. 126f.; Tf. 26 c, 8) und Ohrringe (Macalister *Gezer* I 330; II 101; III Tf. 84, 26ff.; PEF Annual 2 [1912—13] S. 77, 90, 91, Tf. 43, 61; *Carchemish* II [1921] S. 119, 134, Tf. 27 a, 3). Die ältesten Stücke sind ganz einfach aus Bronzedraht gefertigt, bei den späteren ist der Draht gewickelt oder gedreht, oder der Ring ist aus einer Platte gestanzt und mit Verzierungen geschmückt. S. a. Nadel C.

§ 3. Weit seltener ist Silber (s. d. C) verwendet worden für Fingerringe (Sellin *Tell Taʿannek Nachlese* S. 14; PEF Annual 2 [1912—13] S. 90, Tf. 59 B; *Carchemish* II [1921] S. 134, Tf. 27 a, 5; Macalister *Gezer* I 120, 286 [schon aus dem Krematorium]; II 100, 102, 296), Armspangen (vom *tell et-tīn* CR acad. inscr. 23 [1895] S. 459 J. E. Gautier; Macalister *Gezer* II 98f., 102, 263, Abb. 285f.), Ohrringe (ebd. I 120; II 101 [häufiger als Stücke aus Bronze], 102, 263, Abb. 288; III Tf. 31, 14. 16; 135, 30 a; 136, 4. 5), Nadeln (s. d. C; Sellin *Tell Taʿannek Nachlese* S. 14 [fälschlich als Spange bezeichnet]; Macalister *Gezer* I 120; II 86f., 102, 263; III Tf. 31, 12) und für die halbmondförmigen Anhänger (ebd. I 120; II 102, 263, 449f., Abb. 288; III Tf. 31, 13. 25; 136, 8).

§ 4. Auch Gold (s. Goldschmiedekunst C) ist mehrfach gefunden worden. Daraus waren hergestellt Fingerringe (Sellin *Tell Taʿannek* S. 62, 80; *Nachlese* S. 14 [7 einfache Reifen, 1 aus viereckigem, spiralförmig gedrehten Draht, 1 mit drehbarem Zylinder aus 3 Fayence-Stücken, zu letzterem vgl. M. Ohnefalsch-Richter *Kypros, die Bibel und Homer* 1893 Tf. 143, 1; 182, 41 ff.]; Schumacher *Mutesellim* S. 20f.; Macalister *Gezer* I 120, 126; II 99, 262; III Tf. 31, 28. 33; 136, 16; *Carchemish* II [1921] S. 81), Ohrringe (Schumacher

Mutesellim S. 71, Tf. 17 g; Sellin *Tell Ta'annek* S. 65f.; Macalister *Gezer* II 101, 260f., Abb. 287, 407; III Tf. 136, 15ff.), Stirnreifen (Sellin *Tell Ta'annek Nachlese* S. 14, Abb. 16, Tf. 4; Macalister *Gezer* II 260; III Tf. 31, 1) und mondförmige Anhänger (ebd. II 450 Abb. 287). Äg. Erzeugnisse und wohl für Vornehme bestimmt sind die oft fein ziselierten Goldperlen, die zu Halsketten oder Armbändern aneinander gereiht wurden (ebd. I 120; II 109, 260; III Tf. 31, 20ff.; Monuments et mémoires acad. inscr. 25 [1921—22] S. 243, 263 Abb. 6 P. Montet [aus Byblos]), eine laufende Löwin auf Sockel mit Loch zum Anhängen an ein Halsband und ein kostbares Brustschild in Zellenschmelz aus der Zeit Sesostris III. oder Amenemhêṭs III., von dem leider nur Reste erhalten waren (ebd. S. 261, ein anderes mit Kette nach Art der Funde von Dahschûr lag in einem Fürstengrabe zu Byblos; Syria 4 [1923] S. 338 P. Montet), während ein runder Anhänger, mit Sonne, Mond und Sternen verziert, mit Funden aus Susa verwandt ist (Syria 4 [1923] S. 300ff. R. Dussaud). Zum Teil in Syrien hergestellt sind die Schmucksachen in den Fürstengräbern zu Byblos (s. d.; Brustschilder mit Falken, Perlen, Fingerringe, Armbänder; Syria 4 [1923] S. 337ff. P. Montet).

§ 5. Solche kostbaren Sachen konnten natürlich nur Begüterte oder Fürsten erwerben. Dasselbe gilt von den Siegelzylindern (s. Siegel B) und den Skarabäen (s. Amulett C), die in goldene oder silberne Ringe eingesetzt, aber wie noch heute die Siegelringe, nicht immer am Finger, sondern oft an einem Bande um den Hals getragen wurden. Eine solche wertvolle Fassung erhielten nur die aus Edelsteinen (s. d. C) hergestellten Stücke. Leichter muß es gewesen sein, aus Ägypten Perlen zu beziehen, die aus Halbedelsteinen (Bergkristall, Amethyst, Jaspis, Karneol, Achat, Malachit) geschliffen wurden. Noch billiger waren Ketten aus durchbohrten Muscheln, Knochenstückchen oder farbigen Steinchen, die vielfach gefunden worden sind (Das Heilige Land 58 [1914] S. 71 H. Hänsler; Sellin *Tell Ta'annek Nachlese* S. 14, 27; Schumacher *Mutesellim* S. 74, 82, 88, 102, Tf. 28; Sellin-Watzinger *Jericho* S. 46, 121; Bliss-Macalister *Excavations* S. 26f., 42, Abb. 18; PEF Annual 2 [1912—13] S. 63, 69, 90f., Tf. 13 B, 9; 31f., 38; 59 A; 60 A D. Mackenzie; CR acad. inscr. 23 [1895] S. 459 J. E. Gautier; *Carchemish* II [1921] S. 80, 119, 134). Wie reich der Besitz einer Person sein konnte, zeigen Schatzfunde, die an mehreren Stellen gemacht wurden, so auf dem *tell zakarîa* (s. d.; Bliss-Macalister *Excavations* S. 26f., 42: Perlen, Muscheln, Skarabäen in einem Kruge), in Thaanach (s. d.; Sellin *Tell Ta'annek Nachlese* S. 14 Abb. 16, Tf. 4: Gold, Silber, Bronze, Perlen), in Megiddo (s. d.; Schumacher *Mutesellim* S. 88f.: Perlen, Amulette, Muscheln, Bronze, Skarabäen in einem Topfe), in Jericho (s. d.; Sellin-Watzinger *Jericho* S. 46, 121: Halsketten aus Perlen, Muscheln, Steinchen in Gefäßen) und Gezer (s. d.; Macalister *Gezer* II 99, 102, Abb. 288).

§ 6. Die Nachrichten aus dem Altertume bestätigen die durch die Funde erwiesene Freude an vielerlei Schmuck. In den Amarna-Briefen wird wiederholt von Ringen (*šimiru* Knudtzon 14 I 74ff.; 21 I 1ff.; 25 II 24ff.; III 58ff.; 107, 23 oder *unqu* 14 I 72f., 80), Spangen (*mišenu* 14 I 76; II 58), Halsbändern (*lêchu* 14 II 2), Brustschmuck (*dutittu* 14 IV 10; 25 I 22ff.; III 56, 64), Geschmeide (*michzu* 25 I 33ff.; II 38; III 56, 60; *bikru* [aus Gold oder *chulâlu*-Stein] 25 I 33ff.; II 10; *bera* 13, 1. 6. 19; *dûltu* [in Wurmform?] 25 II 4f., 39) oder Perlen (*tartarachu* 22 I 28f.; II 23, 27) gesprochen, allerdings zumeist in Briefen, die aus dem N (Mitanni) stammen. Einmal wird auch ein äg. Wort gebraucht (*daši* 14 I 48).

§ 7. In reichster Fülle verzeichnet das AT bei Männern und Frauen S. aller Art. So werden genannt: Siegelringe (hebr. *ṭabbā'ôt* Gen. 21, 42; Exod. 35, 22; Num. 31, 50; Jes. 3, 21; Esther 3, 12; 8, 2; *ḥôtām* Gen. 38, 18 [an einer Schnur um den Hals getragen]; Exod. 28, 11; 1. Kön. 21, 8; Jerem. 22, 24; Hohesl. 8, 6; *g^elîlîm* Hohesl. 5, 14), Knöchelspangen (*'^akāsîm* Jes. 3, 18 vgl. 1. Kön. 14, 6), Ohrringe (*'^agîlîm* [rund] Num. 31, 50; Ezech. 16, 12; *n^eṭîfôt* [in Tropfenform] Richt. 8, 16; Jes. 3, 19; *nezem* Gen. 35, 4; Exod. 32, 2; 35, 22; Richt. 8, 24f.), Nasenringe (*nezem* Gen. 24, 22; Jes. 3, 21; Ezech. 16, 12; Sprüche

a

b

Schnittervase

a, b. Schnittervase von Hagia Triada. — Nach Arch. Jahrbuch 30 (1915) S. 253/54.

11, 22; *ḥāḥ*? Exod. 35, 22), Armspangen (*eṣʿādâ* [für den Oberarm] Num. 31, 50; 2. Sam. 1, 10; *ṣāmîd* [für das Handgelenk] Gen. 24, 22. 30. 47; Num. 31, 50; Ezech. 16, 11; 23, 42; *šērôt* [Armketten] Jes. 3, 19), Halsketten (*ʿanâq* Sprüche 1, 9; Hohesl. 4, 9; *ḥ^alî* Sprüche 25, 12; Hohesl. 7, 2; *ḥeljâ* Hos. 2, 15; *rābid* Gen. 41, 42; Ezech. 16, 11; *sah^arōnîm* [in Mondform] Jes. 3, 18; Richt. 8, 21. 26 [bei Kamelen, auch *ʿanâq* genannt]; *kūmâz* Exod. 35, 22; Num. 31, 50; *ḥ^arûzîm* [von Perlen oder Korallen] Hohesl. 1, 10) und Stirnbänder (*ʿ^aṭārâ* [als Abzeichen des Herrschers] 2. Sam. 12, 30; Psalm 21, 4; [des Priesters] Ezech. 21, 31; Sach. 6, 11; *nezer* 2. Sam. 1, 10; 2. Kön. 11, 12; Exod. 29, 6; 39, 30; Lev. 8, 9; *š^ebîsîm* [aus kleinen Sonnen bestehend?] Jes. 3, 18).

H. Guthe *Kurzes Bibelwörterbuch* 1903 S. 588f.

§ 8. Wie dieser S. getragen wurde, erkennt man aus äg. Abbildungen. Ohrringe z. B. haben die syr. Frauen im Grabe des Enene um 1550 v. C. (Wreszinski *Atlas* I 266; W. M. Müller *Egyptological Researches* I [1906] Tf. 9) und im Grabe des Mencheperrêʿ-seneb um 1450 (ebd. II [1910] Tf. 16; s. hier Band VI Tf. 101, 102), Halsketten aus bunten, länglichen Perlen die Kinder und ein Mann in demselben Grabe (ebd. S. 30, 37 Tf. 16, 20). Die kleine Scheibe, die an einer Schnur um den Hals getragen wird (z. B. Grab des Amu-neseḥ ebd. II [1910] S. 43, 45 Tf. 24; Rev. arch. 27 [1895] Tf. 14f. G. Daressy; hier Tf. 67 [phön. Matrosen]), war wohl eher ein Amulett. Als Zeichen einer vornehmen Herkunft oder hohen Stellung diente eine Fußspange (Wreszinski *Atlas* I 247 Grab des Ḥaremḥeb 1415 v. C.; Müller *Asien und Eur.* S. 328; OLZ 12 [1909] S. 381f. ders.). Auch die kleinen Gestalten von Göttinnen veranschaulichen die Art des weiblichen Schmuckes. So finden sich mehrfach Armringe (Macalister *Gezer* III Tf. 19, 17; 220, 17. 20. 22; 221, 2; II 413, 418, Abb. 498, 499), Halsketten, z. T. mit Gehänge (ebd. III Tf. 220, 16f. 20f. 23; 221, 1. 4; Schumacher *Mutesellim* S. 64 Abb. 79a; Sellin *Tell Taʿannek* S. 45, 80, 105f. Abb. 47, 113; *Nachlese* S. 16 Abb. 20), Ohrringe (Sellin *Tell Taʿannek* S. 80 Abb. 113 [kyprisch]; Macalister *Gezer* II 418 Abb. 499), Fußspangen (E. Meyer *Reich und Kultur der Chetiter* 1914 S. 109), Stirnreifen (Bliss-Macalister *Excavations* Tf. 67, 16; Macalister *Gezer* III Tf. 220, 14; vgl. die Funde aus Bethsean, s. d. und Band II Tf. 1 a, b). S. ferner Fibel D, Nadel C, Band VIII Tf. 136^A, 136^B. Peter Thomsen

E. Vorderasien s. Goldschmiedekunst D, Kunstgewerbe D.

Schmuckgeld s. Geld § 9, 11, 13.

Schneckenhäuser (als Schmuck; Ägypten). Die Schmuckketten, die sich vor allem um den Hals, aber auch um den Unterarm und um die Fußknöchel der Leichen in den vorgesch. Gräbern Ä. und Nubiens geschlungen finden, bestehen sehr häufig aus durchbohrten Schneckenhäusern. Dazu sind seltener Nilschnecken, mit Vorliebe Meerschnecken, vor allem vom Roten Meer stammende, verwendet worden.

Die S. bleiben gewöhnlich bis auf eine ganz feine Durchbohrung unverändert, seltener werden sie stellenweise abgeschabt oder zurechtgeschnitten, — daneben begegnen aber häufig auch aus S. (oder Muscheln?) zurechtgeschnittene, kleine Scheiben- oder Röhrenperlen als Kettenglieder (Mac Iver-Mace *Amrah* S. 49 [mit zool. Bestimmung von 18 species]; Junker *Kubanieh-Süd* S. 48ff., 108 [mit Bestimmung von 13 species und photograph. Abb.]; Survey 1907/08 Tf. 66e Reisner; Junker *Turah* S. 61).

Andererseits sind auch aus großen S. (vor allem aus einer vom Roten Meer stammenden Conus-Art; Junker *Kubanieh-Süd* S. 95) Armringe zurechtgeschnitten worden (Junker *Turah* S. 59; ders. *Kubanieh-Süd* S. 95f. und Tf. 35 A [Photos]; Petrie *Tarkhan* I 8, 81; S. 22 und Tf. 2; II 10 und Tf. 3). Ein Fingerring aus „Muschelsubstanz": Ayrton-Loat *Mahasna* S. 33 und Tf. 21, 4. Ranke

Schnittervase (Tf. 95). Geläufige Bezeichnung für ein in Hagia Triada auf Kreta (s. d. B) gefundenes Rhyton (s. d.) geschweifter Form aus Steatit (SM I = 16. Jh.). Erhalten sind von dem in drei Stücken gearbeiteten Gefäß nur der enge, schön profilierte Hals und die Schulter mit den Oberkörpern und Oberschenkeln der Figuren (in Gilliérons Nachbildung ist der verlorene untere Teil ergänzt). Ein Zug von Männern in flachem Relief umzieht von links nach rechts das Gefäß; sie tragen Mütze oder Turban und Schurz, an dem ein Schleifstein befestigt zu sein scheint, sowie geschultert eine dreizinkige, hölzerne Heugabel, an der eine Sichel befestigt ist (Savignonis Deutung auf dreizackartige Waffen ist abwegig). Paarweise eilen sie in raschem Schritt oder Tanzrhythmus dahin, in zwei Gruppen gegliedert: 1. durch den Anführer in weitem, sonderbaren Gewande mit geschultertem Stabe (nach Wolters' scharfsinniger Vermutung ist es ein übergestülpter Frauenrock, das heilige Gewand einer Göttin); 2. durch eine Gruppe von drei laut singenden Personen, deren Tracht und Geschlecht unsicher bleibt. Eine von diesen trägt ein äg. Sistrum, das sonst im min.-myk. Kreise fremd ist. Die Deutung auf einen Erntezug mit religiöser Bedeutung scheint einleuchtend; Hammarström möchte einen Fruchtbarkeitszauber erkennen, was ich nicht glauben kann. Künstlerisch steht das Gefäß in der Gliederung der Massen und der Lebendigkeit der Bewegung sehr hoch.

Mon. Lincei 13 (1903) S. 77ff. Tf. 1ff. L. Savignoni; H. Bossert *Altkreta*² Abb. 11; Arch. Jahrb. 26 (1911) S. 268f. G. Karo (Gilliérons Rekonstruktion); ebd. 30 (1925) S. 251ff. K. Müller; Hammarström *Ein minoischer Fruchtbarkeitszauber* Acta Acad. Aboens. 1922.

G. Karo

Schnurkeramik. A. Mitteleuropa (Tf. 96).

§ 1. Einleitung. — § 2—3. Sächsisch-thüringische S. — § 4. Oderschnurkeramik. — § 5. Ausbreitung nach O. — § 6. Böhmen-Mähren. — § 7. Ausbreitung nach SO. — § 8. Südwestdeutschland. — § 9. Ethnologische Stellung der Schnurkeramik.

§ 1. Die S. hat ihren Namen durch ihr eigentümliches Ornament erhalten, das durch Schnüre, die in den noch weichen Ton eingedrückt sind, hergestellt ist. Gelegentlich hat man auch diesen negativen Abdruck von Schnüren künstlich zu erzielen versucht, indem man ein solches Schnurmuster durch Tiefstiche, in mühseliger Arbeit nebeneinander in den Ton gedrückt, nachzubilden unternahm („imitiertes", „falsches" Schnurornament). Beide Techniken kommen meist nebeneinander vor. Dieses Schnurornament ist für eine eng in sich geschlossene keramische Gruppe des Neol. charakteristisch, die Klopfleisch zuerst als solche ausgesondert und dessen Schüler Götze dann 1891 in einer Dissertation behandelt hat. Von dieser Scheidung der „Schnurkeramik" von der „Bandkeramik" ging die Erforschung der einzelnen mittel- und süddeutschen Kulturgruppen des Neol. aus.

Klopfleisch *Vorgesch. Altert.*; A. Götze *Die Gefäßformen und Ornamente der neol. schnurverzierten Keramik im Flußgebiete der Saale* Diss. Jena 1891; Ältere Literatur ebd. S. 64 Anm. 2—4.

§ 2. Die sächsisch-thüringische S. (Tf. 96a–d). Das Verbreitungszentrum der Schnurkeramik ist das Flußgebiet der Saale, das anhaltinische Gebiet und das nördliche Harzvorland. Für die hier begegnende Gruppe der Schnurkeramik hat sich neuerdings die Bezeichnung „sächsisch-thüringische Keramik" eingebürgert, zum Unterschied von den weiter unten zu besprechenden Gruppen der Schnurkeramik. In dieser sächs.-thür. Keramik sind die Gefäße zwar geglättet, nicht aber poliert. Die Farbe des Tons variiert zwischen gelb, braun und rötlichgrau. Es begegnen zwei Hauptformen der Keramik, der Becher und die Amphora. Die Becher weisen in ihrer schärfsten Ausprägung einen langen, zylindrischen Hals auf, der sich nach oben schwach erweitert und am Rande etwas ausbiegt, und darunter sitzt ein kurzer, kräftig profilierter Bauch. Die Amphoren sind kugelige Gefäße mit Standfläche, niedrigem, ausladenden Rand und 2, bisweilen freilich auch 4, meist breiten, bandförmigen Schnurösen auf der unteren Schulter oder am weitesten Bauchumfang. Dazu kommen zylindrische Büchsen mit aufgesetztem Deckel, der durch je 2 korrespondierende Schnurösen am Gefäßrand und am Deckel befestigt werden konnte. Ferner wannenförmige Gefäße (wie Götze-Höfer-Zschiesche *Thüringen* Tf. 2 Nr. 18) und andere Formen. Die große Beschränkung des Formenkreises ist darin begründet, daß wir fast nur die Grabkeramik kennen. Welche Fülle von Formen des Gebrauchsgeschirrs dem gegenübersteht, lehrt der Fund aus einem schnurkeramischen Erdhügel vom Heuchelberg bei Großgartach, der Frag-

a

b

c

e

f

d

g

h

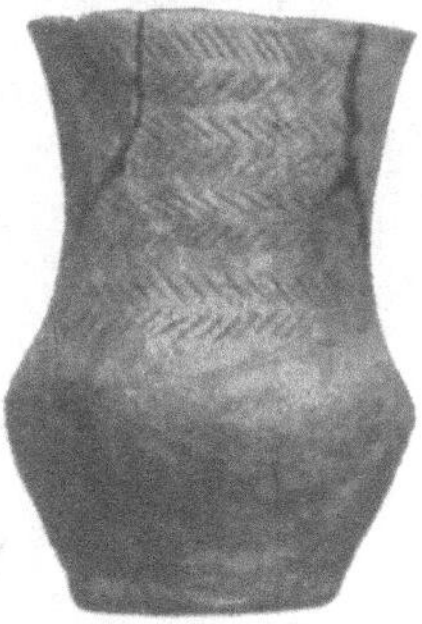
i

k

m

l

Schnurkeramik A. Mitteleuropa

a. Berlach bei Gotha. — b, c. Kötzschen, Kr. Merseburg. — d. Oberfarnstedt, Kr. Querfurt. — e. Ketzin. — f. Liepe (e, f. Prov. Brandenburg). — g. Velka Ves. — h. Kostelec. — i. Roudnice. — k. Lužec. — l. Čižkovice (g—l. Böhmen). — m. Schnurzonenbecher aus der Gegend der unteren Nahe. — Nach Götze-Höfer-Zschiesche *Thüringen*, Stocký *La Bohême à l'âge de la pierre* 1924, *AuhV* 5 Tf. 49 und E. Sprockhoff *Kulturen der jüngeren Steinzeit* 1926.

mente von Näpfen, Schalen, Backtellern und Vorratsgefäßen barg (R.-G. Korr.-Bl. 1 [1908] S. 73 Abb. 19 A. Schliz = Festschrift z. Heilbronner Anthropologenverslg. S. 26). Von Steinwerkzeugen begegnen trapezförmige, meist sorgfältig, bisweilen kantig geschliffene Beile und vor allem die vorzüglich gearbeiteten, offenbar Metallvorbildern nachgeformten, facettierten, durchbohrten Hämmer (s. Facettierte Streitaxt) und verschiedene Abarten derselben. Gerade diese kommen überall mit der sächs.-thür. Keramik vor, wenn auch ihr Verbreitungsgebiet über das jener weit hinausreicht. Daß auch die reichverzierten Steinäxte des sächsischen Typus (vgl. Band IX Tf. 209c) typische Begleiterscheinungen sind, hat Lechler erwiesen (Mannusbibl. 22 S. 1 ff.). Die undurchbohrten Beile sind bisweilen außerordentlich zierlich (Wurfbeile?). An Feuersteingeräten begegnen Lanzenspitzen, Schaber und meist grobe Klingen. Pfeilspitzen sind selten, der Gebrauch des Bogens aber ist durch die Darstellung an den Seitenwänden der Kiste von Göhlitzsch (s. d.; Band II Tf. 16) gesichert. Feuersteinbeile kommen gelegentlich vor (ZfEthn. Verh. 32 [1900] S. 267 f. A. Götze), seltener Knochenwerkzeuge. Schmuck begegnet in Form durchbohrter Tierzähne, kleiner Kupferspiralen und kupferner Ohrringe (z. B. Auleben, Poserna usw.; A. Möller *Illustrierter Führer Mus. Weimar* S. 106). Die Kultur ist fast ausschließlich aus Gräbern bekannt. Daß Siedelungsfunde äußerst selten sind (vgl. Mannus Erg.-Bd. III [1923] N. Niklasson), ist sicher kein Zufall. Nach der Lage der Fundplätze siedelten nämlich die Schnurkeramiker nicht so sehr in den Ebenen, sondern auf den Höhen und an den Flüssen, waren also offenbar Viehzüchter, Jäger und Fischer, jedenfalls keine Ackerbauer. Daher werden ihre Hütten nur von leichter Bauart gewesen sein. Die Gräber sind meist in Grabhügeln angelegt, mit und ohne Steinsetzung. Götze unterscheidet ältere Steinkisten in Grabhügeln mit Hockerbestattung und jüngere Flachgräber mit gestreckten Skeletten oder Leichenbrand ohne Steinkisten. Doch begegnen auch Gräber ohne Steinkisten in Hügeln und umgekehrt Steinkisten in Flachgräbern. Wie weit bei den Flachgräbern die Hügel ursprünglich vorhanden waren und verschleift sind, läßt sich nicht feststellen. In den Steinkisten begegnet bisweilen in Ost-Thüringen das Seelenloch (s. d.; Oberfarnstedt, Ziegelroda, Allstedt). Auch Schachtgräber in Grabhügeln mit Holzeinbauten sind nachgewiesen (Poserna, Kr. Weißenfels: Präh. Z. 1 [1909] S. 188 ff. A. Götze). Aus dieser Mannigfaltigkeit der Grabformen läßt sich eine relativ lange Dauer der Kultur der sächsisch-thüringischen Keramik erschließen.

Außer den Gefäßformen, den Steinwerkzeugen und Grabriten ist für die Beurteilung der thüringischen Schnurkeramik vor allem der Stil der Ornamentik ausschlaggebend, wobei zu bemerken ist, daß diese nicht immer in Schnurtechnik ausgeführt zu sein braucht. Bei den Amphoren ist fast regelmäßig der Hals, bei den Bechern meist der ganze zylindrische Oberteil durch horizontale Bänder zusammengefaßt, und von diesen Horizontalbändern hängen dann auf die Schulter fransenartige Ornamente herunter, einfache senkrechte Striche, Tannenzweigmuster oder Dreiecke; der Stil deckt sich also völlig mit dem des nord. Kulturbezirkes. Die Halsdekoration ist bisweilen auch reicher und zierlicher, wobei namentlich wolfszahnartig ineinandergreifende Muster eine Rolle spielen, aber solche Komplizierung ist eine seltene Erscheinung im Verhältnis zur Schnurkeramik Südwestdeutschlands, wo ja auch der Einfluß der Zonenkeramik stärker ist als in Thüringen (s. Schnurzonenbecher).

§ 3. Entstehung und Herkunft der sächs.-thür. Keramik, die lange unklar waren, erscheinen jetzt durch die Arbeiten Kossinnas, dem sich Åberg und, wenn auch mit Vorsicht, Schumacher angeschlossen haben, gesichert. Nach den Grabformen und den Werkzeugen, vor allem aber nach Form und Stil der Tongefäße war von jeher kein Zweifel, daß die thüringische S. in engsten Beziehungen zum nord. Kulturkreise stehe. Kossinna scheidet eine ältere Gruppe der sächs.-thür. Keramik aus, bei der das Schnurornament noch nicht auftritt, und die sich in Formen und Ornamentik eng an den Walternienburger Typus (s. d.) anschließt. Diese ältere Gruppe müßte also dem Bernburger Typus (s. d.) parallel gehen. Die „Amphoren“, noch mit der typisch nordischen Walternienburger Hals- und Schulterdekoration ausgesparter horizontaler Zickzackbänder, haben einen scharf abgesetzten, fast zylindrischen Hals, der allmählich immer kürzer und verwaschener wird, so daß man den Übergang zur eigentlichen Schnuramphora schon klar verfolgen kann. Die Dekoration dieser älteren Amphoren tritt gleichzeitig mit dieser Entwickelung immer mehr zurück und macht der in Jütland alteinheimischen Schnurverzierung Platz (über die jütländische Schnurkeramik s. Nordischer Kreis A § 5a, § 5c2). Auch die zylindrischen Büchsen haben ihr Vorbild in der Walternienburger Keramik. Ihr Ornament wird ebenfalls im Laufe der Entwickelung durch neu eindringende jütländische Einflüsse bestimmt. Die Becher dagegen werden letzten Endes auf die aus Kökkenmöddingerformen hervorgegangenen dänischen Gefäße der Einzelgrabkeramik (s. Nordischer Kreis A § 5c) zurückgehen (Müller *Stenalderens Kunst* S. 13). Daß wir auch die Amphoren bis nach Dänemark zurückverfolgen können, lehren Gefäße wie S. Müller a. a. O. S. 55 Abb. 171. Danach hätte sich also die sächs.-thür. Keramik etwa zur Zeit des Bernburger Typus im Saalegebiet teils aus der jüngsten Walternienburger Keramik, teils aus neuen jütischen Einflüssen entwickelt, und die Blütezeit der reinen thür. Schnurkeramik wäre jünger als der Bernburger Typus (s. d.). Ihr altertümlicher Charakter, wegen dessen vor allem Götze sie an den Anfang der neolithischen Entwickelung in Thüringen stellen möchte, erklärt sich so aus dem Umstand, daß sie einen von fremden Einflüssen ziemlich reinen Ableger der bodenständigen nordischen Kultur darstellt. Dieses junge Alter wird durch eine Reihe von Beobachtungen bestätigt. Wenn man von dem Vorkommen von Metall absieht, so hat gerade Götze schon auf die enge Berührung der Schnur- mit der Glockenbecher-Keramik (s. Glockenbecherkultur) hingewiesen (ZfEthn. Verh. 32 [1900] S. 260ff.), als deren Resultat sich die Schnurzonenbecher (s. d.) darstellen. Schon dadurch wäre die Schnurkeramik sicher ganz an das Ende des Neol. zu setzen. Im Baalberg (s. d.) bei Baalberge ist die zeitliche Aufeinanderfolge von 1. Bernburger Typus, 2. Kugelamphoren, 3. Schnurkeramik gesichert, und das gleiche chronol. Ergebnis für Bernburger Typus und Schnurkeramik ergibt die 1904 durch Höfer erfolgte Ausgrabung des Pohlsberges (s. Latdorf). Der Befund im spitzen Hoch, den Klopfleisch und Götze zum Beweise für ein höheres Alter der Schnurkeramik heranziehen, ist unverwertbar, und auch die chronol. Ergebnisse der Ausgrabungen in Poserna (s. o. § 2), im Bruchberg (s. d.) bei Drosa und im Derfflinger Hügel (s. d.) müssen als nicht genügend gesichert ausgeschaltet werden.

Die thüringische Schnurkeramik gehört einer in jungneol. Zeit, also etwa in der Mitte des 3. Jht. v. C., im Saalegebiet entstandenen Kultur an, die jütischen Einflüssen und wohl auch Einwanderungen ihren Ursprung verdankt. Auf solche Einwanderungen deutet auch das Vorkommen des Seelenlochs (s. d.) an einzelnen Steinkisten hin (s. § 2; über dessen Bedeutung in diesem Zusammenhang: Präh. Z. 2 [1910] S. 256ff. O. Montelius).

§ 4. Die Oderschnurkeramik (Tf. 96e, f) im Gebiet der Neumark und der Uckermark ist ein selbständiger Vetter der thüringischen Schnurkeramik, der sich neben jener aus denselben jütischen Quellen im östlichen Grenzgebiet der nordischen Megalithkultur entwickelt hat wie jene im südlichen. Wenn Götze die Oderschnurkeramik von der sächsisch-thüringischen ableiten will, so widersprechen dem die Gefäßformen, die sich z. T. enger an die jütischen Vorbilder anschließen als die des Saalegebietes und auch größere Mannigfaltigkeit aufweisen. Die Schnurbecher der Uckermark sind breiter, gedrückter als die thüringischen, der Gefäßkörper nimmt den größten Teil des Gefäßes ein, der Hals ist niedriger. Noch klarer als die thüringischen Becher hat sich diese Form direkt aus den Bechern der jütländischen Einzelgräber entwickelt. Am Halse selbst oder am Halsansatz sitzen entweder 4 horizontal durchbohrte Schnurösen oder aber statt dessen ein oder zwei horizontale Griffzapfen („Zapfenbecher"; s. d.), gelegentlich auch in Relief angedeutete dekorative Henkel, wie sie ebenfalls schon in der Megalithkeramik, zumal bei den Trichterbechern, beliebt sind. Die Dekoration beschränkt sich auf den Hals: horizontale Schnurlinien, Stichreihen oder Zickzackbänder, meist mit abschließendem

Fransensaum. Außer diesen Bechern begegnen verwandte Gefäße, Lanzenspitzen, dreieckige Pfeilspitzen mit geraden Seiten und meist eingezogener Basis, durchbohrte Axthämmer mit gewölbten Breit- und geraden Schmalseiten, dicknackige Feuersteinbeile. Die Grabform ist meist die des Flachgrabes ohne, seltener mit Steinkiste, jedenfalls also die jüngste der von Schumann für die Uckermark aufgestellten Grabtypen. In einigen Fällen kommt auch schon Leichenbrand vor, wie vielleicht bei Warnitz und Melzow, Kr. Angermünde. Die Datierung an das Ende des Neol. wird vor allem auch durch die Gräber von Buchholz, Kr. Greifenhagen (Mannus 3 [1911] S. 146f., E. Walter), erwiesen, deren Keramik eine direkte Fortsetzung der Oderschnurkeramik darstellt, die aber mit ihren Kupfer- und Gold-Beigaben schon der Metallzeit angehören (ebenfalls Leichenbrand).

Lit. über Oderschnurkeramik: ZfEthn. Verh. 24 (1892) S. 180ff. A. Götze; H. Schumann *Die Steinzeitgräber der Uckermark* 1904, bes. S. 75f.; Balt. St. 8 (1904) S. 154f. Walter; E. Blume *Verzeichnis der Sammlung des uckermärk. Museums in Prenzlau* 1909; Mannus 2 (1910) S. 70ff. G. Kossinna; ebd. 7 (1915) S. 33ff. O. v. d. Hagen; K. Brunner *Die steinz. Keramik der Mark Brandenburg* Braunschweig 1898 S. 17ff.; 8. Ber. röm.-germ. Kom. 1913/14 S. 51 K. Schumacher; [Z. d. Finn. Altert. Ges. 22 (1922) S. 124ff.; E. Sprockhoff *Die Steinzeitl. Kulturen der Mark Brandenburg* Vorgesch. Forschungen 1, 4 (1926) S. 55ff.].

§ 5. Die Oderschnurkeramik ist auch in Westpreußen verbreitet, auffallenderweise besonders in Wohnplatzfunden (Rutzau [s. d.; Tf. 39b] und Oxhöft, Kr. Putzig; Tolkemit, Wiek-Luisental, Kr. Elbing u. a.; s. a. Ostpreussen A § 9; Band IX Tf. 215b). Unter der Ornamentik dieser Wohnplätze fällt das Schnurwellenband (vgl. Band X Tf. 65 b, c, e) besonders auf, das in Nordwest-Deutschland ziemlich selten ist, ebenso in der Uckermark (Schmiedeberg), aber von nun an eine häufigere Begleiterscheinung der Ostexpansion der Schnurkeramik ist. Ganz neu treten in Westpreußen Gefäße der aus der Megalithkeramik bekannten Blumentopfform hinzu, die lehren, daß die Wege der Megalithkeramik nicht nur auf dem Festlande von W nach O liefen, sondern auch offenbar von Dänemark direkt über See zur Weichselmündung. Sonst ließe sich ihr Fehlen in der Uckermark nicht erklären. Die Bevölkerungsnachschübe müssen sehr stark gewesen sein, denn diese ostd. Schnurkeramik verbreitet sich fortan über weite Gebiete Zentraleuropas, wie namentlich die Arbeiten G. Kossinnas gelehrt haben. Zunächst gelangt sie durch Polen (s. d. B § 10; Band X Tf. 63—68) nach Mittel- und Niederschlesien (s. a. Schlesien B § 9), zumal in die Gegend von Breslau, offenbar von Westpreußen her, denn hier begegnet außer dem Zapfenbecher (s. d.) der Blumentopfbecher wieder, der an der unteren Oder fehlt. Dazu treten hier schlauchförmige Henkelkrüge, wie sie auch in Böhmen (s. Böhmen-Mähren B § 16; Band II Tf. 29a) gefunden werden. Auf der Weiterwanderung von Schlesien nach O – zuerst weichselaufwärts bis in die Gegend von Sandomierz, den San hinauf bis Přemysl und quer durch Wolhynien bis in die Gegend von Kijev – macht die Schnurkeramik viele Wandelungen durch, meist durch Berührung mit der Kultur der Kugelamphoren (s. d.), mit deren Ostausdehnung die Verbreitung der Schnurkeramik im Weichselgebiet zusammenfällt. Die „Schnurkugelamphoren" sind das Resultat dieser Mischung. In einem Fall begegnet auch eine richtige Schnuramphora des thüringischen Typus (Siwki, Kr. Ostróg, Wolhynien; Band X Tf. 68b). Der Zug nach SO, dessen letzte Spuren im Gouvernement Cherson sich finden, ist durch häufigere Monolithgräber (Gräber unter einem großen Steinblock) charakterisiert. Polierte, dicknackige Feuersteinbeile und Schaftlochhämmer, vor allem auch Bernstein-Beigaben weisen auf seine Herkunft hin. An Besonderheiten sind knöcherne Gürtelplatten aus Polen (Band X Tf. 60f) und Galizien, Knochennadeln mit Doppelhammerkopf aus der Ukraine zu erwähnen. Kupferschmuck in Gestalt von Röhrenperlen und Spiralohrringen ist häufiger.

H. Seger *Die Steinzeit in Schlesien* Archiv f. Anthr. NF 5 (1906) S. 116ff.; Mannus 2 (1901) S. 71ff., Fundregister mit Literaturangaben S. 96ff. nebst Karte Tf. 10 G. Kossinna.

Westpreußen: La Baume *Vorgeschichte von Westpreußen* S. 13; Sitzungsber. Prussia 24 (1923) Ehrlich.

§ 6. Böhmen und Mähren (s. d. B § 16; Tf. 96g—l, Band II Tf. 27). Die Ausstrahlung der Schnurkeramik nach S, nach

Böhmen und Mähren, erfolgte sowohl von Thüringen wie von Schlesien aus, denn es finden sich in Böhmen sowohl Typen der sächsisch-thüringischen wie der ostd. Schnurkeramik. Die Scheide zwischen beiden Gruppen an der Nordgrenze Böhmens bildet etwa das Neiße-Tal, das noch zu dem thüringischen Kreise gehört (Mannus 2 [1910] S. 72 G. Kossinna). Echte thüringische Schnurbecher und -amphoren sind z. B. von Lobositz und von Hostomitz, Bez. Dux, bekannt, gelegentlich begegnen auch Schnurzonenbecher mit Sparrenmuster. Der von Schlesien kommende Strom bringt „Blumentopfbecher" (z. B. Fürwitz, Bez. Podersam; Mus. Teplitz) und schlauchförmige Gefäße mit einem kl. Henkel oder einer Schnuröse (z. B. Schwaz, Bez. Dux; Mus. Teplitz). Meist handelt es sich um Funde aus Hockergräbern, deren anthropologische Beschaffenheit auf Einwanderung aus dem Norden hinweist. Mit der Schnurkeramik sind auch facettierte (s. d.) Streitäxte und kleine, trapezförmige Beile nach Böhmen gelangt (Åberg *Das nordische Kulturgebiet* führt in seiner Liste XI 15 Exemplare aus Böhmen und 12 aus Mähren auf), während die vielkantigen (s. d.) Streitäxte wohl mit der anderen jungneol. Kultur dorthin gewandert sind. In den schnurkeramischen Gräbern begegnet außerdem Bernstein, Gold und Kupfer in Form von Perlen, Ohr- und Fingerspiralen. Auch den ostd. verwandte knöcherne Gürtelplatten kommen vor (Lobositz; Mannus 2 [1910] S. 76 G. Kossinna). Die wichtigsten schnurkeramischen FO sind, außer den schon genannten: Gr. Tschernosek, Jentschitz, Bilin, Langugest, Tscherwitz, Brüx, Prosmik, Tschausch, Sellowitz u. a. Auch im n. Mähren ist Schnurkeramik nachgewiesen an 5 FO, besonders durch die Ausgrabungen der Grabhügel von Leipnik durch Červinka. Hier wiegt der schles. Typus vor. Bis nach Siebenbürgen sind die Ausläufer gekommen.

Tätigkeitsbericht der Mus.-Ges. Teplitz 1905/06; Mannus 1 (1909) S. 191ff. R. v. Weinzierl; Pravěk 1908 S. 49ff. L. Niederle; ebd. 1909 S. 53ff., 114ff. J. Červinka. — Weitere Literatur: Wiener Präh. Z. 1 (1914) S. 35f. E. Šimek; [A. Stocký *Pravěk země České* I (1926); H. Obermaier und A. Stocký *Vorgeschichte Böhmens und Mährens* 1927].

§ 7. Näherer Aufklärung bedarf noch die Berührung der Schnurkeramik auf ihrer Südostwanderung mit einer jüngeren Phase der bemalten neol. Keramik, die sich z. B. in ähnlichen Gürtelplatten aus Knochen (Bilcze Złote [s. d.], Koszyłowce [s. d.], Galizien; verwandtes auch von Sărată Monteorŭ [s. d.] u. a. rumänischen und bulgarischen FO) ausdrückt. Aus dieser Berührung scheint sich das Schnurornament, das in Cucuteni (s. d.) B auftritt, aber selbst, wenn auch als falsches Schnurornament, in Mussian Tepe (s. d.) und Susa (s. d.), zu erklären, besonders aber auch das Auftreten einer der Schnuramphora verwandten Gefäßform in jüngeren (Bilcze Złote) und jüngsten (Lianokladi III, zusammen mit minyscher Ware; Wace-Thompson *Thessaly* S. 181 Abb. 125) Stufen der bemalten Keramik.

Vgl. Mannus 1 (1909) S. 228 G. Kossinna.

§ 8. Südwestdeutschland. Wenn auch nicht so ausgedehnt wie die Verbreitung der Schnurkeramik nach O, ist die Expansion dieser Kultur nach SW durch Fulda- und Kinzig-Tal und die Wetterau (s. d.) nicht minder wichtig. Über den Rhein ist sie nur in der oberrheinischen Tiefebene stellenweise vorgedrungen (Rheinhessen, Pfalz). Fundverzeichnisse bei Åberg a. a. O. S. 183ff.; E. Wahle *Fundkatalog* (Beiheft zu 12. Ber. röm.-germ. Kom. [1920] S. 17ff.). Hessen, Baden, Württemberg und Teile von Bayern sind von ihr am Ausgang der Steinzeit besiedelt. Auch hier liegen fast nur Grabhügel vor. Außer Hockerbestattungen findet sich auch Leichenbrand. Die Verbrennung ist oft an der Stelle vorgenommen, an der später der Grabhügel errichtet wurde, so in Kurhessen und Württemberg (ZfEthn. 38 [1906] S. 321ff. A. Schliz). Die Gräber enthalten wieder kleine, trapezförmige Beile, facettierte Hämmer und deren Derivate, gelegentlich auch Kupferschmuck. Vielfach ist die Mischung mit der eng verwandten, den Rhein hinaufgekommenen Kultur der Schnurzonenbecher (s. d.); gelegentlich, wie bei dem bekannten Grabe von Wiesbaden (Hebenkies; s. d.) begegnen Vertreter beider Gruppen nebeneinander. Für die Theorie von Schliz, nach der die schnurkeramischen Jäger zeitweise auf den Waldhöhen neben den bandkeramischen Ackerbauern der Ebenen gleichzeitig gesiedelt hätten, ist der bündige Beweis noch nicht erbracht, wenn auch ein solches Nebeneinander für einzelne Gegenden sehr wahrscheinlich ist.

Auch in die Pfahlbauten der Schweiz ist die Schnurkeramik eingedrungen, so daß die ganze Periode IV des schweizerischen Neol. (s. Schweiz B § 2) unter ihrem starken Einfluß steht. Der südlichste Punkt des Vorkommens hier ist der Lago Varese (Peet *Stone and Bronzeages* S. 292ff.). Die Entwickelung in der Schweiz ist gegenüber der Südwestdeutschlands eine durchaus selbständige, so daß mit Schumacher die Schweizer Gruppe nicht als zur eigentlichen Schnurkeramik gehörig betrachtet werden darf. [H. Reinerth *Die jüngere Steinzeit der Schweiz* 1926 S. 143ff.]

§ 9. Schlüsse auf die ethnol. Stellung der Schnurkeramiker sind noch nicht möglich. Arch. und rassisch gehören sie zum nord. Kreis. Åberg und Kossinna schreiben sie den Kelten (s. d.) zu, die wir aber mit arch. Mitteln erst im 5. Jh. v. C. am Beginn ihrer europ. Wanderungen in Zentralfrankreich fassen können. S. a. Großbritannien und Irland C § 27, D § 30.

Allgem. Literatur außer der genannten: ZfEthn. Verh. 32 (1900) S. 260ff.; ebd. 33 (1901) S. 414ff. A. Götze; Westd. Z. 19 (1900) S. 223ff.; ZfEthn. Verh. 32 (1900) S. 600f.; ebd. 34 (1902) S. 223ff. P. Reinecke; Mansfelder Blätter 1906 S. 223ff. H. Größler; Jahrb. Zentr. Kom. 3 (1905) S. 97ff. M. Hoernes; *AuhV* 5 S. 275ff.; 8. Ber. röm.-germ. Kom. 1913/14 S. 52ff. K. Schumacher; ders. *Rheinlande* I (Mainz 1921) S. 46ff.; Götze-Höfer-Zschiesche *Thüringen* S. 21f.; G. Kossinna *Die deutsche Vorgeschichte* (Mannusbibl. Nr. 9)² S. 29ff.; N. Åberg *Das nordische Kulturgebiet in Mitteleuropa* 1918 S. 176ff.; Sächs.-thür. Jahresschr. 10 (1911) S. 31ff. P. Höfer; C. Schuchhardt *Alteuropa*² 1926 S. 135ff.; A. Möller *Illustr. Führer d. d. vorg. Abt. d. städt. Mus. Weimar* 1912 S. 96ff.; Mannus 15 (1923) S. 248f. N. Niklasson.

† W. Bremer

B. Nordischer Kreis s. d. A § 5a, § 5b 27, § 5c 1.

C. Finnland s. Bootaxt-Kultur B, Finnland A § 4ff., Kiukainen-Gruppe.

D. Frankreich. In Frankreich kommt S. in der Bretagne-Kultur, im Megalithgrab von La Halliade (Band IV Tf. 32), der südwestfranzösischen pyren. Kultur angehörig, und dem von Cranves (Dép. Haute-Savoie; ebd. Tf. 24) vor. Immer handelt es sich um Schnurverzierung an Glockenbecherkeramik oder Verwandtem. Teilweise (Bretagne) werden die Schnurmuster als Rahmung der üblichen Glockenbecherdekoration verwendet, öfter aber bilden sie auch die einzige Dekoration des Bechers (Halliade, Cranves, Crugou [ebd. Tf. 44a] u. a.). Dann sind es einfache horizontale, parallele Schnureindrücke, über den Körper des Bechers mehr oder weniger regelmäßig verteilt.

Über den Ursprung der S. Frankreichs ist eine Entscheidung schwierig. Bevor man Schnurdekoration aus Spanien nachweisen konnte, wäre es vielleicht möglich gewesen, diese Verzierungstechnik aus Mitteleuropa herzuleiten, mit dem Frankreich während der Steinkupferzeit mancherlei Beziehungen unterhielt. Nachdem eine sehr verwandte S.-Art aus Spanien bekannt ist, wird man sich fragen können, ob die Schnurdekoration nicht verschiedene Ursprungsorte in Europa haben kann. Die frz. erscheint ja in der pyren. (O und W) und in der Bretagne-Kultur, die durch verschiedene Erscheinungen, besonders durch den Glockenbecher, von Spanien abhängig sind. S. a. Frankreich B § 24, 37, 51.

Åberg *La civilisation énéolithique dans la péninsule ibérique* 1921 S. 172 Abb. 221 (Halliade), 313 A (Cranves); Chatellier *La poterie aux époques préhist. et gaul. en Armorique* 1897 (Bretagne Tf. 2). In diesem Werke werden viele Glockenbecherornamente in Rädchentechnik fälschlich als Schnureindrücke angesehen.

P. Bosch Gimpera

E. Pyrenäenhalbinsel. Åberg hat zum ersten Mal (*Civilisations énéol. dans la péninsule ibérique* 1921 S. 157) Schnureindrücke in der Glockenbecherkeramik von Pagobakoitza und Gorostiarán (baskisch-pyrenäische Kultur) nachgewiesen. Eine genauere Prüfung der betreffenden Vase (Pagobakoitza; Band X Tf. 137h) und Scherben (Gorostiarán) ergab, nachdem auch andere Schnureindrücke in der katalanisch-pyren. Glockenbecherkeramik (Grab von Barranc in Espolla; Grab von Sta. Cristina d'Aro) und im Grab von Filomena bei Villareal (Prov. Castellón; Almeria-Kultur; Band X Tf. 136a, b) sicher festgestellt waren, daß diese Dekorationstechnik tatsächlich in den genannten baskischen Funden vorkommt. Immer handelt es sich dabei um Glockenbecherkeramik, und die Schnureindrücke rahmen eine breite, horizontale Zone mit querlaufenden Rädchenlinien ein. Sonst haben ähnliche Muster der Glockenbecherkeramik der Halbinsel keine Schnureindrücke. — Über den Ursprung der Schnurtechnik in Spanien läßt sich noch wenig Sicheres sagen. Bedeutsam ist aber, daß die pyren. Glockenbecherkeramik auf Almeria-Einflüsse zurückzuführen ist, und daß sich in der Almeria-Kultur (Villarcal) auch die Schnurdekoration und zwar auf Glockenbecherkeramik findet. In den Höhlen vom Montserrat (Prov. Barcelona; Almeria-Kultur, Salamó-Gruppe) kommt unter der reichverzierten Keramik eine schnurähnliche Dekoration vor, die aber nicht mit richtigen Schnureindrücken, sondern wohl mit Muscheln hergestellt ist (Colominas *La prehistoria de Montserrat* 1925 Tf. 16, 19, 38, 39, 47). Möglich, daß in den Textilmustern der Almeria-Kultur der Boden für die Entstehung der Schnurtechnik geschaffen war, und daß sie somit in Spanien bodenständig ist. Sollte dies der Fall sein, so wäre die Ausbreitung der Schnurdekoration der Glockenbecher in Frankreich in den mit Spanien verwandten Gruppen leicht erklärlich, und dann wäre mit einer von Mittel- und Nordeuropa unabhängigen Schnurverzierung zu rechnen.

Åberg a.a.O.; Aranzadi u.a. *Exploración de seis dólmenes de la sierra de Aitzkorri* 1919 Tf. 9; Bosch *El problema etnológico vasco y la Arqueología* 1923 S. 26 und Tf. 4 (Glockenbecher aus Espolla); Butlleti de la Associació Catalana d'Antropologia 1923 Tf. 11 Pericot (Scherben aus Sta. Cristina d'Aro); ebd. 1923 S. 207 (Grab Filomena; ohne Abb.). P. Bosch Gimpera

Schnurkeramische Bevölkerung. Fast ausnahmslos typische Angehörige der nordeurop. Rasse (*Homo europaeus*; s. d.). [S. a. Homo sudeticus und Band V Tf. 127].

A. Schliz *Beiträge zur präh. Ethnologie* Präh. Z. 4 (1912) S. 36ff.; O. Reche *Zur Anthropologie der jüngeren Steinzeit in Schlesien und Böhmen* Archiv f. Anthr. NF 7 (1908) S. 220ff. Reche

Schnurverzierung s. Töpferei A § 13.

Schnurzonenbecher (Tf. 96m). Unter diesem Namen versteht man Tongefäße, die die von den Glockenbechern bekannte Zonenverzierung mit der schlanken Form der schnurkeramischen Gefäße vereinen. Die Gefäßform begegnet im jüngeren Neol. in Holstein, häufiger in Hannover, Westfalen und Holland (s. d. A). Sie ist, teilweise von den entsprechenden Grabformen begleitet, auch mit Kragenflaschen vergesellschaftet, vom Niederrhein rheinaufwärts vorgedrungen und hat ihre Spuren besonders am Neuwieder Becken (s. Andernach, Urmitz), in Kurhessen (s. Züschen), in der Gegend des unteren Main und in der Pfalz (s. Eyersheimer Typus) hinterlassen. Kossinna, der zuerst die Bedeutung dieser Gruppe erkannt hat, beschreibt diese Gefäße als eine ‚schwach S-förmig geschweifte, aber auffallend hoch aufstrebende Becherform, bei der meist der ganze Körper des Gefäßes mit dichtgestellten Zonen von Tannenzweigornament (Sparrenmuster) oder von ähnlichen Mustern bedeckt ist. Charakteristisch für diesen Becher ist ein schmaler, oft zugleich vom Bauch scharf abgesetzter Standfuß, der dem thüringischen Typus durchaus fehlt". Diese Gefäße stehen in engem Zusammenhang mit den schlanken Bechern Englands (*Drinking cups*; s. Großbritannien C § 27), aber vielleicht doch nicht so, wie Kossinna es will, daß nämlich letztere von der rheinischen Gruppe abhängig sind, sondern umgekehrt. In dieser Zeit der beginnenden Kenntnis der Verwertung des Metalls ist England durchaus der gebende Teil. Der Vorstoß der nw.-deutschen Tiefstichkeramik in ihrer jüngsten Phase rheinaufwärts, der durch diese schlanken Becher bezeichnet wird, ist besonders für Kurhessen wichtig geworden, wo diese Bevölkerung, wie die Siedelungsgeschichte der späteren vorgeschichtlichen Zeiten lehrt, offenbar seßhaft geblieben ist. Die Kultur ist als Parallelerscheinung zu der thüringischen Schnurkeramik zu betrachten, mit der sie sich in SW-Deutschland häufig vergesellschaftet. Von den Geräten, die diese schlanken Becher begleiten, sei besonders auf sehr grobe, entartete Feuersteinmesser hingewiesen. Gleichzeitiges Vorkommen von Metall ist in Holland (s. d. A, B) gesichert. Selbst im Gebiet der thüringischen Schnurkeramik (s. d. A § 2) begegnen Schnurzonenbecher, die als Nebenerscheinung der reinen Schnurkeramik zuerst Götze richtig gewürdigt hat.

Mannus 1 (1909) S. 232 Kossinna; ders. *Die deutsche Vorgeschichte*[2] S. 25; 8. Ber. röm.-germ. Kom. 1913/14 S. 44; Präh. Z. 6 (1914) S. 35 Schumacher; weitere Lit. s. Andernach, Blömkeberg, Eyersheimer Typus, Urmitz, Züschen; Holland: Präh. Z. 1 (1909) S. 374 ff.; ebd. 4 S. 368 ff.; ebd. 5 S. 435 ff. J. H. Holwerda; ZfEthn.Verh. 32 (1900) S. 262f. A. Götze. † W. Bremer

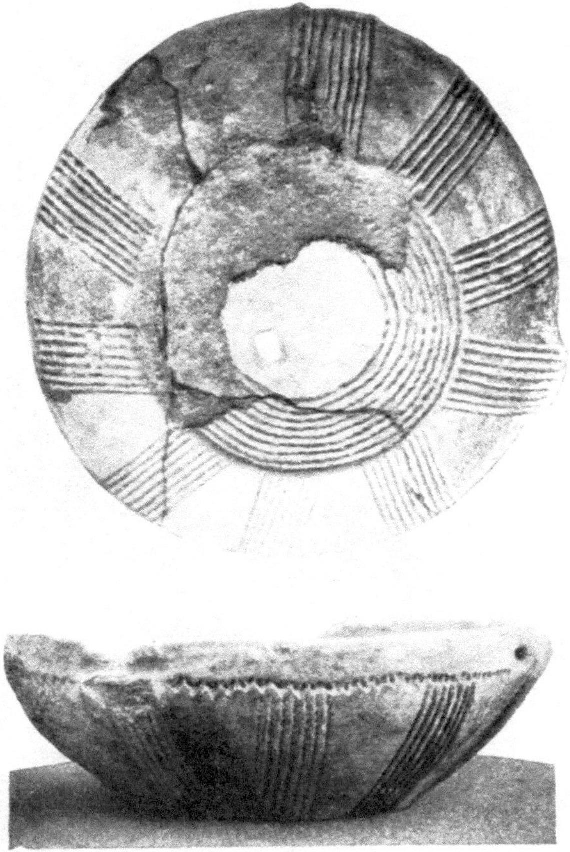

a

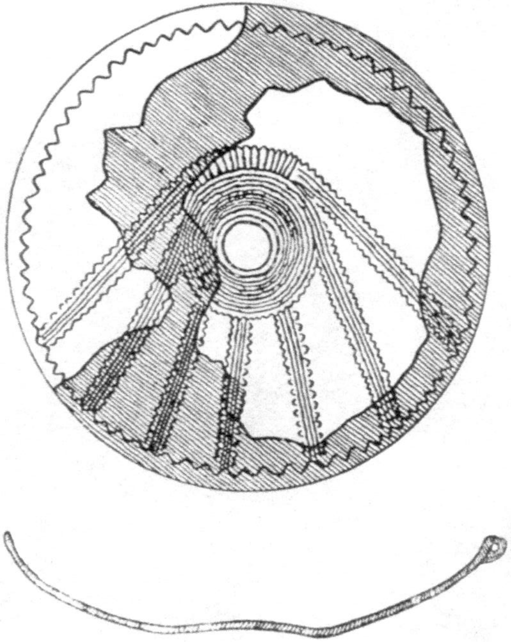

b

Schönfelder Typus

Keramik: a. Aschersleben, Prov. Sachsen. Br. 19,8 cm. — b. Schönfeld, Kr. Stendal. Etwa 1/3 n. Gr. — Nach Veröffentl. des Provinzialmuseums Halle 1, 3.

a

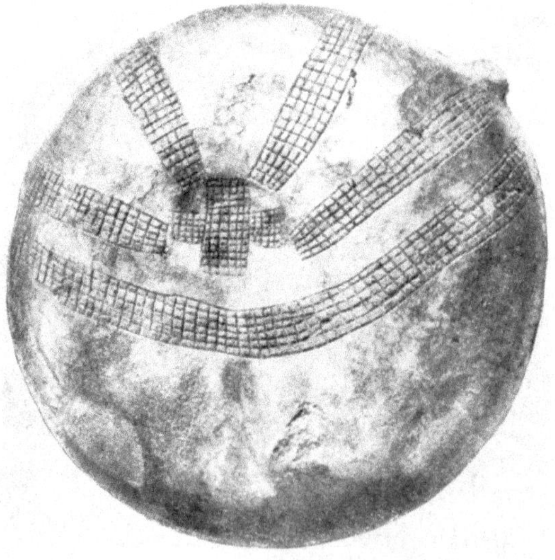

b

Schönfelder Typus

Keramik: a. Wedlitz, Anhalt. Br. 21 cm. — b. Schönfeld, Kr. Stendal. Etwa $^1/_3$ n. Gr. — Nach Veröffentl. des Provinzialmuseums Halle 1, 3.

Schönfelder Typus (Tf. 97, 98). § 1. Die eigenartige neol. Gruppe des S. T. ist durch die Ausgrabungen von M. Ebert und P. Kupka auf dem Gräberfelde von Schönfeld, Kr. Stendal, bekannt geworden. Die Ausgrabungen ergaben mindestens 13 Gräber, bei denen der Leichenbrand in einer großen, flachen Schale geborgen und ohne Steinschutz im Boden beigesetzt war. Als Beigaben fanden sich Töpfe mit zwei Schnurösen, geschnitzte Knochenanhänger, dünnackige Feuersteinbeile, durchlochte Steinäxte, facettierte Hämmer mit Schaftloch und querschneidige Pfeilspitzen. Schon durch diese, später im N allgemein verbreitete Bestattungssitte tut sich der S. T. als besondere Gruppe kund.

§ 2. Die Besonderheiten des S. T. zeigen sich vor allem in der Keramik. Das Hauptgefäß, der Aschenbehälter, ist eine kalottenförmige, flache Schale mit einer Schnuröse am Rande, bisweilen mit leicht eingedellter, nach innen omphalos-artig herausgedrückter Standfläche (s. Tf. 97 b); Dm durchschnittlich 30 cm. Dekoration in Ritzlinien, Winkelstich und Furchenstich findet sich nur auf der Außenseite der Schalen. Unter dem Rande zieht sich meist ein an der Schnüröse unterbrochenes Horizontalband aus parallelen Zickzacklinien um das Gefäß herum. Mittelpunkt der Ornamentik ist die Standfläche, ob eingedrückt oder nicht. Sie wird durch konzentrische Kreise in Furchen- und Winkelstich oder radiale Sticheindrücke („Sonnenmuster") hervorgehoben, seltener durch ein mit rechtwinklig zu einander laufenden Ritzlinien ausgefülltes Kreuz (Tf. 98 b). Zu diesem Zentrum ziehen sich vom Schalenrand radiale, in gleicher Technik ausgeführte Ornamentbänder, aber nur in einem Segment, das etwa $^1/_3$ der Gefäßoberfläche umfaßt, während die übrigen $^2/_3$ unverziert bleiben. Die beiden äußersten Radien der ornamentierten Fläche sind entweder im Bogen oder Knick um das Zentrum herumgeführt und verbunden, oder sie stoßen direkt an dieses an, so daß das Ornament einen geschlossenen Eindruck macht. Diese eigentümliche Dekoration ist nur beim S. T. bekannt. Ihre Entstehung läßt sich deutlich zurückführen auf die Hängeornamente der Schalen und Näpfe der nordwestd. Tiefstichkeramik, zu der die von Åberg herangezogenen Schalen von Wedlitz (Anhalt; Tf. 98 a) und Aschersleben (Prov. Sachsen; Tf. 97 a) überleiten, bei denen aber diese Hängeornamente in Form radialer Linienbündel sich noch auf die ganze Gefäßfläche gleichmäßig verteilen. Von sonstigen Gefäßformen sind nur zweiösige, leicht ausgebauchte Näpfe mit Standfläche (H. durchschn. 6 cm) bekannt, die auf der Schulter zwischen den Schnurösen breite, horizontale Ornamentbänder aufweisen (ebenfalls in Winkel- und Furchenstich), sowie Schalen mit umgekehrt konischem Unterteil und senkrecht aufgesetztem Rand, der an der einen Seite zwei Schnurösen trägt.

§ 3. Die Verbreitung des S. T. ist noch nicht bekannt, da außer dem Gräberfeld von Schönfeld nur wenige FO bekannt geworden sind: Arneburg, Kr. Stendal; Neuhaldensleben, Vahldorf, Emden, Kr. Neuhaldensleben; Klein-Ellingen, Kr. Osterburg.

§ 4. Der S. T. ist eine Tochterkultur der nordwestd. Megalithkeramik (vgl. Band VIII Tf. 25 und 26); sie steht unter der Einwirkung noch nicht näher zu fassender bandkeramischer Erscheinungen. Schumacher denkt wegen der neuen Funde von Stössen bei Weißenfels, Prov. Sachsen (Prov.-Mus. Halle), an die Hinkelsteinkeramik.

Präh. Z. 2 (1910) S. 45ff., 341ff.; Beiträge zur Geschichte der Altmark 2 (1905) S. 67ff.; ebd. 3 (1914) S. 471f.; ebd. 4 (1915) S. 312f. P. Kupka; 8. Ber. röm.-germ. Kom. 1913/14 S. 50f. Schumacher; N. Åberg *Zur Entstehung der Keramik vom Schönfelder Typus* Halle 1916; ders. *Das nordische Kulturgebiet in Mitteleuropa* 1918 S. 148ff. und Karte 10; Veröffentl. Halle 3 (1918) S. 1ff. ders.; Präh. Z. 13/14 (1922) S. 158ff. H. Wieprecht; [Beiträge zur Geschichte der Altmark 5 (1927) S. 144ff. Kupka]. †W. Bremer

Schöningen (Pommern) s. Nordischer Kreis B § 14a.

Schöningsburg (Kr. Pyritz, Prov. Pommern; Tf. 98A). Auf der Höhe am Nordufer des Plöne-Sees wurde 1884 in etwa 10 Zoll T. ein Flachgrab ohne Steinpackung mit Resten eines von O—W gerichteten Skelettes angeschnitten; nach den Zähnen (heute nicht mehr vorhanden) schloß der erste Bericht auf einen Mann im besten Alter. Am Kopfende stand neben einigen Scherben ein kleines, trichterhalsiges Gefäß mit rundlichem, fast doppelkonischen Körper; am Halsansatz und am Bauch Stichreihen, dazwischen senkrechte Stichbänder mit weißlicher Kalkeinlage.

Dieses Gefäßchen (Tf. 98A g) kam im Gegensatz zu den auf Tf. 98A a, b, e, f wiedergegebenen, leider sehr schlecht ergänzten keramischen Resten nicht in das Stettiner Museum und ist daher in der Literatur höchstens beiläufig und ohne Kenntnis seiner bedeutsamen Merkmale erwähnt worden; ich habe es erst neuerdings in Privatbesitz wieder ausfindig gemacht. Zu Füßen des Skelettes lag ein 10 Zoll l. Steinbeil, nach einer vor wenigen Wochen zum Vorschein gekommenen Aktenskizze ein durchbohrter „Pflugkeil" (Tf. 98A h). Dabei fanden sich zwei 3—4 Zoll l. Feuersteinmesser (eines Tf. 98A d) und nach den früheren Berichten eine Feuerstein„säge", die aber durch die mir vorliegende Skizze lediglich als Messer mit schartiger Schneide erwiesen wird (Tf. 98A i). In den älteren handschriftlichen und gedruckten Mitteilungen über den Fund ist die bekannte Spondylus-Schale (Tf. 98A c) nicht erwähnt. Öffentlich genannt wird sie, soviel ich sehe, erstmals 1896 auf Grund einer brieflichen Auskunft des damaligen Konservators. Inventar und Akten haben mir bisher noch keinen Aufschluß darüber gegeben. Da aber ein alter Erklärungszettel die Spondylus-Schale unter den übrigen Stücken aufzählt, zweifele ich nicht an dem Fundzusammenhang und vermute, daß die Schale infolge ihrer ehemaligen starken Schmutz- und Verwitterungskruste anfänglich unerkannt unter den Tonscherben gelegen hat. — Die Verwandtschaft des S. Fundes mit der schlesischen Stichbandkeramik dürfte heute nicht mehr bestritten werden (s. a. Schlesien B § 6). S. a. Nordischer Kreis A § 5c 6.

Balt. St. 35 (1885) S. 390f. Berghaus; ZfEthn. Verh. 18 (1886) S. 600 Virchow; Walter *Präh. Funde zw. Oder u. Rega* 1889 S. 16; Bastian-Festschr. 1896 S.-A. S. 9f. Götze; Lemcke-Festschr. 1898 S. 8f. Nr. 28—30 Walter; Westd. Z. 19 (1900) S. 227 und 240 Reinecke; ZfEthn. 34 (1902) S. 172 Kossinna; ebd. S. 250f. Reinecke; Schumann *Die Steinzeitgräber der Uckermark* 1904 S. 89; Archiv f. Anthr. NF 5 (1906) S. 27 Seger; Mannus 2 (1910) S. 60 Kossinna; Monatsblätter 24 (1910) S. 29 Walter; Balt. St. NF 14 (1910) S. 177f. Walter; R.-G. Korr.-Bl. 1 (1917) S. 29 Schumacher; Mannus 9 (1919) S. 36 Wilke; Mannus 11/12 (1920) S. 105, 107, 124f., 126 Holsten; Ebert *Reallex.* I (1924) S. 343 Wilke; ebd. II (1925) S. 196 Seger. — Über weitere steinzeitliche Grabanlagen in der Gegend von Schöningsburg vgl. Holsten *Die steinzeitlichen Gräber des Kreises Pyritz* Mannus 11/12 (1920) S. 104f., besonders S. 118.

O. Kunkel

Schonische Stufe s. Diluvialgeologie § 7.

Schotterlee (Niederösterreich). Auf dem Haslerberge, einer Erhebung mit zwei flachen Gipfeln, die in ihrer Umgebung dominiert, wurden kolossale Mengen von Reibsteinplatten, Arbeitssteinen und handlichen Geschiebestücken gefunden. An wirklichen Artefakten konnte man Sägen und Messer, sowie Lochäxte aus Stein, dann eine kurze Dolchklinge aus Bronze, Pfriemen, Spateln, Hammeräxte und Spitzhämmer aus Horn oder Bein, sowie viele keramische Überreste der Aunjetitzer Stufe (s. Aunjetitzer Kultur) und endlich Bruchstücke von weiß inkrustierten Gefäßen heben. Es handelt sich um eine ausgedehnte Höhensiedelung der ä. BZ, welche aber auch noch zur Zeit der pannonischen (s. d.) Keramik benutzt wurde.

M. Hoernes *Die älteste Bronzezeit in Niederösterreich* Jahrb. Zentr.-Kom. 1903 S. 28—36.

G. Kyrle

Schottland s. Großbritannien und Irland.

Schrank. Zur Aufbewahrung von Schmuck, festen Gegenständen usw. verwendete man in der Vorzeit gewöhnlich Holzkisten von viereckiger Form (s. Truhe). Auf äg. Boden können wir beobachten, wie diese Kisten auch gelegentlich als S. verwendet wurden (Budge *Guide to the first and fourth egypt. rooms. British Museum* S. 227; ÄZ 32 S. 23ff.), auf germ. Boden läßt sich der S. erst in der nachmerowingischen Per. sprachlich nachweisen (Heyne *Deutsche Hausaltertümer* I 15).

Hugo Mötefindt

Schraube. S. sind aus vorchristl. Zeit nicht vorhanden. Die frühesten befinden sich an Geburtszangen aus Pompeji, aber in so guter technischer Ausführung, daß sie jedenfalls schon eine Entwicklung hinter sich haben; man glaubt, daß diese Instrumente importiert sind, vielleicht aus Ägypten oder Syrien. Vereinzelt kommen Schrauben dann in röm. Kastellen vor (Saalburg, Niederbieber). An provinzialröm. Fibeln sind sie zur Befestigung der Nadel verwendet, und zwar sind es gefeilte Schrauben. Die mit einem angelöteten Draht gebildete S. scheint eine germ. (gotische?) Erfindung des 5. Jh.

a  b

c d

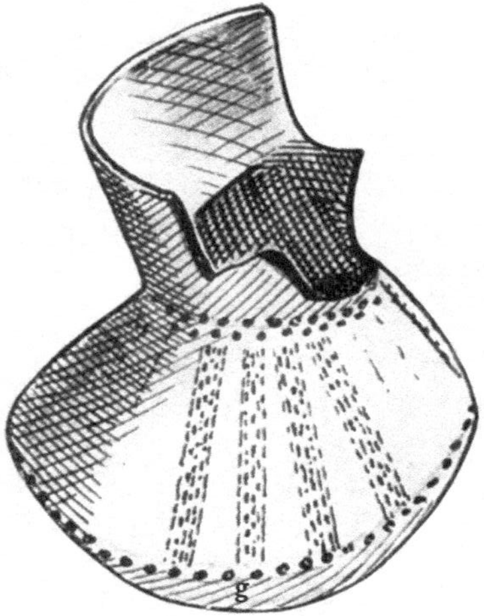

g

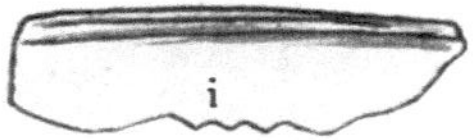

i

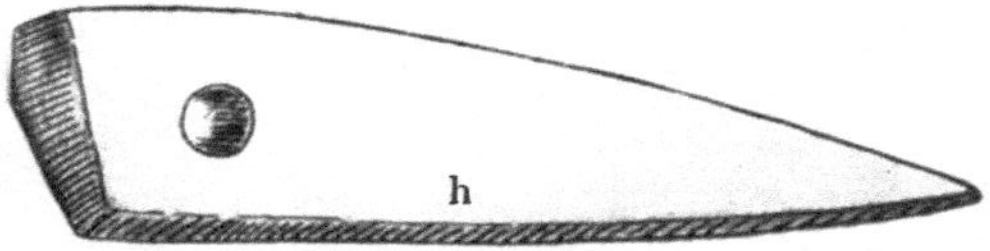

h

e  f

Schöningsburg

Funde aus einem Skelettgrabe, Schöningsburg, Kr. Pyritz: a, b, e, f. Keramik; c. Spondylus-Schale; d. Feuersteinmesser. Ca. $^1/_2$ n. Gr. Nach Photographien der Prov.-Sammlung Pom. Altert. in Stettin (Inv.-Nr. 2067). — g. Tongefäß; h. Pflugkeil; i. Feuersteinmesser. g. $^2/_5$, h. $^1/_4$, i. $^1/_3$ n. Gr. In Privatbesitz. Nach Zeichnung.

n. C. zu sein und diente ebenfalls zur Befestigung von Fibelnadeln und als Verschluß von Scharnier-Armringen.

BJ 123 (1916) S. 151ff. H. Mötefindt.

Alfred Götze

Schraubenwindung. S. bzw. schraubenförmige Kannelierung oder Furchung ist äußerst charakteristisch für den malerisch bewegten, flächenzerstörenden Stil der späten BZ und anschließenden EZ. Schon in der reinen BZ können Arm- und Halsringe aus Bronze oder Gold infolge wirklicher oder nachgeahmter Torsion eine Schrägfurchung erhalten, ohne daß diese allzusehr in die Körperfläche eingreift oder die Silhouette umgestaltet (im N vorwiegend in der späten II. und der III. Per. Mont.). Die runden oder vasenförmigen Köpfe der südd. und ital. Nadeln (III. Per. Mont., Per. D Reinecke der BZ) können eine tiefe, schraubenförmige Kerbung aufweisen (u. a. *AuhV* 5 Tf. 38 Abb. 616; hier Band VIII Tf. 134 n; Montelius *Vorklass. Chronol.* Tf. 12, 32). Bei der charakteristischen Schrägkannelierung der Tongefäße aus mitteld. und schles. Urnenfeldern wird die Gefäßwand durch den schroffen Wechsel von Licht und Schatten malerisch gegliedert und zugleich das Auge gezwungen, der Bewegung in die Tiefe, um das Gefäß herum, zu folgen (s. z. B. Band VII Tf. 196 h). Neben der gewöhnlichen S. erscheint in der späteren nord. und ungar. BZ an bronzenen oder goldenen Ringen auch die abwechselnd nach links und rechts gedrehte Windung (Norddeutschland beim Übergang von der IV.—V. Per. Mont., Ungarn in der V. Per. Mont. bis IV. Per. Reinecke der ungar. BZ; Band IX Tf. 139, 140 h). Ihre höchste Steigerung erfuhr die S. in dem Metallschmuck durch die flügelartige Verbreiterung der Schraubenrippen: in Italien am Bügel der spätbronzezeitl. Bügelfibeln (vgl. Band III Tf. 108 Abb. 124), namentlich aber an den niederrhein. und nordd.-skand., abwechselnd tordierten „Wendelringen" (s. d.) der späteren HZ bzw. spätesten nord. BZ (Band IX Tf. 142—144, 149 b). Besonders in der Gruppe von Wendelringen mit blattdünnen Rippen ist die Zerstörung der Körperfläche und der Körperform zugunsten eines scheinbar regellosen Wechsels scharf vorspringender, beleuchteter Kanten und tief beschatteter Höhlungen nicht mehr zu übertreffen. Neben anderen plastisch-malerischen Verzierungen ist die S. auch an den Halsringen (Torques; Band IV Tf. 63, 6; VI Tf. 84a) und Armringen (auch in Glas) der LTZ sehr allgemein.

Mannus 4 (1912) S. 323 H. Baldes; ebd. 8 (1917) S. 19, 23ff. Kossinna; Müller *NAK*. I 377f., 391; Mannus 4 (1912) S. 207f. C. Rademacher; Scheltema *Altnord. Kunst* 1923 S. 133f., 232f.; ZfEthn. 1903 S. 169 A. Voss.

F. A. v. Scheltema

Schreiber s. a. Schrift. — (Vorderasien) Als Träger der Überlieferung vermittelst der Schrift spielen die Schreiber (*dup-šar, dup-šarru*) im alten Mesopotamien eine große Rolle. Gelegentliche vortreffliche Zeichnungen auf Tontafeln (z. B. in Berlin VAT 9128 aus Schuruppak [s. d.; unveröffentlicht] und R. Koldewey *Das wieder erstehende Babylon* 1912 S. 239 Abb. 159 S. 240) zeigen, daß die S. auch die Anfertiger der Kunstwerke sind. So hat sich ein solcher namens *Namazua* auf dem Relief Ur-Ninas abgebildet (in Konstantinopel [Nr. 104]; Band VII Tf. 137a, 2. Fries, 4. Person). Viele Siegel enthalten Widmungen von S. an die regierenden Fürsten. In einigen Fällen bezeichnet sich ein Fürst zweiten Grades, ein Patesi, der Sohn eines Patesi, sogar ein Königssohn, als Schreiber: Lugal-uschumgal, Patesi von Lagasch (s. d.) zur Zeit Naram-Sins und Šar-kali-šarris von Akkad (VAB I 165f und 169k), Urlama, Patesi von Lagasch zur Zeit Dungis von Ur (VAB I 149, 20 und 197e'), Lugal-igi-dub-gi, Sohn des Patesi Gudea von Lagasch, Galu-Emah, Sohn des Patesi Ur-Negun von Umma, Eabani, Sohn eines Patesi von Kutha (Rec. de Trav. 37 (1915) S. 127 V. Scheil), Abba und Izur-ilu, Söhne des Itur-ilu, Patesis von Babylon, z. Z. Dungis von Ur (vgl. B. Nies II Nr. 30), Pagan, Patesi von Akšak, Sohn des Königs, nach einem unveröffentlichten Siegelabdruck aus Warka in Konstantinopel. Während bis 2000 etwa im allg. nur „Schreiber, Oberschreiber oder Schreiber des Königs" vorkommen, spezialisieren sie sich in der Folgezeit als „Schreiber des Landes, des Palastes", S. von bestimmten Tempeln usw. In den spätesten Zeiten legen die S. Wert darauf, anzugeben, daß sie von anscheinend bekannten Gelehrten abstammen, die viele Generationen zurückliegen, genannt Sinli-qiunninni, Aḫ'utu, Ekur-zakir, Luštammar-Adad, Šadî und Kuzû. Die S. waren Priester, und eingedenk der Herkunft der Keilschrift von den alten Sumerern haben die S. in der Regel zu allen Zeiten die äußeren Abzeichen der Sumerer, rasiertes Bart- und Haupthaar, aus Überlieferung beibehalten. Z. B. Kalki auf dem Siegel des Ubil-Ištar (E. Meyer *Sumerier u. Semiten* Abh. Preuß. Akad. 1906 S. 73; Brit. Mus. 89137: AO 18 Abb. 499). Erst seit der Gudea-Zeit kommen auch bärtige S. vor (Gudea-Siegel der Sammlung Morgan, Band IV Tf. 158b; vgl. AJSL 20 S. 115; auch zur Zeit Nabonaids [550 v. C.], vgl. das Siegel: V Rawlinson 31 Nr. 6). Abb. von S. auf größeren Denkmälern sind nicht häufig, dagegen auf kleineren: z. B. auf einem Siegelabdruck z. Z. des Ibi-Sin von Ur, der Enlil-Priester Arad-Nannar von Nippur (The Museum Journal, Philadelphia 11 [1920]; s. Band IV Tf. 204d). Aus assyr. Zeit stammt das Bild eines schreibenden Bärtigen auf dem Bronzetor von Balawat, Platte D (J) 7 oben (Ath. Mitt. 45 Tf. 3 E. Unger). Andere assyr. Militärschreiber haben gleich den Offizieren langes Haar mit Schopf und rasiertes Gesicht (E. Unger *Babyl. Schriftt.* 1921 Abb. 6). Neben den S. gab es auch z. Z. Hammurapis Schreiberinnen. Die S. waren außerdem auch Notare (*Burgul*), als Vertreter des öffentlichen Rechts tätig. Die Schwierigkeit der Keilschrift machte die Erlernung nur wenigen Bevorzugten möglich, daher erklärt es sich auch, daß die wichtigsten Ämter von den S. als Priester, Notare, Künstler und eigentliche Schriftgelehrte eingenommen wurden. Sie waren die eigentlichen Träger und Erhalter der Kultur. S. a. Band II Tf. 201; VII Tf. 153b.

E. Klauber *Assyrisches Beamtentum* LSS 6 (1910); E. Lindl *Priester und Beamtentum* 1909 S. 375f., 470f.; S. Landersdorfer *Schule und Unterricht im alten Babylonien* Blätter f. d. Gymnasialschulwesen hg. v. Bayr. Gymn.-Lehrerverein 45 (1909) S. 577—624; O. Schroeder *Die Notarfamilien im Uruk der Seleukidenzeit* ZfAssyr. 32 S. 4f.; J. B. Nies und C. E. Keiser *Historical Religious and Economic Texts and Antiquities* Bab. Inscriptions in the Coll. of J. B. Nies II 48 (Nr. 30) Tf. 20; A. T. Clay *Legal Documents from Erech. Babyl. Records in the Library of J. P. Morgan* II New York 1913.

Eckhard Unger

Schreibgriffel s. Keilschriftgriffel.

Schreibstoff. A. Ägypten s. Schrift D, Papyrus.

B. Vorderasien. Das hauptsächliche Schreibmaterial in Vorderasien ist der Ton, der zu mancherlei Urkunden verarbeitet wurde (s. Tonurkunde). Man beschrieb den Ton mit dem Keilschriftgriffel (s. d.) aus Rohr, indem man die Zeichen einritzte. Daneben, aber sehr selten, malte man die Keilschrift mit Tinte oder Farbe, so auf einer Tontafel (WVDOG 35 Nr. 77 R. 5, Assur VA 11272), auf Tonknäufen mit Glasur-Überzug (E. Unger *Babylon. Schrifttum* 1921 S. 8 Abb. 5). Den zweiten Rang nehmen die Steinurkunden ein, in die mit dem Meißel die Schrift eingegraben wurde. In ältester Zeit bevorzugte man weichere Gesteinsarten, wie Kalkstein, Alabaster und Gipsstein, die sich mit den damaligen fast rein kupfernen Werkzeugen leichter bearbeiten ließen. Mit der Bronzetechnik wagte man sich seit der Dyn. von Akkad an die härtesten Steine, wie Diorit, Dolerit, Basalt, Porphyr. Neben der gemeißelten Schrift findet sich gelegentlich auch gemalte Tintenschrift, z. B. auf einem Kalksteinknauf von Assurnassirpal II. (VAS I Nr. 64, VA 2278; ZfAssyr. 34 S. 158 O. Schroeder). Als dritter S. ist zu allen Zeiten Metall verwendet, Kupfer, Bronze, Blei, Silber und Gold, meist als Grundsteinurkunden (s. Gründungsurkunde) für Tempel, aber auch als Türschwellen, z. B. von Nebukadnezar II. für den Tempel in Borsippa (s. d.; AO 15 [1915] S. 83 Abb. 145 B. Meissner) und beim Beschlag von Türen, z. B. bei den Bronzetüren von Imgur-Enlil (s. d.; Ath. Mitt. 45 [1920] S. 1ff. E. Unger). Die Schrift ist eingemeißelt. Als viertes Material kommt Glas (s. d. D) vor, ist aber erst in spätester Zeit im Gebrauch und selten, vgl. die Glasvasen Sargons II. von Assyrien (Band IV Tf. 139 a, c), wo die Schrift eingeritzt ist. Von dem sechsten S., Pergament und Leder, gibt es keine erhaltenen Urkunden, wohl aber ist durch Abbildungen später Zeit und Angaben der Tontafeln der Gebrauch sichergestellt. Auf dem Relief Tiglatpilesers III. in London (Band VII Tf. 153b) hält einer der beiden Schreiber ein gebogenes Stück Leder in der Hand und schreibt mit dem Stift, wie die Ägypter auf Papyrus und wie wir mit dem Federhalter. Eine solche Urkunde überreicht König Marduk-apla-iddina seinem Lehnsmann auf dem Kudurru VA 2663 (Band VII Tf. 161). In einem Texte tritt der „Pergamentschreiber" „*Kuššarru*" auf, in einem anderen werden „weiße Felle" und „Rinderfelle" für den Schreiber des Tempels geliefert. Nach O. Schroeder wird wahrscheinlich eine Schriftrolle *šiṭru* zum Unterschied von *tuppu* = Tontafel genannt. S. a. Diptychon.

OLZ 20 (1917) S. 204 O. Schroeder; B. Meissner *Babylonien und Assyrien* I (1920) S. 135, 259; ZfAssyr. 34 S. 158 O. Schroeder; E. Unger *Babylonisches Schrifttum* 1921 S. 5f. Abb. 4—6.

Eckhard Unger

Schrift. A. Allgemein (Tf. 99—101).

§ 1. Das Schriftproblem. — § 2. Das Symbol. — § 3. Bildwirkung. — § 4. Gebärde und Trommel. — § 5. Striche, Kerben, Knoten. — § 6. Symbol-Bilder. — § 7. Bildererzählung. — § 8. Rebus. — § 9. Ideogramm. — § 10. Lautschrift. — § 11. Abgezweigte Varianten. — § 12. Schriftdeutung.

§ 1. Daß die Entwicklung des menschlichen Geistes sich in der Gestaltung der S. spiegeln könnte, erscheint uns heute als ein fremder Gedanke, weil für uns die S. ein längst gelöstes Problem darstellt, das durch die Wandlungen der Ideen, die man durch sie ausdrückt, nicht berührt wird. Doch stehen die Dinge anders für die Kulturen, die noch mit dem Problem ringen, wie sie ihre Gedanken fixieren sollen.

Allerdings liegt der Einwand nahe, daß in primitiven Kulturen die Tradition auf mündlichem Wege vor sich geht. Indessen die Tatsache allein, daß aus dem Schoß der primitiven Kulturen schließlich doch die S. hervorging, beweist, daß die Umsetzung lautlicher in optische Symbole wünschenswert gewesen sein muß.

Um dieses Problem der Symbolumsetzung bewegt sich aber die Schriftentwicklung. Wenn man die hist. Einzelgestaltungen der S. überblickt, so muß man fragen, wie die primitiven Frühformen der S. als Glieder einer Kette in psychologischer Weise miteinander verknüpft werden können. Primitive Formen der S. bieten uns hauptsächlich heute lebende Naturvölker. An sie müssen wir uns also anlehnen.

Wie in den Artikeln „Fortschritt", „Primitive Kultur" und „Primitives Denken" dargelegt, durchzieht ein nicht umkehrbarer, ein irreversibler Prozeß mit akkumulativer Tendenz das ganze Kultur- und Geistesleben der Menschheit. Für eine bestimmte Strecke dieses Weges ist die Schriftentwicklung von großer Bedeutung, und sie kennzeichnet gleichzeitig gewisse Abschnitte in dem erwähnten Prozeß.

Unter diesem Gesichtspunkt haben die Frühformen der S. nicht bloß antiquarisches Interesse zu beanspruchen, sondern sind von entwicklungsgeschichtlicher Bedeutung.

Die S. wurde nicht „entdeckt" oder „erfunden", wie eine rationalistische Deutung früher annahm, sondern sie ist „entstanden". Aber auch diese Entstehung war kein einfacher Vorgang, bei dem sich eine Vervollkommnung ohne Unterbrechung an die andere reihte, sondern es ging hier zu wie bei der Ausbildung aller Kulturgüter: einzelne Gesellschaftsindividualitäten vermochten innerhalb ihres Kultursystems immer nur einen gewissen Höhepunkt der Ausgestaltung zu erreichen. Von ihnen zeitlich und häufig auch räumlich getrennte andere Kultursysteme mit anderen Menschen knüpften in der ihnen eigentümlichen Weise an die ihnen bekannt gewordene Arbeit der früheren an, gestalteten sie um und förderten so unter Umständen das Werk, das sie aus fremder Hand empfangen hatten. Darum spielt auch hier das Problem der Übertragung eine sehr wichtige Rolle, indes nur unter der Voraussetzung einer Berücksichtigung des dabei so außerordentlich wichtigen Vorgangs psychologisch bedingter Auslese des Schriftgutes (s. Kulturkreis).

Da aus den Resten der vorgesch. Kulturen niemals eine sichere Deutung von Bildern oder Zeichnungen als S. oder Frühformen der S. möglich ist, so bleibt uns nichts anderes übrig, als die bei Naturvölkern vorhandenen, auch ihrerseits hist. entstandenen Formen nach dem Gesichtspunkt irreversibler psychologischer Veränderungsketten, also im Sinne von nicht umkehrbaren „Entwicklungsreihen", zusammenzustellen.

Dabei liegt eine Frage nahe, die auch bei der Erforschung primitiver Kunst, früher wenigstens, die Geister erregte, ob nämlich die „lineare", sog. „geometrische" Zeichnung oder das Bild älter sei (vgl. Kühn

Ursprung usw. S. 275). Diese Frage hat für die Entstehung der S. darum Bedeutung, weil die Möglichkeit zu erwägen ist, ob „geometrische" Zeichnungen (§ 5 und 11) schon früh als Gedanken oder Lautsymbole Verwendung gefunden haben können.

Als höchstwahrscheinlich hat sich herausgestellt, daß die Symbole unserer S. ihren Weg über das Gegenstandsbild, und zwar das der ägyptischen S., genommen haben (vgl. Sethe und Schäfer).

Ob dieser tatsächliche Gang der Schriftentwicklung über das Bild „notwendig" war oder nicht, mag dahingestellt bleiben. Andererseits ist nicht in Abrede zu stellen, daß auch lineare Symbole oder doch wenigstens weitgehende „Vereinfachungen" bildlicher Darstellungen als Träger von Gedanken auftreten (z. B. das *Nsibidi* § 11; vgl. Macgregor), diese allerdings augenscheinlich nicht ohne Anknüpfung an höher stehende Muster.

Unter diesen Umständen erscheint also nur das „Bild" als ein Gedankenträger, der hin zum Symbol des bloßen Lautwertes führt. Augenscheinlich differenziert sich in diesem Fall die künstlerisch-ästhetische Darstellung von derjenigen mit vorwiegendem Mitteilungs-Charakter erst mit der Zeit. Aus diesem Grunde sollte man bei der Betrachtung primitiver Kunstwerke nie vergessen, daß sie möglicherweise auch einen Mitteilungswert enthalten.

Man kann sagen, daß der Weg, der hin zur S. eingeschlagen wird, von einer wachsenden Einengung des durch das Bild dargestellten gedanklichen Bedeutungskomplexes gelenkt wird. Mit anderen Worten: die Bilder häufen sich, reihen sich aneinander, sie zerlegen den Vorgang, den früher ein einziges Bild oder nur einige wenige Bilder erwecken sollten, in eine Fülle von Szenen, um alle Einzelheiten einer Geschichte, einer Sage, eines Mythos festzulegen. Es ist der Übergang, der vom Symbolbild (s. § 6) zur Bilderzählung (s. § 7) hinleitet.

Den Anstoß zu einer solchen erzählenden Bilderreihe haben wir wohl teils in einer wachsenden technischen Fertigkeit des Zeichnens, in mehr Muße und Konzentration dafür zu suchen, ferner aber auch darin, daß vielleicht an fremde, erst in die Tradition eintretende junge Leute Mitteilungen weitergegeben werden sollten, vor allem aber in dem Umstand, daß Wert auf die Genauigkeit von solchen Überlieferungen, von Vorschriften des Verhaltens, von zu sprechenden Worten und Zeremonien gelegt wurde, also in der Sorge um die „rechte Form" der Rede und Handlung (s. Primitives Denken). In der Tat tragen diese Bilderzählungen vorwiegend religiösen oder zauberischen Charakter.

Wir müssen uns daher von dem Gedanken freimachen, daß die S. primitiver oder archaischer Kultur es ursprünglich, wie bei uns, mit dem vulgären Alltag zu tun hatte. Zunächst finden nur affektbetonte Ausnahmeereignisse oder Ausnahmevorgänge in ihr einen Niederschlag.

Die Bilderzählung wird von den seßhaften, gartenbautreibenden höheren Naturvölkern gepflegt, wie z. B. von nordamerik. Indianern, und hat von da aus wohl auch zu anderen Völkern, wie zu den Eskimos, ausgestrahlt. Wir finden sie auf vielen Darstellungen der BZ und EZ Europas, z. B. auf Geräten der Hallstatt-Epoche oder auf den Felswänden von Bohuslän (s. Felsenzeichnung A), aber auch auf kret. Geräten (s. Kretische Schrift) usw. Die Bilder sind vereinfacht, und lesen kann sie nur derjenige, welcher weiß, was gemeint ist. Eine Wiedergabe bestimmter Worte kommt nicht in Betracht, sondern nur eine solche von Gedanken, oft von ganzen Begebenheits-Komplexen.

Nicht sehr viel weiter ausgebaut ist etwa die S. der Maya-Völker, obgleich man diese häufiger schon als Rebusschrift bezeichnet, wenngleich die Rebusse noch keineswegs ausschließlich diese S. beherrschen. Der Rebus stellt einen bedeutenden Fortschritt in der Richtung zur Lautschrift dar. Denn durch ihn wird zum erstenmal das Zeichen seines gedanklichen Wertes als Bild entkleidet und gelangt nur vermöge seines Lautgehaltes zur Verwendung (s. § 8).

Eine andere Etappe auf dem Wege zur Lautschrift liegt im Ideogramm. Dieses unterscheidet sich dadurch vom gewöhnlichen Bild der Bilderzählung, daß es eine weitere Auflösung des gedanklichen Gehalts der Bilder enthält, die so weit geht, daß jedes einzelne Wort durch ein Bildzeichen dargestellt wird. Die sakral-zauberische Bedeutung des Ideogramms zeigt sich z. B. in den vorwiegend in Ideogrammen verfaßten Grabinschriften der äg. Pyramidenzeit.

Die eigentliche Domäne des Ideogramms ist die chinesische Schrift. Hier hat aber nicht, wie bei den w. Schriftarten, eine Auflösung des Bildes in seinen Lautwert Platz gegriffen, sondern vielmehr setzte eine Synthese von Wortbildern ein, wenn man neue Worte zur Darstellung bringen wollte. Vielleicht ist der Grund dieser anderen Entwicklung darin zu suchen, daß die chines. Kultur keinen so großen Erschütterungen ausgesetzt war wie etwa die ägyptische. Den fremden Völkern, die im Laufe der Zeiten wiederholt in den Besitz der Herrschaft und teilweise auch des sakralen Lebens gelangten, mußten die Worte nach dem Lautwert eines geläufigen Schatzes bekannter Wortbilder verdeutlicht werden. Darin haben wir den Anstoß zu einer Weiterbildung des Rebus-Prinzips und zur analysierenden Absplitterung des Silben- oder Buchstabenwertes der Bilder zu suchen. Von hier führt der Weg weiterhin zum Alphabet.

Außer dem Bild haben aber noch andere Zeichen einen wichtigen Verständigungswert besessen. Sehen wir ab von der sog. Trommelsprache, so sind es vor allem traditionelle Gebärden gewesen, die nicht nur die Rede begleiteten, auch nicht nur in der rituellen Handlung, sondern ebenso im Rechtsleben von großer Bedeutung waren, und die, wie z. B. im Chinesischen, ebenfalls in der Schrift ihren Niederschlag fanden (§ 4).

Linien, Striche, Kerben, Knoten (§ 5) spielen vor allem beim Zählen und Rechnen eine wichtige Rolle, aber im Zusammenhang damit auch im ganzen profanen Leben des geschäftlichen Verkehrs. Dadurch gewinnt diese nicht-sakrale Richtung einer Fixierung der Gedanken namentlich für das Recht (s. d.) eine besondere Bedeutung. Indessen können sie auch als Symbole, selbst sakralen Gehalts, Verwendung finden, wie die sog. „Kerbstocklehren" bei den Mannbarkeitsfesten der Dschagga-Neger Ostafrikas beweisen.

Für sich zu betrachten sind die Varianten, die sich vereinzelt im Anschluß an höhere Schriftsysteme, wie an das arab. oder modern europ., bei heutigen Naturvölkern ausgebildet haben, und die gewöhnlich keinen Fortschritt in der Vereinfachung des Schriftsystems bedeuten, das sie als Muster benutzen.

Gemäß dem sakralen Charakter der S. fällt auch noch nach ihrer Ausgestaltung die zauberische Deutung der Zeichen stark ins Gewicht (s. § 12).

§ 2. Bei den Loango des w. Zentralafrikas ist das Verkünden des Urteils mit folgender symbolischen Zeremonie verknüpft: Der Sprecher des *Maboma* (Oberrichter) beugt ein Knie und drückt den Griff des Zeremonialmessers (*Tschimpāpa*; Pechuël-Lösche S. 177) auf die Erde. Lautet der Spruch auf Tod, so setzt er das obere Ende auf und kratzt damit dreimal Erde gegen den Verdammten. — Manche Richter pflegen dabei noch Blätter oder Stücke von Grashalmen zu zerreißen (s. Bürgschaft A). — Diese Handlung begleitet auch die Bekräftigung eines Tauschgeschäftes. Zur Königszeit soll zum Gedenken des Todesurteils auf dem Gerichtsplatz stets ein Gesetzespfosten, ein Merkpfahl (*Tschinssīku*), eingerammt worden sein, eine Sitte, die jedoch später verschwand (Pechuël-Lösche S. 228ff.). — Solche Gedenkpfähle wurden zur Königszeit zuvor am unteren Ende im Staatsfeuer angekohlt. Dabei tötete man ab und zu einen Verbrecher oder einen Leibeigenen und grub ihn mit ein. Heutzutage, meint Pechuël-Lösche (a. a. O. S. 232), könnte ein solches Opfer, das einer Hinrichtung entspräche, zwar auch noch stattfinden, doch ist kein verbürgter Fall mehr bekannt geworden. Bei einem der Friedensschlüsse am Tschiloāngo boten die Eingeborenen den Europäern an, einen Sklaven zu töten und einen Pfahl zu setzen. Es geschah aber nicht. Nach einem großen Feindschaftsbegraben im Königsgau erwuchs neuer Verdruß, weil es aussah, als ob der Schuldige der beiden Gaue (Erdschaften) statt des zugestandenen Menschen nur dessen Abbild und Haar unter dem Pfahl begraben hatte (s. a. Strafe, Sühne). — Nachahmungen solcher Zeremonien geschehen auch im kleinen. Als Wahrzeichen dient ein zugespitzter Knüppel oder

Pflock. Bevor dieses Holzstück bis zum Oberende in die Erde getrieben wird, trägt es ein Bote herum, klopft damit an die Umzäunung oder an einen Stützpfosten des Vorderdachs der Hütten von Gaubewohnern (Erdsassen) und ruft zur Feier. Diese wird an einem Kreuzwege (*Mpāmbu*) vollzogen. Die beteiligten Häuptlinge (Erdherren) und Gaue (Erdschaften) bürgen für die genaue Erfüllung dessen, wozu der oder die Eintreiber des Pflocks sich verpflichten (s. a. Bürgschaft A, Vertrag). Wer auf diese Weise eine Verbindlichkeit eingegangen hat, wird als „Gepflockter" (*mubāndi*) bezeichnet (vgl. ebd. S. 284). — Es ist eine ähnliche Zeremonie, wie sie auch beim Nageln der Fetische (ebd. S. 393ff.) vorgenommen wird (s. a. Fluch A, Gelübde A, Idol A1).

§ 3. Die S. als Trägerin gedanklicher Symbole knüpft in ihrer Entwicklung an die Bedeutung des Bildes an. Es ist daher notwendig, kurz zu untersuchen, worin die Bildwirkung besteht.

Es hat sich gezeigt, daß bei Wahrnehmungen bereits eine sinnvoll rationelle Verarbeitung der Reize stattfindet. Dies ist ganz besonders im jugendlichen Alter der Fall, aber oft auch noch bei Erwachsenen. Die betreffenden Personen können, wenn der primäre Reiz weggefallen ist, auch nach zeitlicher Unterbrechung das vorher dargebotene Bild mit der gleichen Lebhaftigkeit wie den primären Reiz schauen. Diese (sog. eidetische) Fähigkeit erstreckt sich sowohl auf optische, wie auch akustische und alle anderen Sinnesgebiete (vgl. Jaensch).

Auch bei den Naturvölkern ist diese Fähigkeit besonders ausgebildet, und wir dürften berechtigt sein, sie auch für die frühgeschichtlichen Primitiven in Anspruch zu nehmen.

Aus der gekennzeichneten außerordentlichen Fähigkeit der Reproduktion leiten sich z. B. die vielfach bestaunten Gedächtnisleistungen der Natur- und archaischen Völker her (z. B. das Rezitieren der Veden). Aus der Lebhaftigkeit der Anschauungsbilder heraus werden aber auch wirkliche Gegenstände vorgetäuscht, und daraus ergibt sich die mangelhafte Unterscheidung zwischen primärer Wahrnehmung und Vorstellung (s. Primitives Denken). Andererseits werden die Anschauungsbilder ganz besonders durch bildliche Darstellungen angeregt und gefördert. Solche Darstellungen können mit dem wirklichen Bildobjekt zu einem Phänomen verschmelzen, das der Erscheinung eines wirklichen Gegenstandes sehr nahe steht oder sich überhaupt nicht davon unterscheidet. Auf diese Weise kommt es zu einer Identifikation zwischen Bild und Wesen, die sich in mannigfacher Art auswirkt (s. a. Totemismus B).

Sie ist für die S. dadurch wichtig, daß einerseits überhaupt dem Bild ein außerordentlicher Wert für eine Verlebendigung der wirklichen Gegenstände und Erlebnisse zukommt, andererseits aber eine innere Beziehung der Schriftbilder zu den durch sie repräsentierten Dingen und Tatsachen gegeben ist, die wir als „zauberisch" zu bezeichnen pflegen, und die keineswegs auf die Bildersymbole beschränkt bleibt, sondern noch tief hinein in die Zeiten alphabetischer Schrift reicht (s. § 12).

Schon bei den Affen wurde festgestellt, daß sie eine besondere Furcht gegenüber Augen und Bildern von Augen zeigen. Über die Einwirkung durch den Blick, auch auf Tiere, sind die verschiedensten, wenn auch nicht immer vorurteilslos beglaubigten Geschichten im Umlauf. Es ist kein Zweifel, daß jedoch auch beim Menschen eine leicht erregbare Furcht vor dem Auge und vor dem Blick sich einstellt. Darauf gehen vielerlei zauberische Verrichtungen und Veranstaltungen zurück. Eine andere Zeit, welche die früheren zauberischen Deutungen nicht mehr billigt, macht aus den betreffenden Handlungen oder aus den dabei gebrauchten Objekten Symbole. So gehört z. B. der Spiegel zu den pythagoräischen Symbolen, weil man aus dem Spiegel Kräfte herleitet, die gefährlich werden können. Wenn man nämlich nachts oder bei Lampenlicht sich im Spiegel beschaut, so können verschiedene Folgen daraus eintreten. In Syrien glaubt man, daß der Betreffende den Verstand verliert. Nach den Gnostikern verlor Adam seine göttliche Natur, weil er sich in einem Spiegel betrachtet hatte. Den Brahmanen der Veden-Zeit war es verboten, sich in einem Brunnen zu spiegeln, und das Gesetzbuch des Manu schließt den Gebrauch des Spiegels für Brahmanen aus. Eine Fülle verschiedenartigster Vorstellungen knüpft sich im Aberglauben der verschiedenen Zeiten und Länder an den Gebrauch des Spiegels (Seligmann I 180ff.; vgl. a. Beckwith). — Vgl. a. Williams.

§ 4. Gewisse Symbole haben sich aus Gebärden heraus entwickelt. Die Gebärde scheint zwar ursprünglich als spontaner Ausdruck von Emotionen in unmittelbar impulsiver Weise sich zu äußern, bei genauerer Untersuchung ergibt sich jedoch, daß sie ebensowenig wie andere Äußerungen von Affekten eines konventionellen Charakters entbehrt. Gerade für das primitive Denken, das außerordentlich gruppengebunden ist, tritt die Äußerung am besten in Gestalt einer Handlung, eines bestimmten Verhaltens auf. Das wird von der Gruppe gefordert. Bei gewissen Gelegenheiten werden bestimmte Emotionen verlangt oder doch wenigstens deren Ausdruck. Außer bei den Reifeweihen (s. Jünglingsweihe, Mädchenweihe, Mannbarkeit), bei Hochzeit (s. d. A) und Heirat (s. d.) sind insbesondere bei den Verhandlungen vor Gericht (s. d. A) bestimmte Gebärden üblich (vgl. Pedersen), Rechtsgeschäfte oder Rechtssprüche (s. Recht) davon abhängig.

Die symbolische Gebärde spielt als Ausdruck eines Gedankens bei archaischen Völkern anscheinend eine größere Rolle als bei Naturvölkern. Der Grund mag in dem stärkeren Formalismus zu suchen sein, der schon unter den höheren Naturvölkern Platz greift (s. Primitives Denken). Dieser Gebärdensprache kommt eine Bedeutung für die S. darum zu, weil die Gebärden als vereinfachte Bilder aufzufassen sind, ungefähr ähnlich wie bei geometrischen Figuren. Sie schaffen dadurch für den Gesichtssinn ein wenn auch vorübergehendes Symbol, das dann, etwa wie im Chines., von den Schreib- oder Zeichenmitteln nur festgehalten zu werden braucht, um in das Schriftgut einzugehen. Zur Zeit des Sachsenspiegels müssen in Deutschland diese Handgebärden sehr ausgebildet gewesen sein, und man wird ihnen darum eine weit zurückreichende Vergangenheit zuzuerkennen haben. K. v. Amira (1909 S. 161ff.) unterscheidet Redegebärden, hinweisende Gebärden, darstellende Gebärden, Tast- und Greifgebärden. Die ersteren begleiten die Rede, anderen kommt ritueller Charakter zu, oder sie sind mit bestimmten Situationen oder Rechtsgeschäften unweigerlich verknüpft. Dazu gehört nicht etwa nur die Gelöbnis-Gebärde oder die Schwur-Gebärde, sondern auch die Aneignung, die Ablehnung, Verweigerung, Ehrerbietung, das Schweigen, das Wetten, die Handreichung, die Schelte usw. (s. a. Tf. 100b). —

Das alte dtsch. Recht ist voll von derartigen Rechtssymbolen. Der Herr zieht den Eigenmann am Rockzipfel zu sich hin (v. Amira 1905 S. 359). Der Stab tritt in verschiedenster Weise bei den Rechtsgeschäften und bei Gericht in symbolischer Form auf (v. Amira 1909, vgl. a. Treichel). Sowohl die verschiedenen dtsch. Stämme werden durch je ein bestimmtes Attribut ihrer Erscheinung gekennzeichnet: die Sachsen durch das Messer, die Franken durch gelben Rock und grünen Mantel, die thüringischen Fischesser durch den Fisch, als auch die Stände: der Bauer durch dunkelbraune „Beinlinge" und braunen Rock mit bauschigen Ärmeln, der Lehensherr durch den Richterhut (den wichtigsten Bestandteil seiner Macht bildete seine Gerichtshoheit); zum Herrenkleid gehört überall auch das Wappen. Diese Symbolik der Tracht tritt bei den Naturvölkern in Gestalt herkömmlicher Tätowierung (Robley; Gobert) oder Bemalung des Körpers (vgl. Tremearne) oder des Tragens gewisser Trophäen oder Kleider (vgl. Fletcher und La Flesche S. 360) u. dgl. (Tf. 99, 3) in traditioneller Form auf (s. Auszeichnung, Kaste A, Klan, Schichtung, Totemismus B).

Im Chines. haben sich die Handgebärden als Bilderschrift niedergeschlagen. Auf Tf. 100c finden sich einige Beispiele: 1. „handvoll", vielleicht „dicht", „vollständig" (*küh*), — beide Hände werden hohl nach unten gehalten. Dies entspricht der südchinesischen Gebärde für „massig", „dick" u. dgl., wobei die beiden Hände hohl und mit sich berührenden Zeigefingern nach unten gestreckt sind. Ähnlich ist unsere bekannte Gebärde für „kompakt". — 2. Zu freundschaftlichem Gruß ausgestreckte (entgegengestreckte) Hände: „Freund", „Freundschaft" (*yu*). Schon im Altchinesischen gilt „an der Hand fassen" als Symbol des Bundes, wie ja auch der Handschlag bei uns, aber auch bei vielen Naturvölkern, z. B. den Gebirgs-Papuanern, als Zeichen der Freundschaft geübt wird. — 3. Beide Hände über dem Kopf erhoben (oder: beide Hände über, d. h. vor dem Munde; wahrscheinlich als Wiedergabe der Grußgebärde der Untertanen): „Fürst", „Herrscher". Vgl. die Gebärde der Indianer, welche den Häuptling durch Bewegung beider Hände am Kopfe aufwärts bezeichnet und dies in der Bilderschrift durch Striche wiedergibt, deren Zahl die Macht des Häuptlings ausdrückt. — 4. Zwei auseinandergespreizte Finger = 8. In der südchinesischen Gebärdensprache hierfür Zeigefinger und Daumen bei geschlossener Hand auseinandergespreizt. Da das Wort für 8 (*pah*) zugleich „trennen" bedeutet, so scheint die heutige Geste nicht eine Nachahmung des Zahlzeichens, sondern ursprünglich zu sein (Schindler 1914/15 I 466f.). — Über koreanische Handgebärden vgl. Hultzsch.

Das arab. Leben ist voll bedeutsamer Gesten und sakramentaler Zeichen, ganz besonders auf dem Gebiet des Schutz- und Gastrechts. Der Fremde wird in den Schutz der Bluts-Gemeinschaft einbezogen dadurch, daß er in eine gewisse körperliche Nähe tritt: „dein Schatten hat mich beschattet und deine Feige hat mich genährt, deine Kleider sind auf meinem Rücken und dein Essen ist in meinem Bauche"; die gehetzte Hyäne, die sich in ein Zelt verkriecht, ist dort sicher vor ihren Verfolgern. Ja, das Aussprechen der Worte: „ich bin dein Schützling, dein Gast" wirkt wie eine Zauberformel. Es wird zum Symbol des Schutzsuchenden (s. Asyl, Brüderschaft [Künstliche], Feindschaft, Fremder, Gastfreundschaft, Mana B, Verwandtschaft). Wenn der Patron den Mantel über den Schutzflehenden wirft, so ist das ein Zeichen, daß er den Schutzflehenden gegen Ansprüche anderer verteidigt. Aus dem Ritus wird ein Symbol (Wellhausen S. 193ff.). Eine vielfache Symbolwirkung knüpft sich an Kleider und Namen (s. d. A; Wellhausen S. 195). — Vgl. ferner George.

In diesem Zusammenhang mag auch der sog. Trommelsprache gedacht werden. Die westafrik. Trommelsprache besitzt in ähnlicher Weise wie auch die melanesische der Südsee bestimmte rhythmische Zeichen. Sie dient zur Bekanntgabe von Nachrichten oder Botschaften. In Westafrika werden z. B. unterschieden: 1. der Anruf eines Häuptlings mit Namen; 2. Gefahr, Feind, Feuer; 3. Tod einer bekannten Persönlichkeit; 4. Nahen eines Europäers; 5. Aufruf zu den Waffen und Kriegserklärung; 6. Festruf. — Auf diese Weise entsprechen bestimmte Lautsymbole gewissen Situationen (Rattrey S. 226, 301, 305; — für die Jaunde und Duala vgl. Nekes S. 69).

§ 5. Geometrische Figuren, wie konzentrische Kreise, Kreuze, Dreiecke, Zickzacklinien, Schachbrettmuster u. dgl. m., sind nicht ohne Symbolwert, und auf diese Weise kommt ihnen die Bedeutung als „Bild" zu. Derartige geometrische Stilisierungen von Bildern erscheinen uns vielfach nur als Striche oder Linien, während in Wirklichkeit, wie die Erfahrung lehrt, in sie bestimmte Bilder hineingesehen werden (Gaerte 1919—20). Man kann daher Schriften, die sich derartiger geometrischer Figuren bedienen, nicht anders denn als besondere Arten von Bilderschriften bezeichnen. Diese Tendenz zur geometrischen Stilisierung machte sich z. B. in der Ausbildung der Keilschriftzeichen ganz besonders geltend (s. Keilschrift).

Derartige Zeichen reichen wohl bis in das Paläol. zurück und sind z. B. in der Schweiz als Brot- und Eigentumszeichen — man denke insbesondere an Hausmarken — sowie als Kerbhölzer oder Tesseln (für die Milchverrechnung) noch nicht außer Gebrauch gekommen (Rütimeyer). — Für Kerbstöcke der Südslaven vgl. Schulenburg.

Eine eigenartige S. sind die *Neumen* des Mittelalters, die in stenographie-artigen Zeichen bestehen, mit denen die Melodien in ähnlicher Weise niedergeschrieben wurden, wie etwa der Stift des Phonographen es heute auf der Wachsplatte tut. Die Auf- und Abbewegungen des Kehlkopfes beim Singen wurden hierbei schriftlich abgemalt. Dieses Nachmalen nannte man *Cheironomie* (Fleischer).

Die oft erwähnten geometrisch scheinenden Striche auf den Kieseln des Aziliens (s. d. und Band I Tf. 63c) sind, wie von vornherein zu erwarten, nicht etwa als Buchstaben zu betrachten, sondern

REALLEXIKON DER VORGESCHICHTE

UNTER MITWIRKUNG
ZAHLREICHER FACHGELEHRTER

HERAUSGEGEBEN VON
MAX EBERT
ORD. PROFESSOR AN DER UNIVERSITÄT BERLIN

ELFTER BAND
FÜNFTE (SCHLUSS-) LIEFERUNG
SCHRIFT—SEDDIN
MIT 56 TAFELN

BERLIN 1927
WALTER DE GRUYTER & CO.

Das Werk ist auf einen Gesamtumfang von 14 Bänden berechnet und erscheint in Lieferungen. — Der Subskriptionspreis beträgt Rm. 6.— für jede Lieferung von etwa 8 Bogen nebst Texttafeln und Abbildungen. Etwa 6 einfache oder 1 bis 2 farbige Einschalttafeln auf Kunstdruckpapier werden als ein Bogen gerechnet. Verstärkte Lieferungen werden entsprechend höher berechnet.

Der Umfang der vorliegenden Lieferung beträgt 8 Bogen und 125 Einschalttafeln. Gesamtumfang also ca. 12 Bogen. Subskriptionspreis Rm. 10.—; Ladenpreis Rm. 12.—.

stellen, wie Obermaier (S. 362) dargetan hat, zum Teil Menschengestalten dar und werden von Kühn als Ausläufer der einer Stilisierung zustrebenden Kunst (s. d. A und Primitive Kunst) betrachtet, die in der ostspanischen Felsmalerei sich offenbarte und im Neolithikum sich ganz dem Imaginativen hingab.

Welcher Art die S. der alten spanischen Turdetanier war, von welcher Strabo berichtet, mag dahingestellt bleiben (Schulten S. 69). Vielleicht besteht jedoch ein Zusammenhang mit den vorkeltischen Schriften der englischen Inseln (s. § 11). S. Schrift H.

Solche geometrischen Figuren finden sich auch bei Naturvölkern nicht selten, so z. B. bei den ostafrik. Kikuyu. Sie stellen vereinfachte Zeichnungen und Andeutungen dar, deren Erklärung manchmal dem Leser selbst überlassen bleibt (Hobley S. 448ff.).

Charakteristisch für die Bedeutung einfacher Strich- und Linienzeichen sind die Kerbstöcke der Dschagga in Ostafrika am Kilimandscharo. Diese Kerbstöcke werden bei den Jünglings- und Mädchenweihen verwendet. „Der Kerbstock ist ein gerader, 140—170 cm l. Rindenstab, in den abwechselnd Ringe und Streifen geschnitten sind. Der Kerbstock für Burschen umfaßt 18 Abteilungen, jede mit 4—8 Kerben, der für die Mädchen nur 17. Er ist aber trotzdem der längere, weil die Abteilung meist 8 oder 9 Kerben hat." An diesem Stabe wird der Jugend das Werden des Menschen im Mutterleibe verdeutlicht und ihr Ehrfurcht und Sorgfalt für die Abwartung des noch Verborgenen und des nach der Geburt noch unvollendeten Menschenbildes anempfohlen. Die Kerbung und Benennung jeder Kerbe sollte wohl dafür sorgen, daß sich jedes Glied im Mutterleibe bildet. Abgeschlossen wird der Kerbstock für die Burschen mit einem Mäusenest, der für die Mädchen mit dem ausgefaserten Wurzelstock von Venushaar. An diesen knüpft sich noch ganz ursprünglich die Lehre von der Bildung des Kopfhaares im Mutterleibe, während das Mäusenest jetzt eine andere Deutung erfährt. Die Namengebung enthält Hinweisungen darauf, wie man im Enkel die Wiederkehr des Großvaters erblickt (s. a. Name A). So wird behauptet, daß der Kerbstock früher auf den Großvater, *sahu*, bezogen wurde. Man sagt: „Dein Großvater kerbte dich und setzte dir die große Zehe, als du Wasser warst im Mutterleib." Der Mädchenlehrstock wird heute noch ausdrücklich nach einem Mann bezeichnet, der ihn eingeführt haben soll. Vom O her scheint sich der Kerbstock über das Gebirge hin verbreitet zu haben. Nach der Geburt des ersten Kindes dient der Kerbstock zum Anheizen des Topfes, in dem das Fleisch des Opfertieres kocht, das man bei der Nabelheilung spendet. Der Stock erscheint somit zunächst als eine Art Zauberstab für das Wachstum des Menschen. Doch kommen ihm noch ganz andere Bedeutungen zu. Er wird nämlich nicht nur für die physiologische Schöpfung des Menschen verantwortlich gemacht, sondern aus ihm leitet man auch die geistige Vervollkommnung, die Erziehung und die Erfüllung des mannbar gewordenen Menschen mit dem rechten Verhalten ab. So wird er auch Träger moralischer Lehren, die bei der Jünglings- und Mädchenweihe im Zusammenhang mit vielerlei anderen Zeremonien erteilt werden. Die erste Abteilung des Kerbstockes (*mreho*) enthält 5 Dreiecke, die mit ihrer Spitze nach dem Fußende des Stockes verlaufen. Der Alte, der die Lehren erteilt, hält den rechten Zeigefinger auf das erste Dreieck und beginnt das erste Lehrstück zu singen, ein älterer Sippenbruder des Zöglings gibt Anwendung und Ausdeutung des Kanons in gewöhnlicher Rede (s. a. Rätsel). Das Lehrlied des Alten enthält fast immer ein Gleichnis oder ist doch so altertümlich, daß es ohne Ausdeuter nicht verstanden werden kann. Die Lehrlieder stehen fest, während der Ausleger den Sinn mit eigenen Worten deutet, die von Fall zu Fall anders sind. Neben diesen an die Zeichen unmittelbar angeschlossenen Kanon-Gesängen und deren Auslegung treten nacheinander an wichtigen Stellen auch sinnbildliche Handlungen auf, die das Lehrlied unterstützen und dem hörenden und schauenden Zögling erklärt werden. Diese Handlungen haben sich schon stark vergeistigt und sind zu Bewegungsandeutungen verdichtet, enthalten aber doch neben dem Wort eine dramatische Veranschaulichung der Lehre. Der

Alte geht nun Dreieck für Dreieck, Ring für Ring, Streifen für Streifen durch, und immer wiederholt sich der gleiche Vorgang: Kanon, Ausdeutung, hier und da Nachhilfe durch mimische Darstellung (Gutmann S. 81ff., 205, 260ff.).

Von den auf Tf. 101 f angeführten Zeichen der *Nsibidi*-Schrift bezeichnet **1** und **2** ein Ehepaar, und zwar **2** mit einer Kopfstütze; — **3** mit Kopf- und Fußstütze, ein Zeichen von Wohlhabenheit; — **4** gleichfalls mit großer Kopfstütze; — **5** die Kopfstütze ist in der Mitte als Trennungslinie zwischen das Ehepaar gelegt als Zeichen eines Zwistes; — **6** heftiger Streit zwischen Mann und Frau; — **7** Einer, der Zwist zwischen Mann und Frau verursacht; — **8** eine Frau mit 6 Kindern und ihrem Mann, dazwischen die Kopfstütze; — **22** ein Mann a), der Ehebruch mit einer Frau b) begangen hat, die nun wo anders als ihr Gatte c) lebt; nach dem heimischen Recht muß der schuldige Mann eine Entschädigung an die Familie der Frau und ihren Gatten c) bezahlen; d) ist das Geld, das entrichtet wird; weil das Zeichen nach einwärts gebogen ist, deutet es an, daß es wegen einer Frau bezahlt wurde; e) sind die Parteien, an die das Geld entrichtet wurde; — **23** ein Mann und eine Frau hatten Beziehungen zueinander angeknüpft, der Mann wünschte, daß sie ihren Gatten verlassen sollte, aber sie wollte nicht. Eines Tages, als sie auf dem Felde war, brachte der Mann dieses Zeichen überall am Hause an und ging weg; a) bedeutet, daß er sie verflucht, indem er sagt, daß sie Aussatz hat, b) soll anzeigen, daß er in eine andere Stadt gegangen ist; — **24** Liebe ohne Zustimmung von der anderen Seite; — **25** „Herz mit echter Liebe"; — **26** „Herz ohne echte Liebe"; — **27** „unbeständiges Herz"; — **28** zwei Leute sind in ihrer Liebe einig; — **29** es bildet eine Kriegsgepflogenheit, daß die Feinde in der Nähe des Platzes, an dem die Frauen baden, sich verstecken und sie so erschießen. Es gilt als eine große Entehrung für einen Mann, seine Frau auf diese Weise zu verlieren, und die Männer „fluchen" ihm dadurch, daß sie dieses Zeichen auf dem Boden anbringen oder sagen: „Wo bist du gewesen, als deine Frau getötet wurde?" a) ist eine Frau, die an einer Furt b) im Fuß baden geht, während ihr Gatte c) wacht, damit niemand sie erschießt; — **30** *Juju* (Zauber) über dem Tor eines Hauses oder auf einem Wege zum Haus, um Gefahr, besonders böse Geister, fernzuhalten, Opfer an Hühnern und Ziegen werden ihm dargebracht; — **31** Feuerholz; — **32, 33** Spiegel (auch Mann mit einem Spiegel); — **34** Matte, die als Bett dient; — **35** Kürbis, der als Trinkbecher dient; — **36** Kamm; — **37** Seife; — **38** Waschbecken; — **39** Kalebasse mit 400 *chittins* drin. Ein *chittin* ist Kupferdraht, der ein Zwanzigstel einer Stange wert ist. Solche Kalebassen sind in drei Schnüre gefaßt; — **40** Sklaven; — **41** Feuer. — Verwandte Schriften finden sich bei dem Vai-Volk (vgl. Migeod und Massaquoi). — Für die Malayen vgl. Kern und Maass. — Vgl. § 11.

Linien und Strichzeichnungen von bestimmter konventioneller Bedeutung finden sich auf dem Holz — *tjurunga* und *nankara* — der zentralaustralischen Aranda- und Loritja-Stämme (Tf. 99, 5). Diese gewöhnlich beiderseits zungenförmig oder „fischförmig" gestalteten Hölzer werden als Leiber der mütterlichen Totem-Ahnen betrachtet (vgl. den Kerbstock der Dschagga); außerdem schreibt man diesen Hölzern magische Kräfte zu. Manche verwendet man als Schwirrhölzer zum Hervorrufen surrender Laute, die als solche von Geistern gelten. Sie spielen besonders bei den Jünglingsweihen eine wichtige Rolle. Die eingeritzten Zeichnungen beziehen sich auf das betreffende Totem und mit diesem zusammenhängende Dinge, Vorgänge oder Begebenheiten (Strehlow I, II 78ff.).

Die *tjurunga* variieren sehr in Größe und Gestalt. Es gibt solche von 20 cm und andere von über 1 m L., ihre Br. schwankt zwischen 2 und 9 cm. Die *nankara* sind breiter, dagegen nicht so lang, sie haben in der Regel eine ovale Form, in seltenen Fällen sind sie rundlich; ausnahmsweise können sie auch die Gestalt eines Bumerang haben. Die meisten *tjurunga* sind mit Zeichnungen bedeckt. Die Zeichen, die mittels eines Opossum-Zahnes eingeritzt werden, sind konventioneller Natur, so daß nur ein Eingeweihter sie zu entziffern vermag. Vorherrschend sind konzentrische

1

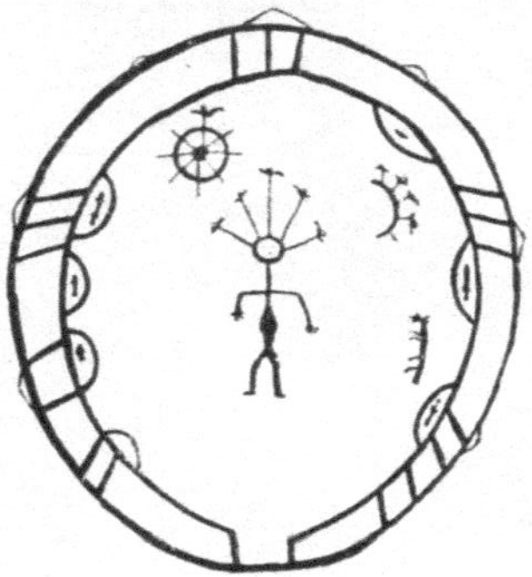

2

3

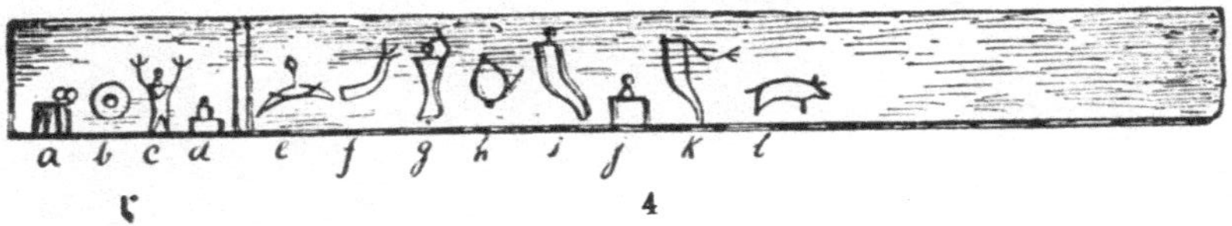

4

A

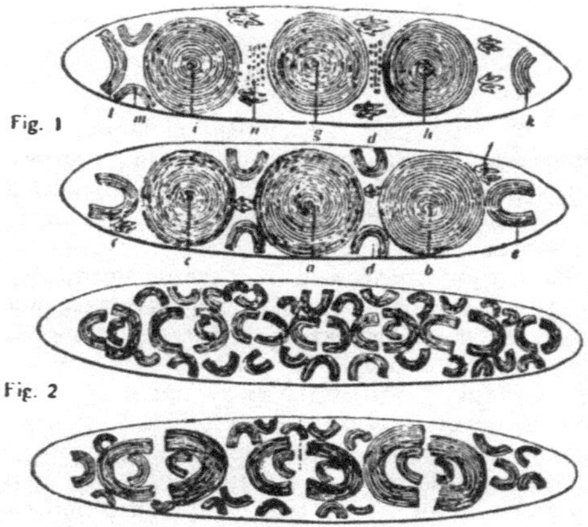

B

5

A

B

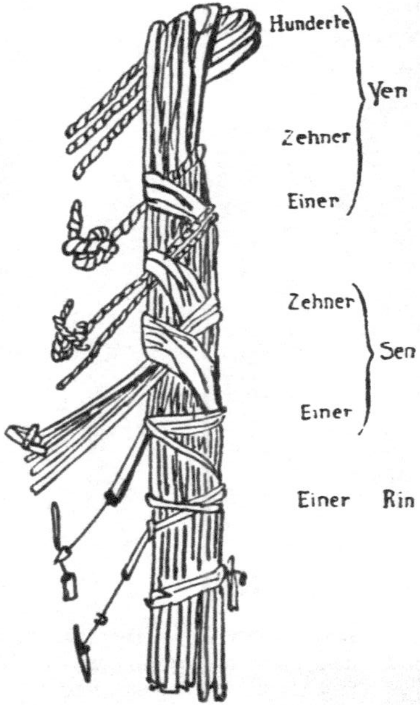

6

Schrift A. Allgemein

1. S. Text § 6 S. 326. — 2. Schamanentrommel der Jenissejer (Sibirien). Hier ist der Schamane selbst und Sonne und Mond dargestellt (vgl. § 6 S. 326). Die 5 vom Kopf ausgehenden Strahlen, an deren Ende sich je ein fliegender Vogel befindet, stellen die Gedanken des Schamanen dar. Rechts ist unter dem Mond das Bild eines Tieres angebracht; es ist *kaj*, der Elch. Zwischen dem inneren und dem äußeren Kreise sind rechts und links je 7 Striche aufgemalt, die 7 große Höhlen bedeuten. Im inneren Kreise sind 7 Meere in Halbkreisform dargestellt. In 6 von ihnen befinden sich Fische, aber das 7. ist leer, denn dieses liegt im S und hat heißes Wasser. Die Zeichnungen werden meist in Ocker ausgeführt (Nioradze S. 81). — 3. Adlerfedern, die bei den Dakota-Indianern als Kriegsauszeichnungen getragen werden (s. § 4 S. 319); a wird von einem der ersten vier Leute getragen, die den Feind anzugreifen haben; b steckt sich der an, der eine Wunde im Kampf erlitten hat (Skinner 1914 S. 483; vgl. Mallery S. 434, 437). — 4. S. Text § 6 S. 326. — 5. Zeichnungen auf australischen *tjurunga*-Hölzern (s. § 5 S. 322/23). A und B sind Vorder- und Rückseite: Fig. 1. Eine *Ara tjurunga* aus Holz, stammt von dem Platz *Ulamba*. *Ara* ist das große Känguruh (*Macropus rufus* Desm.). a der Bauch; b das Darmfett; c das Nierenfett des Känguruhs; d das Känguruh in gebückter und e dasselbe in liegender Stellung; f Fußabdrücke desselben; g die Zeichen, die das Känguruh auf dem Rücken (*ilkinja toppala*) gehabt hat, weshalb sich der Darsteller bei den Darstellungen der Känguruh-Totem-Tradition solche Zeichen aufmalen läßt; h ebensolche Zeichen auf der Schulter (*ilkinja balupala*); i auf dem Kreuzbein (*ilkinja ntjutala*); k auf dem Genick; l über das Kreuz; m das Känguruh in gebückter Stellung; n die Fußspuren. — Fig. 2. *Tala* (Mond)-*tjurunga* von dem Platze *Ebmalkna*. Eine Holz *tjurunga*. Die Zeichen stellen die verschiedenen Phasen des Mondes dar (Strehlow I 1, Tf. 2). — 6. Knotenschrift bedeutet: 356 Yen, 85 Sen, 6 Rin (1 Yen = 100 Sen = 1000 Rin). Alle auf Yen lautenden Ziffern sind durch aus 2 Halmen gedrehte Enden markiert, die vielfachen unter 5 nicht durch Knoten, sondern durch die entsprechende Zahl von Enden ausgedrückt, für 5 Enden aber ein Ende mit einer Schlinge (s. Text § 5 S. 324).

Kreise oder Spirallinien, sowie konzentrische Halbkreise und Parallellinien. Die konzentrischen Kreise oder die Spirallinien können vielerlei bezeichnen: Lagerplätze, Bäume, Rücken, Bauch, Fett eines Totem-Vorfahren oder -Tieres usw. Die konzentrischen Halbkreise bezeichnen gewöhnlich einen Totem-Vorfahren in sitzender Stellung, die parallel laufenden Linien entweder die Fußpfade oder die Zeichnungen, die ein Totem-Vorfahre über der Brust trug, usw. Manche *tjurunga* sind auch für den Uneingeweihten kenntlich durch die auf ihnen eingravierten Fußeindrücke (Strehlow I, II 79f.).

Während die Knotenschnüre (*Quipu*) der Peruaner uns heute schwer zu deutende Rätsel aufgeben (vgl. Nordenskiöld), hatte sich auf den Riukiu-Inseln, jener Kette von Inseln und Inselchen, die sich im S des japanischen Landes an die Siebeninsel-Gruppe anreihend bis zur Nordspitze der Insel Formosa hinzieht, bei der des Lesens und Schreibens unkundigen Landbevölkerung noch bis vor wenigen Jahren ein System der Knotenschrift erhalten, das zur Fixierung von Zahlen und zum Rechnen verwendet wurde. Als Material dient auf Okinawa, der Hauptinsel der Riukiu-Gruppe, meist das Stroh der auch zum Flechten der berühmten Matten gebrauchten Binsen; auf der Insel Mijako werden dagegen die Luftwurzeln des Banyang-Baumes benutzt; ferner braucht man auch den Wedel der auf einigen Inseln üppig gedeihenden Cycas-Palmen. Die zur Anwendung kommenden Verknotungsarten sind nicht überall gleich, sondern lokal und individuell verschieden. Doch liegt eine gewisse Gleichförmigkeit in der Anwendung dieser Knoten immerhin vor. — Als einfachste Rechenmaschine, auf der man ohne Mühe Additionen und Subtraktionen ausführen kann, dient der Wedel der Cycas-Palme. Bei dem Wedel dieser Palme gehen von der Rippe nach beiden Seiten eine Reihe von fast nadelartigen Blättern unpaarig ab. Um eine Additionssumme zu erzielen, markiert man zunächst einen Punkt durch Ausreißen, Einknicken oder Verknoten einer Blattnadel, zählt dann so viele Blattnadeln ab, wie sie dem einen Summanden entsprechen und markiert den Endpunkt abermals. Nun zählt man noch so viele Blattnadeln ab, wie sie der andere Summand erfordert und markiert ebenfalls Anfang und Ende. Auf diese Weise kann sich der Bauer ein Schriftdokument aufbewahren, das gleichzeitig die Rechnung enthält. In ähnlicher Weise vollzieht sich natürlich die Subtraktion. Verwendet man ein Strohseil, so flicht man entsprechend Strohhalme ein. Im gebirgigen N der Insel Okinawa gebrauchen noch heute die Tagelöhner derartige Strohseile, um die Tage ihrer Beschäftigung in einem Hause zu notieren. Mit einem oben befestigten Ring wird das Seil am Balken der Decke aufgehängt. Arbeitet der Tagelöhner gleichzeitig für mehrere Herren, so fertigt er sich mehrere Seile an und führt so für jeden einzelnen Buch. — Die Pferdeknechte auf der Insel Okinawa verfertigten sich aus Binsenstroh eine Troddel oder Quaste mit einer beliebigen Anzahl von Fransen, die im Gürtel oder Lendenschurz getragen wurde. Diese Troddeln wurden als Rechenmaschine verwendet und zwar in der Weise, daß 4 verschiedene Schnüre je für Einer, Zehner, Hunderter und Tausender bestimmt wurden. Jeder Schnur entsprachen also bestimmte Dezimalwerte. Wollte man eine gegebene Zahl, die man eingeknotet hatte, mit einer anderen addieren, so fügte man jeder Schnur so viel Knoten hinzu, als notwendig waren. Wurde dabei die Zehn-Zahl überschritten, so erhielt die nächste Dezimalschnur einen neuen Knoten, während für die ungültig gewordene zehnfach geknotete Schnur nun eine neue genommen wurde, falls die Summe mehr als 10 Knoten ergab. — Von den Pfandleihern der alten Hauptstadt Shuri wird ein langer, fester Bast- oder Binsenfaden verwendet, an dessen mittlerem Teil ein anderer angeknotet ist. Um den Monat, in dem das Verpfändungs- oder Leihgeschäft stattgefunden hat, aufzuzeichnen, knüpft man am oberen Ende des Hauptfadens so viele Knoten ein, wie der Zahl des Monats entsprechen. Fünf Knoten bezeichnen also den fünften Monat, den Mai. Der untere Teil der Schnüre dient zur Festsetzung des Betrages der Pfandsumme oder des Darlehns. In der Mitte der Schnüre knotet man einen Binsenfaden an, der den Wert einer Dezimale hat, und, wenn nötig, weitere Binsenfäden für weitere Dezimalen. — Auf der Insel Yaeyama wurden Knotenschnüre aus Cycas-Wedeln zur Feststellung der Anwesenheit der zur Teilnahme an den Volksversammlungen berechtigten Volksgenossen verwendet. Deren Zahl wurde zunächst für jedes Haus und jede Straße festgestellt und dann an einem langen Seil in der Art aufnotiert, daß für jeden Berechtigten ein Strohhalm angeknüpft wurde und zwar für alle in einem Hause Wohnenden an ein und demselben Punkte. Bei der gewöhnlichen Anlage aller Häuser eines Dorfes zur Linken und Rechten einer einzigen Hauptstraße waren diese primitiven Register oft so lang und schwer, daß sie von den Beamten auf dem Rücken zum Versammlungsorte geschleppt werden mußten. Zum Feststellen und Aufnotieren der Fehlenden benutzte man das Seil in der Art, daß man die die fehlenden Hausbewohner bezeichnenden Strohenden einknotete. Die Abzählung der nicht geknoteten Enden ergab die Summe aller Teilnehmer, die der geknoteten die Zahl der Abwesenden. — Kompliziertere Formen der Knotenaufzeichnungen ergaben sich bei der Registrierung von landwirtschaftlichen Erträgnissen. Den aus mehreren Stricken bestehenden Hauptstrang ließ man an seinem oberen Ende unzusammengedreht und verwendete seine Enden mit zur Berechnung; zur Unterscheidung der einzelnen Werte wurden Seitensträhnen aus verschiedenen Materialien angeknüpft. Jedes der 4 Enden der Schnüre bezeichnete z. B. einen Ballen Getreide; die den 4 Hauptenden nächsten seitlichen Schnüre gaben Aufschluß über die Menge nach einem bestimmten Maß. Zur Bezeichnung der niederen Einheiten kamen einfache, ungedrehte Halme zur Verwendung usw. (Tf. 99, 6). — Auch zur Benachrichtigung eines Bauern über die Höhe des von ihm in Naturalien oder in Geld zu entrichtenden Steuerbetrages dienten solche Knotenschnüre. Da die Frauen der s. Inselgruppe durch Weben von Kleiderstoffen aus Hanf, Bananenfasern oder Baumwolle zum Unterhalt der Familie nicht wenig beitrugen, wurde von ihnen auf den Inseln Yaeyama und Miyako eine Webesteuer erhoben, deren Höhe ebenfalls durch Übersendung eines Steuerbescheides in Knotenschrift bekannt gegeben wurde (Simon S. 657 ff.) — Über Gedenkknoten und Bambusgeflechte als uralte „Götterschrift" in China vgl. Kempermann. — Über Knoten als Gedächtnishilfe vgl. Pechuël-Lösche S. 86, 103.

§ 6. Als gröbste Form des Symbolbildes kann die sog. Sachschrift betrachtet werden, wie sie z. B. in Westafrika gebraucht wird. Auf Tf. 101 c wird ein Brief der Yebu (Aroko) im Hinterland von Lagos an der Sklavenküste, Westafrika, abgebildet (nach Weule 1915 S. 75). Der Brief besteht aus einer Schilfschnur, zwei Schilfknoten, 2 Kauri-Muscheln und einem Stück Fruchtschale. Es ist die Botschaft eines unheilbar erkrankten Familienvaters an Freunde und Verwandte, des Inhalts: Die Krankheit nimmt einen ungünstigen Verlauf, sie wird immer schlimmer, unsere einzige Hilfe steht bei Gott. — Die Kauri-Schnecken symbolisieren bei den Yoruba ganz allgemein die seelischen Gefühlsmöglichkeiten: Haß und Liebe, Ab- und Zuneigung, Freundschaft und Feindschaft, Freude und Leid (Doppeldeutigkeit) usw., je nachdem sie mit den Vorder- oder Rückseiten aneinandergelegt und mit anderen Gegenständen vergesellschaftet werden. Eine Kauri bedeutet Trotz und Verweigerung, zwei Kauri einander zugekehrt: Verwandtschaft, einander abgekehrt Feindschaft. Zwei Kauri und eine Feder bedeuten Wiedersehen. An den fernen Freund gesandt, besagen sie: Wie der Vogel (Feder) schnell fliegt, erscheine, so schnell du kannst, damit ich dich von Angesicht zu Angesicht sehen kann. Sechs Kauri haben zunächst die Bedeutung 6 = *efa*. *Efa* heißt aber auch „angezogen, gefesselt", vom Verbum *fa* = „ziehen, anziehen". Eine Schnur mit 6 Kauri, von einem jungen Mann an ein Mädchen gesandt, bedeutet: Ich will dich heiraten (an mich fesseln). 8 Kauri bedeuten zunächst 8 = *ejo*. *Ejo* heißt aber auch = „übereinstimmend" vom Verbum *jo* = „gleich sein, übereinstimmen". 8 Kauri mit gleichgerichteten Vorderseiten, von dem Mädchen einem Jüngling zurückgesandt, heißen: Ich bin einverstanden, ich willige in die Ehe ein. 40 Kauri bedeuten zunächst 40 = *egoji*. *Egoji* heißt aber auch „Erregung, Zweikampf", von *ogun* = „Krieg" und *eji* = „zwei". Die Botschaft mit 40 nach unten hängenden Kauri

a

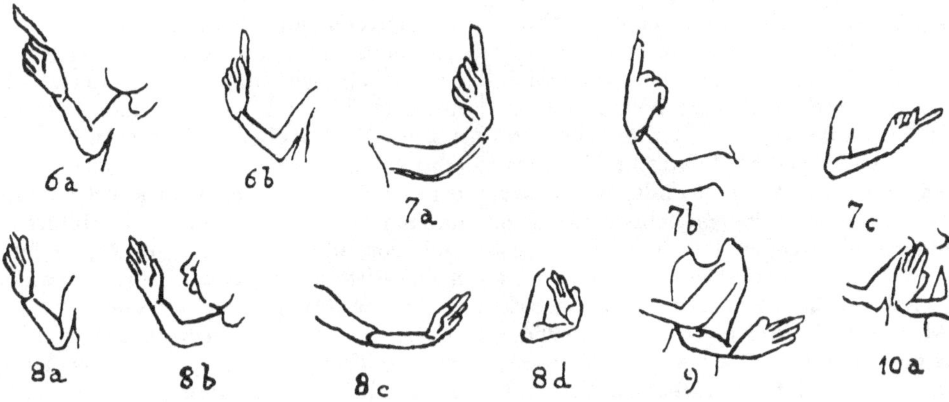

b

c

Schrift A. Allgemein

a. Eine indianische Zeichnung, die den Elchkult darstellt (vgl. § 6 S. 326) und dessen mystischen Zusammenhang mit dem Traum-Elch (der Mann mit dem gegabelten Stock gehört augenscheinlich dem Schwarzschwanz-Hirschkult an). In der einen Hand halten die Tanzenden einen Spiegel, in der anderen Hand einen Reifen (Wissler S. 86). — b. 6. Varianten des Befehlsgestus, 7. des Gelöbnisses, 8. Ablehnung, 9. Verweigerung der Hand, 10. Aneignung (v. Amira). — c. Chinesische Handgebärden als Schrift (Schindler); s. § 4 S. 319.

heißt also: Groß ist die Erregung hier, alles geht drunter und drüber, die Leute lassen den Kopf vor Kriegsfurcht und Angst hängen. — Über Kerbzeichen auf Holzpfeilen zur brieflichen Verständigung vgl. Strzoda. — Aus Ostgrönland sind durch Holm in Holzstücke eingekerbte Landkarten bekannt geworden (vgl. Mallery S. 346).

Die Verbindung von S. mit Zauber (s. d. A) und Religion, wie sie die ganze primitive Entwicklung des Schreibens durchzieht, geht auf Symbolbilder zurück, denen zauberische Bedeutung beigemessen wird. Puppen dienen häufig, wie bei den Menomini-Indianern, den Schamanen zur Beschwörung (Skinner 1913 S. 153); auf Birkenrinde werden zur Erinnerung an vorgenommene Heilungen Figuren eingeritzt (Tf. 99, 1) und der Puppe zur Erhöhung ihres Wertes beigegeben (ebd. S. 159), offenbar im Sinne eines Vorbildzaubers (s. Name A, Zauber A).

Zu den Jagdzaubereien der Menomini-Indianer gehören auch Wiesel-Felle mit bestimmten Wurzeln. Um diese nun richtig anzuwenden, werden die Figuren eines Hirsches, Bären oder sonstigen Jagdwilds, auch eines Mannes, auf den Boden gezeichnet, mit dem Kopf nach S gewendet. Der den Zauber veranstaltet, ergreift hierauf einen kleinen Bogen und Pfeil, taucht die Pfeilspitze in eine rote „Medizin", blickt nach dem S und schießt der Zeichnung des betreffenden Wesens in das Herz, wobei er singt: „Ich sehe den Hirsch im Mittag, wenn ich bemalt bin." Dadurch wird der Erfolg der Jagd gesichert. Will einer einen Feind vernichten, so wiederholt er die gleichen Worte bei einer ähnlichen Zeremonie und nennt die Stunde, zu der der Gegner zugrunde gehen soll. Tanner (*Narrative* S. 174) erzählt, daß eine Zeichnung oder ein kleines Bild von einem Mann, einer Frau oder einem Tier gemacht wird, gegen das ein Zauber unternommen werden soll. Dann wird der Teil, welcher das Herz darstellt, mit einem scharfen Instrument eingeritzt und, wenn die Zeichnung Tod bringen soll, etwas „Medizin" dazu verwendet. Die Zeichnung oder das Bild eines Tieres für einen derartigen Zweck wird *muzzi-ne-neen* genannt, und der gleiche Name wird auch für kleine Figuren eines Mannes oder einer Frau verwendet. Derartige Bilder werden auf Birkenrinde gezeichnet oder manchmal sorgfältig aus Holz geschnitzt — Inhaltsreicher ist folgender Jagdzauber: man nimmt einen flachen Stock, 8 bis 10 Zoll l. und ungefähr einen halben Zoll br., auf dem eine Reihe von Figuren eingezeichnet sind, welche eine Geschichte der übernatürlichen (Traum-) Erlebnisse seines Besitzers enthalten (Tf. 99,4). Man „liest" diesen Stab bei der Beschwörungs- (*Mitäwin-*) Zeremonie, während die verschiedenen Mitglieder der Schamanengesellschaft ihre Beziehungen zu den mystischen Mächten bezeugen. Auch bevor man auf die Jagd geht, wird die Erinnerung an das Traumerlebnis wiederholt, ferner bei den Zeremonien einer Beschwörung als Beweis für die Beziehungen zu dem Übernatürlichen, um der Wirkung einer Heilbeschwörung Nachdruck zu verschaffen. Vor dem „Lesen" singt der Betreffende: „Seht ihr mich, wie ich jetzt herauskomme?" Das erste Zeichen bedeutet: als ich jung war, schwärzte ich mein Gesicht und fastete im Vertrauen, daß die Mächte oben und unten mein Gebet erhören und sich meiner erbarmen, ich betete um Erfolg in meinen Unternehmungen und um das Fangen von allen Vierfüßigen (a) und von allen Fischen (b). Ich richtete meine Bitte an *Wabiskinitäpäsos* (c), an den heiligen weißen Hirsch, und seinen Gehilfen *Wabiskuitnamä*, den heiligen weißen Biber, der alle Dinge auf Erden und im Wasser beaufsichtigt (d). Hier findet ein Einschnitt statt, mit der Bemerkung, daß diese Wesen den Bittsteller erhört haben, da er solange litt. Ein neuer Eröffnungsgesang: „Seht ihr mich, wie ich jetzt herauskomme, um alle Tiere zu rufen, die ich zu besitzen wünsche?" leitet zur Fortsetzung über; sie lautet: „Gewährt mir Mächte so wie ihr mir versprochen habt, daß ich den Hirsch erlege (e, f, g) und alle anderen Tiere. Möge mein Zauber das Herz des Bären treffen (h), möge ich Erfolg haben (i), möge mir ein prophetischer Traum zuteil werden (j) und möge ich heute abend noch sehen, wo die Bärenhöhle sich findet. Ich bitte dich, daß sie sich dort findet, wo ich wünsche, daß sie ist, Oberhaupt aller Bären (k, l)!" (Skinner 1913 S. 154ff.).

Auf Tf. 101 bezeichnet Abb. a den Inhalt einer sog. Wintergeschichte, in der das wichtigste Ereignis des Jahres festgehalten wird. Sie stellt somit eine Art Chronik wichtiger Ereignisse vor. Zauberischen Charakter besitzen die Chroniken nicht, obgleich natürlich zauberische Vorstellungen gelegentlich in sie hineinspielen. Die Dreiecke, welche am Rand des Bildes angebracht sind, stellen die Zelte dar. Es handelt sich um Vorgänge des 18. Jht.: Ein feindlicher Kriegshaufen hatte sich unter einer Herde von Büffeln verborgen, die Dakota umzingelt und viele getötet, bevor sie den Gegner entdeckt hatten. Niemand weiß, was für Leute das waren, und wieviele es gewesen. Schließlich erschlugen die Dakota aber alle Feinde. Einige Zelte sind rot, andere dunkelbraun; dies bedeutet Krieg, und daß die Dakota erfolgreich waren (Mallery S. 287ff.). Mitteilungswert, oft wahrscheinlich auch in zauberischer Absicht, kommt den Felszeichnungen in Afrika (Želížko), Amerika (Wilder), Australien (Basedow) und anderwärts zu.

§ 7. Richtige Bildererzählungen stellen die Schnitzereien an den Jünglingshäusern (*Bay*) auf Palau (Karolinen-Inseln der Südsee) dar. Die mit den Bildern zusammenhängenden Sagen und Mythen wurden von Krämer genau aufgezeichnet, sind jedoch noch nicht veröffentlicht (nach persönlicher Mitteilung). Bei Kubary (S. 242ff.) finden sich darüber nur Andeutungen, daß z. B. mit Köpfen und Füßen versehene Sonnen und Monde eine Sage von dem Besuche einiger *Ńargeukl*-Leute bei der Sonne darstellen; andere, die sich auf einen Fischzug, der dem *Misogúuk*-Fisch gilt, beziehen. An einer anderen Bay (*el Meléńl* in *Erray*) findet sich die Geschichte des durch eine Spinne versinnbildlichten *Mańidap* usw. Diese Geschichten sind auf Balken in Farben gemalt oder auch geschnitzt (ebd. S. 246). Um einzelne traditionelle Figuren, die an den Häusern dargestellt werden, ranken sich bestimmte Sagen (ebd. S. 244).

Auf Tf. 101 stellt Bild b eine Aufzeichnung von zeremoniellen Gesängen von Schamanen der Ojibwa-Indianer dar, wie sie bei der Aufnahme von neuen Mitgliedern in ihre großen Zauber-Gesellschaften stattfinden. Die Gesänge und Riten werden von Generation zu Generation überliefert, und alte Ojibwa-Worte werden dabei angewendet. Wenn man die archaische Sprache ändern würde, so könnte das die Macht der Zauberworte beeinträchtigen. — Die Zeichen sind auf Birkenrinde eingeritzt, und die in Betracht kommenden Worte werden gesungen. Die Schamanen begründen ihre Aufzeichnung damit, daß Gefahr bestehe, die betreffenden Phrasen könnten vergessen werden. Ganz besonders hat diese Gefahr natürlich im vorigen und vorvorigen Jahrhundert bestanden. Ein Gesang, wie er auf einem einzelnen Stück Birkenrinde dargestellt wird, besteht in Wirklichkeit aus einer großen Menge von Bestandteilen, und zwar aus so vielen, als Zeichen da sind. Jeder Satz, der einem Zeichen entspricht, wird im Ritus mehrere Male wiederholt; je größer die Zahl der Wiederholungen, desto stärker die Begeisterungskraft im Sänger. Ein Gesang oder Satz kann daher 2—10 oder mehr Minuten dauern. Natürlich erfordert ein Gesang viel mehr Zeit, wenn er vom Tanz begleitet wird. Der Tanz beginnt gewöhnlich mit einer Pause, die durch einen einzelnen vertikalen Strich gekennzeichnet wird. In der Reihenfolge von Tf. 101b bedeutet, von links nach rechts gelesen, das erste Zeichen : die obere Figur einen Arm, der zur Erde reicht, um nach verborgenen Mitteln zu suchen. Worte: „Ich bin der Erdgeist, ich nehme die Heilmittel aus der Erde." — Die nächste Figur ist ein menschlicher Rumpf ohne Kopf, der aus einem mystischen Kreis hervorragt, welcher die Macht bedeuten soll, die der Sprecher besitzt, der sich an einen jüngeren und weniger erfahrenen Schamanen wendet. Worte: „(denn) ich bin ein Geist, mein Sohn." — Strich, der eine Pause im Gesang andeutet, nach welcher der Gesang unter Tanzbegleitung erneuert wird. — Der innere Kreis der nächsten Figur stellt das Herz des Sprechers vor; der äußere Kreis den Versammlungsplatz der Schamanen. Die kurzen Querstriche zeigen die verschiedenen Richtungen an, aus denen die Schamanen zusammenströmen. Worte: „Sie erbarmen sich meiner, deshalb rufen sie uns zu dem großen Heilmittel." — Die nächste Figur soll einen Kopf darstellen, von dessen Augen Linien ausgehen. Der Sprecher sucht mit seinen

Blicken den angeredeten Schamanenjünger, damit er in dem heiligen Bau erscheinen soll, wo die Weihezeremonie vor sich geht. Worte: „Ich wünsche dich zu sehen, Zauberer." — Nun folgt der Leib eines Bären mit einem Strich quer über dessen Körper, womit angedeutet wird, daß es einer der mächtigsten Geister der großen Heilmittelgesellschaft ist. Worte: „Mein Leib ist ein Geist." — Der folgende Kopf mit Linien, die vom Kopf hinauf und hinunter gehen, soll eine Kenntnis der Dinge im Himmel und der Geheimnisse der Erde andeuten. Worte: „Du wirst es erfahren, da es geistig ist." — Im nächsten Bild wird eine Otter gezeigt, die aus dem heiligen Schamanenring sich entfernt. Die Otter stellt nämlich einen Boten von besonderer Kraft vor, der zwischen dem großen Geist und den Schamanen vermittelt. Worte: „So wie ich gekleidet bin, bin ich." — Zum Schluß reicht ein Arm in einen Kreis, womit die Macht angedeutet wird, geheimnisvolle Fähigkeit von *Kitschi Manidō* zu erlangen. Die Beziehung zwischen den Zeichen und dem Satz ist dunkel. Vielleicht fürchtet der Sprecher die Macht, die andere besitzen. Worte: „Was mich beschwert, ist die Angst vor meinen Zaubererbrüdern" usw. (Mallery S. 232ff.).

Auf Tf. 101 e findet sich ein Teil der Weltauffassung der Menomini-Indianer nach der Aufzeichnung eines alten Mannes auf einem Stück Birkenrinde dargestellt, die dieser von seinen Vorvätern ererbt hat. a) stellt das Dorf der Donnerer im Himmel vor. Fortschreitend von links nach rechts finden wir in b) Wickäno, den Herrn der Donnerer. c) ist der mächtige Wind, den er beaufsichtigt, d) seine Wolken. e) zeigt Wickäno auf seinem Ruheplatz auf einem großen Felsen. f) und g) ist einer von Wickänos Leuten mit dem Regen, h) ist Wickäno, der in i) einen Wirbelwind losläßt, j) Nebel oder Wolken, hinter denen die Donnerer ihre Beute beschleichen. k) stellt ihren Steinbruch dar, während einer der Donnerer über eine der bösen Schlangen herfällt, welche die Donnerer essen. Ein Gesang begleitet diesen Mythos auf Birkenrinde. Er wurde vorgetragen, wenn die Zeichen gezeigt und Tabak geopfert wurde: dazu sang man: *„o Wolke! die du ein Gott bist gleich einem Tier"* usw. (Skinner 1913 S. 73ff.). — Vgl. a. Wissler 1912, 1913; Seler 1909, 1910.

§ 8. Als Muster einer Rebus-Schrift können die alten Maya-Zeichen (101 d) angeführt werden, die wir teils aus Steindenkmälern, teils aus Handschriften (vgl. Schwede) kennen, die wahrscheinlich zur Zeit der span. Eroberung nach Europa gebracht wurden. Wenngleich sich ihr Inhalt auf die Überlieferung vieler Jahrhunderte stützt, die durch Abschriften fortgepflanzt wurde, dürfte die Entstehung der heute in unseren Händen befindlichen Exemplare doch nicht weiter zurück als in das 15. Jh. unserer Zeitrechnung verlegt werden. Sie weisen auch so weitgehende Übereinstimmungen sowohl in bezug auf die in Betracht kommende Kultur als auch in der S. selbst auf, daß ihre Herkunft aus einem verhältnismäßig eng umschriebenen Gebiet angenommen werden muß, nämlich aus dem s. Maya-Lande, das dem n. Teil des heutigen Guatemala entspricht (Schellhas S. 1ff.). — Was die Art jener Handschriften selbst anbelangt, so hat sich herausgestellt, daß die Maya verschiedene Schriftformen besaßen, nämlich die der Steindenkmäler und die der Handschriften, die sich in ähnlicher Weise zueinander verhielten wie in Ägypten die Hieroglyphen der Steindenkmäler zu den hieratischen Formen der Papyri. Die ersteren tragen „ornamentalen" Charakter. — Die überkommenen Maya-Handschriften sind kostbare Werke priesterlicher Arbeit mit mythologischem, kalendarischem und astrologischem Inhalt (vgl. a. Morley 1915 S. 31), die für ein exklusives Publikum, für die obersten Kreise des gebildeten Adels, bestimmt waren, auf alten Traditionen beruhten und alte Vorbilder hatten. Außerdem dürfte es aber auch noch Werke profaner, besonders geschichtlicher Art gegeben haben (Schellhas S. 14ff.).

Das System dieser S. besteht darin, daß einem Zeichen keineswegs regelmäßig die gleiche Bedeutung entspricht, sondern es ist je nach Bedarf bald nach dem optischen Sinnwert zu lesen, dem jedoch auch verschiedene Worte entsprechen können, bald nach dem, manchmal nur angenäherten, akustischen Lautwert, etwa so, wie wenn man die Stadt „Bern" mit Zeichen von

„Bären" schreiben würde oder „Straßburg" mit einer Straße und einer Burg. Man könnte das gleiche Bild der „Burg" aber auch als „Haus" oder als „Schloß" dem Lautsinn nach wiedergeben. So wird der Name der Stadt *Toltitlan,* der „nahe am Binsengrund" bedeutet, mit dem Zeichen für „*tollin*" = Binsengrund geschrieben. Jedoch braucht man nur die Silbe *tol.* Da man *tetlan* = „nahe" nicht unmittelbar durch einen Gegenstand bezeichnen kann, findet man einen Ausweg in der Weise, daß man das ähnlich klingende Wort *tlanti* = Zahn im Zeichen wiedergibt. Der Abbildung der Binsen fügt man ein Gebiß mit Zähnen ein: diesen Rebus hat man nun *Toltitlan* zu lesen. Ein anderes Beispiel ist der Name der Stadt *Acatzinco* = das kleine Riedgras. Riedgras (*acatl*) wird durch spitze Blätter dargestellt. Um nun das Diminutivum *tzinco* auszudrücken, verwendet man die Bezeichnung des Unterkörpers = *tzinco.* Hier geht das „*l*" von *acatl* verloren, wie im ersten Beispiel das *in* von *tollin.* Man sieht also wohl eine gewisse Ungenauigkeit und Schwerfälligkeit unweigerlich mit dieser S. verbunden, obgleich sie natürlich schon hart an die Lautschrift heranreicht (Morley 1915).

In den Abbildungen (vgl. Tf. 101 d) werden einige Muster von mexikan. Schriftzeichen vorgeführt. a) Die einfachsten Namen sind aus zwei Hauptwörtern zusammengesetzt, die direkt durch Bilder ausgedrückt werden, wie z. B.: *Cal-tepec* = „das Haus auf dem Berg", von *cal* (aus *calli*) = Haus und *tepec* (aus *tepetl*) = Berg. — b) Die Tätigkeit wird durch Bezeichnung eines Faktors derselben bei einigen Eigennamen zum Ausdruck gebracht. Dabei kommt es zu einer Zusammensetzung von Verb und Namen, deren Gedankenbeziehung durch eine entsprechende Kombination von Bildern erkenntlich gemacht wird, z. B.: *Toli-man* = „der Ort, wo die Binsen geschlagen werden" von *toli* (aus *tollin*) = Binsen und *ma* = die Wurzel des Tätigkeitswortes „etwas mit der Hand nehmen". Besonders Ortsnamen werden häufig in ähnlicher Weise gebildet. Dabei gewinnt auch die Farbe oft Bedeutung, z. B. „der Kanal des gelben Wassers". In den angeführten Beispielen deckt sich die Bedeutung des Bildes und des Lautes. Aber der Name besteht oft nicht aus Zeichen, die wegen ihres phonetischen Wertes allein gebraucht werden, sondern die Zeichen selbst sind von bildhafter Bedeutung. Die Stadt des „sehr gelben Wassers" leitet ihren Namen von der Lage am Ufer eines schlammigen Flusses ab. Nun sehen wir den Fluß, das gelbe Wasser, und die Ufer des Flusses selbst. Die echte phonetische Stufe wird erst erreicht, wenn Zeichen ohne Rücksicht auf ihre Bedeutung als Bilder benutzt werden, allein wegen ihres phonetischen Wertes. In allen Beispielen von Ortsnamen werden die verschiedenen Silben durch Bilder der Gegenstände, der Tätigkeit, durch Stellung oder Farbe ausgedrückt. Eine andere Methode wird angewendet, wenn man die Bedeutung herauszubringen versucht in Fällen, in denen der Gedanke durch ein Bild oder ein anderes der angeführten Mittel nicht direkt wiedergegeben werden kann. Erst in der nachkolumbischen Zeit unter dem zweifellosen Einfluß der Spanier wurden Zeichen mit rein phonetischem Silbenwert, ja, mit bloßem Lautwert verwendet. In den Manuskripten tritt dann eine Trennung der bildlichen Darstellung, besonders zur Lehre des christlichen Glaubens, von der aus dem alten Zeichenrebus neuentstehenden Silben- und Buchstabenschrift ein. — Vgl. Seler und Tozzer.

Von großer Wichtigkeit erscheint den höheren Naturvölkern und insbesondere den archaischen Völkern eine Feststellung der an den einzelnen Orten ansässigen Leute, ihrer Heimstätten, des Besitzes, ihrer Verwandtschaft usw., insbesondere der Abgaben, die sie zu leisten haben. Dazu dienten auch im alten Mexiko die Bilderschriften, die z. B. in der Art einer Karte angefertigt wurden (Breton).

§ 9. Der Gedankenwert des Ideogramms tritt besonders darin klar hervor, daß die gleichen Zeichen, wenn sie von verschiedenen Völkern verwendet werden, in jeder Sprache einen anderen Lautwert besitzen. So wird das Zeichen für „Süden" im Chines. *nan,* im Japan., das sich zum Teil wenigstens auch der chines. Ideogramme bedient, *minami* gelesen. Das Ideogramm für Brennholz, Feuerung, wird im Chines. *shin* gelesen, im Japan. *takigi* usw. Natürlich wechselt die Aussprache in China wieder nach den Dialekten. Die altchinesischen Zeichen, die in der Druckschrift bestimmte Züge erhielten, erfuhren weiterhin durch das Schreiben Zusammenziehungen, ähnlich wie etwa das Hieratische der Hieroglyphenschrift im Demotischen. Umgekehrt werden ähnlichklingende Worte verschiedener Bedeutung durch verschiedene Ideogramme wiedergegeben. Auf die im Japanischen aus den chinesischen Ideogrammen entwickelte Silbenschrift, das *Katakana* und des *Hiragana*, kann hier natürlich nicht näher eingegangen werden (Crasselt S. 251 ff.). Als bemerkenswert sei nur die Tatsache hervorgehoben, daß es erst eines fremden Volkes mit anderer Sprache bedurfte, um die chinesischen Ideogramme für eine Silbenschrift auszuwerten. S. a. § 4. — Forschungen über die älteren chinesischen Schriftzeichen vgl. Chalfant, besonders Hopkins; kurze Zusammenfassung bei Owen, Schindler, Karlgren.

§ 10. Die Entwicklung der Silben- und Buchstabenschrift aus dem Ideogramm (vgl. Thurnwald) scheint sich in durchschlagender Weise nur einmal vollzogen zu haben. In der sumerisch-babylonischen und ägyptischen Schrift begegnen in den frühesten Zeiten vereinzelt noch Laut-, ja selbst Sinn-Rebus; in der hist. Epoche befinden sich die Ideogramme jedoch schon auf dem Wege der Auflösung zu Silben- und Buchstabenwerten (vgl. Erman, Schäfer, Sethe, Delitzsch). Die ägyptische Schrift hat länger als die sumerisch-babylonische den bildhaften Charakter festgehalten, auch nachdem die Zeichen jede Beziehung zu den Bildern verloren hatten (s. a. Altitalische Alphabete, Elam C, Hettiter C, Keilschrift § 10, Kretische Schrift, Schrift C—H). — Für die Anwendung des Bild- und Liniendrucks durch Stempel vgl. für Samoa: Hambruch; für China: Bernhardi; für babyl. Siegelzylinder: Weber.

§ 11. Zu den abgeleiteten Strichschriften gehört das Ogham, das hauptsächlich in Süd-Irland (in den Grafschaften von Kerry, Cork, Waterford und Kilkenny) und in den gegenüberliegenden Küstenlandschaften Englands als Inschrift auf Grabsteinen gefunden wird. Diese Schrift, die Verwandtschaft mit den Runen zeigt, wurde von Kolonisten aus dem Orient gebracht. Die Zeichen, die an der Kante der Steine angebracht sind, haben, wie bilingue Denkmäler zeigen, Buchstabenwert. Eine verwandte Schrift findet sich auf den sog. Ogham-Kalkstein-Tafeln, die in Biere bei Magdeburg in der Prov. Sachsen gefunden wurden (Macalister II 138, 146 f.). Dem Ogham nicht unähnlich sind die Inschriften der Pikten, woraus hervorgeht, daß der Kulturstand dieser Völker nicht sehr tief gewesen sein kann, und daß auch sie Beziehungen wenigstens mit gewissen Nachbarn unterhalten haben müssen (Rhys). S. a. Kelten B § 2.

Für die Übertragung von Schriftgut sind Vorgänge lehrreich, die wir z. B. bei asiat. Völkern des russ. Reiches beobachten können. Zur Neubildung von Alphabeten werden mit seltenen Ausnahmen (Georgisch, Armenisch, Mongolisch-Mandschurisch) drei Grundformen von den russ. Orient-Völkern verwendet, das russ., das arab. und das lat. Alphabet. Dem russ. Alphabet nachgebildet sind 6 finnisch-ugrische Alphabete, 3 türkisch-tatarische Alphabete und das abchasische Alphabet. Die arab. Grundform findet sich bei 6 Völkern der sog. japhetitischen Gruppe und bei 9 türkisch-tatarischen Völkern. Die lat. Schrift ist bei 4 türkisch-tatarischen Völkern und bei 4 „japhetitischen" Völkern in Gebrauch, jedoch gewinnt das lat. Alphabet immer mehr und mehr an Boden, und auf dem turkologischen Kongreß in Baku haben 5 Völkerschaften den vorläufigen Entschluß zur Übernahme der Lateinschrift gefaßt. Die Zahl der verschiedenen Alphabetprojekte geht in die Hunderte (Jakovlev).

Im Calabar-Distrikt der ö. Provinzen von Süd-Nigerien (West-Afrika) und einwärts an beiden Ufern des Kreuz-Flusses (*Cross-river*) kommt eine eigenartige S. vor. Sie ist unter den Jbo-Leuten (ein Volk von etwa 4 Millionen) entstanden, die Handwerker sind. Die S. ist dort Eigentum einer geheimen Gesellschaft. Diese Schrift (*Nsibidi*) ist wegen ihrer linearen Vereinfachung der figürlichen Symbole bemerkenswert, sowie gleichzeitig durch ihre drastische Symbolik (Macgregor).

Die *Nsibidi*-Zeichen, die in Süd-Nigerien Fuß gefaßt haben, werden von verschiedenen geheimen (s. d.) Gesellschaften verwendet, von jeder jedoch in einer beson-

a

b

c

d_1

d_2

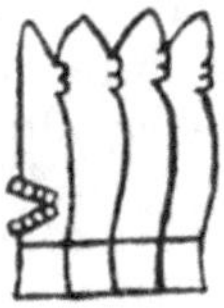

d_3

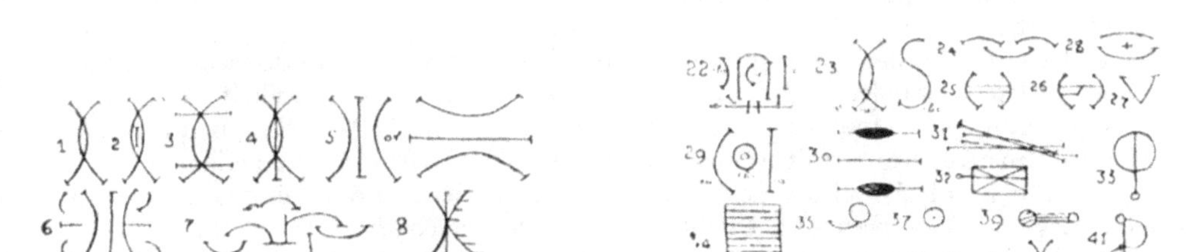

e

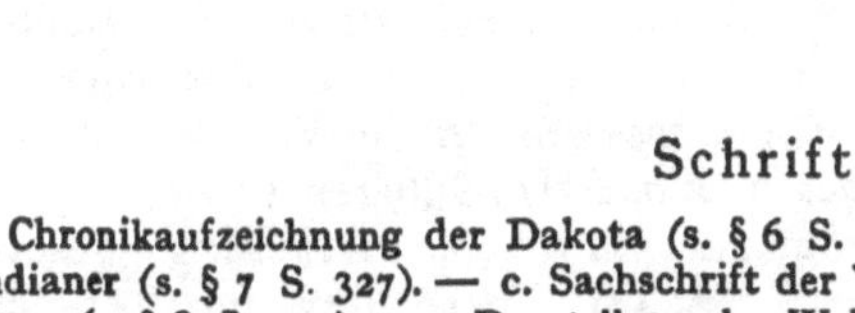

f_1

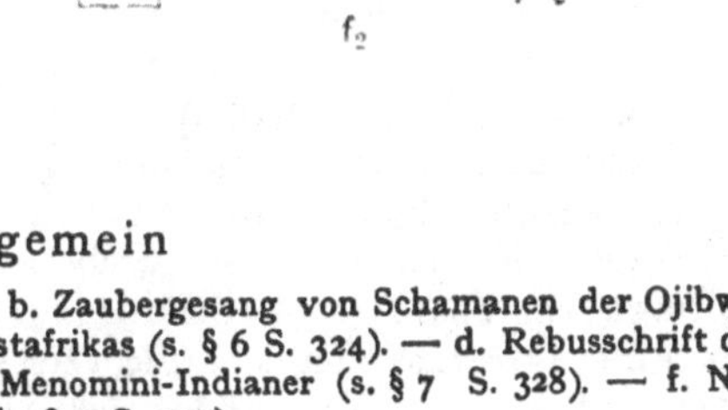

f_2

Schrift A. Allgemein

a. Chronikaufzeichnung der Dakota (s. § 6 S. 326/27). — b. Zaubergesang von Schamanen der Ojibwa-Indianer (s. § 7 S. 327). — c. Sachschrift der Yoruba Westafrikas (s. § 6 S. 324). — d. Rebusschrift der Maya (s. § 8 S. 329). — e. Darstellung des Weltbildes der Menomini-Indianer (s. § 7 S. 328). — f. Nsibidi-Schrift Westafrikas (s. § 5 S. 322).

deren Art, und sind vielfach schematische Zeichnungen, die vielleicht durch die arab. S. angeregt wurden. Manchmal werden einzelne Zeichen den Angehörigen der Gesellschaft auf Gesicht, Arme oder Beine tätowiert. Ihre Deutung wird geheim gehalten (Dayrell S. 521, 530ff.). Vgl. § 5.

Von der w. Karolinen-Insel Uleai ist eine Silbenschrift mit Bildcharakter bekannt geworden, die wahrscheinlich mit einer alten Einwanderer-Schicht dieser Insel zusammenhängt (Brown).

§ 12. Während die Bedeutung des bildlichen Ideogramms auch für Unkundige verhältnismäßig leicht faßbar ist, erscheint es als eine viel mystischere Angelegenheit, aus Zeichen geometrischer oder schematischer Art Bedeutung und Sinn herauszuziehen. Für den des Lesens Unkundigen haben sie etwas Verblüffendes, dem nur annähernd unser Erstaunen etwa beim Lesen chines. oder altind. Schriftzeichen zu vergleichen ist. Dem des Lesens Kundigen wendet sich daher der Respekt der Masse von Unkundigen zu (noch heute wird im Orient der Schreibkundige mit dem Titel *effendi* ausgezeichnet); aber auch den geheimnisvollen Trägern von Gedanken und Worten, den Schriftzeichen unmittelbar, begegnet man ehrfurchtsvoll und sieht in ihnen mystische Kräfte walten, weil die Brücke vom optischen Bild zum gedanklichen Ausdruck unerklärlich erscheint. (Der Einfluß des Islams in Afrika oder auf den Philippinen wird heute noch vielfach durch den geheimnisvollen Zauber der Buchstabenbilder genährt.)

Hinzu tritt die andere Art primitiver Symbolik. Den Symbolen haftet in den primitiven Kulturen eine viel stärkere Wesensverbundenheit mit dem bezeichneten Objekt an als bei uns (s. Primitives Denken). Wie man den Unglücksboten erschlägt oder belohnt, obgleich er nach unserer Auffassung weder für das Üble noch für das Gute verantwortlich gemacht werden kann, so wird auch von dem Zeichen unmittelbar eine Beziehung zu dem, was es bedeutet, konstruiert.

Überdies herrscht in den archaischen Kulturen ein charakteristischer Hang zur Systematisierung, nämlich die verschiedenen affektbeladenen und mit Ichbeziehungen ausgestatteten, bedeutungsvollen Dinge untereinander in Beziehung zu setzen, zu „deuten". Dies drängt sich den archaischen Kulturen deshalb als besonders wichtig auf, weil es hier zum erstenmal zu einem Zusammenschluß mannigfacher, oft heterogener, ethnischer Massen in einem einzigen politischen Verband kommt (s. Primitive Kultur, Staat).

Aus dieser Ichbezogenheit quellen z. B. auch die altorientalischen Ansichten über den Ursprung der Schrift. Vor allem werden die Schriftzeichen als „göttlicher" Herkunft angesehen, geradeso, wie man ja auch andere Kulturerrungenschaften kausal aus dem Wirken übermenschlicher Wesen ableitet. Die gebildeten Griechen der klassischen Zeit dachten allerdings darüber anders. Doch gebrauchten die Griechen die Buchstaben sowohl als Zahlzeichen wie als Musiknoten.

Nicht nur über die einzelnen Buchstaben wurden bis in unsere Tage reichende Spekulationen aller Art, besonders nach der religiösen Richtung hin, angestellt, sondern sie wurden auch in Beziehung zu verschiedenen Erscheinungen, Gegenständen und Eigenschaften gebracht. Α und Ω war in christlichen Kreisen durch die Offenbarung Johannis geheiligt. Δ bedeutet seit alters bis heute das weibliche Genital. Ε gilt als Bild der Wage. Das Τ glich dem Kreuz, wie auch die Heiden bemerkten. Das Υ ist der philosophische Buchstabe, der zur Illustration von den beiden Wegen der Tugend und des Lasters dient. Buchstabengruppen wurden von den Pythagoräern besondere Bedeutung beigemessen: Ξ Υ Ζ wurden als Konsonanten (συμφωνία) bezeichnet. Die Dreiheit der Doppelkonsonanten hielten sie für metaphysisch begründet. An den Vokalen mußte den Pythagoräern ihre Siebenzahl α ε η ι ο υ ω wichtig erscheinen usw. Eine unendliche Menge von zauberischen Ausdeutungen und Spielereien erfüllte im Altertum und Mittelalter bis tief hinein in unsere Zeit die Völker, die sich der Schriftzeichen bedienten (Dornseiff S. 32ff.). — In der Spätzeit des Altertums wurden die Vokale mit den Planeten und ihren Sphären sowie mit der Hebdomade in enge Beziehung gesetzt (a. a. O. S. 43). Besonders mit Apollon verbindet man die Vokale usw. Nicht allein das, allerlei zauberische Künstelei knüpft sich an das Lesen der Worte (Krebsworte, Zauberworte, Syllabare) u. dgl. In der spätgriechischen Zeit bricht sich das primitivere Denken des orient. Altertums Bahn und wird von den Neu-Pythagoräern in ein zeitgemäßes, weitumfassendes System gebracht. Es gibt 2 × 12 Buchstaben, weil es 12 Tierkreise und 12 Körperteile gibt und umgekehrt (a. a. O. S. 81) u. dgl. Die in den Sternen lesenden Astrologen erfanden schon in Babylonien eine „Himmelsschrift". Die Reihenfolge der Buchstaben im Alphabet wird also mit der Stellung der Gestirne am Himmel in Verbindung gebracht (a. a. O. S. 80f.).

Von allg. Werken über Schrift seien noch genannt: Jensen und Stübe, über Zahlen: **Löffler**.

S. a. Idol A1, Mana B, Meidung, Omen A, Orakel A, Rätsel, Primitives Denken, Zauber A.

v. Amira *Die Handgebärden in den Bilderhandschriften des Sachsenspiegels* Abh. Bayer. Akad. 23 (1909); ders. *Der Stab i. d. german. Rechtssymbolik* ebd. 25/1 (1909); Basedow *Aboriginal Rock Carvings of Great Antiquity in South Australia* Journ. anthr. inst. 44 (1914); Beckwith *Signs and Superstitions collected from Am. College Girls* Journ. Am. Folk-Lore 36 (1923); Bernhardi *Chinesische Stempel* Baessler-Archiv 6 (1916—1922); Beyer *Die Verdoppelung in der Hieroglyphenschrift der Maya* Anthropos 21 (1926); Brash *The Ogam inscribed monuments of the Goedhil in the British Islands* 1879; Breton *Some Mexican Picture Names* Man 19 (1919); ders. *An ancient Mexican picture map* Man 20 (1920); Man 14 (1914) Brown; Chalfant *Early Chinese Writing* Memoires of the Carnegie Museum 4/1 (1906); Crasselt *Japanische Schrift und Sprache und der japanische Unterricht darin* Globus 92 (1907); Dayrell *Further Notes on Nsibidi Signs with their Meanings from the Jkom District, Southern Nigeria* Journ. anthr. inst. 41 (1911); Delitzsch *Über den Ursprung der babylonischen Keilschriftzeichen* Ber. sächs. Ges. d. Wiss. 48 (1896); Dornseiff *Das Alphabet in Mystik und Magie* Stoicheia, Stud. z. Gesch. d. antik. Weltbildes hg. v. Boll, 7 (1925); Erman *Die Entzifferung der Hieroglyphen* SB. Preuß. Ak. 1922; Fleischer *Die germanischen Neumen* 1923; Fletcher und La Flesche *The Omaha Tribe* Ann. Rep. Bur. Am. Ethn. 27 (1911); Gaerte *Das Weltbild der Protoelamischen Kultur* Anthropos 14/15 (1919/20); ders. *Hund, Hahn und Schlange in ihren sinnbildlichen Bedeutungen auf den schwed. Felsenzeichnungen* Archiv f. Anthr. 47 (1923); George *The gesture of affirmation among the Arabs* Am. Journ. Psych. 1916; Gobert *Notes sur les tatouages des indigènes Tunisiens* L'Anthropologie 34 (1924); Gutmann *Die Kerbstocklehren der Dschagga in Ostafrika* Ztschrft. f. Eingebor.-Sprachen 13 (1922/23); Hambruch *Ozeanische Rindenstoffe* 1926; Hobley *Further Researches into Kikuyu and Kamba Religious Beliefs and Customs* Journ. anthr. inst. 41 (1911); Hopkins *The Chinese Numerals and their Notational System* Journ. Asiat. Soc. 1916; ders. *Pictographic Reconnaissances* ebd. 1918, 1919, 1922, 1923, 1924; Hultzsch *Über die Beziehung der dravidischen und koreanischen Sprachen* 1905; Jaensch *Die Völkerkunde und der eidetische Tatsachenkreis* Ztschrft. f. Psychologie 91 (1922); Jakovlev *Die Entwicklung des Nationalschrifttums der Orientvölker in der Sowjetunion und die besondere Entstehung ihrer Nationalalphabete* (nach einem Vortrag in d. dtsch. Ges. z. Studium Osteuropas) DLZ 1926; Jensen *Geschichte der Schrift* 1925; Karlgren *Sound and Symbol in Chinese* 1923; Kubary *Ethnographische Beiträge zur Kenntnis des Karolinen-Archipels* 1895; Kühn *Neues aus paläolithischer Kunst* Mannus 1925; ders. *Ursprung und Entwicklung der paläolithischen Kunst* ebd. 1925; ders. *Das Problem der ostspanischen Felsmalerei* Tagung der dtsch. Anthrop. Ges. in Halle 1925; Kempermann *Die Kami Yo No Modji oder Götterschrift* Mitt. d. dtsch. Ges. f. Natur- und Völkerkunde Ostasiens 2 (1876/80); Kern *A Malay Cipher Alphabet* Journ. anthr. inst. 38 (1908); Löffler *Ziffern und Ziffernsysteme der Kulturvölker in alter und neuer Zeit* Mathematische Bibliothek 1 (1912); Maass *Wahrsagekalender im Leben der Malayen Zentral-Sumatras* ZfEthn. 42 (1910); Macalister *Studies in Irish Epigraphy* I (1897), II (1902), III (1908); Macgregor *Some Notes on Nsibidi* Journ. anthr. inst. 39 (1909); Mallery *Picture Writing of the American Indians* Ann. Rep. Bur. Ethnol. 10 (1893); Massaquoi *The Vai-People and their Syllabic writing* Journ. Afric. Soc. 10 (1910/11); Mieses *Die Gesetze der Schriftgeschichte* 1919; Migeod *The Syllabic Writing of the Vai-People* Journ. Afric. Soc. 9 (1909/10); Morley *An Introduction to the study of Maya Hieroglyphs* Smithson. Inst. Bur. Am. Ethnol. Bulletin 57 (1915); ders. *The foremost intellectual achievements of ancient America* The Nat. Geographical Magazine 41 (1922); Nekes *Trommelsprache und Fernruf bei den Jaunde und Duala in Südkamerun* Mitt. Sem. Orient. Spr. 15 (1912); Nioradze *Der Schamanismus bei den sibirischen Völkern* 1925; Nordenskiöld *The Secret of the Peruvian Quipus* Comparative Ethnographical Studies 6, 1 (1925); Obermaier *El Hombre Fósil* 1925; Owen *The Evolution of Chinese Writing* 1911; Pechuël-Lösche *Volkskunde von Loango* 1907; Pedersen *Der Eid bei den Semiten* 1914; Rattrey *The Drum Language of West-Africa* Journ. Afric. Soc. 22 (1922/23); Rhys *The Inscriptions and Language of the Northern Picts* Proceedings of the Soc. of Antiquarians of Scotland 26 (1891/92); Robley *Moko or Maori Tatooing* 1896; Rütimeyer *Ur-Ethnographie der Schweiz* Schriften d. Schweiz. Ges. f. Volksk. 16 (1924); Schäfer *Die Vokallosigkeit des phönizischen Alphabets* Gedanken zur Geschichte des Alphabets 52 (1915); Schellhas *Der Ursprung der Maya-Handschriften* ZfEthn. 58 (1926); Schindler *Die Entwicklung der chinesischen Schrift an ihren Grundelementen* Ostasiat. Zschr. 3 (1914/15); ders. *Die Prinzipien der chines. Schriftbildung* Ostasiat. Ztschrft. 4/5 (1915/17); Schulenburg *Kerbstöcke der Südslaven* ZfEthn. 18 (1882); Schulten *Tartessos* 1912; Schwede *Über das Papier der Maya-Codices und einiger altmexikanischer Bilderhandschriften* 1912; Seler *Gesammelte Abhandlungen zur amerikanischen Sprache und Altertumskunde* I (1908); Seler *Die Tierbilder der mexikanischen und der Maya-Handschriften* ZfEthn. 41 (1909), 42 (1910); Seligmann *Der böse Blick* 1910; Sethe *Der Ursprung des Alphabets. Die neuentdeckte Sinaischrift* Nachr. Gött. Ges. 1916/17; ÄZ 45 ders.; Simon *Über Knotenschriften und ähnliche Knotenschnüre der Riukiu-Inseln* Asia Major 1 (1924); Skinner *Social Life and Ceremonial Bundles of the Menomini Indians* Anthrop. Papers Americ. Mus. Nat. Hist. 13/1 (1913); ders. *Political Org. etc. of the Plains-Ojibway* etc. ebd. 11 (1914); Sommer *Zur venetischen Schrift und Sprache* IF 42 (1924); Strehlow *Die Aranda- und Loritja-Stämme in Zentral-Australien* I, 2 (1908); Strzoda *Die Li auf Hainan und ihre Beziehungen zum asiatischen Kontinent* ZfEthn. 43 (1911); Stübe *Der Ursprung des Alphabetes und seine Entwicklung* 1920; Thurnwald *Psychologie des primitiven Menschen* 1922; Tozzer *An Introduction to the Study of the Malay Hieroglyphs* Smithson. Instit. Bulletin 57 (1915); ZfEthn. 14 (1882) Treichel; Tremearne *Notes on some Nigerian Tribal marks* Journ. anthr. inst. 41 (1911); Weber *Altorientalische Siegelbilder* AO 17 und 18 (1920); Wellhausen *Reste arabischen Heidentums* 1897; Weule *Vom Kerbstock zum Alphabet* 1915; Wilder *A Petroglyph from Eastern Massachusetts* Amer. Anthr. 13 (1911); Williams *Plant Emblems among the Orokaiva* (Papua) Journ. anthr. inst. 55 (1925); Wissler *Societies and Ceremonial Associations in the Oglala Division of the Teton-Dakota* Anthrop. Papers Am. Mus. Nat. Hist. 11/1 (1912); ders. *Societies and Dance Associations of the Blackfoot Indians* ebd. 11/4 (1913); Želízko *Felsgravierungen der südafrikanischen Buschmänner auf Grund der von Dr. E. Holub mitgebrachten Originale und Kopien* 1925.

Thurnwald

B. Paläolithikum s. Kunst A IV.

C 1. Kreta s. Kretische Schrift.

C 2. Kyprische Schrift. Da Funde aus der spätmyk. Zeit auf Zypern auch Proben einer S. ergeben haben, die mit der min. als identisch angesehen werden muß (vgl. Evans *Scr. Min.* I 70; Dussaud *Civ. préhell.*² S. 429; dazu Arch. Jahrb. 30 S. 57), ist die Schlußfolgerung nicht von der Hand zu weisen, daß diese S. durch min. Besiedelung hinübergebracht sein muß (s. Kretische Schrift; über die Kolonisation vgl. Hall *The Land of Alashiya*). Daraus hat sich, wenigstens in der Hauptsache, das spätere Syllabar-Alphabet entwickelt, das bei den achäischen Besiedlern der Insel, die natürlich in den Fußstapfen der Kreter (s. d.) hinübergefolgt waren, im Gebrauch war und zwar schon vor der Übernahme des phön. Alphabets durch die Griechen (vgl. über die Übereinstimmungen zwischen den linearen kret. Systemen, vor allem dem A-System, und dem kyprischen Syllabar-Alphabet: Arch. Jahrb. 30 S. 57f.). Diese Syllabar-Schrift, von der etwa 55 Zeichen übermittelt sind, meistens linksläufig geschrieben und anfänglich nicht für die griech. Sprache gebildet, hat sich bei den Griechen der Insel bis in die Zeit Alexanders d. Gr. gehalten (vgl. über Deutung und Bestand der Schriftdenkmäler Larfeld *Griech. Epigr.* 1914 S. 200ff., wo allerdings fälschlich die hettitische Bilderschrift [s. Hettiter C] als das Vorbild der kyprischen S. angenommen wird; über Inschriften in nichtgriech. Sprache: SB. Preuß. Ak. 1911 S. 166f. Meister; Mém. de la Soc. de Linguist. 18 Vendryes; KZ 52 S. 194f. Sittig). Eine abschließende Sammlung der kyprischen Schriftdenkmäler steht noch aus (vgl. die Bemerkung von Bechtel *Griech. Dialekte* I 399).

Sundwall

C 3. Kleinasiatische epichorische Alphabete (Tf. 102). Bei unseren gegenwärtigen Kenntnissen bleibt es völlig ungewiß, ob in West-Kleinasien vorgriech. Schriftsysteme bestanden haben (über verschiedene Ansichten über den Phaistos-Diskus [Band X Tf. 34^A, 34^B] s. d. und auch Kretische Schrift; Gardthausen [*Kleinasiatische Alphabete RE* XI S. 601] hat fälschlich aus einigen komplementären Zeichen der epichorischen Systeme auf das Vorhandensein einer Silbenschrift schließen wollen). Auf jeden Fall haben die dort einheimischen Stämme ihre in historischer Zeit ausgeübte S. durch die Griechen angenommen. Es läßt sich sogar ein gewisser Entwicklungsgang bei den drei epichorischen Alphabeten der Karer, Lykier, Lyder nachweisen. — Das karische Alphabet fußt anscheinend auf der ältesten griech. Form mit den 23 Zeichen. Es herrscht zwar in

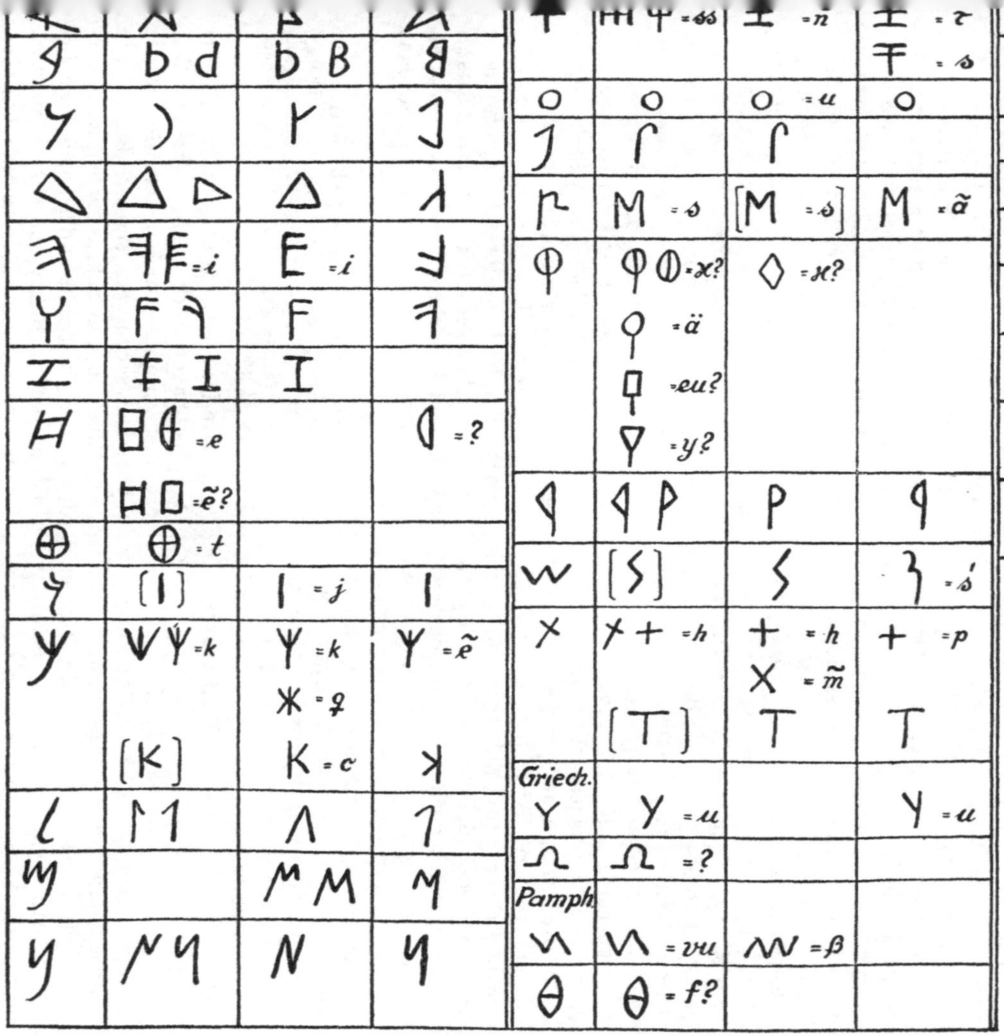

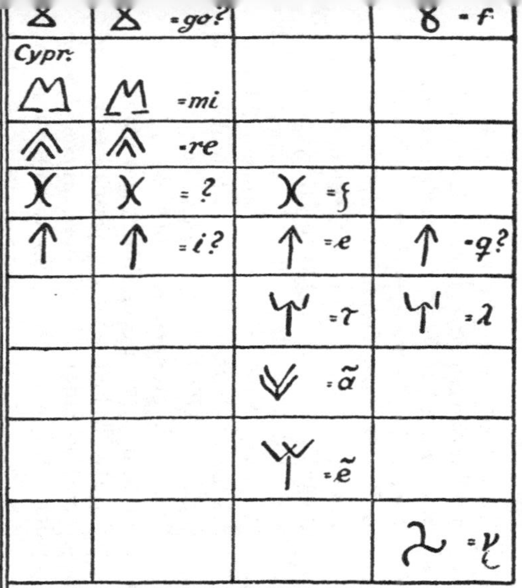

Vgl. über die semit. Schrift die Tabelle bei Dussaud, Syria 5 S. 149 und unten Tf. 109 bis 111. Über die kar. Zeichen Transact. of Bibl. Arch. 9 S. 116f.; über die lyk. *Tit. As. Min.* I 6—7; über die lyd. *Sardis* VI Part 2 S. XII; über die pamphyl. und zypr. Larfeld *Griech. Epigr.* 1914 Tafel.

Schrift C3. Kleinasiatische epichorische Alphabete

dem mangelhaft veröffentlichten Material eine Mannigfaltigkeit der Formen, die aus den verstreuten und orthographisch uneinheitlichen Schriftdenkmälern eines seefahrenden Volkes erklärlich ist (vgl. Sundwall *Zu den karischen Inschriften* Klio 11 S. 164ff., wo die Literatur angegeben ist; das Alphabet ist von Sayce in Transact. of Bibl. Arch. 9 S. 116f. zuerst aufgestellt worden, von mir a. a. O. modifiziert; vgl. dazu anders JHS 35 S. 104f. Arkwright; Gardthausen [*RE* XI 606] folgt Sayce und bezeichnet keinen Fortschritt in der Frage; die Mehrzahl der Inschriften, Namenkritzeleien karischer Söldner, stammt aus Ägypten, etwa aus der Zeit um 590 v. C.), nichtsdestoweniger tragen die Buchstaben einen sehr alten Charakter, so daß die Annahme nahegelegt wird, daß die Karer ihre S. kurz nach der Übernahme des Alphabets durch die Griechen bekommen haben, etwa von den Inseln Kreta, Thera oder Melos her, wie man es auch von Seefahrern erwarten könnte (vgl. die alten Formen des Betha, Tau, Kappa; besonders das letzte ist dem altsemitischen Kaph, auch des Mēša'-Steines [s. Moabiter § 2], näher als die später übliche Form K, vgl. dazu die Aḥiram-Inschrift: Syria 5). Darauf weisen auch die Sibilantenzeichen Samech und Ssade. Die Karer haben aber ihrer anders gearteten Sprache entsprechend gleich eine Anzahl Umformungen vorgenommen. Vor allem haben sie für ihre vokalreiche Sprache von einigen Zeichen mehrere Formen für verschiedene Laute verwendet (Tf. 102). Mit dem griechischerseits übernommenen Zeichenbestand ist man jedoch nicht ausgekommen, sondern griff zur Komplettierung durch Zeichen des kyprischen Syllabar-Alphabets und anscheinend auch aus dem pamphylischen Alphabet. So war My dem Ssade zu ähnlich, weshalb man kyprisches Mi heranzog. In einigen Fällen hat man diesen Komplementärzeichen einen neuen Wert gegeben, so z. B. dem über Milet später aufgenommenen Ω. Aus derselben Quelle dürften später vereinzelt I, K, Ś, T eingedrungen sein. Die Schriftrichtung ist meistens linksläufig. Bemerkenswert ist die häufig syllabische Verwendung der Zeichen, entsprechend dem kyprischen Schriftgebrauch. Die Karer haben dann die S. einerseits den Lykiern, andererseits den Lydern übermittelt, wie die vielen Zeichenübereinstimmungen bezeugen. — Das lykische Alphabet (die lykischen Inschriften liegen, mustergültig herausgegeben von Kalinka, in *Tit. As. Min.* I vor; das Alphabet ebenda S. 6—7 zusammengestellt; einige Berichtigungen gibt Arkwright in JHS 35 S. 101 f.) weist jedoch auch wichtige Neuerungen auf (Tf. 102), die anscheinend unter Einfluß des benachbarten Rhodos entstanden sind (vgl. a. *RE* XI 608 Gardthausen). Freie Schöpfungen scheinen die 4 Zeichen für q, ã, ẽ, τ zu sein. Im ganzen macht die S. der Lykier einen entwickelteren und jüngeren Eindruck als die karische. Nach der anderen Richtung hin, nach Lydien, hat die letztere auch Einfluß ausgeübt. — Das lydische Alphabet (die lydischen Inschriften liegen in der Publikation von Buckler *Sardis* VI Part 2 neuerdings gesammelt vor; das Alphabet ebd. S. XII ff.) ist ebenfalls vielfach umgemodelt worden (Tf. 102), teilweise unter Einfluß von Milet her, wie aus der Form des Sigma geschlossen werden kann. Eine Neuschöpfung ist ν, anscheinend ein Triskeles, wie Gardthausen ansprechend vermutet (*RE* XI 610). Sogar eine Anlehnung an lykisches τ kommt vor (Gardthausen ist entschieden fehlgegangen, wenn er meint, daß die Verwandtschaft der lydischen S. mit der lykischen am größten wäre). Ich halte das lydische Alphabet für das jüngste von den drei epichorischen. Ganz anders als diese sind das phrygische und pamphylische in ihrer Anlage durchaus griech. geblieben (vgl. Gardthausen a.a.O.) und brauchen hier nicht behandelt zu werden. Sundwall

D. Ägypten (Tf. 103—108).

I. Die Hieroglyphenschrift (§ 1—8). — II. Hieroglyphen in der äg. Kunst (§ 9—14). — III. Die äg. Schreibschrift (§ 15—17). — IV. Übertragung nach Meroë (§ 18—21). — V. Übertragung nach dem Sinai (§ 22—24).

I. Die Hieroglyphenschrift. § 1. Die Ägypter haben ihre S. in vorgesch. Zeit erfunden; unmittelbar vor dem Beginn der Dynastien sehen wir sie im Besitz von Schriftbildern und Schriftzeichen zum Ausdruck von Tatsachen und Namen. Die Erfindung der S. in Ägypten beruht auf dem Malen von Bildern. Das bekannteste Beispiel aus der ältesten Zeit ist die erklärende Schriftgruppe auf der Vorderseite der Narmer-Palette (Band I Tf. 16a, gezeichnet wiedergegeben hier auf Tf. 103a). Diese Schriftgruppe erklärt den daneben im Relief dargestellten Vorgang, daß der König einen Feind niederschlägt, und ergänzt das Bild durch eine genaue Angabe über die Person des Siegers und das überwältigte Volk. Hier liegt eine aus mehreren Einzelbildern bestehende Gruppenkomposition vor; sie mag in Narmers Zeit schon als archaisierend empfunden worden sein. Solche Schriftgruppen müssen in der Zeit der Erfindung des schriftlichen Ausdrucks oft gebraucht worden sein, und es liegt nahe, in derartigen Bildern den Anfang der S. zu suchen. Daneben sind aber gleichzeitig schon Einzelbilder als Schriftzeichen angewendet worden.

§ 2. Diese Einzelbilder sind der Ausgangspunkt für die Schaffung einer wirklichen Schrift. Selten ist bei ihnen eine Handlung gezeichnet wie bei der Hieroglyphe für „Mauer, bauen" (Tf. 103b). Meist wird ein einzelner Gegenstand, Götterbild, Körperteil o. ä. gezeichnet, und der Beschauer liest ohne weiteres das äg. Wort dafür. Solange derartige „Wortzeichen" nur nach dem dargestellten Bilde gelesen werden, können sie nur Begriffe im allg. bezeichnen. Eine Wendung tritt mit dem Augenblick ein, in welchem die Hieroglyphe als Zeichen für eine bestimmte Lautgruppe angesehen wird. Jetzt entstehen sog. „Silbenzeichen", d. h. Schriftzeichen für bestimmte Silben von drei oder mehr Lauten (Tf. 103c). Dabei spielen allerdings für den Ägypter nur die Konsonanten eine Rolle, weil er — wie die Semiten — die Vokale als weniger wichtig empfunden hat. Es handelt sich also eigentl. um Schriftzeichen für Konsonantengruppen, bei denen zwischen diesen Konsonanten beliebige Vokale stehen konnten.

§ 3. Der letzte Schritt in der Schriftbildung wurde vollzogen, als man „Silben" schrieb, die nur einen einzigen Konsonanten enthalten, oder vielmehr einen einzigen Konsonanten betonen und einen anderen als unwesentlich vernachlässigen. So entstanden Schriftzeichen für einzelne Konsonanten (Tf. 103d). Diese ermöglichten es, in Verbindung mit den Wort- und Silbenzeichen die grammatischen Endungen wiederzugeben und alle diejenigen Wörter mit einzelnen Konsonanten zu schreiben, die durch ein Bild nicht zu zeichnen waren. Diese Konsonantenzeichen sind modern zu einem Alphabet auf lautlicher Grundlage angeordnet worden.

§ 4. Für die praktische Ausnutzung der Hieroglyphen ist noch eine Übertragung wichtig, die man schon in frühester Zeit eingeführt hat, und ohne die die schriftliche Wiedergabe auf einen kleinen Teil der Begriffe beschränkt geblieben wäre. Solange die oben erwähnten Wortzeichen (Tf. 103b) nur für diejenigen Begriffe verwendet werden durften, die sie zeichnerisch darstellten, blieben zahlreiche Wörter übrig, die sich nicht zeichnen und damit überhaupt nicht schreiben ließen. Erst nachdem man in diesen Wortzeichen die Wiedergabe eines bestimmten Konsonanten (bzw. mehrerer) zu sehen gelernt hatte, konnte man zu dem Entschluß kommen, den gleichen oder einen ähnlichen Konsonantenbestand durch dasselbe Bild wiederzugeben, auch wenn es sich um einen ganz anderen Begriff handelte. So verwendet man das Bild Auge nicht nur für das Wort *jart* „Auge", sondern auch für die verschieden vokalisierten Formen des Verbums *jirt* „machen". Ebenso das Bild Haus zunächst für *per* „Haus", dann auch für alle Formen von *peri* „hinausgehen". Ferner die Säge (Sichel) zunächst für das Wort *ma* „Säge", dann auch für Worte wie *ma* „neu", *maa* „sehen" usw. In vielen Fällen kennen wir das ursprüngliche Wort für den Gegenstand, der durch das Schriftzeichen dargestellt wird, gar nicht mehr oder finden es nur ganz selten, während das Schriftzeichen für die Konsonantengruppe in irgendeiner anderen Bedeutung häufig ist. So ist uns die Hacke nur als Schriftzeichen für *mr* geläufig, der Löwe für *rw*, das Schachbrett für *mn*, der Korb für *nb* usw.

§ 5. Die Äg. haben sich nicht damit begnügt, die Wörter lautlich zu schreiben und ihren Konsonantenbestand in umständlicher, aber sorgfältiger Weise durch Verwendung aller erwähnten Schriftzeichen wiederzugeben. Das Zeichnen und die bildliche Wiedergabe, aus der die äg. S. hervorgegangen ist, lagen ihnen eben im Blute. Wenn die Äg. ein Wort lautlich genau geschrieben hatten, so fügten sie an seinem Ende ein Bildzeichen hinzu, das den Begriff dieses Wortes angab oder andeutete. So zeichnete man hinter die Namen von Göttern das Bild eines Gottes mit langem Bart und Haar; hinter den Namen eines Pharao ein kleines Bild des Königs mit seinen Kronen und Zeptern. Man schrieb ein Paar Beine hinter alle Wörter, die „gehen, laufen, eilen, hinauf- und hinabsteigen" usw. bezeichneten; drei Berge deuteten auf Begriffe wie Gebirge, Wüste, Friedhof o. ä. hin. Für abstrakte Begriffe half man sich mit der Buchrolle. Solche auf den Inhalt des Begriffes hindeutende Zusatzzeichen hinter der lautlichen Schreibung der Wörter nennen wir Determinative (Deutzeichen; Tf. 104a).

§ 6. Aus der hieroglyphischen S. der älteren Zeit ist kein Hinweis auf die Vokalisierung der Wörter zu entnehmen. In der späteren Zeit, als man afrik., asiat. und dann auch europ. Namen zu schreiben hatte, erfanden die Ägypter eine besondere Verwendung der Hieroglyphen, in der, wenigstens teilweise, auch die Vokale angedeutet wurden. In großem Umfang lernen wir vokalisierte Formen des Äg. erst in christl. Zeit kennen, als die Ägypter ihre Sprache mit griech. Buchstaben schrieben. Aber hier liegt eine sehr späte Form der äg. Sprache vor, die vom AR drei Jahrtausende entfernt ist und von der Erfindung der Hieroglyphen vielleicht noch ein weiteres Jahrtausend. In dieser Zeit haben sich nicht nur der gesprochene Lautbestand der Wörter, die Art der Konjugation und die ganze Formenlehre wesentlich umgestaltet, sondern auch der Wortschatz ist ein anderer geworden. Praktisch hilft uns also auch die koptische Sprache der christl. Zeit nicht viel, um Verbalformen der älteren Epochen richtig zu vokalisieren.

§ 7. Die moderne Umschreibung der Hieroglyphen durch lat. Buchstaben gibt nicht jedes einzelne Zeichen wieder, sondern nur den Konsonantenbestand des gesprochenen Wortes, der durch die Schreibung gemeint ist. Um diese Konsonantengruppen aussprechbar zu machen, pflegt man zwischen zwei Konsonanten immer ein kurzes *e* einzuschalten, z. B. *ḥetep* für *ḥtp*. Man spricht auch *j* als *i*, *w* als *u*, das sem. Ajin als *a* usw., also *redin* für *rdj.n*, *inpu* für *jnpw*, *anch* für *ʿnḫ*.

§ 8. Im NR kommt gelegentlich schon eine Entstellung der Hieroglyphen vor, die an eine Geheimschrift erinnert. Man verwendete die Schriftzeichen darin mit einem Lautwert, den sie gewöhnlich nicht hatten (z. B. Berlin 20394: Äg. Inschr. 2, 323; Dyn. 18).

In den Inschriften der ptolemäischen und röm. Zeit, die von denen des NR und der Spätzeit durch einen Bruch der Entwicklung getrennt sind, werden viele Zeichen mit einem Lautwert gebraucht, der für sie in den älteren Epochen noch nicht üblich ist. Die Einführung dieser neuen Lautwerte bzw. der neuen Zeichen beschränkt sich auf eine Gruppe von mäßigem Umfange. Die Zahl vergrößert sich allmählich, und in der röm. Zeit sind die hieroglyphischen Inschriften so geschrieben, daß sie auch für einen Kenner der älteren Texte nicht leicht lesbar sind. Abgesehen von dieser allmählichen Entwicklung der S. läßt sich aber in den Tempeln jener Zeit an bestimmten Stellen der Reliefbilder eine verstärkte Verwendung von Geheimzeichen mit ungewöhnlichem Lautwert erkennen. Hier liegt der Wunsch vor, eine den Ungelehrten nicht verständliche Geheimschrift zu schreiben. Aber auch dekorative Gründe scheinen mitzuspielen, weil man gern Zeichen mit bildmäßiger Wirkung verwendet.

Ad. Erman *Die Hieroglyphen*[2] 1923 (Slg. Göschen); ders. *Äg. Grammatik*[3] 1911; ders. *Kurzer Abriß*[2] 1923; Roeder *Ägyptisch*[2] 1926.

II. Hieroglyphen in der äg. Kunst. § 9. Auf den beiden Seiten der Narmer-Tafel (Band I Tf. 16) tritt schon die vielseitige Verwendung der Hieroglyphen in der Kunst entgegen. Einmal steht auf beiden Seiten oben in der Mitte der Königsname, in die Palastfassade geschrieben, wie ein dekoratives Ornament. Gerade der Königsname wird auch in späteren Epochen gern verwendet, wo wir ein körperliches Bild des Pharao dargestellt zu sehen erwarten. Der Königsname steht dann zwischen figürlichen Bildern oder zwischen Inschriften gern als ein beherrschender Mittelpunkt der Dekoration.

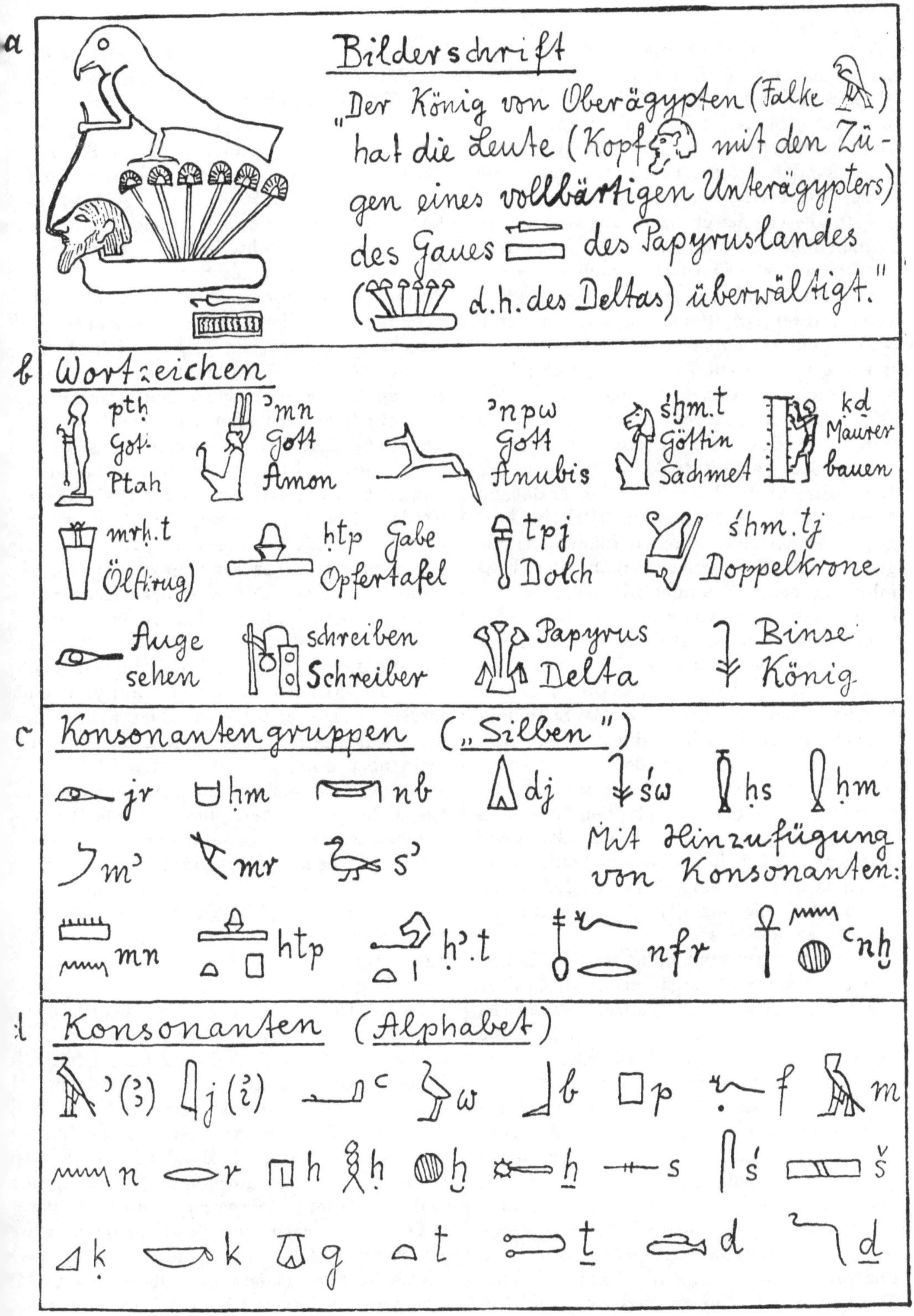

Schrift D. Ägypten

Ägyptische Hieroglyphen.

§ 10. Ferner steht über mehreren Personen auf der Narmer-Palette eine hieroglyphische Beischrift. Bei den Unterworfenen gibt sie die Landschaft an, der der Betreffende entstammt, bei dem Wesir und dem Sandalenträger nennt sie den Titel dieser Beamten. Hiermit ist der typische Inhalt dieser Beischriften angedeutet: in Familienbildern enthalten die Beischriften die Titel und Namen der Dargestellten, ebenso bei Göttern und Königen. In den Bildern von Handwerkern, Bestattungen und anderen Vorgängen werden den Personen die von ihnen gesprochenen Zurufe beigeschrieben, auch die von ihnen gesungenen Lieder. Oft wird die vorgenommene Handlung durch eine Beschreibung erläutert.

§ 11. Meist geht aber die Verwendung der Beischrift über die reine Sacherklärung hinaus und hat auch eine künstlerische Aufgabe: sie soll leere Flächen füllen oder als geschlossene Zeile eine Aufgabe der Umrahmung oder Trennung übernehmen, die in anderen Kunststilen durch Ornamentstreifen gelöst wird. Die Zeilen mit Hieroglyphen, von denen ja jedes einzelne Zeichen schon Bildwert hat, werden durch Linien eingefaßt und wirken dann als Schmuckbänder (Tf. 108). Diese können wagerecht oder senkrecht, auch im Bogen angeordnet werden und ringförmig um eine Scheibe herumlaufen. Da die Hieroglyphen innerhalb dieser Anordnungen noch entweder nach rechts oder nach links blicken können, ergeben sich so mannigfaltige Möglichkeiten für die Gruppierung der S. wie kaum in irgendeiner anderen.

§ 12. Als Unterbrechung von bildlichen Darstellungen oder auch als selbständiger Flächenschmuck einer ganzen Wand in Tempeln und Gräbern finden sich große Inschriften, bei denen allein die S. ohne Hinzufügung eines Bildes zu künstlerischer Wirkung gebracht ist. Es gibt auch Grab- und Denksteine, bei denen auf jedes Bild verzichtet ist und nur ein Text in hieroglyphischer Schrift gegeben wird, zuweilen zur Steigerung der Wirkung mit geschickter Gruppierung von wagerechten und senkrechten Zeilen. Im allg. geben königliche und private Denksteine allerdings oben eine Darstellung mit einigen Personen, die ihre Beischriften erhalten, und darunter einen längeren Text in wagerechten oder senkrechten Zeilen, die meist den größten Teil der Fläche bedecken.

§ 13. Die künstlerische Durchbildung der äg. S. geht bis zur Anordnung der Schriftzeichen. In vorgesch. Zeit und im Anfang des AR bildet die S. meist eine zusammenhängende Masse, die in sich nicht gegliedert ist, wenigstens nicht äußerlich erkennbar. Erst im AR kommt die Sitte auf, die Zeilen durch Linien einzufassen; davon wird an bestimmten Stellen der Denkmäler auch im AR noch abgewichen. Die gleichmäßige Breite nötigt bei senkrechten wie wagerechten Zeilen zu einer klaren Anordnung der Schriftzeichen. Man bildet gleichmäßige Quadrate von Zeichengruppen und stellt die Schriftzeichen zu solchen zusammen ohne Rücksicht auf den Sinn. Die Wörter werden nicht gegeneinander abgesetzt, nicht einmal die Sätze. Die hieroglyphische S. ist niemals zu einer Interpunktion gelangt, sodaß man einen Text erst nach Kenntnisnahme seines Inhalts in Sätze auflösen kann. Bei der Schreibung der einzelnen Wörter hat die Deutlichkeit und Genauigkeit sich den ästhetischen Gesetzen unterordnen müssen. Den erwähnten Quadraten von Zeichengruppen zuliebe greifen die Wörter ineinander über, Konsonanten werden ausgelassen, Endungen werden ungenau oder gar nicht geschrieben, und passende Hieroglyphen werden ausgewählt um des Raumes willen. Es liegt auf der Hand, daß eine S., die solchen Gesetzen in erster Linie gehorchte, zu einer philologisch einwandfreien Wiedergabe der gesprochenen Laute, wenn auch nur in dem Konsonantenbestande, niemals gelangen konnte.

§ 14. Die technische Ausführung der Hieroglyphen, die von Anfang an eine dekorative S. gewesen sind, ist mannigfaltig. In der ältesten Zeit werden sie vorzugsweise in Stein gemeißelt oder in Holz geschnitzt. Die sorgfältigste Herstellung geschah erhaben (vgl. Band VII Tf. 121). Doch werden sie daneben auch als „versenktes Relief" gearbeitet, und von der 5. Dyn. ab wird das Einschneiden als Silhouette üblich, das in allen Zeiten geschmacklichen Tiefstandes überwiegt und gern als schnelles und billiges Verfahren angewendet wurde. Wie weit die Innen-

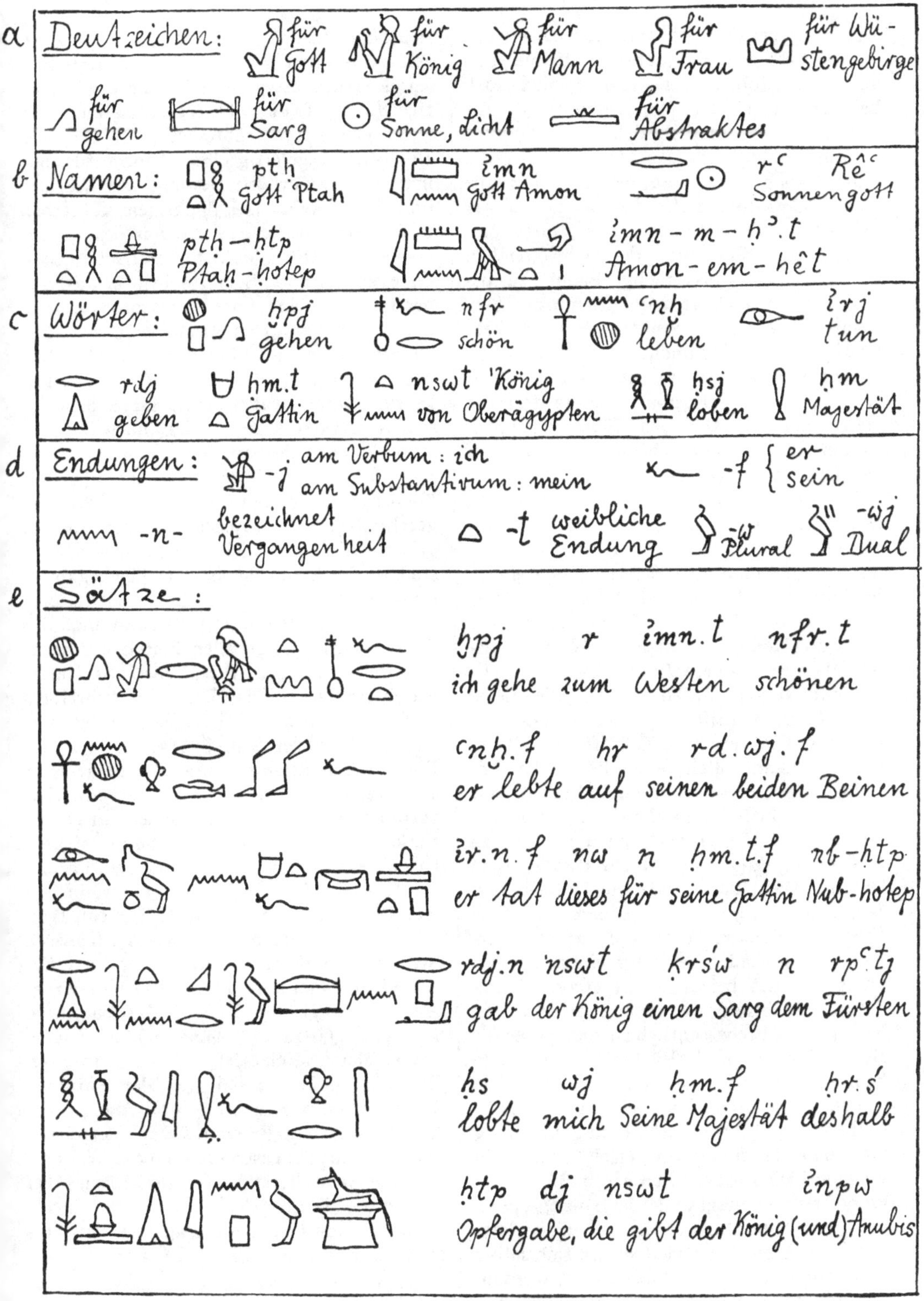

Schrift D. Ägypten

Ägyptische Hieroglyphen.

zeichnung bei den Schriftzeichen angegeben wurde, hing von der Sorgfalt ab, die man auf die Ausführung verwendete, aber auch bei der flüchtigsten Wiedergabe sollte die Bedeutung des in dem Schriftzeichen dargestellten Gegenstandes oder Lebewesens immer noch erkennbar bleiben. Für die farbige Bemalung trifft das gleiche zu wie für die Innenzeichnung. Die bunte und naturgetreue Bemalung der Schriftzeichen ist begreiflicherweise nicht allzuoft zu belegen. Meist begnügt man sich mit der Verwendung einiger weniger Hauptfarben. Häufig sind die als Silhouetten ausgehobenen Schriftzeichen aber nur rot oder nur blau oder nur grün ausgemalt. Dann soll die Masse der S. wohl als Flächenschmuck wirken, aber auf den Bildwert des einzelnen Zeichens ist verzichtet.

III. Die äg. Schreibschrift. § 15. In dem Augenblick, in dem man die Hieroglyphen mit Binse und Tinte aufmalte, wurden sie gemäß den Erfordernissen dieses Schreibmaterials umgestaltet und abgekürzt. Das geschah z. B. in der Rechnung, die zur Zeit des Königs „Schlange" (Dyn. 1) geschrieben ist (Petrie *Royal Tombs* I 19, 11). Hiermit ist grundsätzlich schon die hieratische Schreibschrift geschaffen, von der uns in der erwähnten Niederschrift das älteste bisher bekannte Beispiel vorliegt. Aus der 3. Dyn. besitzen wir Gefäßscherben mit Tintenaufschriften, in denen die Zeichenformen den Hieroglyphen noch nahestehen (Garstang *Mahasna and Bet Khallaf* 1902 Tf. 28). Dasselbe gilt für die Notizen von Steinmetzen in den Pyramiden von Gise (Lepsius *Denkm.* II 1) und für den Vermerk eines Vorarbeiters aus einem Privatgrabe des AR bei Gise mit einem Tagesdatum als Stand der Arbeit (Hildesheim Nr. 2405). Aber wesentlich ist die später für Briefe, Akten und Bücher angewendete Schreibschrift nicht verändert worden.

§ 16. Die weitere Entwicklung der hieratischen Schreibschrift ist nahezu unabhängig von den Hieroglyphen erfolgt; nur in wenigen Fällen beobachten wir, daß Zeichenformen und Orthographie der Hieroglyphen auf die Schreibgewohnheiten einwirken. Die Schreibschrift ist vielmehr in sich selbst weiterentwickelt und abgekürzt worden. Zu allen Zeiten hat es nicht nur verschieden deutliche Handschriften gegeben, sondern selbstverständlich ist eine ausgefertigte Urkunde deutlicher geschrieben als eine flüchtige Notiz oder der schnell geschriebene Brief eines gewandten Schreibers; die für eine Bibliothek angefertigte Buchhandschrift endlich legt das größte Gewicht auf Klarheit und Lesbarkeit. Bei flüchtigem Schreiben bildete sich in der Spätzeit aus dem Hieratischen eine stark gekürzte und nach eigenen Gesetzen geformte Schreibschrift heraus, die, nachdem sie eine feste Form angenommen hatte, von uns „Demotisch" genannt wird. Die Bezeichnung rührt von den Griechen her, die sie als volkstümlich („demotisch") kennenlernten, während die ältere Schreibschrift erstarrt war und nur noch für religiöse Texte („hieratisch") benutzt wurde. Die demotische Schrift ist lebendig geblieben, solange man überhaupt äg. Sprache geschrieben hat. Einzelne Zeichen, die im griech. Alphabet nicht vorhanden waren, sind in die koptische Schrift übergegangen und dadurch heute noch in Anwendung.

§ 17. Die technische Ausführung der Schreibschrift ist zu allen Zeiten mit Tinte oder Farbe erfolgt. Die Farben des Malers waren Erdfarben, die Tinte des Schreibers Ruß in Leimwasser. Der Maler malte mit einem Pinsel, der Schreiber schrieb mit der Binse, deren Ende er ankaute, um sie breit und weich zu formen; erst in röm. Zeit verwendete man eine Rohrfeder, durch die zierliche und dünne Schriftzeichen entstehen. Die Griechen haben durch die Einführung der Schreibtafel mit Wachsüberzug, in den man die Zeichen mit einem Griffel einritzte, und durch andere neue Geräte die früheren Schreibgewohnheiten umgestaltet. Als Beschreibstoff diente in älterer Zeit eine Krugscherbe, ein glattes Stück Kalkstein (beide von uns „Ostrakon" genannt) oder eine abwaschbare Holztafel mit Gipsüberzug. Das häufigste Material war der Papyrus, durch dessen Verarbeitung und Ausfuhr die Ägypter sich ein Erzeugnis von wirtschaftlicher Bedeutung geschaffen haben. Weiteres über die Herstellung der Handschriften s. bei Papyrus. Band I Tf. 23 gibt eine hieratische Handschrift auf Papyrus mit eingestreuten Bildern. S. a. Tf. 107.

Georg Möller *Hieratische Paläographie* I—III (1909).

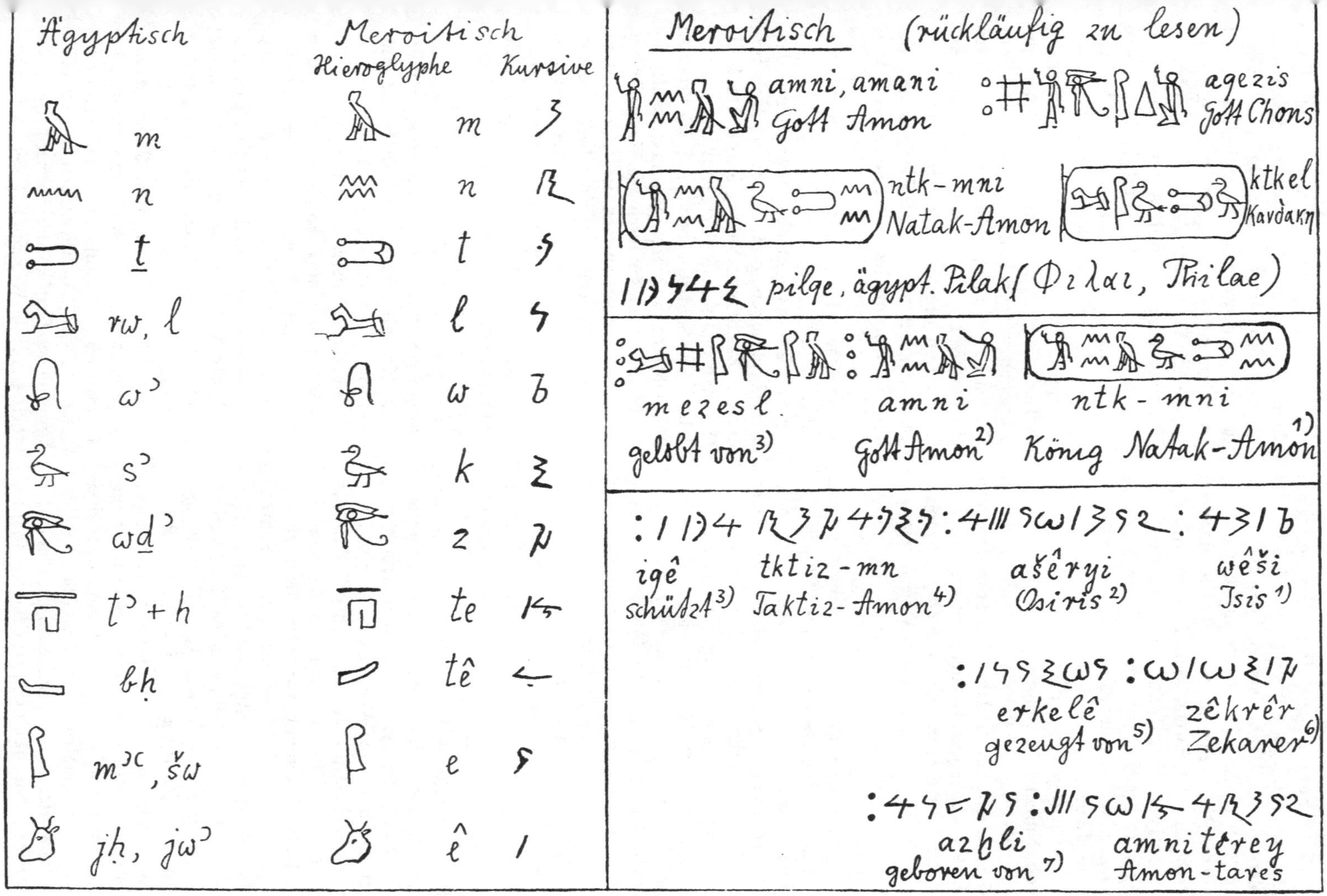

Schrift D. Ägypten

Meroitische Hieroglyphen.

IV. Übertragung nach Meroë. § 18. Das in röm. Zeit bestehende Reich von Meroë im Sudan hat sich auf der äg. Kultur entwickelt, die seit dem NR stark nach dem oberen Nil verbreitet wurde. Die Meroiten bedienen sich zweier Schriftarten, die den Hieroglyphen und der demotischen S. in Ägypten selbst entsprechen. Im System freilich weichen sie von den äg. ab, weil sie reine Lautschriften sind (Tf. 105).

Meroitische Inschriften finden sich in dem von Nubiern bewohnten Teile des oberen Nil-Tals zwischen dem 1. Katarakt und dem eigentl. offenen Sudan. Sie stammen von der ackerbauenden Bevölkerung und kommen in der Wüste nicht vor. Die ältesten mögen noch v. C. Geb. gearbeitet worden sein, die jüngsten vielleicht im 4. Jh. n. C.

§ 19. Die Schriftzeichen der Hieroglyphen sind äg., wenn auch z. T. mit leichten Umgestaltungen der Form, in einem Falle (bei *te*) auch eine Zusammenfügung zweier Zeichen, die im Äg. nicht miteinander verbunden werden. Die Schriftrichtung läuft wie im Äg. von r. nach l., aber die einzelnen Zeichen blicken rückwärts (im Äg. dagegen stets nach dem Anfang hin!). Der Lautwert der Zeichen ist meist ungefähr derselbe, den sie in später Zeit im Äg. gehabt haben; allerdings bezeichnet jedes Zeichen nur einen einzigen Laut, auch wenn es im Äg. eine Konsonantengruppe wiedergegeben hatte. In zwei Fällen werden wirkliche Silben, d. h. ein Konsonant mit folgendem Vokal (*te* und *tê*), geschrieben. Der wesentliche Fortschritt über die äg. Hieroglyphen hinaus ist nicht nur die Vereinfachung des Systems zu einer Lautschrift, sondern auch die Wiedergabe der Vokale *a*, *e*, *ê*, *i*. Hierin zeigt sich ein Einfluß der griech. Schrift, die damals in Ägypten wie in Nubien bekannt war. Zur Bezeichnung dieser Vokale bestimmte man Schriftzeichen, die im Äg. bereits vorhanden waren, aber überhaupt keine Lautzeichen waren und ganz gewiß keine Vokale andeuteten. So ergeben sich insgesamt 23 Buchstabenzeichen. Ein weiterer selbständiger Fortschritt der meroitischen Schrift ist die Trennung der Wörter durch zwei oder drei übereinanderstehende Punkte (das Äg. hat keine Worttrennung gekannt und außer in der Poesie auch nicht einmal eine Satztrennung).

§ 20. Das System der meroitischen Kursive ist das gleiche wie bei den Hieroglyphen. In der Form ist mehr als die Hälfte der 23 Zeichen der äg. demotischen Schrift entnommen, wenn auch mit schematisierender Vereinfachung. Schriftrichtung, Vokalbezeichnung und Worttrennung sind ebenso wie bei den Hieroglyphen. Man schreibt im allg. in wagerechten Zeilen von r. nach l., aber wieder zeigt sich die äg. Herkunft der meroitischen Schrift darin, daß sie auch in senkrechten Zeilen geschrieben werden kann; in erster Linie mit Rücksicht auf den gegebenen Raum, wie an Rückenpfeilern von Statuen, aber auch auf Opfertafeln und anderen Steindenkmälern. Das gilt nicht nur für die Hieroglyphen, die auch im Meroitischen die dekorative Schrift der Tempel sind, sondern ebenso für die Kursive, nach ihrem Charakter eine typische Schreibschrift.

§ 21. Tf. 105 gibt eine Auswahl aus dem hieroglyphischen und kursiven Alphabet; aus der Zusammenstellung ist die durch die Meroiten vollzogene Umgestaltung ersichtlich. Als Schriftproben sind die Namen von Göttern und Königen ausgewählt, die letzteren in dem Königsring (s. Kartusche), der aus Ä. übernommen ist. Der Gottesname Amon, um ein *i* am Ende bereichert, ist sofort wiederzuerkennen. Bei der entstellenden Wiedergabe von *Chons* (griech. Χῶνς) durch *aqezis* muß man sich das *z* nasal gesprochen denken. Der Königsname *Natakamani* ist auch in äg. Hieroglyphen als *Netek-Amon* erhalten. Der von den Griechen überlieferte Name Κανδάκη einer meroitischen Königin stellt sich durch die Entzifferung der einheimischen Inschriften als Königinnentitel heraus. Der Name der berühmten Insel im 1. Katarakt, der uns in der griech.-lat. Form *Philae* geläufig ist, wurde von den Nubiern *pilqe* geschrieben.

Aus einer hieroglyphischen Inschrift sind die Worte *Natak-amani* „gelobt von Amon" genommen. Der dann folgende Text in Kursivschrift enthält eine kurze Anrufung: „O Isis! O Osiris! Schützt *Taktiz-amani*, der gezeugt ist von *Zekarêr* und geboren von *Amani-teres*." Lesung und Übersetzung beruhen auf den Entzifferungen des Oxforder Ägyptologen Griffith, der die meroitischen Inschriften für die Wissenschaft erschlossen hat.

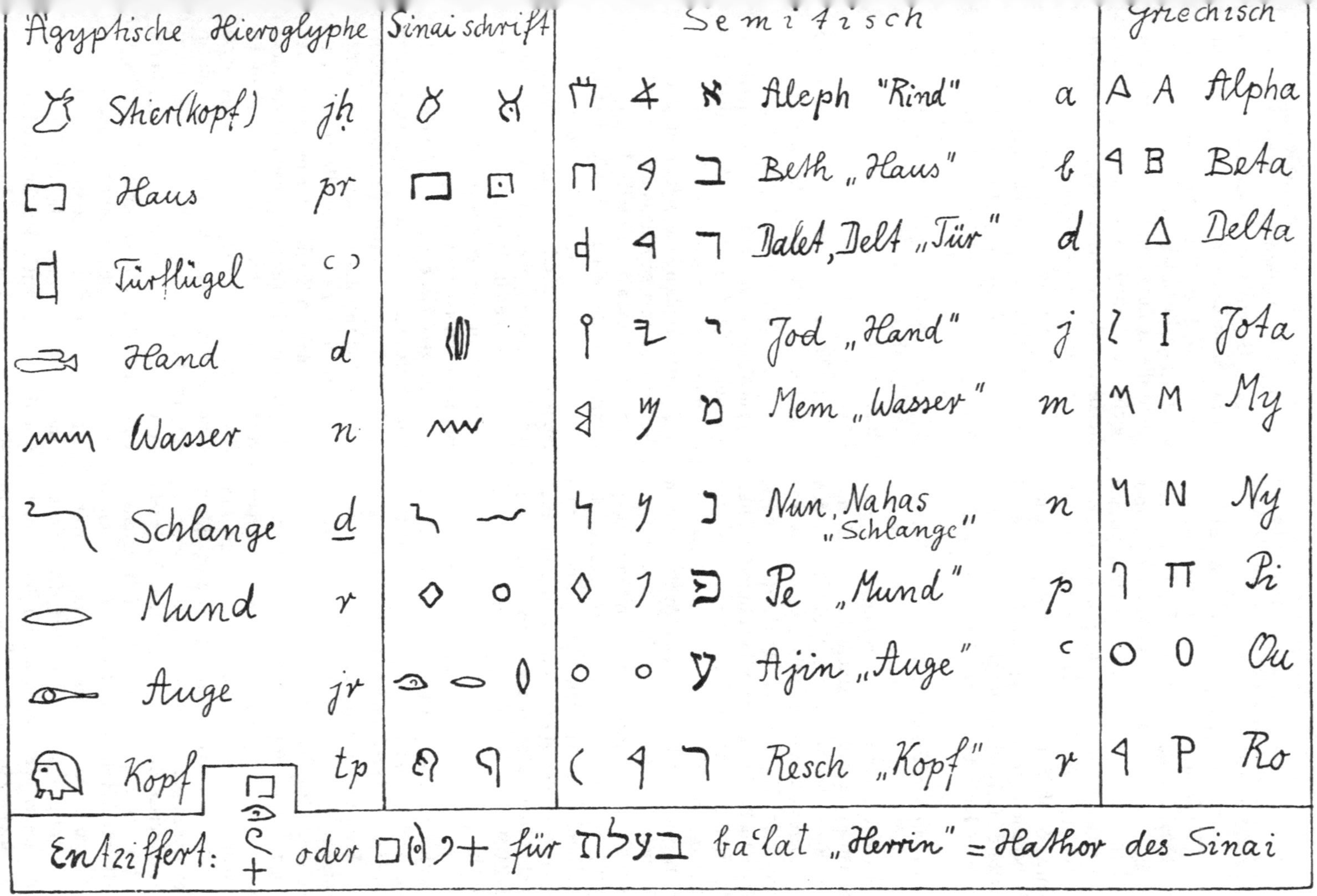

Schrift D. Ägypten

Die sinaitischen Hieroglyphen als Stufe in der Schriftentwicklung.

F. Ll. Griffith *Merotic Inscriptions* I—II (Archaeol. Survey of Egypt 19—20) London 1911—12; ders. *Merotic Studies* Journ. Eg. Arch. 3 (1916) S. 22ff.

V. Übertragung nach dem Sinai.

§ 22. Nachdem aus dem Wadi Maghara auf der Sinai-Halbinsel neben vielen Inschriften in äg. Hieroglyphen eine in ähnlichen, aber unlesbaren Schriftzeichen bekannt geworden war (Raymond Weill *Recueil des inscriptions égypt. du Sinai* 1904 S. 154 Nr. 44), fand W. M. Flinders Petrie 1905 auf einer Expedition für den Egypt Exploration Fund weitere 10 Inschriften gleicher Art. Vorläufiger Bericht: Petrie *Researches in Sinai* 1906; endgültig: Gardiner und Peet *Inscriptions of Sinai*. Im Serabit el-Châdim, einem anderen Wüstental der Sinai-Halbinsel, entdeckte man in den Felsen gehauene Stelen äg. Form, in einem Falle auch mit der Figur des äg. Gottes Ptah, der in den äg. Bergwerken gelegentlich verehrt wurde neben der Hathor, der Herrin des Landes. Zwei hockende Figuren von Männern zeigten äg. Einfluß, ebenso eine rohe Sphinx, auf der in äg. Hieroglyphen ein unlesbarer Königsname steht. Alle diese Arbeiten, auch die neue Schriftart, sind offenbar von Ortsfremden ausgeführt, aber nicht von Ägyptern, wenngleich der beherrschende äg. Kultureinfluß unverkennbar ist. Die Schriftzeichen wurden zuerst von Gardiner untersucht (Journ. Eg. Arch. 3 [1916] S. 1, deutsch in ZDMG 77 NF 2 [1923] S. 92), dann von Sethe (Nachr. Ges. Wiss. Gött., phil.-hist. Kl., 1917 S. 437). Die Lesungen sind weitergeführt von Hubert Grimme (*Althebräische Inschriften vom Sinai* 1923), in den Deutungen zu weitgehend. Die Ergebnisse sind für Handbücher auf allen Gebieten bereits nutzbar gemacht worden, z. B. in Hans Jensen *Geschichte der Schrift* 1925.

§ 23. Die Sinai-Schrift wird senkrecht oder wagerecht geschrieben, sie blickt nach r. oder l.; in beiden Punkten zeigt sie ihre Abhängigkeit von den äg. Hieroglyphen, von denen die Buchstabenformen stammen, wie der erste Blick lehrt. Die Zahl der Buchstaben ist noch nicht sicher festzustellen, weil das Material zu klein ist; es mögen etwas über 20 Buchstaben sein. Gardiner sah richtig, daß der Lautwert der Zeichen ein anderer sein müsse als im Äg., und er erkannte auch schon, daß die Zeichen in ihrer Form den altsem. nahestehen, und daß die sem. Namen der Buchstaben denjenigen Gegenstand benennen, den die neuen Sinai-Zeichen darstellen. Hiermit war der Weg gewiesen, auf dem die Entzifferung geglückt ist. Sie ist gesichert eben durch dieses Zusammengehen mit den sem. Zeichen und ihren Namen, weniger durch die Lesung der neuen Inschriften. Von dem Inhalt war zunächst nichts klar geworden als der Name *Baʿalat* „Herrin", mit dem offenbar Hathor gemeint ist; Cowley (Journ. Eg. Arch. 3 [1916] S. 17) glaubt noch 13 weitere Wörter in Sinai-Schrift bestimmen zu können, meist als Namen. Grimme hat zuerst ganze Inschriften gelesen, in ihnen den Namen des biblischen Mose gefunden und sie auf die Zeit der Hatschepsut (Dyn. 18) datiert.

§ 24. Tf. 106 gibt eine Tabelle, in der die einzelnen Entwicklungsstufen deutlich hervortreten. Bei den „Ägyptischen Hieroglyphen" sind die Schriftzeichen gegeben, der durch sie dargestellte Gegenstand und der durch sie bezeichnete Lautwert. Es sind Hieroglyphen, die seit alter Zeit mit diesem Lautwert gebräuchlich sind und teils einzelne Konsonanten, teils Konsonantengruppen wiedergeben. Die Zeichenformen der neuen Sinai-Schrift in der zweiten Spalte lehnen sich mehr oder weniger deutlich an die äg. Hieroglyphen an. Der Anschluß der sem. Zeichen in der dritten Spalte beruht wohl auch in einer gewissen Ähnlichkeit der Form, die noch größer würde, wenn man aus den verschiedenen sem. Schriften willkürlich auswählen wollte. Aber vor allem darin, daß die sem. Buchstabennamen denjenigen Gegenstand bezeichnen, der in den Sinai-Hieroglyphen dargestellt ist. Das tritt bei den meisten Zeichen der hier gegebenen Auswahl deutlich hervor. Früher war nicht einzusehen, wie die sem. Buchstaben zu ihrem Namen gekommen sind; die neue Sinai-Schrift bringt die Erklärung, indem sie ursprüngliche Zeichenformen überliefert, in denen der mit dem Bilde gezeichnete und durch den Namen überlieferte Gegenstand noch deutlich erkennbar ist.

Nun hat die hier vorgeführte Reihe noch eine besondere weltgeschichtl. Bedeutung, um derentwillen ich sie ausführlich dargestellt habe. Die sem. Buchstaben sind

a

b

Schrift D. Ägypten

a. Statue des Heti, mit der Binse (weggebrochen) in einen aufgerollten Papyrus schreibend. Gise, aus seinem Grabe, Dyn. 5. Hildesheim Nr. 2407. Nach Photographie. — b. Kanzlei aus dem Neuen Reich. Links Vorhalle mit den Schreibern, in ihrer Mitte der Vorsteher. Rechts das Archiv mit Papyruskästen und Statuen des Schreibergottes Thot als Pavian mit Mond. — Nach Erman-Ranke.

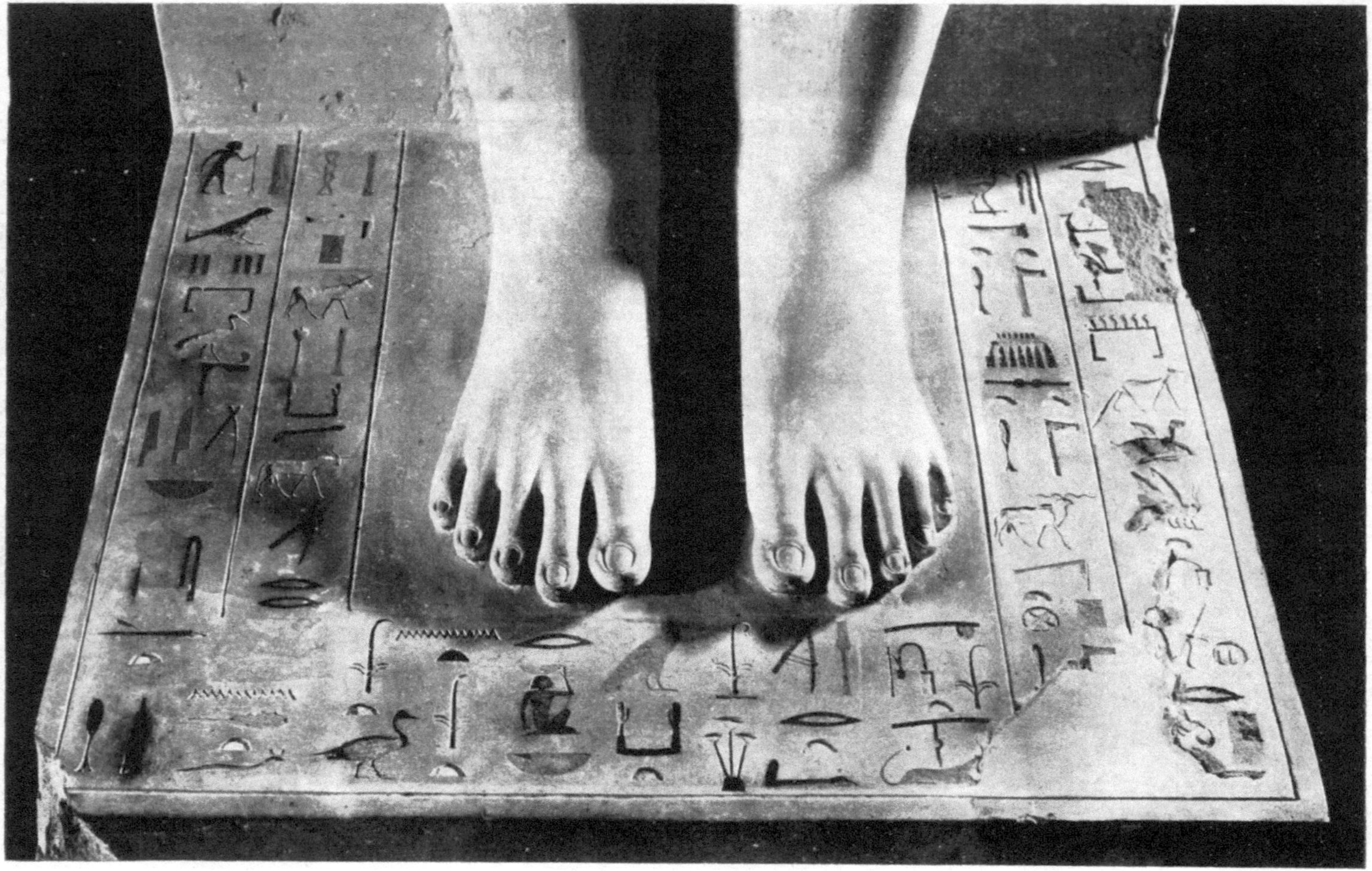

Schrift D. Ägypten

Sockel der Statue des Prinzen Hem-On. Mit farbig ausgelegten Schriftzeichen. Die Inschrift enthält die Titel und den Namen des Prinzen. Hildesheim, Pelizäus-Museum Nr. 1962. 4. Dyn. — Nach Photographie.

bekanntlich von den Griechen übernommen worden. Zunächst in der bei den Semiten üblichen Richtung von r. nach l., die in der Hand der Griechen umgedreht wurde, wie auch die Formen eine Umgestaltung und Glättung erfuhren. Die Griechen übernahmen aber auch die Namen der Buchstaben, in denen die Bezeichnungen für die Gegenstände weiterlebten, die durch die zugrunde liegenden äg. Hieroglyphen dargestellt wurden. Wir, deren verschiedene Schriftarten sämtlich auf den griech. Buchstaben fußen, benutzen also ein Kulturgut, das nach Form und Namen auf die äg. Hieroglyphen zurückgeht. Roeder

E. Semiten (Tf. 109—111).

§ 1. Nordsemitische Schrift. — § 2. Südsemitische Schrift. — § 3. Name und Reihe der Buchstaben. — § 4. Ursprung des Alphabetes.

Abgesehen von den Ostsemiten, welche die Keilschrift (s. d.) benutzten, haben die sem. Völker ihre sprachlichen Dokumente in einer S. überliefert, die man insofern Buchstabenschrift nennen kann, als das einzelne Zeichen nur einen Konsonanten mit einem beliebigen nachfolgenden Vokal, bzw. ohne einen solchen, bezeichnet. Dasselbe Zeichen kann also z. B. *k, ka, ki, ku* usw. gelesen werden. Diese Buchstabenschrift, von welcher sämtliche Alphabete unseres Kulturkreises herstammen, zerfällt in zwei Gruppen, die nordsem. und die südsemitische.

§ 1. Die nordsem. Schrift ist in ihrer alten Form in den kana'anäischen (phön., hebr. und einer moabitischen) und aramäischen Inschriften vertreten (Tf. 109). Sie enthält 22 Schriftzeichen; die Zeilen werden von rechts nach links gelesen. Verschiedenes deutet darauf, daß die 22 Zeichen nicht alle nordsem. Konsonanten wiedergeben (s. Semiten B). Als älteste Inschrift darf man wohl jetzt die von Montet im Jahre 1923 in Byblos (s. d.) gefundene Grabinschrift des Königs Aḥiram betrachten (Syria 1924 S. 135—157 Dussaud); das Grab gehört der Zeit des Ramses II. (13. Jh. v. C.) an, und die S. scheint aus derselben Zeit herzustammen, obwohl eine spätere Zeit nicht ganz ausgeschlossen ist. Ins 10. Jh. gehört vielleicht eine andere Inschrift aus Byblos, die des Abiba'al (a. a. O. S. 145f.). Noch eine alte phön. kleine Inschr.: Mél. Univ. St.-Joseph Beyrouth 1926 S. 323ff. Aus dem 9. Jh. stammen die moabitische Mēša'-Inschrift (s. Moabiter § 2), die phön. Inschrift des Königs Klmụ aus Zendjīrli (s. Sam'al) und die hebr. Aufschriften auf etwa 65 in Samaria (s. d.) gefundenen Tonscherben. Aus dem 8. Jh. stammen eine phön. Inschrift aus Kition, die aram. Inschriften aus Zendjīrli (vgl. Band II Tf. 201c) und Ḥamā, aus dem Anfang des 7. Jh. die hebr. Siloah-Inschr.; ähnlich die aramäischen Nērab-Inschriften. Dieser älteren Zeit gehören auch der hebr. Bauernkalender aus Gezer (s. d.) und einige phön. und aram. Inschriften (Lidzbarski *Handbuch* und *Ephemeris* I—III) an. Die S. dieser älteren Inschriften bis etwa zum 8. Jh. lassen sich kaum in bestimmte Gruppen teilen. Aus ihr entstehen aber allmählich drei Typen:

Der phön. Typus ist in der Hauptmasse der phön. Inschriften, aus dem 5.—3. Jh. v. C., vertreten. Besonders bedeutungsvoll sind die Byblos-Inschrift des Jehaumilk, die Tabnit- und die Ešmunazar-Inschr. aus dem Gebiet von Sidon und der Opfertarif aus Massilia. Dieser Typus zeigt durchgehend eine schlankere Gestalt als der alte. Geschlossene Striche werden bisweilen geöffnet. Aus der phön. entwickelt sich die punische Schrift; die Striche werden hier in der Mitte etwas breiter und im ganzen länger. Eine mehr kursive Form zeigt sich u. a. in Nebenstrichen und in Andeutungen anstatt durchgeführter Striche. Die neupunische Schrift der Inschriften nach Karthagos Fall (146 v. C.) hat diese Tendenzen noch weiter geführt. Einige Buchstaben sind einfach zu einzelnen Strichen verändert und dadurch einander sehr ähnlich geworden; auch verschwand die Gleichmäßigkeit der Schrift, da einige Buchstaben vergrößert, andere verkleinert wurden. Der hebr. Typus der späteren Zeit ist nur auf Siegeln, Gemmen und Münzen, letztere besonders aus der Makkabäerzeit (2. Jh. v. C.) und der Zeit des Bar Kochba (etwa 130 n. C.), vertreten. Dieser Typus hat, im Anschluß an die Siloah-Inschr., einen breiteren Charakter als der phönizische. Eine kursive Tendenz ist wenig merkbar. Während die Juden allmählich die aramäische Quadratschrift (s. u.) übernahmen, wurde der ältere hebr. Schrifttypus in der samaritanischen Schrift fortgesetzt. Sie liegt teils in Inschriften (vom

5.—6. Jh. n. C. an), teils als Buchschrift vor. Den aram. Typus findet man in der nicht genau datierbaren Taimā-Inschrift und den aram. Inschriften aus Kleinasien und Ägypten vom 5.—3. Jh. Die Buchstaben sind hier vielfach vereinfacht, und geschlossene Linien geöffnet worden. Aus dieser späteren aram. S. haben sich drei neue Schriftarten entwickelt: Die hebr. Quadratschrift, die palmyrenische und die nabatäische Schrift. Neben der alten hebr. Schrift (*kᵉṯāḇ ʿiḇrī*) verwendeten die Juden nach dem Exil allmählich die in Vorderasien allg. verwendete aram. S. (*kᵉṯāḇ ʾaššūrī* „assyr., d. i. aram. Schrift"). Dieser Übergang, der Esra zugeschrieben wird, ist kaum auf einmal gleichmäßig vollzogen worden. Die S. wurde mehr eckig und deshalb Quadratschrift (*kᵉṯāḇ mᵉrubbāʿ*) genannt. Das älteste Exemplar dieser Art ist die ein einzelnes Wort enthaltende Inschrift aus ʿArāḳ el-Emīr im Ostjordanland (gewöhnlich um 180 v. C. datiert; Lidzbarski *Handbuch* S. 117; die Lesung ist jedoch nicht sicher, *Publ. Princeton Arch. Exped. to Syria* III A [1907] Littmann; Journ. of the Palestine Orient. Soc. 1922 Vincent). Aus der Zeit des Anfangs unserer Zeitrechnung stammen die Inschrift am Grabe der Bᵉnē Ḥēzīr, am Grabe des heiligen Jakobus am Ölberg, auf dem Sarkophage der Königin Ṣaddā (Lidzbarski *Handbuch* S. 117), ferner verschiedene jüdische Grabinschriften (SB. Preuß. Ak. 1885 S. 680; Lidzbarski *Ephemeris* I 188ff.; Clermont-Ganneau *Archaeological Researches in Palestine during the years 1873—74* u. a.) und Synagogen-Inschr., vor allem die aus Kafr Birʿim (Lidzbarski *Handbuch* S. 117f.). In der Quadratschrift ist eine gewisse Gleichmäßigkeit in der Größe der Buchstaben dadurch gewonnen, daß die unteren Striche der langen Zeichen umbogen worden sind. Das findet am Wortende nicht statt; so bekommen *k, n, p, s* und ebenso *m* verschiedene Formen, je nachdem sie am Wortende stehen oder nicht. Da Diphthonge mit *u̯* und *i̯* zu Vokalen geworden sind (*au̯>ō, ai̯>ē* usw.), sind die Buchstaben für *u̯* und *i̯* schon früh als Vokale gelesen worden, und zwar *u̯* für *ō* und *ū*, *i̯* für *ī* und *ē*. Ebenso ist die Fem.-Endung *at* zu *ah>ā* geworden, weshalb *h* als Zeichen für auslautendes *ā* und später für andere auslautende Vokale benutzt wurde. Ähnliches im Aram., wo man meistens für *ā* das ʾAleph verwendet. Im Mittelalter (6.—9. Jh.) versuchten es jüdische Gelehrte, die richtige Vokalaussprache und andere Nuancen des Textvortrages durch Punkte und Striche anzudeuten. Wir kennen drei derartige Systeme, und zwar ein älteres paläst., ein jüngeres paläst., gewöhnlich das tiberiensische (nach der Stadt Tiberias) genannt, und ein babyl. (P. Kahle *Masoreten des Ostens* 1913; ders. in Bauer und Leander *Hist. Grammatik d. hebr. Sprache* 1922). Das tiberiensische erhielt die größte Bedeutung und wird in gewöhnlichen Bibelausgaben verwendet. Eine besondere hebr. Kursivschrift ist die nach Raschi genannte, etwa im 11. Jh. entstandene Schrift. Daneben sind andere Kursive üblich geworden; sie werden aber in Bibelhandschriften nicht gebraucht. Die palmyrenische Schrift (Tf. 110) wird in den aus Palmyra stammenden Inschriften verwendet; die älteste datierte Inschrift ist eine Grabinschrift aus dem J. 9 n. C., die jüngste ist auf 272 n. C. datiert; die Hauptmasse gehört der letzten Zeit des palmyrenischen Reiches an (3. Viertel des 3. Jh. n. C.). Auch außerhalb Palmyra hat man palmyr. Inschr. gefunden. Die palmyrenische Schrift unterscheidet sich von der Quadratschrift durch ihre gerundeten Formen. Durch die Vereinfachung des älteren Typus sind einige Buchstaben einander ähnlich geworden, so *b, k,* ʿ und *d, r,* besonders die beiden letzten, die deshalb bisweilen durch einen Punkt unterschieden werden (de Vogüé *Syrie Centrale* 1868; Lidzbarski *Handbuch,* mit Schrifttafel; Chabot *Choix d'Inscriptions de Palmyre* 1922). Der palmyrenischen nahe steht die syr. Schrift. Das älteste Exemplar bietet die hebr.-syr. Bilinguis des Grabmals der Königin Ṣaddā in Jerusalem (Anfang unserer Ära); bedeutungsvoll ist die syr.-griech.-arab. Trilinguis aus Zabad vom Jahre 512 n. C. (SB. Preuß. Akad. 1881 S. 169ff. Sachau; ZDMG 36 [1882] S. 345ff. ders.; syrische Inschr. vgl. übrigens in ZDMG 36 [1882] S. 142ff. Sachau; ebd. 38 [1884] S. 543ff.; Journ. Asiat. Ser. 9 Bd. 8 de Vogüé; Pognon *Inscriptions sémitiques de la Syrie* 1907—08). Die älteste syr.

Kanaʿanäische und altaramäische Alphabete.
Transcription.
Aḥirām
Mēšaʿ
Zendjirli
Ešmunazar
Massilia
Neu-Punisch
Hebräische Münzen
Samaritanisch
Taimā
Quadratschrift
Ältere
Gewöhnl.
ʾ
b
g
d
h
u̯
z
ḥ
ṭ
i̯
k
l
m
n
s
ʿ
p
ṣ
ḳ
r
ś š
t
א
ב
ג
ד
ה
ו
ז
ח
ט
י
כ
ל
מ
נ
ס
ע
פ
צ
ק
ר
ש
ת

Handschrift, die Clementinischen Recognitionen (Brit. Mus.), ist im Jahre 411 n. C. geschrieben. Die älteste syr. Schrift, *Esṭrangelā* (wohl aus στρογγύλη „rund"), unterscheidet sich nicht stark von der palmyrenischen Kursive; diese tritt allerdings erst in den spätesten Denkmälern auf, aber sie kann früher neben der Monumentalschrift, eventuell auch außerhalb Palmyra, existiert haben (vgl. hierzu Lidzbarski *Handbuch* S. 194). Die Buchstaben der syr. Schrift sind niedriger und breiter als die der palmyr. Monumentalschrift; die meisten Buchstaben sind innerhalb des Wortes sowohl nach rechts wie nach links verbunden. Nachdem im 5. Jh. die zu Persien gehörigen nestorianischen Ostsyrer sich von den monophysitischen Westsyrern (Jakobiten) getrennt und in Nisībis eine neue Zentrallehrstelle gegründet hatten, bildeten sie beide auf Grund des Esṭrangelā neue Schriftarten. Dem Esṭrangelā am nächsten steht die nestorianische Schrift, die noch im Neusyr. (Mosul und am Urmia-See) verwendet wird. Sie wurde von christlichen Missionaren nach Zentralasien, Indien und China gebracht (D. Chwolson *Syrisch-Nestorianische Grabinschriften* Mém. Acad. Impér. St. Pétersbourg 7. Serie 37 [1890] mit Schrifttafel von Euting, etwa 100 aram. Alphabete darstellend; ebd. NF 1897; über die chinesisch-nestorianische Inschrift aus Si-Ngan-Fu, 781 n. C., vgl. die Literatur Lidzbarski *Handbuch* S. 499). Die westsyr. Schrift, Serṭā, die im ganzen runder ist als die beiden anderen, wurde von den Jakobiten und Maroniten benutzt. Dagegen verwendeten die paläst. Melkiten (Anhänger des byzantinischen Bekenntnisses) eine mehr an das Esṭrangelā erinnernde Schriftform.

Wie im älteren Aram. werden auch im Syr. die Buchstaben für ', *u̯* und *i̯* zur Bezeichnung von Vokalen benutzt. Ferner wird durch Punkte die vollere oder schwächere bzw. vokallose Aussprache des Konsonanten angedeutet. Daraus machte das nestorianische System eine vollständige Vokalbezeichnung durch Punkte. Die w. Syrer dagegen bildeten im 8. Jh. ein System zur Andeutung der Vokale aus den griech. Buchstaben. Oft kommen die beiden Systeme gemischt vor (vgl. die syr. Grammatiken von Nöldeke, Brockelmann und Ungnad). Die nabatäische Schrift liegt in den Münzen und Inschriften der Nabatäer (s. Semiten B) vor; sie stammen alle aus Nordarabien und dem Ostjordanland bis Damaskus, vor allem aber aus Petra, dem Zentrum des nabatäischen Reichs. Sie gehören hauptsächlich dem 1. Jh. vor und nach C. an (vgl. auch Lidzbarski *Handbuch* S. 194ff.; E. Schürer *Gesch. d. jüd. Volkes im Zeitalter Jesu Christi* I$^{3-4}$ [1901] S. 726ff.). In einigen Inschriften ist der aram. Typus noch deutlich zu erkennen (so in einer Inschr. aus Ḥaurān; vgl. Lidzbarski *Handbuch* Tf. 29, 1; vgl. auch ebd. S. 195); aber in der Hauptmasse der Inschriften hat sich eine ganz neue Schrift entwickelt. Die Buchstaben werden in dieser Schrift häufig verbunden; viele Buchstaben haben am Ende des Wortes besondere Formen, mit Verlängerung der Striche nach links (Euting *Nabatäische Inschriften* 1895). Eine Abart der nabatäischen bildet die sinaitische Schrift, die in den vielen kurzen Inschriften (Mitte des 2. bis Mitte des 3. Jh. n. C.), die auf der Sinai-Halbinsel gefunden worden sind, vorliegt (Euting *Sinaitische Inschriften* 1891; B. Moritz *Der Sinaikult in heidnischer Zeit* Abh. Gött. Ges., Phil.-Hist. Kl., NF 16 [1916]). Dem aram. Typus, und zwar zunächst dem nabatäischen, gehört die mandäische Schrift an, obwohl sie sich auch selbständig ausgebildet hat. In ihr sind die (ostaramäischen) Schriften der Sekte der Mandäer, welche in der Sumpfgegend Südbabyloniens wohnten, abgefaßt. In dieser Schrift werden alle deutlichen Vokale durch Vokalbuchstaben bezeichnet (Nöldeke *Mandäische Grammatik* 1875). Die älteste arab. Inschrift, die Grabinschrift des Mar'alḳais aus en-Nemāra (328 n. C.), ist noch mit nabatäischer Schrift geschrieben (Faksimile in Rev. Arch. 41 [1902] II 411; Dussaud *Les Arabes en Syrie* 1907 S. 34ff.). Im Anschluß an die nabatäische, bzw. die sinaitische Schrift bildet sich aber eine besondere arab. Schrift. Ihre ältesten Formen finden wir in der griech.-syr.-arab. Inschrift aus Zabad (512 n. C.; s. o.) und der griech.-arab. Bilinguis aus Ḥarrān sö. von Damaskus (568 n. C.). Mit dem Emporkommen des Islam wurde die neue Schrift verbreitet; das deutet darauf, daß sie schon im 6. Jh. im Ḥidjāz

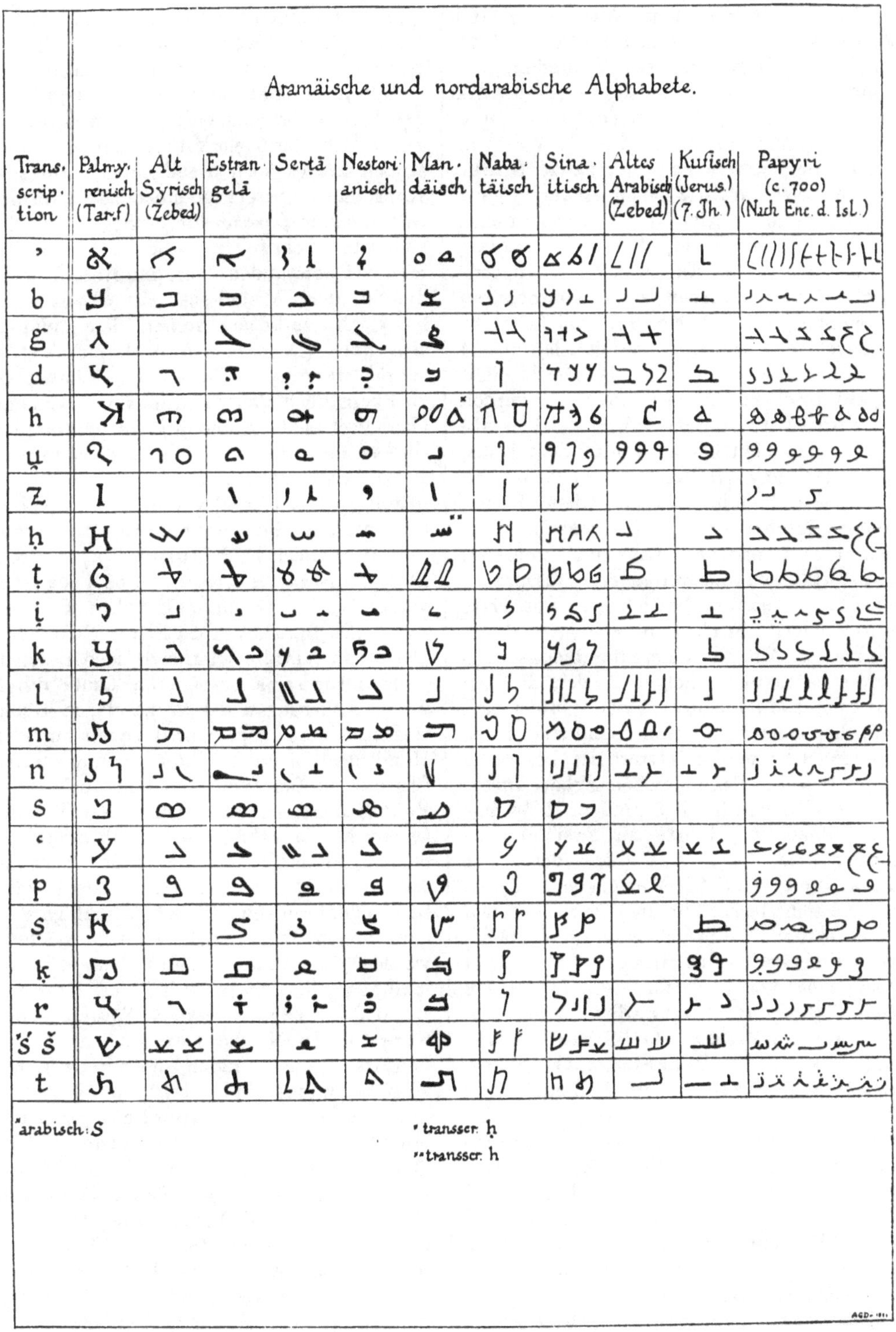

Schrift E. Semiten

Aufnahme gefunden hat. Aus dem 7. und 8. Jh. n. C. stammen einige Münzen (von 641 an), einige Papyrus-Urkunden und einige Inschriften, so die des 'Abd el-Melik im Felsendom in Jerusalem (691/92 n. C.) u. a. (*Enzyklopädie des Islām* I 400b Moritz). Durch die Vereinfachung der nabat. Schrift wurden viele arab. Zeichen einander ganz gleich; diese wurden dann wieder durch Punkte unterschieden, deren Verwendung etwas schwankte. Durch derartige diakritische Punkte wurden auch Konsonanten bezeichnet, die im Nordsem. nicht mehr unterschieden wurden. Die Vokale wurden in älterer Zeit (wie früh, läßt sich nicht sagen) durch Punkte bezeichnet; sie wurden etwa im 8. Jh. durch andere Zeichen abgelöst: für *u* ein kleines *u̯* über dem Kons. (Ḍamma), für *a* ein Strich über (Fatḥa), für *i* ein Strich unter (Kasra) dem Kons.; weitere Zeichen sind *Hamza*, das bei 'Alif den konsonantischen Lautwert andeutet, und *Tašdīd*, das die verlängerte Aussprache eines Konsonanten bezeichnet. Das erste wurde zuerst durch Punkte, später durch ein kleines 'Ain, das andere durch ein kleines Schin bezeichnet. Schon in den ältesten Inschriften findet man einen Unterschied zwischen einer mehr eckigen und einer mehr runden Schrift; die letztere ist besonders in den Papyrus-Urkunden bemerkbar. Dieser Unterschied wurde im 8. und 9. Jh. weiter ausgebildet und führte zu zwei Schriftformen: der kufischen (nach der Stadt Kufa) und Nasḫī. Verschiedene Typen haben sich ferner in den verschiedenen Ländern und Zeiten entwickelt, wie maġribinisch, persisch, sulus, rik'a usw. (Ahlwardt *Zwölf arab. Schrift-Tafeln*; *Enzyklopädie des Islām* I 399ff. B. Moritz; ders. *Arabic Palaeography*; WZKM 5 [1891] S. 320ff. J. Karabacek; C. H. Becker *Papyri Schott-Reinhardt* I [Veröffentl. aus d. Heidelberger Papyrus-Sammlung III 1] 1906 S. 24ff.; M. v. Berchem *Matériaux pour un corpus inscriptionum Arabicarum* I—II; über Schreibmaterialien vgl. *Enz. d. Isl.* I 402 und Nöldeke-Schwally *Gesch. d. Qorāns*² II 13f.). Als Schrift der islam. Länder hat die arab. Schrift eine ungeheure Ausbreitung und kulturelle Bedeutung erlangt.

§ 2. Die südsem. Schrift (Tf. 111) liegt in verschiedenen Formen vor. Das südarab. Alphabet kennen wir aus den minäischen, sabäischen, ḥaḍramautischen, katabanischen und ḥimjaritischen Inschriften (s. Semiten B). Es zeigt eine deutliche Verwandtschaft mit dem nordsem.; außer den darin vorkommenden 22 Buchstaben hat es noch 6 selbständige für sein Konsonantensystem gebildet (F. Hommel *Südarabische Chrestomathie* 1893). Aus der südarab. Schrift ist die äthiopische Schrift entstanden. Ihre ältesten Formen, die in den Aksūm-Inschriften aus dem 4.—5. Jh. vorliegen, stehen den südarab. sehr nahe (*Deutsche Aksum-Expedition* IV [1913] Littmann). Das äthiop. Alphabet hat 26 Buchstaben, da 4 südarab. verschwunden, aber zwei neue (*p* und *p'*) hinzugekommen sind (s. Semiten B). Die Zeichen werden allmählich runder, und man schreibt (schon in einigen Inschriften) von links nach rechts. So entsteht die gewöhnliche äthiopische Schriftart (nach D. H. Müller *Epigraphische Denkmäler aus Abessinien* S. 68ff. das bewußte Werk eines Mannes; vgl. a. Beiträge zur semit. Sprachw. 1904 S. 133 Nöldeke). Das Amharische schuf sich noch Bezeichnungen für seine besonderen Laute durch kleine Änderungen der vorhandenen Buchstaben. Die äthiop. Schrift behält auch in Handschriften meist ihren monumentalen Charakter. Die Worte werden durch zwei Punkte getrennt. Als einziges sem. Schriftsystem hat das äthiop. die Vokalbezeichnung in das Alphabet mit einbefaßt. Das geschieht so, daß die verschiedenen Vokale, bzw. Vokallosigkeit, durch regelmäßige Veränderungen der Buchstaben bezeichnet werden; die Anfänge dieses Systems sieht man schon in den Inschriften (Dillmann-Bezold *Gramm. d. Äthiop. Sprache*² 1899 S. 14ff.). In Nordarabien sind noch drei Schriftsysteme gefunden, die mit dem südarab. verwandt sind, und zwar die liḫjanische, die ṯamūdenische („protoarabische") und die ṣafatenische Schrift (über Zeit und Sprache s. Semiten B; ferner D. H. Müller *Epigraphische Denkmäler aus Arabien* 1889; E. Littmann *Zur Entzifferung der thamudenischen Inschriften* MVAG 1904; ders. *Zur Entzifferung der Ṣafā-Inschriften* 1901; Mélanges de la Faculté Orientale de Beyrouth 3 [1918] B. Moritz; Dussaud *Les Arabes en Syrie* 1907).

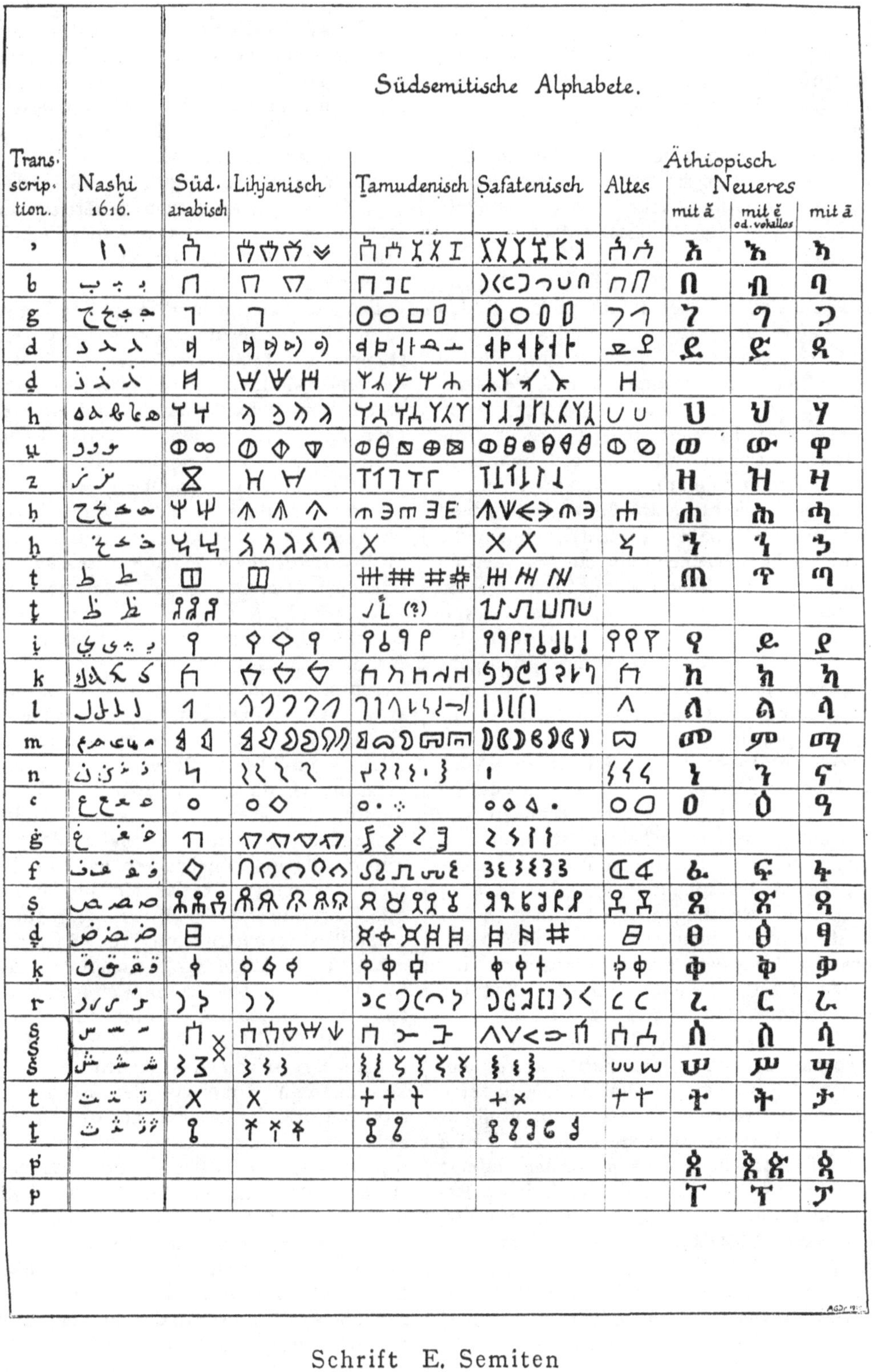

Schrift E. Semiten

Prätorius findet in diesen Inschriften die Grundlage der südarab. (ZDMG 56 [1902] S. 679f.; ebd. 58 [1904] S. 715ff.), ähnlich wie D. H. Müller die liḥjanische Schrift als Prototyp der südarab. aufstellte. Rein epigraphisch ist das möglich, aber solange man nicht ältere Exemplare dieser Schrift nachweisen kann, bleibt es wahrscheinlich, daß sie von der minäisch-sabäischen abgeleitet ist.

§ 3. Namen und Reihe der Buchstaben sind uns zuerst auf griech. Boden überliefert, und zwar im 5. und 4. Jh. v. C. Auf sem. Boden ist die Buchstabenreihe in den akrostischen Psalmen des AT (9—10, 25, 34, 37, 111, 112, 119, 145, wozu Thren. 1—4, Prov. 31, 10—31) bezeugt, die Namen erst in rabbinischen Schriften. Wenn man von den durch die abweichenden Lautverhältnisse veranlaßten Änderungen des griech. Alphabets absieht, stimmen die beiden Überlieferungen überein. Sie werden durch die syr. Tradition gestützt, die im 8. oder 9. Jh. sowohl in ost- wie westsyr. Form vorliegt und daher mindestens bis ins 5. Jh. (vor der Trennung) hinaufgeht (vgl. zur ganzen Frage Th. Nöldeke *Die semitischen Buchstabennamen* Beiträge zur sem. Sprachw. 1904 S. 124ff.; für das griech. Alphabet vgl. Larfeld in Iwan v. Müller *Handb. d. klass. Altertumswiss.*² I 495ff.). Die syr. Namen stammen von den hebr. her. Sämtliche Buchstabennamen fangen mit dem durch den Buchstaben angegebenen Konsonanten an. Die Araber haben die zweisilbigen hebr. Namen (außer 'Alif) zu einsilbigen gekürzt, so *dālät > dāl, lāmäd > lām* usw.; einige Buchstaben bezeichnen sie mit dem Anfangskonsonanten und einem Vokal: *bā, tā, ṯā, ḥā, ḫā, rā, ṭā, ẓā, fā, hā, ịā*. Während die allg. nordsem. Anordnung noch in den Zahlenwerten bezeugt ist, ist die gewöhnliche Reihe eine andere. Entscheidend ist dabei die Ähnlichkeit der Lettern, aber auch die der Laute gewesen, und *ụ, ị* und *h* werden zuletzt gestellt, weil sie als „schwach", bzw. Bezeichnung des Feminins eine Sonderstellung einnehmen (ZDMG 69 [1915] S. 59—62 Schwarz). Übrigens kommen Schwankungen in der Reihenfolge vor (Wright *A Grammar of the Arabic Language* I³ [1896] S. 3). Das äthiopische Alphabet weicht, sowohl was die Namen wie die Anordnung betrifft, von dem nordsem. ab. Heutzutage nennt man die Buchstaben nach dem Anfangskonsonanten und *ā*, wie teilweise im Arab. (Nachr. Gött. Ges., Phil.-Hist. Kl., 1917 [1918] S. 677 Littmann).

Nebenstehende Liste gibt die von Nöldeke (a. a. O. S. 134) konstruierten ältesten Formen der Buchstabennamen, ferner die hebr., griech. und äthiop. Namen in der hebr. Reihenfolge.

Ein durchgehendes Prinzip der Reihenfolge läßt sich nicht nachweisen. Bisweilen stehen Buchstaben zusammen, die lautlich verwandt sind, wie *m, n,* bisweilen solche, deren Sinnwerte verwandt sind, wie *ịōḏ, kaf; 'aịn, pē, rēš, šīn.* Lidzbarski hat ferner darauf hingewiesen, daß oft Konsonanten aufeinander folgen, welche zusammen einsilbige kana'an. Wörter bilden: *'ab, gad, kål, min* u. a. (*Ephemeris* I 135f.); auch im Aussehen verwandte Zeichen sind offenbar zusammengestellt (Bauer und Leander *Hist. Gramm. d. hebr. Sprache* S. 65f.). Die assyr. Zeichenordnung kann für gewisse Gruppen von Bedeutung gewesen sein, und zwar die drei ersten samt *m, n, ', p, r* (ZDMG 50 [1896] S. 667—670 Zimmern). Auch die Namen, deren Bedeutung unsicher ist, hat man zu erklären versucht (Lidzbarski *Ephemeris* II 125—139). Die äthiopischen Namen sind oft umgebildet, bisweilen zeigen sie (wie die griech.) die ursprünglicheren kana'an. Formen; für einige ist das gleichbedeutende äth. Wort eingesetzt (*māị, 'af, re'es*); für *ịōd* „Hand" ist *ịaman* „Rechte", für *nūn* „Fisch" *nahās* wohl „Schlange" eingesetzt. Aber sowohl Formen wie der Sinn einiger Namen (*'alf, ụaụ, taụ, nahās*) deuten auf kana'an. Ursprung (Nöldeke *Beiträge* S. 135ff.).

§ 4. Ursprung des Alphabets. Der kana'anäische Ursprung der Buchstabennamen deutet darauf, daß auch das Alphabet selbst im Norden entstanden ist. Lidzbarski (*Ephemeris* I 109—136) hat nachzuweisen versucht, wie das südarab. Alphabet sich aus dem nordsem. entwickelt hat; er erklärt die Änderungen vor allem durch Streben nach Symmetrie und nach Stabilität (vgl. die arab. Bezeichnung dieses Alphabets als *musnad,* das er als „Stützschrift" auffaßt, a. a. O. S. 119). Voraus-

Bedeutung	Älteste Form	Hebräisch	Griechisch	Äthiopisch
Ochs	'alf	'āläf	Ἄλφα	'alf
Haus	bēt	bēṯ	Βῆτα	bēt
Kamel	gaml, geml	gīmäl	Γάμμα	geml, gaml
Tür	delt	dāläṯ	Δέλτα	dent, dant
	hē	hē	Εἶ	hōi̯
Haken	u̯au̯	u̯āu̯	[Ϝαῦ]	u̯āu̯ī
Waffe, bzw. Olive	zai̯ (zai̯n?)	zai̯in	Ζῆτα	zai̯, zāi̯
	ḥēt	ḥēṯ	Ἧτα	ḥau̯t
	ṭēt	ṭēṯ	Θῆτα	ṭai̯t, ṭāi̯t, ṭēt
Hand	i̯ōd	i̯ōḏ	Ἰῶτα	i̯aman, i̯amān
Handfläche	kaf	kaf	Κάππα	kaf, kāf
	lamd	lāmäḏ	Λάμβδα, Λάβδα	lāu̯, lāu̯ī
Wasser	mēm	mēm	Μῦ	mai̯, māi̯
Fisch	nūn	nūn	Νῦ	nāḫas, nahās
	semk, samk	sāmäk̠	Σίγμα	sat, sāt
Auge	ʿai̯n	ʿai̯in	Οὖ	ʿai̯n
Mund	pē (pä?)	pē	Πεῖ	'af
	ṣādē	ṣādē		ṣadōi̯, ṣadāi̯
	ḳōf	ḳōf	Κόππα	ḳaf, ḳāf
Kopf	rōš (rēš)	rēš	Ῥῶ	re'es
Zahn	šin	śin, šin	Σάν	šau̯t, šāu̯t
Kreuz	tau̯	tāu̯	Ταῦ	tau̯, tāu̯ī

zusetzen sei aber ein nordsem. Alphabet vor der Gabelung in drei Zweige; wir werden dadurch auf 1200—1000 v. C. hinaufgeführt, zu welcher Zeit auch das griech. Alphabet sich abgezweigt hat. Bei einigen Zeichen ist aber eine direkte Herleitung des südsem. aus dem nordsem. sehr schwierig (vgl. *Ephemeris* II 370). Dussaud findet das Mittelglied zwischen dem phön. und dem südsem. Alphabet in den archaischen griech. Buchstaben (*Les Arabes en Syrie* S. 76ff.). Es liegt aber näher, eine ältere nordsem. Form vorauszusetzen. Wenn man nach dem Ursprung des Alphabets fragt, muß man sich also zunächst, aber nicht ausschließlich, an das nordsem. halten. Man hat den Ursprung in verschiedenen anderen Schriftsystemen gesucht. Das ägyptische Schriftsystem wurde schon im Altertum als Vorbild der phön. Schrift betrachtet (Plato, Phaedr. 274c—e; Diodor. Sic. I 69; Tacitus Ann. XI 14; Plinius H. N. VII 192), worauf natürlich kein Gewicht gelegt werden kann. Im 19. Jh. nach der Entzifferung der Hieroglyphen wurde diese Auffassung die gewöhnliche (Kieler Philologische Studien 1841 S. 1ff. J. Olshausen). Eine Ableitung aus der äg. hieratischen Schrift wurde von de Rougé versucht (Comptes rendus de l'Acad. 1859 III 115; *Mémoire sur l'origine égyptienne de l'alphabet phénicien* 1874), so auch Lenormant (*Essai sur la propagation de l'alphabet phénicien* I 85ff.). Dagegen hat J. Halévy in mehreren Abhandlungen die Ansicht dargestellt, daß von den phön. Zeichen 11 direkt aus äg. Hieroglyphen entlehnt seien, während die übrigen aus diesen differenziert wären (*Mélanges d'épigraphie et d'archéologie sémitiques* 1874 S. 168ff.; Revue Sémitique 9 [1901] S. 356ff.; ebd. 10 [1902] S. 331ff.; Verhandlungen des 13. Internat. Orientalisten-Kongresses zu Hamburg 1904 S. 199ff.). Eine derartige direkte Entlehnung ist gegenüber den großen Unterschieden zwischen den hieroglyphischen und den phön. Zeichen wenig wahrscheinlich (Lidzbarski *Ephemeris* I 261ff.). Auch babyl.-assyr. Ursprung hat man für das Alphabet gesucht, und hier ebenso Zeugnisse aus dem Altertume angeführt (Plinius H. N. VII 192; auch wie Diodor. V 74 die Syrer). Für die ältere Zeit vgl. Saalschütz *Zur Gesch. d. Buchstabenschrift* 1838, der babyl. Ursprung annimmt. In neuerer Zeit leitet Deecke das altsem. Alphabet aus der neuassyr. Keilschrift ab, wobei jedoch mehrfach ältere Formen benutzt worden seien. Das Alphabet soll in Aram von einem Zögling der assyr. Priesterschulen erfunden worden sein (ZDMG 31 [1877] S. 102—116). Die Vergleiche sind wenig überzeugend; dasselbe gilt von denen Peisers, der durch Drehung der Keile eine Ähnlichkeit mit dem Alphabet erstrebt (MVAG 5 [1900] S. 43ff.; Lidzbarski *Ephemeris* I 268f.). Einen anderen Weg schlägt Friedr. Delitzsch ein (*Die Entstehung des ältesten Schriftsystems* 1897; *ein Nachwort* 1898). Er meint, daß die Erfinder der Buchstabenschrift von den Ägyptern zwar die Akrophonie (d. i. das dargestellte Bild vertritt seinen ersten Konsonanten) gelernt haben, aber andererseits in Wahl und Ausführung der Bilder durch die Babylonier beeinflußt worden sind, obwohl sie auch selbständige Zeichen geschaffen haben. Delitzsch operiert mit babyl. Bilderzeichen, die zur Zeit der Entstehung des Alphabets nicht mehr im Gebrauch waren, was seine Auffassung erschwert (vgl. ferner Lidzbarski *Ephemeris* I 129ff.). Andere Versuche, das Alphabet aus Babylonien herzuleiten, vgl. F. Hommel *Grundriß d. Geogr. u. Gesch. d. alt. Or.* I² (1904) S. 96ff.; Proceed. of the Soc. of Bibl. Arch. 15 (1893) S. 392ff. Ball.

Kretischen Ursprung des Alphabets hat man nach den Ausgrabungen von Evans nachzuweisen versucht. A. J. Evans (*Scripta Minoa* I [1909] S. 77ff.) zeigt (wie schon Fries in Zeitschr. d. deutsch. Pal. Ver. 22 [1899] S. 118ff.), daß mehrere kretische Zeichen an die sem. stark erinnern, und daß sie in ihrer älteren Form als Bilder oft den semitischen Buchstabennamen entsprechen. So Ochs, Haus, Pflock, Hand, Handfläche, Auge, Schlange u. a. Daraus seien die Buchstaben durch das akrophonische Prinzip entstanden. In Palästina wären sie durch die Philister im 13. Jh. eingeführt worden. Diese Auffassung ist von Herm. Schneider (*Der kretische Ursprung des „phönikischen" Alphabets* 1913) weiter ausgeführt, teilweise mit philosophischen Erwägungen. In der Tat ist die Ähnlichkeit bei verschiedenen Zeichen auffallend groß (vgl. Dussaud *Civilisations préhell.*² S. 432ff.; Lidzbarski *Ephemeris* II 371). Auf die kyprische Schrift hat Fr. Prätorius hingewiesen (*Über den Ursprung des kanaanäischen Alphabets* 1906; ZDMG 63 [1909] S. 192ff.). Er findet die Ähnlichkeit nicht nur in der Form der Zeichen, sondern auch in ihrer Anwendung als Silbenschrift. Während die Kyprier z. B. für *pa, pe, pi, po, pu* 5 verschiedene Zeichen hatten, deren jedes auch bloß *p* bedeuten konnte, sollen die Kanaʿanäer diese Zeichen auf eins reduziert haben. Eine Hauptschwierigkeit bei dieser Auffassung ist, daß die ältesten kyprischen Inschriften erst im 6. Jh. nachgewiesen werden können, also viele Jh. nach der Entstehung der sem. Schrift.

Während eine direkte Entlehnung aus irgendeinem der benachbarten Schriftsysteme unnachweisbar und wenig wahrscheinlich ist, bleibt doch die Wahrscheinlichkeit bestehen, daß das sem. Alphabet nicht unabhängig entstanden ist. Vor allem haben Schäfer (ÄZ 52 [1904] S. 95ff.), Sethe (Nachr. Gött. Ges., Phil.-Hist. Kl., 1916), Lehmann-Haupt (ZDMG 73 [1919] S. 51ff.) und Ronzevalle (Mélanges Univ. St.-Jos. Beyrouth 1926 S. 329ff.) darauf hingewiesen, daß die äg. Hieroglyphenschrift sich auf innerem Wege zu einer Buchstabenschrift entwickelt hatte, ebenso wie zum Prinzip der Akrophonie. Bietet das Äg. somit das innere Vorbild des Alphabets, erhebt sich aufs neue die Frage, wo das äußere Vorbild der Zeichen zu suchen sei. Gardiner (Journ. of Egyptian Archaeology 3 [1916] S. 1ff.) findet dies in den Sinai-Inschriften. Diese umfassen etwa 150 Zeichen, auf 11 Denkmälern verteilt. Sie sind in und neben dem Ḥatḥor-Tempel in Serābīṭ el-Ḫādim von Flinders Pétrie 1905 gefunden (*Researches in Sinai* 1906); sie erinnern an die äg. ohne äg. zu sein. Gardiner findet 32 verschiedene Zeichen, darunter 14, die als Mittelglied zwischen den Hieroglyphen und der altsem. Zeichen erscheinen. Vier häufig in Reihenfolge wiederkehrende Zeichen las er *b'lt* („Herrin"), woraus das Prinzip sich ergab, daß die halbäg. Zeichen nach ihrem Aussehen den entsprechenden sem. Lautwert bezeichneten. Das Bild für „Haus", äg. *pr*, wäre also etwa *bêt* zu lesen. Cowley (im Anschluß an Gardiners Aufsatz) schlug noch andere Lesungen vor. Die äg. Schrift wäre also nicht das Urbild, sondern das Vorbild der sem. Schrift, sowohl nach dem Prinzip wie nach der Form, obwohl die letztere frei benutzt wäre. Direkt auf die sinaitische Schrift wären sowohl das nordsem. wie das südsem. System zurückzuführen; z. B. ist das *n* der Sinai-Schrift durch eine Schlange dargestellt, wozu vgl. das Äthiop.; zur ganzen Frage vgl. die ergänzenden Ausführungen Sethes in Nachr. Gött. Ges., Phil.-Hist. Kl., 1917 S. 437ff. Nach den äg. Monumenten datiert Gardiner die Inschriften ans Ende des 19. Jh. (Sethe: 1850—1500). Versuche der Entzifferung, die schon früher von Bruston (Rev. de théol. de Montauban 20 [1911] S. 177f.; ebd. 21 [1912] S. 176) und Ball (Proc. Soc. Bibl. Arch. 30 [1908] S. 243f.) angefangen waren, wurden fortgesetzt von R. Eisler (*Die kenitischen Weihinschriften der Hyksos-Zeit* 1919), Bruston (Rev. Arch. 14 [1921] S. 49ff.) und H. Grimme (*Althebr. Inschriften vom Sinai* 1923). Ein abschließendes Urteil läßt sich noch nicht über diese Versuche abgeben (vgl. a. H. Bauer *Zur Entzifferung der neuentdeckten Sinaischrift* 1918; D. Völter *Die althebr. Inschr. vom Sinai* 1924), die Möglichkeit steht immer noch offen, daß die Sinai-Schrift nur ein Versuch unter anderen, nicht direkter Vorläufer der sem. S. ist. Als wahrscheinlich darf festgestellt werden, daß die sem. S. im Gebiete Kana'ans entstanden ist, daß ihr Prinzip aus der äg. übernommen worden ist, und daß die Zeichenformen im Anschluß teils an das äg., teils an andere Schriftsysteme frei gebildet worden sind. Daß einige Zeichen sekundär durch Nebenstriche von anderen gebildet sind, ist wahrscheinlich; daraus läßt sich jedoch kaum mit Recht erschließen, daß alle Zeichen durch willkürliche Striche entstanden seien (Bauer und Leander *Hist. Gramm. d. hebr. Sprache* S. 64). Es ist noch das Wahrscheinlichste, daß einige Buchstabennamen auf Bildern beruhen, andere willkürlich gebildet sind.

Mark Lidzbarski *Handbuch der nordsemitischen Epigraphik* I Text, II Tafeln 1898; Ph. Berger *Histoire de l'Écriture dans l'Antiquité* 1891; Hans Jensen *Geschichte der Schrift* 1925.

Johs. Pedersen

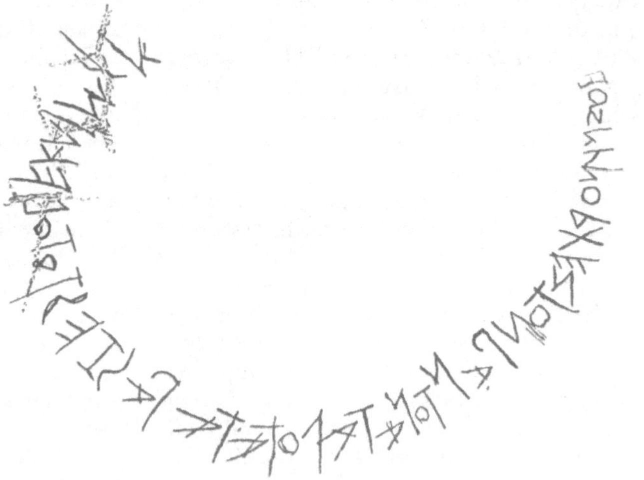

Widmung der athenischen Dipylonkanne. 8. Jh. v. C. Nach Studniczka in Ath. Mitt. 18 (1893) S. 225 Tf. 10; IG I² 919.

F. Übriges Vorderasien s. Elam C, Hettiter C, Keilschrift, Mitanni B, Perser A § 4, Urarṭu.

G. Griechenland (Tf. 112, 113).

§ 1. Geschichte bis zum Ende des 5. Jh. v. C. — § 2. Die einzelnen Buchstaben. — § 3. Erklärung der Tafeln.

§ 1. Schon die Alten wußten, daß die Buchstaben von den Phönikern zu den Griechen gekommen waren. Die Fluchtafeln von Teos nennen die Buchstaben φοινικήϊα (Dittenberger *Sylloge*³ 38); Herodot V 58 läßt sie von den Phönikern, die mit Kadmos nach Boiotien gewandert waren, eingeführt, von den Ioniern aber verbessert sein. Einige hochaltertümlich erscheinende Weih-Inschriften im Tempel des Apollon Hismenios bei Theben nennt er selbst Καδμήϊα γράμματα. So hat der Vater der Geschichte weiter gesehen als die, welche irgendwelche Sänger oder Weisen, wie Orpheus, Linos oder Palamedes von Nauplia bei Argos, oder Prometheus (Aischylos) zum Erfinder der Schrift machten, oder dem Simonides besondere Verbesserungen zuschrieben. Ort und Zeit der Übernahme kann nur innere Prüfung der inschriftlich auf Stein und Metall erhaltenen Denkmäler lehren; doch sind wir weit davon entfernt, von allen wichtigen Gegenden Inschriften der frühesten Jahrhunderte zu besitzen; im Gegenteil scheinen auch der athenischen Dipylon-Vase, den Felsinschriften von Thera und den ältesten Gesetzen von Kreta und Eretria lange Zeiten der Entwicklung vorausgegangen zu sein, so daß man nur mit Rückschlüssen arbeiten kann. Über die Hieroglyphen der min. Zeit s. Kretische Schrift. Die wenig gebildeten dorisch-thessalisch-boiotisch-eleischen Eindringlinge waren vermutlich schriftlos; von den griech. Stämmen, die vor ihnen im Lande saßen, brachten die auswandernden Arkader noch keine hellenische Schrift mit, sondern übernahmen in Kypros die dort bestehende Silbenschrift (s. Schrift C 2). Aber eine Gruppe, die Argos mit dem Heraion und Kleonai, Sikyon, Phleius, Korinth und seine im 7. und 6. Jh. angelegten Kolonien Korkyra, Leukas u. a., das im ersten heiligen Kriege zerstörte Krisa und Achaja mit seinen vom Ende des 8. Jh. ab ausgeschickten Kolonien umfaßte, sodann die Inseln Thera, Melos und das große Kreta, ergibt sich durch die Wahl des Tsade M für σ als Einheit, weit älter, wie Ed. Meyer erkannt hat, als die von Kirchhoff an sich mit vollem Recht hervorgehobenen Unterscheidungen der Zusatzbuchstaben; älter als das Reich des Pheidon und das des Agamemnon im homerischen Schiffskatalog. Doch das Festland zeigt in den erhaltenen Steinen schon einen stark veränderten Stand; konservativer waren die Inseln, Thera, Melos und Kreta, alle mit erheblichen achäischen Volksresten. Die entscheidende Tat, die nur einmal an einer Stelle von einem denkenden Manne vollbracht sein kann, war die Verwendung der im Phön. zahlreichen Kehl- und Hauchlaute für die im Griech. ungleich wichtigeren Vokale. Nach akrophonischem (für Ajin nur vermutetem) Prinzip, d. h. nach dem Anfangslaut des Namens, wurde Aleph für α, He für ε, Jod für ι, Ajin für ο, Vav für υ verwendet; dazu in Kreta, Thera Melos, Rhodos schon sehr früh Chet für η das im Dorischen da, wo es vorkommt, besonders wichtig zu bezeichnen war. Doch geben für Chet nur Kreta, für Vav nur Thera und Melos den einfachen Stand; die anderen brauchen ein unterschiedenes Zeichen für ϝαῦ (F u. a.) und, recht ungeschickt, das Chet (H) gleichzeitig für η und den starken Hauch. Wenn wir in Thera Spuren finden, daß die Aspiraten ursprünglich nicht von den Tenues geschieden waren, wie auch Kreta von Anfang an durch die archaische Zeit nur die Tenues (κϘπ) kennt, so könnte Thera mit seiner Kadmos-Sage neben Kreta sehr wohl als geeignetster Ort für die erste Übernahme des einfachsten Alphabets gelten. Thera besitzt auch allein die älteste Form des β. In anderem sind auch seine ältesten erhaltenen Schriftdenkmäler schon weiter entwickelt. Sobald aber die Schrift einmal eingeführt war, wobei der Privatgebrauch der Kaufleute und Schiffer und aller derer, die etwas aufzuzeichnen hatten, sei es für Briefe oder auch nur zur Verewigung ihrer Namen oder für Weihungen oder zur Ehre der Gestorbenen, dem staatlichen vorausgegangen sein wird, dürften sehr bald auch die anderen Städte und Stämme nach Maßgabe ihrer wirtschaftlichen und geistigen Entwicklung gefolgt sein. Die Gleichmäßigkeit der Schrift in den einzelnen Städten kann dann doch nur ein Zeichen der staatlichen Anwendung und des Schulunterrichts gewesen sein, wozu sicher schon im 7. Jh., wenn nicht eher, der steigende literarische Gebrauch im Epos und der Lyrik kam, dem die Prosa der Gesetze zur Seite tritt. Doch das kann hier nur angedeutet werden, ebenso wie der Einfluß der Kunst in Weihgeschenken auf Ton, Erz, Stein, die auch die Schriftentwicklung stark beeinflußte: runde und eckige Formen, Schnörkel und Spiralen (schon im alten Thera), Vereinfachungen (I aus Ϛ oder Ƨ, Ɔ aus M, C = π, β, γ) u. a.

Die alten Grenzen werden zum Teil von den großen Schriftgebieten überschnitten, die Kirchhoff auf seiner Karte mit Rot und Blau unterscheidet; Rot für die westliche, Blau für die östliche Seite (mit einer hell-

b

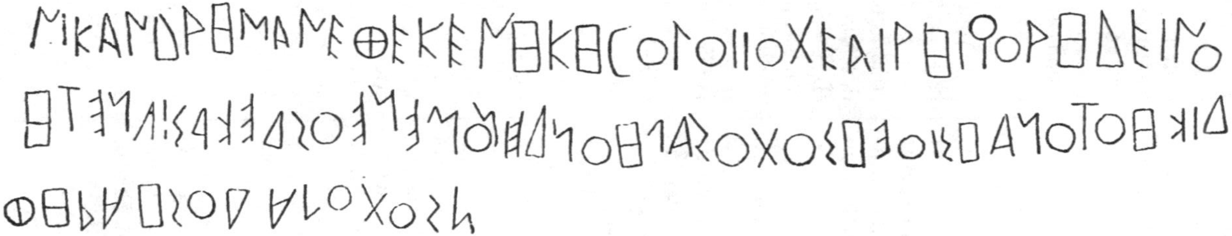

c

Schrift G. Griechenland

a. Gortyn. Gesetz der ersten Periode. S(lg. der) G(riechischen) D(ialekt-) I(nschriften) 4964; Roehl *Imagines* ³ 7, 1. — b. Naxische Weihung auf Delos. Statue der Nikandre. SGDI 5423; Roehl 65, 2. — c. Cumäisches Alphabet auf einer Vase von Veji; Roehl 81, 31.

blauen Unterabteilung für ältere Entwicklungsstufen); im Rot bezeichnet ein blaues Einbruchsgebiet die westliche Argolis mit Phleius, Sikyon und Korinth und am Rande die Halbinsel Attika. Für Kirchhoff entscheidend war die Form des χ und Wiedergabe oder Umschreibung der Doppelkonsonanten ξ, ψ und des χ; wir werden jetzt auf das χ den Nachdruck legen. Beiden gemeinsam sind die Zusatzzeichen zum phönikischen Alphabet, υ (soweit es ein Zusatz ist; s. oben) und φ = π h, außerhalb Kretas, vielleicht in oder bei Naxos aufgekommen; ferner die Wahl des Schin, ϟ oder Σ, für σ und des einfachen I statt des gebrochenen für ι, eine notwendige Folge; die fast vollständige Identität des ι und σ in der ältesten attischen Dipylon-Inschrift wies den Weg. Eine dauernde Trennung bedeutete die Wiedergabe des κ h = χ. Rot wählte ↓, Blau X. Ersteres kann aus K abgeleitet sein, wie wir jetzt in der ältesten phönikischen Inschrift aus Byblos Ψ = κ finden; letzteres aus ⊗.

Rot sind das griechische Festland mit der Peloponnes (außer dem Einbruchsgebiet) und die beinahe festländische, langgestreckte Insel Euboia, die trotz des Sieges der ionischen Oberschicht eine Sonderstellung einnahm. Mittelpunkte Chalkis und Eretria, Theben mit seiner Sage von Kadmos, dem Bringer der Schrift, Delphi und sein schon um 700 international werdendes Orakel, Sparta, das durch Gymnastik, wenig und spät auch durch etwas Musik hochkommende Olympia. Dazu die alten Städte von Rhodos, Lindos und Kamiros, deren Ansiedler von dem roten Teile der Argolis stammten. Euboia wirkte durch seinen Handel, die bemalten Vasen mit ihren Beischriften und die reiche Kolonisation, die z. B. in Korkyra der dorischen voranging; Eretria wechselte schon im 6. Jh. ins attische Fahrwasser über; Olympia ließ allen fremden Schreibern vollste Freiheit. — Die Vokale sind auf die fünf α, ε, ι, ο, υ beschränkt, das H bleibt also rein für den Hauch. Hieran nimmt auch Attika teil. Für δ ist die aus dem Lateinischen bekannte, auch sonst vorkommende Form D, für ρ das geschwänzte R (ebenso) besonders beliebt. Sparta schuf sich als besonderes Kennzeichen ein vielstrichiges σ, das auch die berühmte kyrenäische Arkesilas-Vase an den Eurotas zu bannen scheint. Das ↓ = χ dient in Boiotien und Lokris in der Verbindung mit σ auch für ξ; abgekürzt wird es später von Thera und Melos als ↓ allein für ξ gebraucht.

Das blaue, östliche Alphabet, im wesentlichen das ionische der Kykladen und des kleinasiatischen Ioniens und seiner Nachahmer, hat von der Hand der Bewohner der reichen Insel Naxos, die auf der heiligen Stätte des Apollon, Delos, den entscheidenden Einfluß ausübten, die ältesten Schriftdenkmäler hinterlassen, zumal die Basen der Nikandre und des Apollon-Kolosses. An Vokalen zeigt es B = geschlossenes e, wie im ältesten Kreta und in Rhodos, O = ο und ω; an Konsonanten die abgeschliffene Form C = β, das um einen Strich vereinfachte M = μ, ΦB = φ, was im theräischen ⊕B = ϑ seine Analogie hat, X = χ, von Thera in der zweiten Periode mit dem φ übernommen, und, aus B abgeleitet, □ in □Σ = ξ, in Ναξίο und Φράξο, wo man ϘΣ erwarten würde. Die Rivalin von Naxos, das marmor- und kunstreiche Paros, die schon um 680 unter dem Vater des Dichters Archilochos ihre Schrift fertig an die Tochterstadt Thasos weitergab, hatte, ebenso wie andere Kykladen, auch das C = β und χ, dazu jedoch, umgekehrt wie die östlichen Ionier, vielleicht als deren Vorbild, vielleicht in bewußter Abweichung, die Scheidung der O-Laute, O = ω, Ω = ο. — Athen behielt, wie erwähnt, seinen einfachen Vokalismus, übernahm aber schon spätestens im 8. Jh., wie es scheint, von den Kykladen, das χ. Unabhängig vom Staate, der aber im Verkehr mit dem Osten auch schon früh Zugeständnisse machte, drang im Laufe des 5. Jh. Ionisches und von Paros her vereinzelt Ω = ου in den athenischen Privatgebrauch ein. — Der ionische Städtebund ist erst um 700 um das Panionion, im Gebiete von Priene, gegründet; die glänzende Kolonisation Milets fällt ins 7. Jh.; unter Psammetichos II. um 589 schreiben griechische Söldner am Nil, in Nubien, unbeschadet ihres dorischen (rhodischen) Dialektes, ob auch mit vereinfachtem Vokalismus, milesisch. Milet setzte im Alphabet das Ξ = ξ an die Stelle des Samech und entschied sich, den Kykladen folgend, für Φ, X = χ, Ψ = ψ (Zeichen des roten χ). Die Vokale α, ε, η, ι, ο, υ, ω waren auch die folgerechte Aus-

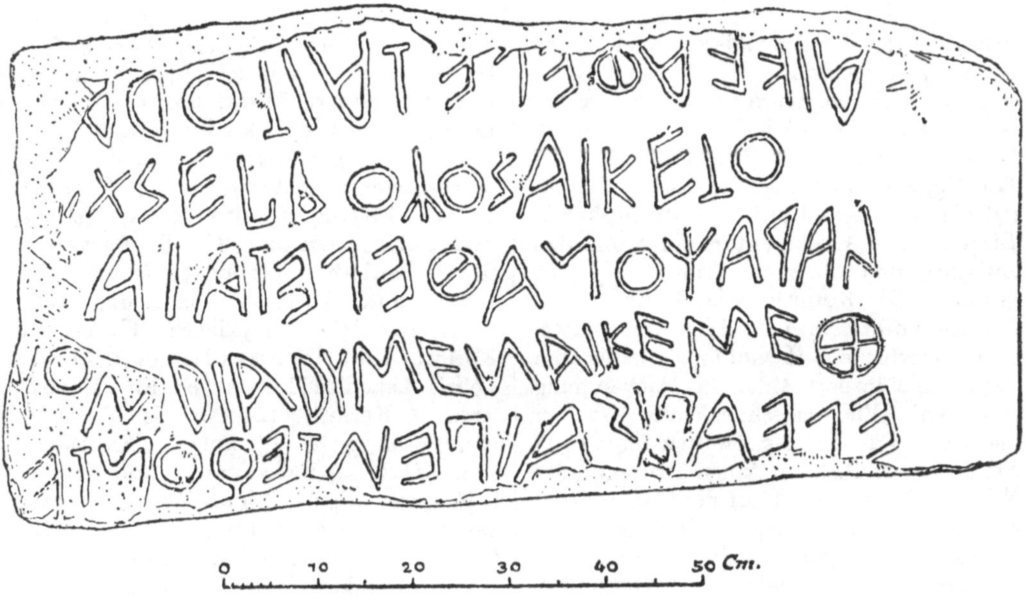

b
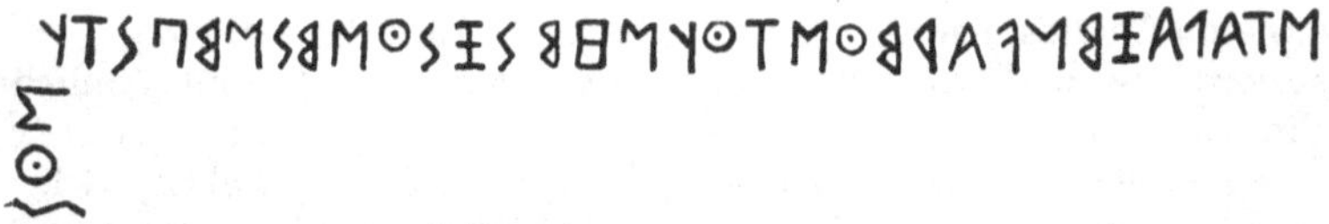

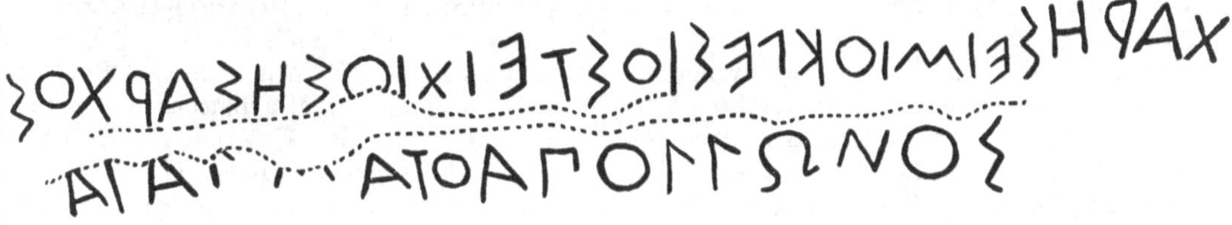

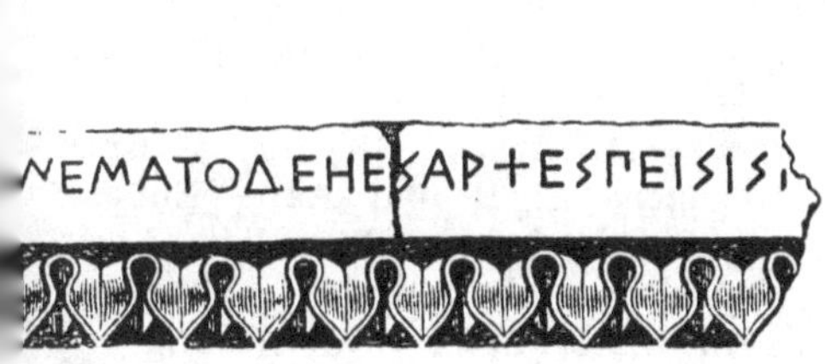

d

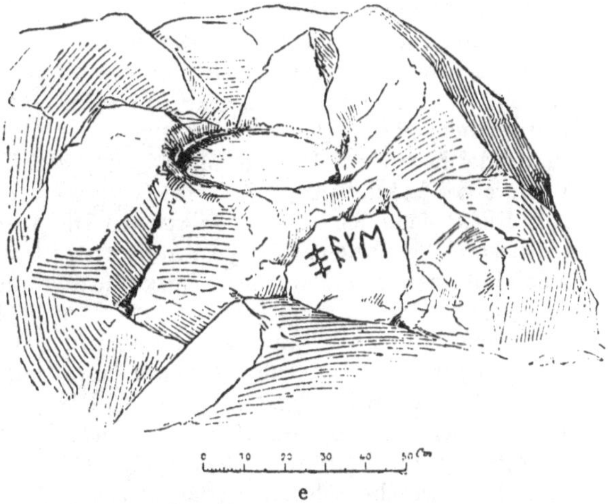

e

Schrift G. Griechenland

a. Korope in der thessalischen Halbinsel Magnesia. Sakralgesetz. *Inscr. gr.* IX 2, 1202 Kern. — b. Korkyra. Korinthische Schrift. Grabsäule. *Inscr. gr.* IX 1, 869 Dittenberger. — c. Heilige Straße von Panormos nach Didyma. Milesisches Gebiet. Sitzbild des Chares, Gebieters von Teichiussa. Roehl 20, 5. — d. Athen. Vom Altar des Archonten Peisistratos, Enkels des Tyrannen, vor 510 v. C. Roehl 72, 21; Thukydides VI 54. — e. Thera. Felsinschrift. Weihung an Zeus mit Opferherd (?). *Inscr. gr.* XII 3, 351.

gestaltung des von den anderen, Kretern und Naxiern, Versuchten. In einigen Orten (Ephesos und dem ionisierten Halikarnassos) nahm man ein kleinasiatisches Zeichen, T, für den in σσ oder ττ liegenden Zischlaut. — Wichtig, aber noch unsicher, ist der Einfluß auf die Argolis und auf das rote Alphabet. Die westliche Argolis mit Korinth und den Zwischenorten hat recht früh das Ξ = ξ gehabt. Da Korinth, wie Thera, dieses Zeichen vorher für Z in Zeus verwendete, später hierfür das I einführte, kann ihm darin die Führung, Milet die Nachahmung gebühren. Viel einschneidender ist ein anderes. Das in der zweiten naxischen Periode eingeführte, in Athen übernommene Xϟ = ξ, das durchaus auf der blauen Form des χ beruhte, drang in Rhodos, das thessalische Magnesia und vereinzelt in Boiotien ein, wo vorher das korrekte ↓ϟ herrschte; durch Vereinfachung wurde daraus X = ξ, das von Chalkis aus nach Cumä bei Neapolis vordrang und von dort die italischen Schriften und das ganze Abendland bis auf den heutigen Tag unterwarf. — Das milesische Alphabet aber wurde von Athen nach der Niederlage im peloponnesischen Kriege im Jahre des Archonten Eukleides, 403/2, auch in Staatsakten und Schulen durch den Antrag des Archinos eingeführt, und bald darauf von allen Hellenen; durch Kyrillos kam es im Mittelalter auch zu den Slaven.

§ 2. Die einzelnen Buchstaben. Die phönikischen Formen und Namen finden sich auf Tf. 109 und S. 355, ebenso die wahrscheinlichen oder sicheren Deutungen der zugrunde liegenden Hieroglyphen; einiges Weitere bei Lidzbarski (s. Schrift E § 3, 4) und Diels; dazu die alten phönikischen Inschriften in der Zeitschrift Syria 4. Hettitische Einflüsse auf die Namengebung vermutet H. Grimme in Glotta 14 (1925) S. 26. Wir beschränken uns hier auf das Griechische und geben auch da nur eine Auswahl, ohne jede Absicht auf Vollständigkeit. Die Tabelle bei Larfeld bedarf schon vieler Änderungen und Zusätze. Mit I, II, III bezeichnen wir die Schriftperioden einzelner Städte, z. B. von Thera. — „Rot" und „Blau" sind verständlich; s. oben.

A. Die phönikischen Zeichen.

1. (Aleph, Kehllaut). ἄλφα. Die phönikische Form nur in Athen, Dipylon-Vase. A Athen, Rhodos u. a. A und ähnlich Erythrai, Samos, Thera, Boiotien, Phokis, Lokris, Thessalien, Lakonien, Arkadien u. a.

2. βῆτα. ᒋ (Umkehrung der Form des Mēša'-Steines), später ᒋ Thera; ᒥ Kreta, ähnlich Eretria; Ν (Ϻ) Melos, Selinus, Anaktorion, Syrakus; Π, Π Byzantion, Ղ, Ш Korinthos; gemein B, B.

3. γάμμα. Γ Thera, Ionien und sonst; Λ Kreta, Athen, Kykladen; C Megara, Korinth, Korkyra, Argos II, Cumä, Phokis, Lokris, Lakonien II, Arkadien, Elis, Kephallenia; ‹ Korinth, Lokris, Elis, Thera III (zur Form vgl. C = β auf den Kykladen).

4. δέλτα. Δ Ionien und später überall; D Erythrai, Aigina, Selinus, Argolis, Euboia, Boiotien, Phokis, Lokris, Thessalien, Lakonien, Arkadien, Achaja, Elis; ▷ Gela, Selinus, Syrakus, Argolis, Euboia, Boiotien, Lokris, Thessalien, Lakonien, Arkadien, Achaja, Elis, Kephallenia.

5. (He) εἶ. E und ähnlich allgemein, öfter schräg gestellt; später E; E Gela; E Argos, Boiotien, Lokris, Gela; X Sikyon. B, B Korinth, Korkyra, Megara; E ει Korinth.

6. βαῦ. F und ähnlich Kreta I; F Kreta, Naxos, Selinus, Korinth, Argolis, Phokis, Lokris, Lakonika, Elis, achäische Kolonien; F Elis, Kephallenia; C Kreta II, Euboia, Boiotien, Arkadien; Λ *Kreta II; V\ *Pamphylien. — Die nächstliegende Verwendung zu Y, ῡ ist für Thera anzunehmen, wo das F fehlte (Form Y); sonst s. die Zusatzzeichen.

7. ζῆτα. I. Nicht überall belegt. Für Korinth und Thera vgl. Nr. 15.

8. ἦτα. B, später H allgemein; ☰ Anaktorion, H Lokris, Cumä. 1. = η Kreta I, Ionier; 2. = *h*: Athen, Megara, Korinth und Kolonien, Argos und Akte, Euboia, Boiotien, Phokis, Lokris, Thessalien, Arkadien, Kephallenia, Ithaka und öfter; HE = ē Thera, Abu Simbel u. a.; 3. gleichzeitig = η und *h*: Thera I, Lakonien II, Melos, Rhodos; 4. = η und *h* ε Naxos.

9. θῆτα. ⊕ ⊗, vereinzelt ⊞ ◈; Elis B; Chalkis, Boiotien ⊖, Lokris ⊜, vgl. H. ⊙ Athen schon Ende 6. Jh.; ⊕ B als Folge von π*h* Thera (wie ⦶ B Naxos).

10. ἰῶτα. 1. ϟ = ι neben ϟ = σ (etwas höher): Athen, Dipylon-Vase; 2. ϟ = ι neben M = σ: Thera I, II, Melos I, Phleius, Achaja und Kolonien, Ithaka; Teos I (Münze

ΙΣΟΜ = Ζίος? Babelon *Traité* 119; Gardner *History of anc. coinage* 80); S Kreta, Thera (zuweilen in Spiralen auslaufend); Σ Σ Korinth und Kolonien; 3. sonst I, schon in Argos und Kephallenia neben M = σ.

11. κάππα. K, in Kreta und Thera zuweilen K und in Spiralen auslaufend (IG XII 3, 555 u. a.). In Kreta für gemeingriechisch χ. Die Griechen haben ein der Form des Mēšaʿ-Steines ähnliches Zeichen für κ, ein der älteren Form von Byblos entsprechendes für das rote χ (↓) übernommen.

12. λάμβδα. Γ Kreta, Thera, Melos, Naxos, athenische Dipylon-Vase, Korinth, Phleius, Karystos, Phokis, Lokris, Kephallenia, Ionien, Rhodos, Lesbos, Teos, Amorgos (Milet), die meisten nur als älteste Form. L Chalkis, Cumä, Athen; daneben V Boiotien, Athen; Λ Kreta, Korinth, Elis, Kephallenia, Gela, Selinus u. a.; ⊢ *Argos. Λ Ionien, Rhodos, Kreta III, auch sonst viel als spätere Form.

13. μῦ (μῶ Demokritos von Abdera). M Kreta, cumäische Alphabet-Vasen, Eretria; M M Melos, M Thera u. a.; Übergänge zu M M, auch M. Ͻ Mantinea (in Kreta = π).

14. νῦ. Entwicklung von N zu N (N) ohne wesentliche Besonderheiten.

15a. Ξ (σάμεχ). Ξ Korinth, Thera = ζ (dj) in Ζεύς. ⊞ cumäische Alphabet-Vasen (hinter ν).

15b. Ξ = ξεῖ. Korinth und Kolonien, Sikyon, Megara, Phleius, Argos, Ionien. — Kirchhoffs blaues Alphabet. — (Früher: KM Kreta, Thera; □Σ Naxos; XΣ Athen, Thessalien, daraus X = ξ rot; ↓Σ Boiotien, Lokris; daraus ↓ Thera III).

16. (Ajin). Umgedeutet als Vokal: οὖ (byzantinisch ὂ μικρόν). O für ο, ου, ω. ◇ Korinth, Sikyon, Euboia, Boiotien, achäische Kolonien, Kephallenia, Ithaka. □ Korkyra, Arkadien. — Unterscheidungen: O = ο, ⊙ = ω Thera I, C = ο, O = ω Melos, Ω = ο, O = ω Paros mit Thasos; C = ο, □ = ω Knidos.

17. πεῖ. Γ Kreta, Amorgos, Thera, Naxos, Athen, Eretria, Lakonien, achäische Kolonien. C Kreta. In Kreta allgemein, in Thera vereinzelt für gemeingriechisches φ (*ph*).

18. (τσαδη, σάν). M, M Kreta, Thera, Melos, Korinth und Kolonien, Korkyra, Leukas u. a.; nicht Syrakus; Sikyon, Argolis, Krisa, Molykreion; achäische Kolonien, Kephallenia, Ithaka. — Mit fraglicher Berechtigung hat man T = σσ in Halikarnassos, Ephesos, Teos, ꟿ in Mantinea hierherziehen wollen. — Nach Herodot I 139 entspricht dorisch σάν dem ionischen σίγμα. Zu seiner Zeit waren bei den Doriern verschiedene Formen für σ im Gebrauch.

19. κόππα. Ϙ Naxos, Kolophon, Amorgos, Attika, Rhodos und viele andere; Ϙ Kreta, Thera; ◊ Boiotien. In Kreta für gemeingriech. ϘB *q h* (vor ο, υ).

20. ῥῶ. P und P wechselnd. D vielfach in Ionien, Attika, Lokris, Thessalien, Arkadien, Elis, Kephallenia, ▷ Melos, Korkyra, argol. Akte, Elis u. a.; R und R Assos, Akragas, Melos, Kykladen, Attika (noch um 445), Korinth, Euboia, Boiotien, Phokis, Thessalien, argolische Akte, Lakonien, Arkadien, Elis, Kephallenia u. a.

21. W (χσεν, schin), σίγμα. Σ und Σ nacheinander; Σ älter in Attika, Euboia, Lokris, Thessalien, Lakonien, Arkadien, Elis; neben Σ in Boiotien; Σ vor allem ionisch; Athen seit 450; Σ hinter ῥῶ auf cumäischen Alphabet-Vasen. Vielstrichiges Lakonien, vgl. IG I² 484.

22. ταῦ. Y Melos; T allgemein.

B. Zusatzzeichen zum phönikischen Alphabet.

23. Y ὖ Thera, Rhodos, Amorgos, Naxos, Athen, Korinth, Boiotien, Lokris, Lakonien, Elis, Kephallenia; V und Y häufig, oft neben Y. — Wahrscheinlich abgezweigt von 6 Y, dem es näher kommt als den Zeichen für F = βαῦ.

24. φεῖ. Φ, daneben Φ, ⊞ (Arkadien, Elis), Θ (Athen). Wahrscheinlich abgezweigt von ⊕ ϑ, mit dem es mitunter verwechselt wird (Δωροφέα Naxos, Ἀριστονόφος Athen u. a.). — Im Kretischen steht nur π, im Theräischen meist π *h*. — φ σ für ψ: Athen, Korinth, Arkadien. Φ B Naxos (wie ⊕B Thera).

25a. X, + χεῖ. Naxos u. a. Kykladen, Thera II, Melos II, (Megara-) Selinus, Korinth, Sikyon, Argos, Ionien. — Abgeleitet von ⊕, ⊗ wegen der Analogie von κ *h* zu [τ *h*]. — Kirchhoffs blaues Alphabet. Daraus XΣ = ξ, daraus X = ξ rot; s. S. 360.

25b. ↓, Y = χεῖ. Euboia, Boiotien, Phokis, Lokris, Thessalien, Arkadien, Achaja. — Aus dem K, altphönikisch ↓, oben S. 362.

25c. ↓ = ξεῖ. Thera III, Melos III (aus ↓ S = ξ Boiotien, Lokris, vgl. X S = ξ Thessalien, Rhodos).

25d. X = ξεῖ. Euboia (Cumä, abendländische Alphabete bis zur Gegenwart), Boiotien (vorher ↓ S), Phokis, Lokris (vorher ↓ S); Thessalien, Boiotien (vorher X S); östliche Argolis (daher Rhodos + S), Elis. — In cumäischen Alphabeten Reihenfolge Y X (= ξ) Ψ (= χ).

26. ψεῖ. ↓Ψ Ionien, Megara, Korinth (blaues Alphabet). ✱ Lokris, Psophis, Mantinea. πσ Eretria, Amorgos, φσ Athen, Korinth, Cumä, Arkadien. Für das Zeichen s. 25b.

27. ὦ. Ω und ähnliche Formen: Ionien, in einigen alten Inschriften noch nicht durchgeführt. — In Paros und seiner Kolonie Thasos ist umgekehrt O = ω, Ω = o geworden; in Melos und Knidos O = ω, C = o; in Thera ⊙ = ω, O = o.

§ 3. Erklärung der Tafeln:

Tf. 112a. Gesetz aus dem kretischen Gortyn, 7. Jh. v. C. Roehl *Imag.*[3] 7, 1, vgl. Blass in *Samml. gr. dial. Inschr.* 4964. Umschrift: — — οπερ οι αλοι (= ἄλλοι) | μη πριασ[θα]ι μη αμεϝυσασθαι | οτο — — (2) — — τυτυι | ετι δε φοιρος (= χοιρως) τετορες | και ϝαρην — — (3) — — ο]ι ομομοται (= ὀμωμόται, oder δ]ιομώμοται?) | μη σ[π]ορηθημεν (= (ἐ)σφορηθῆμεν) ποκα — — (4) — — — τ ... η . ι . το ... εν ανδρηιοι πι — —

b. Weihaufschrift der Statue der Nikandre aus Delos, von Naxos geweiht. Roehl a. a. O. 65, 2, vgl. Bechtel in *Samml. gr. dial. Inschr.* ō 423. ⊟ = η, *h* ε □ Σ = ξ, X = χ.

c. Alphabet-Vase von Veji; Herkunft Cumä-Euboia. Roehl a. a. O. 81, 31 oben. Vgl. Larfeld *Gr. Epigr.*[3] 218.

Tf. 113a. Sakralgesetz aus Korope in der thessalischen Halbinsel Magnesia. Bustrophedon Ψ = χ, aber X S = ξ. IG IX 2, 1202. 6. Jh. v. C.

b. Korkyra. S. Tafel 113.

c. Aufschrift des Sitzbildes des Dynasten Chares von Teichiussa, vom heiligen Wege, der den Hafen Panhormos mit dem Didymeion bei Milet verbindet. 6. Jh. v. C. Roehl *Imag.*[3] 20, 5.

d. Weihung des Apollon-Altars aus dem Pythion in Athen, vor 510 v. C., von Peisistratos, Sohn des Tyrannen Hippias; linkes Bruchstück. Thukydides VI 54; Roehl a. a. O. 21*a*.

e. Felsinschrift aus Thera, Weihung. 7. Jh. v. C. Ⲋ = Z. Roehl a. a. O. 4, 13. S. auch Band VII Tf. 200.

A. Kirchhoff *Studien zur Geschichte des griechischen Alphabets*[4] 1887 (kleine Zusätze: Klio 8 S. 523; ebd. 9 S. 364 F. Wiedemann); H. Roehl *Inscriptiones graecae antiquissimae* 1882 (bedürfen längst der Erneuerung); ders. *Imagines inscriptionum graecarum antiquissimarum in usum scholarum composuit*[3] 1907; H. Diels *Colloquium über antikes Schriftwesen* (nur als Manuskript gedruckt; etwa 1908/9); O. Kern *Inscriptiones Graecae* (J. Lietzmann *Tabulae in usum scholarum*) 1913; U. v. Wilamowitz-Moellendorff *Homer. Untersuchungen* 1884 S. 286ff.; Ed. Meyer *G. d. A.* II 1893 § 251; P. Kretschmer *Die sekundären Zeichen des griechischen Alphabets* Ath. Mitt. 21 (1896) S. 410ff.; W. Larfeld *Griechische Epigraphik* in *Handb. der kl. Altertumswiss.*[3] 1914; Beloch *Gr. Gesch.* I 1[2] (1912) S. 21, 225; M. P. Nilsson *Die Übernahme und Entwicklung des Alphabets durch die Griechen* Kopenhagen 1918; F. Hiller v. Gaertringen *Griechische Epigraphik* in Gercke-Norden *Einl. in die Altertumswissensch.* I 9 (1924); *Inscriptiones graecae editae consilio et auctoritate academiae Borussicae* und andere neuere Gesamtwerke und Einzelveröffentlichungen in Zeitschriften. Im übrigen s. die Literatur zu Schrift C3, Schrift E (zuletzt H. Greßmann *Byblos* Zeitschr. f. alttestamentl. Wissenschaft 41 [1925] S. 225) und Altitalische Alphabete.

F. Hiller v. Gaertringen

H. Iberische (Tf. 113[A]).

§ 1. In der iber. Schrift sind verschiedene Inschriften aus Spanien bekannt, die an den ungleichartigsten Gegenständen auftauchen (Steinstelen, Münzen, Bronze- und Bleiplatten, Grafitti auf Keramik, Silbervasen, Schmuckgegenständen, Wandüberzügen usw.). Sie bilden die wichtigste Quelle für die Erforschung der iber. Sprache. Ob auch den iber. Inschriften diejenigen, die auf den Steinplatten der Alvão-Megalithgräber (s. Alvão und Tf. 113[A]), vielfach als Fälschungen betrachtet, zuzurechnen sind, bleibt zweifelhaft. Auf jeden Fall stimmen die Schriftzeichen mit den iber. vollständig überein. Es ist nicht ausgeschlossen, daß die Platten echt sind und nachträglich in die Megalithgräber hineinkamen. Der Fund steht allerdings vereinzelt da, da im NW der Halbinsel bis jetzt keine Inschriften in einheimischem Alphabet gefunden worden sind. Diese Tatsache ist dahin gedeutet, daß in diesem Gebiete das Alphabet sehr spät bekannt wurde.

Das Erscheinen von Inschriften in einheimischer Sprache mit röm. Schriftzeichen scheint dies zu bestätigen.

§ 2. Die iber. Texte sind meistens sehr kurz. Der längste (Inschrift von La Serreta bei Alcoy; s. Serreta [La]) hat 342 Zeichen, der an Bedeutung nächststehende nur 155 (Inschrift von Pujol [s. d.] bei Castellón). Die Chronologie der iber. Inschriften bzw. der iber. Schrift ist in vielen Fällen unsicher, da meistens die FU vollständig unbekannt sind. Die besser datierten gehören in die II. EZ (meistens vom 4. Jh. v. C. ab). Die Mehrzahl gehört dem 3. Jh. oder sogar der röm. Epoche an. Eine der ältesten ist die Inschrift von Alcoy, gefunden in einer Ansiedlung des 4.—3. Jh., in der Nähe eines Heiligtums. Die Platte von den sog. Pujols (iber. Gräber) bei Castellón ist vermutlich in das 3. Jh. v. C. zu datieren (Bosch *Problemes arqueol. de la provincia de Castellò* 1924 S. 37). In die gleiche Zeit gehören die Grafitti auf iber. und hellenistischen Vasen vom Tossal de les Tenalles (Sidamunt; s. d.), von einem Steingewicht von Puig Castellar (s. d.) und auf einer Vase von Cabrera de Mataró in Katalonien, sowie eine kurze Inschrift auf dem Wandverputz eines Zimmers von Sant Antoni de Calaceit (s. d.). Die Inschriften auf den Grabplatten von Ourique und Bensafrim in Südportugal scheinen ebenfalls in die II. EZ zu fallen (Bosch *Les Celtas y la civilización céltica en la peninsula ibérica* 1921). Die meisten Münzen mit iber. Schriftzeichen stammen aus röm. Zeit (s. Iberisches Münzwesen). Schwerer ist die Chronologie der übrigen Inschriften zu ermitteln: die bedeutendsten sind die Bronzeplatte von Luzaga, Inschriften auf Grabplatten von Iglesuela, Alcalá del Rio, Sagunt, auf Steinen von Tarragona, Barcelona, Emporion (s. d.), der Silbervase von Cástulo und der Stele von Cretas in Aragonien (die letzte wohl 3. Jh. v. C.).

§ 3. Die Frage ist, ob alle diese Inschriften demselben Alphabet zuzuweisen sind. Man hat meistens behauptet, daß im Altertum in Spanien verschiedene Lokalalphabete in Gebrauch waren, andere sind jedoch der Ansicht, daß es sich um ein einziges Alphabet mit unbedeutenden Lokalvarianten handele. Tatsächlich können nach Varianten in den Buchstabenformen folgende Gruppen unterschieden werden: die andalusisch-turdetanische mit den südportugiesischen Inschriften und die Gruppe der Hispania citerior. Die Schrift der Alcoy-Bleiplatte (die nur eine kleine Anzahl von Buchstabenzeichen aufweist) nimmt ebenfalls eine Sonderstellung ein, da einige Buchstaben von den üblichen iber. abweichen, so daß man behauptet hat, daß in ihnen ein gewisser ionischer Einfluß nachzuweisen wäre (H. Schuchardt), oder daß das ganze Alphabet ionisch sei (Schulten, Gómez Moreno). Schulten glaubt auch, daß man auf verschiedenen Münzen von Südandalusien ein Sonderalphabet mit starken phön. Einflüssen nachweisen könne.

§ 4. Der Ursprung der iber. Schrift bleibt noch im Dunkeln. Er ist meistens in der phön. Schrift, entweder direkt oder durch die archaisch-griech. hindurch, gesucht worden (so Hübner). Andere haben gemeint, die iber. Schrift wäre in Spanien selbst erfunden und seit Jh. in Gebrauch (Wilke, Cejador). Positive Beweise der Altertümlichkeit der iber. Inschrift sind jedoch nicht erbracht, auch wenn Diodor sagt, die Tartessier hätten metrische Gesetze und andere Texte, die uralt wären. Die oben besprochenen Inschriften der Megalithgräber von Alvão, ihre Echtheit angenommen, sind nicht fest datierbar, und andere vermutliche Schriftzeichen der StZ und BZ, die von Wilke als solche angesehen werden, sind überhaupt keine Schriftzeichen (Scherben der Cueva de los Murciélagos [s. d.]) oder gehören nicht in so frühe Zeit (portug. Steinplatten). Es steht noch nicht ganz fest, welche Bedeutung die verschiedenen Zeichen haben. Die bisherigen Deutungen (Delgado, von Hübner vervollständigt, und abweichend davon Gómez Moreno und kürzlich Cejador) gehen stark auseinander. — Auch die Sprache der iber. Inschriften bleibt vorläufig ein Problem. Sie ist noch nicht gelesen. Meistens wird sie als die der Iberer angesehen (s. Iberer B) und von Schuchardt als eine mit dem Hamitischen verwandte Sprache interpretiert. Ob sie Beziehungen zum Baskischen hat (s. Basken), wird seit Humboldt diskutiert. Kürzlich hat Prof. Cejador-Madrid auf Grund einer von ihm begründeten neuen Deutung der iber. Schriftzeichen auch eine neue Lesung und Interpretation der iber. Inschriften vorgenommen und meint, die Sprache stimme mit der baskischen völlig überein.

Hübner *Monumenta Linguae Ibericae* 1893 (Corpus der iber. Inschriften). Nachträge dazu: Boletín de la Academia de la Historia (F. Fita) und Gómez Moreno *Las inscripciones ibéricas* Homenaje a Menéndez Pidal 1925; Delgado *Nuevo método de clasificación de las medallas autónomas de España* 1871; H. Schuchardt *Die Inschrift von Alcoy* SB. Preuß. Ak. 1922; M. Gómez Moreno *De epigrafia ibérica. El plemo de Alcoy* Revista de Filologia española 1922 S. 341ff.; Schulten *Ein unbekanntes Alphabet aus Spanien* ZDMG 1924; Schulten *Numantia* I (1924); Butlletí de l'Associació Catalana d'Antropologia 1926 Cejador; Wilke *Südwesteuropäische Megalithkultur* 1912. J. de C. Serra-Ràfols

I. Italien s. Altitalische Alphabete.

K. Thrakische Schrift s. Thraker B.

Schröpfen. S. setzt das Skarifizieren (s. d.) in der Regel voraus, dessen Wirkung durch Aussaugen erhöht wird. Das Saugen geschah zu Anfang mit dem Munde, später mittels eines Schröpfhornes, an dessen durchbohrtem spitzen Ende der Mund aufgesetzt wurde; durch schnellen Verschluß mittels eines Fingers oder Wachs und dergleichen wurde der Zugwirkung des Mundes eine gewisse Dauer verliehen. Doch dienen auch anders geformte Behelfe dem gleichen Zweck in der Völkerkunde, nach welcher das S. als Heilbrauch weiteste Verbreitung besitzt. Auch das Alter des Schröpfbrauches ist recht hoch anzuschlagen. Der unblutige („blinde") Schröpfkopf scheint späteren Datums zu sein, aber beide gehen von den primitivsten Bestrebungen der Fremdkörperbeseitigung aus, dem Aussaugen und Absaugen lästiger mehr oder weniger tief in die Haut eingedrungener Objekte oder Wesen. Luftverdünnung durch Anzünden schnellverbrennlicher Stoffe statt der lebendigen Saugwirkung des Mundes ist vor- und frühgeschichtlich noch nicht nachgewiesen.

M. Bartels *Medizin der Naturvölker* 1893 S. 269ff. Sudhoff

Schuh s. Kleidung.

Schuhgefäß s. Stiefelgefäß.

Schuhleistenkeil (Tf. 121 c, d). § 1. S. nennt man ein jungsteinzeitl. Arbeitsgerät, das in seiner ausgeprägtesten Form eine gewisse Ähnlichkeit mit dem Leisten eines Schuhes aufweist. Die typische Form des S. (Tf. 121 d) besitzt eine schmale, ebene Unterseite und eine halbzylindrische Oberseite. Breit- oder Schmalseiten sind also nicht vorhanden. Der Nacken ist im allgemeinen gerade abgeschnitten und hat in der Regel Halbmondform wie der Querschnitt des Körpers. Die Schneide ist schmal, meist abgerundet und in charakteristischer Weise aufgewippt. Diese hochgewölbte Form kommt sowohl durchbohrt als auch undurchbohrt vor. Die Durchbohrung befindet sich am Bahnende und läuft parallel zur Schneide. Die Größe des hochgewölbten S. schwankt außerordentlich (etwa zwischen 5 und 40 cm).

§ 2. Neben der hochgewölbten Form findet sich ein flacher Typus (Tf. 121 c), der einem Plättbolzen am ehesten gleichkommt. Er ist in der Regel durchbohrt, doch verläuft die Durchbohrung bei ihm quer zur Schneide. Seine Größe ist ziemlich gleichbleibend (durchschnittlich etwa 15 × 8 cm).

Nach Reinerth (*Chronologie der jüngeren Steinzeit in Süddeutschland* 1924 S. 52) hat sich der hochgewölbte „Hinkelsteiner Keil" aus dem flachen „Flomborner Keil" entwickelt. Der Flomborner Keil ist im Donaugebiet der ältere, gehört der reinen Spiralmäanderkeramik an, und später erst erscheint der Hinkelsteiner Keil neben ihm. Sein Vorkommen beschränkt sich in der Hauptsache auf die gleichnamige Stufe der Bandkeramik. Er ist am Rhein die ältere Form.

§ 3. Von Bedeutung ist die Ausbreitung des S. nach N, da sie einen Hinweis auf die Kulturbeziehungen zwischen der Bandkeramik und den nord. Kulturgruppen bildet. Der Flomborner Keil scheint in reicherem Maße nur über Sachsen-Thüringen nach der Mark Brandenburg gekommen zu sein (Vorgesch. Forschungen 1, 4 [1926] S. 126 und Tf. 55 Sprockhoff). Daß damit ein besonderer Einfluß der Spiralmäandergruppe verbunden wäre, ist aber noch nicht erkennbar. Während die S. im Odergebiet eine verhältnismäßig starke Dichte aufweisen (s. u.), macht sich der bandkeramische Einfluß im übrigen Norddeutschland in den Funden von S. nur spärlich bemerkbar.

Zur genauen Feststellung der gegenseitigen Einflüsse bedürfte es einer Ermittlung der Grenzzone zwischen den Formenkreisen von Megalith- und Bandkeramik. Diese ist zwar noch nicht in allen Gebieten genügend untersucht, doch wird ihr ungefährer Verlauf durch folgende Linie bezeichnet werden können: Lüttich (s. Belgien B § 8), Siegmündung, Rhein aufwärts, Lahn, Werra, Kassel (Schumacher *Rheinlande* I Tf. 3), Northeim, Hildesheim, Wolfenbüttel, Helmstedt (Niedersächsisches Jahrbuch 2 [1925] Nachrichten S. 21 Jacob-Friesen) und die Gegend um Neuhaldensleben bis zur Elbe etwa an der Mündung der Ohre (Präh. Z. 13/14 [1921/22] S. 158 Wieprecht). Von dort folgt die Grenze der Elbe bis Wittenberg. Eine genauere Fortsetzung in sö. Richtung im sächs. Gebiete fehlt z. Z. noch. In Schlesien bildet der Kreis Liegnitz das Grenzgebiet (Prov. Schlesien: Schles. Vorz. NF 7 S. 19ff. Seger; vgl. Tf. 79i). [S. a. Polen B § 4ff.]. Bis an die angedeutete Linie gehen bandkeramische Siedlungen in nennenswerter Menge. S. finden sich jedoch auch weiter nördlich. Einen ungefähren Anhaltspunkt über ihr Vorkommen geben folgende Zahlen: Rheinland nördlich der Lippe keine S., Westfalen 2, Hannover 5 hochgewölbte und 1 in Plättbolzenform, Schleswig-Holstein 8 und 4, Bremen 1, Mecklenburg-Schwerin 1 und 0, Mecklenburg-Strelitz 1 und 0, Brandenburg 17 und 38, Pommern 6 und 4 [1 Exemplar von Polkwitz auf Jasmund, Rügen, nennt W. Petzsch in Mitt. Greifswald 2 (1926) S. 87], Polen 4 und 1 (Band X Tf. 51 c). In einzelnen Exemplaren finden sich S. dann in nö. Richtung: Danzig 3 und 7, Elbing 1, Ostpreußen und vielleicht bis nach Finnland (Band III Tf. 124 c).

Die S. dienten als Ackerbaugeräte. Praktische Versuche haben ihre Brauchbarkeit zur Bodenbearbeitung erwiesen (Präh. Z. 6 [1914] S. 180 Quente). Besonders große Exemplare des S. führen zu dem „Pflugschar" oder „Setzkeil" genannten Typus. S. Pflug A.

Als Material benutzte man das verschiedenartigste Gestein: Kieselschiefer, Diorit, Basalt, Syenit, Schiefer u. a. — S. a. Bandkeramik. Ernst Sprockhoff

Schuld. Für die Auffassung primitiver Kulturen besteht die S. stets in einem sachlich „unrichtigen" Verhalten (s. Blutrache, Busse, Idol A 1, Omen A, Primitives Denken, Recht). Man denkt nicht daran, nach Willen oder Absicht zu fragen. Darum liegt namentlich irgendwelchen unabsichtlichen Verletzungen von Bann oder Meidungsvorschriften, den Versehen bei Kultus oder Opfer (s. d. A) die gleiche Strafe zugrunde wie dem beabsichtigten Frevel. Von dieser an den reinen Tatbestand gebundenen Auffassung der S., namentlich im Zusammenhang mit sakralen Angelegenheiten, kommen allerdings Ausnahmen vor, sofern es sich um auf privatrechtlicher Basis auszutragende Geschäfte handelt. So insbesondere bei der Blutrache oder bei der Buße für Verletzungen. Denn hier sind Gegenvorstellungen einer Partei möglich, die ihre Gesichtspunkte bei mangelnder Absicht unter Umständen zur anerkannten Sitte durchzusetzen vermag. Im Falle der sakralen von der ganzen Gruppe beobachteten Normen wird ein Wandel der Ansichten durch die gemeinsame Angst vor den übermenschlichen Mächten aufgehalten und vermag sich darum nur durch in der Geistesverfassung der ganzen Gesellschaft auftretende Krisen zu ändern (s. Politische Entwicklung). Über die Stellung der S. bei der Einschätzung von Verbrechen s. Strafe, über die obligationenrechtliche Schuld s. außer Bürgschaft A noch Vertrag. Thurnwald

Schulden. Kreditgeschäfte, aus denen sich S. ergeben, kommen bei Naturvölkern häufiger vor, als man gewöhnlich anzunehmen geneigt ist. Schon in den Artikeln Handel F, Kauf und Markt A wurde darauf hingewiesen, vor allem auch im Zusammenhang mit Bürgschaft (s. d. A). Ausführlichere Darlegungen dazu s. u. Vertrag. Thurnwald

Schulerloch s. Mittel- und Süddeutschland A § 4.

Schultafel (Vorderasien). Neben den viereckigen Tontafeln gab es auch runde, deren Vorderseite flach, deren Rückseite aber stark konvex gewölbt ist. So konnten sie sich der hohlen Hand gut einschmiegen. Sie waren um 2000 v. C. im Gebrauch und sind Übungstafeln von Schülern, die darauf ein Wort oder seine Varianten schreiben lernten.

J. B. Nies und C. E. Keiser *Religious and economic texts and antiquities. Babylonian Inscriptions in the Collection of J. B. Nies* II Tf. 67; E. Unger *Babylonisches Schrifttum* 1921 S. 7 Abb. 20; H. V. Hilprecht *Explorations in Bible Lands* 1903 Abb. S. 405. Eckhard Unger

Schunet ez-Zebib (Ägypten). Innerhalb der Friedhöfe von Abydos (s. d.) liegt sw. von der alten Stadtanlage eine Ruine namens Schunet ez-Zebib („Speicher der Rosinen") in Form einer Festung mit einer äußeren und einer höheren inneren Mauer. In ihr sind gesiegelte Krugverschlüsse mit Namen von Königen der 2. Dyn. (Perjebsen und Chasechemui) gefunden. Die Mauern sind aus Ziegeln errichtet und haben je 4 Tore. Die rechteckige Anlage ist ein früher Typus der Festung, auf den die Hieroglyphe für *ḥt* „Burg" zurückgeht. S. Festung B, Band I Tf. 1a, III Tf. 85b).

Ayrton-Currelly-Weigall *Abydos* III (1904) S. 1—5 mit Tf. 5—10; Journ. Eg. Arch. 3 (1916) S. 155; King und Hall *Egypt and Western Asia* 1907 S. 88. Roeder

Schuruppak. Altbabyl. Stadt, auch Schurippak genannt, geschrieben *Su-kur-ru*^{ki}, auf der Stelle des heutigen Ruinenhügels Fara, 31° 45′ N : 45° 32′ ö. Gr., s. des Schatt el Kar gelegen, ein fünfeckiges Trümmerfeld von 2000 × 1500 m größter Ausdehnung. Der Ort wurde von Loftus, der Wolfe-expedition sowie von H. V. Hilprecht untersucht und von R. Koldewey und W. Andrae in der Zeit vom 21. 6. 1902—2. 3. 1903 teilweise ausgegraben. Der Haupthügel hat die Gestalt eines rechtwinkligen Dreiecks, mit der Hypotenuse nach NO gerichtet (Plan: MDOG 16 Abb. 5 S. 25; ebd. 17 Plan I). Die Reste der vorgesch. Periode sind Geräte aus Silex, Obsidian, Knochen, eine große Anzahl von Steingefäßen aus weichem Material, Alabaster und Kalkstein, sowie Häuser aus plankonvexen Ziegeln (MDOG 15 S. 9; ebd. 17 S. 7). Der hist. Zeit gehören an ein Fund von 400 gesiegelten Tonplomben (s. d.; MDOG 15 S. 9; ebd. 16 S. 8), ferner mehrere hundert guterhaltene Tontafeln privaten Charakters mit archaischer Schrift aus der Zeit vor Urukagina von Lagasch (3000 v. C.; ZfAssyr. 34 S. 205 E. Unger). Damals scheint S. in abhängiger Stellung gewesen zu sein, da sich Denkmäler eigener Herrscher erst aus späterer Zeit gefunden haben und damals nur Privaturkunden, auch aus Stein, vorkommen (Revue d'Assyr. 6 S. 143; Allotte de la Fuye *Documents présargoniques* I [1908] Tf. 1), ferner 22 Gewichte (Band IV Tf. 123b), jetzt in Konstantinopel. Andere kleine Skulpturreste, Vasen mit Reliefs (Band VII Tf. 168 f, h), Siegelzylinder, bestätigen die geringe Bedeutung des Ortes. Die meisten Gegenstände sind noch unveröffentlicht, erwähnt sei ein kugliges Kalksteingewicht mit fünfzeiliger Inschrift (MDOG 16 S. 10). Bemerkenswert sind eine Art von Häusern, in das Erdreich eingebaut, Rundbauten von 2—5 m Dm, aus Mauerwerk, das aus zwei oder mehreren konzentrisch gelegten Schalen in drei Flachschichten und drei zickzackförmig schräg gelegten Rollschichten übereinander abwechselnd gebaut ist, überdeckt von einem Gewölbe aus überkragenden Horizontalschichten. Im Hohlraum waren Balkenkreuze von etwa 2 m Abstand übereinander eingefügt (MDOG 15 S. 10). Um 2500 ist die Stadt selbständig gemäß einem Tonnagel des Patesi Haladda, Sohnes des Dada (MDOG 16 S. 13; VAB I 150 III). Späte Reste fehlen. S. spielt als die Sintflutstadt in der Mythologie des Landes eine Rolle (vgl. Gilgameš-Epos XI 11—14); in der Geschichte ist es nicht hervorgetreten. Der noch nicht identifizierte Name des Stadtgottes wird *Sukurru* geschrieben. Auf dem Siegel einer Tonplombe erscheint ein Name Imdugud-Sukurru (AO 17/18 [1920] Abb. 4, 106). Nach II Rawlinson 60, 20 ist die Stadt auch Kultort des Gottes Enki. Haladda baute an einem Portal für seinen Stadtgott. Allen Anzeichen nach ist die Stadt zwar ein heiliger Ort, aber sonst ohne Bedeutung. — S. a. Band V Tf. 64a.

F. Hommel *Grundriß der Geographie d. Alt. Or.* S. 352f.; MDOG 15 S. 9—12; ebd. 16 S. 9ff.; ebd. 17 S. 4—14; A. Deimel *Liste der archaischen Keilschriftzeichen von Fara* WVDOG 40 (1922); ders. *Schultexte*; ders. *Wirtschaftstexte aus Fara* WVDOG 43 bzw. 45 (1923, 1924); E. Unger *Das Alter der Keilinschriften von Fara* ZfAssyr. 34 S. 198—205; J. Banks *Bismaya* 1912 S. 293/4; VAB I 224; E. Unger *Katalog d. Babyl. u. Assyr. Sammlung d. Kais. Osm. Museen* III 1 Konstantinopel 1918. Eckhard Unger

Schurz s. Kleidung.

Schusch s. Susa.

Schussenried (Band V Tf. 35, 36; X Tf. 30^{A-D}). § 1. Das heute größtenteils vertorfte Becken des Federsees, meist nach dem s. davon gelegenen Städtchen S. benannt, ist im NW und O von der Altmoräne der Rißeiszeit, im S von der Würmmoräne eingefaßt. In letzterer liegt

a

b

c

Schrift H. Iberische

a—c. Steine mit schriftartigen Zeichen von Alvão, Bez. Pouca d'Aguiar, Prov. Traz-os-Montes. — Nach G. Wilke.

a b c

Schussenrieder Typus

a—c. Harteneck bei Ludwigsburg. Alles andere aus den Moorbauten des Steinhauser Rieds bei Schussenried. — Nach Aufnahme des Württembergischen Landesamtes für Denkmalspflege, Stuttgart.

neben der Schussenquelle die berühmte, von Fraas 1865 untersuchte Magdalénienstation (s. Mittel- und Süddeutschland A § 3). Das allmähliche Wärmerwerden des Klimas drückt sich geol. in der Faulschlammschicht aus, die im ganzen Becken die Seekreide überlagert. Für die menschliche Besiedelung wird das Federseegebiet erst im Neol. geeignet, als infolge des Eintretens der Wärme-Trockenperiode der Seespiegel sich senkt und der ganze Südteil des Beckens in zwar sumpfiges, aber zugängliches Wiesengelände verwandelt wird. Infolge der dichten Bewaldung der umliegenden Moränenlandschaft setzt jetzt hier die Besiedelung ein. Die vorzügliche Erhaltung der Holzsubstruktionen der Häuser hat das Federseebecken zu einem der wichtigsten neol. Forschungsgebiete gemacht. Das Hauptverdienst an diesen Untersuchungen hat Frank, der 1875ff. die ersten Hausgrundrisse aufdeckte; dann haben wiederholt kleinere Grabungen (besonders von Forschner u. a.) stattgefunden, bis 1919 die Ausgrabungen erneut in größerem Maßstabe wieder aufgenommen wurden durch R. R. Schmidt, Reinerth, Kraft u. a. mit reger Unterstützung ortsansässiger Herren (s. a. Pfahlbau B).

§ 2. Die älteste Ansiedelung liegt ö. von Buchau im Dullenried. Die Hütten lehnen sich mit ihrer Rückseite in unregelmäßiger Gruppierung an das damalige Seeufer an. Sie sind mit Hilfe einer Lage von Querstämmen direkt auf die feuchten Seggenwiesen gestellt. Auf dieser Unterlage lag ein Boden aus Rundhölzern mit Lehm-Estrich. Die Häuser, deren Größe zwischen 3×4,2 und 5,3×3,4 m schwankt, hatten offenbar ein mit Schilf und Rinde bedecktes Dach. Die primitive Keramik hat ihre Parallelen im nordwestalpinen Gebiet.

§ 3. Die beiden im SO des Federseebeckens gelegenen neol. Stationen Riedschachen und Aichbühl sind die bekannten „Schussenrieder Pfahlbauten", deren durch Frank bekannt gewordene Grundrisse zum ersten Male einen Begriff eines Pfahlbauhauses gaben, und deren wichtige Funde (die älteren in der vorgesch. Staatsslg. Berlin, die neuen Mus. Stuttgart, Tübingen, Slg. des Torfwerks-Schussenried, Slg. Forschner-Biberach) den Schussenrieder (s. d.) Typus bekannt gemacht haben. Am Riedschachen sind zwei übereinander lagernde Stationen zu scheiden (Band X Tf. 30 D). In der unteren Schicht (I) ruhen 5—6 Häuser auf einem niedrigen Pfahlgerüst (ebd. Tf. 30 A a, 30 B). Diese Plattformen sind für jedes einzelne Haus isoliert errichtet und mit Brücken verbunden (vgl. Band V Tf. 36). Der Haustypus ist der des Megaronhauses. Die Häuser sind durchschnittlich 5 m br. und 8 m t., von denen 3 m auf die Vorhalle entfallen. Davor liegt ein 6 × 8 m großer, unbedeckter Vorplatz (ebd. Tf. 35, Band X Tf. 30 A b). Nach den Funden spielen, wie schon im Dullenried, für den Nahrungserwerb Jagd und Fischerei die größte Rolle; doch wird auch Ackerbau (Gerste und Pfahlbauweizen) getrieben. An Haustieren begegnen Schaf, Rind, Schwein, Pferd und Hund. Die darüberliegende Siedelung II, deren Hüttenböden wie im Dullenried direkt auf den Moorgrund aufgesetzt waren, zeigt wesentlich kleinere Hütten, 4 × 6 m im Dm, die aber im Grundriß denen der älteren Siedelung entsprechen. Die Bautechnik (Bretterwände, Birkenrindenverkleidung der Fußböden und Wände) zeigt ebenso wie die Einzelfunde einen großen Fortschritt gegenüber I. Westlich grenzt an diese Doppelstation Riedschachen das Moordorf Aichbühl, das mindestens 20 in Reihen gruppierte Hütten umfaßt haben muß. Sie sind nach den Funden den an Größe und Anlage völlig entsprechenden Häusern von Riedschachen I gleichzeitig, wurden aber direkt auf dem Moorgrund errichtet (Band X Tf. 30 C). Zu dieser Siedelung gehört auch das große, von Frank ausgegrabene Haus.

§ 4. Drei zeitliche Stufen sind also bei den neol. Siedelungen von S. zu trennen: 1. Dullenried, 2. Aichbühl-Riedschachen I, 3. Riedschachen II. In der 2. Stufe fand sich nach den Berichten Münchshöfer Ware (s. Münchshöfer Typus), die die Ausgräber ohne ersichtlichen Grund als Aichbühler Typus bezeichnen, und in der obersten Schicht die als Schussenrieder (s. d.) Typus bekannte Keramik. Doch soll nach Angabe von Augenzeugen eine scharfe Trennung zwischen den beiden Gruppen nicht möglich sein.

§ 5. Aus der BZ ist nur ein Depotfund aus der „Lissen" am Olzreuter See bekannt geworden (Vorgesch. Staatsslg. Berlin); ebendaher stammt ein kupferner Halsring in der Altertumsslg. Stuttgart.

§ 6. Sö. von Buchau ist eine am alten Seeufer gelegen Siedelung aus HZ_2 teilweise ausgegraben. Die Anlage liegt innerhalb eines ovalen, im O an der Seeseite durch ein Tor geöffneten Palisadenzaunes von 105×125 m Dm (Band III Tf. 74). Hier im O ist diese Palisade durch einen doppelten, im seichten Wasser errichteten, vorgelagerten Palisadenkranz verstärkt, weshalb die Anlage von den Ausgräbern als „Wasserburg" bezeichnet wird. In der NO-Ecke ist ein Gehöft von der Siedelung aufgedeckt, das aus einem mehrräumigen Hause von etwa 10 × 16 m (oder drei einzelnen rechtwinklig um einen Hof gebauten Häusern?) und zwei vorgelagerten Wirtschaftsgebäuden von 10,6 × 3,6 bzw. 13 × 4,5 m besteht. Auch hier waren die Holzsubstruktionen vorzüglich erhalten. Die Einzelfunde, namentlich an Keramik, sind sehr reich, besonders hervorzuheben sind Holzgefäße, Bronzen, Netzsenker und Spinnwirtel, „Feuerböcke" und eine Gußröhre für Bronzeguß. Die Knochenreste zeigen, daß die Bevölkerung hauptsächlich von Viehzucht lebte. S. a. Festung A § 20, Haus A 1 § 5 und 23.

E. Frank *Die Pfahlbaustation von Schussenried* 1876; Anthrop. Korr.-Bl. 1892 ders.; Festschrift z. 50jähr. Bestehen der K. Altertumssammlung S. 6ff.; Fundb. Schwaben 20 (1912) S. 6ff.; ebd. 21 (1913) S. 9ff. Forschner; ZfEthn. 52/3 (1920/21) Verh. S. 543ff. H. Virchow; Paret *Urgeschichte Württembergs* 1921 S. 41ff.; Mannus 11/12 (1919/20) S. 237f. R. R. Schmidt; Schumacher *Rheinlande* I 23; Reinerth *Das Federseemoor als Siedlungsland des Vorzeitmenschen* Schussenried 1923; Fundb. Schwaben NF 1 (1922) ders.; R. R. Schmidt *Versunkene Dörfer der Steinzeit* Stuttgart (noch nicht gedruckt); Germania 6 (1923) S. 103ff. O. Paret; ebd. S. 108ff. F. Ölmann. Über die geol. Verhältnisse vgl. Beiträge zur Naturdenkmalpflege 8 (1922) R. Gradmann; C. A. Weber *Das Steinhauser Ried* (im Erscheinen); [Präh. Z. 17 (1926) S. 202ff. Staudacher; ebd. S. 251ff. ders.].

†W. Bremer

Schussenrieder Typus (Tf. 114). § 1. Der S. T. ist durch die Funde aus den Grabungen Franks im Federseegebiet in die arch. Literatur eingeführt (s. Schussenried). Sein Verbreitungsgebiet reicht von Oberschwaben bis in das mittlere Neckarland. Hauptfundorte außer Schussenried und näherer Umgegend (Olzreute):

Rechtenstein, O.-A. Ehingen: 7. Ber. röm.-germ. Kom. 1912 S. 99. — Vaihingen, O.-A. Stuttgart: Blätter d. schwäb. Albvereins 22 (1910) S. 81ff.; Präh. Z. 1 (1909) S. 370ff.; Fundb. Schwaben 17 (1909) S. 5ff.; ebd. 18 (1910) S. 9; ebd 19 (1911) S. 6 P. Gössler. — Feuerbach, O.-A. Stuttgart: Paret *Urgeschichte Württembergs* S. 171. — Zuffenhausen: a. a. O. S. 170. — Cannstatt: Schliz *Siedelungswesen und Kulturentwickelung* Festschrift Heilbronn 1911 S. 33. — Ludwigsburg: Paret a. a. O. S. 169. — Harteneck b. Ludwigsburg: Paret a. a. O.; Fundber. Schwaben 8 (1900) S. 43 Abb. 7.

Verwandte Erscheinungen treten auf dem Michelsberg (s. d.) bei Untergrombach (*AuhV* 5 Tf. 37 Nr. 606/07) auf, und andererseits begegnen sie auch in Pfahlbauten des Bodensees, in Sipplingen, Schachen bei Bodman (s. d.; v. Tröltsch *Die Pfahlbauten des Bodenseegebietes* S. 130 Abb. 184), Maurach (Fundb. Schwaben 15 [1907] S. 10 Gössler) u. a., ähnlich sogar noch in Schweizer Pfahlbauten, z. B. Zürich, Kl. Hafner. Eine Verwandtschaft des Schussenrieder Typus mit den ostalpinen Erscheinungen des Atter- und Mondsees (s. d.), des Laibacher Moores und mit dem slavonischen Typus ist zweifellos.

§ 2. Die Gefäßformen verraten enge Zusammenhänge mit dem Michelsberger (s. d.) Typus, vor allem kleine, halbkugelige Schalen mit Standfläche, öfter mit breitem, umgelegten Randband und einer Horizontalreihe von Eindrücken verziert. Große, eiförmige Vorratsgefäße, allerdings mit Standfläche, Henkelkrüge, Schöpfkellen u. a. Formen sind beiden Typen gemeinsam. Dazu treten aber neue Formen, vor allem doppelkonische Gefäße mit senkrecht aufgesetztem Hals, wie sie der jüngsten bemalten Keramik und damit auch dem Münchshöfer (s. d.) Typus eigen sind. Da letzterer in Schussenried gerade vor unserem Typus auftritt, so dürfte an dieser Herleitung kein Zweifel sein. Auch die Ornamentik deckt sich großenteils mit dem Michelsberger Typus: horizontale Leisten, Stichreihen, Fingertupfen u. ä. Die für den S. T. charakteristische Dekoration aber ist davon wesentlich verschieden. Sie findet sich besonders auf den Henkelkrügen und ist scharf eingeritzt und inkrustiert. Sie besteht meist in je zwei schmalen, schraffierten Bändern am Rand und Halsansatz (an den Ansätzen des Henkels unterbrochen) und einer breiten Ornamentzone um den Gefäßbauch. Letztere ist meist am Henkel unterbrochen und durch senkrechte Balken in Rahmen eingeteilt, in denen parallele, horizontale

Zickzackbänder aus dem schraffierten Grunde ausgespart sind. Daneben begegnen hängende Dreiecke, Vertikalbalken, Schachbrettmuster, sonnenähnliche Ornamente u. ä.

§ 3. Außer der Pfahlbaukeramik vom Michelsberger Typus und dem Münchshöfer Typus muß, wie die Ornamentik zeigt, noch eine dritte Komponente bei der Entstehung des S. T. mitgewirkt haben, und als diese haben schon Schumacher, Götze u.a. auf den Rössener Typus hingewiesen, der ja öfter in Berührung mit dem Michelsberger Typus auftritt (s. Rössener Typus A § 8).

§ 4. Der S. T. gehört zeitlich ganz an das Ende des Neol. Der Münchshöfer (s. d.) Typus, der in den Höhlen von Kehlheim die Rössener Schichten überlagert, scheint in Schussenried (s. d.) für Aichbühl und Riedschachen I charakteristisch zu sein, also unter der Schussenrieder Ware zu liegen. Damit wäre letztere auch stratigraphisch als jünger erwiesen. Einige Formen erinnern schon an frühbronzezeitl. Erscheinungen, wenn man auch wohl nicht direkt von einem Import Aunjetitzer Gefäße sprechen darf (Reinerth *Das Federseemoor als Siedelungsland des Vorzeitmenschen* Schussenried 1923 S. 38). Man wird wohl die ganze Gruppe um 2000 v. C. anzusetzen haben.

§ 5. Das übrige Inventar des S. T. besteht aus kleinen, im Querschnitt rechteckigen oder runden Steinbeilen, die in Hirschhornfassungen geschäftet sind. Knochen- und Horngeräte spielen eine große Rolle, wie auch in den Pfahlbauten (Pfriemen, Nadeln, Hecheln und besonders Hacken). Die Häuser (Megaron-Typus) sind vor allem von Schussenried (s. d.) und Vaihingen bekannt.

§ 6. Die Träger des Schussenrieder Typus lebten in der Hauptsache von der Fischerei und der Jagd (Hirsch, Reh, Wildschwein, brauner Bär und Urstier). Daneben aber waren sie Viehzüchter (Rind, Schaf, Ziege und Torfschwein) und trieben Ackerbau (Gerste und Pfahlbauweizen).

§ 7. Die Verwandtschaft des S.T. mit ostalpinen Erscheinungen erklärt sich zwanglos durch deren Entstehung aus gleicher alpiner Grundlage und ähnlichen lokalen Einflüssen.

Westd. Z. 1900 S. 262f. P. Reinecke; ZfEthn. Verh. 1900 S. 271f.; ebd. 1901 S. 420 A. Götze; ebd. 1900 S. 606f. P. Reinecke; *AuhV* 5 S. 203f.; 8. Ber. röm.-germ. Kom. 1913/14 S. 40 Schumacher; ders. *Rheinlande* I (1921) S. 30; Präh. Z. 1 (1909) S. 370ff. P. Gössler; O. Paret *Urgeschichte Württembergs* 1921 S. 33f.; H. Reinerth *Chronologie der jüngeren Steinzeit in Südwestdeutschland* 1924. †W. Bremer

Schutzrecht s. Asyl, Gastfreundschaft.

Schutzwaffen s. Armschutzplatte, Beinschiene, Helm, Mold Corslet, Panzer, Schild, Waffen.

Schwaben s. Mittel- und Süddeutschland.

Schwägerschaft s. Verwandtschaft.

Schwalbe. Daß gerade unsere S. in ausgesprochenem Sinne der Seelenvogel geworden ist, der sich auch einer gewissen Heiligkeit erfreut, ist bekannt. Es wäre interessant, wenn sich dafür ältere Spuren fänden. Andeutungen kann man sehen in der Darstellung einer Priesterin aus Karthago, mit Schwalbenflügeln, die vielleicht die Beziehungen zur Isis erklären, von denen eine unklare Stelle bei Minucius Felix c. 21 weiß. Sonst ist die S. schon auf griech. Vasenbildern der Frühlingsbote und deshalb mit ihrem Neste bei uns, ebenso wie im alten Babylonien und in China, heilig. Eine andere Tradition, zu der uns bisher die Verbindung fehlt, die aber noch Luther kennt (*Tischgespräche*), ist die, daß die S. ein zorniger und boshafter Vogel sei, der selbst nach den Kühen stäche. Deshalb sah man damals ihr Nest im Stall nicht gern.

Ed. Hahn

Schwanenhalsnadel. § 1. Als S. werden, nach Tischler, solche Nadeln bezeichnet, deren Schaft unterhalb des Kopfendes zwei Ausbiegungen in Form einer vollen Welle aufweist, im Gegensatz zu den einfach ausgebogenen sog. gekröpften Nadeln (s. Kropfnadel), deren Ausbiegung nur eine halbe Welle bildet. Die S. ist im einzelnen hauptsächlich durch die Bildung des Kopfes ausgezeichnet, der die verschiedensten Formen annehmen kann, daneben auch durch die wechselnde Lage des oberen Schaftendes, das ganz überwiegend horizontal oder (seltener) schräg liegt, vereinzelt aber auch senkrecht nach oben gerichtet ist, was indessen z. T. wohl auf eine zufällige Verbiegung zurückzuführen ist.

§ 2. Was die Bildung des Kopfes der S. betrifft, so bilden Nadeln mit zwei oder mehreren ringförmigen Wulsten am Kopfende einen der häufigsten Typen. Sie sind mir nur aus Süddeutschland, Böhmen,

Sachsen und Thüringen bekannt. Ähnliche Nadeln mit kantigen, ringsumlaufenden Wülsten liegen aus Posen und Schlesien vor, doch wechseln hier oft je 2—3 Wülste mit einer ovalen Verdickung ab, so daß ein Eierstabornament entsteht. Eine große Zahl von Schwanenhalsnadeln schließt mit einem kleinen, abgeflacht kugligen, halbkugligen, konischen, doppelkonischen oder scheibenförmigen Knopf ab und weist unterhalb desselben oft eine oder mehrere ringartige Verdickungen auf. Derartige Nadeln sind u. a. aus Ostfrankreich, Süddeutschland, der Rheinprovinz, Hannover, Mecklenburg, Böhmen, Schlesien (Tf. 86 l, m), Polen (Band VIII Tf. 137^{B} e), Ostpreußen (Band IX Tf. 221 c) und Norwegen bekannt. Zahlreich liegen auch Nadeln mit mehr oder weniger großem Schalenkopf vor, die z. B. in Süddeutschland, Oberösterreich (Hallstatt), Böhmen, Schlesien, Brandenburg, Mecklenburg, Schleswig-Holstein und Gotland (Band IV Tf. 192 a) vorkommen. Auch hier befinden sich unterhalb des Kopfes oft eine oder mehrere Verdickungen. Von selteneren Formen sind Exemplare mit Vasenkopf zu erwähnen, die besonders in Norddeutschland (Braunschweig, Hannover, Mecklenburg, Ostpreußen) häufig sind und daneben auch in Dänemark und im n. Polen (Nordposen und Pommerellen) vorkommen. Eine ausschließlich auf Schlesien und Posen beschränkte Lokalform bilden S. mit flachgehämmertem und ösenartig eingerolltem Kopf, die sowohl in der „Lausitzer" Kultur als in der Steinkistengräberkultur vorkommen und bisweilen aus Eisen bestehen (Band IV Tf. 121 b 9, 10). Auf demselben Gebiet sind auch Nadeln mit Scheibenkopf besonders verbreitet. Neben Stücken mit einer verhältnismäßig kleinen, konvex geformten, am Rande oft mit Kerben verzierten Kopfscheibe, die gewöhnlich ganz aus Eisen gebildet sind, kommen eiserne Exemplare mit großen, konkaven Scheiben vor (Dm 3—8 cm), die z. T. mit Bronzeblech, vereinzelt auch mit Goldblech plattiert sind. Obwohl die letztere Abart auch anderswo (z. B. in Brandenburg) auftritt, so bildet sie doch hauptsächlich ein Kennzeichen der ostdeutsch-polnischen Steinkistengräberkultur der frühen EZ (vgl. a. Band IV Tf. 112 a). Derselben Kulturgruppe eigentümlich sind auch eiserne Nadeln mit einem breiten, konischen, in der Mitte vertieften Bronzeknopf. Eine seltene Erscheinung bilden eiserne Nadeln mit aus zwei Kugelkalotten bestehendem, hohlen Kopf, die mir bisher nur aus einigen „Lausitzer" Friedhöfen Posens bekannt sind, daneben kommen vereinzelt auch ähnliche bronzene Nadeln vor (Posen, Ostpreußen). Selten sind auch derartig reich profilierte Schwanenhalsnadeln, wie z. B. das bronzene Exemplar von Buchwalde, Kr. Stuhm. Von sonstigen Besonderheiten wäre zu erwähnen, daß bei einigen poln. und ostd. Nadeln (besonders bei den Stücken mit ösenartig eingerolltem Kopf), aber auch bei einem norw. Exemplar mit Scheibenkopf der Schaftoberteil vierkantig gestaltet ist. Bei einer Nadel von Gorszewice (s. d.), Kr. Samter (poln. Szamotuły), bildet der Schaftoberteil eine Achterschleife, was wohl auf einen Einfluß der süddeutschen bzw. oberitalischen Spiralkopfnadeln mit einem ähnlich geformten Schaft zurückzuführen ist.

§ 3. Was das Material der besprochenen Nadeln betrifft, so sind sie mit Ausnahme der wenigen, oben erwähnten Fälle aus Bronze verfertigt. In der Kopfform schließen sich die meisten Abarten der S. eng an ähnlich gebildete Nadeln mit geradem Schaft an, aus denen sie offensichtlich entstanden sind. Seine Entstehung verdankt dieser Nadeltypus wohl dem Bestreben nach einer reicheren Gestaltung des oberen Nadelendes, und der Schwanenhals setzte sich um so eher durch, als er sich zugleich auch als praktisch erwies, da Nadeln mit ähnlich gekrümmtem Schaft fester in der Gewandung haften. Wo die Erfindung des Schwanenhalses zuerst gemacht wurde, läßt sich bisher nicht mit Bestimmtheit angeben, der Häufigkeit des Vorkommens nach zu urteilen, wäre man geneigt, den n. Teil des „Lausitzer" Kulturgebietes (Westpolen und Ostdeutschland) als Ursprungsgebiet dieser Nadelform anzusehen. Zur Bekräftigung dieser Annahme könnte auch die Tatsache dienen, daß der Typus hier besonders langlebig ist.

§ 4. Die Verbreitung der S. ist bereits aus dem oben Gesagten ersichtlich. Sie kommen ziemlich zahlreich im w. Teil des Hallstätter Kulturkreises, d. h. in Ostfrank-

a

b

Schwarzenbach

a, b. Bronze-Amphora in zwei Ansichten. Ca. $^{1}/_{4}$ n. Gr. Grabhügel I. Nach H. Baldes und G. Behrens.

Schwarzenbach

Henkel der Bronze-Amphora Tf. 115. Nach H. Baldes und G. Behrens.

a

b

Schwarzenbach

a, b. Schnabelkanne in zwei Ansichten. $^{2}/_{5}$ n. Gr. Grabhügel II. Nach H. Baldes und G. Behrens.

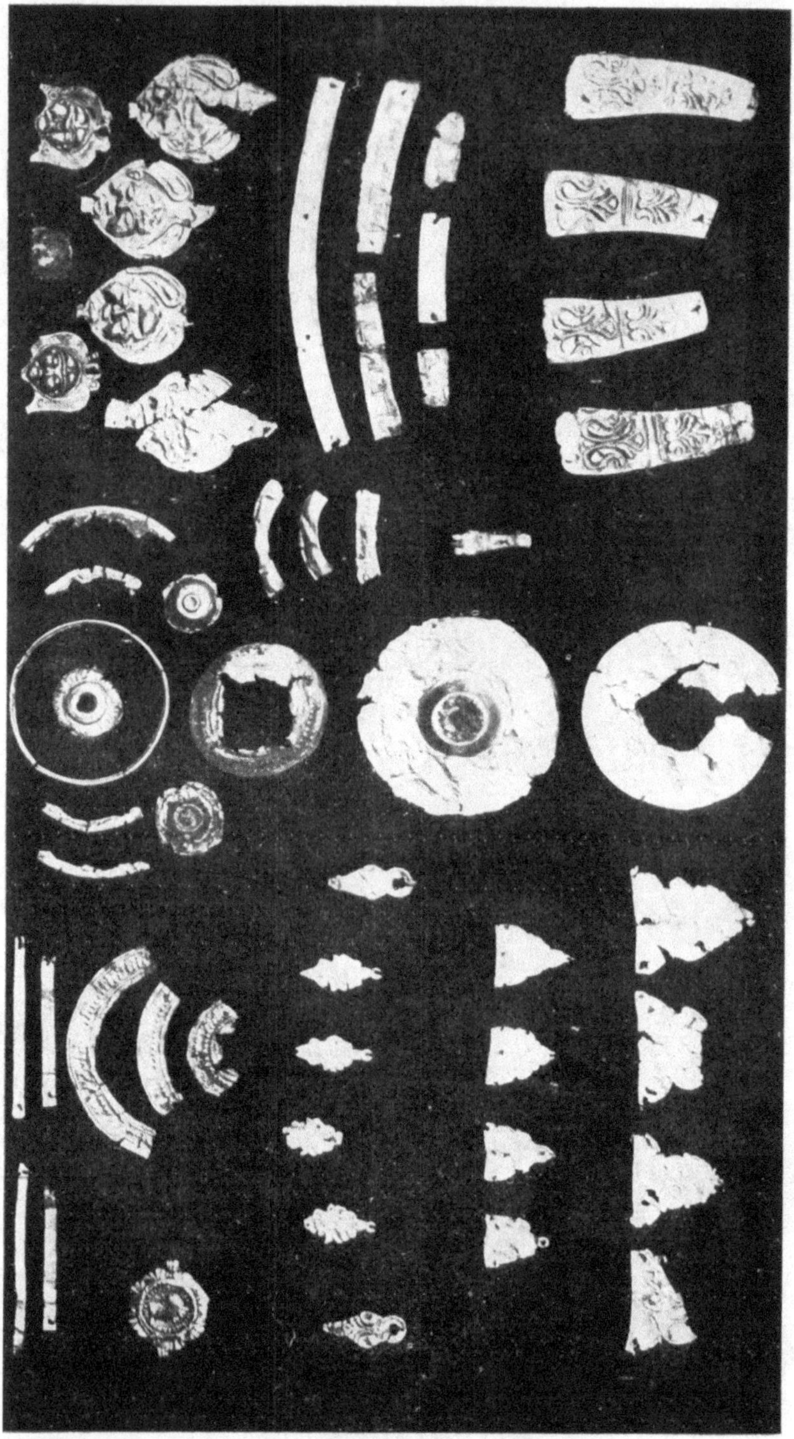

Schwarzenbach

Zierstücke aus Goldblech. Nach H. Baldes und G. Behrens.

reich und Süddeutschland (besonders in Bayern), vor, ganz vereinzelt in den Ostalpen, in Böhmen und in Sachsen-Thüringen, häufiger in Norddeutschland (Mecklenburg, Hannover, Schleswig-Holstein), ab und zu in Skandinavien, dagegen massenhaft in Ostdeutschland und Polen, und zwar sowohl in der „Lausitzer" als in der Steinkistengräberkultur.

§ 5. Die Chronologie der S. steht in der Hauptsache fest. Sie erscheint sowohl in Süddeutschland als in Norddeutschland bereits in der jüngsten nord. BZ (= V. Per. Mont.), d. h. in Reineckes Hallstattperiode B. Auch in der „Lausitzer" Kultur treten S. bereits in der jüngsten BZ vereinzelt auf. In den Rheinlanden weist Rademacher diesen Nadeltypus sogar ausschließlich der zweiten Hallstattstufe Reineckes zu (Mannus 4 S. 203), und auch Beltz zählt die mecklenb. Exemplare fast durchweg zur jüngsten BZ. Doch scheint der Höhepunkt der Entwicklung dieser Nadelform erst in die späte HZ zu fallen, und zwar sowohl in Süddeutschland, wo sie Reinecke seiner III. Hallstattstufe (Hallstatt C) zuweist, und in Ostfrankreich (Déchelette teilt sie seiner II. Periode zu), als auch in Norddeutschland, wo sie z. B. von Schwantes seiner Wessenstedt-Stufe zugewiesen wird, die zeitlich der späten HZ (= VI. Per. Mont.) entspricht. Auch Beltz läßt ein mecklenb. Exemplar in diesen Zeitabschnitt hineinreichen. Auf dem Gebiet der „Lausitzer" Kultur gehören die S. ebenfalls hauptsächlich der späten HZ an, reichen jedoch vereinzelt in die Frühlatènezeit hinein.

Ph. Ö. Schr. 27 (1886) S. 161f.; ebd. 29 (1888) S. 116 und 132 Tischler; Tröltsch *Fundstatistik der vorrömischen Metallzeit* S. 36 Nr. 76a; ZfEthn. Verh. 1899 S. 148ff. Olshausen; ders. *Die Zeitstellung der Schwanenhalsnadeln und der Gesichtsurnen* ZfEthn. Verh. 1902 S. 198ff.; *AuhV* 5 S. 405 Tf. 69 Abb. 1280, 1288 und 1294.

J. Kostrzewski

Schwarzenbach (im Hunsrück, Birkenfeld; Tf. 115—118). Sö. vom mächtigen Ringwall von Otzenhausen (s. d.) wurden im J. 1849 nahe beim Dorf S. zwei Grabhügel geöffnet, die neben Dürkheim (s. d.) und Klein-Aspergle (s. d.) die reichsten Funde der Stufe LTZ 1 in Deutschland ergeben haben: u. a. eine prachtvoll verzierte Bronze-Amphora (Tf. 115, 116), die Henkelansätze mit zwei hockenden Silenen, der eine aus einer Schale trinkend, der andere die Syrinx blasend; zwei Schnabelkannen mit figürlichem Griff (Tf. 117; die eine verschollen); eine Goldschale mit durchbrochenen Ornamenten (Band VII Tf. 191); einen goldenen Armring; Eisensachen. Die Funde befinden sich in den Museen zu Berlin und Trier. Es war ein Männer- und ein Frauengrab; sie gehören wie das von Dürkheim der Zeit um 480 v. C. an. Ein treffendes Gegenstück zu der Amphora ist in Vulci (s. d.) gefunden.

Bonner Winkelmanns Progr. 1870 Aus'm Weerth; *AuhV* 1 H. 2 Tf. 3, 3; ebd. 2 H. 2 Tf. 1, 4, H. 8 Tf. 7 (Beilage); weitere Literatur bei Baldes-Behrens *Katalog Birkenfeld* 1914 S. 51.

K. Schumacher

Schwarzkümmel. Der S. (*Nigella sativa*) scheint als Gewürz zeitlich recht weit hinauf verwendet worden zu sein. Er brachte aus dem sem. Sprachgebrauch den (punischen?) Namen *git* mit und ist in Ägypten schon in alter Zeit vorhanden (Loret *Flore pharaonique* 1892 S. 120) und von dort bis nach Abessinien und nach Indien verbreitet. Wie in Griechenland in alter und neuer Zeit wird auch bei uns der Samen aufs Brot gestreut, was schon die Capitularia de villis (70, 25) kennen. Auch hier wird er *git* genannt. Früher wurde er bei uns zu diesem Zweck angebaut. Daß S. den Griechen Kleinasiens als Abwehrmittel gegen den bösen Blick wie in Mecklenburg gegen die Hexen gilt, deutet auf eine weite Verbreitung gerade in alter Zeit. Ed. Hahn

Schwarzort (Kurische Nehrung, Memelgebiet; Tf. 119, 120).

§ 1. Fundort und Fundumstände. — § 2. Technik und Verzierung. — § 3. Fundanalyse. — § 4. Datierung. — § 5. Bedeutung.

§ 1. S., der wichtigste FO ostbalt. Bernsteinschmuckes der StZ, liegt auf der Kurischen Nehrung, 20 km von der Nordspitze derselben entfernt, am Ufer des Kurischen Haffes.

Der Bernsteinschmuck ist bei Gelegenheit der Bernsteingewinnung (mittels Baggern auf dem Grunde des Kurischen Haffes) gehoben. Die ersten Funde wurden schon in den 60er Jahren gemacht, aber das systematische Sammeln begann erst seit 1880. Die bis 1882 gefundenen 434 Stücke bildeten die Grundlage der Arbeit von

Klebs *Der Bernsteinschmuck der Steinzeit* 1882.

Die Funde liegen jetzt teils in der Bernsteinsammlung des Geol. Inst. der Univ. Königsberg i. Pr., teils in der Slg. der staatlichen Bernsteinwerke in Königsberg, sowie im Prussia-Museum und der Vorgesch. Abteilung der staatl. Museen in Berlin. Der Verbleib einer schönen nach New York gelangten Privatkollektion ist unbekannt. Zerstreute Stücke befinden sich in privaten Händen und mehreren anderen Museen. Nach dem Erscheinen der Arbeit von Klebs ist die Zahl der Funde nicht wesentlich gewachsen, denn nach 1882 ist nicht mehr systematisch gesammelt worden, und 1891 wurde die Bernsteinbaggerei bei S. eingestellt.

Das Fundgebiet ist eine etwa 650 m vom Haffufer entfernte flache Sandbank n. von S., die sich von dem Haken am Libisberg bei km 16 längs des Haffufers der Nehrung in ziemlicher Breite bis zum Ausgang der Grikinn-Schlucht langzieht. Von dieser Hauptfundstelle dehnt sich das Bernsteinlager nach N zu (nach Erlenhorst) aus.

Die Bernsteinlagerstätte befindet sich in Haffsand-Ablagerungen, meist bis zu einer T. von 3—4 m, selten bis 5 m unter dem Haffboden, bzw. in einer T. von 6—11 m unter der Wasseroberfläche. Die Artefakte lagen nesterweise unter einer sterilen Sanddecke von 2—4 m Stärke, zusammen mit rohem Bernstein, „Sprockholz“ und anderen Stoffen. Bei der eigentümlichen Art und Weise des Baggerns läßt sich aber nicht bestimmen, aus welcher Tiefe ein zutage gefördertes Fundobjekt stammt.

Daß die Bernstein-Artefakte sich nicht auf der ursprünglichen Lagerstätte befinden, sondern von derselben fortgespült worden sind, ist wohl eine feststehende Tatsache. Dafür sprechen ihr Auftreten zusammen mit „Sprockholz“ und Rohbernstein sowie das vollständige Fehlen irgendwelcher anderen Gegenstände. Ob das Fortspülen durch eine Senkung des Landes erfolgt ist oder nicht, läßt sich vorläufig noch nicht entscheiden. Wie dem auch sei, von einem Abrutschen der Küste, von einem Wohnplatz oder sogar Pfahlbau, der auf der Fundstelle sich befunden haben sollte, kann nicht die Rede sein; auch die auf dem Grunde des Haffes gefundenen Pfähle unterstützen diese Annahme keineswegs, denn es fehlen jegliche Fundobjekte anderer Art.

Es bleibt daher die einzige Möglichkeit, daß die Bernsteinartefakte von irgendeiner Stelle des Haffufers unter unbekannten Umständen ausgespült und auf dem Boden des Haffs zusammen mit Roh-Bernstein abgelagert worden sind. Dabei kann die primäre Lagerstätte von der sekundären bei S. nicht allzu fern gelegen haben, weil die Gegenstände vom Wasser durchaus nicht abgeschliffen sind. In Betracht kommen zunächst die Nehrung selbst und das ö. Ufer des Haffes bei Prökuls.

Die äußere Beschaffenheit der Funde (die meisten haben keine Verwitterungsrinde oder sind nur schwach nachgedunkelt) spricht dafür, daß die Gegenstände bald nach ihrer Verfertigung ins Wasser geraten sind.

§ 2. Technik (s. Bernstein A, B). Die von O. Tischler und R. Klebs angestellten Experimente haben gezeigt, daß die Bearbeitung der S. Stücke nur mit Anwendung von Stein- und Knochengeräten erfolgt ist. Die letzteren sind bei der Durchbohrung der Röhrenperlen gebraucht (s. Tf. 119c).

Die Verzierung ist aus der Bearbeitungsweise des Bernsteins hervorgegangen. Sie besteht aus eingebohrten, tieferen Grübchen oder kleinen Punkten, eingeritzten Linien und Randkerben. Die größeren Grübchen bedecken gewöhnlich die ganze Oberfläche des Gegenstandes. Die Pünktchen folgen meist in mehreren Reihen der Kontur des Schmuckstückes; dabei sind die runden Flächen mit einem Kreuz von Punktbändern verziert (Tf. 119h); bei den eckigen dagegen verbindet die Seiten ein quergehendes Band von Punkten (Tf. 119n); oder man findet auch die Punkte ganz unregelmäßig über die Fläche verteilt.

Mikroskopische Untersuchung hat ergeben, daß die Punkte einst mit einer glänzenden, dunkelbraunen, harzigen Masse ausgefüllt gewesen sind (Ph.Ö.Schr. 24 [1883] S. 102f. O. Tischler).

Die Linienverzierung ist sehr selten. Dagegen sind die eigentümlichen Randkerben häufig und gelten als Charaktermerkmal des ostbalt. Bernsteinschmuckes (Tf. 119e, k).

§ 3. Die Funde können in zwei große Kategorien eingeteilt werden: A. Perlen,

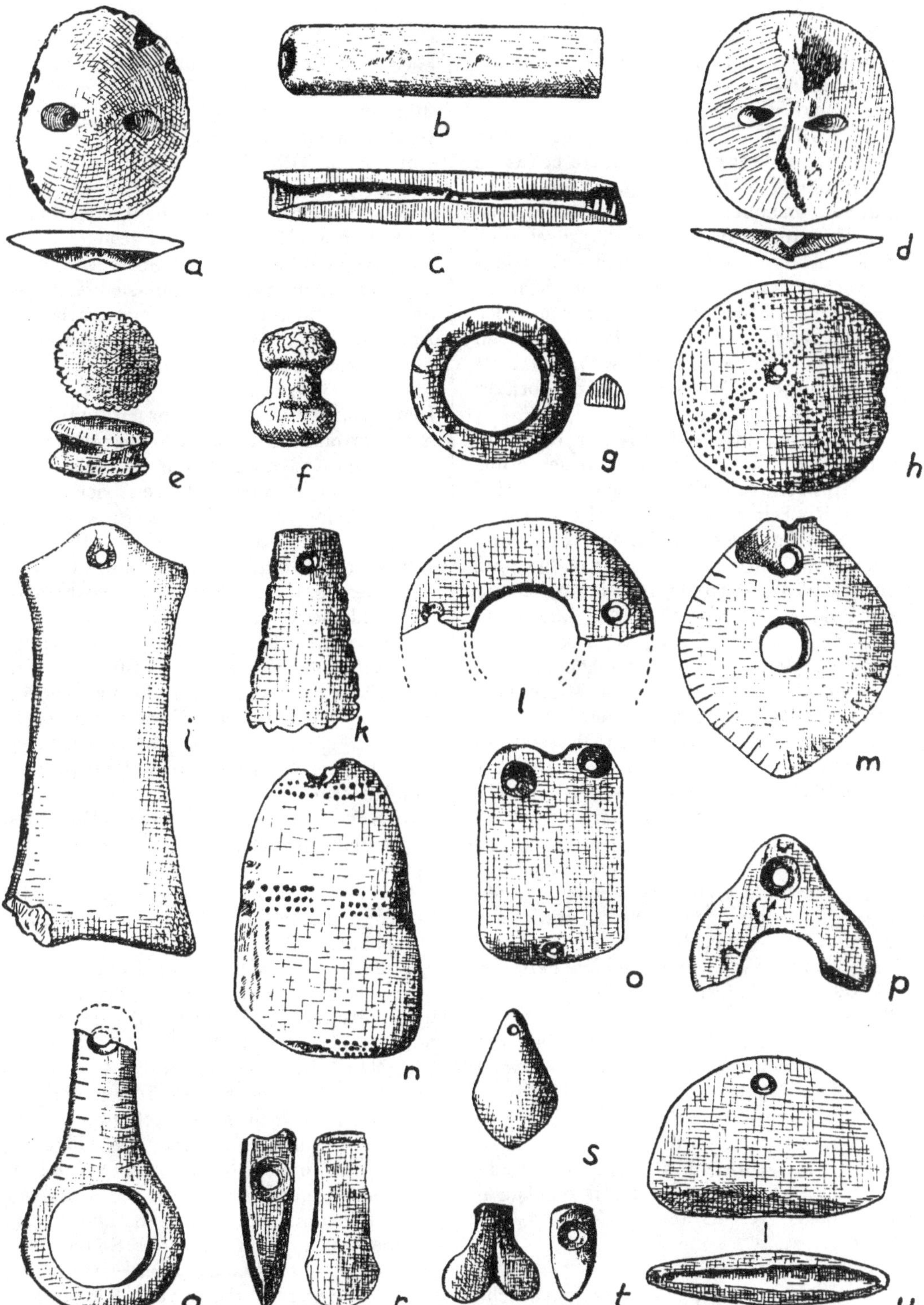

Schwarzort

Schmuckstücke aus Bernstein. Schwarzort, Kurische Nehrung. $^1/_1$ n. Gr. Nach Klebs.

mit annähernd zentraler, und B. Hängestücke, mit mehr oder weniger peripherischer Bohrung.

A. Perlen:

1. Röhren (Tf. 119b, c), lange, dünne Zylinder, nur selten in der Mitte etwas angeschwollen, meist mit abgerundeten Endkanten. Zahlreich.

2. Doppelknöpfe (Tf. 119e, f), zwei rundl. Scheiben durch einen dünnen, undurchbohrten Stiel verbunden. Die Scheiben sind meist linsenförmig, nicht sehr dick, ihre Kanten entweder scharf oder abgerundet. Der Stiel ist gewöhnlich kurz, selten stark entwickelt. Randkerbenverzierung.

3. Knöpfe mit V-förmiger Bohrung (Tf. 119a, d; Band I Tf. 133i), linsenförmig, viel häufiger aber mit einer schwach konisch gewölbten Seite; im Querschnitt spitzoval, viel häufiger aber plankonvex oder dreieckig; der Umriß meist unregelmäßig rund, oft oval oder abgerundet rechteckig, seltener spitzoval („schiffchenförmig") oder quadratisch. Die V-Bohrung kann sowohl auf der gewölbten wie auf der flachen Seite sein und liegt in der Richtung der Mikrodiagonale. Fast alle unverziert. Sehr zahlreich.

4. Linsen (Tf. 119h) mit flachgewölbten und Scheiben mit parallelen Oberflächen; annähernd kreisförmig bis schwachoval. Die Linsen sind sorgfältiger als die Scheiben bearbeitet und bisweilen verziert, die Scheiben dagegen nicht. Zahlreich.

5. Ringe (Tf. 119g, l). Scheiben oder Linsen mit einer sehr weiten, stark ausgearbeiteten, doppelkonischen Bohrung. Eigentümlich für einen großen Teil derselben ist die Durchbohrung der Peripherie des Ringes an mehreren Stellen.

6. Viereckige Perlen. Sie haben entweder konkave Ränder mit schwachgewölbten Flächen oder sind dickquadratisch mit gewölbtem Rand (Klebs a. a. O. Tf. 3 Abb. 15, 17—19).

7. Unregelmäßige Perlen — entweder ganz unbearbeitet oder nur roh zugehauen. Durchbohrt (Klebs a. a. O. Tf. 3, 14. 16. Tf. 4, 1. 2).

B. Anhänger.

1. Unregelmäßige A., rohe, natürliche, annähernd dreieckige, meist unbearbeitete, selten etwas zugehauene Stücke.

2. Symmetrische (nach A. V. Brøgger, statt wie Klebs irreführend: „axtförmige"; Tf. 119i, k, n, u; Band I Tf. 133d) annähernd dreieckige, trapezförmige, rechteckige Hängeplatten, mit einem, oft zwei Bohrlöchern an einem Ende. Die Seiten sind gerade, auch konkav oder konvex; die Flächen eben oder schwachgewölbt; die Ränder entweder scharf oder stumpf. Meist ohne Verzierung, selten mit gekerbten Rändern oder Grübchenmuster auf der einen Seite. Sehr zahlreich. — Seltene Sonderabart der symmetrischen Anhänger sind die sog. „schildförmigen" und „pfeilspitzenähnlichen" Anhänger.

3. End- oder Mittelstücke (Tf. 119o). Den symmetrischen Anhängern zum Teil nahe verwandt, oft aber sehr unregelmäßig. An beiden Enden durchbohrt, entweder mit je einem Loch, oder mehreren Löchern an jedem Ende. Zum Teil verziert.

4. „Schiffchenförmige" Hängestücke (Tf. 119m, p), flache, ovale Platten mit einem größeren Loch in der Mitte und einem kleineren an dem einen Ende.

5. Gestielte Ringanhängsel (Tf. 119q). Der mehr oder weniger lange Stiel ist oben oft durchbohrt und schließt unten mit einem Ring ab. Gekerbt. Diese Form dürfte (nach A. W. Brøgger) aus den Bernsteinringen mit durchbohrter Peripherie (Tf. 119p) entstanden sein.

6. Bernsteinäxte (Tf. 119r). Miniaturnachbildungen der steinernen Schaftlochäxte.

7. Kegelförmige oder doppelkegelförmige Hängestücke (Tf. 119s), oben quer durchbohrt.

8. Stücke von seltener Form:

a) Mit einseitiger Auswölbung, b) Dreieck, c) Halbmond, d) Tierprotom (Tf. 120c), e) Phallus (?; Tf. 119t).

9. Menschliche Figuren. Sie weisen sowohl untereinander wie mit den übrigen S. Funden gemeinsame technische und stilistische Züge auf. Die drei Figuren Tf. 120a, d und Band I Tf. 133c haben eine breite, gedrungene Gestalt. Das Gesicht ist durch Brauenbogen und Nase angedeutet und läuft in einer Spitze aus. Die dicht anliegenden Arme sind gewöhnlich durch Furchen vom Körper getrennt, die Beine oft nur durch Stümpfe angedeutet. Alle Figuren sind mit Löchern

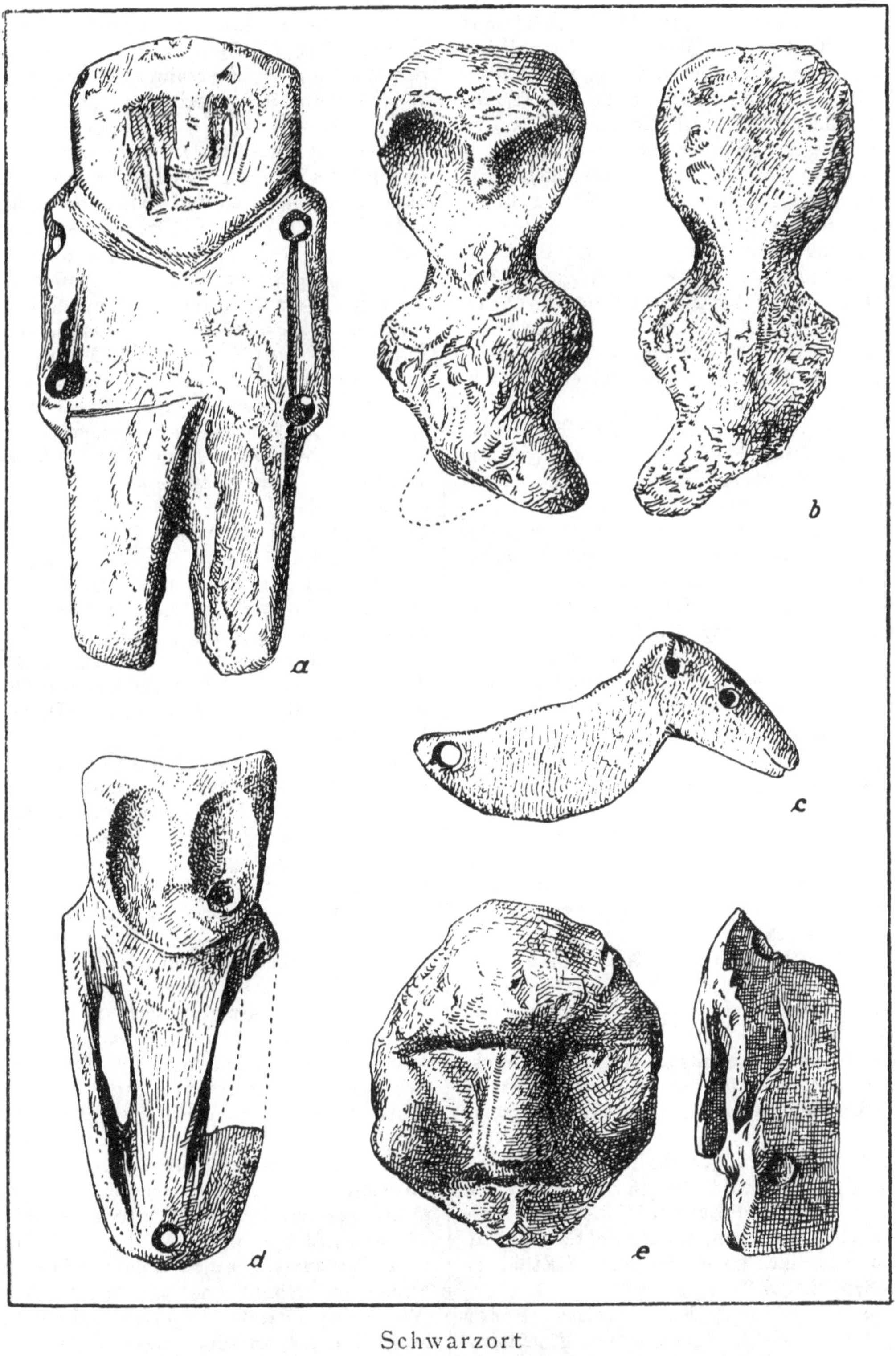

Schwarzort

Bernsteinfiguren. 1/1 n. Gr. Schwarzort, Kurische Nehrung. Nach Klebs.

zum Anhängen versehen. Der Torso Tf. 120b ist vielleicht(?) der Oberteil einer weiblichen Figur, angedeutet durch den Zopf(?) hinten. Er ist annähernd rundplastisch. Das Tf. 120e abgebildete Stück ist ein ziemlich kräftig modellierter Menschenkopf. Am oberen Ende durchbohrt. Außer diesen lieferte S. noch zwei Figuren: a) New Yorker Figur, soll der hier Band I Tf. 133c abg. ähnlich sein, und b) (verloren) war durch die Brust auffallend schön doppelkonisch durchbohrt.

§ 4. Die große Übereinstimmung in der Technik und Verzierung der S. Bernsteinartefakte spricht für ihre Gleichaltrigkeit. Für die Datierung sind folgende Grabfunde von Belang:

1. Rossitten, Kurische Nehrung, Ostpreußen. Flachgrab mit Steinkiste. Ein Bernsteinring (ähnl. Tf. 119g) zusammen mit einer Schaftlochaxt, Feuersteinmesser, Knochennadel, Imatrastein (?) und versteinerter Koralle (*Berl. phot. Album* Sekt. I Tf. 5; Klebs a. a. O. S. 34 Tf. 10, 18).

2. Wuttrienen, Kr. Allenstein, Ostpreußen. Flachgrab, Skelettbestattung. Bernsteinlinse mit Punktkreuz (ähnl. Tf. 119h), zwei Feuersteinäxte und Scherben mit Strichzonen und Zickzacklinien (*Berl. phot. Album* Sekt. I Tf. 5; Klebs a. a. O. S. 43 Tf. 11, 6).

3. Trzebcz, Kr. Kulm, Westpreußen (jetzt zu Polen). Drei konzentrische Kreise um einen Trilithen. 4 Bernsteinröhren; dabei 2 mit Strichzonen und Zickzacklinien verzierte Tongefäße und ein Mahlstein (s. Trilith; Z. d. Hist. Ver. Marienwerder 2 [1877] S. 81 Tf. 10, 11, 1—5).

4. Gr.-Leistenau, Kr. Graudenz, Westpreußen (jetzt zu Polen). Unterirdische Steinkiste. 4 Bernsteinröhren und eine Bernsteinlinse (wie Tf. 119u, aber undurchbohrt) zusammen mit einer dicknackigen Axt aus gebändertem Feuerstein und 7 Tongefäßen (verloren; Ph.Ö.Schr. 24 [1883] S. 104ff.).

5. Gr.-Morin, Kr. Hohensalza, Posen (jetzt zu Polen). Hügelgrab. Skelett 1. Eine Bernsteinlinse mit Punktkreuz (wie Tf. 119h, aber ohne die Punktkreise), zusammen mit einer Bootaxt (ZfEthn. 10 [1878] S. 126 Tf. 2, 27. 28).

6. Rzeszynek, Kr. Strelno, Posen (jetzt zu Polen). Steinkammer. Eine Bernsteinlinse mit Punktkreuz (wie aus Gr.-Morin; Band X Tf. 57f). Zwei Feuersteinäxte, eine davon gebändert, Eberzahn (Kostrzewski *Wielkopolska*² S. 20f. Abb. 31, 36).

7. Janiszewek, Kr. Włosławek, Polen. Kujavisches Grab Nr. 1. Bernsteinscheibe (wie Klebs Tf. 11, 4; 4, 10), zusammen mit zwei Kugelamphoren und zwei anderen Gefäßen (ZfEthn. Verh. 11 [1879] S. 428ff., abg. ebd. S. 434; ebd. 15 [1883] S. 430ff. Tf. 7).

8. Åloppe, Schweden. Wohnplatzgrab, als Beigabe ein Bernsteinknopf mit V-Bohrung auf der Rückseite (wie Tf. 119a; Ant. Tidskr. 20 [1912] S. 67 Anm. 2 Almgren).

Die Gräber Gr.-Leistenau, Trzebcz, Rzeczynek und Janiszewek gehören dem II. Zuge Kossinnas an, den er in die Ganggräberzeit setzt. Möglicherweise gehört das Grab von Wuttrienen dem I. Zuge an, fällt dann ebenso in die III. Per. Mont. Der Ganggräberzeit wird auch das Wohnplatzgrab von Åloppe zugewiesen.

Der Fund von Končanskoje (s. d.), der 267 Bernstein-Artefakte enthielt (Band VII Tf. 13), die in der Form mit vielen Stücken von S. übereinstimmen, gehört, wegen der damit zusammen gefundenen frühen Kammkeramik (s. d.), ebenfalls der III. Per. Mont. an.

Alle diese Funde ergeben also eine ziemlich sichere Datierung des S. Bernsteinschmucks in die III. Per. Mont. Etwaige spätere Funde (Rossitten, Gr.-Morin) bezeugen nur das lange Fortdauern der Bernsteinbearbeitung.

§ 5. Die große Bedeutung des S. Fundes liegt darin, daß er zur Aufstellung eines ostbaltischen (früher sog. „baltisch-arktischen") Kunstkreises führte, dessen Zentrum, möglicherweise auch Ursprungsort, an der ostpreuss. Bernsteinküste lag. Diese Kunstregion charakterisieren u. a. die plastischen Arbeiten in organischer Substanz, sowohl Menschen wie Tierdarstellungen. Es ist das ein Nach- und Weiterleben der epipaläolithischen Kunst der Jäger und Fischer. Zu diesem Kulturkreise gehören z. B. die plastischen Arbeiten von Gullrum (Band IV Tf. 185a), Åloppe (Band IX Tf. 26c, d), Sakkola, Pernau (s. d.) u. a. Die vereinzelten Funde aus Nord- und Mitteldeutschland (Woldenberg [Band I Tf. 134a], Stettin, Bernburg) sind Exportstücke dieses Gebietes.

Nicht weniger charakteristisch für das ostbalt. Bernsteingebiet sind die V-Bohrung, die gestielten Ringanhängsel und die Ornamentik. Auch sie haben eine weite Verbreitung gehabt, obwohl das von A. W. Brøgger umschriebene Gebiet bedeutend eingeschränkt werden muß.

Im J. 1925 wurde ein Fund von Bernsteinschmucksachen (ein Knopf mit V-Bohrung, das Fragment eines Ringes und ein kegelförmiger Anhänger) bei Dubbeln, Kr. Riga, (im Seetang) geborgen (Staatsmuseum Riga). S. a. Ostpreußen A.

R. Klebs *Der Bernsteinschmuck der Steinzeit* Königsberg 1882; A. W. Brøgger *Den arktiske Stenalder i Norge* Christiania 1909; H. Heß von Wichdorff *Geologie der Kurischen Nehrung* Abh. der Preuß. Geologischen Landesanstalt NF 77 (1919); Mannus 2 (1910—11) S. 59ff.; ebd. 13 (1921) S. 13ff., 143ff., 239ff. Kossinna; Ailio *Wohnplatzfunde* I 47ff.; Präh. Z. 5 (1913) S. 507, 518f. M. Ebert.

Ed. Sturm

Schwechat (Niederösterreich). Wohngrube mit Kalenderberg-Keramik (s. d.) und hallstattzeitl. Mondidol-Bruchstücken. Neben dieser intakten Wohngrube fanden sich an zwei weiteren Stellen spärliche, gleichzeitige Funde, die darauf schließen lassen, daß hier eine größere Ansiedelung der HZ Stufe C bestanden hat.

G. Kyrle *Neue prähistorische Funde aus Schwechat bei Wien* Wien. Präh. Z. 1914 S. 166—171.

G. Kyrle

Schweden s. Ångermanland, Diluvialchronologie § 5, Diluvialgeologie § 3, 7, Gotland, Klima-Optimum, Niveauveränderungen, Nordischer Kreis, Öland und die Einzelartikel.

Schwefel. A. Allgemein. Über die technische Verwendung des S. in vorgesch. Kulturen ist nichts bekannt, er kommt nur als unbeabsichtigte Verunreinigung in Metallen vor. Über seine mannigfache Benutzung in der Antike berichtet Plinius (Nat. Hist. XXXV 50). Außerdem wurden in der antiken Goldschmiedekunst (s. d.) Hohlräume aus dünnem Goldblech mit Schwefel ausgegossen, um die Metallhaut stabil zu machen, ohne dabei das Gewicht wesentlich zu erhöhen. Auch in der antiken Kriegstechnik fand er in Verbindung mit anderen Stoffen Verwendung, z. B. zur Erzeugung von Stichflammen, mit denen die Böotier bei der Belagerung von Delion die Verteidiger von der Mauer vertrieben (Thukydides IV 100).

Alfred Götze

B. Palästina-Syrien. Als Ablagerung von heißen Quellen, die aus der Tiefe aufgestiegen sind, haben sich in verschiedener Höhe des Jordan-Tales zwei große Diluvialschichten gebildet, die reinen S. in Form von walnuß- bis eigroßen Knollen enthalten. Ein Abbau lohnt jedoch nicht, hat auch nie stattgefunden. Heiße Quellen mit S.-Gehalt treten noch heute in beträchtlicher Zahl am Ostufer des Toten Meeres, im Jarmuk-Tal (*el-ḥammi*; Band XIII Tf. 50a), am Westufer des Sees von Tiberias, bei *qal'at el-muḏîk* und bei Palmyra (Ritter *Erdkunde* 17 II 1077, 1460) hervor. Die Israeliten kannten den S., nannten ihn aber mit einem Fremdwort (*gofrît*). An das Vorkommen im Jordan-Tal knüpft sich die Sage von dem Untergange Sodoms, Gomorrhas und dreier anderer Städte (Gen. 19). Daher stammt auch der Gedanke, daß am Gerichtstage sich die Erde in S. verwandelt (Jes. 34, 9), oder daß Feuer und S. vom Himmel herabfallen (Ezech. 38, 22). Sinnbildlich wurde S. auf den Boden gestreut, um die völlige Vernichtung anzudeuten (Deut. 29, 23; Hiob 18, 15). Arch. Spuren von Verwendung des S. fehlen bisher.

ZdPV 2 (1879) S. 113ff. O. Fraas; ebd. 20 (1897) S. 24f. R. Sachsse; M. Blanckenhorn *Naturwissenschaftliche Studien am Toten Meere und im Jordantale* 1912 S. 62ff.

Peter Thomsen

Schweidnitzer Fibel (Tf. 121 a, b). Zum Typus der „Spiralplattenfibel mit Kreuzbalken-Nadelkopf, Var. D" (Beltz; s. Fibel A § 8) gehörige Gewandspange aus Bronze, eine der größten und gewiß die schönste ihrer Art, ausgeschmiedet aus einem etwa 7 (sic!) m l. Draht, der in der Mitte zu einer spitzovalen, leicht gebogenen Platte breitgehämmert ist, an den Seiten in je eine kegelförmig gewölbte, federnde Spirale von 18 Windungen übergeht. Die dreisprossige Nadel ist mit ihrem runden Öhr in den rechten (vom Träger aus gerechnet) Bügelhals eingehängt; als Lager für die Spitze dient eine schlingenförmige Ausbiegung des linken Bügelhalses. Der Bügel, die äußersten Umgänge der Spiralen und der Nadelkopf sind mit eingepunzten Strichgruppen, Bogenlinien und konzentrischen Kreisen verziert. Die Br.

beträgt 44, die L. der Nadel 36,5 cm. Das prächtige Schmuckstück ist tadellos erhalten und mit dunkelgrünem Edelrost bedeckt. Gefunden wurde es 1806 nw. der Stadt Schweidnitz am Talrande der Weistritz 2 Fuß t. in einem Gemisch von grobem Kies und Sand ohne Anzeichen eines Grabes oder irgendwelche Begleitfunde. Vermutlich Weihgabe einer Frau. Zeit: Per. IV Mont. Aufbewahrt im Schles. Museum f. Kunstgewerbe u. Altertümer in Breslau.

Correspondenz d. Schles. Ges. f. vaterländ. Cultur 1 (1820) S. 125ff. J. G. G. Büsching; ders. *Heidnische Altertümer Schlesiens* Breslau 1820—1824; ZfEthn. 1913 S. 670f. R. Beltz.

H. Seger

Schwein. A. Europa. § 1. Die Gattung *Sus L.* mit 44 Zähnen nach der Formel $\frac{3 \cdot 1 \cdot 4 \cdot 3}{3 \cdot 1 \cdot 4 \cdot 3}$ tritt in Europa schon in Unterpliozän auf. Aber unser Wildschwein (*S. scrofa L.*) ist erst seit dem Pleistozän nachweisbar. Seither hat es ununterbrochen in Europa gelebt. Auch in ganz Nordasien ist es zu Hause. Wie weit es in beiden Erdteilen nach S geht, ist nach dem heutigen Stande unserer Kenntnis schwer zu sagen. Hier finden wir nämlich im S, in Indien, ein Wildschwein, das sich von *S. scrofa* durch kürzeren, höheren Schädel, gewölbte Stirn, etwas anders gebauten unteren Eckzahn und kurzes Tränenbein unterscheidet. Es wird als *Sus indicus Gray, S. cristatus Wagner* auf dem ind. Festland, *Sus leucomystax Temminck* in Japan, *S. vittatus Müller* und *Schlegel* auf der malaiischen Halbinsel und den Inseln Sumatra, Java und Flores bezeichnet, ohne daß diesen Namen wesentliche anatomische Merkmale zugrunde liegen. Es handelt sich hauptsächlich um Fell- und Größendifferenzen. Der Unterschied im Schädelbau zwischen diesem ind. oder Bindenschwein, wie wir es nennen wollen, und dem gewöhnlichen Wildschwein findet seinen prägnantesten Ausdruck im Tränenbein. In der Gesichtsfläche des Tränenbeins ist der Tränenbein-Index, d. h. das Verhältnis der Länge des unteren Randes zur Höhe am Orbital-Rande, beim Wildschweintypus größer als 1, beim Bindenschweintypus gleich oder kleiner als 1. Die Unterschiede im Schädel zwischen Wildschwein und Bindenschwein finden sich aber ganz ähnlich auch zwischen jungen und alten Wildschweinen. Auch das junge europäische Wildschwein hat einen kurzen, hohen Schädel mit kurzem Tränenbein, dessen Index 1 oder darunter ist. Erst mit zunehmendem Alter strecken sich die Kiefer und mit ihnen auch das Tränenbein so in die Länge, daß der höhere Index erreicht wird (Schröter). So erscheinen eigentlich alle die verschiedenen mit verschiedenen Namen benannten asiatischen und europäischen (und auch nordafrikanischen) Wildschweine als Angehörige eines Formenkreises, dessen einzelne Glieder bald eine höhere Altersstufe (*Sus scrofa*), bald eine weniger hohe (*Sus vittatus, leucomystax, cristatus*) erreichen. So ist es denn kein Wunder, daß sich im Grenzgebiet beider überall, sowohl in Asien wie in Europa, schwer einzuordnende Zwischenformen finden. Hierzu gehören auch die Wildschweine des Mittelmeergebietes. Während man noch vor kurzem allgemein der Ansicht war, daß in Europa nur das echte Wildschwein vorkomme, scheinen die neuesten Forschungen (Ulmansky, Staffe) doch dem trefflichen alten Forsyth-Mayer recht zu geben, welcher schon 1883 (Zool. Anz. 6 S. 225) vom indischen Wildschwein schrieb: „welche wir — mit geringen Abweichungen der Schädelbildung — gegenwärtig von Sardinien bis Neu-Guinea und von Japan bis Südwest-Afrika (Damara) verbreitet finden". (Ost- und Südgrenze sind wohl zu weit gezogen. Hier handelt es sich um verwilderte Hausschweine.) Es geht also klar daraus hervor, daß wir in Südeuropa Schweine mit dem jugendlichen Schädelbau des Bindenschweines finden. Welche das sind, ist schwer zu sagen, da bei der Aufstellung der verschiedenen Arten und Unterarten (*S. scrofa castilianus Thos* von Nordspanien, *S. s. boaëticus Thos* von Südspanien und *S. s. attila Thos* aus den transsylvanischen Alpen) gerade auf die Schädelverhältnisse keine Rücksicht genommen worden ist. Nur für das sardinische *Sus meridionalis Major* ist die Zugehörigkeit zum Bindenschwein einwandfrei festgestellt, und für die span. Form, die italienische, sowie die bosnische wahrscheinlich gemacht. Es wäre also eine osteologische Untersuchung dieser Schweine,

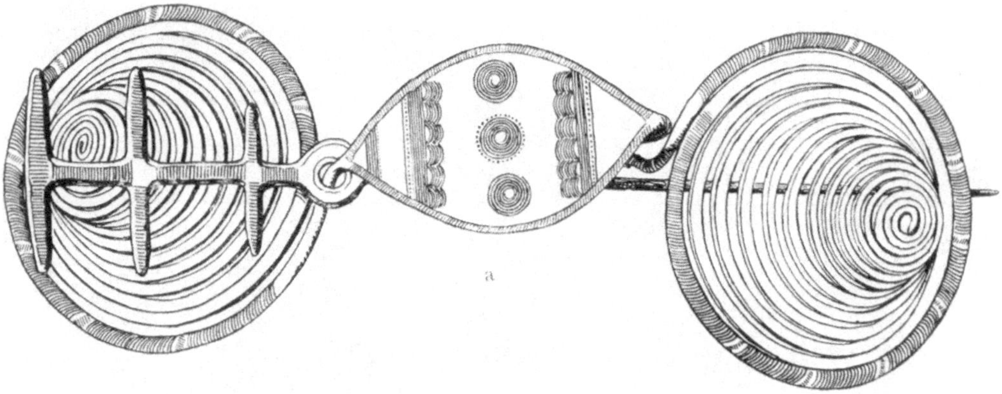

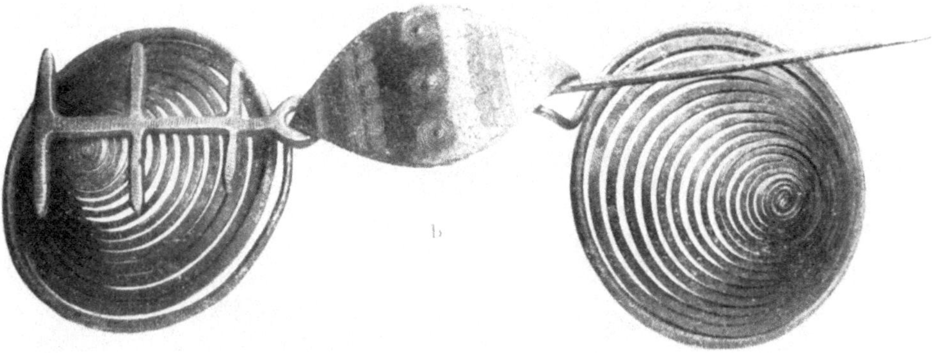

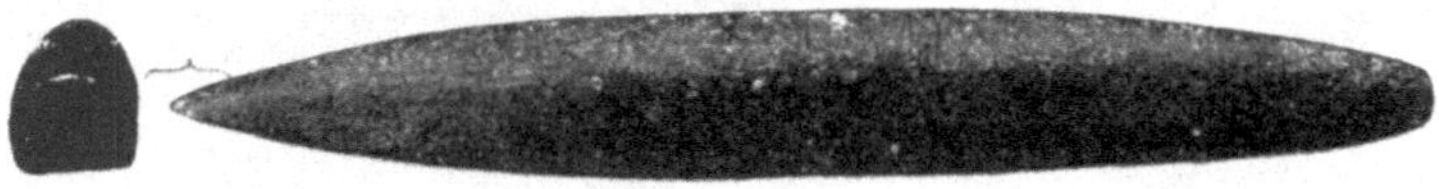

Schweidnitzer Fibel

a. Zeichnung. b. Photographie. L. 33 cm. Museum Breslau.

Schuhleistenkeil

c, Flomborn (Gräberfeld des spiralkeramischen Typus. L. 15,5 cm. — d. Rheingewann bei Worms (Gräberfeld des Hinkelstein-Typus). L. 25 cm. — Nach *AuhV* 5 Tf. 67.

wie wir noch sehen werden, für Abstammungsfragen von größter Bedeutung.

§ 2. Für die Domestikation und die weitgehenden Einflüsse, welche diese auf die Körpergestalt des S. ausübten, ist von Bedeutung, daß der Schweinekörper offenbar äußerst leicht auf äußere Einflüsse reagiert. Unter günstigen Ernährungsverhältnissen kann er zu riesigen Formen anwachsen, wie wir sie aus dem Kaukasus (Schröter) oder Transsylvanien (*Sus attila Thos*) kennen. Während unter ungünstigen Bedingungen Kümmerer entstehen, welche nur wenig über die halbe Körpergröße jener Riesen erreichen (Nehring, Schröter). Selbstverständlich sind mit diesen Größenänderungen auch tiefgreifende Formänderungen verbunden. In früheren Zeiten müssen auch in Mitteleuropa besonders günstige Verhältnisse für die Entwickelung der Wildschweine geherrscht haben. Schon Rütimeyer fielen bei der Bearbeitung der Fauna der Schweizer Pfahlbauten solche gewaltigen Wildschweine auf. Er nannte sie *Sus scrofa ferus antiquus*, weil seine rezenten Vergleichsschweine aus Mitteleuropa nicht mehr derartige Maße aufwiesen. Solche riesigen Wildschweine sind auch sonst aus vorgesch. Fundstätten bekannt geworden, z. B. aus Schweden (Pira), vom Starnberger See (Naumann). Doch übertreffen sie keinesfalls die genannten kaukas. oder transsylvanischen an Größe.

§ 3. Was nun das zahme Schwein anbelangt, so scheint es in Europa erst verhältnismäßig spät aufzutreten. Den älteren Kjökkenmöddingern (Winge in Madsen *Affaldsdynger*), die doch Hund (s. d. A), Rind (s. d A), Schaf (s. d. A) und Ziegen (s. d. A) enthalten, fehlt es. Erst in den jüngeren konnte es nachgewiesen werden. Noch von zwei anderen Stellen liegen über das Schwein Untersuchungen vor, die seine vollständige Geschichte in der betreffenden Gegend behandeln, für Schweden von Pira und für die Sudetenländer von Staffe. Pira fand es nicht vor der Ganggräberzeit und Staffe nicht vor der Bandkeramik.

§ 4. Unter den zahmen vorgesch. S. pflegen wir seit Rütimeyer auf Grund des Schädelbaues zwei Gruppen zu unterscheiden. Die eine stimmt, abgesehen von einigen durch Domestikation hervorgerufenen Abänderungen, so genau mit unserem Wildschwein überein, daß ihre Herkunft von ihm nicht zweifelhaft sein kann. Rütimeyer nannte sie Hausschwein, *Sus scrofa domesticus*. Der Schädel der anderen unterscheidet sich in mehrfacher Hinsicht davon so erheblich, daß Rütimeyer zunächst glaubte, eine besondere Art vor sich zu haben, die er Torfschwein, *Sus palustris*, nannte. Inzwischen ist die weite Verbreitung dieses Torfschweines, das zunächst nach Befunden aus den Schweizer Pfahlbauten aufgestellt wurde, über ganz Europa teils noch von Rütimeyer selbst, teils von anderen, wie Naumann, Rolliston, Rickmann, festgestellt worden. Später überzeugte sich Rütimeyer davon, daß ein wildes Torfschwein, wie er anfänglich meinte, nie gelebt habe, sondern daß sein Torfschwein ein zahmes, domestiziertes Tier war. Die Abweichungen liegen in der Richtung auf das Bindenschwein und bestehen vorwiegend in einer erheblich geringeren Größe, einem kurzen, hohen Schädel mit kurzem Tränenbein vom Index des Bindenschweins, an das Bindenschwein erinnerndem Querschnitt der unteren Eckzähne, quergewölbter Stirn und unverhältnismäßig großen Augenhöhlen. Die Ähnlichkeit mit dem Bindenschwein veranlaßte Rütimeyer, dieses als Stammvater für sein Torfschwein anzunehmen und so, da er die südeurop. Wildschweine vom Bindenschweintypus noch nicht kannte, als einen Import aus Asien anzusehen. Da er seine Studien hauptsächlich auf die Befunde in den Schweizer Pfahlbauten gründete und dort das Torfschwein als älteste Hausschweinerasse in den steinzeitlichen Pfahlbauten festgestellt hatte — in der Schweiz erscheint das Hausschwein erst in den jüngeren Pfahlbauten —, so zog er mit Recht den Schluß daraus, daß das Torfschwein nach der Schweiz importiert sei. Den Domestikationsherd suchte er in Asien. Rütimeyer fand zahlreiche Anhänger, die noch heute auf seinem Standpunkt stehen, wie C. Keller, Duerst, Krämer, Otto u. a. Aber ihm gegenüber hatte schon Strobel, dem die südeuropäischen, besonders italienisch-sardinischen Wildschweine vom Bindenschwein-Typus bekannt waren, das Torfschwein Oberitaliens vom einheimischen Wildmaterial abgeleitet. Etwa gleichzeitig mit ihm hatte Nehring ein kleines Hausschwein aus einem norddeutschen Torfmoor (Triebsees in Pommern) als im Hausstand verkümmerten Abkömmling des einheimischen Wildschweines angesprochen. Nehring nannte es, wohl um einem Streit mit Rütimeyer auszuweichen, Zwergschwein, *Sus scrofa nanus*, und ließ die Möglichkeit zu, daß es von Rütimeyers Torfschwein verschieden wäre. Inzwischen hat Rickmann festgestellt, daß Nehrings Zwergschwein nur ein jugendliches (das jugendliche Alter scheint Nehring übersehen zu haben) Torfschwein ist. Auch Winge (*Affaldsdynger*) hatte das Torfschwein Dänemarks für eine Degenerationsform des Wildschweins erklärt, wenn er auch annahm, daß es in Dänemark selbst eingeführt sei.

§ 5. Bei diesem Stand der Dinge brachte eine wesentliche Klärung Piras mustergültige Untersuchung über die Geschichte der Schweinerassen Schwedens. Indem Pira dabei die Hausschweine Schwedens von dem Beginn der Domestikation in der Ganggräberzeit an verfolgte, konnte er nachweisen, daß hier zuerst das Hausschwein, also der zahme Nachkomme des Wildschweines, erscheint und aus ihm etwas später, wenn auch noch zur Steinzeit, das Torfschwein Rütimeyers infolge Domestikationseinwirkung hervorgegangen ist. Pira wirft dabei die Frage auf, ob es denkbar ist, daß sich das Tränenbein des Wildschweins im Hausstande bis zu dem Grade des Torfschweins (bzw. Bindenschweins) „verkürzt" habe. Es scheint, als habe ihm hier ein Ausdruck einen Streich gespielt, der in der Haustierliteratur eine Rolle spielt, und den ich, weil er irreführt, seit langem bekämpfe. In den meisten Haustierwerken kann man lesen, daß sich beim Haustier die Kiefer, das Gesicht „verkürzt haben". Dieser Ausdruck erweckt ein durchaus falsches Bild und ist nur so zu verstehen, daß man immer die Schädel erwachsener Tiere verglichen hat. Da besitzen allerdings die Haustiere gegenüber den wilden Tieren derselben Art verkürzte Kiefer. Wie diese zustande kommen, lehrt uns aber die postembryonale Schädelentwicklung, deren genaue Kenntnis und eingehendes Studium zur Erklärung der Haustierformen ich seit langem als unabweisbares Postulat fordere. Da zeigt sich nämlich, daß das junge Tier ein kurzes Gesicht hat, und daß sich dieses kurze Gesicht infolge der Einwirkung der Domestikation im Laufe der individuellen Entwickelung nicht so stark in die Länge streckt wie bei den wilden Tieren derselben Art. Die Haustiere bleiben also gewissermaßen in dieser Hinsicht auf jugendlichem Stadium stehen. Es findet in der Domestikation sozusagen eine Verjugendlichung statt. Erst eine spätere fortgeschrittenere Züchtungskunst kann die schädigenden Wirkungen der Domestikation paralysieren.

§ 6. Von dieser allg. Regel, daß der Haustierstand verjugendlichend wirkt, machen auch die S. keine Ausnahme. Das junge Wildschwein hat ein kurzes Tränenbein, wie das Bindenschwein, mit einem Index unter 1. Und als Folge der Domestikation kann beim Schwein das Tränenbein kurz bleiben. Wären Pira diese Gedankengänge schon bekannt gewesen, so hätte er wohl die Frage, ob sich in der Domestikation das Tränenbein „verkürzt", nicht aufgeworfen. Wenn aber, wie in § 1 erwähnt, das Bindenschwein gewissermaßen ein jugendliches Wildschwein ist und das Torfschwein aus dem Wildschwein durch Verjugendlichung entstanden ist, so ist es natürlich, daß sich beide gleichen, eine Verwandtschaft darf allein aus dieser anatomischen Gleichheit nicht gefolgert werden.

§ 7. Wenn so von Pira der Nachweis der Entstehung des Torfschweins in Schweden, von Strobel in Italien erbracht ist, werden wir einen Import aus Asien ablehnen müssen. Nur müssen wir für Länder, in denen sich wie in der Schweiz oder in Dänemark das Torfschwein plötzlich unvermittelt zeigt, einen Import annehmen. Eine weite Wanderung ist aber, wie Staffe mit Recht bemerkt, nicht vorauszusetzen, weil nämlich das Schwein als schwer transportables Tier, im Gegensatz zu anderen Haustieren, als Begleiter von Nomaden unwahrscheinlich ist. Ja, es scheint so, als lägen für die Zähmung des Schweines überhaupt schon in Europa mehrere Zentren vor. Außer den beiden bereits erwähnten seien genannt Spanien, wo Adametz, Niederösterreich und Bosnien, wo Ulmansky, und die Sudetenländer, wo Staffe ein solches gefunden haben wollen. Die Arbeit des letzteren ist insofern interessant, weil sie lückenlos die Geschichte des Schweines in den Sudetenländern verfolgt und dabei den Nachweis führt, daß in vorgeschichtlicher Zeit Import niemals nachweisbar ist, und daß das Torfschwein in den Sudetenländern, entgegen anderweitigen Behauptungen, nicht vorgekommen ist. Gerade solche Arbeiten wie die Strobels, Piras und Staffes, welche die Geschichte des Hausschweines in einer Gegend vom Uranfang der Domestikation erforschen, sind nötig. Durch sie allein kann die Gesamtgeschichte des Hausschweines aufgehellt werden.

§ 8. Aus Piras Arbeiten ist noch hervorzuheben, daß sich schon von dem Ende der Steinzeit an in Schweden eine Form nachweisen läßt, die in einigen Schädelpartien noch kleiner war als das Torfschwein, also wohl eine noch weitgehendere Verkümmerung aufwies. Interessanterweise konnte auch in der Schweiz von Otto eine solche schwächere Rasse festgestellt werden, die hier aus dem Torfschwein hervorgegangen ist. Vereinzelt soll sie schon in alten Pfahlbauten, wie Forst, Finelz, Sutz, vorkommen, in den späteren aber an Häufigkeit zunehmen.

H. Bäumler *Die morphologischen Veränderungen des Schweineschädels unter dem Einfluß der Domestikation* Arch. f. Naturgesch. 87 (1921) Abt. A S. 140—178; Hilzheimer *Neues zur Geschichte des Hausschweines* Berliner tierärztl. Wochenschr. 1922 S. 375; Pira *Studien zur Geschichte der Schweinerassen insbesondere derjenigen Schwedens* Zool. Jahrb. Supplement 10, 2 (1909) S. 233—426 (mit Literaturverzeichnis bis 1909); Rickmann *Das norddeutsche frühhistorische Schwein* Brandenburgia 1921 S. 1—16; Staffe *Über die Wild- und Hausschweine der Sudetenländer in vorgesch. und geschichtlicherZeit und über das sogenannte Torfschwein (Sus palustris Rüt.)* Arbeiten der Lehrkanzel f. Tierzucht a. d. Hochschule f. Bodenkultur in Wien 1923 S. 101—156 (Literatur!); Ulmansky *Untersuchungen über das Wild- und Hausschwein im Laibacher Moor* Mitt. d. landw. Lehrkanzeln d. Hochschule f. Bodenkultur 2, 1 (1923); ders. *Studien über die Abstammung des Siskaschweins* Zeitschr. f. landwirtsch. Versuchswesen in Österreich 1911 S. 1—56.

Max Hilzheimer

B. Ägypten. Zu welchem Zweck die Ägypter S. gezüchtet haben, ist schwer einzusehen. Daß ihr Fleisch gegessen worden sei, ist nirgends bezeugt (Schweineknochen sind in Gräbern nie gefunden worden!), ebensowenig wissen wir von der Verwendung ihrer Borsten, und auch von Schweinemast, etwa zur Fettgewinnung, ist nirgends die Rede. Die einzige Arbeit, zu der wir S. verwendet sehen, das Eintreten der ausgestreuten Getreidekörner in den Schlamm des Ackers, wird im AR und MR noch durch Schafe besorgt. Und doch hat das S. seit vorgesch. Zeit immer zu den Haustieren der Äg. gehört.

Eine Herde von S. (6 Stück sind erhalten), aus Ton nachgebildet, findet sich schon in einem vorgesch. Grabe bei ElAmrah (Maciver S. 16f., Grab b 136, S. 41 und Tf. 9, 4a und b), die Fayence-Figur eines Ebers hat sich in den ältesten Schichten des Tempels von Hierakonpolis (s. d.; Quibell I Tf.22, 8 = 21,7) gefunden, und ein laufender Eber als Zeichen der Hieroglyphenschrift ist schon auf Siegelzylindern der 1. Dyn. belegt (Petrie *Roy. Tombs* I Tf. 26, 60; vgl. ebd. Tf. 22, 33). Daß aus dem AR und MR keine einzige plastische oder zeichnerische Darstellung von S. erhalten ist (auch das Vorkommen des Hieroglyphenzeichens ist außerordentlich selten), ist sehr merkwürdig und wohl nur dadurch zu erklären, daß das Tier als unrein galt und sein Bild darum in den Gräbern — selbst als Schriftzeichen — möglichst vermieden wurde. Dazu stimmt, daß — spätestens seit dem MR — das S. als das Tier des bösen Gottes Seth, des Mörders des Osiris, galt.

Die Sitte, die Getreidekörner durch S. austreten zu lassen (dies besorgen vielmehr Rinder [s. d. B] und Esel [s. d. B]), ist in Ä. nicht belegt (gegen Wiedemann *Äg.* S. 267).

Schweinefett spielt in der äg. Medizin keine Rolle, dagegen werden „Schweinekot" und die „Feuchtigkeit von Schweinsohren" als Bestandteile in med. Rezepten erwähnt.

Erman *Religion*² S. 35 und 201; ÄZ 58 S. 13, 16 Sethe; Wiedemann *Äg.* S. 267, 269, 285; Erman-Ranke *Äg.* S. 528ff.

Ranke

C. Palästina-Syrien. Wenn im AT vom S. (hebr. *ḥᵃzîr*) gesprochen wird, ist stets das Wild-S. (*sus scrofa*) gemeint (Psalm 80, 14), das noch heute in Palästina vielfach vorkommt (H. B. Tristram *The Fauna and Flora of Palestine* 1884 S. 3). Den Israeliten galt es als unrein, und es durfte darum nicht gegessen werden (Lev. 11, 7; Deut. 14, 8). Der Genuß galt geradezu als Abgötterei (Jes. 65, 4; 66, 17). Diese Abneigung gründet sich nicht nur auf die abstoßende Lebensweise des Tieres, sondern hat wohl ihre eigentliche Ursache in alten totemistischen Anschauungen (W. Robertson Smith *The Religion of the Semites* S. 446f.) oder religiösen Vorstellungen aus dem in röm. Zeit in Syrien weit verbreiteten Adoniskult, der natürlich ältere Vorläufer gehabt hat (KAT 410f.). In Gezer (s. d.) fanden sich in der Höhle unter einer mit vielen Napflöchern versehenen Felsplatte einige („*a number*", also nicht sehr viele!) Knochen des S., sicher aus vorsemit. Zeit (Macalister *Gezer* II 379f.). Das beweist noch nicht, daß die vorisrael. Bewohner das Tier aßen oder opferten. Gerade weil man es verabscheute, benutzte man seine Gestalt oder einen Teil von ihm zur Abwehr gegen Zauber oder als Amulett. So erklären sich die kleinen Figuren aus Elfenbein, Alabaster und Ton (ebd. II 8, 343; III Tf. 125, 17; 213, 19; Reisner-Fisher-Lyon *Harvard Excavations at Samaria* 1924 S. 386; Sellin-Watzinger *Jericho* S. 150 [aus jüdischer Zeit]) und die vielfach gefundenen, meist paarweis zusammengesetzten Eberzähne, die an einem Ring als Amulett getragen wurden. Auch Nachahmungen in Silber, einmal in Bronze und Gold, kommen vor (Macalister *Gezer* II 102, 449f., Abb. 287; III Tf. 31, 13. 25; 226, 6. 7ff. [seit der 2. sem. Schicht]). Peter Thomsen

D. Vorderasien s. Haustier E, Vorderasien.

Schweissen s. Bronzetechnik A § 3; Eisen A § 9.

Schweiz (Tf. 122—136). Herausgeber und Verfasser sind Herrn Professor Tschumi-Bern für Mithilfe bei der Illustration dieses Artikels verpflichtet.

A. Paläolithikum.

§ 1. Einleitung. Altpaläolithikum: Cotencher-Höhle, Wildkirchli-Höhle, Wildenmannlisloch, Drachenloch bei Vättis, Steigelfadbalm-Höhle am Rigi. — § 2. Chronologische Probleme. — § 3. Jungpaläolithikum: Zone des Genfer Sees, der Kantone Solothurn und Baselland, sowie des Bodensees (Schweizersbild und Keßlerloch). — § 4. Chronologie des Jungpaläolithikums. Diluviale Menschenreste.

§ 1. Die ältesten paläol. Entdeckungen reichen in der Schweiz verhältnismäßig weit zurück (Veyrier 1833; Grotte du Scé 1868), die Ära der systematischen Nachforschungen begann mit dem J. 1874 (Liesberg, Bellerive, Freudental, Keßlerloch).

Es war lange Zeit hindurch herrschende Überzeugung, daß das Altpaläol. hier aus glazialgeol. Gründen nicht zu erwarten sei, insofern die letzte große Vereisung seine Spuren verwischt und zerstört hätte; als um so wichtiger erweist sich daher eine Reihe einschlägiger FO, deren Erschließung mit dem J. 1904 einsetzte und vorab das außerordentliche Verdienst von E. Bächler ist.

In der Westschweiz ist im Kanton Neuenburg, im Reuse-Durchbruch bei Rochefort-Chambrelien (Bez. Boudry) und auf 650 m Seehöhe, die Cotencher-Höhle gelegen, deren Untersuchung seit dem J. 1916 Aug. Dubois und H. G. Stehlin durchführten. Die Fauna der diluv. Schicht umfaßt in erster Linie den Höhlenbär (95%), außerdem noch das Wildpferd, Wildrind, Ren, den Löwen, Panther, Steinbock, Gemse, Murmeltier und Wolf. Das Nashorn ist nur durch Fußknochen erwiesen, und zwar wären, nach Stehlin, sowohl *Rhinoceros tichorhinus* als auch *Rh. Merckii* vertreten, letzteres durch ein Pyramidale. Tatsächlich dürfte die letztere Spezies auf Grund dieses Beleges kaum mit Sicherheit zu ermitteln sein. Die Steinwerkzeuge sind aus Quarzit, Silex (Kieselsäure-Varietäten), Lydit, Phtanit und ähnl. geschlagen und verkörpern zum Teil Geräte von klarer Moustérien-Gestalt (vgl. Jahresber. Schweiz. Urgesch. 10 [1917] S. 23ff. und ebd. 12 [1919—1920] S. 42).

Die Nordschweiz birgt im Kanton St. Gallen die Wildkirchli-Höhle, deren vorzeitliche Wohnstraten im J. 1904 E. Bächler entdeckte. Sie befindet sich, in einer Meereshöhe von 1477—1500 m, im Ebenalpstock, dem ö. Ausläufer der n. Säntiskette. Im Vordergrunde der Tierwelt steht abermals der Höhlenbär (98—99%), welchen Höhlenlöwe, Höhlenpanther, Alpenwolf (*Cuon alpinus fossilis*), Steinbock, Gemse, Murmeltier, Edelhirsch, gemeiner Wolf, Fischotter, Dachs und Edelmarder begleiten. Die aus ungefügen Quarzitvarietäten, vornehmlich aus Ölquarzit. gefertigten Artefakte werden typologisch am besten als „altpaläol.-atypisch" bezeichnet. Das Vorkommen wirklicher Knochenwerkzeuge halten wir nach wie vor für zweifelhaft.

Über das bei Alt-St. Johann (Bez. Ober-Toggenburg; Kt. St. Gallen) gelegene Wildenmannlisloch liegen erst vorläufige Berichte vor (Jahresber. Schweiz. Urgesch. 15 [1923] S. 27ff. E. Bächler). Die Höhle öffnet sich im Nordabhang des Selun gegen die Breitenalp, 1628 m über dem Meere, und wurde seit 1923 von Th. Schweizer und E. Bächler in Ausbeute genommen. Die Schichtenlagerung ist, nach dem letztgenannten Gewährsmann, von oben nach unten die folgende:

a) Dunkelbraune, erdige Oberflächenstrate.
b) Helle Lehmschicht, ohne Höhlenbär.
c) Braune erdige Kulturschicht mit paläol. Einschlüssen (40—50 cm).
d) Grauweißliche sterile Lehmschicht.
e) Felsboden (Seewerkalk).

Fauna der Fundschicht c: Höhlenbär (98%), Höhlenlöwe, Edelhirsch und Murmeltier. Die Steinwerkzeuge bestehen, wie im Wildkirchli, aus ortsfremdem Quarzit (Ölquarzite, weißer und grünlicher Quarzit) und sind desgleichen atypisch, aber von entschieden altpaläol. Charakter. Holzkohlenfunde deuten auf Feuerstätten; angeblich lagen auch primitive Knochenartefakte vor.

Nicht weniger wichtig als die vorstehenden FO ist das wildromantische Drachenloch im Tamina-Tale (2445 m Seehöhe), unweit Vättis-Pfäfers (Bez. Sargans; Kt. St. Gallen). Seine Erschließung verdanken wir desgleichen E. Bächler (1917), welcher das nachstehende Schichtprofil namhaft macht:

a) Oberflächliche Mulmschicht.
b) Graue Sintererde (ohne Höhlenbär).
c) Rötliche erdige Schicht (35—55 cm; mit diluv. Fauna).
d) Hellrötliche bis rotbraune Kulturschicht (60—98 cm).
e) Hellbraune bzw. leicht rötlichbraune Schicht (25—40 cm; mit faunistischen und vielleicht auch paläol. Einschlüssen).
f) Weißliche Höhlenlehmschicht, gebildet aus Absätzen des Sickerwassers der Höhle (bis nahezu 2 m mächtig).

Die bisher bestimmten Tierarten der vorgesch. Fundstraten verteilen sich auf Höhlenbär (99,5% aller Knochenfunde), gemeinen Bären (oberste Teile der Schicht c und Schicht b), Wolf, Fuchs, Gemse, Steinbock, Edelmarder, großes Wiesel, Murmeltier, Schneehase, Schneemaus. Wie E. Bächler annimmt, war das Drachenloch kein Bärenunterschlupf, sondern einzig Wohnhöhle des altsteinzeitl. Menschen, welcher ebd. die fossilen Knochenreste seiner Jagdbeute hinterließ. Herdspuren kamen wiederholt zum Vorschein, einmal auch (in Schicht d) eine echte Feuergrube, welche von einer Doppellage von Kalkbrocken eingerahmt und mit einer flachen Platte eingedeckt war. In Ermangelung brauchbareren Rohmaterials wurde vom Urmenschen der anstehende Seewerkalk der Höhle selbst verwendet, welcher nur atypische Splittergebilde lieferte. Eben deshalb vermutet E. Bächler, daß die Verwertung der Knochen jene des Steines überwogen habe, und spricht von zahlreichen „Knochenwerkzeugen". Wir möchten demgegenüber eine starke Reserve beobachten und bevorzugen es, bis auf weiteres, höchstens von „benutzten" Knochen, statt von regelrechten „Werkzeugen" zu sprechen, obschon solche aus dem älteren Paläol. bekannt sind, so z. B. aus der span. Castillo-Höhle (s. d.).

Sehr überraschend ist die Entdeckung von absichtlicher Massenanhäufung und „Magazinierung" der Höhlenbärenreste. E. Bächler fand, daß in den Straten d und e des zweiten Höhlenabschnittes „längs den Höhlenwänden, in einem Abstande von 40 bis 60 cm von denselben, eigentümliche Steinmäuerchen bis zu 80 cm H. aufgebaut waren. Dieselben bestanden aus Kalkplatten und waren zum Zwecke des Rohmauerbaues fast völlig horizontal aufeinandergelegt .... In dem Zwischenraume zwischen künstlicher Mauer und Höhlenfelswand befanden sich förmliche Lager von Skeletteilen des Höhlenbären, die ebenfalls das Bild des absichtlich Zusammengetragenen und Aufgestapelten erkennen ließen." Noch merkwürdiger waren in der dritten Höhlenabteilung eine Art von Steinkisten, d. i. rechteckige Gemäuer aus rohen, flachen Steinplatten, die auf allen Seiten mehr oder weniger geschlossen und mit einer großen Platte eingedeckt waren. Es fanden sich etwa 6 solcher Kistenbauten. In ihnen lagen, meist gut geschichtet, abermals bis zu 5 und mehr Schädel von Höhlenbären aufeinander und daneben eine Anzahl großer Gliedmaßenknochen, genau wie hinter den erwähnten Steinmauern. Die Knochen scheinen zum Teil durch Menschenhand zertrümmert, auch die Verletzung verschiedener Schädel spricht für zielbewußte Enthauptung der Tiere. E. Bächler erblickt hierin die Belege eines primitiven Jagd- und Opferkultes, wie er vielen Naturvölkern eigen ist. Es könnte sich aber auch möglicherweise schlechthin um verstaute, eingekellerte Winter-Proviantdepots handeln (s. Siedlung B § 3).

Nach den vorläuf. Berichten zu schließen, kommen paläol. Funde neuestens auch an der Steigelfadbalm am Rigi, unweit Vitznau (Bez. und Kt. Luzern), zutage. Die von W. Amrein und O. Köberle untersuchte Höhle liegt in der Nagelfluhzone, auf 960 m Meereshöhe, und lieferte in ihrem Höhlenbären-Niveau bislang eine Feuerstätte und angebliche primitive Knochengeräte, gleich jenen des Drachenlochs (Jahresber. Schweiz. Urgesch. 14 [1922] S. 22 und ebd. 15 [1923] S. 32).

§ 2. Es unterliegt keinem Zweifel, daß die sämtlichen im vorstehenden besprochenen FO dem Altpaläol. einzugliedern sind. Ihr Kulturinventar ist wenig ausgeprägt, zumeist völlig atypisch, einzig das Material von Cotencher klingt klar an älteres Moustérien an. Da Fäustel fehlen, kann von Chelléen und Acheuléen im Sinne der frz. Schule überhaupt nicht gesprochen werden, und es bleibt also nur die Zuteilung der Plätze zum Prämoustérien bzw. Moustérien (s. Moustérien § 2). Paläontologisch-klimatologische Erwägungen fällen die Entscheidung zugunsten des ersteren, für welches E. Bächler seinerseits den regionalen Faziesnamen „alpines Paläolithikum“ in Vorschlag bringt. Das Auftreten des Bären, Löwen, Panther, Hirsch, Wolf und Fuchs in 1500, 1600 bzw. sogar 2400 m Seehöhe kann in der Tat nicht mit einer Protoglazialzeit und noch unmöglicher mit echten Vereisungsperioden in Einklang gebracht werden, sondern einzig mit einem warmen Interglazial, was bereits die Schweizer Forscher betonten. Hierfür kommt logischerweise die sich zwischen die letzte und vorletzte Vereisung einschaltende Zwischeneiszeit in Betracht, welche durch die Flurlinger Kalktuffe, mit *Rhinoceros Merckii*, auch für die Schweiz eindeutig erwiesen ist (Eclogae geologicae Helvetiae 17 [1922] S. 364ff. H. G. Stehlin).

Für geol.-chronol. Festlegungen eignen sich die drei Höhlen des Kantons St. Gallen insofern nicht, als sie zur letzten Glazialperiode als freie Nunataks über die Eisströme herausragten. Positivere Aufschlüsse verspricht in dieser Hinsicht die Cotencher-Grotte, doch ist die Diskussion über sie noch nicht beendet. Die Höhle liegt 400 m unter dem höchsten Niveau des einstigen Rhone-Gletschers und mehr als 1 km innerhalb der äußersten Grenze der anscheinend letzteiszeitlichen Moränen. Während früher die Ansicht vorwog, daß die dortigen paläol. Einschlüsse frühglazial seien, d. h. vor dem Maximum der Würmvereisung abgelagert worden wären, scheint heute mehr Neigung zu bestehen, den Platz der letzten Zwischeneiszeit näherzustellen. G. Montandon vertritt übrigens die Ansicht, daß die Funde ursprünglich vor der Höhle zur Ablagerung kamen und erst nachträglich, durch Wasser und Eisdruck, in deren Inneres gelangten (Archives Suisses d'Anthropologie Générale 3 [1919] S. 146ff.) Auf jeden Fall möchten wir betonen, daß das Auftreten des Rentiers in Cotencher dem Platze einen unverkennbaren glazialen Stempel aufdrückt.

§ 3. Das schweiz. Jungpaläol. umfaßt drei Zentren, eines im W (Gebiet des Genfer Sees), ein weiteres im NW (Gebiet der Kantone Solothurn und Baselland) und das dritte im NO (Bodenseegebiet).

Die Westzone ergab sich bisher als ziemlich ärmlich. Nach dem schweiz. Dorfe Veyrier benannt, aber bereits auf frz. Boden (Gemeindeflur von Bossey, Dép. Haute-Savoie) gelegen ist die Veyrier-Grotte am Fuße des Salève, mit Jungmagdalénien-Inventar. Ein ebd. gefundener „Kommandostab“ (s. d.; Band VII Tf. 11 e) trägt auf der einen Seite eine Gravierung, welche einem Zweiggebilde mit Blättern ähnelt, auf der anderen die Wiedergabe eines Steinbocks. Einfaches Magdalénien barg auch die Grotte du Scé (Gr. du Scex) bei Villeneuve, nahe am Genfer-See.

Reicher ist die NW-Zone, d. h. das Gebiet des solothurnischen und baslerischen Jura. Rings um Olten an der Aare, Kanton Solothurn, scharen sich die folgenden FO, welche sämtlich dem jüngeren Magdalénien angehören: Halbhöhle Mühliloch bei Starrkirch-Wil; Höhle Käsloch bei Winznau;

Freilandstation „Säli-Höhle-Oben", im Sälistocke; Köpfli-Höhle; Freilandstation auf dem „Hard", mit gepflasterter Wohngrube (Jahresber. Schweiz. Urgesch. 12 [1919—1920] S. 38ff.). Die Funde sind durchweg schlicht, wenn auch keineswegs uninteressant.

Die Stationen des Basellandes liegen größtenteils im Tal der Birs, zwischen Delsberg und Basel. Von Wichtigkeit ist die durch F. Sarasin mustergültig erforschte Höhle in der Eremitage am Schloßfelsen von Birseck (Bez. Arlesheim). Sie lieferte eine Jungmagdalénien-Strate und eine solche des Azilien, in welcher zahlreiche bemalte Kiesel, mit einfachen linearen Farbaufträgen, vorkamen. Azilien-Anzeichen liegen auch aus der Halbhöhle am Hohlen Felsen bei Birseck und aus jener beim Schlosse Angenstein vor. Späteres Magdalénien bargen weiterhin die Heidenküche im Kaltbrunnental bei Grellingen (entdeckt 1883; mit einer doppelreihigen Harpune), die Höhle am Schloßfelsen von Thierstein bei Büsserach (untersucht von Frey 1891) und die Höhle von Liesberg, Bezirk Laufen (zugleich mit Indizien des Azilien). Im Tale des Birsig, unfern Ettingen (Bez. Arlesheim), öffnet sich am NO-Fuße der Landskronkette die Halbhöhle des Büttenloch, mit spätem Magdalénien.

Die Fauna der Baselland-Stationen umfaßt, nach Studer bzw. Stehlin, im Azilien: *Felis catus ferus, Canis vulpes, Ursus arctos, Lepus* sp., *Myoxus glis, Sus scropha, Cervus elaphus, Cervus capreolus, Bos* sp. und andere. Im Magdalénien: *Felis lynx, Felis catus ferus, Canis lagopus, Canis vulpes, Canis lupus, Meles taxus, Ursus arctos, Ursus spelaeus* (!), *Lepus variabilis, Lagomys pusillus, Myoxus glis, Spermophilus* cfr. *rufescens, Sicista montana, Arctomys marmotta, Cricetus cricetus, Myodes torquatus, Microtus arvalis, Microtus nivalis, Microtus ratticeps, Equus caballus, Sus scropha ferus, Rangifer tarandus, Cervus elaphus, Cervus capreolus, Capra ibex, Bos.* Die Vogelreste gehören vorwiegend zu *Pyrrhocorax alpinus* und *Lagopus alpinus.* Unter den Mollusken ist das zahlreiche Auftreten der heute seltenen *Clausilia ventricosa* und das Vorkommen von *Helicodonta holoserica* auffallend. Letztere bewohnt derzeit das Gebiet der Glarner und Bündner Alpen, die Ostalpen und Karpathen. *Elephas primigenius* und *Rhinoceros tichorhinus* sind, im Gegensatz zu den (älteren) Stationen bei Schaffhausen, nicht vertreten.

Als ebenso reich wie wichtig erwiesen sich die FO des dritten Zentrums, des Bodensee-Gebietes. Drei km n. von Schaffhausen befindet sich, am Fuße eines schützenden Kalkfelsens und in 470 m Seehöhe, das Schweizersbild, das durch J. Nüesch (1891—93) erforscht wurde. Unser Gewährsmann erwähnt, von unten nach oben, die nachstehenden Schichten:

a) Alpine Schotter der Talausfüllung.
b) Untere Nagetierschicht (untere Breccie; 0,50 m).
c) Gelbe, quartäre Kulturschicht (0,30 m).
d) Obere Breccie, mit einer oberen Nagerschicht (0,80—1,20 m).
e) Graue, quartäre Kulturschicht (0,40 m).
f) Rezente Humusschicht (0,40—0,50 m).

Nach den Erklärungen des Augenzeugen R. Häusler wurde die Stratigraphie dieses Platzes ursprünglich nicht mit der wünschenswerten Genauigkeit unterschieden, sondern erst in nachträglicher Kombinierung „festgelegt". Unstimmigkeiten von größerer Tragweite wurden dadurch für die Wissenschaft nicht geschaffen, ausgenommen hinsichtlich der Tierlisten.

Die beiden Kulturschichten c und e hätten sich, wie mir J. Nüesch persönlich versicherte, in arch. Hinsicht „weder nach der Form, noch nach der Bearbeitung der Artefakte" unterschieden; ihre Fauna verteilte sich auf die folgenden Arten: *Canis lupus, Canis vulpes, Canis lagopus, Gulo borealis, Ursus arctos, Felis catus ferus, Felis manul, Foetorius erminea, Arvicola amphibius, Arvicola glareolus, Arvicola arvalis, Lagomys pusillus, Lepus timidus, Lepus variabilis, Castor fiber, Spermophilus rufescens, Rangifer tarandus, Capra ibex, Capra hircus* (!), *Cervus maral, Cervus elaphus, Cervus capreolus, Ovis* sp., *Ovis aries* (!), *Bison priscus, Bos primigenius, Bos brachyceros* (!), *Sus scropha ferus, Equus caballus, Equus hemionus; Tetrao tetrix, Lagopus albus, Lagopus alpinus.* Aus der unteren Nagerschicht (b; ohne archäol. Einschlüsse) werden *Myodes torquatus* und *Rhinoceros tichorhinus* erwähnt.

Die arch. Funde weisen auf ein jüngeres Magdalénien (Harpunen, dünne Nadeln, sog. Kommandostäbe u. a.). Unter den Schmuckgegenständen figurieren Anhängsel aus Kohle und Gagat, durchbohrte Zähne, durchlöcherte Muscheln und Versteinerungen; letztere sind teilweise ortsfremd und haben das Mainzer Tertiärbecken als nächstgelegene Fundstätte. Von den Werken der Kleinkunst sind am bemerkenswertesten ein Kommandostab mit der Darstellung von zwei Wildpferden und eine Kalksteinplatte mit den Gravierungen von zwei Wildeseln und einem Rentier auf der Vorderseite, und jenen eines Wildesels, Mammuts (?) und von zwei Pferdeköpfen (?) auf der Rückseite. Azilien-Einschläge („Tourassien") sind nicht vorhanden, die Bestattungen dieses Platzes sind älterneolithisch.

Etwa 1,5 km n. vom Schweizersbild liegt in 570 m Seehöhe die im J. 1874 von H. Karsten ausgebeutete Freudentaler Höhle, mit einfachem Magdalénien-Material. Der ergebnisreichste Platz dieser Zone ist jedoch das 8 km nö. von Schaffhausen befindliche Keßlerloch, unweit Thaingen (Thayngen; 445 m Meereshöhe). Die nach zwei Seiten hin geöffnete Knie-Höhle wurde von K. Merk (1874), J. Nüesch (1893, 1898, 1899) und J. Heierli (1902, 1903) untersucht. Genauere Stratigraphie-Beobachtungen nahm erst Heierli vor, welcher unter dem Höhleneingange die folgenden Schichten feststellte:

a) Basalstrate: Letzteiszeitliche Schotter und einschlußloser Lehm.
b) Gelbe paläol. Kulturschicht (rund 2 m).
c) Graue Kulturschicht (0,40 m).
d) Oberflächenschutt (0,20 m).

In der Fauna herrscht das Ren und die übrige arktisch-alpine Fauna vor (s. Diluvialfauna § 4), ähnlich wie im Schweizersbild, jedoch fehlen in den archäol. Niveaux des letzteren die bei Thaingen vertretenen *Felis spelaea, Felis lynx, Arctomys marmotta, Elephas primigenius* (selten), *Rhinoceros tichorhinus* (selten), *Capella rupicapra, Ovibos moschatus, Bos primigenius, Cygnus musicus, Anser cinereus.* Die Anwesenheit des Mammuts, sibir. Nashorns und Höhlenlöwen verleiht unserem Platze bereits faunistisch ein etwas höheres Alter als das der Nachbarstation.

Heierli gliedert den Inhalt der gelben Kulturschicht in drei arch. Unterstraten, welche sich als älteres, mittleres und jüngeres Magdalénien werten lassen. Ältere Einschläge stehen aus. An Arbeiten aus organischem Material treten feine Knochennadeln, ein- und zweireihige Harpunen, ein verzierter Wurfstab, eine ganze Reihe von Kommandostäben u. dgl. auf. Von noch größerem Interesse ist das künstlerische Inventar, dessen nähere Stratigraphie jedoch zumeist unbekannt ist. Unter den wenigen fragmentarischen Skulpturen ist ein Moschusochsenkopf hervorzuheben, unter den ziemlich zahlreichen Gravierungen steht das „weidende Rentier" als Glanzleistung an der Spitze (s. Kunst A I; Band VII Tf. 101 b). sonsthin verraten noch die Wiedergaben zweier Pferde und der Bruchteil einer Wildschweinzeichnung gute Beobachtungsgabe.

S. vom Keßlerloch liegt die Höhle „Vordere Eichen", welche nach K. Sulzberger neben Spät- und Hochmagdalénien-Belegen eine tiefste Kulturschicht mit „Aurignacien-Charakter" aufweisen würde (Jahresber. Schweiz. Urgesch. 7 [1914] S. 30; ebd. 10 [1917] S. 25). Auch an der noch südlicheren Felspartie „In der Besetze" („Bsetzi") tritt neben Magdalénien angeblich abermals Aurignacien zutage (ebd. 8 [1915] S. 19; ebd. 9 [1916] S. 51). Leider fehlt noch jede monographische Veröffentlichung des einschlägigen Materials, welche ein abschließendes Urteil über diese nicht sehr wahrscheinlich klingenden Angaben gestatten würde.

Anhangsweise erwähnen wir noch den FO Bellerive (Kanton Bern), möglicherweise mit Paläol., die Freilandstation von Seewagen bei Kottwil (Bez. Willisau; Kt. Luzern), anscheinend mit Azilien, und die Torfmoorfunde von Coldrerio (Bez. Mendrisio, Kt. Tessin), angeblich mit Magdalénien.

§ 4. Wie bereits A. Penck, E. Werth und andere hervorhoben, liegen die Stationen des Schweizersbildes und Keßlerlochs, gleich jener von Schussenried (s. Mittel- und Süddeutschland A § 3), im Hangenden der Moränen und Schmelzwasserabsätze der letzten Eiszeit (Würmvereisung) und sind demnach stratigraphisch mit aller wünschenswerten Genauigkeit datiert. Das Schweizer Magdalénien gibt sich damit als

„spätglazial" zu erkennen, d. h. jünger als das Maximum der vierten Glazialperiode (s. Diluvialchronologie § 3, Diluvialgeologie § 2, 6). Sollte es sich als richtig erweisen, daß bei Thaingen desgleichen Aurignacien vorliegt, so würde sich auch für diese Kulturstufe ein verhältnismäßig junges Alter ergeben. Wir können unsere Zweifel hieran nicht unterdrücken; das Aurignacien und Solutréen meiden das Pyrenäen-Innere und fallen in Nordspanien mit dem letzten großen Kälteauftakt zusammen, so daß ihr Platz im Hochglazial feststehen dürfte. Dem letzten Interglazial sind, gemäß den obigen Ausführungen, die altpaläol. Plätze im Kanton St. Gallen einzugliedern.

Menschenreste quartären Alters kamen vorläufig auf schweizer. Boden nur in geringer Menge zutage. Die Grotte du Scé lieferte, nach H. de Saussure, einige Schädeltrümmer und einen Metacarpalknochen; die Thierstein-Höhle eine Fibula (G. Frey); die Freudentaler Grotte ein Scheitelbein, den Unterkiefer eines 16—19 J. alten Individuums und weitere Schädel- bzw. Beckenbruchstücke (J. Karsten); das Keßlerloch ein jugendliches Schlüsselbein (K. Merk).

J. Heierli *Urgeschichte der Schweiz* 1901; A. Schenk *La Suisse préhistorique. Le Paléolithique et le Néolithique* 1912.

H. G. Stehlin und A. Dubois *Note préliminaire sur les fouilles entreprises dans la grotte de Cotencher (canton de Neuchâtel)* Eclogae geologicae Helvetiae 14 (1916); A. Dubois *Note sur les fouilles exécutées en 1916 dans la grotte de Cotencher* Musée Neuchâtelois NF 3 (1916); ders. *Les fouilles de la grotte de Cotencher* Actes de la Soc. Helvétique des Sciences Naturelles, réunie à Neuchâtel (1920). 101° Session. Aarau 1920; E. Bächler *Die präh. Kulturstätte in der Wildkirchli-Ebenalphöhle* Verhandlgn. der Schweiz. Naturforschd. Gesellsch. in St. Gallen 1906; ders. *Das Wildkirchli, die älteste präh. Kulturstation der Schweiz, und ihre Beziehungen zu den altsteinzeitlichen Niederlassungen des Menschen in Europa* Schriften des Vereins f. Geschichte des Bodensees und seiner Umgebung Heft 41. Frauenfeld 1912; ders. *Das Drachenloch ob Vättis im Taminatale, 2445 m ü. M.* Jahrbuch der St. Gallischen naturwissensch. Gesellsch. 57 (1920—1921); ders. *Die Forschungsergebnisse im Drachenloch ob Vättis im Taminatale. Nachtrag und Zusammenfassung* ebd. 59 (1923); J. Bayer *Die geologische und archäologische Stellung des Hochgebirgspaläolithikums der Schweiz* Die Eiszeit 1 (1924) S. 59ff.

E. Bally, J. Heierli, F. Schwerz und J. Hescheler *Höhlenfunde im sog. Käsloch bei Winznau (Kt. Solothurn)* Anz. f. Schweiz. AK. NF 10 (1908); L. Reverdin *La station préhistorique du „Sälihöhle Oben", près d'Olten (Soleure, Suisse)* ebd. NF 26 (1924); F. Sarasin (unter Mitwirkung von H. G. Stehlin und Th. Studer) *Die steinzeitlichen Stationen des Birstales zwischen Basel und Delsberg* Neue Denkschriften der Schweiz. Naturforschenden Gesellschaft 54 (1918); F. Sarasin und H. G. Stehlin *Die Magdalénienstation bei Ettingen (Baselland)* ebd. 61 (1924).

J. Nüesch *Das Schweizersbild, eine Niederlassung aus paläol. und neol. Zeit* (mit Beiträgen von A. Bächtold, J. Früh, V. Fatio, A. Gutzwiller, A. Hedinger, J. Kollmann, J. Meister, A. Nehring, A. Penck, O. Schoetensack und Th. Studer) Neue Denkschriften der allgemein. schweizer. Gesellschaft für die gesamten Naturwissenschaften 1. Aufl. 30 (1896), 2. Aufl. 35 (1902); R. Häusler *Die Ausgrabungen beim Schweizersbild* Mannus 6 (1914) S. 245ff.; J. Nüesch *Das Keßlerloch, eine Höhle aus paläol. Zeit* (mit Beiträgen von Th. Studer und O. Schoetensack) Neue Denkschriften der Schweiz. Naturforsch. Gesellsch. 39 (1904); ders. *Das Keßlerloch bei Thayngen* Anz. f. schweiz. AK. 1904/1905; J. Heierli *Das Keßlerloch bei Thayngen* Neue Denkschriften der Schweiz. Naturforsch. Gesellsch. 43 (1907).

E. Werth *Die Uferterrassen des Bodensees und ihre Beziehungen zu den Magdalénienkulturstätten im Gebiete des ehemaligen Rheingletschers* Branca-Festschrift. Leipzig 1914 S. 164ff. (vgl. Präh. Z. 6 [1914] S. 203ff.).

H. Obermaier

B. Neolithikum (Tf. 122—126).

§ 1. Allgemeines. — § 2. Periodeneinteilung. — § 3. Siedelung. — § 4. Gewerbe und Handel. — § 5. Nahrung und Lebensweise. — § 6. Gräber. — § 7. Megalithbauten.

§ 1. Die S. bildet in der jüngeren StZ einen geschlossenen Kulturkreis, der zwar vielfach Anregungen von außen empfangen hat, aber in selbständiger Entwickelung durch das ganze Neol. hindurchgeht. Trotzdem es sicher ist, schon nach dem vorliegenden anthrop. Material, daß die alte Bevölkerung im Laufe der Entwickelung durch starke Zuwanderung volksfremder Elemente ergänzt wurde, ist nirgends ein Abbruch der Kulturentwickelung zu erkennen. Das Hauptcharakteristikum dieses schweiz. Kulturkreises ist die Siedelungsweise auf Pfahlbauten (s. d. B), an der während des ganzen Neol. bis weit in die BZ hinein festgehalten wurde. Ebenso wird die charakteristische Schäftung der Steinbeile mittels Hirschhornfassungen während der ganzen jüngeren StZ beibehalten (s. Schäftung der Steingeräte). Diese Tatsachen machen es erklärlich, daß die Aufstellung chronol. Stufen für die jüngere StZ der S. auf große Schwierigkeiten stößt, und daß die bisherigen Versuche in dieser Richtung sich teilweise widersprechen. Noch für G. de Mortillet war das ganze Neol., insbesondere auch das der S., eine einheitliche Kulturper., die er nach dem wichtigsten Schweizer Pfahlbau als *Epoque Robenhausienne* bezeichnete (s. Robenhausen; Tf. 26—28), und der er nur die mesol. Per. des Tardenoisien (s. d.) voraufstellte. Letztere Per. ist aber inzwischen als unhaltbar erkannt worden, da die Mikrolithen, die das Inventar dieser Per. ausmachen sollten, sich lediglich als eine Begleiterscheinung verschiedener Epochen vom ausgehenden Paläol. bis in das Äneol. herausgestellt haben.

§ 2. Der erste Versuch eines chronol. Systems geht auf V. Gross zurück (1883) und ist von Heierli übernommen. Gross stellt 3 Stufen des Schweizer Neol. auf.

a) Stufe von Chavannes (s. Schaffis) bei Neuveville, Bieler See: Kleine, mangelhaft geglättete, undurchbohrte Steinbeile aus einheimischem Material (Serpentin, Diorit, Saussurit u. ä.); plumpe, durchbohrte Hammerbeile; grobe Knochen- und Hornwerkzeuge; grobes, unverziertes, meist zylindrisches Tongeschirr; spärliche Bevölkerung, die nach Ausweis der Knochenfunde größtenteils von der Jagd lebt. Diese Per. müßte noch in das 4 Jht. v. C. fallen.

b) Stufe von Moosseedorf (s. d.). Ihr würde die weitaus größte Zahl der neol. Pfahlbauten angehören. Waffen und Werkzeuge sind weit besser geformt, die durchbohrten Hammerbeile mit Stielloch sauber poliert und oft besonders groß. Neben die Beile aus einheimischem Felsgestein treten solche aus seltenen Halbedelsteinen, Nephrit, Jadeit, Chloromelanit, die etwa 5—8% des Gesamtbestandes ausmachen, in der 1. wie der 3. Per. aber selten sind oder fehlen. Die Keramik zeigt einfache, eingeritzte Verzierung und neben Schnurösen auch Henkel. Die Bevölkerung ist brachykephal und zahlreich. Die Nahrung setzt sich zu fast gleichen Teilen aus Jagd- und Haustieren zusammen. 1. Hälfte des 3. Jht.

c) Stufe von Finelz (s. d.), äneol. Per., Übergang zur BZ. Reiche Werkzeuge aus Holz und Hirschhorn. Bei den Steingeräten werden die Nephritoide seltener. Die zahlreichen durchbohrten Steinhämmer sind von vollendet geschweifter Form. Aus Kupfer sind Flachbeile und Schmucksachen. Die Keramik geht zu eleganten Formen über, das Schnurornament tritt auf. Die ältere kurzköpfige Bevölkerung mischt sich mit einer neuen langköpfigen. Die Viehzucht entwickelt sich weiter. Zeit etwa 2500—1900 v. C.

Diese Dreiteilung ist fast allg. angenommen, und sie entspricht sicher dem allg. Gang der Entwickelung, der durch die Fauna und den anthrop. Befund bestätigt wird. Eine Gefahr liegt in der Benennung der Per. nach Stationen, die eine teilweise längere Lebensdauer hatten. So rechnet Schenk, der diese 3 Perioden übernimmt, zur I. Stufe (Frühstufe) die Packwerkbauten von Wauwil (s. d.) und Niederwil (s. d.) im Thurgau, und weiter Moosseedorf, das bei Gross und Heierli der II. Per. den Namen gegeben hat, während Schaffis für Schenk schon dem Übergang zur II. Per. angehört. Zu dieser Hochstufe zählt Schenk Robenhausen und Concise, welch letztere Station aber wegen ihrer Beziehungen zu Grand-Pressigny (s. d.) wenigstens mit einem Teil ihres Materials in den Anfang des Neol. zu rücken ist. Zur III. Stufe, der Übergangsstufe zur BZ, endlich rechnet Schenk, wie Gross und Heierli, Finelz und Les Roseaux (s. Morges). Diese Unzulänglichkeiten vermeidet die neueste Aufarbeitung und Aufteilung des schweizer. Neol. durch Ischer, der bei seiner Einteilung von möglichst kleinen und zeitlich kurz begrenzten Stationen ausgeht, und so mittels typol. Untersuchungen über die eingebürgerte Dreiteilung hinauskommt, ohne daß sich freilich dadurch der Gang der Entwickelung wesentlich anders darstellte. Ischer stellt die folgenden Stufen auf:

I. Stufe von Burgäschi (s. d.; Kanton Bern; Tf. 122). Die Keramik zeigt einfache, unverzierte Formen, die an den Michelsberger (s. d.) Typus erinnern. Die Steinbeile geben keine sicheren chronologischen Anhaltspunkte. Jedenfalls fehlt der I. Per. nicht nur der geschweifte Steinhammer, sondern auch der durchbohrte dreieckige Hammer. Die Silexklingen zeigen flache Randretuschen. Am klarsten ist die typol. Entwickelung der Pfeilspitzen, die in der I. Per. dreieckig mit leicht ausladenden Schneideflächen sind, und deren Basis entweder leicht nach unten ausgebogen oder schwach eingezogen ist.

Schweiz B. Neolithikum

I. Periode. Typus Burgäschi. Sämtliche Stücke von Burgäschi. Nach Ischer.

a

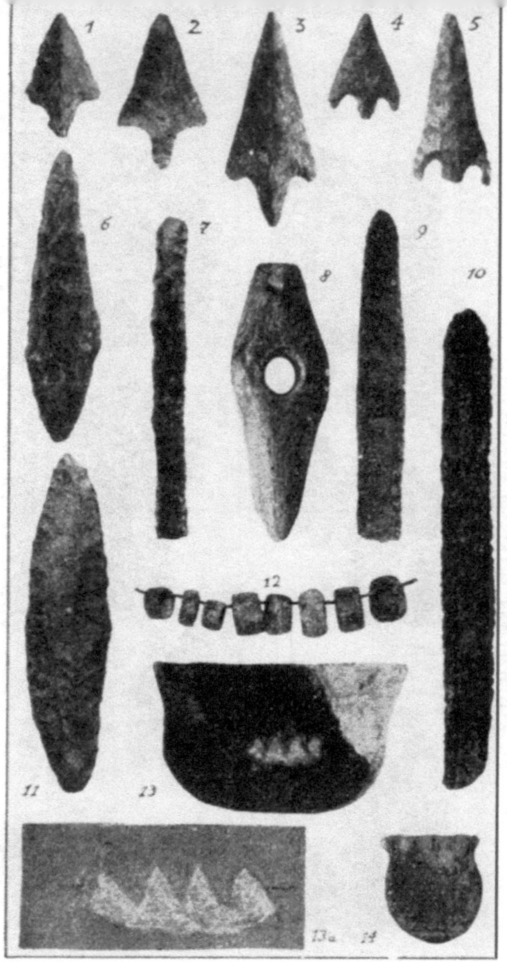

b

Schweiz B. Neolithikum

a. II. Periode. Typus Egolzwil. Sämtliche Stücke von Egolzwil. — b. III. Periode. Typus Gerolfingen. 1, 4, 5, 7, 10—12, 14. Gerolfingen. — 8. La Belotte. — 2. Port. — 3, 6, 9, 13. Moosseedorf. — Nach Ischer.

II. Stufe von Egolzwil (Tf. 123a). Die Ausbauchung der Basis der Pfeilspitzen wird größer, so daß diese am Ende der II. Per. zu einer breiten Griffzunge übergehen und Rautenform erhalten. Die Silexklingen weisen stärkere und mehr senkrechte Randretuschen auf. Der durchbohrte dreieckige Steinhammer tritt auf. Unter den Knochengeräten ist das Auftreten der Hirschhornharpune in Egolzwil von Wichtigkeit. Solche Harpunen sind bisher in Stationen der Stufe II, III und IV vertreten, wie Moosseedorf, Sutz, Wauwyl, Concise u. a. Es wird ein Zufall sein, wenn sie bisher in den wenigen Stationen der Stufe I noch nicht nachgewiesen sind, denn man muß wegen der Technik, in der diese Harpunen hergestellt sind, Ischer zustimmen, der sie im Gegensatz zu Déchelette (*Manuel* I 317f.) direkt von den Harpunen des Azilien ableitet. Die Ornamentik der Keramik erinnert teilweise an Rössener Motive (s. Rössener Typus A), sie ist offenbar mit dem oberschwäbischen Aichbühler und bayr. Münchshöfer (s. d.) Typus verwandt.

III. Stufe von Gerolfingen (s. d.; Bieler See, Kanton Bern; Station Öfeli III; Tf. 123b). Bei den Pfeilspitzen entwickeln sich Dorn und Widerhaken; der rautenförmige Dolch mit senkrechten Retuschen tritt auf; die Silexklingen nehmen lange, schmale Formen mit fast senkrechten Retuschen an. Das erste Kupfer tritt in Form von kleinen Perlen auf, ebenso die ersten, noch einfachen, geschweiften Hämmer. Die Keramik zeigt wenig Verzierungen. Neben die einfachen Formen, die Verwandtschaft mit dem Michelsberger Lederstil zeigen, treten solche, die offenbar durch die Kultur der Glockenbecher beeinflußt sind. Zu letzterer Gruppe gehört u. a. das bekannte Gefäß von Moosseedorf mit seinen Horizontalreihen von Dreiecken aus aufgeklebter Birkenrinde (Tf. 123b 13, 13a).

IV. Stufe von Finelz (s. d.; Tf. 124, 125; auch hier Tf. 42d, Band VI Tf. 54b). Sie bedeutet die Blütezeit der Schweizer Pfahlbauten, ihr gehören weitaus die meisten Stationen an. Teilweise führen die Stationen schon Kupfer, aber da die Steinformen sich trotz des Kupfers weiter entwickeln und selbst in den kupferreichsten Stationen auf 1000 Steinartefakte höchstens 5 Kupferfunde kommen, tut man mit Ischer gut, die Per. noch ganz zum Neol. zu rechnen. Diese Zuteilung legen auch die vielen Beziehungen zur dtsch. Schnurkeramik nahe. Zeit: etwa 2500—1900 v. C. Die Pfeilspitzen zeigen eine neue Form, indem die Enden der Widerhaken nicht wie in III rund oder spitz auslaufen, sondern eckig (Tf. 124, 1—3). Aus Feuerstein sind auch große, blattförmige Dolchklingen hergestellt mit breiter Griffzunge, auf der teilweise noch der Griffbelag und die Umwickelung erhalten sind (s. Schäftung der Steingeräte). Streitäxte vom nord. Typus, die in der vorigen Stufe in vereinzelten Vorläufern auftraten, werden häufig. Am Anfang der Per. treten nur kalt gehämmerte Kupfersachen auf, die im Laufe der Entwickelung durch die gegossenen verdrängt werden. Unter den Schmuckstücken aus Kupfer sind kleine, doppelkonische Perlenanhänger und Spiraldrahtscheiben zu erwähnen. Chronol. wichtig ist ein Dolch der bekannten ostmediterranen Form mit am Ende umgelegter Griffangel aus der Oberen Zihl (= Troja II; Tf. 125, 15). Außerdem sind dreieckige Dolche mit Nieten und solche mit breiter Griffzunge, die sich an die rautenförmigen Steindolche anschließen, bekannt. Eine Axtdolchklinge stammt von Lüscherz, ebendaher ein Doppelbeil der „Barrenform" (Tf. 125, 1, 13), das auch in Stein dort nachgebildet ist. Endlich sind noch Flachäxte mit rechteckigem Nacken zu erwähnen. In der Keramik (Tf. 124, 11—29) leben die alten Formen und die Dekorationsmotive der früheren Per. fort, namentlich auch die Zonendekoration. Dazu aber tritt die Schnurornamentik auf, in Gefäßformen und Dekorationsmotiven deutlich abhängig von der dtsch. Schnurkeramik (s. d. A), dann aber sich selbständig weiterentwickelnd (Wellenband; schärfere Profilierung der Schnurbecher). Damit werden einerseits die Brandgräber der Grabhügel von Schöfflisdorf-Oberweningen und andererseits das häufigere Auftreten dolichokephaler Schädel neben denen der alteingesessenen Kurzkopf-Bevölkerung in Zusammenhang zu bringen sein. Vielleicht hängt mit dieser Zuwanderung einer neuen, aus N gekommenen Bevölkerung die große Ausdehnung der Handelsbeziehungen der S. in dieser Stufe zusammen.

V. Stufe von Les Roseaux (Morges; Tf. 126). Sie entspricht schon der BZ II mit Randäxten, bronzenen Pfeilspitzen mit Bindelücken usw. Aber die Steinartefakte verschwinden erst am Ende der Periode. Die sonst neol. Stationen von Sutz und Meilen (s. d.) z. B. ragen noch in diese Per. hinein. In den Steinkistengräbern von Auvernier kommen noch Steingeräte vor, die Gräber von Broc (Montelius-Festschrift 1913 S. 129 D. Viollier) enthalten keine mehr.

Diese Neueinteilung Ischers wird in Zukunft die alte von Gross zu ersetzen haben. Gross aber gebührt das Verdienst, den allg. Gang der Entwickelung des schweiz. Neol. als erster richtig erkannt zu haben.

§ 3. Die Siedelungsweise bleibt während des ganzen Neol. unverändert der Pfahlbau (s. d. A, B; dort auch über Zweck und Bedeutung dieser Anlagen). Fast alle Seen und Moore der S. weisen Spuren von Pfahlbauten auf. Wenn sie z. B. im Vierwaldstädter See fehlen, so hängt das mit den ungünstigen Uferverhältnissen zusammen. Die Form der Häuser ist fast durchweg die rechteckige (s. z. B. Morges, Bodensee u. a.; s. a. Haus A 1 § 5; Band V Tf. 34; Jahresber. Schweiz. Urgesch. 5 [1912] S. 105 E. Tatarinoff, J. v. Sury). Außer den Pfahlbauten dienten aber, namentlich im Gebiet des Jura, auch Höhlen und schützende Felsdächer derselben Bevölkerung vielfach während des ganzen Neol. als Obdach (s. Höhlenwohnungen). Aber auch offene Landstationen derselben Zeit und der gleichen Kultur sind schon verschiedentlich nachgewiesen worden, vor allem bei Guntalingen nahe Waltalingen (Zürich), Ebersberg (s. d.), Unter-Siggenthal bei Ober-Siggingen, in der Nähe des Zusammenflusses von Aar, Reuß und Limmat, und Ober-Enlinsbach bei Aarau. Im Gebiet der Birs: Courroux, Bellerive, Gandoldingen. Wie weit die „Heidenhüttchen" der Kantone Glaris, Schwiz und Unterwalden und die Mardellen von Sergey (Kanton Waadt), beim Heidenstein nahe Gals (K. Bern) u. a. hierher gehören, bedarf noch näherer Aufklärung. Auch eine ganze Anzahl der vorgesch. Refugien der Schweiz scheinen in neol. Zeit angelegt zu sein. So steht z. B. der Châtelard de Bevaix am Neuenburger See nach seinen Funden und seiner Lage offenbar in Zusammenhang mit den unterhalb gelegenen neol. Pfahlbauten.

J. Heierli (s. u.) S. 138ff.; A. Schenk *La Suisse préhistorique* 1912 S. 389ff.; Jahresber. d. histor. Museums in Bern 1913 S. 130. Tschumi; F. Sarasin *Die steinzeitlichen Stationen des Birstales zw. Basel u. Delsberg* Neue Denkschr. d. schw. Naturf. Ges. Bd. 54 Abt. 2 (1918).

§ 4. Der Handel (s. d. A) ist schon in frühneol. Zeit äußerst lebhaft. Nach Schenk befinden sich allein im Mus Lausanne 93 Feuerstein-Artefakte und eine Anzahl von Fragmenten aus Pfahlbauten des Neuenburger Sees, die den Minen von Grand-Pressigny (s. d.) entstammen. Der hier gewonnene Feuerstein ist in der ganzen Westschweiz verwendet worden, u. a. in Concise, im Vallon des Vaux (s. Höhlenwohnungen) usw. Von N brachte der Handel den Bernstein, der schon in neol. Pfahlbauten auftritt (Meilen [s. d.], Wangen [s. d.], St. Aubin), vom Mittelländischen Meere Korallenschmuck (s. Chamblandes A). Die meisten Werkzeuge aber wurden an Ort und Stelle auf den Pfahlbauten selbst hergestellt, nicht nur die Flintwerkzeuge und die Beile aus Felsgestein, sondern auch die aus edlerem Gestein, wie Nephrit, Jadeit u. a. (Präh. Z. 6 [1914] S. 36 Schumacher). Daß auch nach dem Bekanntwerden des Metalls sofort das Kupfer in den Pfahlbauten selbst verarbeitet wurde, beweist u. a. der Fund von Gußtiegeln usw. in der mittleren Schicht von Robenhausen (s. d.). Zu einer besonderen Höhe gelangte die Flachsindustrie, deren Reste der Moorboden vielfach bewahrt hat.

4. *Pfahlbautenber.* S. 14ff. F. Keller; A. Schenk a. a. O. S. 354ff. usw.

§ 5. Unter den faunistischen Resten der älteren Pfahlbauten wiegen die Jagdtiere, unter denen der jüngeren die Haustiere vor. Die Bevölkerung, die also anfangs mehr von der Jagd lebte, ging im Laufe des Neol. immer mehr zur Viehzucht über. An Jagdtieren begegnen in den Pfahlbauten: Edelhirsch, Fuchs, Reh, Elen, Rentier (?), Steinbock, Wildkatze, Biber, Bär, Baummarder, Bison, Urochs, Wolf, Wildschwein, ferner der Igel, viele Sumpf- und Wasservögel. An Haustieren wurden gezüchtet: Rind, Schwein, Ziege, Schaf, Esel und Hund (s. dieselben A). In der BZ nimmt unter diesen Tieren das Schaf die wichtigste Stelle ein. Das Pferd (s. d. B) scheint damals erst

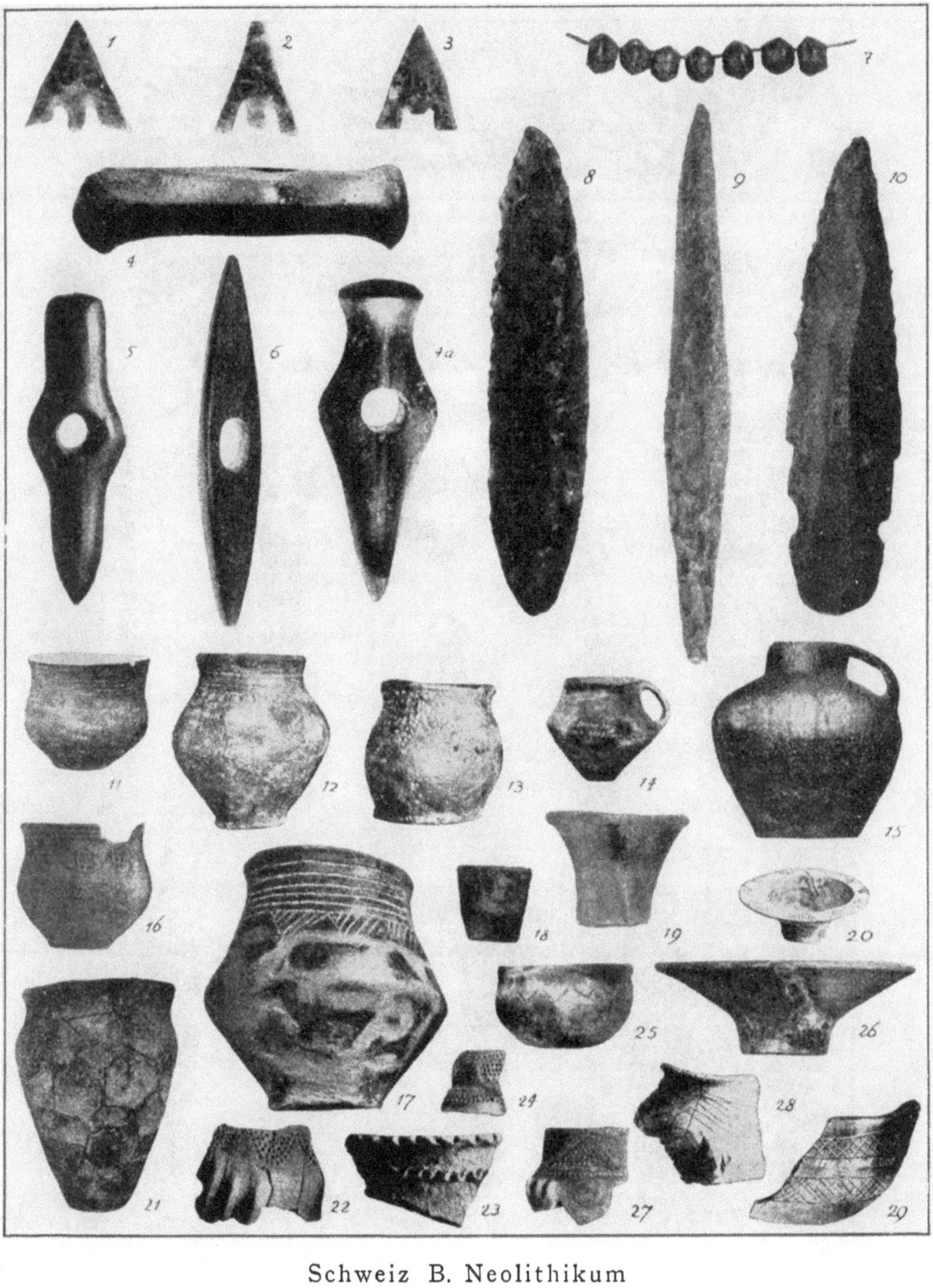

Schweiz B. Neolithikum

IV. Periode. Typus Vinelz (Finelz). 1, 6, 14, 25. Lüscherz. — 2, 3, 7—11, 20, 22, 23, 27—29. Vinelz. — 21. Thaingen. — 12, 13, 17. Schöfflisdorf. — 24. Chevroux. — 4, 15, 18, 19. Niederwil. — 5. Port Alban. — 16. Sutz. — Nach Ischer.

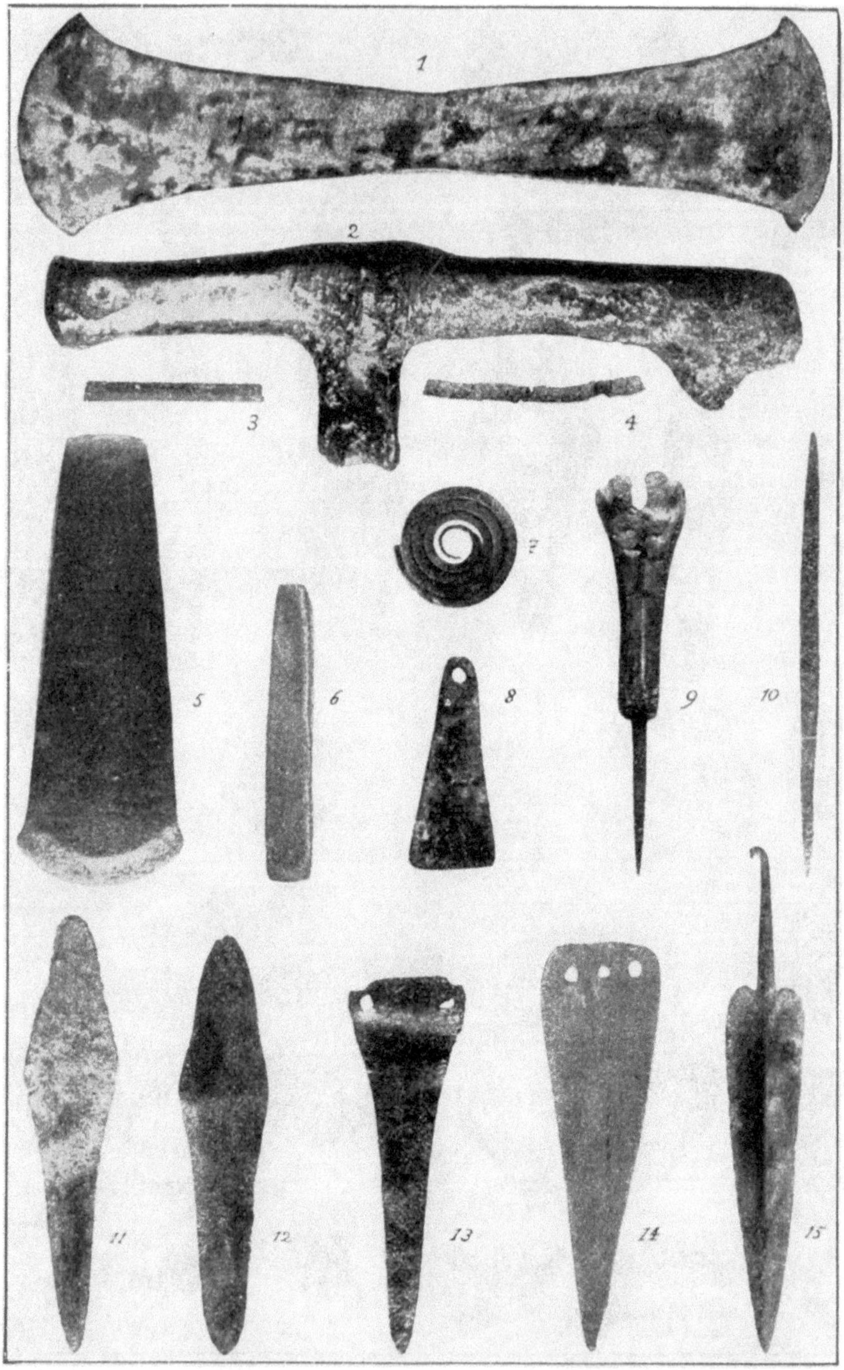

Schweiz B. Neolithikum

IV. Periode. Typus Vinelz (Finelz). 1, 7, 12, 13. Lüscherz. — 2. Bremgarten. — 3—6, 8—10, 14. Vinelz. 11. St. Blaise. — 15. Obere Zihl. — Nach Ischer.

Zuchttier geworden zu sein. An vegetabiler Nahrung wurden gesammelt: Holzäpfel, Holzbirnen, Mehlbeeren, Kirschen, Schlehen, Hagebutten, Himbeeren, Brombeeren, Holunderbeeren, Wassernüsse, Buchnüsse und Eicheln. Den wichtigsten Teil der pflanzlichen Nahrung lieferte aber der Ackerbau, der schon nach Ausweis der vielen Mühlsteine, die zum regelmäßigen Inventar der Pfahlbauten gehören, eine große Rolle gespielt haben muß. Fast in allen Pfahlbauten sind größere Kornmengen im Seeboden gefunden, in Wangen (s. d.) allein etwa 100 Scheffel. Angebaut wurden: zwei Gerstensorten, drei Weizensorten, Rispen- und Kolbenhirse, Hülsenfrüchte, Flachs und Mohn. Die Weinrebe ist in Wangen, Steckborn und Holtnau nachgewiesen (ob angebaut?). Eine weitere wichtige Nahrungsquelle bot der Fischfang auf den Seen. Ihm dienten außer den vielen Angelhaken aus Eberzahn, Knochen und Horn, später aus Bronze, und den Harpunen sicherlich die vielen Netze, aus Flachskordel zusammengeknüpft, die die Pfahlbauten geliefert haben, und vielleicht auch Reusen. Der Fischfang wurde wohl besonders von den Einbaumbooten (s. Einbaum) aus betrieben, die, durch Ruder getrieben (s. Robenhausen), den Verkehr auf den Seen vermittelten (Schenk a. a. O. S. 369ff.).

Die Jagd wurde außer mit den Nahwaffen mit einfachen Bogen aus Eibenholz betrieben, wie sie an verschiedenen Orten gefunden sind (Sutz, Robenhausen, Egelsee, Wollishofen [s. d.], Bodman [s. d.], Lüscherz [s. d.]).

Fauna: A. Schenk a. a. O. S. 265ff.; Rütimeyer *Die Fauna der Pfahlbauten in der Schweiz*. — Cerealien: O. Heer *Die Pflanzen der Pfahlbauten* 1865; Schenk a. a. O. S. 293ff.; E. Neuweiler *Die präh. Pflanzenreste Mitteleuropas mit bes. Berücksichtigung d. schweizer. Funde* 1905; Déchelette *Manuel* I 342ff. — Fischfang: H. Messikommer *Fischereigeräte der Pfahlbauer*. — Pfeil und Bogen: Anz. f. schweiz. AK. 17 (1915) S. 177ff. Adler.

§ 6. Grabhügel sind aus neol. Zeit nur aus der dtsch. S. bekannt, und zwar gehören sie der IV. Per. Ischer, also dem Ausgang des Neol., an. Es handelt sich um Grabhügel von Schöfflisdorf und Oberweningen (Kt. Zürich), die F. Keller 1846 untersucht hat, zwei Hügel auf dem Gisnarfluh bei Burgdorf (Kt. Bern) und wenige andere. In diesen Gräbern sind die Toten anscheinend an Ort und Stelle verbrannt, wie die starken Brandschichten nahelegen. Es kann keinem Zweifel unterliegen, daß diese Brandbestattungen in Grabhügeln mit der schnurkeramischen Invasion der Per. IV in Zusammenhang stehen.

Anz. f. schweiz. AK. 1887 S. 488 F. Keller; J. Heierli *Urgeschichte der Schweiz* 1901 S. 257.

Eine zweite Gräbergruppe stammt aus frühneol. Zeit. Es handelt sich um Bestattungen in Wohnhöhlen oder unter Felsdächern (s. Höhlenwohnungen). Der umfangreichste Friedhof dieser Art ist der vom Schweizersbild (s. d.; Kanton Schaffhausen), der in 19 Gräbern 24 Skelette barg, darunter 10 von Kindern unter 7 Jahren. Die Gräber sind meist sehr sorgfältig durch rechteckige Steinsetzungen eingefaßt, die Erwachsenen führen an Beigaben Feuerstein- und Knochenwerkzeuge, die Kinder Muschelketten, meist aus *teredo mediterranea*, offenbar von der ligur. Küste. In einem Falle hält die Mutter ihr Kind auf dem rechten Arme und hat den l. Arm schützend über das Kind gelegt. In der Nähe vom Schweizersbild liegt die Grotte des Dachsenbühl (s. d.) mit der bekannten Doppelbestattung, die v. Mandach 1874 ausgegraben hat. Sie gehört ganz in den Kreis der Gräber vom Schweizersbild. Von den Wohnhöhlen des Jura und des Genfer Sees sind ähnliche Bestattungen aus dem Käsloch bei Winznau, der Höhle von Birseck und der Grotte du Scex, bei Villeneuve, bekannt.

Außer diesen beiden Gräbergruppen, die das Ende und den Anfang des Neol. bezeichnen, sind nur wenige Gräber der jüngeren StZ bekannt, abgesehen von der Gruppe, die sich an die Steinkistengräber von Chamblandes (s. d. und § 7) schließt. Es handelt sich um Skelettgräber unter großen Steinen bei Wiesli, in der Nähe von Steckborn, Kt. Thurgau, mit Feuersteingeräten und Knochenwerkzeugen, in der Nähe einer Pfahlbaustation und eines Refugiums. Das Grab einer Frau von 30—40 Jahren in der Nähe des Pfahlbaues Egolzwil I, Kt. Luzern, scheint auf rassische Verwandtschaft mit der kleinen Rasse vom Dachsenbühl und Schweizersbild hinzudeuten. Endlich gehören wohl Gräber von Barmaz, bei Collombey, Wallis, und zwei Skelette, die 1909/10 unter der Kathedrale von Lausanne ausgegraben wurden, zu dieser Gruppe. In ähnlicher Beziehung zu einem Pfahlbau lag auch Bodman gegenüber ein frühbronzezeitl. Skelettgrab mit einem Dolch und 4 Goldspiralen.

Bibl. de l'école des hautes études, sciences relig. 24 (1911) S. 10f. D. Viollier; A. Schenk a. a. O. S. 440ff. — Bodman: Schriften des Vereins f. Gesch. d. Bodensees u. s. Umg. 29 (1900) S. 212 Schumacher.

Es sind also im Verhältnis zu der Fülle der Pfahlbaustationen nur sehr wenige Gräber, die sich mit diesen in Verbindung bringen lassen, gefunden worden. Denn die beiden zuerst behandelten Gräbergruppen kommen dafür nicht in Frage. K. Schumacher erklärt dieses Mißverhältnis im Anschluß an den Fund von Bodman so, daß er glaubt, die Gräber der Pfahlbauten hätten den Seestationen gegenüber auf dem Festlande gelegen, und zwar als Skelettgräber bis BZ 4, und seien meistens bei der Anlage der heutigen Dörfer zerstört worden (*Rheinlande* I 62). Die Funde von Lausanne, Wiesli und Egolzwil scheinen diese Annahme zu bestätigen. Aber die Zerstörung durch die heutigen Ortschaften vermag das Fehlen der zu den Pfahlbauten gehörigen Gräber nicht völlig zu erklären. Vielleicht geben die Terramaren (s. d. B) Norditaliens hier einen Fingerzeig für eine mögliche Lösung dieses Problems, an die auch Schumacher früher einmal gedacht hat. Neben der Terramare von Castellazzo (s. d.) finden sich zwei Friedhöfe, die äußerlich, im Grundriß, dem umgebenden Graben und der Plattform völlig der Terramare der Lebenden nachgebildet sind. Die Aschenurnen stehen auf der Plattform. Diese eigentümliche Anlage kann kaum in den Terramaren entstanden sein, sondern muß aus den Zuständen in der vorhergehenden Pfahlbautenzeit erklärt werden (vgl. a. C. Peet *Stone and Bronzeages* 1909 S. 363ff.). Diese Analogie, die sich in anderen Terramaren wiederholt, z. B. Rovere (s. d.) di Caorso, legt bei der inneren Zusammengehörigkeit der Terramaren und der Pfahlbauten die Möglichkeit nahe, daß auch bei letzteren die Toten verbrannt und auf der Plattform selbst beigesetzt sind.

§ 7. Die Kultur der eigentl. Megalithgräber ist nicht in die S. eingedrungen. Ihre Grenze bildet im allg. die Rhone. Nur in die Südwestschweiz, in das Gebiet des Genfer Sees und des oberen Rhone-Tals (Wallis), hat diese Kultur einen Ausläufer entsendet, der sich in den Steinkistengräbern kundtut, die sich um die Gräber von Chamblandes gruppieren (s. Chamblandes; Band II Tf. 156). Von dieser ganz andersartigen Kulturgruppe ist, wie a. a. O. gezeigt wurde, auch auf die jüngere Pfahlbautenkultur ein deutlicher Einfluß ausgegangen. Mit diesem Ausläufer der Megalithkultur sind eine Anzahl von Menhiren im westlichen Teile der Schweiz in Zusammenhang zu bringen. Mehrere derselben finden sich in der Gegend von Grandson (Kt. Waadt) am S-Ende des Neuenburger Sees, bei Corcelles, Bonvillars und ein anderer s. von Freiburg bei La Roche. Ein Chromlech ist von Lapraz im Kt. Waadt bekannt. Auch die Felsbilder des Kt. Waadt und des Wallis sind in diesen Zusammenhang einzureihen, die ganz nach Analogie der westeurop. derselben Zeit Näpfchen, konzentrische und Radkreise, Kreuze und andere einfache piktographische Zeichen aufweisen.

Lit. s. Chamblandes A. Ferner: P. Vionnet *Les Monuments préhistoriques de la Suisse occ. et de la Savoie* Lausanne 1872; A. Schenk a. a. O. S. 421ff.; über Felszeichnungen, Schalensteine usw. ebd. S. 398ff., wo weitere Lit., namentlich von B. Reber.

Allgemeine Literatur (s. a. Pfahlbau B): Keller *Pfahlbauberichte* 1—8 (1854—1879); ders. *The Lake Dwellings of Switzerland* London 1878; J. Heierli 9. *Pfahlbauber.* 1888; V. Gross *Les Protohelvètes* 1883; J. Heierli *Urgeschichte der Schweiz* 1901; A. Schenk *La Suisse Préhistorique. Le Paléolithique et le Néolithique* 1912; Déchelette *Manuel* I 335ff.; Anz. f. schweiz. AK. NF 21 (1919) S. 129ff. Th. Ischer; [K. Keller-Tarnuzzer *Urgeschichte des Thurgaus* 1925; O. Tschumi *Urgeschichte der Schweiz* o. J. (1926); H. Reinerth *Die jüngere Steinzeit der Schweiz* 1926]. †W. Bremer

C. Bronzezeit (Tf. 127—130).

§ 1. Einleitung. Chronologie. — § 2. Depotfunde. — § 3. Gräber. — § 4. Pfahlbauten. — § 5. Religion.

§ 1. Mit Recht hat jeder, der bisher mit schweiz. BZ sich befaßt hat, scharf geschieden zwischen Pfahlbauten (s. d. A, B) und Landansiedelungen, zu denen dann die Depotfunde als Drittes hinzutreten. Die Pfahlbauten sind eine eigenartige Siedelungsform, die der Erklärung bedarf. Man wird

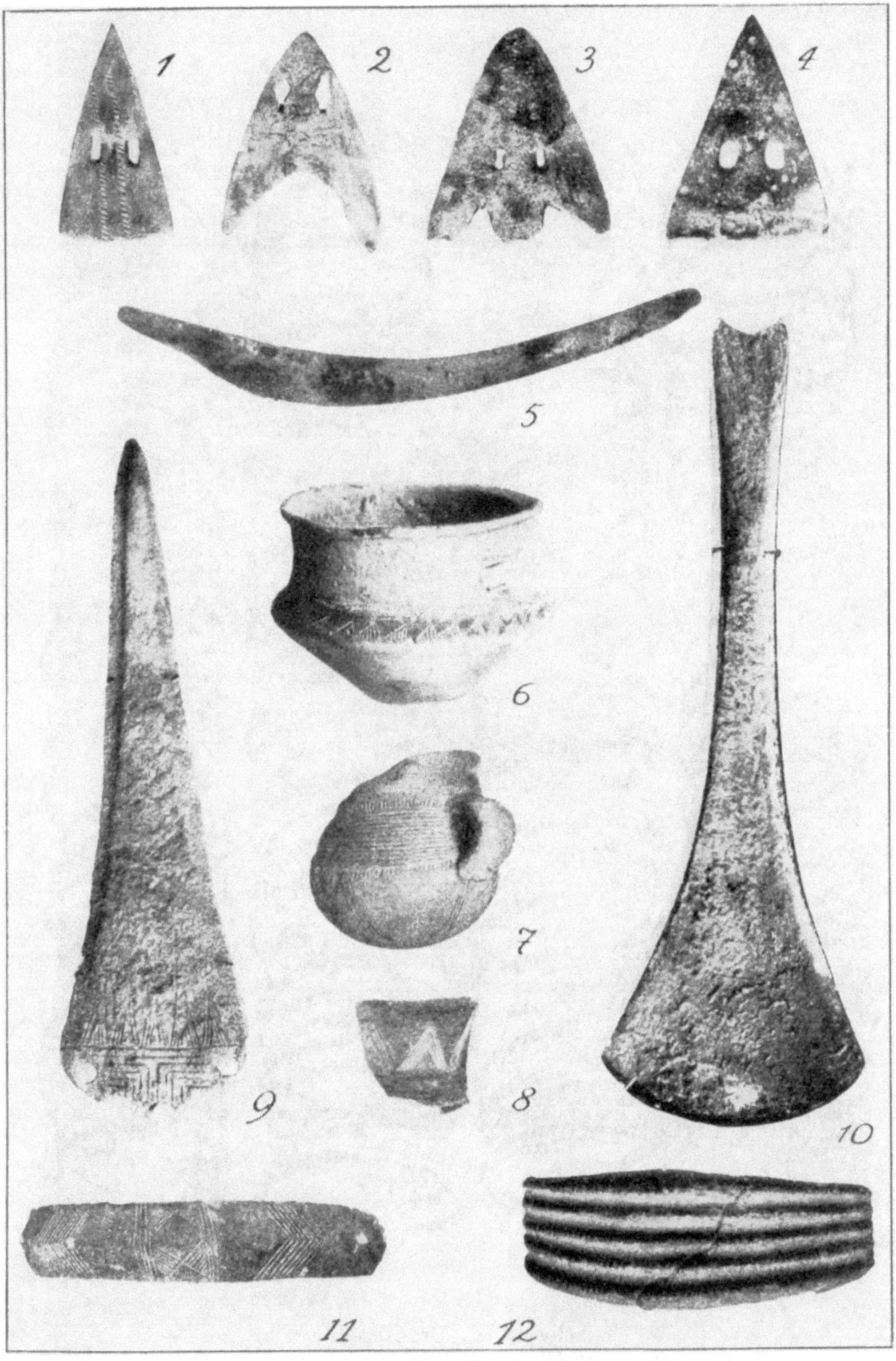

Schweiz B. Neolithikum

Periode V. Typus Station des Roseaux-Morges. 1—3. Estavayer. — 4. Auvernier (Pfahlbau). — 5. Sutz. — 6—8. Station des Roseaux-Morges. — 9, 10. Meilen. — 11, 12. Auvernier (Gräber). — Nach Ischer.

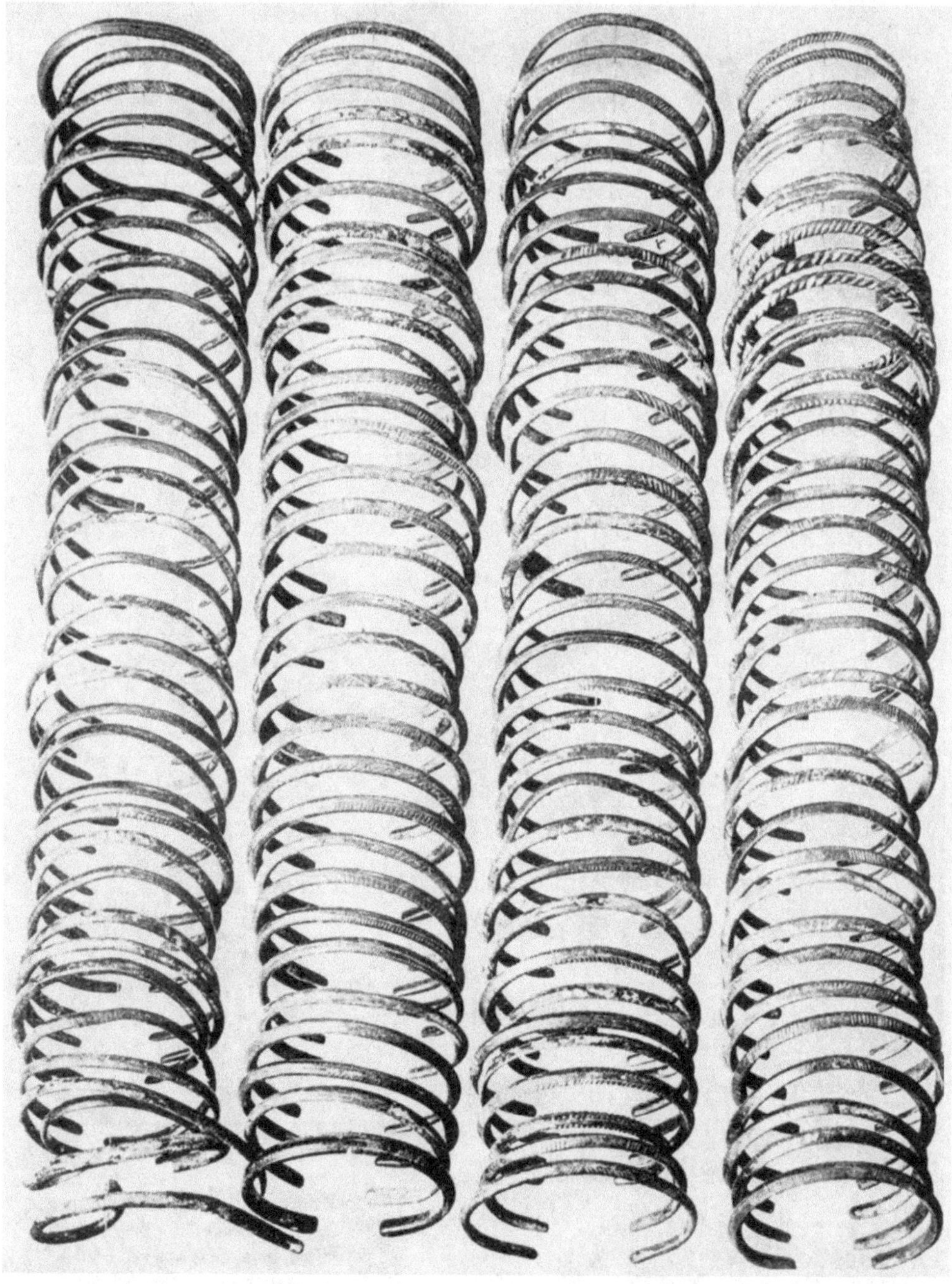

Schweiz C. Bronzezeit

Depotfund von Wabern, Kt. Bern. 1/2 n. Gr. Nach Tschumi.

zugeben, daß es keine primitive Form des Häuserbaues ist. Es macht den Eindruck, daß die Pfahlbauer aus einer Zwangslage heraus zu dieser Bauweise gekommen sind. Weniger die Angst vor wilden Tieren oder gar nur die leichte Art des Fischfanges waren es, wie ich glauben möchte, als vielmehr das Ausweichen vor anderen Völkerstämmen, die den Aufenthalt auf dem Land ihnen streitig machten. Schon die neol. Pfahlbauten dürften aus diesem Grunde errichtet worden sein. Wohl aus der vorneol. eingesessenen Bevölkerung hervorgehend, sahen jene Neolithiker sich bedrängt durch hereinbrechende andere Völkerstämme. So haben die „Pfahlbautenleute" Südwestdeutschlands in der j. StZ Festungen erbaut, teils am Flußufer (Urmitz [s. d.], Schierstein [s. d.]), teils auf Bergen (Mayen [s. d.], Flörsheim, Neubamberg, Michelsberg [s. d.] bei Untergrombach, Heilbronn-Wartberg, Goldberg [s. d.] bei Nördlingen). Sicherlich waren auch andere Siedelungen in der Rhein-Ebene befestigt, in Starkenburg z. B. wohl durch Wasserläufe (alte Flußläufe von Rhein und Neckar). In allen Fällen können wir beobachten, daß die Pfahlbauer in die Verteidigungsstellung gedrängt waren, wie schon gesagt, durch andere Volksstämme. So dürfen wir auch die bronzezeitl. Pfahlbauten des Bodensees und der S. als unter dem Zwang der Not errichtet ansehen. Während ein Teil in Fortsetzung der neol. Bauten entstanden sein wird, ist die Mehrzahl in der zweiten Hälfte der BZ neu angelegt worden. Die Kontinuität zwischen beiden „Blüteperioden" der Pfahlbauten ist vielleicht nie ganz unterbrochen worden. Die Tatsache des Fortbestehens der neol. Pfahlbauten bis tief in die BZ ist verschiedentlich festgestellt worden, z. B. von Viollier (Festschrift für Sarasin 1919 S. 258) und Ischer (Anz. f. schweiz. AK. 1919 S. 147ff.). Also müssen sie von den frühbronzezeitl. Landbewohnern bedrängt worden sein, d. h. in der S. von den Vertretern der Stufen I und II der BZ, die unten näher behandelt werden sollen. Und nicht anders verhält es sich mit den spätbronzezeitl. Pfahlbauten. Sie gehen zeitlich parallel mit der frühen HZ der benachbarten Gegenden, etwa der Gündlinger (s. d.) Stufe, vielleicht aber auch noch der beginnenden mittleren HZ (mit der bemalten und geschnitzten Keramik), denn ein Hängebecken (s. Hängegefäß), wie das von Corcelette (Heierli *Urgeschichte* S. 292 Abb. 311, wo irrtümlich Cortaillod als FO angegeben ist), dürfte der Stufe Montelius V, also der Zeit von etwa 850—650 v. C. [s. aber Nordischer Kreis B § 18], angehören. Dahin gehört auch die gleichfalls aus dem Pfahlbau Corcelette stammende Spiralplattenfibel (Heierli a. a. O. Abb. 310).

Das Ende der spätbronzezeitlichen Pfahlbauten dürfte durch einen Klimawechsel (s. Klimaverschlechterung [Postglaziale]) und ein damit zusammenhängendes Steigen des Wasserspiegels veranlaßt worden sein (Gams und Nordhagen *Postglaciale Klimaänderungen und Erdkrustenbewegungen in Mitteleuropa* 1923). Sie wieder erneut zu errichten, lag wohl kein Grund mehr vor.

§ 2. Depotfunde. Sie seien zuerst behandelt, da von vornherein nicht feststeht, ob sie zu den Landansiedelungen oder den Pfahlbauten gehören. Wir nennen die wichtigsten Depots in chronol. Abfolge, innerhalb deren eine geogr. Anordnung von W nach O eingehalten ist.

Stufe I und II:

Genf-Jonction: 2 Flachbeile und 1 Randbeil.

Ringoldswil-Sigriswil (Bern): 10 Randbeile, 2 trianguläre Dolche, 2 Lanzen.

Bünzen (Aargau): 8 Randbeile.

Salez-Sennwald (St. Gallen): 60 Randbeile.

Gasenzen bei Gams (St. Gallen): einige Randbeile.

Stufe III:

Wabern (s. d.)-Köniz (Bern): 137 offene Armringe (Tf. 127).

Hohenrain (Luzern): 25 Schwerter mit Griffzunge.

Stufe IV:

Oberkirch (Luzern): reichverzierte Stollenspangen.

Reitnau (Aargau): 2 mittelständige Lappenbeile, 2 Lanzen, 5 Lochsicheln, Meißel, Tülle.

Bei der Aufzählung der Depots sind die Funde aus Gießerwerkstätten beiseite gelassen, also vor allem die nicht seltenen Gußformen, die uns aus Pfahlbauten bekannt sind, wie aus Corcelette, Mörigen (s. d.), Wollishofen (s. d.), vom Züricher Alpenquai (s. d.) usw.

Korrekturzusatz: Nachträglich sehe ich, daß D. Viollier im 33. Jahresber. des Landesmus. Zürich für 1924 (1925) S. 51ff. die Depotfunde aufzählt, z. T. mit anderer Einteilung als oben. Besonders dankenswert ist die Abbildung einiger Gußformen von Mörigen (s. d.), weil bei ihnen der Tonmantel erhalten ist, der die mit

Schnüren zusammengebundenen Hälften beim Gießen umgab. Auch die Einsatzzapfen zum Tüllenguß sind noch erhalten.

Über die an Fernstraßen liegenden Depots und Gießerwerkstätten s. Alpenpässe.

§ 3. Die Gräber sind bisher (von Heierli und Viollier) nach dem Grabritus geordnet worden, ein Verfahren, das der chronol. Erkenntnis eher nachteilig als förderlich ist, zumal gerade in der S. Verbrennung und Bestattung sehr ineinandergreifen. Das von Heierli (a. a. O. S. 247) und Viollier (a. a. O. S. 132 Abb. 10) als bronzezeitl. angeführte Grabfeld von Cornaux (Neuchâtel) gehört der späteren HZ an. Wir ordnen also die wichtigsten Grabfunde zunächst rein typol.-chronol., in der Aufzählung, wie oben, von W nach O vorwärtsschreitend:

Stufe I (Typus Strättlingen):

St. Martin (Freiburg): Dolche mit 4 und 6 Nieten, Randbeile, Ösennadeln.

Villars-sous-Mont (Freiburg): Dolche mit 6 Nieten, Randbeil.

Broc-Montsalvens (Freiburg): Dolche mit 4 und 6 Nieten, Randbeile, Rudernadeln, Ösenkopfnadel, durchbohrte Kugelkopfnadel, Flügelanhänger.

Strättlingen-Renzenbühl (Bern): Randbeil, Rudernadel, Schleifennadel, „Barrenringe".

Vers-Chiez (Wallis): Rudernadel mit seitlichen Scheiben, Scheibenanhänger (?).

Conthey (Wallis): Scheibennadeln, Diademe, Muschelschmuck, Flügelanhänger.

Savièse (Wallis): Scheibennadel, Scheibenanhänger.

Castione (Tessin): Rudernadel, Schleifennadel, Diadem, Flügelanhänger, Brillenspirale.

Charakteristisch für diese Stufe sind besonders die Nadelformen. Während die Rudernadel (s. d.) mit rautenförmigem Blatt (Broc, Strättlingen, Castione) sonst noch nicht belegt ist, ist der Typus mit seitlichen Kreisscheiben (Vers-Chiez) aus Süddeutschland und Ostfrankreich bekannt, so von Clucy (Dép. Jura) und La Liquisse bei Nant (Dép. Aveyron; Déchelette *Manuel* II 1, 137—139 Abb. 38—40; hier Band IV Tf. 27 v, w, 50 Abb. 13). Aus Deutschland sind genau die gleichen nur von Haberskirch in Oberbayern (als FO wird Ach bei Stätzling oder Daiting angegeben) und Ruherten bei Rupprechtsstegen (Mittelfranken) bekannt, denn die sehr ähnliche von Groß-gerau (Behrens *Bronzezeit* Tf. 4, 16) hat eine Öse, nicht eine Rolle, wie alle anderen. Die Goldnadel von Helmsdorf (s. d.; Band V Tf. 95 e) hat sehr kleine seitliche Flügel, ähnlich wie die von Mörigen am Bieler See (5. *Pfahlbaubericht* Tf. 14, 4). Eine ungar. hat halbrunde Flügel, abg. bei Wosinsky *Die inkrustierte Keramik der Stein- und Bronzezeit* 1904 Tf. 53, 7; Simontornya, Com. Tolna (dabei auch ein ähnlicher flügelförmiger Anhänger [ebd. Tf. 53, 8] wie von Conthey und Castione). Die Verbreitung der aus Strättlingen-Renzenbühl, Letten (8. *Pfahlbaubericht* Tf. 3, 18aa) und Castione bekannten Schleifennadel mit Schaufel über Südwestdeutschland ist bei Behrens *Bronzezeit* S. 88/89 kurz angegeben, ebenso die der durchbohrten Kugelkopf- und Ösenkopfnadeln, die aus Broc, St. Martin und sonst bekannt sind.

Der Gesamteindruck dieser frühbronzezeitlichen Grabfunde — durchweg Skelettgräber — ist der gleiche, wie er im ganzen n. Alpenvorland herrscht, besonders im w. Teil, so daß die Ansicht Violliers (a. a. O. S. 258) wohl zu Recht besteht, daß das neue Metall von der Rhone oder über den Jura her in die Schweiz gekommen ist.

Castione ist hier unter die Gräber aufgenommen, obwohl die Fundangaben eher für ein Depot sprechen. Nach Ulrich *Bellinzona* S. 45/46 lag der ganze Fund in einer Urne, die angeblich in einer Felsennische verborgen war. Aber die Zusammenstellung der Gegenstände macht den Eindruck einer geschlossenen Gruppe von Schmucksachen, die vielleicht eine Frau tragen konnte: 1 Diadem, 4 Nadeln, Halsschmuck aus Blechröhrchen, Spiralröhrchen und Anhängern verschiedener Form, dazu 23 kleine, offene Ringe, die ein Ohrgehänge bilden könnten. Einen ganz ähnlichen „Schatzfund" aus Ungarn bildet Hampel *Bronzezeit* Tf. 93 ab (2 offene Halsringe, 2 Armspiralen, viereckige Bleche, Drahtspiralen, Anhänger verschiedener Form und Tutuli zum Aufhängen). Auch hier war alles in einer Urne geborgen, die am Donau-Ufer in Ercsi, Kom. Fejér, im J. 1880 vom Hochwasser freigespült wurde. Auch die 4 Funde von Dexheim in Rheinhessen (Behrens *Bronzezeit* S. 10/11) sind so ausgesucht, daß sie meist eine Schmuckgarnitur zu repräsentieren scheinen.

Stufe II (Typus Weiach):

Auvernier (Neuchâtel): Offene Armbänder, längsgerippt oder graviert.

Neuenegg (Bern): Dolche mit 2 Nieten, geschwollene Nadeln, Nadeln mit aufgesteckter Scheibe.

Weiach (Zürich): Dolche mit 2 Nieten, geschwollene Nadeln, offene Armringe, tordiert oder graviert.

Unterstammheim (Zürich): Nagelkopfnadeln, offene, gravierte Armbänder.

Eschheim (Schaffhausen): Randbeil, Dolch mit 2 Nieten, geschwollene Nadel.

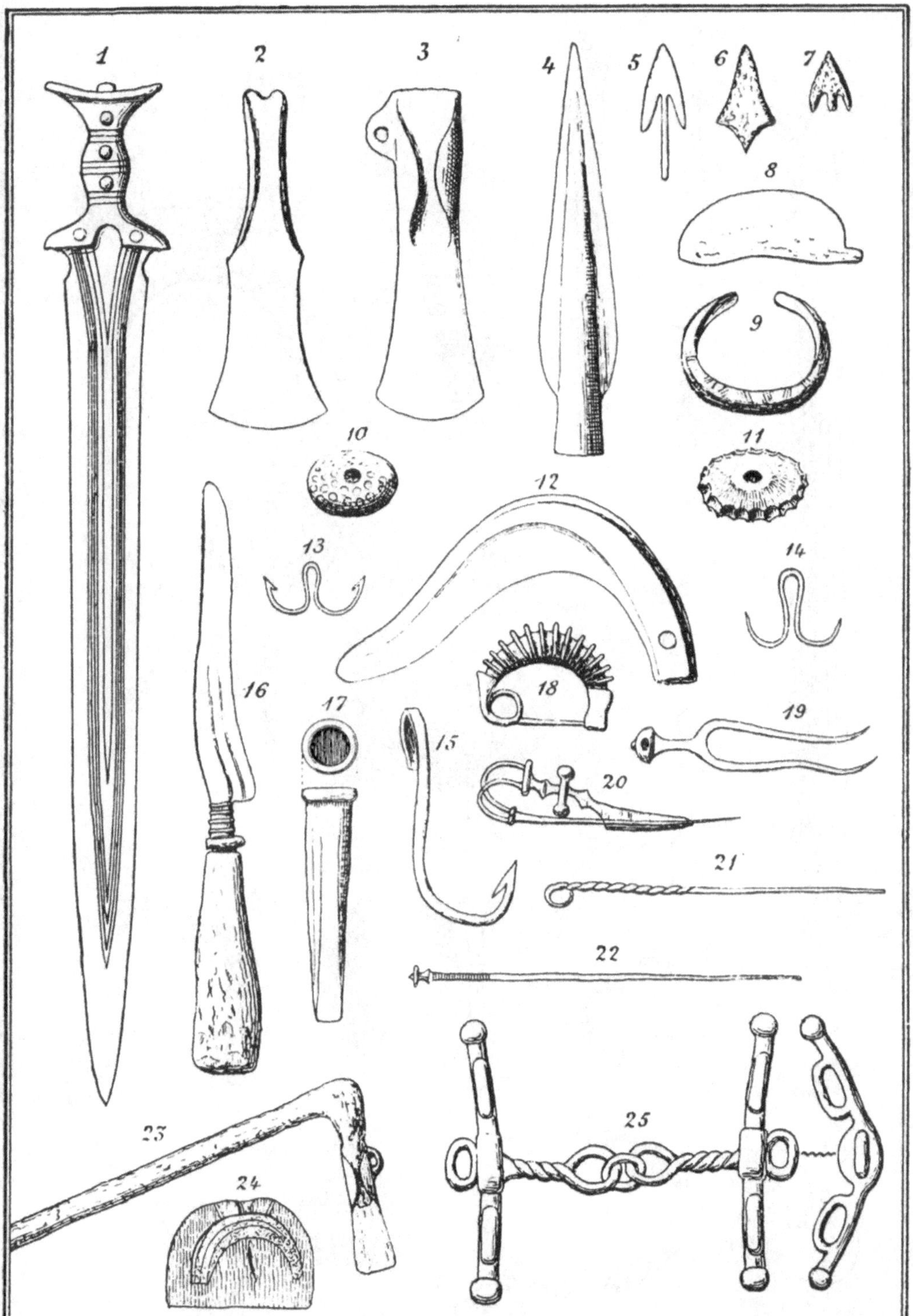

Schweiz C. Bronzezeit

Funde aus der Station Mörigen (Hist. Museum Bern).

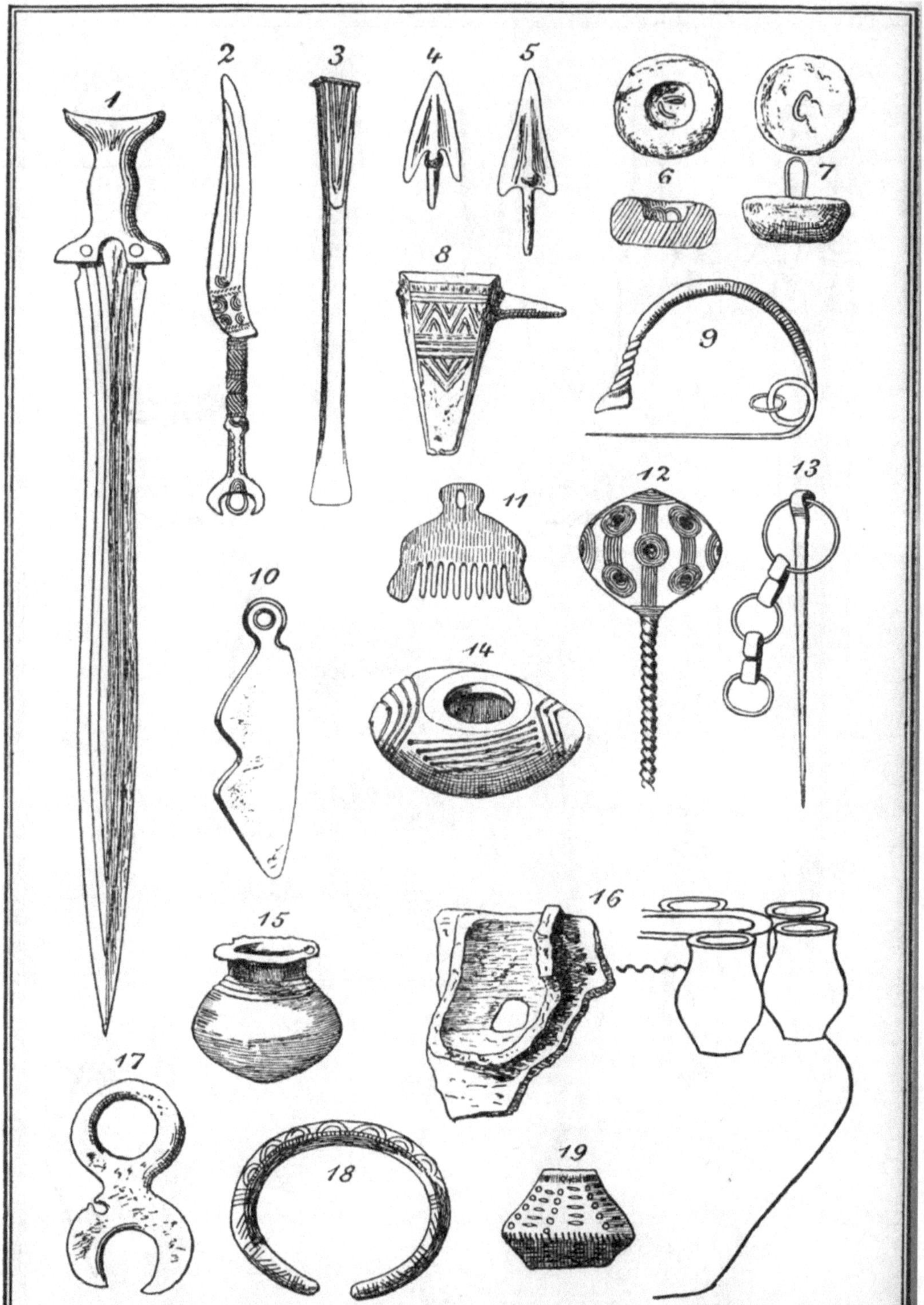

Schweiz C. Bronzezeit

Funde aus der Station Wollishofen. Nach J. Heierli.

Diese Stufe entspricht durchaus der südd. Hügelgräberbronzezeit (s. Hügelgräber-Kultur [Bronzezeitliche] Süddeutschlands), besonders entsprechen ihr natürlich die Funde aus der nö. Schweiz.

Stufe III (Typus Egg):

Egg (Zürich): Messer mit gerader Schneide, stark profilierte Kugelkopfnadeln, offene, quergerippte Armbänder mit verbreiterten Enden.

Glattfelden (Zürich): Stark profilierte Kugelkopfnadeln, offene, quergerippte Armbänder, offene, tordierte Armringe.

Thalheim (Zürich): Offene, quergerippte Armbänder.

Mels-Heiligkreuz (St. Gallen): Dolch mit Griffzunge, Messer mit leicht geschwungener Klinge, stark profilierte Kugelkopfnadeln, offene, quergerippte Armbänder, offene, tordierte Armringe, kugelige Urne mit schraffierten Rauten.

Diese Stufe entspricht dem Ende der südd. Hügelgräberbronzezeit, ehe die Urnenfelderkultur einsetzt. Sie scheint nur in der nö. S. Verbreitung gefunden zu haben.

Stufe IV (Typus Binningen):

Belp (Bern): Messer mit geschwungener Klinge, Kugelkopfnadeln mit stark geripptem Hals.

Binningen (Basel): Messer mit gelapptem Griff, Nadeln wie von Belp, offene Rundstabarmringe mit leichten Petschaftenden, Kettengehänge, getriebenes Goldblechband.

Gossau (Zürich): Nadel wie Belp, Armring wie Binningen, offene, tordierte Armringe.

Dachsen (Zürich): Messer wie von Belp, Urne mit facettiertem Schrägrand.

Diese Stufe entspricht der südd. Urnenfelderkultur (s. d.), ohne allerdings völlig gleichartig mit ihr zu sein. Ähnliche Goldblechstreifen sind bekannt von Petterweil (Oberhessen) und Paseka (Böhmen; Band II Tf. 35, 4).

Stufe V (Typus Sion):

Sion (Wallis): Nadel mit hohlem, durchlöcherten Kugelkopf, Bogenfibel, tordierte Halsringe mit flachen, aufgerollten Enden, offene Armringe, z. T. mit halbkreisförmigen Petschaftenden, längsgerippte Blechfingerringe.

Der Charakter dieser Funde ist der der spätbronzezeitlichen Pfahlbauten, die, wie wir oben gesehen haben, bis in die HZ dauern.

Was die Grabriten angeht, so wechselt Skelett- und Brandgrab, wenn die Beobachtungen richtig sind, öfters. Immerhin ist auch das festzustellen, daß in der frühesten BZ die Skelettbestattung allein herrscht, in den mittl. Stufen beide Arten nebeneinander hergehen, in der späteren BZ das Brandgrab überwiegt. Ebenfalls wechselt die Grabform innerhalb der S. sehr. Wir finden Steinplatten als Kisten zusammengestellt in Strättlingen, Auvernier, Skelettgräber in freier Erde in Conthey, Savièse, Sion. Grabhügel mit Brandbestattung in Weiach und Gossau. Brandgräber in flacher Erde in Egg, Glattfelden, Thalheim, Mels, Binningen.

Heierli kommt (a. a. O. S. 243) zu dem Ergebnis, daß die Westschweiz Kistengräber und Skelettgräber in freier Erde habe, die Ostschweiz dagegen Grabhügel und Flachgräber mit Leichenbrand. Ganz so einfach liegen die Verhältnisse aber offenbar nicht, wie schon ein Blick auf die Gräber von Tolochenaz (Tf. 130; Anz. f. schweiz. AK. 1908 S. 101ff., 200ff., 302ff.; Jahresber. Schweiz. Urgesch. 1 S. 39, 127, 128; ebd. 2 S. 64ff.; Boiron bei Morges) lehrt, wo wir Skelett- und Brandgräber nebeneinander, letztere teils in freier Erde, teils in Plattenkisten, haben, und doch gehören alle der spätbronzezeitl. Pfahlbautenkultur an.

§ 4. Pfahlbauten. Wie schon oben ausgeführt wurde, müssen wir bei den Schweizer Pfahlbauten scharf scheiden zwischen solchen, die aus dem Neol. her weiterbestanden haben, und solchen, die Neugründungen der spätesten BZ sind. Und tatsächlich ergibt sich diese Scheidung von selbst. Überall, wo frühbronzezeitl. Funde aus Pfahlbauten gehoben wurden, sind auch neol. Stationen.

Es mag noch erwähnt werden, daß v. Duhn (*Italische Gräberkunde* I [1924] S. 116) annimmt, daß die frühbronzezeitlichen Pfahlbauleute Oberitaliens (sog. Terramaren-Kultur) aus der Schweiz abgewandert sind, in erster Linie weil die Schweizer Pfahlbauten schon in der StZ beginnen, während die Terramaren-Bevölkerung bereits Metall kennt.

Viollier hat die Pfahlbauten zusammengestellt (Sarasin-Festschrift S. 257/58); Ergänzungen gibt Ischer (a. a. O.):

Am Genfer See: Morges (s. d.; Band IV Tf. 51, 3; Station des Roseaux) mit 17 Randbeilen, St. Prex und Tougues mit je 1, Pointe à la Bise mit 2 Flachbeilen.

Am Neuenburger See: Chevroux (s. d.), Estavayer, Concise, St. Blaise mit triangulären Dolchen, Flach- und Randbeilen.

Am Bieler See: Lüscherz (s. d.), Mörigen (s. d.), Sutz, Vinelz (s. Finelz) mit Dolchen und Doppelbeil, Flach- und Randbeilen.

Am Zuger See: St. Andreas bei Cham mit drei Flachbeilen.

Am Züricher See: Wollishofen (s. d.) mit Flach- und Randbeilen, Meilen (s. d.) mit triangulärem Dolch und Randbeilen.

Am Pfäffiker See: Robenhausen (s. d.) mit Flach- und Randbeil.

Die spätbronzezeitlichen Pfahlbauten (s. a. Band V Tf. 52) sind so zahlreich, daß wir nur die wichtigsten hier anführen können:

Am Genfer See: Morges (Grande Cité; Band IV Tf. 53, 7).

Am Neuenburger See: Chevroux (ebd. Tf. 54 Abb. 24), Forel, Estavayer, Corcelette (ebd. Tf. 53 Abb. 9, 54 Abb. 23, 29; Band VIII Tf. 82a), Onnens (Band IV Tf. 54 Abb. 33), Concise, Cortaillod (s. d.), Colombier, Auvernier (ebd. Tf. 54 Abb. 44).

Am Bieler See: Lüscherz, Gerolfingen, Mörigen (ebd. Tf. 53 Abb. 8. 17. 18, Tf. 54 Abb. 34, 40; Band VIII Tf. 82b; hier Tf. 128), Lattringen, Sutz, Nidau, Vinelz.

Am Murtener See: Guévaux, Montellier.

Am Züricher See: Wollishofen (Tf. 129), Gr. Hafner, Kl. Hafner, Bauschanze, Limmat.

Da ja der Erhaltungszustand des Pfahlbauten-Inventars begreiflicherweise besser ist als des der Landsiedelungen, sind viele Gegenstände uns nur aus Pfahlbauten bekannt, die auch auf dem Lande benutzt worden sind. Dahin gehören z. B. die Gußformen. Wir kennen sie besonders zahlreich aus folgenden Pfahlbauten: Morges, Corcelette, Concise, Auvernier, Mörigen, Wollishofen, Züricher Alpenquai.

Interessant ist ein unfertiger Armring von Corcelette, der noch die Gußnähte und den Gußkegel zeigt (Band VIII Tf. 82a).

Obwohl, wie wir gesehen haben, die spätbronzezeitl. Pfahlbauten bis in die HZ reichen, sind Spuren der Verwendung von Eisen sehr selten. Nur als Schmuckeinlage in Schwertgriffen und Armringen findet das neue, noch seltene Metall zunächst Verwendung, z. B. beim Schwert (Ronzano- = oder Möriger Typus) von Corcelette (*Antiquités Lacustres* 1896 Tf. 14, 6); ähnliches Schwert von Mörigen (Tf. 128, 1; Gross *Protohelvètes* 1883 Tf. 11, 8; ebd. Tf. 11, 1 auch ein Schwert mit eiserner Klinge und eingelegtem Bronzegriff). Ein hohler Bronzearmring von Mörigen trägt außen Einlagen von dünnen Eisenblättchen (Keller *7. Pfahlbaubericht* S. 21 Tf. 13, 6), ebenso einer von Corcelette (*Antiquités Lacustres* Tf. 27, 6), sowie ein geschlossener Armring von Mörigen (Gross a. a. O. Tf. 16, 25). Neuerdings sind auch vom Züricher (s. d.) Alpenquai Armringe mit Eiseneinlage bekannt geworden (9. Jahresber. Schweiz. Urgesch. 1916 S. 67) und drei feine Vasenkopfnadeln aus Eisen (*10. Pfahlbaubericht* 1924 Tf. 4, 5—7). Die spätbronzezeitl. Pfahlbautenkultur trägt einen so ausgeprägten eigenen Charakter, daß man gewisse Typen nach ihr benennt. Das „Möriger Schwert" (s. d.) z. B. ist tatsächlich am häufigsten in den Schweizer Pfahlbauten, dann erscheint es aber auch in Süddeutschland (Behrens *Bronzezeit* S. 270), Frankreich, Oberitalien, Österreich und ganz vereinzelt in Skandinavien (s. a. Schwert A § 11). Das „Pfahlbaumesser" (s. d.; Tf. 128, 16; 129, 2) ist auch in Frankreich und Süddeutschland heimisch. Dagegen liefern die Pfahlbauten gewisse Nadelformen, die sonst fehlen, z. B. solche mit hohlen, durchbrochenen Kugelköpfen (Tf. 129, 12; Band IV Tf. 54 Abb. 23, 24) oder mit kleinerem, rundlich doppelkonischen Kopf und reich profiliertem Hals, oder Rollennadeln mit eingehängten Ringen (Tf. 129, 13) usw. (s. Nadel A1). Auch in der Keramik begegnen uns gewisse Eigenarten, die in den Pfahlbauten allein oder fast ausschließlich vorkommen, so z. B. die Einlage von Bastfäden; sind sie auch meist herausgefallen, so sind doch die charakteristischen Rillen noch vorhanden (z. B.: *1. Pfahlbaubericht* Tf. 4, 9; *3. Pfahlbaubericht* Tf. 7, 29; *5. Pfahlbaubericht* Tf. 12, 25; 15, 15; *6. Pfahlbaubericht* Tf. 4, 22; *7. Pfahlbaubericht* Tf. 19, 3 und 6; *8. Pfahlbaubericht* Tf. 4, 10; *10. Pfahlbaubericht* 1924 Tf. 7, 5. 8. 16. 17; Heierli *Pfahlbau Wollishofen* Tf. 3, 5, 6, 7; 9. Jahresber. Schweiz. Urgesch. 1916 S. 67 Anm. 2), die in Vertiefungen zur Befestigung der Enden auslaufen. Bei Gefäßen vom Züricher Alpenquai (25. Jahresber. d. Landesmus. Zürich 1916 S. 54) ließen sich sogar die Reste der hellen Bastfäden in den Löchern nachweisen. Außerhalb der Pfahlbauten begegnet diese Verzierungsart nur vereinzelt:

Brandgrab von Hegne, A. Konstanz (Röm.-Germ. Korr.-Bl. 6 [1913] S. 65 Abb. 25k Wagner).

Hötting (Innsbruck): Wiener Jahrb. f. AK. 5 (1911) S. 17 Abb. 21 (= Hoernes *Urgeschichte*[2] S. 417, 2).

Worms-Rheingewann: Behrens *Bronzezeit* S. 183 Abb. 35.

Bingen-Kempten (Mus. Mainz, unveröffentlicht).

Nur aus Schweizer Pfahlbauten ist die Einlage von Zinnstreifen (s. Zinn) in Teller bekannt, z. B. von Corcelette (*Antiquités Lacustres* Tf. 40, 5—7).

Erfreulich gut sind in den Pfahlbauten die Holzsachen und Gewebereste erhalten, ebenso Früchte und Getreide. Leider kann nicht immer mit völliger Sicherheit ent-

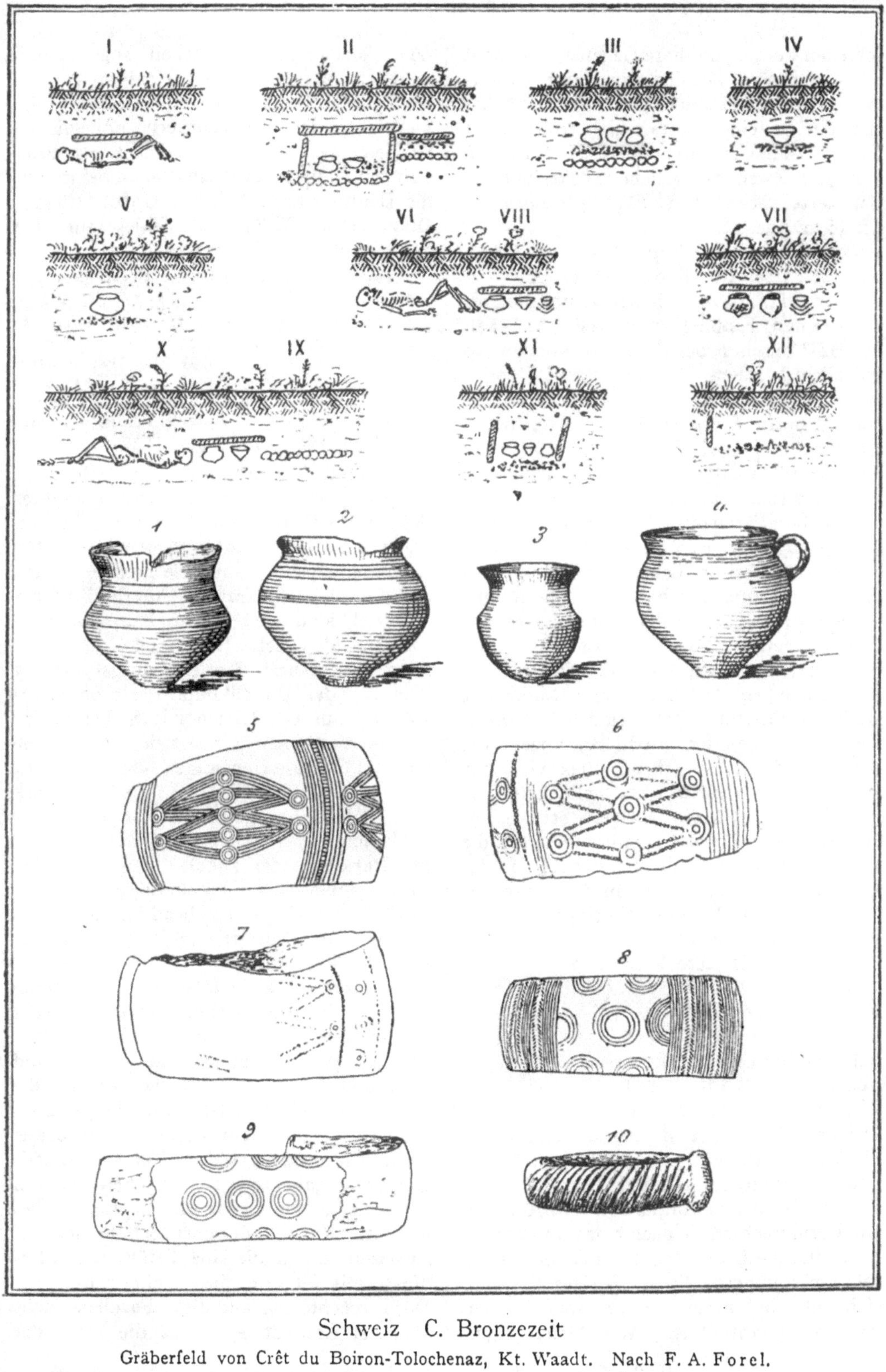

Schweiz C. Bronzezeit

Gräberfeld von Crêt du Boiron-Tolochenaz, Kt. Waadt. Nach F. A. Forel.

schieden werden, ob diese Gegenstände nicht schon der neol. Schicht angehören. Interessant ist z. B. ein Sichelgriff eigentümlicher Art, der in seiner Gestalt sich trefflich der Hand anschmiegt (Band VIII Tf. 82b), von Mörigen. Zwei ganz gleiche Stücke sind von Corcelette bekannt (*Antiquités Lacustres* Tf. 36, 1 und 7).

§ 5. Wie in Mitteleuropa überhaupt, wissen wir auch über den bronzezeitl. Kult in der S. wenig. An verschiedenen Punkten aber glaubt man, Einblick in das religiöse Leben der BZ-Menschen der S. tun zu können, so vor allem bei dem Quellfund von St. Moritz (Band II Tf. 187b; Anz. f. Schweiz. AK. 1907 S. 265ff. Heierli; Jahresber. Schweiz. Urgesch. 1 [1909] S. 38 und 126 ders.; Mannus 10 [1918] S. 25ff. M. M. Lienau). Die technisch sehr interessante Anlage — ausgehöhlte Lärchenstämme waren innerhalb eines doppelten Rahmenwerkes aus demselben Holz fest in Lehm gebettet, so daß das Wasser nur durch diese Röhren aufsteigen konnte — ist durch die versenkten Bronzen genau datiert. Es sind dies zwei Schwerter mit massivem Griff, ein Schwertbruchstück, ein Dolch und eine Nadel mit stark profiliertem Hals, sämtlich Typen, die dem Ende der mittl. BZ angehören. Während das Schwertbruchstück vielleicht schon fragmentiert in die Quelle kam (aus Versehen?), sind die übrigen Stücke unversehrt und offenbar Weihegaben für die Quellengottheit (wie man in der LTZ in der Quelle zu Dux [s. d.] und in der Kaiserzeit im Pyrmonter Brunnen Votivgegenstände versenkt hat; s. a. Budsene, Panighina).

Wichtiger als diese Verehrung der Quellgottheit in St. Moritz für die bronzezeitl. Kultgebräuche sind die „Mondbilder", oder richtiger die Feuerböcke, die z. T. halbmondförmig gestaltet sind (s. Feuerbock, Mondidol). Teils sind sie zum wirklichen Gebrauch hergestellt, teils in kleinerem Format (z. B. „Miniaturfeuerbock als Votivgegenstand" vom Züricher Alpenquai; 10. Jahresber. Schweiz. Urgesch. S. 45) oder in besonders sorgfältiger Ausführung. Die Form wechselt, je nach Zeit und Gegend, doch sind die Untersuchungen darüber noch sehr im Anfangsstadium. Eifriger hat man sich mit der Frage befaßt, was für ein Symbol dargestellt ist. Wir dürfen jedenfalls mit einiger Sicherheit sagen, daß man in der BZ eine Herdgottheit in symbolischen Feuerböcken verehrte, die vielleicht den Stierhörnern angeglichen wurden, weil man die Gottheit als Stier sich vorstellte. Zweifelhafter scheint mir die Deutung der Züricher Goldschüssel (Band VIII Tf. 82c) als Beleg für den Sonnenkult der BZ zu sein.

Anz. f. Schweiz. AK. 1907 S. 1ff. Heierli; Forrer *Reall.* S. 293 Tf. 71, 5; ders. *Vorgesch. d. Europäers* 1908 Tf. 143; Congr. préh. de France Nîmes 1911 S. 421 Viollier; Déchelette *Manuel* II 2 S. 792/93 Abb. 312; Mannus-bibl. 12 (1913) S. 34ff. Tf. 15, 5 Kossinna; Schuchhardt *Der Goldfund von Eberswalde* 1914 S. 16ff. Abb. 13; H. Hahne *Vorzeitfunde aus Niedersachsen* Liefg. 3 (1917) S. 59.

Während Kossinna in jeder Goldschale der BZ „ein dem Sonnendienst geweihtes Schöpfschälchen" sieht, halten die meisten anderen Forscher andere Verwendungsarten für näherliegend, zumal sie nicht sämtlich aus Votivdepots stammen. Auf der Züricher Schüssel sind nun außer den „Sonnenscheibchen" noch Halbmonde und vor allem ein ganzer Tierfries ausgespart, in dem bei der Unvollkommenheit der Darstellung nur ein Hirsch mit Sicherheit zu erkennen ist (man erinnert sich sofort, daß auf dem Prozessionswagen von Strettweg [s. d. und Band XII Tf. 114] in Steiermark auch Hirsche mitgeführt werden).

Nicht weniger strittig als die Deutung ist die Datierung der Schale. Kossinna setzt sie in „einen frühen Abschnitt der Per. IV" der BZ, zeitlich gleichstehend mit den Goldgefäßen von Crottorf (Kreis Oschersleben) und Werder (a. d. Havel). Während aber alle diese nordd. Goldgefäße Zoneneinteilung als Grundlage der Dekoration haben, sind die Ziermotive der Züricher Schale über den Raum verstreut, nur am Boden sind zwei konzentrische Kreise ausgespart, die diesen markieren sollen. Gerade der Tierfries ist für die bronzezeitl. Kunst etwas kaum Glaubliches, während er in der HZ gang und gäbe ist. So schließen wir uns lieber der Meinung von Heierli und Déchelette an, die die Züricher Schale der HZ zuweisen, wo ja dieselbe Gefäßform (allerdings mit Standfläche) nicht selten ist. Doch möchte ich auf diese Parallele nicht allzuviel Gewicht legen, da die Form der

Züricher Schale sehr wenig ausgeprägt ist: halbkugelig mit niedrigem, zylindrischen Rand.

Abergläubische Vorstellungen, die im Tragen von Amuletten (s. d. A) verschiedener Art sich äußerten, herrschten in der BZ nicht selten, finden wir doch unter den zahlreichen Anhängern aus Bronze manche, die roh eine menschliche Figur darstellen. Oder kleine Bronzekämme (s. Kamm A) erhalten Arme und Beine und einen als Aufhängering gebildeten Kopf (*Antiquités Lacustres* Tf. 30, 2 und 3; von Guévaux). Besonders klar wird der Glaube an eine geheime Kraft des Amuletts, wenn wir sehen, daß sie aus der Kalotte eines menschlichen Schädels (des erschlagenen Feindes ?) verfertigt sind, wie z. B. ein solches von Corcelette (Heierli *Urgeschichte* S. 228 Abb. 215) oder drei größere von ovaler Form, die aus La Lance am Neuenburger See stammen sollen (Röm.-German. Centralmuseum Mainz Inv.-Nr. 5152—54).

Heierli *Urgeschichte der Schweiz* 1901 S. 201 ff.; Jahresber. Schweiz. Urgesch. 1 S. 37ff., ebd. 2 S. 58ff., ebd. 3 S. 65ff., ebd. 4 S. 73ff. Heierli; ebd. 5 (1912) S. 115ff., ebd. 6 (1913) S. 67ff., ebd. 7 (1914) S. 55ff., ebd. 8 (1915) S. 33ff., ebd. 9 (1916) S. 56ff., ebd. 10 (1917) S. 37ff., ebd. 11 (1918) S. 35ff., ebd. 12 (1919/1920) S. 66ff. Tatarinoff; Viollier *Quelques sépultures de l'âge du bronze en Suisse* Montelius-Festschr. 1913 S. 128ff.; ders. *Les débuts de l'âge du bronze en Suisse* Sarasin-Festschrift 1919 S. 256ff.; Th. Ischer *Die Chronologie des Neolithikums der Pfahlbauten der Schweiz* Anz. f. schweiz. AK. 1919 S. 129ff.; [K. Keller-Tarnuzzer und H. Reinerth *Urgeschichte des Thurgaus* 1925; O. Tschumi *Urgeschichte der Schweiz* o. J. (1926)].

Behrens

D. Hallstattzeit (Tf. 131 und 132). § 1. Die Nord- und noch mehr die Westschweiz hat als eine langlebige Bronzezeit-Provinz dem Eindringen der ostalpinen Hallstattkultur und -Bevölkerung viel längeren Widerstand entgegengesetzt als das Donau-Rheingebiet. So finden wir in den Pfahlbaustationen während der HZ_1 und HZ_2 ruhige Weiterentwickelung der spätbronzezeitl. Kultur, wenn auch manche Einwirkung der ostalpinen Eisenkultur nicht zu verkennen ist, sowohl in den Formen und Verzierungsweisen als im allmählichen Erscheinen des Eisens selbst, zuerst als Schmuckeinlage in Bronzegeräte, dann als Eisenschmuck und zuletzt als Eisengeräte. Pfahlbauer wie die auch in der Nordschweiz angesiedelten Urnenfelderleute nahmen von der Gündlinger Kultur (s. Gündlinger Stufe) nicht selten Gefäßformen und die rote Bemalung derselben an. Wenn selbst die zäheren Pfahlbausiedler der Westschweiz im allg. gegen das Ende der Gündlinger Stufe ihre Wasserdörfer verließen und z. T. nach Frankreich auswanderten, so werden die Hauptveranlassung dazu neben einer Klimaveränderung die zahlreichen Hallstattscharen gegeben haben, die in der HZ_3 allmählich das ganze fruchtbare Aar-Tal der Nordschweiz besiedelten und von da aufwärts drangen. Wieweit sie sich im einzelnen mit den bodenständigen Überresten der Urnenfelderleute und Pfahlbauer mischten, bedarf noch eingehenderer Untersuchung. Die zahlreichen Grabhügel-Gruppen längs der Vorhöhen des Rheins vom Gaisberg bei Kreuzlingen (s. d.; Band VII Tf. 80) bis Pratteln bei Basel, aber auch im Innern des Thur- und Aargaues weisen wie am Südfuße des Schwarzwaldes meist Funde der verschiedenen Hallstattstufen auf, häufig auch HZ_4 (s. a. Lunkhofen und Band IV Tf. 60 Abb. 23). Besonderen Reichtum zeigen sie im Berner Seeland und im Freiburger Flachland, wo mehrere Fürstengräber (Ins-Anet am Bieler See mit Bronzeziste, verzierten Gürtelblechen, Tonnenarmbändern, mit Goldblech überzogenen Nadelknöpfen, mehreren schön verzierten Goldscheiben, Goldringen, einer Goldkette, Gagatreifen usw.) ausgegraben sind. Gegen den Genfer See zu verschwinden sie, am Thuner See noch vorhanden, fehlen sie im Oberland. Der Alpenkamm hat dem Vordringen dieses Volkes wie seiner Kultur die Grenze gesetzt.

Wie die Hydria von Grächwil (s. d.; Band IV Tf. 237^B) bei Meikirch (Kt. Bern), die Zisten vom Grauholz bei Bolligen und von Ins-Anet, vor allem aber die prächtigen Goldsachen von Ins zeigen, liegt hier ein starker fremder, z. T. halb griech. Import vor, wie wir ihn ähnlich nur in den Grabhügeln bei Hundersingen (s. d.) und im oberen Rhein- und Neckar-Tal kennen, dessen Ausgangspunkt in der Hauptsache das Rhone-Gebiet, im einzelnen auch die nö. Adria-Ecke und Oberitalien sein werden.

§ 2. Die Flachgräber der s. Schweiz im oberen Rhone-Tal, im Tessin und in Graubünden gehören einer anderen von der Rhone oder von Italien noch stärker be-

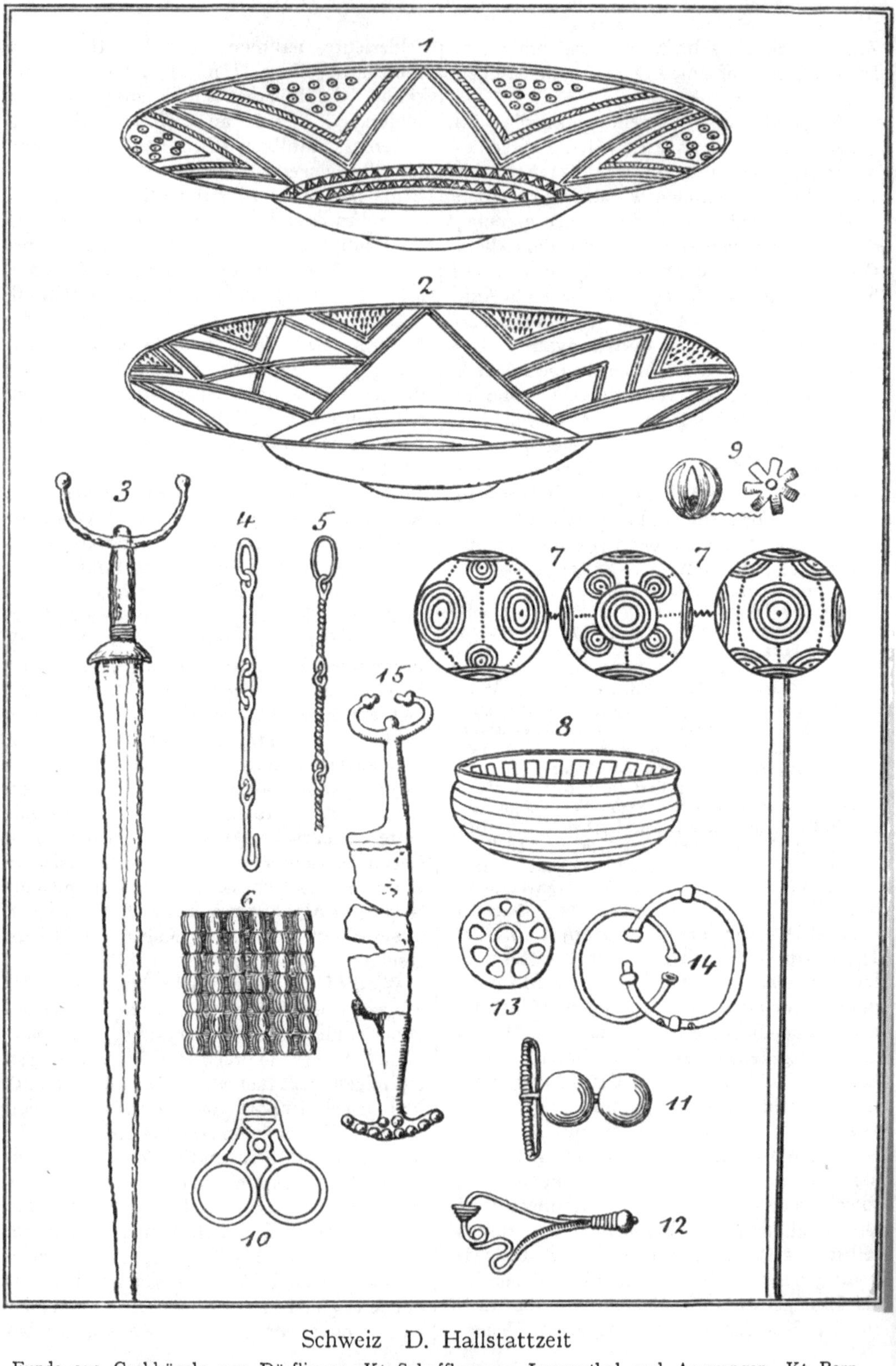

Schweiz D. Hallstattzeit

Funde aus Grabhügeln von Dörflingen, Kt. Schaffhausen; Langenthal und Aarwangen, Kt. Bern. Nach F. Keller, Tschumi und Viollier.

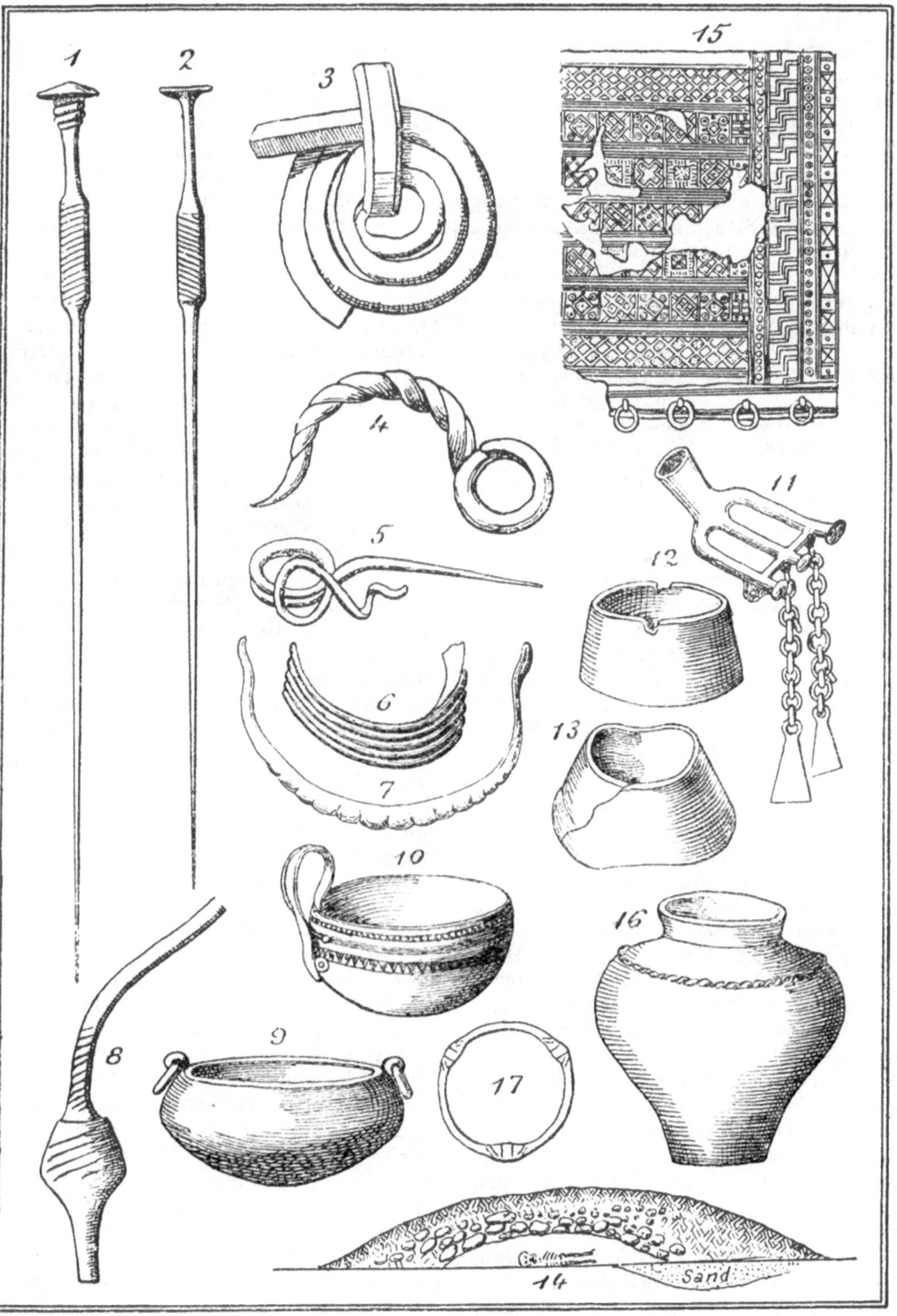

Schweiz D. Hallstattzeit

Funde aus Grabhügeln von Favargettes bei Coffrane, Kt. Neuenburg; Bützberg und Aarwangen, Kt. Bern. Nach Desor und Tschumi.

einflußten Kultur an, wenn sie auch noch manchen Exportartikel aus dem Hallstattkulturbereich enthalten (s. Molinazzo-Arbedo; Band VIII Tf. 98A—C). Nur über die Walliser Gruppe, die durch die Brand- und Skelettgräberfelder von Sion, Conthey, Riddes, Leukerbad usw. vertreten ist, noch einige wenige Worte. Sie führen mit ihren schweren Halsringen (z. T. tordiert) und Armspangen, welch letztere das sog. Walliser Ornament tragen (d. h. Kreise mit scharf markiertem Mittelpunkt), erstarrte Bronzezeitformen fort, wie sie auch das Jura-Gebiet, Savoien usw. aufweisen, die sich z. T. durch die ganze Latène-Periode bis in die RKZ halten.

G. de Bonstetten *Recueil d'antiquités suisses* Bern 1855, Suppl. I (1860), II (1867); J. Heierli *Urgeschichte d. Schweiz* 1901 S. 321 f.; E. Tatarinoff in den Übersichten d. Jahresb. d. Schweizer Ges. f. Urgeschichte.

E. Latènezeit (Tf. 133—135; Band IV Tf. 63 Abb. 14, Tf. 65 Abb. 2. 9. 13. 18, Tf. 66 Abb. 1. 3, VII Tf. 188). § 1. Wie die spätbronzezeitl. Pfahlbautenkultur in der Nord- und Westschweiz, begünstigt durch die Natur des Landes, sich mit dem Volke bis spät in die HZ hinein gehalten hat, so ist auch die Hallstattkultur und die sie tragende Bevölkerung keineswegs dem Andrang der in Ostfrankreich sowie am Mittel- und teilweise auch am Oberrhein herrschenden kelt. Kultur von LTZ_1 mit ihren Masken- und Tierkopffibeln gewichen, sondern hat bis LTZ_2 ihr energischen Widerstand geleistet. Die frühesten Latène-Formen, die sich in der Schweiz finden, sind auf Certosa-Formen zurückgehende Bronzefibeln und gallische LTZ_2-Fibeln mit kleinem Fußknopf, Halsringe mit Ösenverschluß, Hohlringe usw., wie sie die Gräber von Bülach, Engstringen, Mettmenstetten, Schlieren, Zürich usw. enthalten (Violliers Periode Ia; etwa 450—400 v. C.). Es folgen Bronzefibeln mit emailbelegten Fußscheiben, Ringe mit Pufferenden usw. (Periode Ib; etwa 400—325 v. C.) aus den Gräberfeldern Altstetten, Bülach, Gurmels, Jona, Lunkhofen (s. d.), Muri, Rheinau, Winkel usw. Erst in Ic (etwa 325—250 v. C.) wird die Eisenfibel häufiger, Bronzefibeln mit Spitze auf der Fußscheibe, Vasenkopffibeln, Halsringe mit Blutemailscheiben und mit großen Puffern, geperlte und geknotete Ringe usw. (Andelfingen, Bern, Dietikon, Lausanne, Mettmenstetten, Pfäffikon, Staefa, Villmergen, Windisch, Zürich). Ausstattung wie Grabriten stimmen im allg. mit den gleichzeitigen Südwestdeutschlands so sehr überein, daß Viollier beide Stämme als die gleichen oder nahe verwandte betrachtet, die Bevölkerung der Schweiz von LTZ_2 ab als Vorwelle der späteren helvetischen. In Südwestdeutschland begegnen allerdings auch Abweichungen, sowohl im Grabritus (hier neben den Flachgräbern noch häufig Grabhügel) wie im Grabinventar (z. B. die hohen Flaschen), so daß ich zunächst nur an nahe Verwandtschaft glauben möchte. Die Unterstufen Violliers sind, wenn man länger dauernde Übergänge und etwas späteren Beginn von Ia annimmt, voll berechtigt.

§ 2. In LTZ_3 wo die Helvetier aus Südwestdeutschland vor den Germanen zurückzuweichen begannen, wird die Ähnlichkeit des schweiz. und südwestd. Materials noch größer. Grabfunde, wie der reiche von Dühren (s. d.) im Elsenz-Tal oder die von Ladenburg (s. d.), begegnen in identischer Weise in den Gräberfeldern von Horgen (Silberfibel, Gold- und Gagatring, blaue Glasringe, Münze), Mettmenstetten (Bronzefibeln, gelbe Glasringe), Frauenfeld, Mötschwil, Aaregg usw., nunmehr auch mehr übereinstimmende Keramik: schwarze oder graue Fußvasen, Flaschen, Kumpen usw., die mit ihren eigenartigen, wulstigen Riefen, dicken Mündungsrändern usw. sehr an die feingedrehten Holzgefäße erinnern, deren die Station La Tène ja eine größere Anzahl ergeben hat.

Ein Hauptvertreter dieser mittl. Stufe ist La Tène (s. d.; Band VII Tf. 190) selbst, die bekannte Untiefe am Nordende des Neuenburger Sees bei St. Blaise, obwohl dieselbe auch Früh- und Spätlatène-Funde ergeben hat. Mit Undset, Forrer, Déchelette u. a. halte ich La Tène für einen militärisch besetzten Posten mit Waffenniederlagen und Werkstätten, ähnlich wie Nidau-Port am Nordostende des Bieler Sees, oder Tiefenau auf der Engehalbinsel im oberen Aar-Tal (Bern; O. Tschumi *Vom ältesten Bern. Hist. Topographie der Engehalbinsel* 1922; [ders. Urgeschichte der Schweiz 1926 S. 147 ff.]), Wipkingen an der Limat, Chalon-sur-Saône, das röm. Cabillonum. Die Station La Tène, die kurz vor dem Kriege von P. Vouga erfolgreichen neuen Grabungen unterzogen wurde, zeigt mehrere

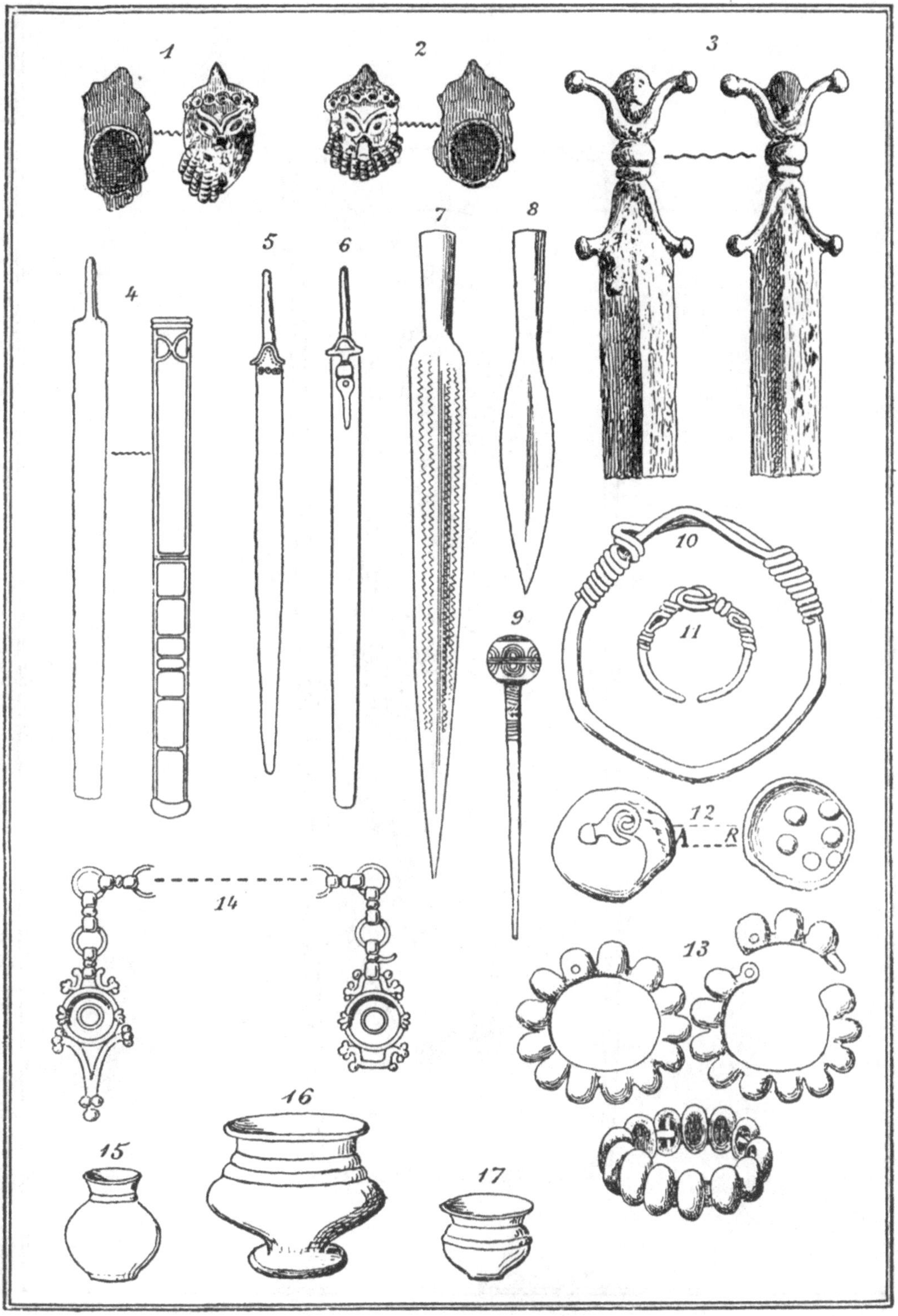

Schweiz E. Latènezeit

Einzel- und Grabfunde von St. Sulpice, Zihl, Schalunen, Melchnau, Belp, Bern (Engehalbinsel).

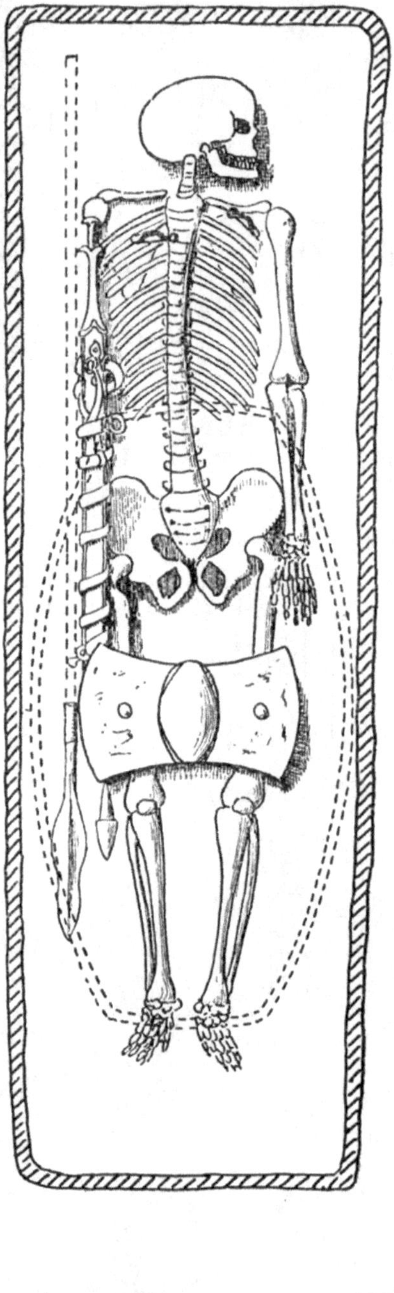

Schweiz E. Latènezeit

Grab Nr. 26 vom Gräberfeld bei Vevey. Nach A. Naef.

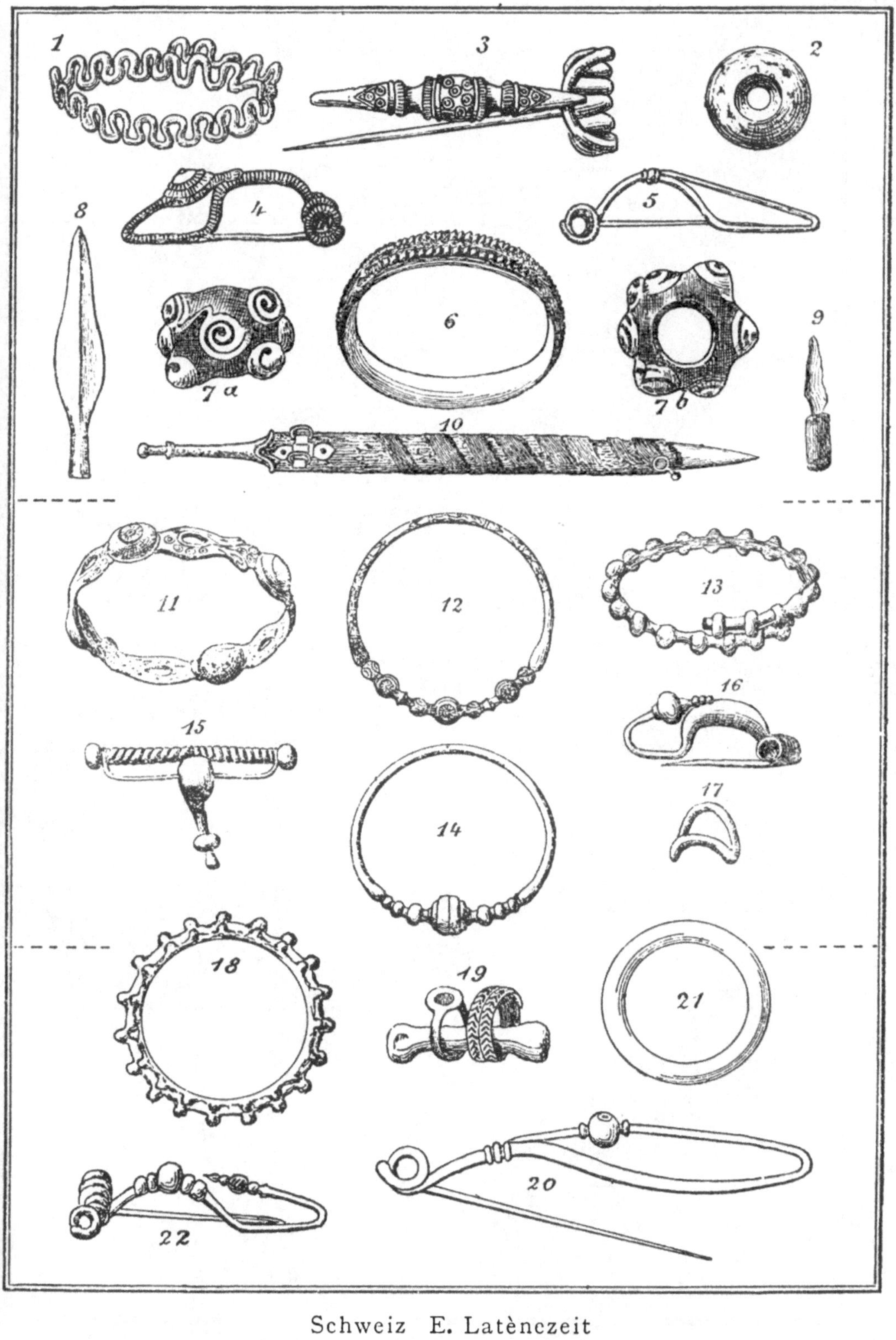

Schweiz E. Latènezeit

Funde aus den Gräberfeldern von Vevey, Andelfingen, Münsingen (Bern).
Nach Naef, Tschumi, Viollier und Wiedmer-Stern.

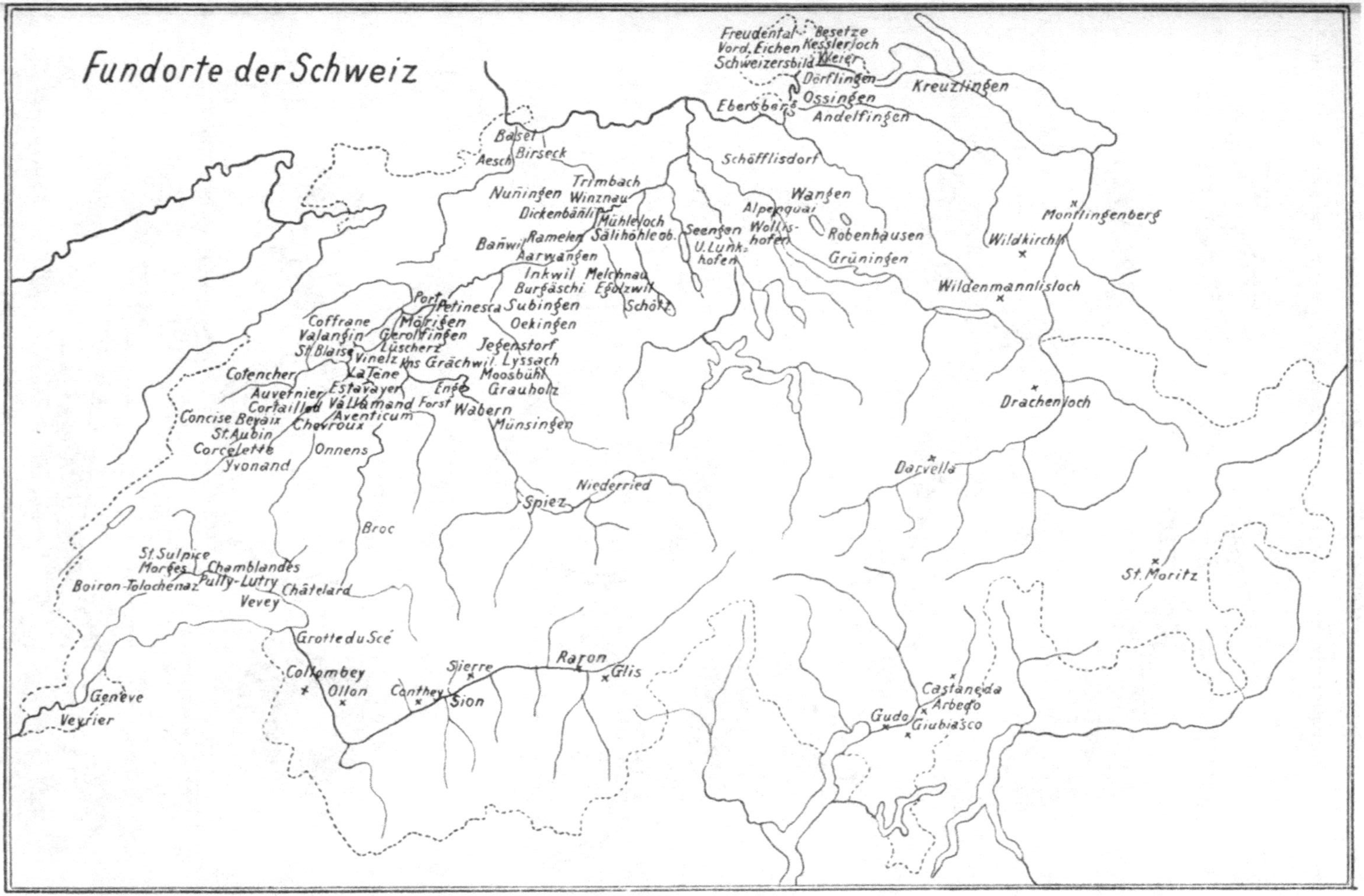

Schweiz

Karte wichtiger Fundorte. Entworfen von O. Tschumi.

durchgehende Zerstörungsschichten: eine um das Jahr 100 v. C., als sie aus dem Besitz der Sequaner in den der Helvetier überging, und die Brandschicht des Jahres 58 v. C. bei der Auswanderung der Helvetier.

Die schön verzierten Eisenschwerter bzw. Schwertscheiden, die vollständige Parallelen von Ostfrankreich bis Ungarn haben und großenteils älter als die Katastrophe um 100 sind, dürften aus Zentralfabriken in den Ostalpen, aber vielleicht auch in der Schweiz selbst hervorgegangen sein, da der Berner Jura ja auch Roheisen bot.

§ 3. LTZ_4 ist in der West- und Nordschweiz verhältnismäßig schwach vertreten, weil die nach der Niederlage dezimiert und verarmt zurückkehrenden Helvetier, die nach Cäsar einst 12 oppida und über 400 Dörfer besaßen, lange Zeit bis zu ihrer wirtschaftlichen Erholung brauchten und sich vielfach nicht mehr an den alten Siedelungsstätten niederließen, wie bei La Tène selbst (dafür Nidau-Port), Basel, Windisch usw. nachzuweisen ist. Doch besitzt die Nordschweiz einen ganz hervorragenden Repräsentanten dieser Zeit in der großen Siedelung bei der Gasfabrik in Basel, wahrscheinlich das Arialbinum der Itinerarien, das uns durch die vorzügliche Veröffentlichung Stehlins und Majors (Anz. f. Schw. AK. 1913f.) mit seinen vielen Wohngruben und Gräbern eine der wichtigsten Grundlagen zur Beurteilung dieser Per. geworden ist. Die so zahlreiche feine und schön bemalte Keramik vom Typus der von Bibracte (s. d.) mit ihren geometrischen und pflanzlichen Ornamenten ist ohne Zweifel aus dem Aeduer-Averner-Gebiet importiert, ebenso wie die häufigen gall. Weinamphoren. In der Nähe des mittelalterlichen Hafens von Basel an dem großen Rheinknie gelegen, wird die Siedelung ein Handelsemporium darstellen, welches namentlich die aus dem Sequaner- und Aeduerland durch die burgundische Pforte kommenden Waren weiter rheinabwärts und ins Binnenland vermittelte.

J. Wiedmer-Stern *Das La Tène-Gräberfeld bei Münsingen* Arch. d. hist. Ver. Bern 18, 3 (1908); Präh. Z. 6 (1914) S. 231f. Schumacher; D. Viollier *Une nouvelle subdivision de l'époque de la Tène* Dijon 1911; ders. *Les sépultures du second âge du fer sur le plateau Suisse* 1916; E. Tatarinoff in den Übersichten d. Jahresb. d. Schweizer Ges. f. Urgeschichte; [K. Keller-Tarnuzzer *Urgeschichte des Thurgaus* 1925; O. Tschumi *Urgeschichte der Schweiz* o. J. (1926)]. K. Schumacher

Schweizersbild (bei Schaffhausen). S. a. Schweiz A § 3, B § 6. — Hier wurden in

	Grabnummer					
	4	8	9	11	12	14
Geschlecht	?	♂	♀	?	♀	♂
Lebensalter	etwa 13	etwa 60	etwa 16	etwa 6	etwa 30	etwa 40
Periode	EZ	Neol.	Neol.	Neol.	Neol.	Neol.
Kapazität nach Welcker	1245	1310	1180	—	1140	1245
Gr. Länge des Schädels	178	178	173	168	174*	179
Gr. Breite des Schädels	140	138	132	128*	125	130
Kl. Stirnbreite	96	96	95	—	89	94
Ohrhöhe	122	114	108	120	126	122
Horizontalumfang	505	500	480	450	505	490
Obergesichtshöhe	55	—	—	—	64	—
Jochbogenbreite	115	—	—	—	113	—
Nasenhöhe	37	—	43	—	45	—
Nasenbreite	24	28	20	—	20	—
Orbitabreite	39	38	—	—	38	—
Orbitahöhe	26	28	—	—	33	—
Gaumenlänge	47	54	45	38	50	—
Gaumenbreite	45	48	35	38	40	—
Läng.-Breit.-Index	78	77,6	76,3	73,2*	71,4	75,5
Läng.-Ohrhöhen-Index	68,5	64,4	62,4	66,6	72,4*	68,1
Obergesichts-Index	46,9	—	—	—	56,6	—
Augenhöhlen-Index	66,6	77,3	—	—	86,8	—
Nasen-Index	64,8	—	46,5	—	44,4	—
Gaumen-Index	95,7	88,3	77,7	100	80	—
Errechnete Körperhöhe	—	1660	1233	—	1355	1500

(Anmerk.: Die mit * versehenen Zahlen sind korrigiert.)

Gräbern Reste von 26 Individuen gefunden, von denen 24 (13 Erwachsene und 11 Kinder) aus dem Neol., 2 (1 Erwachsener und 1 Kind) aus der Metallzeit stammen. Die Reste sind leider z. T. bei der Ausgrabung durcheinandergekommen, so daß es bei manchen Schädeln nicht sicher ist, zu welchen Skeletten sie gehören. Gut erhalten sind nur 6 Schädel (5 aus dem Neol., 1 aus der EZ). Die wichtigsten Maße sind nach J. Kollmann in vorstehender Tabelle aufgeführt.

Die neol. Schädel sind also mittellang- bis langköpfig (meso- bis dolichokephal), dabei hoch gewölbt mit breiter Stirn; die absoluten Maße und der Rauminhalt sind aber gering. Das Gesichtsskelett ist bei den beiden Männern niedrig und breit, flach und breit ist auch die Nase, breit sind die Kiefer, die Augenhöhlen niedrig. Ganz anders sieht das Gesichtsskelett der Frauen aus: bei ihnen ist das Gesicht schmal, die Nase schmal, mit gut gegeneinander gewölbten Nasenbeinen; die Augenhöhlen sind rundlich und ziemlich hoch, der Gaumen ist schmal. Eine systematische Untersuchung der Skelette auf Rassenzugehörigkeit fehlt noch; es scheint sich um einen Mischtypus zu handeln, der vielleicht der Mittelmeerrasse (*Homo mediterraneus*; s. d.) nahe steht.

Die auffallendste Eigenschaft der Skelette ist vielleicht die geringe Körpergröße einiger Exemplare, und Kollmann hat sie daraufhin für Pygmäen erklärt, was aber sicher unrichtig ist, denn wirklich kleinwüchsig sind nur die weiblichen Skelette, die männlichen haben eine ganz leidliche Mittelgröße; eine ziemlich große Differenz in der Körperhöhe beider Geschlechter ist aber auch heute bei manchen menschlichen Rassen das Normale.

ZfEthn. 26 (1894) S. 189—254 J. Kollmann; Neue Denkschr. Schweiz. Naturf. Ges. 35 (1896) S. 81 ders.; Anthrop. Korr.-Bl. 36 (1905) S. 9 ders.; E. Fischer *Spez. Anthropologie* in *Anthropologie* 1923 S. 161. Reche

Schwert. A. Europa (Tf. 137—143[B]).

§ 1. Einleitung und Übersicht. — § 2—10. Schwerter der Bronzezeit: § 2. Allgemeine Formen ohne Zunge und Angel. — § 3. Nordische Griffzungenschwerter. — § 4. Nordische Vollgriffschwerter. — § 5. Ungarn. — § 6, 7. Süddeutschland und die Schweiz. — § 8. Westeuropa. — § 9. Italien. — § 10. Griechenland. — § 11—18. Übergangstypen von der Bronze- zur Eisenzeit: § 11. Möriger Schwert. — § 12. Auvernier-Schwert. — § 13. Nierenknaufschwert. — § 14. Antennenschwert. — § 15. Nordische Griffangelschwerter. — § 16. Hallstattformen. — § 17. Dipylon. — § 18. Osteuropa. — § 19—25. Schwerter der Eisenzeit: § 19. Kelten. — § 20. Britannien. — § 21. Iberer. — § 22. Illyrer. — § 23. Germanen. — § 24. Griechen. — § 25. Römer.

§ 1. Die Entwicklung der europ. Schwertformen geht an verschiedenen Stellen selbständig vor sich. Die Grundlage bilden in den meisten Fällen die steinzeitl. Feuersteindolche, die oft bis in die entwickelte BZ hinein in Gebrauch bleiben.

Dem Umstand, daß die S. aus den Dolchen (s. d. A) entstanden sind, sowie der Eigenart des gegossenen Materials ist es zuzuschreiben, daß die S. der BZ fast ausnahmslos Stichschwerter gewesen sind. Im Laufe der BZ bilden sich einzelne Gebiete heraus, die es in der Formgebung zu besonderer Reichhaltigkeit bringen, führende Typen schaffen und weniger produktive Länder in ihren Wirkungskreis miteinbeziehen. Als schier unerschöpflicher Quell erweist sich vor allem der germ. N, mit dem Ungarn und Süddeutschland in engster Fühlungnahme stehen. Besonders reichhaltig entfaltet sich ferner der Typenvorrat der ausgehenden BZ in Nord- und Mitteleuropa. Das stärkste Zentrum in Südeuropa liegt während dieser Zeit in Griechenland. Mit dem Übergang zur EZ vollzieht sich eine Umgruppierung der führenden Gebiete, indem die Hauptzentren der BZ, besonders das germ. Nordeuropa, weniger das myk. Griechenland, hinter dem mitteleurop. Hallstattgebiet zurücktreten. Hierhin verlegt sich beim Übergang zur EZ das Schwergewicht der Schwertentwicklung. Dieses Gebiet behält auch während der LTZ seine maßgebende Stellung. Die kelt. Schwert-Industrie ist es, die ihren Einfluß weithin geltend macht. Nur die drei s. Halbinseln sind teilweise von dieser Befruchtung ausgeschlossen. Auf röm. Boden beginnt dann die Entwicklung des Gladius, der aber erst mit der Ausbreitung des Römerreiches allmählich stärkere Bedeutung gewinnt.

S. gibt es naturgemäß erst seit der Metallzeit. Man hat im N allerdings den Versuch gemacht, auch aus Feuerstein Hiebwaffen zu fertigen. Die außerordentliche Höhe nord. Feuersteintechnik hat einen Säbel (s. d.) geschaffen, der zwar die Beherrschung

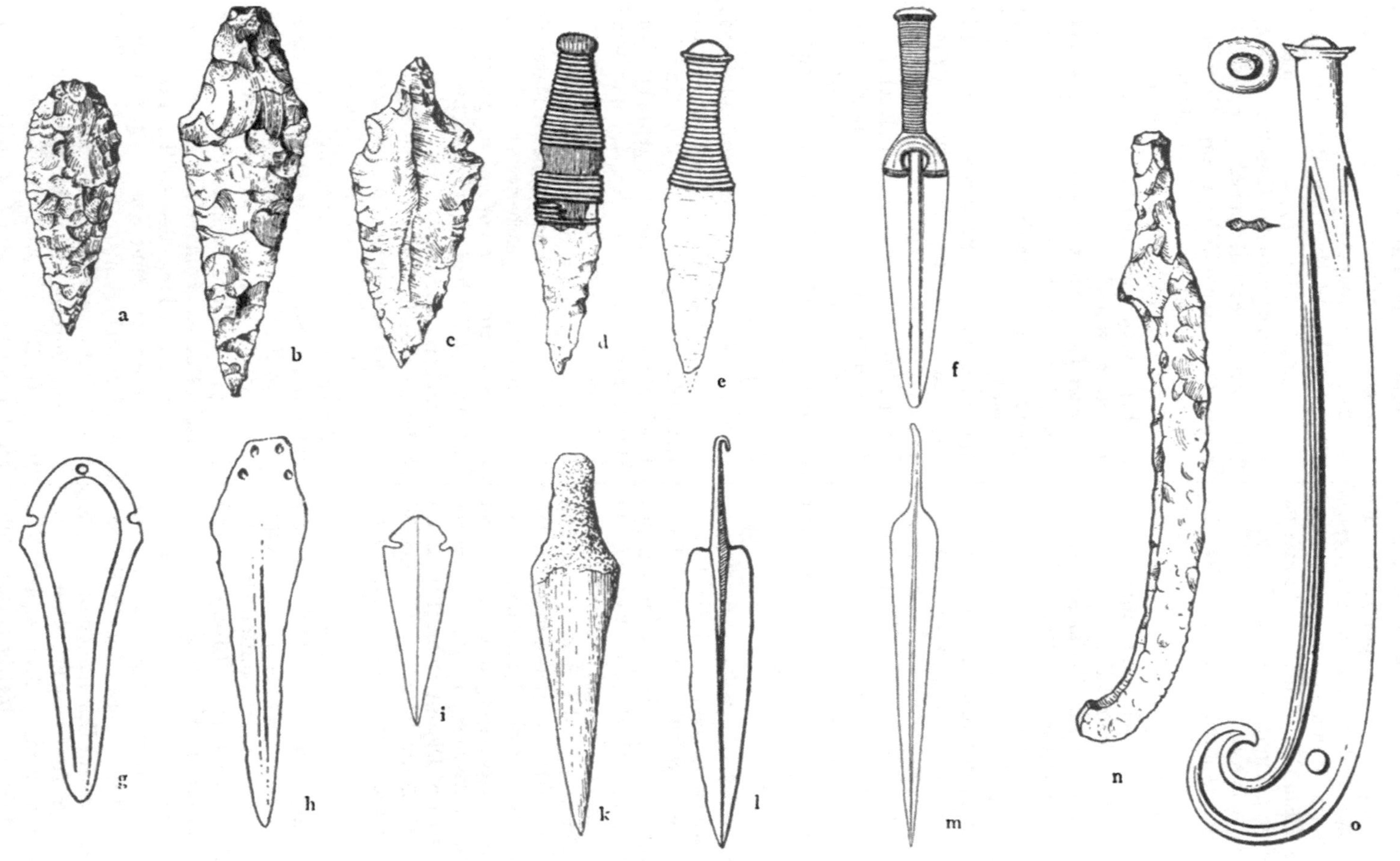

Schwert A. Europa

Älteste Dolchformen und Säbel: a—c. Italien. $1/2$ n. Gr. — d. Schweiz. $1/4$ n. Gr. — e. Posen. $1/4$ n. Gr. — f. Malchin. $1/5$ n. Gr. — g—k. Italien (g. $2/5$, h, i. $1/2$, k. $1/3$ n. Gr.). — l. Ungarn. $1/3$ n. Gr. — m. Phönizien. $1/5$ n. Gr. — n. Dänemark. $1/4$ n. Gr. — o. Norre, Östergötland. ca. $1/5$ n. Gr. a—c, n. Feuerstein. — d. Feuerstein und Holz. — g—k, m. Kupfer. — e, l, f, o. Bronze.

des Materials in erstaunlicher Vollkommenheit zeigt, dem aber eine praktische Bedeutung nicht mehr zukommt (Tf. 137n). Diese Säbelform ist dem hettit. Kulturgebiet entnommen. Ein Gegenstück aus Bronze ist in Schweden gefunden worden (Tf. 137o). Diese Funde geben uns zwar lehrreiche Einblicke in die Handelsbeziehungen der damaligen Zeit (1. Per. Mont.), Nachwirkungen auf die Ausgestaltung der europ. Schwertformen haben sie jedoch nicht ausgeübt.

Den Übergang vom Feuerstein- zum Metalldolch, aus dessen Verlängerung allmählich die S. entstehen, zeigen am klarsten die Formen in Italien und Nordeuropa. Doch sind nicht alle zweischneidigen Stücke als Dolche anzusprechen, manche dienten einfach als Messer. In Italien kommen drei Arten der Feuersteindolche als Vorstufen für die Metalldolche in Frage (Tf. 137a—c; vgl. a. Band VI Tf. 22b—e): 1. die mandelförmigen; sie geben das Vorbild für die oben einfach abgerundete Klinge ab; 2. die mit Schaftzunge, aus der sich einerseits die Klinge mit trapezförmigem Abschluß entwickelt, andererseits durch Fortfall der Einziehung der Feuersteinzunge und durch rechteckige Absetzung zu beiden Seiten die Form mit Griffzunge; 3. der Feuersteindolch mit gekerbtem Klingenoberteil; er wird nur in die Bronzetechnik umgesetzt. Bei so komplizierten Formen wie Form 3 ist natürlich auch das umgekehrte Verhältnis möglich, daß die Feuersteinform die Rückwirkung der neuen Technik wiederspiegelt, da Stein- und Metallformen stets eine geraume Zeit nebeneinander bestehen. Die unterschiedliche Form der Metalldolche im S führt naturgemäß zu entsprechend verschiedenen Schwertformen.

Wesentlich anders gestaltet sich die Entwicklung im germ. N, da hier der mit einem Griff versehene Feuersteindolch in der Hauptsache der Überlieferer der Tradition wird. Der Griff der Feuersteindolche wird in der Regel mit einer Schnur umwickelt gewesen sein (vgl. Tf. 137d, e), ihre Umwicklung mit einem Bronzedraht setzt diese Gewohnheit nur fort. An diese Art schließen sich die Formen an, die zwar in einem Guß hergestellte Griffe zeigen, deren Querriefelung aber immer noch die alte Verschnürung widerspiegelt. Vier Arten sind auf germ. Gebiet bekannt: 1. unverzierte Dolche mit Stabgriff, im ganzen gegossen; 2. Dolche „italischer“ Form mit angegossenem Stabgriff; 3. Dolche mit breiter Klinge und ital. Wolfszahnmuster, aber langem Griff (Band IX Tf. 124b); 4. Dolche mit angegossenem, quergeriefelten Griff (Tf. 137f); die letzte Art bildet eine typisch germ. Erscheinung (vgl. a. Band IX Tf. 124a) Mit diesen Typen sind alle Vorbedingungen für die Entwicklung der Vollgriffschwerter gegeben.

Aber auch die nord. Griffzungenschwerter wurzeln in den zeitlich voraufgehenden Feuersteindolchen. Als Vorstufe kommen Formen mit langer, abgesetzter Griffzunge in Betracht, wie sie zahlreich im nord. Kulturgebiet zur jg. StZ und im Beginn der BZ vertreten sind. Die lange und verhältnismäßig breite Griffzunge konnte die Grundlage für zunächst noch plumpe Bronzeformen abgeben. Auch Belag des Feuersteindolches mit Holzplatten war bereits bekannt (Tf. 137d; Montelius *Chron. ält. BZ*. Abb. 60). Man könnte zwar die Entstehung der Griffzungenschwerter nord. Form in Norddeutschland oder Ungarn suchen. Sehr große Wahrscheinlichkeit hat jedoch das nord. Gebiet, insbesondere das Kerngebiet auf Jütland und den dänischen Inseln für sich, weil hier die natürlichen Vorstufen zahlreich vorhanden sind und seine Bewohner durch die Höhe ihrer technische Fertigkeit auch in die Handhabung und technische Bearbeitung des neuen Materials sich meisterhaft eingearbeitet haben. Italien z. B. hat es trotz der Vorbedingungen typol. Art nicht zur Ausbildung eines gleichwertigen Griffzungenschwertes gebracht. Auch im N lassen sich Rückwirkungen auf die Ausbildung der steinernen Formen nachweisen (Montelius *Chron. ält. BZ*. Abb. 62).

Außer den beiden genannten Gebieten hat nur im SO noch eine Dolchform maßgebenden Einfluß auf die Ausbildung eines Schwerttypus gewonnen: der zyprische Dolch (Tf. 137l). Ihn kennzeichnet die umgebogene Angel. Man hat wohl die mit Absicht länger als die Bekleidung des Griffes gestaltete Angel oben wie eine Krampe in das Holz wieder zurückgeschlagen, um dem Griff mehr Halt zu verleihen. Ähnlich umgebogene Formen, die in jüngerer Zeit auftreten (j. BZ und LTZ), stehen natürlich nicht mehr in direktem Zusammenhang mit

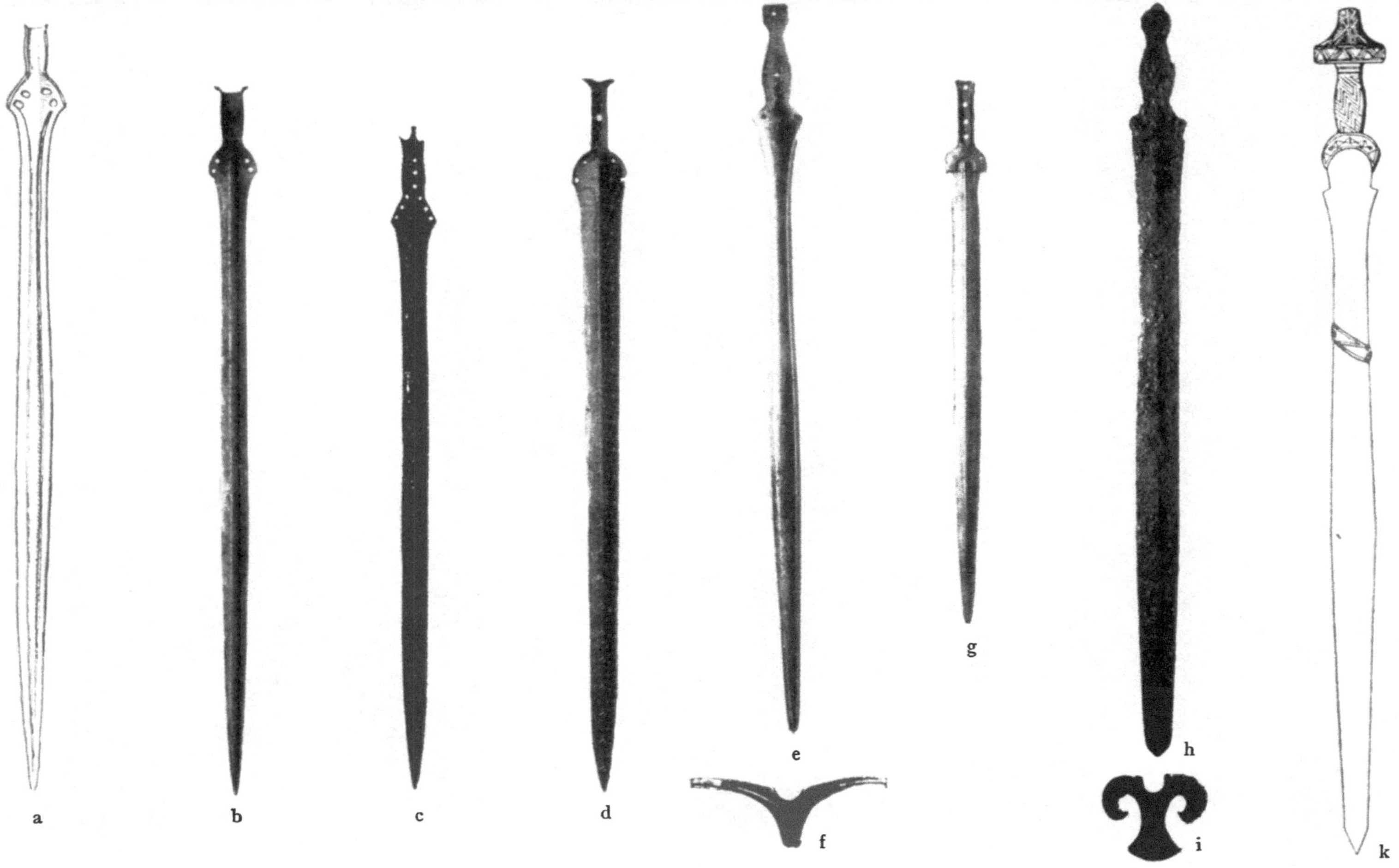

Schwert A. Europa

Entwicklung der Griffzungenschwerter in Nord- und Mitteleuropa: a. Lageved, Schonen. — b, c. Spandau, Brandenburg. — d. Wolfshagen, Brandenburg. — e, f. Büchenbach, Bayern. — g. Stöllen, Brandenburg. — h, i. Haselbrunn. — k. Gomadingen, Württemberg. $^1/_9$ n. Gr.

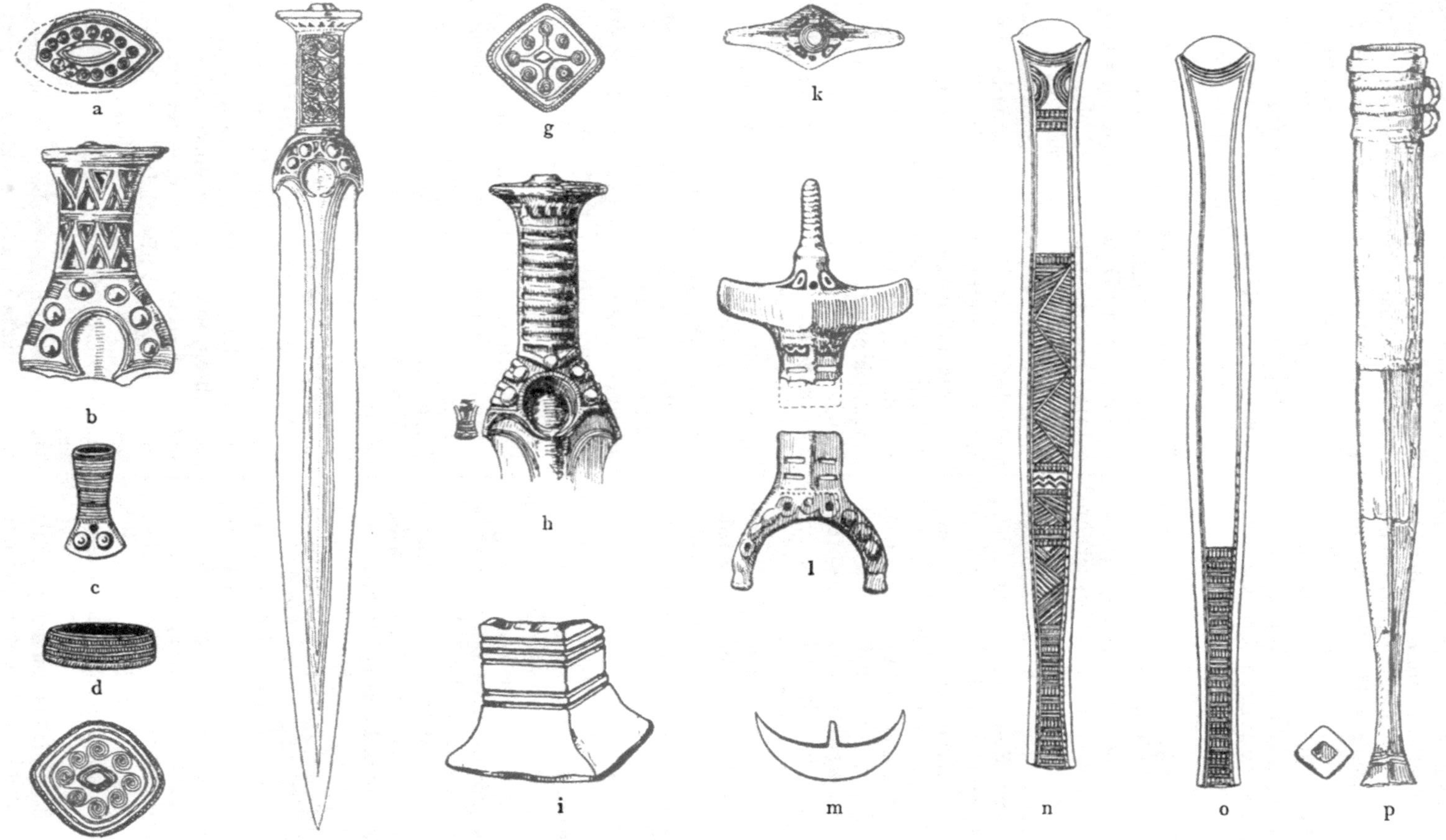

Schwert A. Europa

Nordische Vollgriffschwerter, Scheiden und Ortbänder: a—b. Vallby, Småland. 1/3 n. Gr. — c, d. Dänemark. 1/4 n. Gr. — e, f. Segerstad, Västergötland. 1/4 n. Gr. — g, h. Ellössefjord, Bohuslän. 1/3 n. Gr. — i. Eggestedt, Hannover. 3/4 n. Gr. — k, l. Vattholma, Uppland. 1/3 n. Gr. — m. Plathe, Pommern. 1/3 n. Gr. — n, o. Kongshøi, Dänemark. 1/6 n. Gr. — p. Dömmestorp, Halland. 1/4 n. Gr.

dem zyprischen Dolche. Seine ältere Form besitzt hochgezogene Schultern, bei der jüngeren werden sie gerade oder fallen herunter. Er verbreitet sich über Griechenland bis Ungarn in n. und über Albanien bis in die Schweiz in nw. Richtung. In Italien und Troja kommt er gleichfalls vor. Aus ihm entwickeln sich Schwertformen, bei denen die Klinge ganz allmählich in die Angel übergeht.

Der westeurop. Dolch scheint keinen Einfluß auf die Schwertbildung gehabt zu haben. Seine Klinge ist breit und flach, mit ebenfalls verhältnismäßig breiter Griffzunge von gleicher Dicke versehen, und besitzt abgeschrägte Ränder. Spanien, Südwestfrankreich, Großbritannien und Mitteldeutschland bilden sein Hauptverbreitungsgebiet. In England scheint er am längsten zu leben.

§ 2. Sehr zahlreich, aber zur Unterscheidung kultureller Gruppen und zeitlicher Unterschiede noch wenig geeignet sind die Schwertformen, von denen uns nur die Klingen erhalten sind, die weder Griffzunge noch Angel besitzen, und deren Griff aus vergänglichem Stoff in der Regel nicht erhalten ist. Manche Formen haben sicher einen Vollgriff aus Metall besessen und würden dann natürlich anders aussehen. Sonst geschah die Befestigung des vergänglichen Griffes durch Niete, deren Löcher den oberen Rand der Klinge umsäumen. Die Länge der S. ist ebenso verschieden wie bei den anderen Schwertformen. Die Klinge ist schilfblattförmig in der Mehrzahl der Fälle, doch kommen auch rapier-artige Stücke mit ganz schmaler Klinge vor, deren Ränder fast bis zur Spitze parallel laufen. Nach der Form des oberen Abschlusses kann man die Klingen rein äußerlich in verschiedene Gruppen teilen: 1. gerader Abschluß, Befestigung durch zwei Niete; 2. dreieckiger Abschluß, Befestigung durch zwei oder mehr Niete; 3. ganz spitzer Abschluß, Befestigung in der Regel durch drei Niete (Schweizer Form; s. § 7); 4. trapezförmiger Abschluß, zwei bis vier Niete (Britische Inseln und Nordfrankreich; s. § 8); 5. halbkreisförmiger Abschluß, mehrere Niete; 6. Ansatz breit gedrückt, mehrere Niete; entstanden aus den ital. Formen; 7. ausgebuchteter Oberteil, mehrere Niete (Ungarn; s. § 5).

Alle diese Klingen gehen auf entsprechende Dolchformen zurück. Ihr Hauptverbreitungsgebiet bilden die Länder, die wenige oder keine starken eigenen Formen hervorgebracht haben, also hauptsächlich West- und Südeuropa mit Ausnahme des engeren ägäischen Kreises. Hier wie im nordeurop.-germ. und dem ungar. Gebiete treten sie hinter den ausgeprägten Sonderformen stark zurück.

§ 3. Nordische Griffzungenschwerter. Als Entstehungsgebiet für das nord. Griffzungenschwert kommen Ungarn und die jütländische Halbinsel in Frage (s. § 1). Doch erscheinen in Schleswig-Holstein und Dänemark die ursprünglichsten Formen in größter Anzahl, weshalb man in ihnen wohl einen germ. Typus erblicken darf. Der älteste Typus zeichnet sich durch eine breite, in der Mitte nach außen verbreiterte Zunge aus (Tf. 138a). Der Heftabschluß ist halbkreisförmig und gegen die Klinge stark abgesetzt oder eingezogen. Die Ränder zur Aufnahme des Griffbelages sind hoch aufgekantet, die Zunge ist nietlos, lediglich der Heftabschluß ist mit Nietpaaren versehen. Die Ränder der Klinge sind im allg. wenig geschwungen, die Mittelrippe ist oft sehr breit, so daß nur wenig Raum für die Schneide übrig bleibt. Die Entstehung des Typus fällt in die Mitte der II. Per. Mont. Er verbreitet sich, Dänemark—Schleswig-Holstein als Heimat vorausgesetzt, in Streufunden über Nordwestdeutschland nach Hessen und Franken einerseits, über Mecklenburg, Ostdeutschland (Pommern, Brandenburg, Schlesien) bis Südungarn und Bosnien andererseits. Im germ. Gebiete Schwedens kommt er selbstverständlich vor, während er im eigentlichen Süddeutschland, der Schweiz, Österreich, Italien und Westeuropa in der II. Per. Mont. noch fehlt.

Im Laufe der Entwicklung wird die Griffzunge schmaler und nur noch sanft geschweift, die Ränder werden niedriger, der Heftabschluß nähert sich der Dreieckform, vor allem ist kennzeichnend, daß sich die Niete vermehren, so daß die vollentwickelte Form auf dem Heftabschluß zwei—drei Paare und auf der Zunge in der Regel drei—vier Niet aufweist (Tf. 138c; Band IX Tf. 118f.). Dieses Stadium gehört dem Ende der III. Per. Mont. an. Dieser allgemeine Typus geht in IIc und III in wenigen Exemplaren über Belgien nach Frankreich, häufiger südwärts bis nach

Italien (Band VI Tf. 29 b, d), vereinzelt über Bulgarien (Band II Tf. 103a) nach Griechenland (Mykenai), Kreta (Muliana) und Ägypten (Tf. 144 a—c). Bereits am Ende der II. Per. entwickeln sich zahlreiche Sonderformen, die in der Zahl und Verteilung der Niete sowie der Ausbildung des Heftansatzes ihren Ausdruck finden. Besonders die Träger der nord. Kultur scheinen eigenartige Weiterbildungen geschaffen zu haben.

Die Griffzungenschwerter dauern noch bis in die IV. Per. Mont. durch und sterben dann am Anfang der V. Per. aus. W. der Oder insbesondere treten sie noch auf, wenn auch selten, mit sehr schmaler Griffzunge. Die Griffangelschwerter treten im allgemeinen an ihre Stelle. Nicht zu verwechseln mit diesen Typen sind Formen, die der jg. BZ angehören (IV. Per. Mont): ihre Griffzunge ist gerade und mit hohen Rändern versehen, die oben meist zu Spitzen nach auswärts gebogen sind. Griffabschluß und Heftausschnitt sind halbkreisförmig. Nietlöcher befinden sich auf dem Heft und der Zunge (Tf. 138 d; Band VII Tf. 96).

Eine weitere Sonderform ist der sog. Wolkower Typus (s. Wolkower Schwert; Tf. 141 B c), dessen Eigenart die geschlitzte Zunge darstellt. Seine Entstehung geht wahrscheinlich unter westeurop. Einfluß vor sich (s. § 8).

In der 1. Hälfte der III. Per. entwickelt sich außerdem in Norddeutschland das Griffzungenschwert mit oberem Zungenfortsatz (Tf. 138 c). Im Laufe der III. und während der IV. Per. wächst dieser Fortsatz zu immer größerem Umfange aus, indem er breiter und länger gestaltet wird. Die späten Stufen finden sich zahlreicher auch in Mitteleuropa und Italien. Vereinzelt sind sie im SO (Mykenai und Kreta) und im N (Dänemark, Schweden, Finnland) vertreten. Die Griffzungenschwerter mit oberem Zungenfortsatz bereiten dann auf germ. Boden durch Verschmelzung des Fortsatzes mit der Angel das S. der HZ vor (s. § 16).

Als Griffbelag diente vornehmlich Holz, Knochen, Horn und Blei. Für den Knauf bildete Horn das geläufigste Material, doch kommen außerdem Holz, Bernstein und Blei vor. Zur Befestigung des Griffbelages verwendete man bisweilen Stifte aus Holz oder Horn. (Über Scheide, Ortband und Schwerthaken s. § 4.)

§ 4. Nordische Vollgriffschwerter. Die Griffangelschwerter mit Vollgriff entwickeln sich ebenfalls aus den Dolchen der ältesten BZ. Bereits in der I. Per. Mont. erscheinen Kurzschwerter bzw. lange Dolche (Band IX Tf. 105 d). Der Griff ist meist unverziert, der Heftabschluß halbkreisförmig. Die Verbindung von Griff und Klinge geschieht durch echte oder Scheinniete. Die Klinge ist sanft geschwungen und oft durch Linien verziert. Im Anfang der II. Per. Mont. treten die nord. Vollgriffschwerter in vollendeter Form zum ersten Male auf. Griff und Knauf sind rundlich, oval oder spitzoval (Tf. 139 a, b; Band IX Tf. 108 a). Der anfänglich in der Mitte mit einer gerstenkornförmigen Erhöhung versehene, sonst flache Knauf bekommt gegen Ende der Per. einen halbkugelförmigen Knopf, den oft bis zu 12 Spiralen oder Kreise umgeben (ebd. Tf. 109 b, c, hier Tf. 139 e, f). Jedoch bleibt die Erhöhung des Knaufes sehr niedrig. Der Griff wird entweder als Vollgriff gearbeitet oder aus Scheiben zusammengesetzt. Der Heftausschnitt ist halbkreis- oder flach halbmondförmig, in der Per. IIc Dreiviertelausschnitt oder flach, und nähert sich bereits am Ende der II. Per. dem Vollkreis (Dreiviertel- und Neunzehntel-Ausschnitt). Die Klinge zeigt eine elegante Schweifung, ihr Durchschnitt ist entweder dachförmig mit Rinnen längs der rundlichen, flach gewölbten Mitte versehen, oder sie besitzt einen Mittelgrat mit rautenförmigem Querschnitt und flache Schneiden beiderseits. Als Verzierungen des Griffes treten Spiralen und konzentrische Kreise auf. Sehr häufig ist Harzeinlage, auch Bernstein- und Goldschmuck kommen vor. Die Verbindung von Griff und Klinge geschah durch Nietung. Viele Niete sind gewöhnlich ein Zeichen hohen Alters, später erscheinen in der Regel nur noch vier. S. a. Band IX Tf. 127 rechts.

In der III. Per. Mont. wird der Knauf rautenförmig und kleiner (Tf. 139 g, h; Band IX Tf. 118 a, b, e). Er schwillt dachförmig an, und der Knopf hebt sich höher aus der Platte heraus. Der Heftausschnitt wird zum Vollkreis. Der äußere Abschluß ist häufig mit ornamentalen, überfassenden Streifen verziert, die ihren ursprünglichen Charakter als Lederbänder oft deutlich zum Ausdruck bringen. Die Griffstange wird, wie schon in der II. Per., mit Scheiben versehen, die mit meist vergangenen Platten aus Horn, Knochen oder einer Harzmasse abwechseln. Die eingepunzte Spiralverzierung ist fast verschwunden. Nur in Mecklenburg, auf Bornholm und in Ostschonen kommen fortlaufende Bogenreihen vor. Den Knauf zieren im Anfang der Per. regelmäßig 8 Gruppen konzentrischer Kreise, die gleich in der Weise mitgegossen sind, daß die vier an den Ecken durch ein Kreuz verbunden sind. Die Kreise verkümmern später zu Punkten. Sehr beliebt ist Harzeinlage, oft ist der Schwertgriff aber auch mit Gold verziert.

Die S. der IV. Per. zeigen ein starkes Indiehöhestreben der Knaufspitze, die Seiten werden hörnerartig und der Griff kantig; der alte Heftabschluß verschwindet, dafür erscheint wieder der frühere flache Bogen (Tf. 139 k, l; Band IX Tf. 132 b, c). Diese S. bilden den Schluß der Entwicklung der besonderen nord. Vollgriffschwerter. In der V. Per. treten nur noch vereinzelt Vollgriffschwerter fremder Herkunft auf (Band IX Tf. 135 b, c; hier Tf. 141^B^ a, b, d). In der jüngsten BZ spielen hier Miniaturschwerter und Dolche die Hauptrolle.

Scheiden sind seit der II. Per. Mont. nachweisbar. Die vollkommensten bestanden aus drei Teilen: 1. innen einem feinen Fell, das ungegerbt mit den Haaren (Strich nach unten) nach der Klinge gekehrt ist; 2. in der Mitte Birkenholzplatten; 3. außen einer dünnen, gut gegerbten Lederauflage mit Querbändern aus Leder zur Verstärkung. Daneben gibt es einfache Scheiden aus Holz, teils unverzierte, teils solche mit kunstvollen Schnitzmustern (Tf. 139 n, o). Das Wehrgehänge bestand ebenfalls aus Leder und setzte sich aus mehreren Stücken zusammen, die durch Doppelknöpfe miteinander verbunden wurden. An einer oder zwei dicht nebeneinander liegenden Schlaufen, die durch Verlängerung der ledernen Querbänder gebildet wurden (Tf. 139p), hing das S. Die S. liegen im Grabe auf der linken Seite. Die Scheiden sind in Zeug eingewickelt. Die Ortbänder waren ursprünglich auch aus Holz, werden aber schon in der II. Per. aus Bronze hergestellt. Die ersten Anfänge bilden saumartig geformte, bogenförmige Blechstreifen, die mit Nietplättchen versehen sind. Die entwickelten Formen bestehen aus einem glatten oder geriefelten, schmalen Blechstreifen von ovalem Umriß. Sie gehen nach oben konisch zu, oder sie sind höher und besitzen einen unteren Abschluß, der mit zwei Buckeln versehen ist (Tf. 139 c, d). In der III. Per. werden sie rautenförmig (Tf. 139 i, p), in der IV. Per. zum kahnförmigen Blech (Tf. 139 m).

Auch Schwerthaken treten schon in der II. Per. auf. In IIa besitzen sie einen langen, in IIb einen kurzen Stiel. Dieser ist bandartig, mit einem kreisförmig verbreiterten Ende versehen, das die typische Spiralverzierung trägt oder durchbrochen gearbeitet ist (Band IX Tf. 110 f).

Die S. werden bis 73 cm lang. In der älteren BZ sind Griff und Klinge meist besonders gegossen. Die typisch germ. Vollgriffschwerter gehen kaum über die germ. Grenze hinaus.

§ 5. Ungarn. Sonderentwicklungen zeigen die Griffangelschwerter mit Vollgriff in Ungarn und Süddeutschland. Entwickelte Formen treten in beiden Gebieten seit der II. Per. der BZ auf. In der I. Per. zeigt Ungarn noch ital. Einfluß in der Verzierung der Dolche durch das allgemeine Wolfszahnornament auf der Klinge und die Ausfüllung des Heftausschnittes durch eine Verzierung nach Art des Radnadelkopfes. Von der II. Per. an zeigen aber die ungar. Schwerter durchaus eigenen Typus. Es gibt in der II. Per. drei Arten: 1. unverzierte Vollgriffschwerter, 2. bayerische (s. § 6), 3. Griffzungenschwerter. Die erste Art bildet den Urtypus für die ungar. S. Die Ränder der Klinge sind noch nicht geschweift, sondern gleichmäßig breit (Tf. 140 d), wie beim Griffzungenschwert des Nordens (s. § 3) und einer Reihe anderer meist früher Formen. Die III. Per. Mont. ist in Ungarn schwach vertreten. Die Formen beschränken sich im wesentlichen auf die Donautypen mit kantigem Griff, Griffzungenschwerter mit drei bis vier Nieten auf der Zunge und Dolche myk. Form. Die Blüte der charakteristischen ungar. S. fällt erst in die j. BZ. Besonders bezeichnend ist die Bildung des Griffes durch Zonengliederung, die entweder durch erhabene, umlaufende Wülste oder entsprechend angeordnete Muster zum Ausdruck kommt.

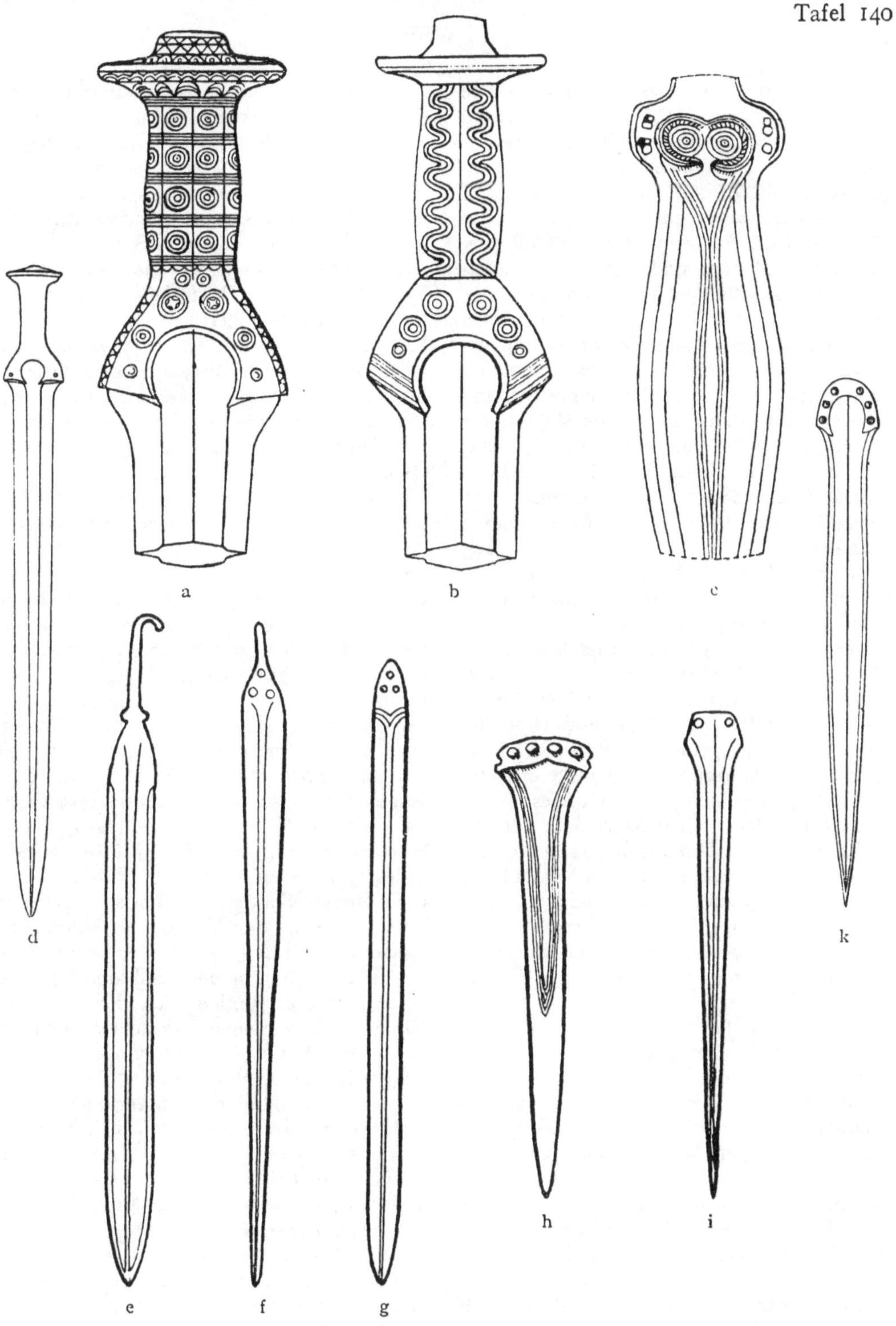

Schwert A. Europa.

Mitteleuropäische Schwerter: a. Oberbayern. 1/2 n. Gr. — b. Niederbayern. 1/2 n. Gr. — c. Ungarn. 1/2 n. Gr. — d. Rima Szombat, Ungarn. 1/6 n. Gr. — e. Tirancourt, Frankreich. 1/6 n. Gr. — f. Pilon, Frankreich. 1/6 n. Gr. — g. Saxon-Sion, Frankreich. 1/6 n. Gr. — h. Saint-Quentin, Frankreich. 1/6 n. Gr. — i. Aus der Seine. 1/7 n. Gr. — k. Helmstedt, Braunschweig. 1/7 n. Gr.

Daneben treten allerdings auch unverzierte Griffe auf. Auf den verzierten Griffen werden die Wülste durch umlaufende Linien begrenzt bzw. ihre ehemalige Lage eingeritzt und die Zwischenräume durch reiche Verzierungen ausgefüllt. Das Charakteristische ist die Betonung der durchaus geometrischen Muster und die streng symmetrische Anordnung der Verzierung: Gruppen wagerechter abwechselnd mit Gruppen senkrechter Linien, alternierend schräg gestellte Linien, gefüllte Dreiecke, einzelne oder fortlaufende Spiralen, einfache und konzentrische Kreise bilden die Motive, die in regelmäßiger Zusammenstellung das Muster ergeben. Überwiegend ist die horizontale Gliederung, vereinzelt kommt auch vertikale Anordnung von fortlaufenden Spiralen in §-Form vor. Die Verzierung zeigt die gleiche Übung auch auf dem Knauf, für dessen Verzierung konzentrische Kreise besonders beliebt sind.

Der Unterteil des Griffes zeigt fast durchgängig äußere Glockenform mit einem Heftausschnitt von der Form eines Dreiviertel- bis Vierfünftelkreises. Nur zwei Niete an dem Ende der Flügel dienen in der Regel der Befestigung, konzentrische Kreise und gefüllte Dreiecke bilden ein häufiges Ornament des Heftes. Charakteristisch für die Spätzeit ist vor allem auf den späten S. mit Schalenknauf ein doppelliniges Wellenband auf dem Heftabschluß, das in gleicher, regelmäßiger Anordnung immer wiederkehrt. Gewissermaßen abgerollt tritt es auch auf dem Knauf als Verzierung auf (Band V Tf. 14; s. auch IX Tf. 148 b).

Der Knauf selbst ist in der II. Per. spitzoval, in der III. gedrückt kreisförmig. Bis dahin geht die Entwicklung der der nord. S. parallel (s. § 4). Auch hebt sich der Mittelknopf nur wenig heraus. Die weitere Ausbildung in Ungarn führt jedoch zu einem kreisrunden Knauf im Gegensatz zu dem rhombischen in Nordeuropa. Der ungar. ist häufig mit einem Loch versehen, zuweilen mit eingehängtem Ring, das wohl zur Aufnahme eines Lederriemens diente. Eine weitere Verschiedenheit besteht darin, daß der Knopf sich nicht weiter erhöht, sondern der Knauf sich schalenförmig vertieft, womit eine grundsätzliche Änderung zu den nord. Typen einsetzt.

Die Klinge hat in der älteren Form (II. Per.) noch parallele Ränder, später die elegante Schweifung ihrer nord. Schwester. Der Höhepunkt der ungar. Schwertentwicklung in der Spätzeit zeigt dann aber das untere Drittel der Klinge besonders stark ausladend (Tf. 85 z), so daß das S. massiger und gedrungener erscheint als die nord. Typen. Eine weitere ungar. Besonderheit bildet auch die etwa 5 cm l. beiderseitige Einziehung am Klingenoberteil; sie diente vielleicht zum Übergreifen eines Fingers (des Daumens) über den meist verhältnismäßig kurzen Griff zur Vollführung eines kräftigen Stoßes, denn die Kanten der Einbuchtung sind nicht scharf, sondern stumpf gekerbt.

Die ungar. Typen zeigen eine weite Verbreitung: sie wandern über Norddeutschland nach Schweden und den Ländern am Baltischen Meere; südwärts kommen sie bis Italien vor. S. a. Tf. 36 e, Band X Tf. 88 b—d.

Außer den vorzüglichen Vollgriffschwertern sind in Ungarn noch andere Arten vertreten. Der zyprische Dolch (s. § 1), germ. Griffzungenschwerter mit verzierter Klinge, bereits ältester Form mit nietloser Zunge, aber auch solche der III. Per. und S. mit Griffzungenfortsatz (s. § 3) treten auf. Dazu kommen Klingen mit abgerundetem Oberteil, die in Mittel- und Südeuropa allg. herrschend sind. Auch der Einfluß aus dem südosteurop. Gebiet (Mykenai) dauert fort. Eine ungar. Sonderform ohne Angel und Zunge scheint der Typus mit stark verbreitertem Oberteil zu sein. Er ist mit konzentrischen Kreisen oder Spiralen verziert, deren Auflösungslinien sich weit auf die Klinge hinunterziehen, um dort zusammenzustoßen (Tf. 140 c). Auch sonst zeigen die ungar. S. häufiger Verzierung auf der Klinge, z. B. durch Bänder aneinanderhängender Halbkreise. Der Sondertypus kommt in teilweise abgeändertem Muster südwärts bis Italien (Montelius *Chron. ält. BZ.* Abb. 313 und 314), nordwärts bis Schleswig-Holstein (Splieth *Inventar* Tf. 1 Abb 9 b) vor.

§ 6. Süddeutschland besitzt seinen Hauptvertreter für die Vollgriffschwerter in dem Typus mit kantigem Griff. Vor dem Erscheinen dieser Form treten am Ende der I. Per. bereits Kurzschwerter auf, die aus Langdolchen entstanden sind und in ihrer Verzierung allg. mitteleurop. Gepräge tragen.

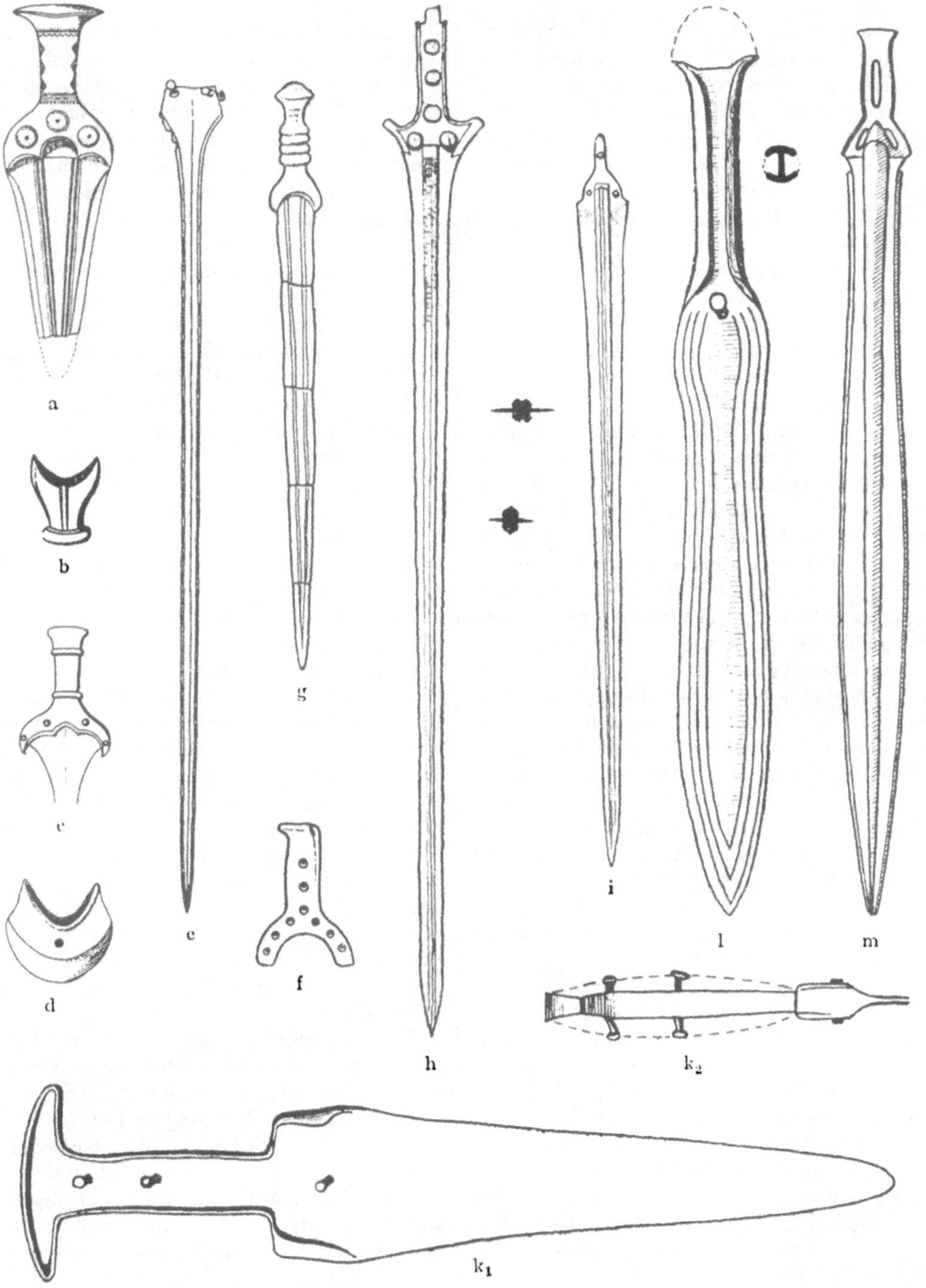

Schwert A. Europa

West- und südeuropäische Schwerter: a. Irland. $^1/_3$ n. Gr. — b. Pant-y-Maen, Cardiganshire. $^1/_4$ n. Gr. — c. Tipperary, Irland. $^1/_6$ n. Gr. — d. Clonmore, Irland. $^1/_2$ n. Gr. — e. Lissane, Co. Derry. $^1/_7$ n. Gr. — f. Castione, Norditalien (Horn). $^1/_6$ n. Gr. — g. Moncucco, Oberitalien. $^1/_5$ n. Gr. — h—l. Knossos. $^1/_4$, $^1/_{10}$, $^1/_3$, $^1/_2$ n. Gr. — m. Aus der Seine. $^1/_6$ n. Gr.

Die ältere Hügelgräberzeit bringt dann völlig unverzierte Typen mit glattem, rundovalen, unverzierten Griff und einfachem, bogenförmigen Heftabschluß. Es ist nicht sehr wahrscheinlich, daß die achtkantigen aus diesen Typen hervorgehen; sie müssen eine andere Grundlage besitzen. Ursprünglich (II. Per.) sind sie acht-, später (III. Per.) vierkantig. In der Verzierung stehen die älteren, achtkantigen stark unter ungar. und nord. Einfluß durch die Betonung der horizontalen Gliederung der Ornamentik: umlaufende eingeritzte Liniengruppen als Querbänder, die Zwischenräume gefüllt durch konzentrische Kreise oder fortlaufende Spiralen (Tf. 140 a). Die Kantigkeit des Griffes, die die Vertikale betont, ist mit dem ungar. Horizontalsystem in unorganischen Zusammenhang gebracht. Der Widerspruch löst sich erst bei den jüngeren Formen, die auch in der Ornamentik die Vertikale betonen lassen: fortlaufende Spiralen, Fragezeichen (§-Muster) und von oben nach unten hängende Ovale werden Kennzeichen für diesen Donautypus (Tf. 140 b). Die südd. S. mit massivem Griff, der durch Querrillen verziert ist, und dem flachen Heftausschnitt sind, wenn nicht nord. Import, so doch jedenfalls auf eine Anregung aus dieser Richtung zurückzuführen.

Der Knauf der Donauschwerter entwickelt sich von der spitzovalen zur annähernden Kreisform. Er ist entsprechend dem Griff verziert und besitzt einen etwas erhöhten Mittelknopf von mäßiger Größe. Die Griffmitte, bisher gerade, wird zur späten Hügelgräberzeit ausbauchend. Der Unterteil ist selten glockenförmig wie beim ungar. Typus, sondern meist entweder eckiger und steifer in der äußeren Form mit etwa dreiviertelkreisförmigem oder halbkugelförmig mit halbkreisförmigem Heftausschnitt. Die Griffflügel sind manchmal wie bei den nord. spitz ausgezogen und ein wenig geschwungen. Die Befestigung geschah in der Regel durch zwei Niete am Ende des Heftes, während der übrige Teil des Bogens meist mit konzentrischen Kreisen verziert oder leer gelassen war. Die Klinge, ursprünglich gerade und erst kurz vor der Spitze verjüngt, wird schilfblattförmig und ist mit verdicktem Mittelgrat versehen, der als Wulst aus der Mitte heraustritt. Die Klingen der älteren BZ sind in der Regel dachförmig und durch 4 Niete befestigt, während in der j. BZ die Mittelrippe bevorzugt wird und die Befestigung durch zwei Niete meist genügt. Manche Klingen zeigen in dem gekerbten, abgesetzten Teile unterhalb des Heftes den ungar. Einfluß. Die Heimat des „bayrischen" Typus ist die obere Donau, vielleicht sogar Bayern selbst. Sein Verbreitungsgebiet bildet hauptsächlich Süddeutschland. Doch ist er bis nach Skandinavien (Band IX Tf. 108 b), Schleswig-Holstein, Österreich-Ungarn, Siebenbürgen und Italien gelangt. S. a. Band II Tf. 35, 12.

Der bayr. Typus gehört in Süddeutschland der mittleren BZ, vornehmlich der mittl. Hügelgräberzeit, an, im N beginnt sein Auftreten am Ende der II. Per. Mont.

Außer den besonders charakteristischen achtkantigen S. zeigt Süddeutschland zur BZ keine auf ein engeres Gebiet beschränkten Sonderformen. Sehr häufig sind dagegen Formen ohne Griffzunge oder Angel ganz allg. Art, auch der Typus mit abgerundetem Oberteil (§ 7) ist vertreten (vgl. Tf. 140 k). Daneben einige Griffzungenschwerter nord. Art (doch selten vor III. Per. Mont.) und Griffangelschwerter, die auf das Vorbild des zyprischen Dolches zurückgehen. Auch der myk. Einfluß reicht bis hierher (Hammer III. Per.; Peiting IV. Per.). Über Möriger, Auvernier- und Antennenschwerter s. § 11, 12, 14. In der späten BZ spielen besonders die ungar. Typen mit breiter Klinge und den drei Wülsten am Griff eine Rolle. Der Dolch ist in der j. BZ vollständig verschwunden.

§ 7. Der zypr. Dolch (Tf. 137 l) hat durch seine Form und weite Verbreitung die Grundlage für eine häufiger vorkommende Schwertform abgegeben. Die jüngste Form mit allmählichem Übergang von der Klinge zur Angel (§ 1) wuchs sich in der II. Per. zum S. aus. Diese Formen zeigen den gleichen sanften Übergang wie die Dolche und manche besitzen noch die gekrümmte Angel (vgl. Tf. 140e; vgl. a. Tf. 144e). Im Laufe der Entwicklung fällt diese fort, und die Länge der Angel beginnt sich zu verringern, bis sie zu einer kurzen Spitze zusammenschrumpft. Auf dieser Stufe stößt der Typus mit der Entwicklung eines S. zusammen, das ursprüng-

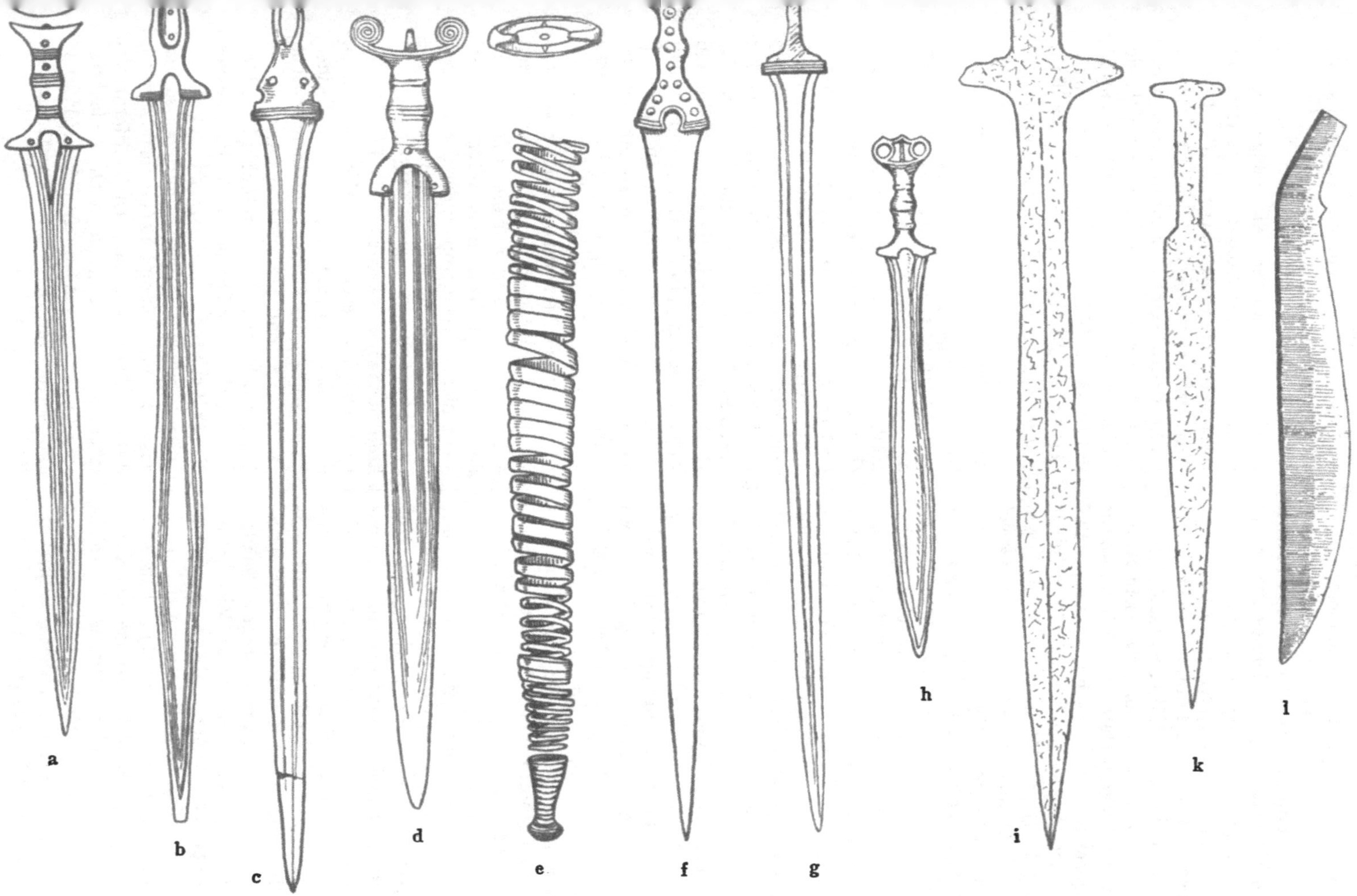

Schwert A. Europa

Schwerter der Übergangsperioden von der Bronze- zur Eisenzeit: a. Allatorp, Blekinge. $^1/_5$ n. Gr. — b. Beläteröd, Bohuslän. $^1/_5$ n. Gr. — c. Jastrow, Westpreußen. $^1/_5$ n. Gr. — d, e. Münchenroda. $^1/_4$ n. Gr. — f. Kodram, Pommern. $^1/_5$ n. Gr. — g. Gnoien, Mecklenburg. $^1/_5$ n. Gr. — h. Ostpreußen. — i. Griechenland. — k. dgl. $^1/_4$ n. Gr. — l. Donja Dolina. $^1/_8$ n. Gr.

lich keine Angel besaß. Es handelt sich um eine Form mit länglich abgerundetem Oberteil, die auf ein entsprechend einfaches Dolchblatt zurückgeht. Dieser Typus mit dreieckigem bzw. abgerundetem Klingenoberteil ist am häufigsten in der Schweiz, kommt aber auch in Frankreich (Tf. 140 g), Italien und in der w. Hälfte Süddeutschlands vor. Um der Verbindung zwischen Klinge und Griff festeren Halt zu verleihen, wurde der Oberteil ganz schwach abgesetzt, so daß eine Art breiter und langer Griffzunge entstand (Band IV Tf. 52, 9), die sich aber nicht ähnlich der auf nord. Gebiet entstandenen ausgestaltete, sondern allmählich zusammenschrumpfte und zu einer kurzen Angel wurde. Diese Typen sind im wesentlichen auf Süd- und Mitteleuropa beschränkt (Griechenland, Norditalien, Frankreich, Schweiz, am Rhein, Süddeutschland und Ungarn; Tf. 140f; Band VI Tf. 29 a). Ein vereinzeltes Stück mit länglich abgerundetem Oberteil stammt aus Irland. Der Typus gehört in der Hauptsache der III. Per. Mont. oder der III. spätminoischen Per. nach Fimmen an. Die Form mit gebogener Griffangel, allmählichem Übergang zur Klinge, die kurz unter dem Beginn zwei seitliche Einkerbungen aufweist, im Typus also den Formen der III. Per. Mont. entspricht, kommt sogar in Sibirien vor, allerdings bedeutend später. Sie besteht aus Eisen und gehört dort einem Kulturkreis an, der chronol. auf dem Übergang von der BZ zur EZ steht.

§ 8. Westeuropa. Eine Sonderstellung unter den europ. Schwertformen nehmen die westeurop. ein. Ihre Entwicklung beruht wie die aller anderen auf den allg. Grundtypen der zeitlich vorausliegenden Dolcharten, doch bilden sich hier eigene Formen aus, die zwar die enge Verwandtschaft, vornehmlich mit den nordeurop., noch erkennen lassen, aber deutlich eine westeurop. Sonderentwicklung darstellen, deren Mittelpunkt Großbritannien bildet. Schon die Dolchform der I. Per. Mont. ist eigenartig. Breit und gedrungen ist die Klinge, ebenso die nur wenig abgesetzte Griffzunge, die Klinge flach, an den Rändern facettiert. Anlehnungen an die festländische Formgebung treten hinter diesen Typen weit zurück. Ortbänder für Scheiden aus Holz treten bereits auf. Sie sind oval und manche geriefelt, wie die bekannten nordeurop. germ. der II. Periode. In der II. Per. wird die Klinge der Dolche noch breiter, die Zunge dagegen nimmt statt der breiten Trapezform die eines Halbkreises an. Der Griff ist breit, flach mit eingewölbten Schmalseiten versehen, besitzt keinen Knauf und besteht aus Bronze oder vergänglichem Material; der Heftabschluß ist meist sanft geschweift mit etwa halbkreisförmigem Ausschnitt in der Mitte. Mit der III. Per. scheint dieser einheimische Typus auszusterben. Er taucht aber später (V. Per.) in der fast unveränderten Klingenform von Per. I wieder auf.

S. treten erst seit dem Ende der II. Per. auf. Griff und Klingenform zeigen klar den nord. Einschlag, nur für Frankreich scheint ein pilzförmiger Knauf eigentümlich zu sein (Naue *Vorröm. Schwerter* Tf. 27 Abb. 9 und 10), charakteristisch ist aber der Heftabschluß. Die große Breite der Flügel beiderseits des mittleren Ausschnittes gab die Grundlage für die eigene Entwicklung. Schon während der II. Per. wurden auch die beiden Seiten ein wenig eingezogen, in der III. dagegen genau so wie der Mittelteil, so daß der Heftabschluß einen halbkreisförmigen Ausschnitt in der Mitte und einen bogenförmigen zu jeder Seite aufweist (Tf. 141A a, c; Band IV Tf. 51, 8. 9). Auch hier herrscht aber das Bestreben wie auf dem Festland, die Spitzen auszuziehen; da aber nur die äußeren technisch die Möglichkeit dazu bieten, so entsteht hier in Westeuropa nicht der Vollkreis in der Mitte, sondern der mittlere Ausschnitt verflacht und die äußeren Enden werden krallenartig ausgebogen (IV. Per. Mont.). Entsprechend dieser Entwicklung wird auch das Ortband ausgebildet. Die beiden Schmalseiten des Ovales werden nach oben gezogen, so daß sie spitz auslaufend das Gegenstück zum Heftabschluß bilden (Tf. 141A b, d). Während der V. Per. bleiben die Seiten zwar hochgezogen, aber die Spitzen bilden sich wieder zurück, so daß das Ortband plump nachenförmig wird. Außer dieser typischen Ortbandform erscheinen in Westeuropa auch einfachere: zylinderförmige, nach unten sich verjüngende und solche mit kantiger Erweiterung am Ende.

Die jüngere BZ ist die für die Schwertformen reichste auf den brit. Inseln. In der IV. Per. entwickelt sich hier ein äußerst eleganter Typus mit trapezförmigem Klingenabschluß, kräftig eingebogener Klinge, die sich ohne Schweifung ganz schmal rapierartig bis zur Spitze zieht (Tf. 141^{A}c; vgl. a. Band IV Tf. 252 b2). Das längste Stück mißt 75,6 cm bei nur 1,6 cm größter Breite. Das Urbild dieses Typus dürften die einfachen Dolche von fünfeckiger Form mit vier Nietlöchern auf der Zunge sein. Die Befestigung mit dem Griff geschah aber bei dem S. in der Regel nur durch zwei Niete. Die Anfänge ihrer Entwicklung liegen in der III. Per., die IV. bildet die stärkste Blütezeit. Das Hauptverbreitungsgebiet ist England und Nordfrankreich (Band IV Tf. 52, 10). Vereinzelt kommt die Form auch auf germ. Gebiet vor (Amrum). Ob die entsprechenden südd. Formen aus der Hügelgräberzeit mit den brit. in Zusammenhang zu bringen sind, ist noch nicht untersucht worden. Ihre Form ist jedoch nicht so ausgeprägt wie die der brit. Stücke, so daß sie als Degenerationsformen oder eine Nebenlinie aufzufassen wären. S. a. Band VIII Tf. 155 B 7.

Daneben erscheinen in der IV. Per. Griffzungenschwerter, die die Eigenart besitzen, daß die Zunge keine Nietlöcher, sondern einen Schlitz zeigt. Dieser westeurop. Typus kommt auch in Norddeutschland (Wolkower Schwert; s. d.; Tf. 141^{B}c; vgl. Band IX Tf. 148a), Frankreich (Tf. 141^{A}m) und Spanien (Band V Tf. 130a, •X Tf. 139c) vor. Das Ende der BZ (V. Per. Mont.) zeigt dann außer den wieder auftauchenden Dolchformen der frühen BZ und dem zurückgebildeten Ortband keine einheimischen Typen. Bronzene Hallstatt-, Antennen-, Nierenknaufschwerter und kahnförmige Ortbänder der bekannten Frühhallstattform zeigen den überwiegenden festländischen Einfluß.

Etwas abseits steht im westeurop. Kreise die Entwicklung in Spanien. Seine Beziehungen gehen mehr nach Mitteleuropa, besonders in der IV. Per., in der Formen auftreten, die typol. mit südd. und ungar. Stücken verwandt sind. Daneben findet sich ein Schwert mit massivem Griff, dessen charakteristische Form durch das Exemplar von Son Oms (Mallorka) veranschaulicht wird. Die Hufeisen- oder Antennendolche des 7. und 6. Jh. liegen wieder im Rahmen einer größeren Entwicklung (Band X Tf. 143a, b). S. a. Band V Tf. 130 a—h.

§ 9. **Italien.** In Italien kommen hauptsächlich der n. und mittl. Teil der Halbinsel als Fundgebiete in Betracht. Zahlreich sind die Dolchformen der Kupferzeit (s. § 1). Allg. Bedeutung erlangt der sog. trianguläre Dolch der I. Per. Mont. (Band VI Tf. 25a, 31e), der ein außerordentlich großes Verbreitungsgebiet besitzt: Süd-, Mittel-, Ostdeutschland, Mecklenburg, Westpreußen, Posen, Ungarn, Schlesien, Schweiz, Ostfrankreich, Italien. Ob aber Italien seine Heimat ist, steht nicht fest. Der Griff ist entweder in einem Stück gegossen oder besteht aus einzelnen Scheiben wie bei gewissen Vollgriffschwertern (s. § 4). Als häufigste Verzierung tritt das Wolfszahnornament auf. Der Heftausschnitt besteht aus einem flachen Halb- oder Dreiviertelkreise. Der Knauf ist flach und oval, wie auch der Griffquerschnitt. Die frühesten Stücke sind gehämmert oder geschmiedet, nicht gegossen. Die ältesten Dolche der BZ sind nicht nur durch Originale, sondern auch durch Darstellungen auf Bildwerken bekannt.

S. erscheinen, wie überall, erst in der II. Per. Mont. Ihr Ornament, Wolfszahnmuster und geschwungene Linien, die die Ränder begleiten, geht auf das Vorbild des triangulären Dolches zurück. Der Griff ist vollgegossen und zeigt Querriefelung als Erinnerung an die ursprüngliche Umwicklung, doch tritt schon Verzierung mit Kreisen, Bogen und Linien auf. Der Knauf ist oval und mit einer kleinen Erhöhung in der Mitte versehen. Neben diesen Vollgriffschwertern erscheinen einfache Klingen ohne Angel oder mit nur kurzer Zunge. Ihre Ornamentierung mit spiralartigen Mustern und die starke seitliche Ausschweifung im Oberteil erinnern an gewisse gleichzeitige ungar. Erscheinungen und dürften ihrem Einfluß zuzuschreiben sein (s. § 5). Vollständige Griffe aus Horn sind gefunden worden (Tf. 141^{A}l).

Charakteristisch für gewisse Übergangsstücke vom Dolch zum Kurzschwert Italiens scheint die Verzierung des Heftausschnittes zu sein. Sie besteht in einem komplizierten Liniensystem. Das Muster ist in Italien häufiger, geht aber auch über Tirol nach Österreich und Ungarn und findet sich in Frankreich auf dem Knauf eines Dolches (z. B. Montelius *Chron. ält. BZ.* Abb. 304, 311, 316, 317, 270b; Hampel *Bronzezeit* Tf. 18, 5).

Die III. Per. ist in Italien die an Typen reichste, doch sind es fast ausnahmslos fremde Formen. Aus dem ägäischen Kreise Dolche und Schwerter, die aus dem zypr. Vorbilde entstanden sind, Dolche der spätmyk. Zeit, ferner Griffzungenschwerter und solche mit Zungenfortsatz nord. Art (Band VI Tf. 29 b, d). Eigene Schwertformen sind dagegen kaum vorhanden, die einheimischen Dolche bilden ein Allgemeingut von Mittel- und Südeuropa. In der IV. Per. hören auch hier die Dolche auf. Griffzungenschwerter dagegen und solche mit Zungenfortsatz leben weiter, bis auch sie in der V. Per. verschwinden.

Diese zeigt, wenn auch selten, wieder Vollgriffschwerter mit einfachem, unverzierten Griff, der manchmal mit Wülsten versehen ist (Tf. 141 A g). Daneben erscheinen Miniaturschwerter einfachster Art mit plastisch ovalem, nierenartigen Knauf.

§ 10. Griechenland. Die charakteristischen S. Griechenlands sind Stoßdegen von sehr eleganter Form und äußerst kunstvoller Ausführung. Es sind Griffzungenschwerter mit kräftig abgesetzter Zunge, so daß die etwas verbreiterte Klinge scharfe Ecken aufweist. Niete scheinen diesem Typus noch ganz zu fehlen. Der Knauf ist kegelförmig von runder Gestalt. Dieser ursprüngliche Typus gehört der Schachtgräberstufe an. Später werden die S. mit meist drei großköpfigen, flachen Nieten auf der Zunge und zwei auf dem Heftabschluß ausgestattet (Tf. 141 A h). Der Knauf sitzt auf einem durchlochten Zungenfortsatz und ist nun meist gedrückt halbkugelförmig. Charakteristisch wird der Heftabschluß: zwei hörnerartige Fortsätze dienen als Parierstange. Die Klinge ist auffallend schlank und bisweilen aus zwei Platten zusammengeschmiedet (damasziert). Dieser ausgeprägte Typus gehört in die II. spätmin. Periode. Neben ihm bereits, aber besonders in der III. spätmin. Per., findet man eine Form, die die Eckigkeit verloren hat; die emporstrebenden Hörner verkümmern zu kurzen seitlichen, abgerundeten Vorsprüngen; der Knauf wird flacher, die rapier-artige Form der Klinge schwindet, indem sich ihr Oberteil verbreitert und ganz allmählich nach der Spitze zu an Breite abnimmt (Tf. 141 A k). Der degenerierte Typus zeigt einen flachen, pilzförmigen Knauf, eine breite Griffzunge mit Rändern, die Vorsprünge am Heftabschluß sind fast ganz verschwunden, die Klinge ist verhältnismäßig breit, die Ränder laufen fast bis zur Spitze parallel, um dann in einer dreieckigen Spitze zu enden. Die älteren myk. S. zeigen wenig Auswirkungen auf die europ. Nachbarländer (Band II Tf. 103b), wohl aber die jüngeren (Süddeutschland, Italien). Es findet sich eine längere (91—95 cm) und eine kürzere (50—61 cm) Art. Die Heimat dieses myk. Typus ist vielleicht in Kreta zu suchen.

Neben den Griffzungenschwertern gibt es Griffangelschwerter mit allmählichem Übergang von der Klinge zur kurzen Angel, zwei Niete befinden sich am Heftabschluß, einer auf der Angel (Tf. 141 A i). Die Blütezeit dieses Typus fällt in die I. und II. spätmin. Periode. Ihre Verbreitungstendenz geht nach W. Häufiger finden sie sich in Sizilien (Band XII Tf. 60d, e), wo sie noch in der III. spätmin. Per. auftreten, aber schlechter ausgeführt sind. Das Nietloch auf der Angel rückt immer tiefer. Sie nähern sich damit in der Ausführung mitteleurop. Typen (s. § 7).

Die myk. Zeit kennt auch ein einschneidiges S. mit vergänglichem Griff und einem Ring am Ende des Griffes. Seine Größe beträgt 60—70 cm.

Eigenartig im myk. Kreise wirkt eine Dolchform, die im Gegensatz zu den Schwerttypen eine breite, schilfblattförmig geschwungene Klinge zeigt, auch ist die Angel verhältnismäßig breit und mit erhöhten Rändern versehen (Tf. 141 A l). Sie besitzt nur ein Nietloch am Heftabschluß. Der Typus gehört der III. spätmin. Per. an. Seine Form leitet in die geometr. Zeit über, ist auch in Sizilien, den Terramaren (s. d. B) Norditaliens, in Süddeutschland und Ungarn vertreten. Die Formgebung ist fremdartig für myk. Typen, das Blatt erinnert stark an die Massigkeit der ungar. Formen, so daß man versucht ist, die Heimat dieses Typus in Ungarn zu suchen.

Sehr großen Wert hat man auf die Ausschmückung der myk. Dolche und S. gelegt: Gold- und Silberauflagen, Fayence-Plättchen, Elfenbeinknäufe und Schalen, dazu Verzierung durch geometr. Muster (Spiralen) und naturalistische Szenen (Löwenjagd) kommen am häufigsten vor (Tf. 142a, b; Band IV Tf. 168, 169).

Über die Tragweise der myk. S. geben nur die Funde aus den Schachtgräbern Auskunft. Danach verwendete man ein verziertes goldenes Band, von etwa 1,25 m L., das an einem Ende zwei Ausschnitte zeigt, während am andern ein goldener Stab an einem Kettchen hing, den man als Knebel zum Verschluß benutzte. Scheiden gab es aus Holz, Leder oder sogar mehreren Lagen Leinewand, die manchmal mit Goldknöpfen versehen waren, sowie aus Bronze, Silber und Elfenbein.

§ 11. Möriger Schwert. Die Urform des Möriger Schwertes ist im mittl. Ostfrankreich entstanden. Der Haupttypus zeigt einen schalenförmigen Knauf, doppelkegelförmige Griffstange, die mit drei Querbändern versehen ist — die ursprünglich ungar., aber als praktisch erprobte Formgebung hat sich allg. ausgewirkt —, weitausgreifende Parierflügel zu beiden Seiten und einen engen Heftausschnitt in der Form eines gleichschenkligen Dreiecks (Tf. 141 B a). Griff und Klinge sind in der Regel einzeln gegossen und durch Niete verbunden. Vgl. Tf. 128, 1; 129, 1.

Die jüngere Form des Möriger Schwertes zeigt nicht mehr den doppelkegelförmigen, sondern einen S-förmig geschweiften Griff. Auch fehlen meist die Querbänder, dagegen kommt Eiseneinlage in den Griff vor. Bisweilen ist auch bereits die Klinge ganz aus Eisen, während für den Griff noch Bronze verwendet wird. Die Griffflügel laden übermäßig weit aus, und die Klinge ist kurz unter dem Heftabschluß beiderseits abgesetzt. Die Hauptfundgebiete des Möriger Schwertes sind im S das ö. Mittelfrankreich, die Westschweiz sowie Süddeutschland, im N das germ. Gebiet (Norddeutschland nebst Skandinavien; Band IX Tf. 135 c [vgl. a. Fornvännen 1927 S. 106ff.]). Doch ist es in Holstein (2) und Nordwestdeutschland (1) selten und fehlt in Dänemark wie auch in Italien und Ungarn ganz. Die Verbreitung erfolgte über Österreich und Thüringen, Brandenburg, Hinterpommern, West- [und Ost-] Preußen nach Schweden und ging sogar bis nach Finnland (Band III Tf. 133 c, IX Tf. 218 f). Die Stücke auf germ. Gebiet dürften jedoch in den meisten Fällen einheimische Arbeit darstellen. Zeit: Nordeuropa: V. Per. Mont.; Süden: Späteste BZ.

§ 12. Auvernier-Schwert. Eng verwandt mit dem Möriger Schwert ist der Auvernier-Typus. Er unterscheidet sich vornehmlich durch die Ausbildung des Griffes von ihm. Dieser ist nicht doppelkegelförmig, sondern verläuft mehr geradlinig. Die beiden Breitseiten sind in der Regel mit zwei rechteckigen oder an den Ecken abgerundeten Platten versehen, die gewöhnlich mit drei Nieten befestigt waren (Tf. 141 B b). Der Knauf ist meist flach, seltener schalenförmig wie der des Möriger Schwertes und hat häufiger eine zweite Platte, die darüber angebracht war. Bei den Stücken mit geschweifter Platte ist diese ebensogroß, bei denen mit gerader jedoch kleiner. Diese Art ist auf germ. Gebiet bevorzugt. Sie ist besonders gegossen, der Griff dagegen in der Regel, abweichend vom Möriger Typus, mit der Klinge im Gesamtguß hergestellt. Der Auvernier-Typus ist außerdem bedeutend länger. Er erreicht eine Ausdehnung bis zu 95 cm. Parierflügel, Heftausschnitt und Klingenabsatz entsprechen den Ausbildungen am Möriger Typus. Als Entstehungsgebiet des Auvernier-Schwertes gilt die Westschweiz oder Süddeutschland. Daneben ist er am zahlreichsten in Norddeutschland (Band IX Tf. 148 c) und Skandinavien vertreten, wo er ebenfalls als einheimische Arbeit anzusprechen ist. Zeit: Nordeuropa: V. Per. Mont.; Süden: Späteste BZ, doch ist das Auvernier-Schwert im ganzen wohl etwas jünger als der Möriger Typus.

§ 13. Die Nierenknaufschwerter tragen ihren Namen nach der kennzeichnenden Form ihres Knaufes. Der Griff ist stets hohl gegossen, aber von verschiedener Ausgestaltung: rundlich, plattoval, rechteckig im Querschnitt, mit drei Querbändern oder einem Wulst in der Mitte versehen oder durch eine spiralig umlaufende Furche gerippt. Daneben stehen Vertreter mit glattem, unverzierten Griff. Der untere Abschluß ist in der Regel glockenförmig (Tf. 141 B f). Ein Kreisausschnitt im Heftabschluß wie bei den Antennen- und anderen S. findet sich in der Regel nur bei den Formen, deren Griff durch drei Querbänder die Verwandtschaft mit diesen Typen zeigt. Der untere Abschluß zeigt öfter Längsrippung, die mitgegossene Manschette der gleichzeitigen Griffangelschwerter (s. § 15). Die Wandung des Knaufes ist meist geschlossen, doch kommen auch Stücke vor, die nur einen halbmondförmigen Bügel zur Aufnahme eines Einsatzes aus vergänglichem Material besitzen. Charakteristisch für die Nierenknaufschwerter ist, daß Griff und Klinge gesondert gegossen, aber ohne Niete miteinander verbunden worden sind. Der enge Zusammenhalt wurde entweder durch Harzkitt oder Einguß von Blei hergestellt, oder man verwendete das kunstvolle Verfahren des Überfanggusses (s. Bronzetechnik A § 9). Trotzdem finden sich öfter Scheinnieten. Diese nietlosen Befestigungsarten werden als nordd.-germ. Eigenart angesehen.

Die Nierenknaufschwerter sind ein germ. Typus, dessen Hauptverbreitungsgebiet Nordostdeutschland (zwischen Elbe und Weichsel) ist (vgl. a. Tf. 151 m). Sie gehören der V. Per. Mont. an. Die entferntesten Stücke stammen aus Frankreich (Petit-Villatte, Dép. Cher), wo ein Stück mit anderen germ. Einfuhrwaren gefunden worden ist, Österreich (Museum Wien, näherer FO unbekannt) und England (Edinburg, das aber einfacher in der Griffbildung und abweichend am Heftabschluß geformt ist).

§ 14. Antennenschwert. Verwandt mit dem Möriger, Auvernier- und Nierenknaufschwert ist der Typus des Antennenschwertes. Sein Entstehungsgebiet steht noch nicht fest. Wahrscheinlich ist es Ostfrankreich und die Westschweiz, seine Hauptverbreitungszone; aber auch im N, wo er danach am zahlreichsten auftritt, ist ihm typol. der Boden vorbreitet. Das Hauptkennzeichen bilden die Antennen des Knaufes beiderseits des zu einer Spitze verlängerten Endknopfes. Diese Spitze bildet gerade für das nord. Gebiet während der jüngeren BZ (IV. Per.) eine besonders charakteristische Erscheinung. Ebenfalls gehört das Einrollen von Enden in dieser Zeit zu den häufigen Bildungen der IV. und V. Per. Mont. (Rasiermesser, Finger-, Arm- und Halsringe und einfache Messer zeigen dieses Motiv an zahlreichen Exemplaren.) In der IV. Per. Mont. beginnt diese Richtung, um in der V. Per., die bisher die ältesten Antennenschwerter zeigt, zu voller Blüte zu gelangen. Auch der halbrunde Heftausschnitt bzw. der glockenförmige Unterteil des Griffes, den die älteren Antennenschwerter zeigen (Tf. 141 B d; Band IX Tf. 135 b), ist in der IV. Per. bereits auf nord. Gebiet vorhanden, so daß an dem Antennenschwert zahlreiche einheimische Merkmale erscheinen. Es kommt hinzu, daß der Griff bisweilen im germ. Überfangguß hergestellt zu sein scheint. Seine Form ist im allg. nach der Art der Möriger Schwerter gebildet, ausnahmsweise auch wie bei dem Auvernier-Typus. In Süddeutschland entwickelt sich der Griff in der Art weiter, daß die drei Wülste verschwinden, statt des mittelsten bildet sich ein Spitzoval, das sich zu einem gedrückt kugeligen Knopf auswächst, während die anschließenden, ehemals konischen Teile zylindrisch werden. Die Antennen stehen im N meist dicht aneinander, im Gegensatz zum Süden. Bei den jüngeren Formen bildet sich dann auch der Griffabschluß entsprechend den verwandten Typen zu einer Parierstange aus (Band IX Tf. 218 e). Manche Stücke zeigen die kurz unter dem Heft scharf abgesetzte Klinge wie die Hallstattschwerter. Der Typus erreicht eine L. bis zu 93 cm. Zu den S. sind Scheiden aus Bronze und solche aus Holz mit Bronzebändern bekannt. Das Verbreitungsgebiet der Antennenschwerter umfaßt England (wenige), Frankreich (viele), Nord- und Mittelitalien (wenige, I. EZ; Band VI Tf. 29 h; der Griff oder auch nur die Antennen bestehen aus Bronze, das übrige aus Eisen), Schweiz (viele; Band IV Tf. 53, 9), Bayern, Österreich, Böhmen und Mähren (einige), Norddeutschland (viele; Band IX Tf. 148 d), Dänemark (einige), Schweden (selten) [Polen; Band X Tf. 88 a]; sie fehlen gänzlich in Ungarn.

Ihre Hauptblütezeit ist die V. Per. Mont. und die späteste BZ in Mitteleuropa, doch reichen sie weiter in die EZ hinein, wie die Funde aus Italien und Norddeutschland beweisen. Ein Seitenzweig der Entwicklung

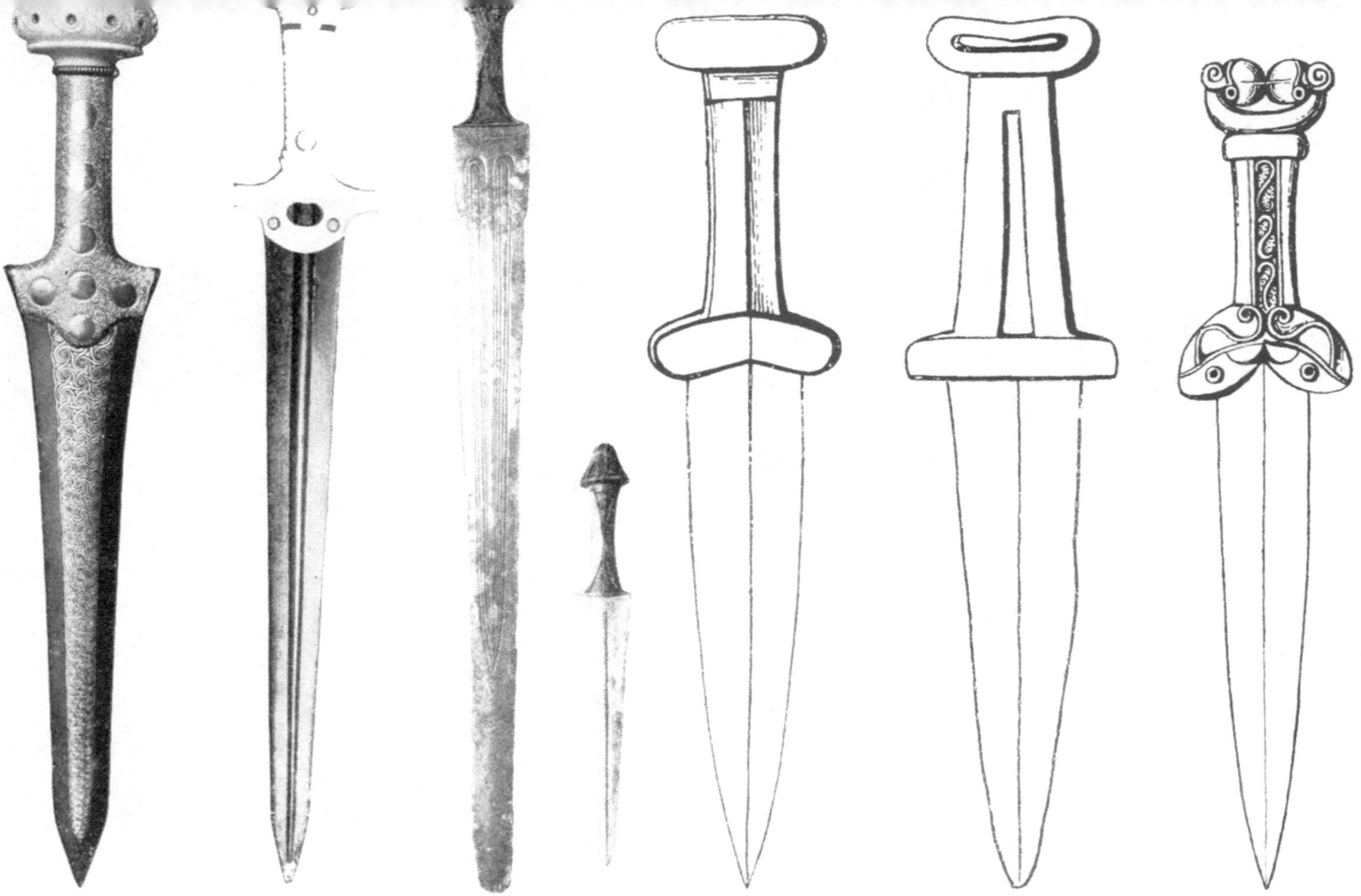

a b c d e f g

Schwert A. Europa

Schwerter und Dolche von Mykenai und aus Osteuropa: a, b. Mykenai. Ca. 1/3 n. Gr. — c, d. Paradiesfestung, Kaukasus. Ca. 1/4 n. Gr. — e—g. Sibirien. Ca. 2/3 n. Gr. (f. Bronze, e, g. Eisen).

läßt die Knaufspitze fortfallen, die nur mäßig eingerollten Antennen werden durch einen Querstab verbunden. Diese Formen finden sich im N wie im S (hier scheinbar häufiger). Bisweilen werden auch die Enden zu einem Ringe eingerollt, und die Spitze stützt die Querverbindung (Tf. 141[B] h). Mit dieser Ausgestaltung hängen die Formgebungen des Knaufes zusammen, die an S. der frühen EZ auftreten (s. Billerbeck; Band II Tf. 9 links).

§ 15. Auf nordischem Gebiete tritt am Ende der BZ ein Typus auf, der im Gegensatz zu den voraufgehenden und teilweise noch gleichzeitigen Prunkschwertern als die einfache, schmucklose Waffe des kämpfenden Mannes erscheint (Tf. 141[B] g). Die Klinge ist gerade und dachförmig im Querschnitt, beiderseits des Mittelgrates mit zwei bis drei Rillen versehen, ihr Ende mäßig zugespitzt, der Ansatz nur wenig verbreitert und rechtwinklig gegen den vierkantigen Griffdorn abgesetzt oder im schwachen Bogen in ihn übergehend. Die Scheide bestand aus vergänglichem Material. Ebenso der Griff, von dem häufig der Heftabschluß erhalten ist: ein geriefeltes Bronzeband, die Manschette, die den einzigen Schmuck darstellt. Entwicklungsgeschichtlich hängt der Typus wohl mit den zuvor behandelten zusammen (Sächs. Jahresschr. 7 [1908] Tf. 1, 7; Tf. 9, 16). Die Verbreitung dieser Form erstreckt sich über Schweden, Schleswig-Holstein, Mecklenburg, Thüringen, Brandenburg, Pommern (Band II Tf. 9 Nr. 2 von links [Eisen mit bronzenem Scheidemundblech]) und Finnland (Band III Tf. 133 a—d). Sie gehören im allg. der IV. und V. Per. Mont. an, doch reichen sie sicher bis in die frühe EZ hinein, wie der Fund von Billerbeck (s. d.) zeigt. Es ist möglich, daß eine Reihe der bronzenen S. ebenfalls dieser Zeit noch angehört, da die meisten ohne Beigaben gefunden sind und wir nicht wissen, wie lange Bronzeschwerter in Gebrauch gewesen sind. Es ist nicht unmöglich, daß dieser Typus die Grundlage der germ. Latèneschwerter abgibt, die ja trotz unleugbar kelt. Beeinflussung auf eine heimische Vorstufe zurückgehen müssen.

§ 16. Hallstatt-Formen. Die Grundlage der Hallstattschwerter bilden die S. mit Griffzungenfortsatz aus der IV. Per. Mont. Der Fortsatz verbreitert sich immer mehr, so daß er nicht mehr von der Griffzunge abgesetzt wird, sondern in der V. Per. Mont. (s. § 3) mit ihr zu einer Platte verschmilzt und endlich als trapezförmiger Abschluß erscheint (Band IX Tf. 135 a). Die Prototypen finden sich im N wie im S, während die endgültige Ausbildung des Typus der Hallstattkulturkreis übernimmt. Die Klinge zeigt dicht unter dem Heftabschluß beiderseits eine kräftige Kerbe. Der Mittelgrat nimmt fast die ganze Länge der Klinge ein, sie endet zunächst noch spitz, wird aber bereits in dieser Per. (Mont. V = Hallstatt B) stumpf und behält dann diese typische Form in der Folgezeit bei. Der Rand der Griffzunge ist vielfach ganz verschwunden, während die Zunge selbst solider geworden ist und die Anzahl der Niete sich verringert. Die L. dieser Bronzehallstattschwerter beträgt 65—80 cm. Dieser Typus wird dann einfach in Eisen nachgebildet. Die Übergangsformen zeigen eine eiserne Klinge, während der Griff aus Bronze besteht. Auch in späteren Stadien erscheinen Knauf und Ortband häufig noch aus Bronze, weil man wohl den Gegensatz der Metalle wirken lassen wollte. Dem Schmuckbedürfnis entsprach auch die Prachtentfaltung, die man durch die häufig sehr reichen Einlagen (Gold und Bernstein) in den Griffbelag bewirkte. Bei den Hallstatteisenschwertern läuft der trapezförmige Oberteil oft noch in eine Spitze aus, auf der der charakteristische pilzförmige Knauf sitzt (Tf. 87 w, 138 k; Band V Tf. 19, 1. 2). Die Eisenschwerter bilden typische Langschwerter, die eine L. bis 1,13 m erreichen.

Die Hallstattschwerter besaßen eine Scheide aus Holz oder Leder, seltener starkem Bronzeblech, deren unteren Abschluß ein bronzenes Ortband bildete. Seine älteste Gestalt ist kahnförmig (Band IV Tf. 59, 2. 3). Die Enden werden im Laufe der Entwicklung immer mehr nach unten gebogen, so daß ein Flügelortband entsteht (ebd. 4—6; hier Tf. 138 f und i; s. a. Band V Tf. 19, 4; VIII Tf. 85 unten). Schließlich wachsen die Enden zusammen, die Durchbrechungen werden gefüllt, so daß sich zwei Platten bilden. Diese Form führt zu den Latène-Typen über; wenn nämlich den zwei Platten noch eine untere dritte angefügt wird, so daß das Ortband kleeblattartig erscheint, oder die nach unten gebogenen Flügel in Gestalt zweier Vogelköpfe wiedergegeben werden, so befinden wir uns schon in der Frühlatènezeit (vgl. Band IV Tf. 63, 1—4).

Über die engere Heimat der entwickelten Hallstattschwerter ist nichts Sicheres bekannt. Italien scheidet aus, da hier Bronzetypen fehlen. In Nordeuropa (Irland, Skandinavien und Norddeutschland) sind sie selten. Am häufigsten treten sie in Frankreich auf: im Gebiete ö. der Rhone, von Lyon aus nach S auf ligur. Gebiet.; außerdem im frz. Jura. Sie fehlen dagegen vollständig in Lothringen und Burgund. Vereinzelt hat man sie in Südbaden (3), Nordbaden (2), Hessen (2), Rheinhessen (2), der Wetterau (1) und Nordfrankreich (1) gefunden. S. a. Band IV Tf. 49.

Die Verbreitung der Hallstatt-Eisenschwerter zeigt dagegen ein ganz anderes Bild. Das Hauptfundgebiet hat sich stark nach O verschoben. Lothringen und Burgund, die gar keine Hallstatt-Bronzeschwerter aufzuweisen hatten, besitzen jetzt 11 + 26, damit über die Hälfte aller überhaupt in Frankreich gefundenen Stücke (62; s. Band IV Tf. 49). Auch Süddeutchland besitzt reiche Funde: Südbaden und Württemberg 20, Nordbaden 15, n. des Maines 11, Hallstatt selbst 14. Während sie in Niederösterreich und Böhmen noch zu den häufigeren Formen gehören, bilden sie in der Schweiz und Skandinavien eine seltene Erscheinung und fehlen in Italien und Irland sogar ganz. Nach W sind sie dagegen bis an die Pyrenäen vorgedrungen.

Da die langen Hallstatt-Eisenschwerter mit den bronzenen in genetischem Zusammenhang stehen, bedarf die Verschiebung des Hauptverbreitungsgebietes einer besonderen Erklärung. Diese erblickt man in der aufblühenden Eisenindustrie, die das Hauptgebiet näher an die Quellen der Eisengewinnung (besonders Norikum) heranzog. Erst in der LTZ wird das Zentrum wieder durch das Aufstreben der Kelten nach der Champagne verlegt.

Die bronzenen Hallstattschwerter gehören der älteren HZ an, vornehmlich Hallstatt B, Gündlinger Stufe, V. Per. Mont. Die eisernen Typen entstehen bereits im 8. Jh., ihre Hauptblütezeit fällt jedoch in die j. HZ, insbesondere in die Stufe Hallstatt C (Salem-Koberstadt). In der Stufe Hallstatt D kommen die langen Schwerter ab, an ihre Stelle treten Dolche.

Eine eigenartige Entwicklung bildet die Ausbildung der Hufeisen- und Maskengriffdolche und -schwerter. Die Sitte der Antennenbildung beim Knauf bildet die Grundlage für die Vorstufen, deren Knauf noch in einen emporgebogenen Draht ausgezogen ist, der aber nicht mehr eingerollt wird, sondern in Knöpfen endet (Tf. 143^{B} a). Der Griff ist entweder zylindrisch glatt oder mit einem Wulst in der Mitte versehen. Es kommt auch vor, daß die oberen Enden einander stark genähert werden, der Knopf des Knaufes sich ebenfalls erhöht und schließlich die Enden zusammenwachsen (Tf. 143^{B} g, h; Band IV Tf. 60, 3). Bis dahin ist die Entwicklung in Nord- und Mitteleuropa einheitlich. Im Hallstattkreise jedoch wird die Form beliebt, die die Knaufenden im rechten Winkel aufwärts biegt und sie oben mit einer Platte enden läßt (Band V Tf. 21, 2). Entsprechend wird der ursprünglich flachbogige Heftabschluß fast rechtwinklig nach unten geknickt. Der Griff selbst ist entweder zylindrisch und zeigt nur den Mittelwulst, oder er wird tonnenförmig, wobei der Mittelteil in Platten wie bei den nord. Vollgriffschwertern aufgelöst wird. Die Klinge, die immer aus Eisen zu bestehen scheint, zeigt noch die gefällige Schweifung der Hallstattschwerter. Diese Hufeisendolche werden zur Vorstufe der Maskengriffschwerter und -dolche, indem der flache, nur wenig erhabene Knopf des Knaufes zur Kugel anschwillt (Tf. 133, 3; 143^{B} b). In diese Form hat die Kunst der Zeit (vgl. die Maskenfibel; s. Fibel A § 30) die Menschenfigur hineingesehen, die, in Kniebeuge stehend, die Arme zum Himmel reckt (Tf. 143^{B} c). Auch die zweite Entwicklungslinie, bei der die drei Enden zusammenwuchsen, nimmt dieses Motiv auf und bringt in den beiden entstandenen Durchbrechungen zwei gegeneinander stehende Menschenfiguren an (v. Sacken *Hallstatt* Tf. 6, 4). Die oft recht naturalistische Darstellung schwindet allmählich wieder, die Form wird plumper, die Glieder verkümmern zu Stümpfen (Tf. 143^{B} d, e), die als geschweifte Bügel in der LTZ teils vollständig schwinden (als Knaufabschluß),

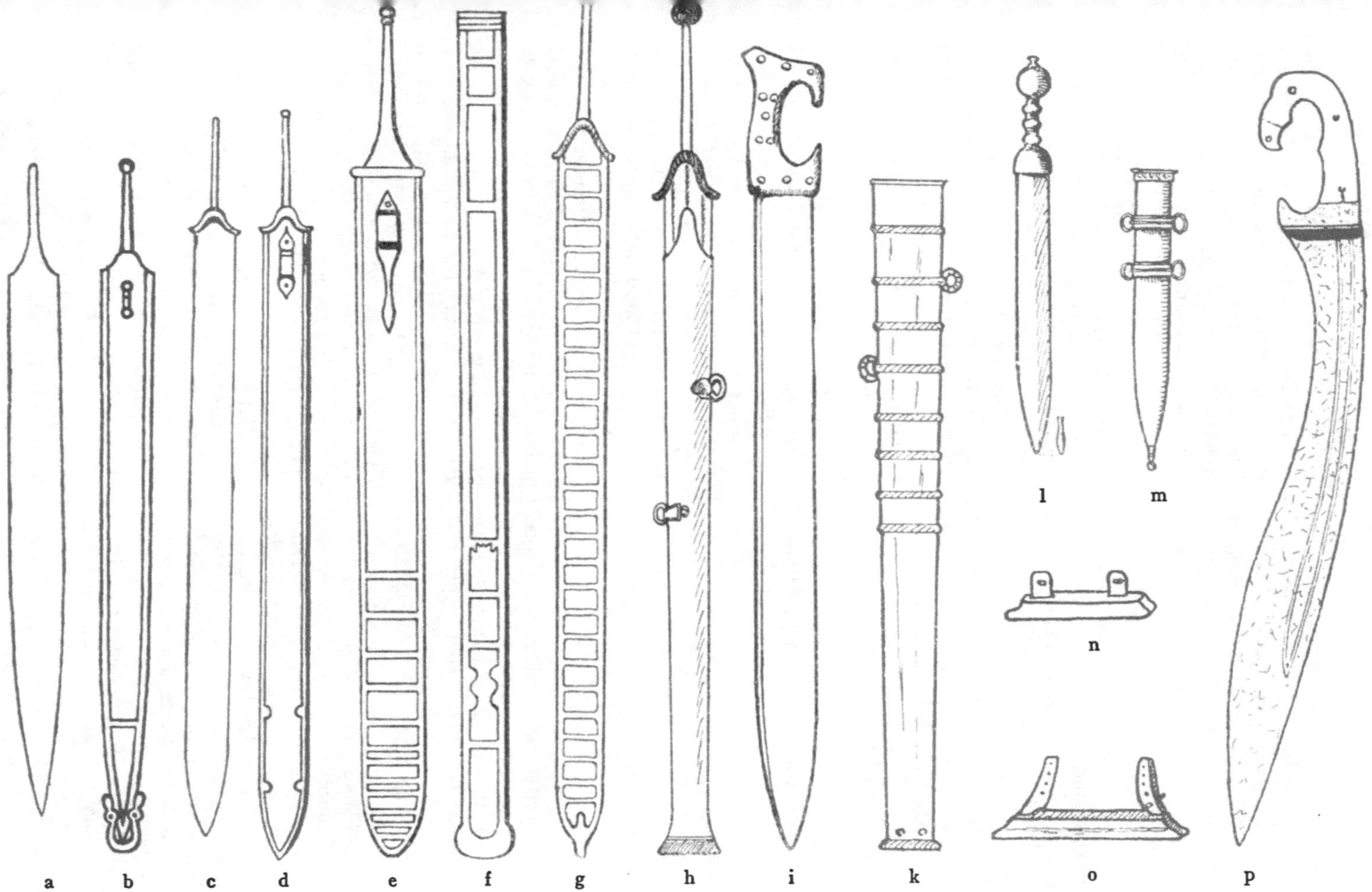

Schwert A. Europa

Schwertformen der Kelten, Germanen, Römer und Griechen: a, b. Frühlatène-Form. — c, d. Mittellatène-Form. — e, f. Spätlatène-Form. — g—k. Germanische Formen. — l, m. Gladius. — n, o. Germanische Ortbänder. — p. Machaira.

teils eine neue Entwicklung anbahnen (am Heftabschluß; Tf. 143 B f). S. Reinach hat einen einheitlichen Herstellungsort für die ersten Maskengriffschwerter angenommen und ist geneigt, sie für helvetisch zu halten; doch bedürfen diese Annahmen noch weiterer Untersuchungen. Ganz allg. üblich werden nun Scheiden aus Metall mit kugelförmigem Ortband (Band V Tf. 21, 3. 5).

Wie die Entwicklung zeigt, wurzeln die Hufeisendolche und die folgenden Maskengriffschwerter und -dolche in der Formgebung der S., die in der ausgehenden BZ des N und der III. Hallstattstufe Mitteleuropas gegeben ist. Ihre Ausbildung fällt in die jüngste HZ, Stufe D, und ihre Herrschaft setzt sich bis in die LTZ hinein fort. Die Zeit der entarteten, stilisierten Maskengriffschwerter ist LTZ II—III.

Die echten Maskengriffschwerter finden sich in Frankreich, Britannien, Schweiz und Italien, solche mit Pseudokopf in der Schweiz, Süddeutschland, Ungarn, Italien und Frankreich.

§ 17. Dipylon. Über die S. der Dipylon-Zeit sind wir verhältnismäßig schlecht unterrichtet. Es ist ein Typus bekannt mit S-förmig geschwungenem Griff. Dieser und die Klinge sind annähernd gleich breit, der Typus ist in seiner Form also wenig proportioniert. Sein Griff erinnert an Hallstattformen, ein Zusammenhang ist wohl möglich, da auch die Eisenschwerter der ausgehenden myk. und beginnenden Dipylon-Zeit den Hallstattformen verwandt sind. Es kommen daneben am Beginn der EZ auch wieder Typen mit eckigem Umriß, dreieckigem Knauf und spitzen, ein wenig hochgezogenen Schultern vor, außerdem S., die sich durch ihre Parierstange (Tf. 141 B i) deutlich an die myk. Typen mit „hörnerartigen" Fortsätzen anlehnen. Diese Formen stellen zunächst reine Übertragungen der Bronzeschwerter in das neue Metall dar. Ihr Entstehungsgebiet liegt auf dem griech. Festlande, auf Kreta fehlen die Typen gänzlich. Auch typ. Griffzungenschwerter mit glockenförmigem Heftabschluß, zu denen die mitteleurop. der ält. BZ die besten Vergleichsstücke liefern, werden einfach in das neue Material des Eisens übertragen.

§ 18. Über die osteuropäischen und sibirischen Dolch- und Schwertformen s. Akinakes, Sibirien C, Südrußland C, D und Tf. 142 e—g.

Der späten BZ und frühen EZ scheinen Formen des Kaukasus-Gebietes anzugehören, die mit einer auffallend breiten, am unteren Ende abgerundeten Klinge versehen sind, welche Verzierung mit Rillen, Kreisen und Spiralen, aber auch figürlichen Schmuck trägt. Der Griff besteht aus einer Zunge, die in der Mitte stark eingezogen und dort mit hohen, lappenartig ausgezogenen Rändern versehen ist (Tf. 142 c, d). Den Abschluß bildet ein kegelförmiger Knauf, der aus einem bronzenen Drahtgestell gebildet ist. Die Holzfüllung des Knaufes sowie der Griffbelag sind öfter erhalten. Die Scheide bestand aus einem Stück Bronzeblech, das an einer Breitseite zusammengenietet war. Eine emporgeschlagene, zungenartige Verlängerung ersetzte das Ortband.

§ 19. Kelten. Das Latène-Schwert der Kelten ist ein führender Typus in der Bewaffnung dieser Zeit, der eine klare Entwicklungslinie durch die drei Latènestufen hindurch aufweist. Die kennzeichnenden Eigenarten befinden sich an der Spitze der Klinge und ihrem Übergang zur Griffangel, sowie am Ortband und Mund der dazugehörigen Scheiden.

Das Schwert der Frühlatènezeit ist noch verhältnismäßig kurz, die Klinge gerade mit parallelen Rändern sowie spitz und lang zulaufendem Ende versehen, gemäß seiner Entstehung aus den Hallstattdolchen. Der Heftabschluß, bereits mehrmals in Form eines flachen Bügels gestaltet, geht in sanftem Bogen in die Griffangel über, die am Abschluß häufig einen Knopf trägt, zuweilen aber noch als Ausklang der Maskengriffe einen dem Griffbügel zwar gleich geformten, aber entgegengesetzt befestigten Bügel besitzt (Tf. 143 A a, b; Tf. 143 B f). Die Mittellatène-Schwerter sind typische, lange Hiebschwerter, deren unteres Klingenende mehr abgerundet oder spitzbogig ist. Am Übergang zum Griff befindet sich stets ein charakteristisch geschweifter Bügel (Tf. 143 A c, d; Band II Tf. 108 d; IV Tf. 65, 3). Die Spätlatènezeit bringt neben den Mittellatène-Schwertern mit glockenförmigem Heftabschluß weiterentwickelte Formen: die Klinge wird noch länger, die

Ränder bleiben fast bis zum Ende parallel, so daß manche Stücke fast unvermittelt abschneiden (Tf. 143^A e, f). Den Griffbügel bildet eine gerade Stange.

Die Scheiden der Latène-Schwerter sind aus zwei Platten in der Weise hergestellt, daß die eine die andere überkragt. Während in der Früh- und Spätlatène-Periode neben eisernen auch bronzene Scheiden in Gebrauch sind, bestehen sie in der Mittellatènezeit fast ausnahmslos aus Eisen. Ihre Form schließt sich im allg. der Klingenform an. Während der Mund naturgemäß dem Klingenabschluß entspricht, zeigen das Ortband und der Unterteil eine besondere Entwicklung. In der Frühlatènezeit schmückt es mehrfach Koralleneinlage, seine Form läuft nach oben in Vogelköpfe aus oder wird durch kreisrunde Scheiben „kleeblattförmig" gestaltet (Tf. 143^A b; vgl. Band IV Tf. 63, 1, 4). Häufig erscheint ein Steg an der Stelle, an der die Scheide schmaler zu werden beginnt. In der Mittellatènezeit ist die Gestaltung bedeutend einfacher. Der Steg verschwindet meist, nur seine Ansätze bleiben als zwei vorspringende, kreisförmige Platten bestehen. Auch das Ortband verkümmert bis auf zwei gegenüberliegende Verdickungen, die analog dem Stegrudiment gebildet werden (Tf. 143^A d). Erst in der Spätlatènezeit entsteht wieder ein richtiges Ortband, indem das stumpfe Ende nachenförmig verbreitert wird. Zahlreiche Stege, hauptsächlich auf der unteren Hälfte, seltener auch auf der oberen, bedecken in unregelmäßigen Abständen die Scheide (Tf. 143^A f).

Zur Aufhängung der Schwerter dient eine Schlaufe an der inneren Seite der Scheide (Tf. 143^A b, d, e). Sie ist in der Frühlatènezeit klein, schmal, bandförmig, mit kreisrunden Nietplatten versehen. In der Mittellatènezeit erscheint sie gedrungen, wird etwas breiter, die Nietplatten werden größer und häufig herzförmig. In der Spätlatènezeit werden die Nietenden unsymmetrisch, die Schlaufe sogar langgestreckt und zungenförmig, auch der Mittelteil wird größer. Über die Tragweise der S. geben einige Funde klaren Aufschluß: durch die Schlaufe, rings um die Scheide lief ein Riemen, an dem zwei Ringe seitwärts der Scheide saßen. An ihnen waren die Riemen befestigt, an denen das S. am Leibgürtel hing, der in der Regel durch Haken und Ring verschiedener Formen geschlossen wurde. Statt des Lederzeuges benutzte man, besonders in der Mittellatènezeit, mit Vorliebe zopfartig gedrehte Ketten aus Eisen oder Kupfer (Band IV Tf. 65, 4). Die Ketten sind aus Frankreich, Böhmen, Ungarn, Süddeutschland und Italien bekannt, sie fehlen bisher in Britannien und Spanien. Das S. hing an der rechten Seite des Kriegers, nach Ausweis der Funde, den Berichten der Alten und dem Zeugnis der Monumente.

Entsprechend dem Zeitgeschmack wurden Schwert und Scheide häufig verziert. Die Sitte beginnt in der Frühlatènezeit (vgl. Band III Tf. 122; Einfluß der nordital. Situlenkunst), wo sie sich allerdings in der Hauptsache auf den Schmuck der Scheiden beschränkt. Den Höhepunkt dieser Kunst bildet die Mittellatènezeit, in der meist allerdings nur die Außenseiten der S. und Scheiden zum Teil überreich mit symbolischen, seltener pflanzlichen und geometrischen Motiven geschmückt erscheinen. Die Verzierung in der Spätlatènezeit beschränkt sich hauptsächlich auf die Belebung der Scheidenfläche durch Stege, die mit Vorliebe in ∼-Form erscheinen. Eine Reihe von S. zeigt auch sog. Eigentumsmarken (Tf. 143^B i). Aber wem sollten die S. von der Station La Tène (s. d.) gehören? Fabrikmarken können es auch nicht sein, denn es wäre auffallend, daß jede Fabrik nur durch ein Exemplar vertreten wäre. Man hat für diese Zeichen noch keine einleuchtende Erklärung gefunden. Die Marken und gewisse Formen der Verzierung besitzen nach Vouga apotropäische Bedeutung.

Über die Herstellung der Verzierung bestehen noch keine eingehenden Untersuchungen. Gravieren, Ätzen und Stanzen kommen in Frage. Tauschierung goldener und silberner Fäden ist selten.

Die Herstellung der S. geschah durch Anschmieden und Aushämmern der Schneidenlängsseiten oder durch Einhämmern von Drähten in der Längsrichtung des S. Wir besitzen in diesen Formen die ältesten damaszierten Klingen n. der Alpen. S. Eisen A § 4ff.

Der Griff war mit Horn vom Rind belegt, oder er bestand aus einzelnen Scheiben, deren Zwischenräume vergänglicheres Material ausfüllten. Von Holz, Knochen oder Geweih hat sich in der Station La Tène (s. d.) selbst nicht eine Spur erhalten, also muß das Material noch weicher gewesen sein, wenn man nicht annehmen will, daß die Griffe an einem anderen Orte angefertigt worden sind. Die Angel ist ursprünglich kurz, 9—10 cm l., sie erreicht aber später eine L. bis zu 14 cm.

Nach den Funden in La Tène selbst sind die kürzesten S. etwa 70 cm, die längsten 106 cm l., im Durchschnitt messen sie 85—90 cm. Die Br. schwankt zwischen 3—5 cm.

So bestätigen die Funde die Nachrichten der Alten: „Gallis (gladii) praelongi ac sine mucronibus."

Eine eigenartige Behandlung des in das Grab mitgegebenen S. ist das Verbiegen der Waffe. Im Verhältnis zu den unverbogenen Stücken ist die Anzahl der verbogenen bei den Kelten allerdings gering. In der Regel ist das S. mit der Scheide zusammen nur einmal spitzwinklig geknickt (vgl. Band X Tf. 146).

Zu dem eben beschriebenen Haupttypus der kelt. Latène-Schwerter treten noch zwei andere Formen: das S. mit Knollenknauf und das einschneidige Hiebmesser (s. d.).

Das S. mit Knollenknauf (Mannus 17 [1925] S. 93 Abb. 1) ist ein Typus, der fast völlig aus dem Rahmen der vorgesch. S. herausfällt. Charakteristisch ist der Griff, der aus 5 Teilen zusammengesetzt ist: den beiden Griffplatten, auf die der Knauf gehämmert ist, und der die unteren Kugeln mittels zweier Dorne festhält. Die Griffplatten zeigen oben einen tropfen- oder umgekehrt schlüssellochähnlichen Ausschnitt. Der Griff steckt auf einer scharfkantigen, viereckigen Angel. Heftabschluß und Scheidenmund sind glockenförmig, die Klinge ist auffallend schmal (1,5—2,8 cm) und lang (bis 105 cm), mit sehr hoher, scharfer Mittelrippe versehen. Die Scheide besteht aus zwei Blechstreifen, von denen der eine den anderen überkragt. Dieser Typus ist ein Stoßdegen, kein Schlachtschwert; er dürfte eher ein Turnierwaffe der kelt. Fürsten sein.

Das Verbreitungsgebiet dieses Typus ist Süddeutschland und Burgund. Seine Heimat sucht man in der Côte-d'or. Leider sind erst 8 Exemplare bekannt. Zeitlich gehört die Form der ältesten Stufe der LTZ an (5. Jh.). Der Typus ist sicher nicht mittelalterlich (Goeßler), anscheinend auch nicht spätlatènezeitl. (Schwietering), sondern man kann ihn ziemlich sicher als frühlatènezeitl. ansehen (Jahn). Er bildet eine Parallele zu den Maskengriffschwertern und hängt entwicklungsgeschichtlich mit diesen aufs engste zusammen.

Das einschneidige Hiebmesser kommt nur in der späteren LTZ vor; die hallstattzeitl. Säbelmesser sterben mit dem Ende der Frühlatènezeit aus. Der Griff der Hiebmesser ist ringförmig. Rücken und Schneide sind teilweise stark geschwungen, die Spitze ist säbelartig gekrümmt. Diese Form übt auf das einschneidige germ. S. einen gewissen Einfluß aus.

§ 20. Britannien. Die Entwicklung auf den brit. Inseln lehnt sich ganz dem beherrschenden kelt. Einfluß an. Erst in der Mittellatènezeit blüht die Waffenfabrikation auf. Man bildet die Festlandstypen in guter heimischer Arbeit nach. Der Mittellatène-Typus bleibt dort herrschend bis in die RKZ, die Entwicklung des röm. gladius reicht nicht bis hierher. In der LTZ III wird die Spitze des S. abgerundet und stumpf wie bei den festländisch kelt. Stücken. Die Scheiden bestehen häufig aus Bronze, und nur diese tragen jene prächtige Verzierung der Blattornamentik in Gravierung (Band VII Tf. 193 e, f). Das Ortband ist zwiebel- oder herzblattförmig gebildet. S. a. Band IV Tf. 258 a.

§ 21. Iberer. Auf der iber. Halbinsel kommt während der EZ ein charakteristischer Typus in Form der Falcata (s. d.; Band X Tf. 145 a links, 154 a C, 161 c) zur Ausbildung. Sie stellt ein gekrümmtes Hauschwert dar, das auf hallstättische Hiebmesser und -schwerter illyr. Form zurückzuführen ist (s. § 22), nicht auf die griech. Machaira, die einen Seitenzweig aus gleicher Wurzel darstellt. Die Scheide der Falcata bestand wahrscheinlich aus Holz, das mit Reifen umspannt war, an denen die Tragösen befestigt waren.

Eine weniger berühmt gewordene Waffe verkörpert der Typus von Alar del Rey (Band X Tf. 143 d), dessen Schöpfer vielleicht die Ligurer sind. Diese Form ist ebenfalls ein Erzeugnis der für Spanien charakteristischen nachhallstättischen Kultur.

§ 22. Illyrier. Eine der eigenartigsten Formen im Europa vorchristl. Zeit ist das

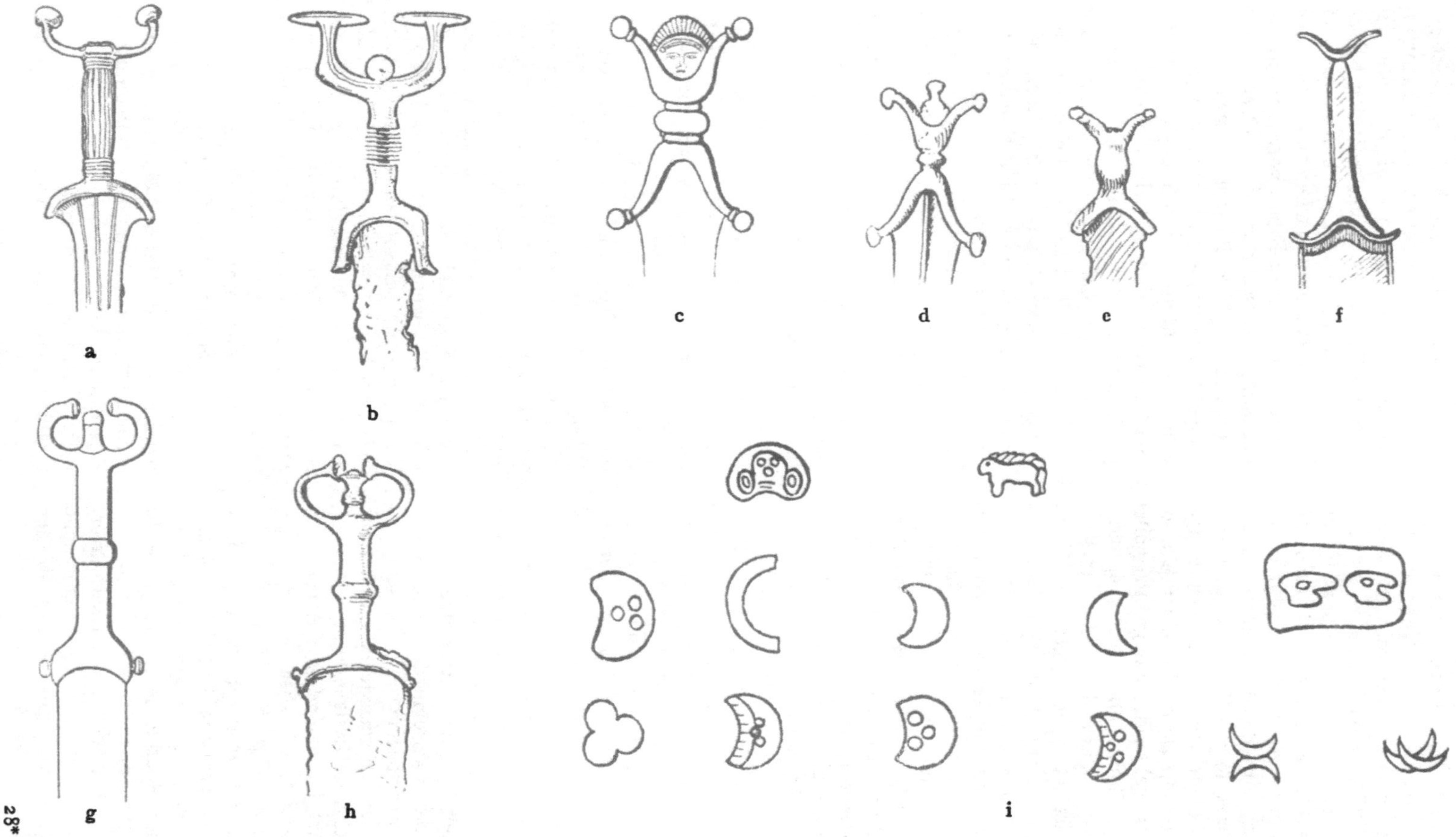

Schwert A. Europa

Entwicklung der Maskengriffschwerter: a, b, h. Hallstatt. — c. Zihl, Schweiz. —d. Frankreich(?). — e. Fleinheim, OA. Heidenheim. — f. Nassenfuß, Krain. — g. Grafrath, Oberbayern. — **Schwertmarken:** i. Eigentumsmarken von La Tène.

illyr. S. der LTZ. Es stellt ein einschneidiges Krummschwert dar, das am Übergang von der Klinge zum Griff einen scharfen Knick aufweist, so daß ein Winkel bis zu 45° entsteht. Die Schneide ist gewöhnlich geschwungen, seltener gerade, während der Rücken in der Regel in gerader Linie verläuft und nur zuweilen dem Schwung der Schneide etwas folgt. Zur Aufnahme des Griffbelages dient eine breite Griffzunge, bisweilen auch ein Dorn. Bei einer Gruppe dieses Typus geht die Klinge in voller Breite in die Zunge über, um sich dann erst zu verschmälern, bei einer anderen (jüngeren?) ist die Zunge gegen die Klinge abgesetzt und die entstehende Ecke zu einer Spitze ausgezogen (Tf. 141 B l).

Das Hauptverbreitungsgebiet dieses Typus scheint Großserbien zu sein. Ein charakteristisches Exemplar der Gruppe stammt aus Novilara (s. d. A), der illyr. Kolonie in Mittelitalien, ähnliche Stücke aus dem illyr. beeinflußten Norditalien.

Die Bedeutung dieser illyr. Krummschwerter besteht darin, daß sie für zwei in der antiken Welt sehr bekannte Formen die Prototypen abgegeben haben dürften: einmal für die Machaira des benachbarten Griechenlands und zweitens durch Vermittlung der Kelten nach dem W Europas für die iber. Falcata. [Auch haben sie zweifellos die ungar. Kurzschwertformen vom skyth. Typus mit geknickter Klinge beeinflußt.]

§ 23. Bei den Germanen sind in der LTZ zwei Schwertformen in Gebrauch: das zwei- und das einschneidige. Beide Arten sind unter kelt. Einfluß entstanden. Doch scheint für das zweischneidige eine germ. Grundlage vorhanden gewesen zu sein, obwohl der Mangel an geeigneten Funden uns noch kein sicheres Urteil erlaubt. Die einschneidige Art ist besonders auf ost- und nordgerm. Gebiet zu Hause.

Das zweischneidige S. (Tf. 143 A g, h; Band IX Tf. 157 d) zeigt entsprechend seiner Entstehung die typische kelt. Mittellatèneform. Es gehört zum größten Teil jedoch erst der Spätlatènezeit an. Die L. beträgt durchschnittlich 90—100 cm, es handelt sich also um typische Langschwerter. Die Br. geht im allg. über 4—5 cm nicht hinaus (— 3, + 7). Die Schneiden der Klinge laufen fast parallel, das Ende ist gewöhnlich spitzbogig, selten breit und stumpf, bei den jüngsten Formen oft dreieckig zugeschnitten. Der Durchschnitt der Klinge ist meist dachförmig. Doch kommt auch ein Mittelgrat mit zwei flachen oder mehreren breiten und flachen Rillen vor. Griffansatz und -bügel entsprechen sich in der Form: gewöhnlich glockenförmig, bisweilen in eckiger Ausführung, die spätesten gerade. Grifflänge durchschnittlich 14,5 cm. Griffangel meist vierkantig, zuweilen oval, mit platt gehämmertem Ende oder Endknopf versehen, der manchmal aus Bronze oder Silber hergestellt ist. Der Belag war entweder ein Mantel aus Holz, Horn oder Knochen, oder er bestand aus Scheiben von Eisen, die mit anderen aus vergänglichem Material abwechselten. Die Herstellung der S. gleicht der des Schwertes der Kelten (s. § 19).

Die Scheiden bestehen in der Regel aus Eisen, bronzene scheinen zum mindesten Nachahmung kelt. Sitte zu sein. Sie sind aus zwei Platten gefertigt, deren hintere größere die vordere überkragt und so festhält. Auch Borten werden angewendet. Stege kommen vor, einzeln oder in Gruppen, auch statt dessen Reihen von liegenden S-Figuren. Mehrmals sind die Platten ungleich lang, die vordere ist kürzer, um ein leichteres Einstecken der Schwerter zu ermöglichen. Weicht diese Scheidenform nicht wesentlich von der kelt. ab, so entwickelt sich am Ende der LTZ eine typisch germ. Form. Es kennzeichnen sie: 1. ein spitzes Ortband, das einen aus der Scheidenspitze herausgewachsenen Fortsatz darstellt und seitlich abgeplattet ist; 2. zackenartige Vorsprünge am Scheidenende, deren Spitzen sich manchmal sogar berühren; sie bilden den Schluß der Entwicklung, der mit dem Schwinden des frühlatènezeitlichen unteren Steges begann (s. § 19); 3. das gleichmäßig verteilte Leiterornament der Scheide, das entweder aus einzelnen Stegen besteht oder seltener mit den Einfassungsborten zusammen eine Art Gitter bildet. Diese Scheidenform ist in der Hauptsache ostgermanisch und scheint eine burgundische Eigentümlichkeit zu sein.

Der Scheidenmund zeigt die Form des entsprechenden Schwertbügels, ist also meist glockenförmig. Um ein Auseinanderreißen des Mundes zu verhindern, ist er mit einem umlaufenden Ringe oder Blechstreifen versehen.

An der Rückseite der Scheide saß die Schlaufe zur Aufnahme des Aufhängeriemens. Sie zeigt die schon bei Betrachtung der kelt. Scheiden beobachteten Arten der einfachen, symmetrischen Mittel- und der unsymmetrisch verlängerten Spätlatèneform. Auch scheint die Befestigung der S. am Gürtel mit der der Kelten im wesentlichen übereingestimmt zu haben.

Mehrfach sind die S. der Germanen in der LTZ verziert. Häufig ist die Kontrastwirkung der Bronze gegenüber dem Eisen benutzt, seltener die des Silbers. Außerdem sind Muster durch Ritzung, Punzung, Stempelung und Ätzung hergestellt. Die Muster setzen sich gewöhnlich aus Punkten und Tupfen zusammen, denen meist eine regelmäßige Anordnung fehlt. Wahrscheinlich stehen sie mit den kelt. verzierten S. in ursächlichem Zusammenhang. Bei den Germanen gelten die verzierten S. als eine typisch ostgerm. Sitte, doch finden sie sich auch in Dänemark, dem Rheingebiet und der Schweiz, die ja den Ausgangspunkt dieser Sitte darstellt (s. Lanze A § 10f.).

Zur Verzierung der Scheiden durch Stege und S-förmige Figuren treten geometrische Muster wie Striche und Kreise. Beliebt war auch Bronzebelag, der zur Belebung der Fläche durchbrochen gearbeitet wurde. Der schönste und vollständigste dieser Art besteht sogar aus Silber (Band IX Tf. 157 c). Eine ostdeutsche Sonderform zeigt eingeschlagene Punkte oder Quadrate, die durch ihre regelmäßige Anordnung in schräg gestellten Reihen den Eindruck eines Netzmusters hervorrufen. Die westgerm. Stücke im Rheingebiet bei den Main-Sweben zeigen den starken kelt. Einfluß (Schnörkelmuster, Einlage von Blut-Email, Bronzescheiden, nachenförmiges Ortband und durch eingepunzte Punkte verzierte Eisenringketten zur Befestigung der Schwerter).

Das einschneidige S. der Germanen in der LTZ ist zwar kürzer (nur 70—75 cm), aber breiter (4—8 cm) als das zweischneidige. Am Rücken läuft in der Regel eine Furche (Blutrinne) entlang, die Klinge ist wie beim zweischneidigen S. mit parallel laufenden Rändern versehen, bisweilen mit geradem oder nur wenig gebogenem Rücken, das Ende spitzbogig. Die Griffangel oder -zunge, durchschnittlich 7,5—12 cm l., geht bald mit, bald ohne Absatz in den Rücken über, während sie nach der Schneide zu fast stets einen weiten, bogenförmigen Ausschnitt besitzt. Sie bildet die gerade Fortsetzung der Klinge (Tf. 143[A] i). 7—9 Nieten befestigten den zweiteiligen Griffmantel, der meist aus Holz gefertigt war und nur die Breitseiten deckte. Seine charakteristische Ω-Form ergibt sich aus der besonderen Griffplatte.

Verzierung zeigen die einschneidigen S. selten und nur am Griff; sie besteht aus einfachen und Zickzacklinien auf den Schmalseiten.

Die Scheiden der einschneidigen S. bildeten dünne Holzplatten, die vielleicht noch mit Leder überzogen gewesen sind. Dem Zusammenhalt dienen einfache Klammern verschiedener Form, von denen zwei mit je einem Ringe versehene Doppelklammern sind. Die Ösenklammern sitzen gegenständig in verschiedener Höhe (Tf. 143[A] k). Sie dienten zur Befestigung des Schwertriemens, mit dem die Waffe schräg vom Gürtel herabhing. Bisweilen findet sich auch auf den Klammern Verzierung einfachster geometr. Art.

Häufig ist das Scheidenende durch ein Ortband verstärkt. Es ist stabförmig, vierkantig, massiv und trägt zwei Nietplatten, die zwischen die Scheidenplatten geschoben und vernietet werden (Tf. 143[A] n, o). Ihre Länge beträgt durchschnittlich 7—8,5 cm, ihre Dicke 1 cm.

Das einschneidige S. ist eine Weiterbildung der frühlatènezeitl. Hiebmesser auf kelt. und illyr. Gebiet. Der Zeitpunkt seiner Entstehung ist unbekannt. Wir kennen es erst seit der Spätlatènezeit, da in der voraufgehenden Zeit keine Waffen als Grabbeigaben üblich noch sonst gefunden sind [s. aber Hjortspring]. Es ist eine typisch ostd. Form (die *breves gladii* des Tacitus), am zahlreichsten auf burgundischem Gebiet vertreten, häufiger sonst nur bei den Goten in Schweden und auf mittelgerm. Gebiet. Hier auf mittelgerm. Gebiet entsteht durch die verschiedenen Einflüsse eine besondere Scheidenform. Sie ist in kelt. Art aus zwei eisernen Platten zusammengesetzt, zuweilen kommen auch Stege vor. Der Scheidenmund ist glockenförmig geschwungen, denn die Scheide dient zur Aufnahme eines zweischneidigen Schwertes. Aber das Ortband, bei diesen mittelgerm. Stücken der besseren Wirkung wegen aus Bronze, und die Tragvorrichtung in Form von zwei gegenständigen Ösenklammern entstammen dem ostgerm. einschneidigen Typus. Diese Sondergruppe findet sich bei den Ingwäonen und Herminonen in dem lang ausgedehnten Gebietsstreifen von der jütischen Halbinsel und den dän. Inseln im N über das Elbgebiet bis nach Thüringen im Süden.

Eine andere, bisher fast nur auf ostgerm. Gebiet beschränkte Scheidenform ist allein durch ihre Beschläge bezeugt: das Ortband ist röhrenförmig, konisch sich verjüngend, am Ende mit einem Knopf versehen. Die Aufhängevorrichtung besteht aus einem schlangenförmigen Bügel, dessen Enden plattgehämmert und zu großen Ösen umgebogen sind. Die dazu gehörige Scheide steht besonders wegen ihrer eigenartigen Aufhängevorrichtung denen der BZ am nächsten. Sie sind auch erheblich älter als die Latène-Scheiden, denn sie finden sich in der Steinkistengräberkultur der frühen EZ Ostdeutschlands. S. a. Gesichtsurnenkultur (Ostdeutsch-Polnische) A § 8.

Viel häufiger als bei den Kelten findet sich bei den Germanen die Sitte, die S. meist mit den Scheiden zu verbiegen. Sie sind entweder spiralig gebogen oder in der Mitte geknickt und mehrmals zusammengelegt zu Wellenlinien. Dem auffallenden Brauch liegt nicht eine praktische Erwägung zugrunde, sondern religiöse Vorstellungen; dieser Brauch wurde dann allerdings beibehalten, weil er sich bei der Bestattung in Brandgruben als vorteilhaft erwies. S. Tf. 31 a 3, Tf. 89 a, Band IX Tf. 224 a.

§ 24. Griechen. Einen in der klassischen Zeit der Griechen häufigen Schwerttypus bildet die einschneidige Machaira (Tf. 143A p). Die Vasen zeigen eine verschiedene Form des Griffes. Gewöhnlich ist er halbkreisförmig. Manche erinnern in ihrem Knauf an die jüngsten myk. Formen; andere sind mit einem einfachen Knopf versehen, eine dritte Art trägt einen Adler. Die Scheiden bestanden aus Holz, das mit Leder oder mit Metall bedeckt war, einige waren geflochten. Der Scheidenmund hatte rechteckige Form, das Ortband war bisweilen viereckig, meist aber entweder abgerundet und mit einem Knopf versehen oder besonders gestaltet: blattähnlich oder mit einem Pantherkopf geschmückt. Die Krieger trugen das S. auf der linken Seite. Es hing an einem Riemen über der rechten Schulter oder an einem Leibgurt. Als Aufhängevorrichtung dienten zwei Metallbänder, die beide an der gleichen Seite mit einem Ringe versehen waren.

Die Machaira ist kein griech. Typus in dem Sinne, daß er von den Griechen gewissermaßen erfunden sei, er geht vielmehr auf die illyr. Krummschwerter des Donau-Balkangebietes zurück (s. § 22).

Zur Zeit Alexanders führte nur die Kavallerie die einschneidige Machaira, während die Infanterie mit dem zweischneidigen ξίφος, dem klass. S. der Griechen, ausgerüstet war. Einige Stämme (z. B. die Thebaner) haben die Machaira jedoch auch für die Fußtruppe beibehalten. Die Makedonier dagegen besaßen lange Schwerter.

Bei den Schriftstellern tritt der Unterschied zwischen Machaira und ξίφος nicht immer klar hervor. Homer und die Klassiker unterscheiden die Typen noch, Polybios dagegen gebraucht beide Begriffe schon gleichbedeutend. Daneben werden andere Schwertarten genannt: Ἄορ (dichterischer Ausdruck für ξίφος), κόπις (ähnlich der Machaira), ξιφομάχαιρα (ein Langschwert), ξυήλη (das kurze S. der Spartaner).

§ 25. Römer. Die vorröm. Waffen in Italien zeigen keine Reichhaltigkeit. Weder die Italiker noch die Etrusker haben es zu ausgeprägten Sonderformen gebracht. Die Antennenschwerter bilden den Übergang zu den eisernen Schwertern. Über Sizilien und Süditalien her machen sich griech. Einflüsse bemerkbar. Die Griffe sind oft noch aus Bronze. Belag aus Elfenbein kommt ebenfalls vor, außerdem Einlage von Bernstein und Ausschmückung mit Silber. Die Scheiden bestehen anfangs auch öfter aus Bronze, hauptsächlich aber aus Holz, das durch Umwicklung von Bronzeblechstreifen oder -draht zusammengehalten und verziert ist. Es treten sogar Scheiden aus Silber und Elfenbein auf. Neben dem starken griech. Gepräge, das die etrusk. S. aufweisen, sind

a b c d e

Schwert B. Ägypten.

Bronzene Langschwerter europäischer Form. Spätes Neues Reich (Ende des 2. vorchristl. Jht.): a. Angeblich von Tell Firaun (Delta). Mit Namen Sethos II. 20. Dyn. L. 45 cm. — b. Angebl. Bubastis. L. 71,5 cm. — c. Unbekannter FO in Ägypten. L. 56 cm. — d. Dgl., L. 47 cm (war ursprünglich länger, Stück herausgenommen). — e. El Kantara. L. 42,9 cm. — Nach Wolf *Die Bewaffnung des altägyptischen Heeres* Tf. 15.

Anklänge an osteurop., skyth. Formen bemerkenswert. Die Etrusker tragen das S. auf der linken Seite.

Über die Entstehung des röm. *gladius* (dichterisch *ensis*; Tf. 143^{A}l) sind wir leider völlig im Unklaren. Stark war einst der Einfluß des kelt. S.; jedoch trat an seine Stelle nach dem zweiten Punischen Kriege das zweischneidige iber. S. mit scharfer Spitze (Liv. XXII 46, 15). Wenn die röm. „Nachahmung" nicht an vollendeter Ausführung stark hinter dem iber. „Vorbild" zurückgeblieben wäre, könnte man hier die Wurzel des gladius suchen.

Die Scheide des gladius (Tf. 143^{A}m) bestand aus 4 Teilen: Vorder- und Rückseite, Mundstück und Ortband. Die Holzschalen schmückten wagerechte Metallbänder. An zwei von ihnen befinden sich Ringe zum Aufhängen dieser Waffe, die in der Republik rechts getragen wurde; an der linken Seite dagegen hing ein Dolch.

Mannus 4 (1912) S. 274—87 Kossinna; ebd. 5 (1913) S. 161 ff. ders.; ebd. 8 (1916) S. 119 ders.; ebd. 9 (1917) S. 128ff. ders.; ebd. 11/12 (1919/20) S. 414 ders.; ders. *Deutsche Vorgeschichte*; Montelius *Minnen*; Congr. intern. préh. Stockholm 1876 S. 882 ff. ders.; ders. *Tidsbestämning*; ders. *Chron. ält. BZ.*; Ant. Tidskr. 1873 ders.; Archaeologia 61 S. 97 ff. ders.; ders. *Civ. prim.*; ders. *La Grèce préclassique* 1924; Aarb. 1909 S. 1—119 S. Müller; ders. *NAK.*; ders. *Bronzealderens Kunst*; ders. *Ordning*; Madsen *Afbildn. Broncealdern*; Naue *Die vorrömischen Schwerter* 1903; ders. *Hügelgräber*; Déchelette *Manuel*; Bezzenberger *Analysen* S. 21 ff.; Behrens *Bronzezeit*; Beltz *VAM*; Splieth *Inventar*; Fundb. Schwaben 7 (1899) S. 11ff. Schumacher; Schles. Vorz. 4 (1906) S. 8 Seger; ebd. 5 (1909) S. 5ff. ders.; ebd. 6 (1911) S. 39/40 ders.; Sächs. Jahresschr. 7 (1908) S. 1 ff. Reuß; Olshausen *Amrum* 1920; Präh. Z. 15 (1924) S. 118ff. Bosch; Mannusbibl. 22 (1922) S. 53ff. ders.; ders. *Hisp.*; Boletín de la Sociedad española de excursiones 1921 ders.; Much *Atlas*; Rev. arch. 1901 II 289 S. Reinach; ebd. S. 131 ders.; Sacken *Hallstatt*; Hampel *Bronzezeit*; ZfEthn. 1896 S. 73 ff. ders.; Bastian und Voß *Die Bronzeschwerter d. Kgl. Museums Berlin* 1878; ZfEthn. Verh. 1895 S. 244 ff. Cohn-Radloff; ebd. Verh. 33 (1901) S. 83 ff. Rösler; ebd. Verh. 34 (1902) S. 147ff. ders.; Reichel *Homerische Waffen*² 1901; MAGW 30 S. 45ff. Reinecke; Mainz. Festschr. S. 53ff. ders.; ders. *AuhV* 5 S. 315, 399; Schuchhardt *Schliemanns Ausgrabungen*²; Evans *Preh. tombs Knossos*; ders. *Bronce impl.*; Archäologia 64 Sanders; Präh. Z. 4 (1912) S. 233 Burchardt; Vouga *La Tène* 1924; Jahn *Die Bewaffnung der Germanen* 1916; Kostrzewski *Die ostgermanische Kultur der Spätlatènezeit* 1919; Mannus 9 (1917) S. 87ff. ders.; ebd. 17 (1925) S. 92ff. Richter und Jahn; Präh. Z. 10 (1919) S. 180 Schwietering; 3. Ber. d. Museums vaterländischer Altertümer in Stuttgart 1920 S. 9ff. Goeßler; Truhelka *Der vorgesch. Pfahlbau bei Donja Dolina* Mitt. Bosnien 9 (1904); Baumeister *Denkmäler*; Daremberg-Saglio s. v. gladius; ZfEthn. 1890 S. 1ff. Undset; v. Duhn *Ital. Gräberk.* I; Richlý *Bronzezeit*; Wagner *Fundstätten*; Schlemm *Wörterbuch*; Aspelin *Antiquités*; [W. P. Brewis *The Bronze-Sword in Great Britain* Archaeologia 73 S. 253ff.; W. Ginters *Das Schwert der Skythen und Sarmaten in Südrußland* Vorgeschichtl. Forschungen 2, 1 (1928)].

Ernst Sprockhoff

B. Ägypten (Tf. 144). Das S. ist im alten Ä. nicht heimisch. Eine eigentümliche Form des Krummschwertes (gewöhnl. „Sichelschwert" genannt) findet sich seit dem MR (z. B. de Morgan *Dahchour* I Tf. 20 und 21), zunächst als eine Kombination mit der birnförmigen Keule (s. d. B), dann, seit dem NR, als eine selbständige Waffe, die geradezu als charakteristische Siegeswaffe der Könige erscheint, die diesen von der Gottheit überreicht wird.

Ein gerades S. begegnet in äg. Darstellungen erst seit dem NR, und zwar als Waffe ausländischer Söldner. Es hat eine den ägäisch-myk. Hiebschwertern verwandte Form, während die in Ä. gefundenen Originalschwerter nordeurop. Formen angehören (Tf. 144).

ÄZ 50 S. 61 ff. Burchardt; Amtl. Ber. Pr. S. 33 S. 124ff. ders.; Präh. Z. 4 (1912) S. 233 ders.

Ranke

C. Palästina-Syrien (Tf. 145).

§ 1. Äg. Abbildungen und Nachrichten. — § 2. Amarna-Briefe, das AT. — § 3 und 4. Krummschwerter aus Byblos und Gezer. — § 5. Gerade Schwerter.

§ 1. Vor der BZ war die Herstellung einer längeren, zu Hieb und Stoß geeigneten Waffe nicht möglich, da sich der Feuerstein nur für den Dolch (s. d. C) eignet. Allerdings erwähnt Thutmosis III. ein S. aus Feuerstein unter der Beute des 16. Feldzuges (J. H. Breasted *Ancient Records of Egypt* II 525). Dementsprechend erscheinen Syrer erst auf den äg. Abbildungen des NR mit dem S. bewaffnet (ebenso die Hettiter; vgl. die Beute nach der Schlacht bei Qadesch ebd. III 343). Dabei kann man zwei Arten deutlich unterscheiden: eine lange, gerade Form mit knopfartigem Griff aus Metall oder Elfenbein, in Lederscheide getragen (Grab des Mencheperrē'-seneb [Band VI Tf. 102] und des Amuneseḥ um 1450 v. C., W. M. Müller *Egyptological Researches* II [1910] S. 27f., 33, 37, 43, 47 Tf. 13 [der Fürst von Qadesch], 14, 19, 20, 23, 27), und eine gebogene Form mit flachem Griff, deren gerade anfangendes Blatt in eine Sichel ausläuft (ebd. Tf. 14, 19). Die zweite scheint etwas seltener gewesen zu sein und ist wohl in der Zeit der 18. Dyn. (1580—1350 v. C.) aus Syrien nach Ägypten eingeführt worden (s. Heer A § 3), wo sie die Lieblingswaffe des Pharao wird (Müller *Asien und Eur.* 35; ÄZ 50 [1912] S. 62f. M. Burchardt). Auch eine äg. Benennung (neben den häufigeren *ḫpš* und *dm-t*) bestätigt die Herkunft aus Syrien; denn das äg. Wort *ḥrp* (M. Burchardt *Die altkanaanäischen Fremdworte und Eigennamen im Ägyptischen* II [1910] S. 36 Nr. 686) geht ebenso wie das griech. Wort ἅρπη (schon bei Hesiod) auf ein phön. *ḥarp* zurück, dem das hebr. *ḥereb* (s. u. § 2) entspricht. Umgekehrt ist das äg. *sf-t*, womit das gerade S. bezeichnet wird, als *sajf* in das Arabische und von da in das Syrische und Äthiopische übergegangen (ÄZ 50 [1912] S. 63 M. Burchardt, vgl. Müller *Asien und Eur.* 304 Anm.). Die gerade Form stammt sicher letzten Endes aus dem W, die gebogene aus Babylonien.

§ 2. In den Amarna-Briefen wird das S. nur zweimal erwähnt. Rib Addi von Byblos zählt unter der Mitgift seiner Gattin (?) auch 100 S. auf (*namṣaru* Knudtzon 120, 6), und in dem auf dem *tell el-ḥesî* gefundenen Briefe werden 3 S. verlangt (333, 14). Das AT kennt von dem S. (hebr. *ḥereb*) nur die lange, gerade Form als Waffe der Krieger (Richt. 8, 10; 20, 2 — die Sichelform könnte mit hebr. *m^ekērā* Gen. 49, 5 vgl. μάχαιρα gemeint sein), geeignet zum Hieb (Deut. 20, 13; Jos. 13, 22; 1. Sam. 17, 51; 2. Sam. 12, 9; 15, 14; 22, 19; 1. Kön. 3, 24; Ezech. 26, 8) wie zum Stoß (Richt. 3, 16ff.; 1. Sam. 31, 4; 2. Sam. 2, 16; 20, 10; Jes. 14, 19; 1. Chron. 11, 4; Sprüche 11, 18; daher der Ausdruck „in das S. fallen" 1. Sam. 31, 4f.). Sie hatte zwei besonders geschärfte (Deut. 32, 14; Ezech. 21, 14ff.) Schneiden (Richt. 3, 16; Sprüche 5, 4) und bestand aus einer eisernen (1. Sam. 13, 19; Jes. 2, 4; Joel 3, 15; Micha 4, 3) Klinge (hebr. *lahab* „Flamme" Richt. 3, 22; Nah. 3, 3 oder *lahaṭ* Gen. 3, 24) und einem Griff (hebr. *niṣṣâb* Richt. 3, 22). Getragen wurde das S. in einer ledernen Scheide (hebr. *ta'ar* 1. Sam. 17, 51; 2. Sam. 20, 8; Jerem. 47, 6; Ezech. 21, 8ff. oder *nādân* 1. Chron. 21, 27) an einem Gürtel (Exod. 32, 27; Richt. 3, 16; 1. Sam. 17, 39; 25, 13; 2. Sam. 20, 8) auf der linken Seite des Körpers (Ehud als Linkshänder trägt es rechts, Richt. 3, 16. 21).

Riehm-Baethgen *Handwörterbuch des Biblischen Altertums* II² (1894) S. 1770f.

§ 3. Die ältesten Stücke aus Palästina-Syrien sind die drei prachtvollen Krummschwerter, die in den königlichen Gräbern von Byblos (s. d. und Grab F § 11) gefunden wurden (Tf. 145 a). Sie sind aus Bronze hergestellt und mit kostbarer Einlage in Metallarbeit verziert. Auf dem Blatte liegen lang ausgestreckt Uräus-Schlangen. Der Griff bestand aus Holz und Gold. Die Waffe des Grabes I war 65 cm l. und lag auf der rechten Seite des Toten, mit dem Griff nach unten. Besser erhalten ist die aus Grab II. Daß diese S. in Byblos selbst angefertigt worden sind, beweist nicht nur die von der äg. abweichende Form (sie sind länger und deshalb auch zum Stoß brauchbar), sondern vor allem die eingelegte Inschrift auf dem Stücke aus Grab III („Der Fürst von Byblos, Ipšemuabi, erneuert im Leben, gemacht von dem Fürsten Abšemu"), da die Hieroglyphen schlecht geschrieben sind. Wahrscheinlich hat sich auch in Grab IV eine solche Waffe befunden; sie ist aber um 1851 von Grabräubern entfernt worden und liegt vielleicht in einem europäischen Museum, ohne daß man die Herkunft kennt. Jedenfalls haben die Fürsten von Byblos in der Zeit von 1900—1800 v. C. diese Krummschwerter genau wie die Pharaonen als Zeichen ihrer Würde geführt.

Syria 3 (1922) S. 282 Tf. 65 Ch. Virolleaud; ebd. S. 301ff. E. Pottier; ebd. 4 (1923) S. 337ff. P. Montet; Rev. bibl. 34 (1925) S. 179ff. L.-H. Vincent.

§ 4. Etwas jünger ist das Krummschwert von Gezer (Tf. 145c). Das aus 3 Kammern bestehende Grab Nr. 30 enthielt eine reiche Waffensammlung, nämlich 14 feine Pfeilspitzen aus Kupfer (?), ein myk. S. (s. u.),

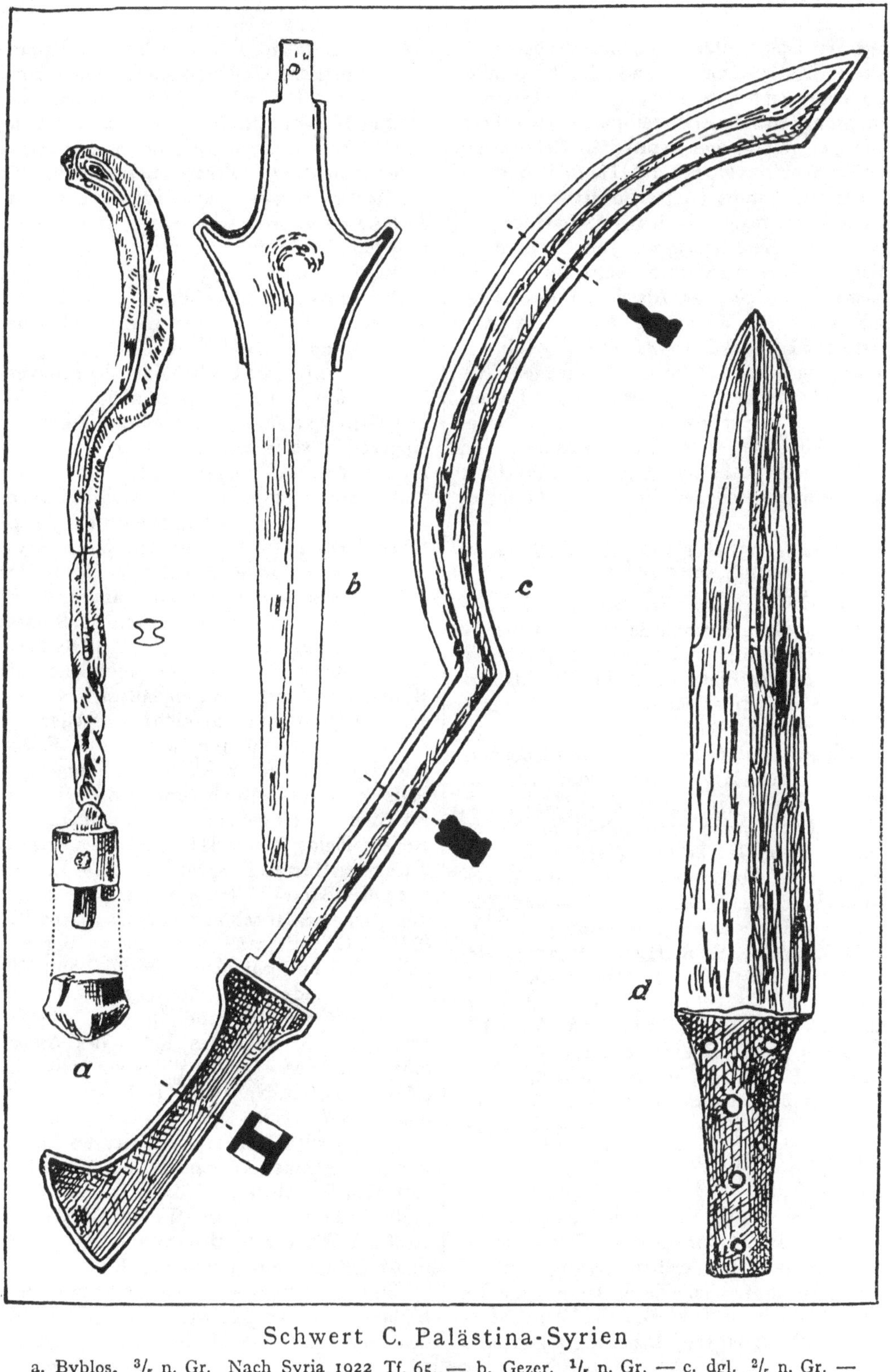

Schwert C. Palästina-Syrien

a. Byblos. 3/5 n. Gr. Nach Syria 1922 Tf. 65. — b. Gezer. 1/5 n. Gr. — c. dgl. 2/5 n. Gr. — d. dgl. 2/5 n. Gr. — Nach Macalister *Gezer*, mit besonderer Erlaubnis des Pal. Explor. Fund.

131 Wurfspeerspitzen und das gebogene S. Dieses ist 58,4 cm l. und durch parallel laufende Rippen verstärkt. Der Griff war ursprünglich mit Elfenbeinplättchen belegt. Die hier gefundenen kyprischen Gefäße mit Leitermuster (vgl. Band I Tf. 10 d) und die Form der Lampe (s. Beleuchtung C § 7; Band I Tf. 105 g) ergeben als Zeit der Anlage etwa die Mitte des 2. Jht. Aber diese Form ist bereits früher in Babylonien nachweisbar, wo sie das Abzeichen des Herrschers ist (B. Meissner *Babylonien und Assyrien* I [1920] S. 50, 81, 116, Tf.-Abb. 53; vgl. a. den Säbel Adadnirâris I. um 1300 v. C., Vincent *Canaan* S. 231 Abb. 164). Daraus folgt, daß die gebogene Form des S. wohl aus Babylonien oder Elam stammt, und daß in dem Grabe zu Gezer ein Stadtfürst oder ein angesehener Heerführer bestattet wurde

Macalister *Gezer* I 312ff.; ebd. III Tf. 75, 16; Syria 3 (1922) S. 303 E. Pottier.

§ 5. Die geraden Stücke (Tf. 145 b, d) weisen in ihren Formen deutlich auf den W als Ursprungsland. Sie eignen sich mit ihrem kurzen, spitzen Blatt mehr zum Stoß als zum Hieb. Der Griff ist wie bei den Dolchen entweder mit dem Blatt aus einem Stück geschmiedet und dann gewöhnlich mit Knochen, Elfenbein oder Holz belegt gewesen (Macalister *Gezer* II 375f., Abb. 473; III Tf. 218, 6ff.) oder an einem kurzen Stiel mit Nieten befestigt (ebd. III Tf. 75, 13 [spätmyk.]. 15). Auf den äg. Abbildungen führen die Schardanu ein solches S. (Müller *Asien und Eur.* 375; ein Stück aus Gaza befindet sich im Brit. Museum, H. R. Hall *Aegaean Archaeology* 1915 S. 252 Abb. 109). Die eisernen Stücke behalten diese Form, sind aber z. T. sehr spät (Macalister *Gezer* III Tf. 218, 9. 10; Reisner-Fisher-Lyon *Harvard Excavations at Samaria* 1924 S. 349 [mit auffällig kurzem Blatt, 7 bis höchstens 21,6 cm l.]).

Peter Thomsen

D. Vorderasien (Tf. 146).

§ 1. Schwert. — § 2. Krummschwert.

§ 1. In ältester Zeit existierte nur der Dolch (s. d. D), für den die Sumerer ein charakteristisches Zeichen geprägt haben, den Dolch in der Scheide in der Form eines gleichschenkligen Dreiecks (E. Unger *Babylon. Schrifttum* 1921 Liste Nr. 2), namens *gir*, akkad. *paṭru*. Für S. wählte man später eine künstliche Zeichenkomposition *gir-gal* = großer Dolch = S., akkad. *namṣaru*. Ein andres Ideogramm für *namṣaru* war *ugur* (Delitzsch *Sumer. Glossar* S. 43). Eine andere unsichere, akkad. Bezeichnung für S., *ḫarbu, ḫarubu* hält Zimmern (*Akkadische Fremdwörter* 1917 S. 12) für westsem. und entlehnt (vgl. oben C § 1).

Im Verlauf des 2. Jht. hat sich das S. in Mesopotamien eingebürgert, vgl. die Erwähnung von S. in den Amarna-Briefen (14. Jh.; vgl. VAB II Nr. 120, 6 und 333, 14 Knudtzon). Sie blieben hier jedoch verhältnismäßig kurz (Bonnet a. a. O. S. 72). Der Griff war entweder angelförmig konkav eingezogen, so in älterer Zeit, oder schalenförmig konvex ausgebaucht, in späterer Zeit, neben dem andern Typus. Die Form des S. war die eines langgezogenen gleichschenkligen Dreiecks; seit dem 8. Jh. etwa tritt daneben eine geradlinige Form der Schneiden auf, die erst kurz am Ende in die Spitze ausgingen, im ganzen schilfblattförmig (Bonnet a. a. O. S. 78). Ob diese S., wie ähnliche in Ägypten gefundene, mit Blutrinnen versehen waren, läßt sich bei dem geringen Fundmaterial nicht feststellen.

Die S. der Fürsten waren am Knauf reich profiliert, der meist einen halbkugeligen Aufsatz hatte. Je vornehmer die Offiziere waren, um so länger sind die S., z. B. auf den Reliefs Tiglatpilesers III. (740) aus Arslan-Tasch bei Harran (PKOM 7 Tf. 4—6 E. Unger; hier Band VII Tf. 157). Die Scheide des königlichen S. ist schon bei Assurnassirpal II. (880 v. C.) mit zwei sich voneinander abkehrenden Löwenfiguren verziert (Band VII Tf. 148, 149c). Der König trägt das S. meist am Schulterband in der Scheide. Das bloße S. zeigt das Relief des Assurnassirpal, der einen Wildstier absticht (Mansell Phot. Nr. 372 = E. Unger *Assyr. und Babyl. Kunst* 1927 Abb. 78), wo es dolchartig wirkt, ferner das Relief des Assurbanipal, der einen Löwen ersticht (Tf. 146 e). Auf dem Relief dieses Königs in der Weinlaube, in London (Mansell Phot. Nr. 522 c = AOTU II Tf. 1, 1 B. Meissner), liegt das S. nebst Scheide auf einem Stuhl.

Ein Originalschwert aus Bronze, mit einer Beilaxt achtmal paarweise in die Mauern des Anu-Adad-Tempels in Assur (s. Aššûr)

a

b

c

d

e

Schwert D. Vorderasien

a, b. Sichelschwerter von Lagasch. — c. Gradschwert von Assur. — d. Krummschwert des Adadnirari I. in New York (Metrop. Mus.). — Nach Bonnet *Die Waffen der Völker des Alten Orients* 1926. — e. Löwenjagdrelief des Assurbanipal aus Ninive in London (Br. Mus.) Nach Photographie Mansell 472.

a

b

Secans-Nische

a. Ansicht der Felsnische (×). — b. Jäger mit kurzen Hosen und Knieschmuck. $^1/_2$ n. Gr.

als Weihopfer vermauert, gibt trotz seiner Miniaturgestalt (Tf. 146 c) eine gute Vorstellung eines assyr. S. aus dem 9. Jh. (MDOG 31 Abb. 13 S. 32; WVDOG 10 S. 53; Bonnet a. a. O. Abb. 9 S. 21).

Im aram. Syrien ist das S. charakterisiert durch das halbmondförmige Knaufende. Die äußere Form scheint gleichschenklig zu sein, so in Karkamisch (Band VI Tf. 66a) im 9. Jh. Dagegen führen die Fürsten der späteren Per. (Mitte des 8. Jh.) außerordentlich lange, schilfblattförmige S., die sonst in Mesopotamien in dieser Länge nicht vorkommen und auf w. Einfluß zurückgehen werden (Band VI Tf. 70a).

§ 2. Das Krummschwert ist in zwei Exemplaren von Lagasch (s. d.) schon aus sumer. Zeit (3000 v. C.) bekannt (Tf. 146a, b: Cros *Nouvelles Fouilles de Tello* Tf. 8 S. 128f. = Bonnet a. a. O. Abb. 33 und 34b), in Kupfer gearbeitet. An einem leicht gebogenen Stiel mit Handgriff sitzt oben eine halbmondförmige, sichelartige Schneide, deren oberes Ende zurückgebogen oder verstärkt ist. Die Schneide sitzt einmal an der konvexen, äußeren Seite der „Sichel", bei dem zweiten Exemplar aber sind Innen- und Außenseite der „Sichel" geschärft. Ähnliche S. fanden sich auch in Palästina in Byblos (s. d.; Tf. 145a) und Sichem (s. d.). In sumer. Zeit tragen es die Fürsten in der r. Hand auf der Statuenbasis von Lagaš (B. Meissner *Babylonien u. Assyrien* I 81, Tf.-Abb. 53).

In späterer Zeit wird die „Sichel" des S. nicht zurückgebogen, sondern das Ende der viel flacheren „Sichel" ist zugespitzt, so bei dem Bronzeschwert mit dreifacher Inschrift des Königs Adadnirari I. (1300 v. C.) von Assyrien, das die Gravierung eines Spießbocks (nach Hilzheimer), wohl des königlichen Wappentiers, trägt, das zugleich das Tragen der Waffe, mit dem Griff nach oben, fixiert (Tf. 146d). Das noch in moderner Zeit von den Arabern verwendete S. befindet sich jetzt im Metropol. Mus. in New York (L. 0,53 m; E. Unger *Assyr. u. Babyl. Kunst* Abb. 28—29, S. 24; Rev. Arch. 1883, 2 S. 145 Tf. 20; TSBA 4 S. 347 Boscawen). Das S. ist nur an der konvexen Seite geschärft. Eine ähnliche Waffe fand man in Gezer (s. d.; Tf. 145c; Macalister *Gezer* III Tf. 75 = Bonnet a. a. O. Abb. 35 S. 87). Aus späterer Zeit sind derartige S. vorläufig noch nicht bekannt.

Beck *Geschichte des Eisens* I (1884) S. 129; B. Meissner *Babylonien und Assyrien* I (1920) S. 94f.; H. Bonnet *Die Waffen der Völker des Alten Orients* 1926 S. 71ff. Eckhard Unger

Schwertstab s. Axtdolch.

Schwindsucht. § 1. Als abzehrendes Leiden mit Lungenerkrankung scheint S. n. der Alpen in der Frühzeit nicht selten gewesen zu sein. Für ihre ätiologische Wurzel, die fressende Zerstörungstätigkeit tuberkulöser Prozesse (s. Karies), haben frühe Knochenfunde aus Deutschland unsichere Kunde gebracht (s. Tuberkulose). Katarrhe der Schleimhäute der Luftwege waren in den niederen, dunstigen und qualmigen Erdhütten und Höhlen der Frühwohner an der Tagesordnung (s. Husten). Daneben kannte man abzehrende Zustände, die man unter dem Begriff des Hinschwindens zusammenfaßte (ahd. *swīnan* und *swintan*) und später mit *swīn-suht, swīne-suht, swinde-suht, swinend siechtag*, mnld. *swijnende sieckte*, wohl auch als *terende suyck, tzeringe* usw. bezeichnete. Daß mit solchem Abzehren und Hinschwinden Hüsteln, Hustenanfälle und Auswurf in steigendem Maße verbunden waren und schließlich Blutbeimengungen, direktes Blutspeien (altnord. *blodspyja*) usw., drängte sich der Beobachtung auf. Daß man die Schwindsucht als Hauptkrankheit der nach Indien einwandernden Arier nach der von H. Zimmer (*Altindisches Leben* 1879 S. 375ff.) gegebenen eingehenden Analyse der verschiedenen Vedischen *Yakshma*-Arten anzusehen hätte, ist doch wohl zu viel gesagt, gehört auch strenggenommen nicht hierher.

§ 2. Auch in Babylonien wurden phthisische Prozesse der Lunge beobachtet, wie folgende Schilderung in den von Ebeling veröffentlichten Husten-Texten zeigt (K. 10726 S. 17): „Wenn ein Mensch . . . Fieber hat, an Stechen der Brust krank ist, . . . ihn . . . Speichel, Gespei, Schwund des Fleisches . . . Husten gefaßt hat, er heftig auswirft . . . so ist dieser Mensch lungenkrank", worunter man doch wohl einen chronischen Zustand zu verstehen hat neben zahlreichen akuten Erkrankungen, die auch dort geschildert sind.

An Lungenpaketen bei Mumienfunden haben sich Tuberkulose dieses Organes und andere phthisische Zerstörungen bisher nicht nachweisen lassen. Auch in den bekannten Papyri sind solche Leiden bisher nicht festgestellt.

E. Ebeling *Keilschrifttexte medizinischen Inhalts* I Archiv f. Gesch. d. Med. 13 S. 1—42; M. Heyne *Dtsch. Hausaltertümer* III 129ff.; Grön *Altnord. Heilkunde* Janus 1908; Höfler *Dtsch. Krankheitsnamenbuch* 1899 S. 715.

Sudhoff

Schwungrad. Die Schwungkraft, d. h. die Zentrifugalkraft eines im Bogen bewegten Körpers, lernte der Mensch im geschwungenen Stock kennen. Schon im Neol. konstruiert er das erste richtige Schwungrad, den Spinnwirtel. Aber damit hat es vorläufig sein Bewenden; die naheliegende Umwandlung des Fiedelbohrers in eine kontinuierliche Drehung findet nicht statt. Erst bei der Töpferscheibe und Drehbank (s. Töpferei A § 7, Drehbank) wird das Schwungrad wieder angewendet. Bei der rotierenden Handmühle wird die Schwungkraft durch die starke Reibung fast ganz aufgehoben. Alfred Götze

Schwur. Daß der S. einen bedingten Fluch (s. d. A) enthält, wird schon in dem Artikel Eid dargelegt (s. a. Segen A). Unserem Worte S. hängt die Beziehung mit der Anrufung, dem Beschwören transzendenter Mächte näher als dem Worte Eid (s. d. A). Praktisch besteht heute jedoch kein Unterschied mehr zwischen beiden Ausdrücken. Über „Beschwörung" s. Rausch. Thurnwald

Scicli s. Sizilien B II.

Sébilien s. Ägypten A § 2.

Secans-Nische (Tf. 147). Am Matarrana-Bache, unweit Mazaleón (span. Prov. Teruel). Felsüberhang mit einigen paläol. Figuren, darunter ein Bogenschütze mit kurzer „Kniehose" als überaus seltenem Beispiel von Körperbekleidung im ostspan. Kunstkreise (Tf. 147 b; s. Kunst A III). Entdeckt von L. Pérez Temprado (1918); teilweise ziemlich ungenau publiziert von J. Cabré (Real Sociedad Española de Historia Natural, Tomo extraordinario del 50°. aniversario. Madrid 1921 S. 276 ff.). H. Obermaier

Sechtiu-am s. Neunbogenvölker.

Seddin (Prov. Brandenburg; Tf. 148—151). § 1. Der Hügel. Bei dem Dorfe S., Kr. Westprignitz, liegt ein 11 m h., aus Erde und Steinen errichteter Hügel (etwa 30000 cbm), dessen Umfang 300 Schritt beträgt. Er ist von einem Kranz von zentnerschweren Geschiebeblöcken umgeben und führte im Volksmund den Namen Hinzerberg (Hinz = Heinz, Heinrich). Man erzählte sich, daß in diesem Hügel ein König begraben liege in einem dreifachen Sarge (Kupfer, Silber und Gold). Diese Sage wurde von Ed. Krause in ZfEthn. Verh. 1897 S. 117f. veröffentlicht. Erst zwei Jahre später, als man den Hügel als Steinbruch ausbeuten wollte, wurde das Grab entdeckt. Die Hügelerde ist zwei Stellen im SW und NO entnommen worden, die sich heute noch als tiefe Erdlöcher bemerkbar machen und dicht mit Buschwerk bewachsen sind (Tf. 148b). Das Grab liegt nicht genau in der Mitte. (Die Lage des Grabes, der Erdlöcher und des Steinkreises sowie die teilweise Zerstörung des Hügels ist zu ersehen aus dem ausgezeichneten, in meiner *Vorgeschichte der Mark* veröffentlichten Plan von Dr. F. Solger; vgl. Tf. 149a.)

§ 2. Inhalt des Grabes. Das Grab besteht aus einer aus Findlingsblöcken hergestellten, neuneckigen, 1,75 m hohen Steinkammer mit „falschem" Gewölbe. (Die Steine kragen nach oben zu mehr und mehr vor; den Abschluß bildet eine Steinplatte; Tf. 149b, c.) Die Wände waren mit einer Tonschicht bekleidet und rot und weiß bemalt (Tf. 149d; nach einer mir 1922 von einem Augenzeugen gelieferten Zeichnung glich das umlaufende Muster einem „laufenden Hunde"). In der Kammer stand ein großes Tongefäß, das mit einem Deckel sorgfältig verschlossen war. Der Deckel ist mit breitem Falz versehen und war noch besonders durch Tonnägel befestigt. Im Tongefäß stand der dritte „Sarg", eine getriebene, mit Deckel versehene Bronze-Urne (Tf. 150); die beiden Henkel hatte man abgeschlagen, um das Gefäß in die Ton-Urne hineinsetzen zu können. Das Bronzegefäß enthielt die Leichenbrandreste eines 30—40jährigen Mannes. Neben dem Tongefäß standen zwei Tonurnen mit den Resten einer Frau von 20—30 Jahren und einer noch jugendlicheren Leiche, ebenfalls weibl. Geschlechts (Mitverbrennung oder Nachbestattung?).

§ 3. Beigaben (Tf. 151). Außer den Urnen standen in der Kammer ein großes, schwarzes

a

b

Seddin

Das „Königsgrab“ von SW (a) und SO (b). Nach Festschrift des Märkischen Provinzialmuseums 1901 Tf. 17.

b

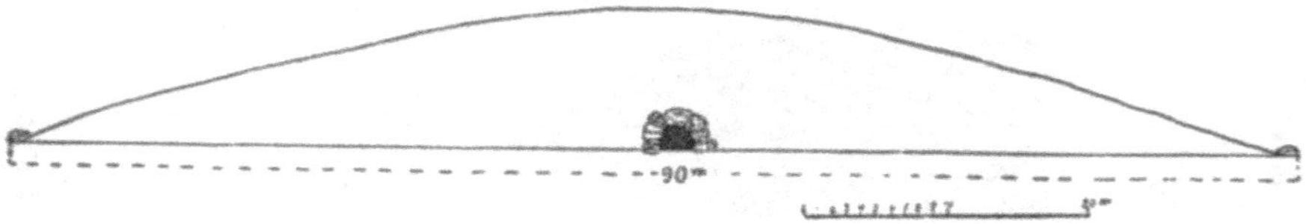

a

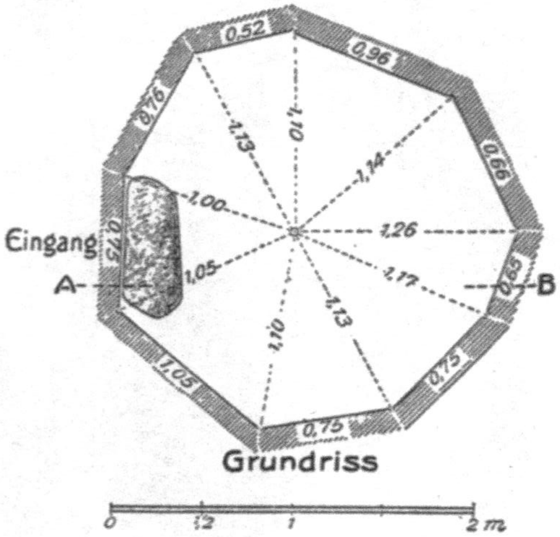

c

d

Seddin

Das „Königsgrab“: a. Querschnitt. — b, c. Querschnitt und Grundriß der Kammer. — d. Inneres der Grabkammer (rote Bemalung). Nach A. Götze *Westprignitz* und Festschrift des Märkischen Provinzialmuseums 1901.

Seddin

Bronze-Urne aus dem „Königsgrab". Etwa $^{1}/_{3}$ n. Gr. Nach Festschrift des Märkischen Provinzialmuseums 1901 Tf. 18.

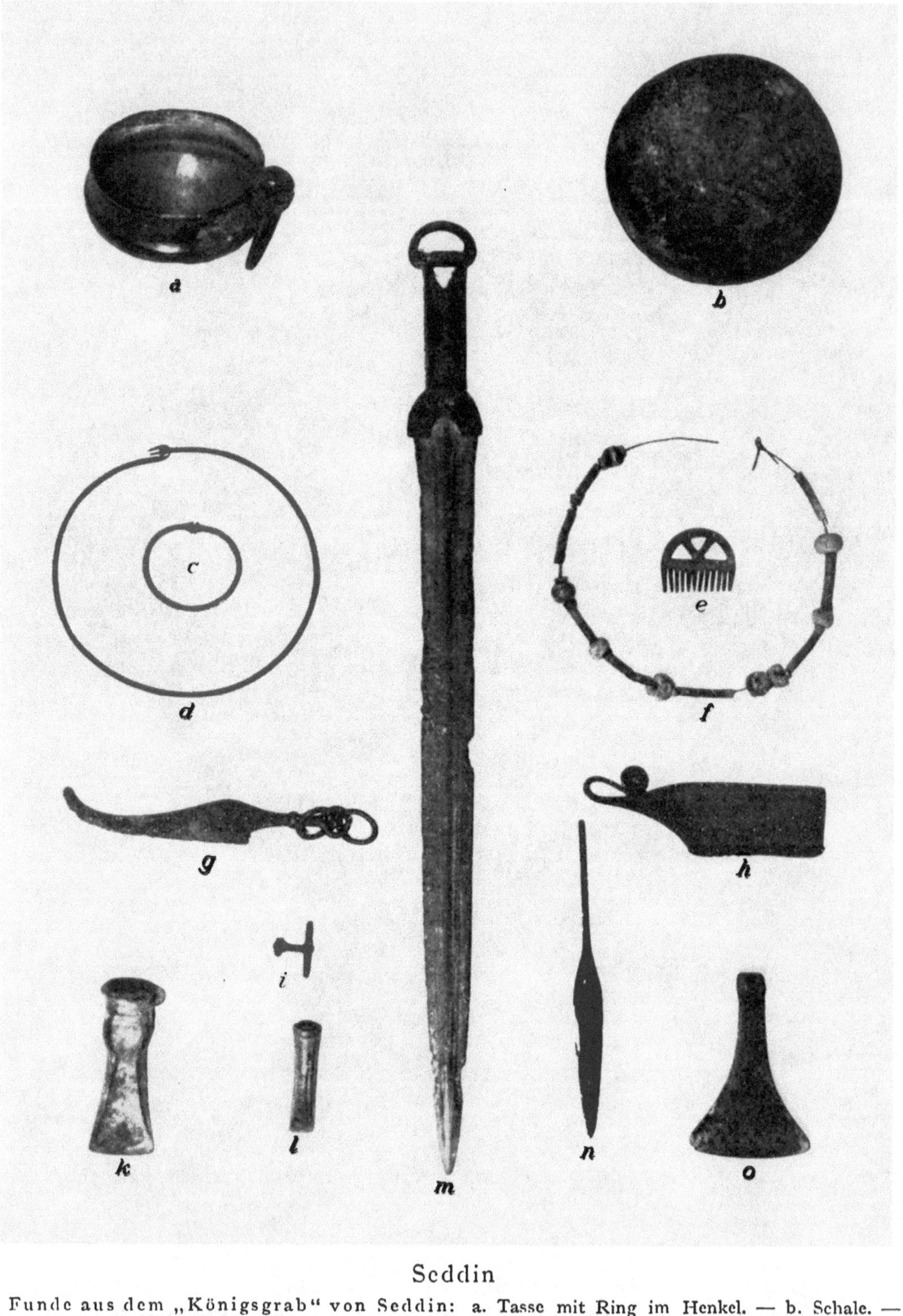

Seddin

Funde aus dem „Königsgrab" von Seddin: a. Tasse mit Ring im Henkel. — b. Schale. — c. Armring. — d. Gedrehter Halsring. — e. Kamm. — f. Halsring. — g. Messer. — h. Rasiermesser. — i. Knebel. — k. Tüllenaxt mit Öse. — l. Tüllenmeißel. — m. Schwert. — n. Lanzette. — o. Breitwangige Pinzette. — Ca. 1/3 n. Gr. Nach Aufnahme des Märkischen Museums Berlin.

Tongefäß mit weiter Öffnung, kleinere Ton- und Bronzegefäße, darunter auch zwei dünnwandige, gebuckelte Schalen. Miniaturschwert; kleine Tüllenaxt; Wendelring, dünn, mit feinen Windungen; Halsring aus Schmelzperlen und Bronzespiralröhrchen; Armring, Fingerring, Knebel, Doppelknöpfe, Tüllenmeißel, gebuckelte Pinzette; Rasiermesser mit Drachen-Ornament; Messer mit nach oben gebogener Spitze; Haarkamm (vgl. a. den andern Kamm von S. Band VI Tf. 54 i); alles aus Bronze. Zwei Nadeln aus Eisen. Übergang von der IV. zur V. Per. Mont. Neben dem Kung Björns Hög (s. d.) bei Upsala ist der Grabhügel von S. einer der wichtigsten Grabfunde der j. nord. BZ.

Das Denkmal ist von der Provinz angekauft worden und geschützt. Die Steinkammer kann heute noch betreten werden. S. a. Nordischer Kreis B § 12d.

Brandenburgia, Monatsbl. 8 (1899/1900) S. 271, 339ff. E. Friedel; ZfEthn. Verh. 1901 S. 68 ders.; ders. *Die Funde aus dem Königsgrabe von Seddin* Festschr. Märk. Provinzialmus. 1901 S. 36 Tf. 16—20; Mannus 2 (1910) S. 239 Kossinna; A. Kiekebusch *Vorgeschichte der Mark Brandenburg* Landeskunde III (1912); A. Götze *Westprignitz*; A. Kiekebusch *Altertümer d. heimischen Vorzeit* Wandtafel VII farbige Abb. 1, 2; ders. *Das Königsgrab von Seddin* Ztschr. „Vom Krieg zur Friedensarbeit" 1 (1915), mit 9 großen Abb.; ders. *Bilder aus der märk. Vorzeit*[4] S. 192.

Albert Kiekebusch

Kolibri 360 GmbH
Ferdinand-Jühlke-Straße 7
99095 Erfurt, Deutschland
produktsicherheit@kolibri360.de